U0260743

作者像

潘家铮全集
丙申三月八日

# 潘家铮全集

## 第二卷

## 重力坝的设计和计算

中国电力出版社
CHINA ELECTRIC POWER PRESS

## 内容提要

《潘家铮全集》是我国著名水工结构和水电建设专家、两院院士潘家铮先生的作品总集，包括科技著作、科技论文、科幻小说、科普文章、散文、讲话、诗歌、书信等各类作品，共计18卷，约1200万字，是潘家铮先生一生的智慧结晶。他的科技著作和科技论文，科学严谨、求实创新、充满智慧，反映了我国水利水电行业不断进步的科技水平，具有重要的科学价值；他的文学著作，感情丰沛、语言生动、风趣幽默。他的科幻故事，构思巧妙、想象奇特、启人遐思；他的杂文和散文，思辨清晰、立意深邃、切中要害，具有重要的思想价值。这些作品对研究我国水利水电行业技术进步历程，弘扬尊重科学、锐意创新、实事求是、勇于担责的精神，都具有十分重要的意义。《潘家铮全集》是国家“十二五”重点图书出版项目，国家出版基金资助项目。

本书是《潘家铮全集　第二卷　重力坝的设计和计算》，是一本专门介绍混凝土重力坝设计和计算的书。在设计方面依次叙述了重力坝的布置、断面设计、水力计算及消能设计、混凝土设计、廊道系统、观测监视系统、基础处理及温度控制等方面的内容；在计算方面，论述了稳定计算、应力计算、孔口廊道计算和温度控制计算等。此外，在新安江水电站中创新并成功运用的宽缝重力坝，在国内广泛采用，本书专列一章加以介绍。

本书可供水利水电工程设计人员及高等院校有关专业师生参考。

**图书在版编目（CIP）数据**

潘家铮全集. 第2卷，重力坝的设计和计算 / 潘家铮著. —北京：中国电力出版社，2016.5
ISBN 978-7-5123-7963-3

Ⅰ. ①潘…　Ⅱ. ①潘…　Ⅲ. ①潘家铮（1927～2012）－文集②重力坝－设计－文集③重力坝－计算－文集　Ⅳ. ①TV-53

中国版本图书馆CIP数据核字（2015）第146265号

出版发行：中国电力出版社（北京市东城区北京站西街19号　100005）
网　　址：http://www.cepp.sgcc.com.cn
经　　售：各地新华书店

印　　刷：北京盛通印刷股份有限公司
规　　格：787毫米×1092毫米　16开本　41.25印张　909千字　1插页
版　　次：2016年5月第一版　2016年5月北京第一次印刷
印　　数：0001—1500册
定　　价：170.00元

# 《潘家铮全集》编辑委员会

# 《潘家铮全集》分卷主编

全集主编：陈厚群

| 序号 | 分　卷　名 | 分卷主编 |
| --- | --- | --- |
| 1 | 第一卷　重力坝的弹性理论计算 | 王仁坤 |
| 2 | 第二卷　重力坝的设计和计算 | 王仁坤 |
| 3 | 第三卷　重力坝设计 | 周建平　杜效鹄 |
| 4 | 第四卷　水工结构计算 | 张楚汉 |
| 5 | 第五卷　水工结构应力分析 | 汪易森 |
| 6 | 第六卷　水工结构分析文集 | 沈凤生 |
| 7 | 第七卷　水工建筑物设计 | 邹丽春 |
| 8 | 第八卷　工程数学计算 | 张楚汉 |
| 9 | 第九卷　建筑物的抗滑稳定和滑坡分析 | 曹征齐 |
| 10 | 第十卷　科技论文集 | 王光纶 |
| 11 | 第十一卷　工程技术决策与实践 | 钱钢粮　杜效鹄 |
| 12 | 第十二卷　科普作品集 | 邴凤山 |
| 13 | 第十三卷　科幻作品集 | 星　河 |
| 14 | 第十四卷　春梦秋云录 | 李永立 |
| 15 | 第十五卷　老生常谈集 | 李永立 |
| 16 | 第十六卷　思考·感想·杂谈 | 鲁顺民　王振海 |
| 17 | 第十七卷　序跋·书信 | 李永立　潘　敏 |
| 18 | 第十八卷　积木山房丛稿 | 鲁顺民　李永立　潘　敏 |

# 《潘家铮全集》编辑出版人员

## 编 辑 组

杨伟国　雷定演　安小丹　孙建英　畅　舒　姜　萍

韩世韬　宋红梅　刘汝青　乐　苑　娄雪芳　郑艳蓉

张　洁　赵鸣志　孙　芳　徐　超

## 审 查 组

张运东　杨元峰　姜丽敏　华　峰　何　郁　胡顺增

刁晶华　李慧芳　丰兴庆　曹　荣　梁　卉　施月华

## 校 对 组

黄　蓓　陈丽梅　李　楠　常燕昆　王开云　闫秀英

太兴华　郝军燕　马　宁　朱丽芳　王小鹏　安同贺

李　娟　马素芳　郑书娟

## 装 帧 组

王建华　李东梅　邹树群　蔺义舟　王英磊　赵姗姗

左　铭　张　娟

# 总序言

潘家铮先生是中国科学院院士、中国工程院院士，我国著名的水工结构和水电建设专家、科普及科幻作家，浙江大学杰出校友，是我敬重的学长。他离开我们已经三年多了。如今，由国家电网公司组织、中国电力出版社编辑的18卷本《潘家铮全集》即将出版。这部1200万字的巨著，凝结了潘先生一生探索实践的智慧和心血，为我们继承和发展他所钟爱的水利水电建设、科学普及等事业提供了十分重要的资料，也为广大读者认识和学习这位“工程巨匠”“设计大师”提供了非常难得的机会。

潘家铮先生是浙江绍兴人，1950年8月从浙江大学土木工程专业毕业后，在钱塘江水力发电勘测处参加工作，从此献身祖国的水利水电事业，直到自己生命的终点。在长达60多年的职业生涯里，他勤于学习、善于实践、勇于创新，逐步承担起水电设计、建设、科研和管理工作，在每个领域都呕心沥血、成就卓著。他从200千瓦小水电站的设计施工做起，主持和参与了一系列水利水电建设工程，解决了一个又一个技术难题，创造了一个又一个历史纪录，特别是在举世瞩目的长江三峡工程、南水北调工程中发挥了重要作用，为中国水电工程技术赶超世界先进水平、促进我国能源和电力事业进步、保障国家经济社会可持续发展做出了突出贡献，被誉为新中国水电工程技术的开拓者、创新者和引领者，赢得了党和人民的高度评价。他的光辉业绩，已经载入中国水利水电发展史册。他给我们留下了极其丰富而珍贵的精神财富，值得我们永远缅怀和学习。

我们缅怀潘家铮先生奋斗的一生，就是要学习他求是创新的精神。求是创新，是潘先生母校浙江大学的校训，也是他一生秉持的科学精神和务实作风的最好概括。中国历史上的水利工程，从来就是关系江山社稷的民心工程。水利水电工程的成败安危，取决于工程决策、设计、施工和管理的各个环节。

潘家铮先生从生产一线干起，刻苦钻研专业知识，始终坚持理论联系实际，坚守科学严谨、精益求精的工作作风。他敢于向困难挑战，善于创新创造，在确保工程质量安全的同时，不断深化对水利水电工程所蕴含经济效益、社会效益、生态效益和文化效益等综合效益的认识，逐步形成了自己的工程设计思想，丰富和提高了我国水利水电工程建设的理论水平和实践能力。作为三峡工程技术方面的负责人，他尊重科学、敢于担当，既是三峡工程的守护者，又能客观看待各方面的意见。在三峡工程成功实现蓄水和发电之际，他坦诚地说："对三峡工程贡献最大的人是那些反对者。正是他们的追问、疑问甚至是质问，逼着你把每个问题都弄得更清楚，方案做得更理想、更完整，质量一期比一期好。"

我们缅怀潘家铮先生多彩的一生，就是要学习他海纳江河的胸怀。大不自多，海纳江河。潘家铮先生一生"读万卷书，行万里路"，以宽广的视野和博大的胸怀做事做人，在科技、教育、科普和文学创作等诸多领域都卓有建树。他重视发挥科技战略咨询的重要作用，为国家能源开发、水资源利用、南水北调、西电东送等重大工程建设献计献策，促进了决策的科学化、民主化。他关心工程科技人才的教育和培养，积极为年轻人才脱颖而出创造机会和条件。以其名字命名的"潘家铮水电科技基金"，为激励水电水利领域的人才成长发挥了积极作用。他热心科学传播和科学普及事业，一生潜心撰写了100多万字的科普、科幻作品，成为名副其实的科普作家、科幻大师，深受广大青少年喜爱。用他的话说，"应试教育已经把孩子们的想象力扼杀得太多了。这些作品可以普及科学知识，激发孩子们的想象力。"他还通过诗词歌赋等形式，记录自己的奋斗历程，总结自己的心得体会，抒发自己的壮志豪情，展现了崇高的精神境界。

我们缅怀潘家铮先生奉献的一生，就是要学习他矢志报国的信念。潘家铮先生作为新中国成立之后的第一代水电工程师，他心系祖国和人民，殚精竭虑，无私奉献，始终把自己的学习实践、事业追求与国家的需要紧密结合起来，在水利水电建设战线大显身手，也见证了新中国水利水电事业发展壮大的历程。经过几十年的快速发展，我国水力发电的规模从小到大，从弱到强，已迈入世界前列。中国水利水电建设的辉煌成就和宝贵经验，在国际上的影响是深远的。以潘家铮先生为代表的中国科学家、工程师和建设者的辛勤付出，也为探索人类与大自然和谐发展道路做出了积极贡献。在中国这块大地上，不仅可以建设伟大的水利水电工程，也完全能够攀登世界科技的高峰。潘家铮先生曾说过："吃螃蟹也得有人先吃，什么事为什么非得外国先做，然后我们再做？"我们就是要树立雄心壮志，既虚心学习、博采众长，又敢于创新创造、实现跨越发展。潘家铮先生晚年担任国家电网公司的高级顾问，他在病房里感人的一番话，坦露了自己的心声，更是激励着我们为加快建设创新型国家、实现中华民族伟大复兴的中国梦而加倍努力——“我已年逾耄耋，病废住院，唯一挂心的就是国家富强、民族振兴。我衷心期望，也坚决相信，在党的领导和国家支持下，我国电力工业将在特高压输电、智能电网、可再生能源利用等领域取得全面突破，在国际电力舞台上处处有‘中国创造’‘中国引领’。”

最后，我衷心祝贺《潘家铮全集》问世，也衷心感谢所有关心和支持《潘家铮全集》编辑出版工作的同志！

是为序。

徐匡迪

2016年清明节于北京

# 总前言

## 一

潘家铮（1927年11月~2012年7月），水工结构和水电建设专家，设计大师，科普及科幻作家，水利电力部、电力工业部、能源部总工程师，国家电力公司顾问、国家电网公司高级顾问，三峡工程论证领导小组副组长及技术总负责人，国务院三峡工程质量检查专家组组长，国务院南水北调办公室专家委员会主任，河海大学、清华大学双聘教授，博士生导师。中国科学院、中国工程院两院资深院士，中国工程院副院长，第九届光华工程科技奖"成就奖"获得者。

1927年11月，他出生于浙江绍兴一个诗礼传家的平民人家，青少年时期受过良好的传统文化熏陶。他的求学之路十分坎坷，饱经战火纷扰，在颠沛流离中艰难求学。1946年，他考入浙江大学。1950年大学毕业，随即分配到当时的燃料工业部钱塘江水力发电勘测处。

从此之后，他与中国水利水电事业结下不解之缘，一生从事水电工程设计、建设、科研和管理工作，历时六十余载。"文化大革命"中，他成为"只专不红"的典型代表，虽饱受折磨和屈辱，但仍然坚持水工技术研究和成果推广。他把毕生的智慧和精力都贡献给了中国水利水电建设事业，他见证了新中国水电发展历程的起起伏伏和所取得的举世瞩目的伟大成就，他本人也是新中国水电工程技术的开拓者、创新者和引领者，他为中国水电工程技术赶超世界先进水平做出了杰出的贡献，在水利水电工程界德高望重。2012年7月，他虽然不幸离开我们，然而他的一生给我们留下了极其丰富和宝贵的精神财富，让我们永远深切地怀念他。

潘家铮同志是新中国成立之后中国自己培养的第一代水电工程师。60多年来，中国的水力发电事业从无到有，从小到大，从弱到强，随着以二滩、龙滩、小湾和三峡工程为标志的一批特大型水电站的建成，中国当之无愧地成为世界水电第一大国。这一举世瞩目的成就，凝结着几代水电工程师和建设者的智慧和心血，也是中国工程师和建设者的百年梦想。这个百年梦想的实现，潘家铮和以潘家铮为代表的一批科学家、工程师居功至伟。

潘家铮一生参与设计、论证、审定、决策的大中型水电站数不胜数。在具体的工程实践中，他善于把理论知识运用到实际中去，也善于总结实际工作中的经验，找出存在的问题，反馈回理论分析中去，进而提出新的理论方法，形成了他自己独特的辩证思维方式和工程设计思想，为新中国坝工科学技术发展和工程应用研究做了奠基性和开创性工作。他以扎实的理论功底，钻研和解决了大量具体技术难题，留下的技术创新案例不胜枚举。

1956年，他负责广东流溪河水电站的水工设计，积极主张采用双曲溢流拱坝新结构，他带领设计组的工程技术人员开展拱坝应力分析和水工模型试验，提出了一系列技术研究成果，组织开展了我国最早的拱坝震动实验和抗震设计工作，顺利完成设计任务。流溪河水电站78米高双曲拱坝成为国内第一座双曲拱坝。

潘家铮先后担任新安江水电站设计副总工程师、设计代表组组长。这是新中国成立之初，我国第一座自己设计、自制设备并自行施工的大型水电站，工程规模和技术难度都远远超过当时中国已建和在建的水电工程。新安江水电站的设计和施工过程中诞生了许多突破性的技术成果。潘家铮创造性地将原设计的实体重力坝改为大宽缝重力坝，采用抽排措施降低坝基扬压力，大大减少了坝体混凝土工程量。新安江工程还首次采用坝内底孔导流、钢筋混凝土封堵闸门、装配式开关站构架、拉板式大流量溢流厂房等先进技术。新安江水电站的建成，大大缩短了中国与国外水电技术的差距。

流溪河水电站双曲拱坝和新安江水电站重力坝的工程设计无疑具有开创性和里程碑意义，对中国以后的拱坝和重力坝的设计与建设产生了重要和深远的影响。

改革开放之后，潘家铮恢复工作，先后担任水电部水利水电规划设计总院副总工程师、总工程师，1985年起担任水利电力部总工程师、电力工业部总工程师，成为水电系统最高技术负责人，他参与规划、论证、设计，以及主持研究、审查和决策的大中型水电工程更不胜枚举。他踏遍祖国的大江大河，几乎每一座大型水电站坝址都留下了他的足迹和传奇。他以精湛的技术、丰富的经验、过人的胆识，解决过无数工程技术难题，做出过许多关键性的技术决策。他的创新精神在水电工程界有口皆碑。

20世纪80年代初的东江水电站，他力主推荐薄拱坝方案，而不主张重力坝方案；龙羊峡工程已经被国外专家判了“死刑”，认为在一堆烂石堆上不可能修建高坝大库，他经过反复认真研究，确认在合适的坝基处理情况下龙羊峡坝址是成立的；他倾力支持葛洲坝大江泄洪闸底板及护坦采取抽排减压措施降低扬压力；在岩滩工程讨论会上，他鼓励设计和施工者大胆采用碾压混凝土技术修筑大坝；福建水口电站工期拖延，他顶住外国专家的强烈反对，决策采用全断面碾压混凝土和氧化镁混凝土技术，抢回了被延误的工期；他热情支持小浪底工程泄洪洞采用多级孔板消能技术，盛赞其为一个“巧妙”的设计；他支持和决策在雅砻江下游峡谷修建240米高的二滩双曲拱坝和大型地下厂房，并为小湾工程295米高拱坝奔走疾呼。

1986 年，潘家铮被任命为三峡工程论证领导小组副组长兼技术总负责人。在400余名专家的集中证论过程中，他尊重客观、尊重科学、尊重专家论证结果，做出了有说服力的论证结论。1991年，全国人民代表大会审议通过了建设三峡工程的议案，1994年三峡工程开工建设。三峡工程建设过程中，他担任长江三峡工程开发总公司技术委员会主任，全面主持三峡工程技术设计的审查工作。之后，又担任三峡工程建设委员会质量检查专家组副组长、组长，一直到去世。他主持决策了三峡工程中诸多重大的技术问题，解决了许许多多技术难题，当三峡工程出现公众关注的问题，受到质疑、批评、责难时，潘家铮一次次挺身而出，为三峡工程辩护，为公众答疑解惑，他是三峡工程的守护者，被誉为“三峡之子”。

晚年，潘家铮出任国务院南水北调办公室专家委员会主任，他对这项关乎国计民生的大型水利工程倾注了大量心血，直到去世前两年，他还频繁奔走在工程工地上，大到参与工程若干重大技术的研究和决策，小到解决工程细部构造设计和施工措施，所有这些无不体现着潘家铮作为科学家的严谨态度与作为工程师的技术功底。南水北调中线、东线工程得以顺利建成，潘家铮的作用与贡献有目共睹。

作为两院院士、中国工程院副院长，潘家铮主持、参与过许多重大咨询课题工作，为国家能源开发、水资源利用、南水北调、西电东送、特高压输电等重大战略决策提供科学依据。

潘家铮长期担任水电部、电力部、能源部总工程师，以及国家电网公司高级顾问，他一生的“工作关系”都没有离开过电力系统，是大家尊敬和崇拜的老领导和老专家；担任中国工程院副院长达八年时间，他平易近人，善于总结和吸收其他学科的科学营养，与广大院士学者结下了深厚的友谊。无论是在业内还是在工程院，大家都亲切地称他为“潘总”。这个跟随他半个世纪的称呼，是大家对潘家铮这位优秀科学家和工程师的崇敬，更是对他科学胸怀和人格修养的尊重与肯定。

潘家铮是从具体工程实践中锻炼成长起来的一代水电巨匠，他专长结构力学理论，特别在水工结构分析上造诣很深。他致力于运用力学新理论新方法解决实际问题，力图沟通理论科学与工程设计两个领域。他对许多复杂建筑物结构，诸如地下建筑物、地基梁、框架、土石坝、拱坝、重力坝、调压井、压力钢管以及水工建筑物地基与边坡稳定、滑动涌浪、水轮机的小波稳定、水锤分析等课题，都曾创造性地应用弹性力学、结构力学、板壳力学和流体力学理论及特殊函数提出一系列合理和新颖的解法，得到水电行业的广泛应用。他是水电坝工科学技术理论的奠基者之一。

同时，他还十分注重科学普及工作，亲自动笔为普通读者和青少年撰写科普著作、科幻小说，给读者留下近百万字的作品。

他在17岁外出独自谋生起，就以诗人自期，怀揣文学梦想，有着深厚的文学功底，创作有大量的诗歌、散文作品。晚年，还有大量的政论、随笔性文章见诸报端。

正如刘宁先生所言：潘家铮院士是无愧于这个时代的大师、大家，他一生都在自然与社会的结合处工作，在想象与现实的叠拓中奋斗。他倚重自然，更看重社会；他仰望星空，更脚踏实地。他用自己的思辨、文字和方法努力沟通、系紧人与水、心与物，推动人与自然、人与社会、人与自身的和谐相处。

## 二

2012年7月13日，大星陨落，江河入海。潘家铮的离世是中国工程界的巨大损失，也是中国电力行业的巨大损失。潘家铮离开我们三年多的时间里，中国科学界、工程界、水利水电行业一直以各种形式怀念着他。

2013年6月，国家电网公司、中国水力发电工程学会等组织了“学习和弘扬潘家铮院士科技创新座谈会”。来自水利部、国务院南水北调办公室、中国工程院、国家电网公司等单位的100多位专家和院士出席座谈会。多位专家在会上发言回顾了与潘家铮为我国水利电力事业共同奋斗的岁月，感怀潘家铮坚持科学、求是创新的精神。

在潘家铮的故乡浙江绍兴，有民间人士专门辟设了“潘家铮纪念馆”。

早在2008年，由中国水力发电工程学会发起，在浙江大学设立了“潘家铮水电科技基金”。该基金的宗旨就是大力弘扬潘家铮先生求是创新的科学精神、忠诚敬业的工作态度、坚韧不拔的顽强毅力、甘为人梯的育人品格、至诚至真的水电情怀、享誉中外的卓著成就，引导和激励广大科技工作者，沿着老一辈的光辉足迹，不断攀登水电科技进步的新高峰，促进我国水利水电事业健康可持续发展。基金设“水力发电科学技术奖”（奖励科技项目）、“潘家铮奖”（奖励科技工作者）和“潘家铮水电奖学金”（奖励在校大学生）等奖项，广泛鼓励了水利水电创新中成绩突出的单位和个人。潘家铮去世后，这项工作每年有序进行，人们以这种方式表达着对潘家铮的崇敬和纪念。

多年以来，在众多报纸杂志上发表的纪念和回忆潘家铮的文章，更加不胜枚举。

以上种种，都是人们发自内心深处对潘家铮的真情怀念。

2012年6月13日，时任国务委员的刘延东在给躺在病榻上的潘家铮颁发光华工程科技奖成就奖时，称赞潘家铮院士“在弘扬科学精神、倡导优良学风、捍卫科学尊严、发挥院士群体在科学界的表率作用上起到了重要作用”。并特意嘱托其身边的工作人员，要对潘总的科技成果做认真的总结。

为了深切缅怀潘家铮院士对我国能源和电力事业做出的巨大贡献，传承潘家铮院士留下的科学技术和文化的宝贵遗产，国家电网公司决定组织编辑出版《潘家铮全集》，由中国电力出版社承担具体工作。

《潘家铮全集》是潘家铮院士一生的科技和文学作品的总结和集成。《全集》的出版也是潘家铮院士本人的遗愿。他生前接受采访时曾经说过："谁也违反不了自然规律……你知道河流在入海的时候，一定会有许多泥沙沉积下来，因为流速慢下来了……我希望把过去的经验教训总结成文字，沉淀的泥沙可以采掘出来，开成良田美地，供后人利用。"所以，《全集》也是潘家铮院士留给世人的无尽宝藏。

潘家铮一生勤奋，笔耕不辍，涉猎极广，在每个领域都堪称大家，留下了超过千万字的各类作品。仅从作品的角度看，潘家铮院士就具有四个身份：科学家、科普作家、科幻小说作家、文学家。

潘家铮院士的科技著作和科技论文具有重要的科学价值，而其科幻、科普和诗歌作品具有重要的文学艺术价值，他的杂文和散文具有重要的思想价值，这些作品对弘扬我国优秀的民族文化都具有十分重大的意义。

《潘家铮全集》的出版，虽然是一种纪念，但意义远不止于此。从更深层次考虑，透过《潘家铮全集》，我们还可以去了解和研究中国水利水电的发展历程，研究中国科学家的成长历程。

## 三

《潘家铮全集》共18卷，包括科技著作、科技论文、科幻小说、科普文章、散文、讲话、诗歌、书信等各类作品，约1200万字，是潘家铮先生一生的智慧结晶和作品总集。其中，第一至九卷是科技专著，分别是《重力坝的弹性理论计算》《重力坝的设计和计算》《重力坝设计》《水工结构计算》《水工结构应力分析》《水工结构分析文集》《水工建筑物设计》《工程数学计算》《建筑物的抗滑稳定和滑坡分析》。第十卷为科技论文集。第十二卷为科普作品集。第十三卷为科幻作品集。第十四、十五、十六卷为散文集。第十七卷为序跋和书信总集。第十八卷为文言作品和诗歌总集。在大纲审定会上，专家们特别提出增加了第十一卷《工程技术决策与实践》。潘家铮的科技著作都写作于20世纪90年代之前，这些著作充分阐述了水利水电科技的新发展，提出创新的理论和计算方法，并广泛应用于工程设计之中。而90年代以后，我国水电装机容量从3000万千瓦发展到3亿千瓦的波澜壮阔的发展过程中，潘家铮的贡献同样巨大，他的思想和贡献主要体现在各类审查意见、技术总结、工程处理意见、讲话和报告之中，第十一卷主要收录了这一时期潘家铮参与咨询和决策的重大工程的审查意见、技术总结等内容。

《全集》的编辑以"求全""存真"为基本要求，如实展现潘家铮从一个技术员成长为科学家的道路和我国水利水电科技不断发展的历史进程，为后世提供具有独特价值的珍贵史料和研究材料。

《全集》所收文献纵亘1950~2012年，计62年，历经新中国发展的各个重要阶段，不仅所记述的科技发展过程弥足珍贵，其文章的写作样式、编辑出版规范、科技名词术语的变化、译名的演变等等，都反映了不同时代的科技文化的样态和趋势，具有特殊史料价值。为此，我们如实地保持了文稿的原貌，未完全按照现有的出版编辑规范做过多加工处理。尤其是潘家铮早期的科技专著中，大量采用了工程制计量单位。在坝工计算中，工程制单位有其方便之处，所以对某些计算仍沿用过去的算式，而将最后的结果化为法定单位。另外，大量的复杂的公式、公式推导过程，以及表格图线等，都无法改动也不宜改动。因此，在此次编辑全集的时候都保留了原有的计算单位。在相关专著的文末，我们特别列出了书中单位和法定计量单位的对照表以及换算关系，以方便读者研究和使用。对于特殊的地方进行了标注处理。而对于散文集，编者的主要工作是广泛收集遗存文稿，考订其发表的时间和背景，编入合适的卷集，辨读文稿内容，酌情予以必要的点校、考证和注释。

## 四

《潘家铮全集》编纂工作启动之初，当务之急是搜集潘家铮的遗存著述，途径有四：一是以《中国大坝技术发展水平与工程实例》后附“潘家铮院士著述存目”所列篇目为基础，按图索骥；二是对国家图书馆、国家电网公司档案馆等馆藏资料进行系统查阅和检索，收集已经出版的各种著述；三是通过潘家铮的秘书、家属对其收藏书籍进行整理收集；四是与中国水力发电工程学会联合发函，向潘家铮生前工作过或者有各种联系的单位和个人征集。

最终收集到的各种专著版本数十种，各种文章上千篇。经过登记、剔除、查重、标记、遴选和分卷，形成18卷初稿。为了更加全面、系统、客观、准确地做好此项工作，中国电力出版社在中国水力发电工程学会的支持下，组织召开了《潘家铮全集》大纲审定会、数次规模不等的审稿会和终审会。《全集》出版工作得到了我国水利水电专业领域单位的热烈响应，来自中国工程院、水利部、国务院南水北调办公室、国家电网公司、中国长江三峡集团公司、中国水力发电工程学会、中国水利水电科学研究院、小浪底枢纽管理局、中国水电顾问集团等单位的数十位领导、专家参与了这项工作，他们是《全集》顺利出版的强大保障。

国家电网公司档案馆为我们检索和提供了全部的有关潘家铮的稿件。

中国水力发电工程学会曾经两次专门发函帮助《全集》征集稿件，第十一卷中的大量稿件都是通过征集而获得的。学会常务副理事长李菊根，为了《全集》的出版工作倾其所能、竭尽全力，他的热心支持和真情襄助贯穿了我们工作的全过程。

潘家铮的女儿潘敏女士和秘书李永立先生，为《全集》提供了大量珍贵的资料。

全国人大常委会原副委员长、中国科学院原院长路甬祥欣然为《全集》作序。

著名艺术家韩美林先生为《全集》题写了书名。

国家新闻出版广电总局将《全集》的出版纳入“十二五”国家重点图书出版规划。

国家出版基金管理委员会将《全集》列为资助项目。

《全集》的各个分卷的主编，以及出版社参与编辑出版各环节的全体工作人员为保证《全集》的进度和质量做出了重要的贡献。

上述的种种支持，保证了《全集》得以顺利出版，在此一并表示衷心的感谢。

因为时间跨度大，涉及领域多，在文稿收集方面难免会有遗漏。编辑出版者水平有限，虽然已经尽力而为，但在文稿的甄别整理、辨读点校、考订注释、排版校对环节上，也有一定的讹误和疏漏。盼广大读者给予批评和指正。

《潘家铮全集》编辑委员会

2016年5月7日

# 本卷前言

2012年7月13日，一颗情系大坝的心脏停止跳动了！但这位科学家留给我们的科技著作依旧闪耀光芒，他就是潘家铮。潘家铮院士是新中国水利水电事业的重要奠基人之一，从事水利水电工作60余载，为中国水利水电事业奉献了毕生精力。从流溪河到新安江，从龙羊峡到三峡，几十座大坝的设计与建设中均留下了他的足迹。在他的一生中，他与大坝共存，如今他也“魂归大坝”。逝者如斯，他扎实的专业理论基础、高度负责的实践精神以及对科学真理的热忱追求，将永远引领我们继续攀登科技的高峰。

理论与实践，是一个相互促进相互提升的过程。潘家铮1950年于浙江大学土木工程专业毕业，从设计和施工200kW的金华湖海塘水电站做起，一步步学习和掌握水电开发技术，同时，他还夜以继日地进修数学和力学知识，注重将书本知识和国外资料上的知识应用于实践，又从工作实践中总结经验、找出问题，逐步形成了自己独特的设计思想。1957年，潘家铮出任新安江水电站设计副总工程师，1958~1960年兼任现场设计组组长，常驻工地，具体领导工程设计与施工技术工作。在担任新安江水电站设计副总工程师期间，1958年8月，潘家铮出版了他的第一本学术著作《重力坝的弹性理论计算》（本套丛书第一卷），书中系统总结梳理介绍了当时各国学者应用弹性理论计算重力坝的研究成果，填补了我国重力坝计算方面的空白，为我国重力坝设计、计算提供了理论指导及可供工程实践借鉴的宝贵资料，对我国重力坝的设计与计算具有里程碑的意义。

1965年初夏，他响应党中央支援三线建设的号召奔赴荒无人烟的雅砻江和大渡河，负责锦屏、龚嘴、磨房沟等水电站的勘测和设计工作。在恶劣而艰苦的环境中，工作之余，他写下了30余篇论文，并出版了《重力坝的设计和计算》等多部学术著作，迎来了他设计生涯的黄金时代。《重力坝的设计和计算》原书于1965年出版，为我国第一本系统介绍重力坝设计理论、计算方法及工程应用的著作，极大促进了我国重力坝的设计与建设。书中，采用弹性力学进行重力坝计算的部分，是在本套丛书第一卷《重力坝的弹性理论计算》的基础上，更多地参考、吸收了当时国内外先进技术、科学成就及实际工程经验和研究成果，进行修改补充后完成的。本套丛书第三卷《重力坝设计》于1985年出版，是潘家铮在本书的基础上，参考并纳入了更多国内外工程实践经验及先进技术，进一步修改完善而著。因此，《重力坝的设计和计算》在我国重力坝的设计计算理论方面起到了承上启下的作用。

本书编制时，手工录入采用的原书为潘家铮珍藏，原书许多书页上面可看到潘家铮进行修改以编制《重力坝设计》的铅笔手迹，书页上工整的字体，对每一处细节的修改，体现了潘家铮严谨的工作作风。从上述三本书的关系，我们看到了潘家铮对科学理论的研究、水电建设实践的追求尽可能做到极致，对治学从业一贯严谨的态度。

本书由于出版时间较早，公式及推导过程繁杂，原稿文字采用繁体字，且有些字迹已经模糊不清，重版时在校稿过程中根据原书上下文对模糊字迹进行判断和辨认，力求忠于原书。同时，原书中许多图、表无标题，校稿时根据图、表与书中相关内容的对应，增补了相应标题。书中部分计量单位与目前我国法定计量单位不一致，为忠于原书，仍采用原书单位，统一用单位符号表示。此外，由于书中现有单位与国际单位不一致，在附录部分列出了对应的单位换算表，以便读者查阅。

潘家铮作为国内外知名的水电工程专家，毕生从事水电工程建设和科研工作，他的为人与情怀，令无数科技工作者感动。本书再版时，力求完美，但由于上述种种原因，尽管进行了严谨认真的校对工作，仍有可能存在错、漏之处，敬请读者谅解并指出。

王仁坤

2015年12月

# 编辑说明

**一、基本原则**

《潘家铮全集》(以下称《全集》)的编辑工作以“求全”“存真”为基本要求。“求全”即尽全力将潘家铮创作的各类作品收集齐全，如实地展现潘家铮从一个技术人员成长为一个科学家的道路中，留下的各类弥足珍贵的文稿、文献。“存真”即尽量保留文稿、文献的原貌，《全集》所收文献纵亘1950～2012年，计62年，历经新中国发展的各个重要阶段，不仅所记述的科技发展过程弥足珍贵，其文章的写作样式、编辑出版规范、科技名词术语的变化、译名的演变等都反映了不同时代的科技文化的样态和趋势，具有特殊史料价值。为此，我们尽可能如实地保持了文稿的原貌，未完全按照现有的出版编辑规范做加工处理，而是进行了标注或以列出对照表的形式进行了必要的处理。出于同样的原因，作者文章中表述的学术观点和论据，囿于当时的历史条件和环境，可能有些已经过时，有些难免观点有争议，我们同样予以保留。

**二、科技专著**

1. 按照“存真”原则，作者生前正式出版过的专著独立成册。保留原著的体系结构，保留原著的体例，《全集》体例各卷统一，而不要求《全集》一致。

2. 科技名词术语，保留原来的样貌，未予更改。

3. 物理量的名称和符号，大部分与现行的标准是一致的，所以只对个别与现行标准不一致的进行了修改。例如：“速度（$V$）”改为了“速度（$v$）”。

4. 早期作品中，物理量量纲未按现在规范使用英文符号，一般按照规范改为使用英文符号。

5. 20世纪80年代以前，我国未采用国际单位制，在工程上质量单位和力的单位未区分，《全集》早期作品中，大量使用千克（kg）、吨（t）等表示力的单位，本次编辑中出于“存真”的考虑，统一不做修改。

6. 早期的科技专著中，大量采用了工程制计量单位。在坝工计算中，工程制单位有其方便之处，另外，因为书中存在大量的复杂的公式、公式推导过程，以及表格图线等，都无法改动也不宜改动。因此，在此次编辑全集的时候都保留了原有的计算单位，物理量的量纲原则上维持原状，不再按现行的国家标准进行换算。在相关专著的文末，我们特别列出了书中单位和法定计量单位的对照表以及换算关系，以方便读者研究和使用。对于特殊的地方进行了标注处理。

**三、文集**

1. 篇名：一般采用原标题。原文无标题或从报道中摘录成篇的，由编者另拟标题，并加编者注。信函篇名一律用“致×××——为×××事”，由编者统一提出要点并修改。

2. 发表时间：①已刊文章，一般取正式刊载时间；②如为发言、讲话或会议报告者，取实际讲话时间，并在编者注中说明后来刊载或出版时间；③对未发表稿件，取写作时间；④对同一篇稿件多个版本者，取作者认定修改的最晚版本，并注明。

3. 文稿排序：首先按照分类分部分，各部分文稿按照发表时间先后排序。发表时间一般详至月份，有的详尽到日。月份不详者，置于年末；有年月而日子不详者，置于月末。

4. 作者原注：保留作者原注。

5. 编者注：①篇名题注，说明文稿出处、署名方式、合作者、参校本和发表时间考证等，置于篇名页下；②对原文图、表的注释性文字，置于页下；③对原文有疑义之处做的考证性说明，对原文的注释，一般加随文注置于括号中。

**四、其他说明**

1. 语言风格：保留作者的语言风格不变。作者早期作品中有很多半文半白的文字表达，例如：“吾人已知”“水流迅急者”“以敷实用之需”“×××氏”等。本着“存真”和尊重作者的原则，未予改动。

2. 繁体字：一律改用简体字。

3. 古体字和异体字：改用相应的通行规范用字，但有特殊含义者，则用原字。

4. 标点符号：原文有标点而不够规范的，改用规范用法。原文无标点的，编者加了标点。

5. 数字：按照现行规范用法修改。

6. 外文和译文：原著外文的拼写体例不尽一致，编者未予统一。对外文拼写印刷错误的，直接改正。凡是直接用外文，或者中译名附有外文的，一般不再加注今译名。

7. 错字：①对有充分根据认定的错字，径改不注；②认定原文语意不清，但无法确定应该如何修改的，必要时后注（原文如此）或（？）。

8. 参考文献：不同历史时期参考文献引用规范不同，一般保留原貌，编者仅对参考文献的编列格式按现行标准进行了统一。

# 目　录


总序言（路甬祥）……V
总前言（编辑委员会）……IX
本卷前言（王仁坤）……XVII
编辑说明……XIX

**第一章　概论**……1
第一节　重力坝的发展……1
第二节　我国解放后在重力坝设计和施工中的成就……5
第三节　重力坝的工作条件和特点……7
第四节　重力坝的分类……8
第五节　设计要求、设计内容及基本资料……14
第六节　常用的术语和符号……17
**第二章　重力坝的布置和细部设计**……21
第一节　坝体布置和断面规划……21
第二节　溢流坝的布置和水力计算……26
第三节　阻水和排水设计……52
第四节　坝内的廊道布置……58
第五节　闸墩、导墙和其他结构……62
第六节　坝体混凝土设计……77
第七节　坝体观测设计……88
第八节　基础处理设计……103
**第三章　坝体断面设计和稳定分析**……122
第一节　作用在坝体上的荷载……122
第二节　荷载组合和安全系数……145
第三节　坝体断面设计的基本原理……149

第四节　坝体经济断面选择……156
**第四章　重力坝的应力计算——材料力学计算法**……168
第一节　概述……168
第二节　各分应力及边界主应力的计算……169
第三节　成果表示和计算表格……178
第四节　渗透压力所产生的应力的计算……183
第五节　材料力学分析法的改进——基本因素法……191
第六节　坝体变位计算……197
第七节　施工分缝对应力分布的影响及其他计算……205
第八节　试载法计算……217
第九节　重力坝裂缝扩展稳定性的计算……232
**第五章　重力坝的应力计算——弹性理论法**……252
第一节　概述……252
第二节　无限楔体的经典解答……255
第三节　叠加法的应用……272
第四节　基础内应力计算……299
第五节　渗透压力应力计算……308
第六节　角缘函数……317
第七节　有限差和迭弛法……335
第八节　坝体自振周期计算……348
第九节　坝体应力试验方法简介……358
**第六章　坝体孔口和廊道的应力分析**……368
第一节　概述……368
第二节　无限域内圆孔的计算……370
第三节　无限域中的椭圆孔……387
第四节　无限域中的矩形孔……411
第五节　无限域中的标准廊道……422
第六节　靠近边界的圆孔……432
第七节　裂缝附近的应力集中……441
第八节　大孔口坝体应力分析问题……446
**第七章　重力坝的分缝与温度控制**……452
第一节　重力坝的各种分缝型式……452
第二节　混凝土坝的温度控制原理与基本措施……456
第三节　重力坝的温度场计算……462
第四节　坝块中温度应力的计算方法……487
第五节　各种分缝方式的设计问题……503
第六节　人工冷却措施……519
第七节　混凝土坝的温度裂缝……526

第八章　宽缝重力坝的设计和计算 …… 532
第一节　宽缝重力坝的特点和断面选择 …… 532
第二节　宽缝重力坝的整体应力分析 …… 543
第三节　渗透压力所产生的应力分析 …… 565
第四节　宽缝重力坝的基本因素法 …… 583
第五节　分区混凝土重力坝的应力计算 …… 593
第六节　宽缝重力坝局部应力计算 …… 610
第七节　半立体试验和计算 …… 619
附录　本书表述工程计量单位与法定计量单位关系表 …… 631

# 第一章

# 概　　论

## 第一节　重力坝的发展

为了征服自然和改造自然，人类很早就和河流作斗争了。通过长期的生产斗争，人类逐渐知道修建一些建筑物来控制水流。现在，凡是用来开发水利、免除水害、使河流为人类服务的工程建设，概称为水利工程，水利工程中的各项建筑物都可称为水工建筑物。

水工建筑物的种类很多，有挡水建筑物、引水或输水建筑物、通航建筑物以及其他各种专门性建筑物。但其中挡水建筑物——拦河坝或堰、闸等——往往起着主要作用。在许多水利工程枢纽中，都应有坝、堰、闸等来控制洪水、改善航道、获取动力，以及供给农业、工业和生活用水。如果说挡水建筑物是这些水利工程枢纽中的主导建筑物，这是并不夸大的。

人类修建坝、堰的历史，可以上溯到数千年前。例如我国在二千年以前，就修建过像都江堰这样著名的水利工程，而且迄今尚在发挥作用。当然，早年所修建的堰、坝，还只能是根据一些实践的经验，按照比较粗糙和近似的准则建造起来的。随着千百年来科学技术的不断进步，堰、坝的设计和建造技术也获得了相应的发展。特别在20世纪中期，堰、坝的设计和计算理论进展更为迅速，堰、坝的建筑高度和规模也大有发展，各种新颖的坝型被研究出来，其断面日趋经济和合理。

拦河坝的类型很多，从建筑材料和结构作用的角度可划分为以下几大类型，即：圬工重力坝（主要是混凝土重力坝）；散体堆填坝（或称为当地材料坝，主要是土坝和堆石坝）；利用建筑物强度及结构作用维持稳定的拱坝（重力拱坝及薄拱坝）；肋墩坝（大头坝、平板坝和连拱坝）；以及混合式坝。在这许多种坝型中，重力坝是最原始、也是常常采用和比较重要的一种。所谓重力坝，就是主要依靠本身重量来保证稳定的坝。在各国修建的高坝中，直到目前为止，重力坝始终占有相当重要的地位。在表1-1中，根据一些不完整的统计资料，列出了近百年来国外修建的较重要的大坝的总数、坝型组成和重力坝所占的比例。（广义地讲，堆石坝和土坝也是依靠坝体材料重量来维持稳定的。但在习惯上，我们常以重力坝一词来专指依靠自重维持稳定的圬工坝。土坝和堆石坝另被列为“当地材料坝”或“散体堆填坝”这一种类型。）

表 1-1　　近百年来国外大坝修建统计表（部分资料）

1．每 10 年间建造的重力坝数

| 时期 | 坝　高　（m） | | | | 总　计 | |
|---|---|---|---|---|---|---|
| | 30～60 | 60～90 | 90～120 | 120 以上 | 每隔 10 年 | 累 计 |
| 1850 年以前 | 2 | | | | | 2 |
| 1850—1959 年 | 2 | | | | 2 | 4 |
| 1860—1969 年 | 2 | | | | 2 | 6 |
| 1870—1979 年 | 7 | | | | 7 | 13 |
| 1880—1989 年 | 9 | 2 | | | 11 | 24 |
| 1890—1999 年 | 14 | | | | 14 | 38 |
| 1900—1909 年 | 35 | 3 | | | 38 | 76 |
| 1910—1919 年 | 41 | 11 | 3 | | 55 | 131 |
| 1920—1929 年 | 121 | 18 | 5 | 1 | 145 | 276 |
| 1930—1939 年 | 98 | 36 | 6 | 2 | 142 | 418 |
| 1940—1949 年 | 85 | 16 | 7 | 3 | 111 | 529 |
| 1950—1959 年 | 151 | 88 | 17 | 12 | 268 | 797 |
| 总计 | 567 | 174 | 38 | 18 | | |
| 设计中的 | 53 | 40 | 19 | 18 | | |
| 合计 | 620 | 214 | 57 | 36 | | 927 |

2．重力坝所占的比例表

| 时期 | 各种坝型总数（累计数，下同） | 重力坝（及所占%） | 拱坝 | 连拱坝 | 肋墩坝 | 土坝 | 堆石坝 |
|---|---|---|---|---|---|---|---|
| 1850 年以前 | 6 | 2（33%） | 2 | | | 2 | |
| 1850—1959 年 | 11 | 4（36） | 3 | | | 2 | 2 |
| 1860—1969 年 | 16 | 6（37） | 3 | | | 5 | 2 |
| 1870—1979 年 | 26 | 13（50） | 3 | | | 7 | 3 |
| 1880—1989 年 | 38 | 24（63） | 3 | | | 7 | 4 |
| 1890—1999 年 | 56 | 38（68） | 3 | 1 | | 9 | 5 |
| 1900—1909 年 | 111 | 76（68） | 6 | 1 | | 21 | 7 |
| 1910—1919 年 | 224 | 131（59） | 24 | 5 | 5 | 47 | 12 |
| 1920—1929 年 | 515 | 276（54） | 75 | 25 | 7 | 108 | 24 |
| 1930—1939 年 | 793 | 418（53） | 112 | 31 | 12 | 176 | 44 |
| 1940—1949 年 | 1030 | 529（51） | 155 | 37 | 22 | 236 | 51 |
| 1950—1960 年 | 1559 | 797（51） | 245 | 40 | 48 | 359 | 70 |
| 总 计 | 1559 | 797（51） | 245 | 40 | 48 | 359 | 70 |
| 设计中 | 204 | 130（64） | 22 | 1 | 6 | 30 | 15 |
| 合计 | 1763 | 927（53） | 267 | 41 | 54 | 389 | 85 |

续表

3．国外修建各种坝型统计表

| 国家或地区 | 坝数 | 坝型 | | | | | |
|---|---|---|---|---|---|---|---|
| | | 重力坝 | 拱坝 | 连拱坝 | 肋墩坝 | 土坝 | 堆石坝 |
| 美国 | 569.5 | 196 | 87 | 19 | 7 | 225.5 | 35 |
| 日本 | 222 | 185 | 10 | 1 | 1 | 20 | 5 |
| 意大利 | 164 | 84 | 48 | 6 | 14 | 3 | 9 |
| 西班牙 | 141 | 120 | 12 | | 6 | 2 | 1 |
| 法国 | 96.5 | 49 | 39.5 | 4 | | 3 | |
| 澳大利亚 | 53 | 27 | 4 | 1 | 2 | 18 | 1 |
| 加拿大 | 47 | 31 | 2 | 2 | 1 | 7 | 4 |
| 瑞士 | 32.5 | 16 | 11.5 | | 3 | 1 | 1 |
| 墨西哥 | 32.5 | 7 | 3 | 2 | 2 | 14.5 | 4 |
| 英国 | 31 | 18 | | | 4 | 9 | |
| 葡萄牙 | 31 | 9 | 14 | | 1 | 4 | 3 |
| 奥地利 | 21 | 11 | 10 | | | | |
| 新西兰 | 19 | 8 | 7 | | | 3 | 1 |
| 阿尔及利亚 | 18 | 9 | 2 | 1 | | 3 | 3 |
| 智利 | 11 | 1 | | | | 3 | 7 |
| 阿根廷 | 10 | 1 | 4 | | 3 | | 2 |
| 其他地区 | 264 | 155 | 13 | 5 | 9 | 73 | 9 |
| 总计 | 1763 | 927 | 267 | 41 | 54 | 389 | 85 |

分析表列资料可见，重力坝在各种坝型中所占的比例，一般保持在50%左右。这充分说明这一种坝型的重要性（其次则为土坝及拱坝）。

修建重力坝的材料通常为混凝土和石料。但目前，凡是重要的、永久性的和较高的重力坝，几乎全是用混凝土修建的。因此，一般所称的重力坝，几乎就专指混凝土重力坝而言。本书所讨论的内容，也就限于岩石地基上混凝土重力坝的设计和计算问题。

如前所述，人类修建坝的历史可追溯到数千年前。但早期修建重力坝时，对于其工作情况、所承受的荷载的性质和数量、坝体内的应力分布、对建筑材料的要求等都是不够了解的，所以其断面常常很大，而型式、布置上却不很合理，材料上和施工上的缺陷很多。因此，残存到现在能继续发挥作用的就不多见了。重力坝按科学原理设计和建造，实际上是19世纪以后的事。下面拟简单地叙述一下重力坝设计理论的进展历史。

魏格曼（E.Wegmann）在研究了西班牙和法国早期所修建的重力坝后曾指出，在1850年以前修建的坝，大都是设计不良的：体积十分庞大，断面不够合理，还有一些工程在基础处理上存在问题。分析历史资料得知，在19世纪50年代，尚无成熟的设计准则可资遵循。

在 1850—1860 年，法国的工程技术人员开始拟出了一些科学的设计准则，从而使重力坝的设计理论大大地前进了一步。目前仍在应用的两条基本设计原则，即重力坝内的应力不应超过某一极限和重力坝任何部分不能发生滑动破坏，也就是当时由萨济耳利（De Sazilly）在总结了一些实践经验后提出的。

在 1881 年，英国兰金（J.M.Rankine）发表了一条设计重力坝的重要原则，即：在坝体内，主要是在坝的上游面，不能产生拉应力。他根据应力线性分布的假定，将上述原则更具体地表达为：坝内合力线的位置应保持在断面宽度的三分点以内。这一条著名的古典准则——三分点准则，直到目前仍然是重要的参考公式。兰金的另一贡献是，他指出重力坝下游面最危险的应力是平行坝面方向的主应力。

在此以后，许多工程技术人员都已知道用“抗滑稳定”和“三分点准则”来设计重力坝。但后来，发现某些重力坝虽然其设计能够全部满足上述要求，却仍然发生了事故。这就不能不使人怀疑是否尚有某些重要的设计因素未为人所知。这样就逐渐发现和注意到坝内渗透水所起的破坏作用。利威（M.Levy）在 1895 年明确地指出了在坝体上游面的裂缝中存在着显著的水压力作用，并提出了另一条著名的设计原则，即为了防止这些渗透水压力可能造成的失事危险，坝体上游面应力应该保持为压应力，其数值不应小于该点的水压力。更重要的是，他正确地建议在上游面内设置垂直的排水系统和视察廊道来作为一道“保护”。他认为这些措施正像蒸汽锅炉中的安全阀一样重要。在此以后，经过许多人的努力探究，作用在重力坝上的一种主要和隐蔽的荷载——扬压力——的性质，就逐渐明确了。

进入 20 世纪后，对重力坝的设计和计算工作就更加深入了。1922 年魏格曼所著《坝的设计和施工》[1]一书中，已总结了以下一些设计准则：①压力线位置，不论在库满或库空情况，都要位于断面的三分点内；②坝体内或基础上的最大压应力不能超过某一极限；③沿任何水平面上的摩擦力应能阻止坝体滑动；④坝顶应有足够的厚度和超高以抵抗波浪作用和漂浮物的冲击。这时，书上画的标准断面已有 60m 高，最大压力已约达 15kg/cm$^2$。

我们应该补叙，在坝体应力分析方面，从 19 世纪末到 20 世纪初已有很大进展。如前所述，在 19 世纪 80 年代，兰金已经提出了三分点原则，实际上已将材料力学中的线性计算法应用到重力坝分析上了。1898 年，利威应用弹性理论方法全面地计算重力坝的应力分布。他用古典的弹性理论得出了无限楔形体在重力和一些边界力作用下的应力分布解答。1913 年，卡罗塞（S.D.Carothers）得出了更全面的一些经典解答。后来苏联喀列尔金（Б. Г. Галеркин）成功地用弹性理论解决梯形断面的计算，更使此法的实际应用发展了一步。约与此同时，以材料力学中正应力呈线性分布假定为基础的应力计算法也日益发展、完整。我们可以指出以下一些文献：1908 年，歇尔（E.P.Hill）发表了求重力坝内部剪应力的近似法；1909 年，克因（W.Cain）发表了计算重力坝内应力的一篇较完整的论文。1910 年以后的 20 年中，这个方法已被研究得相当完整和

[1] Edward Wegmann：Design and Construction of Dams,7th edition．John Wiley and Sons．

定型，达到可以实用的程度。

在1920年前，重力坝设计发展的另一方向，是研究如何在应力分析问题日趋明确的基础上，进一步提高材料的工作应力。当然，相应地也推动了在工程材料（混凝土）和施工技术上的进步。

1930年以后的数十年中，重力坝的设计、计算和施工更有了很大的进展。这主要是由于生产上的需要所推动的。由于要兴建巨大的水库来满足大型水电站、大型防洪和灌溉工程的需要，世界各国在1930年以后修建了许多重力式高坝。坝高，断面大，工程量多，就出现了一系列新的问题要求解决。在应力计算方面，精确的弹性理论法又得到发展来研究较困难和复杂的应力问题，如“角缘函数”或“自应力”理论（1936年）、拟板原理（1930—1934年）、迭弛法（1947—1951年）、孔口和廊道附近的应力集中计算（1930—1940年）等。在应力试验方面，偏光弹性试验开始大量用来研究重力坝的应力（1930—1936年），其后拟板试验（1934年）、电测试验和应变网试验，也有所采用。

应力计算的另一条发展方向，则为考虑重力坝的空间结构作用。1933年，美国一些工程技术人员提出试载法的原理，其后得到了发展，不久即应用到铰接式和整体式的重力坝的分析上去，并且也用以分析重力拱坝和薄拱坝。

在荷载研究方面，韦斯特格德（H.M.Westergaard）于1933年近似地解决了地震时坝面上的动水压力问题，并提出了实用的公式。这个课题近来经过日本畑野正、小坪清真等人和我国学者们的研究，已更较明确（1956—1962年）。斜面上的动水压力问题，经美国赞格用电拟法研究，也得出许多资料。对于波浪压力、冰压力和淤沙压力等也已积累了许多观察资料和半经验公式。

由于高坝的断面较为巨大，必须分缝分块浇筑，而且必须解决温度应力问题，于是，发展了各种分缝型式和设计理论，缝面的处理设计、坝体的温度应力计算理论和温度控制设计均随之出现。在施工方面，混凝土的生产、运输和浇筑的规模日益扩大，大规模机械化浇筑混凝土和大体积混凝土的质量控制、温度控制等问题，都有了丰富的实践经验。

对于坝体混凝土的各项要求，也进一步明确了，材料的各种性能都有很大的提高。最大计算应力，可以达到80～100kg/cm $^2$，甚至更高。单宽流量达120m$^3$/（s·m）的溢流道及消能工已非罕见。此外，各种新式的重力坝坝型的出现，各种观测重力坝变形和应力的仪器的发明和应用，都是最近数十年中的成就。

## 第二节　我国解放后在重力坝设计和施工中的成就

我们伟大的祖国，是世界上历史悠久的国家之一。我们勤劳智慧的祖先在水利工程方面的光辉成就，是全世界人民所熟知的。至今，还有一些数千年前修建的古老的水工建筑物在为我们服务，这些建筑物设计的巧妙和施工质量的良好，在当时都是属于一流的。但是，由于长期的封建统治，以及帝国主义的侵略和压迫，我国水利科学技术的进展受到了严重阻碍。例如在国民党统治的年代里，几乎没有修建过一个较大的水利工程，以致水利不兴，水害日亟，黄河和淮河等更是经常成灾。在这一段黑暗的年代中，我国的水利科学正和其他各种科学一样，得不到应有的发展，而远远落后于国际水平。

1949 年中华人民共和国成立，结束了这一段黑暗时代。在党和毛主席的正确领导下，我国人民奋发图强，自力更生，已迅速地扭转了这种落后的局面。我们正在以矫健的步伐胜利前进。在短短的两个五年计划期间，我们已经取得了巨大的成就。在毛主席的“一定要把淮河修好”的伟大号召下，我们已在淮河流域上修建了一连串的水库，较大的就有佛子岭水库、梅山水库、响洪甸水库、磨子潭水库和南湾水库等，还有许多水闸工程。过去被资本主义国家专家们认为无法治理的黄河，也正在迅速改变面貌，第一个巨大的工程——三门峡水利枢纽已矗立在黄河上了。在水力发电方面，许多大中型的水电站，如官厅、黄坛口、狮子滩、上犹江、流溪河、新安江等已先后投入运行，在规划、设计和建设中的水电站为数更多。我们深信，我国人民在伟大的党和毛主席的正确领导下，一定能够依靠自己的双手，迅速改变一穷二白贫困落后的面貌，把我国建设成为一个伟大的社会主义强国。

随着解放后水利水电建设事业的飞跃发展，我国的大坝设计和施工水平也正在不断提高。新安江、三门峡等工程的拦河坝，均为高达百米以上的混凝土重力坝，还有采用了高百米以上的肋墩坝的工程，佛子岭（坝高 70 余米）和梅山（坝高 80 余米）水库的连拱坝均可列入世界最高的连拱坝之列。至于我国修建的土石坝更为数众多，其中如密云、官厅等水库的土坝均为规模巨大的工程。根据我国的一些具体条件，目前在各种坝型中，重力坝采用较多，而其设计和施工技术方面的发展也较迅速，现略加叙述如下。

在应力分析和研究方面，我国技术人员和学者改进了材料力学分析法（1957—1958 年，参见第四章第二节和第五节），使其大为简化，较国外沿用的计算公式和表格方便。宽缝重力坝的应力计算问题是在我国首先作了详尽的研究和试验的（1957—1959 年）。在大孔洞重力坝设计方面，我国的力学家和设计人员对复联体的迭弛计算作了理论上的推展和演算（1956 年），并做了模型试验研究（1961 年）。在温度应力和温度场的分析理论方面，我国学者也做出了许多贡献（1957—1961 年）。在 1960 年以后，我国更大力研究了重力坝应力的电模拟解法和应用电子计算机计算坝体应力的问题。与理论分析相结合，我国自第一个五年计划时期开始，即研究和掌握了各种模型应力试验技术，包括光测、电测和其他试验，不仅能解决平面问题，而且在探索空间试验问题方面也做了大量工作。我国的许多学校和研究机构，与设计部门密切配合，研究和试验了重力坝在振动力学和水力学上的许多问题，如地震应力分析、地震时坝面水压力问题、溢流中的脉动、震动和气蚀问题等，都得到了许多有价值的资料。

在新坝型的设计研究中，我们曾设计了大孔洞重力坝、溢流式厂房重力坝，至于宽缝重力坝更在我国得到了广泛的应用。此外，我国对一些有发展前途的坝型如腹孔坝、装配式重力坝等，也进行了科学研究和试验工作。

最后还要提一下在施工技术上的进展。我国在解放后迅速地修复和新建了许多大中型拦河坝工程。我国目前较大的重力坝（如三门峡、新安江等工程的拦河坝），其体积在一百数十万立方米至数百万立方米，都是在短短几年内修建完成的。在施工中还涌现出许多新技术，如大块高层浇筑，特大骨料混凝土及重型震捣器的采用，大量块石的埋设，新颖的导流和防渗措施，高度机械化施工，复杂的地基处理，等等。所有这些对重力坝的施工都具有重要意义。从上述极不完整的资料中，已可看出解放后我国水利建设与水利科学的成就是多么巨大。

## 第三节　重力坝的工作条件和特点

在本章第一节中已经说明，重力坝主要依靠它的自重来保证稳定，起到挡水作用。坝体的巨大重量，在任何一个断面上产生足够大的摩擦力来抵抗水压力以及其他外荷载，不使发生滑动。同时，自重在坝体内，特别在上游面产生可观的压应力，以抵消外荷载在坝体上引起的拉应力，使坝体不致发生应力上的破坏。所以，重力是保证重力坝安全运行的主要因素，这也是这类坝型被称为重力坝的原因。

既然重力坝是利用自重来维持稳定的，则和其他利用结构作用维持稳定的坝型（如拱坝或肋墩坝）相比较，重力坝的断面和相应的工程量常较巨大，而坝体内的应力则较低。以拱坝与相同高度的重力坝比较，前者的体积只为重力坝的 80%（重力拱坝）～15%（薄拱坝），甚至更少。肋墩坝也常可比重力坝节约 20%～40%的工程量。所以重力坝常须耗用较多的建筑材料（水泥），这可以认为是重力坝的一个较大的缺点。

使重力坝断面增大的原因，除材料的强度未得到充分利用外，还由于重力坝与基础接触面积大，其上的扬压力很大，以致坝体材料的自重也未得到充分利用。所以在现代重力坝设计中，如何减少扬压力的数值，是一个极重要的课题。

由于重力坝的断面较大，它的温度应力和收缩应力也较严重。施工中生产混凝土的能力和相应的运输、浇捣和温度控制要求都比较高。这又是重力坝的另一个缺点。

混凝土重力坝虽然具有以上一些缺点，但它更具有以下一些极其重要的优点：

（1）混凝土重力坝对坝区的地形地质条件的适应性较好。几乎在任何形状的峡谷中均能修建重力坝。同时，由于基础面上的压应力不高，因此对地基的要求也可以比拱坝或肋墩坝为低。

（2）由于重力坝内部应力不高，所以对材料性能的要求也较低，除局部地区外，可以采用较低标号的混凝土。并且由于坝体断面大，可以大量埋放块石和采取其他有效措施，以降低单位水泥用量。在施工上，有利于采用大规模的机械化浇捣方法，以加快进度。在放样、立模、浇捣和保证混凝土质量等问题上都比较简单，混凝土的单价往往是较低的。

（3）在坝体的潜在安全性上来说，重力坝胜于轻型的肋墩坝或当地材料坝。因为，和肋墩坝——如连拱坝或平板坝——相比，由于重力坝断面尺寸大，应力低且分布较均匀，与基岩的接触面积广，不论是抵抗长期渗漏、意外的荷载、震动或战争中的破坏，重力坝的安全性均较高。以重力坝与土坝或堆石坝相比时，则由于重力坝在任何破坏面上除摩擦力外必然存在着可观的抗剪断强度，其最终稳定破坏安全系数至少在 2 以上，一般常达 3～5 以上（具体数值与地形、地质条件及工程处理措施有关），安全性显然较土坝或堆石坝为高。其次，当遭遇超过设计考虑的洪水时，重力坝上的溢流量稍增大一些，或在原设计的挡水坝上发生溢流时，虽将引起不利后果，但尚不一定失事，而当地材料坝若发生漫顶情况，是极易招致全面性的破坏的。

不过，重力坝与拱坝相比时，应该认为，在一般情况下后者的潜在安全性将更高一些。

重力坝的维护、修复或扩建，都比其他型式的坝来得简单、方便。

（4）另一个优点，可能也是一个主要的优点，就是重力坝枢纽上的泄水问题一般比其他坝型容易解决。重力坝的基本断面形状，很适宜于做成顶部溢流的溢流坝，而可以泄放很大的流量。在坝体内设置泄水底孔的问题，也比其他坝型简单。而泄洪问题在其他坝型，特别是当地材料坝、薄拱坝和轻型肋墩坝，就较难解决，多数不得不另外开辟溢流道或泄水隧洞来解决，这就大大增加了工程量、造价和复杂性。我国大部分河流的特点，都是水量丰沛，洪水泄量巨大，因此很适宜于采用重力坝。我国目前最高的几座大坝，如三门峡水利枢纽工程、新安江水电站等的拦河坝，都采用了重力坝，这不是偶然的。

重力坝尚有其他一些优点，如结构作用明确，变位和应力的计算及研究比较简单，有利于采用分期导流方式施工，钢材的耗用量较少，必要时便于分期施工或分期加高，与水电厂的结合和输水系统布置都比较容易。所以，重力坝至今仍为一种重要的坝型。

## 第四节　重力坝的分类

重力坝可以从不同的角度来分类，现在略予解释和讨论如下。

### 一、按高度分类

重力坝按其坝高可以分为低坝、中等高度的坝和高坝三类。当然其间并无严格的区别。一般讲来，坝高小于 30m 的可称为低坝，坝高大于 70m 的可称为高坝，在其间的可称为中等高度的坝。目前国外已完成的较高的重力坝有：瑞士的大狄克逊坝，高 284m；美国的包尔德坝，高 224m；印度的巴克拉坝，高 207m；美国的沙斯塔坝，高 184m，大古力坝，高 168m；日本的佐久间坝，高 150m；苏联的布拉茨克坝，高 125m 等。其他在百米左右的高坝，也已修建了百余座。图 1-1 表示某些高坝断面的比较。

坝体的高度愈大，在设计上和施工上的要求也愈高，问题也愈多。这是因为：

（1）坝高愈大，作用的水头、承受的其他荷载和内部的应力都随之增大，因而不论对坝体材料的强度、密度、抗渗性，对基础的处理，对某些细部构造（如阻水、防渗等措施），都有较高的要求。对于应力、变形和水力计算等也要求作更精确的分析。

（2）坝高愈大，溢流落差、流速愈大，下游冲刷消能等问题也愈严重。

（3）坝体愈高，断面尺寸必然愈大，这就引起了施工浇捣、分缝分块和温度收缩应力计算、设计等一系列问题。

（4）坝体愈高，工程数量愈大，失事的后果亦极严重。因此要求有更正确合理的工程布置和断面设计，以求在确保安全的基础上最大限度地减少工程量、投资和劳动力。

因此，高坝与低坝的设计内容和要求不一定是相似的。某些问题在低坝中可能无关重要，而在高坝设计中却成为关键问题。

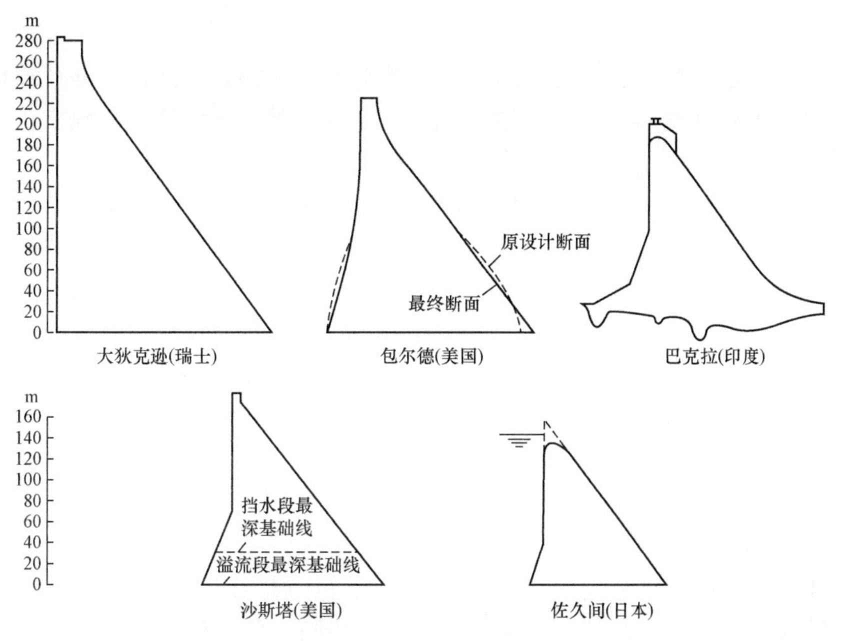


图 1-1　国外几个典型重力高坝的断面比较

## 二、按坝体在空间的结构作用分类

重力坝沿河谷断面的长度，少则十数米，多者达数公里，因此通常必须分为若干坝段施工，两相邻坝段间的分缝称为横缝。随着横缝缝面处理措施的不同，坝体在空间的结构作用也有所不同。根据不同的横缝缝面处理措施，重力坝可以划为三大类（参见图 1-2）：

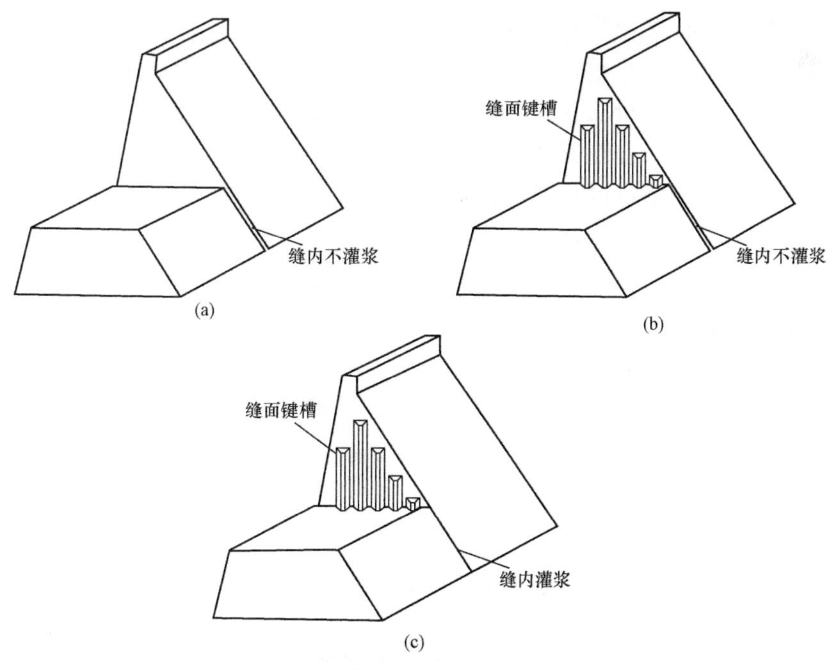


图 1-2　悬臂式、铰接式及整体式重力坝示意图

（a）悬臂式；（b）铰接式；（c）整体式

1. 悬臂式重力坝

各横缝做成永久性的温度伸缩缝，中间填有柔性填料。因此，在外荷载作用下，各坝段得视为可独立变形，互不牵涉。在作应力分析时，亦可分坝段独立进行。

2. 铰接式重力坝

各横缝间做有垂直键槽，使缝面上能传递一定的剪力（指沿上下游方向的剪力）。在承受外荷载——如上游面水压力——作用时，各坝段间将有一定的牵涉作用。可以这样设想，河床中央部分的坝段最高，在水压力作用下变形也最大，愈向两岸，坝高愈低，变形也愈小。但由于缝面间的约制作用，各坝段不能完全独立变形，在缝面间将产生一定的剪力，使中央部分的坝段的变形减小而岸坡部分的坝段的变形增加。换言之，各坝段两侧面承受着一定的剪力作用，悬臂梁除发生在垂直平面内的弯曲外，尚有一定的扭转作用，坝体中除在垂直平面内产生应力外，在水平断面上也产生某些应力，亦即坝体起有一定程度的空间作用。

3. 整体式重力坝

在这类重力坝中，横缝仅作为一临时的施工缝或温度缝，在以后将采用适当的工程措施（常为水泥灌浆）将其封堵密实，使各坝段结合成整体，从而能更全面地起空间结构作用。

这三类重力坝的工作特性及其优缺点可以简单地比较如下。

在结构作用上，悬臂式重力坝最为简单明确，各坝段主要依赖悬臂梁作用承受各自的荷载，主要的应力为垂直平面上的应力，应力和变形分析都可按平面问题处理，也比较简单，容易求出较精确的成果。在各坝段中，中央部位的坝体由于其坝高最大，应力和变形也最大，往往成为控制断面。

整体式重力坝恰与之相反，它的结构作用远为复杂，各坝段不能独立地进行计算，而须按整体考虑，因此分析工作是比较困难的。其中央部位的坝段由于受到岸坡部位坝段的帮助，最大应力和变形都比相应的悬臂式重力坝为小，因此从理论上讲，整体式重力坝的断面和工程量可以比悬臂式的小一些。但岸坡部分的坝体，由于受到空间结构作用的影响，其工作条件往往较相应的悬臂式重力坝岸坡部分为差，它不仅将承受较大的荷载，发生较大的变形和应力，而且还产生可观的扭转作用和相应的水平面上的拉应力及剪应力。

在施工上，悬臂式重力坝比较简便，整体式重力坝需在横缝中布置相应的灌浆系统以及必要的温度控制设备，在混凝土浇妥后，须经过适当的冷却处理，使缝张开，再灌浆填缝，所以施工比较复杂，工期亦较长。但在高坝情况，横缝经妥善封堵后，沿缝面的渗漏可以得到有效的防止，这是整体式重力坝的一大优点。

坝体在运行期中，由于气温的变化，不免产生一定的温度应力。在这方面，悬臂式重力坝的温度应力问题要比整体式来得小，正如静定结构的温度应力比超静定结构为小一样。

如果个别坝段受到意外损伤时，悬臂式重力坝的安全性较小。在整体式重力坝中，若个别坝段的安全系数降低而致不足时，相邻坝段能起协助和调整的作用，因此，抵抗失事的最终安全系数要大一些。

以上所述是悬臂式和整体式重力坝的比较，铰接式重力坝的工作情况和特点可视为介于两者之间（实际上铰接式重力坝采用得尚不多）。还应注意，对于狭窄和陡峻的峡谷，坝体的空间传力影响较大，而对宽广平坦的河谷，即使采用整体式结构，空间的传力作用仍不显著，绝大部分荷载是通过悬臂作用传达到基础上的。

目前的实践情况，在中小型重力坝以及一般的高坝上，多系采用悬臂式构造，仅在坝高较大，河谷较狭窄陡峻，并且有一定的必要（例如侧向稳定不足，或防渗要求很高等）时，才考虑采用设计上和施工上都较复杂的铰接式或整体式构造。

关于铰接式及整体式重力坝的应力计算及作用问题，在第四章第八节和第七章中尚有介绍。

**三、按断面结构型式分类**

图 1-3 表示几种不同的重力坝横断面。其中图 1-3（a）为最简单的型式，各坝段宽度为常数，紧相挨靠，可称为实体重力坝。图 1-3（b）中，在水平断面中部坝段宽度有所束狭而形成一个空腔（宽缝），可称为宽缝重力坝。如果宽缝尺寸很大，中间束狭部分成为肋墩形式，则重力坝也就逐渐过渡为肋墩坝了。在图 1-3（c）中，坝体横断面上开了一个较大的孔洞，这种坝可称为腹孔重力坝，有时简称为腹孔坝。图 1-3（d）中，在坝体上游面施加了预应力，可称为预应力重力坝。

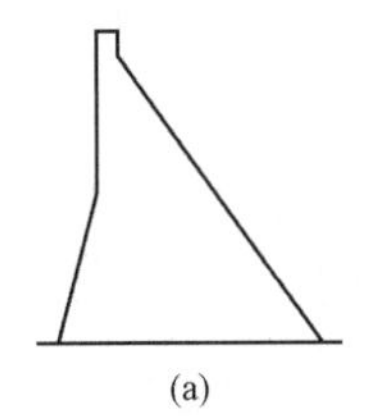

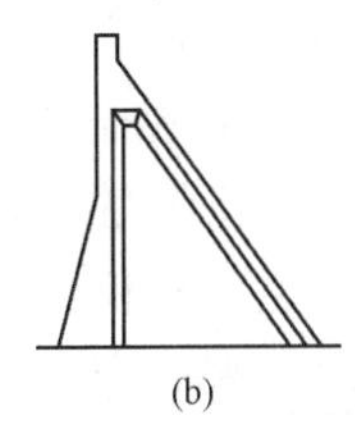

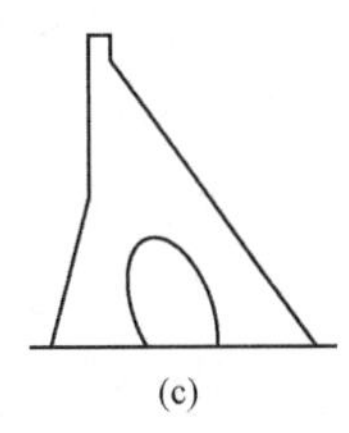

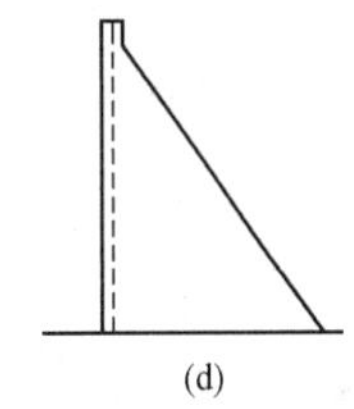


图 1-3　几种不同的重力坝横断面

实体重力坝是最原始也是最简单的型式。其优点是施工、计算、设计均较简单，应力分布也较明确和有利。但缺点是扬压力大，断面面积和工程量也大，不够经济。宽缝重力坝是近年来发展起来的一种新型重力坝，在我国尤其得到迅速和广泛的发展。和实体式相比，它具有扬压力小、断面及工程量较小和便于检查及维护等优点。它的缺点是需用较多的模板和施工较为复杂，在某些部位上存在局部的不利应力分布（如在头部悬臂部分）。腹孔坝具有以下一些特点：上游坝踵的压应力较大，扬压力可以进一步得到降低，可以适应某些不利的地质条件（如坝修建在具有软弱夹层的地基上，可用腹孔跨越过软弱层），同时尚可利用腹孔布置水电站的厂房等。它的缺点是在腹孔附近的应力分布较复杂，可能存在较大的拉应力，需配置较多的钢筋，应力分析较难精确，施工上也比较复杂。预应力坝的特点是利用预加应力措施来增加上游部分的压应力，从而可以大大削减坝体断面。但这种坝的设计和施工存在着较多的问题，目前还只有一些小型及试验性的工程和旧坝加固工程中曾采用过这一措施。

本书主要论述实体重力坝和宽鏠重力坝的设计和计算问题，对于后者的应力计算问题，专门列为第八章讨论。对于应用尚不广泛的腹孔坝和预应力坝，在本书中未加介绍。

## 四、按泄水条件分类

按照重力坝的顶部是否溢放水流的条件，可以分为溢流坝及非溢流坝。但在非溢流坝坝体内也可布置管道来泄水，这种可称为底孔泄流坝。完全不能泄水的坝可称为不泄水坝，或可称为挡水坝。

在一个工程中，可以根据需要，将一部分坝体设计为溢流坝或底孔泄流坝，而另一部分设计成为挡水坝。通常的做法总是将溢流坝或底孔泄流坝布置在河床的中部或靠近中部，而其两侧则接以挡水坝。

在上节中已经指出，混凝土重力坝的一个有利特点就是能方便地通过坝顶或坝体来泄放洪水。因此，几乎在所有的重力式拦河坝中，都设有一部分溢流坝或底孔泄流坝。不利用重力坝上的设备泄水，而专门另辟溢流道或放水设备的做法，是绝无仅有的。但当重力坝的过水能力不足时，设置其他的泄水设备来协助泄放，则并不少见。

就溢流坝和底孔泄流坝来比较，它们各有优缺点。溢流坝的特点是泄放流量大[溢流坝的最大单宽流量可达 100～120m$^3$/（s·m）]，水力条件有利，下游的水力衔接设计及消能设计较易解决，顶部的控制闸门及启闭机也较大型深孔闸门简单，必要时可以泄放漂浮物。由于有这些显著的优点，所以采用溢流坝来解决从上游向下游溢洪问题是极其常见的。但是泄水底孔也具有一些特殊的优点，首先，它可在水库水位较低的情况下泄水，或者说，可以用泄水孔来适当地放低上游水位；可以利用泄水孔来冲砂；水面上的漂浮物对深孔的有害影响较小；当下游需要少量流量时，利用泄水孔来控制放流是很适宜的。此外，泄水孔还可以和施工期的导流措施结合起来。

除了以上的主要分类外，重力坝又可以按照工程枢纽在国民经济中的作用及失事的影响，定为不同的级别。这须根据国家的规定来确定。我国尚未颁布正式的规范，下面简略介绍一下在设计实践中通常采用的规定。

首先应确定水利水电工程的分等，这要根据工程的用途、效益和影响确定，可参见表 1-2。

**表 1-2　　水利水电工程分等指标**

| 工程等别 | 工程用途 | | | | 库容（亿 m$^3$） |
|---|---|---|---|---|---|
| | 水力发电 | 灌溉、排水 | | 防洪 | |
| | 电站容量（万 kW） | 灌溉或排水面积（万亩） | | 下游防护地区性质或农田面积（万亩） | |
| | | 水稻和经济作物 | 旱作物 | | |
| I | 大于 25 | 大于 100 | 大于 200 | 1. 主要城市或重要工农业区；2. 农田大于 500 万亩 | 大于 10 |
| II | 25～5 | 100～25 | 200～50 | 1. 次要城市或次要工农业区；2. 农田 500 万～100 万亩 | 10～1 |
| III | 5～0.5 | 25～5 | 50～10 | 1. 一般城镇、一般工业区及人口较密农业区；2. 农田 100 万～20 万亩 | 1～0.1 |
| IV | 0.5～0.05 | 5～1 | 10～2 | 1. 小城市、小村镇、小工业区；2. 农田 20 万～5 万亩 | 0.1～0.01 |
| V | 0.05 以下 | 1 以下 | 2 以下 | 农田 5 万亩以下 | 0.01 以下 |

其次则确定重力坝的设计等级。按个别的建筑物根据其在枢纽工程中的作用可分为永久性建筑物（主体工程建筑物）和临时性建筑物（如施工导流建筑物等）。在永久性建筑物中又可划分为主要建筑物和次要建筑物。根据工程等别和重力坝在工程中的作用，可参见表 1-3 来确定坝的设计级别。

**表 1-3　　水工建筑物的级别**

| 工程等别 | 永久性水工建筑物的级别 | | 临时性水工建筑物的级别 |
|---|---|---|---|
| | 主要建筑物 | 次要建筑物 | |
| Ⅰ | Ⅰ | Ⅲ | Ⅳ |
| Ⅱ | Ⅱ | Ⅲ | Ⅳ |
| Ⅲ | Ⅲ | Ⅳ | Ⅴ |
| Ⅳ | Ⅳ | Ⅳ | Ⅴ |
| Ⅴ | Ⅴ | Ⅴ | |

重力坝通常总是工程枢纽中的永久性主要建筑物，所以根据表 1-3，重力坝的设计级别常等于工程的等别。

以上所述的等级的确定，有时可根据具体情况经适当论证后予以调整。例如在坝体上游有巨大的水库或承受特别高的水头作用，坝体失事后将引起灾难性后果或对国民经济造成巨大损失，以及基址地质条件非常复杂的情况下，重力坝的设计级别可予提高；反之，承受低水头作用的重力坝，地质情况简单、良好，或建筑物允许长期间歇整修，或预期建筑物使用年限不长时，重力坝的设计等级则可酌予降低。

重力坝的设计等级不同，反映在设计上，对以下几方面的要求将随之有别：

（1）在重力坝的强度和稳定性方面，不同等级的重力坝对抗滑稳定和应力安全系数、对混凝土的开裂和对变形的限制等均有不同的要求。

（2）在重力坝的设计洪水保证率方面有所区别，包括设计及校核洪水的频率[1]，以及不许淹没部位的超高要求等。

---

[1] 各级建筑物的设计和校核洪水频率，通常按下表所列采用：

**永久性水工建筑物**

| 运用情况 | 洪水频率（%） | | | | |
|---|---|---|---|---|---|
| | Ⅰ级 | Ⅱ级 | Ⅲ级 | Ⅳ级 | Ⅴ级 |
| 正常（设计） | 0.1 | 1.0 | 2.0 | 5.0 | 10.0 |
| 非常（校核） | 0.01 | 0.1 | 0.2 | 0.5 | 1.0 |

**临时性水工建筑物**

| 运用情况 | 洪水频率（%） | | | |
|---|---|---|---|---|
| | Ⅱ级 | Ⅲ级 | Ⅳ级 | Ⅴ级 |
| 正常（设计） | 1.0 | 2.0 | 5.0 | 10.0 |
| 非常（校核） | 0.2 | 1.0 | 2.0 | 5.0 |

（3）在建筑材料方面，例如对混凝土的抗渗指标要求，水灰比、材料强度的确定等均随设计级别不同而有所区别。

（4）在建筑物运用的可靠性和方便性方面，包括设置专门设备等，要求亦有所不同。

上述各方面的具体要求将在以后各章中分别叙述。

最后尚应提到，重力坝按照地基特性尚可分为修建在软基（如土、砂、河床覆盖层等）上的重力坝及修建在坚硬的岩基上的重力坝。本书所述，主要限于岩基上的混凝土中等高度的坝及高坝的设计。软基上的低坝（堰、闸）的设计，是性质不同的另一类问题，本书未加叙述。

## 第五节　设计要求、设计内容及基本资料

### 一、设计要求

如前所述，重力坝是水利枢纽中极重要的建筑物，造价及工程量都很大，对国民经济的影响巨大，失事的后果极为严重。所以，重力坝的设计工作必须以调查研究为根据，非常谨慎细致和深入地进行，既不能有任何不切实际的片面论断或无根据地存在侥幸心理，也不能保守浪费，墨守成规。总之，设计重力坝时应该根据党的鼓足干劲、力争上游、多快好省地建设社会主义的总路线，以及一切有关的技术经济政策和指示，详尽地研究建筑物在技术上、经济上的一切问题，从中得出必要的结论。总的原则是：在确保建筑物安全运行的基础上，最大限度地节约工程量、劳动力和投资，力求便于施工、便于运行维护，并在经济实用的基础上适当注意建筑艺术要求。其具体要求可列举如下：

（1）必须保证重力坝有足够的安全性。坝体必须具有足够的强度和稳定性。坝体必须在实际上是不透水的。坝体应有足够的刚度，即具有抵抗过量变形的能力。坝体应能防止发生裂缝或限制裂缝的扩展、扩张。坝体又必须具有抵抗外界因素的长期破坏和侵蚀作用的能力，诸如抵抗大气的破坏作用、侵蚀作用，水（包括库水、渗透水、泄流水和地下水）的物理化学作用，以及其他（如生物）侵蚀作用的能力，也就是要求坝体有足够的耐久性。坝顶尚应有抵抗波浪和漂浮物冲击的强度及防止溢顶的超高。

不仅坝体本身须具有上述性能，作为大坝基础的基岩也要具有同样的能力，因此重力坝的设计必须包括对基础的计算、研究和处理在内。

（2）必须保证重力坝在运行后能发挥设计中所预定的各种效益，满足设计中规定的要求。例如，能通过重力坝泄放所规定的洪水流量或泥沙、冰凌；能保证拦蓄设计的洪水，进行调节；能保证供应水电站以必要的水头和流量；在泄放规定流量时，对航道不产生不能容许的困难，水流对河床和两岸不产生不利的破坏作用，不影响鱼类的繁殖和捕捞工作，等等。

对于施工时期中的一些相应要求，如施工期导流、施工期航运和施工期水力条件及岸坡保护等问题，也应同样考虑解决。

当然，同样重要的是应保证重力坝修建后不产生未预期的破坏性作用。为此就要

求在设计中详尽地研究建筑物竣工后对附近地区所引起的各种变化，例如土地的淹没、浸没和沼泽化，水库中的淤积，下游河道的冲淤，等等。但是由于这个问题涉及范围很广，一般在进行整个枢纽的规划时即应解决，因而不作为重力坝本身设计内容的一部分。

（3）必须使所设计的坝体便于施工，例如便于采用大规模的机械化施工，有利于建筑施工工业化，可以尽量就地取材，能够尽可能地减免施工上的复杂与困难，以及过大、过高、过多的施工设备等。

（4）必须使坝体在运行期间便于检查和维修。例如，应设有各种便于进出的通道，解决照明、通风等问题，装置足够的监视仪表，预留有便于维护补强的条件和措施等。

（5）在满足以上各项要求的基础上，应该使建筑物的工程量、造价和原材料的消耗量为最低；应具有悦目的、与周围环境协调的外表。

要全面地达到上述要求，我们必须对各方面的问题进行详尽的调查研究，并常须进行一系列的试验来作论证。以下几条原则，是值得在每一个工程设计中加以考虑的：

（1）把水利水电枢纽中的其他建筑物和重力坝结合起来。最常见的是把泄洪建筑物与重力坝相结合，其他还有在坝内或溢流坝下设置发电厂房，在坝体内开孔洞埋设输水管道，等等。

（2）对于特别高大的重力坝，应研究分期施工、分期投入运行的可能性与合理性，以减小初期工程投资。

（3）应研究在建筑物尚未全部竣工时提前投入运用发挥效益的可能性。

（4）应研究采用装配式和预应力构件以简化施工的可能性，例如重力式预制混凝土模板，坝顶上的装配式桥梁等。

## 二、设计内容

重力坝的设计内容是比较广泛的。概括地讲，对于较重要的重力坝，其设计内容常包括以下几种：

（1）关于坝体总布置的确定，包括确定坝体在水利枢纽中的布置，选择坝址和坝轴线，选择坝型（实体重力坝或宽缝重力坝或其他型式的重力坝，悬臂式、铰接式与整体式的比较和选择），决定坝体与两岸或其他建筑物的连接方式等。

（2）关于坝体泄水能力及泄水建筑物的计算和设计。进行水库操作计算，决定坝体最大最小泄流要求，选定泄水建筑物的型式（溢流坝、底部泄流孔或专设的溢流道、泄洪隧洞）、尺寸和进行相应的控制及消能设施的设计。

（3）完成对地基的研究和处理设计，包括对基础的开挖、灌浆加固等的要求。对基岩的裂隙、断层、破碎带及软弱夹层应特别加以处理；还应该详细研究明确基岩在水压力和坝体压力长期作用下的渗透、变形、管涌、岩石的溶化和泥化等情况，以及必要的加强措施。

必须研究在施工期和运行期中两岸岸坡的变形和稳定问题，防止在开挖时或运行中发生滑坡、崩塌或冲刷等。

（4）确定坝体所承受的荷载，进行稳定和应力分析：选择坝体的断面，进而进行全面的应力、变形计算或试验，以核算大坝的安全性，并作为其他各项设计的基础。

（5）选择混凝土指标以及其他建筑材料的性能，提出对原材料的要求。所谓混凝土的指标，包括强度、抗渗性、抗磨性、抗冻性、抗侵蚀性、低热性、水灰比、水泥用量、水泥品种、骨料要求和外加剂要求等。

（6）进行重力坝的施工设计，包括坝体的分缝、分块、分层，缝面处理，混凝土温度控制措施等；确定坝体的浇捣方式，选择主要的施工设备，完成主要的施工结构设计；安排坝体的施工总进度。

施工设计中另一重要部分为施工导流设计，包括对导流方案的选择，导流建筑物（围堰、泄水底孔）的规划和设计，以及其他有关的设计（如梳齿浇捣设计）。

还应当解决施工期的交通、放木和下游用水等问题。

（7）研究其他有关国民经济部门对建筑物的要求，进行相应的布置和设计。例如，公路和铁路通过坝体的要求，在重力坝中设置船道、筏道和鱼道等的要求。

（8）完成重力坝其他的细部设计和艺术处理设计。如坝体内外的交通廊道和电梯，坝体及基础的阻水和排水系统，坝体内外的观测和监视系统，坝体的照明和通风，坝上的闸墩、桥梁、边墩、导流墙以及栏杆等的设计，坝体外型及艺术处理设计等。最后，并须编制工程概算或预算。

（9）制定重力坝的维护、运行和监视、观测等方面的要求和细则。

**三、基本资料**

在着手设计一座重力坝时，我们必须通过实地调查研究取得若干基本资料，这些资料大致可分为以下几类：

1. 地质资料

例如坝址区的地质平面和剖面图。应说明当地的岩层、岩性，覆盖层性质及深度，基岩利用等高线，基岩中的断层、节理、裂隙和其他缺陷的分布及性质，基岩的透水性、地下水位及其他有关的水文地质资料。这些地质资料是决定基础开挖深度和加固处理方式、拟定基岩力学特性指标（摩擦系数和黏结力）、设计坝基抗渗要求等的基本依据，极为重要，必须通过一定的勘探工作来阐明。某些勘探工作的布置、方法和原始数据，也对设计有重大参考价值，例如钻孔、探洞或探槽的位置，钻探或挖洞的方法和进度，岩心获取率，钻探中出现的情况，钻孔中的压水试验成果等，都是设计中有用的资料，亦须注意。

2. 地形资料

即实测的坝址区地形图，应包括水下地形。左右两岸大致测到坝头范围以外数十至数百米，或其高程测到坝顶以上数米至数十米。在平面上，应测到建筑物上下游数十米或数百米。进行技术设计时，地形图的比例尺常为 1:500。除平面图外，并视必要测绘纵横的地形剖面图。

如果在设计中须同时考虑施工布置等问题，则所需的地形图范围尚要根据具体条件确定。

3. 水文及气象资料

在水文资料方面，包括河道在坝址区的各种水文特性，如径流、洪水、相应水位、含砂性质和数量等。根据这些原始数据，经过调洪操作计算，就可确定通过重力坝的各种频率的流量、相应水位、水量和水库淤积速度等，这些是设计坝体断面、溢洪道、泄放措施和控制设备的基本依据。事实上，坝体溢洪道布置必须与调洪操作配合进行，再从经济分析来确定泄洪方案，并同时确定各相应水位、流量等资料。关于这方面的设计计算，将不在本书范围内讨论。

在气象资料方面，我们需要知道建筑地区的风力、风向、风速，以及当地各种气温、水温及地温资料，例如年、月、季的平均气温及其变幅、天然水温、水库蓄水后的水温、地下水温和基岩温度等。这些资料供确定坝体荷载和进行坝体温度控制设计等应用。

4. 建筑材料方面的资料

要求掌握坝址区及其附近地区的建筑材料分布、储量、质量、物理力学性质等资料。主要的建筑材料为砂卵石、块石和黏土等。

5. 试验鉴定资料

包括基岩各种物理力学性质的试验数据，如容重、摩擦系数、黏结力、抗压强度、弹性模量和泊松比，以及某些建筑材料的特性常数，如水泥发热量及速度，混凝土的线膨胀系数、导温系数和比热等。某些试验工作须一直进行到施工结束。

6. 其他资料

如对当地地震情况的调查了解，施工定额及单价资料，施工设备和水平等，这些都和设计密切相关。

在次要工程，对资料的要求可较低。这些基本资料都须经过一定的测量、勘探、调查或试验后确定。当设计中出现某些特殊的问题时，还往往须补充进行专门的勘探或试验来论证，例如钻孔灌浆试验、各种水工模型试验、结构试验等。所有勘测工作，均应按照国家颁布的有关规程规范进行。设计人员除应尽可能参加调查工作外，在取得所需的原始资料后，还必须经过分析研究和核实后才可应用。

## 第六节　常用的术语和符号

在本节中，汇录了本书中所用的主要符号和术语，以供查阅。

1. 主要术语（参看图 1-4）

（1）坝轴线——在平面上代表重力坝位置的一根横断河谷的线。通常选取坝体主要部分断面上游面垂直段的位置的投影线为坝轴线。坝轴线常为一条直线，但也可以为折线或弯度不大的曲线，或为它们的组合线。

（2）上游面——坝体靠向上游（水库）的表面，有时也称为迎水面或挡水面。

（3）下游面——坝体靠向下游（尾水）的表面。

（4）坝高——沿坝轴线位置从坝顶到坝底的垂直距离（不包括局部嵌入基岩内的结构部分深度）。

（5）坝顶——坝体横断面上的最高部分。非溢流坝坝顶多为实体混凝土，溢流坝坝顶多为桥梁，而无桥梁时多为溢流堰顶。非溢流坝坝顶宽度常称为重力坝的坝顶宽。

（6）坝底——重力坝坝体与基岩的接触面。沿这一断面量取的坝体横断面底宽为坝底宽度。

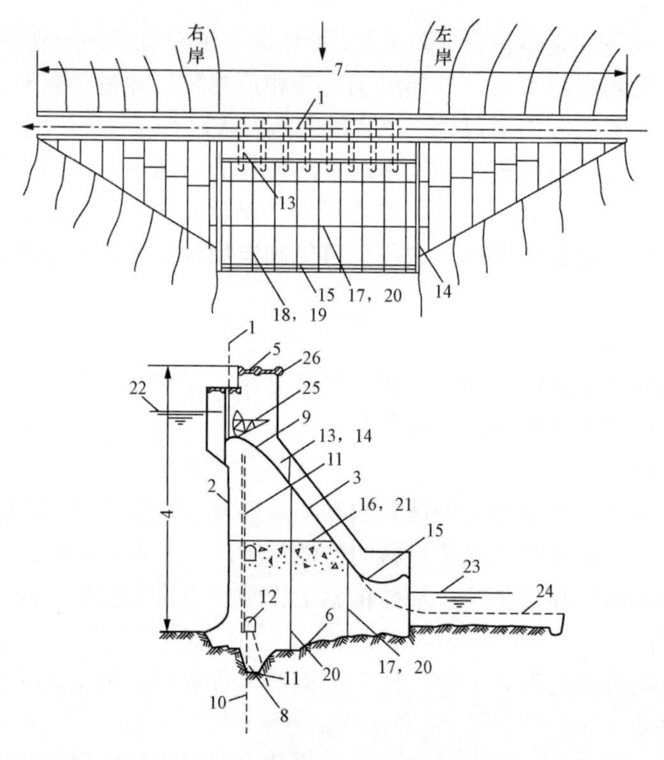


图 1-4　重力坝若干主要术语的定义

（7）坝长——在坝顶沿坝轴线量取的从左岸端点至右岸端点的长度。

所谓左右岸，系指人站在上游往下游看而定的位置。如果河流由北向南流，则右岸为西岸，左岸为东岸。

（8）齿墙——在坝底为了加强坝体抗滑稳定或抗渗能力而专设的嵌入基础中的混凝土建筑物。

（9）溢流面——从溢流堰顶向下游通过溢流水的表面。

（10）帷幕——或称阻水帷幕、防渗帷幕，系借一定的工程措施在坝基内或坝体内形成的一道阻水层。最常用的措施是用水泥灌浆来形成帷幕，所以也就称为帷幕灌浆。从坝底到帷幕底部的垂直距离称为帷幕深度。

（11）排水孔或排水管——用以拦截坝体内或坝基内的渗透水而予以集中排除的设施。在坝基内常系一排钻孔，称为排水孔；在坝体内常系一排多孔混凝土管，称为排水管。

（12）廊道——留设在坝体内的通道。随其作用的不同有排水廊道、检查廊道和灌浆廊道等名称。

（13）闸墩——设在溢流坝上的墩子，用来分隔各溢流孔、装设控制闸门和架设坝顶桥梁。在闸墩中常留有便利闸门或迭梁升降和支承的门槽或门枢。如仅用以支承坝顶桥的则可称为桥墩。

（14）边墩、边墙或导墙——在最侧面的闸墩或桥墩可称为边墩或边墙。如果边墩系用来分开溢流段和挡水段，则边墩须延长到下游，可称为导墙。

（15）挑水槛——设在溢流段尾部的结构，用以衔接上下游水流，或称为鼻槛。鼻槛常造成面流式的水流衔接，或将溢流水喷射到距离建筑物足够远的地方。

（16）施工缝——为了施工上的需要而设置的临时性分缝。

（17）温度缝——为了免除或减少温度应力所设的分缝。

（18）伸缩缝——永久性的温度缝。它具有一定的宽度，使在温度变化或混凝土收缩作用下，缝的两侧坝块能自由伸缩，不相干扰。

（19）横缝——平行于河流方向或垂直于坝轴线方向的分缝。

（20）纵缝——垂直于河流方向或平行于坝轴线方向的分缝。

（21）分层——坝体混凝土浇捣时，必须分批施工，在高程上每一批称为一个浇捣层。浇满一层后，应间歇一定的时间并在层面上进行一定处理后才可继续上升。

（22）库水位——坝体上游水库中的水位。在设计中所考虑的正常情况下蓄满的水位称为正常库水位，在宣泄各种频率流量时的相应水位为某某频率的水位。各种频率的洪水位可以低于、等于或高于正常库水位。在宣泄特大频率的洪水时其水位常允许较正常库水位为高，超过的高程称为超高（注意：坝顶超过库水位的高度亦称为超高），这时的水位称为非常库水位。水库中的最低水位称为最低库水位或死水位。

（23）尾水位——坝体下游河床的水位。和库水位相似，有正常尾水位、非常尾水位、最低尾水位等名称。

（24）护坦——接在溢流坝下游的消能和衔接上下游水流的建筑物。护坦上有时设有消力齿或消力槛。

（25）闸门——控制溢流道或泄水管流量的设备。闸门上应设置相应的启闭机构（启门机）。在泄水管内有时亦用阀来控制。

（26）坝顶桥——架设在溢洪道顶部的桥梁，用以连接两岸交通线（公路桥）或安装闸门启闭设备（工作桥）。

2. 符号

为了便于查阅，下面列出本书所采用的主要符号，由于讨论的内容比较广泛，符号不免有重复使用的情况。

$x$，$y$，$z$——坐标系统。$xy$ 平面为顺河流向的垂直平面，$x$ 为水平轴，以指向下游为正（有特别说明者除外），$y$ 为垂直轴，以指向上为正（有特别说明者除外）。$z$ 为横断河流的轴。

$\sigma$，$\tau$——应力，$\sigma$ 为正应力，$\tau$ 为剪应力。应力符号下有脚标者为分应力，脚标指该分应力所指方向或所在平面，如 $\sigma_x$、$\sigma_y$、$\sigma_z$ 和 $\tau_{xy}$ 等。极坐标中的分应力记为 $\sigma_r$、$\sigma_\theta$。主应力常以 $\sigma_{\mathrm{I}}$、$\sigma_{\mathrm{III}}$等表之。上下游面的应力常以 $\sigma_u$、$\sigma_d$、$\tau_u$、$\tau_d$ 等表之。

$H$——水头，高度，深度。

$E$——弹性模量。

$\mu$——泊松比。

$\alpha$——温度线膨胀系数（其他意义详后）。

$G$——剪切弹性模量。

$M$——力矩，弯矩。

$P$——合力，楔顶合力，水平合力。

$Q$——合力，剪力，水平合力。

$R$——楔顶合力（$R_x$，$R_y$），半径，相对极坐标。

$U$——浮托力。

$V$——合力，总垂直力，体积。

$W$——垂直合力。

$g$——重力加速度，体积力（$g_x$，$g_y$）。

$h$——高度，长度，厚度。

$k$——各种系数和比值。

$L$，$l$——长度。

$m$——下游坝坡。

$n$——上游坝坡。

$p$——压力或荷载的强度。

$q$——单宽流量，剪力。

$r$——半径，极坐标，比例。

$t$——厚度，时间。

$v$——流速，变位。

$u$——变位。

$\alpha$——角度，比例系数。

$\beta$——角度。

$\gamma$——角度，容重（$\gamma_0$为水容重，$\gamma_c$为混凝土容重，$\gamma_F$为基岩容重），剪切应变。

$\delta$——夹角。

$\varepsilon$——应变（$\varepsilon_x$，$\varepsilon_y$）。

$\eta$——曲线坐标，面积系数。

$\xi$——曲线坐标，系数。

$\theta$——角度，极坐标极角，夹角。

$\varphi$——角度，夹角。

$\lambda$——地震系数。

$\rho$——容重，极径。

$\nabla^2$——拉普拉斯算子。

$\Delta$——楔顶角。

$T$——温度，$\Delta T$。

# 第二章

# 重力坝的布置和细部设计

## 第一节　坝体布置和断面规划

### 一、坝体布置

重力坝通常由以下建筑物所组成：①溢流段坝体；②非溢流段坝体（挡水坝）；③连接建筑物，如边墩、导墙等；④坝顶建筑物，如闸墩、坝顶桥等。此外，在坝内常设有各种泄水用的管道、检查维修用的廊道、启闭溢流道或泄水管的闸、阀以及施工期的临时性建筑物。

设计和布置一座重力坝时，首先当然应该选择坝址，确定坝轴线。这是一个重要的工作，需根据详细的勘探资料，经过反复比较研究后确定，其讨论已超出本书范围。这里只指出，坝址和坝轴线的选择是否适当，将在很大的程度上影响工程设计是否经济合理，甚至决定工程的成败，所以选择工作必须审慎进行，并应在初步设计中得出肯定的意见。决定坝址所考虑的条件，首先应该是地质、地形和枢纽布置上的问题，其次则为施工条件和竣工后的运行条件。

重力坝的坝轴线一般采用直线，但在必要时，也可布置为折线或曲线。溢流坝通常布置在中部，其位置对准河床或其主流部分，两端以挡水坝与岸坡相接，其间用边墙或导墙隔开。两岸挡水坝有时也可采用其他坝型如土坝或堆石坝等，这样就组成混合式坝型。混合式坝型在两岸地面坡度平缓，挡水坝长度很大时较为合适。在这种坝型中，边墙的设计是一个主要问题。

由于施工设备的限制以及温度应力上的要求，重力坝必须分块浇筑，各块之间留着永久性或临时性的分缝。垂直于坝轴线方向（即平行于河流方向）的分缝称为横缝，这种缝常常做成永久性的伸缩缝。平行于坝轴线方向的分缝称为纵缝，纵缝常为临时性的工作缝。纵横缝间距的设计及缝面布置，将在后面详述（参见第七章和本章第三节）。

在溢流坝顶部布置闸墩、桥梁等坝顶建筑物，在其尾部接以消能建筑物，这些布置的要求将在本章第二节中介绍。

有时，在重力坝枢纽中常需结合布置一些其他建筑物，如船闸和鱼道等，这必须根据地形、地质、水力和运行等各种条件来选择布置。图 2-1 为一张典型的重力坝布置图。

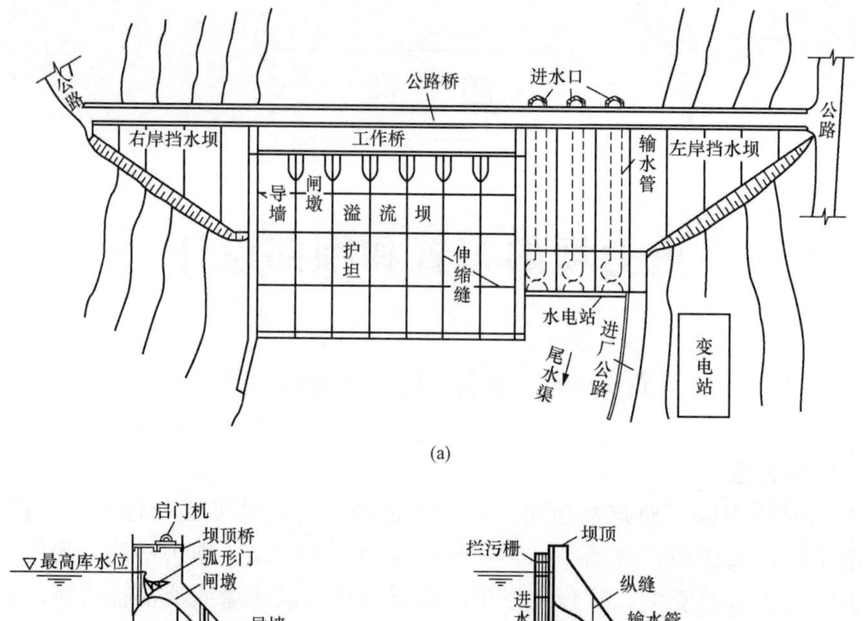

(a)

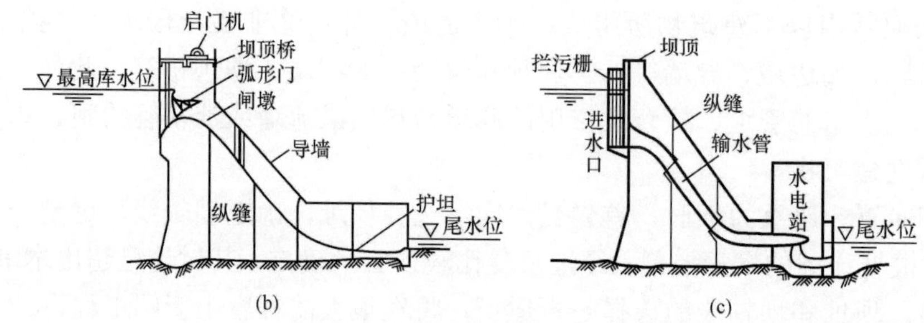

(b) (c)

图 2-1　重力坝的典型布置

（a）平面布置；（b）溢流段布置；（c）挡水段布置

## 二、非溢流坝的横断面设计

重力坝所承受的主要荷载是呈三角形分布的上游面水压力，因此，合理的坝体横断面形状基本上也应该呈三角形，这个三角形常称为坝体断面的基本三角形。基本三角形的顶点应该在上游最高水位附近，从顶点向下，断面宽度及荷载都相应地逐渐增加。

将重力坝断面设计成三角形，不仅符合力学上的要求，而且施工也最简单。但是，重力坝的实用断面往往与基本三角形略有出入，这是因为：

（1）实用断面的坝顶必须具有一定的宽度，以适应各种需要；

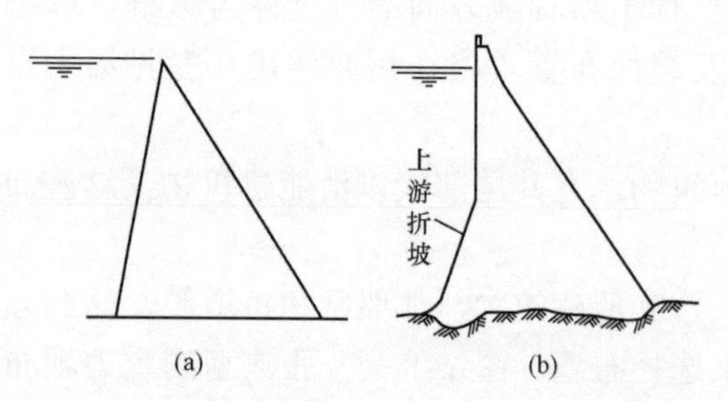

(a) (b)

图 2-2　重力坝实用断面与基本三角形的对照

（a）理论断面；（b）实用断面

（2）坝体上游面常做成一个折坡，以充分利用水重；

（3）坝体下游面有时可为折线形式或曲线形式；

（4）溢流坝需在坝顶设置溢洪道（溢流坝的断面设计将于下节中叙述）。

图 2-2 中所示为重力坝实用断面与基本三角形的对照。

关于坝体横断面的最终形状，必须

通过详细的稳定计算和应力计算并进行经济分析后确定，这将在第三章中叙述。本节中只限于说明非溢流坝断面设计中的几个具体问题。

1. 坝顶高程的确定

非溢流坝坝顶高程通常不低于上游最高静水位。同时，应在上游面设置挡水栏杆墙以阻挡库水的波浪，防止水流溢过坝顶发生事故。栏杆墙的高度一般取用1.2～1.5m，以满足通行安全及美观上的要求。

坝顶的绝对挡水高程（即栏杆墙顶高程）对水库最高静水位的超高 $\Delta h$ 可按下式计算：

$$\Delta h=2h+h_0+h'$$

式中 $2h$——波高（m），其计算公式见第三章；

$h_0$——波浪中心线超出静水面的高度（m），其计算公式见第三章；

$h'$——安全超高，其最小值可参照表2-1采用。

$\Delta h$ 除按以上公式计算外，并且不宜低于表2-1中所列的最小超高值。

**表2-1** 非溢流坝坝顶超高 m

| 坝别 | 运行情况 | 超过静水位的最小超高 $\Delta h$ | | | | 超过波浪顶的安全超高 $h'$ | | | |
|---|---|---|---|---|---|---|---|---|---|
| | | Ⅰ | Ⅱ | Ⅲ | Ⅳ、Ⅴ | Ⅰ | Ⅱ | Ⅲ | Ⅳ、Ⅴ |
| 混凝土坝、钢筋混凝土坝及浆砌石坝 | 正常情况 | 1.5 | 1.0 | 0.7 | 0.4 | 0.7 | 0.5 | 0.4 | 0.2 |
| | 非常情况 | 1.0 | 0.7 | 0.5 | 0.3 | 0.5 | 0.4 | 0.3 | 0.2 |

由表2-1分别按正常及非常情况确定超高，并取用使坝顶高程较大者。在计算中，应注意以下几点：

（1）计算波高时，应视坝体上游面是否垂直，分别按相应公式计算。对于倾斜的上游面，应考虑波浪沿斜面的上卷高度；对于垂直面，即按驻波计算（重力坝上游面常为垂直面）。

（2）在非常运行情况下，可考虑采用较低的风速，因而波高应比正常情况下的值小一些，减少的数值可由设计确定。

（3）用上式求出栏杆墙顶高程后，如 $\Delta h$ 值过大，使栏杆墙过高时，应将坝顶高程适当提高，而令栏杆高度保持在1.2～1.5m。反之，如 $\Delta h$ 值很小，此时亦可将坝顶高程降低，让栏杆墙承受一部分库水压力，但必须有充分研究论证。一般的做法，坝顶常不低于最高库水位，而且最好还超出一些。

2. 坝顶宽度的确定

确定非溢流坝坝顶宽度时，应该考虑以下几种要求：

（1）强度上的要求。例如当坝顶承受较大的冰压力、冲击力或其他外荷载时，则在强度上就对坝顶最小宽度有一定要求。

（2）施工上的要求。例如坝体采用某种施工机械或措施进行浇筑，有时也对坝顶尺寸提出一定要求。

（3）运行上的要求。例如坝顶需作为公路（单线或复线）、铁路、人行道或通过和布置机械设备，也需要一定宽度。

（4）美观上的要求。对于某些高坝，常需配合适当的坝顶宽度，以使各部分尺寸协调。

（5）经济上的要求。坝顶混凝土对坝体稳定及应力也有一定影响，因此变化坝顶宽度，在理论上讲，也将影响坝体总断面的经济性。由于坝顶位置一般靠近上游面，故坝顶稍宽一些，大致上要有利一些（尤以坝体断面受应力条件控制时为然）。但实际上，坝顶宽度对整个断面的经济性的影响是不大的，并无必要进行不同坝顶宽度的断面比较，而常常是根据以上所述几个条件来决定。

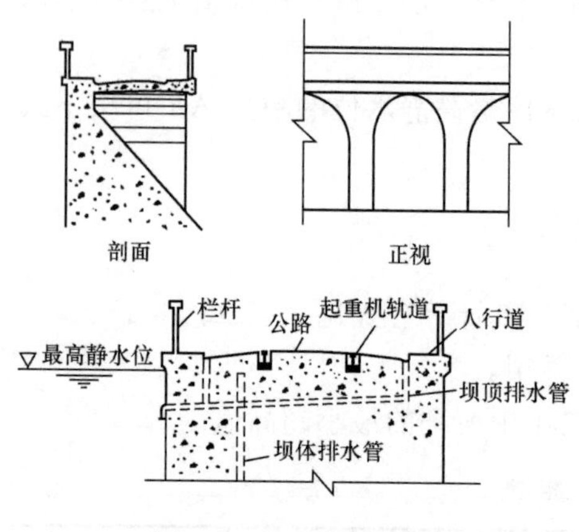


图 2-3　坝顶布置示意

一般非溢流坝坝顶宽度可取为最大坝高的8%～10%，最小尺寸不宜小于 2m。如果由于布置上的要求，坝顶宽度需很大，在经济上不合理时，也可将坝顶做成桥梁结构型式（见图2-3）。

3．坝体横断面形状和上下游坝坡

坝体断面上下游坝坡的选择，必须根据经济分析，通过对各种可能答案进行稳定和应力计算后才能决定，这些将在第三章中叙述，本节中仅讨论一些原则性的问题。

重力坝的断面形状究竟取哪一种型式才是最经济的，这一个问题已经过许多学者分析研究。理论上讲，如果一个断面能在其每一高程上都恰巧满足最低设计要求，将是一个最经济的断面。从第三章中可知，在一般情况下，各高程上的抗滑稳定和上游面主应力常为起控制作用的两个设计要求。对于很高的坝，下游面的主压应力值可能也将成为一个控制条件。克里格（William P.Creager）等人曾将坝体断面划分为几个区段，使每一区段都能满足设计要求，来研究相应的断面形状。研究成果表明，在坝体上部，断面基本上仍呈三角形，但在底部，则随情况和条件的不同，而有较大的变化，可参见图 2-4。

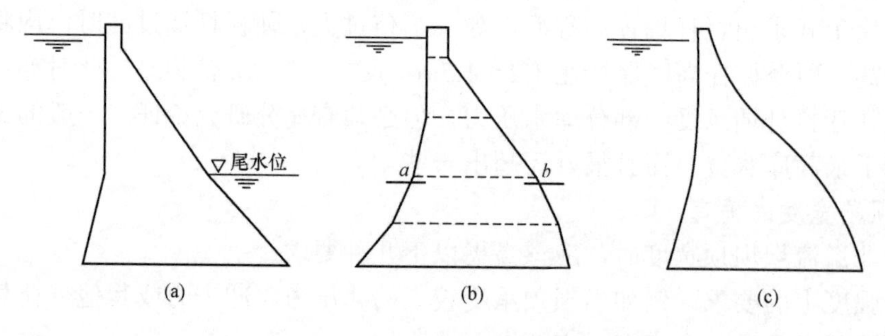


图 2-4　重力坝的理论经济断面

图 2-4 中的情况（a），在下游面有较深的尾水，因而经济断面的下游坝坡，在尾水位处也有一个变化。

图 2-4 中的情况（b），在某一高程线 $ab$ 以下，为了要满足各设计要求，断面必须

向上游倾曲，形式很复杂。

图 2-4 中的情况（c），理论经济断面的上下游坝面都为连续变化的曲面。

很显然，这些理论经济断面虽其工程数量可能较小，但由于施工、布置和美观上的原因，是不宜采用的［在有论证时，图 2-4 中的型式（a）尚可考虑采用，例如美国的象岗坝（Elephant Butte，建于 1916 年，高 93m），即采用了这种断面］。为此，实际设计时，我们常常采用所谓实用断面来代替它。参考图 2-4 中的成果，我们发现理论断面大致上部为一个三角形，下部有一倾向上游的坡，所以一般就采用图 2-5 中所示的两种实用断面来代替它。图 2-5 中型式（a）即为一基本三角形，具有倾斜的上下游坝面，并附有一个坝顶结构。图 2-5 中型式（b）则在上游面上增设了一个折坡（必要时，在下游面也可设一折坡）。这样，前者只有二或三个参变数，后者只有三或四个参变数，就比较容易通过经济比较来确定它们。这样得到的断面，虽然不是一个理论上的“最经济”解答，但已满足实用之需。我们可注意，以图 2-4 中的情况（b）为例，如坝高仅在截面 $a—b$ 附近，按实用断面求出的成果将与理论成果很接近；如坝高较大，则实用断面可能稍大于理论断面。但由于以前说过的各种原因，采用后者是不现实的，所以采用前者可以认为是合理的。

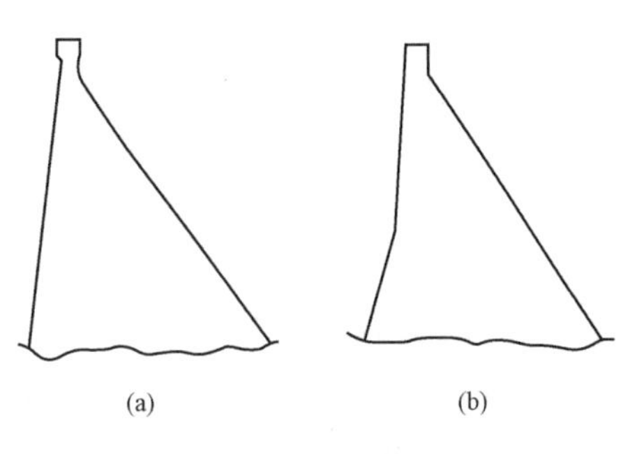

图 2-5　重力坝的实用断面

上述实用断面，以其外形简单整齐，设计、施工都很方便，故采用极广，目前各国一些著名高坝绝大多数均采用这类断面。但也有部分工程技术人员认为在极高的重力坝中，倾斜的下游坡面会在坝趾附近产生很严重的压力集中，因而主张采用曲线形的下游面，使其在基岩附近大致呈垂直方向。这一意见尚有待通过科学试验来论证。

**三、坝体断面规划中一些应注意的问题**

通常的混凝土重力坝上游面常有一个向水库倾斜的坡度（或折坡），以利用部分水重来满足坝体稳定要求，节约坝体混凝土。如采用折坡，折坡点常位于坝高的 1/3～2/3 处。凡稳定问题愈较严重时，相应的上游面坡度也愈平缓。一般上游面坡度常在 0～0.20 的范围内。但也有许多例外，例如美国的沙斯塔（Shasta）、印度的巴克拉（Bhakla）等重力坝均是。我国有一个重力坝由于基础摩擦系数较小，上游坡度达到 1:0.44。

必须注意，上游坡度愈平缓，坝体自重在上游面所产生的压应力也愈小，当坝体设有纵缝分块浇筑时，这一影响就变得更重要，而必须进行相应的研究才可（参考第四章第七节）。

下游坝面一般为一个平面，或由几个平面组成，有特殊论证时也有采用曲面的。一般重力坝的下游坝面坡度约为 0.7～0.8。

坝体的上游面，一般是做成一律的，各坝段间避免发生参差不齐的情况，以使各坝段不致承受侧向荷载。

如果在坝体内要设置输水或泄水管道，那么应该采用垂直的上游坝面，或采用折坡坝面而将管道的进水口布置在垂直段上。这是因为管道进水口前常需设置拦污栅和启闭闸门，而这些设备都以坝面为垂直时最方便布置和操作。

## 第二节　溢流坝的布置和水力计算

### 一、溢流坝的布置

溢流坝一般都布置在坝的中间部分，位置对准下游河床，两侧与挡水坝相连接。溢流坝与挡水坝间用导墙或边墙分开。导墙可视水力条件上的需要向下游延长，或与下游两岸岸坡护墙相衔接。如果要使溢洪水流扩散时，导墙在平面布置上可略呈扩散形，但其间夹角不宜大于 10°。以上是最常用的布置法。只是在很特殊的情况下，我们才将溢流坝分别布置在左右岸（中部不溢流）。这时，常使两岸的水流以射流方式泄向下游，并使其在空中撞击消能后再落入河床。

除非溢流段很短，流量不大，才不用闸门控制（自由溢流式），也不需在坝顶建筑交通桥，一般溢流段总是分成几个净宽相同的溢流孔口，其间以闸墩分开，闸墩也兼作控制闸门的支承结构，同时在闸墩上修建坝顶桥梁，使坝顶公路得以通过溢流段。坝顶桥路面高度应与挡水段坝顶高度齐平。

将溢流段分为几个孔口时，每一溢流孔的全宽（包括一个闸墩）总是和坝体的横缝间距一致，或为其整倍数，也就是使溢流结构与坝体分块整齐地对应起来。如果两者不一致，则每一坝块上的溢洪结构布置及位置均将不一致，不仅引起设计和施工上的复杂，而且还常常产生不利的侧向应力，故应避免采用这种布置。

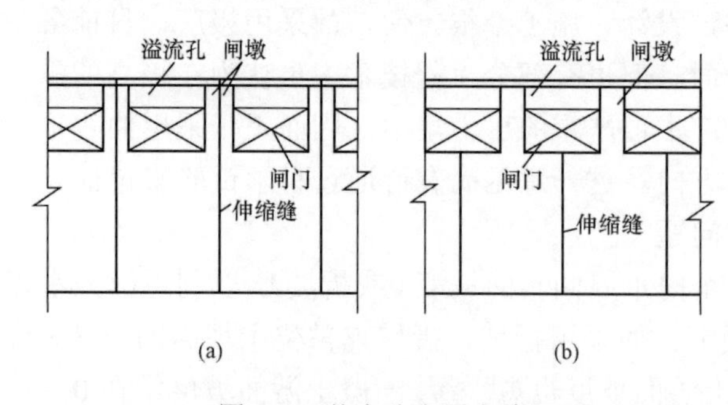

图 2-6　溢流孔布置方式

从溢流孔与坝段的相对位置来讲，有两种不同的布置方式（见图 2-6）。其中（a）式布置，每一（或二）坝段上设一溢流孔，而且在其两侧修建闸墩；（b）式布置的溢流孔，跨在相邻两坝段上，每坝段中央设置一个闸墩。这两种布置各有优缺点，现比较如下：

（1）（a）式所需的闸墩总宽度较大，因此溢流段的总长度也较大，如果溢流宽度受地形、坝体布置等方面的影响，有较严格的限制时，采用此式较为不利。

（2）当相邻坝块有发生相对变位可能时，对（a）式布置来讲，因为每一坝块上每一孔的溢洪结构都可与相邻孔做成完全分离的，因此也就不会产生什么困难。（b）式就不同了，如果相邻坝段发生较大的相对变位，常会引起以下各种后果：闸门启闭发生困难，坝顶桥梁被扭曲或断裂，闸门底水槛被损坏，闸门阻水性被破坏等。所以在有可能发生较大的相对变位的情况下（不论是由于基础变位、温度变化或由于开启部分溢流孔所产生的），都不宜采用（b）式布置。

（3）如果在溢流坝上设置有泄水管或输水管时，在这些管道的上游面进口处，总要设置拦污栅和工作闸门或检修闸门。采用（a）式布置时，进水口闸门的启闭是较困难与复杂的；采用（b）式布置，可将闸墩向上游伸出，进水口即布置在墩下，闸门可从闸墩中的闸槽里升降，远较方便。不过亦应注意，这样一来闸墩的宽度也必须增大，至少要等于进水口宽度再加上2.0～2.5m，这也将增长溢洪道和增加造价。

所以，究竟采取哪一种形式，还要根据具体条件比较后选定。

确定溢流段布置时，还要选定两个最基本的参数，即溢流道总净宽 $l$ 和堰顶高程 $h$。这两个参数对建筑物的布置、造价、上游的淹没、工程的效益等一系列问题都有显著影响，所以必须通过详细的技术经济比较来论证选择。为此，我们首先要拟定几个不同的、可能的溢流堰全长和堰顶高程，组合成为几个方案，进行分析比较。拟定比较方案时，应根据地形地质条件、上下游防洪要求等，进行布置和组合；当然，显然不利的方案可以剔除。拟定方案后，就可分别进行以下的计算和研究工作：

（1）洪水调度操作。当上游发生各种设计频率的洪水时，对每一个组合方案进行调洪计算，求出每一个方案的最大下泄流量、最大壅水高程和泄水过程线。如果上下游有限制最高水位或最大下泄流量的防洪要求时，那么每一个方案应该根据这些要求来决定其不同的防洪限制水位（即汛期中对水库的最高限制水位，使在发生所设频率洪水时能满足上下游防洪要求）。这些数据是以下各种分析计算中的基本资料。显然，溢流道增宽，堰顶高程降低，可使上游水库最高水位减低，单宽流量减小。

（2）建筑物工程量及造价比较。对于不同的溢流道方案，上游最高水位和流量各不相同，坝体断面亦随之而异。又溢流道宽度不同，工程的布置和相应设计均有很大改变，例如两岸的开挖、护坦工程和下游保护工程等均将有改变。其次，各方案的溢流孔口尺寸不同，闸门和启闭机等机械设备的投资也将不同。最后，上游库水位不同，淹没、浸没、赔偿损失也有异。凡此诸项，均须作出计算，分别列出各方案的具体工程量和投资，以供比较。对于不同方案的淹没问题，不仅要列出投资差额，而且还应该列出具体的损失指标。

（3）工程效益上的比较。由于各方案的洪水调节过程不同，水量损失不同，在工程效益上当然也有所反映。对于水电站的拦河坝，可以算出每一方案的多年平均电量，以资比较。容易看出，凡溢流道愈宽或堰顶愈高者，年平均电量也将愈多。为了进行技术经济比较，我们有时还要算出各方案的年运行费用差额和总投资差额。

得到以上各项成果后，我们就可综合考虑各项因素来选定最合适的布置。选择时，不仅要从技术经济指标上加以衡量，更需要按照党的方针政策并考虑各种现实因素：例如溢流道过宽就需大量开挖边坡，除增加工程量外将延长施工期或在地质上发生其他问题；又如上游库水位抬高，将增大农业上和其他方面的绝对损失及影响，溢流孔尺寸过大时，将引起机械设备制作上的困难，等等。只有在技术经济比较的基础上，综合考虑各项因素的影响后，才能选出最合理的布置。

在选定溢流坝的总布置后，便可进行水力计算和各种具体设计。有关溢流坝的总布置和具体设计，通常需要用水工模型试验来论证设计的正确性。

在选择溢流坝布置时，须注意对最大单宽流量的限制问题。对于坚硬良好的河床，重力式溢流坝的最大单宽流量可以用到100～120$m^3/s$，一般情况下常为50～60$m^3/s$。

决定溢流坝各孔孔口净尺寸时，还应该考虑以下两个因素：①当溢洪时经常有漂浮物下泄时，或有排冰要求时，孔口尺寸宜大，以免遭受堵塞（例如在10m以上）；

②溢流口尺寸最好能符合闸门的定型设计尺寸。

## 二、溢流堰曲线设计

溢流坝顶部的溢流曲线，应按以下原则来设计，即必须使水流能平顺地通过堰顶，不在堰面上产生不利的压力，而且需使泄流能力为最大。这些要求，有时是有矛盾的。目前我们最常采用的是“克立格-奥菲泽洛夫”非真空式断面[1]，其原理如下。图 2-7 中为一直立式薄壁堰，当水流从这个堰上溢过时，形成一条自然水舌。如果将溢流曲面做得与水舌下缘相符，则作用在曲面上的压力将很小（实际上的曲面应稍高于水舌下缘）。但水舌形状随堰上水头 $H$ 而异，而我们只能按一种水头来设计溢流曲面，这个水头称为设计水头或定型水头 $H_0$。如溢流水头 $H>H_0$，自由水舌的下缘将向外偏离设计线，在堰面上会出现某些真空；反之，$H<H_0$ 时，自由水舌将向内偏离设计线，而在堰面上产生一些压力，流量系数将有所减少。如果我们按非真空原理设计溢流曲面，那么应该取最大水头或接近最大水头的正常溢洪水头作为设计水头。

一般的非真空溢流断面示于图 2-8 中。这个断面的上游面为一直线段 $AB$，高为 $a$，接着为一段斜线 $BC$，倾角为 $\alpha_u$，以后为曲线段 $CC_0D$，下接下游直线段 $DE$，其倾角为 $\alpha_d$，最后以圆弧段 $EF$ 与下游护坦、鼻槛或河床相接，圆弧段的半径为 $R$。改变各参变数，我们可以得到图 2-9 中所示不同形状的断面。

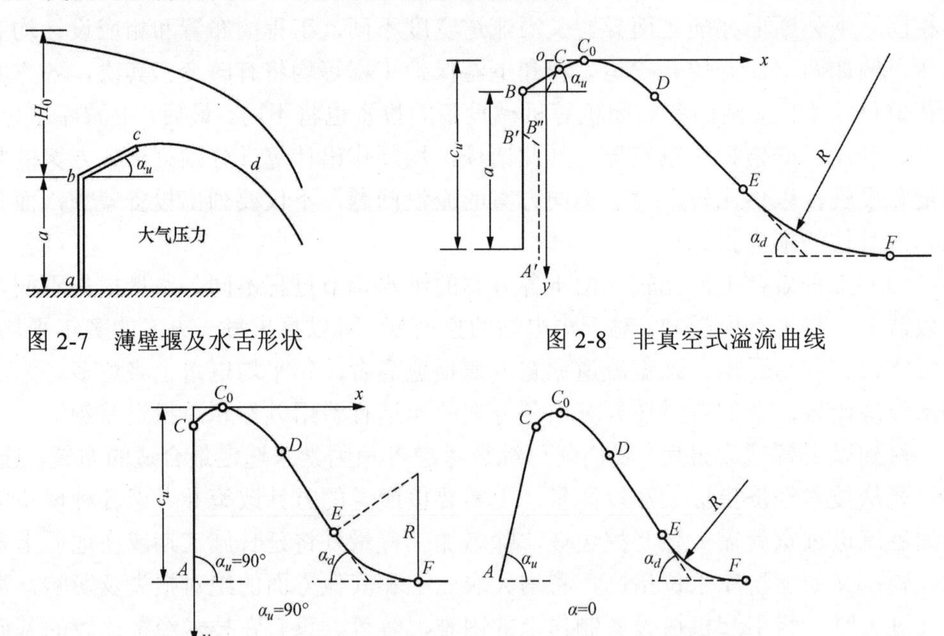


图 2-7 薄壁堰及水舌形状

图 2-8 非真空式溢流曲线

图 2-9 非真空式溢流堰

下游圆弧半径 $R$ 与泄流能力无关系，故可考虑下泄水流与下游面的衔接条件来设计，一般在 0.25～0.50×（上下游水位差＋设计水头）间选择。

如果取坐标系统如图 2-8 所示，则 $CD$ 段曲线的坐标见表 2-2。



[1] 当然也可以采用其他经试验证实合用的曲线，如抛物线或三次抛物线等。

表 2-2　　$H_0=1$ 时，克立格-奥菲泽洛夫非真空溢流堰曲线坐标

| 点号 | x | y | 点号 | x | y | 点号 | x | y |
|---|---|---|---|---|---|---|---|---|
| 1 | 0.0 | 0.126 | 15 | 1.4 | 0.564 | 29 | 2.8 | 2.462 |
| 2 | 0.1 | 0.036 | 16 | 1.5 | 0.661 | 30 | 2.9 | 2.640 |
| 3 | 0.2 | 0.007 | 17 | 1.6 | 0.764 | 31 | 3.0 | 2.824 |
| 4 | 0.3 | 0.000 | 18 | 1.7 | 0.873 | 32 | 3.1 | 3.013 |
| 5 | 0.4 | 0.006 | 19 | 1.8 | 0.987 | 33 | 3.2 | 3.207 |
| 6 | 0.5 | 0.025 | 20 | 1.9 | 1.108 | 34 | 3.3 | 3.405 |
| 7 | 0.6 | 0.060 | 21 | 2.0 | 1.235 | 35 | 3.4 | 3.609 |
| 8 | 0.7 | 0.100 | 22 | 2.1 | 1.396 | 36 | 3.5 | 3.818 |
| 9 | 0.8 | 0.146 | 23 | 2.2 | 1.508 | 37 | 3.6 | 4.031 |
| 10 | 0.9 | 0.198 | 24 | 2.3 | 1.653 | 38 | 3.7 | 4.249 |
| 11 | 1.0 | 0.256 | 25 | 2.4 | 1.804 | 39 | 3.8 | 4.471 |
| 12 | 1.1 | 0.321 | 26 | 2.5 | 1.960 | 40 | 3.9 | 4.698 |
| 13 | 1.2 | 0.394 | 27 | 2.6 | 2.122 | 41 | 4.0 | 4.93 |
| 14 | 1.3 | 0.475 | 28 | 2.7 | 2.289 | 42 | 4.5 | 6.22 |

表 2-2 所列坐标为相对值，即取 $H_0=1$，在实际应用时，可将表列数据乘以设计水头。

实际绘制断面时，先按设计水头求出曲线坐标，再画出整条曲线 $C'CC_0DD'$（参考图 2-10）。接着画出直线 $BC$ 和 $DE$ 与此曲线相切。$DE$ 即为溢流段坝体的下游坝面线，$BC$ 则与溢流面的上游坝面线相交于 $B$，或 $BC$ 本身即为上游坝面。这样，曲线 $C'C$ 及 $DD'$ 两段即可舍去。如果无 $BC$ 段，上游坝面直接与 $C'C_0$ 段相交，那么应该在相交处再切入一条圆弧，务使整条边界轮廓平顺光滑，避免有尖锐的改变。必要时在 $C_0$ 点前后尚可接入一水平段。

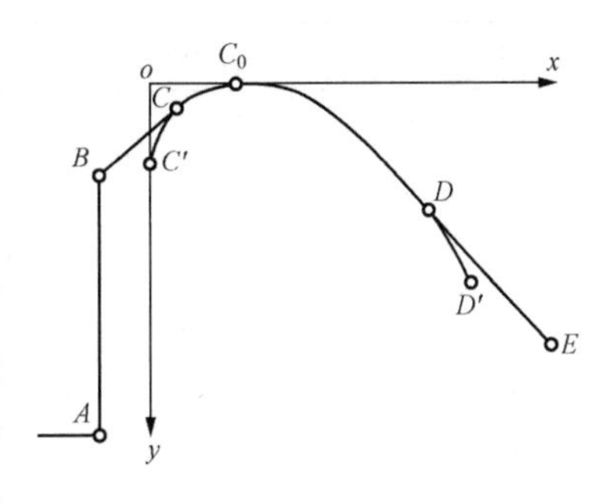

图 2-10　非真空溢流曲线的绘制

这种非真空式溢流堰在实际上应用极广，其优点是不致在坝面上发生真空。另外尚有一种椭圆真空式溢流堰，系苏联罗赞诺夫等人研究推荐的，其优点是泄流能力较大，但采用尚不广泛。这种断面，上游为一直立面，下游为一斜面，堰顶切入一个椭圆，椭圆的长轴与下游面平行（见图 2-11）。令椭圆长轴为 $e$，短轴为 $f$，表 2-3 中所示 $\alpha=\dfrac{e}{f}=1$、2、3 时的曲线坐标。坐标是按 $r_\varphi=1$ 绘制的，所谓 $r_\varphi$ 即内切于 $AB$、$BC$、$CD$ 三条直线中的圆的半径（虚拟半径）。实际应用时应将表列数值乘以 $r_\varphi$。坐标原点为堰顶最高点，位于 $BC$ 线上，相当于点 7 $\left(\dfrac{e}{f}=1,3\right)$ 或点 11 $\left(\dfrac{e}{f}=2\right)$。

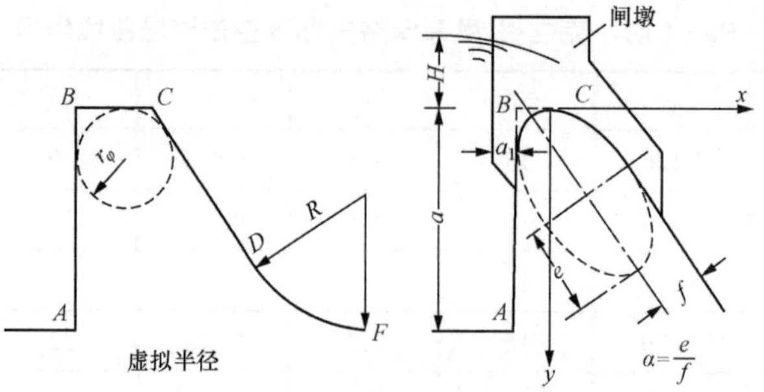

图 2-11 真空溢流曲线

**表 2-3** $r_{\varphi}=1$ **时真空断面外形坐标**

| $\alpha=1.0$ | | $\alpha=2.0$ | | $\alpha=3.0$ | |
|---|---|---|---|---|---|
| $x$ | $y$ | $x$ | $y$ | $x$ | $y$ |
| （1）−1.000 | 1.000 | （1）−0.700 | 0.806 | （1）−0.472 | 0.629 |
| （2）−0.960 | 0.720 | （2）−0.694 | 0.672 | （2）−0.462 | 0.462 |
| （3）−0.880 | 0.525 | （3）−0.670 | 0.519 | （3）−0.432 | 0.327 |
| （4）−0.740 | 0.327 | （4）−0.624 | 0.371 | （4）−0.370 | 0.193 |
| （5）−0.530 | 0.152 | （5）−0.553 | 0.241 | （5）−0.253 | 0.072 |
| （6）−0.300 | 0.046 | （6）−0.488 | 0.162 | （6）−0.131 | 0.018 |
| （7）0.000 | 0.000 | （7）−0.402 | 0.091 | （7）0.000 | 0.000 |
| （8）0.200 | 0.020 | （8）−0.312 | 0.046 | （8）0.194 | 0.030 |
| （9）0.400 | 0.083 | （9）−0.215 | 0.012 | （9）0.381 | 0.095 |
| （10）0.600 | 0.200 | （10）−0.117 | 0.003 | （10）0.541 | 0.173 |
| （11）0.720 | 0.306 | （11）0.000 | 0.000 | （11）0.707 | 0.271 |
| （12）0.832 | 0.445 | （12）0.173 | 0.025 | （12）0.866 | 0.381 |
| （13）1.377 | 1.282 | （13）0.334 | 0.076 | （13）1.022 | 0.503 |
| （14）2.434 | 2.868 | （14）0.490 | 0.147 | （14）1.168 | 0.623 |
| （15）3.670 | 4.722 | （15）0.631 | 0.223 | （15）1.318 | 0.760 |
| （16）5.462 | 7.410 | （16）0.799 | 0.338 | （16）1.456 | 0.890 |
| | | （17）0.957 | 0.461 | （17）1.584 | 1.021 |
| | | （18）1.107 | 0.595 | （18）1.714 | 1.163 |
| | | （19）1.243 | 0.731 | （19）1.855 | 1.320 |
| | | （20）1.405 | 0.913 | （20）1.979 | 1.467 |
| | | （21）1.551 | 1.098 | （21）2.104 | 1.628 |
| | | （22）1.688 | 1.282 | （22）2.240 | 1.792 |
| | | （23）2.327 | 2.246 | （23）2.346 | 1.943 |
| | | （24）2.956 | 3.189 | （24）2.462 | 2.106 |
| | | （25）4.450 | 5.430 | （25）2.575 | 2.272 |

续表

| $\alpha=1.0$ | | $\alpha=2.0$ | | $\alpha=3.0$ | |
|---|---|---|---|---|---|
| $x$ | $y$ | $x$ | $y$ | $x$ | $y$ |
| | | （26）5.299 | 6.704 | （26）3.193 | 3.214 |
| | | | | （27）4.685 | 5.452 |
| | | | | （28）5.561 | 6.766 |

设计真空式断面时，$H_0/r_\varphi$不应大于3.4～3.6，对重要的建筑物不应大于3.0～3.3。真空式断面与下游面的衔接，和非真空式相同。

真空式堰的优点是流量系数较大，但在堰面上存在一定的负压力。这个负压值可用下式计算：

$$h=\sigma H_0 \tag{2-1}$$

式中 $H_0$——计及流速水头的设计水头；

$\sigma$——真空系数，可按表2-4取用。

**表2-4　　$\sigma$ 值 表**

| $H_0/r_\varphi$ | $\alpha=1.0$ | $\alpha=2.0$ | $\alpha=3.0$ |
|---|---|---|---|
| 1.00 | 0.474 | — | — |
| 1.20 | 0.571 | 0.000 | 0.059 |
| 1.40 | 0.647 | 0.162 | 0.211 |
| 1.60 | 0.752 | 0.311 | 0.351 |
| 1.80 | 0.859 | 0.454 | 0.490 |
| 2.00 | 0.962 | 0.597 | 0.631 |
| 2.20 | 1.057 | 0.734 | 0.789 |
| 2.40 | 1.138 | 0.887 | 0.928 |
| 2.60 | 1.224 | 1.018 | 1.060 |
| 2.80 | 1.309 | 1.147 | 1.197 |
| 3.00 | 1.388 | 1.274 | 1.337 |
| 3.20 | 1.483 | 1.411 | 1.470 |
| 3.40 | 1.580 | 1.550 | 1.626 |

考虑到闸墩的影响，$\sigma$ 中尚应乘上一个系数，如果闸墩头部是圆形或曲线形的，且比值 $\dfrac{b}{b+b'}$（$b$ 为溢流孔净宽，$b'$为闸墩宽）在0.8～1.0，则这个校正系数约为 $\left(0.70\times\dfrac{b}{b+b'}+0.30\right)$。

在设计真空式溢流堰时，还应注意以下问题：

（1）堰顶真空值不宜大于3～4m。

（2）真空式堰顶上不宜设闸门槽，以防空气带入，破坏真空。故真空式堰最适用于无闸门控制的小水头自由泄流堰。如果要设置闸门时，宜采用弧形闸门。

必须设置检修闸门时，其闸槽应设在紧靠上游坝面的正压范围内。

（3）为了避免空气从下游面进入水舌底下，闸墩须向下游伸到正压区域，并须有一定的安全度（当 $x \geqslant 2.5r_\varphi$ 时，常已为正压区域）。

闸墩的迎水面最好也伸入上游一些。闸墩前端距上游坝面的距离 $a_1 \approx (1\sim1.5)r_\varphi$ 或 $a_1 \geqslant 0.4H_{max}$（参见图 2-11），以防止闸孔部分开启时真空遭受破坏。闸墩头部并宜做成半圆形。

（4）真空式溢流堰水流自由表面线的坐标可按表 2-5 确定。这里的坐标系统仍如图 2-11 所示，坐标为 $\alpha$ 和 $H_0/r_\varphi$ 的函数。

**表 2-5　　$r_\varphi=1$ 时自由溢流面坐标**

| $H_0/r_\varphi$ | $\alpha$ \ $x/r_\varphi$ | | −5.00 | −4.00 | −3.00 | −2.00 | −1.00 | 0.00 | 1.00 | 2.00 | 3.00 | 4.00 | 5.00 |
|---|---|---|---|---|---|---|---|---|---|---|---|---|---|
| 1.00 | 1.0 | $y/r_\varphi$ | −1.00 | −0.99 | −0.98 | −0.95 | −0.89 | −0.69 | 0.00 | 1.57 | 3.20 | 4.73 | 6.18 |
| | 2.0 | | −0.98 | −0.96 | −0.95 | −0.94 | −0.91 | −0.72 | −0.13 | 1.14 | 2.77 | 4.30 | 5.81 |
| | 3.0 | | −0.99 | −0.99 | −0.98 | −0.95 | −0.90 | −0.72 | −0.14 | 1.03 | 2.55 | 4.08 | 5.61 |
| 1.50 | 1.0 | | −1.47 | −1.45 | −1.42 | −1.38 | −1.31 | −1.03 | −0.40 | 1.13 | 2.72 | 4.27 | 5.77 |
| | 2.0 | | −1.45 | −1.44 | −1.41 | −1.37 | −1.30 | −1.07 | −0.50 | 0.63 | 2.25 | 3.94 | 5.43 |
| | 3.0 | | −1.48 | −1.47 | −1.45 | −1.41 | −1.33 | −1.08 | −0.52 | 0.55 | 2.10 | 3.75 | 5.38 |
| 2.00 | 1.0 | | −1.95 | −1.92 | −1.88 | −1.75 | −1.62 | −1.35 | −0.80 | 0.52 | 2.25 | 3.83 | 5.40 |
| | 2.0 | | −1.91 | −1.88 | −1.84 | −1.79 | −1.68 | −1.43 | −0.87 | 0.13 | 1.78 | 3.56 | 5.10 |
| | 3.0 | | −1.96 | −1.95 | −1.92 | −1.85 | −1.72 | −1.45 | −0.91 | 0.06 | 1.60 | 3.30 | 4.94 |
| 2.50 | 1.0 | | −2.40 | −2.37 | −2.30 | −2.21 | −2.05 | −1.72 | −1.18 | −0.02 | 1.72 | 3.40 | 4.94 |
| | 2.0 | | −2.39 | −2.35 | −2.29 | −2.21 | −2.08 | −1.80 | −1.27 | −0.38 | 1.22 | 3.10 | 4.69 |
| | 3.0 | | −2.42 | −2.38 | −2.34 | −2.26 | −2.10 | −1.81 | −1.29 | −0.42 | 1.03 | 2.75 | 4.52 |
| 3.00 | 1.0 | | −2.82 | −2.78 | −2.73 | −2.61 | −2.40 | −2.05 | −1.52 | −0.48 | 1.10 | 2.80 | 4.40 |
| | 2.0 | | −2.83 | −2.79 | −2.70 | −2.61 | −2.43 | −2.15 | −1.66 | −0.82 | 0.62 | 2.50 | 4.25 |
| | 3.0 | | −2.86 | −2.82 | −2.75 | −2.63 | −2.45 | −2.14 | −1.67 | −0.85 | 0.43 | 2.16 | 3.99 |
| 3.50 | 1.0 | | −3.92 | −3.25 | −3.18 | −3.02 | −2.78 | −2.45 | −1.95 | −1.20 | 0.09 | 1.94 | 3.83 |
| | 2.0 | | −3.27 | −3.21 | −3.12 | −3.02 | −2.82 | −2.52 | −2.02 | −1.24 | 0.06 | 1.77 | 3.66 |

## 三、溢流坝泄水能力计算

溢流坝多数采用实用非真空曲线的外形，其泄水能力可用堰流公式确定。对于重要的工程，应通过模型试验来论证。基本公式为：

$$Q = Kmb\sqrt{2g}H_0^{3/2} \tag{2-2}$$

式中　$Q$——泄流量（$m^3/s$）；

$b$——堰顶净宽（m）；

$g$——重力加速度，$g \approx 9.81 m/s^2$；

$H_0$——包括行近流速的堰顶水头，$H_0 = H + \dfrac{v_0^2}{2g}$（m）；

$m$——流量系数；

$K$——侧面收缩系数。

如果溢流堰是潜没式的，则尚应乘上一个淹没系数。不过对于较高的重力坝，溢流堰很少是潜没式的。收缩系数 $K$ 取决于闸墩、边墩的形状，上游槛高 $a$ 与水头 $H$ 之比值及堰宽 $b$ 与迎水面总宽 $B$ 之比值，$K$ 约在 0.95～1.0。图 2-12 中所示为 $K$ 的曲线。

如果溢流坝上有 $n$ 个等宽（宽度为 $b$）的孔口，则整个堰宽的平均 $K$ 值为：

$$\overline{K}=\frac{K_1(n-2)+2K_2}{n} \tag{2-3}$$

式中，$K_1$ 及 $K_2$ 分别为中间诸孔及边孔的 $K$ 值，仍然可由图 2-12 查得，但其中 $\frac{b}{B}$ 值中的 $B$ 应这样选取：对于中孔，$B$ 为净孔宽 $b$ 加上闸墩厚度，而对于边孔，$B$ 为净孔宽 $b$ 加上边墩厚度再加上从边墩到河岸边的距离。

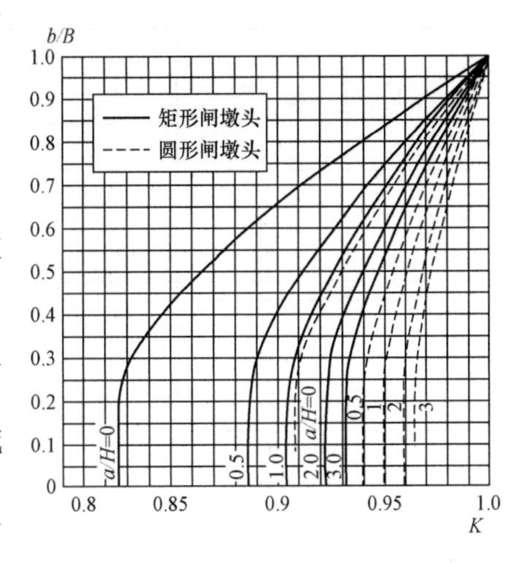


图 2-12　收缩系数 $K$ 的曲线

如果闸墩中留有闸门槽，所得的 $K$ 值应再减少 0.5%～1%，堰顶的水平段距离愈短，减少愈多。

流量系数 $m$ 取决于许多因素，包括：上游面与下游面的角度 $\alpha_u$ 及 $\alpha_d$，上游面直线段高度与总高度比值 $a/c_u$，实际水头与定型设计水头比值 $\frac{H}{H_0}$（$H_0$ 即相当于设计流量下包括行近流速的堰顶水头），等等。其数值大致在 0.5 左右。我们可再把它写成：

$$m=0.504k_1k_2 \tag{2-4}$$

式中，$k_1$、$k_2$ 是修正乘数。$k_1$ 是 $\alpha_u$、$\alpha_d$、$\frac{a}{c_u}$ 的函数，$k_2$ 是 $\frac{H}{H_0}$ 的函数。表 2-6 及表 2-7 中给出了 $k_1$ 和 $k_2$ 之值（根据 H. П. 罗赞诺夫及 A. C. 奥菲泽洛夫的资料）。

此外，堰顶上的平段的长度 $c$，也对流量系数有影响。如果 $c$ 值不超过 $0.3H$（圆弧形进水边缘）～$0.6H$（直线形进水边缘）时，可不计其影响；当 $c\geqslant 2.5H$ 时，变为宽顶堰，此时流量系数降为定数 0.36。在两者之间，式（2-4）中的常数 0.504 可用式 $0.36+0.1\times\frac{2.5-\frac{c}{H}}{1+\frac{2c}{H}}$ 代之。对于一般重力坝情况，$c$ 值对流量系数的影响常可忽视。

我们如注意到 $\sqrt{2g}$ 大致上等于 4.44，取 $m\approx 0.45$，$K\approx 1$，则为了初步估计堰顶泄流量，可用下列近似公式：

$$Q=2bH_0^{3/2}$$

**表 2-6　　$k_1$ 值表**

| $\alpha_u$（°） | $\alpha_d$（°） | $\frac{a}{c_u}$ | | | | |
|---|---|---|---|---|---|---|
| | | 0 | 0.3 | 0.6 | 0.9 | 1.0 |
| 15 | 15 | 0.880 | 0.878 | 0.855 | 0.850 | 0.933 |
| | 30 | 0.910 | 0.908 | 0.885 | 0.880 | 0.974 |
| | 45 | 0.924 | 0.922 | 0.899 | 0.892 | 0.993 |
| | 60 | 0.927 | 0.925 | 0.902 | 0.895 | 1.000 |

续表

| $\alpha_u$ (°) | $\alpha_d$ (°) | $\frac{a}{c_u}$ | | | | |
|---|---|---|---|---|---|---|
| | | 0 | 0.3 | 0.6 | 0.9 | 1.0 |
| 25 | 15 | 0.895 | 0.893 | 0.880 | 0.888 | 0.933 |
| | 30 | 0.926 | 0.924 | 0.912 | 0.920 | 0.974 |
| | 45 | 0.942 | 0.940 | 0.928 | 0.934 | 0.993 |
| | 60 | 0.946 | 0.944 | 0.932 | 0.940 | 1.000 |
| 35 | 15 | 0.905 | 0.904 | 0.897 | 0.907 | 0.933 |
| | 30 | 0.940 | 0.939 | 0.932 | 0.940 | 0.974 |
| | 45 | 0.957 | 0.956 | 0.949 | 0.956 | 0.993 |
| | 60 | 0.961 | 0.960 | 0.954 | 0.962 | 1.000 |
| 45 | 15 | 0.915 | 0.915 | 0.911 | 0.919 | 0.933 |
| | 30 | 0.953 | 0.953 | 0.950 | 0.956 | 0.974 |
| | 45 | 0.970 | 0.970 | 0.966 | 0.973 | 0.993 |
| | 60 | 0.974 | 0.974 | 0.970 | 0.978 | 1.000 |
| 55 | 15 | 0.923 | 0.923 | 0.922 | 0.927 | 0.933 |
| | 30 | 0.962 | 0.962 | 0.960 | 0.964 | 0.974 |
| | 45 | 0.981 | 0.981 | 0.980 | 0.983 | 0.993 |
| | 60 | 0.985 | 0.985 | 0.984 | 0.989 | 1.000 |
| 65 | 15 | 0.927 | 0.927 | 0.926 | 0.929 | 0.933 |
| | 30 | 0.969 | 0.969 | 0.968 | 0.970 | 0.974 |
| | 45 | 0.987 | 0.987 | 0.986 | 0.988 | 0.993 |
| | 60 | 0.993 | 0.993 | 0.993 | 0.995 | 1.000 |
| 75 | 15 | 0.930 | 0.930 | 0.930 | 0.930 | 0.933 |
| | 30 | 0.972 | 0.972 | 0.972 | 0.972 | 0.974 |
| | 45 | 0.992 | 0.992 | 0.992 | 0.992 | 0.993 |
| | 60 | 0.998 | 0.998 | 0.998 | 0.999 | 1.000 |
| 85 | 15 | 0.933 | 0.933 | 0.933 | 0.933 | 0.933 |
| | 30 | 0.974 | 0.974 | 0.974 | 0.974 | 0.974 |
| | 45 | 0.993 | 0.993 | 0.993 | 0.993 | 0.993 |
| | 60 | 1.000 | 1.000 | 1.000 | 1.000 | 1.000 |
| 90 | 15 | 0.933 | — | — | — | 0.933 |
| | 30 | 0.974 | — | — | — | 0.974 |
| | 45 | 0.993 | — | — | — | 0.993 |
| | 60 | 1.000 | — | — | — | 1.000 |

注 当$\alpha_d>60°$时，$k_1$的数值仍应按$\alpha_d=60°$的情况来采用。

**表 2-7　$k_2$ 值 表**

| $\frac{H}{H_0}$ \ $\alpha_u$ (°) | 15 | 20 | 25 | 30 | 35 | 40 | 45 | 50 | 55 | 60 | 65 | 70 | 75 | 80 | 85 | 90 |
|---|---|---|---|---|---|---|---|---|---|---|---|---|---|---|---|---|
| 0.2 | 0.897 | 0.893 | 0.890 | 0.886 | 0.883 | 0.879 | 0.875 | 0.872 | 0.868 | 0.864 | 0.859 | 0.857 | 0.853 | 0.850 | 0.846 | 0.842 |
| 0.3 | 0.918 | 0.915 | 0.912 | 0.909 | 0.906 | 0.903 | 0.900 | 0.897 | 0.894 | 0.892 | 0.889 | 0.886 | 0.883 | 0.880 | 0.877 | 0.874 |
| 0.4 | 0.934 | 0.932 | 0.930 | 0.928 | 0.926 | 0.923 | 0.921 | 0.919 | 0.916 | 0.914 | 0.912 | 0.909 | 0.907 | 0.905 | 0.902 | 0.900 |
| 0.5 | 0.948 | 0.947 | 0.945 | 0.943 | 0.942 | 0.940 | 0.938 | 0.936 | 0.934 | 0.933 | 0.931 | 0.929 | 0.927 | 0.925 | 0.923 | 0.922 |
| 0.6 | 0.961 | 0.960 | 0.958 | 0.957 | 0.956 | 0.954 | 0.953 | 0.952 | 0.950 | 0.949 | 0.947 | 0.946 | 0.945 | 0.943 | 0.942 | 0.940 |
| 0.7 | 0.972 | 0.971 | 0.970 | 0.969 | 0.968 | 0.967 | 0.966 | 0.965 | 0.964 | 0.963 | 0.962 | 0.961 | 0.960 | 0.959 | 0.958 | 0.957 |

续表

| $\alpha_u$ (°) / $\frac{H}{H_0}$ | 15 | 20 | 25 | 30 | 35 | 40 | 45 | 50 | 55 | 60 | 65 | 70 | 75 | 80 | 85 | 90 |
|---|---|---|---|---|---|---|---|---|---|---|---|---|---|---|---|---|
| 0.8 | 0.982 | 0.982 | 0.981 | 0.980 | 0.980 | 0.979 | 0.978 | 0.978 | 0.977 | 0.977 | 0.976 | 0.975 | 0.975 | 0.974 | 0.973 | 0.973 |
| 0.9 | 0.991 | 0.991 | 0.991 | 0.991 | 0.990 | 0.990 | 0.990 | 0.989 | 0.989 | 0.989 | 0.988 | 0.988 | 0.988 | 0.987 | 0.987 | 0.987 |
| 1.0 | 1.000 | 1.000 | 1.000 | 1.000 | 1.000 | 1.000 | 1.000 | 1.000 | 1.000 | 1.000 | 1.000 | 1.000 | 1.000 | 1.000 | 1.000 | 1.000 |
| 1.1 | 1.008 | 1.008 | 1.009 | 1.009 | 1.009 | 1.009 | 1.009 | 1.010 | 1.010 | 1.011 | 1.011 | 1.011 | 1.011 | 1.012 | 1.012 | 1.012 |
| 1.2 | 1.016 | 1.016 | 1.017 | 1.017 | 1.017 | 1.018 | 1.019 | 1.019 | 1.020 | 1.020 | 1.021 | 1.022 | 1.022 | 1.023 | 1.023 | 1.024 |
| 1.3 | 1.023 | 1.023 | 1.024 | 1.025 | 1.026 | 1.025 | 1.027 | 1.028 | 1.029 | 1.030 | 1.031 | 1.031 | 1.032 | 1.033 | 1.034 | 1.035 |
| 1.4 | 1.029 | 1.030 | 1.032 | 1.032 | 1.034 | 1.035 | 1.036 | 1.037 | 1.038 | 1.039 | 1.040 | 1.041 | 1.042 | 1.043 | 1.044 | 1.045 |
| 1.5 | 1.036 | 1.037 | 1.038 | 1.040 | 1.041 | 1.042 | 1.043 | 1.044 | 1.046 | 1.047 | 1.048 | 1.049 | 1.051 | 1.052 | 1.054 | 1.054 |
| 1.6 | 1.042 | 1.043 | 1.045 | 1.046 | 1.048 | 1.050 | 1.051 | 1.052 | 1.054 | 1.055 | 1.057 | 1.058 | 1.060 | 1.061 | 1.063 | 1.064 |
| 1.7 | 1.048 | 1.050 | 1.051 | 1.053 | 1.055 | 1.057 | 1.058 | 1.060 | 1.062 | 1.063 | 1.065 | 1.067 | 1.068 | 1.070 | 1.072 | 1.074 |
| 1.8 | 1.054 | 1.056 | 1.058 | 1.059 | 1.061 | 1.063 | 1.065 | 1.067 | 1.069 | 1.071 | 1.073 | 1.074 | 1.076 | 1.078 | 1.080 | 1.082 |
| 1.9 | 1.059 | 1.061 | 1.063 | 1.065 | 1.068 | 1.070 | 1.072 | 1.074 | 1.076 | 1.078 | 1.080 | 1.082 | 1.084 | 1.086 | 1.089 | 1.091 |
| 2.0 | 1.064 | 1.067 | 1.069 | 1.071 | 1.074 | 1.076 | 1.078 | 1.080 | 1.083 | 1.085 | 1.087 | 1.089 | 1.092 | 1.094 | 1.096 | 1.099 |

表 2-8 中为 $H_0^{3/2}$ 的函数值，由此可以迅速地估计流量。例如堰顶 $H_0=4$m，则单宽流量将为 16m³/（s·m），如堰长 100m，可通过最大泄量 1600m³/s。再如，设此溢流堰是按 $H_0=5.0$m 设计的，堰的 $\alpha_u=45°$、$\alpha_d=60°$、$\frac{a}{c_u}=0.9$，溢流堰孔共 10 孔，每孔净宽 $b=10$m，闸墩及边墩宽 2m，边墩距水边线为 10m，墩头为半圆形。我们可用较精确的公式来复核一下。从表 2-6，由 $\alpha_u=45°$、$\alpha_d=60°$、$\frac{a}{c_u}=0.9$，查得 $k_1=0.978$；从表 2-7，由 $\alpha_u=45°$、$\frac{H}{H_0}=\frac{4}{5}=0.8$，查得 $k_2=0.978$，则 $m=0.504\times0.978\times0.978=0.482$。再由图 2-12，中孔的 $\frac{b}{B}=\frac{10}{12}=0.833$，边孔的 $\frac{b}{B}=\frac{10}{22}=0.454$，取 $\frac{a}{H}=3.0$，得中孔的 $K$ 值为 0.988，边孔为 0.97，平均值为：

$$\overline{K}=\frac{8\times0.988+2\times0.97}{10}=0.984$$

**表 2-8　　$H_0^{3/2}$ 值　表**

| $H_0$ | 0.0 | 0.1 | 0.2 | 0.3 | 0.4 | 0.5 | 0.6 | 0.7 | 0.8 | 0.9 |
|---|---|---|---|---|---|---|---|---|---|---|
| 1 | 1.00 | 1.153 | 1.315 | 1.482 | 1.656 | 1.837 | 2.024 | 2.217 | 2.414 | 2.619 |
| 2 | 2.83 | 3.04 | 3.26 | 3.49 | 3.72 | 3.95 | 4.19 | 4.44 | 4.69 | 4.94 |
| 3 | 5.20 | 5.46 | 5.73 | 5.99 | 6.27 | 6.55 | 6.83 | 7.12 | 7.41 | 7.70 |
| 4 | 8.00 | 8.30 | 8.61 | 8.92 | 9.23 | 9.55 | 9.87 | 10.19 | 10.51 | 10.84 |

续表

| $H_0$ | 0.0 | 0.1 | 0.2 | 0.3 | 0.4 | 0.5 | 0.6 | 0.7 | 0.8 | 0.9 |
|---|---|---|---|---|---|---|---|---|---|---|
| 5 | 11.18 | 11.51 | 11.85 | 12.20 | 12.54 | 12.89 | 13.24 | 13.60 | 13.96 | 14.32 |
| 6 | 14.70 | 15.06 | 15.43 | 15.81 | 16.19 | 16.57 | 16.95 | 17.34 | 17.72 | 18.12 |
| 7 | 18.52 | 18.92 | 19.32 | 19.72 | 20.12 | 20.54 | 20.95 | 21.37 | 21.79 | 22.21 |
| 8 | 22.63 | 23.05 | 23.47 | 23.91 | 24.34 | 24.78 | 25.22 | 25.66 | 26.11 | 26.56 |
| 9 | 27.00 | 27.45 | 27.90 | 28.36 | 28.82 | 29.28 | 29.75 | 30.22 | 30.68 | 31.15 |
| 10 | 31.62 | 32.09 | 32.57 | 33.05 | 33.53 | 34.02 | 34.51 | 35.00 | 35.49 | 35.98 |
| 11 | 36.48 | 36.99 | 37.49 | 37.99 | 38.49 | 39.00 | 39.51 | 40.03 | 40.53 | 41.05 |
| 12 | 41.57 | 42.09 | 42.61 | 43.67 | 43.67 | 44.20 | 44.73 | 45.26 | 45.80 | 46.33 |
| 13 | 46.87 | 47.42 | 47.96 | 48.52 | 49.06 | 49.60 | 50.15 | 50.71 | 51.27 | 51.82 |

因而

$$Q=100\times0.984\times0.482\times\sqrt{2g}H_0^{3/2}\approx210H_0^{3/2}$$

在 4m 水头下的总泄量为 1680m$^3$/s。

如果我们采用真空溢流堰，则流量系数 $m$ 为 $\alpha$ 及 $\frac{H_0}{r_\varphi}$ 的函数（参考图 2-11），其值可取自表 2-9。

**表 2-9　　真空式流溢堰的流量系数**

| $H_0/r_\varphi$ | $\alpha=1.0$ | $\alpha=2.0$ | $\alpha=3.0$ |
|---|---|---|---|
| 1.00 | 0.486 | 0.487 | 0.495 |
| 1.20 | 0.497 | 0.500 | 0.509 |
| 1.40 | 0.506 | 0.512 | 0.520 |
| 1.60 | 0.513 | 0.521 | 0.530 |
| 1.80 | 0.521 | 0.531 | 0.537 |
| 2.00 | 0.526 | 0.540 | 0.544 |
| 2.20 | 0.533 | 0.548 | 0.551 |
| 2.40 | 0.538 | 0.554 | 0.557 |
| 2.60 | 0.543 | 0.560 | 0.562 |
| 2.80 | 0.549 | 0.565 | 0.566 |
| 3.00 | 0.553 | 0.569 | 0.570 |
| 3.20 | 0.557 | 0.573 | 0.575 |
| 3.40 | 0.560 | 0.577 | 0.577 |

考虑到侧向收缩影响，上述 $m$ 值约须乘以 0.97。真空溢流堰的泄流能力总比非真空溢流堰要大一些。

当坝体上游面有一块突出部分时（参见图 2-8 中的 $BB'B''A'$线），我们可将 $BB'$线延长，如果 $BB'$的长度大于 $3H$，则凹陷部分的影响（$B'B''A'$）可以忽略不计；如果 $BB'$的长度等于或小于 $3H$，则其影响应予估计，大致上可先按上游为垂直面计算，求出流量系数，然后再乘以 0.98（指非真空式断面而言）。

以上所述，均为自由式溢流道。有时为了便于控制，或为了拦阻漂浮物，要将坝顶闸门作部分开启或在闸墩间设置胸墙，则水流将属于闸下泄流形式（参见图 2-13），当闸门后有较长的平段（平底闸），且无侧向收缩时，泄流量为：

$$Q=\varphi b h_c\sqrt{2g\left(H+\frac{v_0^2}{2g}-h_c\right)}$$

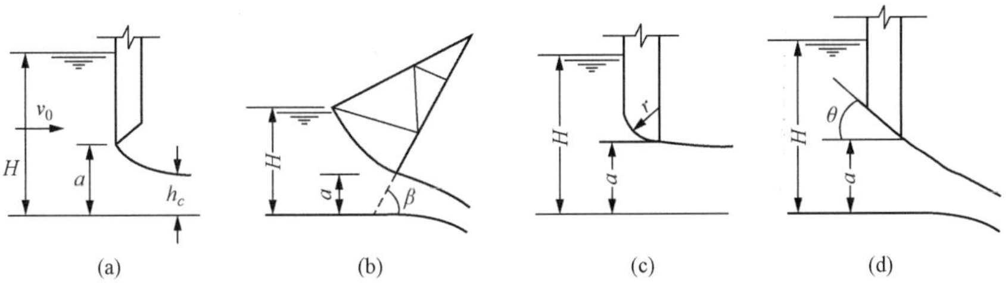

图 2-13　闸下泄流

令 $h_c=\alpha a$（$a$ 为闸孔开启高度），$m=\alpha\varphi$（$\varphi$ 为流速系数），则

$$Q=mA\sqrt{2g(H_0-\alpha a)}$$

式中，$A$ 为泄流孔断面，$H_0=H+\frac{v_0^2}{2g}$。流量系数 $m$ 的近似值，可取自表 2-10。

**表 2-10　　流量系数 $m$ 的近似值**

| $a/H_0$ | 0.1 | 0.2 | 0.3 | 0.4 | 0.5 | 0.6 | 0.65 |
|---|---|---|---|---|---|---|---|
| $m$ | 0.62 | 0.635 | 0.655 | 0.685 | 0.71 | 0.74 | 0.76 |

对于$\alpha$值，当 $a/H$ 为 0，0.2，0.4，0.5，0.6，0.7 时，分别为 0.61，0.62，0.633，0.645，0.66 及 0.69。

如果闸门后即接溢流面，不能作为平底处理，或闸门为弧门时［见图 2-13（b）及（c）］，则不能再用上述数据。因为这时流量系数将随 $\frac{a}{H}$ 的增加而减少，而且与闸门位置角 $\beta$ 或 $\theta$ 有关。我国王涌泉经试验后建议采用下式[1]：

$$m=0.65-0.186\frac{a}{H}+\left(0.25-0.357\frac{a}{H}\right)\cos\theta$$

$\theta$ 的定义见图 2-13（d），$\theta=0$ 相当于图 2-13（c），$\theta=90°$相当于将图 2-13（d）中的门反一个方向。求出 $m$ 后，流量用公式 $Q=mA\sqrt{2gH_0}$ 计算。对于重要的工程，$m$ 值宜通过模型试验来决定。

此外，为了使低水头下亦能较大量地泄水，还可以采用所谓虹吸式溢流道，这种设备很灵敏，并能自动泄水，但不适用于宣泄大流量，这里从略。

## 四、下游消能设计

从溢流堰顶滚下来的水流，具有极大的能量，尤以高坝为然，例如流量为 1000m³/s、

[1] 见王涌泉：坝上孔流系数，水利学报，1958 年第 3 期。

落差为 100m 的溢洪水流，其功率几达 100 万 kW（水流剩余能量可用式 $N=13.3q\left(h-\frac{v^2}{2g}\right)$ 估计，$N$ 的单位为马力，其余以米、秒制计），这些能量如果不妥善加以消减，将对建筑物及河床造成严重危害。故溢流坝段的下游消能设计为一极重要的内容。

目前所采用的消能方式有以下几种：

1. 底流式水跃消能

从溢流面滚下的急流，在坝下形成一个最小的收缩水深 $h_c$。这一急流与下游河床的缓流以水跃形式相连接（见图 2-14）。在水跃过程中，由于水流剧烈地漩滚紊动和掺气，能量即得到消减。当然，在水跃范围内需有合适的结构物以保护河床。设计时需确定水跃发生的状态、地位，并设计相应的保护建筑物，如果水跃是远驱式的，尚应考虑采用消力塘、消力槛等措施来解决。

2. 面流式挑流消能

溢流水滚下后，通过挑流坎（鼻坎）与下游水位在表面衔接。这时表层有急流而底部为漩滚，如图 2-15 所示。

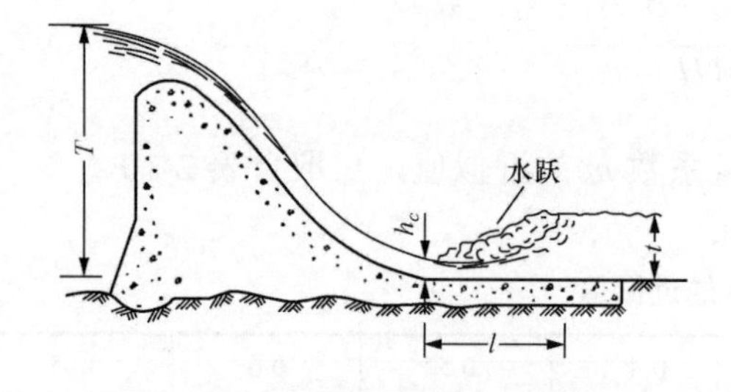

图 2-14　底流式水跃消能

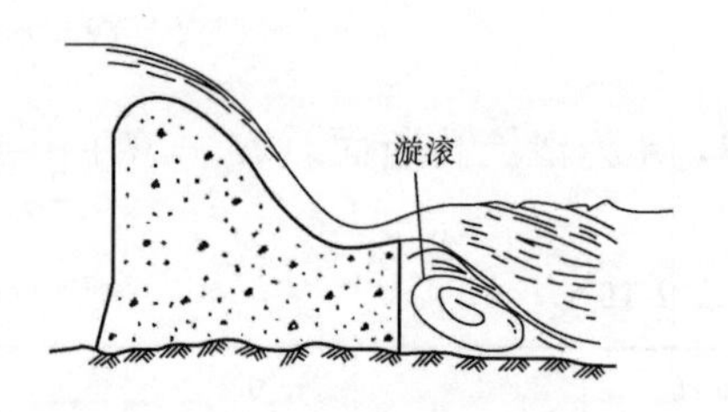

图 2-15　面流式衔接

3. 远射式挑流消能

这时鼻坎高程高于下游水位，并有上仰的挑射角，急流通过鼻坎后射入空中，然后再于较远处抛落河床中，利用在射流坎端的扩散，在空中的含气以及抛落河床中的冲击和紊流来消减能量（见图 2-16）。

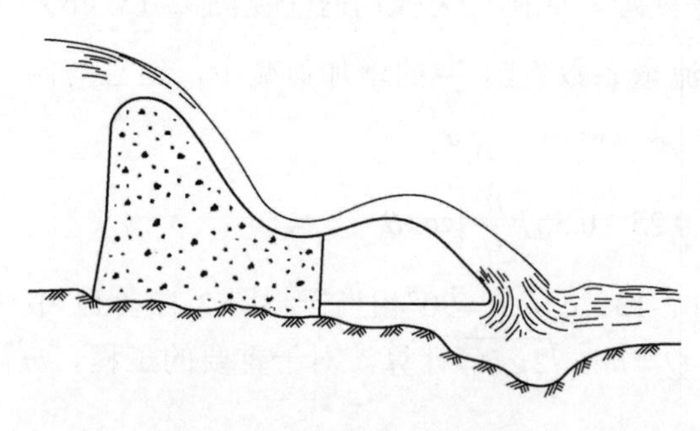
图 2-16　远射式挑流消能

也有将溢流段布置在对称位置，使两股射流在空中互相撞击消能，或将挑流坎做成高低坎来扩大消能效果。

4. 沿程消能

即在溢流面上设置一系列的跌水、消力齿、消力墩来消减能量。在早期的较低的重力坝中，特别是砌石坝中，常常见到这种型式。

比较几种消能方式，我们可以指出以下一些主要特点：

（1）远射式挑流消能常常是一种很经济的方法，因为这时只须将射流挑送到远距坝趾的安全地带，而不必对下游进行昂贵的保护工程。所以对于高坝和中坝，其下游河床基岩坚硬完整者，首先应考虑采用这种型式。但是如下游河床或岸坡地质条件不良或有其他原因，有时将不得不放弃这一方式。

（2）底流式水跃消能较适用于低坝、中坝而流量较大的情况。其设计要比面流式简单和可靠，故仅在个别的情况下采用面流式。利用水跃消能，由于消能区紧靠坝趾，所以总需修建护坦等保护性建筑物，因而比较昂贵。

（3）如果经常要通过溢流道排泄大量冰块或其他漂浮物时，最好采用面流式消能。

（4）在坝面上消能的方式，一般只能用于低水头小流量情况下，现在采用的已经很少了。所以本节中也不予讨论。

**五、底流式水跃消能**

设计底流式水跃消能时，首先要判定水跃衔接的形式。为此，首先要计算溢洪水流的收缩水深 $h_c$，其次，计算与 $h_c$ 相应的共轭水深 $h_c'$，再比较下游的实际水深 $t$ 与 $h_c'$ 的大小，即可获得结论。

关于水跃计算的理论，各种水力学教程中都有详尽论述，此处不再重复，只把设计计算的一些步骤和公式提一下。

收缩水深 $h_c$ 可从总水头 $T$（以下游河床为准，计及行近速头的上游水头）及单宽流量 $q$ 计算（参见图 2-14）：

$$T = h_c + \frac{\alpha q^2}{2g\varphi^2 h_c^2} \tag{2-5}$$

式中，$\varphi$ 是流速系数，对于溢流堰，可视其溢流面的长度，取为 1.0、0.95 及 0.90（各相当于短的、中等的和较长的溢流面）。$\alpha$ 为流速分布校正系数，其影响不大。

上式是一个三次方程，试算较麻烦。利用表 2-11 可以迅速求出 $h_c$。其步骤是：计算 $\frac{q^{2/3}}{T}$，以此为参数，就不同的 $\varphi$ 值查出 $\frac{h_c}{q^{2/3}}$，即可求得 $h_c$。例如设 $T=100\text{m}$，$q=100\text{m}^3/(\text{s}\cdot\text{m})$，$\varphi=0.95$，则 $\frac{q^{2/3}}{T}=\frac{100^{2/3}}{100}=100^{-\frac{1}{3}}=0.215$，而由表 2-11 可得 $\frac{h_c}{q^{2/3}}\approx 0.111$，因而 $h_c \approx 0.111\times 100^{2/3} = 2.39$（m）。

其次再计算与 $h_c$ 相共轭的水深 $h_c'$：

$$h_c' = \frac{h_c}{2}\left(\sqrt{1+\frac{8\alpha q^2}{g h_c^3}}-1\right) \tag{2-6}$$

这个值也可利用表 2-11 查出，即按照 $\varphi$ 和 $\frac{q^{2/3}}{T}$，查出 $\frac{h_c'}{q^{2/3}}$。如上例，可得 $\frac{h_c'}{q^{2/3}}=1.299$，或 $h_c' = 1.299\times 100^{2/3} = 27.9$（m）。

找出 $h_c'$ 后，与下游实际水深 $t$ 比较一下，如果 $t > h_c'$ 将在坝趾下发生淹没式水跃，如 $t = h_c'$，将紧接着收缩断面发生水跃，而 $t < h_c'$ 时将发生远驱式水跃。这三种情况如图 2-17 所示。

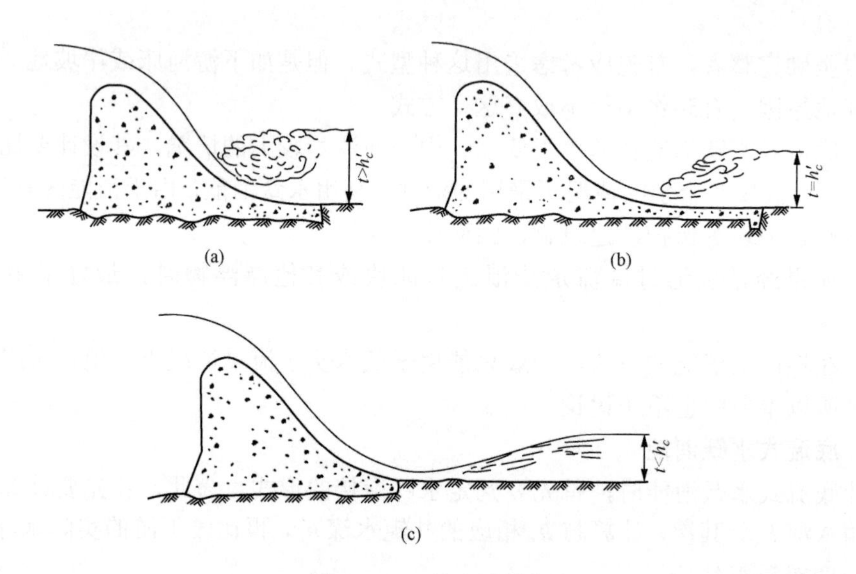


图 2-17　三种水流流态

设计时，应分别按不同的流量 $q$ 核算，尤其应注意最大流量。

水跃的长度 $l$ 可按巴甫洛夫斯基公式估计（参见图 2-14）：

$$l = 2.5(1.9h_c' - h_c) \approx 3h_c' \sim 5h_c' \tag{2-7}$$

在淹没式水跃中，可按水跃长度及部位设计护坦（护坦长度应超出水跃范围，保留一定裕度）。但对于远驱式水跃，在收缩断面与水跃间还有一段很长的回水曲线，要把这样长的范围都加以保护，常常是不经济或不能容许的。同时远驱式水跃消能效果也很差。为此，我们常在坝趾下设置消力槛或消力塘，来使坝下发生淹没式水跃，节省保护工程量。对于高坝，下游水深往往是不足的，所以这一问题具有很大实际意义。

图 2-18 中表示设有消力塘的情况。塘底比下游河床低 $d_0$，塘上的水深恰为共轭水深 $h_c'$。但因水流通过消力塘后，还有一个落差$\Delta z$，故塘深 $d_0$ 要等于 $h_c' - t - \Delta z$。$d_0$ 的计算较复杂，我们仍可用表 2-11 进行。其步骤是：

**表 2-11　　矩形渠道中建筑物下游之水力计算的关系值**

| $\frac{h_c}{q^{\frac{2}{3}}}$ | $\frac{h_c'}{q^{\frac{2}{3}}}$ | $\eta$ | $\varphi=0.80$ | | $\varphi=0.85$ | | $\varphi=0.90$ | | $\varphi=0.95$ | | $\varphi=1.00$ | |
|---|---|---|---|---|---|---|---|---|---|---|---|---|
| | | | $\frac{q^{\frac{2}{3}}}{T}$ | $\frac{z'}{q^{\frac{2}{3}}}$ | $\frac{q^{\frac{2}{3}}}{T}$ | $\frac{z'}{q^{\frac{2}{3}}}$ | $\frac{q^{\frac{2}{3}}}{T}$ | $\frac{z'}{q^{\frac{2}{3}}}$ | $\frac{q^{\frac{2}{3}}}{T}$ | $\frac{z'}{q^{\frac{2}{3}}}$ | $\frac{q^{\frac{2}{3}}}{T}$ | $\frac{z'}{q^{\frac{2}{3}}}$ |
| 0.051 | 2.000 | 2.013 | 0.032 | 29.237 | 0.037 | 25.014 | 0.041 | 22.377 | 0.046 | 19.726 | 0.051 | 17.594 |
| 0.055 | 1.923 | 1.937 | 0.037 | 25.090 | 0.042 | 21.873 | 0.047 | 19.310 | 0.053 | 16.931 | 0.058 | 15.304 |
| 0.059 | 1.852 | 1.867 | 0.042 | 21.943 | 0.048 | 18.966 | 0.054 | 16.652 | 0.060 | 14.800 | 0.066 | 13.285 |
| 0.063 | 1.786 | 1.802 | 0.048 | 19.031 | 0.055 | 16.386 | 0.061 | 14.591 | 0.068 | 12.904 | 0.075 | 11.531 |
| 0.067 | 1.724 | 1.741 | 0.055 | 16.447 | 0.062 | 14.388 | 0.069 | 12.752 | 0.077 | 11.246 | 0.085 | 10.024 |
| 0.071 | 1.667 | 1.685 | 0.062 | 14.444 | 0.070 | 12.601 | 0.078 | 11.136 | 0.087 | 9.809 | 0.096 | 8.732 |
| 0.075 | 1.613 | 1.632 | 0.070 | 12.654 | 0.079 | 11.026 | 0.089 | 9.604 | 0.099 | 8.469 | 0.109 | 7.542 |

续表

| $\frac{h_c}{q^{\frac{2}{3}}}$ | $\frac{h'_c}{q^{\frac{2}{3}}}$ | $\eta$ | $\varphi=0.80$ | | $\varphi=0.85$ | | $\varphi=0.90$ | | $\varphi=0.95$ | | $\varphi=1.00$ | |
|---|---|---|---|---|---|---|---|---|---|---|---|---|
| | | | $\frac{q^{\frac{2}{3}}}{T}$ | $\frac{z'}{q^{\frac{2}{3}}}$ | $\frac{q^{\frac{2}{3}}}{T}$ | $\frac{z'}{q^{\frac{2}{3}}}$ | $\frac{q^{\frac{2}{3}}}{T}$ | $\frac{z'}{q^{\frac{2}{3}}}$ | $\frac{q^{\frac{2}{3}}}{T}$ | $\frac{z'}{q^{\frac{2}{3}}}$ | $\frac{q^{\frac{2}{3}}}{T}$ | $\frac{z'}{q^{\frac{2}{3}}}$ |
| 0.079 | 1.563 | 1.584 | 0.079 | 11.074 | 0.089 | 9.652 | 0.100 | 8.416 | 0.111 | 7.425 | 0.123 | 6.546 |
| 0.084 | 1.515 | 1.538 | 0.088 | 9.826 | 0.099 | 8.563 | 0.111 | 7.471 | 0.124 | 6.527 | 0.137 | 5.761 |
| 0.089 | 1.471 | 1.495 | 0.098 | 8.709 | 0.111 | 7.514 | 0.124 | 6.570 | 0.138 | 5.751 | 0.153 | 5.041 |
| 0.094 | 1.429 | 1.454 | 0.109 | 7.720 | 0.123 | 6.676 | 0.138 | 5.792 | 0.153 | 5.082 | 0.170 | 4.428 |
| 0.096 | 1.408 | 1.434 | 0.115 | 7.262 | 0.129 | 6.318 | 0.145 | 5.463 | 0.161 | 4.777 | 0.178 | 4.184 |
| 0.099 | 1.389 | 1.415 | 0.121 | 6.850 | 0.136 | 5.938 | 0.152 | 5.164 | 0.169 | 4.502 | 0.187 | 3.933 |
| 0.101 | 1.370 | 1.397 | 0.127 | 6.477 | 0.143 | 5.596 | 0.160 | 4.853 | 0.178 | 4.221 | 0.197 | 3.679 |
| 0.104 | 1.351 | 1.379 | 0.133 | 6.140 | 0.150 | 5.288 | 0.168 | 4.573 | 0.187 | 3.969 | 0.207 | 3.452 |
| 0.106 | 1.333 | 1.362 | 0.139 | 5.832 | 0.157 | 5.007 | 0.176 | 4.320 | 0.196 | 3.740 | 0.217 | 3.246 |
| 0.109 | 1.316 | 1.345 | 0.146 | 5.504 | 0.164 | 4.753 | 0.184 | 4.090 | 0.205 | 3.533 | 0.227 | 3.060 |
| 0.111 | 1.299 | 1.329 | 0.153 | 5.207 | 0.172 | 4.485 | 0.193 | 3.852 | 0.214 | 3.344 | 0.237 | 2.890 |
| 0.114 | 1.282 | 1.313 | 0.160 | 4.937 | 0.180 | 4.243 | 0.202 | 3.637 | 0.224 | 3.151 | 0.247 | 2.736 |
| 0.116 | 1.266 | 1.298 | 0.167 | 4.690 | 0.188 | 4.021 | 0.211 | 3.441 | 0.234 | 2.976 | 0.257 | 2.593 |
| 0.119 | 1.250 | 1.283 | 0.174 | 4.464 | 0.196 | 3.819 | 0.220 | 3.262 | 0.244 | 2.815 | 0.269 | 2.434 |
| 0.122 | 1.235 | 1.268 | 0.181 | 4.257 | 0.204 | 3.634 | 0.229 | 3.099 | 0.254 | 2.669 | 0.281 | 2.291 |
| 0.124 | 1.220 | 1.254 | 0.189 | 4.037 | 0.213 | 3.441 | 0.238 | 2.948 | 0.264 | 2.534 | 0.293 | 2.159 |
| 0.127 | 1.205 | 1.240 | 0.197 | 3.836 | 0.222 | 3.265 | 0.248 | 2.792 | 0.275 | 2.396 | 0.305 | 2.039 |
| 0.130 | 1.190 | 1.226 | 0.205 | 3.652 | 0.231 | 3.103 | 0.258 | 2.650 | 0.286 | 2.271 | 0.317 | 1.929 |
| 0.132 | 1.176 | 1.213 | 0.213 | 3.482 | 0.240 | 2.954 | 0.268 | 2.518 | 0.297 | 2.154 | 0.329 | 1.827 |
| 0.135 | 1.163 | 1.201 | 0.221 | 3.324 | 0.249 | 2.815 | 0.278 | 2.396 | 0.309 | 2.035 | 0.341 | 1.731 |
| 0.138 | 1.149 | 1.188 | 0.230 | 3.160 | 0.259 | 2.673 | 0.289 | 2.272 | 0.321 | 1.927 | 0.354 | 1.637 |
| 0.141 | 1.136 | 1.176 | 0.239 | 3.008 | 0.269 | 2.541 | 0.300 | 2.157 | 0.333 | 1.827 | 0.367 | 1.549 |
| 0.143 | 1.124 | 1.164 | 0.248 | 2.868 | 0.279 | 2.420 | 0.311 | 2.051 | 0.345 | 1.735 | 0.380 | 1.468 |
| 0.146 | 1.111 | 1.152 | 0.257 | 2.739 | 0.289 | 2.308 | 0.322 | 1.954 | 0.357 | 1.649 | 0.393 | 1.392 |
| 0.149 | 1.099 | 1.141 | 0.266 | 2.618 | 0.299 | 2.203 | 0.333 | 1.862 | 0.369 | 1.569 | 0.406 | 1.322 |
| 0.151 | 1.087 | 1.130 | 0.275 | 2.506 | 0.309 | 2.106 | 0.344 | 1.777 | 0.381 | 1.495 | 0.419 | 1.257 |
| 0.154 | 1.075 | 1.119 | 0.284 | 2.402 | 0.319 | 2.016 | 0.356 | 1.690 | 0.394 | 1.419 | 0.434 | 1.185 |
| 0.157 | 1.064 | 1.109 | 0.294 | 2.292 | 0.330 | 1.921 | 0.368 | 1.608 | 0.408 | 1.342 | 0.449 | 1.118 |
| 0.160 | 1.053 | 1.099 | 0.305 | 2.180 | 0.341 | 1.834 | 0.381 | 1.526 | 0.422 | 1.271 | 0.464 | 1.056 |
| 0.163 | 1.042 | 1.089 | 0.315 | 2.086 | 0.353 | 1.744 | 0.394 | 1.449 | 0.436 | 1.205 | 0.479 | 0.999 |
| 0.165 | 1.031 | 1.079 | 0.325 | 1.998 | 0.364 | 1.668 | 0.406 | 1.384 | 0.449 | 1.148 | 0.493 | 0.949 |
| 0.168 | 1.020 | 1.069 | 0.335 | 1.916 | 0.375 | 1.598 | 0.418 | 1.323 | 0.462 | 1.096 | 0.507 | 0.903 |
| 0.171 | 1.010 | 1.060 | 0.345 | 1.838 | 0.386 | 1.531 | 0.430 | 1.266 | 0.475 | 1.045 | 0.522 | 0.856 |
| 0.174 | 1.000 | 1.051 | 0.356 | 1.758 | 0.398 | 1.462 | 0.443 | 1.206 | 0.489 | 0.994 | 0.537 | 0.811 |
| 0.188 | 0.952 | 1.008 | 0.409 | 1.437 | 0.458 | 1.175 | 0.508 | 0.961 | 0.560 | 0.778 | 0.613 | 0.623 |

续表

| $\frac{h_c}{q^{\frac{2}{3}}}$ | $\frac{h'_c}{q^{\frac{2}{3}}}$ | $\eta$ | $\varphi=0.80$ | | $\varphi=0.85$ | | $\varphi=0.90$ | | $\varphi=0.95$ | | $\varphi=1.00$ | |
|---|---|---|---|---|---|---|---|---|---|---|---|---|
| | | | $\frac{q^{\frac{2}{3}}}{T}$ | $\frac{z'}{q^{\frac{2}{3}}}$ | $\frac{q^{\frac{2}{3}}}{T}$ | $\frac{z'}{q^{\frac{2}{3}}}$ | $\frac{q^{\frac{2}{3}}}{T}$ | $\frac{z'}{q^{\frac{2}{3}}}$ | $\frac{q^{\frac{2}{3}}}{T}$ | $\frac{z'}{q^{\frac{2}{3}}}$ | $\frac{q^{\frac{2}{3}}}{T}$ | $\frac{z'}{q^{\frac{2}{3}}}$ |
| 0.202 | 0.909 | 0.970 | 0.464 | 1.185 | 0.518 | 0.961 | 0.574 | 0.772 | 0.631 | 0.615 | 0.688 | 0.483 |
| 0.216 | 0.870 | 0.937 | 0.520 | 0.986 | 0.578 | 0.793 | 0.640 | 0.626 | 0.701 | 0.490 | 0.763 | 0.374 |
| 0.230 | 0.833 | 0.906 | 0.577 | 0.827 | 0.640 | 0.657 | 0.705 | 0.512 | 0.771 | 0.391 | 0.838 | 0.287 |
| 0.244 | 0.800 | 0.880 | 0.633 | 0.700 | 0.700 | 0.549 | 0.769 | 0.420 | 0.839 | 0.312 | 0.910 | 0.219 |
| 0.258 | 0.769 | 0.855 | 0.688 | 0.598 | 0.759 | 0.463 | 0.831 | 0.348 | 0.904 | 0.251 | 0.977 | 0.168 |
| 0.272 | 0.741 | 0.834 | 0.741 | 0.516 | 0.815 | 0.393 | 0.890 | 0.290 | 0.965 | 0.202 | 1.040 | 0.128 |
| 0.285 | 0.714 | 0.814 | 0.792 | 0.449 | 0.869 | 0.337 | 0.946 | 0.243 | 1.022 | 0.165 | 1.098 | 0.097 |
| 0.298 | 0.689 | 0.796 | 0.840 | 0.395 | 0.919 | 0.292 | 0.997 | 0.207 | 1.074 | 0.135 | 1.150 | 0.074 |
| 0.312 | 0.665 | 0.780 | 0.886 | 0.349 | 0.966 | 0.255 | 1.045 | 0.177 | 1.122 | 0.111 | 1.198 | 0.055 |
| 0.326 | 0.645 | 0.768 | 0.929 | 0.308 | 1.009 | 0.223 | 1.088 | 0.151 | 1.165 | 0.090 | 1.240 | 0.038 |
| 0.339 | 0.625 | 0.756 | 0.968 | 0.277 | 1.048 | 0.198 | 1.127 | 0.131 | 1.203 | 0.075 | 1.277 | 0.027 |
| 0.351 | 0.606 | 0.746 | 1.003 | 0.251 | 1.084 | 0.177 | 1.161 | 0.115 | 1.236 | 0.063 | 1.308 | 0.019 |
| 0.364 | 0.588 | 0.736 | 1.036 | 0.229 | 1.115 | 0.161 | 1.192 | 0.103 | 1.265 | 0.055 | 1.335 | 0.013 |
| 0.377 | 0.571 | 0.728 | 1.066 | 0.211 | 1.144 | 0.147 | 1.219 | 0.093 | 1.290 | 0.048 | 1.358 | 0.009 |
| 0.389 | 0.556 | 0.721 | 1.092 | 0.195 | 1.169 | 0.134 | 1.242 | 0.084 | 1.311 | 0.042 | 1.377 | 0.005 |
| 0.401 | 0.541 | 0.715 | 1.115 | 0.182 | 1.190 | 0.125 | 1.262 | 0.077 | 1.329 | 0.037 | 1.392 | 0.003 |
| 0.413 | 0.526 | 0.710 | 1.136 | 0.170 | 1.209 | 0.117 | 1.278 | 0.072 | 1.343 | 0.035 | 1.404 | 0.002 |
| 0.424 | 0.513 | 0.707 | 1.154 | 0.160 | 1.225 | 0.109 | 1.292 | 0.067 | 1.355 | 0.031 | 1.413 | 0.001 |
| 0.436 | 0.500 | 0.704 | 1.169 | 0.151 | 1.239 | 0.103 | 1.303 | 0.063 | 1.364 | 0.029 | 1.420 | 0.000 |
| 0.447 | 0.488 | 0.702 | 1.183 | 0.143 | 1.250 | 0.098 | 1.312 | 0.060 | 1.370 | 0.028 | 1.424 | 0.000 |
| 0.458 | 0.476 | 0.700 | 1.193 | 0.138 | 1.259 | 0.094 | 1.319 | 0.058 | 1.375 | 0.027 | 1.426 | 0.000 |
| 0.467 | 0.467 | 0.700 | 1.201 | 0.133 | 1.265 | 0.091 | 1.323 | 0.056 | 1.377 | 0.026 | 1.426 | 0.000 |

（1）计算比值$\frac{t}{q^{\frac{2}{3}}}$；

（2）从表 2-11 中，以$\frac{t}{q^{\frac{2}{3}}}$作为表中的$\frac{h'_c}{q^{\frac{2}{3}}}$查出对应的$\eta_t$（表中的$\eta$值）；

（3）由$\eta_t$及$\frac{T}{q^{\frac{2}{3}}}$计算$\frac{z'}{q^{\frac{2}{3}}}$，这里 $T$ 仍从河床算起，$z'$之定义见图 2-18；

$$\frac{z'}{q^{\frac{2}{3}}}=\frac{T}{q^{\frac{2}{3}}}-\eta_t \tag{2-8}$$

（4）由$\frac{z'}{q^{\frac{2}{3}}}$及$\varphi$值，在表中查出$\eta$值；

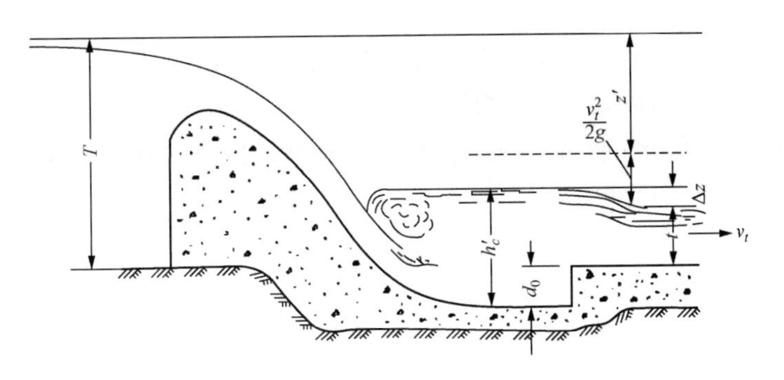


图 2-18　消力塘

（5）计算塘深：

$$d_0 = q^{\frac{2}{3}}(\eta - \eta_t) \tag{2-9}$$

例如在上例中，已求出 $h'_c = 27.9$m，如实际水深 $t$ 仅 15m，则需设置消力塘。先计算 $\frac{t}{q^{\frac{2}{3}}} = \frac{15}{100^{\frac{2}{3}}} = 0.696$，以此值作为 $\frac{h'_c}{q^{\frac{2}{3}}}$，从表 2-11 查出 $\eta_t = 0.803$，再计算 $\frac{z'}{q^{\frac{2}{3}}} = 4.64 - 0.803 = 3.837$，于是再从表 2-11 按 $\varphi = 0.95$ 查出 $\eta = 1.369$，而

$$d_0 = 100^{\frac{2}{3}} \times (1.369 - 0.803) = 21.5 \times 0.566 = 12.15(\text{m})$$

如果不考虑 $\Delta z$ 的影响，$d_0 = 27.9 - 15 = 12.9$（m）。

有时，我们不采取挖深消力塘的方法，而在河床上修建一条突出的消力槛（见图 2-19）来造成水跃。这时，消力槛的高度 $c_0$ 可以这样来定：假定消力槛上的流量系数为 $m$，则由于已知单宽流量为 $q$，就可由下式求出槛上的总水头 $H_{10}$：

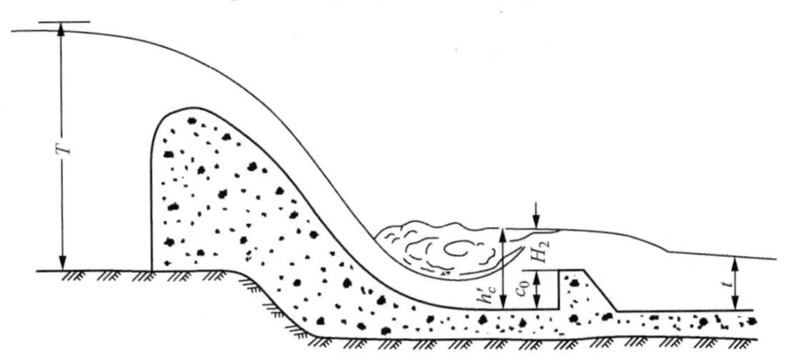


图 2-19　消力槛

$$q = m\sqrt{2g} H_{10}^{\frac{3}{2}}$$

求出 $H_{10}^{\frac{3}{2}}$ 后，减去流速水头 $\frac{v_{10}^2}{2g}\left(= \frac{q^2}{2gH_1^2}\right)$，可得槛上水深 $H_1$：

$$H_1 = H_{10}^{\frac{3}{2}} - \frac{q^2}{2gH_1^2}$$

求出 $H_1$ 后，便可由下式计算槛高 $c_0$：

$$c_0 + H_1 = \sigma h'_c \tag{2-10}$$

式中，$\sigma$是一个表示水跃淹没程度的系数，$\sigma$= 1.05～1.10。

消力槛上的流量系数 $m$，在开始计算时只能假定。如假定为非淹没的，则 $m$≈0.42。由此所得槛高 $c_0$ 如大于下游水深 $t$，就确为非淹没式槛，否则，应按淹没式槛修改流量系数 $m$，而重复全部计算工作。

在许多文献中，有节省上述计算工作的各种图表。这里拟介绍 л.с.巴什基洛娃所建议的方法[1]，按此法，消力槛高 $c_0$ 可用下式算出：

$$c_0=q^{\frac{2}{3}}(\eta-\beta) \tag{2-11}$$

式中，$\beta$为$\eta'$及消力槛流量系数 $m$ 的函数，可自表 2-12 查的。

**表 2-12　　计算消力槛高度时之$\beta=f(\eta')$值**

| $m$ = 0.36 | | $m$ = 0.38 | | $m$ = 0.40 | | $m$ = 0.42 | | $m$ = 0.44 | | $m$ = 0.46 | | $m$ = 0.48 | |
|---|---|---|---|---|---|---|---|---|---|---|---|---|---|
| $\eta'$ | $\beta$ | $\eta'$ | $\beta$ | $\eta'$ | $\beta$ | $\eta'$ | $\beta$ | $\eta'$ | $\beta$ | $\eta'$ | $\beta$ | $\eta'$ | $\beta$ |
| 非淹没式消力槛 | | | | | | | | | | | | | |
| 0.403 | 0.733 | ＞0.389 | 0.707 | ＞0.376 | 0.683 | ＞0.364 | 0.661 | ＞0.352 | 0.641 | ＞0.342 | 0.622 | ＞0.333 | 0.605 |
| 淹没式消力槛 | | | | | | | | | | | | | |
| 0.369 | 0.738 | 0.356 | 0.712 | 0.344 | 0.688 | 0.333 | 0.666 | 0.323 | 0.645 | 0.316 | 0.633 | 0.308 | 0.615 |
| 0.333 | 0.740 | 0.321 | 0.714 | 0.311 | 0.690 | 0.301 | 0.668 | 0.291 | 0.647 | 0.286 | 0.635 | 0.278 | 0.617 |
| 0.298 | 0.745 | 0.287 | 0.719 | 0.278 | 0.695 | 0.269 | 0.672 | 0.261 | 0.652 | 0.256 | 0.639 | 0.247 | 0.621 |
| 0.264 | 0.753 | 0.254 | 0.726 | 0.246 | 0.702 | 0.238 | 0.679 | 0.230 | 0.659 | 0.226 | 0.646 | 0.220 | 0.628 |
| 0.229 | 0.764 | 0.221 | 0.736 | 0.214 | 0.712 | 0.207 | 0.689 | 0.200 | 0.668 | 0.197 | 0.655 | 0.191 | 0.637 |
| 0.215 | 0.769 | 0.208 | 0.742 | 0.201 | 0.717 | 0.194 | 0.694 | 0.188 | 0.673 | 0.186 | 0.663 | 0.180 | 0.644 |
| 0.202 | 0.777 | 0.195 | 0.750 | 0.189 | 0.725 | 0.182 | 0.701 | 0.177 | 0.680 | 0.174 | 0.670 | 0.169 | 0.051 |
| 0.189 | 0.787 | 0.182 | 0.758 | 0.176 | 0.733 | 0.170 | 0.709 | 0.165 | 0.688 | 0.163 | 0.678 | 0.158 | 0.659 |
| 0.175 | 0.796 | 0.169 | 0.768 | 0.163 | 0.742 | 0.158 | 0.718 | 0.153 | 0.696 | 0.151 | 0.685 | 0.147 | 0.666 |
| 0.161 | 0.807 | 0.156 | 0.778 | 0.150 | 0.752 | 0.146 | 0.728 | 0.141 | 0.706 | 0.139 | 0.696 | 0.135 | 0.677 |
| 0.148 | 0.820 | 0.143 | 0.791 | 0.138 | 0.764 | 0.133 | 0.740 | 0.129 | 0.717 | 0.128 | 0.710 | 0.124 | 0.690 |
| 0.134 | 0.840 | 0.130 | 0.810 | 0.125 | 0.783 | 0.121 | 0.758 | 0.118 | 0.735 | 0.116 | 0.728 | 0.113 | 0.708 |
| 0.121 | 0.861 | 0.116 | 0.831 | 0.112 | 0.803 | 0.109 | 0.777 | 0.105 | 0.753 | 0.105 | 0.747 | 0.102 | 0.726 |
| 0.107 | 0.888 | 0.103 | 0.856 | 0.099 | 0.827 | 0.096 | 0.801 | 0.093 | 0.776 | 0.093 | 0.771 | 0.090 | 0.749 |
| 0.092 | 0.921 | 0.089 | 0.888 | 0.086 | 0.858 | 0.083 | 0.831 | 0.081 | 0.805 | 0.080 | 0.805 | 0.078 | 0.782 |
| 0.078 | 0.975 | 0.075 | 0.941 | 0.073 | 0.909 | 0.070 | 0.880 | 0.068 | 0.853 | 0.068 | 0.851 | 0.066 | 0.827 |
| 0.056 | 1.112 | 0.054 | 1.072 | 0.052 | 1.036 | 0.050 | 1.003 | 0.049 | 0.973 | 0.049 | 0.988 | 0.048 | 0.960 |
| 0.000 | ∞ | 0.000 | ∞ | 0.000 | ∞ | 0.000 | ∞ | 0.000 | ∞ | 0.000 | ∞ | 0.000 | ∞ |

计算的步骤很简单，即：①计算$\frac{q^{\frac{2}{3}}}{T}$，且根据此值及 $\varphi$，自表 2-11 中查出 $\eta$；②根据 $\eta$ 及$\frac{t}{q^{\frac{2}{3}}}$值，求出$\eta'=\eta-\frac{t}{q^{\frac{2}{3}}}$；③从表 2-12 中查出 $\beta$ 值，于是即可计算 $c_0$。

[1] 见 л.с.Башкирова：水工建筑物下游的水力计算，中国科学图书仪器公司，1956 年。

我们引用参考文献中的数例，来说明算法。设 $T=11.5\text{m}$，$\varphi=0.95$，$t=1.5\text{m}$，$q=4\text{m}^3/$（m·s），消力槛的 $m=0.40$、$\varphi=0.85$。

$\frac{q^{\frac{2}{3}}}{T}=\frac{2.519}{11.5}=0.219$，$\frac{t}{q^{\frac{2}{3}}}=\frac{1.5}{2.519}=0.595$。从表 2-11，当 $\varphi=0.95$，$\frac{q^{\frac{2}{3}}}{T}=0.219$ 时，$\frac{h'_c}{q^{\frac{2}{3}}}=1.291$，由于 $\frac{t}{q^{\frac{2}{3}}}<\frac{h'_c}{q^{\frac{2}{3}}}$（即 $t<h'_c$），故下游为远驱式水跃。我们决定设置消力槛，求其高度 $c_0$。由 $\frac{q^{\frac{2}{3}}}{T}=0.219,\varphi=0.95$，从表 2-11 可查出 $\eta=1.321$，再由 $\eta=1.321$ 及 $\frac{t}{q^{\frac{2}{3}}}=0.595$，算出

$$\eta'=1.321-0.595=0.726$$

再用 $\eta'=0.726$ 和 $m=0.40$，由表 2-12 查出 $\beta=0.683$，于是：

$$c_0=2.519\times(1.321-0.683)=1.60(\text{m})$$

槛上水头为 $H_0=\beta q^{\frac{2}{3}}=2.519\times0.683=1.72$（m）。从 $c_0>t$ 并知道消力槛为非淹没式。

应该注意，这样求出了消力槛高度后，只能保证槛前发生水跃，槛后的水流情况仍可能不利，必须继续研究。为此，我们再计算相应于消力槛上水深的共轭水深。这可以这样进行，即从 $\eta=1.321$，求出 $\frac{1}{\eta}=0.757$，此值即为消力槛的 $\frac{q^{\frac{2}{3}}}{T}$。于是再从表 2-11 查出（注意用消力槛的流速系数 $\varphi=0.85$）$\frac{h'_c}{q^{\frac{2}{3}}}=0.770,\eta=0.856$。前者之值仍大于下游水深 $\frac{t}{q^{\frac{2}{3}}}=0.595(\text{m})$，即消力槛下还要发生远驱式水跃，故尚须设第二道消力槛。对于第二道消力槛来讲：

$$\eta'=\eta-\frac{t}{q^{\frac{2}{3}}}=0.856-0.595=0.261$$

从表 2-12，当 $\eta'=0.261,m=0.40$，得 $\beta=0.697$。第二道消力槛的高为：

$$c_0=2.519\times(0.856-0.697)=0.40(\text{m})$$

因 $c_0<t$，故第二道消力槛为淹没式。

同样，再检查第二道槛下的水流情况。当 $\eta=0.856$，即 $\frac{1}{\eta}=1.168$，及 $\varphi=0.85$，从表 2-11 中查得 $\frac{h'_c}{q^{\frac{2}{3}}}=0.556$，此值已小于 $\frac{t}{q^{\frac{2}{3}}}=0.595$，故第二道槛后面为淹没式水跃，不需再设第三道槛。

消力塘（或消力槛）的长度（或位置）可这样决定，消力塘下游端或第一道消力槛上游面离开收缩断面的距离应大于水跃长度，如在上例中，应大于 $3h_c'=9.76\,\text{m}$，可取用 10m。

以后两道消力槛之间距应大于 $l$：

$$l=0.3H_0+1.65\sqrt{H_0(c+0.32H_0)} \tag{2-12}$$

式中，$c$ 为前面一道槛的高度，$H_0$ 为前面一道槛上的水头。在上例中，$H_0=1.72\text{m}$，$c=1.6\text{m}$。代入上式，$l=9.5\text{m}$。

图 2-20 中表示最后设计成果。

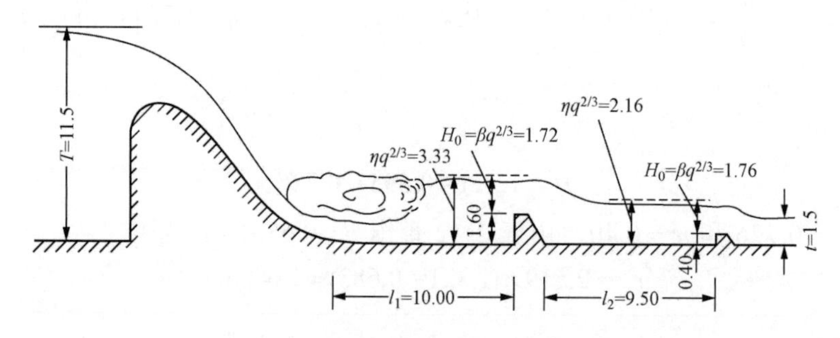


图 2-20　最后设计成果（单位：m）

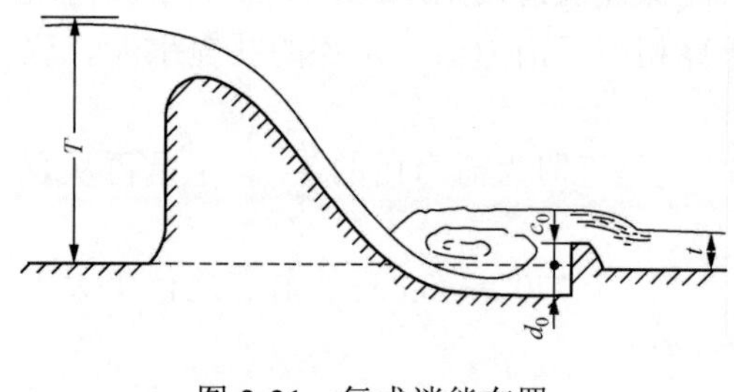


图 2-21　复式消能布置

有时，计算成果表明采用消力塘时所需开挖深度过深，而代之以消力槛则又太高，这时我们常采用两者的复合体，如图 2-21 所示。这种情况的水力计算完全可以应用前述资料完成，其步骤是先要求在消力槛后发生临界水跃或淹没式水跃，定出槛高，然后再要求槛前塘内发生淹没式水跃，来确定塘深。为节省篇幅就不再举例。

## 六、面流式和远射式鼻坎

采用面流式衔接时，射水坎的高程要高出河床，但低于下游水位，射水角不大于 5°～10°。这时随着坎高的不同，有几种流态，见图 2-22 所示。其中图 2-22（a）为非淹没的表层水跃，图 2-22（b）为淹没的表层水跃。前者只有底部漩滚，后者尚有表层漩滚。注意，面流式衔接只有在下述情况下才有可能，即无鼻坎时流态为淹没式水跃。

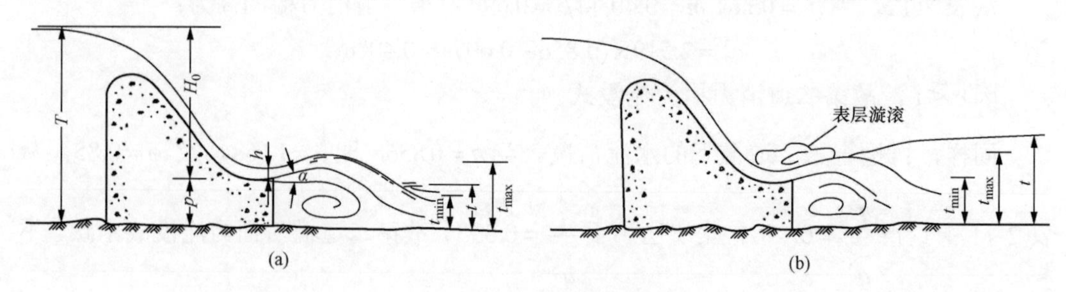


图 2-22　面流式衔接形式

根据研究，我们知道对于每一确定的流量 $q$，有两个临界水位，即 $t_{max}$ 及 $t_{min}$。当下游水位在两者之间时，流态是非淹没式表层水跃，而下游水位高于 $t_{max}$ 时，为淹没式表层水跃，下游水位低于 $t_{min}$ 时不能形成表层水跃。设计的目的，就是要找出合适的坎高 $p$ 和挑射角 $\alpha$，使在所设的下游水位变化范围内，能形成表层水跃。

下面我们介绍 И.И.列维的解法，其步骤是：

（1）先求在小流量下，形成表层水跃所需的坎高 $p$。为此，我们先假定一个挑射角 $\alpha$（常在 8°～20°范围内），则可从下列两式以试算法来求出 $p$ 及射流厚度 $h$：

$$p=\sqrt{t^2-A}-h\cos\alpha \tag{2-13}$$

$$q=\varphi h\sqrt{2g(T-p-h)} \tag{2-14}$$

式中

$$A=\frac{2q^2(t\cos\alpha-h)}{gth} \tag{2-15}$$

（2）再校核在其他流量时，是否仍能保持表面流态。这一校核工作相当复杂。我们任选一个流量 $q$，用下式算出射流厚度 $h$：

$$q=\varphi\sqrt{\frac{g}{2}}h\left[\sqrt{H_0-h}+\sqrt{H_0-\sqrt{h\left(2\varphi^2H_0-\frac{q^2\sin^2\alpha}{gh^2}\right)}}\right] \tag{2-16}$$

有了 $h$ 后，再用下式来计算一个表征表面流态上限的指标 $h_0^k$：

$$h_0^k\approx\sqrt{h\left(2\varphi^2H_0-\frac{q^2\sin^2\alpha}{h^2g}\right)} \tag{2-17}$$

已知 $h_0^k$ 后，可以进而计算临界水深 $t^k$：

$$(h_0^k-h\cos\alpha)(2p+h\cos\alpha)=(t^k)^2-(h\cos\alpha+p)^2-\frac{2q^2(t^k\cos\alpha-h)}{ght^k} \tag{2-18}$$

上式以试算法解较方便。如果求出的 $t^k$，大于下游实际水深 $t$，那么表层流态是能够保证的。选择几种流量计算后，如发现均能保持表层流态，那么当初选用的 $\alpha$ 及由此而定的 $p$ 值是合适的；否则应换一个 $\alpha$ 再行试算。

下面引一个数例来作说明❶。

设已知 $q=11.2\text{m}^3/\text{s}$，$t=11\text{m}$，$T=23.4\text{m}$，$\alpha=14°(\cos\alpha=0.97)$。试求能发生表层流态的陡坎高度。

我们先检查一下这个情况是否相当于淹没式水沃。从式（2-5）计算收缩水深，置 $\alpha=1.1$，$q=11.2\text{m}^3/\text{s}$，$T=23.4\text{m}$，$\varphi=0.95$，可得 $h_c=0.55\text{m}$。

再用式（2-6）计算共轭水深：

$$h_c'=\frac{0.55}{2}\times\left(\sqrt{1+\frac{8\times1.1\times11.2^2}{9.81\times0.55^3}}-1\right)=6(\text{m})$$

❶ 见П.Г.基谢列夫：水力计算手册，387 页，电力工业出版社，1957 年。

但下游水深为 11m，故为淹没式水跃，因而这个问题有解。

从式（2-13）～式（2-15）得：

$$A=\frac{2\times 11.2^2\times(11\times 0.97-h)}{9.81\times 11h}=\frac{25}{h}-2.34$$

$$p=\sqrt{123.34-\frac{25}{h}}-0.97h$$

$$11.2=0.95h\sqrt{2\times 9.81\times(23.4-p-h)}$$

用试算法可解得 $p=8.77$m，$h=0.71$m。

面流式衔接的缺点是：①常常要求将下游挖得很深，来保证形成表面流态，这是很昂贵的；②如流量 $q$ 及下游水位有较大幅度的变动时，很难使在各种流量下均能产生良好的面流衔接。因此，这种消能方式常只适用于下游尾水很深的情况，或有排除漂浮物要求的溢流道中。

当我们采用远射式鼻坎挑流时，坎顶常高出下游最高水位。鼻坎做成圆弧形，抛射角约为 25°～35°，曲率半径不小于水舌厚度的 6 倍。鼻坎上的流速与水舌厚度按一般方法计算，其流速系数 $\varphi$ 要根据坝高、流量和糙率来斟酌选择。射流的射程可按熟知的抛射公式计算［参见图 2-23（a）］。

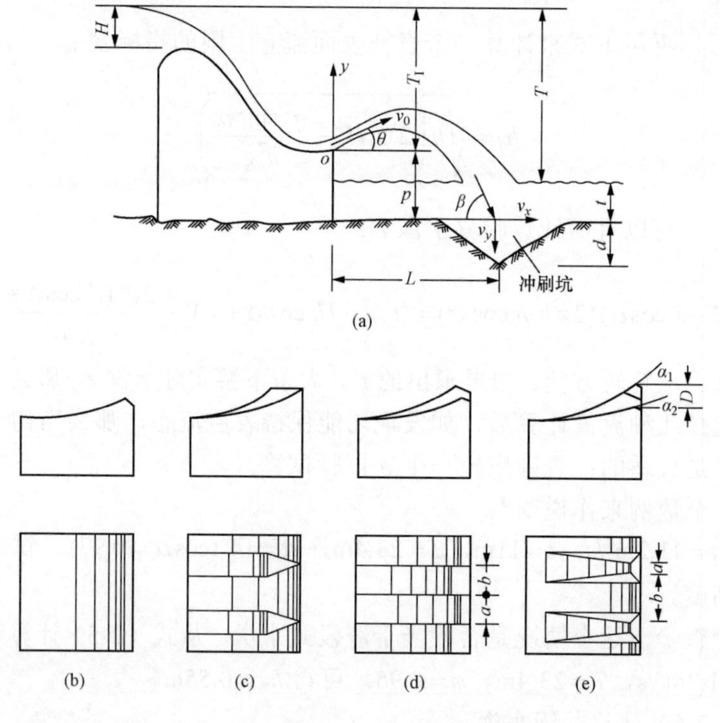


图 2-23　远射式挑流的水力计算和鼻坎形式

（a）抛射图；（b）连续式；（c）扩散差动式；（d）矩形差动式；（e）梯形差动式

$$L=2\varphi^2 nT'\cos\theta\left[\sin\theta+\sqrt{\sin^2\theta+\frac{h\cos\theta+2T'(1-n)}{2\varphi^2 nT'\sin^2\theta}}\right]\tag{2-19}$$

$$v_x = \varphi\sqrt{2gnT'}\cos\theta \tag{2-20}$$

$$v_y = \sqrt{2g\,\varphi^2 nT'\sin^2\theta + g\left[h\cos\theta + 2(1-n)T'\right]} \tag{2-21}$$

$$v = \sqrt{g\left[2T'(1-n+n\varphi^2) + h\cos\theta\right]} \tag{2-22}$$

$$\tan\beta = \sqrt{\frac{2\varphi^2 nT'\sin^2\theta + h\cos\theta + 2T'(1-n)}{2\varphi^2 nT'\cos^2\theta}} \tag{2-23}$$

式中，$h$ 为坎上水厚；$n=\dfrac{T_1}{T}$，而 $T_1$ 为从上游水面到鼻坎射水处的高差；$T'=T+t+d$。

设计远射式鼻坎时，要求使水流射程达到最远，同时冲刷坑最浅。如果布置上要求射流在平面上偏转，也可以设计一个大曲率半径的鼻坎。影响射程的主要因素为流量 $q$、反弧半径 $R$ 和抛射角 $\theta$。当单宽流量 $q$ 较大时，$R$ 也必须相应地加大，$\theta$ 则需结合坎高 $p$ 来选择。

鼻坎的型式很多，主要有连续式、矩形差动式、梯形差动式和扩散差动式等［参见图 2-23（b）～（e）］。

连续式鼻坎构造最简单，挑射射程也较远，但水舌在空中扩散程度及消能效果较差，故对河床的冲刷也较深。连续式鼻坎的抛射角约在 25°～30°，鼻坎半径 $R$ 至少应大于 $6h_c$，一般取 $R>(8\sim10)\,h_c$。鼻坎高程约高出下游水位 1～2m。

矩形差动式鼻坎是在鼻坎末端做一排矩形齿合，水流分经齿合及凹槽挑出，分成两股，由于在垂直面上扩散较大，并加上两股水流间的撞击，故消能效果较好。根据我国天津大学水利系的研究，冲刷深度可较连续式减少 35%以上。根据试验，较合理的齿、槽尺寸如下，鼻坎平均挑射角度 25°～30°，齿与槽的角度差 $\alpha_1-\alpha_2=5°\sim10°$，齿、槽宽度比 $a/b=1/2\sim1/3$。对于齿台高度 $D$，在不影响水舌扩散的条件下，应尽量减少 $D/h$ 之值（$h$ 为坎上水深），以减少侧壁负压。天津大学水利系的试验说明，当 $v>20$m/s 时，以采用 $0.5<D/h<1.0$ 为宜。

矩形差动式鼻坎的缺点是侧向的扩散性较差，齿台两个垂直侧壁上易发生负压。为了克服这些缺点，可采用梯形差动式鼻坎，使齿台宽度向下游逐渐缩小，凹槽宽度逐渐增大。这样凹槽中的水流能有所扩散，水流间的相互撞击也更多一些，冲刷情况将有显著改善。同时，由于齿坎侧壁是倾斜的，因而减少了封闭水流的作用，改善了侧壁上的负压情况。

根据天津大学水利系的试验资料，梯形差动式鼻坎的冲刷深度与连续式鼻坎相比减少了 50%，而其负压较矩形齿坎减低了 60%，所以是很理想的消能工。当然，鼻坎的设计必须经过模型试验校核。

采用远射式鼻坎，在射流下落处的河床上常形成一个巨大的冲刷坑，这是这一消能方式中的重大问题。如果坑深为 $d$，坑中心距坝趾的距离为 $L$，则根据一般经验，当 $L/d$ 的比值在 2～2.5 以上时，冲刷坑将不致危害坝体安全。同时，$L$ 最好能保持在 0.4～0.5 倍坝高以上。当然，地质上如有特殊的破碎、夹层情况时，必须根据实际情况来研究。

所以问题在于如何估算冲刷坑的深度。过去有些人推导了一些经验公式，例如巴特拉舍夫公式、萨马林公式等，这些公式原则上只适用于软基，其中坑深大致为流量或流速及颗粒尺寸等的函数。下面举出萨马林公式为例：

$$d+t=4.6b\left(\frac{v}{v_c}\right)^{\frac{3}{2}} \tag{2-24}$$

式中，$d$ 为冲刷坑深度，$t$ 为下游水深，$b$ 为射流落入水面处的厚度，$v$ 为该处流速，$v_c$ 为坑底的射流流速，当冲刷坑稳定后，可取用河床的不冲流速。

另外一种核算法是根据以下原理进行的。令射流进入下游水面时的流速为 $v$，宽度为 $b$，则进入水面 $s$ 深度（沿流向量）处的流速将按下式减小：

$$v_m=\frac{v}{0.9+0.1\dfrac{s}{b}} \tag{2-25}$$

当 $v_m$ 减至与河床的不冲流速相等时，冲刷坑将不再扩展。一般良好基岩及混凝土的最高不冲流速列于表 2-13 中。

**表 2-13** 不冲流速表 m/s

| 岩性 | 水流深度（m） | | | |
|---|---|---|---|---|
| | 0.4 | 1.0 | 2.0 | 3.0 |
| 砾岩、泥灰岩、页岩 | 2.0 | 2.5 | 3.0 | 3.5 |
| 石灰岩、致密的砾岩、砂岩、白云白灰岩 | 3.0 | 3.5 | 4.0 | 4.5 |
| 白云砂岩、致密的石灰岩、硅质石灰岩、大理岩 | 4.0 | 5.0 | 5.5 | 6.0 |
| 花岗岩、辉绿岩、玄武岩、安山岩、石英岩、斑岩 | 15 | 18 | 20 | 22 |
| 110 号混凝土护面 | 5.0 | 6.0 | 7.0 | 7.5 |
| 140 号混凝土护面 | 6.0 | 7.0 | 8.0 | 9.0 |
| 170 号混凝土护面 | 6.5 | 8.0 | 9.0 | 10.0 |
| 光滑的 110 号混凝土槽 | 10 | 12 | 13 | 15 |
| 光滑的 140 导混凝土槽 | 12 | 14 | 16 | 18 |
| 光滑的 170 号混凝土槽 | 13 | 16 | 19 | 20 |

还有一种算法是根据共轭水深的概念得出的，即当坑深 $d$ 与下游水位 $t$ 之和等于 1.05～1.10 倍共轭水深 $h_c'$ 后，冲刷坑即可稳定：

$$d+t=(1.05\sim1.10)h_c'$$

$h_c'$ 是指与鼻坎端的收缩水深 $h_c$ 相共轭的水深。由上式求出的 $d$ 值应该乘以一个安全系数放大之。Б. А. 马茨曼建议将总的射流量 $q$ 按 $\beta/\pi$ 及（$1-\beta/\pi$）的比值，分为上下游两股，并假定两股水流流速均仍为 $v$，求出两者水深 $h$，再分别计算相对应的共轭水深。这样，冲刷坑的极限深度在射流落地点的上下游段处各不超过相应的共轭水深。

冲刷坑深度的估算，是近年来高速水流研究中一个重要课题。我国学者对此也有很大贡献。看来基岩在形成一定的冲刷坑后，流态可达稳定，不会无限制发展下去，影响坝体安全。冲刷坑的深度以考虑射流各区段上的能量损失来估算较为合理。我国学者已提出了不少新的公式❶。

设计高坝溢流面时，应注意空蚀问题。当空穴指数$\sigma=\dfrac{p+h_a-h_v}{v^2/2g}$小于 0.3 时，需严格控制坝面不平整度；$\sigma\leqslant 0.2$时，这一设计是很不妥的，需进行特殊处理。式中$p$为计算断面上动水压力（m），$h_a$为大气压力（m），$h_v$为蒸汽压力（m），$v$为平均流速（m/s）。

## 七、护坦设计

护坦是设置在下游的建筑物，用来保护河床免受危险的冲刷。在底流式消能中，几乎必须采用护坦。护坦长度应超过水跃长度。即使采用面流式或抛射式消能，如发现河床不能承受水力冲刷时，也须设置护坦。护坦可以是平的❷，但是更常见的是在其上兼设有一些齿槛或消力墩、消力槛等消能设备，图 2-24 是一张典型的护坦设计示意图。

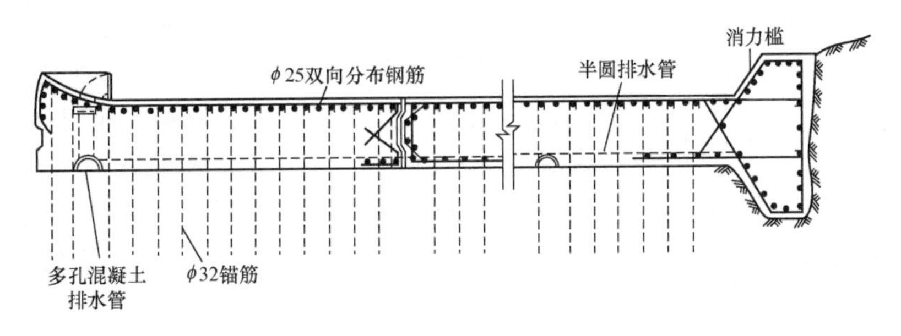


图 2-24　护坦设计示意图

护坦的高程及消力槛的尺寸，必须按前述的水力计算成果决定，并经模型试验核实，以保证发生完整的水跃。护坦最好低于下游日常水位，使它经常位于水下。护坦在结构上应与坝体以伸缩缝分开。如护坦过长，也可分为数块。

护坦通常均用混凝土浇成。其所受的荷重为：①自重及浮托力；②渗透压力（当下游水位高于护坦面上水深时即有此力）；③水流压力（可算出护坦面上的水深，然后按静水压力计算）。此外，尚有脉动压力，在有水跃时，脉动压力不超过收缩断面流速水头的 10%；在射流情况下，不超过本断面流速水头的 5%。

护坦厚度的设计，主要考虑其在浮托力、渗透压力和不利的脉动压力下的稳定性，即不应浮起。如果所需混凝土过厚，亦可考虑加锚筋来协助。但锚筋在水下容易锈蚀，比较妥当的做法是在护坦上设置完善的排水系统来消除渗透压力。在设计中，当不计渗透压力时，锚筋的作用也不考虑，而在考虑渗透压力时，则适当地计及锚筋的作用。

---

❶ 我国清华大学水利系及陈椿庭等根据其研究成果均提出过估算冲刷坑深度的公式，例如陈椿庭的公式为：

$$t+d=1.25\,q^{0.5}H^{0.25}$$

公式均用米、秒制单位。当然，任何冲刷坑的公式均有待实践来验证。

❷ 当下游水位较浅时，护坦面亦可向下游倾斜降低，反之，下游水位过高时，护坦面可向下游升高。

我国几个工程中护坦厚度一般为2m，锚筋间距约在1.5～2m，直径用25～36mm。

在护坦的表层，常布置钢筋网，与锚筋连接。这层钢筋网可离开表面远些（保护层为20～30cm），以免表面冲刷后钢筋锈蚀。另外，若根据结构计算尚需钢筋时，当然尚可在护坦内布置，不过一般是不需要的。钢筋直径通常采用16～32mm，钢筋间距从25～40cm不等。

护坦承受高速水流的冲刷、磨损、空蚀等作用，所以要用高质量的混凝土，其标号一般不低于200号。特别在护坦表面要浇一层光滑、抗磨性强的高标号混凝土。

护坦末端的消力槛，可按悬臂体设计。它的主要荷载为高速水流的冲击力，设水流流速为$v$，则冲击力为：

$$P=\frac{\gamma_0}{g}Av^2$$

式中，$A$为挡水断面，$\gamma_0$为水的容重。消力槛常嵌入基岩中。同理，修筑在护坦上的消力墩最好也用型钢或钢轨锚入基岩中，不宜完全由护坦来承受消力墩的反力。

护坦的排水设备，常用垂直钻孔穿过护坦，略伸入基岩，孔口要做得与护坦面一样平滑。现在也有人主张改用坦底的排水沟网，或联合使用两种措施。

最后说明一下锚筋的深度问题。过去我国某些设计中锚筋锚入长度是不足的。因为锚筋很密，而且基岩难免被裂隙节理切割成块，故锚入过浅是不能起应有作用的。参见图2-25，假定每根锚筋所担负的面积上总的上托力为$P$，则锚筋至少应深入基岩一个深度$T$，以利用基岩及混凝土的重量来平衡这个上托力：

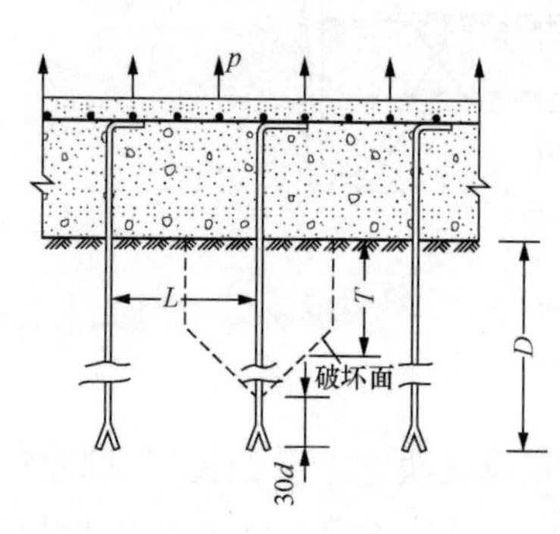


图2-25　锚筋图

$$P=1.4t+1.7T=pL^2$$

式中，1.4及1.7各为混凝土及基岩的浮重，$t$为底板厚度。由此可求出$T$。再考虑锚筋的安全锚固长度和考虑锚筋拔出时岩石的裂断形状（参见图2-25），可知锚入深度应为：

$$D=T+\frac{L}{4}+30d$$

式中，$L$为锚筋间距，$d$为锚筋直径。

为了增强锚定能力，我们常将钢筋端部劈开，插入楔子，打入钻孔内，再用水泥浆灌注固结。这是我国施工中常用的一种有效措施。

## 第三节　阻水和排水设计

### 一、坝体阻水

在坝体上游面（和下游面）水位以下部分，应设一层具有抗渗能力的“抗渗混凝土”。抗渗指标根据水头及抗渗层厚度而定，参见本章第六节。抗渗层的厚度，一般为1/20～1/10水头，并不小于2m。如果混凝土的施工质量是良好的，则抗渗层实际上是不透水的（其渗透系数 $k$ 在 $1\times10^{-11}$ cm/s 左右），渗入坝体内部的水量将极为有限。

各坝段间的横缝是一条漏水通道，因此必须在其上下游迎水面处设置可靠的阻水措施，当然尤以承受高压力的上游面为重要（横缝的布置与设计将在第七章中叙述，本节中只讨论阻水问题）。

横缝间的阻水设备，大体上有以下几种类型：

（1）在上游侧设一铜片或不锈钢片，其后为一沥青井，再设一铜片，然后为排水孔井。

（2）在上游侧设一铜片，下游侧及水平方向分设止浆片，将横缝分为若干区，并预埋灌浆管道，在坝体冷却横缝张开时灌浆封堵。缝内靠上游侧处也应布置一个排水和检查井。

（3）布置同第（1）种方式，但不用沥青井，而留出空洞，以后待坝体冷却稳定后在井中浇灌混凝土或膨胀性混凝土。

此外，对于水头较低的坝，尚有采用塑料板、橡皮板、钢筋混凝土梁或者木块阻水的，由于使用不广，此处不予介绍。

对于整体式重力坝，横缝中需要灌浆，所以总是采用第（2）种阻水方式。对于悬臂式及铰接式重力坝，在水头不过高的情况下，可采用第（1）种阻水方式。当水头很高时，可考虑采用第（2）种方式。这时常无必要将整个横缝都灌堵起来，而只须灌注靠上游或下游（或上、下游）面的一部分面积，而对于宽缝重力坝，当然只须灌注宽缝头部闭合部分的缝面。

第（3）种阻水方式适用于修建进度较慢的坝体。

在各种阻水方式中，第（2）种较可靠，并便于以后不断补强。第（1）种方式则较方便，并具有一定的适应性（如能适应相邻坝块发生相对变位等）。对于很高的坝，有时可混合采用两种方式，即下部用灌浆法，上部用阻水片和井。

关于横缝灌浆的设计问题，将在第七章中介绍。这里先介绍阻水片和阻水井设计中应注意的问题。

图 2-26 中表示常用的阻水片及阻水井设计图，这里应该注意以下几个问题：

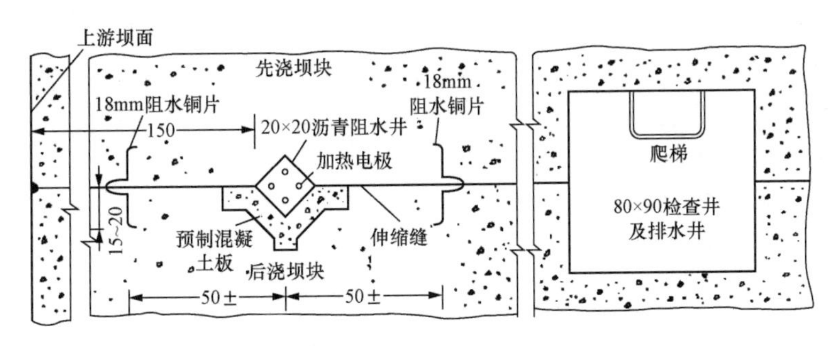


图 2-26　横缝阻水排水系统（单位：cm）

（1）金属阻水片与沥青井应联合使用。这两种阻水方式各有其优点。金属片适应变形的性能较好，沥青井则便于随时加热修补。两者联合采用，可提高阻水的保证性。

（2）金属阻水片一般采用 1.4～2.0mm 厚的紫铜片，弯折成⌒形或 Z 形，以前者更好。第一道阻水片离上游面约 0.5～2m（有特别原因者可加大）。以后各道阻水设备间的距离为 0.5～1m。阻水片埋入混凝土中的长度不宜过短，约在 15～20cm 间。阻水片用铜焊接长，并必须保证焊接质量。

（3）沥青井通常呈方形或圆形，其中一侧可用预制混凝土块构成。这些预制块一般做成 1～1.5m 长，5～10cm 厚，在施工时必须保证与坝体混凝土紧密相接，不使沿接触面形成渗水通道。沥青井内填以由Ⅰ号或Ⅱ号石油沥青加水泥、石棉纤维所组成的填料。这种材料的级配要进行专门试验，测定其软化点、针入度和最大单位伸长率后选定。配合比大致为沥青:水泥:石棉粉 =0.4:0.4:0.2。软化点约为 85～90℃，伸长率约为 0.2。沥青膏与混凝土面的结合如不够好时，可以在缝面上先涂上结合性较强的涂层（一般用汽油掺沥青制成）。

沥青井的尺寸，大致在 20cm×20cm 至 40cm×40cm 左右。坝愈高，井的尺寸也应愈大。

（4）沥青井中应设有加热设备（蒸汽加热或电热）。在高坝中以采用电热为宜。可用钢筋作为电极，钢筋埋入井中并以绝缘体固定，一直通到坝顶。运行期中需加热沥青井时，可用电焊机连接供电，使沥青熔化流动（约加热到 150℃）。电极断面、电源、通电时间等均需计算确定。但横缝不漏水时，不要经常去加热，以延长沥青井的寿命。

如有必要时，应考虑在沥青井底部设置排出沥青的管子，以便排除老化的沥青，重填新鲜沥青。

（5）沥青井的施工，应随着坝体的上升而逐段回填，切不可待沥青井空洞已延伸很高时再一次灌填。灌填沥青井时必须保持井内清洁干燥，否则将大大影响阻水效果。施工时尚应特别注意电极元件的架立，以免加热时发生短路的事故。

（6）阻水片及阻水井均需伸入基岩一定深度（如 30～50cm）。阻水片及电极等要用混凝土紧密嵌固在基岩中。

（7）阻水片必须伸到最高水位以上。阻水井须伸到坝顶、闸墩顶或溢流面顶，并在顶部作盖板。在溢流面顶的盖板要与溢流面外形一致，并保证牢固，不致在溢流时被冲毁。

除横缝上游面的阻水外，在以下部位也须设阻水：

（1）横缝与廊道、孔洞相交处；

（2）横缝与溢流面相交处；

（3）在尾水位以下的横缝靠下游面处；

（4）水平工作缝的迎水面。

在以上部位中，我们通常采用一道或两道阻水铜片（参见图 2-27）。水平工作缝的上下层混凝土的接合情况，与施工质量有很大关系。质量良好的接触面不一定需设阻水片，但平常我们常加设一道阻水片或阻水木条（须经防腐处理）。

必须注意，坝体混凝土与基岩的接触面，常常是一个最易发生渗漏的面。如果基岩横向坡度在 30°以下，一般不作基础面上的阻水处理，而是在坝体浇筑后利用帷幕灌浆对接触面进行灌浆封实，或为此进行专门的接触灌浆。当坡度超过 30°时，应考虑做专门的阻水，即在基岩中挖一条槽，嵌入阻水片。如坡度在 45°或 50°

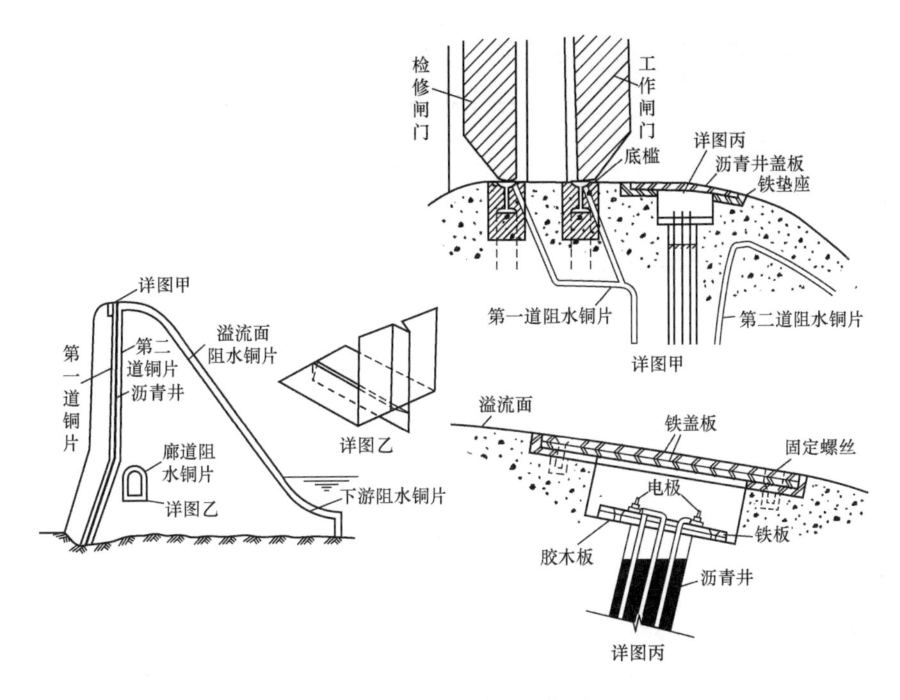


图 2-27　阻水系统示意图

以上者，这一陡峻的接触面应该像横缝一样处理，做好可靠的阻水。最好的办法是沿周围嵌入阻浆片并在接触面上布置灌浆系统，在坝体混凝土冷却后，对接触面进行接触灌浆。在特别陡峻的边坡上，甚至还要采用专门的阻水建筑物，如混凝土刺墙等。

## 二、基础阻水

为了防止水库蓄水后上游库水在高压下通过基岩中的裂隙向下游渗透，常须进行基础阻水工程。例如在上游基岩面上铺设防渗铺盖或在基岩中进行帷幕灌浆。

对于岩基上的混凝土重力坝，是很少采用坝前设铺盖的方法来防止基础渗透的，除非在挟沙很多、水库淤积很快的情况下，这时可考虑先用一道临时帷幕防渗，待水库逐渐淤积后，在坝前将形成一道天然的防渗铺盖。有时，基础防渗工程被破坏，而且用其他方式修复发生困难时，也可考虑在坝上游抛填大量的黏土，形成铺盖，来作为一种不得已的抢救措施。采用铺盖法防渗时，上游库底必须进行细致的清基工作。

除上述特殊情况外，岩基上的混凝土坝通常都是采用在基础中进行帷幕灌浆的方法，来形成一道阻水幕。即沿坝体上游面，在坝基中钻一排或数排密布的钻孔，用高压水冲洗这些钻孔中的裂隙，然后在高压力下将水泥浆灌入这些裂隙中，使形成不透水的帷幕。坝体和基岩的接触面也是一条主要的渗漏通道，其渗漏问题同样可进行接触灌浆来解决。接触灌浆的钻孔只须伸入基岩表面数米即可。有时，为了提高上游坝踵附近的抗渗能力，还可以在坝踵处加设一道压力较帷幕灌浆略低的“中压灌浆”，可参见图 2-28。当基岩表面渗透性较大时，尚可开挖一道齿墙来增加防渗效力。

关于帷幕灌浆的具体设计，将在本章第八节中讨论。

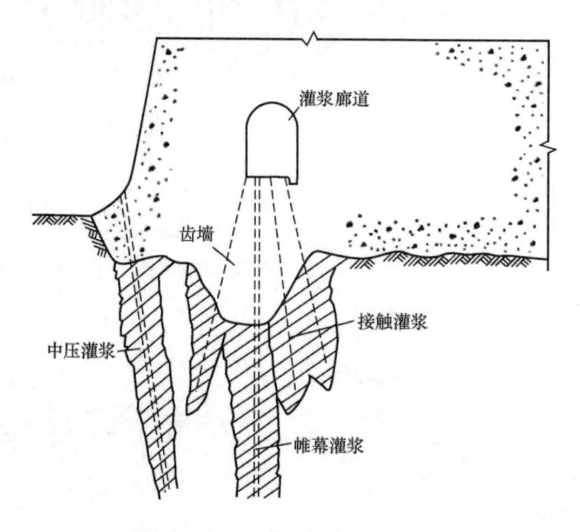


图 2-28　上游基础阻水处理

### 三、坝体及基础排水

虽然我们在坝体及基础内和各种接触面上设置了阻水系统，但渗透仍难完全防止。为了了解渗透流量，截断渗透水流，减免渗水的有害影响，尚须设置相应的排水系统。

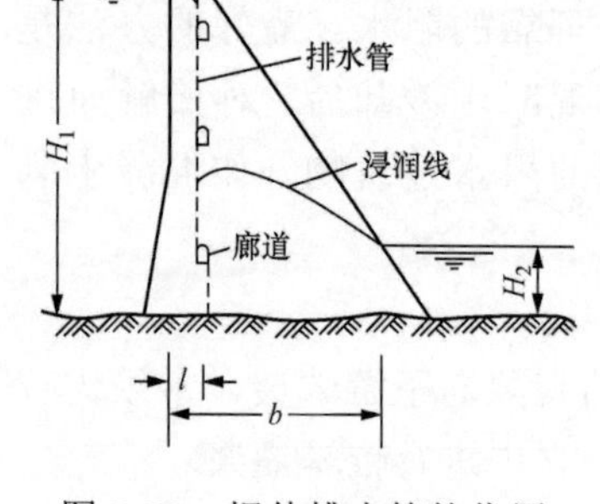


图 2-29　坝体排水管的作用

1. 坝体内的排水

通常在坝体上游面的防渗混凝土层（参阅本章第六节）后设一排排水管，排水管的间距约为 1.5～3.0m，其孔径约为 20～30cm。渗入混凝土内的少量水分，均可流入这些排水管集中排除，从而可降低坝体浸润线的位置和减小混凝土中的渗透压力（见图 2-29）。

流入排水管中的流量可按 A.B.罗曼诺夫公式近似估算[1]：

$$Q=\frac{\pi k\left[(H_1^2-H_2^2)\frac{b-l}{b}+H_2^2-H'^2\right]}{\log\frac{a}{\pi r}+\frac{\pi l(b-l)}{ab}} \tag{2-26}$$

式中　$k$——渗透系数；

$r$——排水管半径；

$l$——排水管幕到上游坝面距离；

$a$——排水管中心间距的一半；

$b$——上游坝面至浸润线逸出处距离；

$H_1$ 及 $H_2$——上、下游水深；

$H'$——排水管中水深，可采用 $H_2+0.5\text{m}$。





[1] 这个公式原系用以计算有水平不透水层和无压地下水情况下的水井流量的。

上列符号的意义尚可参看图 2-29。

坝体内的排水管一般均采用多孔混凝土管，每段长 1～1.5m。排水管应尽可能布置成铅垂方向或呈一直线，分段接入纵向廊道中，如图 2-30 所示。

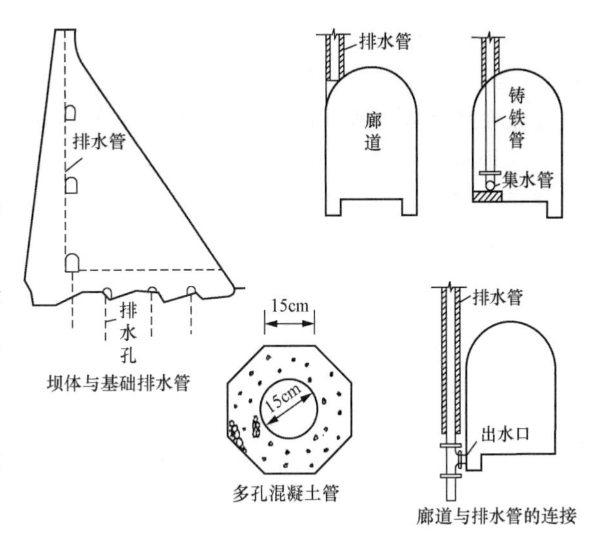


图 2-30　排水管设计

如果防渗混凝土的质量良好时，$k$ 值甚小，算出的渗入排水管中的流量是极小的，甚至比表面的蒸发量还小。实际上的排水量常比理论值大一些，这种渗水是穿过一些小裂缝和蜂窝等缺陷而进入排水管的。

为了排除从横缝中漏入的水量，我们常在横缝的阻水系统后设一排水井，兼作检查井用（参见图 2-26）。在检查井内要设置爬梯、平台和照明设备。流入排水井内的水集中引到集水井中。对于宽缝重力坝，常可省去排水、检查井，以宽缝代替。

2. 基础中的排水

基础中的排水系统甚至比坝体排水系统更为重要，因为它可以消除或减低渗透压力并排除渗漏水。基础排水系统有两种，一种为“井排水”，是钻入基础中的一些排水孔，最主要的一排布置在帷幕灌浆后面，对于高坝，还可以在其下游再布置若干排排水孔。另一种为“沟排水”，即布置在基岩与坝体接触面上的一些排水廊道和沟管，它们组成网格形（见图 2-31）。

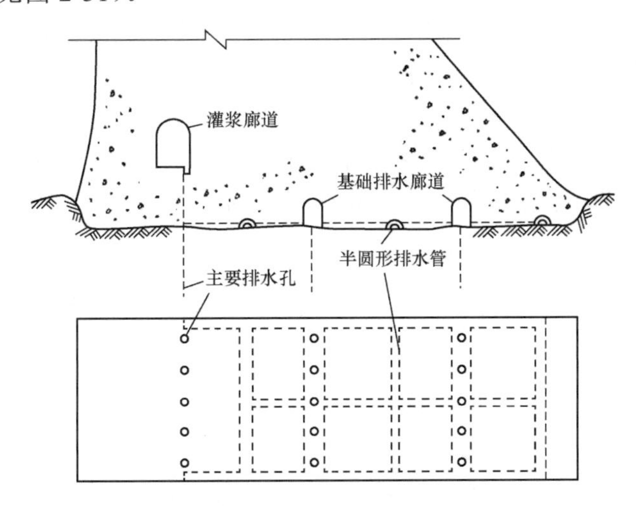


图 2-31　基础排水系统

在帷幕后的排水孔，孔深一般为帷幕深度的 1/2～2/3，孔径不宜小于 15～25cm，孔距在 1.5～3m 范围内。这排排水孔离开帷幕的距离须很好地研究，相距过远，将增加扬压力，相距过近，又使帷幕上的水力坡降过大。因之，排水孔应位在帷幕影响线以外，并在保证水力坡降不超过容许范围的条件下，尽量靠近帷幕。这排排水孔一般从灌浆廊道或排水廊道中钻进，偏向下游。排水孔当然应在帷幕灌浆结束后再开钻。

在坝基设置纵向及横向的排水廊道以及排水沟网，可以进一步降低渗透压力。在宽缝重力坝中，宽缝也就是横向排水廊道。排水沟网多用半圆形的瓦管做成，于浇筑混凝土前覆置在基岩上。所有排水廊道及沟管均应相互沟通。

最后，还应考虑渗漏水的集中与排除问题。为此，应在坝基上选择最低处布置一个或几个集水井，各种渗漏水均设法引入到集水井中。在集水井上应设置水泵室，内设自动启动和停止的深井水泵，及时将井中积水排除到下游。水泵及电源均必须有备用。对于宽缝重力坝，应将各坝段宽缝用排水沟或廊道沟通，使渗漏水能自由流入集水井，防止在宽缝内积水。为此，有时尚须对基岩面进行一些平整和开挖处理。

## 第四节 坝内的廊道布置

坝体内为了各种原因需要设置纵向、横向和垂直的廊道或井道。廊道的主要作用是：

（1）进行上游面坝基内的帷幕灌浆和基础排水工作，以及必要时进行检查维修工作。

（2）集中与排除坝体及坝基中的渗漏水流。

（3）设置观测仪器或观测站，便于巡视、检查和观测坝体工作情况。

（4）作为坝内的运输、交通和联络手段。

（5）其他特殊作用。

现在就分几种主要类型叙述如下。

### 一、基础灌浆和排水廊道

坝基上游面的帷幕灌浆常须在坝体完成或浇筑到一定高程后才开始进行，以便利用混凝土的压重来提高灌浆压力和灌浆质量，同时也可加强接触面上的抗渗、抗剪能力。这就使得通常要在坝内靠近上游的基础部位设置一个专用的基础灌浆廊道（见图2-32）。它离开上游面的距离应为0.05～0.10倍水头，且其上游壁距上游面距离至少应有4～5m。另一方面，灌浆廊道位置过后，将增加渗透压力。所以它的位置应结合基础开挖情况和水工设计假定，加以合适的选择。

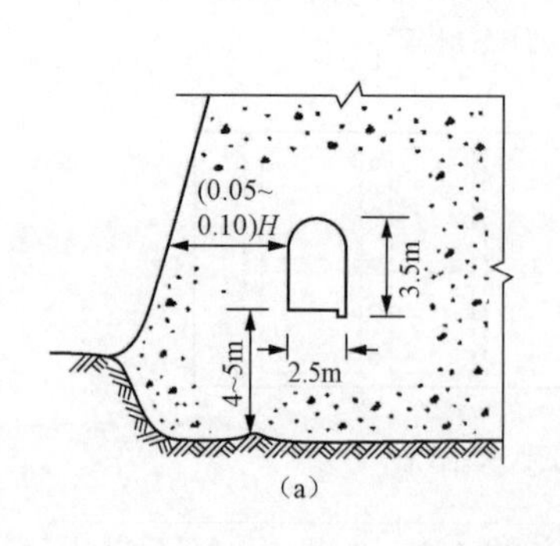

（a）

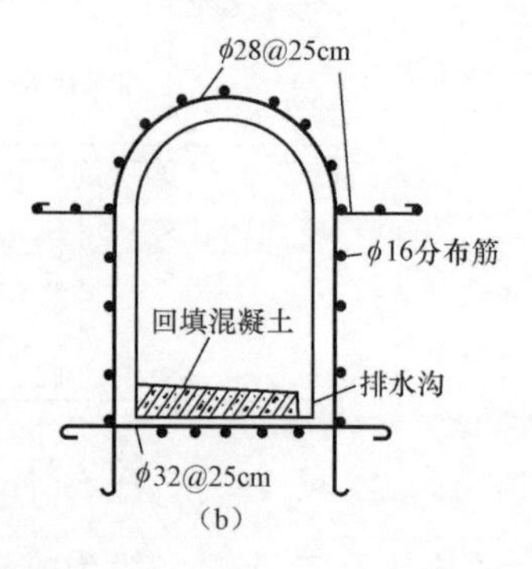

（b）

图2-32　基础灌浆廊道及其配筋示意

灌浆廊道的尺寸，要满足在廊道内进行钻孔灌浆操作的要求，一般采用上圆下方的标准型式，通常用 2.5m（宽）×3.5m（高）已足够，在有特殊论证时尚可加大。在廊道顶部和底部应埋些吊钩和轨道，以便搬动机件。廊道两侧应设置合适的排水沟，因为灌浆时施工用水量是较大的。图 2-32 即为一典型的灌浆廊道断面。

灌浆廊道离基岩面应保持一定的距离，而且最好不小于 1.5 倍廊道宽度，以便进行基础面接触灌浆。在灌浆廊道下游侧常可钻设排水孔及扬压力观测孔。

基础排水廊道可沿纵横方向布置。它常直接设置在基岩上并在其中钻排水孔，以增加排水效果，全面地降低坝基渗透压力和浮托力。纵向排水廊道可做成 1.5m×2.1m 的标准形式，横向排水廊道往往设在坝块两侧面，可以做成尖顶廊道形式，这些廊道顶部也可不配钢筋（见图 2-33）。

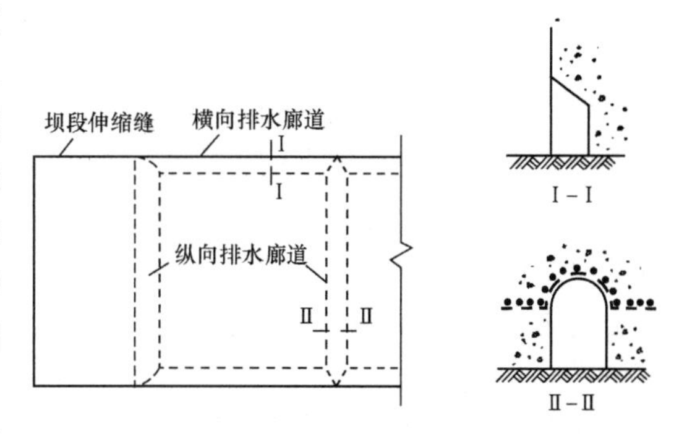

图 2-33　基础排水廊道布置

基础排水廊道通常在尾水位以下，若无特殊设置，是要淹没的。最好在下游坝面尾水位以下部分横缝中设置阻水，并使各廊道相互沟通，同时也与集水井相通，这样就可在正常运行期保持不被淹没，不仅便于检查，而且可以大大减低坝基上的浮托力，对增加坝体的稳定起到额外的保证作用。

灌浆廊道在纵剖面上看是沿地形向两岸逐渐升高的。应该注意，两岸的斜坡段坡度不宜大于 40°～45°，以便工作和运输机件。在靠近两岸接头处，廊道可以终止，并以横向廊道接出坝外。没有设置灌浆廊道的坝段的帷幕灌浆工作，可在坝顶向下钻孔进行。

## 二、检查及坝体排水廊道

我们常在靠近坝体上游面处设置一排检查廊道。通常约每隔 20m 高程设置一层，以供运行检查巡视，并排除坝体渗水。廊道形式多用上圆下方的标准断面，如无特殊要求，可用 1.5m（宽）×2.1m（高）的净空。

各排廊道上游壁离上游坝面的距离，不应小于 0.05 倍水头，也不应小于 3m。各层廊道在左右两岸至少应有两个出口，并最好用垂直的井道连通。如果坝体内设有电梯时，各层廊道均应与电梯井相通。

对于宽缝重力坝，这些检查廊道应该通到各坝段宽缝缝腔中去，并沿宽缝面设置巡视检查用的悬臂平台。某些廊道要穿过宽缝时，须架设桥梁。这样，使运行人员可在不同的高程上检查宽缝的缝面（见图 2-34）。

在高大的坝体中，除上述纵向靠上游面的检查廊道外，可能尚须布置其他纵向廊道系统以及横向廊道，以便进行全面检查和进行观测等。

有几层纵向廊道时，这些廊道在平面上最好位在同一位置上，或在横断面的布置中能位在一条直线上。

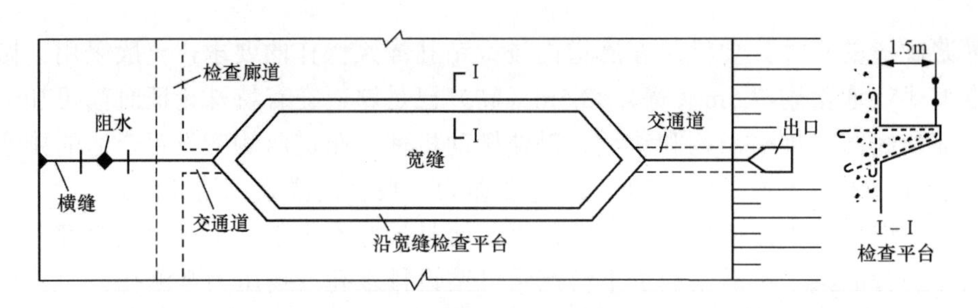


图 2-34　宽缝重力坝缝面检查

坝体中的排水管均分别通到廊道中（参见本章第三节），渗水由此集中并排除到下游去。廊道必须设有排水沟，并有一定的坡度。

除上述基础廊道和检查廊道外，还可以根据专门的理由设置特殊的廊道，例如，为了操纵坝顶闸门的操作廊道，当坝体内设有输水管道时的操作廊道，进入铜管道中去的交通廊道，当坝内设有电站时在下游设置的尾水闸门廊道等，这些都应根据需要来布置。

垂直方向的井道一般均供交通运输用，如电梯井、吊物井，以及某些观测检查竖井。有冷却设置的坝体内，有时设有冷却井。电梯井、交通井等常用方形断面。冷却竖井则或采用圆形、半圆形的断面。

**三、廊道布置中应注意的一些原则**

在布置廊道系统时，应该注意以下一些原则：

（1）廊道应尽量不位在尾水位以下。某些廊道必须位在尾下位以下时，应有防止淹没的措施，并必须能将渗水排入集水井再由水泵排出坝外。

（2）各层廊道间应能相互连通，每条廊道都至少应有两个出口。通到坝外的出口处必须设门。如出口低于最高尾水位，因而有倒淹危险时，应设堵水门。靠近基础的廊道须有人工通风换气装置。

（3）廊道的斜坡段的坡度不宜陡于 45°，以利于行走，并应适当地设置休息平台，在连续的较陡的斜坡段上应设扶手。

（4）坝体很长时，每隔 200m 左右，上下层廊道内须设通道沟通。坝体高度超过 50m 时，建议设置电梯。坝体长度超过 400～500m 时可设两条电梯。

（5）廊道内须设有足够和方便的照明设备。在基础部分廊道或预计湿度较大的廊道中，应考虑用明管敷线，线路及电气设备应考虑防潮要求。

廊道很长时，应设通气井或通气孔。如不可能时，应根据工作条件考虑设置永久性或临时性的通风设备。

（6）廊道周围在原则上均须配筋（参见第六章）。在纵横廊道或上下层廊道接头部位，结构复杂，尤需配筋加强。两条廊道的相接，应以接近相互垂直的方向接通，避免将两条接近平行的廊道接通，以致在坝内造成大的孔洞，削弱结构。

配筋量需根据计算确定。图 2-35 为廊道接头处配筋示意图。图 2-36 为重力坝坝内廊道系统布置示意图。

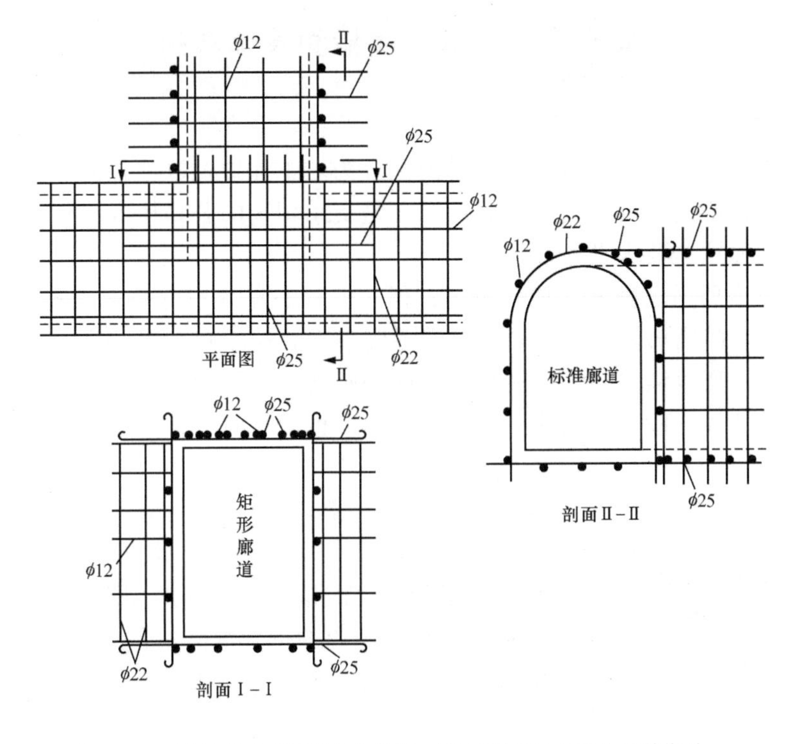


图 2-35　廊道接头处配筋示意图（标准廊道与矩形廊道街头）

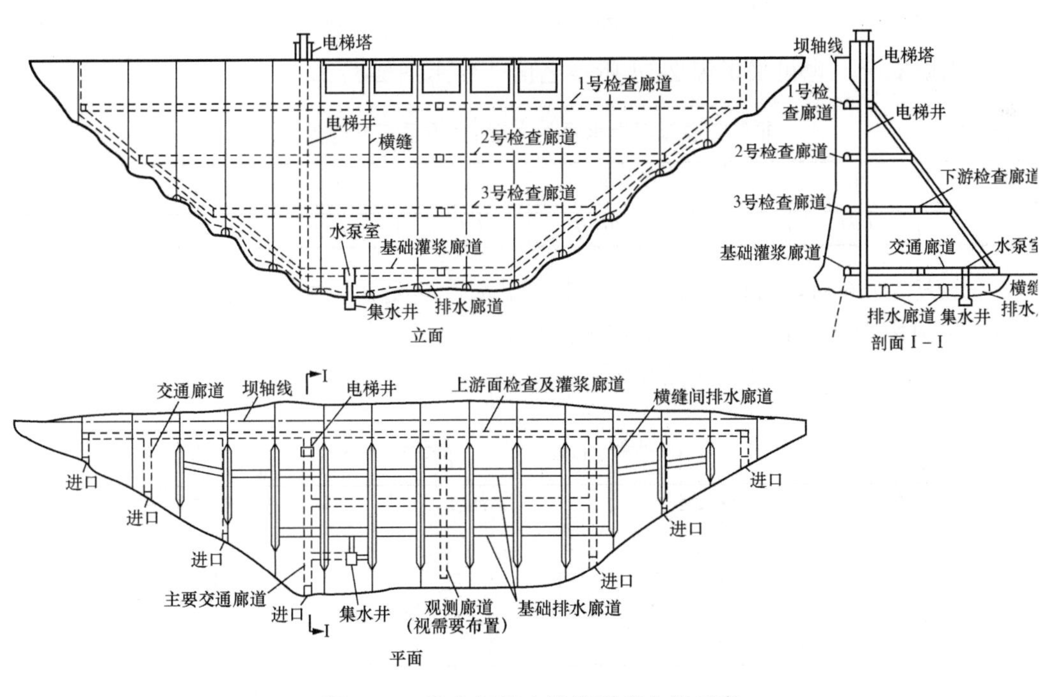


图 2-36　重力坝坝内廊道系统布置示意

## 第五节　闸墩、导墙和其他结构

### 一、闸墩

闸墩的主要用途有三：首先是将溢流坝分为若干孔口，以便控制；其次是用来支承和引导堰顶控制闸门及承受水压力；第三是支承坝顶的公路桥或工作桥。闸墩的尺寸外形均须按照这些要求设计。

闸墩的厚度要通过强度计算来决定，但它的最小厚度不宜小于 2m。在闸墩内常设有工作门槽，门槽部位的颈部最小厚度不应小于 0.8m。闸墩在平面上的外形，应使水流平顺通畅，所以迎水面常做成半圆形或椭圆形，在下游亦应逐渐收缩，做成流线形。闸墩上游边线一般可与坝体上游面齐平，但也常常向上游突出一些，以便布置检修闸门槽，或保证真空度（见本章第二节），或以便在其下设进水口，等等。这时，闸墩上游部可做成悬臂式结构。

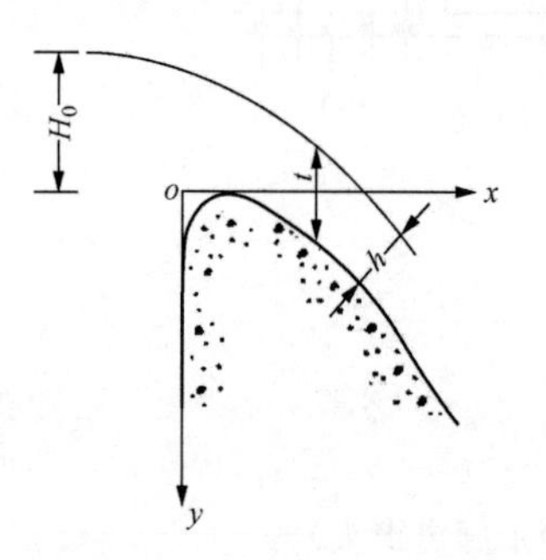

图 2-37　堰顶上最高水面曲线

闸墩的高度应该这样来决定，即使得坝顶桥、启门机和开启后的闸门的位置都高出最高泄洪水面线，而且保持一定余空（在有泄冰或泄漂浮物的要求时，这一净空更需研究决定）。有时，公路桥和工作桥的高程要求相差很大，可以把两者做在不同的高程上。堰顶上的最高水面曲线，要根据水工模型试验来测定，但作为初步估算，稍偏安全，也可采用表 2-14 所示之值（参考图 2-37）。

**表 2-14　非真空溢流坝上水舌的高度 *t*（沿垂直方向量）**

| $x/H_0$ | 0 | 0.1 | 0.2 | 0.3 | 0.4 | 0.5 | 0.6 |
|---|---|---|---|---|---|---|---|
| $t/H_0$ | 0.86 | 0.76 | 0.70 | 0.67 | 0.65 | 0.63 | 0.62 |

在 $x/H_0>0.6$ 后，可以用水力计算来确定水舌厚度 $h$，再换算为 $t$。对于真空式溢流坝，可引用表 2-5 中的资料来确定水面线。

图 2-38 中表示几种最常用的闸墩形式。

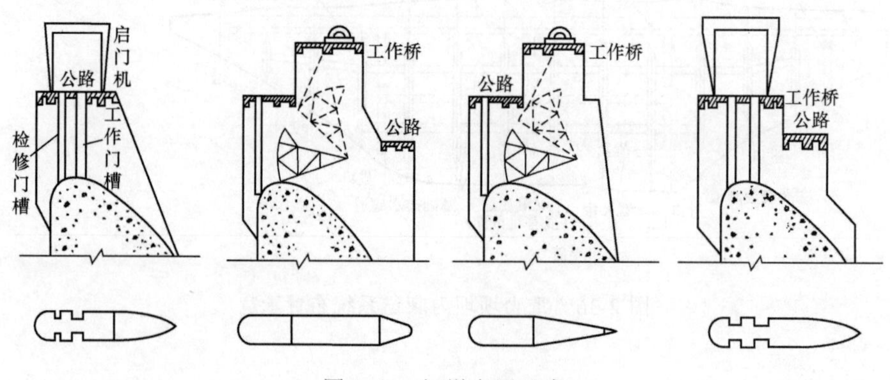

图 2-38　闸墩布置示意

如果每一坝段上设一个独立的溢流孔，则闸墩是跨坝段的，应该在闸墩中央设一伸缩缝和坝体横缝相接，直达坝底。伸缩缝中同样要有阻水、排水设置。这时伸缩缝两侧的每一半闸墩都要满足其最小厚度要求。如果溢流孔是跨坝段的，则闸墩位于坝段中央，不必设伸缩缝。

闸墩在设计时常作为伸出在溢流坝面上的悬臂式结构，承受各种荷载，据此来计算配筋。闸墩上主要的荷载为：

（1）自重及其上桥梁、设备的静重；

（2）闸门挡水时由闸门传递到墩子上的水压力（包括风浪压力等在内），这个力或作用在门槽上，或作用在弧门的轴上；

（3）闸墩迎水面承受的水压力；

（4）闸门开启时起重设备对闸墩作用的压力；

（5）溢流时作用在闸墩上的侧向动水压力；

（6）渗透压力；

（7）地震力；

（8）温度变化或车辆来往时对闸墩的推力。

可见闸墩承受的荷载是很复杂的。我们可以分为几种情况来考虑，例如施工情况[荷载（1）+（8）]，正常挡水情况[荷载（1）+（2）+（3）+（6）+（8）]，正常泄流情况[荷载（1）+（3）+（5）+（6）+（8）]，一侧泄流情况[荷载同上，但一侧用荷载（2），另一侧用荷载（5）]，修理情况，启门情况，以及特殊（地震）情况等。其中某些情况常非控制性的。根据一般经验，最重要的是正常挡水情况及一侧泄流情况。

在正常挡水情况中，作用在闸墩上的、沿上下游方向的荷载达最大值，但这种荷载均沿闸墩的中心面对称，故闸墩不至于发生扭曲。对于这种情况，我们可以按照计算坝体本身应力同样的方法，逐层切取断面，计算其上的合力 $W$、$Q$ 和力矩 $M$，用偏心受压公式计算墩子中的垂直应力和滑动稳定（参考第三章及第四章）。在核算滑动稳定时，须采用最小的可能垂直荷载 $W$。一般规定，在这种荷载情况下，闸墩应该像坝体一样地工作，即不借钢筋作用，完全由混凝土的重量来维持稳定和不产生拉应力。如果这一可能性不存在时，就只能配筋作为钢筋混凝土墩子设计。注意，所插钢筋应该较深地伸入坝体中，因为在溢流坝的顶部也常常存在拉应力，所以用钢筋来承受拉应力时，应插到坝体的受压区内。

在一侧泄流情况下，荷载性质较上一情况有很大改变。这时闸墩两侧承受不平衡的荷载作用，其本身将产生侧向变形和扭转。闸墩断面通常呈细长的形状。细长断面的墩子在双向荷载和扭矩作用下的计算，尚无简便正确的方法可供应用。根据工程的重要性，我们可用以下两种方法来处理。

1. 精确计算法

将闸墩切割为若干狭条（约可分为 4～8 条），每条视为独立的悬臂梁，但除承受其本身范围内的各种荷载外，尚在分割面上存在内应力。根据各悬臂梁最终变形应成为一连续的面这一条件，就可以求出最终变形和各内应力。这一个问题通常要用试载法来解，工作量很大。试载法的原理已述于第四章第八节中。当然在计算闸墩时，可以比计算整体式重力坝简单一些，因为基础变形可不考虑，悬臂梁是等厚度的，其单位变形曲线也容易求出，等等。在许多情况下，并可以同铰接式重力坝一样计算，那就更简便得多。

2. 近似估计法

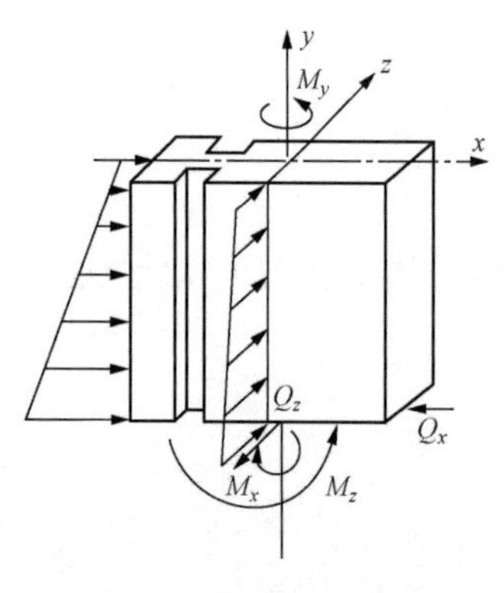

图 2-39 闸墩受力示意

我们注意到在两侧不均匀荷载作用下，闸墩主要将产生两个方向的弯曲和扭转作用。为了近似地估计最大应力，我们将三种作用分开来作计算。首先我们将各种荷载都移到闸墩的中心线上去，另外计算经过这样移动后所产生的扭矩，也作为一种荷载，作用在闸墩轴线上（见图 2-39）。这样，在每个水平断面上，我们可算出六个合力荷载，即垂直力 $W$，沿 $x$ 轴的剪力 $Q_x$，沿 $z$ 轴的剪力 $Q_z$，在 $xy$ 平面内的弯矩 $M_z$，在 $yz$ 平面内的弯矩 $M_x$，在 $xz$ 平面内的扭矩 $M_y$。

闸墩在 $W$、$Q_x$ 和 $M_z$ 作用下，主要产生 $xy$ 平面内的弯曲和剪切。这一情况下的应力仍然用偏心受压公式及梁的剪应力公式来计算，而视闸墩为一整体。由此可求出各点的 $\sigma_y$ 和 $\tau_{xy}$。

闸墩在 $Q_z$ 和 $M_x$ 的作用下，主要产生 $yz$ 平面内的弯曲和剪切，但是由于闸墩沿 $x$ 方向的长度较长，而且侧向荷载沿 $x$ 轴的分布很不均匀，所以在计算侧向弯曲时，我们不把闸墩视为一个整体，而是切成单位宽度条带来独立核算。如果其上有集中侧力作用，则承受集中力条带的宽度可取为闸墩厚度的 1～1.5 倍。这样仍用梁的公式来算出 $\sigma'_y$ 和 $\tau_{yz}=\tau_{zy}$。另外，我们仍按整个闸墩为一整体也计算各点的 $\sigma'_y$ 和 $\tau_{yz}$。如果某些条带上按独立工作算出的应力小于按整体计算所得的值时，应改用后者。

闸墩在扭矩 $M_y$ 作用下，将产生剪应力 $\tau_{xz}=\tau_{zx}$。另外，由于闸墩底部的固定作用，还要产生附加正应力 $\sigma''_y$。这些应力可按承受扭矩的矩形薄壁杆件的公式来计算。

最后将三种情况下的应力叠加，并据此来考虑配筋——包括抵抗弯曲和扭转应力的钢筋，后者常为水平放置的钢箍。

除了上述的计算外，在闸墩的局部地区常常需要专门加强。例如弧形门的枢轴周围必须加强，轴座要用很长的锚筋伸入混凝土中来承受拉力，使集中力能较均匀地传递到混凝土中。又如在平面闸门闸槽颈部，必须用钢筋加强（图 2-40）。这种钢筋除按构造要求予以配置外，尚应沿某些截面作校核性计算。例如在门轮反力 $R$ 作用下，沿 I—I 断面上剪应力的核算（在闸槽附近，混凝土标号常须特别提高）。又如沿 II—II 断面上拉应力的校核。后者可以这样计算，设想沿 II—II

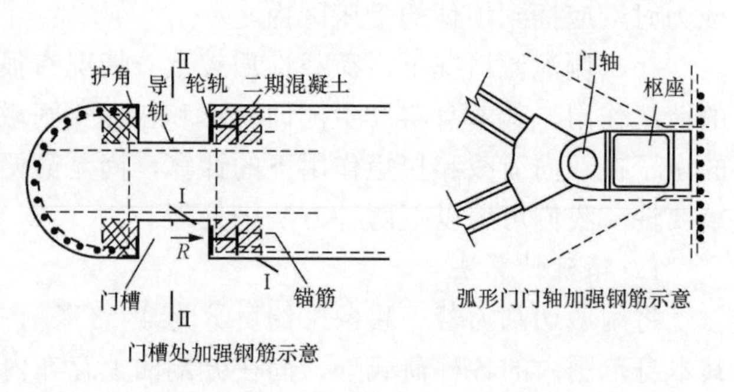

图 2-40 钢筋加强示意

断面将闸墩切开，则下游块体将在 $R$ 力作用下向下游变形，可以求出变形曲线 $\varDelta=F(y)$。然后在Ⅱ—Ⅱ断面上放上一组拉应力 $\sigma_x=f(y)$，调整 $\sigma_x$ 的值，使上下游块体仍然相重合，这个 $\sigma_x$ 就是在Ⅱ—Ⅱ线上的拉应力。通常下游块体断面常远大于上游块体，故在调整 $\sigma_x$ 时，可以忽略它所产生的下游块变形影响，而 $\sigma_x$ 乃可直接由 $\varDelta$ 的微分求出（$\sigma_x=EJ\dfrac{\mathrm{d}^4\varDelta}{\mathrm{d}y^4}$，$J$ 为上游块的断面惯性矩）。

设计闸墩时除应作以上所述的应力核算外，尚须校核变位，特别是侧向变位值，并研究这些变位对于闸门的启闭等有无影响。如认为不可容许时，应加厚闸墩来解决。

对于特别高的墩子，还需要进行弹性稳定（纵向压屈）的核算，并限制其细长比。

经过计算后，如认为闸墩不需配筋时，亦仍宜在周围放一些温度钢筋，例如用 $\phi$12～$\phi$16 每米 3～4 根。

### 二、导墙或边墩

导墙或边墩设在溢流坝两侧，用以分隔溢流段和挡水段，并作为坝顶桥和闸门的端跨支承。对于混合式坝型，边墩是混凝土溢流段和两侧当地材料坝的连接建筑物，这时边墩是一个大型挡土墙，其长度将和当地材料坝的宽度相等。在河床式枢纽中，边墩或为溢流坝与其他建筑物，如水电站厂房、船闸等的连接建筑物。对于混凝土高坝来讲，边墩仅为伸出在坝体上的一道导墙，并视水力条件需要，延伸到上下游。本节中只限于讨论这种形式的导墙。

导墙可以设在溢流坝段的边部，或挡水坝段的边部，或设在坝段的中部。在最后一种情况中，这个坝段的一半是溢流段而另一半为挡水段（见图 2-41）。

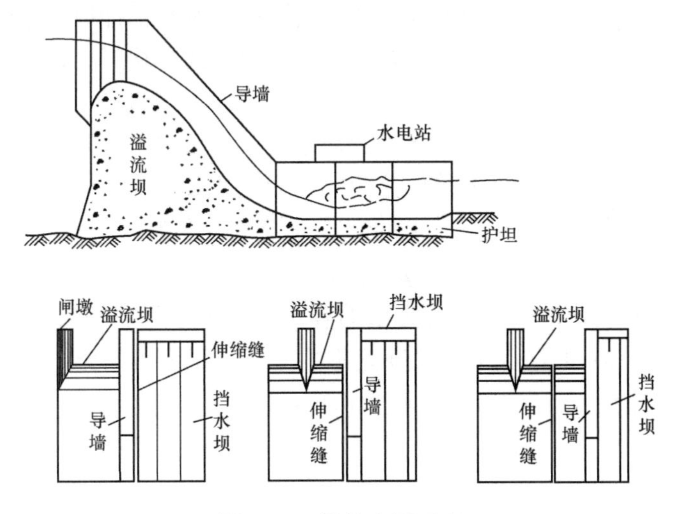


图 2-41　导墙布置示意

导墙的高度必须高过相应于最大泄洪流量的水面曲线，而且常应保持 1m 左右的超高。溢流水面曲线可用水力计算或模型试验来确定。但应注意，在高程较低处，由于流速大增，水流掺气程度渐大，水面亦相应抬高，如不考虑这一点，常会使导墙设计得过低而致溢顶。

如采以$\beta$代表掺气水流的含水系数，即水的体积与掺气水的体积之比，则按一般水力计算求出的水深$h$应该乘以$1/\beta$来放大。系数$\beta$取决于流速和糙率。作为初步估算可用：

$$\frac{1}{\beta}=1+0.075\sqrt{Fr-45} \tag{2-27}$$

式中，$Fr$为弗劳德数，$Fr=\frac{v^2}{gR}$，其中$g$为重力加速度，$v$为流速，$R$为水力半径（非渗气情况）。

另一个计算公式为：

$$\frac{1}{\beta}=1+\frac{K}{R}\cdot\frac{v^2}{2g} \tag{2-27a}$$

式中，$K$是一个系数，视表面粗糙情况而定。对于一般表面不很光洁的混凝土结构，可取$K=0.01$，表面愈平滑光洁，$K$值愈小。

在相当大的$Fr$值范围内，应用式（2-27）及式（2-27a）所计算得出的成果是很接近的。因此，作为初步估算，我们可任意选用一式。当然，对于重要的问题还需做进一步的试验和研究。

导墙在平面上的布置，要视水力条件而定。其下游常延伸一段距离，并与护岸建筑物衔接，使溢流水不致冲刷挡水坝基础与岸坡。如果挡水坝下设有水电站厂房时，导墙要使溢流水对厂房尾水的影响为最小。导墙上游端也应和闸墩一样做成光滑的曲线形式。采用护坦水跃消能时，导墙至少要延伸到护坦末端，而采用远射式鼻坎时，导墙至少应与鼻坎端部齐平。

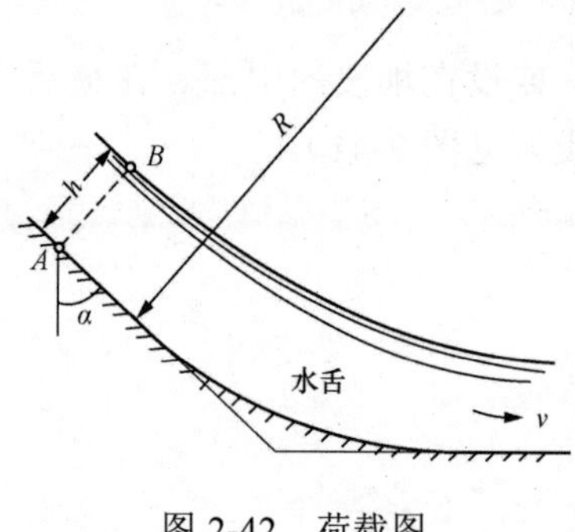


图 2-42　荷载图

导墙上所承受的主要荷载，在首部与闸墩相同，在下游部分为溢流时的水压力。如图 2-42 所示，任何一点$A$上的水压力近似可取为：

$$p=\gamma_0 h\sin\alpha \tag{2-28}$$

式中，$h$为水流厚度，$\alpha$为倾角，$\gamma_0$为水的容重。考虑掺气影响后，$h$修改为$h/\beta$，而容重$\gamma_0$改为$\gamma_0\beta$，故对$A$点水压力强度无影响。这个压力可假定沿$AB$线逐渐减小，到$B$为 0。在反弧段上，则应考虑离心力作用：

$$p=\frac{\gamma_0 qv}{gR} \tag{2-29}$$

式中，$q$为单宽溢流量［$m^3$/（s·m）］，$v$为反弧段上的流速，$R$为反弧段半径，$\gamma_0$为水的容重，$g$为重力加速度。

求出作用在导墙上的荷载后，导墙可按钢筋混凝土或少钢筋混凝土设计，但不宜作为纯混凝土结构设计。

如果导墙的外形设计不妥，则整个溢流坝上的水面线将起伏不平，而使按正常两向条件的水力学假定计算的成果完全不符实际（通常在导墙边上常发生涌高）。所以，水面线的位置总须用模型试验来论证和校对。

导墙过长时，可以分缝浇筑，分缝位置可与护坦、坦体的伸缩缝或施工缝一致。分缝内须设阻水设施，不一定需要灌缝。

### 三、坝顶闸门及启门机选择

坝顶闸门类型很多，最常用的有平板闸门、弧形闸门、圆辊闸门和鼓形闸门四种，其示意图如图 2-43 所示。各种闸门都有不同的工作特点，应根据孔口尺寸，有无漂浮物，对闸门启闭速度的要求与运行可靠性，以及是否需调节流量等因素，通过技术经济比较来选择。

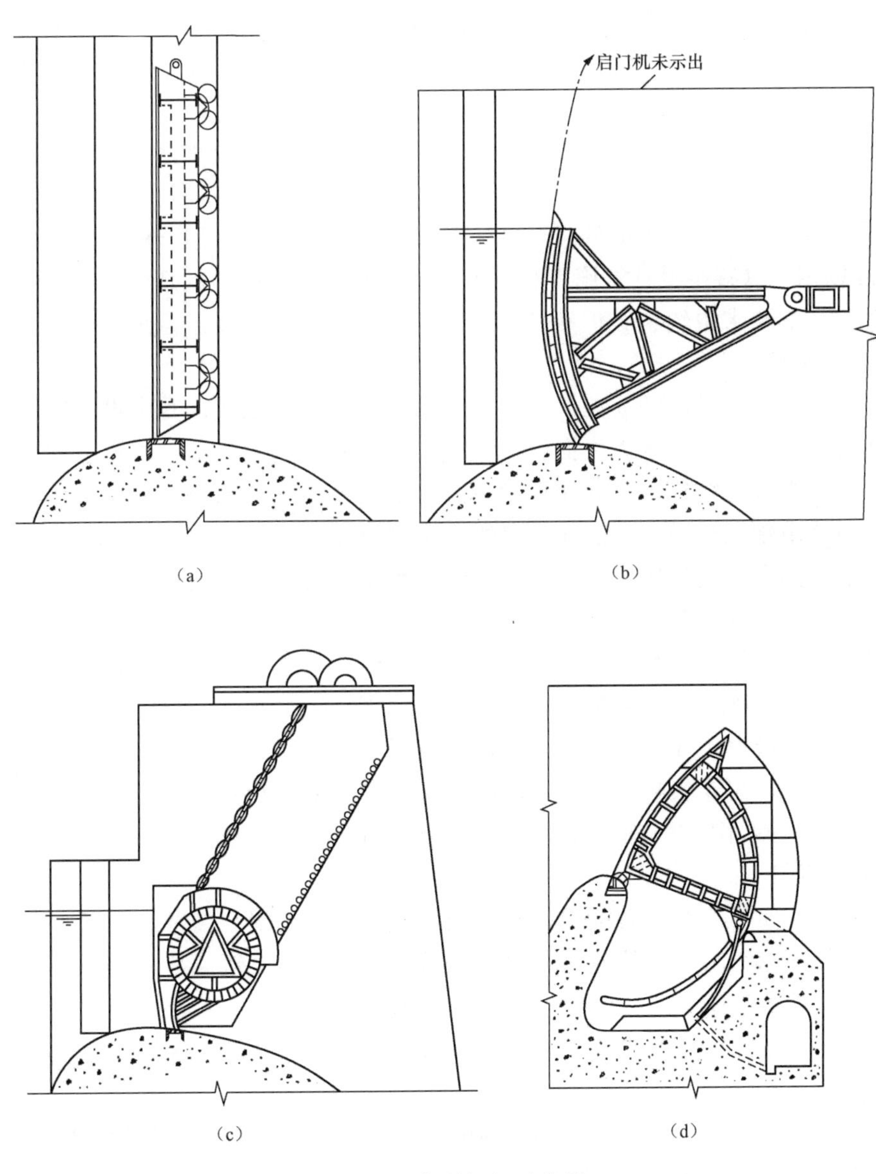


图 2-43　各种闸门示意图

(a) 平板闸门；(b) 弧形闸门；(c) 圆辊闸门；(d) 鼓形闸门

1. 平板闸门

这种闸门实际上就是一个用钢板及型钢制成的矩形平面挡水板，借滚轮或辊轮在轨道槽中上下行动。它的结构系统是：矩形面板支承在纵、横梁上，横梁再固接于两端的边梁上，滚轮也装在边梁上。水压力由面板传到横梁，再传到边梁，通过轮子作用在门槽轨道上。平板闸门通常依靠自重下落，用卷扬机或油压机提升。在闸门四周设有水封（多用橡皮制成）。

采用平板闸门时必须在闸墩内留一个尺寸较大的门槽（尺寸可自 1m 宽×0.5m 深至 4m 宽×1.5m 深），在门槽内安装行走轨道，反轨，侧向导轨和水封板等。由于设置了门槽，常使水流条件恶化，甚至产生气蚀。在问题严重时，不得不考虑采取一些复杂的措施来改善它，例如在门底下附设一个附框，使闸门上提时，附框恰巧能封闭门槽。

平板闸门在起吊时，启闭机要承受其全部自重，摩擦力及水流下曳力，故起重容量较大。

平板闸门的尺寸，最大的约可至 18m（高）×40m（宽），但一般的尺寸应保持在 10m×15m 以内，以减少设计、施工和制造上的困难。平板闸门的造价较高，要求闸墩较大，对起重的要求也较大。但结构简单可靠，便于提升检修，这是它的优点。

2. 弧形闸门

弧形闸门的面板做成圆筒的一部分，在两端有两个支承架，其中设有轴承，轴承装在圆筒的中心位置。水压力由面板经过横梁传达到两侧支架上，再转达到门轴上。这种闸门常为焊接钢结构，设计比较简单，除支铰外，其他部件不需精密加工。闸门自重的一部分由轴承承受，故启闭时只需克服部分自重及摩擦力即可，其起重容量比平板门为小。如果在支架后部设些平衡重，起重量更可进一步减小。弧形闸门常用卷扬机以钢丝绳来提升和落下。

弧形闸门另一个特点是不需在闸墩中留设门槽，只须沿两侧面及底部设水封座板即可。对于很长的闸门，温度伸缩对水封密实性常造成损害，是弧形闸门的一个问题。

弧形闸门的最大尺寸可达 15m×40m，一般在 10m×15m 以下。总之，弧门的优点很多：结构简单，需要的起重量小，水流条件较好，造价和安装价格低廉，因之是一个良好的型式。弧门上的工作桥梁，则由于启门布置上的要求，常须造得较高。

3. 圆辊闸门

圆辊闸门其实是一个空心圆筒，其直径等于所要求的闸门高度。圆筒由钢板及型钢制成。另外在闸墩上设斜的凹穴，内铺轨道，圆辊闸门沿轨道斜向升降。升降常借齿轮和轨道上的齿条来完成，以保证圆筒的水平。

闸门的操作用扣齿链的收放来完成，链条卷绕在圆筒两端，并与闸墩上的卷扬机连接。

有时，为了减少闸门高度，可在圆筒的上或下面另外附加一个弧形的盾板，可参见图 2-43（c）。

圆辊闸门的特点是可以制造长度很大的闸门，例如达到 35m 或甚至 60m 长。另外，它的操作快，阻力小，漏水少。它的缺点是闸墩结构复杂，起重容量很大，制造安装困难，总投资很贵。

4. 鼓形闸门

鼓形闸门是一种空心、密封的浮式容器，大致上呈三棱体形状。鼓形闸门的特点是要求在溢流堰顶留一个很大的凹穴。当闸门降落时，它停留在凹穴内，而其上部表面恰巧盖没凹穴，形成连续的溢流曲线，以保证高的流量系数。闸门的升降是用水力来完成的，即将压力水引入凹穴后，水的浮力使闸门上升，而将水放出时，门即下落。在上升过程中，闸门顶上仍继续溢流，状如一个锐缘堰，所以鼓形门是在门顶上过水的。

鼓形门由许多骨架和连续的面板焊成，在上游端与堰顶铰接。闸门中要设排水软管，以防止门内积水。鼓形闸门的最大尺寸约为 9m×40m。

鼓形门的优点是：不需启门机，对高速水流的干扰少，容许冰块、漂浮物自由通过。其缺点是：制造安装上较复杂，精密性高，对水封防止漏水的要求很严，因而造价较弧形闸门昂贵。另外，由于要在堰顶留一大凹穴，这也引起建筑物设计上的复杂性。

在普通的条件下，应尽量采用弧形闸门。如果堰前水头较高时，可考虑采用平板闸门（尤其是定轮式平板闸门）。至于堰顶的检修闸门，则都采用平板闸门。

闸门的启闭机构，最常用的是电动的齿轮式卷扬机，它以钢丝绳或链条与闸门连接。起门机有两种布置方式：一种是每一个闸门上布置一台固定式的专用启门机，另一种是用一台或几台行动式启门机来兼司几扇闸门的启闭。前者启门机的台数较多，但每台机器无行走机构，故而结构简单，造价也低廉，后者则反是。弧形闸门的启门机通常都是固定式的。平板闸门的起门机以用行动式的为多。这时，必须根据溢洪、运行操作上的要求来确定启门机的台数。溢流堰顶的闸门绝少采用固定式的油压启门机。

溢洪道上的闸门，多系按照全开全关设计的，只在启闭过程中才发生暂时性的局部过水情况。一般我们应避免用闸门的部分开启在堰顶调节流量，如果有这种必要时，闸门要按局部开启要求进行专门设计，并以采用弧形闸门为妥。

平板闸门的单位质量约在 0.3～0.8t/$m^2$ 挡水面积范围内，可用下式作初步估计：

$$G=0.055F\sqrt{F} \tag{2-30}$$

式中，$F$ 为净挡水面积。如果是双扇闸门（即闸门过高，分为上下两扇时），其重约为 $1.3G$。平板定轮闸门门槽内固定部件重量约为 $0.2G$。平板定轮闸门的提升力可按下式估计：

$$T=(1.2\sim1.5)(G+0.08P) \tag{2-31}$$

式中，$P$ 为闸门上的全部水平压力。

启门机的重量可按下式估计（单扇平面闸门）：

$$G'=0.1T(3.5+v)-0.0005T^2 \tag{2-32}$$

式中，$T$ 为提升力，可按前式计算；$v$ 为提升速度，一般取 1～2m/min。对于双扇门，$G'$ 值可按计算值再增加 15%～20%。

对于弧形闸门，也有相应的估算公式：

闸门重

$$G=0.15F\sqrt[4]{F} \tag{2-33}$$

固定件重

$$\overline{G}=0.15G \tag{2-34}$$

提升力

$$T=K（T_1+T_2+T_3+T_4） \tag{2-35}$$

式中　$K$——安全系数，$K=1.25\sim1.50$；

$T_1$——克服自重之力，$T_1=\dfrac{Gg}{t}$（$g$ 及 $t$ 为重力 $G$ 及提升力对支承铰的两个力臂）；

$T_2$——克服支承铰处的摩阻力的力，$T_2=\dfrac{Pfr_0}{t}$，$P$ 为支承铰处的合力，$r_0$ 为铰链轴的半受，$f$ 为滑动摩擦系数；

$T_3$——克服侧阻水的摩阻力的力，$T_3=\dfrac{P_b f\left(r+\dfrac{b}{2}\right)}{t}$，$P_b$ 为侧阻水上的水压力，$r$ 为面板半径，$b$ 为阻水设备宽度；

$T_4$——水压力的影响，当面板上全部水压力的合力 $R$ 作用线高于支承轴时（设 $e$ 为其力臂），$T_4=\dfrac{Re}{t}$。

弧形闸门在不同位置处，$T$ 值也各不同。作为初步估算，可用：

$$T=K（0.7G+0.04P）（P\text{ 为闸门上的水平水压力}） \tag{2-36}$$

启门机重

$$G'=0.1T（2.5+v）-0.0005T^2 \tag{2-37}$$

近似计算时，可用 $G'=0.3T$。

在选择和布置堰顶闸门等设备时，还要注意以下原则：

（1）在堰顶上除设置一道工作闸门外，尚应考虑设置事故闸门或检修闸门。如果工作闸门发生事故后会产生极严重的后果，应设置事故闸门，使可迅速下闸。对事故闸门的要求和工作闸门相同，其型式常用平板定轮门，位置常在工作闸门之前。如果工作闸门发生事故不致产生严重后果的，则仅须设置检修闸门，对此种闸门的要求将比工作闸门为低，甚至可考虑采用叠梁。事故闸门或检修闸门只需准备一套。但溢流孔数较多时，或预计需经常检修时，也可备置两三套。

当采用行动式启门机来操作工作闸门时，事故闸门或检修闸门也可用这台启门机来操作，否则需专为它们设起重设备。

如果工作闸门采用平板闸门，那么事故闸门最好采用同一结构，以简化设计、制造和安装工作。

（2）事故（检修）闸门和工作闸门间，应保留 1～3m 的空间，以便进行检修等工作。

（3）工作闸门和事故闸门必须能在任何水位时下放或提升，检修闸门则在有必要论证后可以按在静水中下放和提升来设计。

（4）采用移动式启门机时，必须细致计算操作每个溢流孔闸门所需的时间，并研究其是否满足调洪操作要求。如果闸门不能正常操作时将会引起严重事故的，这个问题尤为重要，并应考虑设置备用起门机。起门机的电源必须有备用，或有两套互为备用。

（5）工作闸门有自动操作或遥控要求的，则只能采用固定式启门机。但在这种启门机上仍须兼有手动操作设备。

（6）在坝顶或附近应设有检修场地和仓库。固定式启门机上可盖以简单的永久性保护罩或小室，但不宜过重。

**四、坝顶桥梁**

在溢流坝坝顶上须架设坝顶桥梁，其任务与种类有二：一为供两岸交通、联络用的公路桥，一为供布置启门机械或让启门机械行走的工作桥。交通桥和工作桥可视需要布置在同一高程，互相连接，或布置在不同高程，完全分开（参见图 2-38）。如果两者可布置在同一高程，而且坝顶交通并不频繁，也可考虑将两桥合并，以节约造价。但如交通繁忙，则应分开，而且最好在两者间用栏杆等隔开。

桥面高程必须这样规定，即使得在宣泄最大流量时所有的坝顶结构都安全地位于水面以上（包括掺气影响），使不致被漂浮物冲击。在平面上，交通桥要和两端挡水坝坝顶平顺连接，并最好能位于靠上游的一边。

交通桥可按照设计运输量规定其等级，并按我国交通部门的公路桥梁设计规范进行设计。在交通桥两侧应设置人行道和栏杆。交通桥的大梁最好采用预制构件或预应力构件在现场装配，然后在其上浇筑路面。如果没有通车要求，可只设置一条约 2m 宽的人行便桥。

在工作桥方面，如果我们采用行动式启门机，则其主要结构就是布置在启门机轨道下的两根大梁。这两根大梁须按启门机最大轮压及各种静、活荷载设计，包括：自重（包括路面等静重），启门机重及最大启门力（合并为最大轮压），人行活荷载，还有较为次要的雪荷载、温度荷载等。如果有可能，启门机大梁最好也设计成预制装配式结构（以用预应力结构为宜），以简化坝顶的施工工作。在启门机大梁间，还应铺上横梁或路面板。为了检修闸门等需要，这些结构也可都制作成预制装配式。但是如果路面板经常要翻起的，由于钢筋混凝土板比较笨重和易碎裂，最好能采用轻巧的金属盖板，或者在设置一定的围护措施后，不加盖护。

如果我们采用固定式启门机，例如电动卷扬机来启闭弧形门，则应设计一座坚固的钢筋混凝土桥，将启门机的电动机及减速箱布置在跨中，然后接上一根轴来传动左右两台钢丝绳卷筒，启闭弧形门。如果桥跨较长时，因传动轴过长不利，可将卷筒布置在桥跨的 $\frac{1}{4}$ 点处，以减少轴的长度（但工作桥的力矩要增加一些）。

如果桥跨很长，这样做也有困难时，那么每一孔闸门应由两台卷扬机来操作，这两台卷扬机显然可以布置在闸墩上，因而可大大减轻工作桥的负荷。这样布置的缺点是必须使用两台卷扬机来操作一座弧门，而且两台机器必须同步，这在机械设备上要复杂和昂贵一些。

**五、坝体进水口和管道**

在混凝土重力坝中，往往需要设置一些输水或泄水的管道，例如：

（1）坝后式水电站的发电输水管道。如果厂房设在挡水坝后，则其输水管及进水口也都布置在挡水坝段上。如果采取溢流式或坝内式厂房布置，则管道和进水口将设在溢流坝段上。

（2）专设的泄水管道。用以泄放洪水，或供给下游用水，有时还用来排沙。

（3）施工期的导流孔道。泄水管道和导流孔由于水流条件的限制，常常布置在溢流段上。

我们先讨论发电输水管道的布置和设计。

输水管道的直径要根据水轮机用水量通过技术经济比较来拟定，这一步工作称为“经济直径选择”，将不在此介绍。决定直径后，可进而决定进水口的高程。进水口过高时，在低水位期水力条件不利，甚或会使空气带入，引起严重后果。令 $h_e$ 为进水口入口处总高度，则进水口中心离开最低库水位的最小距离为 $0.8\sim1.0h_e$，这可作为进水口位置的上限。进水口过低时，则闸阀和启闭机构造价十分昂贵。同时，进水口不能设在预计淤积高程以下，这就规定了其下限。在这上下限间，我们可以选择几个方案作些比较。一般进水口较低时，闸阀等设备将较昂贵，而管道长度及电能损失则可以减少些。比较结果，常以较高的位置为有利。但我们除作经济分析外，尚应考虑一些其他条件（如提早发电，提供枯水年份供电的可能性等）来择定。

输水管线路的布置有图 2-44 中所示的几种，当厂房与进水口相距很近时（如在坝内式电站中），可采用（a）式，否则常采用（b）、（c）或（d）式。

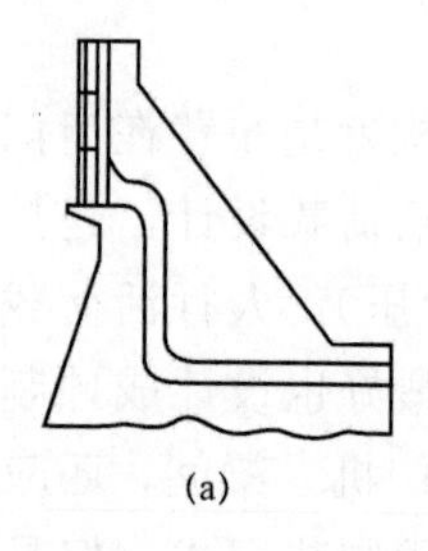

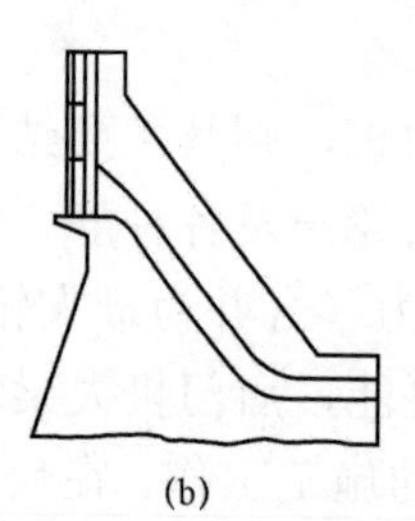

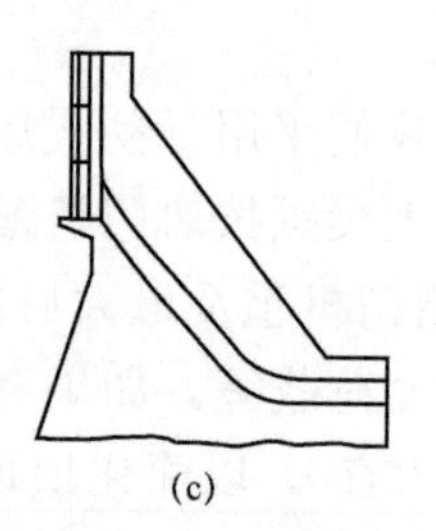

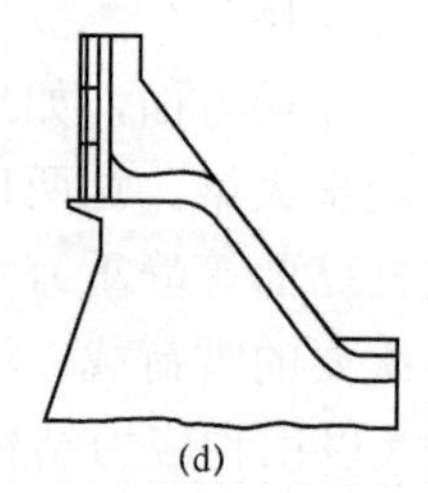


图 2-44 输水管布置方式

输水管道的直径一般是较大的，内水压力也较高，因此在通过坝体部分常常采用钢板衬砌，被管道削弱的坝体部分也必需配筋补强。钢板衬砌的作用，或以防渗为主，则可采用最小管壁厚度，或兼起防渗和承受应力作用，则应按不同的设计原则来决定其厚度。关于管道周围的配筋计算等，另详见第六章，本节中从略，而只限于介绍一些进水口的设计。

进水口的尺寸可以这样确定，设管道直径为 $D$，管轴线与水平线交角为 $\theta$，如图 2-45 所示，为了使水流平顺地进入管内，进水口高度须比 $\dfrac{D}{\cos\theta}$ 大一些，我们可取：

进口高度

$$h_e=h_1+h_2$$

而

$$h_1=\left[(1.21\tan^2\theta+0.0847)^{\frac{1}{2}}+\frac{1}{2\cos\theta}-1.10\tan\theta\right]D \tag{2-38}$$

$$h_2=\left(\frac{0.791}{\cos\theta}+0.077\tan\theta\right)D \tag{2-39}$$

这样，可在垂直线上定出进口上、下缘 $A$ 及 $B$ 点。在 $A$、$B$ 点与水管间，尚应接上一段椭圆曲线，连成平顺光滑的曲线。

进水口的面积 $A$ 应比管道断面积 $A'$大一些，取：

$$A=\frac{A'}{c_c\cos\theta} \tag{2-40}$$

式中，$c_c$ 可采用 0.60～0.70。这样，便可得出进口宽度 $b_e=\dfrac{A}{h_e}$。在进口和圆形管道间，断面积须自 $A$ 逐渐变化至 $A'$，而且要用一系列渐渐变化的带有四个圆弧角的矩形，从 $h_e \times b_e$ 矩形进口渐变到直径为 $D$ 的圆孔。这一个变化段常称为渐变段。由于渐变段形状很复杂，一般不用钢板衬砌，而做成钢筋混凝土结构。

在进水口前面要布置工作闸门槽及检修闸门（或叠梁）槽，再外面为拦污栅结构。拦污栅结构常做成直立式半圆形结构，由栅拱和立柱组成。拦污栅离开闸门中心线不应小于 $1.15b_e$ 左右，这样就可定出栅拱的半径来。栅拱多做成半个正八边形或十二边形的形状，由立柱联结起来，立柱上有拦污栅槽。拦污栅结构站立在一块半圆形的悬臂平台上，或坝体前伸出的平台上（图 2-46）。

设在溢流段上的进水口，其布置要比较困难。图 2-47 中为两个示意图，其中方案乙将进水口设在闸墩下，闸墩位于坝段中间，而且加宽厚度，进水口的闸门可从闸墩

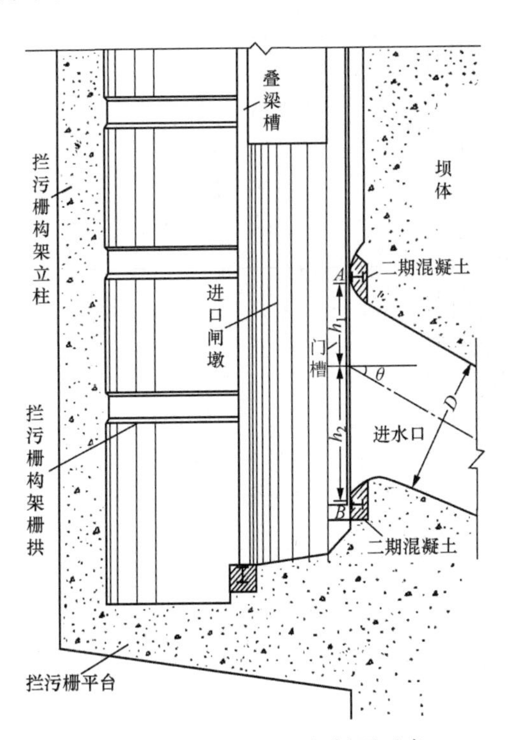


图 2-45　坝式进水口纵剖面示意

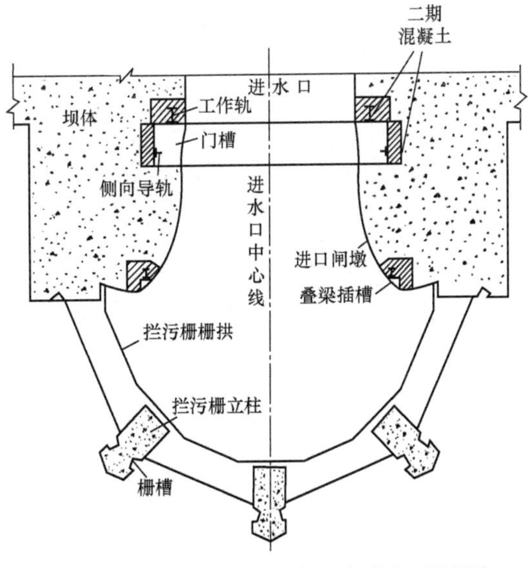


图 2-46　坝式进水口及拦污栅构架平面图

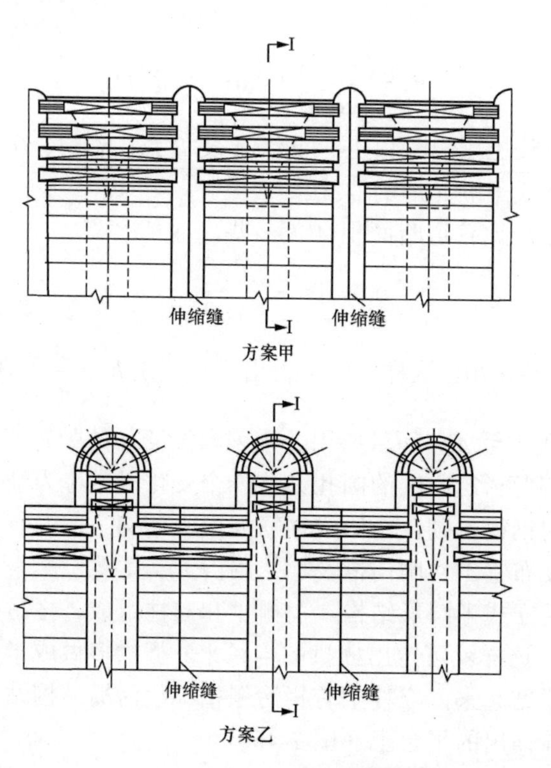


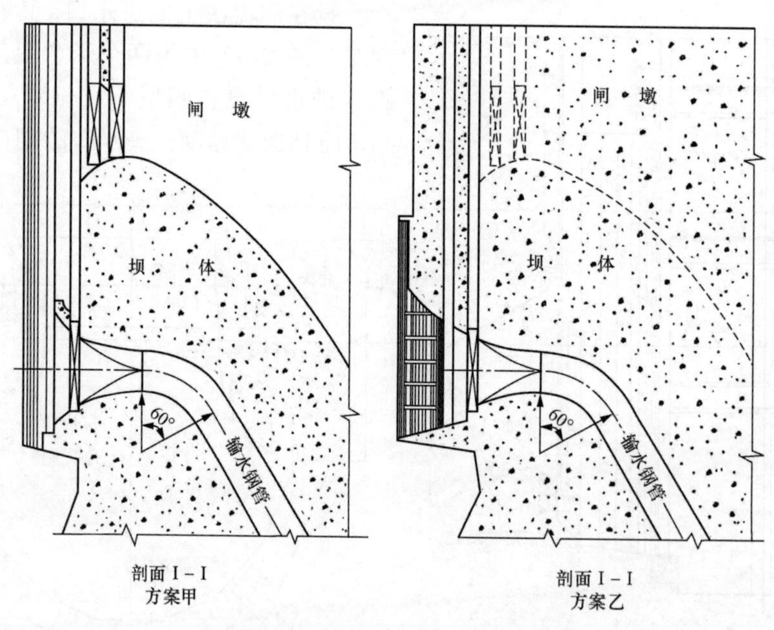


图 2-47　溢流段进水口布置示意

内的门槽中下落。方案甲将进水口设在坝段中间，而闸墩则在坝段两侧。这时，在闸门两侧必需设置辅助构架，才可与闸槽相连。方案甲的闸门显然更复杂，而且在溢洪时操作进水口闸门更有困难，故不常采用。

拦污栅均用钢条做成，组合成框。通过拦污栅的流速应限制在 1m/s 以下，以减少水头损失。同时栅条也宜做成流线形。拦污栅结构常按照 2～4m 水头差（部分堵塞）来设计。

进水口中尚应布置通气管、旁通阀、检修人孔。进水口控制闸门常为平板定轮闸门，启门机多用油压式启闭机或电动齿轮卷扬机。

我们再讨论一下坝体泄水管。泄水管的作用如下：

（1）当库水位低于溢流堰顶或水电站停机时，供给下游以生活用水或工业用水，或供水以维持航运。为此目的而设的泄水管其数量不多，尺寸也不会很大。

（2）泄洪用（或与溢洪道联合泄洪，或只设泄水管泄洪）。由于泄水管泄洪比溢洪道要复杂和昂贵，故仅在有特殊理由时才采用。例如，要求把库水位泄得很低，或要利用泄水孔排泄泥沙，或洪水期漂浮物情况异常严重等。泄洪用的泄水管尺寸很大，数量也很多。

（3）施工期导流用。

（4）专为泄放库水、降低库水位用。导流或放库用的泄水管，断面较大，有时在闸（阀）下游做成明流水道，不再是一条圆管（参见图 2-48）。

泄水管常布置在溢流坝段中，由于流速很高，多设钢板衬砌保护，并在坝内设一阀室，用阀来启闭和调节流量，而在上游面可设一道平板检修闸门。用阀来调节和控制泄水管流量时，可视需要将阀设在管道的进口、中部或出口端。

当泄水管布置在挡水坝段上时，控制阀常布置在管道出口末端，以便接近检修。适宜的阀型为针形阀、锥形阀和空注阀等。高速射流通过阀后直接抛射入河床中。泄水管布置在溢流坝段中，则阀必须设在进口部分或中部，利用坝内廊道进行操作。这里最适用的是附环阀（或称附环闸门）。溢流段中的泄水孔水流，或可射至空中消能后落入下游，或可将管道在下游弯曲，使水流贴着溢流面下流利用溢洪道护坦等消能（图 2-48）。后一种布置，在结构上和水流上均较复杂。此外，闸阀装在管道中部，是不便进行局部开启作流量调节的，否则会在下游造成严重的气蚀和紊流，故只能按全开、全关考虑。

泄水管的流量可用下式计算：

$$Q = \varphi A\sqrt{2gH^*} \tag{2-41}$$

而

$$H^* = H_0 + \frac{v_r^2}{g\left(R + \dfrac{a}{2}\right)} \bullet \frac{a}{2} - a\cos\beta \tag{2-42}$$

式中，$A$ 为管道断面积，$H_0$ 为从管道出口中心量起的总水头（包括上游行近流速），$v_r$ 为管道内的流速，$R$ 为管道出口端曲率半径，$a$ 为管道出口处的高度。但如果溢流道上溢流，管道出口被溢流水盖没，则泄流量即将减少，这时式（2-41）中的 $H^*$ 应该用 $H_g$ 代之，而

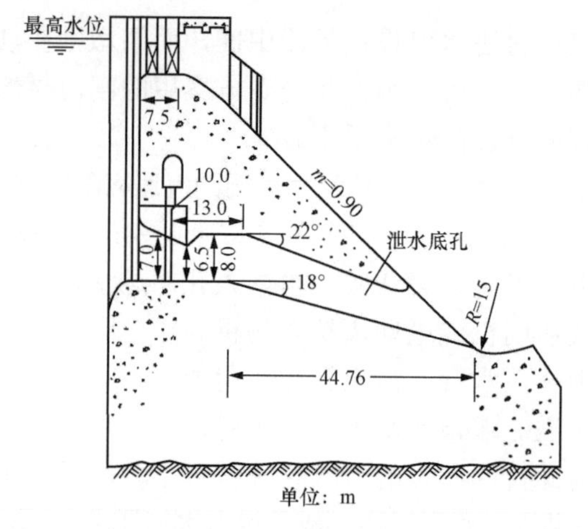


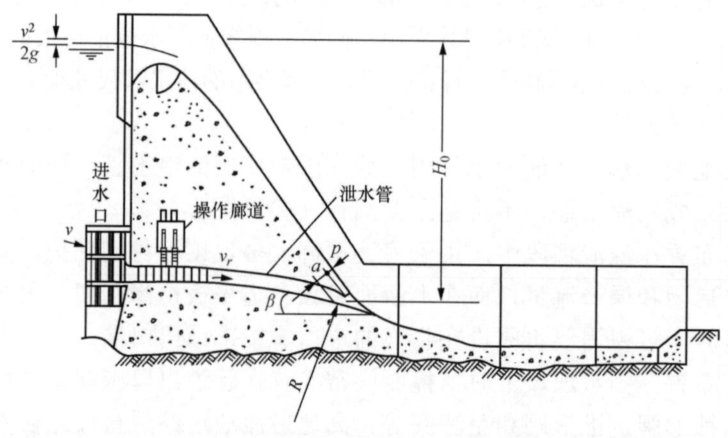


图 2-48　坝内的泄水孔与泄水管

$$H_g = H^* - \Delta H_g$$

$\Delta H_g$之值要从试验定出，当$\beta = 50°$左右时，可从图 2-49 中查出，是$\dfrac{q_n}{q_{r0}}$及$\dfrac{p}{a}$的函数，这里$q_n$及$q_{r0}$各代表溢流时的单宽流量及无表面溢流情况下的管道单宽（每米）流量，$p$为溢流坝面与管道顶板间的厚度。

图 2-49　$\dfrac{\Delta H_0}{H^*} = f\left(\dfrac{p}{a}, \dfrac{q_n}{q_{r0}}\right)$曲线

高水头闸阀的设计是一个极困难的任务。因此，当我们要把水库水位用泄水管放得很低时，常常不是在最低高程处设置一排泄水孔，而是分不同高程设几层泄水孔，以便在不同库水位下可轮换工作，使闸阀经常在较低水头下操作。

在图 2-50 中示出了一个小泄水管的布置。

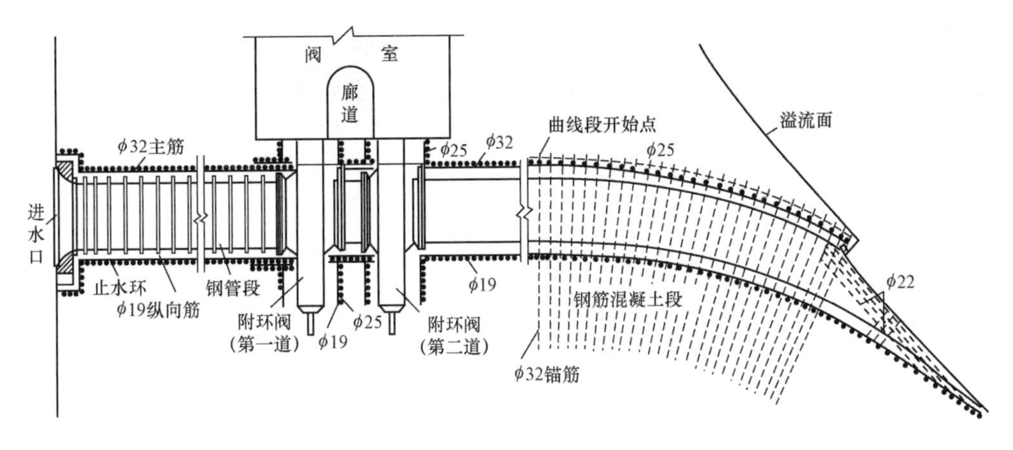


图 2-50　泄水管布置示意图

## 第六节　坝体混凝土设计

混凝土是重力坝中最主要的建筑材料，一个重力坝的规模常常以其混凝土的容积来表征。所以合理地规定坝体混凝土的各项指标，对于保证建筑物的安全、可靠和节约原材料及造价，以及对加快施工进度、保证施工质量等都有重大关系。

早期修建的重力坝，整个坝体常用同一种混凝土浇制（或仅按高程采用几种混凝土级配），而所谓混凝土的设计指标仅为“强度”一项，混凝土的级配则用简单的容积比来表示（如 1:3:6 混凝土）。很显然，这种简略的要求已不适用于今天。根据近来浇筑大坝混凝土的经验，可知表示混凝土特性的指标，除强度外，尚应有抗渗性、抗侵蚀性、抗冻性、抗磨性、低热性等（前三者常合称为耐久性）。大坝各部分混凝土的工作条件不同，对其各种性能的要求也不一致，所以应该分区设计混凝土的指标。现在分别讨论如下。

### 一、混凝土的设计强度和龄期

混凝土的强度是一项重要的设计指标。所谓强度包括抗压强度、抗拉强度及抗剪强度等，但一般以其最重要的抗压强度（我国目前采用 20cm×20cm×20cm 标准立方试件的抗压强度）来代表，并称为混凝土的标号。常用的标号可分为 75、100、150、200、250、300、400 及 500 号等 8 种。最常用的又为 100～250 号等 4 种。75 号混凝土只能用在某些不重要的、应力很小的部位，或仅作为回填及压重用（不利用其强度）。至于高于 300 号的混凝土亦应尽量减少使用或只用在局部必要部位。

混凝土的计算抗压强度（棱柱体强度）要比标号低些（为后者的 75%～85%），抗拉强度一般为标号的 6%～10%（见表 2-15），抗剪强度近似可取为标号的 1/7。

表 2-15　　混凝土计算强度表　　$kg/cm^2$

| 标号 | 75 | 100 | 150 | 200 | 250 | 300 | 400 | 500 |
|---|---|---|---|---|---|---|---|---|
| 棱柱体强度 | 60 | 80 | 115 | 145 | 175 | 210 | 280 | 350 |
| 中心受拉 | — | 8 | 12 | 16 | 18 | 21 | 25 | 29 |

每一区的混凝土标号应根据该区内最大主应力值乘以安全系数（参见第三章）来选择。倘若要求的标号低于 100 号时，强度指标已不起控制作用，可以选用最低实用值 100 号。

应该注意，由于应力计算难期精确和混凝土质量的差异性较大，大坝的应力安全系数应该保持得高一些。

一般讲来，重力坝内应力的绝对值并不大，故强度指标是容易满足的。但在高坝的基础部分、大孔口坝体和坝内应力集中地区，强度指标可能上升为主要要求，对于这些地区的应力并须用各种较精确的方法来计算论证。对于局部应力特别集中的地区，我们可以局部提高混凝土的标号，即将分区范围更缩小一些，而不宜全面地提高混凝土标号。

由于混凝土的强度是随着龄期而增长的，所以在规定设计标号时应同时规定设计龄期。设计龄期一般分为 7、28、60、90、180 及 360 天等几级。对于混凝土重力坝的设计龄期一般可取为 90 天。强度随龄期增长情况视原材料品种、混凝土级配和施工养护等条件而异，应通过试验测定，表 2-16 中给出一些参考值。

**表 2-16　　混凝土强度与龄期对照表**

| 强度比 \ 龄期 | 3 天 | 7 天 | 28 天 | 60 天 | 90 天 | 180 天 | 360 天 |
|---|---|---|---|---|---|---|---|
| 硅酸盐水泥（水灰比 0.5～0.7） | 28%～34% | 55%～60% | 100% | 116%～130% | 125%～140% | 130%～154% | 133%～167% |
| 矿碴、火山灰水泥（水灰比 0.5～0.8） | | 35%～44% | 100% | 130%～150% | 135%～160% | 149%～170% | |

规定设计龄期时，应考虑混凝土实际承受荷载的时间来确定。混凝土坝由于体积大，施工期长，承受最终设计荷载的时间可能很迟，但我们不宜选取过大的设计龄期。因为在多数部位中，混凝土浇筑后不久即将承受局部荷载以及温度、收缩应力，故早期强度不宜太低。在一般情况下，选择 90 天为设计龄期是合适的，而 180 天龄期可视为上限。此外，并常规定在 28 天龄期时强度不得低于 75 号，作为对早期强度的控制。施工中对混凝土强度、保证率、离差系数等的控制，实际上也是以 28 天试件来试验的，而以一定的系数换算为其他龄期。

混凝土的标号及龄期常以标准写法来表示。我国目前尚无规定的写法，建议采用以下形式：例如，对于 200 号混凝土，其设计龄期为 90 天，写为 $R_{90}200$。

如果对某部位的混凝土的抗拉强度有特殊要求时，应同时提出抗拉标号。抗拉标号有 8、12、16、20、24、28 号等 6 种，表示 20cm×20cm×20cm 立方体试件 28 天龄期用劈裂法试验所求出的极限抗拉强度（$kg/cm^2$）。抗拉标号不采用后期强度。

**二、抗渗性**

抗渗性是水工混凝土的特殊要求，表示混凝土抗阻高压水穿过的能力。抗渗指标并无统一规定。一般根据 $\phi$15×15cm 的圆柱体试件的试验成果来评定，例如，可分为 $S_2$、$S_4$、$S_6$、$S_8$、$S_{10}$、$S_{12}$ 等六级，脚标中的数字，表示在该压力强度（$kg/cm^2$）的水压作用下，经过规定时间，一组六个试件中不出现渗水。抗渗标号亦随龄期增加，故也须提出设计龄期，一般取与强度的设计龄期相同。

混凝土坝的上游面、基础层和尾水位以下的下游面有抗渗要求，可参考以下几个因素确定：①作用在该层混凝土中的水力坡度愈大，抗渗标号也愈高，可参考表 2-17 采用，抗渗层厚度，对于 100m 以上的坝，常不小于水头的 10%，也不小于 2m；②表面水头达 100m 者，抗渗标号不宜低于 $S_8$，表面水头达 50m 者，不宜低于 $S_6$；③水质有侵蚀性者，抗渗标号应适当提高一级。

**表 2-17　　不同水力坡度下的抗渗标号**

| 水力坡度 | ＜5 | 5～10 | 10～30 | 30～50 | ＞50 |
|---|---|---|---|---|---|
| 抗渗标号 | $S_4$ | $S_6$ | $S_8$ | $S_{10}$ | $S_{12}$ |

另一种表示混凝土抗渗性能的指标是它的渗透系数 $k$，$k$ 值表示在单位水力坡降下单位时间内通过单位断面积的渗透流量。渗透系数与混凝土的水灰比有很大关系，表 2-18 中为一些参考值。

在理论上讲，渗透系数 $k$ 是一个反映抗渗性能的良好指标，但在施工和试验中较难直接测定。$k$ 与上述的抗渗标号间有何关系，现在尚无明确规定。

此外，当我们在检查已完成混凝土的抗渗性能时，常在其中钻一孔，并进行压水试验，测定其单位漏水率 $\omega$。$\omega$ 表示在单位压力下单位长度孔段在单位时间内的漏水量，其因次为 L/（s・m・m）水头。$\omega$ 的数值给出了混凝土相对密实性的指标或可检查出混凝土中存在的缺陷（如蜂窝、裂缝等），但与抗渗指标间的关系还不明确。达到抗渗标号 $S_4$ 以上的混凝土，其 $\omega$ 值应该接近为 0。

**表 2-18　　混凝土渗透系数表**

| 水灰比 | $k$（cm/s） |
|---|---|
| 0.5～0.6 | 0.000000000023～0.00000000035 |
| 0.6～0.7 | 0.00000000007～0.00000000231 |
| 0.7～0.8 | 0.0000000018～0.0000000137 |
| 0.8～1.0 | 0.00000000093～0.000000093 |

根据一系列的试验，证实混凝土的抗渗性能主要为水灰比及大骨料尺寸的函数，例如水灰比从 0.45 增至 0.80，在其他因素不变的条件下，$k$ 值可以增加 100 倍。又如水灰比不变，大骨料尺寸从 1/4in 增到 9in，$k$ 值也可增加 30 倍。通过试验还发现：在浇筑混凝土后若连续进行良好的养护，$k$ 值也随龄期有显著降低。如从 20 天龄期增至 60 天，$k$ 值的减少约达 3:1，从 60 天增至 180 天，其值的减少约达 2:1。

由于抗渗性与水灰比的关系很大，所以坝体上游面的水泥用量常常受抗渗指标控制。为此，我们常在这种地区的混凝土的级配中掺用掺合料，以减低水泥用量而满足抗渗指标。

混凝土的抗渗标号常常连写在强度之后，例如 $R_{90}200S_8$。

## 三、抗冻性

水工混凝土的抗冻性，通常是根据 20cm×20cm×20cm 立方体试件 28 天龄期试验所得的最大冻融循环次数（此时其抗压强度的降低值不超过 25%，重量损失不超过 5%）来规定的，共分为六种标号，即 $D_{25}$、$D_{50}$、$D_{100}$、$D_{150}$、$D_{200}$ 及 $D_{250}$。

当坝区最冷月月平均气温低于 −3℃时，对坝体表面混凝土必须提出抗冻性要求，这在我国北方或东北地区或有此情况。我国通常采用的要求见表 2-19。

表 2-19 中，冬季水位变化次数是指月平均气温低于 −3℃的月份中水位变化的总次数；气温正负交替次数是指一年内气温从 3℃以上降到 −3℃以下，再复上升到 3℃以上的交替次数。

**表 2-19　　水工混凝土抗冻要求**

| 部位 | 最冷月平均气温 | −3～−10℃ | | −10℃以下 | |
|---|---|---|---|---|---|
| | 冬季水位变化或气温正负交替次数 | 50 以下 | 50 以上 | 50 以下 | 50 以上 |
| 水位变化区 | 抗冻标号 | $D_{50}$ | $D_{100}$ | $D_{100}$ | $D_{150}$ |
| 水位变化区以上部位 | | $D_{25}$ | $D_{50}$ | $D_{50}$ | $D_{100}$ |

在没有抗冻要求的地区，坝体表面混凝土亦宜满足 $D_{25}$（见表 2-19，编者加）的要求，以使具有一定的抗风化能力。

## 四、抗侵蚀性

水工建筑物的混凝土，不仅挡水面与水直接接触，而且其内部还有渗透水流的作用。某种水质对混凝土（实际上就是对水泥）有侵蚀作用，因此要求混凝土有抵抗侵蚀的性能。

水的侵蚀性，大致上可分为五类：

（1）临时硬度——即溶出性（分解钙质）的侵蚀性，根据重碳酸盐碱度评定；

（2）氢离子含量——酸性侵蚀，根据 pH 值评定；

（3）游离碳酸含量——碳酸侵蚀性；

（4）硫酸盐离子 $SO_4^{2-}$ 含量——硫酸盐侵蚀性；

（5）镁离子 $Mg^{2+}$ 含量——镁侵蚀性。

**表 2-20　　环境水溶出性、酸性及碳酸侵蚀标准**

| 侵蚀种类 | 说　明 | 混凝土的临水情况 | 结构物最小尺寸（厚度）（m） | 硅酸盐水泥 | 火山灰质及矿渣硅酸盐水泥 |
|---|---|---|---|---|---|
| 溶出性侵蚀 | 水的重碳酸盐碱度毫克当量数小于表列数值时即被认为具有侵蚀性 | 水或渗透系数大于 10m/d 的土壤 | <0.5<br>0.5～2.5<br>>2.5 | 2.0<br>1.2<br>0.7 | 0.7<br>0.4<br>不规定 |
| | | 渗透系数自 10～0.1m/d 的土壤 | <0.5<br>0.5～2.5<br>>2.5 | 1.0<br>0.6<br>不规定 | 0.4<br>不规定<br>不规定 |
| | | 渗透系数小于 0.1m/d 的土壤 | <0.5<br>0.5～2.5<br>>2.5 | 不规定<br>不规定<br>不规定 | 不规定<br>不规定<br>不规定 |

续表

| 侵蚀种类 | 说　明 | 混凝土的临水情况 | 结构物最小尺寸（厚度）（m） | 硅酸盐水泥 | 火山灰质及矿渣硅酸盐水泥 |
|---|---|---|---|---|---|
| 酸性侵蚀 | 水的 pH 值小于表列数值时即被认为具有侵蚀性 | 水或渗透系数大于 10m/d 的土壤 | <0.5<br>0.5～2.5<br>>2.5 | 7.0<br>6.5<br>6.0 | 7.0<br>6.7<br>6.2 |
| | | 渗透系数自 10～0.1m/d 的土壤 | <0.5<br>0.5～2.5<br>>2.5 | 6.4<br>5.7<br>5.2 | 6.6<br>6.0<br>5.5 |
| | | 渗透系数小于 0.1m/d 的土壤 | <0.5<br>0.5～2.5<br>>2.5 | 5.2<br>不规定<br>不规定 | 5.5<br>不规定<br>不规定 |
| 碳酸侵蚀 | 水中游离碳酸含量(mg/L)大于 $a(Ca^{2+})+b+K$，即被认为具有侵蚀性<br>表列数值为 $K$ 值，$a$、$b$ 值从表 2-21 查得 | 水或渗透系数大于 10m/d 的土壤 | <0.5<br>0.5～2.5<br>>2.5 | 0<br>10<br>20 | 0<br>5<br>15 |
| | | 渗透系数自 10～0.1m/d 的土壤 | <0.5<br>0.5～2.5<br>>2.5 | 25<br>50<br>80 | 20<br>40<br>70 |
| | | 渗透系数小于 0.1m/d 的土壤 | <0.5<br>0.5～2.5<br>>2.5 | 80<br>不规定<br>不规定 | 70<br>不规定<br>不规定 |

**表 2-21　　　　计算游离碳酸含量时所用的系数 *a* 及 *b* 之值**

| 临时硬度 | $Cl^{-}+SO_4^{2-}$ 含量（mg/L） | | | | | | | | | | | |
|---|---|---|---|---|---|---|---|---|---|---|---|---|
| | 0～200 | | 201～400 | | 401～600 | | 601～800 | | 801～1000 | | 大于 1000 | |
| | *a* | *b* | *a* | *b* | *a* | *b* | *a* | *b* | *a* | *b* | *a* | *b* |
| 5 | 0.014 | 17 | 0.04 | 18 | 0.03 | 17 | 0.02 | 18 | 0.02 | 18 | 0.02 | 18 |
| 6 | 0.07 | 19 | 0.06 | 19 | 0.05 | 18 | 0.04 | 18 | 0.04 | 18 | 0.04 | 18 |
| 7 | 0.10 | 21 | 0.08 | 20 | 0.07 | 19 | 0.06 | 18 | 0.06 | 18 | 0.05 | 18 |
| 8 | 0.13 | 23 | 0.11 | 21 | 0.09 | 19 | 0.08 | 18 | 0.07 | 18 | 0.07 | 18 |
| 9 | 0.16 | 25 | 0.14 | 22 | 0.11 | 20 | 0.10 | 19 | 0.09 | 18 | 0.08 | 18 |
| 10 | 0.20 | 27 | 0.17 | 23 | 0.14 | 21 | 0.12 | 19 | 0.11 | 18 | 0.10 | 18 |
| 11 | 0.24 | 29 | 0.20 | 25 | 0.16 | 22 | 0.15 | 20 | 0.13 | 19 | 0.12 | 19 |
| 12 | 0.28 | 32 | 0.24 | 27 | 0.19 | 23 | 0.17 | 21 | 0.15 | 20 | 0.14 | 20 |
| 13 | 0.32 | 34 | 0.28 | 28 | 0.23 | 24 | 0.20 | 22 | 0.19 | 21 | 0.17 | 21 |
| 14 | 0.36 | 36 | 0.32 | 30 | 0.25 | 26 | 0.23 | 23 | 0.21 | 22 | 0.19 | 22 |
| 15 | 0.40 | 38 | 0.37 | 31 | 0.29 | 27 | 0.26 | 24 | 0.25 | 23 | 0.22 | 23 |
| 16 | 0.44 | 41 | 0.40 | 33 | 0.32 | 28 | 0.29 | 25 | 0.27 | 24 | 0.25 | 24 |
| 17 | 0.48 | 43 | 0.43 | 35 | 0.36 | 30 | 0.33 | 26 | 0.30 | 25 | 0.28 | 25 |
| 18 | 0.54 | 46 | 0.47 | 38 | 0.40 | 32 | 0.36 | 28 | 0.33 | 27 | 0.31 | 27 |
| 19 | 0.61 | 48 | 0.49 | 39 | 0.45 | 33 | 0.41 | 30 | 0.37 | 29 | 0.34 | 28 |
| 20 | 0.67 | 51 | 0.55 | 41 | 0.48 | 35 | 0.45 | 31 | 0.41 | 30 | 0.38 | 29 |
| 21 | 0.74 | 53 | 0.60 | 43 | 0.53 | 37 | 0.48 | 33 | 0.45 | 31 | 0.41 | 31 |

续表

| 临时硬度 | $Cl^-+SO_4^{2-}$ 含量（mg/L） | | | | | | | | | | | |
|---|---|---|---|---|---|---|---|---|---|---|---|---|
| | 0～200 | | 201～400 | | 401～600 | | 601～800 | | 801～1000 | | 大于 1000 | |
| | *a* | *b* | *a* | *b* | *a* | *b* | *a* | *b* | *a* | *b* | *a* | *b* |
| 22 | 0.81 | 55 | 0.65 | 45 | 0.58 | 38 | 0.53 | 34 | 0.49 | 33 | 0.44 | 32 |
| 23 | 0.88 | 58 | 0.70 | 47 | 0.62 | 40 | 0.58 | 35 | 0.53 | 34 | 0.48 | 33 |
| 24 | 0.96 | 60 | 0.77 | 49 | 0.68 | 42 | 0.63 | 37 | 0.58 | 36 | 0.52 | 35 |
| 25 | 1.04 | 63 | 0.81 | 51 | 0.73 | 44 | 0.67 | 39 | 0.61 | 38 | 0.56 | 37 |

各种水泥对水质侵蚀性的抵抗力是不同的。表 2-20 是一张判断水质对水泥有无危害性侵蚀作用的简明标准。

从表中可见，总的讲来，火山灰水泥及矿渣水泥抵抗钙质分解能力比硅酸盐水泥为好（尤以火山灰水泥最好）。此外，火山灰及矿渣水泥对抵抗硫酸盐侵蚀能力亦远优于硅酸盐水泥（见表 2-22）。

表 2-23 为鉴定镁侵蚀性的标准。

**表 2-22　　　　环境水的硫酸盐侵蚀标准**

**（当水中 $SO_4^{2-}$ 含量超过表中所列数值时，即被认为具有侵蚀性）**

| 混凝土临水情况 | 普通硅酸盐水泥 | | 火山灰质及矿渣硅酸盐水泥 | | 纯熟料大坝水泥 | 矿渣大坝水泥 | 抗硫酸盐型硅酸盐水泥 | 抗硫酸盐型火山灰及矿渣硅酸盐水泥 |
|---|---|---|---|---|---|---|---|---|
| | $Cl^-$< 3000mg/L | $Cl^-$> 3000mg/L | $Cl^-$< 3000mg/L | $Cl^-$> 3000mg/L | | | | |
| 水或渗透系数大于 10m/d 的土壤 | $250+\frac{Cl^-}{6}$ | 750 | $500+\frac{Cl^-}{6}$ | 1000 | 1500 | 2000 | 2500 | 3500 |
| 渗透系数从 10～0.1m/d 的土壤 | $250+\frac{Cl^-}{6}$ | 750 | $500+\frac{Cl^-}{6}$ | 1000 | 1500 | 2000 | 2500 | 3500 |
| 渗透系数小于 0.1m/d 的土壤 | $300+\frac{Cl^-}{6}$ | 800 | $550+\frac{Cl^-}{6}$ | 1050 | 2000 | 2500 | 3000 | 4000 |

注　当火山灰质硅酸盐水泥中火山灰材料的 $\frac{可溶SiO_2}{可溶Al_2O_3}$ 值小于 0.7 时，其抗硫酸盐性能无显著改善，在评定抗硫酸盐侵蚀性时，应按普通硅酸盐水泥栏指标确定。

**表 2-23　　　　火山灰水泥、矿渣水泥的 $Mg^{2+}$ 离子容许含量**

| $SO_4^{2-}$ 含量（mg/L） | $Mg^{2+}$的容许含量（mg/L） |
|---|---|
| 0～1000 | 不大于 5000 |
| 1001～2000 | 不大于 3000 |
| 2001～3000 | 不大于 2000 |
| 3001～4000 | 不大于 1000 |

在设计混凝土级配时，我们应该取得水质化验资料，然后从表中选择能抗侵蚀的水泥品种。如果水质侵蚀性很严重，表列水泥均不能解决时，必须考虑以下方式：

（1）采用特种水泥。例如硫酸盐侵蚀很严重的地区，可应用抗硫酸盐水泥、抗硫酸盐火山灰水泥等。或在普通水泥中加入特别的掺合料。这些都须经过专门的试验。

（2）采用防渗层，使混凝土不与水直接接触。防渗层一般设在上游坝面，较普通的做法是在木模板内灌热沥青浆或地沥青玛琋脂。也有采用由特种水泥制造的预制混凝土模板的。最简单的做法则为直接在坝面上涂抹沥青。必须注意，在水下的防渗层是很难检查修复的，所以这种防渗层的设计和施工必须谨慎细致地进行。

### 五、抗磨性

混凝土的抗磨性（或抗冲刷性）表示其抵抗高速水流冲刷磨损的能力，因此对于发生高速水流的溢流部分和护坦（水流速度超过 10m/s 者）就要提出此项要求。

某些试验部门以不同的混凝土置在不同的高速水流下冲刷，经过一定时间后测定其重量损失，由此来研究混凝土的抗磨程度。根据试验，可以证明抗磨性与以下各项因素有关：①水泥的品种与用量；②混凝土骨料的粒径；③混凝土的配合比，尤其是水灰比；④原材料的抗磨性及是否采用外加剂；⑤其他因素，其中尤以前面两种因素更为重要。

抗磨性尚无一定的指标标准，我们可视坝面流速大小、溢洪频繁程度及损毁后的修复维护条件，对有抗磨要求的混凝土作出一些专门规定，例如：

（1）应该采用高标号的硅酸盐水泥拌制混凝土，不宜使用火山灰水泥或混合水泥，不宜采用低标号水泥，亦不宜加入掺合料。

（2）应该采用抗磨性高的小骨料，8cm 以上的大骨料、大块石均不宜采用。

（3）应该用低的水灰比和合适的级配，以获得有足够强度和最大密实度的混凝土。抗磨混凝土强度不宜低于 200 号。

（4）表面采用特种处理，如进行真空作业和磨平处理，特别注意保证其平整度，防止表面裂缝等。

### 六、低热性和小干缩性

混凝土在浇筑后硬化时，由于水泥释放大量的水化热，混凝土的温度要显著升高，然后再逐渐降落，这就产生了温度应力甚或引起裂缝。另外，混凝土硬化时，表面水分散失后，体积有微小收缩，这称为干缩。干缩也产生不利的应力，因此对坝体混凝土有低热及小的干缩性的要求。对于坝体内部混凝土，这两项要求尤为重要，因为内部混凝土的体积最大而其他各种指标都较低。要求低热的混凝土也需以一种符号表示，建议以符号 DW 表示之（如 $R_{180}150S_4DW$）。

混凝土的总发热量几乎完全由水泥品种及水泥用量所确定。对于巨大体积的混凝土坝工程，最好采用专供大坝应用的特种低热水泥。水泥在 3 天和 7 天内的总发热量最好不超过 50～70kcal/kg。至于水泥用量方面，更应在满足各种其他条件的基础上，力求降低。

混凝土的干缩值，应力求为最小，这方面除应通过级配试验来尽可能减少单位用水量外，更应注意加强养护和延长养护时间，这些措施往往可以大量地减少混凝土的干缩率。混凝土的干缩率视水泥品种而异，其 1 月后的干缩率约在 $2\times10^{-4}$ 左右，可参见表 2-24。

表 2-24　　　　混凝土的干缩率

| 水泥品种 | 龄期 | | | |
|---|---|---|---|---|
| | 1 月 | 2 月 | 3 月 | 6 月 |
| 硅酸盐 | 0.00022 | 0.00032 | 0.00033 | 0.00034 |
| 矿渣 | 0.00029 | 0.00037 | 0.00041 | 0.00045 |
| 火山灰 | 0.00036 | 0.00045 | 0.00049 | 0.00054 |

## 七、混凝土的分区设计

前面已提到过，大断面重力坝各部位的工作条件不同，对混凝土的要求也不同。因此，合理的做法是将坝体断面划为若干区，分区规定混凝土的各种指标。通常可将混凝土坝体分为以下四个区（参见图 2-51）。

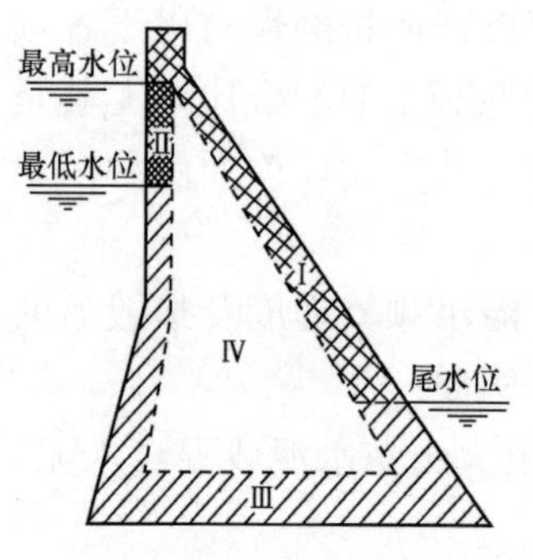


图 2-51　坝体混凝土的分区

(1)第Ⅰ区——在上游库水位或下游尾水位以上的表面层，其特点是受大气影响，溢流面上并承受高速水流的冲刷。

(2) 第Ⅱ区——在上游或下游水位变动范围内的表面层。

(3)第Ⅲ区——始终位在水位下的表面层和与基岩接触的底层。

(4) 第Ⅳ区——除以上三区外的坝内核心区。这一区面积较大，如其间的应力分布有很大出入时，尚可再划分为几个区。在坝内有特殊设施（如输水管、孔洞等）时，也可划出专门的区。

各区对混凝土性能的要求列于表 2-25 中。

表 2-25　　　　分区混凝土设计要求

| 区域 | 强度 | 抗侵蚀性 | 抗渗性 | 抗冻性 | 抗磨性 | 低热性 |
|---|---|---|---|---|---|---|
| Ⅰ | 有 | 无 | 无 | 有 | 有 | 有 |
| Ⅱ | 有 | 有 | 有 | 有 | 无 | 有 |
| Ⅲ | 有 | 有 | 有 | 无 | 无 | 有 |
| Ⅳ | 有 | 无 | 无 | 无 | 无 | 有 |

对各区混凝土所提出的要求，有些是主要的，有些为一般的。例如高坝坝趾处的混凝土的强度为主要要求，溢流面混凝土的抗磨性为主要要求等。表 2-25 中划有横线的项，大致即为主要要求。

各区范围及厚度的设计无一定准则。第Ⅰ、Ⅱ、Ⅲ区都是表面层。受抗磨性、抗冻性控制的区域，其厚度只须 2～3m 即满足。受强度控制的区域须根据应力计算成果来划分。受抗渗、抗侵蚀性控制的区域，视水头大小和混凝土能达到的抗渗指标来定其厚度。通常抗渗层混凝土最小厚度为 2m，往下递增，到坝底处为 0.05～0.10 倍水头。除去这些表面层外即为核心区，这一区也可视应力情况及分缝布置划为几区，但宜使分区线与分缝线一致。当坝内有大型输水孔洞或其他特殊结构时，亦可在核心区内划出专门的区域来满足特殊的强度或抗渗、抗侵蚀、抗磨性要求。

按照坝体各部位不同的条件分区设计混凝土指标，当然是一个合理的原则，但也不宜分得过多过细，在同一块子内更应避免有几种不同的混凝土，相邻区段中的混凝土标号、材料品种、水泥用量等不宜有过大的相差，以免性质悬殊，容易引起应力重分布和产生裂缝。同一块子中有两种标号的混凝土时，应该犬齿状地浇筑，使形成一过渡区。通常相邻区的混凝土强度标号相差不超过一级，或至多为两级。此外，应注意混凝土的强度、抗渗指标和抗冻指标等应大体相称。

图 2-52 为一混凝土重力坝分区标号设计示意图。

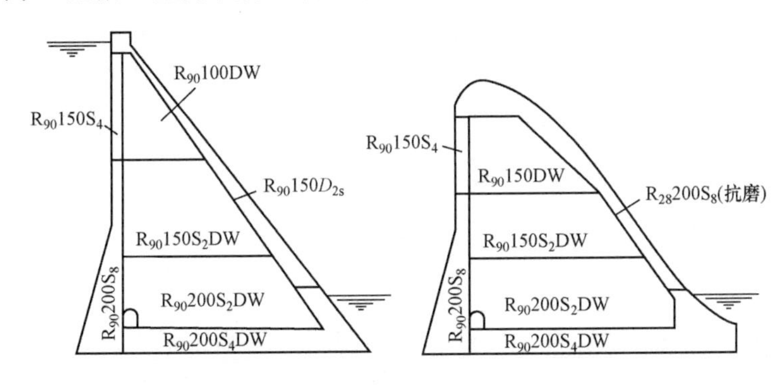


图 2-52　混凝土分区标号设计示意图

## 八、关于混凝土的水泥品种、水灰比、坍落度和单位水泥用量等

1. 水泥品种

目前国内外水泥品种非常繁杂，有一百数十种之多。混凝土大坝究竟应该采用哪种水泥，兹简单介绍和讨论如下：

（1）硅酸盐水泥，或称普通水泥。生产得最多，标号自 200～600 号。适合于一般大坝工程。但如河水有显著的侵蚀性，不能用在抗水、抗渗层中。硅酸盐水泥的初凝时间不早于 45min，终凝不迟于 12h。

（2）火山灰水泥。特点是抗硫酸盐侵蚀性较好，水化热较普通水泥低，但抗冻、抗磨性较差。需水量一般较大，早期强度低。但在潮湿环境下，后期强度有较大增进，标号自 200～400。

适宜用于上、下游抗渗层和内部混凝土中。不适宜用于有抗冻、抗磨要求的表面层。

（3）矿渣水泥。特点是抗硫酸盐侵蚀性好，早期强度（尤其在低温中）较低，在潮湿环境中后期强度的增进较大，泌水性较大。标号自 200～400。适用于抗水层及内部混凝土。

（4）混合水泥。特点是和易性较好。一般只能在内部区域和非重要区域中应用。

（5）低热大坝水泥。特点是水化热远低于普通水泥，七天水化热不超过 65（400号）～70kcal/kg（500 号）。适用于大坝各部位，但不能用在有抗侵蚀要求及抗磨要求的区域。最近国内外尚制成了特低热的大坝水泥，其七天水化热不超过 40kcal/kg。

还有一种矿渣大坝水泥，特点是水化热低，耐蚀性好，适用于大坝的内部和水下部分。

以上是几种主要适用于大坝工程的水泥品种，对于特殊情况尚应采用特种水泥，如回填宽纵缝时应使用不收缩水泥或膨胀水泥，灌浆时最好采用细磨灌浆水泥等。

在选择水泥标号时，一般应为混凝土的 2～3 倍。用于一般水工混凝土的水泥，其标号最低不低于 200，有抗冻要求的，应在 300 或 400 号以上，有抗磨要求的，必须在 400 号以上。

2. 掺合料和外加剂

在水泥中加入掺合料和外加剂，可以节约水泥，减低发热量，对便利施工是十分有利的。但另一方面，它们也将对抗渗性、抗冻性、强度等产生不利影响，所以一定要经过全面分析试验后才可应用。

掺合料可分为以下三类：

（1）有活性的矿渣粉；

（2）能吸收石灰的火山灰质掺合料；

（3）填充性掺合料（惰性掺合料）。

水泥中加入矿渣后，抗冻性、防渗性有所降低，干缩率增大，这是缺点。加入火山灰质掺合料后，强度将降低（特别是早期强度），干缩率增加，同时抗冻标号大为低落，抗渗性也受到影响。所以，我们首先应根据各区混凝土的性能要求，确定哪一种混凝土是不能掺哪一种掺合料的，例如有抗冻或抗磨要求的混凝土绝不可加入火山灰掺合料；其次，对于可以加掺合料的部位，也应经过完整详尽的试验，来决定掺加的品种、数量、方式，以及提出相应的施工组织措施和浇筑中应注意之点。

3. 水灰比

混凝土的各种性质均与水灰比有很大关系，水灰比放大时，几乎所有性能都将降低，特别是耐久性更是如此。所以，严格控制水灰比实为保证混凝土质量的关键之一。水灰比的具体数值应根据设计提出的各种性能要求，通过试验来确定。但一般常规定一个上限。之所以要规定一个上限，是因为重力坝是一个十分重要和需保证长期运行的建筑物，材料的耐久性（包括抗冻、抗风化、抗侵蚀、抗冲刷、抗反复受力，等等）必须有一定保证。试验指出，水灰比为 0.8 与 0.5 时，两者耐久性的指数比例约为 1:2.5。

美国对大坝混凝土的最大水灰比，作了如下规定：在严寒地区坝外部混凝土的水灰比为 0.45，在温和少雪地区为 0.55。坝体内部混凝土的水灰比则根据强度、温度特性和体积变形等要求来定。在苏联的重力坝设计规范（CH123-60）中则作了表 2-26 所列的规定。

表 2-26　　各种工作条件下混凝土的最大容许水灰比

| 混凝土的工作条件 | 最大容许水灰比 | |
|---|---|---|
| | 在侵蚀性水中 | 在非侵蚀性水中 |
| 水位变化区的表层混凝土 | | |
| （1）在寒冷和严寒地区 | 0.55 | 0.60 |
| （2）在温和地区 | 0.60 | 0.65 |
| 有抗磨性要求的溢流面混凝土 | 0.50 | 0.55 |
| 永久处在水下的表层混凝土 | 0.60 | 0.65 |
| 水上、间或承受水压的表层混凝土 | 0.70 | 0.70 |
| 内部混凝土 | ≤0.80 | |

我国目前对大坝混凝土的最大水灰比尚无明确规定。在以往的设计和施工中，采用的最大水灰比约为 0.65（表层）～0.80（内部），超过这个限度是不适宜的。

4. 坍落度

混凝土的圆锥试验坍落度（或称为沉陷度），是表示混凝土浇筑工作条件的一个指标。坍落度大，表示混凝土的和易性良好，流动性大，容易进行运输、平仓和振捣，坍落度小的则相反。一个工程所采用的坍落度不仅与施工设备、方法有关（机械化施工时坍落度可以小些，人工浇筑时就要求大些），而且还随季节和结构物设计而变。混凝土坍落度的大小由其水灰比（水灰比大，坍落度大）、水泥用量（水泥量多，坍落度大）、骨料尺寸（骨料大，坍落度大）和混凝土其他级配所决定。总的讲来，坍落度愈大常表示混凝土的水灰比、单位用水量或单位水泥用量大，不仅混凝土的质量低，水泥用得多，而且干缩率也大。所以，在满足施工要求的条件下，应力求取用最小的坍落度。国外有采用干硬性混凝土浇筑大坝的例子。一般坝体混凝土的坍落度常取在 2～4cm，甚或条件有利时取用 0～2cm，最多不超过 5～6cm（在靠近表面层、注块尺寸较小不易浇筑或钢筋较多部位，用较大的坍落度）。

规定了水灰比、坍落度等指标后，再根据各种性能要求，便可通过试验最终确定混凝土的级配设计。

5. 单位水泥用量

水泥是最重要的建筑材料之一，所以原则上应该在保证混凝土的各项性能的基础上力求节约。有些国家规定了水泥用量的上限。但是，也正如水灰比一样，为了保证混凝土的耐久性，有些国家也规定了一个下限。

我国对水泥用量上限目前尚无明确规定。表 2-27 所列为苏联重力坝规范（CH123-60）中规定的各区域单位水泥用量的上限，供作参考。注意，表 2-27 所列数字包括掺合料在内。当然，在有特殊论证时，可以在相应部位提高水泥的用量。

表 2-27　　坝体各区混凝土水泥用量定额　　$kg/m^3$

| 区域 | 单位水泥用量上限 | 区域 | 单位水泥用量上限 |
|---|---|---|---|
| 坝顶 4～5m 高度的顶部 | 260 | 坝底部分（靠上游侧） | 230 |
| 挡水面表面及溢流面 | 260 | 齿墙 | 260 |

续表

| 区域 | 单位水泥用量上限 | 区域 | 单位水泥用量上限 |
|---|---|---|---|
| 挡水坝下游干燥区表面 | 240 | 坝体内部 | 160 |
| 下游水位变化区表面 | 275 | | |

对于水泥用量的下限，则较少有明确的规定。在20世纪30年代，美国曾规定过大体积混凝土中最少水泥用量为223kg/m$^3$，但近年来已打破了这一规定。一般来讲，内部混凝土的纯水泥用量若在120kg以下，表层混凝土若在180kg以下，都必须有详尽的分析论证才可。

从国外的实践资料来分析，可以得出以下几点结论：①水泥用量总的说有减少的趋势；②各国水泥用量很不一致，但可注意到，水灰比总保持在0.5～0.7之内。

在混凝土内加入加气剂、塑化剂等外加剂以改善混凝土性能、节约水泥的做法，在我国得到很大推广。采用加气剂可使混凝土的耐久性增加、和易性改善，并可减少用水量及水泥量。其缺点是将增加混凝土的干缩率并降低其强度（尤其是早期强度）。一般说来，在坝体混凝土中加入加气剂是有利的，加气量应限制在 2%～6%以内。

另一种重要的且普遍使用的外加剂是塑化剂。它的最大好处是能改善混凝土的和易性，延缓凝固时间和发热过程，改善抗冻性、抗渗性。如维持坍落度不变，则可节省水泥用量和减少水量。其缺点是可能降低强度（如果超量时），尤其是早期强度。从上述优缺点来看，在大体积混凝土中采用塑化剂的好处是较多的，所以在我国采用颇广，也取得了一定的成效。但必须指出，如塑化剂使用不当（品质不良或用量超过规定），会极大地降低混凝土强度，造成很大事故，所以在采用塑化剂时对其特性及用量必须仔细试验和严格控制。一般塑化剂用量不超过0.1%～0.2%。

加气剂和塑化剂一般不同时施用。

## 第七节　坝体观测设计

### 一、观测目的与种类

在较重要的混凝土重力坝，我们常须在施工期以及运行期对坝体进行原型观测。观测的目的有二：第一是为了了解和掌握坝体的实际工作情况，及时发现问题或缺陷，以便迅速进行处理或进行分析研究工作。这样就可防止事故，保证安全运行并改善运行条件。第二是为了校验设计的正确性与合理性，核对设计计算成果，论证设计假定，有时还为了取得一些专门性的资料，以便对有关专题进行科学研究。这样就可以提高设计水平，解决科学上的问题。为第一种目的而进行的观测可称为检查性观测，为第二种目的而进行的观测可称为研究性观测。检查性观测对于任何坝都是必需的（除非是很小的或临时性的工程），而研究性观测则常在高坝中或在特殊的条件下（特殊的地质情况、特殊的结构型式等）进行。当然，有许多观测项目是兼起两种作用的，对于这些项目就按照它的主要作用来分类。

坝体原型观测是一项新的科学技术。要做好这个工作必须有详尽的全面的设计，使用合适、有效的仪器，细致谨慎地进行施工和观测，最后还须深入地分析资料和研究成果。所以这一项工作必须由设计、施工、运行和科学研究单位配合进行，而且须积累多年资料方可获得有价值的成果。从其效果和作用来讲，做这样一件工作是完全必要的。

检查性观测大体上有下列几个项目：

（1）坝基的扬压力；

（2）通过坝基及坝体的渗漏；

（3）坝体及地面的沉陷；

（4）坝的水平位移；

（5）坝体的接缝和裂缝变形观测；

（6）其他检查性观测——坝体上下游水位、水温、冰冻、淤积和冲刷情况等。

当然，某些项目可视当地具体条件而取舍。例如在气候温和地区不必进行冰冻情况的观测；又如水库水含砂量很小时，不必进行淤积的观测。但其中（1）～（4）项及上下游水位观测常是必需的。

研究性观测一般有以下几项：

（1）坝体和基岩的温度状态；

（2）坝体、坝内钢筋以及基岩的应变和应力状态；

（3）混凝土中的渗透压力；

（4）溢流、泄水时的水力学观测（包括水面线、流量、振动、含气、空蚀和消能等问题）；

（5）泥沙压力；

（6）其他研究观测。

上述研究性观测中的部分项目须依靠埋入混凝土内的仪器进行遥测，所以这种项目也称为坝体的“内部观测”。

近年来坝体原型观测已发展成一门专门科学，其详细论述可参考有关专著[❶]。本节中只限于对一些设计布置原则作一扼要介绍。

**二、检查性观测**

设计检查性观测项目时，应注意以下原则：观测内容应限于与安全运行密切相关的项目，观测工作力求简单方便，所用仪器设备力求为一般性的仪表，避免使用非常复杂不易掌握的仪器。这是由于操作运行人员有限，不宜将检查性观测内容布置得过多、过细和过分复杂，以免取不到应有的效果。在编制重力坝设计文件时，应该将检查性观测项目、内容、操作方法和规程等，列为专门章节，提交给运行单位。

（一）扬压力观测

扬压力是作用在坝体内的重要荷载，但它的数值取决于防渗与排水等的设计情况、施工质量和地质条件，无法事先精确地预知，设计中采用的是一个假定数值。扬压力

❶ 可参考参考文献［4］。

的绝对值对坝体稳定安全有很大的影响，所以观测扬压力的真实数值来论证坝体的安全性是十分必要的。

通常重力坝工程中最危险的断面是坝基断面，因此，扬压力的观测也限于这一断面。有时，基岩内存在某些不利的软弱夹层，有可能沿这些层面破坏，则尚须增设专门的观测点来测定夹层中的扬压力。

应该在每一个独立坝块上都设置扬压力观测孔，其位置以在防渗帷幕后及基础排水孔后为宜，亦即应设在扬压力图形起显著变化的地方（图 2-53）。每个坝块上设置 2 个或 1 个孔。另外，为了了解扬压力沿坝块整个断面上的分布情况，可以选择几个典型坝块，在这些块子中从上游到下游布置一排观测孔（约 5～10 个）。在宽缝重力坝中尚可沿坝轴线方向布孔，来考察扬压力在坝块宽度内的分布情况。

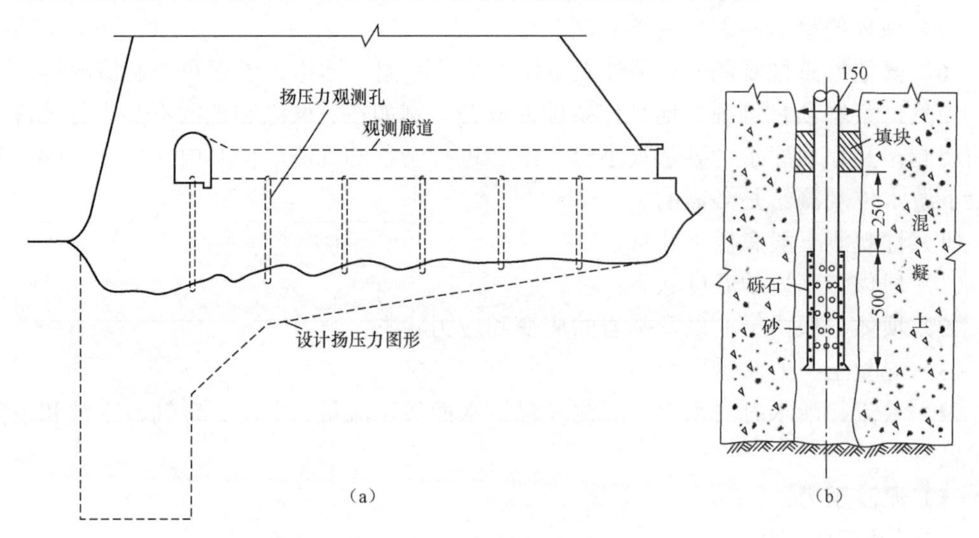


图 2-53　扬压力观测孔（单位：mm）
（a）观测孔布置；（b）观测孔详图

扬压力观测孔一般用钻机在已浇好的混凝土坝体中钻成，钻孔应穿过混凝土体而略略伸入基岩面（如果是观测地下夹层的扬压力，则须穿入该夹层中）。钻孔口径约为 150mm。钻好后应下套管护壁，套管常为较孔径略小的镀锌钢管。如果混凝土本身渗水，则套管与孔壁间须设法封填，务使观测孔内的水确为由坝基接触面或地下夹层中渗过来的水。

为了减少钻孔工作，上述套管也可在混凝土浇筑时埋入。但在帷幕线附近的孔，须注意不使其在帷幕灌浆和接触灌浆时被堵塞。

帷幕后（或排水孔后）的观测孔，常在灌浆廊道处引出（图 2-53）。在重点观测坝段中，可以专设一条横向廊道，将各观测孔出口集中引出。如为宽缝重力坝，也可将出口布置在宽缝侧壁上，并在附近设一工作平台，以便通行和测读。

扬压力观测孔最好是垂直的，不得已时可用坡度不小于 65°的斜孔，应避免用折线形的特别是夹有水平段的曲折管道。

如果所测点的扬压力水头较小，孔内水位低于孔口高程，则可从孔口垂下观测锤测定水面高程，由此计算该点的扬压力水头。采用的仪器常为电测（声响）仪。这种仪器利用电路沟通原理，当测锤落至水面时，仪表上的指针即摆动（或耳机中听到声响），由此可以量取下落深度而确定水面高程。如果因某种原因不能放下测锤，但管道尚未堵塞时，也可用注水法来推测孔内水面高程，即迅速注入孔中一定水量使满，从注入的水的容积来推算水面高程。不过这一方法的精确性较差。

如果扬压力水头高于孔口高程，观测孔中将涌水。这时应封闭孔口而装一个测压计来读出压力水头。这个水头再加上孔口到所观测点间的高差即为该点的总扬压力水头。测压计的灵敏度须与扬压力绝对值相称，以免发生过大误差。

进行扬压力观测时，必须注意测读在稳定渗流状态下的数值，这才是真正的扬压力值。有时，由于地面或混凝土缺陷中的水注入观测孔中，使水面抬高，就会得出不正确的结果。所以观测孔孔口止水及孔壁止水均应细致做好。如果对所测数字有怀疑时，可将孔内的水抽干，再连续观测其水面回升过程，画成曲线，即容易确定其是否已达稳定渗流状态。

当发现并证实某地区的扬压力已危险地超过设计数值时，即应迅速查明原因并立即采取有效措施——如加强帷幕或清扫排水孔，增设排水孔等。如在补强工作中损坏了扬压力观测孔或排水孔，应在事后补设。

在普通情况下，扬压力可定期（如每半个月）观测一次，但在库水位有显著升降时，应加密观测次数。观测的成果应沿坝体方向和沿时间轴画成曲线，并与库、尾水位变化对照，以供分析。

（二）坝基及坝体渗漏观测

坝体在蓄水后，或多或少要发生一些渗漏现象。一部分渗水从基岩内绕过或穿过帷幕再从幕后的排水孔中逸出，以及从基岩与坝体接触面上渗漏，也从排水孔中逸出。另一部分渗水从上游坝面渗入混凝土内，从埋在混凝土内的排水管中排出。此外尚有不正常的沿横缝、水平浇筑缝以及与上游面连通的裂缝中渗入的水（对于这种不正常的渗漏应及时处理解决）。测量渗漏水量的目的，是为了了解坝体抗渗能力和各阻水、排水系统的工作情况，及时发现隐患，进行补救。

一般在布置排水系统时，常使渗流水从排水孔口流出后，沿一定的排水沟汇集到若干集水井中，再用水泵排至下游。所以坝体及基岩的总渗漏量可从集水井水泵的工作情况测知（在出水管上装水表，或从水泵工作时间及效率计算）。但往往尚须了解各部位的漏水量，这可在相应的排水沟上设置量水堰，或将排水沟集中到几个集水池中量测。对几个排水量异常的管、孔，应独立测量。渗漏水须取样进行物理、化学试验。

坝体渗漏量须经常、定期检测。如发现有显著变化，不论是漏水量剧增或剧减，都应进行分析。漏水量减少时，应注意是否由于排水系统堵塞所引起。如是，应立即加以清理或重设。如果在观测中发现漏水量逐渐增大，或不与水库水位成合理的比例关系，或有异常情况（如管涌），当然更需迅速研究处理。

（三）坝体及地面沉陷观测

坝体及地面沉陷，是用精密水准测量来观测的。为此，需在远离坝址处设置永久性的水准基点，并精密地测定基准点的高程。这个基准点离开坝址的距离，对于

100m 以上的高坝来说，最好在 5km 以上。基准点设置后，再布设几条水准测量路线，设置水平测点，直达坝址。在施工前、施工期、蓄水期和运行期中，反复进行一级水准测量，就可以了解地面的沉陷情况。水准标点采用不锈的金属体，埋设在坚硬新鲜的基岩内，并需加以专门的保护。图 2-54 为一水准测量网及沉陷情况示意图。

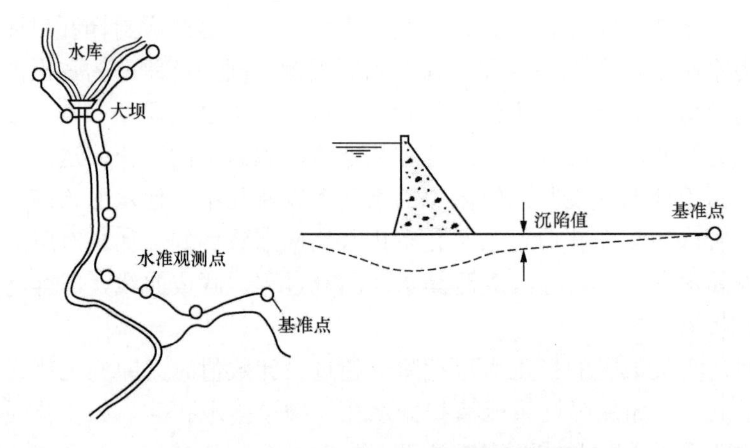


图 2-54　水准测量网及沉陷情况示意图

将上述测量路线引入坝基内，就可以测定坝基的绝对沉陷量。为此需选择几个有代表性的坝段（常为最高的或有特殊地质情况的坝段），在其基础上设置观测点，并需于施工时即测定其原始高程。应该注意，在设计时必须考虑观测的通道和工作条件（要保证这些通道不会淹没，便于施测，并有通风照明等设施）。

其次，为了观测坝体沉陷，需在坝体上设置标点。这些标点常设在坝顶，每一坝段布置 1～2 个。设置后定期测量其高程变化，并将测量成果与库水位及气温变化过程画成曲线图，以供分析研究。

坝顶的沉陷为基础沉陷和坝体压缩或垂直变位两者之和。坝顶的标点不能设在坝顶桥上、栏杆上或细窄的闸墩上，否则由于这些建筑物本身的结构变形和温度变形影响，会使测量成果不反映真实情况。

近年来除上述直接施测绝对高程的方法外，又发展了一些测量地面或坝体倾斜角的仪器和方法。较简单的有水管式测斜仪，其原理就是用一根连通管，内贮蒸馏水，架设在坝体或地面上，当坝体或地面转动时，水槽内水面高度有变化，用测微计测读这一变化，即可求出地面或坝体的微小倾角（可测读至 0.01s）。我们可将水管式测斜仪设置在坝体横向廊道（或宽缝）中以测读坝体和基岩的倾斜。还有一种仪器为带有水平摆的光学测斜仪，它可以测量各点的倾斜度。

在分析计算方面，我们可以利用一些近似公式，例如第四章第八节中所述的伏格特（Vogt）公式，估算一下基础变形，来作佐证，以供比较。例如日本长濑坝第四坝段的基础，按伏格特公式估计，其平均转动角为 4.4″，而实测为 2.7″，尚称接近。

坝体本身的垂直变位主要由垂直应力 $\sigma_y$ 及温度变化 $T$ 所产生，也可作一些近似计算，来与实测值核对。

（四）坝体在水平面上的变位

坝体在水平面上的变位有几种观测方式，第一种是大地测量法，即在坝下游布置三角网精测坝体的变位；第二种是视准线法，可以观测坝顶的相对变位；第三种是垂球法，可以观测坝体的挠曲曲线。现简述如下：

1. 视准线法

本法原理极为简单，施测也很方便，但只能测定某点沿某一方向的分变位。由于坝体的变位中，以上下游方向的变位最为重要，因此，视准法的实用价值仍然很大。

采用此法时，需在坝头两岸山坡上设立两个基点，一个称为视准桩，视准仪即安装在这个基点上；另一个基点上设有固定的视准记号或固定觇标。这两个基点及铅垂线所确定的平面称为视准面——通常与坝轴线平面平行，测定坝顶各点离开视准面的变位，即得上下游方向的变位。

在各坝段顶部，设置观测点。在这些观测点上可以安装特制的活动觇标，其上设有微动螺丝，能使觇标作微小的移位，并且可从测微计的读数上知道觇标的移位数量。

视准桩、固定基点和活动观测点的布置可见图 2-55。

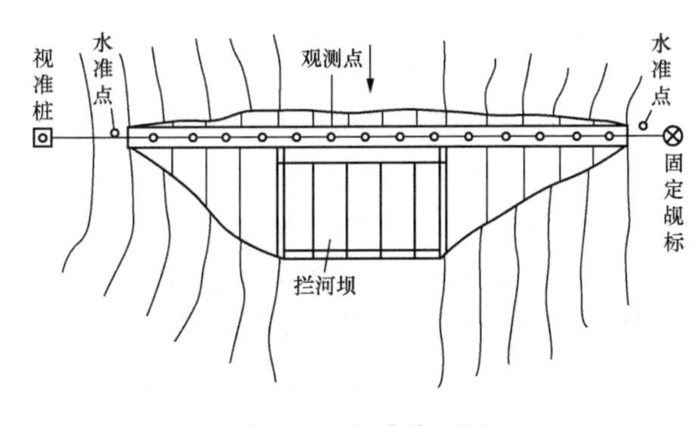

图 2-55　视准线观测

施测的方法是很简便的。先将视准仪安设在视准桩上，调整好仪器并对准对岸的固定觇标，使视线落入视准平面。然后，在各观测点上安设活动觇标，并用微动螺丝使觇标中心落在视准线上，读出测微计上的读数，其与初始值之差，即为该点的位移值。

布置视准线时，对直线重力坝通常只布置一条视准线。坝体很宽大时，可布置数根。如果坝轴线呈折线形，也可考虑分设几条视准线。

视准桩必须设在邻近坝头、高程与坝顶差不多的新鲜完整的基岩上。固定觇标可以设得远一些。由于视准观测的误差随测点到视准桩的距离增大而增加，所以坝顶过长时，应在两岸各设视准仪，分别观测一半坝体的变位。活动观测标点亦应设置在坝顶上刚固的结构上，不可设在桥梁或栏杆上。此外亦不应太靠近建筑物的边界，以免影响观测的精度。观测工作应在气流平静、亮度充足的时间进行；如在晚间测量，必须有充分的照明。在视准桩附近，应有工作平台和保护顶棚。

用视准法测出的位移，是相对于视准平面的变位。若视准基点本身有变位，那么一定要校正这些变位后才为坝体的绝对变位。视准基点的变位常可用大地三角测量测定。如视准桩设在足够坚固的基岩上时，其变位通常是可以忽略的。

2. 垂球仪（垂线坐标仪）观测

垂球仪是一种观测坝体挠度的良好仪器，其优点是正确可靠，且量测方便，可以求得坝体的挠曲曲线。简单来说，垂球仪就是从坝顶某固定点挂一根线，下系重锤，直达坝底。当坝体变形时，垂球线就离开原来位置，但仍维持为铅垂线，所以就可测定坝体变位曲线。

垂球线应固定在坝顶或在其附近。垂球可用金属重锤，垂线可用有足够强度的金属细线（如钢弦线或纱包铜线），在坝底处设一灭震箱（如盛油的金属箱），将重锤浸入其中以免震荡。垂球仪通常挂设在最高坝段和其他有代表意义的坝段中。在实体重力坝中，要专设一个观测竖井，或在坝体中留设直孔穿通几层廊道，利用廊道设置观测站。在宽缝重力坝中，可将垂线沿宽缝缝面悬挂，并沿缝面在适当高程处设置观测平台和观测仪器，同时配备相应的交通、照明条件。图 2-56（a）为一垂球仪的布置示意图。

当坝体变形时，坝顶垂球线的固定点也随之移动，垂球线将偏移其原来位置。对于最简单的垂球仪，可在各高程的观测站上垂线后面设置一根可以微动的标尺，在垂线前面设一具观测镜，率定原始的标尺位置。以后当垂球线偏移后，从观测镜中可以看到垂线不再重合在率定位置上，乃可微动标尺，令其重合，并由此测定垂线的偏移距离 $\delta$。设垂线的悬挂点是 0，以下顺次设有 1、2、3、4 等观测点，则 $\delta_0=0$，$\delta_1$、$\delta_2$、$\delta_3$、$\delta_4$ 顺次加大。由此即可画出相对的变位曲线，如图 2-56（c）所示。如果坝基点 4 无变位，则绝对变位线应从通过 $\delta_4$ 点的垂线量起。

要将视准仪或垂球仪测得的结果与设计值对照，还须进行一些分析。坝体的变位，一般包括三个组成部分：

（1）由于水压力产生的变位；

（2）由于季节性温度变化产生的变位；

（3）基础变位及其他不可回复的变位。

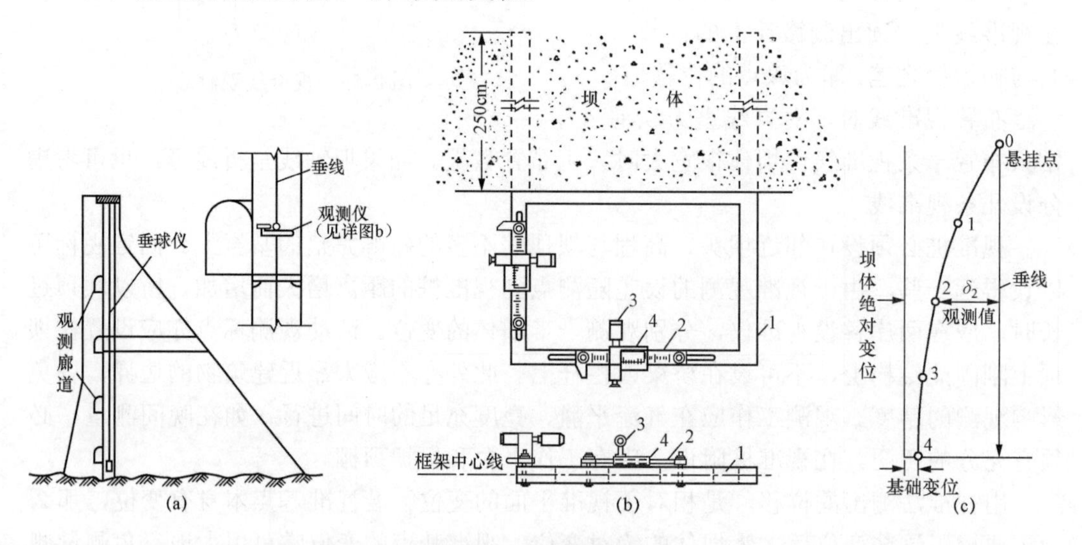


图 2-56　垂球仪观测

（a）垂球仪布置示意；（b）观测设备详图；（c）垂球仪原理

1—框架；2—卡尺；3—放大镜筒；4—游标

如果我们能测出坝顶悬挂点的绝对变位，就可找出坝基的水平变位。要将水压力及温度变化两者产生的变位分别出来，则比较困难，而且需要多年的观测资料。例如，我们比较同一点在水位相同但温度不同时的各变位值，就可分析出季节温度变化对变形的影响。同理，在水位骤升骤落而温度变化不大时，我们可以找出单纯由于水压力而引起的变位。最后，某一点上的总位移$\Delta$常可写为：

$$\Delta=\Delta'+\Delta_1(h)+\Delta_2(t)$$

式中，$\Delta'$为基础变位；$\Delta_1$（$h$）为水压力引起的变位，它只与水头$h$有关，一般为水头的直线函数；$\Delta_2$（$t$）为温度变化引起的变位，它大致为季节时间的函数。找出这一个关系式后，我们就得到了极有意义的资料了。

视准仪只能观测单向的相对位移值，垂球仪一般只观测上下游及左右向的相对位移值，而在精密的垂球仪上可观测任何方向的相对位移值。如要测定坝体的绝对变位，我们须采用大地三角测量，即在坝下游布置三角网，而在坝顶上选取数点作为三角网顶点，应用大地测量方法来测定这些点的变位。这方面的有关要求须参考大地测量专著，本节中从略。只指出意大利米兰爱迪生公司曾用此法实测几个大坝的变位，获得了良好成果。

应该指出，作大地三角测量和前述之精密水准测量需熟练的测量人员和相应的仪器，常非一般运行单位所能胜任，因此，这一部分工作也可划入所谓研究性观测的范围中。

以下资料应该列入设计书或运行规程中：

（1）在各种不同水位下，坝基的水平变位及倾角。

（2）在各种不同水位下，坝体的弹性变位曲线及各点倾角（以上计算均不计及温度变化的影响）。

（3）在长期稳定温度变化下的坝体变位情况。此时不计水压力的作用。

由于某些基本资料不能十分精确，计算方法也受到一定限制，故提出的变位值应容许有一定的上下限。以后尚可根据多年实测成果来作校正。

在运行期中，对于视准线及垂球仪可定期观测。但在汛期，水库水位上升期及溢流时，须连续观测，以便了解坝体工作情况。如果发现有异常的变位，或观测值危险地超过设计值时，便必须迅速分析原因和采取措施。

有时，由于观测点或仪表的埋设和测读工作进行得较迟，以致不能取得基准值（例如在开始观测时，水库已蓄水至一定高程），但观测资料仍可提供一些随时间变化的相对数值，仍然具有一定的作用。当然，在设计和施工中，应妥善考虑，全面安排，务使观测系统能及时投入工作，以取得完整和可信的资料。

（五）坝体的接缝和裂缝变形观测

坝体中设有永久性伸缩缝者，应观测其工作情况。通常是在缝的两侧埋入观测标点或仪器，然后定期用千分表或游标尺测读伸缩缝的变形。标点多埋在廊道内或宽缝内。最主要的观测项目是伸缩缝的张开度，其次为伸缩缝的错动情况。我国水利水电科学研究院曾设计了一种简易的三向测缝计，安装在伸缩缝的两侧，可以用游标尺测出三个方向的变位情况［图2-57（a）］。但由于这些变位数量极为微小，仪器的制造、安装和观测均必须有很高的精密度才能获得可信的成果。

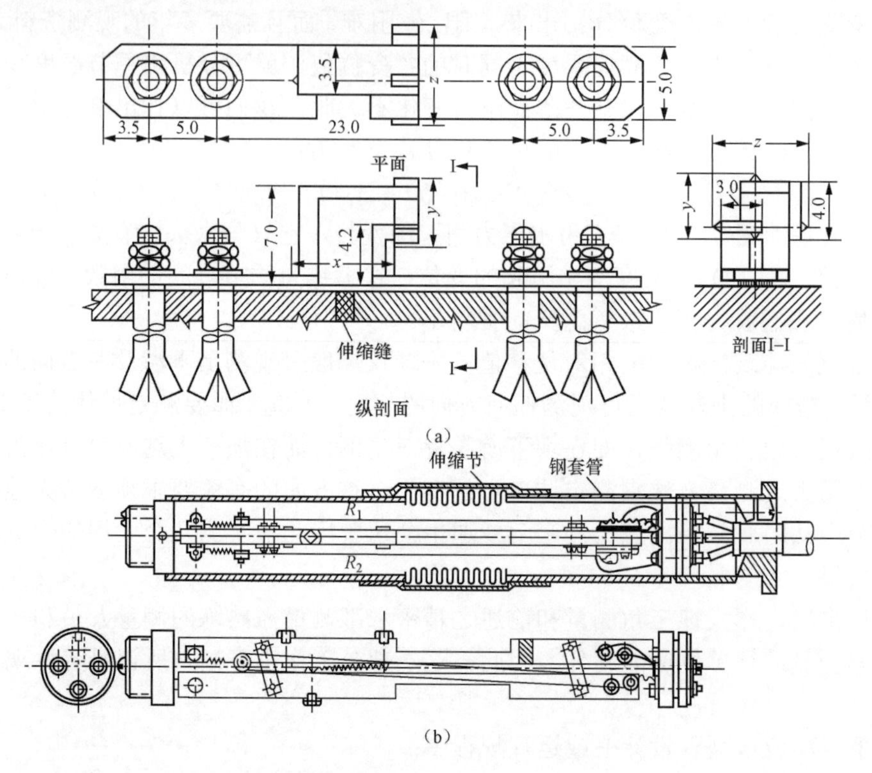


图 2-57　测缝计（单位：cm）

（a）三向测缝计；（b）遥测裂缝计

对于施工缝，一般是不观测的。但对于须灌浆的垂直纵缝，为了了解缝的开度，常在缝内埋入测缝计。这是一种遥测仪表，利用仪表内电阻值的变化用平衡电桥检测［见图 2-57（b）］。在纵缝灌浆后，它就不起作用，因此，仅为施工控制之用，不属于运行检查观测范围。在灌浆期间，除从测缝计来了解缝的张开度外，还可以将千分表装在缝的两侧，来量测缝的开度，以便控制灌浆的压力。

如果在坝体表面产生较大的裂缝时，不论是否需要处理均应予以编号、测量，作出详细记录，并在运行期间观测其发展及变化，以便得出对裂缝性质及处理措施的结论（如果经长期观测后，肯定其为表面性质，逐渐闭合，就不一定处理；反之，如裂缝有不断发展成危害性裂缝的趋势时，就必须及时处理）。

还有将测缝计端部接一 1.5～2m 长的钢筋，做成所谓裂缝计的。将裂缝计埋入预测可能开裂的地区，则如果在裂缝计长度范围内发生开裂时，即可测量其变化过程。注意，裂缝计仪器本身外部（除两端外）需包上布条，埋入混凝土中，以免混凝土与裂缝计的仪器黏结。

（六）其他检查性观测

其他检查性观测包括坝体上下游水位观测、淤积情况观测、冲刷情况观测、冰冻情况观测、拦污栅内外水位差观测、流量流速观测、水温气温观测，等等，应视工程规模及具体条件而分别规定。某些观测项目以采用自动仪表为宜，例如上下游水位观测、流速观测、拦污栅水位差观测等。与运行直接有关的项目，最好用电气仪表反映到控制室内。例如，水电站进水口拦污栅内外水位差如过大（局部堵塞）而使拦污结构损坏后，会引起较大事故，故这一观测成果最好直接反映到电站控制屏上，使运行人员能及时发觉，自动或手动停机处理。

淤积及冲刷情况的观测，一般采用定期测量水库及下游河床地形的方法，并取泥砂样品进行分析。为此，必须事前准备标准观测断面，并测量其原始地形。在每次大洪水前后，或相隔一定时间，即及时施测其地形变化情况，以资对比。当然，在枯水期中的观测次数可以减少，或不施测。

在寒冷地区，水面有冰冻的可能性时，应进行水温观测，以便确定冰冻历时。为此，可采用设在坝上游面的电阻测温计。在严寒地区的工程，可视必要将水库水温或冰情用电气仪表反映到控制室中。

大型水库或水电站的运行检查性观测项目是很多的，而且也是很重要的。为了提高观测质量，确保安全运行，在运行单位内最好能设立专门组织负责观测，并应和设计及科研部门进行密切的联系和协作。

### 三、研究性观测

对于重要的工程或新颖的建筑物，常常布置一些仪表进行专门性的观测，以了解坝体的温度、应力的变化和观测某些水力学上的项目。这些观测的仪表、设备比较昂贵和复杂，故一般只选择若干有代表性的部位进行观测。布置的原则是：观测面不宜过分分散，而须作重点研究，观测面应力求和计算断面或试验断面一致。如果仪表数量有限时，更不宜分散，以免每一观测区缺乏必要的校核资料。

#### （一）坝体温度观测

温度观测用电阻测温计进行。这种仪器是利用金属导体随温度变化而改变其电阻的原理制成的，比较简单。图 2-58（a）中所示为一国产测温计的剖面，其精度为±0.3℃，量测范围为－30～＋120℃。

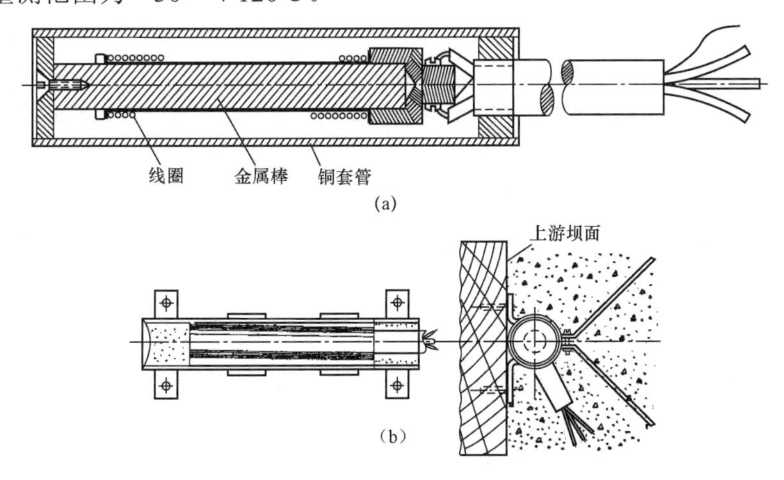


图 2-58　测温计

（a）测温计；（b）水库温度计

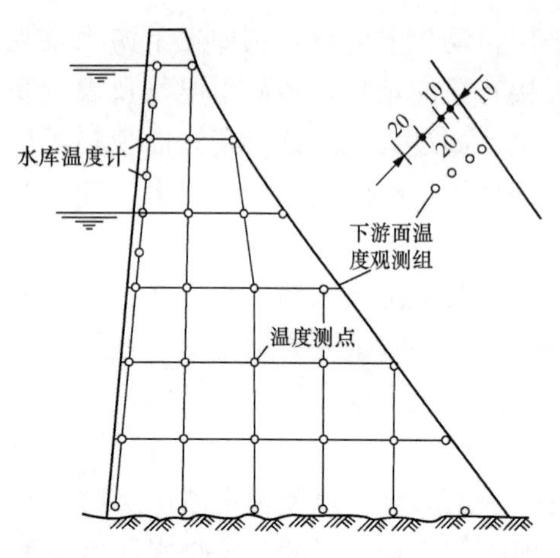


图 2-59　坝体温度观测网（单位：cm）

对坝体的温度观测，常选择若干观测坝段，采用网格形的测点布置，其间距一般为 8～15m，在靠近边界或内部大孔洞附近，应予加密，如图 2-59 所示。

水库水温的变化，亦为重要的资料。可在紧靠上游坝面处埋设一排温度计来测定水库温度，或者在库面垂下携带式的测温计来观测。图 2-58（b）所示为一种专门的水库温度计。

如果要观测基岩中的温度，可以钻一些不同深度的孔，内埋测温计来解决。

对于宽缝重力坝，还应在某些高程的平面上，布置测温系统，以了解宽缝的散热作用。在对称情况下，仪器只须布置在对称线的一侧即可。

如果在观测断面上另设有遥测应变计，则因其亦可测读温度，所以某些测温计可用应变计代之，以减少仪表总数（参见图 2-65）。

各测温计应在混凝土浇筑时埋入。其位置及方向的精确度要求，与其他仪表相比，可以略次些。各测温计电缆引出后应适当集中，通过特设的电缆管，引到廊道、宽缝或其他专设的观测站上。

在测温计埋入后，即应开始测读，直至坝体竣工，水库蓄水运行，坝内温度达到稳定为止。从观测资料可以明显地看出，经过一定时期（约数年）运行后，坝内温度会达到稳定（即内部温度接近不变，表层温度仅随边界温度作相应的周期性变化），此时可以停止观测。

观测所得的成果，可绘成各断面上不同时期的温度场（等温线图）以及最终的稳定温度场。

（二）坝体应变及应力观测

坝体应变及应力观测使用遥测应变计进行。这种仪器通称为卡尔逊式遥测计，始源于瑞士，各国均多仿用，我国也已能自制。它也是应用当坝体发生体积变形时，埋在混凝土内的仪器的线圈长度和电阻亦随之改变的原理。用电桥测定其电阻变化值后，即可按一定的关系换算为应变量。然后，再根据力学理论化算为应力。应变计同时可供测温用。图 2-60（a）中所示为应变计的构造。

在布置和埋设应变计时，应注意以下一些原则：

(1)应变—应力观测系统宜集中布置在几个有代表性或有特殊观测要求的坝段上，并与温度观测坝段相重合，以便获得完整的资料，并减少仪器总数。最高坝段常为一个观测坝段。

(2）在观测坝段上，选择若干高程（一般为 3～4 个）布置应变计。最下面一个高程应接近坝基，相距 5m 左右。在平面上，仪器布置在中心线上。此外，为了确定上下游坝面附近的主应力，还可于上下游坝面附近添设平行于坝面的若干仪器。如果要专门研究坝底接触面上的应力，可在贴近基岩处布设单向的应变计。

观测高程应尽量与设计计算或试验的高程相重合，以便很容易地比较各种成果。

（3）重力坝的应力分布多为平面应力状态，有三个独立分量，所以每一测点上至少应设三根应变计，因为每一根应变计只能测定一个方向的应变分量。在水平断面上通常布设一根垂直、一根水平、一根与水平面成45°交角的三根应变计，合为一个“平面应变计组”。但是为了校核起见，在各测点上通常还布置第四根应变计，可与水平面成 135°交角。如果特殊地点上的应力分布为空间应力分布状态，而须加以研究测定时，在该点应布设空间应变计组，至少有 6 根独立的应变计，再加上 3 根作校核用的应变计。此外，也有需采用由 5 根应变计组成的五向应变计组的情况［图2-60（b）］。

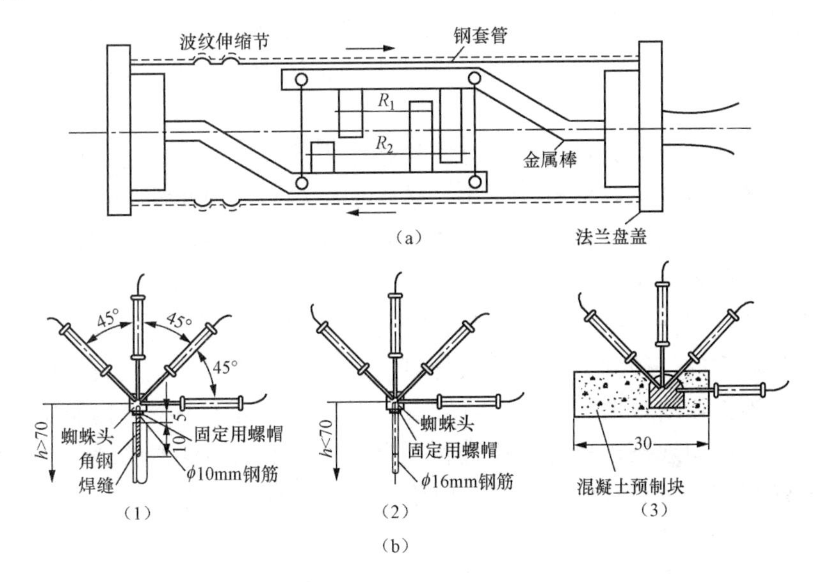


图 2-60　应变计

（a）剖面；（b）安装示意（单位：cm）

对于沿坝面的测点，由于该处应力情况比较明确，一般只须平行坝面方向设一只应变计以测定平行坝面的主应变（应力）即可。

（4）应该特别重视校核性和检查性的观测布置，因为这种遥测仪器很容易由于各种影响而损坏或工作异常。如无合适的校核手段，就可能因为个别仪器的失效而使资料不能被分析与应用，或得出不正确的结论。核查的方法，除在每一点上布置比理论上所需数量为多的应变计以核算其平衡条件外，还需在必要处布置核查用的测点。

（5）由于应变计的电阻值除受坝体温度和应力影响而变化外，还受到其他一些因素的影响（例如湿度），所以测出的成果中应剔除这一部分影响。为此，应在观测点旁设置一个单独的“无应力计”，即以相同的应变计埋在测点附近的混凝土中，但设法使其与附近的混凝土在应力上隔断。该应变计上测得的值即为应力因素以外的影响成分，可用作校正值。

（6）应变计只能测出应变量，要将它换算为应力，尚须知道混凝土的弹性模量、泊松比和徐变性能。因此，在埋设仪器的同时，应制备混凝土的许多试样，进行长时期的静荷试验，测定其变形过程，以便决定混凝土的徐变性能。此外尚须进行相应的材料试验，测定混凝土的弹性模量等。上述试验是很复杂和很细致的工作，但若无此项成果，就很难合理地将测定成果换算为应力，所以至少应对重要部位有代表性的混凝土品种进行这一种试验。

（7）如果我们要知道坝基附近基岩中的应力（通常限于垂直应力），亦可在岩石内钻一个直径10～15cm的孔，将应变计插入，并以膨胀水泥固定之，同样地进行量测。

（8）遥测应变计的数量很多，电缆引出后，极易混淆。故设计时必须对每一仪器规定明确的编号，在埋设仪器和接出电缆时，同样须明确地加以编号（如牢固地系上金属小牌，以资识别）。否则在电缆引出后再发生混淆而辨别不清时，埋设件的作用便有完全失去的危险。

（9）应变计的位置和方向，必需严格地按照设计要求固定。这比温度计的埋设要求要高得多。各仪器的电缆应顺序集中，按一定路线引到观测站，避免在混凝土面上随意通过。仪器埋设后应有详细明确的竣工图。这样，当我们因故需在坝内钻孔或开挖时，就可避开仪器及电缆，使其免遭破坏。

（10）仪器最好埋在混凝土表面，同时应避免边浇筑边埋设。埋设仪器地点附近的混凝土必须是均质的，须剔去其中的大骨料，更不能在其中埋大块石。仪器附近的混凝土要用小型震捣器细致地捣实，不可触及仪器，更不可用大型震捣器施工。此外，每只仪器在埋设前均须按规程进行检查和率定等。由于观测仪器的埋设是一件很细致的工作，所以在施工时宜专门成立一个组织来负责进行此项工作。

（三）其他遥测仪器

除上述测温计、应变计外，其他类型的遥测仪器还很多，例如：

1. 混凝土渗压计

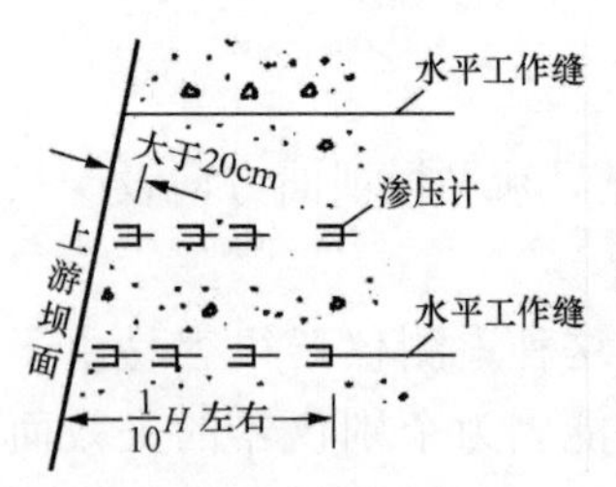

图 2-61　渗压计布置

专门用以测定混凝土内的渗透压力。混凝土内的渗流水速度很小，流量极微（除非在某些冷缝面上，可能发生集中渗流，但这是属于事故性质），故不能像测基础扬压力那样用测压管来测量，必须使用反应极灵敏的电测渗压计。渗压计多布置在水平工作缝上，靠近上游面布置（参见图2-61）。为了研究整块混凝土中渗透压力的情况，另可在两工作缝之间也埋上渗压计。最靠上游面的一个渗压计离坝面应在20cm以上。渗压计共布置4～8个，从上游坝面布置到排水管后，开始时间距约为0.2～0.3m，逐渐增大到1m。

2. 混凝土应力计（参见图2-62）

这种仪器可以直接读出混凝土中的压应力，比应变计来得方便。但应力计的埋设很困难，尤其测垂直压力者更甚，往往不易得到预期的效果，而且仪器较大，也不能在一个测点上同时埋上许多个仪器。所以，目前这种仪器大多仅用来校核应变计组的成果，即与应变计组一同布置，每一应变计组中设一个应力计以供校核。

3. 钢筋测力计

重力坝内很少配置钢筋，但在局部地区如坝内厂房、输水管道、导流底孔、廊道等四周须配有足够的钢筋，在并缝面上也需配筋以防裂缝扩展。当需要测定钢筋中的应力以供研究校核用时，可以采用钢筋测力计（简称为钢筋计）。它是一个空心的圆钢管，内部放入了一个小应变计。它的两端各附上一段钢筋。钢筋计的直径有 20、25、28、32、35mm 等几种。应用时，将需要测定其应力的那根钢筋截断，焊上规格相符的钢筋计，再将电缆引出外面。钢筋计的种类很多，除上述形式外，我国水利水电科学研究院还试制过一种音响式测力计。这种仪器是在钢筋计内张一根弦丝，利用弦丝长度改变后振动频率有相应变化的原理制成的（参见图 2-63）。利用音频测振仪测出弦丝频率的改变值，即可参照原来的率定值而求出应变和应力。为了检查和校核，每一测点处应设置数根钢筋计。

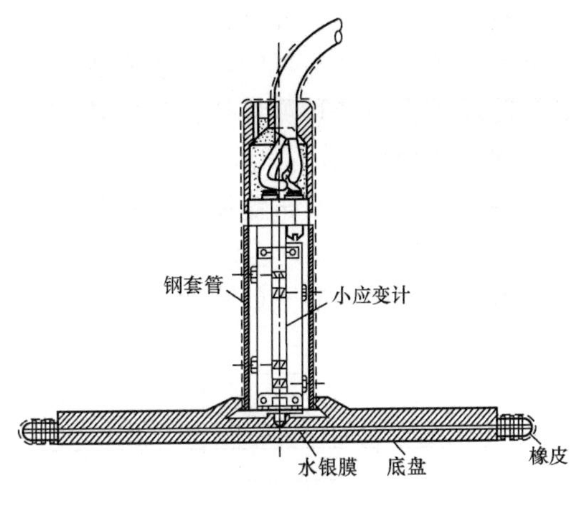


图 2-62　应力计

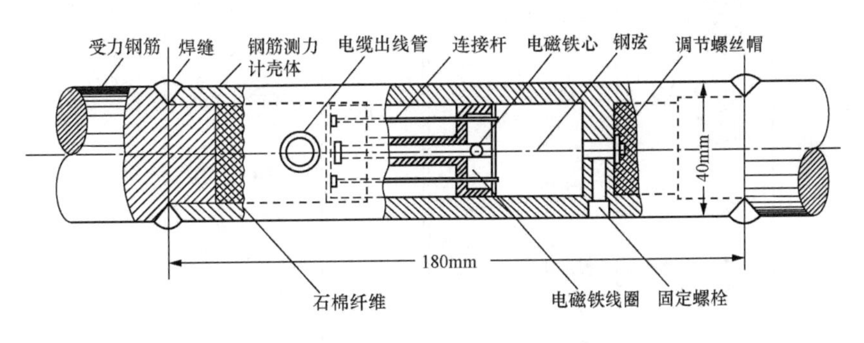


图 2-63　钢筋测力计

（四）水力学观测

水力学方面的研究性观测项目，除上面提到过的混凝土内的渗压计外，尚有溢流面上及护坦上的动水压力观测和溢流时的流速、掺气、消能和空蚀等方面的观测。

溢洪道表面的脉动压力的测量，要沿横断面（沿水流方向断面）择定若干观测点，装置特制的压力测定盒，用这种感应式仪器将脉动压力换化为电气脉动，再以示波仪接收和观测。这些观测点的位置应与模型试验中的观测点相符，因为这不仅可比较原型与模型的成果，评价模型试验的可靠性，还可为研究模型规律、解决科研工作中的问题提供宝贵资料。

其他一些项目亦都需用特殊仪器量测，例如测定高速水流流速需用底速仪等。这些项目应专门设计，并须由科学研究机构会同设计机构共同进行设计。设计书中须详细规定观测的种类、目的，仪表布置，接线引线系统，观测时间、期限，施工要求，必要时还须提供特种测量仪器的构造详图。在建筑物投入运行后，这种研究性观测项目的观测和分析工作亦应由研究和设计机构派人参加。

### 四、观测仪表及布置设计的图例

各种观测仪表，现已渐有统一的图示方式，如图 2-64 所示[1]。图 2-65 为一座重力坝研究性观测断面测点的布置示意图。

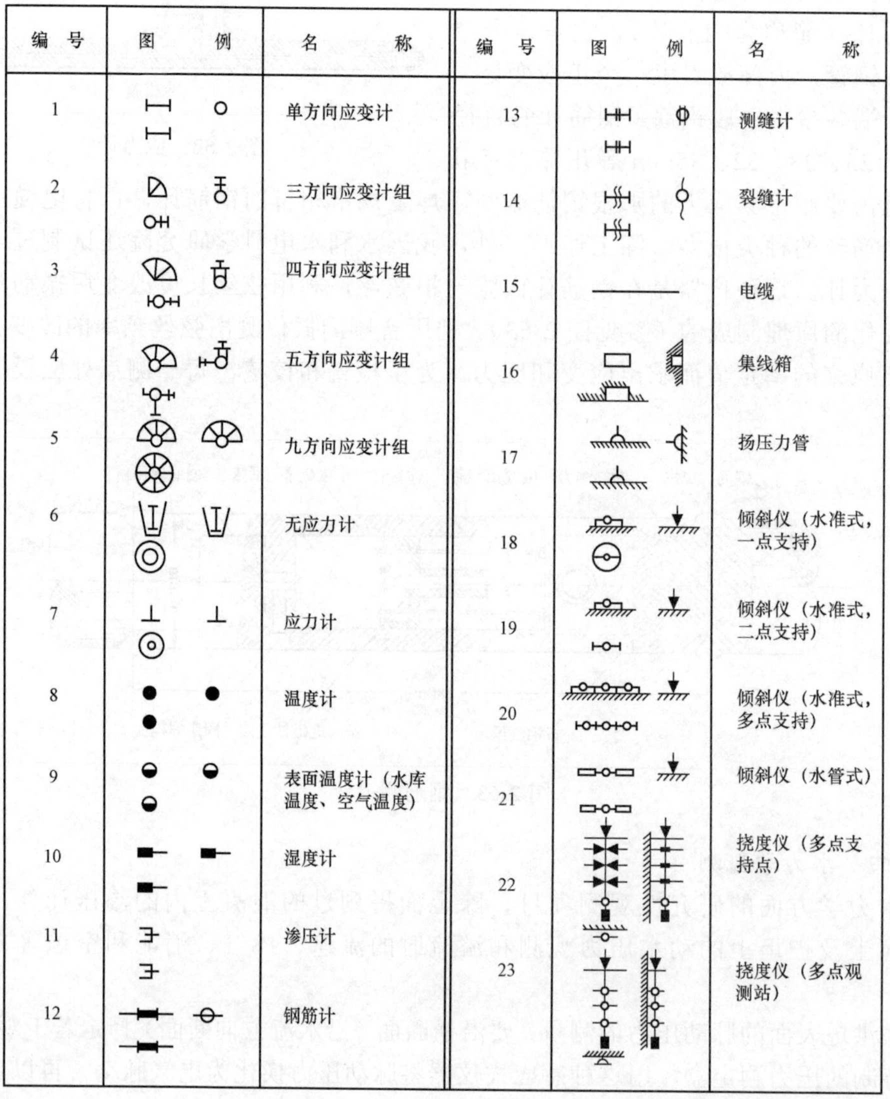

| 编号 | 图例 | 名称 | 编号 | 图例 | 名称 |
|---|---|---|---|---|---|
| 1 | | 单方向应变计 | 13 | | 测缝计 |
| 2 | | 三方向应变计组 | 14 | | 裂缝计 |
| 3 | | 四方向应变计组 | 15 | | 电缆 |
| 4 | | 五方向应变计组 | 16 | | 集线箱 |
| 5 | | 九方向应变计组 | 17 | | 扬压力管 |
| 6 | | 无应力计 | 18 | | 倾斜仪（水准式，一点支持） |
| 7 | | 应力计 | 19 | | 倾斜仪（水准式，二点支持） |
| 8 | | 温度计 | 20 | | 倾斜仪（水准式，多点支持） |
| 9 | | 表面温度计（水库温度、空气温度） | 21 | | 倾斜仪（水管式） |
| 10 | | 湿度计 | 22 | | 挠度仪（多点支持点） |
| 11 | | 渗压计 | 23 | | 挠度仪（多点观测站） |
| 12 | | 钢筋计 | | | |

图 2-64　观测仪器符号



[1] 见参考文献［4］。

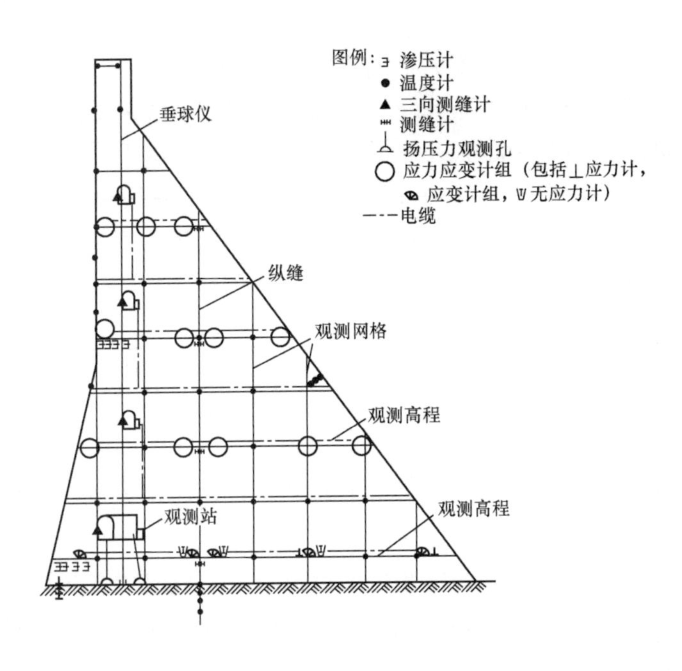


图 2-65　典型观测断面测点布置图

## 第八节　基础处理设计

### 一、总的原则

重力坝是巨大的挡水建筑物，对作为基础的基岩要求是很高的。但是各种天然岩石受到地质构造运动和长期的风化、冲刷、侵蚀等影响，多少存在着一些缺陷，例如存在某些断裂、软弱夹层、节理裂隙、风化破碎、空洞溶洞等。在坝址和坝轴线选择中，我们自然力求将坝体修建在条件最良好的位置上，但是任何地区都难找到十分新鲜完整毫无缺陷的基岩。这样，就必须进行基础处理工作。

基础处理的目的，在于要求经过工程处理后，基础能具有以下一些性能：

（1）具有足够的抗压强度、抗剪强度，大体上均匀，以使修建了建筑物后，不致发生压碎、滑动、断裂或产生很大的沉陷变形，或产生有害的不均匀沉陷。

（2）具有足够的抗渗能力，使坝体蓄水后不致产生大量渗漏，造成经济上的损失和对安全的危害（例如因大量渗漏而增加坝体扬压力，在基础中产生管涌，严重地冲蚀和破坏基岩，危害边坡稳定，以及使某些基岩软化、崩解等）。

（3）保证坝头、两岸附近边坡稳定，防止发生坍方或滑坡。

由此可见，基础处理实为大坝安全的根本保证。但是这一设计要根据具体的地质条件、水工结构上的要求，并考虑施工条件、设备和进度，综合研究确定，并无一定成规可循。这就使得这一部分设计工作更显得复杂和困难。在本节中，仅能对基础处理设计作些原则性的说明。各个工程有关基础处理的专门报告或综合论述都是极有价值的参考资料，值得我们重视，进行搜集、分析和应用。

基础处理工作的繁重与否，与坝址处基岩的特性有极大的关系。基岩可按其成因分为岩浆岩、沉积岩、变质岩三类，并有各种不同的岩性。

基岩按其坚固性可分为软弱岩石（其饱和抗压强度在 50～200kg/cm$^2$ 以内）、中等强度岩石（抗压强度在 200～600kg/cm$^2$ 内）和坚硬岩石（抗压强度在 600kg/cm$^2$ 以上）等三类。按照风化程度可分为风化岩石、半风化岩石和新鲜岩石三类。

另一方面，岩石可按其裂隙发育的情况分为：强裂隙岩石，这种岩石的单位吸水率 $q_0 >$ 1L/（min·m·m）*，渗透系数 $k > 10^{-3}$cm/s；中等裂隙岩石，其单位吸水率 $q_0 =$ 0.05～1.0L/（min·m·m），渗透系数 $k = 10^{-3} \sim 10^{-6}$cm/s，基岩变形模数 $M < 10^4$kg/cm$^2$；微裂隙岩石，它的 $q_0 = 0.01 \sim 0.05$L/（min·m·m），$k = 10^{-6} \sim 10^{-8}$cm/s，$M = 10^4 \sim 10^5$kg/cm$^2$；无裂隙岩石，它的 $q_0 < 0.01$L/（min·m·m），$k < 10^{-8}$cm/s，$M > 10^5$kg/cm$^2$。

此外，按照基岩的结构特性，有均质岩石和非均质岩石之分，后者指由不同成分的岩石组成，或岩性虽相同，但各部分的产状与特性有很大差别。例如砂页岩互层就是非均质的。

必须进行详细的勘测工作，判定基岩的性质，并了解基岩的风化破碎深度、节理裂隙的发育程度和要素、断层破碎带等构造缺陷的分布、水文地质特性等，才能作出合适的基础处理设计。

基础处理的措施，一般有以下几种：①开挖质量不良的岩石，包括大面积的明挖或局部的槽挖、洞挖等；②进行阻水帷幕灌浆或固结灌浆；③在坝基内进行排水；④其他加固处理。这些措施可以单独采用，但更常见的则为联合采用。

**二、基础的开挖和清理**

天然基础的表面常有风化破碎层或覆盖层，河床中可能有砂卵石覆盖，显然不能作为混凝土重力式高坝的基础。基础开挖就是要把覆盖层及风化破碎的岩石挖掉，使大坝直接建筑在坚硬完整的岩石上。有时，为了地形上和结构上的要求，还需要开挖部分新鲜的岩石。

为此，首先要根据地质勘探资料，拟定基岩利用线（等高线）图。基岩利用线的深度，主要根据该处基岩的抗压强度（一般应为坝体最大压力的 20 倍左右）及整体性决定，即综合参考其强度、裂隙率、漏水率、夹泥情况和其他特殊条件拟定。上述资料主要取自钻探的记录、岩心的分析，以及在探洞、探槽中的直接观察成果，岩石的各种试验、钻孔的压水成果等。确定了基岩利用线后，开挖深度基本上就定了下来，可以绘制开挖图。

在具体绘制开挖图时，还要考虑以下要求：

（1）开挖区的边坡必须保证在施工期稳定或保持永久的稳定。

（2）开挖设计除应满足地质上的要求外，尚应满足水工上的某些特殊要求（如齿墙、尾水道等）。

（3）在平行河流方向，不宜开挖成向下游倾斜的斜面，以免减小坝体的抗滑稳定性，必要时，应挖成分级平台（在地质上容许时）。

（4）在两岸岸坡上应挖成分级平台，勿使坝块站在陡峻的坡面上。对于悬臂式重





* 此多处原书中单位为 L/（min·m），现勘误改为 L/（min·m·m）。——编者注

力坝，这一点尤为重要。

（5）应避免有高差悬殊的突变，以免造成坝体中的应力集中甚至开裂。总之，开挖面要平整（但不必有意修成光面），开挖坡要和缓。

（6）在基岩面下有不利的夹层存在，经研究认为有沿该夹层滑动的危险，且不能用其他措施解决时（或经济上不合理时），应将开挖面降低，挖到该夹层以下。

（7）对于较低的坝，基岩利用等高线可以酌量提高，而用其他措施，如固结灌浆来补其不足。对于高坝两岸坝高较低部分也可考虑这一措施，但必须有充分的论证。

基础开挖后，在浇筑混凝土前，必须进行彻底的清理和冲洗，包括将一切松动的岩块清除，凸出的尖角打掉，所有的污物冲洗干净。基坑中原有的勘探钻孔、井、洞均应回填封堵。在浇筑混凝土前应由地质、设计及施工三方面会同检查验收。

## 三、基础防渗处理

前已述及，基岩中必然存在着各种节理、裂隙和破碎带，因此在水库蓄水后，将发生水的渗漏。高压水在基岩中渗流，将产生以下许多不利后果：①增加了作用在坝基或基岩内的扬压力，减低了坝体的抗滑稳定性；②使基岩中发生机械管涌或化学管涌，从而破坏基岩结构，引起严重的沉陷甚或失事；③在两岸岸坡部分，渗流水进入下游山坡中，将恶化该处水文地质条件，危害边坡的稳定；④损失发电或灌溉水量。所以，必须进行相应的基础防渗处理。通常对于岩基上的重力坝，大多采用帷幕灌浆的方式来作为基础防渗措施。

帷幕灌浆就是在靠近上游面的基础中，钻设一排或几排密布的钻孔，在高压力下将水泥浆（或其他材料）压入基岩的裂隙中，使形成一道不透水的帷幕。

坝址基岩为强裂隙的、中等裂隙的或微裂隙的，一般都须进行帷幕灌浆防渗，只有在基岩确实为实际上不透水的［其单位吸水率远小于 0.01L/（min·m·m）］*，经过灌浆试验证明其实际上不吸浆，才可考虑不进行帷幕灌浆。即使在这种情况下，也须进行坝体与基岩间的接触面防渗灌浆以及局部地区（渗透性较大者）的防渗灌浆。

帷幕灌浆除主要起防渗作用外，还起着固结附近区域基岩的作用。

基岩中的帷幕灌浆几乎都是用水泥浆来灌注。水泥灌浆可应用在以下条件中：

（1）基岩的裂隙宽度在 0.1mm 以上；

（2）地下水的流速不超过 600m/d 左右；

（3）地下水对水泥无危害性的侵蚀作用❶。

在一般的基岩情况下，以上条件常可满足。如果裂隙较细，我们可采用超细度的高标号硅酸盐水泥在高压下灌注。地下水流速较大时，可采用适当的速凝剂或采用矾土硅酸盐水泥。当地下水对水泥有侵蚀性时，可采用特种水泥，例如矾土水泥。帷幕灌浆应在水库蓄水前施工完毕，否则在高水头作用下，就会产生施工上的困难，甚至发生不能使用水泥灌浆来灌缝的危险。

如果经研究论证认为不能使用水泥灌浆时，便须考虑较为复杂的特种灌浆，例如硅酸钠灌浆，而在大的裂缝中则要用热沥青灌浆等。这些加固法须参阅专门著作，在

❶ 水的侵蚀性标准可见本章第六节表 2-20。但因在地下，故标准可略低些，对 pH 值而言，可认为其小于 5 才有侵蚀性。

* 原书中单位为 L/min，现勘误改为 L/（min·m·m）。——编者注

施工前须经过专门试验。

帷幕灌浆的设计，包括帷幕深度、厚度、延伸长度、孔距、孔向、孔径等的确定，以及钻孔、压水、冲洗、灌浆和检查等施工措施及要求。为此，我们必须取得以下基本勘探资料：

（1）一般性的工程地质图。表明岩性、岩层、地质构造、节理、裂隙、溶洞的分布等（表示在地质断面和平面图上）。

（2）水文地质断面图。应表明含水层、透水层、抗水层的位置，各深度岩石的渗透特性，地下水位线及其流向、流速、承压水的水头等。

（3）河水及地下水的化学分析，其侵蚀性的判断；基础岩层裂隙节理所能安全承受的水力坡降，基岩的抗侵蚀性能等。

下面我们分别说明如何设计并确定帷幕的主要参数。

1．帷幕深度的确定

帷幕的深度要根据地质条件和建筑物的壅水高程来确定。如果不透水层离开基岩面不深，则帷幕灌浆总是钻灌到不透水层的。如果不透水层很深，这样做不现实时，则应将帷幕伸到单位吸水率 $\omega \leqslant 0.01$ L/（min·m·m）（相当于渗透系数 $k \leqslant 2\times10^{-5}$ cm/s）的相对抗水层处。对于低坝，可以适当提高到 $\omega \leqslant 0.05$ L/（min·m·m）的线上。如果相对抗水层也很深时，帷幕深度应达到这样的标准，即令设置帷幕后在坝基上的渗透压力、基岩中的水力坡降、帷幕前后的水头、渗透流量和其他参数，都能满足设计要求。

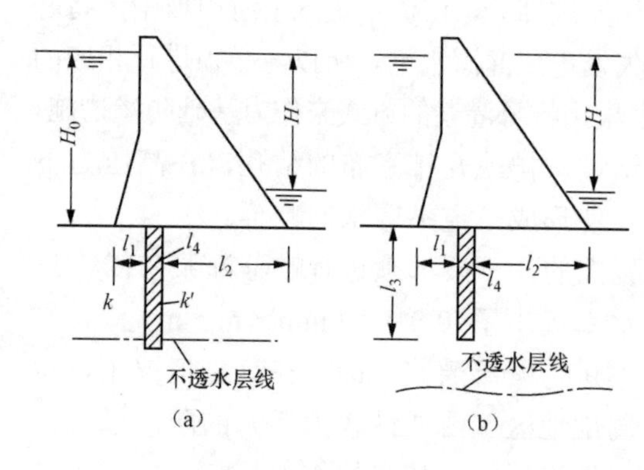


图 2-66　帷幕计算草图

图 2-66（a）中所示第一种情况。帷幕已钻到不透水层。这时最短的渗径就是沿接触面的渗径，其全长可写为：

$$l = l_1 + l_4\frac{k}{k'} + l_2 = l_1 + l_4' + l_2$$

式中，$l_4$ 为帷幕厚度，$k$ 为基岩中的渗透系数，$k'$ 为帷幕中的渗透系数。在宽缝重力坝中或设有排水孔时，$l_2$ 不能取帷幕到下游面的距离而应适当缩短。

帷幕范围内的单位吸水率至少应降低到这样的程度，即：

$H$（水头）<30m，$\omega = 0.05$L/（min·m·m）；

$H$=30～70m，　$\omega = 0.03$L/（min·m·m）；

$H$>70m，　$\omega = 0.01$L/（min·m·m）。

可按 $\omega$ 的值近似地换化为渗透系数（$H$ 指一个坝的最大水头）。

如果假定渗透水头沿渗径均匀降落，则其平均坡降为：

$$I = \frac{H}{l} = \frac{H}{l_1 + l_4 k/k' + l_2}$$

这个值不能大于基岩中的容许水力坡降，以免发生管涌。在帷幕前后的水头差为 $\Delta H = I \cdot l_4'$，因此帷幕上承受的水力坡降为 $I' = I \cdot \frac{l_4'}{l_4} = I \cdot \frac{k}{k'}$。这也应该在帷幕的容许坡降值以内。否则均须加厚帷幕或加强帷幕的不透水性。在帷幕后的剩余水头为 $H \cdot \frac{l_2}{l}$。

图 2-66（b）中所示第二种情况。这时，假定不透水层无限远，把基岩视作均匀透水介质，而帷幕则为一道相对不透水的板桩。

我们假定接触面为一条危险的渗径，则渗径全长 $l = l_1 + l_2 + 2l_3 + l_4$。平均水力坡降为 $I = \frac{H}{l}$，作用在帷幕上的最大坡降为 $I' = I \cdot \frac{2l_3 + l_4}{l_4}$，在帷幕后的剩余水头为 $H \cdot \frac{l_2}{l}$。

以上计算仅为极粗略的估计。理论上讲，图 2-66（b）所示的问题，或甚至不透水层位于有限深处的问题，都可以用渗流理论来求出精确解答，例如可用 H.H.巴甫洛夫斯基公式（参考第三章第一节）或柯斯拉（A.N.Khosla）的计算图表[1]。但由于基岩的异常不均匀性，所谓精确计算的精度也颇有限。我们在拟定帷幕灌浆的深度时，采用上述估算法是可以的。

从许多实例来看，帷幕深度约自 0.3～1.0 倍水头（见表 2-31）。但当基岩内有溶洞时，帷幕深度可能超出这一范围。

2. 帷幕厚度的确定

所谓帷幕的厚度 $l_4$，若为单排钻孔，即指钻孔两侧平均影响范围，可取为孔距的 0.7～0.8 倍；若有几排钻孔，则 $l_4$ 等于最外侧两排钻孔中心距再各加上边排孔距的 0.6～0.7 倍。

帷幕厚度主要根据其能消减剩余水头的效力和所能承受的水力坡降而定。在一些规范中有以下两种规定（表 2-28、表 2-29）可供参考。

**表 2-28　　不同帷幕厚度的容许坡降**

| | |
|---|---|
| $l_4 < 1.0$m | 容许的坡降为：10.0 |
| $1.0\text{m} < l_4 < 2.0$m | 容许的坡降为：18.0 |
| $l_4 > 2.0$ m | 容许的坡降为：25.0 |

**表 2-29　　不同单位吸水率的容许坡降**

| 帷幕区的单位吸水率 | 小于 0.05 | 小于 0.03 | 小于 0.01 |
|---|---|---|---|
| 容许坡降 | 10 | 15 | 20 |

例如，图 2-66（b）中所示的坝体，设 $H = 100$m，$l_1 = 10$m，$l_4 = 2.5$m，$l_2 = 90$m，$l_3 = 40$m。接触面上容许的水力坡降为 $I = 0.8$。水工设计中要求帷幕后的剩余水头不大于 $0.5H$，帷幕区的单位吸水率小于 0.01。试校核这一设计是否稳妥。设不透水层在无限深处。

[1] 参考 A.N.Khosla:Design of Dams on Permeable Foundations。

这里的接触渗径 $l=10+2\times40+90+2.5=182.5$（m）

故
$$I=\frac{100}{182.5}=0.55<0.8$$

在帷幕上的最大坡降为：$I'=I\cdot\frac{2l_3+l_4}{l_4}=0.55\times\frac{82.5}{2.5}=18.3$

按照表 2-28，当 $l_4>2.0$m 时，允许的坡降为 25.0，或按照表 2-29，当帷幕区的单位吸水率小于 0.01 时，允许的坡降为 20，都大于 18.3，因此是安全的。

帷幕后的剩余水头系数为：$\alpha=\frac{l_2}{l}=\frac{90}{180}=0.5$

所以这一设计大致上满足各种要求。由于不透水层很深，所以我们尚须进一步核算渗透流量和流速等，兹从略。

3. 帷幕孔距的决定

决定帷幕孔距的原则，是一方面要使各孔灌浆的影响范围相互搭接，以形成连续的阻水幕；另一方面，又要避免孔距过近，不必要地增加工程量。孔距的选取，不仅取决于基岩的孔隙率和承受的水头，还与施工机械、方法、水泥品种等有关。由于问题的复杂性，最好在工地进行现场灌浆试验来确定孔距。作为初步估计，如现场裂隙尚均匀，则孔距可近似地认为只为水头（$H$）及岩层吸水率（$\omega$）的函数，而在图 2-67（a）及图 2-67（b）中可以根据 $H$ 及 $\omega$ 值找出相应的孔距。图 2-67（a）适用于裂缝较细的岩层，图 2-67（b）适用于裂缝较粗的岩层。这些曲线取自参考文献［8］。

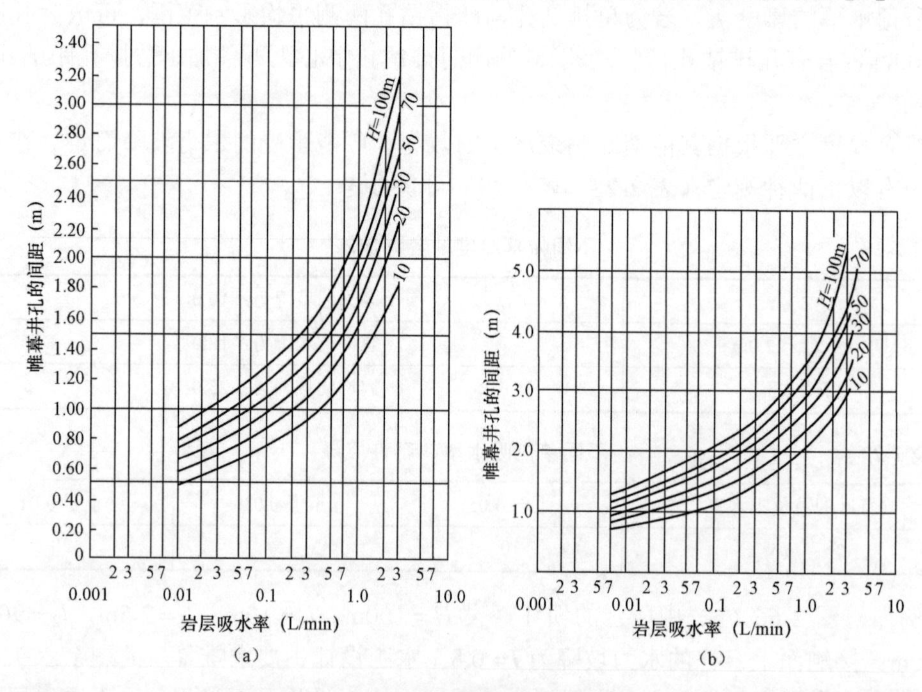


图 2-67　帷幕孔距曲线

当然这样决定的孔距仅为设计的基本孔距，在实际施工中，应采取逐步插密方法施工，或视局部具体条件调整，在基岩地质有较复杂问题的地段，孔距应大大加密。

当帷幕灌浆有好几排钻孔时，则各排之间的距离可以这样拟定，即各排间的距离一般等于 0.866 倍孔距，最大不超过 1 倍孔距。各排帷幕常非同深，因为只在帷幕上部水力坡度大的部位才需加厚帷幕。

关于帷幕钻孔的方向，应这样决定，一方面要尽可能多地穿过裂隙面，一方面要便于施工。在河床部分，如主要裂隙的倾角较平，最好采用垂直的钻孔，因为这对施工最有利。如裂缝倾角较陡而倾向下游，亦可将钻孔稍微倾向上游，以求穿过更多的裂缝（见图 2-68），但倾角不宜过陡，一般应在 10°以下，以便于施工，同时也较易保证钻孔质量。

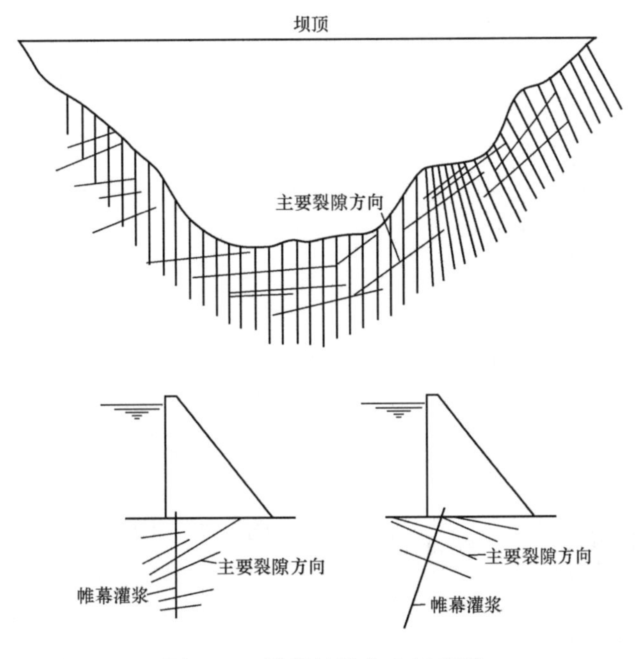


图 2-68　帷幕钻孔方向示意图

在岸坡部分，有时根据地质情况，或须采用垂直于岸坡方向的钻孔，或不仅在纵剖面上要垂直于岸坡，在横断面上尚须倾向上游，凡此均需根据地质条件而定。但是钻孔方向愈复杂，施工愈不便，质量愈难保证。特别是深的帷幕孔，如钻孔时方向稍有偏离，在较深处的孔位将有较大出入，这会破坏阻水幕的整体性。必须钻斜孔时，施工中应随时用测斜仪测定孔斜，以便控制。

此外应注意从左岸到右岸所有帷幕钻孔的孔深、孔向均须连续缓慢变化，务求形成一道连续的帷幕。

4. 帷幕伸入两岸坝头长度的设计

帷幕是否须伸入两岸坝头山坡内一定的深度以防止或减免绕坝渗漏，需视以下因素而定：①两岸坝头地质条件及开挖处理的标准，即是否已挖到新鲜致密的岩石，或尚保留了半风化的岩石有待作灌浆加固；②山头下游的边坡稳定条件，即绕坝渗流对下游是否有危害性的影响。如果经研究后认为帷幕有伸入山头内的必要，则可在坝顶高程处向山坡内挖一隧洞，在洞内进行灌浆工作。如果山坡坡度平缓，亦可在地面上进行钻孔灌浆（见图 2-69）。

帷幕伸入坝头的长度，可以按照以下考虑来拟定：

（1）当不透水层或相对抗水层线离开开挖后的地面线不远时，帷幕可以伸入山头，与不透水层或相对抗水层衔接，并且钻孔的深度也钻到不透水层，这样可以完全隔断库水往下游流动的通道。在最高水位以上的地区，可以设一些排水孔来降低地下水面线（见图 2-70）。

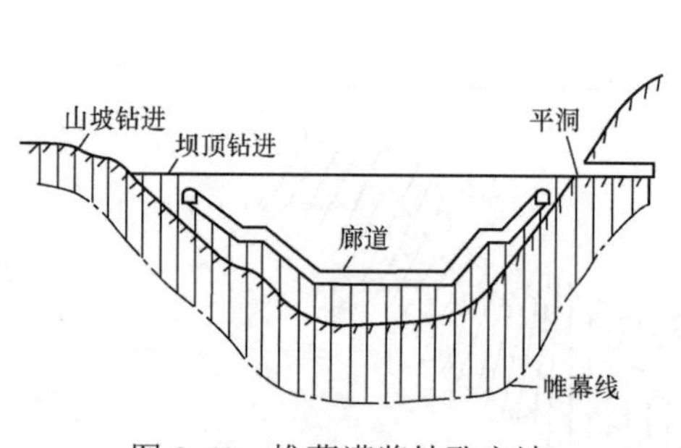

图 2-69　帷幕灌浆钻孔方法

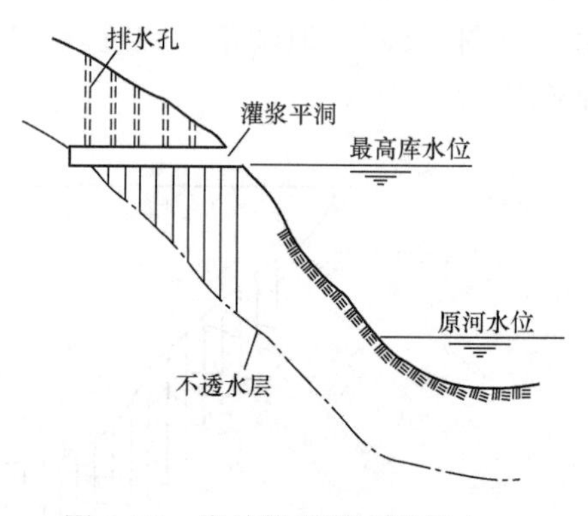

图 2-70　岸坡帷幕长度设计之一

（2）当不透水层离开基岩表面线虽不很深，但由于边坡平缓或其他原因，帷幕须伸入坝头很深才能遇到不透水层时，我们可以这样设计：参考图 2-71，令 $AA'$代表不透水层的位置，$BB'$代表原来地下水位线的位置，$CC'$代表蓄水后壅高了的地下水位线的位置。显然，蓄水后地下水位壅高的范围是 $CC'B'$这一三角形区域。我们可以把帷幕伸入到 $B$ 点，帷幕灌浆深度达 $AA'$线或至少达 $BB'$线，同时在 $BC'$段中设置妥善的排水，使上游的地下水位壅高线不超过 $CBC'$的范围，那么绕坝渗漏仍可得到制止。但必须注意，因排水效果不能完全有保证，地下水位位置亦常有较大变动，蓄水后在原河床水面以上地区中地下水补给的来源性质也有改变，所以实际设计要求应比理论上的最低要求高一些，即帷幕线应超过 $B$ 点。

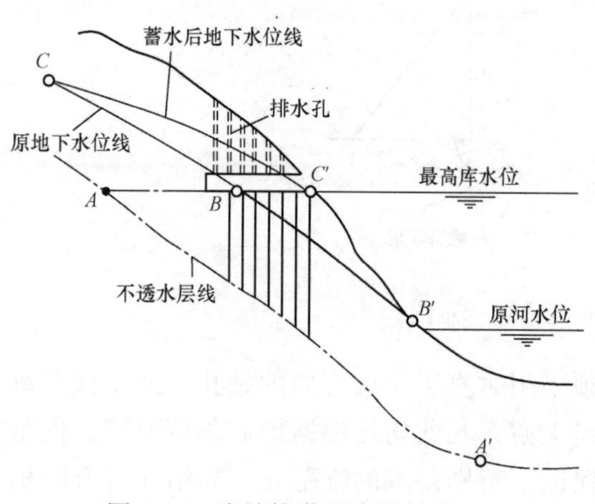

图 2-71　岸坡帷幕长度设计之二

如果抗水层几乎是水平的，而岸坡又很陡，见图 2-72（a），则尚可进行一些理论计算。图 2-72（b）所示为筑坝以前的流网，地下水均匀地补给河床。图 2-72（c）中为筑坝蓄水后的情况，可见流态大有改变，地下水的流向有所扭曲，而且还发生了从上游流向下游的绕坝渗流（图中划有阴影线的区域）。

假定上游水深为 $h_1$，下游水深为 $h_2$，距离岸坡为 $T$ 处的地下水面已不受筑坝的影响，该处地下水深为 $h_3$。又令帷幕伸入岸坡的长度为 $s$。则根据 B. П. 涅德里加的研究，沿帷幕刺墙的水深可按下式计算：

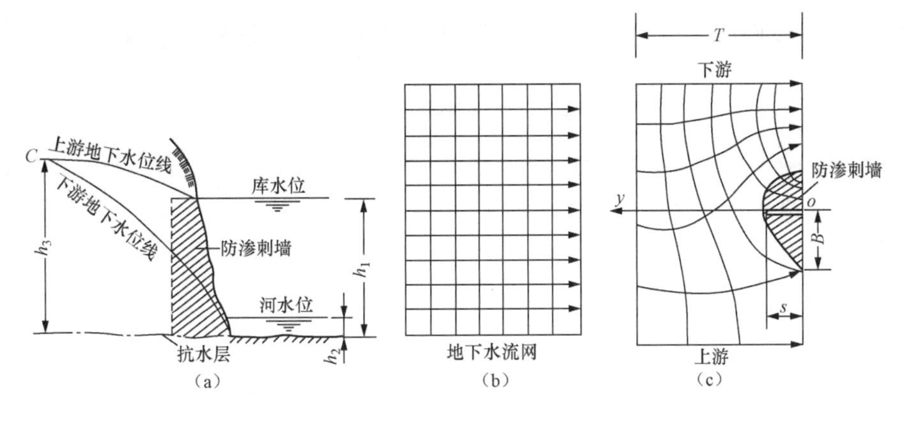


图 2-72　绕坝渗流示意图

$$h=\sqrt{\pm(h_1^2-h_2^2)\beta_1+\left(\frac{2h_3^2-h_1^2-h_2^2}{2}\right)\frac{y}{T}+\frac{h_1^2+h_2^2}{2}}$$

式中，$\beta_1$ 为根据 $\frac{y}{s}$ 及 $\frac{s}{T}$ 而定的变系数，见表 2-30。对于帷幕刺墙的上游面，公式中应取用正号，对下游面则取用负号。

**表 2-30　　$\beta_1$ 函 数 表**

| $\frac{y}{s}$ | s/T | | | | | |
|---|---|---|---|---|---|---|
| | 0.05 | 0.10 | 0.20 | 0.30 | 0.40 | 0.50 |
| 0.0 | 0.500 | 0.500 | 0.500 | 0.500 | 0.500 | 0.500 |
| 0.1 | 0.469 | 0.468 | 0.467 | 0.467 | 0.466 | 0.464 |
| 0.2 | 0.436 | 0.435 | 0.435 | 0.434 | 0.432 | 0.429 |
| 0.3 | 0.404 | 0.403 | 0.402 | 0.399 | 0.397 | 0.393 |
| 0.4 | 0.369 | 0.368 | 0.367 | 0.364 | 0.361 | 0.356 |
| 0.5 | 0.334 | 0.333 | 0.331 | 0.328 | 0.324 | 0.318 |
| 0.6 | 0.295 | 0.294 | 0.292 | 0.289 | 0.284 | 0.278 |
| 0.7 | 0.253 | 0.252 | 0.250 | 0.247 | 0.242 | 0.235 |
| 0.8 | 0.205 | 0.204 | 0.202 | 0.199 | 0.194 | 0.187 |
| 0.9 | 0.144 | 0.143 | 0.141 | 0.139 | 0.135 | 0.129 |
| 1.0 | 0 | 0 | 0 | 0 | 0 | 0 |

由水库绕渗的区域宽度为：

$$B=\frac{2T}{\pi}\operatorname{arcosh}\frac{D\cos\frac{\pi s}{2T}}{\sqrt{D^2-1}}$$

式中

$$D=\frac{2h_3^2-h_1^2-h_2^2}{h_1^2-h_2^2}$$

置 $B=0$，我们可以求出使水库绕渗消失所需的帷幕刺墙的最小深度为：

$$s_{\min}=\frac{2T}{\pi}\arccos\sqrt{\frac{D^2-1}{D^2}}$$

因此，要确定 $s_{\min}$ 必须先知道 $T$ 及 $h_3$ 的值。这就要找出图 2-72（a）中所示的壅高后的地下水位线与原地下水位线的交点 $C$ 的位置及该处的地下水面高程。原地下水位线的位置常可根据勘探资料绘制得出，而蓄水后壅高的地下水位线位置，可以用一些公式作些近似计算，例如，可参见卡明斯基著《地下水动力学（第二版）》（地质出版社出版，1955 年）。

**表 2-31　　国外一些较高的重力坝的帷幕灌浆资料**

| 坝名 | 坝高（m） | 地质条件 | 孔深（m） | 孔深/坝高×100（%） | 灌浆压力（kg/cm²） | 单位长度灌浆压力［kg/（cm²·m）］ | 孔距（m） | 单位耗灰量（kg/m） |
|---|---|---|---|---|---|---|---|---|
| 大狄克逊（Grand Dixence）（瑞士） | 284 | 坚硬的花岗片麻岩，有泥质板岩 | 150 | 52.9 | 50 | 0.333 | | |
| *包尔德（Boulder）（美国） | 228 | 致密的安山凝灰角砾岩 | 91.5～150 | 40.1～65.8 | 52.7～70.3 | 0.469～0.577 | 1.5～6 | 164 |
| *桥峡（Bridge Canyon）（美国） | 225 | 花岗片麻岩 | 100 | 44.4 | | | | |
| 巴克拉（Bhakra）（印度） | 207 | 砂岩，有黏土岩分布 | 45.7～76.2 | 22.1～36.8 | | | | |
| 黑部第 4（日本） | 186 | 花岗岩，泥质板岩 | 65 | 34.9 | | | | |
| *沙斯塔（Shasta）（美国） | 183.5 | 变种安山岩 | 38～60 | 20.6～32.6 | 38.7 | 0.645～1.015 | | |
| *卡拉特伊（Karadj）（伊朗） | 172 | 白云岩，石灰岩，岩石破碎，且夹有黏土岩 | 90 | 52.3 | | | | |
| 大古力（Grande Coulee）（美国） | 167.6 | 花岗岩 | 91～152.4 | 54.3～91 | 35.2 | 0.231～0.387 | | 347 |
| 方泰纳（Fontana）（美国） | 143.3 | 坚固的层状石英岩 | 46 | 32.1 | | | | |
| 底特洛（Detroit）（美国） | 141.2 | 安山闪长岩，有裂隙的角闪石 | 46 | 32.5 | | | | |
| *沙木布卡（Sambuco）（瑞士） | 130 | 石灰岩 | 80 | 61.5 | | | | |
| 田子仓（日本） | 145 | 安山凝灰岩 | 35 | 24.1 | | | | |
| 下香取（日本） | 128.1 | 硅质及泥质板岩 | 45 | 35.1 | | | | |
| 八桑（日本） | 120.2 | 花岗岩 | 40 | 33.2 | | | | |

续表

| 坝名 | 坝高（m） | 地质条件 | 孔深（m） | 孔深/坝高×100（%） | 灌浆压力（kg/cm²） | 单位长度灌浆压力［kg/（cm²·m）］ | 孔距（m） | 单位耗灰量（kg/m） |
|---|---|---|---|---|---|---|---|---|
| 代伊（日本） | 118.9 | 层状砂岩 | 40 | 33.7 | | | | |
| 闲野ク谷（日本） | 112.8 | 板岩 | 35 | 31 | | | | |
| *八木泽（日本） | 114.4 | 花岗岩 | 35 | 30.0 | | | | |
| *上椎叶（日本） | 110.0 | 坚硬的层状砂岩，夹有黏性薄层板岩和黏土裂隙 | 50 | 45.4 | 21 | 0.4 | | 32 |
| *皮爱维基卡多赫（Pievedi Cadore）（意大利） | 110 | 灰色白云岩 | 35 | 31.8 | | | | |
| 沙兰（Sarrans）（法国） | 109.8 | 花岗岩 | 34.5 | 31.4 | | | | |
| 五十里（日本） | 107 | 花岗岩 | 35 | 32.7 | | | | |
| 高阿斯旺（Saddel Arli）（阿联） | 106.7 | 辉绿岩 | 30 | 28.1 | | | | |
| 蚁峯（日本） | 106.7 | 花岗岩 | 35 | 32.8 | | | | |
| 热里斯亚（Genissiat）（法国） | 103.7 | 石灰岩 | 40 | 38.7 | | | | |
| 弗莱安脱（Friant）（美国） | 97.6 | 片岩 | 30 | 31.1 | | | | |
| 井川（日本） | 97 | 片岩 | 34 | 35.1 | | | | |
| 海华西（Hiwassee）（美国） | 93 | 结晶片岩，石英片岩 | 24 | 25.9 | | | | |
| 布赫塔明（Бухгарминская плотина）（苏联） | 93.3 | 辉长岩 | 30 | 32.2 | | | | |
| 欧克却阔（Exchequer）（美国） | 98 | 安山岩及闪长岩 | 16.2 | 16.5 | 7 | 0.432 | | 20 |

表 2-31 中为国外一些较高的重力坝的帷幕灌浆设计的统计资料，可供参考（表中有*号者为重力拱坝）。

5. 帷幕灌浆的施工设计

施工设计的内容是研究施工方法、灌浆压力、水泥品种和施工组织及措施等。

帷幕灌浆的孔深一般很大，所以必须分段灌浆以保证质量，每段孔深应在 5m 左右。对于地质条件较好的地段，钻孔不是很深时，可以将钻孔一次钻到设计深度，然后自下而上，分段灌浆（分段处用橡皮塞塞住）。这个方法可使钻孔工作与灌浆工作完全分开，在施工上是很方便的。可是其缺点也很多，首先是灌浆时浆液可能通过某些裂隙流入钻孔的上段，从而将钻孔堵塞，造成事故（橡皮塞及灌浆管也往往埋入孔内）；第二，由于灌浆是从下而上地进行的，在灌浆段以上的岩石尚较破碎，这就限制了灌浆压力；最后，由于钻孔一次钻到设计深度，因而不能根据所发现的情况修改设计。所以，现在几乎都已用更好的分级灌浆法来代替它。分级灌浆法是从上而下地进行的，钻进一段，灌注一段。灌好后，再把它钻透，伸入到下一段，如此继续进行。采用这个方法，可以避免事故，提高压力，保证质量，而且可以根据具体情况修正设计。其缺点是钻孔与灌浆作业要交叉进行，进度较慢。

在灌注方法方面，一般均用循环灌注法，除非局部发现有较大裂隙，才考虑采用填压式的灌注法。

在各孔间的灌浆顺序方面，有两类不同的方法：一种是单孔冲洗灌浆逐步插密的方法，一种是多孔联合冲洗灌浆的方法。前者的灌浆系单孔独立进行，开始时孔与孔的间距较稀，然后逐渐插密，达到设计的要求。其优点是施工方便，最终的工作量较少，并可根据分期灌浆成果鉴定灌浆的效果。缺点是如果裂缝中夹有黏泥等，冲洗及灌浆效果较差。多孔联合冲洗灌浆法是以相邻的两三个孔为一组，每组孔同时钻进，同时冲洗，使贯通各孔间的裂隙冲通洗净，然后联合灌浆。这个方法的优缺点适与单孔法相反。上述两种方法我们要根据具体地质情况来选择使用。有时可以一种方法为主，而在局部地区采用另一种方法。

灌浆孔均以回旋钻机钻进，深度小于 8m 的或可考虑用风钻（风钻孔不能分段灌浆）。孔径一般为 75mm。但深孔开口处钻孔宜大，以下逐级减小，开口处孔径可用 90～110mm，终孔直径不宜小于 75mm。

灌浆的压力，在不致破坏基岩和上浇混凝土的条件下，宜用得高一些，以扩大浆液影响半径，提高质量。容许和适宜的压力要通过试验选定。作为初步估计，可用下式计算：

$$p=p_0+p'H+0.24h$$

式中，$p$ 为最大灌浆压力（$kg/cm^2$），$p_0$ 取为 2～4$kg/cm^2$，$H$ 为灌浆塞离开地面的垂直深度（m），$p'$ 可用 0.5～1.0kg/（$cm^2$ • m），$h$ 为岩石面上已浇混凝土的高度（m）。孔愈深，岩石裂隙愈细小，压力应愈大。但在孔口段，岩石较破碎，帷幕的作用最大，这一段地区的压力不宜小于所承受水头的 1～1.5 倍。

钻孔的冲洗，对灌浆质量及效果有极大影响，必须根据具体条件和现场试验成果来选择冲洗方法：采用单孔冲洗，联孔冲洗，或者加入 5%的苛性钠溶液进行强力冲洗。

为了验证帷幕灌浆效果，应选取有代表性的孔段，在灌浆前进行压水试验，求出其单位吸水率，灌浆后再钻检查孔来论证灌浆的效果。检查孔的工作需在附近钻孔中灌浆浆液固结后才可进行。

灌浆中每单位长度（m）的耗灰量与造价，随地质情况可有极大的变化。根据某些工程的资料分析，作为一个粗略估计，在 $\omega=0.01$、0.05 及 0.1 时的单位耗灰量约各为 15、50 及 100kg/m。帷幕灌浆的造价约为 100 元/m。

6. 特殊地段的防渗帷幕

对于基岩中的一般裂隙，都可应用水泥灌浆的方法造成帷幕。但在以下特殊情况中，可能无法用钻孔灌浆的方法来形成阻水幕：

（1）裂隙中充填着黏性极高的泥，不能冲洗出来或冲洗不干净，但在长期高压水作用下仍有逐渐丧失稳定的危险。

（2）有较大的断层、破碎带、软弱岩层通过帷幕，经过试验不能用钻孔灌浆形成阻水幕者，或钻孔有困难者。

对于这些情况，必须考虑其他更有效的防渗措施。以下是几种常用的方法：

（1）采用大口径的钻孔，相互衔接而形成连续的幕，其内填灌混凝土或水泥砂浆（见图 2-73）。钻孔方向以垂直为宜。钻孔直径应在 30～50cm 以上。先钻一排间距较大的孔，并回填之，然后在中间插密，使形成连续的帷幕。这一施工方法需要大型设备、较大的空间和熟练的技术工人。

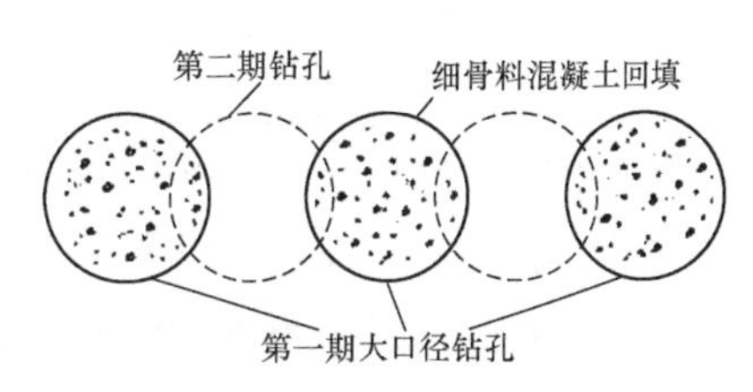

图 2-73　混凝土孔柱

（2）沿较大的断层或破碎带或软弱夹层，开挖一个垂直井或斜井，内填混凝土。这种形式称为防渗塞。防渗塞应位在帷幕上，其深度与帷幕相同，帷幕灌浆即通过这一防渗塞而连成整体（见图 2-74）。这个方法是防止水流沿较大的断层等渗流的有效措施，但必须保证施工质量，尤其是回填混凝土的质量。因为一般在防渗井开挖后，涌水量常很大，要保证回填质量，必需细致地做好堵水排水工作和混凝土的施工。如果断层等的倾角较平缓，则开挖防渗斜井在施工技术上还有些困难，必须随开挖随加以支撑。防渗塞的宽度要能完全切断破碎带，厚度只要有 2～3m 已足。塞的最小尺寸不宜小于 2×2m，以便于工作。防渗塞的平面位置、走向、倾角等要保证与灌浆帷幕连成整体，回填前并应对井壁作严密的加固灌浆，回填后尚应进行接触灌浆，以封堵任何可能的漏水通道。

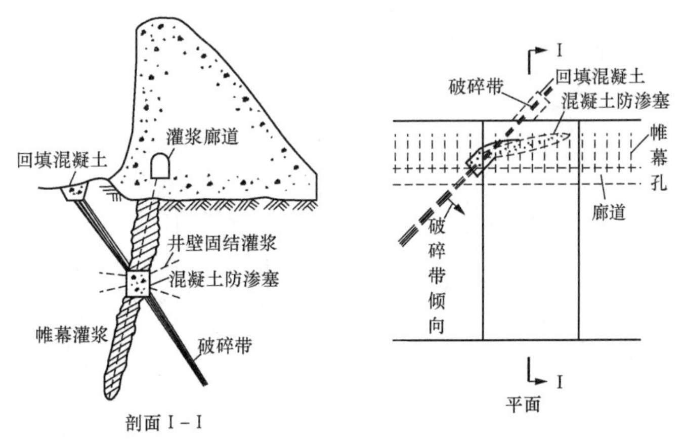

图 2-74　混凝土防渗塞

## 四、基础的固结灌浆

在基础的开挖面上，有时尚有较多的天然节理裂隙存在，有时由于人工开挖爆破使基岩表面震裂，为了补救这种天然和人为的缺陷，可以采用固结灌浆的方法。

固结灌浆的目的为：①提高基岩的整体性和弹性模量，减少基岩受力后的变形，并提高岩石的抗压、抗剪强度（根据国外一些现场测验的成果证明，在节理裂隙较发育的地区进行细致有效的固结灌浆，可使基岩的整体弹性模量提高2倍甚至更多）；②减小坝基的渗透性，减少渗流量；③在帷幕灌浆旁的固结灌浆可起辅助帷幕灌浆的作用，加高帷幕灌浆压力。

在以下情况中，不应采取固结灌浆而应继续挖去表层岩石：通过技术经济分析，认为开挖比灌浆更为经济合理时，或通过研究，认为节理裂隙中有充填物，不易冲洗干净，即固结灌浆不能取效时。另一方面，如基岩表面节理裂隙不多，呈密闭状，坝体应力不高，开挖深度已足够，就不必进行固结灌浆，或不必进行全面的固结灌浆，只须在比较破碎地区或应力较大地区（坝趾、坝踵区）进行局部的固结灌浆。

固结灌浆的孔深，当然要根据表层岩石的破碎情况及结构上的要求而定，但一般不大于15m，而且最好在8m以内，以便用风钻施工。因为固结灌浆的孔数很多，而且不能在坝体浇筑后再施工，如果都要采用回旋钻机施工，在工期上常非容许。孔深在8～15m的钻孔，有时可用冲击钻机来施工。

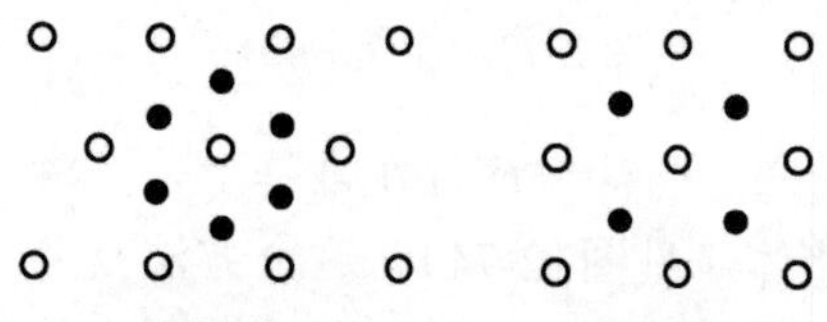

图2-75　固结灌浆孔布置

灌浆孔的间距，常在1.5～3m间，视地质条件而定，并可在施工过程中调整。孔的布置一般都采用梅花形排列或井字形排列，如图2-75所示。灌浆的程序，也有两类：第一类是取相邻数孔为一组，联合进行冲洗，然后并联灌浆（图2-76）。以后视需要在其间插密以进行检查和补强。另一类是单孔进行，逐渐加密。由于固结灌浆要求冲洗裂缝内的填充物后，再用水泥结石去固结它，以便有效地提高强度和弹性模量，所以以用第一种方法为妥。

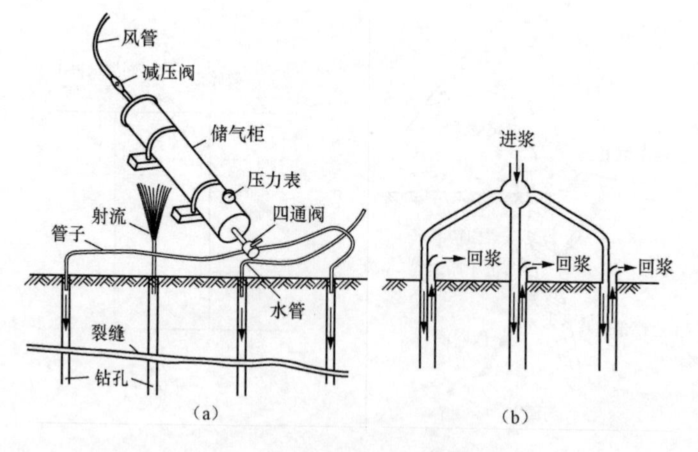

图2-76　多孔冲洗和多孔灌浆

固结灌浆为低压填充灌浆性质，压力约为2～4kg/cm$^2$。如果要增大压力，往往需先浇一层混凝土，然后通过混凝土灌浆，这样做可利用混凝土压重提高压力，同时还可灌混凝土和基岩的接触面，但工程量将有所增加。

固结灌浆是在基岩表面层进行的，故可能出现表面漏浆冒浆等情况。为此，在灌浆前应先压水，并堵住裂隙出口，再进行灌浆。万一无法堵塞时，只能浇一层混凝土来封住。

冲洗对固结灌浆质量影响极大，而要提高冲洗质量，则又要求多孔联合冲洗，往复进行（几个孔中压水，一个孔或几个孔中抽水，然后反过来进行）。有时利用高压水及高压空气轮番冲洗，能收到显著成效。

固结灌浆也采用循环灌浆法。几个孔连通时，应多孔并联灌注，但必须按其吸浆需要配备灌浆设备能力，使能在规定的压力下连续进浆。进浆至实际上不吸浆时，再在最大压力下并浆 30min 以上，才结束灌浆工作。

基岩表层经过固结灌浆后，原有裂隙多被堵塞，故应另钻排水孔来满足基础排水的要求。

固结灌浆孔的布置，除分布在建筑物基坑范围内，并应根据结构应力分布情况，酌量向外延伸若干距离。

对于某些较宽的裂隙，其中充填物不易冲出者，进行压力灌浆不能起到固结作用，但可以起一些预压密实的作用，以减少其压缩沉陷值。

必须注意，固结灌浆在施工完竣并浇上混凝土后，是很难再行补灌的，所以必须有完整的检查验收制度。检查的方法有钻孔压水、测定其吸水率以及钻取岩心研究其裂隙固结情况。

**五、软弱破碎带的处理**

软弱破碎带有以下几种类型：一种是断层破碎带，由于地质构造上的缺陷，在断层附近常有一个影响区，其中有破碎或糜棱状物质，有的夹有断层泥；一种是挤压破碎带，其中基岩挤压成碎块，完整性差，或风化成泥质；一种是软弱夹层，例如夹有厚层的页岩或软弱的岩脉。这些破碎带的共同特点是该区岩石破碎软弱，渗漏性强，必须加以处理才可作为建筑物基础。

破碎带的宽度不应该很大（如果存在着很宽的破碎带，则这一地区是不宜修建高坝的），但它是由于地质构造所形成的，所以延伸度一定很深，不能用开挖的方式来解决。在许多情况下，灌浆也常难奏效。所以我们往往采用开挖其一部分而用混凝土回填的方式来加强之。

对于破碎带的防渗问题，一般常在破碎带穿过帷幕面的地方，做成防渗塞截断破碎带，使形成连续的阻水幕，或采用混凝土幕墙来截断破碎带。

对于破碎带的承压和防止沉陷问题，也采取类似的措施。我们首先考虑一种最简单的情况，即破碎带倾向是垂直的，如图 2-77 所示。这时，我们将表层的破碎带挖去一定深度 $d$，然后回填混凝土（常称为混凝土塞）。这样，坝体的荷载将部分作用在基岩上，而部分作用在混凝土塞上。

如果基岩中无破碎带，我们按半无限弹性体的布辛内斯克公式（参见第五章第四节），可以求出基岩表面的沉陷曲线和基岩内各点应力，如图 2-78 中曲线 $a$。今设基岩中存在着破碎带，而且经过处理，挖去了深度为 $d$ 的这一部分，回填以混凝土。我们把混凝土塞视做两端固定的深梁处理，用弹性理论中的公式计算深梁中的应力及变

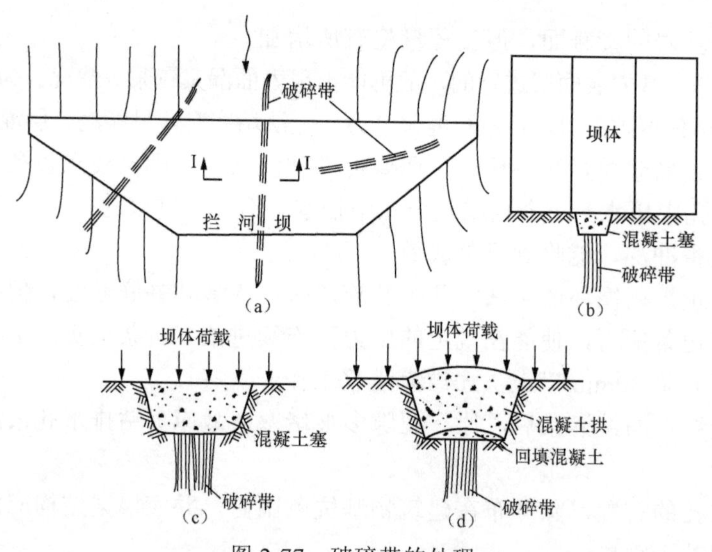


图 2-77 破碎带的处理

（a）平面；（b）剖面 I - I；（c）混凝土塞；（d）混凝土拱

形。深梁中的应力有两部分，其一即按半无限平面计算时在深梁范围内各点的应力，其二是深梁在其底部承受拉力 $p_2$ 作用时的应力及沉陷。这里 $p_2$ 就是作半无限平面计算时沿深梁底面上的垂直应力，现在反一个方向作用在梁底上作为外载。如果破碎带也能承受一些压力，则 $p_2$ 可分一部分给破碎带，深梁上的荷载可以少一些，分配的比例按深梁及破碎带有相同的沉陷为准。求出深梁的沉陷后，可将它叠加到半无限体的变形曲线上去，如图 2-78 曲线 $b$。

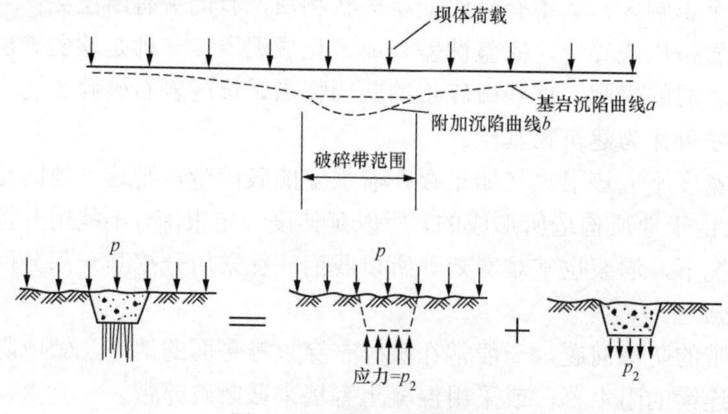


图 2-78 破碎带沉陷计算

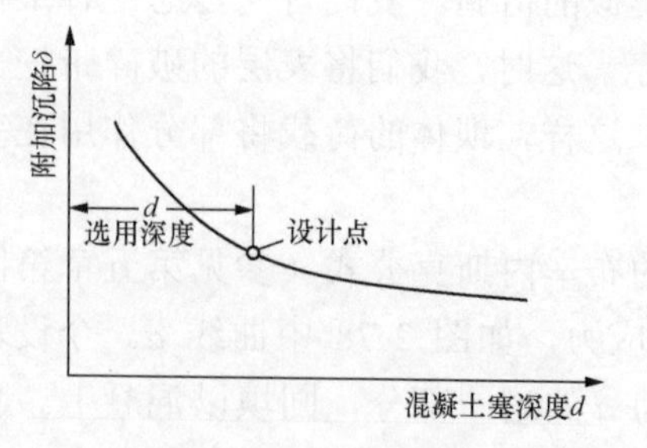


图 2-79 混凝土塞深度与附加沉陷关系曲线

很显然，这附加沉陷的大小与深梁厚度 $d$ 有关，深梁愈大，附加沉陷愈小，$d$ 为无穷大时，附加沉陷为 0。我们若将梁中央点处的沉陷按 $d$ 绘成曲线，将如图 2-79 所示。

混凝土塞的深度 $d$，可按如下原则选定：①混凝土塞的深度增加到该值以后，如再增加，其沉陷量将无显著的减少，对坝基的不均匀沉陷，也将无进一步的改善；②混凝土塞塞底的拉应力及两端的剪应力均在容许值以内。这种选择有一定幅度，还须考虑具体地质及施工条件来选取。

如果坝基中破碎带很多，逐一计算亦颇麻烦。我们可以选取有代表性的两条，求出其合适的处理深度。然后假定任何破碎带的处理深度可以用下式定之：

$$d = Cbh + K$$

即假定回填混凝土塞的深度与破碎带宽度 $b$ 及其上坝高 $h$ 成正比。将计算好的两个 $d$ 值代入，即可解出两个常数 $C$ 及 $K$，从而求得 $d$ 的通用公式。但河床段与岸坡段最好用不同的公式。

例如，沙斯塔坝的计算公式为 $d=0.0066bh+3.0$（两岸）及 $d=0.0066bh+9.0$（河床）。

对于宽度很小的破碎带，不必按公式计算，可按其宽度 $b$ 挖深到（1.5～2.0）$b$ 即足，但不小于 0.5m。

如果破碎带延伸到坝体上下游边界线以外，则混凝土塞应该延伸出去一点，其延伸长度一般为（1.5～2.0）$d$。

在某些情况中，也可以在破碎带顶部做成混凝土拱来代替混凝土梁，以减少沉陷和混凝土内的拉应力。

如果破碎带是垂直的，则经过适当的挖槽回填混凝土处理后，常可解决沉陷和强度问题。但对有一定的倾角大破碎带（如图 2-80 所示），则上述简单处理常嫌不足。如图 2-80（b）中所示，当我们在破碎带顶部做了混凝土塞后，在破碎带的上部 $ABC$ 地区形成一块楔形体，其下为软弱层，因此在抗压、沉陷等方面均存在问题，如果有节理裂隙穿通这一区段时，问题更为严重。为此，除应视必要加深混凝土塞外（但其深度总受到一定限制），常再沿破碎带挖若干个斜井和平洞，以混凝土回填密实，使在破碎带中起一种刚性支点或骨架的作用，同时亦封住了该范围内的破碎物，不使有挤压变形，并减少地下水对它们的有害作用［见图 2-80（b）及图 2-80（c）］。在斜井和平洞中，并可沿破碎带面挖除其软弱层至一定深度和进行固结灌浆工作，以进一步扩大这些井洞的作用。斜井、平洞的分布间距和延伸深度，需视破碎严重程度、破碎宽度和建筑物的荷载而定，但一般最大的处理深度不超过坝高的 0.5 倍。当基岩面下有近水平夹层，影响抗滑稳定而不能用灌浆方式处理时，也须挖若干平洞切断夹层。对于小的破碎带当然不需要这样处理。

不言而喻，斜井及平洞的施工是比较复杂的，必须完善地解决开挖、出渣、排水及回填混凝土的问题，而且必须以小爆破方式开挖，有时甚至须限制仅用人工撬挖等方式开挖（在接近地表一段）。

如果破碎带面比较平整（无扭曲），倾角较大，厚度不大，其中充填物容易进行灌浆固结者，也可考虑沿层间钻一排斜孔，孔间进行强力的冲洗，然后用高压灌浆，尽量除去软弱夹层及黏泥，而代以水泥结石或细骨料混凝土，并在高压下将残留的破碎软弱层挤紧。这种方式是否有效，须经过现场试验论证。如认为可行，则可考虑在坝体内留设廊道进行施工，一则不影响坝体升高，二则可借坝体压重提高冲洗灌浆压力，三则该廊道可供日后运行检查及补强时应用。这个方法对薄层的破碎带更适宜。注意，在廊道中施工时要使处理工作不影响已浇坝体的安全。

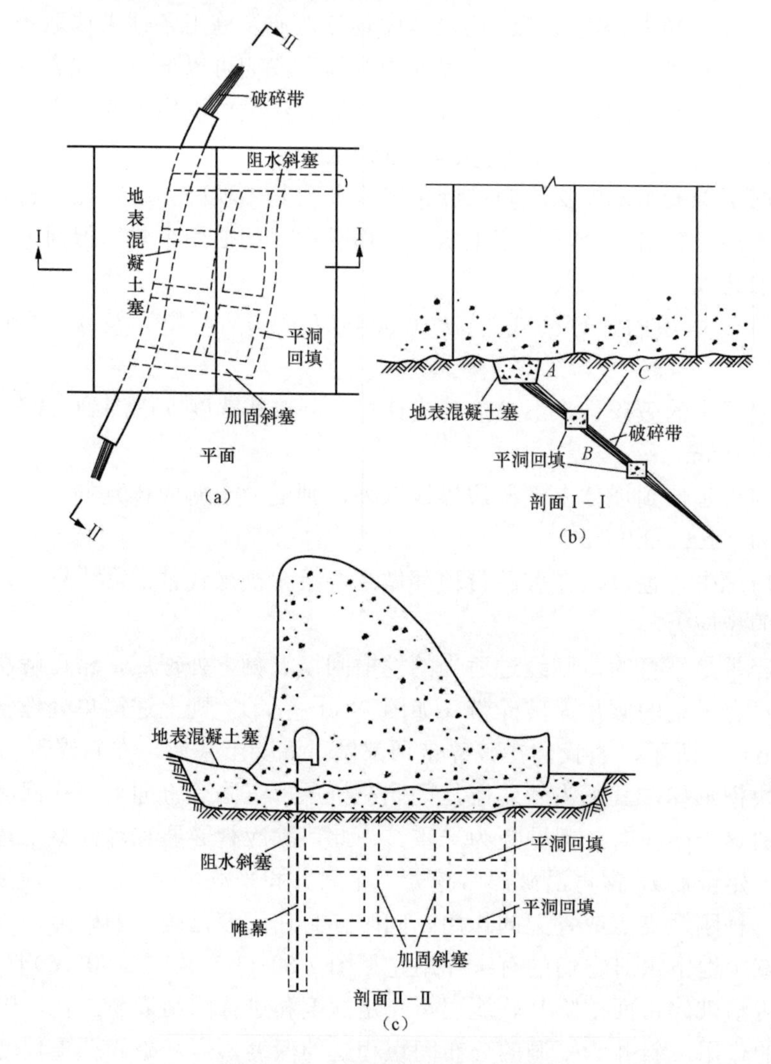


图 2-80　有倾角的破碎带的处理

如果破碎带接近地表时倾角很平，则宜以加深开挖其表露部分来代替洞、井的加固处理。有些破碎带其充填物容易冲出者，或可采用下法来形成平洞，即布置较密的大口径钻孔，在通过破碎带区，用强大压力的水流冲击，使破碎物崩坍而被冲出，形成一个空穴；然后以混凝土回填。如此继续插密进行，直至连接而成一道混凝土塞为止。

## 参考文献


[1] 苏联水工建筑物设计规范：溢流堰的水力计算．水利部办公厅印，1954．

[2] П. С. Бащкирова．水工建筑物下游的水力计算．中国科学图书仪器公司，1956．

[3] H. A. 普列奥布拉仁斯基等著．第六次国际大坝会议论文选集之五，混凝土坝性能的观测．北京：中国工业出版社，1962．

[4] 中国科学院<br>水利电力部 水利水电科学研究院编．混凝土坝的内部观测．北京：水利电力出版社，1960．
[5] 国外水电技术．美国垦务局所设计的溢洪道和泄水道闸门、阀和控制设备的型式．北京：电力工业出版社，1958．
[6] Б.Е.维捷涅也夫全苏水工科学研究院编制．水工建筑物设计的技术规范和标准——水工建筑物基础中的水泥灌浆防渗帷幕．北京：燃料工业出版社，1954．
[7] 邢观猷．水力发电建筑技术经验专题报告第 63 号，新安江拦河坝的基础处理工程．上海：上海科学技术出版社，1959．
[8] П. Г. 基谢列夫．水力计算手册．北京：电力工业出版社，1957．
[9] 全苏给排水、水工建筑物、工程水文地质科学研究院．水工手册．北京：中国工业出版社，1963．
[10] 苏联部长会议国家建设委员会．岩基上重力坝设计规范（CH 123-60）．北京：中国工业出版社，1964．

# 第三章

# 坝体断面设计和稳定分析

## 第一节　作用在坝体上的荷载

作用在重力坝上的荷载，主要有以下几种：①建筑物的自重及其上永久设备的重量；②上游、下游和溢流面上的静水压力及动水压力；③扬压力，包括浮托力及渗透水压力；④冰压力；⑤淤砂压力；⑥风浪压力；⑦地震时的惯性力和水的激荡力；⑧温度变化及混凝土收缩影响；⑨其他荷载。设计重力坝时，应该根据建筑物的布置、等级和当地的情况，决定设计荷载的数值，并组合成各种情况，验算坝体的稳定条件和应力分布。本节中先对各种荷载的性质及其确定法略加介绍。

### 一、坝体及设备重量

重力坝的稳定和安全主要依靠坝体自重来维持，坝体自重应该根据坝的断面尺寸及材料的容重计算确定。计算中，坝内一些小的廊道、孔洞等的影响常忽略不计。但当坝内设有较大的孔洞时（如坝内厂房或大型输水管道等），则应扣除相应的重量。

计算坝体自重时，一些永久性固定设备也应考虑在内，例如坝顶桥、闸门、启门机、闸墩等。但是一些非固定性的设备或重量，如坝顶桥上的车辆、行动式的启门机等，在计算坝体稳定时，不应计入。

对于溢流坝的顶部、宽缝重力坝、导墙及闸墩等，其形状或体积不易精确计算的，可以划分成小块，用数值法进行计算。

在计算自重时，一个最重要的数据，就是材料（主要为混凝土）的容重。混凝土的容重取决于原材料的品种、性质和配合比。施工条件也有微小的影响。一般的变化范围为2.3～2.5t/m$^3$。在小型工程或在初步设计阶段，可以采用一个平均值2.40（如果混凝土的骨料为较轻的沉积岩时，应采用2.35）。对于重要的工程，在技术设计阶段，应该通过试验来确定混凝土的容重。在计算中，混凝土容重应采用干容重，或干容重与饱和容重的平均值。除非有特殊论证，不应采用其饱和容重。

坝体内混凝土常分区浇捣。标号不同的混凝土其容重亦有微小差别，但一般计算中常用其平均值或加权平均值代表。重力坝内配置的钢筋数量不多，因此钢筋重量常忽略不计。

如果在坝体内大量埋设块石，将显著地影响坝体容重，其值可按块石容重及埋石率计算。但是，如果要在设计中考虑这一有利因素时，必须对埋石率进行细致的分析，并在施工中有确切的措施使能保证实现预定的埋石率才可（根据以往实践经验，在通常的条件下，整个坝体的平均埋石率不大于 10%）。

## 二、水压力

作用在坝上游面及溢流面上的水压力，是重力坝所承受的最主要的荷载。它可按以下方法计算。

1．挡水坝

如图 3-1（a）所示，在坝面上任何一点处的水压力强度为 $p=\gamma_0 y$，式中 $\gamma_0$ 为水的容重，$y$ 为该点距水面深度。将 $p$ 沿坝面积分后，即可求出作用在坝面上的水压力合力。当坝面呈曲线或折线形时，通常将水压力合力分解为一个水平力及一个垂直力，以便计算。后者常称为水重。由水力学知，作用在每米长坝面上的总水平压力为 $P=\frac{1}{2}\gamma_0 H^2$，式中 $H$ 为总水深。水平压力沿高度呈线性变化，其合力 $P$ 的位置在离坝底三分之一水深处。作用在坝面上的总垂直压力为 $V=\gamma_0 A$，式中 $A$ 为上游坝面、水面和通过坝踵的垂线所围成的一块面积之值，$V$ 的合力通过这块面积的形心。如果坝面有反坡（上端倾向水库中），则 $V$ 为负值。如果坝面为一直线，具有 1:$n$ 的斜率（垂直:水平），则 $P=\frac{1}{2}\gamma_0 H^2$，$V=\frac{n}{2}\gamma_0 H^2$，而总合力为 $\frac{\gamma_0 H^2}{2}\sqrt{1+n^2}$，其方向垂直于坝面。

以上所述计算，均取 1m 厚的坝体为准，故合力的单位均为 t/m。

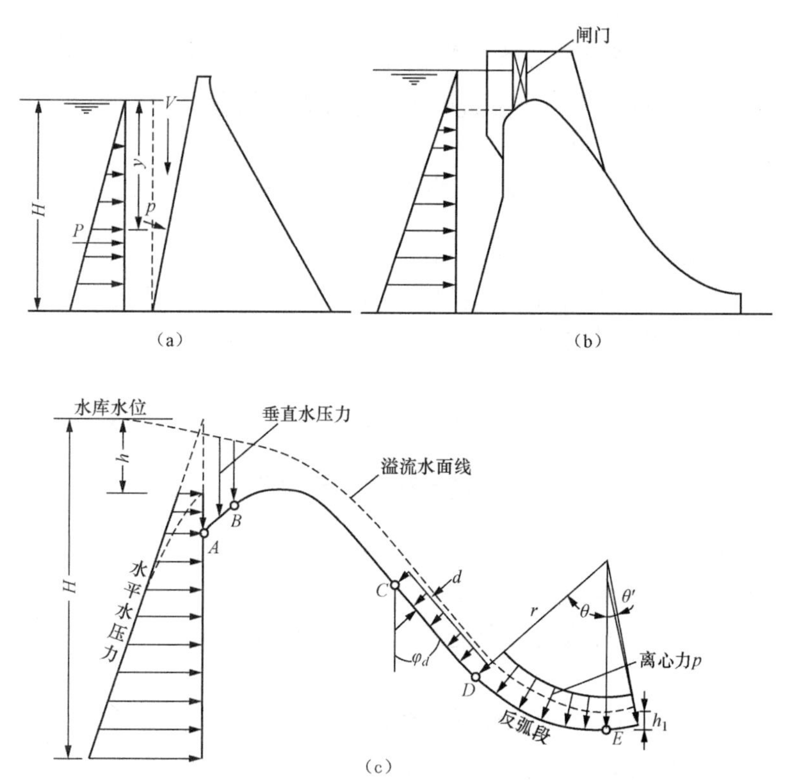


图 3-1　水压力计算图

水的容重，一般均可取为 $\gamma_0=1\text{t/m}^3$，除非在少数含砂量极大的河道上，在溢洪运行时，水的容重应考虑为含砂水体的容重，而将大于 1。在海工建筑物中，海水的容重亦稍大于1。

2. 溢流坝

在非溢流期，溢流坝上水压力的计算完全与挡水坝相同。不过这时一部分水压力常常由溢流顶上的闸门所承受，因此，在溢流堰顶以上这一部分水平水压力［呈三角形分布，参见图 3-1（b）］系作用在闸门上，然后通过闸门的支承结构转达到闸墩的门槽或闸门支承枢轴上。

在溢流时，作用在全部坝面上的将是动水压力。这一压力的分布情况最好通过详细的水力模型试验来测定。但在缺乏试验资料时，也可按以下方式进行近似计算［参见图 3-1（c）］。

将整个坝面划分为 $AB$、$BC$、$CD$、$DE$ 等数段。在上游面直线段 $AB$ 上，我们假定其上的动水压力和相应于上游库水位的静水压力相同，即在这条线上，各点的水压力强度仍为 $p=\gamma_0 y$，$y$ 指该点距上游库水面的垂直深度。这样算出的结果将稍稍偏大一些。

在下游反弧段 $DE$ 上，假定其上承受均匀的离心压力，其强度 $p$ 可按以下公式计算：

$$p=\frac{\gamma_0 q v}{g r} \tag{3-1a}$$

[1]

普通在反弧段末常接以水平段［见图 3-1（c）］，故在反弧段上的合力可写为：

$$P=\gamma_0 \frac{q v}{g}(1-\cos\theta)\text{（水平合力，指向上游）} \tag{3-1b}$$

$$V=\gamma_0 \frac{q v}{g}\sin\theta\text{（垂直合力）} \tag{3-1c}$$

式中 $q$ ——单宽溢流量［$m^3$/（s · m）］；

$v$ ——反弧段上的平均流速，可按伯努利定理，假定一摩擦损失后算出；近似上并可用下式计算：

$$v=\frac{q}{h_1}$$

$$h_1^3-(H-h_f)h_1^2+\frac{q^2}{2g}=0$$

$h_1$——跃前水深；

$H$——库水位至护坦面落差；

$h_f$——水头损失，可假定一个糙率后按曼宁公式计算；

$q$ ——单宽流量；

$\theta$ ——反弧段圆心角，即水流转弯角度；

$r$ ——反弧段半径；

---

[1] 更精确地说，$p=\frac{\gamma_0 q v}{g r}+\gamma_0 h$，$h$ 为水舌厚度，如果水舌上压有回流的水辊，则 $h$ 应从水辊表面量起。

$g$——重力加速度。

可见作用在反弧段上的合力，与反弧半径 $r$ 无关，而为单宽流量、流速与反弧段夹角的函数。式（3-1）中，$p$ 的单位是 $t/m^2$，而 $P$ 及 $V$ 的单位是 t/m。

$CD$ 是直线段，设其与垂直线间的夹角为$\varphi_d$，又设在该段上水舌厚度为 $d$（垂直坝面量取），则该段上的动水压力也可假定为均布，其强度为：

$$p = \gamma_0 d \sin \varphi_d \text{[1]} \tag{3-2}$$

作用在 $BC$ 段上的动水压力，要视溢流曲线的设计原则而定。如果溢流曲线是按非真空原则设计的，则溢流时 $BC$ 段上将存在不大的压应力，为安全计，通常略去不计。如果溢流曲线是按真空堰设计的，则 $BC$ 段上作用着一定的负压力（吸力），其值要根据设计水头、溢流曲线形状而定，可参见第二章第二节。

作用在溢流坝上游面的动水压力，通常也分为水平压力及垂直压力进行计算。这些压力的近似值可以采用公式 $P=\frac{1}{2}\gamma_0 H^2-\frac{1}{2}\gamma_0 h^2$ 及 $V=\gamma_0 A$ 计算，式中 $H$ 为上游库水位（应计入上游行近流速水头加以校正）到坝底的垂距，$h$ 为上述校正库水位到堰顶垂距，$A$ 为上游坝面、经过坝踵的垂线和实际水面线所包的面积。按照这样算出的水平压力将呈梯形分布［见图 3-1（c）］，且略偏大一些，实际上的水平压力曲线大致呈图中点线所示的形式。

上述动水压力中尚未包括脉动压力的成分。根据近年来的试验证明，脉动压力常可表为各点上的流速水头的一个百分数，即 $p_m=\pm\alpha\frac{v^2}{2g}$。系数 $\alpha$ 值约在 0.05～0.025，故脉动压力的绝对值并不大，在作坝体的稳定或应力计算时，常可忽略不计。

在进行溢流坝体的稳定计算时，作用在溢流面及反弧段上的动水压力起着有利的影响，同时由于这些动水压力的数值较难精确确定，其绝对值也不大，故也有在设计中将它们略去不计的（即只考虑坝体上游面所承受的水压力）。

### 三、扬压力

扬压力是作用在坝体内部的一种特殊的，而且是重要的荷载。以往对扬压力的性质及重要性是认识不足的。早期所修建的重力坝中，不仅在计算中未考虑这一因素，设计和施工中也缺乏相应的排水及减压措施。某些坝体曾因而发生事故。在总结了这些实践经验并作了许多试验研究后，扬压力的存在、作用及其重要性才渐渐得到确认。

关于扬压力的性质及其所产生的应力问题，将在第四章第四节中另作讨论，本节中只对扬压力数值的确定作一些简单说明（并可参考第二章第三节）。

混凝土并不是一种绝对不透水的材料，在长期的高压水头作用下，水将从混凝土中的空隙中渗向下游。尽管渗透流速可以很小（在密实的混凝土中，其渗透系数 $k$ 可以小到 $0.2\times10^{-11}$cm/s），但这并不能防止水的渗透，更不能防止在混凝土内部出现渗透

---

[1] 在考虑了掺气影响后，$d$ 值应较计算厚度为大，可记为 $d'$（参见第二章第五节），但此时 $\gamma_0$ 亦应减小为 $\gamma_0'=\frac{\gamma d}{d'}$，故在坝面上的压力强度仍为 $d'\gamma_0'=\gamma_0 d$，但总压力将有所增加（因为水深有增加）。

水的扬压力。不过扬压力逐渐发展的历时，则可能长达数年。

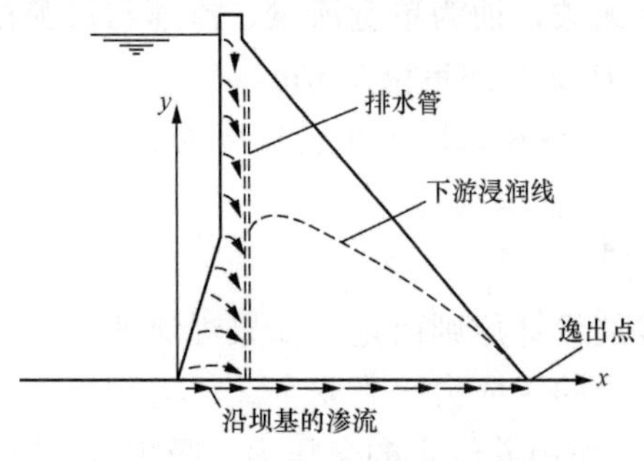

图 3-2 坝体内渗流示意图

如图 3-2 所示，上游坝面上的水，在高压力作用下，通过坝体向下游渗透，而在下游坝面或基础面上逸出。如果在坝内设有排水设置，则部分渗透水也将从排水管中逸出。水在渗透过程中，其压力 $p$ 逐渐降低，在逸出处，降为大气压（0）。所以，随着渗透水的流动，坝体内部承受着渗透水头 $p$ 的作用，而每一点上的 $p$ 都是不同的，换言之，$p$ 是坐标（$x$，$y$）的函数。在稳定渗透流的情况下，$p$ 沿 $x$ 或 $y$ 方向的导数 $\frac{\partial p}{\partial x}$ 及 $\frac{\partial p}{\partial y}$，便是作用在坝体上的体积力强度。这一体积力的作用和重力是相似的，唯其强度并不是一个常数。

这样看来，要合理地确定扬压力，首先应根据坝体边界条件，进行渗流的水力计算，决定内部各点上的渗透水头 $p$，然后将 $p$ 作为一个体积力的势函数处理，再确定坝体各元块上所承受的体积力。

在实际设计计算中，采用了许多近似的假定来估计扬压力对坝体应力和稳定的影响。首先，对于扬压力 $p$ 的分布，我们将不通过复杂的水力计算来确定，而将根据一些观测成果作近似的假定。其次，对于扬压力所产生的应力，也不是通过严密的弹性理论按体积力进行计算，而是切取一个断面，将其上的扬压力作为断面上的外力看待，用近似的方法来确定它对坝体稳定和应力分布的影响。这些虽然都是近似的处理方法，但通常已能满足设计所需。如考虑到混凝土的密实性一般较高，而在一些接触面（如坝基断面或水平浇筑层面）上的胶结情况却较难保证，那么在这些断面上，把扬压力作为外力处理更是合理的。

以上所述，还只限于渗透水所产生的扬压力。如果坝体下游面也有水，其水头为 $h$（上游为 $H$），则可以分解为两个情况：①上游有水头（$H-h$），下游无水；②上下游均有水头 $h$（参见图 3-3）。这时，在第一种情况中将产生渗透压力；在第二种情况中，虽无渗流，但位于 $h$ 高程线以下的各点上，仍承受饱和水的压力，即浮托力，而一点上的扬压力将为渗透压力和浮托力之和。

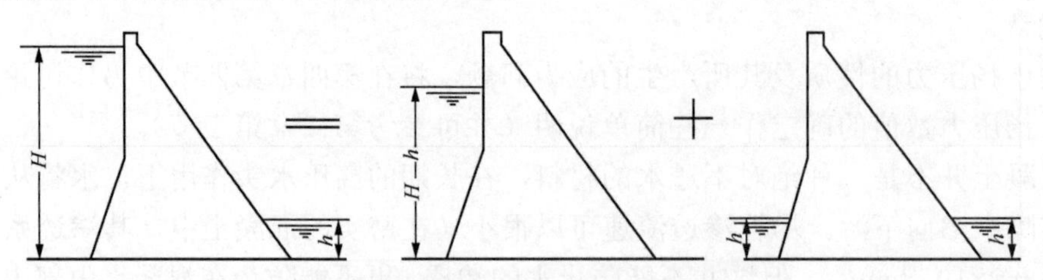

图 3-3 扬压力叠加图（仅适用于坝底基础面）

作用在一点上的扬压力，其方向是任意的，正如流体压力一样。除非在某些接触面上，当假定接触面两边的材料都相对密实而不透水，仅沿接触面才可渗透时，扬压力才垂直于接触面。

下面介绍拟定扬压力设计数值的常用准则。

1. 浮托力数值的确定

浮托力数值甚易确定，可参见图3-4。对于任何一点，当其离开水面的垂距为 $y$ 时，作用在其上的浮托力强度即为 $\gamma_0 y$。作用在某一断面 $A$-$B$ 上的全部浮托力即为 $\eta\int\gamma_0 y\,\mathrm{d}x=\eta\gamma_0 A$，式中 $A$ 为 $AB$ 与水位线间所包围的面积，$\gamma_0$ 为水的容重，$\eta$ 为浮托力作用面积系数。根据许多学者的分析研究，在密实的混凝土中，$\eta$ 值虽然略小于 1，例如为 0.9±，但在一些接触面上，$\eta$ 值却极近于 1，故在设计中，为安全计，常径取 $\eta=1$。

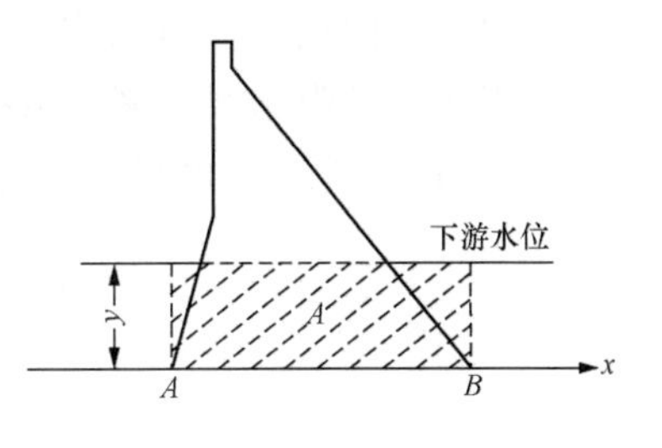

图 3-4 浮托力数值的确定

以上所述系指实体重力坝而言，是切取单位宽度的坝体进行计算的。如果是宽缝重力坝或肋墩坝，应取一个坝段为计算单位，这时浮托力公式为 $U=\eta\gamma_0 V$，式中 $V$ 为尾水位以下和计算断面以上所包含的体积。浮托力的合力则通过 $A$ 或 $V$ 的形心。

当坝体下游尾水位较高时，作用在坝基断面上的浮托力为值颇大，这对坝体稳定或应力是很不利的，往往因此须大量增加断面。采取一定的工程措施，可以有效地减少浮托力。例如，当在下游面穿过各接触缝进行细致的阻水灌浆，而且在其后设置完善有效的排水设施，就可不计算浮托力，而按渗透压力方式确定扬压力值，即将图 3-5（a）的扬压力图形变为图 3-5（b）的图形（后者的决定方法详下）。但这种设计方法必须在阻水和排水措施确实可靠和有效时才可采用。在下述情况中采用这一方式可能是适宜的：

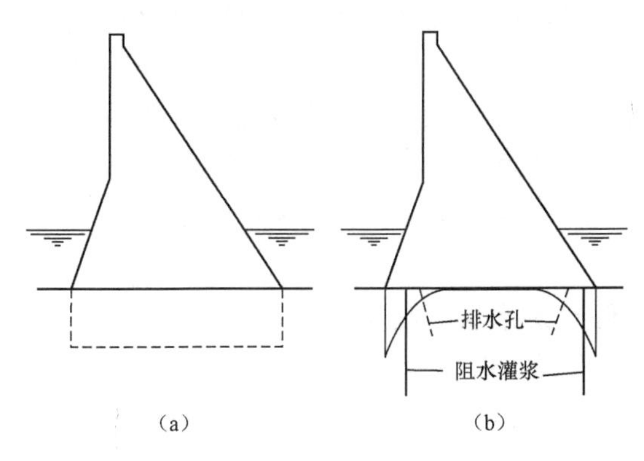

图 3-5 减少浮托力的措施

（1）坝下游通常断流，或尾水位很低，仅在偶或的情况下（例如溢洪时）尾水位才升得很高。

（2）在宽缝重力坝或肋墩坝中。这时我们可将宽缝或肋墩间的积水经常排干或排低，浮托力只需按宽缝水位计算，而上下游的水位所引起的扬压力都按渗透压力计算。注意，在这种情况下必须具有备用的排水设备和动力，以确保宽缝内的水位在任何情况下不致迅速回升。

2. 渗透压力数值的确定

可分为几种情况：

（1）单向问题，无阻水和排水设施或这些措施已经失效。这时，我们通常假定渗透压力呈直线形分布，在上游面为全水头，到下游面减小为零，参见图 3-6（a）。作

用面积系数 $\eta=1$（下同）。

（2）单向问题，有阻水和排水设施。这时，我们常假定在上游面为全水头 $H$，按线性变化，到阻水线上降为 $\alpha_1 H$[❶]（$\alpha_1$ 为小于 1 的系数）；再按线性变化，到排水线上降为 $\alpha_2 H$；其后，仍然按线性变化，到下游面降低为零［参见图 3-6（b）～图 3-6（d）］。

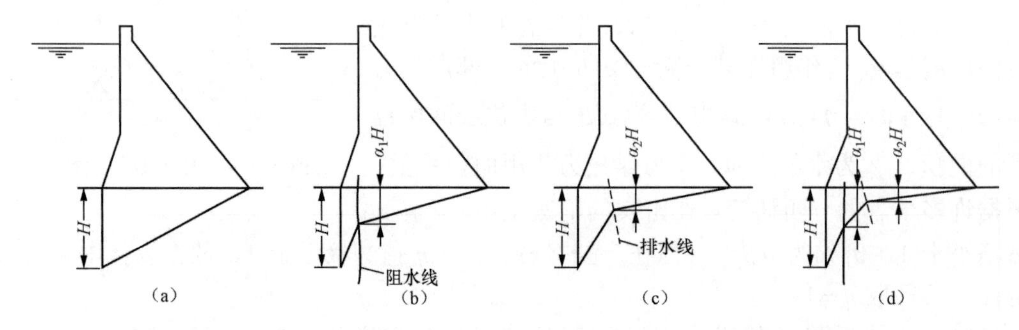


图 3-6　渗透压力数值的拟定

如果坝体与基岩接触面上游部分出现裂缝或接触面上的胶结不可靠时，或者上游部分基岩较破碎时，则在裂缝范围内或在阻水线以前都要采用全水头 $H$。

$\alpha_1$ 和 $\alpha_2$ 两个系数，要根据阻水灌浆的设计深度及密实性和排水设计情况，经过综合分析后决定。

在一般情况下，$\alpha_1$ 取为 0.5 左右，也有大到 0.7 或小至 0.4 的。如果基岩的透水性较大，阻水是依靠帷幕灌浆来完成的，那么 $\alpha_1$ 值主要取决于帷幕的作用，可以按照渗流理论大致核算如下：

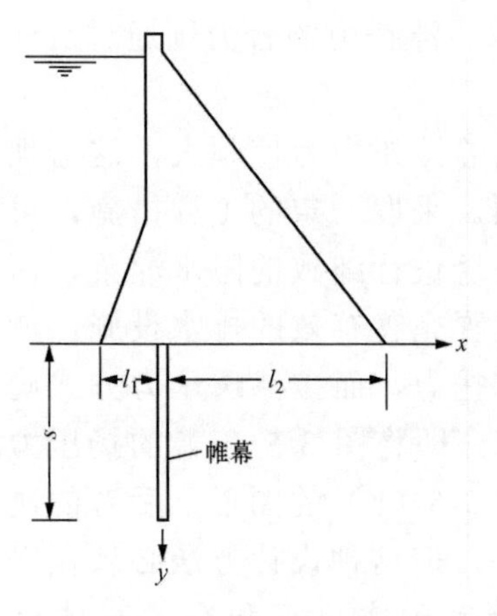


图 3-7　透水层无限深时 $\alpha_1$ 值计算简图

1）假定透水层无限深，帷幕本身不透水，其计算草图如图 3-7。根据 H.H.巴甫洛夫斯基的资料，沿底板上游段（$l_1$）的地基上的水头为：

$$p=H\left\{1-\frac{1}{\pi}\arccos\left[-\frac{1}{a}\left(b+\sqrt{1+\left(\frac{x}{s}\right)^2}\right)\right]\right\} \tag{3-3}$$

式中

$$a=0.5\left[\sqrt{1+\left(\frac{l_1}{s}\right)^2}+\sqrt{1+\left(\frac{l_2}{s}\right)^2}\right]$$

$$b=0.5\left[\sqrt{1+\left(\frac{l_2}{s}\right)^2}-\sqrt{1+\left(\frac{l_1}{s}\right)^2}\right]$$

❶　如果帷幕体有一定厚度，不可忽视时，应假定在帷幕体的下游边缘处渗透压力降为 $\alpha_1 H$。

$$-l_1 \leqslant x \leqslant 0$$

沿底板下游段（$l_2$）的地基上的水头为：

$$p = H\frac{1}{\pi}\arccos\left\{\frac{1}{a}\left[\sqrt{1+\left(\frac{x}{s}\right)^2} - b\right]\right\} \tag{3-4}$$

$$0 \leqslant x \leqslant l_2$$

分别应用式（3-3）及式（3-4）算出帷幕前后两点处的 $p$ 值，则其比值即为 $\alpha_1$。

2）假定透水层为有限厚，帷幕已达不透水层，但帷幕本身并非完全不透水，其计算草图如图 3-8（a）所示。这时，可先将帷幕厚度 $t$ 按其透水率化为一个当量厚度 $l_3$：

$$l_3 = \frac{k_f}{k_g} \cdot t \tag{3-5}$$

式中，$k_g$ 及 $k_f$ 各为帷幕体及地基的渗流系数。这样就把实际的计算情况转化为图 3-8（b）所示的理想情况。在后一情况中，基础为均匀介质，但底宽改为 $l_1+l_2+l_3$。在这个情况中，沿基础面的渗透水头可按照渗流力学的理论计算[1]，或可按图 3-8（b）中所示计算草图，近似地按比例确定之。在 $A$、$B$ 两点处的水头即分别相应于帷幕前后的水头。将 $B$ 点的水头与总渗透水头相比，比值即为 $\alpha_1$ 值。

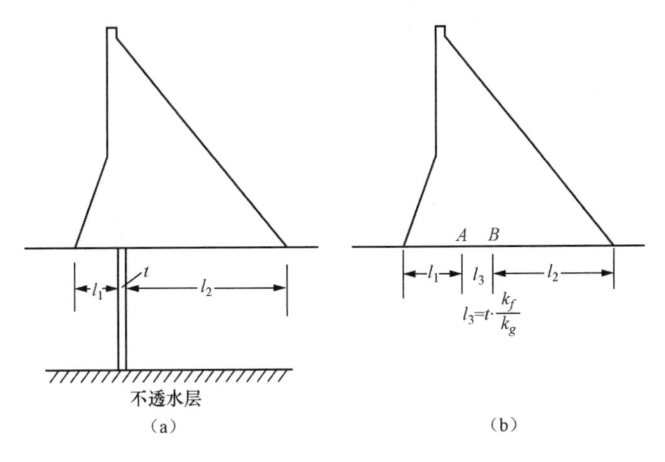


图 3-8　透水层有限厚时 $\alpha_1$ 计算简图

$$A\text{ 点水头} = H \cdot \frac{l_2+l_3}{l_1+l_2+l_3}$$

$$B\text{ 点水头} = H \cdot \frac{l_2}{l_1+l_2+l_3}$$

$$\alpha_1 = \frac{l_2}{l_1+l_2+l_3}$$

可参阅第二章第八节。

$\alpha_2$ 的数值一般采用 0.2～0.25。如果我们系采用一排均布的排水孔作为主要排水设施时，也可假定渗流呈平面势流而用以下高夫曼公式估算 $\alpha_2$ 之值：

[1] 例如，参见本章参考文献［5］。

$$\alpha_2 = \frac{1}{1 + \dfrac{c\pi}{a \ln \dfrac{a}{\pi r}}} \tag{3-6}$$

式中　$a$ ——排水孔中心间距的一半；

$c$ ——自迎水面至排水孔中心的距离；

$r$ ——排水孔的半径。

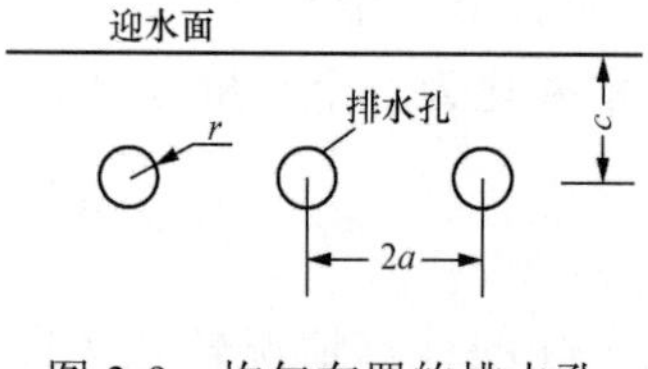

可参见图 3-9。

图 3-9　均匀布置的排水孔

上式是假定渗流为平面势流问题，边界条件为：迎水面是一直线，其上承受均匀水头，在距迎水面 $c$ 距离处有一排半径为 $r$、间距为 $2a$ 的排水孔，在排水孔处渗流水自由逸出，即水头为 0。按此寻求本问题的理论解，求出沿排水孔线上的水头分布，取其平均值，此值与上游水头之比即为 $\alpha_2$ 值。

显而易见，实际上的渗流情况极为复杂，远非平面势流问题，故以上所述，仅能供粗糙核算之用。还应注意，按上式求出的 $\alpha_2$ 值常常较小，在实际设计中，尚应考虑到排水孔不一定完全有效，而应根据具体情况斟酌采用。一般情况下，$\alpha_2$ 值不宜小于 0.2。

以上所述，都假定上游坝踵的渗透压力取全水头 $H$。在某些情况下，也可取小于全水头之值 $\alpha_0 H$，例如：

1）当水库蓄到高水位时坝前已有密实的淤积泥沙或预先设有专门的铺盖层时；

2）当上游坝踵深深埋入基岩而且在附近进行过细致有效的接触灌浆和固结灌浆时。

在这些情况中的 $\alpha_0$ 值，都可根据上游阻水层的厚度和性质，在研究渗透水流的渗径后予以估定。但要在设计中减少上游渗透水头时，必须有详细的论证。

如果我们在下游面也采取阻水和排水措施来减少浮托力，则上下游水头的影响可以分别计算然后叠加，如图 3-5 所示。不言而喻，这时上下游各取用其相应水头，而浮托力不应再计算。

（3）两向问题，无排水设施。例如，在宽缝重力坝中，我们将宽缝中的水位排低至某一值，这时，可按宽缝水位来计算浮托力，并计算出上下游水位高出宽缝水位之值（仍各以 $H$ 和 $h$ 记之），按渗流理论计算其渗透压力。这就是两向问题。

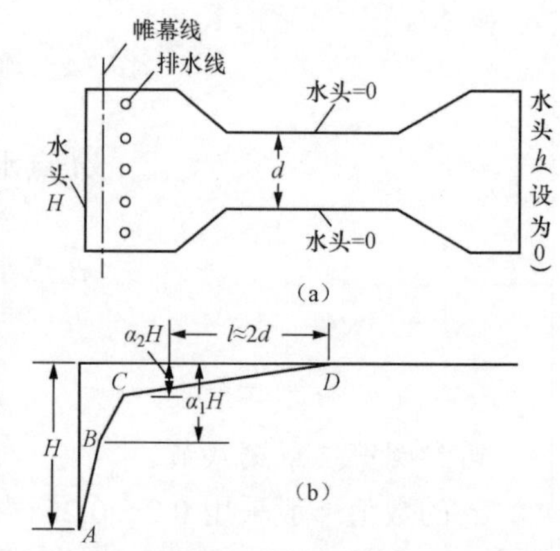

图 3-10　坝基平面图

比较精确的计算法如下。画出坝基平面图，将边界上的渗透压力值注上，如图 3-10 所示，在宽缝边界处为 0，上下游边界处为 $H$ 及 $h$，其间可按直线变化。

然后计算内部各点上的渗透压力 $p$。根据渗流理论，$p$ 应该是一个谐和函数，可以将计算区域划成网格用迭弛法解之，或用电拟法测定（详见第五章第七节）。求出各点的 $p$ 值后，即可用数值法计算其总渗透压力 $\sum p\mathrm{d}x\mathrm{d}y$ 及其合力的位置。但普通常将各横断面上的 $p$ 值平均，然后仍沿坝基画出渗透压力图形来。

（4）两向问题，有阻水和排水措施。这个问题仍可用迭弛法进行较精确的解算，唯计算网格须分得细一些。除外边界外，各排水孔处亦为边界，其上的 $p$ 值规定为 0。至于阻水区，可视其密实程度，化为一块相当的面积，然后进行迭弛计算。这样可以求出 $p$ 的分布情况，画出 $p$ 的等值线。

由于上述计算工作量很大，也不一定精确，我们有时就采取近似图形。如图 3-10（b）所示，用折线 $ABCD$ 表示沿断面宽度平均的 $p$ 值分布线。图中在上游面仍为全水头 $H$，在阻水线上为 $\alpha_1 H$，在排水线上为 $\alpha_2 H$。$\alpha_1$ 及 $\alpha_2$ 值采用实体重力坝情况中相应的数值。在 $D$ 点处渗透压力置为 0，此点离开宽缝头部边缘的距离 $l$ 约为宽缝坝墩子厚度 $d$ 的 2 倍。在各控制点间则以直线相连。如果下游面也有水头，可以仿此画出渗透压力分布曲线，并与上游部分相加。

如果坝趾或坝踵处岩石破碎或有裂缝，那么阻水线以外部分应采用全水头；反之，如坝踵外有防渗层等，该处也可采用较全水头为小的值。这些与单向问题相同。

当然，本段所述只适用于求岩基上混凝土坝在接触面上的扬压力，不适用于软基的情况。

**四、冰压力**

在寒冷地区，水库或河道表面可能会冰冻。冰层厚度 $h$ 可自数厘米至一米余不等。当气温增高时，冰层会膨胀，因而发生冰的挤压力（冰的静压力）。此项压力当然不会超过冰的压碎强度 $R_p$ 与冰层厚度 $h$ 的乘积。但冰的瞬时压碎强度很大（可达 70kg/cm$^2$），若冰层较厚，以 $R_p h$ 来作为冰静压力将失之过大，必须考虑冰块在升温过程受挤压时的徐变问题。1932 年布朗（Messrs Brown）和克拉克（G.C.Clarke）在实验室中对冰压力作了系统试验，得出在无侧向约束的情况下，冰压力的增加率与冰层温度升高率间成曲线关系，如表 3-1 所示。作者已将其化为公制，绘成曲线如图 3-11 所示。

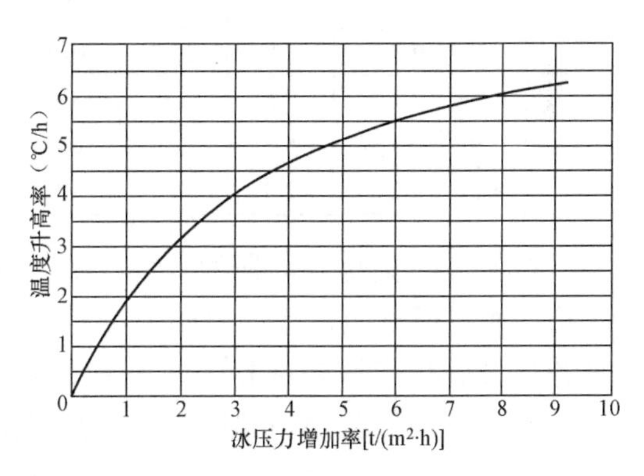


图 3-11　冰压力增加率与温度升高率关系曲线

**表 3-1　　冰层温度升高率与冰压力的增加率关系**

| 冰层温度升高率（°F/h） | 冰压力的增加率［klb/（ft$^2$·h）］ | 冰层温度升高率（°F/h） | 冰压力的增加率［klb/（ft$^2$·h）］ |
|---|---|---|---|
| 0 | 0 | 8 | 0.90 |
| 4 | 0.28 | 10 | 1.24 |
| 6 | 0.50 | 12 | 2.15 |

根据这些试验数值，当冰层表面气温变化时，我们可根据热传导学的理论，计算冰层内部各点的温度变化率（参见第七章，冰的导温系数 $a\approx0.004\text{m}^2/\text{h}$），然后换算出相应的冰压力强度，最后求出冰层上的全部压力。罗斯（Edwin Rose）曾进行了一系列的计算，求出冰层压力与冰层厚度及气温变化率的关系，如表 3-2 中所示（此表已经作者加以换算）。在计算中未考虑侧向约束的影响。如果存在这种约束时（例如两岸岸壁较陡，表面为坚固基岩，冰层又与之牢固冻结时，侧向约束影响就较大；反之，当岸坡平缓，表层破碎时，这一影响就很小），冰压力应乘以系数 $\dfrac{1}{1-\mu}$ 放大，式中 $\mu$ 为冰的泊松比，约为 0.365。罗斯又估算了太阳辐射热对冰压力的影响。考虑了太阳辐射热后，冰压力增加 20%～40%，见表 3-2 中右侧。

当坝前库面较开阔，因而冰层面积很大时，冰层受挤压后还容易产生纵向挠曲，这就使得最大冰压力可较理论计算值有所降低。

表 3-2 的资料较便于设计中采用，因为只须确定了气温变化率及冰层厚度，便可立即查出作用在每米坝上的冰压力。一般气温变化率总在 3℃/h 上下，故冰压力强度为 10～12t/m$^2$（未考虑侧向约束作用）。

**表 3-2　　冰压力数值**　　t/m

| 参数 | | 不考虑太阳辐射影响 | | | | | 考虑太阳辐射影响 | | | | |
|---|---|---|---|---|---|---|---|---|---|---|---|
| | | 气温变化率（℃/h） | | | | | 气温变化率（℃/h） | | | | |
| | | 2 | 3 | 4 | 5 | 6 | 2 | 3 | 4 | 5 | 6 |
| 冰厚（m） | 1.25 | 11.8 | 12.1 | 12.6 | 13.4 | 14.5 | 12.8 | 13.9 | 15.1 | 16.5 | 18.0 |
| | 1.00 | 9.7 | 9.8 | 10.2 | 10.8 | 11.8 | 10.6 | 11.8 | 13.1 | 14.4 | 15.7 |
| | 0.75 | 7.3 | 7.5 | 7.9 | 8.6 | 9.6 | 8.1 | 9.2 | 10.4 | 11.6 | 13.0 |
| | 0.50 | 5.1 | 5.2 | 5.6 | 6.2 | 7.1 | 5.6 | 6.6 | 7.8 | 9.0 | 10.3 |
| | 0.25 | 2.8 | 2.9 | 3.1 | 3.5 | 4.1 | 2.8 | 3.6 | 4.6 | 5.6 | 6.8 |

布朗等的试验及罗斯的计算中有一个缺点，即未考虑冰层原始温度对冰压力的影响，而根据试验，冰层原始温度对冰压力是有较大影响的。在 1950 年以后，美国垦务局又进行了许多试验，证实原始冰温愈低，则相应的冰压力愈大。他们的试验成果曾由孟福（G.E.Monfore）发表在美国土木工程师汇刊 1954 年卷中。如果根据这些试验资料来计算冰压力，将得出较大的成果。这些资料在日本坝工设计准则中也已采用。但应用这些资料时，尚需进行冰层的热传导计算，确定冰内部各点的温度变化率后才能换算为冰压力，应用起来很不方便。在我国具体条件下，由于气温变化率通常不高，冰压力为值不大，似可不必进行过分精确的计算，而可取用罗斯的成果中考虑太阳辐射影响的数值再酌量加侧向约束校正系数（约为 1.54 倍），或者已可满足设计要求了。

在苏联，也对冰压力问题作了一些研究，并制订了确定河道建筑物上冰压力的技术规范[❶]。在这本规范中规定，由于气温骤然增高所产生的静冰压力（强度）可按下





❶ Технические условия определения ледовых нагрузок　на речные сооружения,СН76–59.

式计算：

$$p = 3.1 \times \frac{(t_{нл}+1)^{1.67}}{t_{нл}^{0.88}} \theta^{0.33} \qquad (3\text{-}7)$$

式中 $\theta$——冰层温度上升率（℃/h），$\theta = \frac{\Delta t_л}{\tau}$，其中 $\Delta t_л$ 为在 $\tau$ 小时内冰层平均温度升高值，$\Delta t_л \approx 0.35 \Delta t_в$（$\Delta t_в$ 为相应的气温升高值）。$\theta$ 值须根据当地气温资料分析后选用；

$t_{нл}$——气温开始升高时，冰盖层的中心初始温度，以℃计，可采用为 $0.35 t_{нв}$，$t_{нв}$ 为刚升温时的气温。

当坝前冰的延伸长度 $l$（即坝面与对面的冰盖层支承面间的垂直距离）大于 50m 时，按上式求出的冰压力应乘系数 $\psi$ 予以折减，$\psi$ 值见表 3-3。

**表 3-3　$\psi$ 值 表**

| $l$（m） | 50～75 | 75～100 | 100～150 | 150 以上 |
|---|---|---|---|---|
| $\psi$ | 0.9 | 0.8 | 0.7 | 0.6 |

总之，目前尚无很合理的公式可以用来计算冰压力。由于在一般重力坝设计中，冰压力常非控制因素，故可根据以上资料斟酌使用。在一般的温度和温度上升率下，静冰压力可用表 3-4 之值。

**表 3-4　静 冰 压 力 值**

| 最低温度（℃） | −40 | −35 | −30～−25 | −25 | −20 | −15 | −10 |
|---|---|---|---|---|---|---|---|
| 温升率（℃/h） | 2.5 | 2.5 | 2.5 | 2.0 | 2.0 | 2.0 | 2.0 |
| 静冰压力（t/m²） | 28～40 | 25～35 | 23～30 | 20～28 | 15～22 | 13～18 | 12～14 |

将静冰压力乘以冰厚，即为作用在单位长度坝体上的冰压力。

库面冰盖层除对坝面有膨胀压力外，在破碎后流冰时尚有冲击压力（动压力）以及水面涨落时的磨损作用等。兹介绍几个供参考的近似公式如下。

1. 浮冰的冲击压力 $P$ 的计算

一般可按 П. А. 库兹涅佐夫公式估计：

(1)当冲击方向垂直(或接近垂直)坝面时,即冰块的运动方向与坝面交角 $\varphi = 80° \sim 90°$时：

$$P = kvh\sqrt{A} \qquad (3\text{-}8)$$

（2）当冰块运动方向较倾斜时，即 $\varphi < 80°$时：

$$P = cvh^2 \sqrt{\frac{A}{\mu A + \lambda h^2}} \cdot \sin\varphi \qquad (3\text{-}9)$$

式中 $v$——冰块的运动速度，要分析水库风速、流速、形状后拟定，对于大水库，$v$ 一般不大于 0.6m/s；

$A$——冰块的平面面积；

$k$，$c$，$\lambda$——系数，取决于冰的破碎强度 $R_p$，其数值列于表 3-5 中；

$\mu$——系数，即 $\frac{\cos^2\varphi}{\tan^2\varphi}$，其值见表 3-6。

**表 3-5　系数 $k$、$c$ 及 $\lambda$ 表**

| $R_p$（t/m²） | $k$ | $c$ | $\lambda$ |
|---|---|---|---|
| 50 | 3 | 68 | 500 |
| 30 | 2.36 | 68 | 833 |
| 100 | 4.3 | 96 | 500 |
| 60 | 3.3 | 96 | 833 |

**表 3-6　$\mu$ 的数值表**

| $\varphi$（°） | 20 | 30 | 45 | 55 | 60 | 65 | 70 | 75 | 80 |
|---|---|---|---|---|---|---|---|---|---|
| $\mu$ | 6.7 | 2.25 | 0.5 | 0.16 | 0.08 | 0.04 | 0.009 | 0.005 | 0.001 |

2. 冰层堆积压力 $P$ 的计算

由于风或水流的影响，在坝前堆积大面积的冰层时，将对坝面产生堆积压力 $P$（以 t 计），其值可按下式估计：

（1）当大面积冰层沿其运动方向的长度 $L<1200$m 时：

$$P = pB = \left(0.3 + \frac{L}{1000}\right)v^2 B \tag{3-10}$$

（2）当 $L>1200$m 时：

$$P = pB = \left(3 - \frac{1800}{L}\right)v^2 B \tag{3-11}$$

式中　$p$——大面积冰层上每米宽度所产生的压力（t）；

$B$——与运动方向正交的方向上大面积冰层的宽度（m）；

$v$——冰下水流的平均流速（m/s），水不流动时计算中可令 $v=1$m/s。

3. 水面升降时，冰的磨损作用

这时作用在坝面上的力是微不足道的。重要的是需在坝面上设置护面层，或提高坝面混凝土的质量，使能承受长期循环出现的冰的磨损作用，不被损坏。

关于冰压力及冰的其他作用的问题，尚缺少足够的理论分析和实验成果，有待继续研究。以上各种公式或数据，均为近似的，一般给出偏大之值。我国因地处温带，所以除少数寒冷地区在设计重力坝时须考虑冰压力因素外，一般不出现这个问题，或仅属于次要问题。更可注意的是，冰压力多出现在严冬，对于我国中、南部地区，此时库水位常非最高（库水位应在汛期达最高），所以冰压力荷载常非控制性情况。在严寒地区修建重力坝而水库的冰冻现象又较严重时，更重要的还是应该提高表面层的抗磨抗冻能力，和设置适当的专门措施来防止靠近坝面冰冻或随时破除坝面冰层。如果在设计建筑物时已采用有效措施来防止各种冰的作用力（经常破冰），则在计算中就可以不再考虑冰的作用。

**五、淤砂压力**

当水库形成后，库前将逐渐淤积。淤积的速度依河道含砂情况、水力条件和工程措施而定。水库淤积后，在上游坝面除水压力外尚承受淤砂压力。在水库淤积速度较快的工程中，这一压力是不能忽视的。

淤砂压力的确定实际上是一个极复杂的问题。它是时间的函数，一方面因为淤积高程不断增加，另一方面也由于淤砂在长期沉积后将逐渐固结，所以它的容重及摩擦角均将渐渐增大。

一般在设计时，根据规定的设计淤积年限（约为50～100年），估算相当的淤积高程，并根据勘测资料，选定淤砂的一些材料常数，然后即按散体压力公式来计算淤砂压力。其公式为：

$$p=\gamma_H h\left(\frac{1-\sin\varphi}{1+\sin\varphi}\right)=\gamma_H h\tan^2\left(45°-\frac{\varphi}{2}\right) \tag{3-12}$$

式中，$\gamma_H$为淤砂的浮容重，$\gamma_H=\gamma_1-(1-n)\ \gamma_0$（$\gamma_1$为干容重，$n$为孔隙率，$\gamma_0$为水容重），$h$为淤积深度，$\varphi$为淤砂的内摩擦角，$p$为在垂直面上距淤积面深为$h$处的淤砂压力强度。

常数$\gamma_H$及$\varphi$要通过勘测试验来决定。如无可靠资料，可以取以下近似值，即取$\gamma_1=1.30\sim1.40\text{t/m}^3$，$n=0.35\sim0.50$；对于较粗的砂砾，沉积期较长时，取$\varphi=18°\sim20°$；对于黏土质淤积物，$\varphi=12°\sim14°$；对于极细的淤泥、黏土和胶质颗粒，$\varphi$接近于0°。

当上游坝面倾斜时，可按斜面上散体压力公式计算，或用式（3-12）计算淤砂压力的水平分力，而淤砂压力的垂直分力即为淤砂重量，可以和水重同样计算。

当淤砂压力对坝体设计影响很大时，应对各项常数及淤砂压力的计算方法作专门的研究、调查和论证。

**六、波浪压力**

重力坝前如蓄水成为大型水库，则在风的作用下，会产生一定的波浪压力。此种压力可以用一些半经验公式进行估算。

首先要计算波浪的波高$2h$（从波峰到波谷的高差，以m计；在坝面上由于反射关系，发生驻波，其波高为$4h$，参见图3-12），波长$\lambda=2L$（以m计）和波浪中心线超出静水面的高度$h_0$这三个参数。波高常可从风速$v$（以m/s计）及吹程$D$（即水库沿风向的长度，可从水库平面图上量取，以km计）估算，下面列出了两个一般采用的经验公式：

1. 史蒂文森公式

适用于$D<60$：

$$2h=0.34\sqrt{D}+0.76-0.26\sqrt[4]{D} \tag{3-13}$$

2. 修正的史蒂文森公式

适用于有风速$v$的资料时：

$$2h=0.0611\sqrt{vD}+0.76-0.26\sqrt[4]{D} \tag{3-14}$$

当水库很浅时，以上公式不适用。

在水库中，$2L/2h$ 的比值常在 8～12 的范围内，因此求出 $2h$ 后，亦可估计波长 $2L$。

波浪中心线的超高值 $h_0$ 可按下式计算：

$$h_0=\frac{4\pi h^2}{2L}\coth\frac{\pi H}{L} \tag{3-15}$$

式中，$H$ 为水库深。

求出 $2h$、$2L$ 和 $h_0$ 后，就可以计算波浪压力的分布图。这一压力的分布形式大约如图 3-12 所示，在静水面处为最大，其压力强度大致上等于 $\dfrac{L(2h+h_0)}{L+2h+h_0}\approx 2h$，在波浪顶部为 0，中间可认为按直线变化。在静水位以下，波浪压力按双曲线正割函数变化，即压力 $p$ 为：

$$p=2h\cdot\operatorname{sech}\frac{\pi y}{L} \tag{3-16}$$

式中，$y$ 为离静水面的深度。表 3-7 中给出了函数 sech$x$ 的一些近似数值。

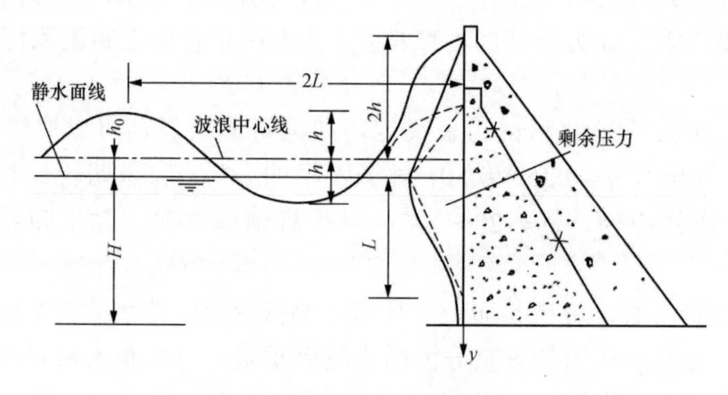


图 3-12　波浪计算要素

表 3-7　　函数 **sech*x*** 的近似数值

| $x$ | 0.1 | 0.2 | 0.3 | 0.4 | 0.5 | 0.6 | 0.7 | 0.8 | 0.9 | 1.0 |
|---|---|---|---|---|---|---|---|---|---|---|
| sech$x$ | 0.995 | 0.980 | 0.957 | 0.924 | 0.886 | 0.844 | 0.797 | 0.748 | 0.701 | 0.648 |
| $x$ | 1.1 | 1.2 | 1.3 | 1.4 | 1.5 | 1.6 | 1.7 | 1.8 | 1.9 | 2.0 |
| sech$x$ | 0.599 | 0.552 | 0.507 | 0.465 | 0.425 | 0.388 | 0.353 | 0.322 | 0.293 | 0.265 |
| $x$ | 2.1 | 2.2 | 2.3 | 2.4 | 2.5 | 2.6 | 2.7 | 2.8 | 2.9 | 3.0 |
| sech$x$ | 0.241 | 0.219 | 0.198 | 0.180 | 0.163 | 0.148 | 0.134 | 0.121 | 0.110 | 0.099 |
| $x$ | 3.1 | 3.2 | 3.3 | 3.4 | 3.5 | 3.6 | 3.7 | 3.8 | 3.9 | 4.0 |
| sech$x$ | 0.090 | 0.081 | 0.074 | 0.067 | 0.060 | 0.055 | 0.050 | 0.045 | 0.040 | 0.037 |

由式（3-16）可见，当 $y\approx L$ 时，即约在距水面半个波长处，波浪压力已约只为在静水面处压力的 $\dfrac{1}{10}$，以下其值更小，可以忽略。所以为简单计，不妨假定该处的水压力即等于静水压力 $L$。因而波浪压力将呈三角形分布，在波顶为 0，在静水面处为

$\dfrac{L(2h+h_0)}{L+2h+h_0}$（波顶至静水面高为 $2h+h_0$），在静水面以下 $L$ 处又为 0。因 $2h$ 与 $L$ 相比较小，在静水面处的压力更可近似取为 $2h$。这样，总的波浪压力将为：

$$P=\frac{1}{2}\cdot 2h(2h+h_0+L)=(12h^2+h_0h)\text{（取}\frac{2L}{2h}=10\text{）} \tag{3-17}$$

当水库较深时，$\coth\dfrac{\pi H}{L}\approx 1$，而 $h_0\approx\dfrac{4\pi h^2}{2L}\approx\dfrac{4\pi h^2}{20h}\approx 0.6h$

故
$$P=(12h^2+0.6h\cdot h)=3.15(2h)^2 \tag{3-18}$$

如果要更精确一些，可按式（3-16）计出沿坝面不同深度处的波浪压力 $p$，然后用数值积分法求出总的波浪压力 $P$。

另一方面，如果水库不深，在静水面到库底间的波浪压力接近于呈直线变化，则可用式（3-16）先求出库底波浪压力强度 $a$：

$$a=2h\,\mathrm{sech}\frac{\pi H}{L} \tag{3-19}$$

然后假定：在波顶处压力为 0，在静水面处为 $\dfrac{(H+a)(2h+h_0)}{H+2h+h_0}$（最大值），在库底为 $a$，其间均为直线分布，波顶至静水面垂距为 $2h+h_0$，静水面至库底距离为 $H$（见图 3-13），而全部波浪侧压力乃为：

$$R_e=\gamma_0\left[\frac{(H+h_0+2h)(H+a)}{2}-\frac{H^2}{2}\right] \tag{3-20}$$

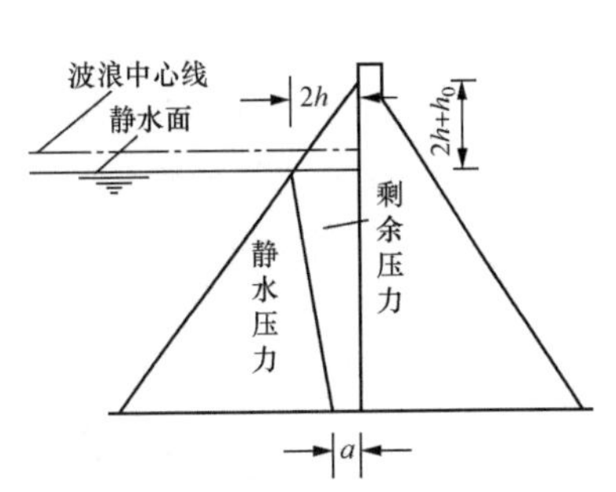

图 3-13　波浪压力图

此压力对地基断面的倾覆力矩为：

$$M_c=\gamma_0\left[\frac{(H+h_0+2h)^2(H+a)}{6}-\frac{H^3}{6}\right] \tag{3-21}$$

以上两式即以往苏联有关规范中规定的计算法。这样算出的值，对于高坝情况是偏大的。

关于波浪压力及波浪要素的计算，目前尚少合适的资料可以引用，上文介绍的是通常采用的方法及苏联以往的规范。1960 年苏联制订了新的确定波浪对海河建筑物作用的计算技术规范（CH 92-60），其中采用了更为繁复的计算方法。不过，在实际观测资料不足时，采用复杂的计算方法也不一定增加精确性。考虑到波浪压力在一般重力坝设计中常非控制因素，故以仍按较近似的半经验公式作一估算为宜。

### 七、地震荷载

修建在地震区的重力坝，在设计中必须审慎地考虑地震荷载。首先应确定建筑物所在地区的地震烈度。这个烈度是由专门机构根据地震仪记录及其他调查观测资料经过研究后划定的。现在通用的烈度分级法共分为 12 级。在 6 度以上的地震区的建筑物应考虑抗震设计，而在 9 度以上的地震区要修建重力坝这样的重要建筑物时，须做详细的论证和特殊的防震设计。设计重力坝时并应根据建筑物的重要性和地质条件确定其设防烈度，重力坝的设防烈度一般较基本烈度提高一些。

地震时，地面作极其复杂的往复震动，产生加速度。根据实测的地震图谱来看，地震震幅通常在数厘米以下，但相应的加速度可以很高。这个加速度是一个瞬时变化的值，其最大值可以用一个与重力加速度的比值 $K_c$ 来表示，即最大地震加速度为 $K_c g$。$K_c$ 也称为地震系数。在 7、8、9 度地震区中，$K_c$ 值分别为 $\frac{1}{40}$、$\frac{1}{20}$ 及 $\frac{1}{10}$[1]。

当建筑物作加速运动时，将产生惯性力，也就是所谓地震荷载。严格讲来，要根据地震时地面的运动情况，考虑建筑物和基础的变形特性，进行动力计算后，才可确定建筑物上每一点的运动情况，从而确定其加速度和惯性力。实际上，由于重力坝的刚性较大，我们常常不作上述复杂的动力计算，而按照某些假定，将地震荷载作为一定的等效静力荷载处理。地震惯性力的分布将根据质量的分布情况而定。地震力可以来自任何一个方向，从理论上讲，应取最不利的方向进行计算。但设计重力坝时，一般均按发生水平向的地震来核算，只是在坝址离震源较近，震中较浅或有其他特殊情况时，才同时考虑垂直方向的地震力。此时，常在规定的水平地震加速度外，另增加一个垂直加速度，并取其为水平加速度之半。

1. 建筑物质量的惯性力

地震时，坝体的惯性力可按下式计算：

$$S_i = \alpha_i K_c W_i \tag{3-22}$$

式中，$K_c$ 为地震系数，见以上所述；$W_i$ 为某一高程处的质量（主要为坝体重量，坝坡上的垂直水压力及扬压力等不应计算在其中）；$\alpha_i$ 是一个动力系数，须通过动力分析来决定。

在国外，有取 $\alpha=1$ 者，这样 $S=K_c W$。这种方法常被称为静力法。目前美国、日本等国家尚按静力法设计重力坝（但他们采用的 $K_c$ 值一般较高，如达 0.1～0.2）。按静力法计算时，三角形断面坝体的惯性荷载亦将呈直线分布。根据精确分析的成果，按静力法算出的惯性力是偏小的（就相同的 $K_c$ 而言），尤以在顶部为甚。因此，目前发展的趋势是逐渐引入动力系数 $\alpha$ 的概念。例如，在苏联的地震区建筑规范中（СНиП 11-A 12-62），规定在计算重力坝的惯性力时，采用 $\alpha=1+0.5\frac{h}{h_0}$，式中 $h$ 为计算点距坝底的距离，$h_0$ 为坝体断面形心到坝底的距离。这样，$\alpha$ 沿高度呈直线变化，在坝底处为 1，在坝顶处为 $1+0.5\frac{H}{h_0}\approx 2.5$。

当设计一般高度的重力坝，地震情况又非控制因素时，可以按照上述近似的假定进行计算。但在下列情况下，必须采用更为精确的方法核算：①地震烈度为 9 度或 9 度以上，或地震频繁发生时；②特别高的坝体；③要研究垂直河道方向的地震影响时；④在坝体顶部有较重要的或巨大的建筑物，必须核算其在地震时的安全性时。

当必须进行动力计算时，$\alpha$ 的数值是不能任意假定的。此时，更合理的惯性力公

[1] 根据最近的分析，上述 $K_c$ 值实际上仅为一个计算指标。在地震时建筑物实际承受的最大加速度远大于 $K_c g$，一般要高出 3 倍左右。

式应为：

$$P_{ij}=K_c(\beta_j \gamma_j \xi_{ij})W_i \tag{3-23}$$

式中 $\beta_j$——相应于第 $j$ 振型周期的动力系数，要根据反应谱的理论决定，由于重力坝的最大周期大致均在 0.1～0.2s 左右，根据研究，$\beta$ 约可取为 3；

$\xi_{ij}$——结构第 $j$ 振型在 $i$ 点的水平位移；

$\gamma_j$——振型参与系数，$\gamma_j=\dfrac{\sum_i \xi_{ij} W_i}{\sum_i \xi_{ij}^2 W_i}$；

$P_{ij}$——作用于结构任意质点 $i$ 的第 $j$ 振型水平地震荷载。

这样，第 $j$ 振型的基底剪力和力矩应为：

$$\left.\begin{aligned}Q_{0j}&=\sum_i K_c \beta_j \gamma_j \xi_{ij} W_i\\ M_{0j}&=\sum_i K_c \beta_j \gamma_j \xi_{ij} W_i h_i \quad (h_i\text{为}i\text{点至基底距离})\end{aligned}\right\} \tag{3-24}$$

振型的组合叠加有许多方法。根据中国科学院工程力学研究所的研究，可采取各振型的平方和的平方根，即：

$$\left.\begin{aligned}Q_0&=\left[\sum_j(\sum_i K_c\beta_j \gamma_j \xi_{ij} W_i)^2\right]^{1/2}\\ M_0&=\left[\sum_j(\sum_i K_c \beta_j \gamma_j \xi_{ij} W_i h_i)^2\right]^{1/2}\end{aligned}\right\} \tag{3-25}$$

在重力坝计算中，实际上只须取到第二振型即足：

$$\left.\begin{aligned}Q_0&=K_c\beta W\left[\gamma_1^2\left(\sum_i \xi_{i1}\frac{W_i}{W}\right)^2+\gamma_2^2\left(\sum_i \xi_{i2}\frac{W_i}{W}\right)^2\right]^{1/2}=K_c\beta W\cdot q\\ M_0&=K_c\beta W\bar{h}\left[\gamma_1^2\left(\sum_i \xi_{i1}\frac{W_i h_i}{W\bar{h}}\right)^2+\gamma_2^2\left(\sum_i \xi_{i2}\frac{W_i h_i}{W\bar{h}}\right)^2\right]^{1/2}=K_c\beta W\bar{h}\cdot m\end{aligned}\right\} \tag{3-25'}$$

式中，$q$ 及 $m$ 为两个系数，取决于振型形式和质量分布。

由此可见，要进行重力坝的动力计算，首先应确定坝体的第一、第二两个振型曲线，然后代入上述公式演算。如果预先假定各种振型和各种质量分布，算出 $q$ 和 $m$，列成表格备查，就可节省很多时间。中国科学院工程力学研究所曾进行了许多计算工作，得出了极有意义的资料。对于三角形断面的重力坝及肋墩坝，他们求出坝底断面处的 $q$ 约为 0.60，在半高处的 $q$ 约为 0.39，其间 $q$ 值近似可取直线分布；在坝底处的 $m$ 约为 0.90，在离坝底为 $\xi H$ 处的 $m$ 为 $0.9(1-\xi^2)$。因此，当坝体断面接近为三角形时，即可直接引用这些资料计算。当坝顶有较大的集中质量时，计算这些集中质量的影响的 $q_0=m_0=1$，换言之，相当于 $\alpha=3.0$。

上述研究成果，虽尚未纳入规范，但是，这是一个合理的和有发展前途的方法。在图 3-14 中，表示出按静力法（$\alpha=1$）、苏联规范法 $\left(\alpha=1+0.5\dfrac{h}{h_0}\right)$ 及中国科学院工程力学研究所建议的方法，算出的三角形断面重力坝上的地震力所产生的剪力图和弯矩图。由图可见实际地震荷载比以往计算的要大，尤以顶部为甚。

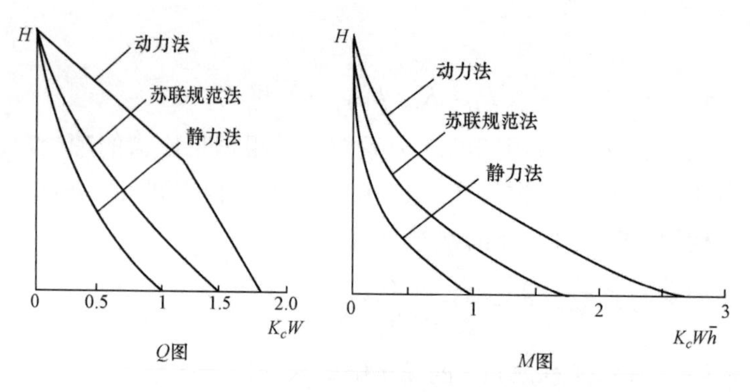


图 3-14　三种方法算出的地震力比较

2. 地震时附加的水压力

地震时，上游或下游的水也随之作震动，因此作用在坝面上的动水压力与正常情况下的静水压力有别，其相差的部分常称为地震时水的激荡力。这个激荡力沿坝面作复杂的曲线形分布，取决于库深、坝面形状、地震强度、地震周期和水的弹性模量等。在极大多数情况下，水的激荡力可用 H.韦斯特格德公式计算。例如设上游坝面为垂直，地震加速度指向上游，则上游面的激荡力是一个附加压力，其分布近似上可用一条抛物线表示［参考图 3-15（a)]：

$$p_E = K_c C\sqrt{H h} \tag{3-26}$$

式中，$p_E$ 为离水面深度为 $h$（m）处的激荡力强度（$t/m^2$），$H$ 为水库全深（m），$K_c$ 为地震系数，$C$ 为一个系数：

$$C=\frac{0.818}{\sqrt{1-0.0775\times\left(\dfrac{H}{100T}\right)^2}}$$

式中，$T$ 为地震周期，以 s 计（一般取为 1s），在普通坝高范围内，$C$ 值的变动不大，约为 0.82～0.88，近似可取为一个常数。如日本坝工设计准则中取 $C=7/8$，我国有些设计中取 $C=1$。

当上游坝面为一斜面时，水的激荡力较难按理论计算。根据国内外一些研究成果，斜面上激荡力强度比垂直面上的为小，且大致呈图 3-15（b）所示的分布形式，最大压力并不在底部而在约 1/3 高度处。作为近似计算，可将垂直面上的激荡力公式(3-26)乘以一个校正系数 $\alpha'$，作为斜面上的激荡力计算公式：

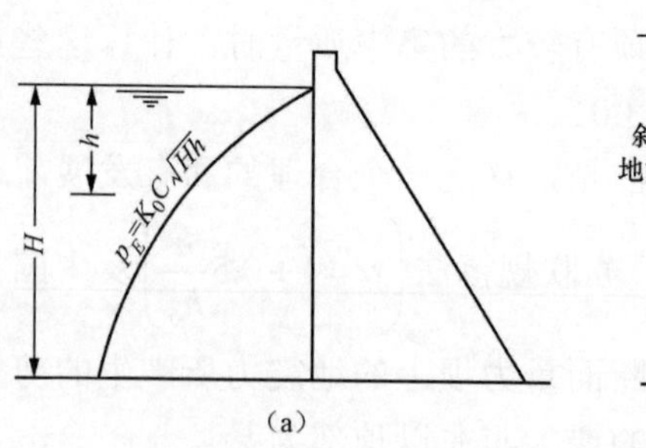


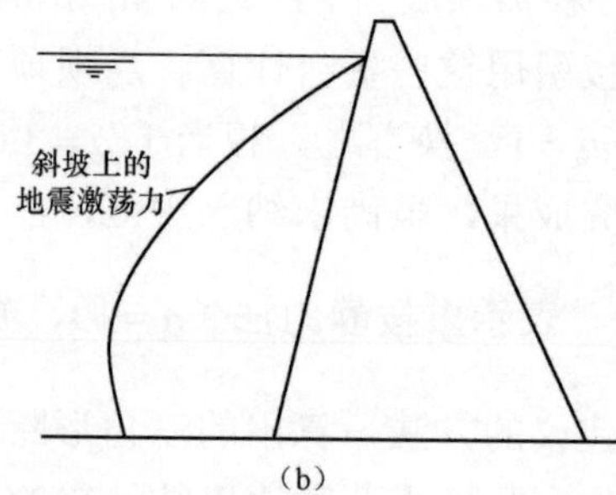


图 3-15　地震激荡力

$$p_E = \alpha' K_c C\sqrt{Hh} \tag{3-26'}$$

式中，$\alpha'$为坡度校正系数。哈孟特（J.J.Hammond）根据赞格（C.N.Zanger）的电拟试验资料，建议采用：

$$\alpha' = \frac{\theta}{90°}$$

式中，$\theta$ 为坝面与水平线的交角。赞格所做的电拟试验中，有一些近似假定，因此，得出的成果可能偏于安全。美国垦务局曾利用韦斯特格德的原始公式，计算水库中各点的水压力，作者分析其成果后，发现$\alpha'$的值比$\dfrac{\theta}{90°}$为小，见图 3-16[1]。

当引入$\alpha'$后，任何一点 $h$ 以上的全部水平激荡力为：

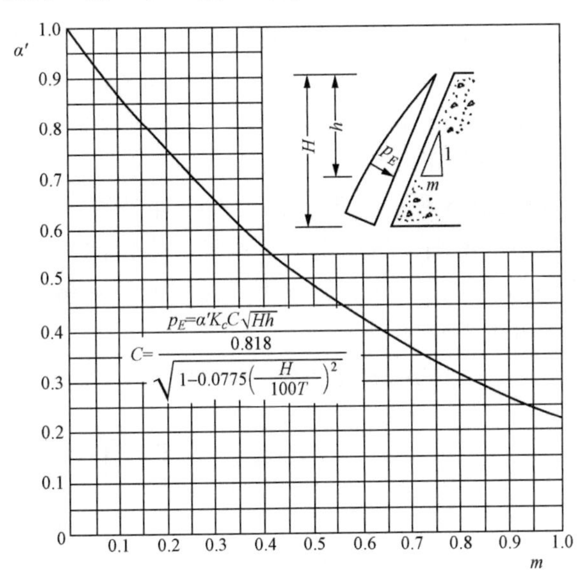


图 3-16　斜坡上地震激荡力的校正系数$\alpha'$

$$P_E = \frac{2}{3}\alpha' K_c C h\sqrt{Hh} \tag{3-27}$$

任何一点 $h$ 以上全部水平激荡力对此点的力矩为：

$$M_E = \frac{4}{15}\alpha' K_c C h^2\sqrt{Hh} \tag{3-28}$$

在坝底断面上，式（3-26）～式（3-28）分别为：

$$\left.\begin{aligned} p_E &= \alpha' K_c CH \\ P_E &= \frac{2}{3}\alpha' K_c CH^2 \\ M_E &= \frac{4}{15}\alpha' K_c CH^3 \end{aligned}\right\} \tag{3-29}$$

[1] 本曲线首先发表于作者所著的“重力坝”一书中（科技卫生出版社 1958 年出版）。最近发现苏联地震区建筑规范 СНиП 11-А 12-62 中亦采用相似的校正系数值。

此外，尚应有垂直的分力。这是因为地震时水的激荡力和静水压力一样，是垂直作用在坝面上的，坝面倾斜时，激荡力可分为水平及垂直两个分力。当上游坝面为垂直时，可在以上各式中置 $\alpha'=1$，所得的 $P_E$ 及 $M_E$ 即为全部合力及力矩。

地震时，水面还会发生波浪，半波高 $h$ 可用佐藤清一公式估算：

$$h=\frac{K_c T}{2\pi}\sqrt{8H}$$

式中　$h$——半波高（m）；

　$T$——地震周期（s）。

如取 $K_c=0.1$，$T=1$，则 $h=0.045\sqrt{H}$。当 $H=100$m 时，$h$ 约为 0.5m。

当上游面有折坡时（见图 3-17），准确地确定地震激荡力是很复杂的。作为近似计算，我们可将倾斜段坝面 $BC$ 上每一点的激荡力强度，均取为 $p_E=\alpha' K_c C\sqrt{Hh}$，唯在应用上述公式或查阅图 3-16 决定 $\alpha'$ 时，不是采用 $BC$ 线的坡度，而是采用计算点和水面与坝面交点连线的坡度。换言之，沿 $BC$ 线上各点的 $\alpha'$ 值不同，愈往下 $\alpha'$ 值愈小。这一近似方法求出的激荡力分布常嫌偏大。

如果希望进一步知道折坡坝面上的激荡力的分布情况，可以参考图 3-18 及图 3-19。这些是假设水为不可压缩，应用电似法原理，求出的一些资料，可供设计时参考。这些图中给出在不同的上游面倾斜情况下，沿坝面的激荡力强度。图中给出的是一个系数 $C$，而激荡力可用下式计算：

$$p_E=CK_c\gamma_0 H=CK_c H \tag{3-30}$$

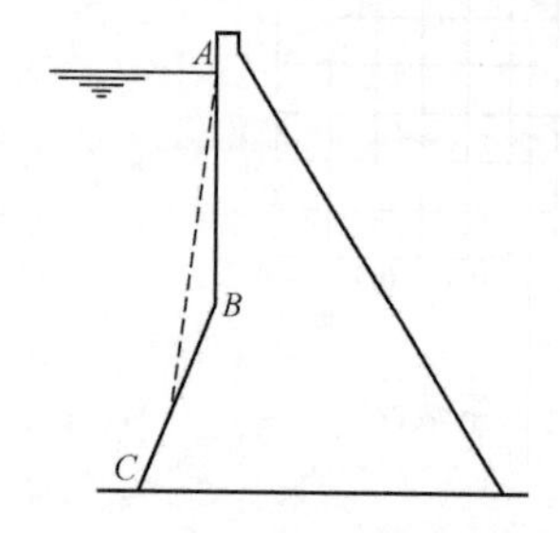


图 3-17　上游面有折坡的情况

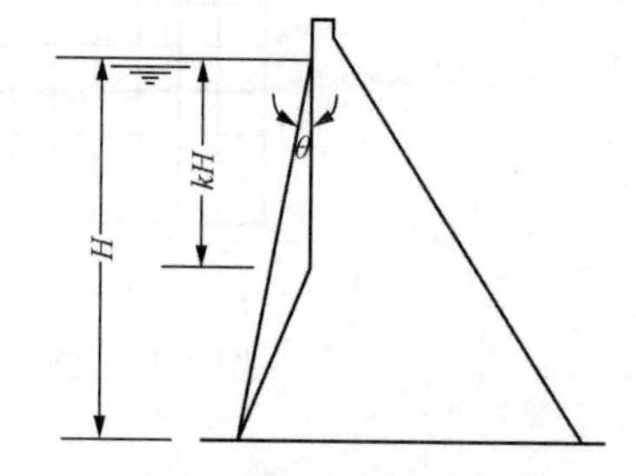


图 3-18　激荡力强度计算简图

从图 3-19 可以看出，上游面有折坡时，在折坡部分的激荡力强度将大形降低。我们可以根据坝面折坡点高度及坡角，从这些曲线中按插补的方法来求出激荡力的大致分布。

在苏联早期的地震规范中，对坝面上水的激荡力是采用一些更简单的线性公式计算的，$p_E$ 沿坝面呈直线分布。这当然是一个近似公式，没有理论根据。在他们最近的规范（СНиП 11-А 12-62）中也改用下列抛物线分布公式了：

$$p_E=K_c\gamma_0\frac{0.875\sqrt{Hy}}{1-3.38\times\left(\dfrac{H}{1000}\right)^2}$$

在上式中，$y$ 为坝面某点距水面的距离。苏联规范中，对于倾斜的坝面也采用一个系数校正，这个系数基本上与图 3-16 中所示的一致。

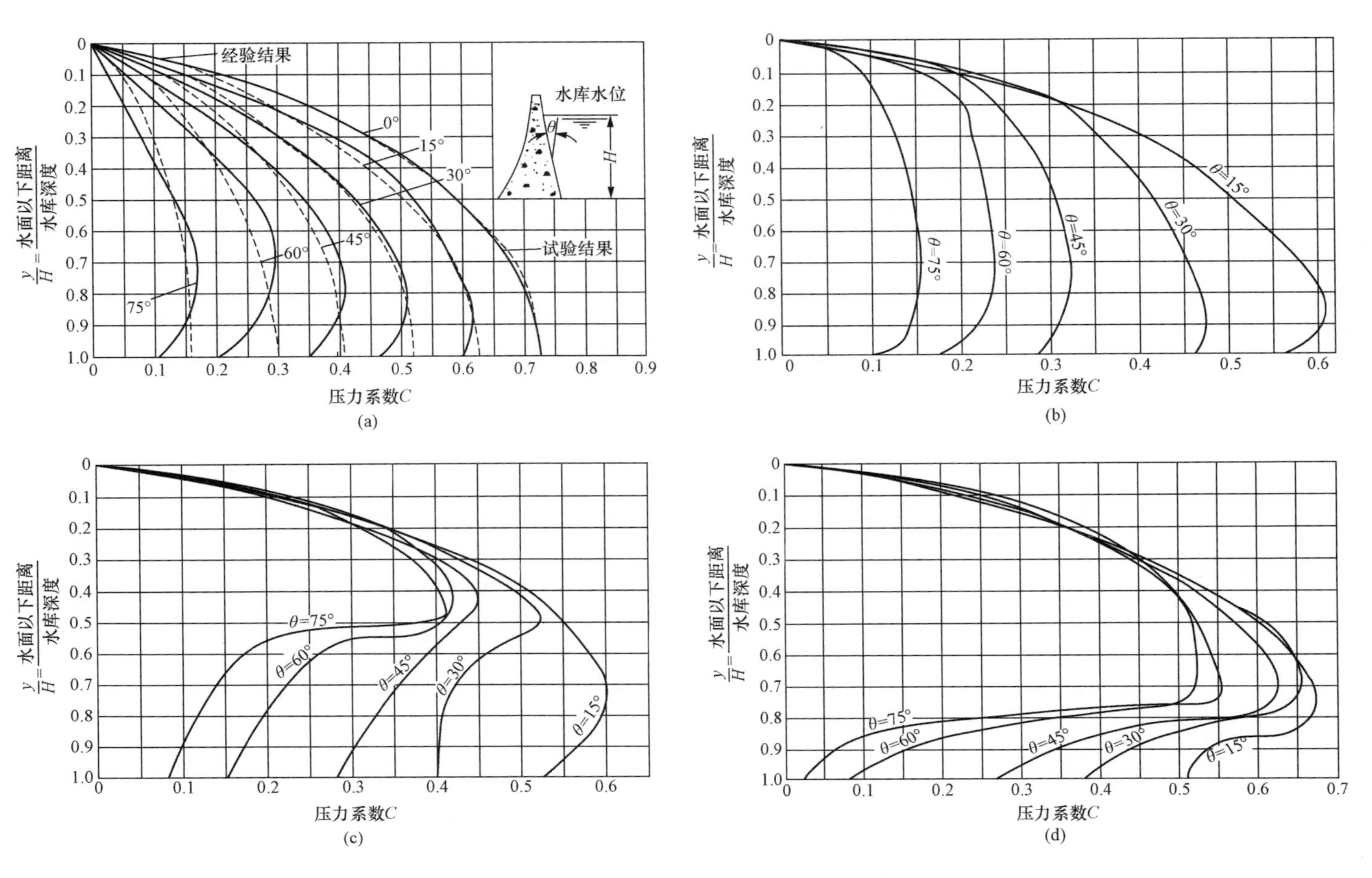


图 3-19　折坡坝面上的地震压力系数 $C$ 曲线

（a）$k$=0；（b）$k$=1/4；（c）$k$=1/2；（d）$k$=3/4

当地震加速度方向指向下游时，即上游坝面上的激荡力 $p_E$ 为负值，而下游坝面上的 $p_E$ 为正值，即上游面上的动水压力将较静水压力为低。因次，在 $p_E$ 前一般常置有正负号。

当地震加速度方向为垂直时，一般可假定水体与基础及坝体作同样的运动，只将水的容重 $\gamma_0$ 乘以（$1\pm K_r$）修正之，其余不作改变。

如果坝前河道突然束窄，或要计算发生横断河道的地震时库水对岸坡的激荡力，可按下式计算：

$$p'_E=\varepsilon p_E$$

式中，$p_E$ 为假设水体宽度为无限时的激荡力（即按上文公式求出的激荡力），$\varepsilon$ 为一个修正系数，取决于水体宽度 $b$ 与水深 $h$ 的比值，其值列于表 3-8 中：

**表 3-8　　修正系数 $\varepsilon$ 的值**

| $b/h$ | $\infty$ | 3 | 2 | 1.5 | 1 | 0.5 |
|---|---|---|---|---|---|---|
| $\varepsilon$ | 1.00 | 0.96 | 0.92 | 0.84 | 0.64 | 0.40 |

如果 $b$ 不是一个常数时，可近似取在 $h/3$ 处的宽度作为 $b$。

最后应指出，以上各种资料均为近似的，而且只适用于不产生共振的情况。根据分析，我们知道当坝高（库深）$H$ 接近或超过振动波长的 $\frac{1}{4}$ 时，即易产生共振，而韦斯特格德公式就不复适用。振动波长 $l$ 可按下式计算：

$$l=T\sqrt{\frac{gK}{\gamma_0}}\approx 1440T \tag{3-31}$$

式中，$T$ 为振动周期，$g$ 为重力加速度，$K$ 为水的压缩模量。若取 $T=1\text{s}$，则 $l=1440\text{m}$，或 $\frac{l}{4}=360\text{m}$。目前重力坝高度尚未有超过 300m 的，可见一般说来韦斯特格德公式常可应用。但若当地地震波周期远小于 1s 时，即使坝高较低，也可能产生共振。例如，设地震周期 $T=0.277\text{s}$，则按式（3-31）：

$$l\approx 1440\times 0.277\approx 400$$

而 $H=\frac{l}{4}=100\text{m}$。故此时如库深达 100m 左右，即有共振危险，必须改变坝高以避免产生共振。注意，如果坝高与 $\frac{l}{4}$ 相差不大时，已不能再采用近似的韦斯特格德公式计算水的激荡力，而必须进行更精确的分析，例如可参见参考文献［2］。

地震时，土压力也将有些变动。目前用来估计这些变化的方法有两种。一种方法是：将地心重力作用线由原来的垂直方向偏转一个角度 $\theta$：

$$\theta=\pm\operatorname{coth}K_c$$

同时将土壤的容重由原来的 $\gamma$ 改为

$$\gamma_c=\frac{\gamma}{\cos\theta}$$

然后仍用普通的土压力公式计算。对于水库中的淤砂，如为已经固结者，亦按上法计算；尚未固结者，则可与地震水激荡力一并计算，只把水的容重 $\gamma_0$ 修正为含砂的水的容重。这一方法是我国一般采用的方法。

另一个方法，是应用下列公式计算地震时的土压力：

$$\left.\begin{aligned}q_c &= (1+2K_c\tan\varphi)p\\ q_c' &= (1-2K_c\tan\varphi)p'\end{aligned}\right\} \tag{3-32}$$

式中　$p$，$p'$——不考虑地震时的主动及被动土压力；

$q_c$，$q_c'$——考虑地震时的主动及被动土压力；

$\varphi$——土的内摩擦角。

这个方法是苏联规范（СНиП 11-А 12-62）中建议的方法。

地震对扬压力及动水压力等的影响常略去不计。

**八、温度及其他荷载**

重力坝是大体积混凝土结构，混凝土的水化热会引起坝体温度显著上升。水库蓄水后，又扰动了原始的温度场（包括地基内的温度场）。再加上气温及水温的季节性变化，都使坝体内各点温度产生极复杂的变化。这些温度变化和混凝土体积的干缩等，都会在坝体中产生应力，因此也是一种荷载。这种荷载虽很重要，但在进行稳定核算及断面选择时却常略而不计，因此本节中不拟详细讨论，另外放在第七章中研究。

重力坝可能尚承受一些其他荷载，如坝面上的风压力[1]、雪压力、坝顶上的活载和偶或的漂浮物的撞击力等，这些荷载都较次要，且可按相应的规范计算，因此也不作详细介绍。

## 第二节　荷载组合和安全系数

上节中所介绍的各种荷载，除自重外，多数都有一定的变动范围，要根据设计时所考虑的一些基本情况来具体确定。例如，上游库水位取不同高程时，水压力及渗透压力均随之变化。假定的风力等级不同，浪高及波浪压力也就不同。所以，在设计坝体断面时，就必须分析各种情况，规定合适的基本数据，而且将各荷载组合成几种情况分别进行核算。

通常将所有计算情况分为两大类。第一类是正常运行的情况，也称为设计情况，第二类是非正常运行的情况，或称为校核情况。

正常（设计）情况包括以下的内容：

（1）上下游库水面或尾水面位在正常挡水位或宣泄设计频率洪水流量时的相应水位上。对于一、二、三级建筑物，其设计洪水频率各为 0.1%、1%及 2%（或即千年一遇、百年一遇和五十年一遇的洪水）。溢流坝上通过的流量，亦为上述频率的流量。

[1] 风压力强度一般可按 $p=v^2/11$ 计算，$p$ 以 $kg/m^2$ 计，$v$ 为风速，以 m/s 计。

（2）坝体的各种设备都处在正常的运行条件下。

（3）淤砂压力按照规定的淤积期限的淤积高程计算。

（4）按照规定的风力计算相应的风浪压力；按照长期观测的资料决定冰压力。

非常（校核）情况则为：

（1）坝体承当相应于非常情况的库水位压力，和宣泄相应于非常情况的流量。对于一、二、三级建筑物，这一非常频率各为0.01%、0.1%和0.2%（即相当于万年一遇、千年一遇和五百年一遇洪水）。

（2）坝体某些设备发生事故下的相应荷载，例如当排水管堵塞后相应的扬压力等。

（3）发生非常的气象情况下的相应荷载，例如在遭遇非常大风时的风浪压力。

（4）发生非常的流冰等情况下的压力。

（5）建筑物地区发生地震。

（6）部分建筑物发生破损时的情况。

（7）建筑物尚未竣工时的情况（施工情况）。

（8）其他不在正常情况中考虑的荷载。

应该注意，上述区分并不是一成不变的。例如对于建筑在经常发生地震地区的重力坝，地震荷载就可能应该列在正常荷载中。

根据以上说明，我们可以将各种情况的各种荷载分别以文字和脚标来代表，例如：

$A_1$——坝体及永久设备的重量；

$A_2$——按照正常挡水位计算的上下游静水压力；

$A_2'$——宣泄设计频率的流量时坝面上的静水及动水压力；

$A_3$——相应于正常挡水位或设计洪水位，且排水系统正常运行时的扬压力；

$A_4$——按照规定的淤积高程计算的淤砂压力；

$A_5$——按照设计情况计算的浪压力；

$A_6$——按照设计情况计算的冰压力；

$A_7$——其他出现机会较多的荷载；

$B_1$——宣泄非常频率的洪水时，上下游坝面上的静水及动水压力；

$B_2$——相应于上述情况的扬压力；

$B_3$——排水系统部分或全部发生故障情况下的扬压力；

$B_4$——风压力；

$B_5$——地震时相应的惯性力和激荡力；

$B_6$——其他出现机会很少的荷载，如破坏性的冰压力和非常大风下的波浪压力等。其余类推。

在算出各种设计和校核荷载的数值后，我们就可进而组合各种荷载进行全面核算。关于正常情况，比较简单，一般即为挡水和溢流两种情况。

正常（设计）情况一：即坝体挡住正常设计水位，其荷载为$A_1+A_2+A_3+A_4+A_5+A_6+A_7$（$A_5$与$A_6$只取其一）。

正常（设计）情况二：即坝体宣泄正常设计流量，其荷载为$A_1+A_2'+A_3+A_4+A_5+A_7$（在溢流段上无$A_5$）。

正常挡水位和相应于设计流量的库水位不一定相同（其相应的下游水位也不相同），所以这两个情况哪一种较为严重，要通过计算比较来确定。如果在溢洪时，水库水位比正常挡水位高，则情况二常较情况一严重，因为在溢流时，虽然减少了溢流堰顶以上的一小部分水压力，但上下游水位均较高，不利的因素较多。如果我们能肯定情况二（或一）为控制情况，则在以后的计算中只需要考虑这一个设计情况。

至于非常（校核）情况，就要比较复杂些。大体上有以下几种类型：

校核情况一：宣泄校核洪水量。此时荷载为 $A_1+B_1+B_2+A_4+A_5$。

在这个情况中，风浪压力是否也要用非常情况的数值，是值得研究的。一般讲来，在库水位涨到顶时又遭遇特大风浪的可能性不大，故除非有特别论证，可采用正常情况下的浪压力，而且甚至可考虑较正常情况的风力降低一级。

校核情况二：正常运行条件发生某些意外时的情况，主要是扬压力加大的情况。其荷载为 $A_1+A_2$（或 $A_2'$）$+B_3+A_4+A_5$。

校核情况三：发生地震的情况。其相应荷载组合为 $A_1+A_2+A_3+A_4+A_5+B_5$（在地震频繁地区，可考虑用 $A_2'$代 $A_2$）。

在非经常地震区，由于地震的发生频率是很小的，所以这一情况没有必要与泄洪情况去组合，而且风浪压力也可用较设计值为小的风力计算或不考虑。但如果建筑地区的地震频繁，泄洪机会也很多，则应考虑将 $B_5$ 与某一级的洪水相组合。

校核情况四：发生特殊大风或非常排冰的情况。这时可在正常情况一或二中，以 $B_6$ 去替换 $A_5$ 或 $A_6$ 即可。在普通气候条件和一般高度的坝上，这一情况常非控制情况。

校核情况五：施工情况。这时建筑物自重及水压力可按照当时条件计算。由于施工期较短，无须考虑地震、淤砂和运行不正常等条件，但是要考虑一些可能出现的、在施工期为最不利的荷载组合。例如，当建筑物修建了一部分而遭遇大风的情况等。如必须考虑地震力时，也可将地震加速度取得小一些。

其他校核情况：例如有必要考虑部分建筑物损坏，或进行检修，或须考虑温度收缩荷载时的情况。

校核情况的种类虽然较多，但在实际设计时，并非每个情况都要核算。除校核情况一通常每须核算外，在高坝中，校核情况四常非控制情况，建筑地区地震级别较低时，校核情况三也可不必计算。如果设计中有良好的排水设备和完善的检查维修措施，校核情况二也不存在。施工期的问题，一般是不大的，容易解决的。因此，通过一些论证和分析后，必须进行核算的校核情况，常常不过一、二种，或最多为三种。

对于不同的情况，相应的安全系数也应有所区别。显然，设计情况的安全系数，应该大于校核情况的安全系数。但安全系数的绝对数值，尚须根据采用的设计理论、施工方法和材料品质等确定。

1. 核算重力坝滑动稳定时的安全系数

我国近年来一般采用的安全系数如表 3-9 所列。

表 3-9　　重力坝滑动稳定时的安全系数

| 工　况 | 建筑物的级别 | | | |
| --- | --- | --- | --- | --- |
| | Ⅰ | Ⅱ | Ⅲ | Ⅳ |
| 设计情况 | 1.10 | 1.10 | 1.05 | 1.05 |
| 校核情况 | 1.05 | 1.05 | 1.00 | 1.00 |

2. 混凝土强度的安全系数

这是指混凝土的计算极限强度与容许应力的比值。表 3-10 中列出了苏联重力坝设计规范中规定的安全系数，供作参考。

表 3-10　　苏联重力坝设计规范中规定的安全系数

| 工　况 | 建筑物的级别 | | | | | |
| --- | --- | --- | --- | --- | --- | --- |
| | Ⅰ | | Ⅱ | | Ⅲ | |
| | 设计情况 | 校核情况 | 设计情况 | 校核情况 | 设计情况 | 校核情况 |
| 受压破坏 | 2.4 | 2.0 | 2.2 | 1.7 | 2.1 | 1.7 |
| 受拉破坏 | 3.6 | 2.7 | 3.3 | 2.5 | 3.0 | 2.3 |

对于这一张表，不宜生硬搬用，应注意：第一，采用表 3-10 的安全系数，对混凝土质量的施工保证率的要求是较高的；在局部应力集中区域，应力数值未能精确地确定的，都宜采用更大的安全系数。第二，表 3-10 中虽规定了受拉安全系数，但并不意味着混凝土重力坝内允许存在这样大的拉应力。凡是在重要的部位，由于拉应力而产生的裂缝将恶化运行条件，或继续扩大，或引起严重后果的，就根本不容许拉应力存在，而须按照其他的规定进行设计。所以表 3-10 仅供参考。

我国一般采用的混凝土的抗压安全系数，在设计情况下不小于 4.0，在校核情况下不小于 3.5～3.0。

关于混凝土的计算强度，则是将混凝土视为一均质弹性体而取其平均的极限强度。这一强度通常根据混凝土标号，按相应的规范取用。我国近年来一般取用的计算强度如表 3-11 所示。

表 3-11　　混凝土计算强度

| 混凝土标号 | 75 | 100 | 150 | 200 | 250 | 300 | 400 |
| --- | --- | --- | --- | --- | --- | --- | --- |
| 中心受压（棱柱体强度） | 60 | 80 | 115 | 145 | 175 | 210 | 280 |
| 中心受拉 | | 8 | 12 | 16 | 18 | 21 | 25 |
| 抗剪强度 | | 16 | 24 | 32 | 38 | | |

注　表中应力单位为 $kg/cm^2$。

最后要解释一下基岩的容许应力。新鲜完整的基岩，其抗压强度是很高的，例如可达 1000～2000$kg/cm^2$，可取试件通过压力试验测定。但实际上岩石中必然存在裂隙、节理、风化破碎等现象，从而将大大降低其抗压强度。故一般基岩的允许压应力常取为其新鲜试件抗压强度的$\frac{1}{10}$～$\frac{1}{20}$，视地质条件和基础处理工作而定。由于基岩中有节理、裂隙存在，所以其抗拉强度常不予考虑，即要求在基岩中不得出现拉应力。基岩的抗剪断强度亦可通过试验测定，其变化范围很大，约为5～30kg/cm$^2$。

## 第三节　坝体断面设计的基本原理

### 一、对坝体内拉应力的限制

要说明坝体断面设计的基本原理，我们可以先研究坝体在承受过大的荷载时，是如何破坏的。坝体在荷载作用下，每一点上都将产生应力，包括正应力和剪应力。分析过去失事的坝和模型试验成果，可以发现，破坏原因之一是，由于在坝体某一部分（主要是上游坝踵附近）产生了过大的主拉应力，超过了混凝土的抗拉强度，因之产生断裂而开始破坏的。坝体断裂后，库水渗入裂缝中，进一步恶化了结构物的工作情况，加以在裂缝附近引起的高度应力集中，都使断裂继续扩展。当裂缝继续扩展时，剩余的未断裂部分面积渐次缩小，其上的剪力渐渐加大，终至失事。所以，设计坝体断面的第一条原则是，必须保证坝体上游面有足够的抗拉安全系数，不使产生足以危及安全的裂缝。

坝体上游面抗拉安全系数究竟应定为多少，是一个尚未解决的问题。我们知道，混凝土虽然有一定的抗拉强度，但在混凝土与基岩的接触面上，混凝土分层浇捣时的工作层面上，以及基岩内某些节理裂隙上，材料的抗拉强度是很难确切保证的。考虑到重力坝建筑物的非常重要性，因此，目前通用的设计准则是：在计及各种主要荷载的作用后坝体上游面应避免产生主拉应力❶。一般情况，当上游面不出现拉应力时，在坝体内部和基岩内也不至于出现拉应力。

对于这一条原则，尚需作如下的补充说明：

（1）上述原则只是一条基本规定，尚应根据具体情况灵活运用。例如在以下一些情况中，我们仍可考虑容许坝体承受一定的拉应力。

1）在计算短期作用或极难遇到的非常荷载时（例如最大烈度的地震、特大风浪的压力等），可以考虑出现少量的拉应力，但必须限制这些拉应力在容许范围内，并且应确定万一产生了裂缝也不可能引起严重的后果（详见第四章第九节）。

2）在核算施工情况的坝体应力时，可以考虑允许在下游坝面出现不超过其相应强度除以安全系数的拉应力，一般且不超过2kg/cm$^2$（施工期中上游未蓄水，故上游面不致产生拉应力）。

3）在坝体断面内部（廊道、孔洞周围），溢流坝顶部以及其他不可避免地要产生拉应力的部位，可以不遵守这一规定，但应使拉应力在容许范围内，或按照应力要求配置钢筋。其他如坝上的附属建筑物（导流墙、闸墩、坝顶桥等），当然也可按钢筋混凝土建筑物进行设计。

❶ 欧洲某些国家（如瑞士）在近年来的设计实践中，已渐渐放弃这一原则，而容许坝体上游面产生一定的拉应力。例如瑞士大狄克逊坝的设计原则是，断面上的合力位置不超出其底宽的中央三分之一。

4）在计算温度等荷载时，有时表面上不可避免地将由于过大的温差而产生裂缝。这时，除应采取一切可能和可行的措施来减少温度应力外，一般并不要求表面不产生拉应力或不产生发丝裂缝（这样的要求，实际上亦难办到）。但是，不能容许产生深入内部甚或贯穿的危害性裂缝。

（2）坝体的应力分析方法很多，但都难精确地决定坝体应力。因此，所谓坝体上游面的应力，是指按照习用的材料力学方法所确定的计算应力。对某些重要部位，特别是上游坝踵，需要作更精确的弹性理论分析或进行应力试验。这样求出来的局部应力分布情况，可能与按材料力学方法求出的计算应力存在较大区别。有时按材料力学方法算出的应力为压应力，而按较精确理论求出的应力却为拉应力。此时，我们常常不因这一情况而完全修改设计断面，而只是作为局部问题进行处理以减小或避免拉应力和增加安全系数，并核算万一发生裂缝时的后果。一般在上游坝踵最易产生局部拉应力，我们采用的处理方法有：加深上游角开挖，做成混凝土贴角，改善应力集中现象（见图3-20）；并可提高这一部分混凝土标号和配置钢筋、插筋，以提高安全系数。有时更可利用纵缝灌浆等措施，来增加上游坝踵的压应力。

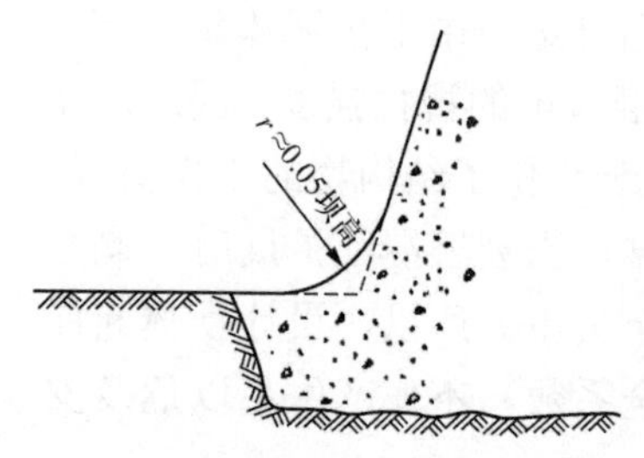


图3-20 混凝土贴角

（3）有些荷载不易精确规定，而有一定变动可能。例如坝内的扬压力，其真正的数值要取决于混凝土的施工质量和排水系统的工作情况，设计中所用仅为一个假定标准。所以在计算上游面应力时，应该采用可能的最大扬压力值，以策安全。为了确保安全稳妥，过去有采用这样的设计方法的，即在计算上游面应力时，不计算扬压力，但要求迎水面的最小主应力保持为压应力，而且不小于该点的总水头。这就是利威条件。满足了这一条件，不论扬压力为若干，上游面常可保持为压应力（因为扬压力所产生的上游面拉应力，最大不会超过相应的水头）。近年来，根据实践经验，发现利威条件过于安全，因此已渐次放松。目前常这样设计：当不计算扬压力时，迎水面的最小主应力应该维持为压应力，而且其值不应小于该点水头的25%（当排水可靠时）～50%。

## 二、对坝体内主压应力的要求

坝体失事的第二种可能原因，是坝体某些部位（主要是下游坝趾附近）的主压应力过大，超过材料的抗压强度，从而在这些部位产生压力破坏，逐渐扩大，最终造成失事。所以，设计坝体断面的第二条原则是，必须保证坝体内（特别是下游面）的最大主压应力在容许范围以内。对于这一条原则，也需要作如下几点补充说明：

（1）重力坝是大体积的混凝土建筑物，除非在少数特别高的坝体中，一般坝内的主压应力绝对值并不过大。从以往坝失事的情况来看，也很少有由于压应力过大而破坏的例子。所以一般讲来，这一条要求常常不是控制性的，换言之，这一条原则是比较容易满足的。

但当坝体高度在150m或200m以上时，坝内的主压应力的绝对值就较巨大，再加上局部应力集中的影响，主压应力条件可能成为控制性的。在这种情况下，必须细致深入地分析坝体应力分布，作出稳妥安全的设计。

（2）当计算应力时，计及扬压力影响后一般会显著地减低压应力的绝对值。但扬压力的存在及其数值很难确定，所以在核算最大压应力数值时，应该假设不存在浮托力；对于渗透压力，如经核算后认为会增加最大主压应力时，则仍应考虑在内，否则亦不予计算。

（3）压应力的计算，亦以材料力学方法为准。但在下游坝趾附近，特别在高坝情况，应该用更精确的方法或用模型试验来研究局部应力集中现象，且在该区提高混凝土标号以保证足够的安全系数。当基岩的弹性模量较混凝土为低时，更容易在下游坝趾产生过高的压应力集中，必须进行较精确的计算或试验，并采取相应的措施。

**三、对坝体内剪应力及抵抗滑动破坏的要求**

坝体在承受荷载时，各点上均将产生剪应力，当剪应力超过一定限度时，即将引起相应的破坏——滑动破坏。这实际上是引起最终失事的主要原因。因为如前所述，坝体在上游面裂开后，其最终的破坏，也往往是由于残余部分的断面不足以抵抗剪应力而造成的。

但是对于抗剪的安全问题，我们很难像抗拉或抗压一样规定其最大剪应力的数值或安全系数。这是因为材料的抗剪强度很难精确定出，不仅在接触缝、坝基断面和基岩内许多软弱部分上的抗剪强度将远较正常浇捣的混凝土为低，而且抗剪强度也不是一个常数，它随着正应力的数值而变化。另一方面，我们又不能像拉应力那样根本限制其产生。所以，对于抗剪的安全问题，我们一般不采取核算个别点上的剪应力和其安全系数，而是核算某一可能破坏断面上的平均（或最终）安全系数。

根据材料试验成果得知，不论在坝体内、接触缝上或基岩内，各点的抗剪强度 $\tau_0$ 常常是该点上正应力 $\sigma$ 的函数，而且可以近似地以一线性关系表示：

$$\tau_0 = f\sigma + c \tag{3-33}$$

❶

式中，$f$ 及 $c$ 为两个常数，这两个常数常不很恰当地被称为摩擦系数和黏结力，实际上它们只是表示 $\tau_0$ 和 $\sigma$ 间关系的系数。

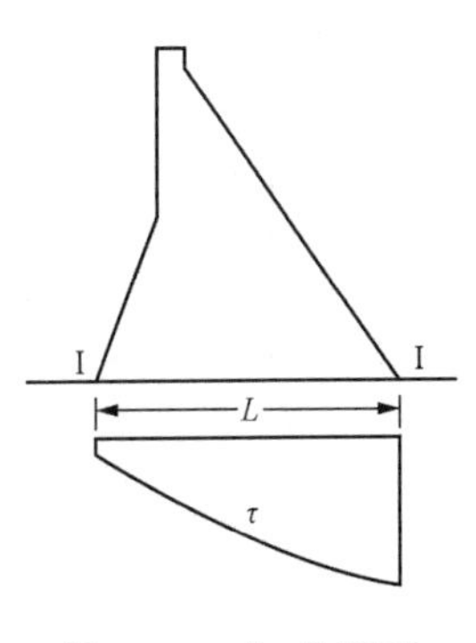

图 3-21　I - I 断面

现在假定图 3-21 中的 I - I 断面，是一个可能的破坏面。设已求出沿 I - I 断面上的剪应力分布。当荷载逐渐增加时，剪应力也随之增加，然后在某一点（通常即为剪应力最大点）处首先达到其抗剪强度 $\tau_0$ 而开始屈服。但我们假定材料有一定的塑性作用，所以一点上的剪应力达到极限，尚不致引起破坏，荷载尚可继续增加，这时屈服点的剪应力不再增加，而其余部分的剪应力将继续加大。直到断面上各点的剪应力都达到其极限时，坝体即将沿该断面破坏（滑动）。所以，沿该断面的最终抗滑强度是：

$$Q_0 = \int_0^L \tau_0 \mathrm{d}s = \int_0^L (f\sigma + c)\mathrm{d}s$$

如果沿断面各点的 $f$ 及 $c$ 值为常数，则

❶ 更精确地讲，$\tau_0$ 应该写成 $\sigma$ 的非线性函数，如 $\tau_0 = c + F(\sigma)$。一般在 $\sigma$ 值不大时，$F(\sigma)$ 接近直线关系。

$$Q_0 = f\int_0^L \sigma \mathrm{d}s + cL = fW + cL$$

式中，$W$ 为该断面上 $\sigma$ 值的合力，如果断面是水平的，$W$ 就代表该断面上全部内外荷载的合力的垂直分力（包括扬压力在内）。

设作用在该断面上的实际剪力合力为：

$$Q = \int_0^L \tau \mathrm{d}s$$

当断面为水平时，$Q$ 即代表该断面以上全部外荷载沿水平方向的合力。这样，沿该断面的抗滑安全系数就是：

$$K = \frac{Q_0}{Q} = \frac{fW + cL}{Q} \quad (3\text{-}34)$$

❶

在核算坝体的抗滑安全系数 $K$ 时，我们须补充作如下一些说明。

1. 关于可能破坏面的选择

可能破坏面应该是抗剪能力最低的面。我们容易证明，以下三类断面上的抗剪能力最低：

（1）坝体分层浇筑时的浇捣层面。因为浇筑层面上下混凝土间的胶结情况当然次于整块混凝土，因而沿层面的扬压力也较大。为了改善这一情况，常常在加高混凝土前，将浇捣面进行细致的处理，包括凿去表层浮皮和质量较差的混凝土，并修成毛面以增加黏结力；吸干一切残留在表面凹穴中的水分；在迎水面设置阻水片和排水；在层面上留设键槽；当坝体分纵缝浇捣时，将先后块体间的分层错开，等等。浇捣分层通常是水平的。

（2）坝体和基岩的接触面。这一接触面常常是控制性的断面，不仅因为在这一面上的抗剪强度较低（其理由同上），而且也由于作用在这一断面上的荷载最大，温度收缩应力也最大，同时基岩表层受爆破振动等影响，其质量亦较差。所以，一般进行坝体抗滑计算时，常限于核算这一断面。实践证明，如这一断面上抗滑安全有保证时，其上各断面的抗滑要求也常可满足。

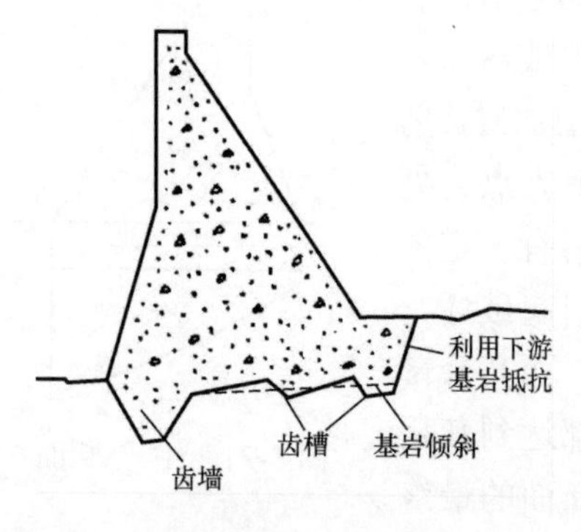

图 3-22 几种增加坝体抗滑稳定的措施

坝基断面一般也是水平的，有时，根据地形地质条件，也可以开挖成向上游倾或向下游倾的斜面（基础面向下游低落对抗滑稳定是很不利的）。为了提高这一断面的抗滑安全性，除应做好表面处理工作外，必要时可将坝基开挖成锯齿形或设置齿墙，或加深开挖将坝体深置在基岩中，以利用下游岩石抗力来增加稳定性（见图 3-22）。

---

❶ 若 $\tau_0$ 与 $\sigma$ 间并不存在直线关系，则抗滑安全系数应写为：$K = \dfrac{\int_0^L [c + F(\sigma)]\mathrm{d}x}{\int_0^L \tau \mathrm{d}x}$。

（3）基岩内的薄弱部位。如果基岩内存在着较长的水平或近于水平的节理裂隙时，这些节理裂隙常为可能的破坏面。尤其当节理裂隙中夹有软弱物质，以及有其他方向的节理切割而地形条件又不利时，安全性更低。沿这些破坏面进行核算时，一切荷载都要算到这一高程。例如，当上游面存在较大垂直断裂时，上游水压力便应算到这一高程（如果上游面无这种不利情况时，水压力应只计算到基岩表面，其下按渗透压力考虑）。而当破坏面与下游河床不相交时，核算抗滑稳定可计入下游岩体的抵抗作用。

2. 关于常数 $f$ 和 $c$ 的选择

理论上讲，$f$ 和 $c$ 的数值，可通过野外大比例尺的抗剪试验来测定。在重要工程的技术设计中，进行野外试验是有意义的。其方法是：选择有代表性的地段，清理出一块基岩表面，浇制一定尺寸的一组混凝土块（一般不应小于 0.7m×0.7m），其上装设加荷及测量变形的设备，然后在各种不同的垂直压力下，测定其极限抗剪力。一般试块在接近破坏时，有明显的、较大的永久变位产生，我们即取相应的水平荷载，计算其抗剪强度。把抗剪强度与正应力绘成关系线，从这条线上确定其坡度（即 $f$ 值）和它与 $y$ 轴的截距（即 $c$ 值）。

一般野外试验要做两种荷载试验，第一种试验是将混凝土浇置在基岩上，测定其 $f$ 及 $c$ 值；第二种是将混凝土块放置在基岩上（常常利用第一种试验剪断后的试块），再次测定其 $f$ 及 $c$ 值（可记为 $f'$ 及 $c'$）。显然，$c'$ 值将远较 $c$ 值为小，一般接近于 0，$f'$ 值也和 $f$ 值完全不同（$f'$ 为真正的摩擦系数）。

当采用第一种试验测定的 $f$、$c$ 值计算断面的安全系数时，显然我们已将断面上全部抗滑潜力估计在内，所得的安全系数已代表断面上的最终安全系数，因此，在设计中就应该规定其为相当大的值。过去，按国外的设计准则，对于重要的工程，这一最终安全系数（称为剪摩安全系数）常不小于 5（或更大）。目前则有采用较小的规定值的趋势。当采用第二种试验所测定的 $f$ 及 $c$ 值时，因为这些数字是在假定接触面已断开的基础上测定的，所以计算出来的安全系数意味着最可靠或最小的安全系数。对于这一系数，自然应该规定取较低的值。一般这一数字的最低限度常规定为 1。

进行大比例尺的野外试验来决定应该采取的 $f$ 及 $c$ 值，当然是一个很好的办法，但是存在着许多困难。首先是要做大量的勘测试验工作，需要相应的加荷和观测仪器设备，勘测试验所需时间较长，费用较大。其次是限于试验的条件和目前的水平，所测定的结果往往有很大的差异，分析整理和鉴定工作也比较困难。所以过去常采用间接的方法来拟定 $f$ 及 $c$ 值。这个方法就是，假定 $f$ 即等于将试件切成小片进行光面抗剪试验时所求出的摩擦系数值，而 $c$ 即等于将试件进行直接剪断试验时的抗剪强度值（不加正向压力）[1]。这样就可以通过室内小型试件的标准试验来决定 $f$ 和 $c$ 的值。至于 $f'$ 及 $c'$。则假定 $f'=f$，而 $c'\approx 0$。

通过大量的室内试验，我们可以发现，摩擦系数 $f$ 取决于岩石和混凝土的种类、

[1] 应指出，这样的假定没有多少依据。

品质以及磨光程度，可是它们的变化幅度并不大，约自 0.5～0.8，更多的是位在 0.6～0.75 之间。至于 $c$ 的数值，则随材料的不同而有极大的差异，例如质量较差的岩石（泥质砂岩等），$c$ 可以低到每平方厘米几公斤，而高标号的混凝土，$c$ 值又可以高达 50kg/cm$^2$。至于在基岩节理间或混凝土冷缝上，则 $c$ 值将远远小于材料的抗剪强度。

通过上述室内小型试件来测定 $f$ 及 $c$ 值，虽然比较方便，测量结果变化范围也较小，但这些数据是否能代表破坏面上真正的抗滑参变数，却存在着疑问。例如，进行岩石的光面抗剪试验时，所得的 $f$ 值往往小于野外试验所求出的 $f$ 值❶，而且某些坚硬完整的岩石，其 $f$ 值反而小于风化破碎的岩石。在测定 $c$ 值时，我们只能取完整的混凝土块或基岩块，或胶结良好的基岩—混凝土试块来试验，因而无法代表实际上必然存在的许多薄弱部位上的 $c$ 值。$c$ 值的差别对剪摩安全系数的影响比较大，这也许是当我们采用材料的抗剪强度 $c$ 和摩擦系数 $f$ 进行计算时，必须规定一个较高的安全系数的原因。如果我们能够通过实地试验研究，将 $f$ 及 $c$ 值定得更接近实际情况一些（尤其是 $c$ 值，其正确数值应小于抗剪强度❷），则相应的安全系数就可以大为降低，例如说，降低到 2～2.5 左右。

另外一种设计理论，就是不考虑破坏面上的真正安全系数，而是复核其最小安全系数，即采用 $f'$ 及 $c'$。如果我们采用 $f'=f$，和 $c'=0$，就得到熟知的仅考虑摩擦抗力时的安全系数：

$$K=\frac{fW}{Q} \tag{3-35}$$

这时要求的 $K$ 值应在 1.1～1.0 之间（见表 3-9）。$f$ 值最好通过野外试验测定（一般 $f$ 值的试验成果偏差不大）。如果是采用室内光面试验成果，应记住其值是偏小的，可视基岩具体条件酌加调整。

在苏联岩基上混凝土重力坝设计规范（CH 123-60）中，曾提到各种高度的坝在初步设计阶段，或中等高度的坝及低坝在技术设计阶段，可按表 3-12 采用计算的参数 $f$ 和 $c$ 值。

表 3-12　　均质无夹层岩石上坝体和基础的抗滑参数计算值

| 基岩情况 | $f$ | $c$（t/m$^2$） |
|---|---|---|
| 1. 花岗岩、正长岩、砂岩等，实际上未风化，无裂隙，瞬时抗压强度在 400kg/cm$^2$ 以上，或上述岩石虽有裂隙，但在整个基础下进行不小于 $H$/10 深度的固结灌浆 | 0.75 | 40 |
| 2.（1）基岩性质同上，弱风化，少裂隙，或有裂隙但进行深度不小于 $H$/10 的固结灌浆，瞬时抗压强度在 400kg/cm$^2$ 以上<br>（2）基岩为砂岩、泥质胶结的砾岩及泥质页岩、泥岩、白云岩、石灰岩、火山凝灰岩、凝灰沉积岩、凝灰质岩石（角砾岩、砾岩、砂岩和粉砂岩），实际上无裂隙（或不发育），未风化，瞬时抗压强度达 400kg/cm$^2$ | 0.70 | 30 |
| 3.（1）基岩同 1，有裂隙，弱风化，瞬时抗压强度达 400kg/cm$^2$<br>（2）基岩同 2 之（2），有裂隙，弱风化，瞬时抗压强度为 50～400kg/cm$^2$，不进行固结灌浆 | 0.60 | 20 |

❶ 我国某些野外试验中，$f$ 值在 1.2 左右，可见 $f$ 值并不能理解为"摩擦系数"。
❷ 我国某些野外试验中，岩石的 $c$ 值在 8～20kg/cm$^2$ 间。

采用表 3-12 参数时，要求的安全系数则定为 1.30～1.05。在这里，所采用的 $c$ 值远小于材料的抗剪强度，但似又高于断裂块体间的黏着力强度，所以要求的安全系数也在两者之间（该规范中说明，所采用的 $c$ 值不超过试验数据的 30%～40%，试验数据的保证率为 90%。如果以 30%计，则上表中 $c$ 的计算值取 40、30、20t/m$^2$，即相应于实际的 $c$ 值各为 14、10 和 7kg/cm$^2$）。

3. 关于设计方法及公式的选用问题

综上所述，核算坝体的抗滑安全系数，可以有以下各种方式：

（1）核算断面上的最终安全系数（剪摩安全系数），公式为 $K=\dfrac{fW+cL}{Q}$。

1）$c$ 采用材料的抗剪强度。岩石的 $c$ 值约在 10～35kg/cm$^2$，混凝土的 $c$ 值约可取为其抗压强度的 1/7，见表 3-11。如果基岩新鲜完整，其本身强度高于混凝土时，就可以采用混凝土的 $c$ 值代入公式计算。这个方法为美国、日本等国家所常用。早期使用时，考虑到破坏面很宽，断面上剪应力分布不均匀，尚在 $cL$ 项前乘以一个系数 $k$，$k$ 约为 0.5。现在已不乘了。按这些数据设计时，要求的 $K$ 值在 4～5 之间。

2）$c$ 及 $f$ 采用野外试验求出的小值平均值[1]，$cL$ 项前不再乘校正系数，要求的 $K$ 值在 2.5 左右。

3）$c$ 采用野外试验求出值的 30%～40%，约在 2～4kg/cm$^2$，要求的 $K$ 值在 1.3～1.05 之间（苏联规范中的方法）。

（2）核算断面上的最小安全系数，公式为 $K=\dfrac{fW}{Q}$。

$f$ 采用野外试验成果（注意，系试块剪断后再试验其摩擦系数而求出之值），或采用室内试验成果酌加校正，$f$ 常在 0.55～0.75 之间。要求的 $K$ 在 1.10～1.00 之间。

以上各种计算法，成果相差颇大，究竟以采用哪一种方式为宜，须要视工程性质和具体条件而定，以下为作者的一些建议：

（1）当坝体与基岩间的胶结强度不可靠时，或基岩下存在较显著的近水平的节理裂隙时，以及对于较高的重力坝或大型宽缝重力坝的设计，以按照断面上的最小安全系数决定断面为宜。但必要时也应核算各种可能破坏面上的剪摩安全系数。核算剪摩安全系数时，可分别按上述核算方式（1）中第 1）或 2）法进行。如果剪摩安全系数过小，一般不全面放大断面，而应该采用开挖齿槽、设置齿墙，提高混凝土标号，在浇筑层面上设置键槽，加强固结灌浆和接触灌浆等措施，来有效地提高 $c$ 值。

（2）当设计约 100m 高度以下的坝而坝体与基岩间的胶结强度有保证，基岩完整新鲜，或核算高坝在一些特殊荷载下的稳定时，则以采用按剪摩安全系数决定断面为宜。但必要时应该核算各种可能破坏断面上的摩擦安全系数，要求在任何情况下不小于 1。

（3）苏联规范中所推荐的方法，似无足够依据。

以上所述都假定滑动面是水平的。如果破坏面与水平面成一夹角 $\theta$，则计算公式

[1] $f$、$c$ 值按试验成果统计得出者，其保证率不应小于 90%。

须作相应修改。例如，参考图 3-23，摩擦安全系数的公式将改为：

$$K = f \cdot \frac{W\cos\theta + Q\sin\theta}{Q\cos\theta - W\sin\theta} \tag{3-36}$$

可见如果坝基向上游低落，能增大抗滑稳定性。反之，如坝基向下游低落，则抗滑稳定性将大形降低。后一情况应在设计和施工中尽量避免，不可避免时，也应该做成平缓的台阶形。

如果坝体下游面基岩甚为坚硬和稳定，有时可将下游坝趾与基岩联成整体，从而在核算抗滑稳定性时，可以考虑基岩的抗滑能力，即可将下游基岩被推动滑裂时的抵抗能力算入整个断面的抗剪强度内。当然这样做必须有合适的地形和地质条件，有时并须增加一定的工程措施（参考图 3-22）。

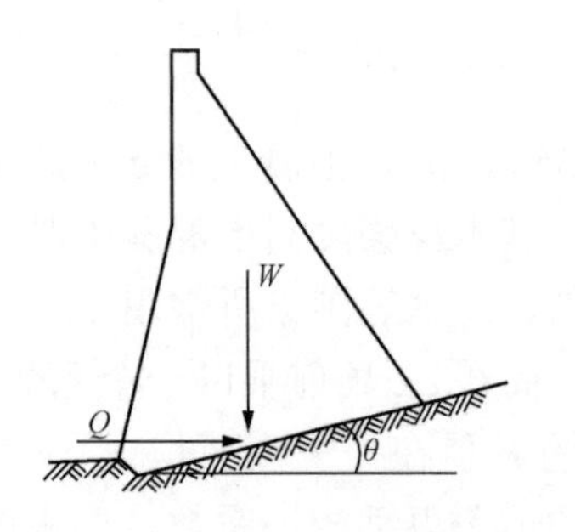

图 3-23　基岩倾斜的坝块的稳定核算

对于坝后式水电站或溢流式厂房布置，如厂房与坝体完全接合在一起：进行抗滑稳定校核时也可将厂房重量和接触面上的抗剪力计及在内，当然作用在厂房底部的扬压力也应计算。

当坝体设纵缝分块浇捣，这些纵缝由坝基贯穿到坝面，而且纵缝灌浆工作在蓄水后才完成时，应该分块核算其抗滑安全系数。这时应特别注意核算上游块的稳定，因为该块承受的推力和正应力都比较大。此时，常可按剪摩安全系数核算，而且安全系数可定得低一些。如核算后，上游块单独不能满足稳定要求，而纵缝是闭合的，或缝宽很狭，则在通过精确可靠的计算后，可以计及下游各块对上游块的支撑作用。当然在这个情况下，各块的应力重分布状况也需作详细核算（见第四章第七节）。

## 第四节　坝体经济断面选择

### 一、概述

根据上节所述，我们知道坝体断面可按以下三条原则选择：①坝体沿最危险破坏面滑动时的最小抗滑安全系数不小于规定值；②坝体上游面最小主压应力不小于规定值；③坝体总工程量为最小。至于对坝体最大主压应力的要求，在一般高度的重力坝中不起控制作用，必要时我们可采取提高局部地区的混凝土标号的办法来解决，而不据此来修改整个断面。

当我们规定了各种设计情况，并算出了各种情况下的荷载数值后，就可以进行断面选择，以满足上述三个条件。这一步工作常称为坝体经济断面选择。

由于影响断面应力及稳定的因素非常复杂，所以很难推导出一个理论公式来直接确定最经济的断面形式，而且包括一切可变因数在内。当然，在作了充分的简化和假定后，推导一个近似公式并绘制若干图表是可能的。这些公式和图表可供在初步设计或开始选择断面时参考。但对于重要工程的最终设计，我们总是根据具体资料，通过详细的试算工作来决定最终的断面形式。

应该注意，要推求出一个在理论上绝对精确的最经济断面，不仅十分困难，并且也无必要。因为有许多数据和计算工作本身就不是绝对精确的，而且由于施工上的原因也不宜采用外形非常复杂的断面，同时，实用断面如与理论断面有微小的差异，对整个工程量的影响也极为微小。

严格讲来，每一个坝段由于其坝高或其他基本数据（如摩擦系数 $f$）的不同，各有其不同的最经济断面形式。但实际上，为了溢流、施工和美观上的原因，整个坝体的上下游坝坡外形常常做成一样。至少，两岸挡水段和溢流段坝体应各做成一律，而在挡水坝和溢流坝连接处用导墙隔开（一岸挡水坝的断面，在必要时可以做得和另一岸不一致）。挡水坝和溢流坝的上游坝面最好能做成一律。

因此，坝体的经济断面形状，只能根据一些最主要的原则作近似的试算来拟定。对于个别特殊的坝段，往往需要在选定统一的形式后再做些补充的分析和修改。

## 二、挡水坝经济断面的选择[1]

重力坝断面的形状很多（参见图 3-24）。但是从坝体所受的荷载和应力分布特性来看，我们可以相信采用接近三角形的断面形状是合理的［见图 3-24（a）］。这种形状的断面并具有外形简单、易于施工的优点。有时，靠近坝上游面顶部我们希望有一垂直段，以便布置某些设备或便于进行某些操作，此时可以将基本三角形稍作变化，即将上游面布置成一个折坡［见图 3-24（b）］。在上游面上部设置一个垂直段具有许多有利条件，所以这种折坡断面也采用得很广。本章所论便将限于图 3-24 中（a）及（b）两种形式。首先讨论图 3-24（a）式的计算。这种形式的坝体断面基本上为一个三角形，另在顶部加了一个附加部分。我们可按照坝顶上的交通、超高和应力的要求，拟定坝顶附加部分的尺寸并计算其面积和形心位置，在以后的分析中，将视为一个常数处理（参见第二章第一节）。除去坝顶附加部分外，坝体断面就成为一个三角形，其上游边坡为 $n$，下游边坡为 $m$，上下游坝坡交点为 $O$，$O$ 点高程常取与最高库水位相平或在其附近。这样，就有两个变数 $n$、$m$ 有待确定。我们拟定一组 $n$ 值，例如自 $n=0$ 开始，依次取 $n=0.05$，0.10，0.15，0.20，等等，作为试算依据。针对每一个 $n$ 值，根据坝底断面上的抗滑稳定要求，可以求出一个相应的 $m$ 值。由于抗滑稳定计算比较方便，所以从 $n$ 确定相应的 $m$ 是不困难的，不论采用试算法或者成立一个一元方程，都可解决。这样，我们就获得了一组相对应的 $n$、$m$ 值，如 $n_1m_1$，

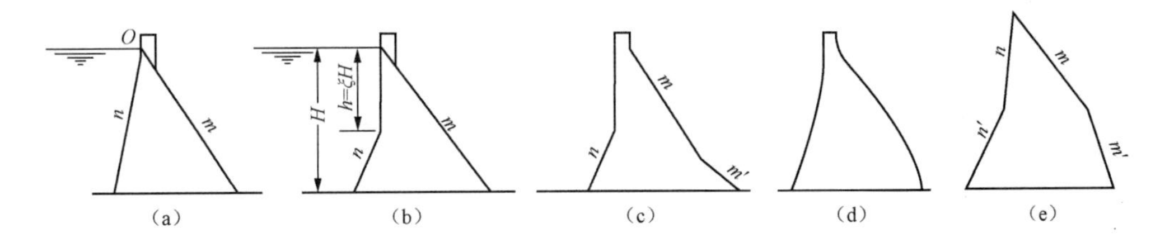


图 3-24　几种典型的坝体断面

（a）三角形；（b）上游折坡形；（c）上下游折坡形之一；（d）曲线形；（e）上下游折坡形之二

[1] 参见第二章第一节。

$n_2m_2$，…，它们都能满足坝底断面上的抗滑稳定要求。可以将 $n$ 与 $m$ 值绘成关系曲线，如图 3-25 所示。

然后，计算每一对 $n$、$m$ 值所决定的断面的面积 $A$（也就是工程量的指标），$A$ 值一般与 $n+m$ 值成正比，而且随着 $n$ 的增加而减少，我们把它依 $n$ 画成一条曲线，见图 3-25 中的曲线 $A$。

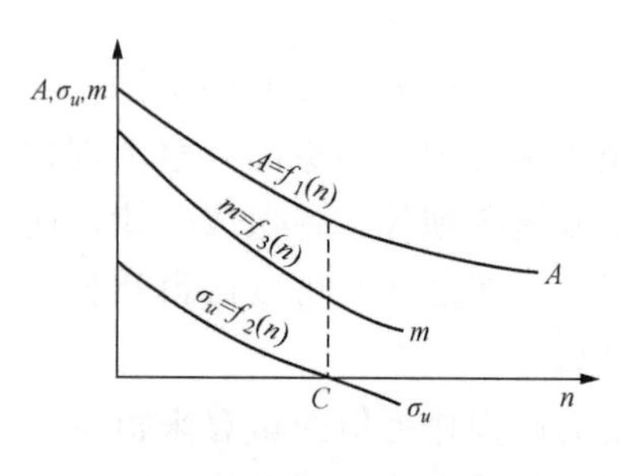


图 3-25　$A$、$n$ 关系曲线

其次，计算每一断面在上游坝踵处的主应力 $\sigma_u$，而且也将它依 $n$ 值画成曲线，如图 3-25 中的曲线 $\sigma_u$。一般 $\sigma_u$ 随着 $n$ 的增加而减少，甚至会出现拉应力。最后，根据规定的上游面主应力的要求，在 $\sigma_u$ 曲线上找到所需要的点。例如规定上游面 $\sigma$ 不应小于 0 时，控制点即为 $C$，相应于这一点的 $n$、$m$ 及 $A$ 值，即为经济断面的上下游坡度及断面积。

由于荷载和断面的增大都与高度成比例，同时在靠近坝基处的浮托力较大，摩擦系数较小，故当坝基断面上的 $K$ 及 $\sigma_u$ 值都能满足要求时，其上各断面的 $K$ 及 $\sigma_u$ 值也都能满足要求或具有略大的安全系数，而不需逐一核算。

在岸坡部分的挡水坝段坝高较低。因此，应该根据最大坝高来选择经济断面，选定这个最大断面后，其余坝高较小的坝段的断面可在选定断面上切取，它们的安全系数常可得到保证，除非个别坝段的基础地质条件很差，摩擦系数特别小，安全系数才可能不足。遇到这种情况，我们常可采取加强个别坝段的方式来解决问题，而并不根据这一个别坝段的条件，修改整个重力坝的经济断面。

下面我们再研究折坡断面的选择方法。这时，控制断面形状的参变数，除 $m$、$n$ 外，多了一个 $\xi$，$\xi$ 指上游垂直段 $h$ 与总坝高 $H$ 的比值（不计坝顶附加部分）。可见前面所述的楔形断面，实际上是 $\xi\approx0$ 时的一个特殊情况。所以，为了选择折坡形状的经济断面，我们必须先拟定若干个 $\xi$ 值，从 $\xi=0$ 起，取 $\xi=0.1$，0.2，…。然后针对每一个 $\xi$ 值，都按上述步骤进行试算分析，找出相应的 $A$ 和 $\sigma_u$ 曲线，并且把它们综合绘制在同一张图上，如图 3-26 所示。

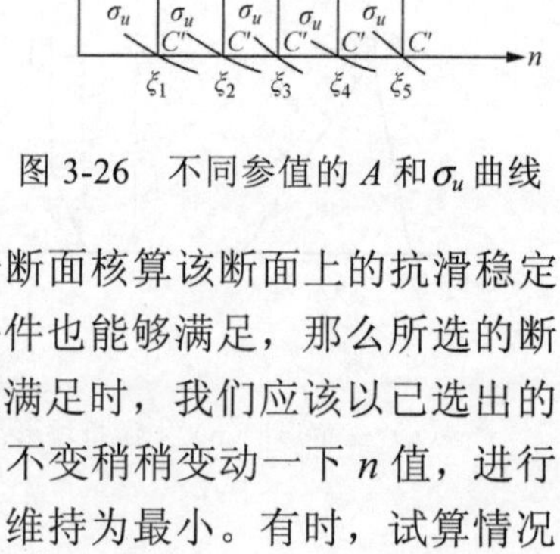

图 3-26　不同参值的 $A$ 和 $\sigma_u$ 曲线

从图 3-26 上显然可见，针对每一个 $\xi$ 值，我们可以决定一个控制点 $C'$，找出其最小的断面积 $A$。我们在许多 $C'$ 点中，再找出一个最小值，那么相应的 $\xi$、$n$、$m$ 及 $A$ 值，就是我们所求的最终成果。

但是，在折坡处，断面及荷载有较急骤的变化。所以在找到上述经济断面后，我们还应该在折坡处切一断面核算该断面上的抗滑稳定条件及上游面主应力条件，如果在这个断面上这两个条件也能够满足，那么所选的断面完全符合要求。反之，如在该断面上这两个条件不能满足时，我们应该以已选出的一组 $\xi$、$n$、$m$ 值为基础，稍稍改变一下 $\xi$ 值，或维持 $\xi$ 不变稍稍变动一下 $n$ 值，进行复核，以使折坡断面上的条件能够满足，而且总面积 $A$ 维持为最小。有时，试算情况证明，放宽对坝底断面上的 $\sigma_u$ 的控制值（即使 $\sigma_u$ 保持为较大的压应力），可以使折坡断面上的条件得到满足，而且总面积 $A$ 可维持为最小。总之，我们要分别研究当 $\xi$ 减小，或 $n$ 减小，或 $\sigma_u$ 加大以使折坡断面上两个控制条件得到满足时，相应的总断面面积 $A$，来确定最终的选用数值。具有计算经验的人，常不难通过少量的比较试算，找到所需的断面。

另一个选择具有折坡的经济断面的方法是这样：先确定几个折坡点高程。对于每一高程（即每一 $\xi$ 值），先核算在该高程断面上的稳定和应力要求，定出下游面最小边坡 $m$，将这个边坡延伸到坝底，然后根据坝底断面上的稳定和应力要求，定出上游面最小边坡 $n$。这样，就求出了相应于该 $\xi$ 值的一个断面，它同时能满足折坡高程和坝底高程处的应力和稳定条件。接着再算出这个断面的面积 $A$。同样，选择其他的 $\xi$ 值，进行类似的选择，求出一系列的符合要求的断面。最后，再进行综合比较，选定最经济的断面。

如果要使断面有可能做得更经济些，那么在折坡高程以下，下游坡 $m$ 也可以改变为 $m'$，这样可以选出折坡高程以下的一对 $m'$ 和 $n$ 值，使坝基断面上的稳定和应力要求同时得到满足。显然，这样所得出的断面将比保持下游坡度不变而求出者更经济一些，因为保持 $m$ 值不变时，我们只能变动一个参数，使稳定或应力条件中起控制性的一个得到满足，而另一个必然有所富裕。按这样得出的断面形状，将如图 3-24（c）所示（但上下游折坡点将位在同一高程）。当然，也可令折坡高程以上的上游坡 $n$ 不为 0，而与下游坡 $m$ 同时按折坡高程处的两个条件来选择，得到如图 3-24（e）所示的断面。这样可能更经济些。但实际上，我们总常使折坡点以上的上游面取垂直形状。

### 三、溢流坝经济断面的选择

溢流坝经济断面选择的原理，与挡水坝相同，仅在对于坝顶附加结构的处理上，稍有不同，现解释如下。

图 3-27 中所示的溢流坝断面，$OA$、$OB$ 是基本三角形的上下游坝面线。我们必须按照水力计算的要求，在基本三角形顶部切入一条溢流曲线 $CD$（详见第二章第二节）。所以，坝顶部分 $OCD$ 是一块负的面积，而且其值将随坝坡不同而有所变化，不得视为常数，应分别计算列表备用。

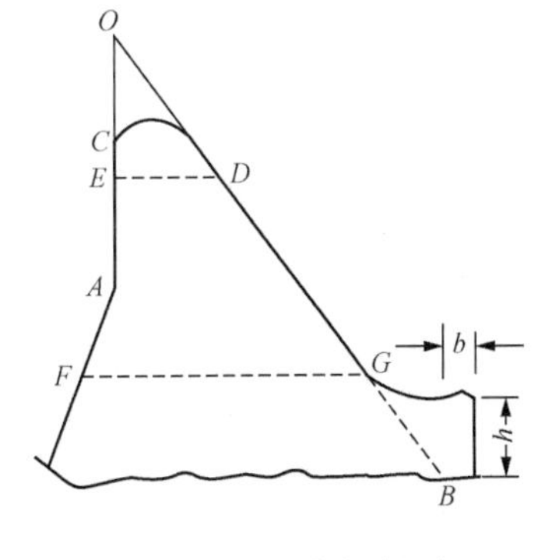

图 3-27　溢流坝断面

其次，在溢流坝顶部尚有闸墩、导墙、坝顶桥等等部分，应各根据要求进行大体布置并估算其重量和重心，计入在坝顶附加结构项内。这些应该是正的值，而且可以视为是常数。在断面选择阶段，这部分重量只能作初步估计，但对选择结果不会有显著影响。注意，我们选择断面时，常切取单位宽度的坝体进行比较，而闸墩及桥梁重量等则系按整个坝段计算，所以这些重量尚应除以坝段宽度和混凝土容重后才为相应的附加面积。

在确定了溢流坝坝顶附加部分的相应面积和形心后，其他的计算便和挡水坝无异。

应该注意，在溢流坝顶部（如图 3-27 中 $ED$ 线以上）坝体断面宽度迅速减小，这些断面上的抗滑和应力要求常常不能满足，而须特殊处理，但不必因此而修改断面设计。

溢流坝下游面常设有挑流鼻坎或护坦。当这些建筑物超出基本三角形以外的长度 $b$ 和其高度 $h$（见图 3-27）之比小于 0.5，不论计算应力或稳定时，都可考虑它的作用在内，而且计算应力时，仍可假定沿整个断面上正应力按线性分布。

如果 $\frac{b}{h}$ 值大于 0.5，则计算稳定时，虽仍可考虑这些建筑物的作用，但应该再核算其稍上处断面上的稳定条件（图 3-27 中的 $FG$ 断面）；而在计算应力分布时，则不能再假定正应力呈线性分布。为了简化起见，我们常割除其延伸部分，而不进行精确的计算。如果鼻坎或护坦与坝体间有伸缩缝分开时，则当然不应在计算中考虑他们的作用。

**四、挡水坝和溢流坝断面的联合选择**

在多数重力坝工程中，河床中央部分常布置溢流坝，而在两侧布置挡水坝。所以，坝体经济断面的选择须联合进行。对此，我们可采用以下三种方式之一来解决。

（1）溢流坝部分的地质条件、工程布置、坝体高度等与挡水坝有显著区别，不宜采用同一坝坡时，我们可按以上所述方法，分别选择两者的经济断面，而在两者交接处，在下游面修建一个导墙或边墙来隔开之。至于上游坝面，因为经常没在水下，没有必要修建分隔墙。

但这时必须注意，如挡水坝和溢流坝上游面坡度不同时，在相交接处的坝块将承受不均衡的侧向水压力，如图 3-28 中的 3 号坝块就是这样。这对该坝块的稳定和应力极为不利。为了解决这个困难，我们可将各坝块横缝间的阻水设施稍向后移，使挡水或溢流坝块的阻水在横断面上完全位在同一位置（如图 3-29 中虚线所示的位置），以使侧向水压力自呈平衡。另一个方法是在横缝间进行灌浆，做成整体式重力坝。但溢流坝和挡水坝上游坝面如果形状出入很大，总是不适宜的。

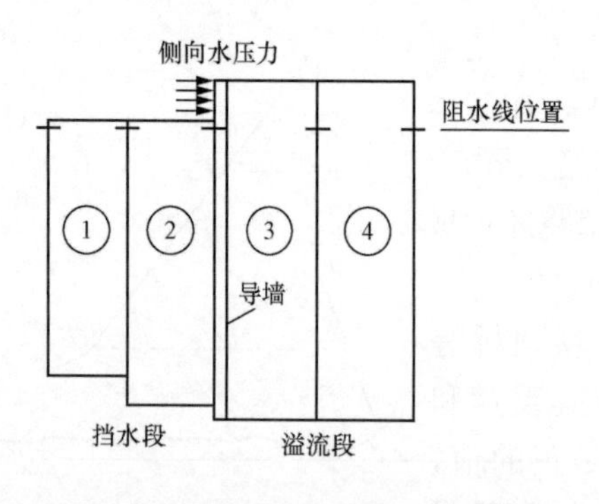


图 3-28　坝块承受的侧向水压力

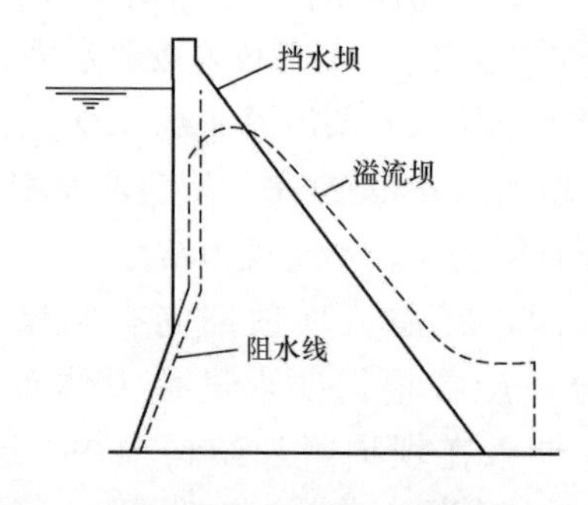


图 3-29　调整阻水设施

（2）保持溢流坝与挡水坝上游坝面一致。其法是先研究坝体溢流与挡水部分那一部分的工程量是主要的。例如设溢流坝工程量较大，则先选定溢流坝的经济断面参数 $\xi$、$n$ 和 $m$。而挡水坝上游面参数即采用溢流坝的值 $\xi$ 和 $n$，仅须根据稳定或应力条件决定 $m$ 即可。或者，采用和溢流坝相同的 $n$ 值，而选定其 $\xi$ 和 $m$ 值（后一情况中，两者的斜坡段相重，而垂直段不同，如图 3-29）。

（3）联合选定各参变数。此法即预先拟定几组 $\xi$ 和 $n$ 值，进行试算。在试算时，针对每一组 $\xi$ 和 $n$ 值，分别求出溢流坝和挡水坝的经济断面 $A_1$ 和 $A_2$。溢流段的总工程量大致与 $A_1$ 成正比，可记为 $k_1A_1$，而挡水段的总工程量大致与 $A_2$ 成正比，可记为 $k_2A_2$。这样，对于每一组 $\xi$ 和 $n$ 值，可以求出表示坝体全部工程量的参变数 $k_1A_1+k_2A_2$ 值。凡是能使这一个参变数为最小值的 $\xi$ 和 $n$ 值，即为我们欲求的成果。

溢流段与挡水段的下游坝坡，常无必要做成一致，但它们各自应该一致。

**五、经济断面初步选择参考资料**

上述坝体经济断面选择步骤，是一个一般性的方法，但工作量是比较巨大的，宜在重要工程的技术设计阶段中采用。如果我们需要对坝体断面作一初步的估算，则可以作若干简化假定，推导一些公式或编制图表以供应用。

在苏联重力坝设计规范（CH 123-60）中推荐了一些资料，可供参考。编制这些资料时，采用了以下的假定：

（1）坝体断面为一个三角形，上游坝坡为 $n$，下游为 $m$。

（2）上游库水位与三角形顶齐平，深为 $H$，下游尾水位深为 $h$。

（3）混凝土容重为 $\gamma_c=2.4\text{t/m}^3$，水的容重为 $1\text{t/m}^3$。

（4）扬压力和波浪压力都根据相应的苏联规范计算。

根据上述假定，绘制出了图 3-30 中所示的曲线。这些曲线表示在不同的 $\dfrac{h}{H}$ 值和不同的抗滑安全性及上游面应力条件下的最经济坝体断面坡度数值。

$\dfrac{h}{H}$ 值共列有 0，0.1，0.2 三种，$\dfrac{h}{H}$ 为其中间值时，可用补插法求之。

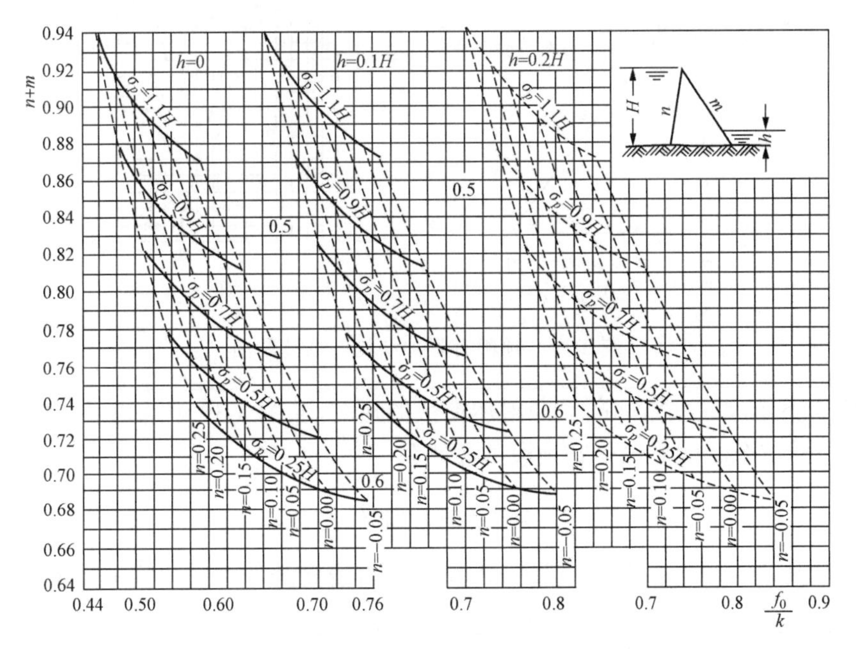


图 3-30 初步选择实体重力坝三角形经济断面曲线

抗滑安全性以参变数$\frac{f_0}{K}$表示，式中$K$为抗滑安全系数，$f_0$为表示抗剪能力的参数：$f_0 = f + \frac{c}{\sigma}$，这里$\sigma$为坝基上的平均压应力。

上游面应力条件以$\sigma_p = kH$的形式表示，这里$\sigma_p$指上游面主应力，$H$指上游面总水头。图3-30中的$k$值取0.25，0.5，0.7，0.9及1.1。

在确定$\frac{h}{H}$、$\frac{f_0}{K}$及$\sigma_p$三个参变数后，即可从图3-30上查出相应的上游坡$n$和上下游坡度和$n+m$值，从而确定其经济断面。

例如，设已知坝高$H=80$m，$h=16$m，并规定$\frac{f_0}{K}=0.70$，上游面主应力应不小于$0.25H$（2kg/cm$^2$）。则$\frac{h}{H}=0.2$，$\frac{f_0}{K}=0.7$，$\sigma_p=0.25H$。在图中查出控制点$P$，相应于这一点的$n=0.12$，$n+m=0.71$，从而$m=0.59$。

利用上述资料，还可以考虑坝顶结构和坝顶波浪压力的影响，只须做一些校正工作。

例如，如图3-31（a）中所示，坝体断面顶部有一附加结构，并在坝顶承受波浪压力的作用，要选择其经济断面。

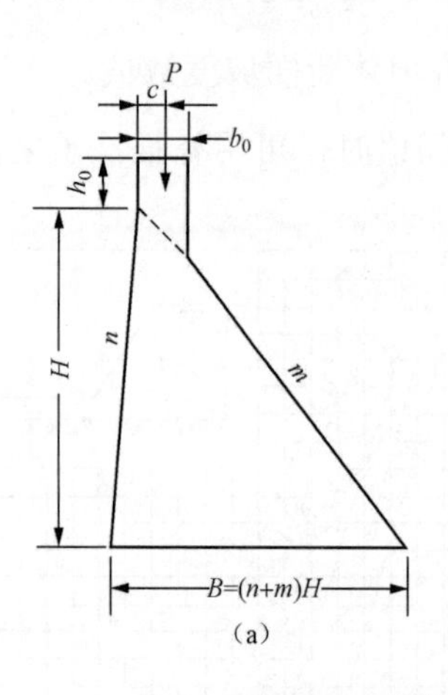


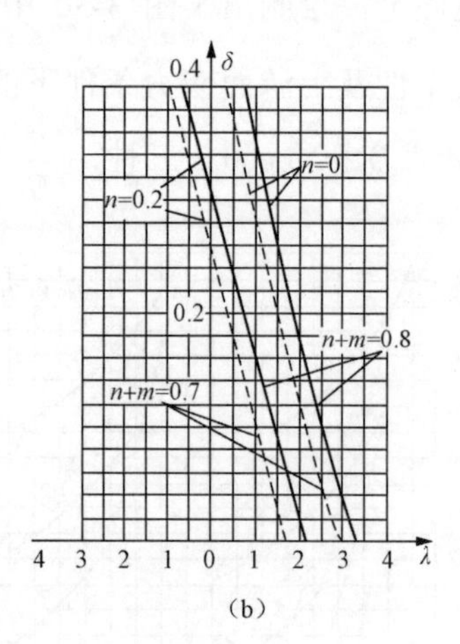


图3-31　顶部有附加结构的坝体断面

我们先不考虑这些附加断面和附加荷载的影响，从图3-30中选出经济断面参数$n$、$m$。然后根据这个断面算出单宽坝段的总重量：

$$Q = \frac{1}{2}(n+m)H^2\gamma_c$$

其次计算坝顶部分的附加重量$P$，和其合力线离开基本三角形顶点的距离$c$。如果附加部分呈梯形（见图3-31），则这两个值为：

$$P = \left(b_0 h_0 + \frac{b_0^2}{2m}\right)\gamma_c$$

$$c=\frac{3h_0m+2b_0}{2h_0m+b_0}\cdot\frac{b_0}{3}$$

计算系数 $$\beta_1=\frac{Q+P}{Q}\text{和}\delta=\frac{c}{H}$$

接着，我们根据比值 $\delta$ 和坡度值，在图 3-31（b）中查出一个系数 $\lambda$（图中的坡度仅有 $n+m=0.7$，0.8 及 $n=0$，0.2 两组，可用内外插补法推之），然后计算下值：

$$\left(\frac{\sigma_P}{H}\right)_{\text{顶}}=\lambda\frac{P}{B^2}$$

求出该值后，将原来的上游面应力要求值 $\left(\frac{\sigma_P}{H}=k\right)$ 减去上值，作为新的要求：

$$\left(\frac{\sigma_P}{H}\right)'=k-\lambda\frac{P}{B^2}$$

同时，将原来对 $\frac{f_0}{K}$ 的要求，乘以 $\beta_1$ 修正之：

$$\left(\frac{f_0}{K}\right)'=\frac{f_0}{K}\cdot\beta_1$$

最后，根据 $\left(\frac{\sigma_P}{H}\right)'$ 及 $\left(\frac{f_0}{K}\right)'$ 值，仍在图 3-30 中查出相应的 $n$ 及 $m$ 值。

例如，设在上例中，有一块坝顶断面，其尺寸为 $b_0=4\text{m}$，$h_0=4\text{m}$。则

$$P=\left(4\times4+\frac{16}{2\times0.59}\right)\times2.4=71$$

$$Q=\frac{1}{2}\times80^2\times0.71\times2.4=5450$$

$$\beta_1=\frac{Q+P}{Q}=1.011$$

故 $\frac{f_0}{K}$ 应修正为 $\left(\frac{f_0}{K}\right)'=0.7\times1.011=0.708\approx0.71$。

又 $$c=\frac{4}{3}\times\frac{3\times4\times0.59+2\times4}{2\times4\times0.59+4}=2.3$$

$$\delta=\frac{c}{H}=\frac{2.3}{80}=0.029$$

根据 $\delta=0.029$，$n=0.12$，$n+m=0.71$，在图 3-31（b）中查得：

$$\lambda\approx2$$

而 $$\left(\frac{\sigma_P}{H}\right)_{\text{顶}}=\lambda\frac{P}{B^2}\approx0.036$$

故 $\frac{\sigma_P}{H}$ 值应修正为 $\left(\frac{\sigma_P}{H}\right)'=0.25-0.036=0.214$。

这样就可根据$\left(\frac{f_0}{K}\right)' = 0.71$及$\left(\frac{\sigma_P}{H}\right)' = 0.214$去查出修正后的经济断面坡度。

当坝顶上作用有波浪压力时，修正的方式相似。我们先计算浪高$2h = h_B$（m），根据浪高$h_B$、坝高$H$和坝体总坡度$n+m$，从图3-32查出修正值$\left(\frac{\sigma_P}{H}\right)_{浪}$，把原来要求的$\frac{\sigma_P}{H}$值加上这一修正值，作为新的参变数。同样根据坝高$H$、浪高$h_B$，在图3-32中查出修正值$\beta_2$，将原参变数$\frac{f_0}{K}$乘以$\frac{1}{\beta_2}$修正之。最后用新的参变数去查出经济断面坡度。

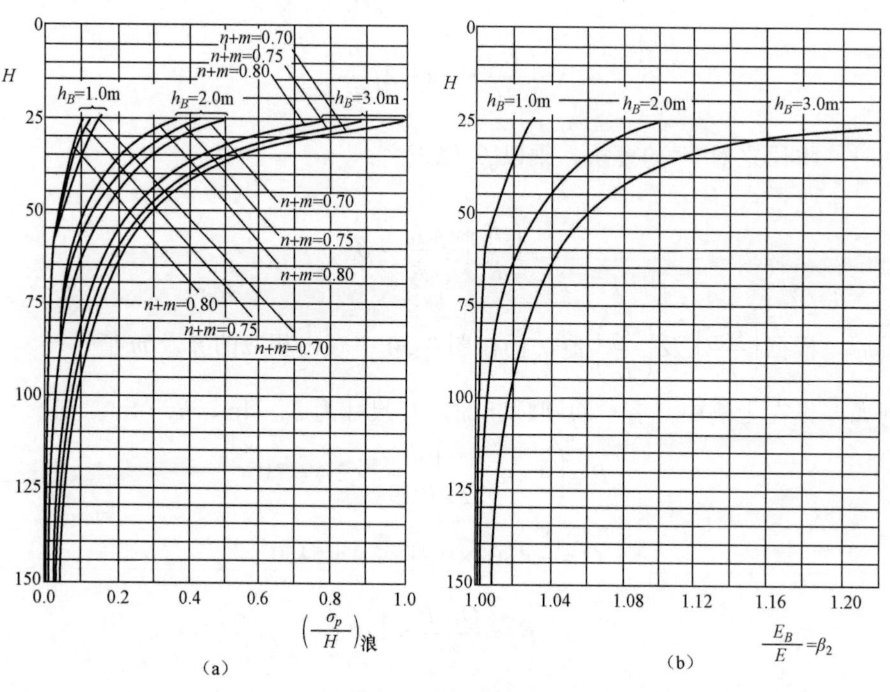


图3-32　修正值

$E$—静水位时的剪力；$E_B$—浪高$h_B$时的剪力

例如上例中浪高$h_B = 2$m，则由图3-32中查出：

$$\left(\frac{\sigma_P}{H}\right)_{浪} = 0.04$$

由图3-32查出：

$$\beta_2 = 1.01$$

坝顶和浪压力影响可以同时修正，仍以上例来说明。在同时考虑两种影响后：

$$\frac{\sigma_P}{H} = 0.25 - 0.036 + 0.04 \approx 0.25$$

$$\frac{f_0}{K} = 0.7 \times \frac{1.011}{1.01} \approx 0.7$$

由此可知，在本例中，坝顶结构及波浪压力的影响恰巧互相抵销。同时考虑这两者影响后的经济断面坡度仍为 $n=0.12$，$m=0.59$。

## 六、特殊坝段的复核

各坝段的地形、地质条件和结构布置常有区别。当我们按上述各节中的步骤选择了经济断面形式后，对于大多数的坝段都是能够满足设计要求的，但对于少数特殊坝段可能不满足要求。这时，我们一般并不因此而修改整个经济断面形状，而是进行一些局部处理。现分四种情况说明如下。

1. 地质条件特别差的坝段

如某些坝段的地基情况较其他坝段差，抗剪能力较低，则沿这些坝段基础面上的抗滑安全系数可能不足。对此，除应进行细致的基础处理外，并可考虑采取以下措施来提高抗滑安全系数：

（1）在上游坝面增浇加重混凝土（见图 3-33）。这部分混凝土只利用其重量，不利用其强度，故标号可以低一些，且宜于大量埋设块石或用大骨料混凝土以增加其重量。但因它受到水的浮力作用，重量不能全部利用（容重须减去1），这是一个缺陷。这种混凝土在挡水坝段也可以浇在下游面，但这样做较不美观而且可能恶化上游坝踵应力。

（2）在基岩面上开挖齿槽、齿墙，或在有条件时加深上游部分坝基开挖深度，形成倒坡，以增加抗滑稳定性（见图 3-22）。

（3）如果坝基较深地嵌入基岩，而且下游面基岩条件尚好，或可以进行灌浆加固时，可在下游角回填混凝土，使与岩基联成整体，以增加其稳定性（见图 3-22）。

2. 转折块坝段

有时，在平面布置上，坝轴线不能布置成一条直线而须布置成一折线，如图 3-34 所示，则在转折处将出现特殊坝块，如图 3-34 中的 *A* 块及 *B* 块。它们在平面上呈梯形。*A* 坝块因为迎水面宽度较正常坝块相对地为小，故其稳定条件将较有利，但上游面应力不一定有利；*B* 坝块在稳定和应力上可能均不利。

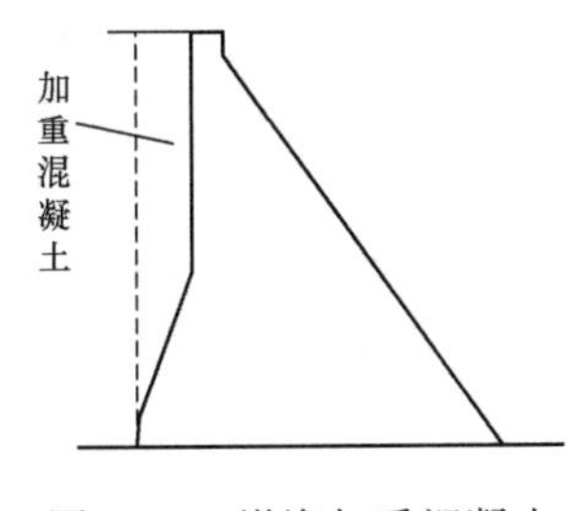

图 3-33　增浇加重混凝土

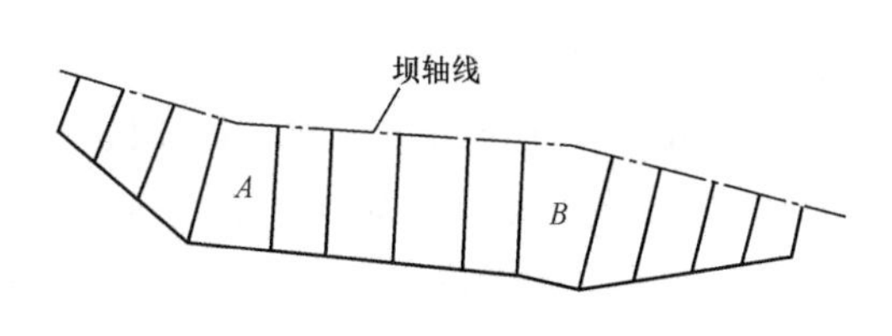

图 3-34　坝轴线布置

当经核算后，认为特殊坝块的稳定条件不足时，可同样采取上述的几种方式来改善它。如发现这些坝块上游面应力条件不能满足要求时，可以采取以下措施（见图 3-35）：

（1）在上游面加浇压重混凝土；

（2）提高断面下游部分的混凝土标号；

（3）在断面中设置腹孔，以增加上游面压应力；

（4）特别加强上游面的阻水和排水措施，以可靠地减除扬压力。

3. 岸坡坝段

岸坡部分坝段，其基础面是倾斜的，所以在抗滑稳定性方面往往较差。

图 3-36 所示为一岸坡坝段，设其基础面在纵向有一倾角 $\varphi$，则基础面上的全部内外荷载垂直合力 $W$ 可以分解为垂直于基础面的正向压力 $W\cos\varphi$ 和平行于基础面的切向滑动力 $W\sin\varphi$。此外，基础面上还存在着指向下游的水平水推力合力 $P$。所以总的滑动力为 $\sqrt{P^2+W^2\sin^2\varphi}$。如果按照式（3-35）核算这些坝块的抗滑安全系数，得：

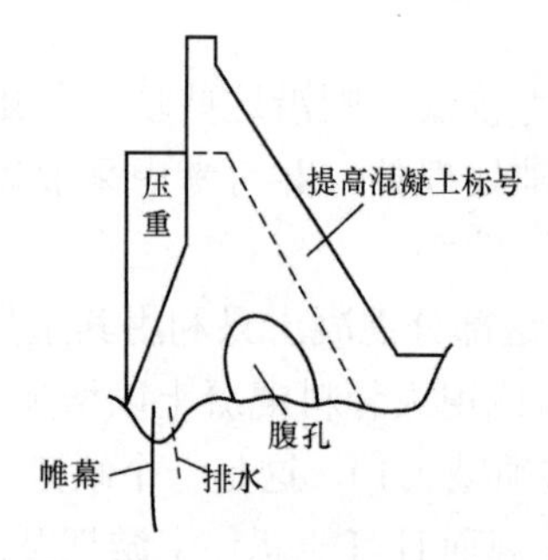


图 3-35　几种改善上游面应力条件的方法

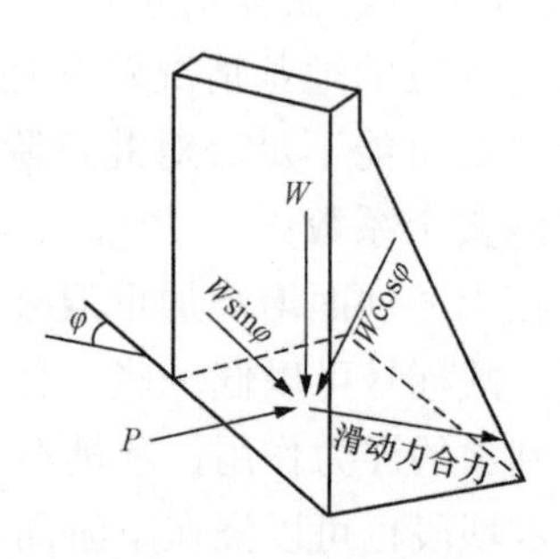


图 3-36　岸坡坝段

$$K=\frac{fW\cos\varphi}{\sqrt{P^2+W^2\sin^2\varphi}}$$

它显然将小于正常坝块的相应值 $K=\dfrac{fW}{P}$，坝块将沿 $P$ 及 $W\sin\varphi$ 的合力方向滑动。

为了解决这个问题，并力求较合理的设计岸坡坝块，我们可以采取以下方法或措施：

（1）按照剪摩安全系数公式设计岸坡坝块：即岸坡坝块的抗滑安全系数中应计入 $cL'$ 项［式（3-34）］。在这些坝块中，摩擦力所产生的抗滑力 $fW$ 虽较正常坝块为低，但黏结力所产生的抗滑能力却有所增加（因为接触面长度或面积 $L'$ 较正常坝块为大）。在谨慎地选用 $c$ 值，并经分别验算后，如果发现岸坡坝块的剪摩安全系数并不低于正常坝块，则可以认为其最终安全性仍是有保证的。

（2）将岸坡坝块与河床部分坝块联成整体：即在各坝块横缝间进行接触灌浆，使起整体式混凝土重力坝的作用，如此岸坡坝段就没有发生侧向滑动的可能，从而 $W\sin\varphi$ 一项就不必考虑。

上述灌浆工作，可考虑在坝体完成并蓄水至一定高程后再进行。因为过早地连成整体，将使岸坡坝段多分担一部分河床坝段的荷载，这对它们本身的稳定也是不利的。

（3）在岸坡上开挖若干平台，使坝段大部分位在水平的基面上，以增加正交基面的压力，同时要发生侧向滑动时，破坏面必须切断混凝土本体或剪断部分基岩，而在这些破坏面上的黏结力 $c$ 是较高的，所以设置平台后，不论按摩擦系数计算，或按剪摩安全系数计算，抗滑稳定性都将有所提高。

但在设置平台时，应避免各级平台间高差过大，边坡过陡（见图 3-37），因为这样会使坝块断面变化过剧，常易引起不利的应力集中和产生断裂，同时，过陡的边坡常易成为大量漏水的通道。另一方面，又要避免平台过小过密，特别在岸坡顺坡节理较发育时，小的平台在实际上将不起作用。开挖岸坡平台时，并应采取妥当的施工措施，避免进行有害的爆破，否则非但不能达到设计目的，反而将破坏边坡稳定性和岩石的完整性。

位在平台和斜坡上的岸坡坝段稳定性的核算，尚缺少合理的方法。作为近似计算，我们可以这样进行：首先拟定一个最可能的滑动面（如图 3-37 中所示的 *ABCD* 面），计算滑裂面各分段上的滑动力 $\Delta W\sin\varphi$ 和抗滑力 $f\Delta W\cos\varphi + c\Delta L$（在滑裂面切过混凝土或岩石本体时，$c$ 值可以相应提高）。这些力可各以矢量表示之。然后将它们进行矢量叠加，求出其合力 $\vec{\sum}(f\Delta W\cos\varphi + c\Delta L)$ 或 $\vec{\sum}(\Delta W\sin\varphi)$。在后者中再加上水压力等荷载（亦为矢量和）。最后，代入相应公式中计算安全系数。拟定破坏面时，必须使破坏面尽可能多地与接触面或基岩节理面相重合，因为在这种面上抗剪强度最低。

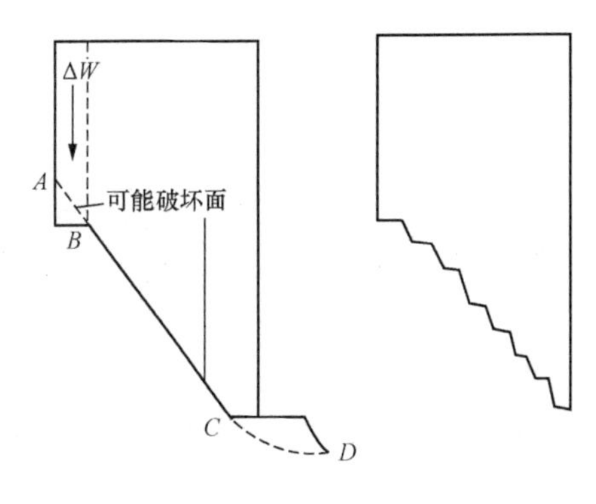

图 3-37　设置平台示意图

（4）在岸坡坝块基础上，当然也可采用开挖齿槽，齿墙，加深上游部分开挖深度，或在下游坝体与下游山坡间以混凝土回填等方式来提高抗滑安全性。这些和情况一相同，不再重复叙述。

4. 下游尾水位很高的坝段

在许多工程中，河床或靠近河床部分的坝段，在大量溢洪时，下游尾水位可能较高，浮托力很大，按照这一特殊条件选出的断面将很大，不仅在尾水位以上部分的坝体断面有很大富裕，而且其他坝段亦将受其牵制，做成较大的断面，甚不合理。这时，我们除了设法采取工程措施来免除这一不利影响外，也可在这些坝段上采用特殊的断面，即如图 3-24（c）所示，将坝体下游坡在尾水位以下放平一些，在下游形成一个折坡。我们在选择经济断面时，这些较高的坝段，只计算到尾水位为止，待上部断面确定后，再根据这些坝段坝基上的要求，来确定下游第二段折线的坡度。

## 参考文献

[1] C.N.Zarger．由于水平地震影响作用于坝体的动水压力．水利译丛，1957（2）.

[2] 畑野正．地震力对重力坝的影响．水利译丛，1957（2-4）.

[3] F.D.Kirn．混凝土重力坝及拱坝的设计原则．水利译丛，1956（5）.

[4] D.C.Henry．Stability of Straight Concrete Gravity Dams．Trans.ASCE，1934.

[5] 全苏给排水、水工建筑物、工程水文地质科学研究院编．水工手册．北京：中国工业出版社，1963.

[6] 水利水电科学研究院．岩基上混凝土坝的抗滑稳定性计算方法．1960.

[7] Ice Pressure Against Dams．A Symposium．Trans.ASCE，Vol.119，1954.

[8] Edwin Rose．Thrust Exerted by Expanding Ice Sheet．Trans.ASCE，Vol.112，1947.

# 第四章

# 重力坝的应力计算——材料力学计算法

## 第一节　概　　述

重力坝的应力计算为坝体设计的主要内容之一，因为不仅坝体的强度和稳定性必须通过应力分析来确定，而且坝体中的应力值也是其他各种设计工作——如混凝土分区标号设计、廊道孔洞配筋设计和施工组织设计等的基本依据。

但是影响重力坝的应力分布的因素非常复杂，根据分析，坝体应力分布不仅与坝体断面和所受荷载有关，而且还取决于以下一系列因素：基岩的性质及基础处理设计，坝体混凝土的设计及相应常数，施工的方式和程序，以及气温变化、原材料品种和养护条件等等。很显然，要在计算中考虑全部有关因素的影响，将是很困难甚至是不可能的。我们必须先研究一些主要的荷载和因素，然后以此为基础，进而讨论一些更复杂的，但是较为次要的因素的影响。

计算重力坝的应力的方法很多，本书中只扼要介绍两种类型的计算法。第一种可称为材料力学法，第二种可称为弹性理论法。材料力学方法常被认为是一种基本的计算方法。在这个方法中，作了一条基本假定，即水平断面上的垂直正应力 $\sigma_y$ 呈直线分布。根据这一个假定就可以应用平衡条件依次求出坝体内任一点上的各个分应力或主应力。用材料力学方法计算坝体变形时，是将坝体视如固接在基础上的一根悬臂梁来处理。这种计算法有时亦称为重力分析法或线性分析法，以别于考虑相容条件的严格的解答。后者即为弹性理论计算法或称为非线性分析法。本章中将限于讨论材料力学计算法，而弹性理论计算法将在下一章中讨论。

材料力学计算法的主要优点是，计算工作简单，应用范围广大——适用于任何坝体外形和各种荷载。因此，可以用材料力学计算法进行研究的问题也较多。这些都将择要在本章中论述。这个方法的缺点，显然就在于采用了一条近似假定，因而所求出的应力不能严格地满足相容条件，不能精确地表述出应力的分布状态。它不能被用来研究某些特殊问题，如应力集中问题，温度和收缩应力问题，基础内的应力问题，以及计算坝体和基础内各点各方向的变形问题。后面这些问题都要通过更精确的弹性理论方法进行研究。

材料力学计算法中的基本假定是正应力 $\sigma_y$ 呈直线分布。根据用比较精确的理论和试验研究的成果，可得出以下的结论：在均匀的、整体浇捣的重力坝的上部（约占全高的 2/3），$\sigma_y$ 的实际分布比较接近于按直线变化，用材料力学方法算出的应力也接近于用其他更精确的方法求出的成果。在坝体下部，$\sigma_y$的非线性分布影响较显著，这种影响有时称为“基础限制影响”。❶

材料力学计算法虽然有上述缺点，但至今仍为一个计算重力坝应力的基本方法，其原因除由于具有计算简便和应用范围广泛两大优点外，还由于以下原因：

（1）重力坝内一般的应力数值并不很大，尤其对于中等高度的坝和低坝，坝内应力更非控制值，所以可容许采用较近似的方法进行计算。有些重力坝设计规范中即明确规定，对于坝高在 50m 以下的坝体，可以只按照材料力学方法计算应力。对于 100m 左右的坝，也可以用这个方法作为基本方法，再辅以必要的研究和试验工作。但对于 150m 或以上的高坝，精确确定坝体应力就成为重要的任务，除采用材料力学方法外，还必须进行详细的精确分析和试验工作。

（2）坝体（混凝土）具有一定的塑性和徐变性质，在应力集中区域或在荷载的长期作用下，都会发生应力重分布，而使应力分布更接近于直线分布状态。因此，从“极限设计”或“破坏阶段”的观点来看，材料力学计算法虽然不能给出弹性材料的理论上的精确应力分布状态，但其成果在绝大多数情况中却能满足设计上的要求，因为设计上不仅要了解理论上的应力分布数值，更重要的是要知道坝体的实际安全性。事实上，某些按弹性理论求出的所谓“精确应力”，也并不表示真实情况，不能在设计中加以引用（例如在坝体与基岩边界线以直线相交时，坝踵和坝趾将成为所谓“奇异点”，而会产生理论上的无限大的集中应力）。

本章中将首先介绍用材料力学方法计算坝体在各种荷载（但不包括扬压力）下的应力的基本公式、实用算表和数例。由于扬压力是一种特殊的荷载，有些设计人员对它的本质认识还不够明确，在计算扬压力所产生的应力时引起过许多误解，因此本书特列为专节论述。其后，我们将介绍我国刘世康同志所建议的一种改进的计算方法——基本因素法。实践证明，这种新创的计算方法较原始的方法可减少很多工作量，是值得推荐的，在这以后，我们将进而用材料力学分析法研究几个专门性的问题，包括施工分缝和分期施工的应力问题，坝体的变形计算和试载法计算问题等，这些问题都是在设计中极为重要而很少在一般参考书中有所讨论的。用材料力学计算法还可以方便地研究另一类性质的问题，即宽缝重力坝的应力计算和分区混凝土重力坝的应力计算问题，但这些问题将专列一章讨论（见第八章），本章中就不再叙述了。

## 第二节　各分应力及边界主应力的计算

本节中介绍用材料力学法计算坝体内各点应力的一般性公式。先将所采用的符号列述如下（参见图 4-1）：

❶ 如果我们能设法求出坝体断面内的主应力轨迹线，而以主应力轨迹线作为计算断面来代替水平截面，仍援引材料力学假定来作应力分析，将可得出更为接近实际的成果，从而扩大了材料力学计算法的应用范围。

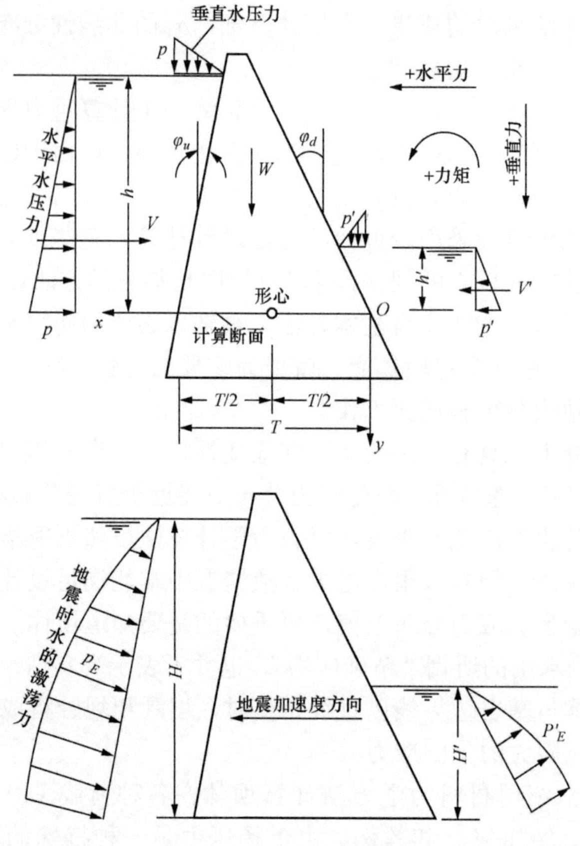


图 4-1 一些符号的定义

$\varphi$——坝体上、下游面和垂直线的交角，$\varphi_u$ 为上游面角，$\varphi_d$ 为下游面角（以下均以脚标 $u$ 代表上游，$d$ 代表下游）；又 $m=\tan\varphi_d$，$n=\tan\varphi_u$；

$T$——坝体计算断面的厚度；

$C$——断面形心到上下游坝面的距离，$C=\dfrac{T}{2}$；

$A$——断面面积，$A=T$（因为宽度取为 1m）；

$I$——断面惯性矩 $\left(I=\dfrac{T^3}{12}\right)$；

$\gamma_c$——混凝土容重（$\gamma_c\approx 2.4\text{t/m}^3$）；

$\gamma_0$——水的容重（$\gamma_0=1\text{t/m}^3$）；

$h$——计算断面离开水面的深度；

$p$——水压力（$p=\gamma_0 h$）；

$p_E$——地震时水的激荡力强度；

$\lambda$——地震系数（地震惯性力$=\lambda\times$重量）；

$W$——作用在计算断面以上的坝体上所有荷载（包括自重）合力的垂直分力；

$V$——作用在计算断面以上的坝体上所有荷载（包括自重）合力的水平分力；

$M$——作用在计算断面以上的坝体上所有荷载（包括自重）合力对于断面形心的

力矩；

$\sigma_x$——水平正应力；

$\sigma_y$——垂直正应力；

$\tau$ ——剪应力（为 $\tau_{xy}=\tau_{yx}$ 的简写）；

$\sigma_{\mathrm{I}}$——第一主应力；

$\sigma_{\mathrm{II}}$——第二主应力；

$\varphi_{\mathrm{I}}$——$\sigma_{\mathrm{I}}$ 和垂直线的交角（顺时针向为正）；

$a$，$a_1$，$a_2$，$b$，$b_1$，$b_2$，$c_1$，$c_2$，$d_2$——应力公式中的常数。

水平力以指向上游者为正，力矩以引起上游面压应力者为正，正应力以压应力为正。

坐标轴采用 $x$、$y$ 轴系统，$y$ 轴以垂直向下为正，$x$ 轴以水平向左（上游）为正，原点取在计算断面的下游端点上。

在以下公式中地震力项中本来均应有±号，须视地震时基础加速度的方向而定。为简明计，在以下推导中，我们都取地震加速度指向上游。如加速度指向下游时，相应项目应给予相反符号。

现在我们分别推导各分应力的计算公式。

## 一、垂直正应力 $\sigma_y$ 的公式

任一水平截面上的垂直分应力 $\sigma_y$，既系假定呈直线变化，则可按普通偏心受压公式计算，或即：

$$\sigma_y=\frac{W}{A}+\frac{M\cdot x'}{I}=\frac{W}{T}+\frac{12M\cdot x'}{T^3}$$

式中，$x'$ 为自断面形心量起的横坐标。在坝体上、下游面处，$x'=\pm\frac{T}{2}$，代入后可得：

$$\left.\begin{aligned}\sigma_{yd}&=\frac{W}{T}-\frac{6M}{T^2}\\ \sigma_{yu}&=\frac{W}{T}+\frac{6M}{T^2}\end{aligned}\right\}\tag{4-1}$$

在断面任一点 $x$ 处（$x$ 从下游面量起）的 $\sigma_y$ 为：

$$\sigma_y=\sigma_{yd}+(\sigma_{yu}-\sigma_{yd})\frac{x}{T}$$

或记为：

$$\sigma_y=a+bx\tag{4-2}$$

式中

$$\left.\begin{aligned}a&=\sigma_{yd}=\frac{W}{T}-\frac{6M}{T^2}\\ b&=\frac{12M}{T^3}\end{aligned}\right\}\tag{4-3}$$

## 二、边界上各分应力及主应力的计算

在坝体上下游边界上（即坝面上），一旦垂直正应力 $\sigma_y$ 求出后，即可由平衡条件计算其余各分应力及主应力。坝面上的应力往往为控制应力，而且也是以后各种应力公式的基本数据，故在此先予介绍。

图 4-2 中表示在上游坝面处切取出来的一微小元块及作用在其三个表面上的外力和应力。由平衡条件极易导出：

$$\tau_u=(p+p_E-\sigma_{yu})\tan\varphi_u=n(p+p_E-\sigma_{yu}) \tag{4-4}$$

$$\sigma_{xu}=(p+p_E)+(\sigma_{yu}-p-p_E)\tan^2\varphi_u=(p+p_E)+n^2(\sigma_{yu}-p-p_E) \tag{4-5}$$

同样，对下游情况可写出：

$$\tau_d=(\sigma_{yd}-p'+p_E')\tan\varphi_d=m(\sigma_{yd}-p'+p_E') \tag{4-6}$$

$$\sigma_{xd}=(p'-p_E')+(\sigma_{yd}-p'+p_E')\tan^2\varphi_d=(p'-p_E')+m^2(\sigma_{yd}-p'+p_E') \tag{4-7}$$

式中，$p'$ 及 $p_E'$ 为作用在下游坝面上的水压力及地震时水的激荡力，当下游无水时，这两项当然为 0。

求出坝面上三个分应力后，可进而计算其主应力。很显然，一个主应力就是坝面上的正交压力（上游面为 $p+p_E$，下游面为 $p'-p_E'$），其方向垂直于坝面。另一个主应力也可由平衡条件求出。图 4-3 中表示上游面情况。其中 $bc$ 为水平截面，其上有应力 $\sigma_{yu}$ 及 $\tau_u$；$ab$ 为坝面，其上有正应力 $p+p_E$，而无剪力。另一平面 $ac$ 与 $ab$ 垂直，其上亦只有主应力，这一主应力为：

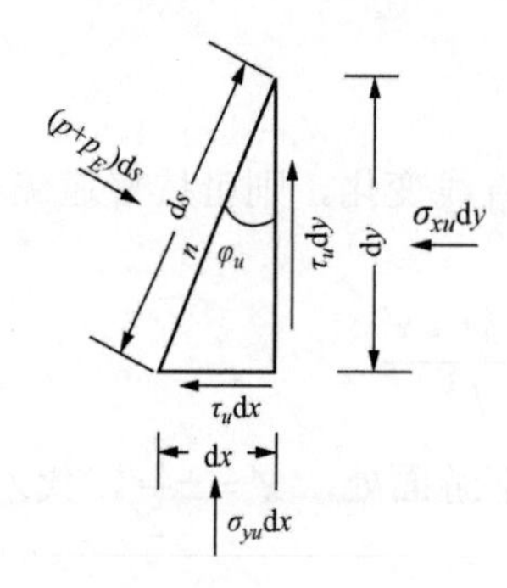


图 4-2 上游面剪应力及正应力的计算

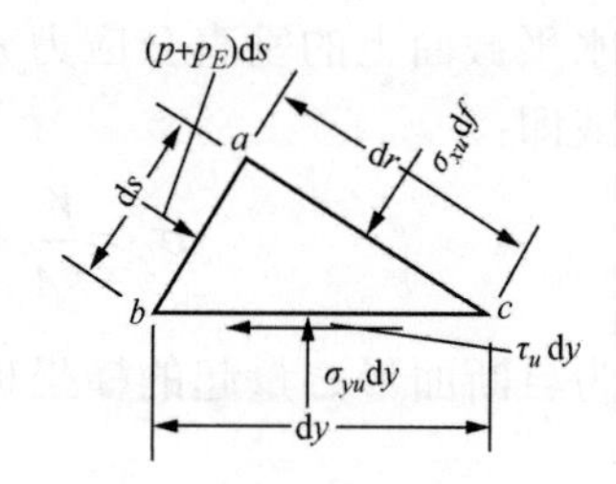


图 4-3 上游面主应力的计算

$$\sigma_u=\sigma_{yu}\sec^2\varphi_u-(p+p_E)\tan^2\varphi_u=(1+n^2)\sigma_{yu}-n^2(p+p_E) \tag{4-8}$$

同样可求出下游面另一主应力为：

$$\sigma_d=(1+m^2)\sigma_{yd}-m^2(p'-p_E') \tag{4-9}$$

式（4-4）～式（4-9）适用于无扬压力作用的情况；当有扬压力作用时，式中的 $p+p_E$ 及 $p'-p_E'$ 分别改为 $p+p_E-\alpha p_u$ 及 $p'-p_E'-\alpha p_d$，其中 $p_u$ 及 $p_d$ 为上下游面扬压力强度，$\alpha$ 为面积系数。

### 三、剪应力 $\tau_{xy}$ 的计算

由于我们假定垂直正应力 $\sigma_y$ 呈直线变化，故剪应力一定呈抛物线变化（因为按照平衡条件，$\tau_{xy}$ 是 $\sigma_y$ 沿 $x$ 的积分值再对 $y$ 微分）。故可设：

$$\tau=a_1+b_1x+c_1x^2 \tag{4-10}$$

式中，$a_1$、$b_1$ 及 $c_1$ 三个待定常数，可根据下面三个条件来确定：

（1）整个断面上剪力之总和，应与水平荷载平衡；

（2）在上游面（$x=T$），$\tau$ 应该和上游面边界条件符合；

（3）在下游面（$x=0$），$\tau$ 应该和下游面边界条件符合。

或以算式表之：

$$
\left.\begin{aligned}
&(1) \quad \int_0^T (a_1+b_1x+c_1x^2)\mathrm{d}x=-V \\
&(2) \quad a_1+b_1T+c_1T^2=\tau_u \\
&(3) \quad a_1=\tau_d
\end{aligned}\right\} \tag{4-11}
$$

解之，得：

$$
\left.\begin{aligned}
&a_1=\tau_d \\
&b_1=-\frac{1}{T}\left(\frac{6V}{T}+2\tau_u+4\tau_d\right)
\end{aligned}\right\} \tag{4-12}
$$

$$
c_1=\frac{1}{T^2}\left(\frac{6V}{T}+3\tau_u+3\tau_d\right)
$$

因为边界上的剪应力$\tau_u$及$\tau_d$已可按前述公式计算，故$a_1$、$b_1$及$c_1$均得确定。求出$a_1$、$b_1$及$c_1$后，任何一点上的剪应力均可从式（4-10）计算，特别在上游面，$\tau_u=a_1+b_1T+c_1T^2$，此值又必须和按式（4-4）求得者相符，可资校核。

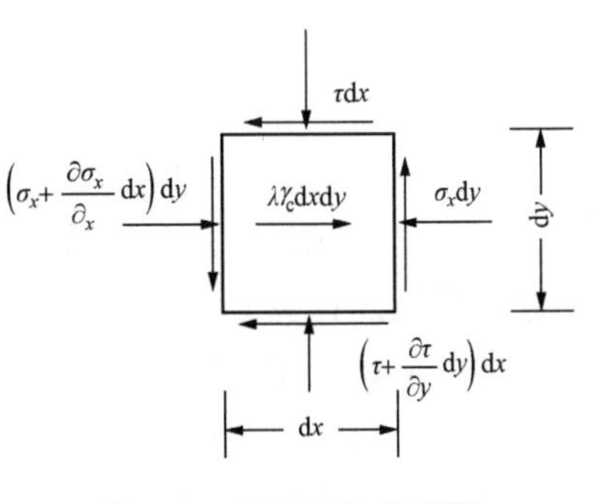

图 4-4　坝体元块的平衡

### 四、水平正应力$\sigma_x$的计算

三个分应力中，以水平正应力$\sigma_x$的计算最为复杂。考虑图 4-4，由平衡条件可写出：

$$
\frac{\partial\sigma_x}{\partial x}-\frac{\partial\tau}{\partial y}+\lambda\gamma_c=0
$$

将$\tau=a_1+b_1x+c_1x^2$代入，得：

$$
\frac{\partial\sigma_x}{\partial x}=-\lambda\gamma_c+\frac{\mathrm{d}a_1}{\mathrm{d}y}+x\frac{\mathrm{d}b_1}{\mathrm{d}y}+b_1\frac{\mathrm{d}x}{\mathrm{d}y}+x^2\frac{\mathrm{d}c_1}{\mathrm{d}y}+2xc_1\frac{\mathrm{d}x}{\mathrm{d}y}
$$

或

$$
\sigma_x=-\lambda\gamma_c x+\frac{\mathrm{d}a_1}{\mathrm{d}y}x+b_1\tan\varphi_d x+\frac{1}{2}\times\frac{\mathrm{d}b_1}{\mathrm{d}y}x^2+c_1\tan\varphi_d x^2+\frac{1}{3}\times\frac{\mathrm{d}c_1}{\mathrm{d}y}x^3+C \tag{4-13}
$$

上式中的$C$是积分常数。因为$x=0$时，上式应该给出下游边界上的正应力$\sigma_{xd}$，显然，这个常数就是$\sigma_{xd}$。故式（4-13）可重写如下：

$$
\sigma_x=\sigma_{xd}+\left(\frac{\mathrm{d}a_1}{\mathrm{d}y}+b_1\tan\varphi_d-\lambda\gamma_c\right)x+\left(-\frac{1}{2}\times\frac{\mathrm{d}b_1}{\mathrm{d}y}+c_1\tan\varphi_d\right)x^2+\frac{1}{3}\times\frac{\mathrm{d}c_1}{\mathrm{d}y}x^3
$$

或者写为：

$$
\sigma_x=a_2+b_2x+c_2x^2+\mathrm{d}_2x^3 \tag{4-14}
$$

$$
\left.\begin{aligned}
&a_2=\sigma_{xd} \\
&b_2=b_1m+\frac{\mathrm{d}a_1}{\mathrm{d}y}-\lambda\gamma_c \\
&c_2=c_1m+\frac{1}{2}\times\frac{\mathrm{d}b_1}{\mathrm{d}y} \\
&d_2=\frac{1}{3}\times\frac{\mathrm{d}c_1}{\mathrm{d}y}
\end{aligned}\right\} \tag{4-15}
$$

现在，我们必须计算$\frac{da_1}{dy}$、$\frac{db_1}{dy}$及$\frac{dc_1}{dy}$三个导数，才能得到计算$\sigma_x$的公式。这三个导数的计算，却颇为繁复，以往一些文献中曾建议采用以下两种方法来求这些导数：

（1）在计算断面邻近，另取一断面，令两者相距为$\Delta y$，再计算新断面上的$W$、$V$、$M$等，求出该断面上的三个系数$a_1$、$b_1$和$c_1$（记为$a_1$*，$b_1$*，$c_1$*），则

$$\frac{da_1}{dy}\approx\frac{a_1-a_1{}^*}{\Delta y},\quad \frac{db_1}{dy}\approx\frac{b_1-b_1{}^*}{\Delta y},\quad \frac{dc_1}{dy}\approx\frac{c_1-c_1{}^*}{\Delta y}$$

（2）用代数方法，展开$\frac{da_1}{dy}$等，将它们最终以$M$、$W$等表示之。例如美国垦务局曾推导了这些公式。

但是这些方法都存在着缺点。采用第一个方法时，$\Delta y$应取得充分的小，以保证所需的精度。而因为$\Delta y$很小，故$a_1$与$a_1$*等间的差值也很微小，这就要求很高的计算精度，例如有效数字须取到6～7位，使得不能应用计算尺从事工作。采用第二个方法时，则公式很冗长，项目甚多，计算工作量既甚巨大，又很容易发生错误，常常要列表进行系统的计算（这些公式所以冗长繁复，是由于在公式中包括了各种项目的影响，并且都用$W$、$V$、$M$等基本数据来表达，没有充分利用已求出的其他数据来简化公式）。

下面我们将介绍用另一种方法来计算这三个导数，这可望得到更为简捷的公式。这个方法是作者在1958年导得的，经过计算考验，证明是一个较好的方法。

由式（4-11）：

$$a_1=\tau_d$$
$$a_1+b_1T+c_1T^2=\tau_u$$
$$a_1T+\frac{b_1}{2}T^2+\frac{c_1}{3}T^3=-V$$

将上式对$y$微分，并以$a_1'$等代表$\frac{da_1}{dy}$等，可得：

$$\left.\begin{aligned}&a_1'=\tau_d'\\&a_1'+Tb_1'+T^2c_1'=\tau_u'-2T(m+n)c_1-(m+n)b_1\\&Ta_1'+\frac{T^2}{2}b_1'+\frac{T^3}{3}c_1'=-V'-(m+n)\tau_u\end{aligned}\right\}\quad(4\text{-}16)$$

从这三式中就可以算出三个导数：

$$\left.\begin{aligned}&a_1'=\tau_d'\\&Tb_1'=-4a_1'-2\tau_u'+4T(m+n)c_1+2(m+n)b_1-\frac{6V'}{T}-\frac{6(m+n)}{T}\tau_u\\&T^2c_1'=3a_1'+3\tau_u'-6T(m+n)c_1-3(m+n)b_1+\frac{6V'}{T}+\frac{6(m+n)}{T}\tau_u\end{aligned}\right\}\quad(4\text{-}17)$$

在以上公式中，除$\tau_d'$、$\tau_u'$及$V'$三项外，其余均为已知值。这三项可如下计算：

（1）$V'=\dfrac{\mathrm{d}V}{\mathrm{d}y}=-p$（即水平合力沿 $y$ 方向的变率，如仅上游坝面承受荷载，即为坝面上荷载强度，如上下游坝面均有荷载，则为两面荷载强度之代数和，故这里的 $p$ 包括水压力及地震力等在内，下同）。

$$\left.\begin{aligned}&(2)\qquad \tau_d'=\frac{\mathrm{d}\tau_d}{\mathrm{d}y}=\frac{\mathrm{d}}{\mathrm{d}y}(a-p')m=\left(\frac{\mathrm{d}a}{\mathrm{d}y}-\frac{\mathrm{d}p'}{\mathrm{d}y}\right)m\\&(3)\qquad \tau_u'=\frac{\mathrm{d}\tau_u}{\mathrm{d}y}=\frac{\mathrm{d}}{\mathrm{d}y}[p-a-bT]n=\left[\frac{\mathrm{d}p}{\mathrm{d}y}-\frac{\mathrm{d}a}{\mathrm{d}y}-T\frac{\mathrm{d}b}{\mathrm{d}y}-b(m+n)\right]n\end{aligned}\right\}\quad(4\text{-}18)$$

在推导上两式时，假定 $\dfrac{\mathrm{d}m}{\mathrm{d}y}=\dfrac{\mathrm{d}n}{\mathrm{d}y}=0$（即为直线坝坡，如坝坡为曲线形，也不难在上式中考虑 $\dfrac{\mathrm{d}m}{\mathrm{d}y}$ 及 $\dfrac{\mathrm{d}n}{\mathrm{d}y}$ 的影响）。在上式中又需求出 $\dfrac{\mathrm{d}a}{\mathrm{d}y}$、$\dfrac{\mathrm{d}b}{\mathrm{d}y}$、$\dfrac{\mathrm{d}p'}{\mathrm{d}y}$ 及 $\dfrac{\mathrm{d}p}{\mathrm{d}y}$ 等值。其中 $\dfrac{\mathrm{d}p}{\mathrm{d}y}$ 及 $\dfrac{\mathrm{d}p'}{\mathrm{d}y}$ 分别代表上下游坝面荷载强度对 $y$ 的变率，如只有水压力作用在坝面上，这些变率都等于 $\gamma_0=1$（如下游面无水压力，$\dfrac{\mathrm{d}p'}{\mathrm{d}y}=0$）。如有地震激荡力或淤砂压力等作用在坝面上时，应在 $\dfrac{\mathrm{d}p}{\mathrm{d}y}$ 或 $\dfrac{\mathrm{d}p'}{\mathrm{d}y}$ 中计及其影响。而 $\dfrac{\mathrm{d}a}{\mathrm{d}y}$ 及 $\dfrac{\mathrm{d}b}{\mathrm{d}y}$ 两值则非常容易导出：

$$\left.\begin{aligned}&\frac{\mathrm{d}a}{\mathrm{d}y}=b_1-bm+\gamma_c\\&\frac{\mathrm{d}b}{\mathrm{d}y}=2c_1\end{aligned}\right\}\quad(4\text{-}19)$$

将它们代回式（4-18）：

$$\left.\begin{aligned}&\tau_d'=(b_1-bm+\gamma_c-\gamma_0')m\quad(\text{当下游无水时，置}\ \gamma_0'=0)\\&\tau_u'=[-b_1+bm-\gamma_c-2Tc_1-b(m+n)+\gamma_0]n\end{aligned}\right\}\quad(4\text{-}20)$$

这样我们就全部解决了 $\sigma_x$ 的计算公式问题。

以上计算实体重力坝的公式和步骤，可再归纳如下：

计算实体重力坝应力的步骤：

（1）所需基本数据：$W$、$M$、$V$、$T$、$m$、$n$、$p$、$p'$。

垂直正应力 $\sigma_y$

（2）计算　$a=\dfrac{W}{T}-\dfrac{6M}{T^2}$，$b=\dfrac{12M}{T^3}$

（3）得出 $\sigma_y$ 的公式：$\sigma_y=a+bx$，并算出 $\sigma_{yu}$ 及 $\sigma_{yd}$ 供以下应用。

剪应力 $\tau$

（4）计算　$\tau_u=(p-\sigma_{yu})n$，$\tau_d=(\sigma_{yd}-p')m$

（5）计算　$a_1=\tau_d$

$$b_1=-\frac{1}{T}\left(\frac{6V}{T}+2\tau_u+4\tau_d\right)$$

$$c_1=\frac{1}{T^2}\left(\frac{6V}{T}+3\tau_u+3\tau_d\right)$$

（6）得出 $\tau$ 的公式：$\tau=a_1+b_1x+c_1x^2$

水平正应力 $\sigma_x$

（7）计算 $\tau'_d=(b_1-bm+\gamma_c-\gamma_0)m$，$V'=-p$

$$\tau'_u=[-b_1+b_m-\gamma_c-2Tc_1-b(m+n)+\gamma_0]n$$

（8）计算 $a'_1=\tau'_d$

$$b'_1=\frac{1}{T}\left[-4a'_1-2\tau'_u+4T(m+n)c_1+2(m+n)b_1-\frac{6V'}{T}-\frac{6(m+n)}{T}\tau_u\right]$$

$$c'_1=\frac{1}{T^2}\left[3a'_1+3\tau'_u-6T(m+n)c_1-3(m+n)b_1+\frac{6V'}{T}+\frac{6(m+n)}{T}\tau_u\right]$$

（9）计算

$$a_2=a_1m+p'$$

$$b_2=b_1m+a_1'-\lambda\gamma_c$$

$$c_2=c_1m+\frac{1}{2}b'_1$$

$$d_2=\frac{1}{3}c'_1$$

（10）得出 $\sigma_x$ 的公式：$\sigma_x=a_2+b_2x+c_2x^2+d_2x^3$

（11）置 $x$ 为各值，求出 $\sigma_y$、$\tau$ 和 $\sigma_x$，再计算主应力。

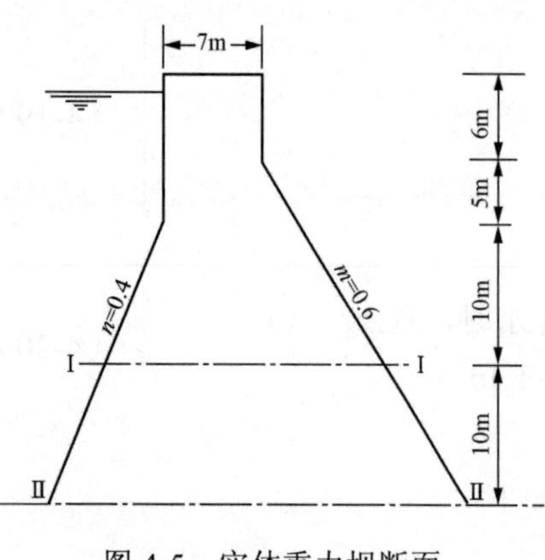

图 4-5　实体重力坝断面

**五、举例**

我们举一简单例题来说明上述步骤和公式的应用。图 4-5 中示一实体重力坝断面。现用上述方法计算 I - I 断面上的应力。各原始数据见图，并设已求出该断面上 $W=622.8\text{t}$，$V=-200\text{t}$，$M=-254\text{t}\cdot\text{m}$，$p=20\text{t/m}^2$，$p'=0\text{t/m}^2$，$\gamma_0=1\text{t/m}^3$，$\gamma_c=2.4\text{t/m}^3$，$\lambda=0$。

（1）基本数据，见上。

（2）求 $a$，$b$：

$$a=\frac{622.8}{20}+\frac{6\times254}{400}=34.95$$

$$b=-\frac{12\times254}{8000}=-0.381$$

（3）求 $\sigma_y$：$\sigma_y=34.95-0.381x$。以 $x=0$、4、8、12、16、20 代入，求出 $\sigma_y$，见表 4-1。

**表 4-1**　　$\sigma_y$ 值

| $x$ | 0 | 4 | 8 | 12 | 16 | 20 |
|---|---|---|---|---|---|---|
| $\sigma_y$ | 34.95（$\sigma_{yd}$） | 33.43 | 31.90 | 30.38 | 28.85 | 27.33（$\sigma_{yu}$） |

（4）求 $\tau_u$ 及 $\tau_d$：

$$\tau_u = (20-27.33)\times 0.4 = -2.932$$
$$\tau_d = (34.95-0)\times 0.6 = 20.97$$

（5）求 $a_1$、$b_1$ 及 $c_1$：

$$a_1 = 20.97$$
$$b_1 = -\frac{1}{20}\left(\frac{-1200}{20} - 5.864 + 83.88\right) = -0.9008$$
$$c_1 = \frac{1}{400}\left(\frac{-1200}{20} - 8.796 + 62.91\right) = -0.014715$$

（6）求 $\tau$：$\tau = 20.97 - 0.9008x - 0.014715x^2$。以 $x=0$、4、8、12、16、20 代入，求出 $\tau$，见表 4-2。

**表 4-2　　$\tau$ 值**

| $x$ | 0 | 4 | 8 | 12 | 16 | 20 |
|---|---|---|---|---|---|---|
| $\tau$ | 20.97（$\tau_d$） | 17.13 | 12.82 | 8.05 | 2.79 | −2.932（$\tau_u$） |

（7）求 $\tau'_d$，$\tau'_u$：

$$\tau'_d = (-0.9008 + 0.381\times 0.6 + 2.4 - 0)\times 0.6 = 1.03668$$
$$\tau'_u = (0.9008 - 0.381\times 0.6 - 2.4 + 2\times 20\times 0.014715 + 0.381\times 1.0 + 1.0)\times 0.4 = 0.09672$$

（8）求 $a'_1$、$b'_1$ 及 $c'_1$：

$$a'_1 = 1.03668$$
$$b'_1 = \frac{1}{20}\left(-4.14672 - 0.19344 - 80\times 0.014715 - 1.8016 + 6 + \frac{6}{20}\times 2.932\right) = -0.021983$$
$$c'_1 = \frac{1}{400}\left(3.11004 + 0.29016 + 120\times 0.014715 + 2.7024 - 6 - \frac{6}{20}\times 2.932\right) = 0.0024728$$

（9）计算 $a_2$、$b_2$、$c_2$、$d_2$：

$$a_2 = 20.97\times 0.6 + 0 = 12.582$$
$$b_2 = -0.9008\times 0.6 + 1.03668 = 0.4962$$
$$c_2 = -0.014715\times 0.6 - 0.0109915 = -0.01982$$
$$d_2 = 0.00082426$$

（10）计算 $\sigma_x$（见表 4-3）：

$$\sigma_x = 12.582 + 0.4962x - 0.01982x^2 + 0.00082426x^3$$

**表 4-3　　$\sigma_x$ 值**

| $x$ | 0 | 4 | 8 | 12 | 16 | 20 |
|---|---|---|---|---|---|---|
| $\sigma_x$ | 12.582（$\sigma_{xd}$） | 14.30 | 15.70 | 17.11 | 18.83 | 21.17（$\sigma_{xu}$） |

求出 $\sigma_y$、$\tau$ 及 $\sigma_x$ 的公式后，首先应该将 $x=T$ 代入这些公式，求出 $\sigma_{yu}$，$\tau_u$ 及 $\sigma_{xu}$。而这三个值另可从边界条件直接计算：

$$\sigma_{yu} = \frac{W}{T} + \frac{6M}{T^2}$$
$$\tau_u = (p - \sigma_{yu})n$$

$$\sigma_{xu}=p+(\sigma_{yu}-p)n^2$$

两者对照，可以作很好的校核。

从上述简单例子中，可以看出，所建议的计算 $\sigma_x$ 的方法远比按一般公式法计算来得简捷。

## 第三节　成果表示和计算表格

我们要对一个重力坝断面进行全面的应力计算时，可按下列步骤进行：

（1）在整个坝体断面上选取几个高程及垂直线（或辐射线）作为计算根据，例如每隔 5m 计算一层，各水平线及垂直线（辐射线）相交，组成一套控制网格（见图 4-6）。

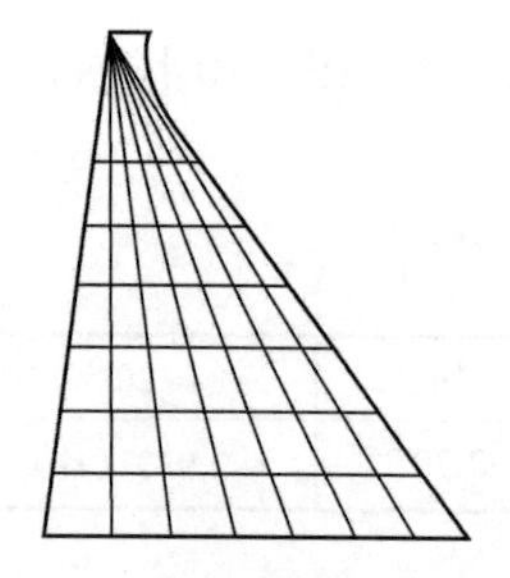

图 4-6　重力坝断面计算网

（2）列表计算每一断面上的垂直力、水平力和相应的力矩。力及力矩最好分项目列成表格清楚和整齐地进行计算，既免致误，又便于校核，见表 4-4。

（3）列表统计每一断面在各种计算情况下的合力 $W$、$V$ 及合力矩 $M$，见表 4-5。

**表 4-4**　　**断面力及力矩计算表**

| ＿＿坝＿＿断面　应力分析<br>库水位＿＿尾水位＿＿容重＿＿计算＿＿校核＿＿日期＿＿ | | | | | | | | |
|---|---|---|---|---|---|---|---|---|
| 高程 | 荷载 | 力的计算 | 力 | | 力臂 | | 力矩 | |
| | | | 垂直 | 水平 | $x$ | $y$ | + | – |
| | | | | | | | | |
| | | | | | | | | |
| | | | | | | | | |
| | | | | | | | | |

**表 4-5**　　**断面合力及合力矩统计表**

| ＿＿坝＿＿断面　应力分析<br>库水位＿＿尾水位＿＿计算＿＿校核＿＿日期＿＿ | | | | | | | | | | |
|---|---|---|---|---|---|---|---|---|---|---|
| 高程 | 情况 1（库空） | | | 情况 2（正常高水位） | | | 情况 3（千年溢洪） | | | …… |
| | $W$ | $V$ | $M$ | $W$ | $V$ | $M$ | $W$ | $V$ | $M$ | |
| | | | | | | | | | | |
| | | | | | | | | | | |
| | | | | | | | | | | |
| | | | | | | | | | | |

（4）列表计算各高程每一计算点子的横坐标 $x$ 和 $x^2$、$x^3$ 等（见表 4-6），以及断面长度 $T$ 的各次方值（见表 4-7）。

**表 4-6　　　　　　　　　计算点坐标 x 各次方表**

| ____坝____断面　应力分析<br>原点在下游面　　　　　　计算____校核____日期____ | | | | | | | |
|---|---|---|---|---|---|---|---|
| 高程 | 计　算　点 | | | | | | |
| | | 上游面 | | | | | 下游面 |
| | $x$<br>$x^2$<br>$x^3$ | | | | | | 0<br>0<br>0 |
| | $x$<br>$x^2$<br>$x^3$ | | | | | | 0<br>0<br>0 |
| | $x$<br>$x^2$<br>$x^3$ | | | | | | 0<br>0<br>0 |

**表 4-7　　　　　　　　　$T$ 的各次方计算表**

| ____坝____断面　应力分析<br>计算____校核____日期____ | | | | | | |
|---|---|---|---|---|---|---|
| 高程 | $T$ | $\frac{1}{T}$ | $T^2$ | $\frac{6}{T^2}$ | $T^3$ | $\frac{6}{T^3}$ |
| | | | | | | |
| | | | | | | |
| | | | | | | |
| | | | | | | |
| | | | | | | |
| | | | | | | |
| | | | | | | |

（5）列表计算垂直正应力 $\sigma_y$［应用式（4-2）和式（4-3）］，见表 4-8。其中 $W$ 及 $M$ 取自表 4-5，$\frac{1}{T}$ 及 $\frac{6}{T^2}$ 取自表 4-7，其余观表自明。算出 $\sigma_y$ 后，可将成果沿断面画出，见图 4-7（a）。

**表 4-8　　　　　　　　　正应力 $\sigma_y$ 计算表**

| ____坝____断面　应力分析　　情况____<br>正应力 $\sigma_y$ 计算表　　$\sigma_y = a + bx$<br>库水位____尾水位____计算____校核____日期____ | | | | | | | | | | | | | | | |
|---|---|---|---|---|---|---|---|---|---|---|---|---|---|---|---|
| 高程 | $a=\frac{W}{T}-\frac{6M}{T^2}$ | | | | | | | $b=\frac{12M}{T^3}$ | | $\sigma_y = a + bx$ | | | | | |
| | $W$ | $\frac{1}{T}$ | $\frac{W}{T}$ | $M$ | $\frac{6}{T^2}$ | $\frac{6M}{T^2}$ | $a$ | $\frac{12}{T^3}$ | $b$ | 1 | 2 | 3 | 4 | 5 | 6 |
| | | | | | | | | | | | | | | | |
| | | | | | | | | | | | | | | | |

校核：$x = T$ 时，$\sigma_y = \frac{W}{T} + \frac{6M}{T^2}$

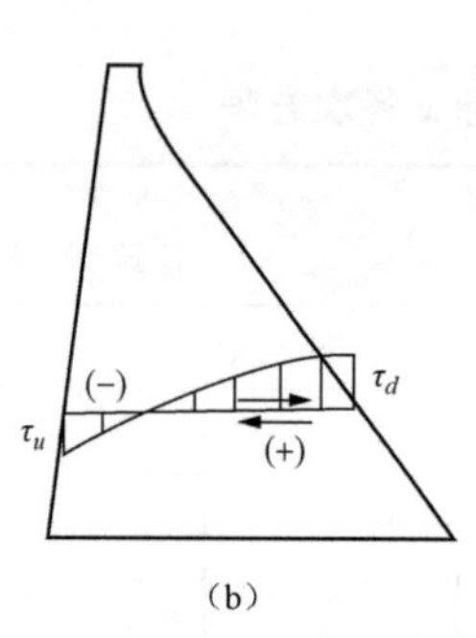


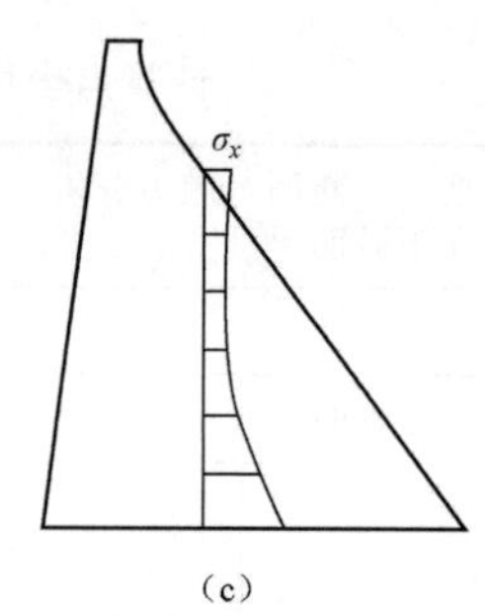


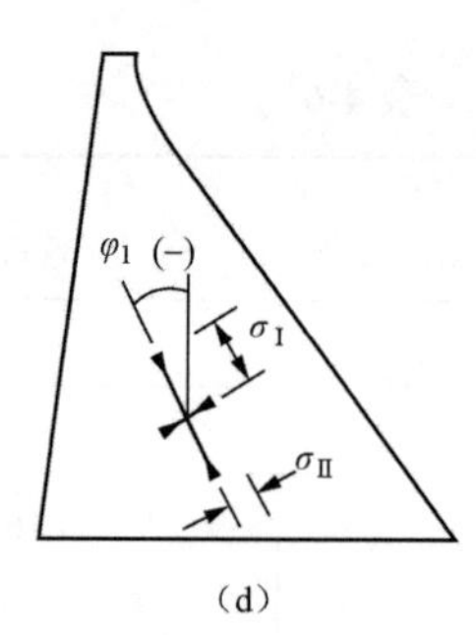


（a）　（b）　（c）　（d）

图 4-7　重力坝断面应力的图示

（a）$\sigma_y$；（b）$\tau$；（c）$\sigma_x$；（d）主应力

（6）列表计算剪应力 $\tau$，见表 4-9。其中 $\sigma_{yu}$、$\sigma_{yd}$ 取自表 4-8，$V$ 取自表 4-5，$x$ 及 $x^2$ 取自表 4-6，其余观表自明。求出 $\tau$ 后，可沿断面画成曲线，见图 4-7（b）。

（7）列表计算水平正应力 $\sigma_x$［应用式（4-14）～式（4-20）］，见表 4-10 和表 4-11，求出 $\sigma_x$ 后，也可将成果表示如图 4-7（c）。

**表 4-9　　剪应力 $\tau$ 计算表**

____坝____断面　　应力分析
剪应力 $\tau$ 计算表
库水位____尾水位____计算____校核____日期____

| 高程 | $\tau_u=-(\sigma_{yu}-p\mp p_E)\tan\varphi_u$ | | | | $\tau_d=(\sigma_{yd}-p'\pm p'_E)\tan\varphi_d$ | | | | $b_1=-\left[\frac{6V}{T^2}+\frac{2}{T}\tau_u+\frac{4}{T}\tau_d\right]$ | | | | | |
|---|---|---|---|---|---|---|---|---|---|---|---|---|---|---|
| | $\sigma_{yu}$ | $p+p_E$ | $\tan\varphi_u$ | $\tau_u$ | $\sigma_{yd}$ | $p'-p'_E$ | $\tan\varphi_d$ | $\tau_d=a_1$ | $\frac{6}{T^2}$ | $V$ | $\frac{6V}{T^2}$ | $\frac{2}{T}\tau_u$ | $\frac{4}{T}\tau_d$ | $b_1$ |
| | | | | | | | | | | | | | | |
| | | | | | | | | | | | | | | |
| | | | | | | | | | | | | | | |
| | | | | | | | | | | | | | | |
| | | | | | | | | | | | | | | |
| | | | | | | | | | | | | | | |
| | | | | | | | | | | | | | | |

| 高程 | $c_1=\frac{6V}{T^3}+3\frac{\tau_u}{T^2}+3\frac{\tau_d}{T^2}$ | | | | | | $\tau=a_1+b_1x+c_1x^2$ | | | | | | | | |
|---|---|---|---|---|---|---|---|---|---|---|---|---|---|---|---|
| | $\frac{6}{T^3}$ | $V$ | $\frac{6V}{T^3}$ | $\frac{3\tau_u}{T^2}$ | $\frac{3\tau_d}{T^2}$ | $c_1$ | 1 | 2 | 3 | 4 | 5 | 6 | 7 | 8 | 9 |
| | | | | | | | | | | | | | | | |
| | | | | | | | | | | | | | | | |
| | | | | | | | | | | | | | | | |
| | | | | | | | | | | | | | | | |
| | | | | | | | | | | | | | | | |
| | | | | | | | | | | | | | | | |
| | | | | | | | | | | | | | | | |

**表 4-10** **水平正应力 $\sigma_x$ 计算表**

<table>
<tr><td colspan="6">____坝____断面 应力分析<br>水平正应力 $\sigma_x$ 计算表<br>库水位____尾水位____<br>$\gamma_c=$____ $b=$____ $b_1=$____ $m=$____ $c_1=$____ $T=$____ 计算____校核____日期____</td></tr>
<tr><td rowspan="2">高程</td><td>$\frac{da}{dy}$</td><td>$\frac{db}{dy}$</td><td>$\frac{d\tau_d}{dy}=a_1'$</td><td>$\frac{d\tau_u}{dy}$</td><td>$b_1'$</td></tr>
<tr><td>$b_1-bm+\gamma_c$</td><td>$2c_1$</td><td>$\left(\frac{da}{dy}-\frac{dp'}{dy}\right)m$</td><td>$\left[\frac{dp}{dy}-\frac{da}{dy}-T\frac{db}{dy}-(m+n)b\right]n$</td><td>$\frac{1}{T}\left[-4a_1'-2\tau_u'+4T(m+n)c_1+2(m+n)b_1-\frac{6V'}{T}-\frac{6(m+n)}{T}\tau_u\right]$</td></tr>
<tr><td></td><td></td><td></td><td></td><td></td><td></td></tr>
<tr><td></td><td></td><td></td><td></td><td></td><td></td></tr>
<tr><td></td><td></td><td></td><td></td><td></td><td></td></tr>
<tr><td></td><td></td><td></td><td></td><td></td><td></td></tr>
<tr><td></td><td></td><td></td><td></td><td></td><td></td></tr>
<tr><td></td><td></td><td></td><td></td><td></td><td></td></tr>
<tr><td rowspan="2">高程</td><td>$c_1'$</td><td>$a_2$</td><td>$b_2$</td><td>$c_2$</td><td>$d_2$</td></tr>
<tr><td>$\frac{1}{T^2}\left[3a_1'+3\tau_u'-6T(m+n)c_1-3(m+n)b_1+\frac{6V'}{T}+\frac{6(m+n)}{T}\tau_u\right]$</td><td>$a_1m+p'$</td><td>$b_1m+a_1'-\lambda\gamma_c$</td><td>$c_1m+\frac{1}{2}b_1'$</td><td>$\frac{1}{3}c_1'$</td></tr>
<tr><td></td><td></td><td></td><td></td><td></td><td></td></tr>
<tr><td></td><td></td><td></td><td></td><td></td><td></td></tr>
<tr><td></td><td></td><td></td><td></td><td></td><td></td></tr>
<tr><td></td><td></td><td></td><td></td><td></td><td></td></tr>
<tr><td></td><td></td><td></td><td></td><td></td><td></td></tr>
<tr><td></td><td></td><td></td><td></td><td></td><td></td></tr>
</table>

**表 4-11** **水平正应力 $\sigma_x$ 计算表**

<table>
<tr><td colspan="10">____坝____断面 应力分析<br>水平正应力 $\sigma_x$ 计算表<br>库水位____尾水位____计算____校核____日期____</td></tr>
<tr><td colspan="10">$\sigma_x=a_2+b_2x+c_2x^2+d_2x^3$</td></tr>
<tr><td>1</td><td>2</td><td>3</td><td>4</td><td>5</td><td>6</td><td>7</td><td>8</td><td>9</td><td>10</td></tr>
<tr><td></td><td></td><td></td><td></td><td></td><td></td><td></td><td></td><td></td><td></td></tr>
<tr><td></td><td></td><td></td><td></td><td></td><td></td><td></td><td></td><td></td><td></td></tr>
<tr><td></td><td></td><td></td><td></td><td></td><td></td><td></td><td></td><td></td><td></td></tr>
</table>

（8）在每一计算点上，列出 $\sigma_x$、$\sigma_y$ 及 $\tau$ 的值（见表 4-12），并列表（见表 4-13）计算各点上的主应力及其方向（应用表中所示的公式）[1]。求出主应力后，将它以矢量表示之，画在各点上，如图 4-7（d），↕ 表示拉应力，】表示压应力，矢号长度代表

[1] 这里对主应力的规定与材料力学稍有不同，但无碍实用。

主应力绝对值，矢号方向与主应力方向一致。

表 4-12　　各点分应力统计表

| ____坝____断面　　情况____<br>计算____校核____日期____ | | | | | | |
|---|---|---|---|---|---|---|
| 高程 | 应力 | 计算点 | | | | |
| | | 上游面 | | | | 下游面 |
| | $\sigma_y$<br>$\tau$<br>$\sigma_x$ | | | | | |
| | $\sigma_y$<br>$\tau$<br>$\sigma_x$ | | | | | |
| | ⋮ | | | | | |
| | $\sigma_y$<br>$\tau$<br>$\sigma_x$ | | | | | |

表 4-13　　主应力 $\sigma_{\mathrm{I}}$ 计算表

____坝____断面　应力分析

主应力计算

库水位____尾水位____计算____校核____日期____

计算公式

$$\sigma_{\mathrm{I}}=\frac{\sigma_x+\sigma_y}{2}\pm\sqrt{\left(\frac{\sigma_x-\sigma_y}{2}\right)^2+\tau^2}$$

如 $\sigma_y-\sigma_x>0$，用正号，求 $\sigma_{\mathrm{II}}$用负号；

如 $\sigma_y-\sigma_x<0$，用负号，求 $\sigma_{\mathrm{II}}$用正号。

$$\varphi_{\mathrm{I}}=\frac{1}{2}\arctan\left(\frac{-2\tau}{\sigma_y-\sigma_x}\right)$$

| 高程 | 项目 | $\sigma_{\mathrm{I}}$及$\sigma_{\mathrm{II}}$ | | | | | |
|---|---|---|---|---|---|---|---|
| | | 1 | 2 | 3 | 4 | 5 | 6 |
| | $\frac{1}{2}(\sigma_x+\sigma_y)$<br>$\frac{1}{2}(\sigma_x-\sigma_y)$<br>$\sigma_{\mathrm{I}}$<br>$\sigma_{\mathrm{II}}$<br>$\tan 2\varphi_1$<br>$\varphi_1$ | | | | | | |
| | $\frac{1}{2}(\sigma_x+\sigma_y)$<br>$\frac{1}{2}(\sigma_x-\sigma_y)$<br>$\sigma_{\mathrm{I}}$<br>$\sigma_{\mathrm{II}}$<br>$\tan 2\varphi_1$<br>$\varphi_1$ | | | | | | |

（9）根据以上所获成果，我们可以方便地画出各种表示应力分布状态的图形，例如等应力线图，第一、第二主应力轨迹线图，等倾线图等等。这些都很容易制作，不

再详细介绍。

上面介绍的各种表格，当然不是一成不变的，实际应用时可根据各工程具体情况予以改变，以便统计计算。

## 第四节　渗透压力所产生的应力的计算

重力坝所承受的各种荷载中，扬压力（包括浮托力及渗透压力）是比较特殊的一种。有些设计者未能确切地了解它的性质，因此在计算中常常容易发生疑义或者导致错误。在本节中，我们拟对扬压力所产生的应力问题作一个专门的讨论。

要了解扬压力的性质，我们不能再把混凝土作为均质而连续的物质看待，而必须进一步考虑它的实际组成情况。混凝土是由粗细的骨料被水泥胶结而形成的不连续物质，其中存在无数微小的孔洞。高压水就是通过这些孔洞渗入混凝土内部而产生扬压力的。图 4-8（a）表示一块从混凝土体中切取出来的隔离体，在任一条边 $ab$ 上的正应力为 $\sigma_y$。实际上，$ab$ 截面中有一部分是固体接触面（应力正是通过这些接触面传递的），另一部分则是空洞。因此，在 $ab$ 面上真正的应力分布状态远非均匀，在接触部分上的应力远较计算值 $\sigma_y$ 为大，在空洞部分应力为 0，如图中实线所示。$\sigma_y$ 事实上为这一真正应力分布的平均值（图中虚线），其合力则与接触应力的合力相等。

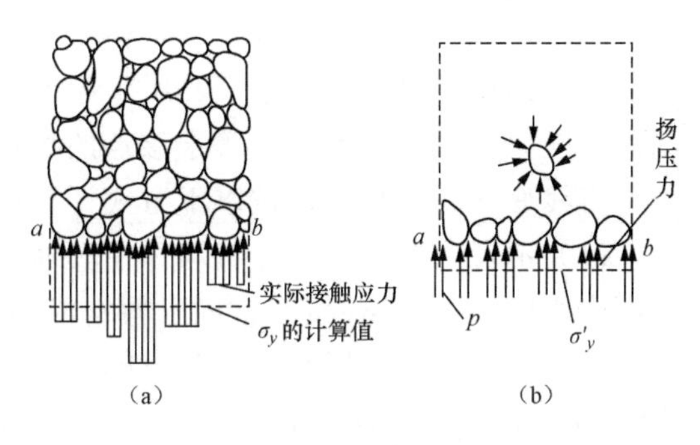

图 4-8　扬压力的解释

现在考虑压力水渗入孔隙后的情况。这时，每一个颗粒周围都受到水压力作用见图 4-8（b）。就 $ab$ 面上讲，这时除接触应力外，还有向上的水压力 $p$ 存在。$p$ 就是该处扬压力的强度。我们在考虑隔离体的平衡条件时，必须把 $p$ 及 $\sigma_y$ 都计算在内。而且正是由于 $p$ 的参与，使接触应力 $\sigma_y$ 变化为 $\sigma'_y$。$\sigma_y$ 与 $\sigma'_y$ 间的差异，就是扬压力所引起的应力，更精确地说，是扬压力所引起的坝体内混凝土平均接触应力的变化数值，也就是我们所需计算的值。

根据以上说明，我们知道在一截面 $ab$ 上，同时存在着扬压力 $p$ 与接触应力 $\sigma_y$ 两种性质不同的力。在考虑块体平衡条件时，这两者要同时计及（$\sigma_y+p$ 的值，有时不很恰当地称为 $ab$ 面上的总应力）；但对设计起作用的，是混凝土中的接触应力 $\sigma_y$。

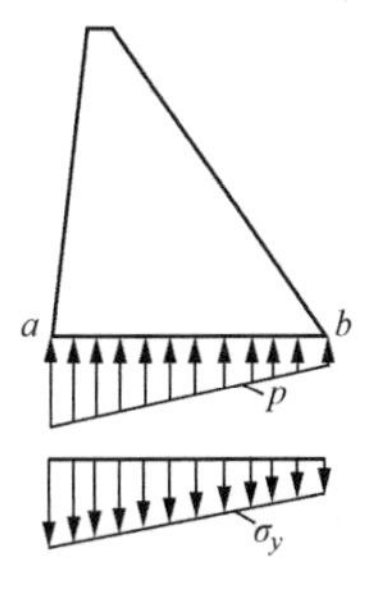

图 4-9　直线分布的扬压力与相应的正应力

说明了这些情况后，我们可以进一步研究扬压力所引起的应力问题。假定 $ab$ 为坝体某一横断面（图 4-9），为便于说明，我们假定坝体只承受扬压力而无其他荷载（在实际上这当然是不可能的），这样在无扬压力时断面上的原始接触应力为 0。

首先假定扬压力从上游至下游呈直线分布。由于在 $ab$ 面上出现了这一压力，破坏了平衡条件，所以必然引起相应的接触应力 $\sigma_y$ 以平衡之（显然，$\sigma_y$ 均为拉应力）。在本章中，我们都假定 $\sigma_y$ 沿断面呈直线分布，这样，各点处的 $\sigma_y$ 在强度上必恰巧等于该点的扬压力强度，而方向相反。在这里我们必须再次认清 $\sigma_y$ 与 $p$ 是作用在同一点上但性质完全不同的两种力。

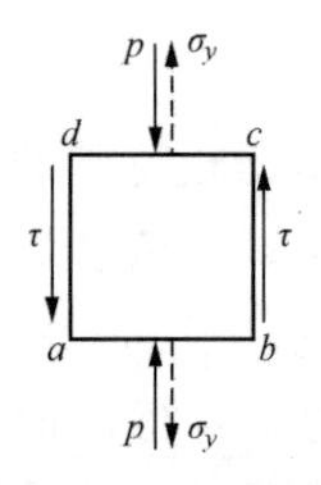

图 4-10　元块示意

我们要计算扬压力所引起的接触剪应力时，应考虑元块的平衡条件。图 4-10 中，$ab$ 面上垂直力和 $dc$ 面上垂直力之和，应该由 $ad$ 和 $bc$ 面上的剪应力来平衡。但由于 $\sigma_y$ 处处与 $p$ 相等相反，故任何一点上的总应力常为 0，从而 $\tau_{xy}$ 也必然为 0。如果我们切取垂直断面研究其上的平衡条件时，也容易证明在每一点上正应力 $\sigma_x$ 等于该点上的扬压力强度 $p$，而方向相反。

这样，我们得到一条重要的结论：如果扬压力强度在坝内呈直线变化，则按材料力学理论，其所引起的接触应力的变化如下：正应力 $\sigma_x$ 和 $\sigma_y$ 相等，均为拉应力，且均在数值上等于该点的扬压力强度 $p$，剪应力无变化。所以，如扬压力呈直线变化时，我们可按以下方式计算应力：

（1）不考虑扬压力，计算坝体在其他荷载作用下各点的三个分应力 $\sigma_y$、$\sigma_x$ 及 $\tau_{xy}$，和两个主应力 $\sigma_{\text{I}}$、$\sigma_{\text{II}}$ 及其方向（假定应力 $\sigma_x$ 及 $\sigma_y$ 均为压应力）。

（2）考虑扬压力影响后，各点的实际接触应力乃为：$\sigma'_x=\sigma_x-p$，$\sigma'_y=\sigma_y-p$，$\sigma'_{\text{I}}=\sigma_{\text{I}}-p$，$\sigma'_{\text{II}}=\sigma_{\text{II}}-p$，$\tau'_{xy}=\tau_{xy}$，主应力方向无变化。式中 $p$ 为各点上的扬压力强度。

如果 $\sigma_x$ 或 $\sigma_y$ 小于 $p$，则 $\sigma'_x$ 或 $\sigma'_y$ 为负值，这意味着在该点的接触应力将变成拉应力。

通过理论分析容易证明，如果扬压力强度 $p$ 是一个平面谐和函数，即符合以下方程：

$$\nabla^2 p=\left(\frac{\partial^2}{\partial x^2}+\frac{\partial^2}{\partial y^2}\right)p=0$$

则同样可用上述步骤求解［$p$ 呈直线（即平面）分布仅为其中一个特殊情况］。这一原理常被称为布拉兹（Brahtz）理论。

普通在设计中采用的扬压力图形常呈图 4-11 中所示的形状（参见第三章第一节），其中常可划为两部分，一部分是代表下游水头的矩形部分，这部分常称为浮托力，其余部分则为渗透压力。浮托力常呈直线（矩形）分布，其对接触应力的影响，可简单地从正应力中减去浮托力强度而得（而且只在下游水位以下部分才存在这一影响）。所以下面我们只研究渗透压力所产生的应力问题。

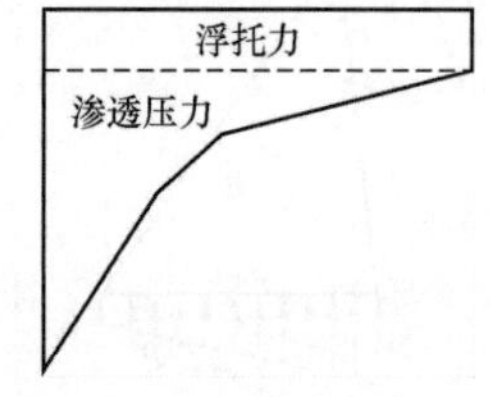

图 4-11　扬压力的组成

渗透压力常常假定呈折线或其他复杂的分布形式，所以不能采用以上的布拉兹原理处理。我们仍然可按照材料力学法的基本假定先计算正应力 $\sigma_y$。这时，将断面上的扬压力作为外力看待，然后从平衡条件依次推求 $\tau_{xy}$ 和 $\sigma_x$。兹分述于下。

首先须说明，在计算中，如坝体不产生开裂情况，叠加原理是完全适用的。因此，对于较复杂的渗透压力分布图形，可以分为若干个简单图形分别进行计算，然后将所得成果叠加，即得最后解答。图 4-12 中表示一些组合情况。下面我们只分述渗透压力呈局部三角形分布和呈局部矩形分布两种情况，其余情况常可用叠加法解决。

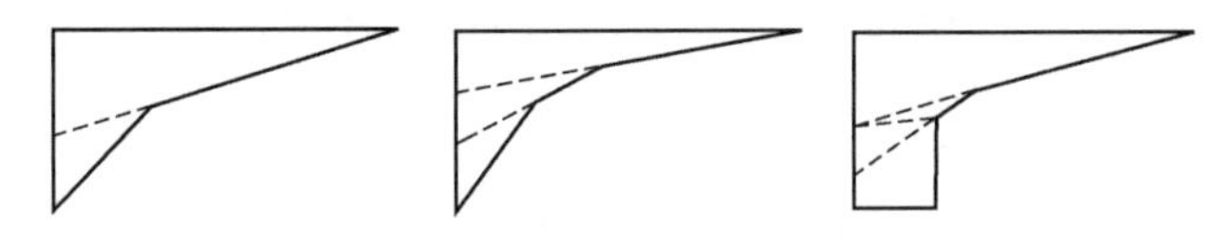

图 4-12　扬压力的分解

本节中所采用的符号与以前相同，只增加了下述几个新的符号：

$x'$ ——从渗透压力消失点 $O'$ 向上游量取的坐标；

$p_0$——迎水面的渗透压力强度，通常取为全水头，或为全水头乘以某一系数；

$r$——渗透压力消失点至迎水面距离和坝体断面总长度 $T$ 的比值，为小于 1 的数值；

$p_x$——坐标为 $x$ 处的渗透压力强度。

## 一、渗透压力呈局部三角形分布

1. 垂直正应力 $\sigma_y$ 的计算公式

由于我们假定 $\sigma_y$ 仍呈直线分布，故可写下：

$$\sigma_y = \frac{W}{F} + \frac{M}{I}\bar{x}\text{（}\bar{x}\text{ 从断面形心量起）}$$

参阅图 4-13，可见：

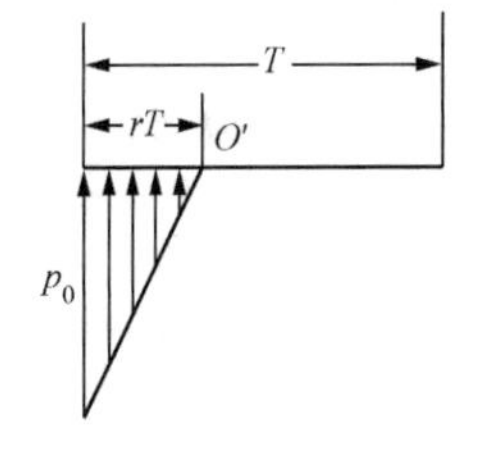


图 4-13　局部三角形扬压力

$$W = -\frac{1}{2}p_0 rT$$

$$M = W\left(\frac{T}{2} - \frac{rT}{3}\right) = -\frac{1}{12}r(3-2r)p_0 T^2$$

$$F = T$$

$$I = \frac{T^3}{12}$$

代入后得：

$$\sigma_y = -\frac{1}{2}p_0 r\left[1 + 2(3-2r)\frac{\bar{x}}{T}\right]$$

在上下游坝面处的 $\sigma_y$ 为：

$$\sigma_{yu} = -P_0(2r - r^2)$$

$$\sigma_{yd} = p_0(r - r^2)$$

由此，$\sigma_y$ 可写为：

$$\sigma_y = a + bx\text{（}x\text{ 仍从下游面量起）} \tag{4-2}$$

$$\left.\begin{aligned}a&=p_0 r(1-r)\\b&=\frac{p_0 r}{T}(2r-3)\end{aligned}\right\}\tag{4-21}$$

2. 剪应力 $\tau$ 的计算公式

求得 $\sigma_y$ 后，可按微分元块的平衡关系来求 $\tau$。此时，块体上的竖向力（总应力）为 $\sigma_y+p_x$。但 $\sigma_y+p_x$ 的图形呈折线状，不能用一个简单的代数式来表示，所以在推导公式时应以渗透压力消失点 $O'$ 为界，分为左右两段，分别列出其公式。以 $O'$ 点下游段为例，令

$$Q=\int_0^x \sigma_y \mathrm{d}x=ax+\frac{b}{2}x^2$$

由平衡条件得：

$$\tau=\frac{\mathrm{d}Q}{\mathrm{d}y}$$

故

$$\tau=am+\left(bm+\frac{\mathrm{d}a}{\mathrm{d}y}\right)x+\frac{1}{2}\times\frac{\mathrm{d}b}{\mathrm{d}y}x^2=a_1+b_1x+c_1x^2\tag{4-10}$$

式中

$$\left.\begin{aligned}a_1&=am\\b_1&=bm+\frac{\mathrm{d}a}{\mathrm{d}y}\\c_1&=\frac{1}{2}\times\frac{\mathrm{d}b}{\mathrm{d}y}\end{aligned}\right\}\tag{4-22}$$

但 $a=p_0r(1-r)$，故：

$$\frac{\mathrm{d}a}{\mathrm{d}y}=(r-r^2)\frac{\mathrm{d}p_0}{\mathrm{d}y}+p_0(1-2r)\frac{\mathrm{d}r}{\mathrm{d}y}\tag{4-23}$$

在尾水位以上，$p_0$ 与 $y$ 呈直线关系，故 $\frac{\mathrm{d}p_0}{\mathrm{d}y}=\frac{p_0}{y_0}$（式中 $y_0$ 表示水深），又 $\frac{\mathrm{d}r}{\mathrm{d}y}$ 可近似取为 0（即假定各高程的渗透压力消失点的轨迹为一直线且与上下游坝坡面同交于一点），这样 $\frac{\mathrm{d}a}{\mathrm{d}y}$ 简化为（在尾水位以下 $p_0$ 为常数，$\frac{\mathrm{d}a}{\mathrm{d}y}=0$）：

$$\frac{\mathrm{d}a}{\mathrm{d}y}=\frac{a}{y_0}\tag{4-24}$$

同理可求得，在尾水位以上，$\frac{\mathrm{d}b}{\mathrm{d}y}\approx 0$（取 $y_0\approx\frac{T}{m+n}$，下同），在尾水位以下：

$$\frac{\mathrm{d}b}{\mathrm{d}y}=-\frac{p_0r(2r-3)(m+n)}{T^2}\tag{4-25}$$

在渗透压力消失点上游的一段剪应力公式亦可类似地求出，其中 $\tau$ 可分为两部分，

一部分由 $\sigma_y$ 产生，一部分由 $p_x$ 产生。前者仍为 $a_1+b_1x+c_1x^2$，后者记为 $[a_1]+[b_1]x'+[c_1]x'^2$。容易证明：

$$\tau=a_1+b_1x+c_1x^2+[a_1]+[b_1]x'+[c_1]x'^2 \tag{4-26}$$

式中

$$\left.\begin{aligned}&[a_1]=0\\&[b_1]=\frac{p_0}{rT}\left(r\frac{\mathrm{d}T}{\mathrm{d}y}-n\right)=\frac{p_0}{rT}n_2\\&[c_1]=\frac{p_0}{2rT}\left(\frac{1}{y_0}-\frac{1}{T}\cdot\frac{\mathrm{d}T}{\mathrm{d}y}\right)\approx 0\end{aligned}\right\} \tag{4-27}$$

其中 $n_2$ 为渗透压力消失点轨迹线的坡度，$n_2=r\frac{\mathrm{d}T}{\mathrm{d}y}-n=r(m+n)-n$，见图 4-14。在尾水位以下，$[c_1]=\frac{-p_0(m+n)}{2rT^2}$。

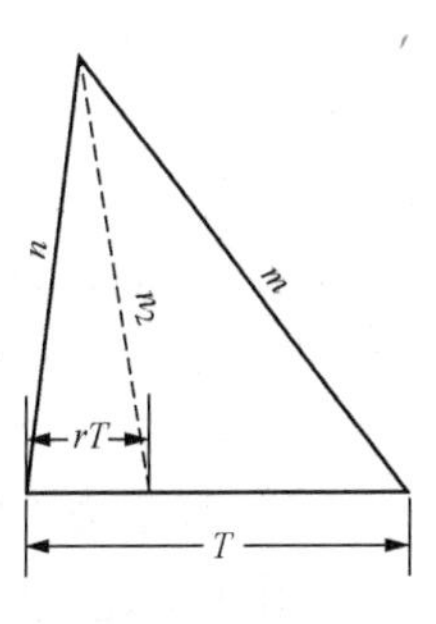

图 4-14　$n_2$ 的定义

3. 水平正应力 $\sigma_x$ 的计算公式

水平正应力 $\sigma_x$ 也可从隔离体的平衡条件求出。以 $O'$点的下游段为例，令：

$$V=\int_0^x\tau\,\mathrm{d}x=a_1x+\frac{b_1}{2}x^2+\frac{c_1}{3}x^3$$

则由平衡条件：

$$\sigma_x=\frac{\mathrm{d}V}{\mathrm{d}y}=a_2+b_2x+c_2x^2+d_2x^3 \tag{4-14}$$

式中

$$\left.\begin{aligned}&a_2=a_1m\\&b_2=b_1m+\frac{\mathrm{d}a_1}{\mathrm{d}y}=b_1m+\frac{a}{y_0}m\text{（尾水位以上）}\\&b_2=b_1m\text{（尾水位以下）}\\&c_2=0\text{（尾水位以上）}\\&c_2=2mc_1\text{（尾水位以下）}\\&d_2=0\text{（尾水位以上）}\\&d_2=\frac{1}{3}p_0r(2r-3)\frac{(m+n)^2}{T^3}\text{（尾水位以下）}\end{aligned}\right\} \tag{4-28}$$

在折线点以左（上游）的一段上，以同样步骤可以推得：

$$\sigma_x=a_2+b_2x+c_2x^2+d_2x^3+[a_2]+[b_2]x'+[c_2]x'^2+[d_2]x'^3 \tag{4-29}$$

各系数则为：

$$
\left.\begin{aligned}
&[a_2]=0\\
&[b_2]=[b_1]\left(r\frac{\mathrm{d}T}{\mathrm{d}y}-n\right)-\frac{p_0}{rT}=\frac{p_0}{rT}(n_2^2-1)\\
&[c_2]\approx 0(\text{尾水位以上})\\
&[c_2]=-\frac{p_0(m+n)}{rT^2}n_2(\text{尾水位以下})\\
&[d_2]=0(\text{尾水位以上})\\
&[d_2]=\frac{p_0}{3}\times\frac{(m+n)^2}{rT^2}(\text{尾水位以下})
\end{aligned}\right\}\tag{4-30}
$$

**二、渗透压力呈局部矩形分布**

1. 垂直正应力 $\sigma_y$ 的计算公式

由材料力学偏心受压公式，知：

$$\sigma_y=a+bx\tag{4-2}$$

式中

$$
\left.\begin{aligned}
&a=p_0r(2-3r)\\
&b=\frac{6p_0r}{T}(r-1)
\end{aligned}\right\}\tag{4-31}
$$

2. 剪应力 $\tau$ 的计算公式

用和上述完全相同的步骤可以求出：

当 $0<x<(1-r)T$

$$\tau=a_1+b_1x+c_1x^2$$

当 $(1-r)T<x<T$

$$\tau=a_1+b_1x+c_1x^2+[a_1]+[b_1]x'+[c_1]x'^2$$

式中

$$
\left.\begin{aligned}
&a_1=am\\
&b_1=bm+\frac{a}{y_0}(\text{尾水位以上})\\
&b_1=bm(\text{尾水位以下})\\
&c_1\approx 0(\text{尾水位以上})\\
&c_1=-3p_0(m+n)\frac{r(r-1)}{T^2}(\text{尾水位以下})\\
&[a_1]=p_0\left(r\frac{\mathrm{d}T}{\mathrm{d}y}-n\right)=n_2p_0\\
&[b_1]=\frac{p_0}{y_0}(\text{尾水位以上})\\
&[b_1]=0(\text{尾水位以下})\\
&[c_1]=0
\end{aligned}\right\}\tag{4-32}
$$

3. 水平正应力 $\sigma_x$ 的计算公式

当 $0 < x < (1-r)T$

$$\sigma_x = a_2 + b_2 x + c_2 x^2 + d_2 x^3$$

当 $(1-r)T < x < T$

$$\sigma_x = a_2 + b_2 x + c_2 x^2 + d_2 x^3 + [a_2] + [b_2]x' + [c_2]x'^2 + [d_2]x'^3$$

式中

$$\left.\begin{aligned}
& a_2 = a_1 m \\
& b_2 = b_1 m + \frac{a}{y_0} m \\
& c_2 \approx 0 (\text{尾水位以上}) \\
& c_2 = -6r(r-1)p_0 m \frac{m+n}{T^2} (\text{尾水位以下}) \\
& d_2 \approx 0 (\text{尾水位以上}) \\
& d_2 = 2r(r-1)p_0 \frac{(m+n)^2}{T^3} (\text{尾水位以下}) \\
& [a_2] = [a_1]\left(r\frac{\mathrm{d}T}{\mathrm{d}y} - n\right) - p_0 = n_2[a_1] - p_0 = n_2^2 p_0 - p_0 \\
& [b_2] = \frac{2n_2 p_0}{y_0} (\text{尾水位以上}) \\
& [b_2] = 0 (\text{尾水位以下}) \\
& [c_2] = [c_1]\left(r\frac{\mathrm{d}T}{\mathrm{d}y} - n\right) = 0 \\
& [d_2] = 0
\end{aligned}\right\} \tag{4-33}$$

### 三、例题

设图 4-5 所示的重力坝除承受该例中所述的荷载外，尚承受渗透压力作用。在断面 I - I 上的渗透压力图形如图 4-15 所示。我们将它划分为两部分。第一部分为自上游至下游呈直线变化，在上游面 $p_x = 12.0$，在下游面 $p_x = 0$。于是，根据布拉兹原理，可直接写出在这部分渗透压力作用下的混凝土应力（见表 4-14）：

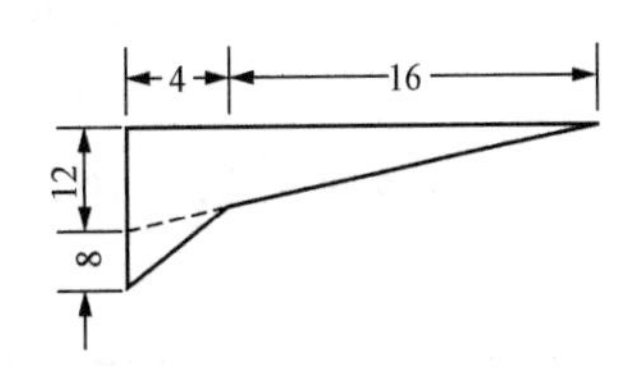

图 4-15　渗透压力图形

**表 4-14　　渗透压力下的混凝土应力**

| $x$ | 0 | 4 | 8 | 12 | 16 | 20 |
|---|---|---|---|---|---|---|
| $\sigma_y$ | 0 | −2.40 | −4.80 | −7.20 | −9.60 | −12.00 |
| $\sigma_x$ | 0 | −2.40 | −4.80 | −7.20 | −9.60 | −12.00 |
| $\tau$ | 0 | 0 | 0 | 0 | 0 | 0 |

然后，计算第二部分渗透压力作用下的混凝土应力，其基本数据显然为：

$$p_0 = 8,\ T = 20,\ r = \frac{4}{20} = 0.2,\ m = 0.6,\ n = 0.4,\ y_0 = 20$$

$$\frac{\mathrm{d}T}{\mathrm{d}y}=m+n=1.0, \quad n_2=r(m+n)-n=0.2-0.4=-0.2$$

于是按式（4-21）～式（4-33）计算如下：

1．正应力 $\sigma_y$

$$a=p_0 r(1-r)=8.0\times0.2\times0.8=1.28$$

$$b=\frac{p_0 r}{T}(2r-3)=\frac{8\times0.2}{20}(0.4-3)=-0.208$$

故

$$\sigma_y=1.28-0.208x$$

其计算成果见表 4-15。

**表 4-15　　正应力 $\sigma_y$ 计算结果**

| $x$ | 0 | 4 | 8 | 12 | 16 | 20 |
|---|---|---|---|---|---|---|
| $\sigma_y$ | 1.28 | 0.448 | −0.384 | −1.216 | −2.048 | −2.88 |

2．剪应力 $\tau$

$$a_1=am=1.28\times0.6=0.768$$

$$b_1=bm+\frac{a}{y_0}=-0.208\times0.6+\frac{1.28}{20}=-0.0608$$

$$c_1=0$$

$$[a_1]=0$$

$$[b_1]=\frac{p_0}{rT}n_2=-\frac{8}{0.2\times20}\times0.2=-0.4$$

$$[c_1]=\frac{p_0}{2rT}\left[\frac{1}{y_0}-\frac{1}{T}\cdot\frac{\mathrm{d}T}{\mathrm{d}y}\right]=0$$

由此得出：

$$\tau=0.768-0.0608x \qquad (0<x<16)$$

$$\tau=0.768-0.0608x-0.4x' \qquad (16<x<20)$$

计算成果见表 4-16。

**表 4-16　　剪应力 $\tau$ 计算结果**

| $x$<br>$x'$ | 0<br>— | 4<br>— | 8<br>— | 12<br>— | 16<br>0 | 20<br>4 |
|---|---|---|---|---|---|---|
| $\tau$ | 0.768 | 0.5248 | 0.2816 | 0.0384 | −0.2048 | −2.048 |

3．正应力 $\sigma_x$

$$a_2=a_1 m=0.768\times0.6=0.4608$$

$$b_2=b_1 m+\frac{a_1}{y_0}m=-0.0608\times0.6+\frac{0.768}{20}\times0.6=-0.01344$$

$$c_2=0$$

$$d_2=0$$

$$[a_2]=0$$

$$[b_2]\ \frac{p_0}{rT}(n_2^2-1)=\frac{8}{4}\times(0.2^2-1)\approx -2$$

$$[c_2]=0$$

$$[d_2]=0$$

故

$$\sigma_x=0.4608-0.01344x$$

$$\sigma_x=0.4608-0.01344x-2x'$$

计算成果见表 4-17。

**表 4-17** 　　正应力$\sigma_x$计算结果

| $x$<br>$x'$ | 0<br>— | 4<br>— | 8<br>— | 12<br>— | 16<br>0 | 20<br>4 |
|---|---|---|---|---|---|---|
| $\sigma_x$ | 0.4608 | 0.40704 | 0.35328 | 0.29952 | 0.24576 | −7.808 |

将两部分渗压应力相加，得合成应力，见表 4-18。

**表 4-18** 　　合 应 力 结 果

| $x$ | 0 | 4 | 8 | 12 | 16 | 20 |
|---|---|---|---|---|---|---|
| $\sigma_y$ | 1.28 | −1.95 | −5.18 | −8.42 | −11.65 | −14.88 |
| $\tau$ | 0.77 | 0.52 | 0.28 | 0.04 | −0.20 | −2.05 |
| $\sigma_x$ | 0.46 | −1.99 | −4.45 | −6.90 | −9.35 | −19.81 |

## 第五节　材料力学分析法的改进——基本因素法

在本章第二节中已介绍了用材料力学方法计算实体重力坝应力的基本公式。这些公式都比较冗长，尤以$\sigma_x$的公式为甚。这是由于各公式中已包括了一切变化因素在内的缘故。如果我们将各公式中各项参变数独立取出，逐一计算它对应力的影响，最后进行叠加，则所得成果并无分别，而公式可以大为简化。这个观念是由我国刘世康工程师在 1958 年提出来的[1]。经过实际应用，证明可以节省大量计算工作量，且不易致误。我们以下将称此法为“基本因素法”，兹将其原理及计算公式和步骤介绍如下。

研究本章第二节中的各种应力公式，我们不难发现，影响应力数值的因素有两类，一类是坝体的尺寸和形状，如 $T$、$m$、$n$ 等，另一类是荷载。后者出现在公式中的计有 $W$、$V$、$M$、$p$（包括 $p$、$p'$、$p_E$ 和 $p'_E$ 等）、$\gamma$（包括 $\gamma_c$、$\gamma_0$、$\gamma'_0$）以及 $\lambda\gamma_c$ 等几项。如果分别令 $W=1$，$V=1$，…，陆续代入应力公式中，而置其他因素均为 0，则可以求出每一种基本单位因素所产生的应力值，而这些应力公式的形式将十分简单。

为了进一步简化公式，我们不妨令断面长度 $T$ 也等于 1，这样求得的应力可称为各种单位因素所产生的“应力指数”。这些指数都是纯粹的数字（无因次），兹分别以 $\sigma'_x$、$\sigma'_y$ 及 $\tau'$ 记之，它们将只为 $x'\left(x'=\dfrac{x}{T}\right)$、坝坡（$m$、$n$）和其他一些数值的函数。

应力指数可写成下列形式：

[1] 刘世康：坝体应力重力分析法的改进，水力发电，1958 年第 13 期。

$$\left.\begin{aligned}\sigma'_y &= a' + b'x' \\ \tau' &= a'_1 + b'_1 x' + c'_1 (x')^2 \\ \sigma'_x &= a'_2 + b'_2 x' + c'_2 (x')^2 + d'_2 (x')^3\end{aligned}\right\} \tag{4-34}$$

各种单位因素作用下的系数 $a'$、$b'$、$\cdots d_2'$，都可从本章第二节中的相应公式求出。例如欲求 $W=1$ 所产生的各系数，可置 $T=W=1$，$M=V=p=p'=p_E=p'_E=\gamma_c=\gamma'_0=\gamma_0=\lambda\gamma_c=0$，这样，从式（4-3）得：

$$a=1，b=0$$

从式（4-4）、式（4-6）得：

$$\tau_u=-n，\tau_d=m$$

从式（4-12）得：

$$a_1=m，b_1=2n-4m，c_1=3m-3n$$

从式（4-15）得：

$$a_2=a_1 m=m^2$$

$$b_2=m(2n-4m)+\frac{\mathrm{d}a_1}{\mathrm{d}y}$$

$$\frac{\mathrm{d}a_1}{\mathrm{d}y}=\frac{\mathrm{d}a}{\mathrm{d}y}\cdot m=(b_1-bm)m=(2n-4m)m$$

故

$$b_2=m(2n-4m)+m(2n-4m)=4mn-8m^2$$

如坝坡非直线，即 $\frac{\mathrm{d}m}{\mathrm{d}y}\neq 0$，则：

$$b_2=4mn-8m^2+\frac{\mathrm{d}m}{\mathrm{d}y}T$$

同样可求出：

$$c_2=13m^2-4mn-5n^2+\frac{\mathrm{d}n}{\mathrm{d}y}T-2\frac{\mathrm{d}m}{\mathrm{d}y}T$$

$$d_2=6n^2-6m^2-\frac{\mathrm{d}n}{\mathrm{d}y}T+\frac{\mathrm{d}m}{\mathrm{d}y}T$$

其余各种基本因素 $V=1$、$M=1$、$p=1$、…、$\lambda\gamma_c=1$ 作用下的相应系数均可类似地求出。其最终成果，列在表 4-19 中。

当断面上有渗透压力作用时，同样也可以用基本因素法计算。首先将渗透压力图形划分为两种基本图形，基本图形Ⅰ为局部三角形分布，其上游面渗压强度为 $p_{01}$；基本图形Ⅱ为局部矩形分布，其上游面渗压强度为 $p_{02}$。则由本章第四节中的公式，可直接导出这两种基本因素作用下的系数。例如，对于基本图形Ⅰ，由式（4-21）得：

$$a'=r(1-r)$$
$$b'=r(2r-3)$$

由式（4-22）得：

$$a'_1=a'm=rm(1-r)$$

余仿此。这些系数亦列入表 4-19 中（最后两项）。注意，渗压荷载的调整乘数为 $p_0$。

又在渗透压力作用范围内，计算 $\tau$ 及 $\sigma_x$ 时，尚有附加的系数 [ $a_1'$ ]，[ $a_2'$ ]，…，[ $d_2'$ ] 等，亦列入表 4-19 中（参考本章第四节）。另外尚可注意，两种基本图形的 $r$ 值不必一定相等（在表 4-19 中均以 $r$ 表示，未作区别）。又表中系数系按下游无水或计算断面在尾水位以上推导；如断面在尾水位以下，也很容易按上文公式直接写下这些系数。

求出各种基本因素所产生的应力指数 $\sigma_x'$、$\sigma_y'$ 和 $\tau'$ 后，即可分别乘上“调整乘数” $k$，得到绝对应力值，然后再进行组合，求出所需的应力值。这些调整乘数极易从应力指数的定义推出。例如垂直力 $W$ 的应力指数，是假定 $W=1$ 及 $T=1$ 时的应力值，因此应该乘以 $\frac{W}{T}$ 后才为绝对应力，而调整乘数即为 $\frac{W}{T}$。其他基本因素的乘数均可类似推得，列在表 4-19 最后一栏中。

用基本因素法计算应力的步骤如下：

（1）准备基本资料：包括计算断面上的合力 $W$、$V$、$M$，该高程上的上下游水压力强度 $p$ 及 $p'$（如有淤砂压力时，$p$ 应代表水压力与淤砂压力强度之和），上下游水的地震激荡力强度 $p_E$ 及 $p_E'$，各类容重 $\gamma_0$、$\gamma_c$。如有淤砂压力，则 $\gamma_0$ 应换为淤砂的饱和容重 $\gamma_s$。如下游面有水，则还有 $\gamma_0'$ 一项（$\gamma_0'$ 也是代表水的容重，但当下游无水时，这一项应为 0，故以 $\gamma_0'$ 代表，以别于上游面的 $\gamma_0$）。在地震情况中，还有 $\lambda\gamma_c$ 一项。有渗透压力时，需计算 $p_{01}$、$p_{02}$ 及相应的 $r$ 值。此外则为计算断面长度 $T$ 和相应的上、下游坝坡 $n$、$m$。

**表 4-19　　基本因素法应力计算表**

| | | $a'$ | $b'$ | $a_1'$ | $b_1'$ | $c_1'$ | $a_2'$ |
|---|---|---|---|---|---|---|---|
| 普通荷载 | $W=1$ | 1 | 0 | $m$ | $2n-4m$ | $3m-3n$ | $m^2$ |
| | $V=1$ | 0 | 0 | 0 | $-6$ | 6 | 0 |
| | $M=1$ | $-6$ | 12 | $-6m$ | $12n+24m$ | $-18n-18m$ | $-6m^2$ |
| | $p=1$ | 0 | 0 | 0 | $-2n$ | $3n$ | 0 |
| | $p_E=1$ | 0 | 0 | 0 | $-2n$ | $3n$ | 0 |
| | $p'=1$ | 0 | 0 | $-m$ | $4m$ | $-3m$ | $1-m^2$ |
| | $p_E'=1$ | 0 | 0 | $m$ | $-4m$ | $3m$ | $m^2-1$ |
| | $\gamma_0=1$ | 0 | 0 | 0 | 0 | 0 | 0 |
| | $\gamma_0'=1$ | 0 | 0 | 0 | 0 | 0 | 0 |
| | $\gamma_c=1$ | 0 | 0 | 0 | 0 | 0 | 0 |
| | $\lambda\gamma_c=1$ | 0 | 0 | 0 | 0 | 0 | 0 |
| 渗力透压载 | 基本图形（Ⅰ） | $r(1-r)$ | $r(2r-3)$ | $rm(1-r)$ | $r^2(m-n)-r(2m-n)$ | 0 | $rm^2(1-r)$ |
| | （Ⅱ） | $r(2-3r)$ | $6r(r-1)$ | $rm(2-3r)$ | $3r^2(m-n)-2r(2m-n)$ | 0 | $rm^2(2-3r)$ |

| 基本图形 | $[a_1']$ | $[b_1']$ | $[c_1']$ | $[a_2']$ |
|---|---|---|---|---|
| （Ⅰ） | 0 | $m+n-\frac{n}{r}$ | 0 | 0 |
| （Ⅱ） | $r(m+n)-n$ | $m+n$ | 0 | $[r(m+n)-n]^2-1$ |

续表

| | | $b_2'$ | $c_2'$ | $d_2'$ | 调整乘数 $k$ |
|---|---|---|---|---|---|
| 普通荷载 | $W=1$ | $4mn-8m^2+\frac{\mathrm{d}m}{\mathrm{d}y}T$ | $13m^2-4mn-5n^2+\frac{\mathrm{d}n}{\mathrm{d}y}T-2\frac{\mathrm{d}m}{\mathrm{d}y}T$ | $-6m^2+6n^2-\frac{\mathrm{d}n}{\mathrm{d}y}T+\frac{\mathrm{d}m}{\mathrm{d}y}T$ | $\frac{W}{T}$ |
| | $V=1$ | $-12m$ | $12n+24m$ | $-12n-12m$ | $\frac{V}{T}$ |
| | $M=1$ | $36m^2+24mn-6\frac{\mathrm{d}m}{\mathrm{d}y}T$ | $-18n^2-72mn-54m^2$ $+6\frac{\mathrm{d}n}{\mathrm{d}y}T+12\frac{\mathrm{d}m}{\mathrm{d}y}T$ | $24n^2+48mn+24m^2$ $-6\frac{\mathrm{d}n}{\mathrm{d}y}T-6\frac{\mathrm{d}m}{\mathrm{d}y}T$ | $\frac{M}{T^2}$ |
| | $p=1$ | $-4mn$ | $3+8mn+5n^2-\frac{\mathrm{d}n}{\mathrm{d}y}T$ | $-2-4mn-6n^2+\frac{\mathrm{d}n}{\mathrm{d}y}T$ | $p$ |
| | $p_E=1$ | $-4mn$ | $3+8mn+5n^2-\frac{\mathrm{d}n}{\mathrm{d}y}T-n\frac{\mathrm{d}p_E}{\mathrm{d}y}\cdot\frac{T}{p_E}$ | $-2-4mn-6n^2+\frac{\mathrm{d}n}{\mathrm{d}y}T+n\frac{\mathrm{d}p_E}{\mathrm{d}y}\cdot\frac{T}{p_E}$ | $p_E$ |
| | $p'=1$ | $8m^2-\frac{\mathrm{d}m}{\mathrm{d}y}T$ | $-3-4mn-13m^2+2\frac{\mathrm{d}m}{\mathrm{d}y}T$ | $2+4mn+6m^2-\frac{\mathrm{d}m}{\mathrm{d}y}T$ | $p'$ |
| | $p_E'=1$ | $-8m^2+\frac{\mathrm{d}m}{\mathrm{d}y}T$ $+m\frac{\mathrm{d}p_E'}{\mathrm{d}y}\cdot\frac{T}{p_E'}$ | $+3+4mn+13m^2-2\frac{\mathrm{d}m}{\mathrm{d}y}T$ $-2m\frac{\mathrm{d}p_E'}{\mathrm{d}y}\cdot\frac{T}{p_E}$ | $-2-4mn-6m^2+\frac{\mathrm{d}m}{\mathrm{d}y}T$ $+m\frac{\mathrm{d}p_E'}{\mathrm{d}y}\cdot\frac{T}{p_E'}$ | $p_E'$ |
| | $\gamma_0=1$ | 0 | $-n$ | $n$ | $\gamma_0$ T |
| | $\gamma_0'=1$ | $-m$ | $2m$ | $-m$ | $\gamma_0'$ T |
| | $\gamma_c=1$ | $m$ | $n-2m$ | $-n+m$ | $\gamma_c$ T |
| | $\lambda\gamma_c=1$ | $-1$ | 3 | $-2$ | $\lambda\gamma_c$ T |
| 渗透压力荷载 | 基本图形（Ⅰ） | $2rmn(1-r)-rm^2$ | 0 | 0 | $p_{01}$ |
| | （Ⅱ） | $2rmn(2-3r)-2rm^2$ | 0 | 0 | $p_{02}$ |

| 基本图形 | $[b_2']$ | $[c_2']$ | $[d_2']$ | 调整乘数 $k$ |
|---|---|---|---|---|
| （Ⅰ） | $\frac{1}{r}\left\{\left[r(m+n)-n\right]^2-1\right\}$ | 0 | 0 | $p_{01}$ |
| （Ⅱ） | $2(m+n)[r(m+n)-n]$ | 0 | 0 | $p_{02}$ |

**注** 1）地震向下游时，取 $p_E$、$p_E'$ 及 $\lambda\gamma_c$ 三值为负数；

2）上游有泥沙淤积时，取 $\gamma_0=\gamma_s$（泥沙饱和容重）；

3）下游面无水时，取 $\gamma_0'=0$；

4）$p$ 表示上游坝面压力强度（水压力＋淤砂压力）；

5）$p'$ 表示下游坝面压力强度（水压力＋淤砂压力）；

6）坝面为平面时，$\frac{\mathrm{d}m}{\mathrm{d}y}=\frac{\mathrm{d}n}{\mathrm{d}y}=0$，否则按曲率计算；

7）$\frac{\mathrm{d}p_E}{\mathrm{d}y}$ 及 $\frac{\mathrm{d}p_E'}{\mathrm{d}y}$ 指地震时水的激荡力沿高度的微分值，如果 $p_E=\alpha' K_c C\sqrt{H}y^{\frac{1}{2}}$，则 $\frac{\mathrm{d}p_E}{\mathrm{d}y}=\frac{\alpha'}{2}K_c C\sqrt{\frac{H}{y}}$。

（2）将 $m$、$n$、$T$ 等值代入表 4-19 中，求出各基本因素的系数 $a'$、$b'$、…、$d'_2$。

（3）在断面上选定若干个计算点，计算它们的相对横坐标 $x'$（通常取 $x'=0$、0.1、0.2、…、1）。计算各点上的应力指数 $\sigma'_x$、$\sigma'_y$ 和 $\tau'$。

（4）计算各基本因素的相应调整乘数 $k$。

（5）将应力指数乘以相应的调整乘数 $k$，求出绝对应力，然后叠加，即可求得最终成果。

从上述步骤中，我们可以看到本法的一些特点：①应力指数主要只为上下游坝坡 $m$、$n$ 的函数，与荷载无关，故一次算就后，可适用于任何荷载情况。换言之，若荷载不同，只须将调整乘数作相应的改动即可。②重力坝上下游坝坡常为直线，因此许多断面的 $m$、$n$ 值是相同的，$\dfrac{dm}{dy}$ 和 $\dfrac{dn}{dy}$ 也为 0，如再取各计算点的相对横坐标 $x'$ 也一致，则算好一次应力指数后，可以适用到各个断面上，更为简便。③本法因公式简单，条理清楚，故不易发生错误，校对亦较方便，用计算尺进行计算也能达到设计中所要求的精度。

兹举一简单例题以作说明。设我们要用基本因素法计算第二节例题中的重力坝应力，则由原例中，已求得计算断面上的

$$W=622.8\text{t},\ V=-200\text{t},\ M=-254.0\text{t}\cdot\text{m},$$
$$p=20.0\text{t/m}^2,\ \gamma_0=1.0\text{t/m}^3,\ \gamma_c=2.4\text{t/m}^3$$

其次，计算应力指数。将 $m=0.6$ 及 $n=0.4$ 代入表中，得下列的结果（表 4-20）。

**表 4-20　　　计　算　结　果**

| 基本因素 \ 系数 | $a'$ | $b'$ | $a'_1$ | $b'_1$ | $c'_1$ | $a'_2$ | $b'_2$ | $c'_2$ | $d'_2$ |
|---|---|---|---|---|---|---|---|---|---|
| $W$ | 1 | 0 | 0.6 | −1.6 | 0.6 | 0.36 | −1.92 | 2.92 | −1.2 |
| $V$ | 0 | 0 | 0 | −6 | 6 | 0 | −7.2 | 19.2 | −12 |
| $M$ | −6 | 12 | −3.6 | 19.2 | −18 | −2.16 | 18.72 | −39.6 | 24 |
| $p$ | 0 | 0 | 0 | −0.8 | 1.2 | 0 | −0.96 | 5.72 | −3.92 |
| $\gamma_0$ | 0 | 0 | 0 | 0 | 0 | 0 | 0 | −0.4 | 0.4 |
| $\gamma_c$ | 0 | 0 | 0 | 0 | 0 | 0 | 0.6 | −0.8 | 0.2 |

在计算断面上选取 6 点作为计算点，其相对横坐标依次为 $x'=0$、0.2、0.4、0.6、0.8、1.0，于是可推求各应力指数如下（表 4-21）。

**表 4-21　　　应　力　指　数**

（1）$\sigma'_y=a'+b'x'$

| 因素 \ $x'$ | 0 | 0.2 | 0.4 | 0.6 | 0.8 | 1.0 |
|---|---|---|---|---|---|---|
| $W=1$ | 1.0 | 1.0 | 1.0 | 1.0 | 1.0 | 1.0 |
| $M=1$ | −6.0 | −3.6 | −1.2 | 1.2 | 3.6 | 6.0 |

续表

（2）$\tau' = a_1' + b_1'x' + c_1'(x')^2$

| 因素 \ $x'$ | 0 | 0.2 | 0.4 | 0.6 | 0.8 | 1.0 |
|---|---|---|---|---|---|---|
| $W=1$ | 0.600 | 0.304 | 0.056 | −0.144 | −0.296 | −0.400 |
| $V=1$ | 0 | −0.960 | −1.440 | −1.440 | −0.960 | 0 |
| $M=1$ | −3.600 | −0.480 | 1.200 | 1.440 | 0.240 | −2.400 |
| $p=1$ | 0 | −0.112 | −0.128 | −0.048 | 0.128 | 0.400 |

（3）$\sigma_x' = a_2' + b_2'x' + c_2'(x')^2 + d_2'(x')^3$

| 因素 \ $x'$ | 0 | 0.2 | 0.4 | 0.6 | 0.8 | 1.0 |
|---|---|---|---|---|---|---|
| $W=1$ | 0.360 | 0.0832 | −0.0176 | 0 | 0.0784 | 0.160 |
| $V=1$ | 0 | −0.768 | −0.576 | 0 | 0.384 | 0 |
| $M=1$ | −2.160 | 0.192 | 0.528 | 0 | −0.240 | 0.960 |
| $p=1$ | 0 | 0.00544 | 0.28032 | 0.63648 | 0.88576 | 0.840 |
| $\gamma_0=1$ | 0 | −0.0128 | −0.0384 | −0.0576 | −0.0512 | 0 |
| $\gamma_c=1$ | 0 | 0.0896 | 0.1248 | 0.1152 | 0.0704 | 0 |

然后计算调整乘数 $k_1 = \dfrac{W}{T}$，…，结果见表4-22。

**表4-22　　　　计　算　结　果**

| 断面 \ 乘数 | $k_1$ | $k_2$ | $k_3$ | $k_4$ | $k_5$ | $k_6$ |
|---|---|---|---|---|---|---|
| Ⅰ-Ⅰ | 31.14 | −10 | −0.635 | 20 | 20 | 48 |
| Ⅱ-Ⅱ | 44.18 | −15.21 | −1.308 | 32.5 | 45 | 72 |

最后，将各种因素的 $k$ 与相应的 $\sigma_x'$、$\sigma_y'$ 或 $\tau'$ 相乘后叠加，即得最终成果。此项计算可以列表整齐地进行。下面示出断面Ⅰ-Ⅰ的计算成果（见表4-23）：

**表4-23　　　　计　算　成　果**

| 因素 | $k$ \ $x'$ | 0 | 0.2 | 0.4 | 0.6 | 0.8 | 1 |
|---|---|---|---|---|---|---|---|
| $W$ | 31.14 | 31.14 | 31.14 | 31.14 | 31.14 | 31.14 | 31.14 |
| $M$ | −0.635 | 3.81 | 2.29 | 0.76 | −0.76 | −2.29 | −3.81 |
| $\sigma_y$（t/m²） | | 34.95 | 33.43 | 31.90 | 30.38 | 28.85 | 27.33 |
| 因素 | $k$ \ $x'$ | 0 | 0.2 | 0.4 | 0.6 | 0.8 | 1 |
| $W$ | 31.14 | 18.68 | 9.47 | 1.74 | −4.48 | −9.22 | −12.46 |

续表

| 因素 | $k$ \ $x'$ | 0 | 0.2 | 0.4 | 0.6 | 0.8 | 1 |
|---|---|---|---|---|---|---|---|
| $V$ | −10.0 | 0 | 9.60 | 14.40 | 14.40 | 9.60 | 0 |
| $M$ | −0.635 | 2.28 | 0.30 | −0.76 | −0.91 | −0.15 | 1.52 |
| $p$ | 20.0 | 0 | −2.24 | −2.56 | −0.96 | 2.56 | 8.00 |
| $\tau$（t/m$^2$） | | 20.96 | 17.13 | 12.82 | 8.05 | 2.79 | −2.94 |

| 因素 | $k$ \ $x'$ | 0 | 0.2 | 0.4 | 0.6 | 0.8 | 1 |
|---|---|---|---|---|---|---|---|
| $W$ | 31.14 | 11.21 | 2.59 | −0.55 | 0 | 2.44 | 4.98 |
| $V$ | −10.0 | 0 | 7.68 | 5.76 | 0 | −3.84 | 0 |
| $M$ | −0.635 | 1.37 | −0.12 | −0.34 | 0 | 0.15 | −0.61 |
| $p$ | 20.0 | 0 | 0.11 | 5.61 | 12.73 | 17.72 | 16.80 |
| $\gamma_0$ | 20.0 | 0 | −0.26 | −0.77 | −1.15 | −1.02 | 0 |
| $\gamma_c$ | 48.0 | 0 | 4.30 | 5.99 | 5.53 | 3.38 | 0 |
| $\sigma_x$（t/m$^2$） | | 12.58 | 14.30 | 15.70 | 17.11 | 18.83 | 21.17 |

## 第六节　坝体变位计算

重力坝是弹性物体，在承受各种荷载后，必将发生变位。严格来讲，在坝体断面上任何一点，都将发生两个变位，即水平变位 $u$ 和垂直变位 $v$，$u$ 和 $v$ 将为各点坐标（$x$，$y$）的函数，并与外荷载及材料的常数有关。但在近似计算中，我们将重力坝视作一根悬臂梁来处理，并采用材料力学中的一些假定（即平面截面在变形后仍维持为一平面），变位的计算可以简化很多。这时，我们不计算每一点上的变位，而计算每一“截面”的平均变位，包括截面的转动角 $\theta$、水平变位 $u$、扭转角 $\varphi$和垂直变位 $v$，而尤以前两者为重要。这种计算方式的精确度正和应力分析中的材料力学方法相称，而为一种极常用的实用计算法，故亦列入本章中介绍。

坝体变位的计算是很重要的，这不仅因为在设计、施工和运行中都需要知道坝体的变位情况，而且由于有许多比较复杂的应力分析问题，必须借变位计算来解决。例如本章第七节中所述的施工分缝对应力重分布的影响，和本章第八节中所述的试载法分析等，便都须以变位计算为基础。

按照材料力学方法计算坝体变位时，基本上与计算一根普通悬臂梁的变位曲线相同，唯以下几点比较特殊，应加以注意：

（1）因为坝体断面宽度很大，所承受的剪力也很大，故剪切变位不可忽略。

（2）坝基岩石亦为弹性体，在荷载作用下将产生基础变形，其值亦不可忽略。

（3）如果坝底基础面不是水平而是倾斜的，则尚应考虑倾斜基础的影响。

（4）如果坝体内出现较大拉应力而有可能开裂时，须计算开裂影响。

（5）坝体内承受某些特殊荷载，如扬压力等，这是一般材料力学上的悬臂梁结构中所少见的。

现在将变位计算问题简介于下。

**一、基础变位计算**

坝体是修建在基础上的，当坝体承受各种荷载后，在基础面上将产生一定的反力，而基础面即将发生相应的变位。这种基础变位，颇难进行精确计算，一般都将基础视为一半无限弹性平面体，按照弹性理论公式，并作出若干假定，来近似地求出基础变位数值。这种计算公式的形式也相当复杂，其中以伏格特（F.Vogt）所导出的较为实用，所以下面就介绍伏格特公式。

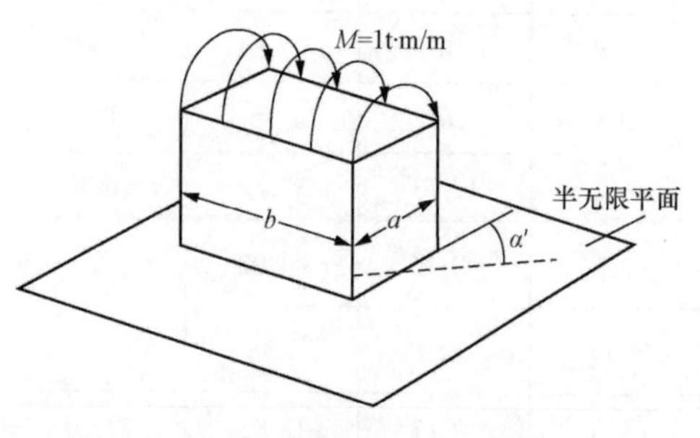


图 4-16　地基受荷图（弯矩）

图 4-16 中示一半无限弹性平面，其上有一块矩形受荷面积 $a\times b$（$b$ 为长，$a$ 为宽）。设沿 $b$ 方向作用有均布单位力矩 $M=1\text{t}\cdot\text{m/m}$，则基础面上各点将产生变位，其中接触面在力矩方向的平均角变位 $\alpha'$，可由弹性理论导出为：

$$\alpha'=\frac{k_1}{E_F a^2} \tag{4-35}$$

式中，$E_F$ 为基岩弹性模量，$K_1$ 是一个系数，取决于基岩的泊松比 $\mu_F$ 及矩形边比值 $\frac{b}{a}$。其详细公式可参见参考文献［4］。图 4-17 中示 $K_1$ 的曲线。

同样，在建筑物基础承受单位均布垂直压力、单位均匀剪力和单位均布扭矩时，将发生相应的垂直变位（沉陷）$\beta'$、水平变位 $\gamma'$ 和扭转角 $\delta'$，其公式为：

$$\beta'=\frac{K_2}{E_F} \tag{4-36}$$

$$\gamma'=\frac{K_3}{E_F} \tag{4-37}$$

$$\delta'=\frac{K_4}{E_F a^2} \tag{4-38}$$

最后，基础上受单位力矩时，不仅产生转动 $\alpha'$，还会发生水平（剪向）变位 $\gamma''$，而基础上受单位剪力时，不但产生剪切变位 $\gamma'$，还会产生转动 $\alpha''$。由变位互等定律，$\alpha''=\gamma''$，且可写为：

$$\alpha''=\gamma''=\frac{K_5}{E_F a} \tag{4-39}$$

以上 $K_1$～$K_5$ 五个系数都是 $\mu_F$ 和 $\frac{b}{a}$ 的函数。已就各种 $\mu_F$ 及 $\frac{b}{a}$ 值计算出 $K$ 值并绘成曲线，如图 4-17～图 4-21 中所示。

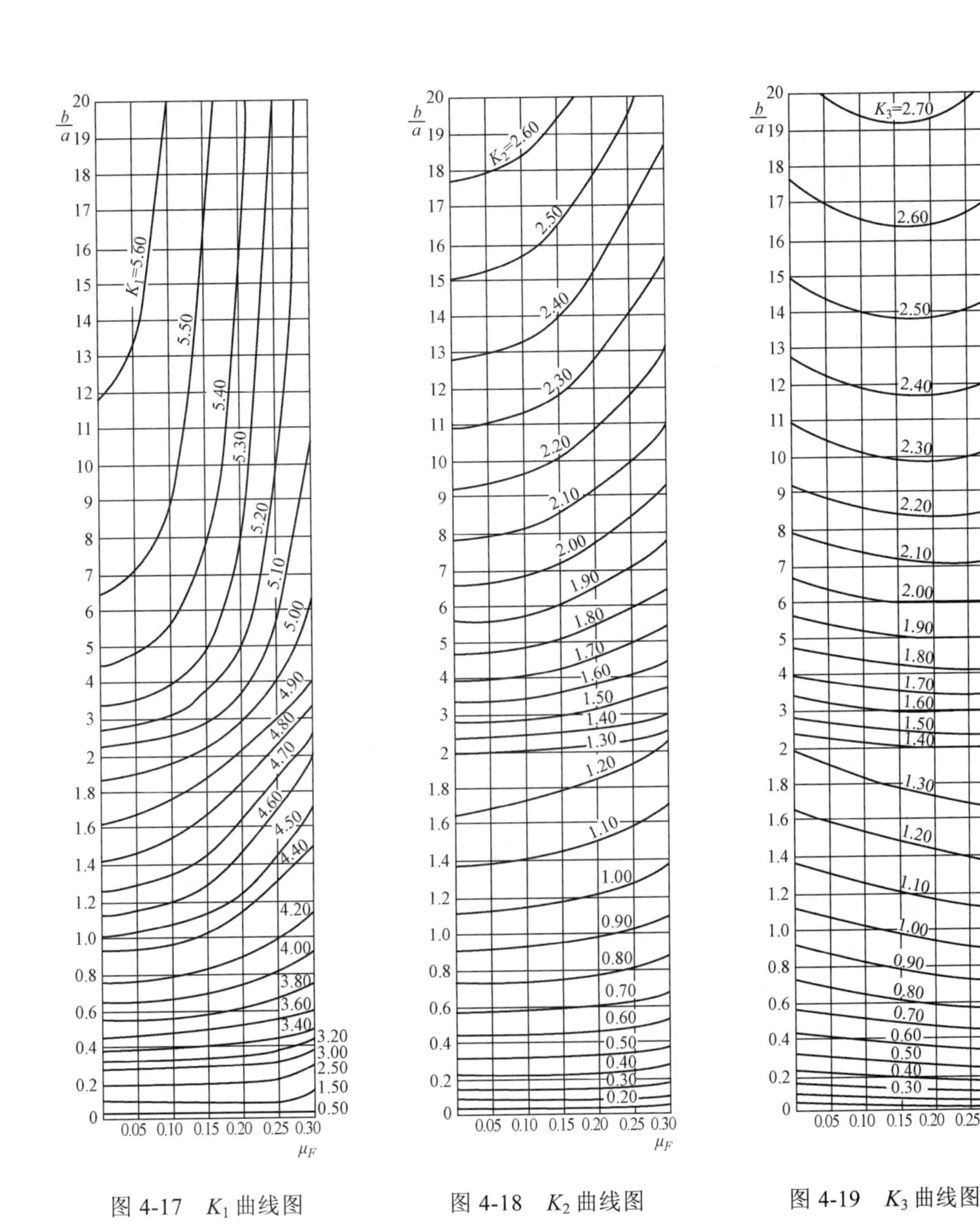


图 4-17 $K_1$ 曲线图

图 4-18 $K_2$ 曲线图

图 4-19 $K_3$ 曲线图

我们在计算基础变位时，应如何选择 $b/a$ 的比值呢？在实际上，坝基是一个很复杂的形状，不仅不是矩形，而且也不是一个平面图形（在两岸岸坡部分是倾斜的），沿坝轴的荷载也非均匀，故利用上述伏格特公式计算基础变形，只能是一个近似的方法，而计算中的 $b/a$ 比值，亦只能近似地估计一下。一般的做法是将坝基接触面积化为一块等积矩形，然后取其边长比作为 $\dfrac{b}{a}$ 值（见图 4-22）。

这样，设作用在悬臂梁底的反力为力矩 $M$、剪力 $Q$、轴向压力 $P$ 和扭矩 $\not{M}$，则基础变形为：

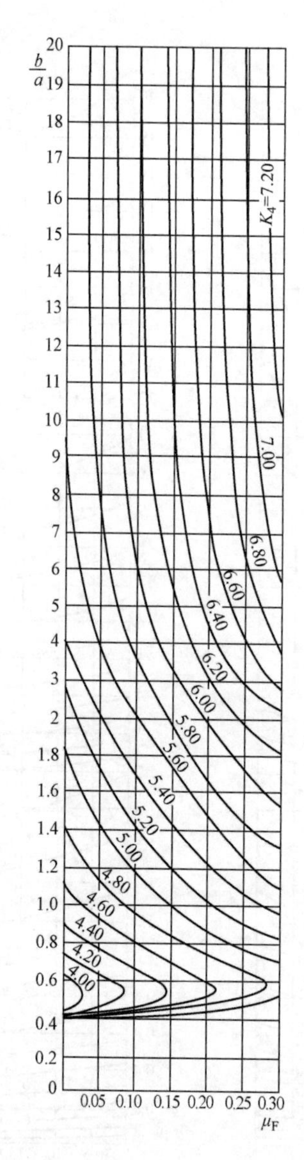


图 4-20 $K_4$ 曲线图

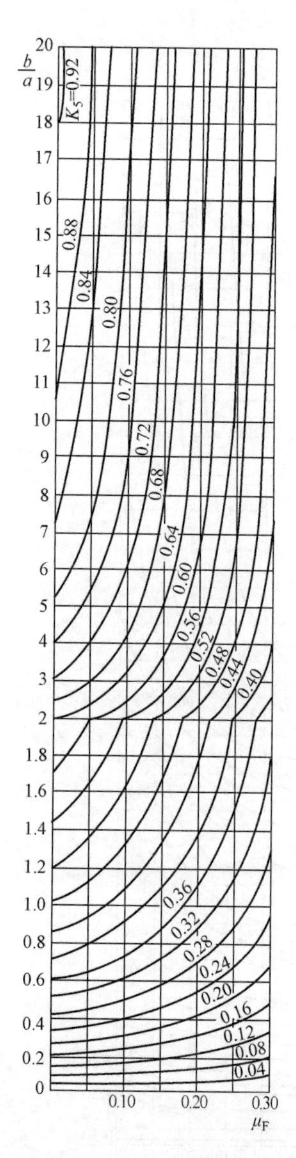


图 4-21 $K_5$ 曲线图

（1）转动角 $\theta = M\alpha' + Q\alpha''$

（2）水平变位 $u = M\gamma'' + Q\gamma'$

（3）垂直变位 $v = P\beta'$

（4）扭转角 $\varphi = M\delta'$

（4-40）

注意，以上的推导都是针对基础面为水平面的情况。在岸坡坝段，基础面是一个斜面（见图 4-23），则上述公式尚须变化推导一下。设基础面与垂直面间的夹角为 $\psi$，则可先将悬臂梁底的反力分解为垂直于基础面及平行于基础面两个分值，然后用上述伏格特公式求出各分力所引起的分变位，最后将各分变位再按坐标轴方向分解组合而得出最终的变位。略去详细的推导，其最终成果为：

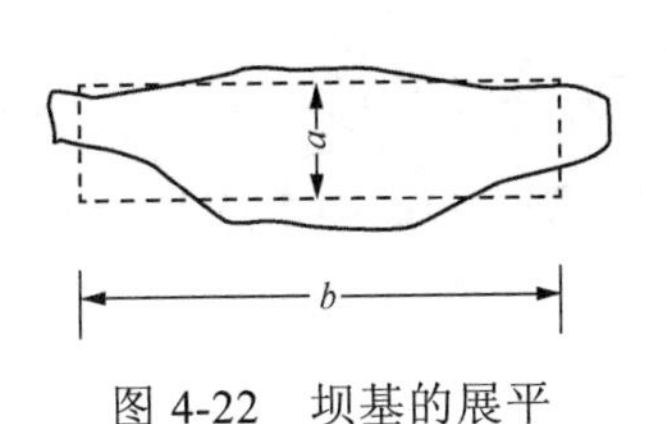


图 4-22　坝基的展平

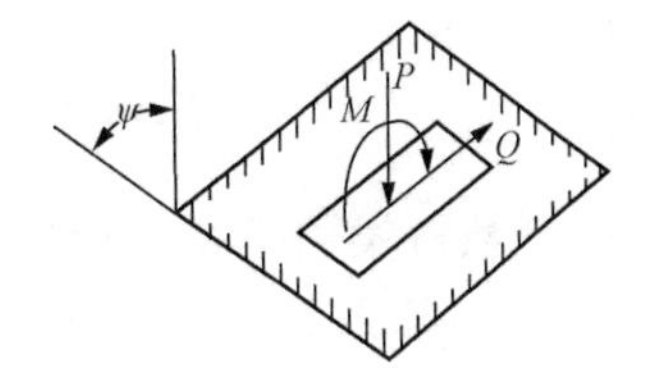


图 4-23　倾斜基础面的受荷

$$\theta = M\alpha + Q\alpha_2 \tag{4-41}$$

$$u = M\alpha_2 + Q\gamma \tag{4-42}$$

$$\alpha = M\delta \tag{4-43}$$

式中

$$\alpha = \alpha'\sin^3\psi + \delta'\sin\psi\cos^2\psi \tag{4-44}$$

$$\alpha_2 = \alpha''\sin^2\psi \tag{4-45}$$

$$\delta = \delta'\sin^3\psi + \alpha'\sin\psi\cos^2\psi \tag{4-46}$$

$$\gamma = \gamma'\sin\psi \tag{4-47}$$

当基础面为水平时，$\psi=90°$，而以上四值即化为$\alpha'$、$\alpha''$、$\delta'$及$\gamma'$。

## 二、结构变位计算

结构变位系指悬臂梁各分块承受应力后发生的弹性变形。其中最主要的为角变位$\theta$及水平变位$u$，其次为扭转变位$\varphi$。

由于重力坝的断面变化比较复杂，一般不易由积分法求出变位的形式解答，故常改用分块求和法计算。图 4-24 中示一基本元块，在其上作用有弯矩$M$和剪力$Q$，元块高度为$\Delta y$。在受荷后，元块的变位如虚线所示。这里变位可分为两部分，一为挠曲变位，一为剪切变位。

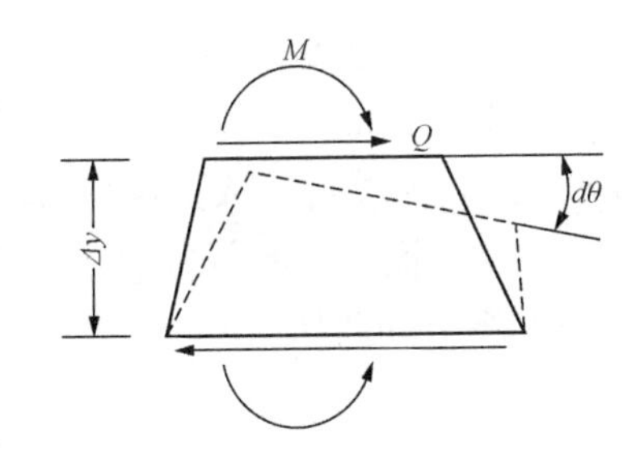


图 4-24　坝体元块的变位

先讨论挠曲变位。这一变位由弯矩$M$引起。元块的上下两表面本来是平行的，在受荷后，将发生挠曲，上下两表面间将相交成一微小夹角：

$$\mathrm{d}\theta = \frac{M}{EI}\Delta y$$

因此，在任一点处的截面转动角$\theta$为：

$$\theta = \text{基础角变位} + \sum\frac{M}{EI}\Delta y \tag{4-48}$$

式中的基础角变位可用上文中的公式计算，而$\sum\frac{M}{EI}\Delta y$一项系指将各元块上的$\frac{M}{EI}\Delta y$相加，从基础开始，一直叠加到欲求变位的一点止。

然后考虑水平变位$u$的求法。设任一微小元块发生角变位$\theta$，则相应的水平变位是：

$$\Delta u = \theta \cdot \Delta y = \left(\text{基础角变位} + \sum\frac{M}{EI}\Delta y\right)\Delta y$$

因而，任一点上的水平变位$u$是：

$$u=\sum\Delta u=\sum\left\{\left(基础角变位+\sum\frac{M}{EI}\Delta y\right)\Delta y\right\}$$

上式就是悬臂梁由于挠曲而产生的水平变位。注意，上式中尚应加上基础处变位 $M_A\alpha_2$。其次，尚须考虑由于剪切而产生的水平变位。任一微小元块，当其上下表面作用有剪力 $Q$ 时，该小块将发生剪切水平变位：

$$\Delta u=\frac{KQ}{AG}\Delta y$$

式中，$K$ 为断面上的剪力分布系数，一般可取为 1.2；$A$ 为断面面积；$G$ 为剪切弹性模数$\left(G=\frac{E}{2(1+\mu)}\right)$。因此，任一点上的剪切水平变位是：

$$u=基础剪切变位+\sum\frac{KQ}{AG}\Delta y\approx基础剪切变位+\sum\frac{2.8Q}{AE}\Delta y$$

式中的基础剪切变位仍可用上文公式计算，$\sum$ 符号表示从基础块起叠加到所考虑变位的一点止；数值系数在 2.8～3.0 间变化。

将挠曲与剪切变位影响合并，就得到最终的计算水平变位 $u$ 的公式：

$$u=\sum\left\{\left(基础角变位+\sum\frac{M}{EI}\Delta y\right)\Delta y\right\}+\left(基础剪切及挠曲变位+\sum\frac{KQ}{AG}\Delta y\right)\qquad(4\text{-}49)$$

上述水平变位的计算，最好分块列表计算，这样不易发生错误。首先应将整个坝体断面，分割为若干小块，每一块的高度为$\Delta y$（通常取$\Delta y$ 为常数），并予编号（如小块的数量为 $n$，则断面的数量包括坝顶及坝底为 $n+1$）。列表计算各分割线处的断面面积 $A$、惯性矩 $I$ 和断面上的剪力 $Q$ 及力矩 $M$。从基础断面上的合力 $Q_A$ 及 $M_A$，用上文公式算出基础角变位和剪切变形，作为叠加计算的原始值。

做好这些工作后，即可列表详细计算各点水平变位，其表格形式举例如下（见表 4-24。这种表并无一定格式，可视具体情况酌予变更）。

**表 4-24　　　　水平变位计算表**

| 断面编号 | 0（基础面） | 1 | 2 | 3 | 4 | 5 | 6 | 7 |
|---|---|---|---|---|---|---|---|---|
| （1）$h$ | | | | | | | | |
| （2）$T$ | | | | | | | | |
| （3）$A=bT$ | | | | | | | | |
| （4）$M$ | | | | | | | | |
| （5）$Q$ | | | | | | | | |
| （6）$I$ | | | | | | | | |
| （7）$\partial\theta=\frac{M}{I}$ | | | | | | | | |
| （8）$\overline{\partial\theta}$ | | | | | | | | |
| （9）$\Delta\theta=\overline{\partial\theta}\cdot\Delta y$ | | | | | | | | |

续表

| 断面编号 | 0（基础面） | 1 | 2 | 3 | 4 | 5 | 6 | 7 |
|---|---|---|---|---|---|---|---|---|
| （10）$\theta=\sum\Delta\theta$ | 基础角变位 | | | | | | | |
| （11）$\bar{\theta}$ | | | | | | | | |
| （12）$\Delta u_1=\bar{\theta}\cdot\Delta y$ | $M_A\alpha_2$ | | | | | | | |
| （13）$v=\dfrac{Q}{A}$ | | | | | | | | |
| （14）$\bar{v}$ | | | | | | | | |
| （15）$\Delta u_2=2.8\bar{v}\Delta y$ | 基础剪切变位 | | | | | | | |
| （16）$\Delta u=\Delta u_1+\Delta u_2$ | 基础剪切及挠曲变位 | | | | | | | |
| （17）$u$ | 基础剪切及挠曲变位 | | | | | | | |

注　本表中未计入材料弹性模量的影响，即取 $E=1$。所求出的 $u$ 及$\theta$，应除以 $E$ 后始为绝对值。

对于表 4-24 的解释如下：首先画出悬臂梁断面，并将它划成小块，表中第（1）行为各分块线（截面）到水面的距离 $h$，第（2）行为断面厚度 $T$，第（3）行为断面面积 $A=bT$（$b$ 一般可取为 1 单位）；第（4）及第（5）行为每一截面上的力矩和剪力，须另行根据荷载计算；第（6）行为截面惯性矩 $I$；第（7）行为 $\dfrac{M}{EI}$值；第（8）行为相邻两截面上的 $\dfrac{M}{EI}$ 的平均值；第（9）行为各分块的$\Delta\theta$值，将它累计后，得到各截面上的转动角$\theta$。注意，应先求出基础角变位，填入第（10）行之始，作为累计时的初始值。求出各截面上的$\theta$后，将相邻两$\theta$平均并乘以$\Delta y$，即得各小块的挠曲变位$\Delta u_1$（11，12 行）。接着在第（13）行中算出断面上的平均剪力 $v=\dfrac{Q}{A}$。第（14）行中为平均剪应力 $\bar{v}$。第（15）行中计算各小块的剪切变位$\Delta u_2=2.8v\Delta y$，这里也应先求出基础剪切变位，填入第（15）行之始，作为累计时的初始值。然后将各小块的$\Delta u_1$ 与$\Delta u_2$相加，得出各小块的总水平变位量（第 16 行）。最后将此值从基础开始叠加，即可求出每一点的水平变位。

### 三、扭转变位计算

扭转变位即坝体在扭矩作用下的扭转角。在一般重力坝中，扭转变位不大（仅岸坡坝段的扭转作用较为显著），常不予计算。但在分析整体式重力坝时，我们必须进行扭转调整，从而须计算扭转变位，故本节中简单地述及一下。

考虑一微小元块，高度为$\Delta y$，两端承受扭矩 $M$，则这元块即将产生一微小扭转角，近似上为 $\Delta\varphi=\dfrac{M}{2GI}\Delta y$。这里 $G$ 仍为剪切弹性模量，$I$ 为断面惯性矩。在基础面上的扭转变位，可按上文所述公式（4-43）计算。这样，在任何一点上的扭转变位将为：

$$\varphi = \text{基础扭转变位} + \sum \frac{M}{2GI} \Delta y \tag{4-50}$$

式中的$\sum$符号指从基础面开始，逐块累计$\frac{M}{2GI}\Delta y$的值，直至所考虑的一点为止。如取$\mu \approx 0.2$，则上式可简化为：

$$\varphi = \text{基础扭转变位} + \sum \frac{1.2M}{EI} \Delta y \tag{4-51}$$

表4-25为一标准计算表格。表中各高程上的扭矩需根据内外荷载另行计算。表中计算公式，系取$E=1$，因此，最终求出的扭转角$\varphi$须除以$E$值后，始为其绝对扭转数值。该表计算步骤很简明，不再详细叙述。

**表4-25　扭转变位计算表**

| | | | | | | | | |
|---|---|---|---|---|---|---|---|---|
| （1）高程 | | | | | | | | |
| （2）扭矩$M$ | | | | | | | | |
| （3）惯性矩$I$ | | | | | | | | |
| （4）$1.2/I$ | | | | | | | | |
| （5）$1.2M/I$ | | | | | | | | |
| （6）$\left(\frac{1.2M}{I}\right)$平均 | | | | | | | | |
| （7）$\Delta\varphi\left(\frac{1.2M}{I}\right)$平均$^{\Delta y}$ | | | | | | | | |
| （8）$\varphi=\sum\left(\frac{1.2M}{I}\right)$平均$^{\Delta y}$ | | | | | | | | |

## 四、符号规定

计算中的正负符号系统，并无一定的规定，但宜作一假定，以免在计算中发生错误。如仅为计算坝体变位，可采用下述规定：

（1）外荷载：垂直荷载以向下为正，水平荷载以向下游为正（本章中下游面常画在右面），力矩以顺时针向为正。

（2）变位：转动角$\theta$以顺时针向为正，水平变位以向下游为正，垂直变位以向下为正。

（3）坐标轴：水平轴记为$x$，以向下游为正，垂直轴记为$y$，以向上为正。

（4）内力：每水平截面上的三个内力，以矩以⊖为正，剪力以⊟为正，轴向力以压力为正。

根据这套系统，以上介绍的各种公式，其符号均自相符合。

（5）扭矩及扭转角的符号，可自行规定，只要两者能相符即可（即正的扭矩及正的扭转角方向应相同）。

本章第八节中介绍的试载法计算，其中所用的符号规定与上述稍有不同，将在该节中详细说明。

## 第七节　施工分缝对应力分布的影响及其他计算

较高的重力坝，其底宽甚大，实际施工时，受到施工设备、能力的限制，以及温度应力控制的要求，常须留设纵缝，将坝体分成几块浇筑，然后在适宜的时间进行纵缝灌浆使成整体（参见第七章）。这些施工纵缝对坝体应力分布颇有影响，本节中拟作一简单叙述。本节将限于对垂直纵缝情况的研究，并假定：

（1）各纵缝在灌浆后，相邻坝体将可起整体作用。

（2）各纵缝在灌浆前，相邻坝块可自由变形，但在变形到各坝块互相接触后，即将起牵涉作用。相邻坝块在接触处应有相同的变位，或其正应力与剪应力间应满足一定的关系。

一般重力坝施工时，常须在坝块混凝土已充分冷却并进行纵缝灌浆后才开始蓄水，这样水压力、扬压力、风浪压力等荷载均将由全部断面承担，而纵缝的分设仅对自重应力有较大影响。在某些特殊情况下，也可能在纵缝灌浆前蓄水，或在坝体温度未达设计要求时，提前进行纵缝灌浆。遇此情况，一般说来，都将发生不利的应力重分布现象。其影响程度则视不同的纵缝布置、纵缝张开度、灌浆时的温度和蓄水后的水位变化等因素而定。在多数情况下附加应力常甚不利，故应尽量避免在灌浆前蓄水，或未达稳定温度时灌浆。在不得已时，亦须详细进行应力研究，并采取相应的改善措施。

### 一、纵缝对自重应力的影响

如果坝体系通仓浇筑（不设纵缝），即按照材料力学，在水平断面上的垂直正应力将从上游至下游呈直线分布。但设有纵缝时，我们很难再考虑自重应力在全断面上呈直线分布，而应该就每一坝块分别计算，惟每一块上则仍可假定其呈直线分布，这样比较合理。因此，自重应力分布图形将由若干段直线组成，而且在纵缝处存在不连续现象。

图 4-25 中表示几种坝体断面按两种不同假定算出的自重应力曲线。由图可知，当坝体上游面为垂直面，整个断面为三角形时，垂直的纵缝并不会影响自重应力分布曲

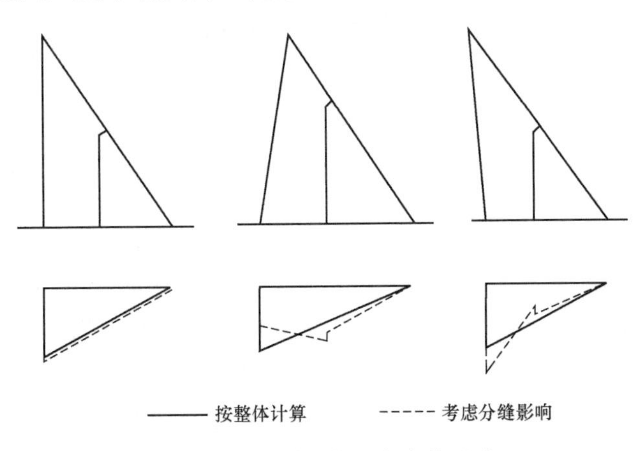


图 4-25　纵缝对自重应力的影响

线；但当坝体上游面有斜坡或折坡时，考虑纵缝影响后，自重应力大有改变。尤其在上游面，一般讲来，主压应力将有所减少。应该注意，坝体在水压力等荷载作用下，在上游面将产生拉应力，须借自重所产生的压应力来抵消它，故分设纵缝后，如将显著减少自重所产生的上游面压应力，是十分不利的。对于上游面有斜坡的情况，对这一个问题尤须细致研究。

解决这一个问题的方法有以下几种：

（1）采用上游坝坡为垂直（甚或略有反坡）的基本三角形断面。

（2）采用通仓浇筑方式施工，或在适当高程上并缝。

（3）坝体分缝浇到一定高程后，即行冷却并灌浆使成整体，然后再行浇高。

（4）适当考虑纵缝灌浆的压力所起的调整作用。如果未能通过这些措施来解决这一问题，则必须采取其他措施（如在上游面加浇压重混凝土等）来解决之。

以上所述，系假定纵缝两边坝块可以独立变形互不干涉。在纵缝灌浆前，这一假定基本上是与实际情况相符的。除非各坝块在自重作用下发生很大的相对变形，已超过纵缝的间距（缝宽），不然相邻块间是不会发生相互牵涉作用的。在自重作用下，一般坝块的侧向变形是不大的，所以我们常不考虑相邻块间的牵涉作用而将各块作独立的分析。我们还应该注意，纵缝两侧坝块的升高速度应相适应，不然由于相邻块垂直方向的变形相差过大，也会发生牵涉作用。将上游坝块过早浇筑，而下游部分坝块上升过迟，尤为不利。

关于利用纵缝灌浆时的压力来平衡一部分分缝所产生的附加应力，本来是一个很自然和合理的方法，但其效果较难肯定。如图 4-26 所示，在纵缝灌浆时，缝的两侧作用有浆液压力 $p$。这一压力将在上下游坝块中产生附加应力，如图 4-26 中虚线所示，可见灌浆时在上游面能够产生一定的附加压应力。但问题在于灌浆压力 $p$ 在浆液凝固后将逐渐松弛，其最终剩余应力仅为灌浆压力的一小部分；同时，灌浆压力的作用面积亦仅为全部接触面积的一部分，这些系数都很难确定。所以要利用灌浆压力来解决分缝应力问题时，尚存在一定困难，必要时，必须有相应的措施，同时亦只能作一些偏于安全的假定。

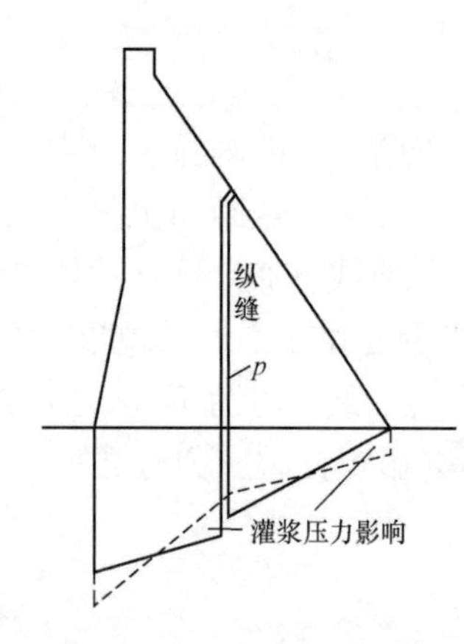


图 4-26　灌浆压力的作用

以上所述，又系假定在坝体到顶后再进行灌浆。如系在浇到某一高程后，即进行纵缝灌浆，然后继续加高，则可用叠加法完成计算。即在灌浆前的各坝块，应独立地计算各在自重作用下的应力，而灌浆后加浇的混凝土重，则应分配在整个断面内。当然，这样做分缝对自重应力的影响可以少一些。但要使灌浆后的坝体能起整体作用，除应严格按照设计要求进行坝体的冷却和灌浆工作外，并须使灌浆部分有一定的高度（与底宽相比），否则仍难希望坝体能完全起到整体作用。

有时，坝体内的垂直纵缝可能并不到顶，而在适当高程进行"并缝"，如图 4-27 所示。这时，在并缝高程以下的部分，当然仍可按各坝块核算其自重应力，但在并缝高程以上部分的混凝土重，将由两块体共同承受，其作用及分配方式，可按下法加以验算。

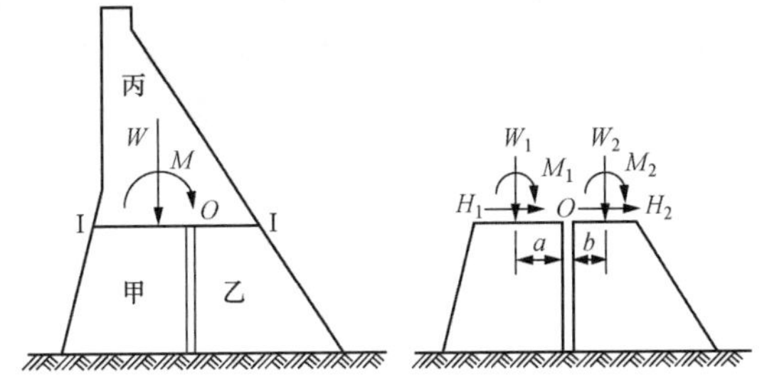

图 4-27　并缝坝块的计算

如图 4-27 所示，沿并缝高程作一截面，在其下为两个独立的块体，其上为一整个坝块。算出上部块体的总重量合力 $W$、$H$ 及 $M$。其中 $H$ 为水平方向分力，通常为 0，$M$ 为关于坝块分界线之力矩。

然后，我们假定作用在底下两块体顶部的应力可合并为六个合力，即作用在甲块顶上的 $M_1$、$H_1$ 和 $W_1$，以及作用在乙块顶上的 $M_2$、$H_2$ 和 $W_2$。由平衡条件我们可以写下：

$$\left.\begin{aligned} &W_1+W_2=W \\ &H_1+H_2=0\,(\text{设}H=0) \\ &M_1+M_2-W_1a+W_2b=M \end{aligned}\right\} \tag{4-52}$$

式中，$a$、$b$ 的定义可参见图 4-27。这些公式极易理解，不必作进一步的说明。以上仅有三个公式，但有六个未知数，因此我们尚须再建立三个条件式才可确定它们。这可考虑两个块体的变形条件。我们可以计算各块体在顶部荷载 $W$、$H$、$M$ 作用下的变形曲线，设法求出顶部截面的三个变位。设以 $\theta$、$u$ 和 $v$ 分别表示顶部截面的转动、水平变位和垂直变位，它们当然是顶部应力的一次函数，这样，利用变位相容条件：

$$\left.\begin{aligned} &\theta_1=\theta_2 \\ &u_1=u_2 \\ &v_2-v_1=\theta_1(a+b) \end{aligned}\right\} \tag{4-53}$$

即可建立三个补充条件，从而可确定各块体顶部的六个应力，解决了问题。

这样的算法，显然是基于下述基本假定，即断面Ⅰ-Ⅰ在变形后仍为一平面。考虑到顶部块体刚度较大，这一假定是合理的。

这一算法不仅可用来分析并缝坝块的自重应力，也可用来确定并缝坝块在其他荷载作用下的应力，将于下面介绍。

## 二、纵缝对水压力应力的影响

考虑图 4-28（a）中的坝体，设有一条垂直纵缝，将坝体分成甲、乙两块。按照一般的施工程序，在混凝土浇筑后应即进行冷却，使坝块温度达到长期运行条件下的稳定温度。这时由于混凝土的冷却收缩，纵缝即将张开，其张开度设为 $\varepsilon$。然后进行纵缝灌浆，将缝填塞后才开始蓄水。按这样程序施工的坝体，在设计中一般可以作为整体断面考虑。不过近代某些实测资料指出，即使在这样的情况下，纵缝始终是坝体中的一个弱点，甲坝块所负担的荷载，常大于按整体计算所求出的应负担的部分。这一问题的讨论不在本书的范围内。

然后再考虑图 4-28（b），这里是一个相同的坝体，设有纵缝，但未进行灌浆即开始蓄水。故蓄水后，大部分荷载将先由甲块抵抗，必须待甲块受荷变形且变形值大于纵缝开度 $\varepsilon$ 后，乙块才开始分担负荷。因此甲块的负荷将较按整体计算所应分担的部分为大，而极易在上游面产生不利的拉应力。

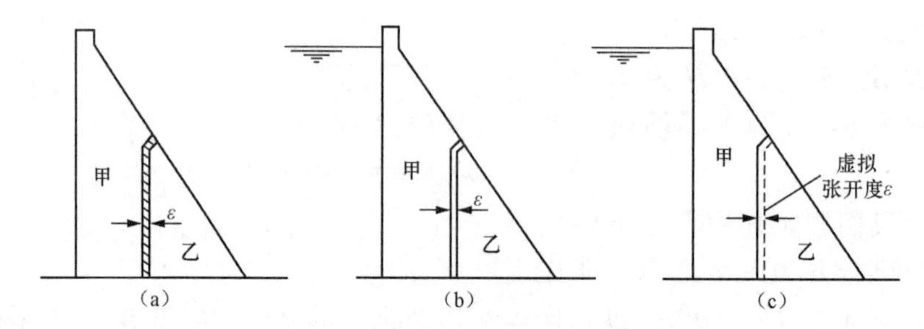


图 4-28　纵缝对水压力应力的影响

再考虑图 4-28（c），这里示一坝体，在甲、乙块未达稳定温度时即行灌浆并蓄水。在蓄水初期，坝体能起整体作用，但当坝块逐渐冷却时，混凝土收缩，纵缝有张开的趋势，这时应力即将重分布。由于上游面已有水压力，故纵缝在事实上已不能再张开，但根据叠加原理，我们知道这一情况下的应力分布状态和图 4-28（b）所示的是相同的，只须求出坝体温度降到稳定温度时纵缝的相应张开值 $\varepsilon$ 即可（假定上游无水压力作用）。这个 $\varepsilon$ 值可称为纵缝的虚拟张开度。冠以虚拟两字，是表示这些变形在实际上并不出现。但此值在计算中仍起着主要控制作用。

因此，以上两种情况，都需要计算图 4-28（b）中所示的结构（即设有纵缝，其张开度为 $\varepsilon$），在上游水压力作用下的应力分析问题。

我们先考虑一种最简单的情况，即坝体中设有一条垂直通顶的纵缝，在纵缝未灌浆时即行蓄水，要求分析其应力情况（参见图 4-29）。

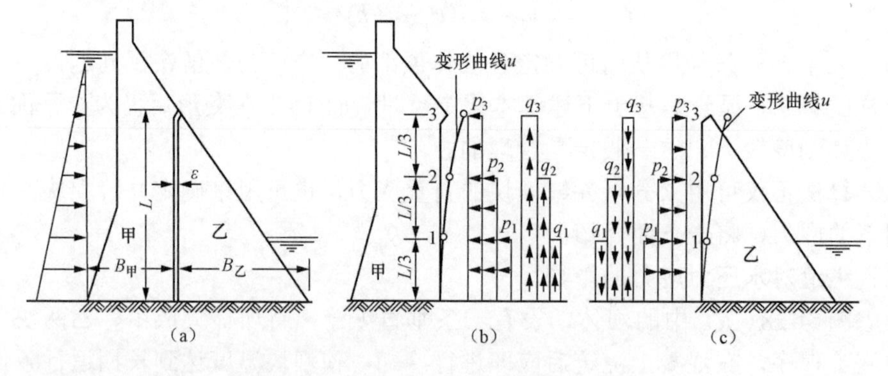


图 4-29　纵缝对应力分布影响的计算

当上游水位很低时，几乎全部水压力均由甲块负担，但上游水位逐渐升高时，甲块变形逐渐增加，必与乙块靠紧，因而将在纵缝内产生接触应力（包括正应力 $p$ 和剪应力 $q$），借此，得转移一部分荷载由乙块负担。我们若能求出纵缝中的接触应力，问题即告解决。

沿纵缝的接触应力 $p$ 及 $q$ 的分布图形，必甚复杂，很难精确计算。我们假定可以用几段均布图形的叠合值来代替它。在下面，为便于说明计，我们将接触应力都划分为三段。实际上，无论划分为几段，都可以用同样的原理进行计算。分段愈多，所得结果愈精确，而所需计算工作量也愈大。

这些待定的接触应力，可以根据甲、乙两个坝块在变形后应互相靠紧的原理来计算。我们先叙述一种最简单的计算法，即只考虑水平方向变位后的接触条件。取出甲块来考虑，其上承受着各种外载（主要为水压力，其次为扬压力等）和接触应力。在外载作用下，坝体各点将产生水平变位，令在 1、2、3 三点处的水平变位各为 $u_{10}$、$u_{20}$ 及 $u_{30}$。在这些变位中，应包括坝体挠曲变形、剪切变形和基础变形等。

然后移去外荷载，而在甲块下游面置以一单位接触应力 $p_1=1$，计算在这一荷载下，在 1、2、3 点处的水平变位，设为 $u_{11}$、$u_{21}$、$u_{31}$。同样，置以 $p_2=1$ 和 $p_3=1$ 时所产生的变位可用 $u_{12}$、$u_{22}$、$u_{32}$、$u_{13}$、$u_{23}$、$u_{33}$ 等表之。置以 $q_1=1$、$q_2=1$、$q_3=1$ 所产生的变形，则以 $\bar{u}_{11}$、$\bar{u}_{21}$、$\bar{u}_{31}$、…、$\bar{u}_{33}$ 等表示之。这样，甲块 1、2、3 三点的最终合成变位乃为：

$$\left.\begin{aligned}u_1&=u_{10}+p_1u_{11}+p_2u_{12}+p_3u_{13}+q_1\bar{u}_{11}+q_2\bar{u}_{12}+q_3\bar{u}_{13}\\u_2&=u_{20}+p_1u_{21}+p_2u_{22}+p_3u_{23}+q_1\bar{u}_{21}+q_2\bar{u}_{22}+q_3\bar{u}_{23}\\u_3&=u_{30}+p_1u_{31}+p_2u_{32}+p_3u_{33}+q_1\bar{u}_{31}+q_2\bar{u}_{32}+q_3\bar{u}_{33}\end{aligned}\right\}\tag{4-54}$$

我们假定接触面上的剪应力 $q$ 等于正应力 $p$ 与一个摩擦系数 $f$ 的乘积，即 $q=fp$。则上式化为：

$$\left.\begin{aligned}u_1&=u_{10}+p_1(u_{11}+f\bar{u}_{11})+p_2(u_{12}+f\bar{u}_{12})+p_3(u_{13}+f\bar{u}_{13})\\u_2&=u_{20}+p_1(u_{21}+f\bar{u}_{21})+p_2(u_{22}+f\bar{u}_{22})+p_3(u_{23}+f\bar{u}_{23})\\u_3&=u_{30}+p_1(u_{31}+f\bar{u}_{31})+p_2(u_{32}+f\bar{u}_{32})+p_3(u_{33}+f\bar{u}_{33})\end{aligned}\right\}\tag{4-55}$$

用完全相同的推导，可以写出乙坝块上 1、2、3 三点的水平变位的公式（以 $u'$ 表示变位系数）：

$$\left.\begin{aligned}u_1'&=u_{10}'+p_1(u_{11}'+f\bar{u}_{11}')+p_2(u_{12}'+f\bar{u}_{12}')+p_3(u_{13}'+f\bar{u}_{13}')\\u_2'&=u_{20}'+p_1(u_{21}'+f\bar{u}_{21}')+p_2(u_{22}'+f\bar{u}_{22}')+p_3(u_{23}'+f\bar{u}_{23}')\\u_3'&=u_{30}'+p_1(u_{31}'+f\bar{u}_{31}')+p_2(u_{32}'+f\bar{u}_{32}')+p_3(u_{33}'+f\bar{u}_{33}')\end{aligned}\right\}\tag{4-56}$$

设在蓄水时，纵缝尚未灌浆，而且缝是张开的，其开度以 $\varepsilon$ 表示，在 1、2、3 三点处的开度各为 $\varepsilon_1$、$\varepsilon_2$ 及 $\varepsilon_3$，则根据接触条件，可写下：

$$\left.\begin{aligned}u_1&=u_1'+\varepsilon_1\\u_2&=u_2'+\varepsilon_2\\u_3&=u_3'+\varepsilon_3\end{aligned}\right\}\tag{4-57}$$

将 $u$ 及 $u'$ 的表达式代入并简化后，可得：

$$
\left.\begin{aligned}
&p_1(u_{11}-u'_{11}+f\,\overline{u}_{11}-f\,\overline{u}'_{11})+p_2(u_{12}-u'_{12}+f\,\overline{u}_{12}-f\,\overline{u}'_{12})\\
&\quad+p_3(u_{13}-u'_{13}+f\,\overline{u}_{13}-f\,\overline{u}'_{13})=-u_{10}+u'_{10}+\varepsilon_1\\
&p_1(u_{21}-u'_{21}+f\,\overline{u}_{21}-f\,\overline{u}'_{21})+p_2(u_{22}-u'_{22}+f\,\overline{u}_{22}-f\,\overline{u}'_{22})\\
&\quad+p_3(u_{23}-u'_{23}+f\,\overline{u}_{23}-f\,\overline{u}'_{23})=-u_{20}+u'_{20}+\varepsilon_2\\
&p_1(u_{31}-u'_{31}+f\,\overline{u}_{31}-f\,\overline{u}'_{31})+p_2(u_{32}-u'_{32}+f\,\overline{u}_{32}-f\,\overline{u}'_{32})\\
&\quad+p_3(u_{33}-u'_{33}+f\,\overline{u}_{33}-f\,\overline{u}'_{33})=-u_{30}+u'_{30}+\varepsilon_3
\end{aligned}\right\}\tag{4-58}
$$

求出接触应力 $p_1$、$p_2$ 及 $p_3$ 后，乘以 $f$，即得剪力 $q_1$、$q_2$ 及 $q_3$，于是便可分别计算甲、乙坝块的应力分布。

如果求出的 $p_3$，或 $p_2+p_3$，或 $p_1+p_2+p_3$ 三个值中，有任何一个为负数，这表示在相应的区段内两个坝块并未接触，由于纵缝上一般不能承担拉应力，故出现这种情况后应如下处理：

（1）若 $p_3$ 为负数，可置 $p_3=0$，减少一个未知数，并取消式（4-58）中的第 3 式。

（2）若 $p_2+p_3$ 为负数，可置 $p_2+p_3=0$，减少一个未知数，并取消式（4-58）中的第 2 式。

（3）若 $p_1+p_2+p_3$ 为负数，可置 $p_1+p_2+p_3=0$，减少一个未知数，并取消式（4-58）中的第 1 式。

若三者均为负数，则 $p_1=p_2=p_3=0$，表示甲乙块各独自负担其荷载，互不牵涉。

从上所述可知本段所述解法，系基于以下几条基本假定：

（1）坝体受荷后，必须待纵缝两侧坝块靠紧后，才发生接触应力。正向接触应力只能为压力。

（2）正向接触应力可从甲、乙坝块受荷后水平变位的相容条件（接触条件）来决定。

（3）切向接触应力为正向接触应力与缝面摩擦系数的乘积，不考虑接触面上垂直变形的相容条件。

可见这个计算方法适用于垂直通顶的纵缝，而且缝面上无限制垂直变形的特别措施者。例如在缝面上未设键槽，或后者的限制作用不显著时就可应用。实际上的情况，常可按本段所述方法核算，已够正确。

还可以看到，这种应力重分布的计算工作是相当复杂的，其中最大部分的工作量在于计算坝块在不同外载或单位接触应力下的水平变位。关于坝块的水平变位计算，已在本章第六节中专门论述，这里不拟重复。

计算中所用的符号系统，与本章第六节中完全相同。此外，纵缝中的接触应力，正应力以压应力为正，剪应力以 ⥮ 为正（注意，上游侧常画在左边）。图 4-29 中所示为正的 $p$ 和 $q$。作这样的规定后，当单位接触压力 $p=1$ 或 $q=1$ 作用在纵缝上时，甲块将向上游变形，即 $u_{11}$、…、$\overline{u}_{33}$ 等均为负值；同样，$p$ 和 $q$ 使下游块产生的变位 $u'$ 及 $\overline{u}'$ 也有正负号（$u'$ 为正，$\overline{u}'$ 为负）。

在计算各种 $u$ 值时，都应考虑基础变形的影响在内。这些影响仍只能按照本章第六节的公式进行，唯这里更多了一些假定，即认为水库水重引起的地基变位对于甲、乙坝块是一样的，因而可以忽略；又假定各坝块的基础变位仅受其上荷载影响，互不牵涉。所有这些都是近似的处理，但目前尚少更精确的方法。

计算后如最后发现甲坝块上游面有拉应力，倘拉应力的数值及范围不大，可以忽视其对应力分布的影响；反之，则须进行修改计算。考虑甲块拉应力的影响后，将使甲块负担减少，乙块的负担增加，但这时叠加法已不适用，必须用试算法解之。一般我们不能容许上游坝面出现过大的拉应力。

在作上述计算时，我们未考虑塑性变形影响。如果要近似地计入这一影响，可以把混凝土的弹性模量减小。一般讲来，考虑徐变后，可以改善坝体工作状况，使乙块负担更多的负荷。

在方程组（4-58）中，有纵缝张开值 $\varepsilon$，此值对计算成果有很大影响，须仔细拟定。如果灌浆时的坝块温度为 $T$，稳定温度为 $T_f$，坝块宽度为 $B$，则灌浆后坝块继续冷却到稳定温度时，纵缝的张开值为：

$$\varepsilon=\frac{1}{2}B_{甲}\cdot\alpha(T_{甲}-T_{f甲}-T_0)R_{甲}+\frac{1}{2}B_{乙}\cdot\alpha(T_{乙}-T_{f乙}-T_0)R_{乙}$$

式中，$T_0$ 为混凝土湿胀值，折合为温度计算；$\alpha$ 为温度线膨胀系数；$R$ 为基岩对变形的限制系数，依各点离基岩面高差 $y$ 与坝块宽度 $B$ 的比值而变，近似上可采用表 4-26 的数值。

**表 4-26　　　　*R* 取值表**

| $y/B$ | 0 | 0.1 | 0.2 | 0.3 | 0.4 | ≥0.5 |
|---|---|---|---|---|---|---|
| $R$ | 0 | 0.52 | 0.71 | 0.84 | 0.92 | 1.0 |

如果纵缝数量不止一条，亦可根据相同原理分析。例如设纵缝有两条（见图 4-30），我们可将坝块分为甲、乙、丙三块，在乙丙缝中也放置单位接触应力 $p_4$、$q_4$、$p_5$、$q_5$，利用 1、2、3、4、5 等五点上水平变位的相容条件来决定 $p_1$～$p_5$ 等五个未知值。注意，乙块每一点上的变位将为全部接触应力的函数，故计算原理虽无区别而工作量则大有增加。如果纵缝数量多于 2，则我们常用试误法来决定接触应力。

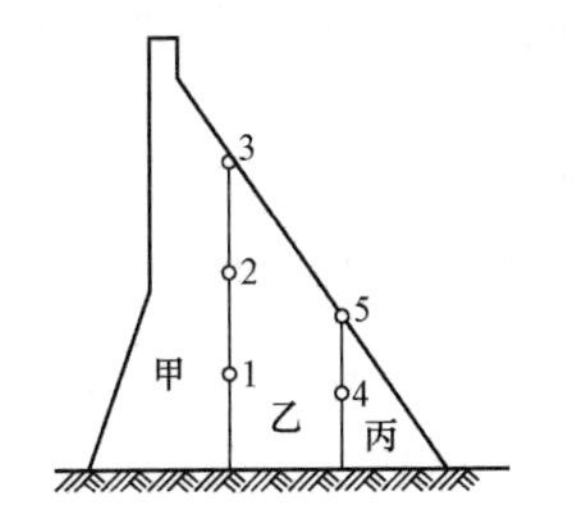

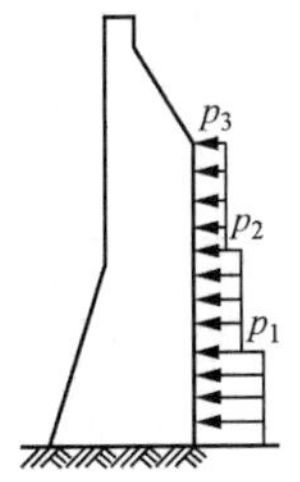

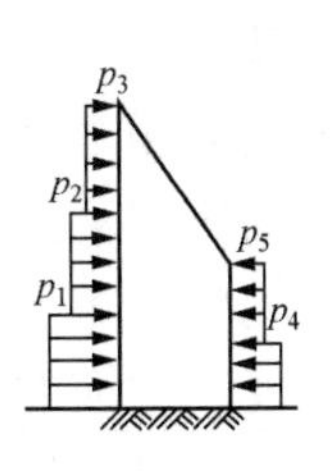

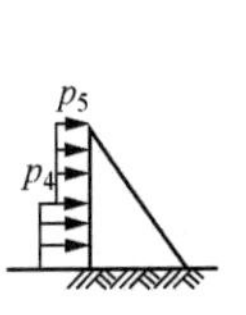


图 4-30　纵缝对应力分布影响的计算

如果纵缝面上设有键槽，相邻坝块又靠得很紧，则在变形时，甲、乙坝块在同一点处的水平变位及垂直变位均应相同，缝面上的应力 $p$ 与 $q$ 间无一定比例关系，因此，未知值及方程式的数量均将增加一倍。仍以图 4-29 的情况来说明，甲坝块在外荷载作用下，将发生变位，算出在 1、2、3 三点处的水平变位 $u_{10}$、$u_{20}$、$u_{30}$ 及垂直变位 $v_{10}$、

$v_{20}$、$v_{30}$。然后移去外载，在缝面放上六种单位荷载，计算 1、2、3 三点上的水平及垂直变位。这种变位共有 36 个。例如荷载 $p_2=1$ 在第 3 点上产生的垂直变位可记为 $\bar{v}_{32}$。乙坝块也可同样求之。而一点上的总变位可写为：

$$\left.\begin{aligned} u &= u_0 + \sum pu + \sum q\bar{u} \\ v &= v_0 + \sum p\bar{v} + \sum qv \end{aligned}\right\} \tag{4-59}$$

相邻坝块同一点处的变位若各记为 $u_{甲}$及 $u_{乙}$，$v_{甲}$及 $v_{乙}$等，则有：

$$\left.\begin{aligned} u_{甲} &= u_{乙} + \varepsilon \\ v_{甲} &= v_{乙} + \delta \end{aligned}\right\} \tag{4-60}$$

$\varepsilon$ 及 $\delta$ 为所考虑点纵缝在水平和垂直方向的开度。由此即可建立六个方程式，解算出六个单位接触应力值。不言而喻，计算工作极为繁复。实际上我们常可假定 $q=fp$ 来进行计算。

对于垂直不通顶的纵缝或即并缝坝块，当承受水压力等荷载作用时，仍可用第一段中所述方法计算。仅在式（4-52）中，$W$ 中须包括并缝高程以上的水重，$H$ 不等于 0，而为并缝高程面上的全部水平合力，$M$ 中亦应包括并缝高程以上水压力所产生的力矩。然后计算两坝块在点 $O$ 处的变位 $\theta$、$u$ 及 $v$（参见图 4-27），由条件

$$\left.\begin{aligned} \theta_{3甲} &= \theta_{3乙} \\ u_{3甲} &= u_{3乙} \\ v_{3甲} &= v_{3乙} \end{aligned}\right\} \tag{4-61}$$

求出三个未知数 $W_1$、$H_1$ 和 $M_1$，从而解决了问题。当仅有水平水压力作用时，作为更近似地计算，可以置 $W_1=W_2=0$，而仅从 $\theta_{甲}=\theta_{乙}$、$u_{甲}=u_{乙}$两个条件来决定未知力 $H$ 和 $M$。

如果纵缝张开度较小，甲块受了水压力作用后，甲、乙块可能靠紧，则应在缝面上加一组接触应力 $p_1$、$p_2$、$p_3$ 等（在本情况中由于缝面产生垂直相对错动的可能性很小，故不必加上剪力 $q_1$、$q_2$ 及 $q_3$，以简化计算）。这样，未知值的数量增加了三个。为此，我们要在缝面上再选择三个点子，取该点高程处甲、乙坝块水平变位应相同的条件来建立三个方程式，连同 $O$ 点的三个变位相同的条件，联合解算出六个未知值。

**三、分期施工应力问题**

在某些高坝中，我们要采用分期施工的方式，即第一期先修建坝体的一部分，并蓄水运行，以后再将坝体加宽加高，并将蓄水位也提高到最终水位，可参考图 4-31。对于这种施工方式，要分别解决第一期和第二期运行阶段中的应力问题。即在初期蓄水时，坝体初期断面必须能在相应的最高水位下满足稳定和应力上的一切要求，而在加高后，坝体最终断面也须满足同样的要求。

如果在二期施工时，我们将水库放空，则最终的应力条件将和按坝体为一整体计算者无所分别，只要注意解决接触面上的结合条件及温度应力等问题就可以了[1]。这样做虽可避免分期施工所产生的应力重分布问题，但却将引起很大的经济损失，而且





[1] 视分缝的情况不同，自重应力可能与整体浇筑坝体略有区别。

只是在水库较小和设有放空设施时才有可能。

当加宽加高坝体是在已蓄水的情况下进行时，坝体中的最终应力和按整个最终断面算出者将有显著之差别。仍参见图 4-31，我们先计算初期断面在相应的荷载下（包括上游水压力、自重和扬压力等）所产生的坝体应力，设以 $\sigma'$ 记之，如图 4-31（b）所示。当然 $\sigma'$ 只存在于初期断面范围中。然后再计算二期混凝土重量和库水再次上升后所增加的各种荷载所产生的坝体应力，设以 $\sigma''$ 记之，如图 4-31（c）所示。将 $\sigma'$ 及 $\sigma''$ 合并，即得最终应力 $\sigma$。此最终应力常呈折线分布，与按整体断面算出者相比要不利得多［比较图 4-31 中之（a）及（d）］。

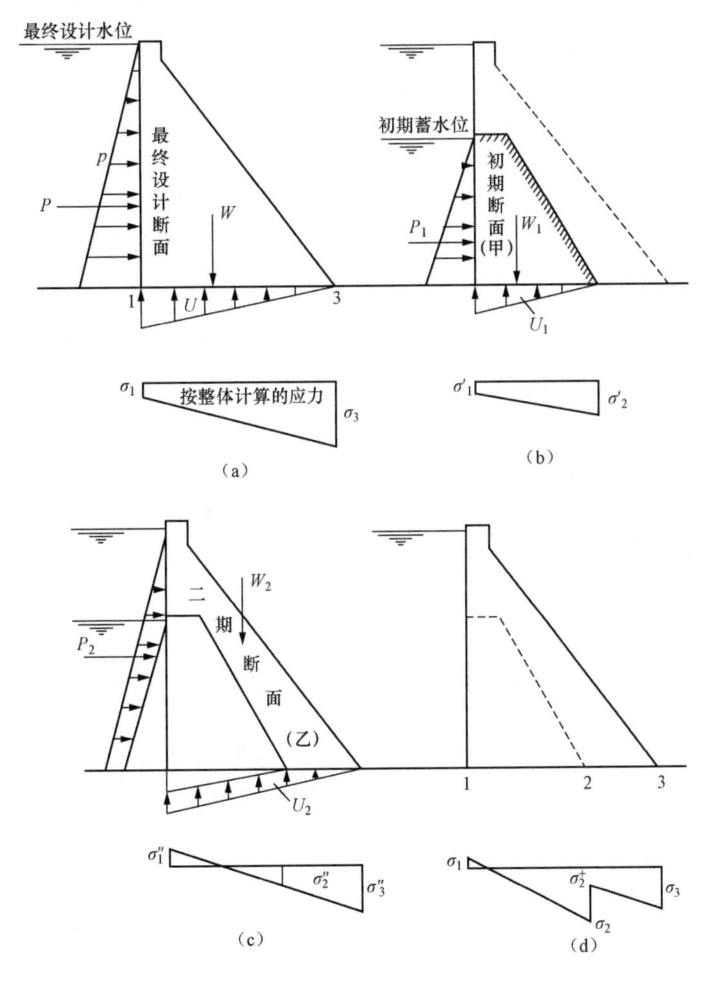


图 4-31　分期施工应力

（a）正应力 $\sigma_y$；（b）初期应力 $\sigma'$；（c）二期应力 $\sigma''$；（d）合成应力 $\sigma'+\sigma''$

一期应力 $\sigma'$ 可按常法计算。二期应力 $\sigma''$ 可以这样计算：考虑到水库水位必须在坝体断面加宽、加高、冷却和灌缝后才可抬高，故库水位抬高所引起的水压力及扬压力将作用在全断面上，可按此计算应力 $\sigma''$。关于第二期混凝土重量所引起的应力 $\sigma''$，则与施工方式有很大关系。如图 4-32 所示，一般的施工方法是将下游加宽部分浇到与初期断面顶同高，即浇筑到 5—6 线，然后暂停，进行冷却和灌缝工作。两者结合成整体后，再全断面上升。故在并缝高程以上的混凝土重（乙块），可按压在全断面上计算，而丙块重量的影响，近似上可如下处理：从点 2 引一线 2—4 垂直于下游面，那么三角形 234 的重量可认为直接压在 2—3 基础面上，梯形 2456 的重量 $W_2$，可以分解为垂直于接触面的分力 $N$ 及平行的分力 $T$。$N$ 作用在甲块上，$T$ 作用于下游三角体 234 上。此外，当丙块冷却收缩时，在缝面 2—6 上将产生摩擦力 $fN$，$f$ 为缝面上的摩擦系数。于是，可分别作出甲、丙两坝块的计算草图来计算上下游坝块的应力。

经过计算，我们不难发现，最终应力分布状态与缝面上的摩擦系数 $f$ 有很大关系。$f$ 愈大应力分布愈为不利。图 4-33 中表示一个简单的三角形坝，按不同的 $f$ 值算出的这个坝坝底正应力 $\sigma_y$ 的分布如下。在点 1、2、$2^+$ 和 3 处的合成应力 $\sigma$ 与按整体计算的应力 $\bar{\sigma}$ 之差 $\Delta\sigma$ 可用下式计算（$\Delta\sigma$ 表示 $\bar{\sigma}-\sigma$）：

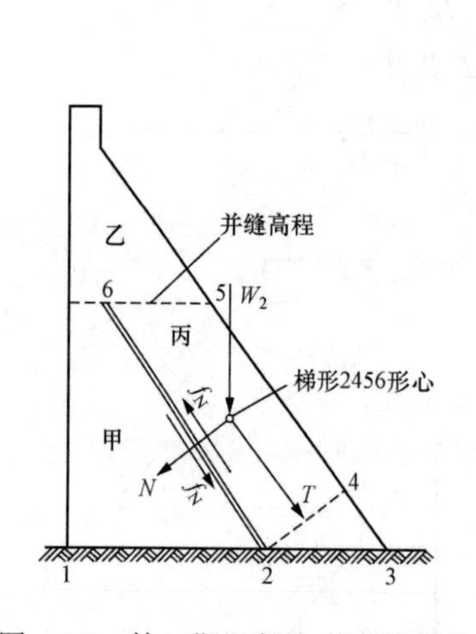


图 4-32　第二期混凝土自重的影响

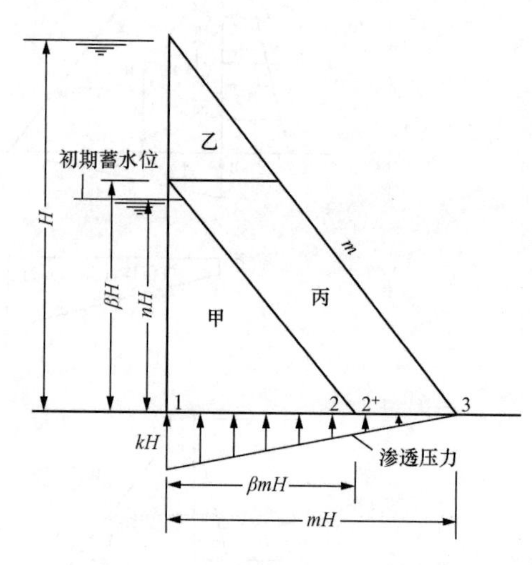


图 4-33　分期施工的三角形坝体

$$\Delta\sigma_1=\left[\beta^2-\beta^3-\frac{1-\beta}{1+m^2}\left(3+4m^2-\frac{3m^2}{\beta}-2fm\right)\right]H\gamma_c+\left[\frac{n^3}{m^2}\left(\frac{1}{\beta^2}-1\right)+nk(1-\beta)^2\right]H\gamma_0 \tag{4-62}$$

$$\Delta\sigma_2=\left[\beta(1-\beta)(1+2\beta-2\beta^2)-\frac{1-\beta}{1+m^2}\left(-3-2m^2+\frac{3m^2}{\beta}+4fm\right)\right]H\gamma_c+\left[\frac{n^3}{m^2}(2\beta-1)-\frac{n^3}{m^2\beta^2}-2(1-\beta)^2n\beta k\right]H\gamma_0 \tag{4-63}$$

$$\Delta\sigma_2^+=\left[\beta(1-\beta)(1+2\beta-2\beta^2)-\frac{\beta(1-4mf)}{1+m^2}\right]H\gamma_c+\left[\frac{n^3}{m^2}(2\beta-1)-2(1-\beta)^2n\beta k\right]H\gamma_0\quad（靠点下游） \tag{4-64}$$

$$\Delta\sigma_3=\left[\beta(1-\beta)^2-\frac{\beta(1+2mf)}{1+m^2}\right]H\gamma_c+\left[\frac{n^3}{m^2}+\beta(1-\beta)nk\right]H\gamma_0 \tag{4-65}$$

式中，$\beta$、$m$、$n$、$k$、$H$ 等的定义可见图 4-33。

图 4-34 中是某工程的实际计算成果。由于缝面摩擦系数 $f$ 对应力重分布的影响很大，在具体设计中我们需设法减少这个摩擦系数。有一种较好的措施是在斜缝面上安设预制模板，模板仅在两侧棱上与第一期的混凝土相接触，其余部分均保持一定的距离（如 1cm）。在接触面上，埋设金属滑片（国外有用不锈钢片者），以减低摩擦力。缝面空隙以后用灌浆方式封堵。这种做法不仅能改善坝体应力分布状况，而且可以保证斜缝间的灌浆质量。其示意图可参见第七章图 7-43。

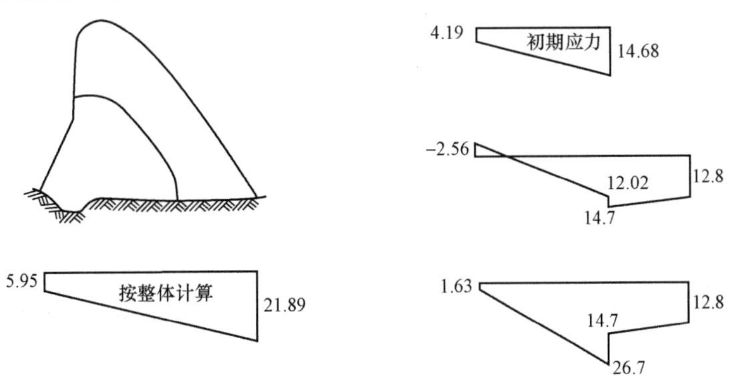


图 4-34　某工程的实际计算成果

## 四、不规则坝块与非对称荷载的计算问题

当坝轴线成折线形或曲线形时，常常有些坝块的水平断面呈不规则（非矩形）形状（参见图 4-35）。对于这些坝块上的正应力 $\sigma_y$，仍可按材料力学方法计算。

首先我们应计算断面的形心位置，将坐标系统的原点移到形心上。再计算断面对于其形心的惯性矩和惯性积：

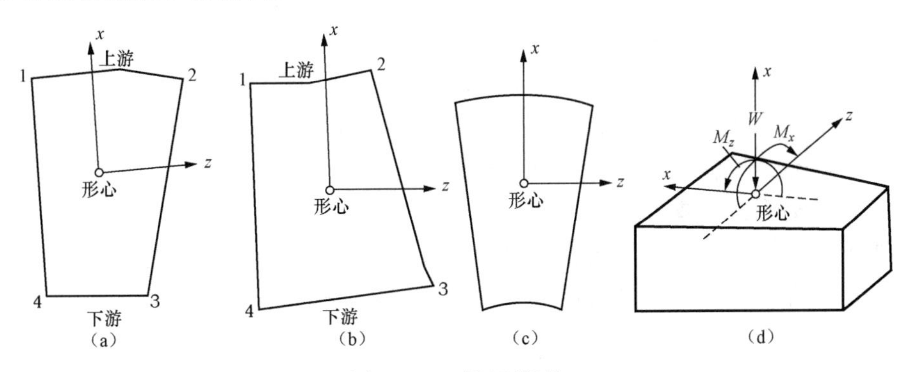


图 4-35　不规则坝块

$$\left.\begin{aligned}I_{xx}&=\int z^2\,\mathrm{d}A\\I_{zz}&=\int x^2\,\mathrm{d}A\\I_{xz}&=\int xz\,\mathrm{d}A\end{aligned}\right\} \tag{4-66}$$

如果断面有一个对称轴，那么 $I_{xz}=0$，否则 $I_{xz}\neq 0$。注意 $I_{xx}$ 及 $I_{zz}$ 常为正值而 $I_{xz}$ 可正可负。

然后计算外荷载。在计算断面上的外荷载常可组合为一个经过断面形心的垂直合力 $W$ 及关于 $x$ 轴的合力矩 $M_x$ 和关于 $z$ 轴的合力矩 $M_z$。这样，在断面任何一点（$x$，$z$）上的正应力 $\sigma_y$ 将为：

$$\sigma_y=\frac{W}{A}+\frac{M_z-\dfrac{I_{xz}}{I_x}M_x}{I_z-\dfrac{I_{xz}}{I_x}I_{xz}}\cdot x+\frac{M_x-\dfrac{I_{xz}}{I_z}M_z}{I_x-\dfrac{I_{xz}}{I_z}I_{xz}}\cdot z \tag{4-67}$$

$W$、$M_x$、$M_z$、$x$、$z$ 的正号方向如图 4-35 所示，应力以压应力为正。普通须核算的是第 1、2、3、4 四个角点上的应力。

当断面上有一对称轴时，上式简化为：

$$\sigma_y=\frac{W}{A}+\frac{M_z x}{I_{zz}}+\frac{M_x z}{I_{xx}} \tag{4-68}$$

对于某些矩形断面的坝块，其上承受不对称荷载时（如侧向水压力或闸墩的偏心压重等），也可用上式计算，这时 $A=BT$，$I_{zz}=\frac{1}{12}BT^3$，$I_{xx}=\frac{1}{12}TB^3$（式中 $B$ 为坝块宽度）。最危险点的坐标为 $x=\pm\frac{T}{2}$，$z=\pm\frac{B}{2}$，故

$$\sigma_y=\frac{W}{BT}\pm\frac{6M_z}{BT^2}\pm\frac{6M_x}{TB^2} \tag{4-69}$$

倘侧向力矩 $M_x=0$，即转化为本章第二节中所介绍的情况：

$$\sigma_y=\frac{W}{T}\pm\frac{6M}{T^2}$$

式中，$W$ 及 $M$ 均以单宽坝体计算。

在空间应力分布问题中，求出 $\sigma_y$ 的分布后，不能如平面问题一样由平衡条件依次推求出其他各分应力和主应力。但对于图 4-35 中所示的情况，我们在求出边界线上的正应力 $\sigma_y$ 后，常假定可与平面问题一样来推求边界上的主应力，即假定在个别的点子上，$\sigma_z$、$\tau_{xz}$、$\tau_{yz}$ 与 $\sigma_y$、$\sigma_x$ 及 $\tau_{xy}$ 相比极为微小，可以略去。

**五、鼻坎的应力计算**

溢流坝下游设有鼻坎者（见图 4-36），若坎长（即鼻坎超出基本三角形以外的长度）$l$ 小于 0.5 倍坎高 $h$，沿坝底断面的正应力 $\sigma_y$ 及剪应力 $\tau$ 仍可按照全长 $T$ 计算，求出 $\sigma_y$ 及 $\tau_{xy}$ 的分布曲线来。

然后将鼻坎作为固定在 $a—a'$ 断面上的一根悬臂梁，承受自重、尾水压力、反弧段上水压力以及底部反力 $\sigma_y$ 和剪力 $V=\int_0^l \tau\,\mathrm{d}x$ 的作用，按照材料力学的公式计算鼻坎段的应力分布。在计算坝体应力分布时，我们仍取基本三角形为计算标准，而把 $a—a'$ 线上的应力，作为鼻坎施加在坝体上的外载处理。基本三角形与 $a—a'$ 线间的一块小三

角形 $baa'$，在分析坝体应力时可只计其重量，但不考虑作为断面的一部分来处理。

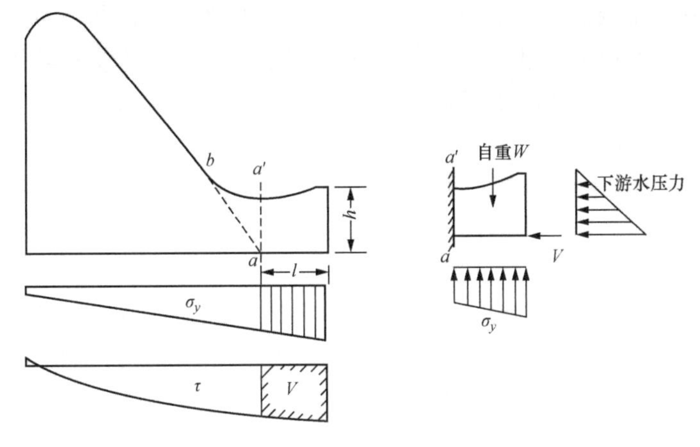


图 4-36　鼻坎计算

如果鼻坎长度 $l$ 在 0.5～1.0 倍坎高之内，最好在计算坝底应力时考虑鼻坎的弹性变形影响。作为一种粗糙的估计，可以将坝体作为一根无穷刚固的梁，鼻坎作为一根有限刚度的梁，固结在一起，并搁置在弹性地基上。再用计算弹性地基上梁的方法，求出坝底接触面上的反力 $\sigma_y$ 和剪应力 $\tau$。然后，仍在 $a—a'$ 截面处切开鼻坎，将鼻坎作为一个悬臂结构计算，而且把这样求出的 $a—a'$ 面上的应力，作为施加在坝体上的外荷载，来分析坝体应力。

如果经过各种计算或试验，证实鼻坎内存在较大的拉应力，或水力布置上要求较长的鼻坎（$l>h$）时，应考虑设置伸缩缝将鼻坎分开。这时，鼻坎本身应能在动水压力和静水压力下维持稳定。

## 第八节　试载法计算

### 一、铰接式重力坝的计算

本章以前各节所述的计算，都是切取单位宽度的坝体进行计算的，并假定全部荷载都由悬臂作用承受。这种计算法显然只适用于悬臂式重力坝。对于铰接式和整体式重力坝，我们必须进一步考虑建筑物的空间作用，才能得出接近实际情况的解答。这一问题通常是采用本节所述的试载法来解决的。

我们先来考察一下整体式和铰接式重力坝的空间作用情况，以帮助对试载法的理解。我们设想坝体由一组垂直的悬臂梁组成，显然，在河床部分的悬臂梁较高，而愈接近两岸坝头，悬臂梁愈低。如果全部荷载都由悬臂作用负担，各悬臂梁分别产生变位，则在同一高程上，河床部位的悬臂梁的变位将最大，岸坡部位的悬臂梁的变位渐次变小。在悬臂式重力坝中，不同坝块产生不同变位时，并不受到什么约制，而在铰接式和整体式重力坝中，各悬臂梁间将产生相互约束作用，即产生接触应力，以调整各悬臂梁的变位，使它们趋于连续。如果把悬臂梁两侧面上所受的剪力，也当做外荷载处理，则这时悬臂梁上所受的总荷载不再等于全部外荷载，而仅为其一部分，另一部分荷载可以设想由另一结构系统——通常称为水平梁系统——所承受。划分各结构系统所分担的荷载比例，系按以下原则，即必须使两种系统在同一点上的变位相符。这就是试载法的基本原理。注意，试载法仅系用以确定悬臂系统和其他结构系统所分担的荷载数值，在确定所承受的荷载后，如要计算悬臂体内部各点应力时，仍须采用以前各节中所介绍过的方法。

本法原理于 1930 年由 H.M.韦斯特格德提出。当时系用来分析拱坝，其后很快被采用来分析铰接式和整体式重力坝。

在试载法计算中，我们先设想将坝体切割为一组悬臂梁，每一根梁的宽度均为一单位（1m），并在这许多悬臂梁中选取几根作为计算对象。当峡谷断面对称时，只须取一半的坝体进行计算，否则须考虑全部坝体。在对称情况下，一般选取 4～7 根悬臂梁作为计算对象，不对称时约选取 9～11 根。选取悬臂梁位置时大致上可沿峡谷宽度均匀分布，但在地形有突变处，常须补设计算断面，因此，也可以是不均布的。总之，在地形变化较大，扭转作用较显著处，悬臂梁应该分布得密一些。

在最初的试载法计算中，是将坝体分为悬臂梁系统和水平梁系统两部分，每一系统均能承受弯矩、剪力和扭矩。在调整荷载时，要求两系统在同一点上的各种变形（包括沿 $x$、$y$、$z$ 三方向的变位和绕三个轴的转动）均相符。因此，在调整荷载和进行变形核算时，须反复循序调整。H.M.韦斯特格德在研究了试载法的理论基础后，建议了一种新的方式，即将坝体结构视为由三种系统组成，包括垂直悬臂梁、水平梁和“扭转系统”。这里新增加了一种扭转系统，用来承受平面上和垂直面上的扭转作用。专门划出这一系统后，悬臂梁及水平梁就不再承受扭矩，因为后者都作用在扭转系统上了。荷载调整时要求三系统在同一点有相同的变位。

这样，悬臂梁系统是一组垂直的悬臂梁，承受弯曲和剪切作用，并将荷载在垂直面内传递到基础中去。扭转系统包括一组垂直悬臂梁和一组水平梁，前者的结构特性与悬臂梁系统相同，不过不承受弯曲和剪切，而只承受扭转作用，这种扭转作用是由于作用在水平梁上的剪力所产生的；水平梁仅承受剪切作用。

在铰接式重力坝分析中，只有悬臂梁系统和扭转系统两者。扭转系统的水平梁只承受剪切而无弯曲。在实际计算时，我们只取若干根选好的梁作为分析对象，而令其相交点处具有相同的变位。如果选取得当，少量的计算已可给出相当满意的成果。选取的水平梁与悬臂梁最好相交于基础面上同一点（见图 4-37），所以水平梁的根数大致也为 5～7 根。

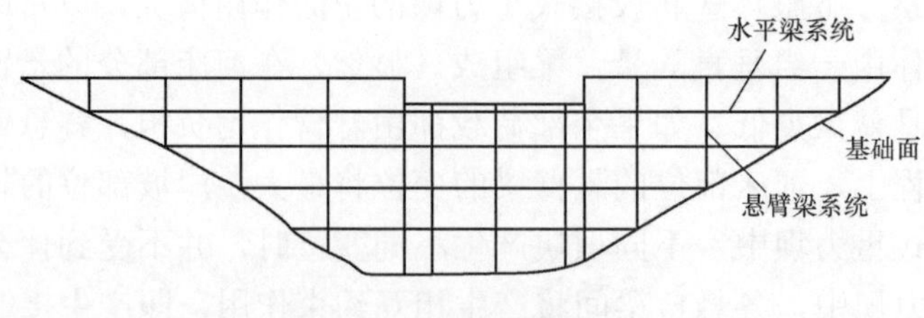


图 4-37　计算系统示意

在本节中，我们对坐标系统、符号正负等采取如下的规定（这是一般常用的规定）：

（1）悬臂梁位于 $xy$ 平面中，沿坝轴线方向则为 $z$ 轴。$y$ 轴为垂直轴，指向上；$x$ 轴为水平轴，指向下游，$z$ 轴由岸坡指向河床（见图 4-38）。

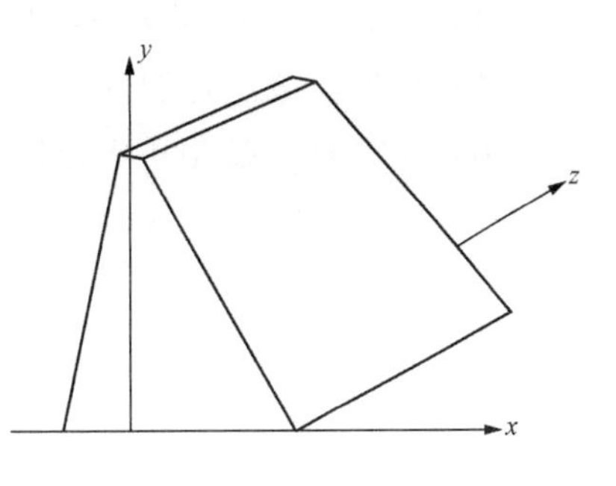


图 4-38　坐标轴

（2）悬臂梁上承受弯矩（位于 $xy$ 平面中）和扭矩（位于 $xz$ 平面中），前者记为 $M_z$，后者记为 $M_{xz}$，单位均为 kg·m。悬臂梁上所受剪力以 $V_c$ 记之。

（3）水平梁上承受在 $xz$ 平面上的弯矩 $M_y$ 和在 $xy$ 平面上的扭矩 $M_{xy}$。水平梁上所受的剪力以 $V_r$ 记之。剪力单位均为 kg。

（4）在弯矩和剪力前注以脚标 $A$ 者，如 $_AM_{xy}$、$_AV_c$ 等，各表示在基础面上的水平梁扭矩和悬臂梁剪力等，余类推。

（5）其余 $T$、$E$、$G$、$\mu$ 等符号的意义如下：

$T$——断面长度；

$E$——材料的弹性模量，$E_c$ 为混凝土弹性模量，$E_F$ 为基岩弹性模量；

$G$——材料的剪切弹性模量；

$\mu$——材料的泊松比；

$A$——单位悬臂梁或水平梁的断面积，$A=T$；

$I$——单位悬臂梁或水平梁的断面惯性矩；

$\theta_y$——水平面上的转动角；

$\Delta x$——沿上下游方向的变位；

$\alpha$、$\alpha_2$、$\gamma$、$\delta$——基础变位常数（见本章第六节）。

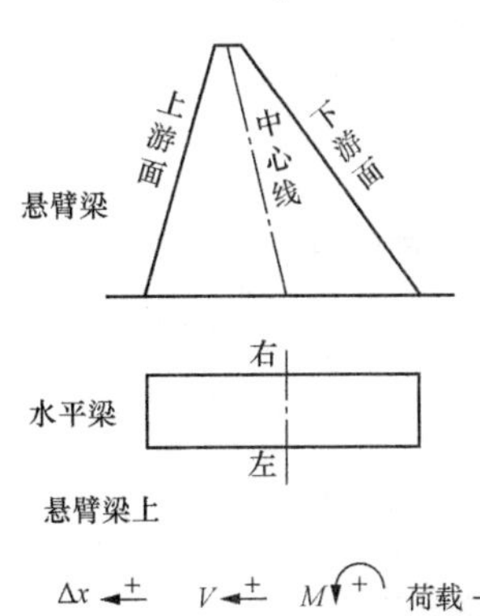


图 4-39　正负符号的规定

图 4-39 中表示正负符号的规定。悬臂梁的位移 $\Delta x$ 以向上游为正，剪力（作用在分块顶面上）以向上游为正，弯矩以引起上游面压应力为正，而荷载则以指向下游为正，所以正的荷载将产生负的 $V$、$M$ 和 $\Delta x$。在水平梁系统中，尚须分为左半部及右半部分别规定，左半部（左右的决定以人向上游看为准）包括中央最大悬臂梁，其扭矩及扭转角以逆时针向为正，而扭转荷载以顺时针向为正，故正的荷载将产生负的扭矩和扭转角。右半部扭转角仍以逆时针向为正，但扭矩及扭转荷载与左半部相反，故正的荷载将产生正的扭转角和负的扭矩。

下面我们分就铰接式和整体式两种情况进行讨论。

## 二、铰接式重力坝分析

铰接式重力坝的试荷载分析较为简单，其步骤可归纳如下：

（1）选取计算系统（包括垂直悬臂梁及水平梁）。

（2）计算悬臂梁在单位荷载下的变位——$x$ 向变位。

（3）计算悬臂梁在单位扭转荷载下的扭转变位。

（4）计算水平梁在单位剪力荷载下的剪切变位。

（5）将外荷载试行划分。

（6）计算悬臂梁在其所分担的荷载下的 $x$ 向总变位。

（7）计算水平梁在其所分担的荷载下的 $x$ 向总变位。

（8）根据两者变位条件，修改外荷载分配比例，重复计算，直至两者变位相重合为止。

兹分述如下：

1. 确定计算系统

即选取作为计算对象的悬臂梁与水平梁，将它们编上号，如悬 1、悬 2、平 1、平 2 等。把每一根梁的断面按比例画好。梁的宽（厚）度都取为 1m。

2. 计算每一根悬臂梁在单位 $x$ 向荷载下的 $x$ 向变位

所谓单位荷载，即指作用在梁的上游面的一种标准三角形荷载（见图4-40）。我们先将悬臂梁按水平梁位置画上若干高程线。每一高程线上有一相应的单位荷载，呈三角形分布，三角形顶位在该高程上，该处强度为一单位（常取为 1000kg/m$^2$），渐变至相邻两高程处为零。

计算在每一种单位荷载下，在各控制高程处的 $x$ 向变位，可应用公式：

$$\Delta x=\sum\left(\sum\frac{M_z}{EI}\Delta y+{}_A M_z\alpha+{}_A V_c\alpha_2\right)\Delta y+{}_A M_z\alpha_2+\left(\sum\frac{KV_c}{GA}\Delta y+{}_A V_c\gamma\right) \tag{4-70}$$

这可列表计算，详见本章第六节。上式中最后括号中的项目，表示悬臂梁的剪切变位，在铰接式重力坝中，可以不计，但在整体式重力坝分析中必须计及。

在求出各种单位荷载作用下各控制高程的变位值后，应画成曲线并列表以供校核和检用。这样，悬臂梁在任何荷载作用下均可应用这些系数用叠加法来迅速求出各控制高程处的变位值。

3. 计算每一根悬臂梁在单位扭转荷载下的扭转变位

悬臂梁所受的扭矩，实际上就是其两侧剪力对断面中心所引起的扭矩，这些扭矩被假定作用在悬臂梁断面的中心线上（见图 4-41）。

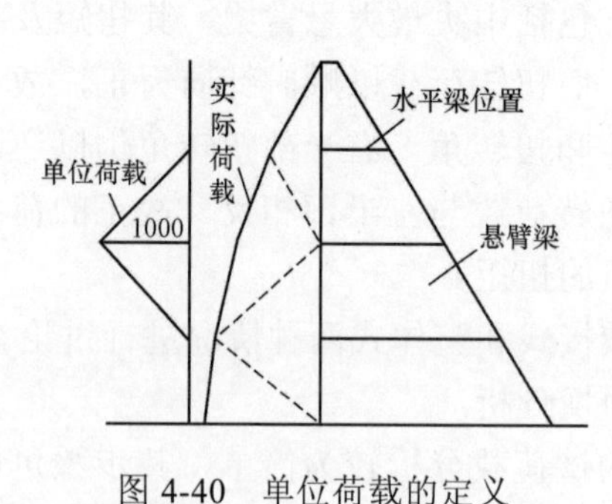


图 4-40　单位荷载的定义

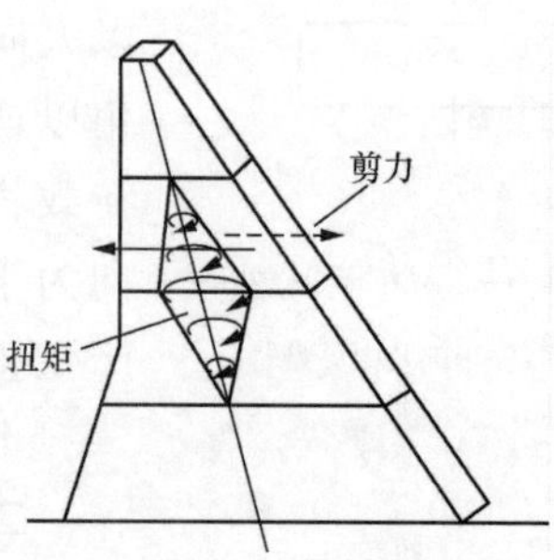

剪力
扭矩

图 4-41　单位扭转荷载

单位扭转力矩也呈三角形分布，三角形顶点在各控制高程处，该处扭矩强度为一单位（例如取为 1000kg·m/m$^2$），渐变到相邻高程线上为 0。在这种扭矩作用下，悬臂梁各断面上均将发生扭转角 $\theta$，这一扭转角可用下式算出：

$$\theta_y = \sum \frac{M_{xz}}{GJ}\Delta y +_A M_{xz}\delta \text{（适用于左半部悬臂梁）} \tag{4-71}$$

上式中 $J$ 是一个常数，由下式确定：

$$J = \beta b c^3 \tag{4-72}$$

式中 $b$——水平截面的长边；

$c$——水平截面的短边；

$\beta$——系数，视 $b/c$ 之值而定，见表 4-27。

**表 4-27　$\beta$ 值表**

| $b/c$ | 1.00 | 1.50 | 1.75 | 2.00 | 2.50 | 3.00 | 4.00 | 6.00 | 8.00 | 10 | ∞ |
|---|---|---|---|---|---|---|---|---|---|---|---|
| $\beta$ | 0.141 | 0.196 | 0.214 | 0.229 | 0.249 | 0.263 | 0.281 | 0.299 | 0.307 | 0.313 | 0.333 |

当 $b/c$ 取其他值时，我们可用插补法求出 $\beta$。

这里必须注意，所谓“水平截面”应该指每个坝块在各控制高程处的截面，换言之，该截面的宽度应该是两横缝的间距 $B$，不可取用单位宽度；水平截面的长度即悬臂梁断面在该高程处的长度 $T$。在这两个值（$B$、$T$）中选取大者作为 $b$ 值，小者作为 $c$ 值。式（4-71）本来只适用于断面不变的矩形棱柱体受纯扭曲的情况，由于尚无其他更合适的公式，现在近似地将它们推广用于变断面物体的受扭计算中。另外应注意，我们的计算本来是以单位宽度的悬臂梁为准，而在计算 $J$ 值时不能不以整个坝块为准，所以求出的 $J$ 值尚应除以坝块宽度 $B$，以求得一致。

用式（4-71）计算 $\theta$ 时，仍采用分段求和法，即将悬臂梁划分为许多小块 $\Delta y$，计算每一小块上的扭矩 $M_{xz}$ 及该块上的 $J$ 值，然后代入式（4-71）中，计算每一小块的扭转角 $\frac{M_{xz}}{GJ}\Delta y$，从坝基开始，向上累计，即可求出各控制高程处的扭转角 $\theta$。求出 $\theta$ 后，亦应画成曲线并列表以供检查用。

4. 计算每一水平梁在单位剪力荷载下的变位

水平梁的示意图如图 4-42 所示。对于铰接式重力坝，水平梁不能受弯，但仍有抵抗剪力的能力。我们要计算它在单位剪力荷载下的变位。水平梁上的单位剪力荷载也呈三角形分布，在梁基础端最大，其强度取为一单位（例如取为 $1000\text{kg/m}^2$），直线变化到控制点处为 0。所谓控制点就是悬臂梁与水平梁的交点。有几个控制点相应有几种单位剪力荷载。另外尚须计算在全跨均布荷载和在梁末（自由端）一集中荷载作用下的变位。后者在不对称峡谷情况中要用到。因为在这种情况中，我们常在河床中部估计扭转作用最小处将坝体切开，对左右两半部分分别计算，最后在切口处置一对相等相反的集中荷载来调整之，使在切口处变位连续。

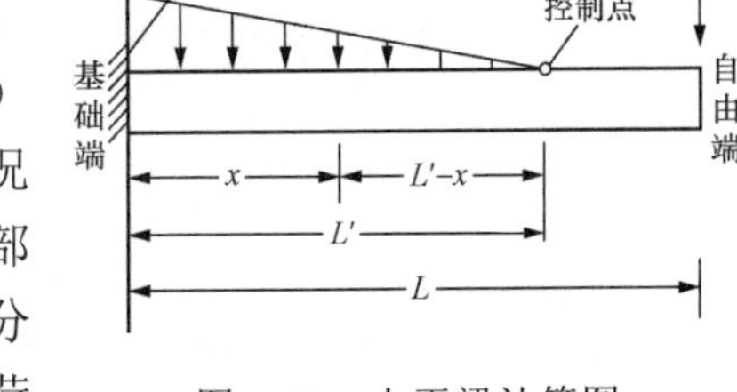


图 4-42　水平梁计算图

计算水平梁剪切变位的公式为：

$$\Delta x=\int\frac{K V_T}{GA}\mathrm{d}z+{}_A V_T\gamma \tag{4-73}$$

如果置 $K=1.25$，$G=E/2(1+\mu)$，上式可算出如下：

（1）对于三角形荷载（$P$ 为梁端荷载强度）：

$$\Delta x=-\frac{P}{2EAL'}\left[3(L')^2x-3L'x^2+x^3\right]+{}_A V\gamma \tag{4-74}$$

（2）对于均布荷载（$P$ 为平均荷载强度）：

$$\Delta x=-\frac{3P}{2EA}\left[2Lx-x^2\right]+{}_A V\gamma \tag{4-75}$$

（3）对于集中荷载：

$$\Delta x=-\frac{3Px}{EA}+{}_A V\gamma \tag{4-76}$$

式中，$L$ 为水平梁从梁端到跨中央（峡谷对称时）或假定切开点（峡谷不对称时）的长度，$L'$为荷载段长度，$x$ 为欲求变位点到基础端的距离。

注意，按我们的符号规定，式中的 $x$ 应为 $z$。为与一般梁变位公式相似，仍以 $x$ 记之。

5. 划分荷载

坝体所承受的荷载有自重、水压力等数种，其中自重将全由悬臂梁作用承担，因为一般都在坝体浇完后才蓄水。所以在计算时不必考虑自重影响，而只须在试荷载分析结束后，在悬臂系统的应力中加入自重应力即可。其余的荷载中最主要的是水压力。水压力荷载呈简单的三角形分布，但加入其他次要荷载（如淤砂压力、风浪压力或地震力等）后，荷载图形将较复杂。一般的做法是把其他荷载均划给悬臂梁承担，算出其相应变位（称为初始变位），仅留下水压力图形来进行试荷载分析。如果上游坝面有斜坡，则水压力的垂直分力也可全划给悬臂梁。悬臂梁的合成变位应该包括初始变位和试荷载部分所产生的变位。显然，这样做和将全部荷载来进行分配（不留初始变位）不会产生不同的最终成果。

这样，我们沿每一计算悬臂梁画出水压力荷载图，其上并标出控制高程线（即各选取的水平梁的高程线），然后根据经验将荷载图划分为两部分，一部分放在悬臂梁上，另一部分放在水平梁上。划分荷载时应充分研究类似工程的计算成果，并考察各条单位变位曲线斟酌拟定。一般讲来，在河床（中央）段，悬臂梁应该承受大部分荷载，而在岸坡部分，水平梁承受的部分可能渐多一些。

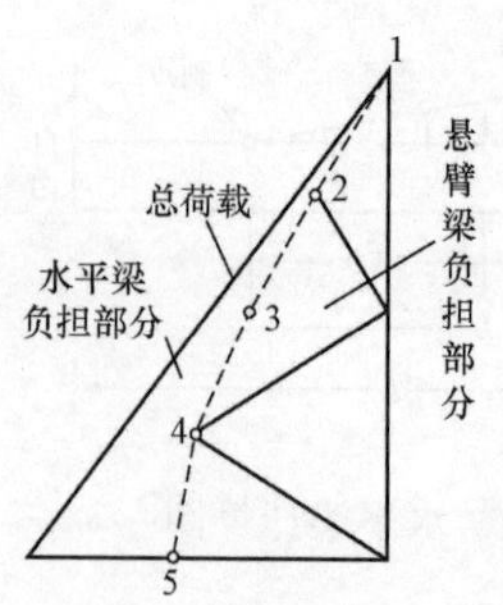

图 4-43　荷载划分图

6. 计算悬臂梁在其假定分担的荷载作用下的变位

荷载划定后，对每一悬臂梁计算其在所设的荷载作用下各控制高程处的变位。这可利用第 2 步骤中求得的单位荷载变位曲线成果，以叠加法得之。如图 4-43 所示，折线 1—2—3—4—5 表示悬臂梁所受荷载，我们可把它分解为几块三角形荷载（如图所示），每一块三角形荷载所产生的变位都可用前述单位荷载所产生的变位按比例求出，最后进行叠加，即可确定悬臂梁在所设荷载下的总变位。将它们与初始变位相加，即为合成变位。由于试载法分析中，荷载要先后试划分多次，反复计算悬臂梁及水平梁的变位，故采用这种单位荷载法是合适的。因为这些准备工作一经做好后，不论需反复调整几次，梁的变位计算都可迅速求出，能减少总的计算工作量，也有助于提高成果的精确度。

我们应该记得，悬臂梁与某一水平梁相交于基础面同一点上，为了使两者变位完全相符，我们尚须把这一相应水平梁的梁端基础变位加在悬臂梁变位上，前者的数值取自相应的水平梁分析成果（详下）。如果某根悬臂梁并不与水平梁交于一点，则可从相邻两水平梁梁端的变位值插补求出所需值。如果边坡平缓，这一影响很微小时，也可略去。

求出悬臂梁的最终变位后，可沿悬臂梁或（及）水平梁绘成曲线以供校核和进行比较、调整。

7. 计算水平梁的变位

水平梁的变位包括两个部分，一为它所分担的荷载的剪切作用所产生的变位，另一为由于悬臂梁扭转而产生的变位。分述如下：

（1）确定水平梁上的荷载图。画出水平梁，注上控制点位置（即各悬臂梁的位置），在控制点上绘上由水平梁分担的荷载强度，然后联结而成一条折线，即为水平梁的荷载图。

（2）确定水平梁各断面处的剪力。各断面处的剪力即为从梁的自由端到计算断面间荷载图的面积［见图 4-44（a）］。

悬臂梁上的扭矩就是由于水平梁上的剪力所产生的。因为悬臂梁的宽度取为 1，故扭矩在数值上等于上述剪力。这样，从各水平梁的荷载图，我们可求出各悬臂梁上的扭转荷载图，如图 4-44（b）所示（须注意相应的符号）。

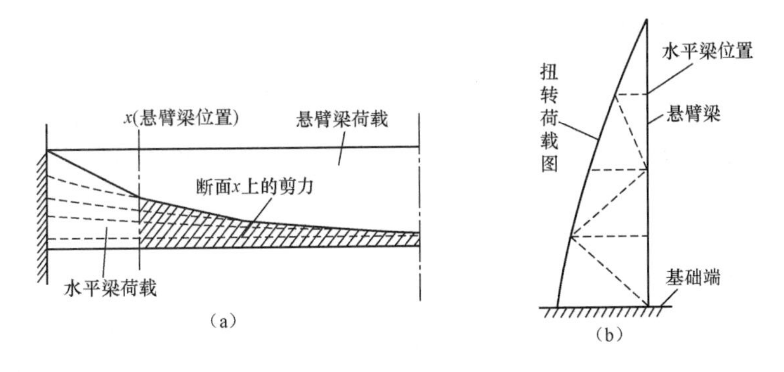


图 4-44 水平梁断面处的剪力与悬臂梁上的扭矩

（3）确定悬臂梁的扭转角和相应的水平梁的变位。找出各悬臂梁上的扭矩分布图后，我们可以把它分解为一组三角形，如图 4-44（b）所示。每一三角形扭转荷载所产生的扭转角，都可以利用步骤 3 中所得的结果按比例得之，然后进行叠加，即可求出各悬臂梁在各控制高程处的扭转角。

将这些扭转角沿水平梁从基础端开始逐渐积分过去，即可求出由于扭转作用而产

生的水平梁变位 $\Delta x=\sum\theta\cdot\Delta z$。

（4）确定水平梁的剪切变位。将图 4-44（a）中的水平梁荷载，划分为均布荷载和各种三角形荷载。然后，应用步骤 4 中的成果，按比例求出每一种荷载所产生的变位，叠加后可以得出水平梁在所设剪力荷载下在各控制点处的剪切变位。

在计算剪切变位时，必须包括梁端基础变位 $_AV\gamma$ 等在内。式中的常数 $\gamma$ 可按本章第六节中式（4-47）计算，但由于这些公式是为悬臂梁推导的，故应用于水平梁时，须将 $\sin\psi$ 和 $\cos\psi$ 互换。

把本步骤中所得成果与上述第（3）步中所得成果相加，即得出水平梁在各控制点处的总变位。

同样应注意到，水平梁是与某一悬臂梁相交于基础上同一点的，为了使彼此的变位完全相符，应该把相应悬臂梁底部的基础变位值也加到水平梁变位上去，这样才得到水平梁的最终变位。其后可沿水平梁或悬臂梁绘成曲线，一方面供校核，一方面供比较和调整。

8. 沿悬臂梁及水平梁比较两者的变位

在第一轮试算中，不免存在较大的出入，我们可根据两者不相符的情况，修改荷载的分配比例，然后重复步骤 6～7。由于我们已准备好单位荷载作用下的变位曲线，故复算工作还是比较方便的。如此重复进行调整和试算，直到获得满意的成果为止。

这样各悬臂梁便可根据其最终所分担的荷载，计算应力和稳定性。在悬臂梁应力分析成果中必须另外加入自重应力。

### 三、整体式重力坝计算

整体式重力坝的计算原理和铰接式重力坝相仿，唯经横缝灌浆处理后，水平梁能够承受一些弯矩和扭矩，所以结构系统共有三种问题，将更复杂一些。

为了便于了解以下的计算方法，我们可以先研究一下，在整体式重力坝上的荷载，可以通过那几种途径传达到基岩上去。我们稍作一些分析后不难发现有以下几种途径：

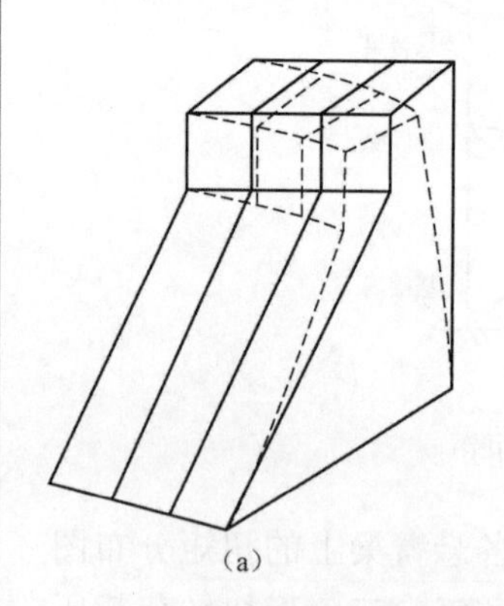

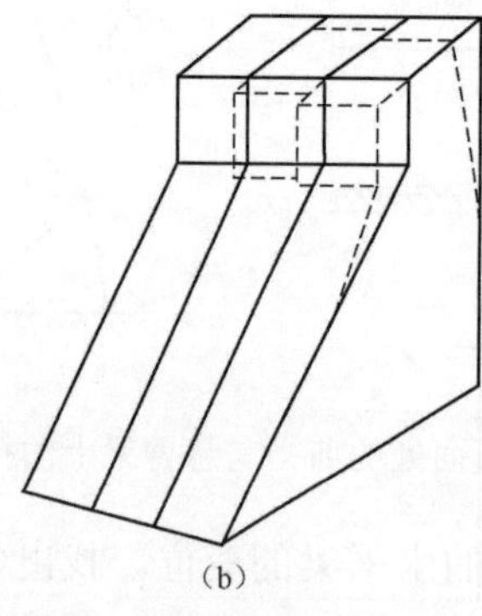

图 4-45 悬臂梁的扭转和水平梁的剪切

（a）悬臂梁的扭转；（b）水平梁的剪切

（1）通过悬臂梁的抗弯和抗剪作用——即所谓悬臂作用。

（2）通过水平梁的抗弯和抗剪作用。

（3）通过悬臂梁的扭转作用。参看图 4-45，设在水平梁上有某种荷载作用，则每一断面上都存在剪力，这些剪力引起悬臂梁的扭转和水平梁的剪切变位，荷载即可通过这一扭弯系统传达到基岩上去——这一系统和铰接式重力坝的水平梁相同。

（4）通过水平梁的扭转作用。参看图 4-46，设在悬臂梁上作用有某种荷载，则每一断面上都有剪力存在，这些剪力引起水平梁的扭转，悬臂梁则产生剪切变位。

根据以上所述原理，我们可以假定坝体由三组结构系统形成：

（1）一组垂直悬臂梁。它们分担一部分荷载，在荷载作用下，梁能抵抗水平面上的剪力和垂直面上的弯曲，维持稳定，同时发生相应的变位。

（2）一组水平梁。它们分担一部分荷载，在荷载作用下，梁能抵抗垂直面上的剪力和水平面上的弯曲，维持稳定，同时发生相应的变位。

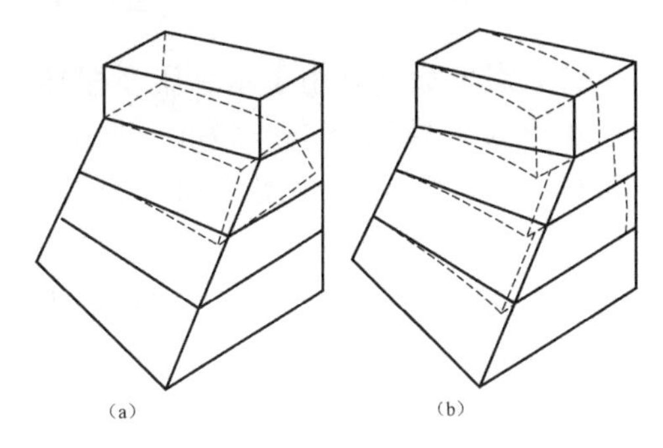


图 4-46　水平梁的扭转和悬臂梁的剪切

（a）水平梁扭转；（b）悬臂梁剪切

（3）一组扭转系统。包括悬臂元件及水平元件，它们能在垂直和水平面上发挥抵抗扭转及剪切的作用以传达荷载。

因此，现在需将荷载设法划分为三部分，一部分放在悬臂梁上，一部分放在水平梁上，另一部分放在扭转系统上，分别计算三种系统的变位，要求在同一点上的变位相符，由此来确定荷载划分比例。注意，扭转系统中有垂直扭转系统和水平扭转系统两种，根据 H.M.韦斯特格德的论证（见参考文献 5），我们知道分配到扭转系统上的总荷载可以各分一半给垂直和水平系统。

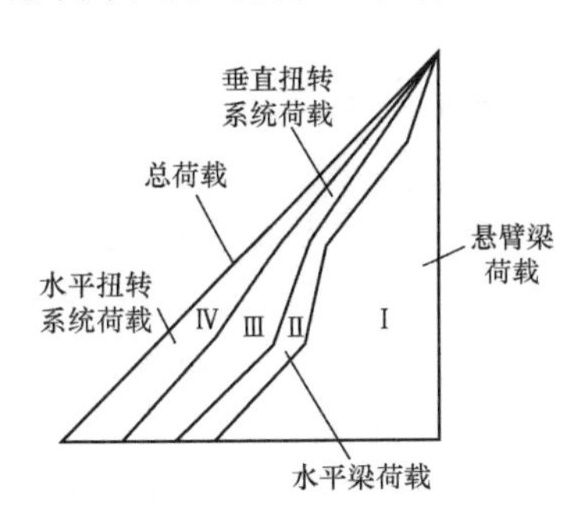


图 4-47　整体式重力坝的荷载分配

图 4-47 中表示沿悬臂梁的荷载划分示意图。其中第Ⅰ区荷载划给悬臂系统，第Ⅱ区划给水平梁系统，第Ⅲ、Ⅳ区各划给垂直和水平扭转系统。在划好荷载后，即可分别计算三种系统的变位如下：

1. 悬臂系统的变位计算

悬臂系统的变位由以下四部分组成：①分担的试荷载所产生的变位；②扭转系统剪力所产生的剪切变位；③悬臂梁底部基础受相应的水平梁和扭转系统作用所产生的基础变位；④初始变位。

（1）悬臂梁系统受试荷载作用所产生的变位。每一根悬臂梁承受试荷载图中第Ⅰ区荷载的作用后将产生变位。计算的步骤仍为先将荷载划分为三角形标准荷载，再利用单位荷载变位曲线数据，以叠加法完成计算。这和铰接式重力坝情况完全一致，计算公式亦仍为式（4-70），不再重述。

（2）悬臂系统由于垂直扭转系统上的剪力所产生的变位。我们先要求出剪力。剪力要从剪切荷载图上求出，而这些剪切荷载就是划分给垂直扭转系统承受的荷载区Ⅲ（图 4-47）。计算时，我们仍须先求出三角形的单位剪力图所产生的变位，然后将剪切荷载划分为标准的三角形型式，用叠加法完成计算。注意，在这里悬臂系统无抗弯作用，只有抗剪和抗扭能力，所以在剪力作用下的剪切变位仅为式（4-70）中的一部分，即

$$\Delta x=\sum\frac{KV_c}{GA}\Delta y+{}_AV_c\gamma \tag{4-77}$$

（3）悬臂梁基础由于水平梁及扭转系统作用所产生的变位。每根悬臂梁底与相应的水平梁及扭转系统交于一点，为了使各系统的最终变位完全相符，应该在悬臂梁的基础上加上该处水平梁及扭转系统的基础变位值，这个值须取自水平梁计算表中（详后）。

（4）悬臂梁的初始变位。和铰接式重力坝相同，我们把水压力以外的各种零星荷载暂时都先加在悬臂梁上，作为它的初始荷载，求出其初始变位。其步骤与铰接式重力坝完全相同，不赘述。

将以上（1）～（4）四项相加，即得悬臂梁在所设试荷载和初始荷载作用下并考虑了基础变形影响后的最终变位，可列表以供对比。

总之，要计算悬臂梁的变位，需准备好以下资料：

（1）悬臂梁在单位荷载下的变位曲线——同铰接式重力坝，用式（4-70）进行计算。

（2）扭转系统中的悬臂体在单位剪力荷载下的剪切变位曲线——用式（4-77）进行计算。

（3）悬臂梁所承受的荷载图（图 4-47 中的第Ⅰ区）。

（4）扭转系统中的悬臂体所承受的剪力荷载图（图 4-47 中的第Ⅲ区）。

（5）悬臂梁所承受的初始荷载。

此外，尚须从水平梁计算表中找出梁端的最终变位加在悬臂梁底上。

2. 水平梁系统的变位计算

水平梁在一点处的总变位由以下四部分合成：①水平梁承受其分担的试荷载（图 4-47 中第Ⅱ区）所产生的弯曲和剪切变位；②由于水平梁基础端垂直扭转系统扭转所产生的各点变位；③和水平梁相交于同一点的悬臂梁梁底的变位对水平梁变位的影响；④扭转系统中的水平梁在所承受荷载下的剪切变位。现逐一解释如下：

（1）水平梁在所承担试荷载作用下的变位。水平梁是一根一端固接（岸坡处）一端自由（在峡谷对称轴上或假定切开断面上）的梁，梁上所承受的试荷载部分即图 4-47 中的第Ⅱ区。唯该图中系沿悬臂梁画，现在则需沿水平梁画，如图 4-44（a）所示。当峡谷不对称时，在梁的自由端尚需加一集中荷载 $P$ 和力矩 $M$。这两值也是假定的，以后要根据左右岸的梁在相交处具有相同的变位与转角来调整。将水平梁所承受的荷载划分为各种标准荷载，如图 4-44（a）中虚线所示。可见标准荷载有以下几种形式：①三角形分布的标准荷载；②均匀分布的荷载；③梁端集中力矩；④梁端集中荷载。在每一种标准荷载下，水平梁的变位曲线都很容易求出：

1）在三角形荷载下：

和以前相同，仍以 $x$ 代表沿梁的轴（代替 $z$），则任何截面 $x$ 处的转角：

$$\theta=-\frac{P}{24EIL'}[4(L')^3x-6(L')^2x^2+4L'x^3-x^4]+{}_AM\alpha+{}_AV\alpha_2 \tag{4-78}$$

在 $x=L'$ 到 $x=L$ 间（$L'$ 为三角形荷载消失点的坐标）：

$$\theta=-\frac{P(L')^3}{24EI}+{}_A M\alpha+{}_A V\alpha_2 \tag{4-79}$$

任何截面 $x$ 处的变位：

$$\Delta x=-\frac{P}{120EIL'}[10(L')^3x^2-10(L')^2x^3+5(L')x^4-x^5]$$
$$\underline{-\frac{P}{2EAL'}[3(L')^2x-3L'x^2+x^3]}+{}_A V\gamma+{}_A M\alpha_2+({}_A M_\alpha+{}_A V\alpha_2)x \tag{4-80}$$

当 $x=L'$ 时上式为：

$$\Delta x=-\frac{P(L')^4}{30EI}\underline{-\frac{P(L')^2}{2EA}}+{}_A V\gamma+{}_A M\alpha_2+({}_A M_\alpha+{}_A V\alpha_2)x \tag{4-81}$$

在 $x>L'$ 到 $x=L$：

$$\Delta x=-\frac{P(L')^4}{30EI}\underline{-\frac{P(L')^2}{2EA}}-\frac{P(L')^3}{24EI}(x-L')+\underline{{}_A V\gamma}+{}_A M\alpha_2+({}_A M_\alpha+{}_A V\alpha_2)x \tag{4-82}$$

2）在均布荷载下：

任何截面 $x$ 处的转角：

$$\theta=-\frac{P}{6EI}(3L^2x-3Lx^2+x^3)+{}_A M\alpha+{}_A V\alpha_2 \tag{4-83}$$

当 $x=L$ 时：

$$\theta=-\frac{PL^3}{6EI}+{}_A M\alpha+{}_A V\alpha_2 \tag{4-84}$$

任何截面 $x$ 处的变位：

$$\Delta x=-\frac{P}{24EI}(6L^2x^2-4Lx^3+x^4)\underline{-\frac{3P}{2EA}(2Lx-x^2)}+{}_A V\gamma+{}_A M\alpha_2+({}_A M\alpha+{}_A V\alpha_2)x \tag{4-85}$$

当 $x=L$ 时：

$$\Delta x=-\frac{PL^4}{8EI}\underline{-\frac{3PL^2}{2EA}}+{}_A V\gamma+{}_A M\alpha_2+({}_A M\alpha+{}_A V\alpha_2)L \tag{4-86}$$

3）在梁端集中力矩作用下：

$$\theta=-\frac{Px}{EI}+{}_A M\alpha \tag{4-87}$$

$$\Delta x=-\frac{Px^2}{2EI}+{}_A M\alpha_2+{}_A M\alpha x \tag{4-88}$$

4）在梁端集中荷载作用下：

$$\theta=-\frac{P}{2EI}(2Lx-x^2)+{}_A M\alpha+{}_A V\alpha_2 \tag{4-89}$$

当 $x=L$ 时：

$$\theta=-\frac{PL^{2}}{2EI}+{}_{A}M\alpha+{}_{A}V\alpha_{2} \qquad (4\text{-}90)$$

$$\Delta x=-\frac{P}{6EI}(3Lx^{2}-x^{3})-\underline{\frac{3Px}{EA}}+({}_{A}M\alpha+{}_{A}V\alpha_{2})x+{}_{A}M\alpha_{2}+\underline{{}_{A}V\gamma} \qquad (4\text{-}91)$$

当 $x=L$ 时：

$$\Delta x=-\frac{PL^{3}}{3EI}-\underline{\frac{3PL}{EA}}+({}_{A}M\alpha+{}_{A}V\alpha_{2})L+{}_{A}M\alpha_{2}+\underline{{}_{A}V\gamma} \qquad (4\text{-}92)$$

按照以上公式，我们可以预先算好每一根水平梁在各种单位荷载作用下，各控制点（包括梁的两端和各悬臂梁位置处）的变位和转角（转角只需求梁两端之值即可）。并列成表格以供检用。

求出这些基本数值后，我们可用叠加法计算在所承担荷载下水平梁各控制点处的变位和转角。

（2）水平梁基础端扭转所产生的变位。在水平梁的基础端，其上有一扭转系统的悬臂体，悬臂体在所设荷载下，在基岩处将产生一个扭转角 $\varphi$。这个值可得自扭转系统悬臂体的计算表中（详后）。由于梁端扭转，对各控制点将产生一个附加变位，其值为 $\Delta x=\varphi x$，$x$ 为所考虑点至梁端的距离。

（3）由于相应悬臂梁基础变位对水平梁基础变位的影响。正如在计算悬臂梁基础变位时必须加入水平梁的基础变位一样，在水平梁的基础变位中亦须加入悬臂梁的基础变位。在步骤 1 中，我们已算出悬臂梁在初始荷载、试荷载和剪切荷载作用下的基础变位，这个值即应取来加入到相应的水平梁端的变位中去。

（4）扭转系统中水平梁体在所承受荷载下的剪切变位。这是水平梁变位中最后一个组成部分。先沿水平梁体画出其所承受的剪切荷载（即图 4-47 中的第Ⅳ区荷载，唯须改沿水平梁画），把它划分为标准的三角形荷载，然后计算其所产生的剪切变位。仍先求出单位荷载下的变位线。所用公式与铰接式重力坝情况中的水平梁计算完全相同，也就是上面式（4-80）～式（4-92）中画有横线的项目。

水平梁各控制点上的最终变位，就是以上四项数值之和。其中第（1）、（4）两项所产生的梁端变位，就是应该填到步骤 1 中相应悬臂梁底变位中去的数值。

总之，要计算水平梁的最终变位，需要准备以下资料：

（1）水平梁在各种单位荷载作用下各控制点上的变位和转角——用式（4-78）～式（4-92）计算并列成表。

（2）扭转系统中水平梁体在各种单位剪切荷载下的剪切变位（与铰接式重力坝相同）。

（3）水平梁所承受的试荷载部分图形。

（4）扭转系统中水平梁体所承受的试荷载部分图形。

（5）此外尚须知道水平梁梁端的相应扭转系统悬臂体在该点的扭角和相应垂直悬臂梁在该点处的变位。

在计算水平梁各点变位时，应该同时计算梁的自由端的转角及变位，以供与另半部结构联合调整在假定分割面上的集中力 $P$ 及 $M$（峡谷不对称时）。在自由端处的转角值，除由梁上荷载引起者外，尚应加入相应悬臂梁的扭转角。

3．扭转系统的变位计算

扭转系统的变位由四部分组成：①扭转系统水平梁体承受所设试荷载后的剪切变位；②扭转系统水平梁上的剪力所引起的垂直悬臂体的扭转而产生的变位；③水平梁承受所设试荷载而发生的剪切变位；④基础变位。

（1）扭转系统水平梁体承受所设试荷载后的剪切变位。这部分变位就是上述水平梁变位中的第（4）部分，因此不必再计算，只要把相应成果摘取应用即可。

（2）扭转系统水平梁上的剪力所引起的垂直悬臂体的扭转而产生的变位。这一部分变位和铰接式重力坝情况中的相应计算是一致的。首先由水平梁体系所承受的荷载（图 4-47 中的第Ⅳ荷载区）算出每一控制断面处的剪力。这些剪力在数值上即等于作用于相应悬臂体系在相应高程处的扭矩。这里也须事先算好在单位扭转荷载下的扭转角数值表，可参见铰接式重力坝计算一段，近似上式（4-71）可以用 $\theta=\sum\frac{M_{xz}}{2GJ}\Delta y+{}_{A}M_{xz}\delta$ 代之。从水平梁体系上的荷载计算各控制断面上的剪力时，也宜事先把每一种三角形单位荷载所产生的各控制断面上的剪力算好并列成表，以后用叠加法完成计算，较为方便。

然后计算悬臂体系的扭转角 $\Delta\varphi$。在悬臂梁的底部（基础面），尚应包括由于水平梁上荷载作用而产生的梁端转动角。后者可以从上一步骤，即计算水平梁变位时的成果表中检用，也就是水平梁在其所分担荷载下的梁端转动角 $\varphi$。

下一步骤就是沿每一根水平梁，将垂直体系的扭转角从梁端向自由端进行数值积分。在梁端，基础的转动角也须包括进去。这样就得出了水平体系由于垂直体系的扭转和梁端基础转动所产生的变位。

（3）水平梁在所分担的荷载（即图 4-47 中的第Ⅱ荷载区）下的剪切变位。这个变位就是上一步骤中计算的水平梁变位，但只取出其中剪切变位的部分。我们仍采用单位荷载法进行计算，唯在制备单位荷载变位系数时，只取用式（4-80）～式（4-92）中的剪切变位项目，也就是公式中下面划有横线的那些项目。

（4）基础变位影响。在水平体系的固定端，尚应计入相应悬臂梁及水平梁由于力矩所产生的梁端变位 $M\alpha_2$。此值可从悬臂梁及水平梁的计算表中检取。

完成上述计算后，计算（1）～（4）项之和，即得扭转系统水平体系在各控制点上的总变位。

4．试荷载的调整

当我们按照以上三个步骤分别算出悬臂梁、水平梁和扭转系统中的水平梁三者的总变位后，即可进行比较，根据其不符情况，修改试荷载的分配曲线，以及在水平梁自由端处的集中力和力矩的数值，以使三个系统在各控制点处的变位均相同，左右岸水平梁在自由端处有相同的变位和转角。满足这样要求的试荷载划分图即为作用在各系统上的最终荷载，而在梁端的集中力和力矩即为假定分割面上的内力（峡谷对称时，集中力为 $O$，仅要求水平梁端的转角为 $O$，由此确定力矩）。

在自由端处的集中力 $P$ 和力矩 $M$ 值，除可按上述试误法来调整确定外，通常采用下述方法将更方便些：即根据前一次试载中的计算成果，估计在自由端处的变位和转角的不符值，然后假定在左右岸水平梁端作用一对内力 $P$ 及 $M$，使连续条件重行满足。这样可以成立两个方程式来解出 $P$ 及 $M$ 值，再放在下一轮试载计算中应用。

整体式重力坝计算中，由于有三种结构体系，故划分和调整荷载的工作比较复杂，应尽量参考类似工程的计算成果并研究各种单位变位曲线情况，细致地拟定荷载划分，以减少反复调整的工作。

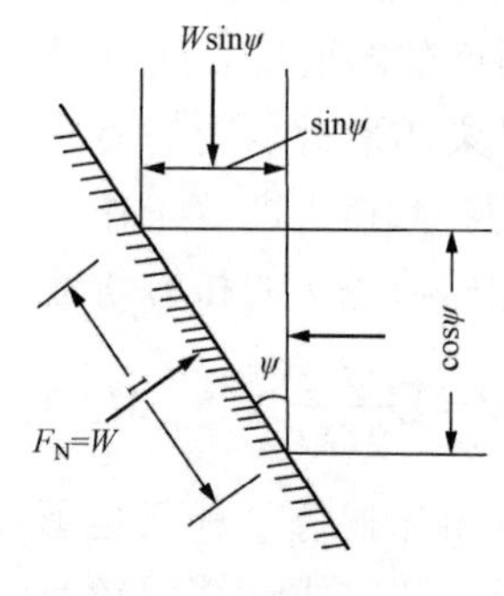

图 4-48　斜坡示意图

当试载工作结束后，即可分别计算悬臂梁底和水平梁端的剪力。这些剪力的总和应与外载平衡，可作为一个校核手段。然后可分别计算悬臂梁及水平梁中的应力。悬臂梁上的垂直正应力仍按材料力学公式计算，并可根据坝面坡度和边界荷载算出坝面主应力。悬臂梁的滑动稳定也可按第三章中相应公式核算，此时总的滑动力应该是悬臂梁底的剪力，但在岸坡坝段，总的滑动力是悬臂梁底剪力 $V_c$ 和扭转系统中水平梁端剪力 $V_r$ 之和。参见图 4-48，取斜坡上单位长的基础面为核算标准，则作用在此基础面上的合成剪力为：

$$V=V_c\sin\psi+V_r\cos\psi \tag{4-93}$$

式中，$\psi$ 为斜坡面与垂直面的交角，$V_c$ 和 $V_r$ 是悬臂梁底和水平梁端的剪力（这些梁的宽度均为 1）。

计算抗滑稳定时，正交于斜面上的力 $F_N$ 可按下式计算：

$$F_N=\frac{W\sin\psi}{\sin\psi}=W \tag{4-94}$$

式中，$W$ 为单宽悬臂梁底以上的全部垂直压力（包括上托力在内）。

水平梁中的应力亦可类似计算，即按水平梁上最后划定分担的荷载，用材料力学公式算出梁的弯曲应力。至于梁所承受的剪力，则应包括水平梁上的荷载和扭转系统水平体系上的荷载两者所产生的断面剪力。

图 4-49 表示菲雷峡（Canyon Ferry）坝的试荷载分析的最终成果的一部分。

研究各种已有成果，并和悬臂式结构的相应成果相对照，可以发现，由于坝体的空间作用，河床中央部分的坝段的抗滑稳定性有所改善，而岸坡部分坝段的滑动力则有所增加，而且在岸坡坝段的上游坝踵处往往产生一定的水平面上的拉应力，尤其在悬臂梁高度有突然变化处，这种拉应力更大。显然，这些拉应力是由于这些部位上的扭转作用所产生的。拉应力的存在，很容易在相应部位产生斜向裂缝。所以我们在设计和施工中，应注意尽量不使岸坡上出现突变形状，尽量做成缓变的边坡。如经核算发现岸坡部分水平拉应力较大时，应考虑推迟横缝灌浆时间，或采用其他措施以解决之。

**四、试载法的应用和讨论**

目前国内外修建的重力坝，以悬臂式为多。在这类重力坝中，当然可按本章第一至第五节中所述方法计算，不存在空间作用问题。但在岸坡部分，倘在同一坝块范围

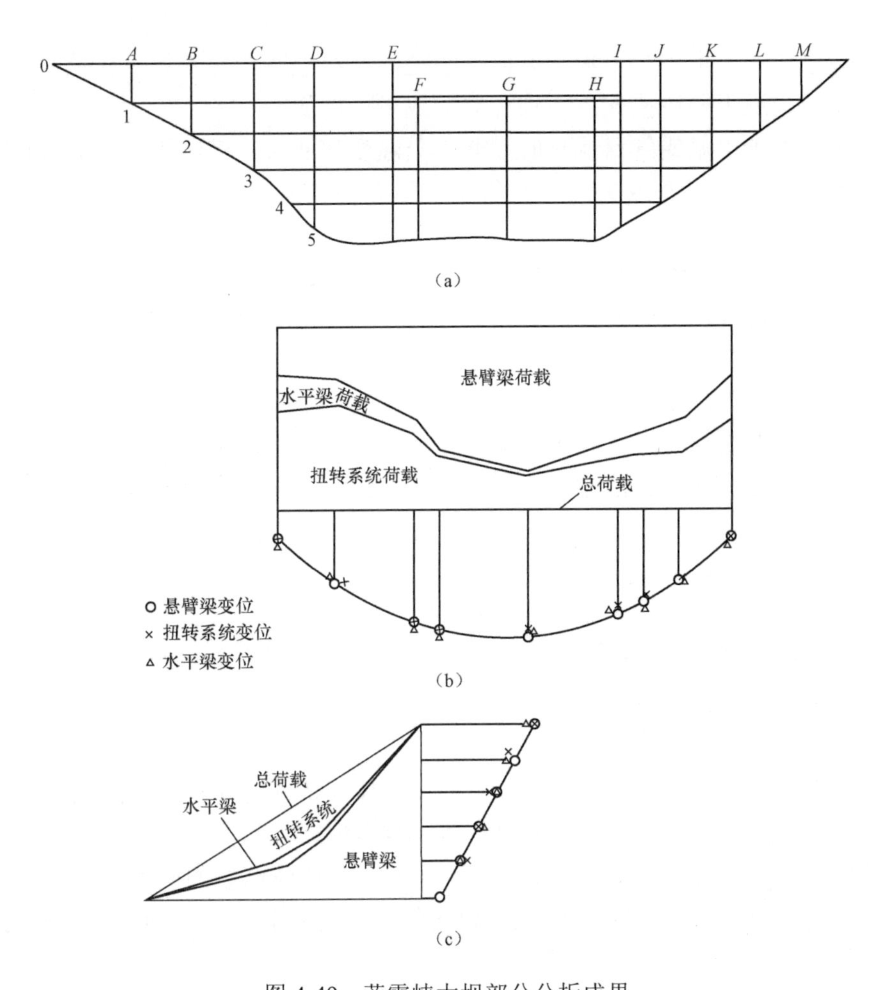


图 4-49 菲雷峡大坝部分分析成果

（a）计算系统图；（b）3 号水平梁上荷载划分及变位图；（c）悬臂梁 $E$ 上荷载划分及变位图

内，基岩高程相差过大，在这一块体中就会产生较大的扭转和空间应力作用。在必要时，这些坝块须进行特殊分析，这时就可采用试载法——当然，须按整体式重力坝的情况来分析。这时，计算系统可如图 4-50 所示选取。注意，水平梁 3、4 可视为一端固接于基岩、一端自由的梁处理，而水平梁 1、2 则为两端自由的梁。在后面这一类梁上，其所承受的试荷载，必须自呈平衡。同时在计算它们的变位时，可从梁的一端开始，沿轴线推算，而开始点的变位和转角可取为相应悬臂梁在该处的变位和扭转角，最后并应要求在另一端的变位和转角与另一相应悬臂梁在该处的变位和扭转角相符（也可从两端出发计算，而要求在跨中变位连续）。其余计算原理与步骤，和整体式重力坝的计算无异。

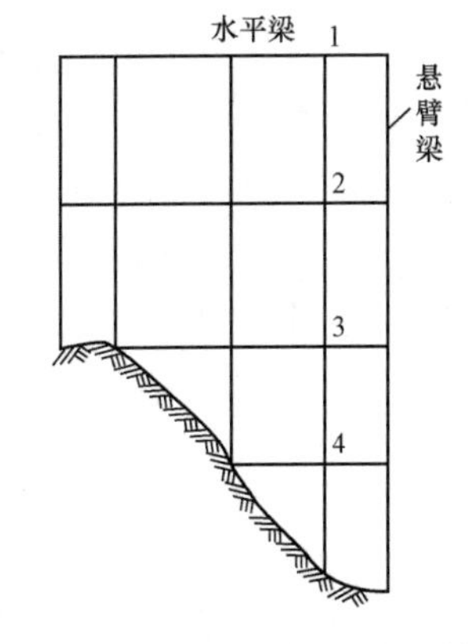


图 4-50 陡坡上坝块的计算

如果重力坝横缝间设有垂直键槽，能使相邻坝块互传剪力，同时横缝间并未灌浆，则可按照铰接式重力坝进行计算。有时，横缝间虽经灌浆，但其效果较差时，应力情况实际上将更接近于按铰接式重力坝计算的成果，例如：

（1）在混凝土内温或气温较高时灌浆，当温度降低后，横缝仍有可能被拉开时；

（2）灌浆系统被阻塞或失效，采用个别钻孔灌浆进行堵缝，灌浆质量得不到保证时；

（3）在宽缝重力坝情况，横缝接触面积很有限，水平梁的抗弯和抗扭作用不大时。

如果横缝中进行过全面有效的灌浆，缝面上并布置有非常妥善的键槽结构，则坝体的空间作用性有所增强，可以考虑按整体式重力坝来分析应力。但应记得，按整体式重力坝计算的应力，总是夸大了空间作用的影响。实际上，用灌浆方式联合起来的块体，总不能完全像整体浇筑的块体那样充分发挥抗弯和抗扭作用。所以按整体式重力坝分析法算出来的水平梁弯曲应力、剪应力和表面部分的拉应力，都是偏大一些，同样对岸坡坝段的抗滑稳定安全性的计算，则给出偏小的数值。

整体式和铰接式重力坝，与悬臂式结构相比，有下述优缺点：

1. 优点

（1）从理论上讲，由于利用了坝体的空间受力作用，其最大断面上的受力条件得到改善，故可以减小断面，节约工程量。当峡谷断面为狭窄的V形断面时，这一影响更为显著。

（2）由于将各坝块固结成整体，故不存在岸坡（特别是陡坡）上的坝块的侧向稳定问题，因而在某种地质条件下，采用整体式重力坝较有利。

（3）横缝间的渗漏问题（在高水头下，这是一个比较麻烦的问题）较易解决。

（4）个别坝段因意外事故而削弱时（如战争中受到轰击），其他坝段能起协助作用。

2. 缺点

（1）岸坡坝段的抗滑稳定性有所减低，应力分布情况也较复杂，常容易发生水平面上的拉应力，如岸坡地质条件不利，常不能承受这种荷载。

（2）应力分析工作很繁复，计算工作量大，所以不能像悬臂式重力坝一样详尽地比较选择各坝段的最经济断面。

（3）需设置横缝灌浆系统，因而须费较多的管道钢材和灌浆投资，对施工进度也有一定影响。

（4）坝体的温度收缩应力较大。

根据以上的比较分析，就可以理解到，目前很少完全由于经济上的原因来选用整体式重力坝（除非在地质条件良好的狭窄河谷中，但在这种条件下，更宜于修建拱坝或重力拱坝），而往往是考虑到某些特殊理由，才选用整体式或铰接式重力坝。

## 第九节　重力坝裂缝扩展稳定性的计算

### 一、问题的性质

根据本书以前各章节的讨论，我们知道重力坝上游面的主应力绝对值较小，在某些情况中很容易出现拉应力，而不允许上游面出现拉应力就常常成为坝体设计中的控制条件之一。

为什么在一般重力坝设计中都不允许上游面出现拉应力？我们认为主要原因有二：

（1）混凝土的抗拉强度远低于抗压强度，而且不易保证。这是因为有许多因素会削弱混凝土的抗拉能力，例如在混凝土和基岩的接触面上或坝体水平浇筑层面上的抗拉能力，往往远小于混凝土试件的抗拉强度。此外，混凝土在收缩或温度变化过程中，极易发生裂缝，在裂缝范围内几乎无抗拉强度可言。再则施工上的某些缺陷或因素，如混凝土初凝、浇捣面积水或埋设大量块石等，也会大大地降低混凝土的抗拉强度。因此，为安全计，许多设计中都不考虑混凝土的抗拉强度，这样做，不仅简化了计算，使成果略偏于安全，而且在某种条件下，也接近实际情况。

（2）混凝土抗拉强度既然很低，而且不易保证，则当其承受较大的拉应力时，极易在受拉区内形成裂缝。在某种情况下，裂缝能继续扩展，引起很不利的后果，甚至造成破坏性事故；有时裂缝形成后会成为渗水的通道，造成管涌或侵蚀混凝土，缩短建筑物寿命。

在本节中将限于讨论裂缝的扩展问题（力学问题）。

如果混凝土承受拉力而开裂后，裂缝不会扩展或至少不会无限制地扩展，则在坝体内存在一些拉应力或裂缝就不很可怕。所以我们可把裂缝分为两类，一类是不会扩展的裂缝（下称稳定的裂缝），另一类是会继续扩展的裂缝（下称不稳定的裂缝）。本节目的，即在根据各种不同的条件，研究裂缝扩展稳定性的判别公式和计算其扩展深度。

考虑图 4-51 中的混凝土结构，设在截面Ⅰ-Ⅰ上，外力的合力线已超出截面的三分点，此时将引起拉应力，我们既假定混凝土不能抗拉，则必然开裂，而引起应力重分布。如果作用在结构上的各种荷载，并不因为混凝土的开裂而改变其数值或位置，则开裂后，外力合力线的位置及数值并无改变，裂缝的产生，仅引起压应力的重新分布，即从图 4-51 中之（b）变成（c），这种裂缝当然不会无限制扩展。

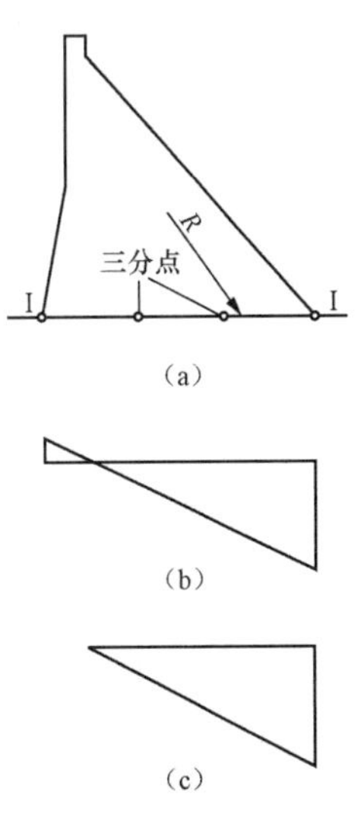

图 4-51　混凝土结构

重力坝所承受的各种荷载，如坝体重量，水重，水平水压力，淤沙压力，波浪压力等，都不会因裂缝的出现而有所改变，只有扬压力（渗透压力）的数值，将随裂缝的出现而增加。以下我们假定在上游面裂缝范围内的渗透压力强度将取为全水头，作用的面积也为 100%。

从以上说明可以知道，发生在下游面或坝体内部不与水直接接触区的裂缝，常常是稳定的裂缝。所以，我们可以允许坝体下游面出现一定的拉应力。这种规定是合理的，因为不仅下游面的裂缝是稳定的，而且下游面拉应力仅在库空或施工时期才出现，蓄水后即将消失，而库空时坝体失事的可能性是很小的，其后果亦与蓄水后失事有所不同。下游面的允许拉应力值可按以下要求确定：

（1）拉应力应在混凝土容许拉应力范围以内（混凝土抗拉强度除以安全系数）。

（2）万一受拉区开裂，应不使压应力的增加超过容许值，也不能使断面上的抗剪断强度的降低达到不能容许的程度（开裂区内的黏结力为零）。

对于上游面的裂缝，情况就不相同。上游面开裂后，库水将更容易地渗入坝体内部，其后果如前所述，一为造成管涌，大量渗漏，破坏混凝土结构，缩短建筑物寿命，另一为增加了扬压力，破坏原来的静力平衡状态，造成应力重分布，甚至可能使裂缝不断扩展，这就须要作进一步的分析研究。

## 二、裂缝扩展稳定情况的分析

要研究坝体上游面的某一条裂缝是否会扩展，须分别研究三种情况：

### 1. 合力作用点在断面的三分点以内

图 4-52 表示，在一重力坝断面中外荷载合力 $R$ 的作用线在三分点以内。设合力位置离开上游坝踵的距离 $\overline{x}=kT$，即合力位置离三分点距离为 $\left(\frac{2}{3}-k\right)T$。这时，上游面将产生压应力。

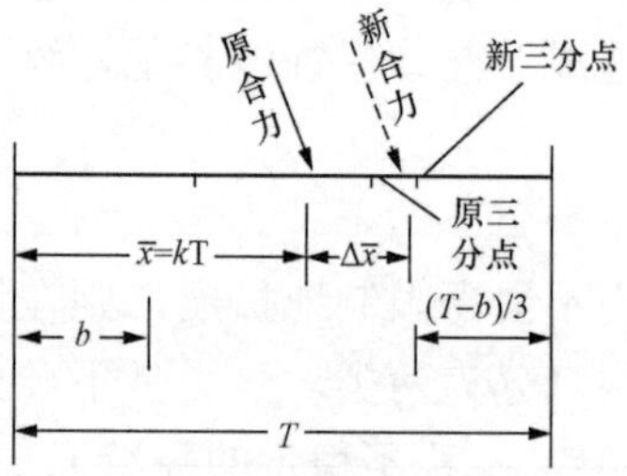

图 4-52　重力坝断面中外荷载合力

设坝体由于某种意外原因（如施工缺陷或受温度变化影响）在上游面产生了一裂缝，其深度为 $b=b'T$（$b'$为一无因次系数）。在裂缝范围内，扬压力有相应的增加。试研究裂缝是否会扩展。

很显然，如果裂缝深度 $b$ 很小，增加的扬压力与原有合力 $R$ 相比也很小，那么新的合力 $R$ 将仍然位在截面三分点范围以内，裂缝是无法扩展的。在这种情况下，一俟产生裂缝的外界因素消失，裂缝将仍然闭合。但如裂缝的深度 $b$ 相当的大，因而所增加的扬压力也很可观，则情况就有所不同。设在断面上原来的合力的垂直分力为 $W$，合力关于上游坝踵的力矩为 $M$。开裂后，由于裂缝范围内扬压力增加，新的垂直合力变为 $W-u$，新的力矩为 $M-m$。显然，新的合力位置距上游面距离为：

$$\overline{x}=\frac{M-m}{W-u}$$

原合力位置为 $\overline{x}=\frac{M}{W}$，因此，开裂后合力位置较原位置向下游移动了一个距离 $\Delta\overline{x}$：

$$\Delta\overline{x}=\frac{M-m}{W-u}-\frac{M}{W}=\frac{MW-mW-MW+Mu}{(W-u)W}=\frac{Mu-mW}{(W-u)W}=\frac{\frac{M}{W}u-m}{W-u}=\frac{ukT-m}{W-u}\tag{4-95}$$

同时，裂开后，有效断面宽度仅为 $T-b$，从而新的三分点位置也将向下游移动一 $\Delta l$ 值：

$$\Delta l=\frac{b}{3}\tag{4-96}$$

当 $\Delta\overline{x}<\left(\frac{2}{3}-k\right)T+\frac{b}{3}$ 时，亦即合力线下移后的位置未超出新断面的三分点时，在

新断面内不会产生拉应力，裂缝也不可能扩展。当裂缝很小时，$\Delta x$ 和 $\Delta l$ 都很微小，而 $\left(\frac{2}{3}-k\right)T$ 是一个正数，故上述不等式常可成立。当裂缝深度 $b$ 达到某一临界值 $b_0$ 而使式

$$\Delta\bar{x}=\frac{ukT-m}{W-u}=\left(\frac{2}{3}-k\right)T+\frac{b_0}{3} \tag{4-97}$$

成立时，裂缝开始有发展趋势。而当裂缝深度大于临界深度 $b_0$ 时，新的合力线位置将超出新断面的三分点位置，裂缝就将继续发展。

当坝体断面、荷载和扬压力图形均为已知时，上式中的 $k$、$T$、$W$ 均为已知值，$u$ 及 $m$ 则为 $b_0$ 的函数，故从上式可以求出临界深度来。

但并不是在任何情况下都存在着临界深度。为了要较深入的分析这一问题，可将上述判别式改写如下：

$$\left(\frac{2}{3}-k\right)T>\Delta\bar{x}-\frac{b}{3}=\frac{\Delta\bar{x}}{\Delta l}\bullet\Delta l-\frac{b}{3}=\left(\frac{\Delta\bar{x}}{\Delta l}-1\right)\frac{b}{3} \tag{4-98}$$

当上式成立时，裂缝是稳定的；当上式成为等式时，即呈临界稳定。我们以 $b'$ 代表 $\frac{b}{T}$，则判别式更可写为：

$$\frac{2}{3}-k>\left(\frac{\Delta\bar{x}}{\Delta l}-1\right)\frac{b'}{3} \tag{4-99}$$

根据式（4-95）及式（4-96），知：

$$\frac{\Delta\bar{x}}{\Delta l}=\frac{ukT-m}{W-u}\bullet\frac{3}{b}=\frac{3ukT-3m}{b(W-u)} \tag{4-100}$$

不难证明，$u$ 常与 $b$ 成正比，而 $m$ 常为 $b$ 的二次函数，所以 $\frac{\Delta x}{\Delta l}$ 常可表达为 $b'$ 的一次式。以 $\bar{K}$ 表示 $\frac{\Delta\bar{x}}{\Delta l}$，我们有：

$$\bar{K}=\frac{A-Bb'}{C-Db'} \tag{4-101}$$

式中，$A$、$B$、$C$、$D$ 均为常数，视设计扬压力图形而定。图 4-53 中表示 $\bar{K}$ 的图形。这时尚有三种情况：

（1）令 $K=\frac{AD}{BC}$，当 $K>1$，则曲线 $\bar{K}$ 如图 4-53（a）中所示。当 $b'=-\infty$，$\bar{K}=\frac{B}{D}$；$b'=0$，$\bar{K}=\frac{A}{C}$；$b'=\frac{C}{D}$，$\bar{K}=\infty$；$b'=\infty$，$\bar{K}=\frac{B}{D}$。这种情况的特征是 $\bar{K}$ 随 $b'$ 的增加而增加。

（2）当 $K=1$，则 $\bar{K}$ 呈直线分布［见图 4-53（b)］，即不论 $b'$ 取何值，$\bar{K}$ 维持为常数 $\bar{K}=\frac{A}{C}=\frac{B}{D}$。

（3）当$K<1$，则$\overline{K}$如图4-53（c）中所示，其特点是随着$b'$的增加，$\overline{K}$值渐趋减小。

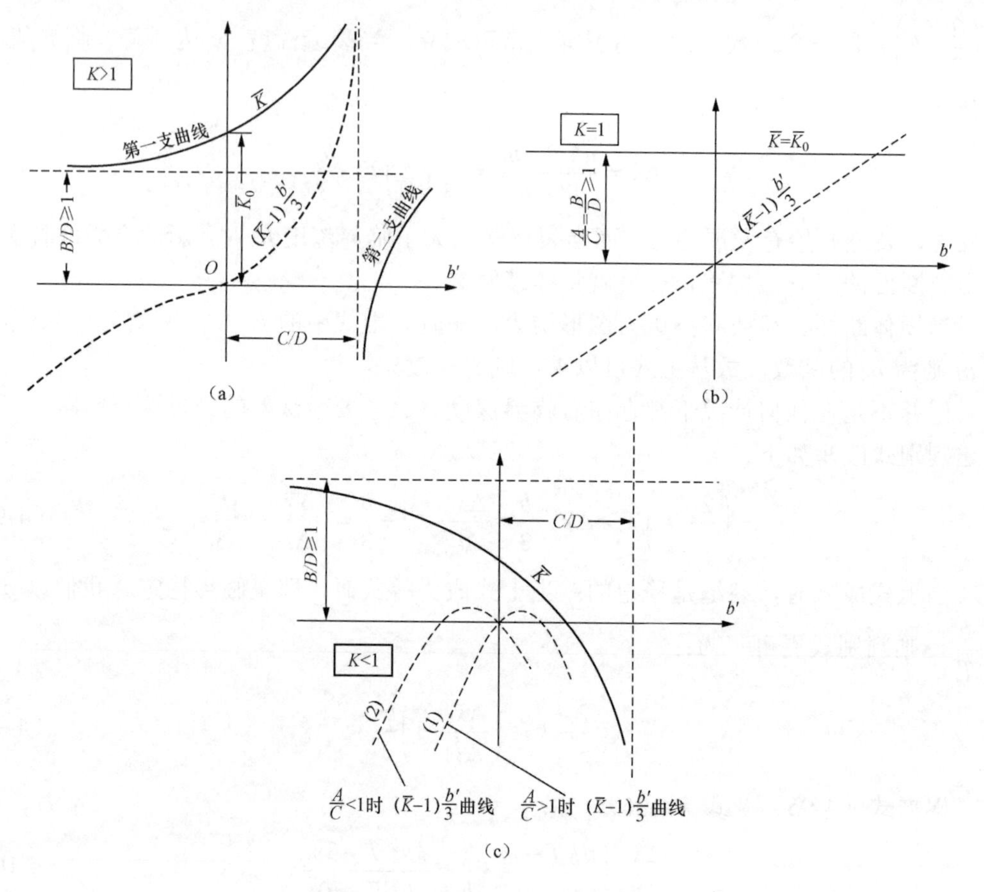


图4-53　$\overline{K}$及$(\overline{K}-1)\dfrac{b'}{3}$曲线图

此外，通过以后的研究，可知$\dfrac{B}{D}$值常不小于1。根据上述分析，我们就可得到下面一些重要结论：

（1）设$K>1$，则从图4-53（a）知，$\overline{K}$值常常大于1（不考虑$b'>\dfrac{C}{D}$的一支曲线，这支曲线在实用上无重要意义）。因而式（4-99）中的$\left(\dfrac{\Delta\overline{x}}{\Delta l}-1\right)\dfrac{b'}{3}$常为正数，而且随$b'$的增加而增加［见图4-53（a）中的虚线］。换言之，必然存在着一个临界深度$b_0$，使式（4-99）变成等式。当$K=1$时，也可以得出同样结论。

（2）设$K<1$，则$\overline{K}$呈图4-52（c）中所示形式。此时$\dfrac{A}{C}$值可以大于1，也可以小于1。如$\dfrac{A}{C}\leqslant1$，则不论$b'$取什么值，只要为正值时，$\left(\dfrac{\Delta\overline{x}}{\Delta l}-1\right)\dfrac{b'}{3}$常不大于0，换言之，不等式（4-99）必然成立，即在这种情况下，任何裂缝不会扩展。

如果 $K<1$，但 $\dfrac{A}{C}>1$，则 $\left(\dfrac{\Delta\overline{x}}{\Delta l}-1\right)\dfrac{b'}{3}$ 之乘积，取图 4-53（c）中虚线（1）的形式。在 $b'=0$ 时及 $b'=\dfrac{A-C}{B-D}$ 时，此乘积均为 0，而在其间，此乘积取某最大值。如果这个最大值也小于 $\left(\dfrac{2}{3}-k\right)$，则任何裂缝均属稳定，否则存在一个临界值 $b_0'$，当裂缝深度超过 $b_0'T$ 后，裂缝即将趋于不稳定。

总结起来说，如坝体断面上合力线位置在三分点以内时，我们可以算出 $A$、$B$、$C$、$D$ 四值，并计算 $K=\dfrac{AD}{BC}$，而根据 $K$ 的推导，可认为：

（1）当 $K\geqslant1$ 时，必然有一个临界深度 $b_0$ 存在，裂缝深度超过此深度时合力作用点即将超出新三分点。$b_0$ 值可由下式确定：

$$\frac{2}{3}-k=\left(\frac{\Delta\overline{x}}{\Delta l}-1\right)\frac{b_0'}{3} \tag{4-102}$$

式中，$\dfrac{\Delta\overline{x}}{\Delta l}$ 为 $b_0'$ 的一次分式，即呈 $\dfrac{A-Bb_0'}{C-Db_0'}$ 的形式。

（2）当 $K<1$ 时，可再计算 $\dfrac{A}{C}$ 值。如 $\dfrac{A}{C}$ 值不大于 1，任何裂缝不可能扩展。如 $\dfrac{A}{C}$ 值大于 1，则可计算 $\left(\dfrac{\Delta\overline{x}}{\Delta l}-1\right)\dfrac{b_0'}{3}$ 的值（$b_0'$ 从 0～1），如其最大值不超过 $\left(\dfrac{2}{3}-k\right)$，即任何裂缝不可能扩展，否则和 $K\geqslant1$ 的情况一样，存在着一个临界深度 $b_0$，裂缝深度达 $b_0$ 后，即开始呈不稳定状态。注意，即使在这样一个情况下，也和 $K\geqslant1$ 的情况存在以下区别：当 $K\geqslant1$ 时，裂缝深度一旦超过 $b_0$ 后，将继续扩展，不再受到限制；而在 $K<1$ 时，存在两个 $b_0$ 值 [均在图 4-53（c）中所示曲线的第一支上]，当深度超过第一个 $b_0$ 值时，裂缝开始出现不稳定情况，而当裂缝深度达到第二个 $b_0$ 值后，又恢复稳定状态。所以一般讲来，在 $k<\dfrac{2}{3}$，$K<1$ 的情况下，裂缝扩展多为稳定的。

2. 合力作用点在三分点上

在这一情况下，上游面垂直应力恰巧为 0，$k=\dfrac{2}{3}$。我们可以仍计算参数 $K=\dfrac{AD}{BC}$，然后分析裂缝稳定性质。判别式（4-99）改为：

$$0>\left(\frac{\Delta\overline{x}}{\Delta l}-1\right)\frac{b'}{3}$$

当 $K\geqslant1$ 时，随着裂缝深度的增加，$\dfrac{\Delta\overline{x}}{\Delta l}$ 的比值愈来愈大，或维持为常数。但不难证明，当 $b=0$ 时，$\dfrac{\Delta\overline{x}}{\Delta l}$ 的值已不小于 1，因此，在这种情况下裂缝是不稳定的。

当 $K<1$ 时，又存在两种可能性：

（1）裂缝深度 $b$ 为无限小时（$b\to0$），$\dfrac{\Delta\bar{x}}{\Delta l}$ 的值$\left(即\dfrac{A}{C}\right)$不大于 1。这时，无限小的裂缝不能扩展，而且随着 $b$ 的增加，$\dfrac{\Delta\bar{x}}{\Delta l}$ 比值愈来愈小，故任何裂缝都不可能扩展。

（2）裂缝深度 $b$ 为无限小时（$b\to0$），$\dfrac{\Delta\bar{x}}{\Delta l}$ 的值大于 1。这时，无限小的裂缝将扩展，但随着裂缝的扩展，$\dfrac{\Delta\bar{x}}{\Delta l}$ 比值愈来愈小，因此，一定存在着一个临界值 $b_0$，当裂缝扩展达这一深度后，即恢复稳定。这个临界值显然可由下式求出：

$$\Delta\bar{x}=\Delta l$$

或

$$\frac{\Delta\bar{x}}{\Delta l}=1,\ \frac{A-Bb_0'}{C-Db_0'}=1,\ b_0'=\frac{A-C}{B-D} \tag{4-103}$$

至于微小裂缝时，$\dfrac{\Delta\bar{x}}{\Delta l}$ 是否大于 1，可计算 $\dfrac{A}{C}$ 值是否大于 1，或计算下列判别式也一样：

$$\bar{K}_0=\frac{1}{W}\left[2T\frac{\mathrm{d}u}{\mathrm{d}x}-3\frac{\mathrm{d}m}{\mathrm{d}x}\right]\begin{matrix}\geq\\=\\<\end{matrix}1 \tag{4-104}$$

3．合力作用点在三分点外

在这一情况下，上游面存在拉应力，$k$ 值也大于 $\dfrac{2}{3}$。很显然，上游面如有一微小裂缝出现，是必然要扩展的。要研究它的扩展是否有极限，仍可计算参数 $K=\dfrac{AD}{BC}$。

如果 $K\geqslant1$，则当微小的裂缝扩展时，$\dfrac{\Delta\bar{x}}{\Delta l}$ 比值愈来愈大，或维持常数，因此，不可能存在一个稳定界限。换言之，在这种情况下，任何裂缝都有可能扩展到整个底宽，设计是不够安全的。

如果 $K<1$，则当微小的裂缝扩展时，$\dfrac{\Delta\bar{x}}{\Delta l}$ 比值渐渐减小，因此，就可能存在一个临界深度 $b_0$。当裂缝扩展到这一深度后，将恢复稳定。这一深度可由下列公式定出：

$$\Delta l-\Delta\bar{x}=\left(k-\frac{2}{3}\right)T$$

或

$$\left(k-\frac{2}{3}\right)=\frac{b_0'}{3}\left(1-\frac{\Delta\bar{x}}{\Delta l}\right) \tag{4-105}$$

我们研究一下乘积 $\dfrac{b_0'}{3}\left(1-\dfrac{\Delta\bar{x}}{\Delta l}\right)$ 的变化。当 $b_0'=0$ 时，此值显然为 0。当 $b_0'$ 逐渐增大时，这个乘积一般说来也逐渐增加，总存在一个临界值 $b_0'$ 可满足上式。但是如 $b_0'=0$ 时 $\dfrac{\Delta\bar{x}}{\Delta l}>1$，则此乘积开始要出现一段负值，然后转为正值并渐渐增加，直至满足上列公式。从式（4-105）中求出的$b_0'$值，常有两个解答，一为正数，一为负数。负值并无意义，正值即欲求之临界深度。如该临界深度已大于$T$，原设计就是不安全的。

从上面对三种情况的分析可知，控制裂缝稳定的参变数有三个，即①原合力位置参数$k$；②裂缝稳定参数$K$；③微小裂缝时的$\dfrac{\Delta\bar{x}}{\Delta l}$值，以下用$\bar{K}_0$表示$\left(\bar{K}_0=\dfrac{A}{C}\right)$。按照这三个参数的变化情况，可以归纳成表 4-28。

表 4-28 中，格内划有斜线者，表示这种情况不存在。又表中括号内的$b_0'$值，系按照临界深度条件求出的解答。对于$k<\dfrac{2}{3}$或$k>\dfrac{2}{3}$时，这个条件均可写为：

$$\left(\frac{\Delta\bar{x}}{\Delta l}-1\right)b_0'=2-3k \tag{4-102}$$

对于$k=\dfrac{2}{3}$时，这个条件可写为：

$$\left(\frac{\Delta\bar{x}}{\Delta l}-1\right)b_0'=0$$

**表 4-28　　三参数变化归纳表**

| $K$ \ $k$ | | $<\frac{2}{3}$ | $=\frac{2}{3}$ | $>\frac{2}{3}$ |
|---|---|---|---|---|
| <1 | $\bar{K}_0<1$ | 稳定（$b_0'$为两负数或两虚数） | 稳定（$b_0'$为 0 及一负数） | 小裂缝不稳定，但达到一临界深度$b_0'$后恢复稳定（$b_0'$为一正一负，负数无意义） |
| | $\bar{K}_0=1$ | 稳定（$b_0'$为两虚数） | 稳定（$b_0'$为 0，0） | 小裂缝不稳定，但达到一临界深度$b_0'$后恢复稳定（$b_0'$为一正一负，负数无意义） |
| | $\bar{K}_0>1$ | 稳定（$b_0'$为两虚数）或小裂缝是稳定的，但存在两个临界深度$b_0'$，在此范围内不稳定（$b_0'$为两正数） | 小裂缝不稳定，但达到一临界深度$b_0'$后恢复稳定（$b_0'$为 0 及一正数） | 小裂缝不稳定，但达到一临界深度$b_0'$后恢复稳定（$b_0'$为一正一负，负数无意义） |
| =1 | $\bar{K}_0<1$ | — | — | — |
| | $\bar{K}_0=1$ | 稳定（$b_0'$为∞） | 任何深度裂缝均呈临界状态（$b_0'$为任意值） | 不稳定（$b_0'$为∞） |
| | $\bar{K}_0>1$ | 小裂缝是稳定的，但超过一临界深度$b_0'$后，将不稳定（$b_0'$为一正数） | 不稳定（$b_0'$为 0） | 不稳定（$b_0'$为一负数） |
| >1 | $\bar{K}_0<1$ | — | — | — |
| | $K_0=1$ | — | — | — |
| | $\bar{K}_0>1$ | 小裂缝是稳定的，但超过一临界深度$b_0'$后将不稳定（$b_0'$为两正数，其中较大的一个无意义） | 不稳定（$b_0'$为 0 及一正数，后者无意义） | 不稳定（$b_0'$为一负数及一正数，后者无意义） |

如果将$\dfrac{\Delta\bar{x}}{\Delta l}$以$\dfrac{A-Bb_0'}{C-Db_0'}$代入，则第一式可化为：

$$(D-B)\,b_0'^{\,2}+[A-C+D(2-3k)]\,b_0'-(2-3k)\,C=0 \tag{4-106}$$

而第二式可化为：

$$b_0'=\frac{A-C}{B-D} \tag{4-103}$$

故$k\neq\dfrac{2}{3}$时，$b_0'$的条件方程常为一个二次式，可以求出两个根来。上表中指出了这些根的数学性质。

我们在校核一个坝体的抗裂安全性时，应根据扬压力图形，先求出$A$、$B$、$C$及$D$四值，然后计算$\bar{K}_0=\dfrac{A}{C}$，$K=\dfrac{AD}{BC}$，再根据原合力位置$k$值，在上表中查阅其稳定情况。如果是属于条件稳定，则尚应从式（4-103）或式（4-106）中求出其临界深度$b_0'$，根据$b_0'$的数值来判断原设计是否安全。

当$K=1$时，临界深度的计算尚可简化为一次式，因为$K=1$表示$\dfrac{\Delta\bar{x}}{\Delta l}$为一常数（不随$b$而变），但从$\dfrac{\Delta\bar{x}}{\Delta l}$的表达式$\dfrac{\Delta\bar{x}}{\Delta l}=\dfrac{A-Bb'}{C-Db'}$，我们可知此常数即为$\bar{K}_0=\dfrac{A}{C}$。是以式（4-102）化为：

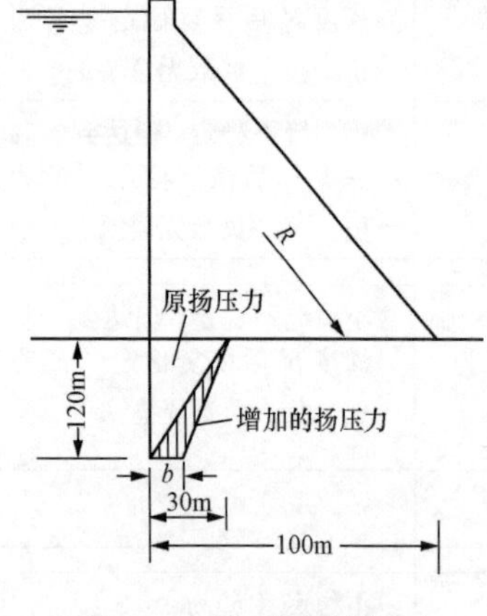

图 4-54　某重力坝断面

$$\left(\frac{A}{C}-1\right)b_0'=2-3k$$

或

$$b_0'=\frac{(2-3k)\,C}{A-C}\text{或}b_0'=\frac{(3k-2)C}{C-A} \tag{4-107}$$

例如，图4-54中示一重力坝断面，在坝基上的合力$W=12600\text{t}$，扬压力呈三角形分布，上游面强度$p=120\text{m}$（水头），线性变化到离上游面30m深处为0。又设经过计算，知合力位置恰在三分点上，即$k=\dfrac{2}{3}$。

假定上游面发生一裂缝，深度为$b$，那么即将产生扬压力的增加，如图中阴影线所示。由此可求出：

$$u=\frac{1}{2}\times120b=60b$$

$$m=\frac{1}{2}\times120b^2+\frac{1}{2}\times120\times(30-b)\left(b+\frac{30-b}{3}\right)-\frac{1}{2}\times120\times30\times10=600b+20b^2$$

代入式（4-100）：

$$\frac{\Delta\bar{x}}{\Delta l}=\frac{180bkT-60b^2-1800b}{b(12600-60b)}=\frac{10200-60b}{12600-60b}=\frac{102-60b'}{126-60b'}$$

于是

$$A=102,\ B=60,\ C=126,\ D=60$$

从而

$$\bar{K}_0=\frac{A}{C}=\frac{102}{126}<1$$

$$K=\frac{AD}{BC}=\frac{102\times 60}{126\times 60}<1$$

按表 4-28，可知本情况是稳定的。如将 $A$、$B$、$C$、$D$ 四值代入式（4-106）求 $b_0'$，可得 $b_0'=0$，即并不存在丧失稳定的临界深度。

### 三、各种扬压力设计图形的分析

上文中对各种情况的裂缝稳定问题作了个综合讨论。显然，裂缝的稳定性和临界深度与设计采用的扬压力图形有很大关系。在本段中，我们拟对几种主要的设计图形作一讨论。

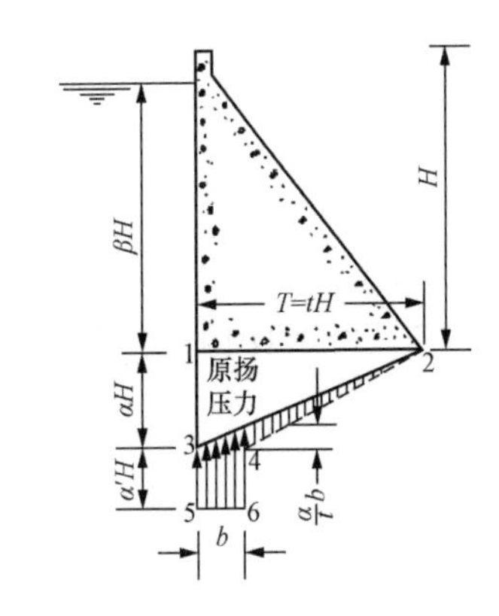


图 4-55　扬压力呈直线分布情况

我们首先讨论扬压力呈直线分布的情况。如图 4-55 所示，设计中假定扬压力分布线为 3—2，上游面扬压力水头为 3—1，以 $p=\alpha H$ 记之，式中 $H$ 为坝高，$\alpha$ 为一系数。当上游面发生一微小裂缝（深为 $b$）时，根据假定，在裂缝范围内扬压力将增长到全水头，故扬压力分布曲线改为 5—6—4—2，其中 3—5 长度可记为 $\alpha'H$。设坝前总水头为 $\beta H$，则 $\alpha+\alpha'=\beta$。又在图中，将底宽 $T$ 也以坝高 $H$ 表之，即令

$$T=tH$$

则开裂后增加的扬压力及绕坝踵的倾复力矩各为：

$$\begin{aligned}u&=\frac{1}{2}\cdot\frac{\alpha}{t}b\cdot tH+\alpha' Hb=\frac{1}{2}\alpha H\cdot b+\alpha' Hb\\&=\left(\frac{1}{2}\alpha H+\alpha' H\right)b\end{aligned}\tag{4-108}$$

$$\begin{aligned}m&=\frac{1}{2}b\cdot\frac{\alpha}{t}b\cdot\frac{2}{3}b+\frac{1}{2}\cdot\frac{\alpha}{t}b(tH-b)\left(\frac{tH-b}{3}+b\right)\\&\quad+\frac{1}{2}\cdot\alpha' H\cdot b^2\\&=\frac{1}{3}\cdot\frac{\alpha}{t}b^3+\frac{1}{6}\cdot\frac{\alpha}{t}b(tH-b)^2+\frac{1}{2}\cdot\frac{\alpha}{t}b^2(tH-b)\\&\quad+\frac{1}{2}\alpha' Hb^2\\&=\left(\frac{1}{6}\alpha tH^2\right)b+\left(\frac{1}{6}\alpha H+\frac{1}{2}\alpha' H\right)b^2\end{aligned}\tag{4-109}$$

这样，$\dfrac{\Delta\bar{x}}{\Delta l}$ 为：

$$\begin{aligned}\frac{\Delta\bar{x}}{\Delta l}&=\frac{uk-\dfrac{m}{T}}{W-u}\cdot\frac{3}{b'}\\&=\frac{\left(\dfrac{1}{2}\alpha H+\alpha' H\right)k\cdot b-\left(\dfrac{1}{6}\alpha\dfrac{t}{T}H^2\right)b+\left(\dfrac{1}{6}\dfrac{\alpha H}{T}+\dfrac{1}{2}\alpha'\dfrac{H}{T}\right)b^2}{W-\left(\dfrac{1}{2}\alpha H+\alpha' H\right)b}\cdot\frac{3}{b'}\\&=\frac{3\left(\dfrac{1}{2}\alpha H+\alpha' H\right)kT-\left(\dfrac{3}{6}\alpha tH^2\right)+\left(\dfrac{3}{6}\alpha H+\dfrac{3}{2}\alpha' H\right)b}{W-\left(\dfrac{1}{2}\alpha H+\alpha' H\right)b}\\&=\frac{\left[\left(\dfrac{3}{2}\alpha+3\alpha'\right)k-\dfrac{1}{2}\alpha\right]-b'\left(\dfrac{1}{2}\alpha+\dfrac{3}{2}\alpha'\right)}{\dfrac{W}{tH^2}-\left(\dfrac{1}{2}\alpha+\alpha'\right)b'}\end{aligned}\tag{4-110}$$

和式（4-101）对照，知：

$$\left.\begin{aligned}A&=\left(\frac{3}{2}\alpha+3\alpha'\right)k-\frac{1}{2}\alpha\\B&=\left(\frac{1}{2}\alpha+\frac{3}{2}\alpha'\right)\\C&=\frac{W}{tH^2}\\D&=\frac{1}{2}\alpha+\alpha'\end{aligned}\right\}\tag{4-111}$$

因此

$$K=\frac{AD}{BC}=\frac{\left[\left(\dfrac{3}{2}\alpha+3\alpha'\right)k-\dfrac{1}{2}\alpha\right]\left(\dfrac{1}{2}\alpha+\alpha'\right)}{\left(\dfrac{1}{2}\alpha+\dfrac{3}{2}\alpha'\right)\dfrac{W}{tH^2}}\tag{4-112}$$

$$\bar{K}_0=\frac{A}{C}=\frac{tH^2}{W}\left[\left(\frac{3}{2}\alpha+3\alpha'\right)k-\frac{1}{2}\alpha\right]\tag{4-113}$$

当坝体断面、荷载（包括假定的扬压力）均为已知值后，$W$、$tH$、$\alpha$、$\alpha'$和$k$均为已知或可求出，代入上式即可求出参数$K$及$\bar{K}_0$，根据$k$是否小于$\dfrac{2}{3}$及$K$、$\bar{K}_0$是否小于1，即可判别裂缝的稳定性。

一般$k$值常在$\dfrac{2}{3}$左右，$\dfrac{W}{tH^2}$常在（$1.2\sim0.5\alpha$）左右，以此代入式（4-112）得：

$$K=\frac{\left(\dfrac{1}{2}\alpha+\alpha'\right)\left(\dfrac{1}{2}\alpha+2\alpha'\right)}{(0.6\alpha+1.8\alpha')-(0.25\alpha+0.75\alpha\alpha')}$$

设$\alpha+\alpha'=\beta=1$，则分别以$\alpha=0$，0.5，1.0代入后，得$K=1.111$，1.056及0.715。

可见$\alpha$值愈小，$K$值愈小。

要找临界深度，可代入式（4-102）及式（4-103）。由式（4-102）：

$$\frac{A-Bb_0'}{C-Db_0'}=\frac{2-3k}{b_0'}+1$$

上式简化后，得到一个二次方程，可以求$b_0'$，即：

$$(D-B)b_0'^2+\left[A-C+D(2-3k)\right]b_0'-(2-3k)C=0 \tag{4-106}$$

或

$$-\frac{1}{2}\alpha' b_0'^2+\left(\frac{\alpha}{2}+2\alpha'-\frac{W}{tH^2}\right)b_0'-(2-3k)\frac{W}{tH^2}=0 \tag{4-114}$$

其次，我们讨论扬压力呈折线分布时的情况，如图4-56所示。令$H$表示坝高，作为一个标准尺寸。在上游面处，扬压力水头为$\beta H$（即上游水深），依直线变化，至排水管处为$\alpha H$（排水管位置距上游面为$\varepsilon H$），以后再按直线变化，至下游为0。当上游面发生深度为$b$的裂缝后，扬压力值即将增加，由图可知：

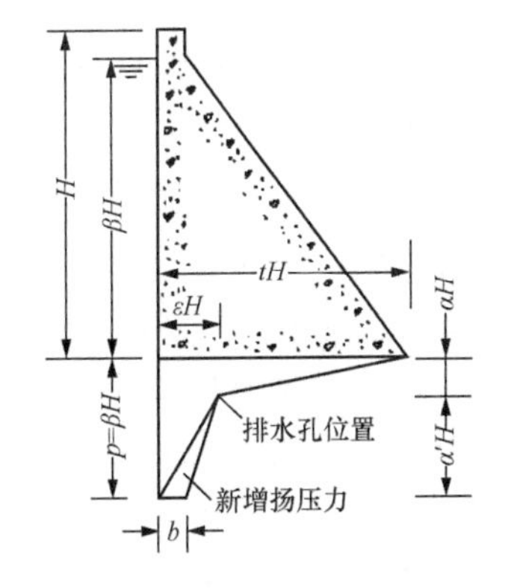

图4-56　扬压力呈折线分布情况

$$u=\frac{1}{2}\cdot\frac{\alpha'}{\varepsilon}b\cdot\varepsilon H=\frac{1}{2}\alpha' bH$$

$$m=\left(\frac{1}{2}b\cdot\frac{\alpha'}{\varepsilon}b\right)\left(\frac{2}{3}b\right)+\frac{1}{2}\left(\frac{\alpha'}{\varepsilon}b\right)(\varepsilon H-b)\left(b+\frac{1}{3}\varepsilon H-\frac{1}{3}b\right)$$

$$=\frac{1}{6}\alpha' bH(b+\varepsilon H)$$

由此可求出：

$$\frac{\Delta\bar{x}}{\Delta l}=\frac{3ktHu-3m}{b(W-u)}=\frac{3ktH\cdot\frac{1}{2}\alpha' bH-\frac{1}{2}\alpha' bH(b+\varepsilon H)}{b\left(W-\frac{1}{2}\alpha' bH\right)}=\frac{(3k-\varepsilon')-b'}{\frac{2}{\alpha'}\cdot\frac{W}{tH^2}-b'} \tag{4-115}$$

式中

$$\varepsilon'=\frac{s}{t}$$

将式（4-115）与式（4-101）比较，可得：

$$A=3k-\varepsilon',\ B=1,\ C=\frac{2}{\alpha'}\cdot\frac{W}{tH^2},\ D=1 \tag{4-116}$$

故

$$K=\frac{AD}{BC}=\frac{\alpha'}{2}\cdot\frac{tH^2}{W}(3k-\varepsilon')=\bar{K}_0 \tag{4-117}$$

由上式可见，在设计中若假定排水效果愈好，扬压力愈小，则$\alpha'$愈大，从而$K$值也愈大，裂缝安全性愈差。但根据许多实际计算成果可以证明，本情况中$K$常小于1，即在本情况中，裂缝开裂的可能性比上一情况为小。

求临界深度的公式仍为式（4-106）。注意在本情况中，$B=D$，故式（4-106）简化为：

$$\left[A-C+D(2-3k)\right]b_0' = (2-3k)C$$

或

$$b_0' = \frac{(2-3k)\dfrac{2}{\alpha'}\cdot\dfrac{W}{tH^2}}{2-\varepsilon'-\dfrac{2}{\alpha'}\cdot\dfrac{W}{tH^2}} \tag{4-118}$$

注意，求出的$b_0'$应小于$\varepsilon'$，即裂缝深度不应超过排水管线，否则扬压力的图形将有大的改变。当然，我们也可根据新的扬压力曲线计算修正的$b_0$值。但裂缝深度若超过排水位置，将显著增加扬压力值，且造成大量渗漏，极为不利，故实际上我们可作如下判断：

（1）合力作用点在三分点内，$K>1$，而$b_0'>\varepsilon'$，则小的裂缝是稳定的。但若裂缝深度达到排水管时，即属不安全。

（2）合力作用点在三分点外，$K<1$，而$b_0'>\varepsilon'$，则小的或大的裂缝均不稳定，设计不够安全。

有时，在坝基断面上设计扬压力线呈图 4-57（a）中的折线形，只要开裂深度不超过$\varepsilon_1 H$，则以上公式均仍合用。若裂缝深度超过$\varepsilon_1 H$，则扬压力曲线将有较大变化，对坝体稳定极为不利，因此一般是不允许的。

也有在坝基断面上采用如图 4-57（b）所示的扬压力图形的，即在阻水幕前的扬压力强度取为全水头，通过阻水幕后，扬压力强度将消失一部分，至排水管处，再消失一部分，然后呈直线变化，到下游面为 0。这时，上游面开裂后，如裂缝深度不超过$\varepsilon_1 H$时，计算荷载将并不因为开裂而有所改变，裂缝当然也不会扩展，如果裂缝深度超过$\varepsilon_1 H$，则扬压力图形将起显著变化，非常不利，应予避免。

综上所述，可见上游面的裂缝是否扩展，与原设计中所采用的扬压力图形有很大关系。设计时，靠近上游面的扬压力值用得愈大，则开裂后所增加的扬压力值愈小，而裂缝也愈不易扩展。因此，设计时上游扬压力值不宜取得过小。但另一方面，我们也必须考虑到，设计扬压力的图形，仅为一假定，与实际扬压力的分布可能有出入。因此，即使按原设计图形计算后，认为裂缝是不会扩展的，也应当再研究一下，若实际扬压力分布采取其他可能形式时，后果又如何，以便获得更充分的论证资料，来阐明上游面裂缝的扩展性质。

**四、三角形重力坝的例子**

为了具体说明上述理论，我们举一个最简单的情况作为例子。考虑图 4-58 中的三角形坝体，其上游面垂直，坝高为 $H$，库水位齐顶，下游坡为 $m$，承受三种荷载：

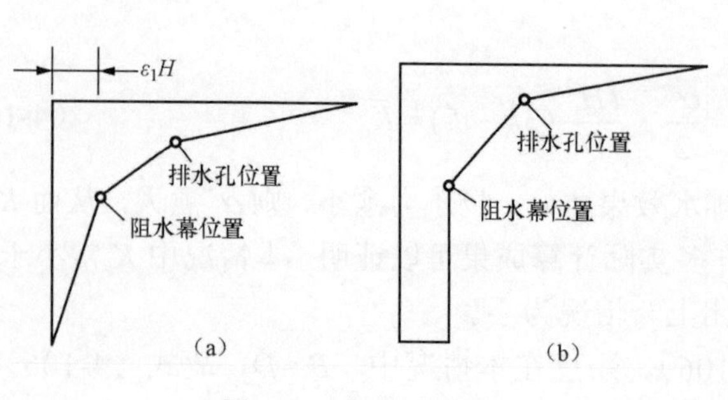

图 4-57　扬压力图形

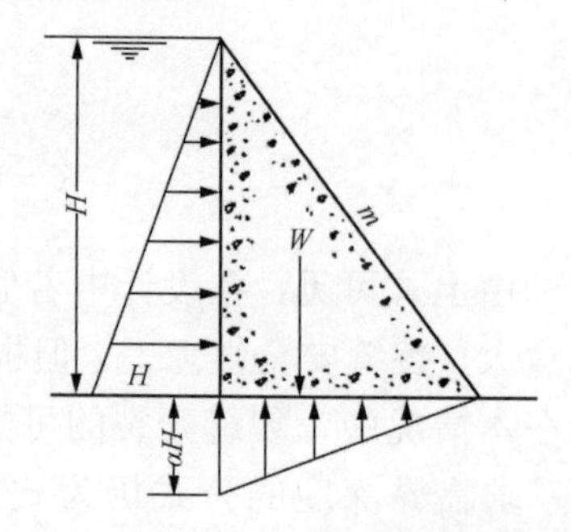

图 4-58　三角形坝体

①上游面水压力；②坝体自重（混凝土容重$\gamma_c=2.4\text{t/m}^3$）及③三角形的扬压力，其上游面强度为$\alpha H$，则很容易求出以下成果：
上游面主应力：

$$\sigma_u = H\left(\gamma_c - \frac{1}{m^2} - \alpha\right) \tag{4-119}$$

合力作用点离开上游面距离：

$$\left.\begin{aligned} &\bar{x} = k \cdot mH \\ \text{而}\quad &k = \frac{1}{3}\left[1 + \frac{1}{(\gamma_c - \alpha)m^2}\right] \end{aligned}\right\} \tag{4-120}$$

从应力条件来看，如规定上游面不得发生拉应力，则可置式（4-119）中的$\sigma_u=0$，或式（4-120）中的$k=\dfrac{2}{3}$。我们求出：

$$m = \frac{1}{\sqrt{\gamma_c - \alpha}} \tag{4-121}$$

置$\gamma_c=2.4$，并令$\alpha=0$，0.1，0.2，…，1，我们算得相应的$m$值见表4-29。

表4-29　　　　$m$　值　表

| $\alpha$ | 0 | 0.1 | 0.2 | 0.3 | 0.4 | 0.5 | 0.6 | 0.7 | 0.8 | 0.9 | 1.0 |
|---|---|---|---|---|---|---|---|---|---|---|---|
| $m$ | 0.646 | 0.660 | 0.675 | 0.690 | 0.708 | 0.726 | 0.746 | 0.767 | 0.791 | 0.817 | 0.845 |

举例说，倘扬压力在上游面强度为$0.3H$，则为了满足上游面应力需要，只要使下游边坡不陡于1:0.690即可。但是这样一个设计是否满足裂缝稳定的条件呢？要回答这个问题须计算参变数$K$。在本例情况，$\alpha'=1-\alpha$，$W=\dfrac{1}{2}(\gamma_c mH^2-\alpha mH^2)$，$tH^2=mH^2$，$\dfrac{W}{mH^2}=\dfrac{1}{2}\gamma_c-\dfrac{1}{2}\alpha=1.2-0.5\alpha$，这样式（4-112）化为：

$$K = \frac{\left[(3-1.5\alpha)k-0.5\alpha\right](1-0.5\alpha)}{(1.5-\alpha)(1.2-0.5\alpha)}$$

我们试置$K=1$，并依次令$\alpha=0$，0.1，0.2，…，1，由上式求出$k$，再由$k$计算相应的$m$，可以得出以下成果（见表4-30）：

表4-30　　　　计　算　成　果

| $\alpha$ | 0 | 0.1 | 0.2 | 0.3 | 0.4 | 0.5 | 0.6 | 0.7 | 0.8 | 0.9 | 1.0 |
|---|---|---|---|---|---|---|---|---|---|---|---|
| $k$ | 0.600 | 0.613 | 0.625 | 0.640 | 0.656 | 0.675 | 0.694 | 0.717 | 0.741 | 0.770 | 0.800 |
| $m$ | 0.723 | 0.721 | 0.720 | 0.719 | 0.718 | 0.718 | 0.718 | 0.717 | 0.716 | 0.716 | 0.716 |

可见，为了使$K$不大于1，$m$的值不能小于0.716～0.723。为了更便于解释起见，我们将上述成果画在图4-59中，图中的横坐标为下游坡$m$，纵坐标为扬压力强度$\alpha$。曲线$abc$为上游不产生拉应力的限制曲线，例如$\alpha=0.3$时，$m$不得小于0.690。曲线$dbe$为$K=1$的临界曲线，例如$\alpha=0.3$时，要使$K=1$，$m$应为0.719。这两条曲线将整

个平面划分为四区。其中Ⅰ区是不安全的，Ⅲ区基本上是安全的，Ⅱ及Ⅳ区的安全性则尚需作进一步分析。

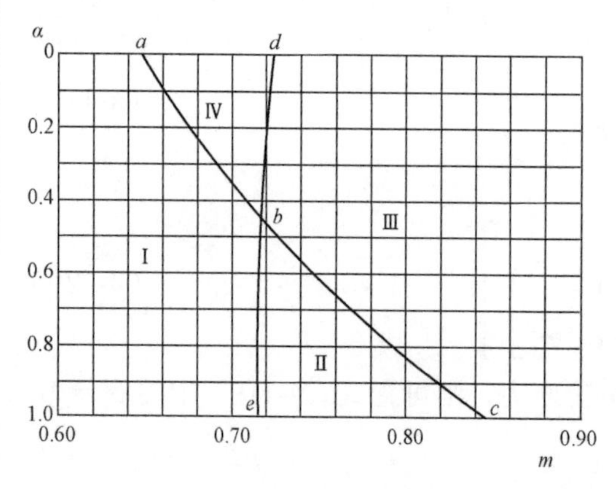


图 4-59　计算成果曲线

如果再注意到实际上的扬压力系数 $\alpha$ 是很难事先预知的，设计采用值仅为一假定值，可能与实际有所不符，则考虑这一因素后，第Ⅳ区的安全性便很有问题，因为当实际的 $\alpha$ 值大于设计值时，便可能落入第Ⅰ区中。这样看来，设计中只能考虑Ⅱ、Ⅲ区，亦即下游坡 $m$ 不能小于 0.716～0.723，不论设计扬压力 $\alpha$ 值及上游面应力为多少。

下面我们试再以 $m=0.707$ 及 $m=0.816$ 两个特殊情况来作进一步分析。

（1）$m=0.707$。代入式（4-119）、式（4-120）中得：

$$\sigma_u = H(2.4-2.0-\alpha)=(0.4-\alpha)H$$

$$k=\frac{1}{3}\left(1+\frac{2}{2.4-\alpha}\right)=\frac{2}{3}\left(\frac{1}{2}+\frac{1}{2.4-\alpha}\right)$$

$$\frac{\Delta\bar{x}}{\Delta l}=\frac{\left[\left(\frac{3}{2}\alpha+3\alpha'\right)k-\frac{1}{2}\alpha\right]-b'\left(\frac{1}{2}\alpha+\frac{3}{2}\alpha'\right)}{\frac{W}{tH^2}-b'\left(\frac{1}{2}\alpha+\alpha'\right)}$$

以 $\alpha'=1-\alpha$，$W=1.2tH^2-\frac{\alpha tH^2}{2}=(1.2-0.5\alpha)tH^2$ 代入，得：

$$\frac{\Delta\bar{x}}{\Delta l}=\frac{\left[\left(3-\frac{3}{2}\alpha\right)k-\frac{1}{2}\alpha\right]-b'\left(\frac{3}{2}-\alpha\right)}{(1.2-0.5\alpha)-(1-0.5\alpha)b'}$$

首先试令 $\alpha=0.4$，这时 $\sigma_u=0$，$k=\frac{2}{3}$，

$$K=\frac{\left(\frac{1}{2}\alpha+\alpha'\right)\left[\left(\frac{3}{2}\alpha+3\alpha'\right)k-\frac{1}{2}\alpha\right]}{\left(\frac{1}{2}\alpha+\frac{3}{2}\alpha'\right)\frac{W}{tH^2}}$$

$$=\frac{(0.2+0.6)\left[(0.6+1.8)\times\frac{2}{3}-0.2\right]}{(0.2+0.9)(1.2-0.2)}=\frac{0.8\times1.4}{1.1\times1.0}=1.019>1$$

可见，任何裂缝均不稳定（参见表 4-28）。例如置 $b\approx0$，$\frac{\Delta\bar{x}}{\Delta l}=\frac{2-\alpha-\frac{1}{2}\alpha}{1.2-0.5\alpha}=\frac{1.4}{1.0}=$

1.4＞1，表示小裂缝要扩充，而 $K>1$，知任何裂缝要扩充。再如我们计算临界深度，可得出：

$$b_0' = \frac{A-C}{B-D} = \frac{1.4-1.0}{1.1-0.8}$$

解之得

$$b_0' = \frac{0.4}{0.3} = 1.333$$

要求的临界深度为 0，即表示在这个情况下，裂缝会扩展到下游面，设计是不安全的。

再令 $\alpha=0$，即原设计不考虑扬压力，这时 $k=0.6$，合力作用点在三分点内，上游面为压应力，小的裂缝不会扩展，但

$$K = \frac{\left(\frac{1}{2}\alpha+\alpha'\right)\left[\left(\frac{3}{2}\alpha+3\alpha'\right)k-\frac{1}{2}\alpha\right]}{\left(\frac{1}{2}\alpha+\frac{3}{2}\alpha'\right)\frac{W}{tH^2}} = \frac{1.8}{1.5\times1.2} = 1$$

同时

$$\bar{K}_0 = \frac{A}{C} = \frac{1.8}{1.2} = 1.5>1$$

故按表 4-28，属于条件稳定情况，需计算临界深度 $b_0$。由于 $K=1$，故可应用式（4-107）计算：

$$b_0' = \frac{(3k-2)C}{C-A} = \frac{-0.2\times1.2}{1.2-1.8} = \frac{0.24}{0.60} = 0.4$$

即裂缝深度超过底宽的 0.4 倍后，将呈不稳定状态，而在此范围内，都是稳定的。

最后令 $\alpha=1$，即在设计中考虑了全部扬压力水头。这时，上游面有拉应力：

$$k = \frac{1}{3}\left(1+\frac{2}{1.4}\right) = 0.809$$

$$K = \frac{\left(\frac{1}{2}\alpha+\alpha'\right)\left[\left(\frac{3}{2}\alpha+3\alpha'\right)k-\frac{1}{2}\alpha\right]}{\left(\frac{1}{2}\alpha+\frac{3}{2}\alpha'\right)\frac{W}{tH^2}} = \frac{0.5(1.5k-0.5)}{0.5\times0.7} = \frac{0.357}{0.350} = 1.02>1$$

$$\bar{K}_0 = \frac{1.5k-0.5}{0.7} = \frac{0.713}{0.7} = 1.02>1$$

按照表 4-28，这个情况是不稳定的。如果我们按式（4-106）求临界深度，将可得到：

$$(D-B)b_0'^2 + \left[A-C+D(2-3k)\right]b_0' - (2-3k)C = 0$$

解之得 $b_0'=1.495$，即临界深度已超出底宽，可见这一设计是不稳定的。

由此看来，如果我们采用设计边坡 $m=0.707$，则当 $\alpha\geqslant0.4$ 时，裂缝扩展都不稳定，当 $\alpha<0.4$ 时，小裂缝虽能稳定，但若裂缝一旦扩充到一定深度，即不稳定。既然坝基上扬压力系数的真实情况很难确定，则采用 $m=0.707$ 是不够稳妥的。

（2）$m=0.816$。代入式（4-119）、式（4-120）中得：

$$\sigma_u=(2.4-1.5-\alpha)H=(0.9-\alpha)H$$

$$k=\frac{1}{3}\left(1+\frac{1.5}{2.4-\alpha}\right)=\frac{2}{3}\left(\frac{1}{2}+\frac{0.75}{2.4-\alpha}\right)$$

$$\frac{\Delta\bar{x}}{\Delta l}=\frac{\left[\left(3-\frac{3}{2}\alpha\right)k-\frac{1}{2}\alpha\right]-b'\left(\frac{3}{2}-\alpha\right)}{(1.2-0.5\alpha)-(1-0.5\alpha)b'}$$

$$K\frac{\left(\frac{1}{2}\alpha+\alpha'\right)\left[\left(\frac{3}{2}\alpha+3\alpha'\right)k-\frac{1}{2}\alpha\right]}{\left(\frac{1}{2}\alpha+\frac{3}{2}\alpha'\right)\frac{W}{tH^2}}$$

先令 $\alpha=0.9$，这时 $\sigma_u=0$，$k=\frac{2}{3}$

$$K=\frac{(0.45+0.05)(1.35k-0.45)}{(0.45+0.15)(1.2-0.45)}=\frac{0.5\times0.45}{0.6\times0.75}=0.5<1$$

$$\bar{K}_0=\frac{A}{C}=\frac{\left(3-\frac{3}{2}\alpha\right)k-\frac{1}{2}\alpha}{1.2-0.5\alpha}=\frac{0.65}{0.75}=0.87<1$$

这样，按表 4-28，当 $\alpha=0.9$ 时，任何裂缝无扩展可能。如果我们用式（4-106）去求临界深度，可得 $b_0'=0$ 及 $-1$，亦即不存在这种能使裂缝不稳定的深度。

当 $\alpha$ 更小时，例如取 $\alpha=0$，上游面将有较大的压应力，$k=\frac{2}{3}\left(\frac{1}{2}+0.3125\right)=0.541$，而参数

$$K=\frac{3k}{1.5\times1.2}=\frac{1.623}{1.8}=0.9<1$$

$$\bar{K}_0=\frac{A}{C}=1.666<1$$

按表 4-28，应计算临界深度。因 $\alpha=0$，故计算临界深度的式子简化为：

$$-\frac{1}{2}b_0'^2+(2-1.2)b_0'-(2-1.623)\times1.2=0$$

解之得 $b_0'$ 为两复数，即不存在临界深度，因而是稳定的。

当 $\alpha$ 很大时，例如取 $\alpha=1$，上游面有拉应力 $\sigma=0.1H$，$k=\frac{2}{3}\left(\frac{1}{2}+\frac{0.75}{1.40}\right)=0.691$，而参数

$$K=0.767<1$$

$$\bar{K}_0=\frac{A}{C}=0.767<1$$

所以一定存在一个临界深度 $b_0$，按式（4-106）计算得 $b_0'=0.255$，即裂缝扩展到 0.255$T$ 后，恢复稳定。

综合以上情况来看，可以认为取下游坡 $m=0.816$ 是可以满足安全要求的。

分析以上的成果，我们可以认为 $K<1$ 及 $k<\frac{2}{3}$ 为控制裂缝不扩展的最主要的两个参数。稳妥的设计，应该满足以上两个条件，并尽量使 $\bar{K}_0\leqslant 1$。又可知，像图 4-58 中所示的重力坝断面，为了保证裂缝不致扩展，下游坝坡不宜小于 0.72 左右。

对于任何其他复杂断面的坝体，承受任何荷载，我们常可仿此进行核算。其步骤是：

（1）计算原设计假定下的合力位置参数 $k$。

（2）假定上游面产生一条深度为 $b$ 的裂缝，计算所引起的垂直力及绕坝重力矩的改变值 $u$ 及 $m$（各为 $b$ 的一次及二次函数）。

（3）将 $u$ 及 $m$ 代入式

$$\frac{\Delta\bar{x}}{\Delta l}=\frac{3ukT-m}{b(W-u)}$$

并写成 $\frac{\Delta\bar{x}}{\Delta l}=\frac{A-Bb'}{C-Db'}$ 的形式，求出 $A$、$B$、$C$、$D$ 四值。

（4）计算参数 $\bar{K}_0=\frac{A}{C}$，$K=\frac{AD}{BC}$，然后就 $k$、$\bar{K}_0$ 及 $K$ 三个参数的值，按表 4-28 判断其裂缝稳定性质。

（5）核算时应考虑万一实际扬压力取其他可能图形时的后果。

图 4-60 中所示的坝体断面，在上游有一斜坡 $n$，假定扬压力仍取三角形分布，仿图 4-59，可画出 $k=\frac{2}{3}$ 及 $K=1$ 的下游坡度控制值，其成果示于图 4-61 及图 4-62 中，前者 $n=0.1m$，后者 $n=0.2m$。由图可见，第Ⅳ区逐渐缩小甚至消失。这就是说，要求上游面不产生拉应力所需的临界坡度，常大于要求 $K<1$ 的相应值。换言之，坝坡如能选择得满足不产生拉应力的要求时，常常同时满足了 $K<1$ 的要求。当设计中采用的扬压力图形在坝踵处较大时（如 $\alpha$ 较大或呈折线形分布），更是如此。

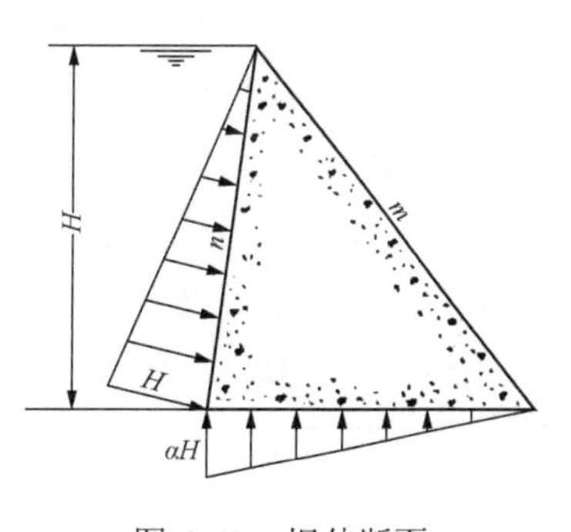

图 4-60　坝体断面

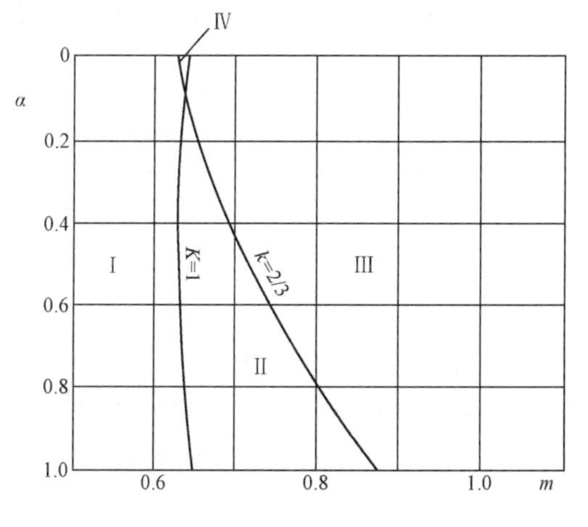

图 4-61　下游坡度控制值（$n=0.1m$）

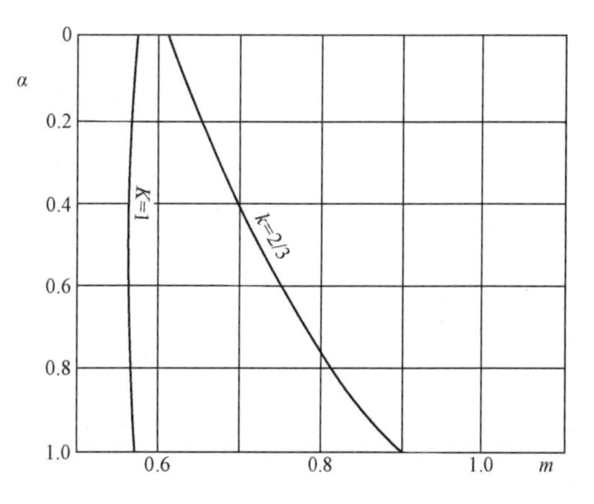

图 4-62　下游坡度控制值（$n=0.2m$）

## 五、几点结论和设计中应注意之处

根据以上的讨论，我们可以得出一些重要和有趣的结论：

（1）在重力坝设计中，对于上游面一旦出现裂缝后（不论其由于何种原因产生），裂缝可能扩展的情况，必须予以查清。因此，必需计算三个参变数 $k$、$K$ 及 $\bar{K}_0$，根据 $k$ 是否大于 $\frac{2}{3}$ 和 $\bar{K}_0$、$K$ 是否大于 1，可以决定裂缝有否扩展的可能性。

（2）参数 $K$ 及 $\bar{K}_0$ 的值，主要由设计所采用的扬压力图形和坝体断面尺寸、形状所决定。设计中扬压力用得小一些（特别是靠上游面部分），对应力来讲是很有利的，但对裂缝稳定条件来讲是不利的，因为一旦开裂后，扬压力将较设计值有较大的增加。

由于实际存在于坝基的扬压力图形很难精确地预知，所以，我们除应按照设计采用的扬压力图形进行核算外，并应考虑各种其他可能情况。一般可再核算一下扬压力全部为 0 的极限情况（在这个情况中，上游压应力为最大，而裂缝扩充参数 $K$ 也为最不利）。又因设计采用的扬压力图形常为实际可能发生值的上限，故扬压力大大超过这一图形的情况，一般似可不必研究。

（3）上游面的坝坡，对应力条件来讲是不利的（指在同样面积的断面，上游坝坡愈平缓，愈容易产生拉应力），但对裂缝扩展稳定性来讲是有利的。在一般常用的坝体断面和扬压力图形下，如上游面能满足不产生拉应力的要求，往往同时也就满足了 $K<1$ 的要求。

（4）重力坝的应力设计标准问题，一直是一个未能取得一致意见的问题。现在试就本节所述理论，提出一些建议：

1）下游面应力条件：坝体下游面的应力条件，除压应力值不应超过容许值外，考虑到在该处产生裂缝尚不致引起极其不利的后果，因此可以允许在施工或特殊情况下，存在一定的拉应力，其许可值可按以下条件决定：

假定坝体不能抗拉而开裂，计算新的应力状态，新的最大压应力仍应在允许范围内；

同上，并假定开裂区的抗剪断强度（或黏结力）为 0，坝体仍应满足各种抗滑稳定要求；

拉应力值宜小于抗拉强度除以相应安全系数之值。

2）上游面应力条件：上游面若产生裂缝，将引起库水的侵入和扬压力的增加，非常不利，因此，应该规定上游面不得产生拉应力。此外，考虑到许多因素很难精确计算（如温度应力，地震力，局部的应力集中，扬压力的真实图形等），即使按传统的设计方法计算出上游面不存在拉应力，也不能保证上游面绝对不开裂。因此，尚应进一步要求 $K<1$ 和 $\bar{K}_0\leqslant 1$（如 $K<1$，而 $\bar{K}_0>1$，只要临界深度不存在，也是可以的）。

这一设计要求是稳妥安全的。因为不但按正常的方法计算时上游面不存在拉应力，不致裂开，而且即使实际情况与计算者有出入，上游面出现了裂缝，这裂缝也不可能扩展。

由此我们还可以指出，目前有些重力坝的设计中，往往规定上游面应保留一定的压应力，实际上，如能保证坝体的 $K<1$（和 $\bar{K}_0 \leqslant 1$），保留一定的压应力不见得是必需的。

至于是否可以容许上游面承受一定拉应力以减小坝体断面，我们认为只有在①拉应力仅在非常情况下出现；②断面上的 $K<1$，裂缝的扩展有一极限，此极限远在容许的范围以内；③当实际的扬压力图形与设计者有些出入时，不至于使 $K \geqslant 1$ 或出现其他不能容许的情况，这时才可以考虑让上游面承受一些拉应力来获得一个经济断面。

## 参考文献


[1] 潘家铮. 水工结构应力分析丛书之五，重力坝. 上海：上海科学技术出版社，1959.

[2] 刘世康. 坝体应力重力分析法的改进. 水力发电，1958（13）.

[3] United States Department of the Interior，Bureau of Reclamation：Treatise on Dams，Chap.9，Gravity Dams.

[4] United States Department of the Interior，Bureau of Reclamation：Treatise on Dams，Chap.10，Arch Dams.

[5] H.M.Westergaard. Computations of Stresses in Bridge Slabs due to Wheel Loads. Public Roads，1930（3）.

[6] 刘世康. 试论重力坝的渗透压力应力分析. 水利学报，1959（5）.

# 第五章

# 重力坝的应力计算——弹性理论法

## 第一节　概　　述

法国数学家利威（M.Levy）在 1898 年用经典的弹性理论方法得出了无限楔体在重力和一些边界力作用下的应力分布解答。可见弹性理论在重力坝计算上的应用，还早于近似的材料力学方法。但在其后数十年中，工程设计人员在设计重力坝时，常常作几种简化的假定，采用近似的方法进行计算，尤其是对于中等高度或较低的重力坝，很少有采用弹性理论法进行计算的。其原因可以这样来说明：由于实际上坝体断面的形状和荷载性质极为复杂，如果在计算中要完全考虑这些因素在内，来寻求出一组理论解答，将十分繁冗复杂，不切实用。如果对问题作一些简化的假定，则可以应用一些简单的弹性理论公式，来计算重力坝，但这样得出的当然仍为近似结果，失去用弹性理论进行计算的原意。对于一般中等高度或较低的重力坝来说，坝内应力较小，不是设计中的主要控制因素，应用上章所述的材料力学分析法已能得出一个安全和合理的设计，因而也就没有必要花大量的劳动来进行精确计算。当然，坝体某些地方的实际应力，可能和由材料力学法求出者不同甚至相差很大，但这些仅为局部应力，对不高的坝来讲，并不影响到坝体断面设计。我们看到过去用材料力学分析法设计的不少中等高度甚至是较高的重力坝，至今仍然很好地工作着，即可确认此点。即使是在设计较高的重力坝时，也往往先根据稳定要求和初步的材料力学方法的分析成果来选择断面，而弹性理论则用于计算最后选定断面的应力分布，作为复核用。

到最近数十年来，用弹性理论法计算重力坝的问题又引起人们重视，而且有许多新的方法被陆续研究出来。其原因是明显的，因为重力坝的高度纪录，正在一天天被刷新，精确地决定坝内应力的问题也就日见重要，而且有许多特殊的坝型和特殊的问题，也非一般的近似算法所能解决，而必须求诸严谨的弹性理论。

本章中将简略地和综合性地叙述一些弹性理论在计算重力坝应力中的应用，但以比较成熟或较切实用的材料为限。某些仅具有理论上或研究上的意义的内容，虽则很重要，却将不在本书中介绍。

这一节中先扼要地提一下熟知的平面弹性理论的基本公式。在以后的讨论中，我们都假定材料是均匀、连续和同向性的，并且认为重力坝的应力分布是一个平面问题（两向问题），一切计算都可切取单位宽度的坝体来进行。

在图 5-1 中，示一重力坝断面。取一对坐标轴 $x$、$y$，如图示。在坝体中任意一点上有三个分应力$\sigma_x$、$\sigma_y$及$\tau$，$\sigma_x$及$\sigma_y$均以拉应力为正，$\tau$以使正方形元块沿第一、三象限的对角线拉长为正（见图 5-1）。我们的目的在于求出这些分应力的表达公式，将它们写成坐标 $x$、$y$ 的函数，而以坝体尺寸及各种荷载为参变数（如坝体内无孔口，在普通遇到的体积力和温度荷载下，应力公式中将不出现 $E$、 $\mu$ 等材料的物理常数）。

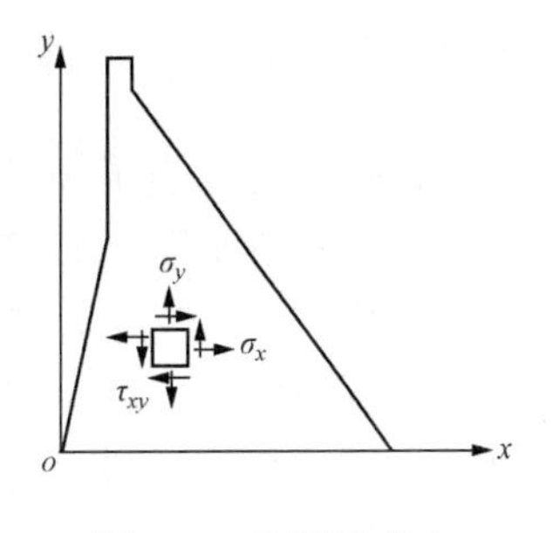


图 5-1　坐标及应力

$\sigma_x$、$\sigma_y$及$\tau$必须满足三类条件：①平衡条件；②相容条件；③边界条件。

平衡条件要求：

$$\left.\begin{aligned}\frac{\partial\sigma_x}{\partial x}+\frac{\partial\tau}{\partial y}+g_x=0\\ \frac{\partial\sigma_y}{\partial y}+\frac{\partial\tau}{\partial x}+g_y=0\end{aligned}\right\}\tag{5-1}$$

式中，$g_x$及$g_y$为沿 $x$ 及 $y$ 方向的均匀体积力。

如果设 $F$（$x$，$y$）是一个任意的 $x$、$y$ 的连续和可以微分的函数，并令

$$\left.\begin{aligned}\sigma_x&=\frac{\partial^2F}{\partial y^2}-g_xx-g_yy\\ \sigma_y&=\frac{\partial^2F}{\partial x^2}-g_xx-g_yy\\ \tau&=-\frac{\partial^2F}{\partial x\partial y}\end{aligned}\right\}\tag{5-2}$$

则很容易证明，这样得出的$\sigma_x$、$\sigma_y$及$\tau$将满足平衡条件。

相容条件要求：

$$\frac{\partial^2\gamma_{xy}}{\partial x\partial y}=\frac{\partial^2\varepsilon_x}{\partial y^2}+\frac{\partial^2\varepsilon_y}{\partial x^2}\tag{5-3}$$

上式可由纯几何观点得出。式中$\gamma_{xy}$、$\varepsilon_x$及$\varepsilon_y$各为剪向、$x$ 向及 $y$ 向的应变，由广义的虎克定律，这些应变可写为应力的函数：

$$\left.\begin{aligned}\varepsilon_x&=\frac{1}{E}\left[(1-\mu^2)\sigma_x-(\mu+\mu^2)\sigma_y\right]\\ \varepsilon_y&=\frac{1}{E}\left[(1-\mu^2)\sigma_y-(\mu+\mu^2)\sigma_x\right]\\ \gamma&=\frac{\tau}{G}\end{aligned}\right\}\tag{5-4}$$

式中

$$G=\frac{E}{2(1+\mu)}$$

将$\sigma_x$、$\sigma_y$及$\tau$以 $F$ 表之，代入式（5-3）中得：

$$\nabla^4F=\frac{\partial^4F}{\partial x^4}+2\frac{\partial^4F}{\partial x^2\partial y^2}+\frac{\partial^4F}{\partial y^4}=0\tag{5-5}$$

式中，$\nabla^4=(\nabla^2)^2$，而$\nabla^2=\left(\frac{\partial^2}{\partial x^2}+\frac{\partial^2}{\partial y^2}\right)$常称为拉普拉斯算子。

总起来说，为了满足相容条件，$F$ 函数不能任意选择，它必须满足式（5-5），也就是说，$F$ 必须是一个重谐和函数，然后所得出的$\sigma_x$、$\sigma_y$及$\tau$方始满足相容条件。

函数 $F$，一般称为应力函数或艾雷函数（Airy's Function）。满足式（5-5）的函数为数仍属无穷。最后我们尚须从无穷的 $F$ 函数中，找出适合于所设问题的边界条件的解答。对于第一类基本问题，就是边界上的荷载为已知时，即要求由 $F$ 函数算出的应力，其在边界上的值必须与所设边界荷载相合。设边界上的荷载强度沿 $x$、$y$ 方向的分力为 $\bar{X}$ 、$\bar{Y}$ ，则边界条件要求：

$$\left.\begin{aligned}\bar{X}&=\sigma_x\cos(n,x)+\tau_{xy}\cos(n,y)\\\bar{Y}&=\sigma_y\cos(n,y)+\tau_{xy}\cos(n,x)\end{aligned}\right\}\tag{5-6}$$

式中，$n$ 表示法线方向。

如果弹性体承受较复杂的体积力作用（如渗透压力、离心力、惯性力和温度应力等），则应力函数和相容条件要取下述的更一般性的形式。

平面应变问题中的三个分应力$\sigma_x$、$\sigma_y$及$\sigma_{xy}$可以从一个应力函数 $F$ 中导出：

$$\left.\begin{aligned}\sigma_x&=\frac{\partial^2F}{\partial y^2}+V\\\sigma_y&=\frac{\partial^2F}{\partial x^2}+V\\\tau_{xy}&=-\frac{\partial^2F}{\partial x\partial y}\end{aligned}\right\}\tag{5-7}$$

式中，$V$（$x$，$y$）是体积力的势函数（$V$ 沿 $x$ 或 $y$ 向的偏导数，即为沿 $x$、$y$ 向的体积力强度）。而相容条件要求 $F$ 必须满足下式：

$$\nabla^4F=-\frac{1-2\mu}{1-\mu}\nabla^2V-\frac{E\alpha}{1-\mu}\nabla^2T\tag{5-8}$$

式中，$\mu$、$E$、$\alpha$各为材料的泊松比、杨氏模量及线膨胀系数，$T$ 为温度分布场。这个方程式是根据形变连续条件$\frac{\partial^2\varepsilon_x}{\partial y^2}+\frac{\partial^2\varepsilon_y}{\partial x^2}=\frac{\partial^2\gamma_{xy}}{\partial x\partial y}$，且将应力代入后求得的。应力、位移和应变间的关系是：

$$\left.\begin{aligned}\varepsilon_x&=\frac{\partial u}{\partial x}=\frac{1}{E}\left[(1-\mu^2)\sigma_x-\mu(1+\mu)\sigma_y\right]+(1+\mu)\alpha T\\\varepsilon_y&=\frac{\partial v}{\partial y}=\frac{1}{E}\left[(1-\mu^2)\sigma_y-\mu(1+\mu)\sigma_x\right]+(1+\mu)\alpha T\\\gamma_{xy}&=\frac{\partial v}{\partial x}+\frac{\partial u}{\partial y}=\frac{2(1+\mu)}{E}\tau_{xy}\\\sigma_z&=\mu(\sigma_x+\sigma_y)-E\alpha T\end{aligned}\right\}\tag{5-9}$$

式中，$u$ 为 $x$ 向位移，$v$ 为 $y$ 向位移，$\sigma_z$ 为沿 $z$ 轴方向的正应力。

当在以上各式中，置 $\nabla^2 T=0$，且令体积力为常数 $g_x$、$g_y$，即 $V=-g_x x-g_y y$，各式就简化成为前述的式（5-2）～式（5-5）了。

找寻适合边界条件的 $F$ 函数，却是最困难的工作。除了几种最简单的边界条件问题，$F$ 可以用简洁的形式表达外，一般 $F$ 的形式极为复杂，有许多看起来很简单的问题，$F$ 竟难用有限的已知函数形式表出。目前解决平面弹性问题时，通常要采用反逆法、半反逆法、叠加法、复变函数理论、积分方程法以及其他各种数学技巧经过复杂的演算才能获得解答。

以上所述，都是指采用直角坐标 $x$、$y$ 而言。重力坝的应力计算有时以用极坐标（$r$，$\theta$）为宜，相应的分应力为 $\sigma_r$、$\sigma_\theta$ 及 $\tau$（$\tau$ 为 $\tau_{r\theta}$ 的简写）。其和应力函数 $F$（$r$，$\theta$）的关系为：

$$\left.\begin{aligned}\sigma_r&=\frac{\partial^2 F}{r^2\partial\theta^2}+\frac{1}{r}\cdot\frac{\partial F}{\partial r}-gr\cos(\theta-\alpha)\\ \sigma_\theta&=\frac{\partial^2 F}{\partial r^2}-gr\cos(\theta-\alpha)\\ \tau&=-\frac{\partial}{\partial r}\left(\frac{\partial F}{r\partial\theta}\right)\end{aligned}\right\}\tag{5-10}$$

式中，$g$ 为均匀体积力，$\alpha$ 为 $g$ 的方向与极轴的交角。而相容条件为：

$$\nabla^4 F=\left(\frac{\partial^2}{\partial r^2}+\frac{\partial}{r\partial r}+\frac{\partial^2}{r^2\partial\theta^2}\right)^2 F=0\tag{5-11}$$

采用更一般性的曲线坐标（$\xi$，$\eta$）的计算法，将在第六章第三节中略加介绍。

## 第二节　无限楔体的经典解答

### 一、无限楔体的解答的应用

图 5-2（a）中示一典型的重力坝断面。一般坝体断面接近呈三角形（楔形），在坝体下则为半无限大的基岩面。所以，重力坝的应力分析问题，可视为是一个半无限大平面和一个三角形弹性体在某些荷载下的接触问题。如果基岩的材料常数与坝体材料常数可视为相同，则又可作为具有折线外形的平面弹性体的应力分析问题。

但按照这一轮廓分析重力坝应力时，在数学上存在很大困难。所以作为第一级的近似解答，我们将重力坝的应力视作一个无限楔体的问题来处理［见图 5-2（b）］。实际上，重力坝仅为无限楔体中的一部分，把重力坝作为无限楔体计算，也就是对坝底的应力分布或变形情况作了某些假定，所以这样求出的解答，仅为一近似解。根据许多计算和试验证明，在离开坝基较远处，这样求出的解答已很接近精确解。仅在紧靠坝基处（约占整个坝高的 1/3）才有较显著的变化——这种变化常称为基础对坝体应力的影响，而须另行用更为精确的方法进行计算。

即使将坝体断面视作为无限楔体，也只有在少数简单整齐的荷载下才能获得较简单并可供实际应用的解答——例如无限楔体承受自重或沿边界全长呈某种变化的边界荷载的情况。但如图 5-3 所示的一些荷载情况，虽不能称为复杂，而其形式解答仍极为复杂不切实用。为了扩大无限楔体现有各种标准解答的应用范围，我们常根据圣维南原理，将实际上的结构物或其荷载情况利用叠加法将它们分解或组合成各种标准形式，有时某些实际荷载以它们的静力当量代替，这样就有可能应用现有解答来计算大多数的实用断面。有关叠加法的应用，将在本章下一节中叙述。

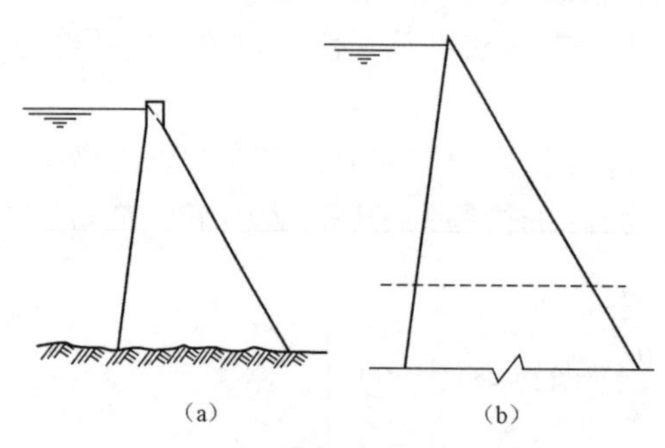


图 5-2　实际坝体断面和无限楔体

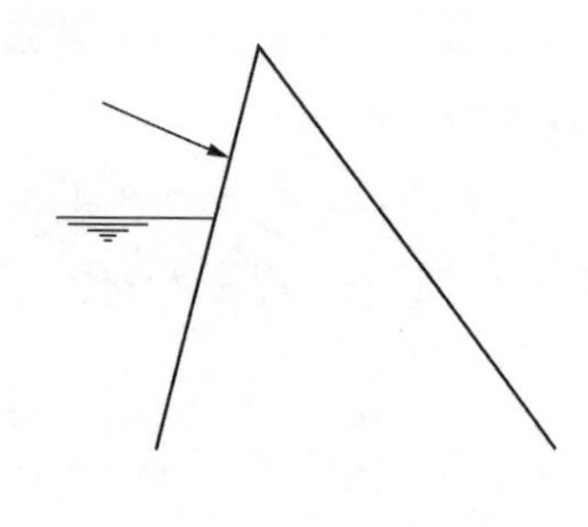

图 5-3　无限楔体的边界荷载

本章在以下各节中首先将不加推导地给出无限楔体在一些简单荷载情况下的标准解答。这些解答多系由利威、卡罗塞、喀列尔金（Б. Г. Галеркин）等人作出的，其正确性可由将其代入式（5-1）、式（5-5）及式（5-6）来证实。我们应注意到，同一问题的解答，在不同的坐标系统中可能有完全不同的形式。虽然在本质上它们是对同一问题的描述，但在实际应用时，计算工作上大有繁简之别。为了这一原因，本书中将平行地给出各种在实用上有意义的解答，而并不以求出一种形式的解答为限。

## 二、无限楔体在垂直坐标中的解答

1. 无限楔体承受齐顶水压力

图 5-4 中示一无限楔体，其上、下游边界各为 $x=-\tan\alpha\cdot y$ 及 $x=\tan\beta\cdot y$，或即 $x=-ny$ 及 $x=my$，式中 $n$、$m$ 各为上下游坝面坡度。当上游面也背向水库（即位在第一象限中时），$\alpha$ 及 $n$ 为负值。

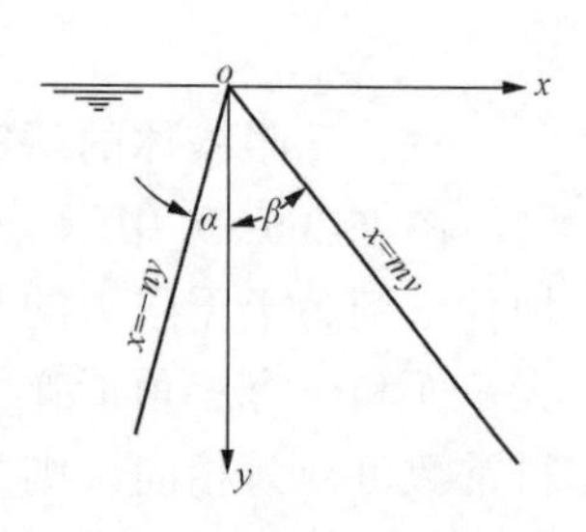


图 5-4　典型的无限楔体

假定在上游面承受齐顶水压力，则边界条件是：在上游面的一个主应力 $\sigma_x=-\gamma_0 y$（$\gamma_0$ 为水的容重），在其上的剪应力为 0，而下游面上的一个主应力为 0，其上的剪应力也为 0。

这个情况下的应力函数及分应力公式为：

$$\left.\begin{aligned}F&=\frac{a_2}{6}x^3+\frac{a_1}{2}xy^2+\frac{b_2}{2}yx^2+\frac{b_1}{6}y^3\\\sigma_x&=a_1x+b_1y\\\sigma_y&=a_2x+b_2y\\\tau&=-a_1y-b_2x\end{aligned}\right\}\qquad(5\text{-}12)$$

式中

$$\left.\begin{aligned}a_1&=-\gamma_0\frac{mn(mn-m^2-2)}{(m+n)^3}\\b_1&=\gamma_0\frac{m^2(2mn^2-3n-m)}{(m+n)^3}\\a_2&=\gamma_0\frac{n^2+3mn-2}{(m+n)^3}\\b_2&=\gamma_0\frac{m-n-2m^2n}{(m+n)^3}\end{aligned}\right\}\tag{5-13}$$

特例，当上游面垂直时，$\alpha=n=0$，得：

$$a_1=0，b_1=-\gamma_0，a_2=\gamma_0\left(\frac{-2}{m^3}\right)，b_2=\gamma_0\left(\frac{1}{m^2}\right)$$

故

$$\left.\begin{aligned}F&=\gamma_0\left(-\frac{1}{3m^3}x^3+\frac{1}{2m^2}yx^2-\frac{1}{6}y^3\right)\\\sigma_x&=-\gamma_0 y\\\sigma_y&=-\frac{2\gamma_0}{m^3}x+\frac{\gamma_0}{m^2}y\\\tau&=-\frac{\gamma_0}{m^2}x\end{aligned}\right\}\tag{5-14}$$

在这个特例中，各点沿 $x$、$y$ 轴的位移 $u$、$v$ 也可求出为：

$$\left.\begin{aligned}u&=\frac{\gamma_0}{Em^3}\left[(1+\mu)(x^2-mxy)+y^2-x^2+(m-m^3)xy-Ay+C\right]\\v&=\frac{\gamma_0}{2Em^3}\left[(1+\mu)(m^3y^2-mx^2)+(m-m^3)(y^2-x^2)-4xy+2Ax+B\right]\end{aligned}\right\}\tag{5-15}$$

式中，常数 $A$、$B$、$C$ 为任意值，表示刚体位移。又推导上式时，系假定为平面应力问题，对于平面变形问题，应该用 $\dfrac{E}{1-\mu^2}$ 及 $\dfrac{\mu}{1-\mu}$ 去代替上式中的 $E$ 和 $\mu$。注意，由上式可知，坝体中的任一水平截面，在变形后将成为二次曲线，不复维持为平面。

2. 无限楔体承受自重

设图 5-4 中的无限楔体，承受自重作用。材料的容重为 $r_c=g_y$，则应力函数和分应力公式为：

$$\left.\begin{aligned}F&=\frac{a_2}{6}x^3+\frac{a_1}{2}xy^2+\frac{b_2+g_y}{2}yx^2+\frac{b_1+g_y}{6}y^3\\\sigma_x&=a_1x+b_1y\\\sigma_y&=a_2x+b_2y\\\tau&=-a_1y-(b_2+g_y)x\end{aligned}\right\}\tag{5-16}$$

各常数为：

$$\left.\begin{aligned}a_1&=-g_y\frac{mn(m-n)}{(m+n)^2}\\b_1&=-g_y\frac{2m^2n^2}{(m+n)^2}\\a_2&=g_y\frac{m-n}{(m+n)^2}\\b_2&=-g_y\frac{m^2+n^2}{(m+n)^2}\end{aligned}\right\}\tag{5-17}$$

当上游面垂直时：

$$a_1=0,\ b_1=0,\ a_2=\frac{g_y}{m},\ b_2=-g_y$$

故

$$\left.\begin{aligned}F&=\frac{g_y}{6m}x^3+\frac{g_y}{6}y^3\\\sigma_x&=0\\\sigma_y&=\frac{g_y}{m}x-g_yy\\\tau&=0\end{aligned}\right\}\tag{5-18}$$

当无限楔体承受垂直方向的地震惯性力时，其应力完全可由式（5-16）或式（5-18）计算，仅现在 $g_y$ 不表示材料的容重 $\gamma_c$，而表示 $\gamma_c(1\pm\lambda)$，其中 $\lambda$ 为地震系数。

3．无限楔体承受水平向地震

如无限楔体承受水平向地震，则令 $g_x=\lambda\gamma_c$（假定地震加速度方向指向上游），其相应的公式为：

$$\left.\begin{aligned}F&=g_x\left[\frac{mn(n-m)}{6(m+n)^2}y^3+\frac{mn}{(m+n)^2}xy^2+\frac{1}{2}\cdot\frac{m-n}{(m+n)^2}x^2y-\frac{1}{3}\cdot\frac{x^3}{(m+n)^2}+\frac{x^3}{6}\right]\\\sigma_x&=g_x\left[-\frac{(m^2+n^2)}{(m+n)^2}x+\frac{mn(n-m)}{(m+n)^2}y\right]\\\sigma_y&=g_x\left[-\frac{2}{(m+n)^2}x+\frac{m-n}{(m+n)^2}y\right]\\\tau&=-g_x\left[\frac{m-n}{(m+n)^2}x+\frac{2mn}{(m+n)^2}y\right]\end{aligned}\right\}\tag{5-19}$$

当上游面垂直时：

$$
\left.\begin{aligned}
&F=\frac{1}{6m^2}\left[(g_x m^2-2g_x)x^3+3mg_x yx^2\right]\\
&\sigma_x=-g_x x\\
&\sigma_y=g_x\left(-\frac{2}{m^2}x+\frac{1}{m}y\right)\\
&\tau=-g_x\cdot\frac{x}{m}
\end{aligned}\right\}\qquad(5\text{-}20)
$$

情况 2 和 3 可以合并。当上游面垂直时：

$$
\left.\begin{aligned}
&F=\frac{1}{6m^2}\left[g_y m^2 y^3+(g_y m+g_x m^2-2g_x)x^3+3g_x mx^2 y\right]\\
&\sigma_x=-g_x x\\
&\sigma_y=\frac{1}{m}\left[(g_x-mg_y)y+\left(g_y-\frac{2g_x}{m}\right)x\right]\\
&\tau=-\frac{g_x}{m}x
\end{aligned}\right\}\qquad(5\text{-}21)
$$

这个情况下的变位 $u$ 及 $v$ 为：

$$
\left.\begin{aligned}
&Eu=-(1+\mu)\frac{\partial F}{\partial x}-\frac{1-\mu}{2}(g_x x^2-g_y y^2+2g_y xy)+f_2-Ay+C\\
&Ev=-(1+\mu)\frac{\partial F}{\partial y}-\frac{1-\mu}{2}(g_y y^2-g_x x^2+2g_x xy)+f_1+Ax+B
\end{aligned}\right\}\qquad(5\text{-}22)
$$

式中

$$
\left.\begin{aligned}
&\frac{\partial F}{\partial x}=\frac{1}{2m^2}\left[(mg_y+m^2 g_x-2g_x)x^2+2mg_x xy\right]\\
&\frac{\partial F}{\partial y}=\frac{1}{2m}(mg_y y^2+g_x x^2)\\
&f_1=\frac{1}{2m}(mg_y+g_x)(y^2-x^2)+\frac{1}{m^2}(mg_y+m^2 g_x-2g_x)xy\\
&f_2=\frac{1}{m}(mg_y+g_x)(xy)-\frac{1}{2m^2}(mg_y+m^2 g_x-2g_x)(y^2-x^2)
\end{aligned}\right\}\qquad(5\text{-}23)
$$

4. 无限楔体承受均布边界压力

设图 5-4 中的无限楔体，在上游边界上承受均布压力 $p_0$［参见图 5-5（a)］，欲推求其应力公式。其式为：

$$
F=\frac{p_0}{2(\tan\Delta-\Delta)}\left[xy\frac{\cos(\beta-\alpha)}{\cos(\beta+\alpha)}-y^2\frac{\sin\beta\cos\alpha}{\cos(\beta+\alpha)}-x^2\frac{\sin\alpha\cos\beta}{\cos(\beta+\alpha)}\right.
$$

$$
\left.+(x^2+y^2)\beta-(x^2+y^2)\tan^{-1}\frac{x}{y}\right]\qquad(5\text{-}24)
$$

$$\sigma_x=\frac{p_0}{\tan\Delta-\Delta}\left[-\frac{\sin\beta\cos\alpha}{\cos(\beta+\alpha)}+\beta-\tan^{-1}\frac{x}{y}+\frac{xy}{x^2+y^2}\right]$$
$$=\frac{p_0}{\tan\Delta-\Delta}\left(\beta-\tan^{-1}\frac{x}{y}+\frac{xy}{x^2+y^2}-\frac{m}{1-nm}\right)\tag{5-25}$$

$$\sigma_y=\frac{p_0}{\tan\Delta-\Delta}\left[-\frac{\sin\alpha\cos\beta}{\cos(\beta+\alpha)}+\beta-\tan^{-1}\frac{x}{y}-\frac{xy}{x^2+y^2}\right]$$
$$=\frac{p_0}{\tan\Delta-\Delta}\left(\beta-\tan^{-1}\frac{x}{y}-\frac{xy}{x^2+y^2}-\frac{n}{1-nm}\right)\tag{5-26}$$

$$\tau=-\frac{p_0}{2(\tan\Delta-\Delta)}\left[\frac{\cos(\beta-\alpha)}{\cos(\beta+\alpha)}-\frac{y^2-x^2}{x^2+y^2}\right]$$
$$=\frac{p_0}{\tan\Delta-\Delta}\left(\frac{y^2}{x^2+y^2}-\frac{1}{1-nm}\right)\tag{5-27}$$

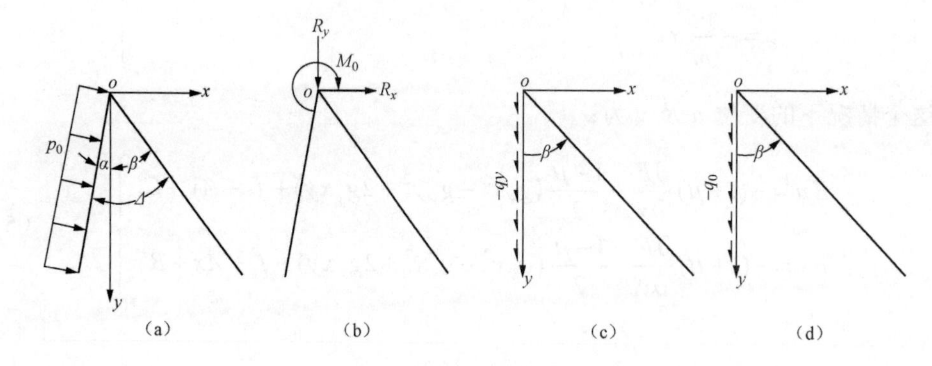


图 5-5 无限楔体的典型荷载

当上游面垂直时，置$\alpha=0$，$\Delta=\beta$，或$n=0$：

$$\left.\begin{aligned}
F&=\frac{p_0}{2(\tan\beta-\beta)}\left[xy-y^2\tan\beta+(x^2+y^2)\beta-(x^2+y^2)\tan^{-1}\frac{x}{y}\right]\\
\sigma_x&=\frac{p_0}{\tan\beta-\beta}\left(-\tan\beta+\beta-\tan^{-1}\frac{x}{y}+\frac{xy}{x^2+y^2}\right)\\
\sigma_y&=\frac{p_0}{\tan\beta-\beta}\left(\beta-\tan^{-1}\frac{x}{y}-\frac{xy}{x^2+y^2}\right)\\
\tau&=-\frac{p_0}{\tan\beta-\beta}\cdot\frac{x^2}{x^2+y^2}
\end{aligned}\right\}\tag{5-28}$$

如在上游面承受均匀拉力$p_0$，则以上各式应取相反符号。

5. 无限楔体承受楔顶集中力矩$M_0$［图 5-5（b）］

这个情况下的应力公式是：

$$F=\frac{\frac{y^2-x^2}{x^2+y^2}\sin(\beta-\alpha)-\frac{2xy}{x^2+y^2}\cos(\beta-\alpha)+2\cos(\beta+\alpha)\tan^{-1}\frac{x}{y}}{2(\sin\varDelta-\varDelta\cos\varDelta)}\cdot M_0 \tag{5-29}$$

$$\sigma_x=\frac{2M_0}{(x^2+y^2)^3}\cdot\frac{x^2(3y^2-x^2)(m-n)-2x^3y(2+nm)+2xy^3nm}{(n+m)-\varDelta(1-nm)} \tag{5-30}$$

$$\sigma_y=\frac{2M_0}{(x^2+y^2)^3}\cdot\frac{(y^4-3x^2y^2)(m-n)-2xy^3(1+2nm)+2x^3y}{(n+m)-\varDelta(1-nm)} \tag{5-31}$$

$$\tau=\frac{2M_0}{(x^2+y^2)^3}\cdot\frac{x^4+2xy(y^2-x^2)(m-n)-3x^2y^2(1+nm)+y^4nm}{(n+m)-\varDelta(1-nm)} \tag{5-32}$$

推导上式时，$M_0$ 以引起上游面拉应力者为正值。

当 $n=0$ 或 $\alpha=0$ 时，上式简化为：

$$\left.\begin{aligned}
F&=\frac{\frac{y^2-x^2}{x^2+y^2}\sin\beta-\frac{2xy}{x^2+y^2}\cos\beta+2\cos\beta\tan^{-1}\frac{x}{y}}{2(\sin\beta-\beta\cos\beta)}\cdot M_0\\
\sigma_x&=\frac{2M_0}{(x^2+y^2)^3}\cdot\frac{mx^2(3y^2-x^2)-4x^3y}{m-\beta}\\
\sigma_y&=\frac{2M_0}{(x^2+y^2)^3}\cdot\frac{m(y^4-3x^2y^2)-2xy^3+2x^3y}{m-\beta}\\
\tau&=\frac{2M_0}{(x^2+y^2)^3}\cdot\frac{x^4+2mxy(y^2-x^2)-3x^2y^2}{m-\beta}
\end{aligned}\right\} \tag{5-33}$$

6. 无限楔体承受楔顶垂直荷载 $R_y$

这个情况下的应力函数公式是：

$$F=-R_y\frac{x[\varDelta-\sin\varDelta\cos(\beta-\alpha)]+y\sin\varDelta\sin(\beta-\alpha)}{(\varDelta-\sin\varDelta)(\varDelta+\sin\varDelta)}\tan^{-1}\frac{x}{y} \tag{5-34}$$

令 $D$ 代表上式中的分母，$D=(\varDelta-\sin\varDelta)(\varDelta+\sin\varDelta)=\varDelta^2-\sin^2\varDelta$

$$\sigma_x=-\frac{2R_y}{D}\left\{\frac{x^2y}{(x^2+y^2)^2}[\varDelta-\sin\varDelta\cos(\beta-\alpha)]-\frac{x^3}{(x^2+y^2)^2}\sin\varDelta\sin(\beta-\alpha)\right\} \tag{5-35}$$

$$\sigma_y=-\frac{2R_y}{D}\left\{\frac{y^3}{(x^2+y^2)^2}[\varDelta-\sin\varDelta\cos(\beta-\alpha)]-\frac{xy^2}{(x^2+y^2)^2}\sin\varDelta\sin(\beta-\alpha)\right\} \tag{5-36}$$

$$\tau=-\frac{2R_y}{D}\left\{\frac{xy^2}{(x^2+y^2)^2}[\varDelta-\sin\varDelta\cos(\beta-\alpha)]-\frac{x^2y}{(x^2+y^2)^2}\sin\varDelta\sin(\beta-\alpha)\right\} \tag{5-37}$$

当上游面垂直时：

$$\left.\begin{aligned}
F &= -R_y \frac{x(\beta-\sin\beta\cos\beta)+y\sin^2\beta}{\beta^2-\sin^2\beta}\tan^{-1}\frac{x}{y} \\
\sigma_x &= -\frac{2R_y}{D}\left[\frac{x^2y}{(x^2+y^2)^2}(\beta-\sin\beta\cos\beta)-\frac{x^3}{(x^2+y^2)^2}\sin^2\beta\right] \\
\sigma_y &= -\frac{2R_y}{D}\left[\frac{y^3}{(x^2+y^2)^2}(\beta-\sin\beta\cos\beta)-\frac{xy^2}{(x^2+y^2)^2}\sin^2\beta\right] \\
\tau &= -\frac{2R_y}{D}\left[\frac{xy^2}{(x^2+y^2)^2}(\beta-\sin\beta\cos\beta)-\frac{x^2y}{(x^2+y^2)^2}\sin^2\beta\right]
\end{aligned}\right\} \tag{5-38}$$

推导时 $R_y$ 以向下（与 $y$ 轴方向相同）为正。

7. 无限楔体承受楔顶水平荷载 $R_x$

这个情况下的应力公式是：

$$F = R_x \frac{x\sin\Delta\sin(\beta-\alpha)+y[\Delta+\sin\Delta\cos(\beta-\alpha)]}{\Delta^2-\sin^2\Delta}\tan^{-1}\frac{x}{y} \tag{5-39}$$

$$\sigma_x = \frac{2R_x}{\Delta^2-\sin^2\Delta}\left\{\frac{x^2y}{(x^2+y^2)^2}\sin\Delta\sin(\beta-\alpha) - \frac{x^3}{(x^2+y^2)^2}[\Delta+\sin\Delta\cos(\beta-\alpha)]\right\} \tag{5-40}$$

$$\sigma_y = \frac{2R_x}{\Delta^2-\sin^2\Delta}\left\{\frac{y^3}{(x^2+y^2)^2}\sin\Delta\sin(\beta-\alpha) - \frac{y^2x}{(x^2+y^2)^2}[\Delta+\sin\Delta\cos(\beta-\alpha)]\right\} \tag{5-41}$$

$$\tau = \frac{2R_x}{\Delta^2-\sin^2\Delta}\left\{\frac{xy^2}{(x^2+y^2)^2}\sin\Delta\sin(\beta-\alpha) - \frac{x^2y}{(x^2+y^2)^2}[\Delta+\sin\Delta\cos(\beta-\alpha)]\right\} \tag{5-42}$$

当上游面垂直时：

$$\left.\begin{aligned}
F &= R_x \frac{x\sin^2\beta+y(\beta+\sin\beta\cos\beta)}{\beta^2-\sin^2\beta}\tan^{-1}\frac{x}{y} \\
\sigma_x &= \frac{2R_x}{\beta^2-\sin^2\beta}\left[\frac{x^2y}{(x^2+y^2)^2}\sin^2\beta-\frac{x^3}{(x^2+y^2)^2}(\beta+\sin\beta\cos\beta)\right] \\
\sigma_y &= \frac{2R_x}{\beta^2-\sin^2\beta}\left[\frac{y^3}{(x^2+y^2)^2}\sin^2\beta-\frac{xy^2}{(x^2+y^2)^2}(\beta+\sin\beta\cos\beta)\right] \\
\tau &= \frac{2R_x}{\beta^2-\sin^2\beta}\left[\frac{xy^2}{(x^2+y^2)^2}\sin^2\beta-\frac{x^2y}{(x^2+y^2)^2}(\beta+\sin\beta\cos\beta)\right]
\end{aligned}\right\} \tag{5-43}$$

推导公式时 $R_x$ 以向右（与 $x$ 轴方向相同）为正。

8. 无限楔体在上游面承受渐变剪力$\tau_0=-qy$［图 5-5（c）］

相应公式为：

$$\left.\begin{aligned}&F=\frac{q}{2m^2}x^3-\frac{q}{m}x^2y+\frac{q}{2}xy^2\\&\sigma_x=qx\\&\sigma_y=-\frac{2q}{m}y+\frac{3q}{m^2}x\\&\tau=\frac{2q}{m}x-qy\end{aligned}\right\}\tag{5-44}$$

9. 无限楔体在上游面承受均匀剪力$-q_0$［图 5-5（d）］

其相应公式是：

$$\left.\begin{aligned}&F=2q_0Ax^2+q_0B(x^2+y^2)\tan^{-1}\frac{x}{y}+2q_0Cxy\\&\sigma_x=2q_0B\left(\tan^{-1}\frac{x}{y}-\frac{xy}{x^2+y^2}\right)\\&\sigma_y=4q_0A+2q_0B\left(\tan^{-1}\frac{x}{y}+\frac{xy}{x^2+y^2}\right)\\&\tau=-q_0\left(1-B\frac{2x^2}{x^2+y^2}\right)\end{aligned}\right\}\tag{5-45}$$

式中

$$\left.\begin{aligned}&A=\frac{\sin 2\beta-2\beta\cos 2\beta}{4\beta\sin 2\beta+4\cos 2\beta-4}\\&B=\frac{\cos 2\beta-1}{2\beta\sin 2\beta+2\cos 2\beta-2}\\&C=\frac{2\beta\sin 2\beta+\cos 2\beta-1}{4\beta\sin 2\beta+4\cos 2\beta-4}\end{aligned}\right\}\tag{5-46}$$

在上游面：

$$\left.\begin{aligned}&\sigma_x=0\\&\sigma_y=4q_0A\\&\tau=-q_0\end{aligned}\right\}\tag{5-47}$$

在下游面：

$$\left.\begin{aligned}&\sigma_x=Bq_0(2\beta-\sin 2\beta)\\&\sigma_y=4q_0A+q_0B(2\beta+\sin 2\beta)\\&\tau=-q_0+2q_0B\sin^2\beta\end{aligned}\right\}\tag{5-48}$$

## 三、无限楔体在极坐标中的解答

上文中介绍无限楔体在垂直坐标中的解答。在许多情况下，采用极坐标往往更为

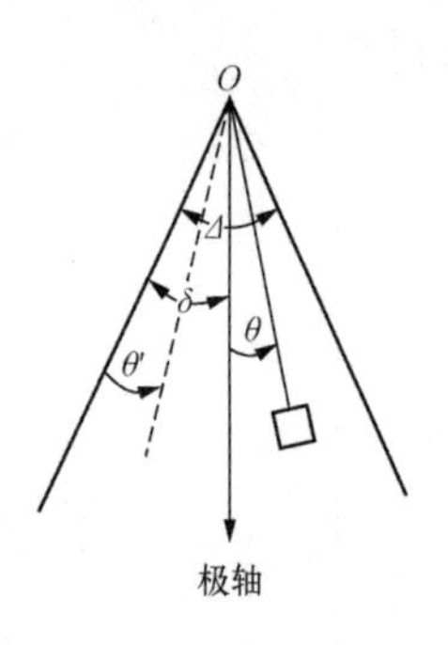


图 5-6　无限楔体的极坐标表示法

有利。下面给出一些极坐标中的解答。关于坐标系统，除另有说明外，均令楔顶为原点，楔顶角为$\Delta$，取顶角平分线为极轴，$\theta$向下游量取为正（见图 5-6）。

垂直坐标与极坐标中的分应力间存在下列关系：

$$\left.\begin{aligned}\sigma_r&=\sigma_x\frac{x^2}{x^2+y^2}+\sigma_y\frac{y^2}{x^2+y^2}+2\tau_{xy}\frac{xy}{x^2+y^2}\\\sigma_\theta&=\sigma_x\frac{y^2}{x^2+y^2}+\sigma_y\frac{x^2}{x^2+y^2}-2\tau_{xy}\frac{xy}{x^2+y^2}\\\tau_{r\theta}&=(\sigma_y-\sigma_x)\frac{xy}{x^2+y^2}+\tau_{xy}\frac{x^2-y^2}{x^2+y^2}\end{aligned}\right\}\tag{5-49}$$

以及

$$\left.\begin{aligned}\sigma_x&=\sigma_r\cos^2\theta+\sigma_\theta\sin^2\theta-\tau_{r\theta}\sin2\theta\\\sigma_y&=\sigma_r\sin^2\theta+\sigma_\theta\cos^2\theta+\tau_{r\theta}\sin2\theta\\\tau_{xy}&=\frac{\sigma_r-\sigma_\theta}{2}\sin2\theta+\tau_{r\theta}\cos2\theta\end{aligned}\right\}\tag{5-50}$$

以上各式中，极坐标中的极轴是垂直坐标中的 $x$ 轴。如果取 $y$ 轴为极轴，则各式中的 $\sin\theta$ 和 $\cos\theta$ 须互调［式（5-49）不变］。再如极轴为 $y_1$，而 $y_1$ 与 $y$ 轴的夹角为 $\delta$ 时，则 $\sin\theta$、$\cos\theta$ 等又要再用 $\sin(\theta+\delta)$、$\cos(\theta+\delta)$ 等来代换。

下面列举几种常用情况的解答。

1. 上游面承受齐顶渐变压力 $pr$（如水压力）

$$F=\frac{pr^3}{24}\left[(3\sin^2\delta-\sin^2\theta)\frac{\sin\theta}{\sin^3\delta}-(3\cos^2\delta-\cos^2\theta)\frac{\cos\theta}{\cos^3\delta}\right]\tag{5-51}$$

式中

$$\delta=\frac{\Delta}{2}$$

$$\left.\begin{aligned}\sigma_r&=\frac{pr}{4}\left[\frac{\sin\theta}{\sin^3\delta}(\sin^2\delta-\cos^2\theta)+\frac{\cos\theta}{\cos^3\delta}(\sin^2\theta-\cos^2\delta)\right]\\\sigma_\theta&=\frac{pr}{4}\left[\frac{\sin\theta}{\sin^3\delta}(3\sin^2\delta-\sin^2\theta)-\frac{\cos\theta}{\cos^3\delta}(3\cos^2\delta-\cos^2\theta)\right]\\\tau&=\frac{pr}{4}\left[\frac{\cos\theta}{\sin^3\delta}(\sin^2\delta-\sin^2\theta)+\frac{\sin\theta}{\cos^3\delta}(\cos^2\delta-\cos^2\theta)\right]\end{aligned}\right\}\tag{5-52}$$

在上下游坝面，取$\theta=\pm\delta$代入，得主应力为：

上游面：

$$\sigma_r=\frac{pr}{4}(-2+\cot^2\delta+\tan^2\delta)=pr\cdot\cot^2\Delta=pr\frac{(1-nm)^2}{(n+m)^2}$$

下游面：

$$\sigma_r=\frac{pr}{4}(-\cot^2\delta+\tan^2\delta)=pr\left(\cot^2\Delta-\frac{\tan\delta}{\tan\Delta}\right)=-pr\frac{(1-nm)(1+m^2)}{(m+n)^2}\tag{5-53}$$

2. 上游面承受均匀压力 $p_0$

$$\left.\begin{aligned}
F &= \frac{1}{4} p_0 r^2 \frac{\sin 2\theta' - \sin \Delta - (2\theta' - \Delta)\cos \Delta}{\sin \Delta - \Delta \cos \Delta} \\
\sigma_r &= -p_0 \left[1 + A(2\theta' + \sin 2\theta') - B(1 + \cos 2\theta')\right] \\
\sigma_\theta &= -p_0 \left[1 + A(2\theta' - \sin 2\theta') - B(1 - \cos 2\theta')\right] \\
\tau &= -p_0 \left[-A(1 - \cos 2\theta') + B \sin 2\theta'\right]
\end{aligned}\right\} \quad (5\text{-}54)$$

式中

$$\left.\begin{aligned}
A &= \frac{1}{2(\tan \Delta - \Delta)} \\
B &= A \tan \Delta
\end{aligned}\right\} \quad (5\text{-}55)$$

$\theta'$为从上游面量起的极角。

在上下游坝面，以$\theta' = 0$ 及 $\Delta$代入，得：

上游面：

$$\left.\begin{aligned}
\sigma_r &= -p_0(1 - 2B) = -p_0\left(1 - \frac{\tan \Delta}{\tan \Delta - \Delta}\right) = p_0 \bullet \frac{\Delta}{\tan \Delta - \Delta} \\
\sigma_\theta &= -p_0 \\
\tau &= 0
\end{aligned}\right\} \quad (5\text{-}56)$$

下游面：

$$\left.\begin{aligned}
\sigma_r &= -p_0\left(1 + \frac{\Delta + \sin \Delta \cos \Delta}{\tan \Delta - \Delta} - \frac{\tan \Delta \cos^2 \Delta}{\tan \Delta - \Delta}\right) = -p_0 \bullet \frac{\tan \Delta}{\tan \Delta - \Delta} \\
\sigma_\theta &= 0 \\
\tau &= 0
\end{aligned}\right\} \quad (5\text{-}57)$$

3. 楔顶上承受集中力矩 $M_0$

$$\left.\begin{aligned}
F &= \frac{M_0}{2} \bullet \frac{\sin 2\theta - 2\theta \cos \Delta}{\sin \Delta - \Delta \cos \Delta} \\
\sigma_r &= -\frac{4M_0 \sin \theta \cos \theta}{r^2(\sin \Delta - \Delta \cos \Delta)} \\
\sigma_\theta &= 0 \\
\tau &= \frac{M_0(\cos 2\theta - \cos \Delta)}{r^2(\sin \Delta - \Delta \cos \Delta)}
\end{aligned}\right\} \quad (5\text{-}58)$$

置$\theta = \pm\delta$，可以求出坝面主应力：

下游面：

$$\sigma_r = -\frac{2M_0 \sin \Delta}{r^2(\sin \Delta - \Delta \cos \Delta)} = -\frac{2M_0(m+n)}{r^2\left[(m+n) - \Delta(1-mn)\right]} = -\frac{2M_0(m+n)}{y^2(1+m^2)\left[(m+n) - \Delta(1-mn)\right]}$$

上游面：

$$\sigma_r = \frac{2M_0 \sin \Delta}{r^2(\sin \Delta - \Delta \cos \Delta)} = \frac{2M_0(m+n)}{r^2\left[(m+n) - \Delta(1-mn)\right]} = \frac{2M_0(m+n)}{y^2(1+n^2)\left[(m+n) - \Delta(1-mn)\right]}$$

(5-59)

4. 楔顶承受集中力 $P_0$（平行于分角线，压向楔体）

$$\left.\begin{aligned}&F=-P_0\cdot\frac{r\theta\sin\theta}{\Delta+\cos\Delta}\\&\sigma_r=-\frac{2P_0\cos\theta}{r(\Delta+\sin\Delta)}\\&\sigma_\theta=0\\&\tau=0\end{aligned}\right\}\qquad(5\text{-}60)$$

5. 楔顶承受集中力 $V_0$（垂直于分角线，指向下游）

$$\left.\begin{aligned}&F=V_0\cdot\frac{r\theta\cos\theta}{\Delta-\sin\Delta}\\&\sigma_r=-\frac{2V_0\sin\theta}{r(\Delta-\sin\Delta)}\\&\sigma_\theta=0\\&\tau=0\end{aligned}\right\}\qquad(5\text{-}61)$$

将 4、5 两种情况组合起来，可以得出下述解答：楔顶上作用一力 $R$，与分角线成 $\varphi$ 角，则：

$$\left.\begin{aligned}&\sigma_r=-\frac{2R}{r}\left(\frac{\cos\theta\cos\varphi}{\Delta+\sin\Delta}+\frac{\sin\theta\sin\varphi}{\Delta-\sin\Delta}\right)\\&\sigma_\theta=\tau=0\end{aligned}\right\}\qquad(5\text{-}62)$$

6. 楔顶承受垂直集中荷载 $R_y$ 及水平集中荷载 $R_x$［参见图 5-5（b）］

$$\sigma_r=\frac{2R_y}{x^2+y^2}\cdot\frac{x(m^2-n^2)-y(A_1-B_1)}{D_1}+\frac{2R_x}{x^2+y^2}\cdot\frac{y(m^2-n^2)-x(A_1+B_1)}{D_1}\qquad(5\text{-}63)$$

式中

$$\left.\begin{aligned}&A_1=\Delta(1+m^2)(1+n^2)\\&B_1=(1+mn)(n+m)\\&D_1=\Delta A_1-(m+n)^2\end{aligned}\right\}\qquad(5\text{-}64)$$

在这些荷载作用下的坝面主应力为：

（1）在 $R_y$ 作用下：

上游面：

$$\sigma_r=\frac{2R_y}{y(1+n^2)}\cdot\frac{-n(m^2-n^2)-A_1+B_1}{D_1}\qquad(5\text{-}65)$$

下游面：

$$\sigma_r=\frac{2R_y}{y(1+m^2)}\cdot\frac{m(m^2-n^2)-A_1+B_1}{D_1}\qquad(5\text{-}66)$$

（2）在 $R_x$ 作用下：

上游面：

$$\sigma_r=\frac{2R_x}{y(1+n^2)}\cdot\frac{m^2-n^2+n(A_1+B_1)}{D_1}\qquad(5\text{-}67)$$

下游面：

$$\sigma_r = \frac{2R_x}{y(1+m^2)} \cdot \frac{m^2 - n^2 - m(A_1 + B_1)}{D_1} \tag{5-68}$$

7. 楔体受体积力 $g$ 作用，其方向与分角线成 $\varphi$ 角

$$F = \frac{gr^3}{12}\left[\frac{\cos\varphi}{\cos^2\delta}(3\cos^2\delta\cos\theta - \cos^3\theta) + \frac{\sin\varphi}{\sin^2\delta}(3\sin^2\delta\sin\theta - \sin^3\theta)\right] \tag{5-69}$$

$$\begin{aligned}\sigma_r = \frac{gr}{2}\Bigg[&\frac{\cos\varphi\cos\theta}{\cos^2\delta}(\cos^2\delta - \sin^2\theta)\\&+\frac{\sin\varphi\sin\theta}{\sin^2\delta}(\sin^2\delta - \cos^2\theta) - 2\cos(\theta - \varphi)\Bigg]\end{aligned} \tag{5-70}$$

$$\begin{aligned}\sigma_\theta = \frac{gr}{2}\Bigg[&\frac{\cos\varphi\cos\theta}{\cos^2\delta}(3\cos^2\delta - \cos^2\theta)\\&+\frac{\sin\varphi\sin\theta}{\sin^2\delta}(3\sin^2\delta - \sin^2\theta) - 2\cos(\theta - \varphi)\Bigg]\end{aligned} \tag{5-71}$$

$$\tau = -\frac{gr}{2}\left[\frac{\cos\varphi\sin\theta}{\cos^2\delta}(\sin^2\delta - \sin^2\theta) - \frac{\sin\varphi\cos\theta}{\sin^2\delta}(\cos^2\delta - \cos^2\theta)\right] \tag{5-72}$$

8. 上游面承受渐变剪力 $\tau_0 = -qr$

$$\left.\begin{aligned}
F &= qr^3\left(\frac{1}{2m^2}\sin^3\theta' - \frac{1}{m}\sin^2\theta'\cos\theta' + \frac{1}{2}\sin\theta'\cos^2\theta'\right)\\
\sigma_\theta &= 6qr\left(\frac{1}{2m^2}\sin^3\theta' - \frac{1}{m}\sin^2\theta'\cos\theta' + \frac{1}{2}\sin\theta'\cos^2\theta'\right)\\
\sigma_r &= qr\left[\left(\frac{3}{m^2} - 2\right)\cos^2\theta'\sin\theta' + \frac{4}{m}\sin^2\theta'\cos\theta' + \sin^3\theta' - \frac{2}{m}\cos^3\theta'\right]\\
\tau &= -2qr\left[\left(\frac{3}{2m^2} - 1\right)\sin^2\theta'\cos\theta' - \frac{2}{m}\sin\theta'\cos^2\theta' + \frac{1}{m}\sin^3\theta' + \frac{1}{2}\cos^3\theta'\right]
\end{aligned}\right\} \tag{5-73}$$

式中，$\theta'$系从上游面量起，$m = \tan\varDelta$。

9. 上游面承受均布剪力 $\tau_0 = -q_0$

$$\left.\begin{aligned}
F &= q_0 r^2(A + B\theta' + C\sin 2\theta' + D\cos 2\theta')\\
\sigma_r &= -4q_0(C\sin 2\theta' + D\cos 2\theta')\\
\sigma_\theta &= 2q_0(A + B\theta' + C\sin 2\theta' + D\cos 2\theta')\\
\tau &= -q_0(B + 2C\cos 2\theta' - 2D\sin 2\theta')
\end{aligned}\right\} \tag{5-74}$$

式中

$$\left.\begin{aligned}
A = -D &= \frac{\sin 2\varDelta - 2\varDelta\cos 2\varDelta}{4\varDelta\sin 2\varDelta + 4\cos 2\varDelta - 4}\\
B &= \frac{\cos 2\varDelta - 1}{2\varDelta\sin 2\varDelta + 2\cos 2\varDelta - 2}\\
C &= \frac{2\varDelta\sin 2\varDelta + \cos 2\varDelta - 1}{4\varDelta\sin 2\varDelta + 4\cos 2\varDelta - 4}
\end{aligned}\right\} \tag{5-75}$$

式中，$\theta'$也是从上游面量起的。

在各点应力中，上下游坝面处的主应力$\sigma_r$常为控制数值，在表 5-1 中综合给出这些应力公式（已作了简化）。

**表 5-1　　上下游坝面主应力公式表**

| 序号 | 荷载种类 | 上游面主应力 | 下游面主应力 |
|---|---|---|---|
| 1 | 上游齐顶渐变压力 $pr$ | $pr\cdot\dfrac{(1-nm)^2}{(n+m)^2}$ | $-pr\cdot\dfrac{(1-nm)(1+m^2)}{(m+n)^2}$ |
| 2 | 上游面均匀压力 $p_0$ | $p_0\cdot\dfrac{\Delta}{\tan\Delta-\Delta}$ | $-p_0\cdot\dfrac{\tan\Delta}{\tan\Delta-\Delta}$ |
| 3 | 垂直体积力 $g_y$ | $-g_y y\cdot\dfrac{m(n^2+1)}{m+n}$ | $-g_y y\cdot\dfrac{n(m^2+1)}{m+n}$ |
| 4 | 水平体积力 $g_x$ | $g_x y\cdot\dfrac{1+n^2}{n+m}$ | $-g_x y\cdot\dfrac{m^2+1}{m+n}$ |
| 5 | 楔顶力矩 $M_0$ | $\dfrac{2M_0(m+n)}{y^2(1+n^2)[(m+n)-\Delta(1-mn)]}$ | $-\dfrac{2M_0(m+n)}{y^2(1+m^2)[(m+n)-\Delta(1-mn)]}$ |
| 6 | 楔顶垂直力 $R_y$ | $\dfrac{2R_y}{y(1+n^2)}\cdot\dfrac{-n(m^2-n^2)-A_1+B_1}{D_1}$ | $\dfrac{2R_y}{y(1+m^2)}\cdot\dfrac{m(m^2-n^2)-A_1+B_1}{D_1}$ |
| 7 | 楔顶水平力 $R_x$ | $\dfrac{2R_x}{y(1+n^2)}\cdot\dfrac{m^2-n^2+n(A_1+B_1)}{D_1}$ | $\dfrac{2R_x}{y(1+m^2)}\cdot\dfrac{m^2-n^2-m(A_1+B_1)}{D_1}$ |
| 8 | 上游面渐变剪力 $qr$ | $-\dfrac{2q}{\tan\Delta}\cdot y\sqrt{1+n^2}$ | $\dfrac{q}{\tan\Delta}\cdot y\sqrt{1+m^2}$ |
| 9 | 上游面均匀剪力 $q_0$ | $-4Dq_0$ | $-4Dq_0(C\sin 2\Delta+D\cos 2\Delta)$ |

注　1．第 6、7 两项中：$A_1=\Delta(1+m^2)(1+n^2)$，$B_1=(1+mn)(n+m)$，$D_1=\Delta A_1-(m+n)^2$

2．第 9 项中：$C=\dfrac{2\Delta\sin 2\Delta+\cos 2\Delta-1}{4\Delta\sin 2\Delta+4\cos 2\Delta-4}$　$D=\dfrac{2\Delta\cos 2\Delta-\sin 2\Delta}{4\Delta\sin 2\Delta+4\cos 2\Delta-4}$

3．第 8、9 两项中，因上游面有剪力，故$\sigma_r$不是主应力。

上面已给出最主要的一些情况的解答，适当地组合这些解答，我们可以计算许多实用问题。下面我们再补充一些次要情况的解答，这些解答的应用机会较少，故我们只给出应力函数 $F$ 的公式或若干重要的分应力公式。读者有必要时，可以按照第一节中的基本公式，推导出其余公式来。

1．无限楔体上游面承受均布压力 $p_0$，下游面承受均布拉力 $p_0$［图 5-7（a）］

$$F=\frac{p_0 r^2}{2}\cdot\frac{\sin 2\theta-2\theta\cos\Delta}{\sin\Delta-\Delta\cos\Delta} \tag{5-76}$$

2．无限楔体上游面承受齐顶渐变压力 $pr$，下游面承受齐顶渐变拉力 $pr$［图 5-7（b）］

$$F=\frac{pr^3}{6}\cdot\frac{\cos\delta\sin 3\theta-3\cos 3\delta\sin\theta}{\cos\delta\sin 3\delta-3\cos 3\delta\sin\delta} \tag{5-77}$$

3．无限楔体两边界面上承受均匀荷载 $p_0$［图 5-7（c）］

$$F=-\frac{1}{2}p_0 r^2 \tag{5-78}$$

4. 无限楔体两边界面上承受齐顶渐变压力 $pr$［图 5-7（d）］

$$F=\frac{pr^3}{6}\cdot\frac{\sin\delta\cos3\theta-3\sin3\delta\cos\theta}{\sin\delta\cos3\delta-3\sin3\delta\cos\delta} \tag{5-79}$$

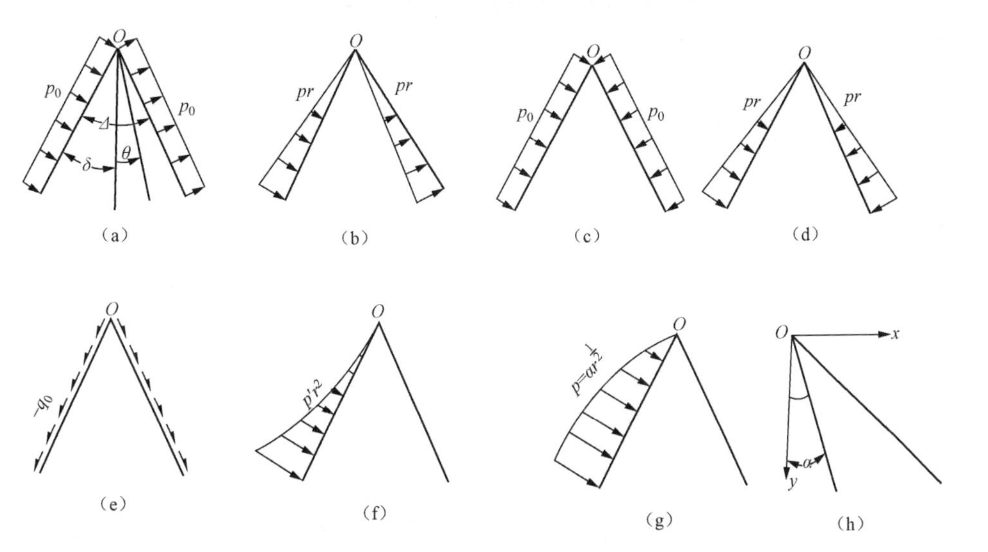


图 5-7　无限楔体的典型荷载

5. 无限楔体两边界面上承受均匀剪力 $\pm q_0$［图 5-7（e）］

$$\left.\begin{aligned}
\sigma_r&=-q_0\left(\frac{\cos2\theta}{\sin\Delta}+\cot\Delta\right)\\
\sigma_\theta&=q_0=\left(\frac{\cos2\theta}{\sin\Delta}-\cot\Delta\right)\\
\tau&=-q_0\frac{\sin2\theta}{\sin\Delta}
\end{aligned}\right\} \tag{5-80}$$

6. 无限楔体在上游面承受抛物线形荷载［图 5-7（f）］

$$\left.\begin{aligned}
\sigma_r&=-\frac{p'r^2}{2}\left[(2-J)\cos4\theta'-\frac{K}{2}\sin4\theta'\right]\\
\sigma_\theta&=\frac{p'r^2}{2}\left[J(\cos2\theta'-\cos4\theta')+K(\sin2\theta'-\frac{1}{2}\sin4\theta')+2\cos4\theta'\right]\\
\tau&=\frac{p'r^2}{4}\left[J(\sin2\theta'-2\sin4\theta')-K(\cos2\theta'-\cos4\theta')+4\sin4\theta'\right]
\end{aligned}\right\} \tag{5-81}$$

式中

$$\left.\begin{aligned}
J&=\frac{1-4\cos^2\Delta\cos2\Delta}{1-\cos^2\Delta\cos2\Delta}\\
K&=\frac{\cot\Delta(1+2\cos^2 2\Delta)}{1-\cos^2\Delta\cos2\Delta}
\end{aligned}\right\} \tag{5-82}$$

上列公式中，$\theta'$系从上游面量起之角度。

7. 无限楔体在上游面承受地震时的库水激荡力［图 5-7（g）］

由第三章可知，上游面的水激荡力强度可写成 $p=ar^{\frac{1}{2}}$，其中 $a=a'K_c C\sqrt{H}\cos\alpha$，$\alpha$为上游面与垂直线的交角。则

$$\left.\begin{aligned}
F&=\frac{4}{15}r^{\frac{5}{2}}\left(A\cos\frac{5}{2}\theta'+B\sin\frac{5}{2}\theta'+C\cos\frac{1}{2}\theta'+D\sin\frac{1}{2}\theta'\right)\\
\sigma_\theta&=-r^{\frac{1}{2}}\left(A\cos\frac{5}{2}\theta'+B\sin\frac{5}{2}\theta'+C\cos\frac{1}{2}\theta'+D\sin\frac{1}{2}\theta'\right)\\
\tau&=-r^{\frac{1}{2}}\left(A\sin\frac{5}{2}\theta'-B\cos\frac{5}{2}\theta'+\frac{1}{5}C\sin\frac{1}{2}\theta'-\frac{1}{5}D\cos\frac{1}{2}\theta'\right)\\
\sigma_r&=-r^{\frac{1}{2}}\left(-A\cos\frac{5}{2}\theta'-B\sin\frac{5}{2}\theta'+\frac{3}{5}C\cos\frac{1}{2}\theta'+\frac{3}{5}D\sin\frac{1}{2}\theta'\right)
\end{aligned}\right\}\quad(5\text{-}83)$$

式中

$$A=\frac{5-3\cos2\delta-2\cos3\delta}{10-18\cos2\delta+8\cos3\delta}\bullet a$$

$$B=-\frac{2\sin3\delta+3\sin2\delta}{10-18\cos2\delta+8\cos3\delta}\bullet a$$

$$C=\frac{5-15\cos2\delta+10\cos3\delta}{10-18\cos2\delta+8\cos3\delta}\bullet a$$

$$D=\frac{10\sin3\delta+15\sin2\delta}{10-18\cos2\delta+8\cos3\delta}\bullet a$$

8. 无限楔体上游面承受抛物线分布的剪力 $q'r^2$［参见图 5-7（f），但将上游面正向压力改为正向剪力 $q'r^2$，即剪力方向指向坝顶］

$$\left.\begin{aligned}
\sigma_r&=2q'r^2\left[G\cos4\theta'+\frac{1}{2}(H+1)\sin4\theta'\right]\\
\sigma_\theta&=2q'r^2\left[G(\cos2\theta'-\cos4\theta')+H\left(\sin2\theta'-\frac{1}{2}\sin4\theta'\right)-\frac{1}{2}\sin4\theta'\right]\\
\tau&=q'r^2[G(\sin2\theta'-2\sin4\theta')-H(\cos2\theta'-\cos4\theta')+\cos4\theta']
\end{aligned}\right\}\quad(5\text{-}84)$$

式中

$$\left.\begin{aligned}
G&=\frac{2\cos^3\varDelta}{\sin\varDelta(1+2\cos^2\varDelta)}\\
H&=\frac{-1+2\cos^2\varDelta-4\cos^4\varDelta}{2\sin^2\varDelta(1+2\cos^2\varDelta)}
\end{aligned}\right\}\quad(5\text{-}85)$$

上列公式中，$\varDelta$系楔顶角，$\theta'$系从上游面量起之角度。

9. 上游面往后倾的断面［图 5-7（h）］

这种断面在挡土墙结构中较常见。这时仍可应用以前相应的公式。但须置$\alpha$为负

值（或 $n$ 为负值）。

10. 上游面往后倾的断面，在边界上承受渐变剪力 $qy$

$$F=\frac{q\cos\alpha}{2\sin^2(\Delta-\alpha)}(x\cos\alpha-y\sin\alpha)(y\sin\Delta-x\cos\Delta)^2 \tag{5-86}$$

式中，$\alpha$用正值。

如上述断面在上游边界上承受均匀剪力 $q_0$（其方向指向坝顶），则

$$\begin{aligned}F=&\frac{q_0}{8\sin(\Delta-\alpha)\left[(\Delta-\alpha)\cos(\Delta-\alpha)-\sin(\Delta-\alpha)\right]}\Big\{2xy[2(\Delta-\alpha)\sin2\Delta\\&-\cos2\alpha+\cos2\Delta]+(y^2-x^2)[2(\Delta-\alpha)\cos2\Delta+\sin2\alpha-\sin2\Delta]\\&-(x^2+y^2)\Big[2\Delta\cos2(\Delta-\alpha)-\sin2(\Delta-\alpha)-2\alpha\\&+4\sin^2(\Delta-\alpha)\tan^{-1}\frac{x}{y}\Big]\Big\}\end{aligned} \tag{5-87}$$

式中，$\alpha$亦用正值。

以上介绍的无限楔体在各种荷载作用下的应力公式，在楔顶角$\Delta$为任何值时都是正确的。唯一的例外是楔顶有集中力矩作用的情况。这时，按式（5-58）应力函数及分应力为：

$$F=\frac{M_0}{2}\cdot\frac{\sin2\theta-2\theta\cos\Delta}{\sin\Delta-\Delta\cos\Delta}$$

$$\sigma_r=-\frac{4M_0\sin\theta\cos\theta}{r^2(\sin\Delta-\Delta\cos\Delta)}$$

$$\sigma_\theta=0$$

$$\tau=\frac{M_0(\cos2\theta-\cos\Delta)}{r^2(\sin\Delta-\Delta\cos\Delta)}$$

显然，当 $\sin\Delta=\Delta\cos\Delta$ 时，或即楔顶角 $\Delta=1.43\pi$ 时，$F$ 及 $\sigma_r$、$\tau$等均变为无穷。这一奇异现象，过去并未为人注意[1]。通过较深入的分析，发现不仅在 $\Delta=1.43\pi$ 时上述经典公式失效，而且当 $2\pi>\Delta>1.43\pi$ 时，虽然从公式中仍可求出形式上的解答，却并无实际物理意义。如果我们要计算 $\Delta\geqslant1.43\pi$ 的楔形体在“楔顶力矩”荷载作用下的应力分布时，必须研究在楔顶的奇异点性质。换言之，这时我们已不能将荷载笼统地称为“楔顶力矩”，而必须具体考虑分布在楔顶上的“真实荷载”（其静力当量相当于一个力矩），这些“真实荷载”必然是分布在楔顶附近的两条边界上的。可以证明，将“真实荷载”的静力当量维持不变，而将其作用范围逐渐缩小，向楔顶靠近时，则对于 $\Delta<1.43\pi$ 的情况，并不影响较远处应力分布状态，而 $\Delta\geqslant1.43\pi$ 时，各点的应力均将趋于∞，即在后一情况中，圣维南原理已完全不适用了。由于在一般重力坝计

[1] 参考 Eli Sternberg，W.T.Koiter：The Wedge Under A Concentrated Couple，A Paradox in the Two-Dimensional Theory of Elasticity.Journal of Applied Mechanics，Dec.1958，Vol.25，No4。

算中，$\Delta$仅远小于$1.43\pi$，而且还小于$\frac{1}{2}\pi$，故不至遇到上述困难。

## 第三节　叠加法的应用

上节所介绍的各种公式，都是一些简化情况下的解答。在实际计算时，我们须应用叠加法和弹性理论中的圣维南原理来扩大其应用范围。这可参见图 5-8。当有坝顶结构时，我们可以计算基本三角形以外部分的重量 $G$ 及其偏心距 $e$，然后把它视作施加在楔顶上的一个集中垂直外载 $R_y = G$，及力矩 $M_0 = Ge$。当上游水位并不齐顶，而有一段落差 $h$ 时，我们可把它视作为三种情况之和：第一种是齐顶水压力，第二种是坝上游面承受均匀拉应力 $p_0 = \gamma_0 h$，第三种是在楔顶上承受一组集中荷载 $R_y = \frac{n\gamma_0 h^2}{2}(\downarrow)$、$R_x = \frac{\gamma_0 h^2}{2}(\rightarrow)$、$M_0 = \frac{\gamma_0 h^3}{6}(1+n^2)(\circlearrowleft)$，其理由由观图自明。梯形断面的坝承受齐顶水压力时，也可化为三种情况之和：①无限楔体承受齐顶水压力；②无限楔体在上游面承受均匀拉力；③无限楔体在楔顶上承受一组集中荷载，如图 5-8 所示。这种代替法，严格讲来是不精确的，但根据圣维南原理，我们可以肯定，若 $h$ 较小时，或坝顶结构尺寸与整个坝高相比较小时，这种代换不会对离开坝顶稍远处的应力产生显著的影响。当然，在坝顶附近，用叠加法计算其应力是不准确的，但一般坝顶处应力较小，不是控制因素。

我们先举一个简单的例子来说明叠加法的应用，然后再介绍梯形断面的计算表格。

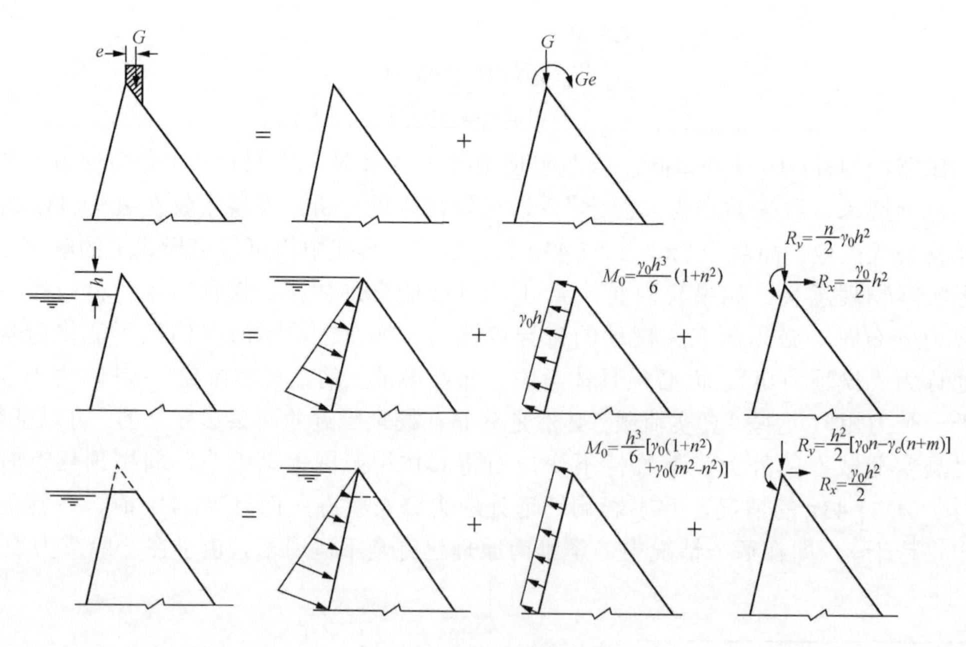


图 5-8　叠加法应用示例

图 5-9 中示一梯形重力坝断面，其数据为[1]：

$\beta = \arctan m \approx 35° = 0.611\,\text{rad}$，$h = 8\text{m}$，$H = 32\text{m}$，$m = 0.7$，$n = 0$，$\gamma_0 = 1\,\text{t/m}^3$，$\gamma_c = 2.2\,\text{t/m}^3$。

试计算其在自重及齐顶水压力作用下，在坝底断面（$y = 40\text{m}$）上下游坝面处的主应力。

这个问题可分解为三个问题计算，然后叠加以求合成应力：

（1）三角形断面坝承受自重和齐顶水压力作用。从表 5-1 知：

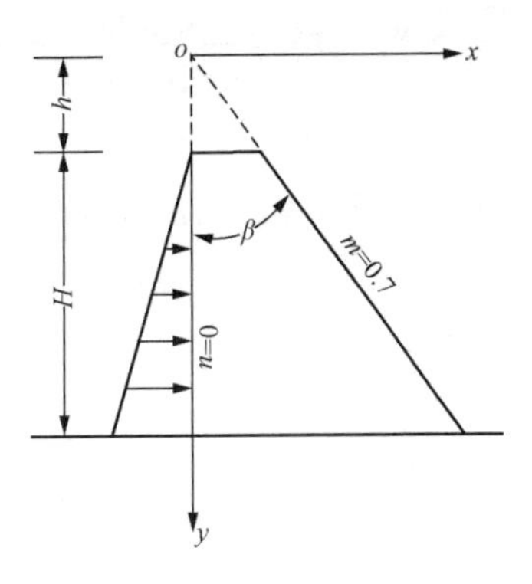


图 5-9　某梯形重力坝断面

上游面主应力：

$$\sigma_{\text{I}} = \gamma_0 y \frac{(1-mn)^2}{(m+n)^2} - \gamma_c y \frac{m(n^2+1)}{m+n} = \frac{\gamma_0 y}{m^2} - \gamma_c y$$

$$= \frac{1\times 40}{0.7^2} - 2.2\times 40 = 81.6 - 88 = -6.4(\text{t/m}^2)$$

下游面主应力：

$$\sigma'_{\text{I}} = \gamma_0 y \frac{(mn-1)(1+m^2)}{(m+n)^2} - \gamma_c y \frac{n(m^2+1)}{m+n} = \gamma_0 y \frac{-1-m^2}{m^2}$$

$$= 40\times \frac{-1.49}{0.7^2} = -121.6(\text{t/m}^2)$$

（2）三角形断面坝，承受均匀荷载 $p_0 = -\gamma_0 h = -8\,\text{t/m}$。由于 $m = 0.7$，$\varDelta = \beta = 0.611$，可算出：

$$\sigma_{\text{I}} = p_0 \frac{\varDelta}{\tan\varDelta - \varDelta} = p_0 \frac{\beta}{m-\beta} = -8\times \frac{0.611}{0.7-0.611}$$

$$= -8\times \frac{0.611}{0.089} = -54.7(\text{t/m}^2)$$

$$\sigma'_{\text{I}} = -p_0 \frac{\tan\varDelta}{\tan\varDelta - \varDelta} = -p_0 \frac{m}{m-\beta} = -(-8)\times \frac{0.7}{0.7-0.611}$$

$$= 8\times \frac{0.7}{0.089} = 62.7(\text{t/m}^2)$$

（3）三角形断面坝，在楔顶上承受下列集中荷载：

$$R_y = \frac{h^2}{2}\left[\gamma_0 n - \gamma_c (n+m)\right] = -\frac{8^2}{2}\times 2.2\times 0.7 = -49.28(\text{t})\ (\uparrow)$$

$$R_x = \frac{\gamma_0 h^2}{2} = \frac{8^2}{2} = 32\text{t}(\rightarrow)$$

$$M_0 = -\frac{h^3}{6}\left[\gamma_0(1+n^2) + \gamma_c(m^2-n^2)\right] = -\frac{8^3}{6}\times(1+2.2\times 0.7^2) = -177.3(\text{t}\cdot\text{m})\ (\curvearrowleft)$$

所产生的应力可分别求之如下：

由于 $M_0$：

[1] 本例取自参考文献［1］。

$$\sigma_{\mathrm{I}}=\frac{2M_0}{y^2(1+n^2)}\cdot\frac{(m+n)}{[(m+n)-\varDelta(1-mn)]}=\frac{-354.6}{1600\times 1}\times 7.84=-1.7\,(\mathrm{t/m^2})$$

$$\sigma_{\mathrm{I}}'=\frac{-2M_0}{y^2(1+m^2)}\cdot\frac{(m+n)}{[(m+n)-\varDelta(1-nm)]}=\frac{354.6}{1600\times 1.49}\times 7.84=1.2\,(\mathrm{t/m^2})$$

由于 $R_y$：

先计算常数 $A_1$、$B_1$、$D_1$：

$$A_1=0.611\times(1+0.7^2)\times(1+0)=0.91,\quad B_1=(1+0)\times 0.7=0.7$$

$$D_1=0.611\times 0.91-(0.7+0)^2=0.066$$

于是按表 5-1 中公式可得：

$$\sigma_{\mathrm{I}}=\frac{2R_y}{y}\cdot\frac{-A_1+B_1}{D_1}=\frac{-98.56}{40}\times\frac{-0.91+0.7}{0.066}=7.9\,(\mathrm{t/m^2})$$

$$\sigma_{\mathrm{I}}=\frac{2R_y}{1.49y}\cdot\frac{0.7^3-A_1+B_1}{D_1}=\frac{-98.56}{1.49\times 40}\times\frac{0.7^3-0.91+0.7}{0.066}=3.5\,(\mathrm{t/m^2})$$

由于 $R_x$：

按照表 5-1 中公式可得：

$$\sigma_{\mathrm{I}}=\frac{2R_x}{y}\cdot\frac{m^2}{D_1}=\frac{64}{40}\times\frac{0.49}{0.066}=11.9\,(\mathrm{t/m^2})$$

$$\sigma_{\mathrm{I}}'=\frac{2R_x}{1.49y}\cdot\frac{m^2-m(A_1+B_1)}{D_1}=\frac{64}{1.49\times 40}\times\frac{0.49-0.7\times(0.91+0.7)}{0.066}=-10.3\,(\mathrm{t/m^2})$$

叠加后，得：

$$\sigma_{\mathrm{I}}=-43\mathrm{t/m^2}$$

$$\sigma_{\mathrm{I}}'=-64.5\mathrm{t/m^2}$$

上例所举的上游面垂直的梯形断面坝，在实际工程中常常遇到，因此值得再作详细一些的介绍。这个情况在各种荷载下的应力函数及应力公式，均已列于上节中，我们只须将它们叠加起来便可求出其合成应力。设一梯形断面坝承受着上游水压力（水的容重为 $\gamma_0$）、自重（容重为 $\gamma_c$）和上游面均布荷载 $\gamma_0 h$（以拉力为正），并在楔顶上承受三个集中荷载 $M_0$、$R_x$ 和 $R_y$，则由上节可知，其合成应力函数为：

$$\begin{aligned}F=&\frac{1}{6}\left[\left(\frac{\gamma_c}{m}-\frac{2\gamma_0}{m^3}\right)x^3+\frac{3\gamma_0}{m^2}x^2y+(\gamma_c-\gamma_0)y^3\right]\\&-\frac{\gamma_0 h}{2(m-\beta)}\left[xy-y^2m+(x^2+y^2)\beta-(x^2+y^2)\tan^{-1}\frac{x}{y}\right]\\&-R_y\frac{x(\beta-\sin\beta\cos\beta)+y\sin^2\beta}{\beta^2-\sin^2\beta}\tan^{-1}\frac{x}{y}\\&+R_x\frac{x\sin^2\beta+y(\beta+\sin\beta\cos\beta)}{\beta^2-\sin^2\beta}\tan^{-1}\frac{x}{y}\\&+M_0\frac{1}{2(\sin\beta-\beta\cos\beta)}\left(\frac{y^2-x^2}{x^2+y^2}\sin\beta-2\frac{xy}{x^2+y^2}\cos\beta+2\cos\beta\tan^{-1}\frac{x}{y}\right)\end{aligned}\tag{5-88}$$

相应的应力公式是：

$$\begin{aligned}\sigma_x=&-\gamma_0 y-\frac{\gamma_0 h}{m-\beta}\left(-m+\beta-\tan^{-1}\frac{x}{y}+\frac{xy}{x^2+y^2}\right)\\&-\frac{2R_y}{\beta^2-\sin^2\beta}\left[\frac{x^2y}{(x^2+y^2)^2}(\beta-\sin\beta\cos\beta)-\frac{x^3}{(x^2+y^2)^2}\sin^2\beta\right]\\&+\frac{2R_x}{\beta^2-\sin^2\beta}\left[\frac{x^2y}{(x^2+y^2)^2}\sin^2\beta-\frac{x^3}{(x^2+y^2)^2}(\beta+\sin\beta\cos\beta)\right]\\&-\frac{2M_0}{\sin\beta-\beta\cos\beta}\left[\frac{x^2(3y^2-x^2)}{(x^2+y^2)^3}\sin\beta-\frac{4x^3y}{(x^2+y^2)^3}\cos\beta\right]\end{aligned}\tag{5-89}$$

$$\begin{aligned}\sigma_y=&\left(\frac{\gamma_c}{m}-\frac{2\gamma_0}{m^3}\right)x+\left(\frac{\gamma_0}{m^2}-\gamma_c\right)y-\frac{\gamma_0 h}{m-\beta}\left[\beta-\tan^{-1}\frac{x}{y}-\frac{xy}{(x^2+y^2)}\right]\\&-\frac{2R_y}{\beta^2-\sin^2\beta}\left[\frac{y^3}{(x^2+y^2)^2}(\beta-\sin\beta\cos\beta)-\frac{xy^2}{(x^2+y^2)^2}\sin^2\beta\right]\\&+\frac{2R_x}{\beta^2-\sin^2\beta}\left[\frac{y^3}{(x^2+y^2)^2}\sin^2\beta-\frac{xy^2}{(x^2+y^2)^2}(\beta+\sin\beta\cos\beta)\right]\\&+\frac{2M_0}{\sin\beta-\beta\cos\beta}\left[\frac{y^2(3x^2-y^2)}{(x^2+y^2)^3}\sin\beta+\frac{2xy^3-2x^3y}{(x^2+y^2)^3}\cos\beta\right]\end{aligned}\tag{5-90}$$

$$\begin{aligned}\tau=&-\frac{\gamma_0}{m}x\cdot\frac{\gamma_0 h}{m-\beta}\cdot\frac{x^2}{x^2+y^2}-\frac{2R_y}{\beta^2-\sin^2\beta}\left[\frac{xy^2}{(x^2+y^2)^2}(\beta-\sin\beta\cos\beta)-\frac{x^2y}{(x^2+y^2)^2}\sin^2\beta\right]\\&+\frac{2R_x}{\beta^2-\sin^2\beta}\left[\frac{xy^2}{(x^2+y^2)^2}\sin^2\beta-\frac{x^2y}{(x^2+y^2)^2}(\beta+\sin\beta\cos\beta)\right]\\&-\frac{2M_0}{\sin\beta-\beta\cos\beta}\left[\frac{2xy(y^2-x^2)}{(x^2+y^2)^3}\sin\beta-\frac{3x^2y^2-x^4}{(x^2+y^2)^3}\cos\beta\right]\end{aligned}\tag{5-91}$$

利用以上公式计算时，还相当复杂，喀列尔金将各公式简写为：

$$\left.\begin{aligned}\sigma_x&=-\gamma_0 y+\gamma_0 hB_2-\frac{2R_y}{ym}F_2+\frac{2R_x}{y}C_2+\frac{2M_0}{y^2}D_2\\\sigma_y&=\gamma_0 y\mathrm{A}_1-\gamma_c yE_1+\gamma_0 hB_1-\frac{2R_y}{ym}F_1+\frac{2R_x}{y}C_1+\frac{2M_0}{y^2}D_1\\\tau&=-\gamma_0 y\mathrm{A}_3+\gamma_0 hB_3-\frac{2R_y}{ym}F_3+\frac{2R_x}{y}C_3+\frac{2M_0}{y^2}D_3\end{aligned}\right\}\tag{5-92}$$

各式中的 $A_1$、$B_1$、$C_1$、$D_1$、$E_1$、$F_1$、$B_2$、$C_2$、$D_2$、$F_2$、$A_3$、$B_3$、$C_3$、$D_3$、$F_3$ 均为系数，而且均仅为 $\beta$ 及 $k=\dfrac{x}{y}$ 的函数：

$$
\left.\begin{aligned}
A_1&=-\frac{2k}{m^3}+\frac{1}{m^2}\\
B_1&=\frac{1}{m-\beta}\left(\arctan k-\beta+\frac{k}{1+k^2}\right)\\
C_1&=\frac{m^2-k\left[\beta(1+m^2)+m\right]}{\left[\beta^2(1+m^2)-m^2\right](1+k^2)^2}\\
D_1&=\frac{(3k^2-1)m+2k(1-k^2)}{(m-\beta)(1+k^2)^3}\\
E_1&=1-\frac{k}{m}\\
F_1&=\frac{\beta(1+m^2)-m-km^2}{\left[\beta^2(1+m^2)-m^2\right](1+k^2)^2}m\\
B_2&=\frac{1}{m-\beta}\left[(m-\beta)+\tan^{-1}k-\frac{k}{1+k^2}\right]\\
C_2&=\frac{\{m^2-k[\beta(1+m^2)+m]\}k^2}{[\beta^2(1+m^2)-m^2](1+k^2)^2}\\
D_2&=-\frac{k^2(3-k^2)m-4k^3}{(\mathrm{m}-\beta)(1+k^2)^3}\\
F_2&=m\frac{[\beta(1+m^2)-m-km^2]k^2}{[\beta^2(1+m^2)-m^2](1+k^2)^2}\\
A_3&=\frac{k}{m^2}\\
B_3&=\frac{k^2}{(m-\beta)(1+k^2)}\\
C_3&=\frac{\{m^2-k[\beta(1+m^2)+m]\}k}{\left[\beta^2(1+m^2)-m^2\right](1+k^2)^2}\\
D_3&=-\frac{2k(1-k^2)m-k^2(3-k^2)}{(m-\beta)(1+k^2)^3}\\
F_3&=m\frac{[\beta(1+m^2)-m-km^2]k}{[\beta^2(1+m^2)-m^2](1+k^2)^2}
\end{aligned}\right\}\qquad(5\text{-}93)
$$

喀列尔金曾列表给出 $A_1$～$F_3$ 各系数值，表的范围为 $\tan\beta=m=0.60$～$1.00$，每隔 0.01 一个表，共 41 张表，表中 $k$ 的数值从 0～1.0m，共计 11 行。

这些表转载于下（表 5-2～表 5-42）。表 5-43 和表 5-44 系著者所补充。有了这些表后，计算工作可以大为简化。

例如上面所举的例题，若以这套表来解算，其步骤如下：

因为 $\tan\beta=m=0.70$，故应查阅表 5-12。当计算上游面应力时，可录下：

$$A_1=+2.041，B_1=-6.841，C_1=+7.452，D_1=-7.841$$

$$E_1 = +1.000，F_1 = +2.236，B_2 = +1.000，C_2 \sim F_3 = 0$$

其次，已知$\gamma_0 = 1$，$\gamma_c = 2.2$，$h = 8$，$R_x = 32$，$R_g = -49.28$，$M_v = +177.3$[1]，故可写出应力公式如下：

$$\sigma_x = -y + 8B_2 + \frac{98.56}{0.7} \times \frac{F_2}{y} + \frac{64}{y} C_2 + \frac{354.6}{y^2} D_2$$

$$\sigma_y = A_1 y - 2.2E_1 y + 8B_1 + \frac{98.56}{0.7} \times \frac{F_1}{y} + \frac{64}{y} C_1 + \frac{354.6}{y^2} D_1$$

$$\tau = -A_3 y + 8B_3 + \frac{98.56}{0.7} \times \frac{F_3}{y} + \frac{64}{y} C_3 + \frac{354.6}{y^2} D_3$$

当我们计算上游面坝底应力时，以$y = 40$代入，可得：

$$\sigma_x = -40 + 8.0 - \frac{98.56 \times 0}{0.7 \times 40} + \frac{64 \times 0}{40} - \frac{354.6 \times 0}{40^2} = -32$$

**表 5-2** **$\tan\beta = 0.60 (\beta = 30°57'50'')$**

| $\frac{k}{m}$ | 0 | 0.1 | 0.2 | 0.3 | 0.4 | 0.5 | 0.6 | 0.7 | 0.8 | 0.9 | 1.0 |
|---|---|---|---|---|---|---|---|---|---|---|---|
| $A_1$ | 2.778 | 2.222 | 1.667 | 1.111 | 0.556 | 0 | −0.556 | −1.111 | −1.667 | −2.222 | −2.778 |
| $B_1$ | −9.070 | −7.061 | −5.081 | −3.155 | −1.308 | 0.441 | 2.079 | 3.596 | 4.988 | 6.257 | 7.405 |
| $C_1$ | 9.680 | 7.472 | 5.221 | 3.020 | 0.952 | −0.916 | −2.541 | −3.899 | −4.987 | −5.816 | −6.410 |
| $D_1$ | −10.070 | −7.870 | −5.427 | −2.949 | −0.624 | 1.402 | 3.027 | 4.220 | 4.988 | 5.374 | 5.445 |
| $E_1$ | 1.000 | 0.900 | 0.800 | 0.700 | −0.600 | 0.500 | 0.400 | 0.300 | 0.200 | 0.100 | 0 |
| $F_1$ | 2.178 | 1.816 | 1.439 | 1.062 | 0.701 | 0.366 | 0.068 | −0.189 | −0.403 | −0.575 | −0.707 |
| $B_2$ | 1.000 | 1.002 | 1.019 | 1.063 | 1.144 | 1.272 | 1.451 | 1.682 | 1.963 | 2.293 | 2.666 |
| $C_2$ | 0 | 0.027 | 0.075 | 0.098 | 0.055 | −0.082 | −0.329 | −0.688 | −1.149 | −1.696 | −2.308 |
| $D_2$ | 0 | −0.093 | −0.304 | −0.524 | −0.658 | −0.638 | −0.426 | −0.026 | 0.536 | 1.215 | 1.960 |
| $F_2$ | 0 | 0.007 | 0.021 | 0.034 | 0.040 | 0.033 | 0.009 | −0.033 | −0.093 | −0.168 | −0.254 |
| $A_3$ | 0 | 0.167 | 0.333 | 0.500 | 0.667 | 0.833 | 1.000 | 1.167 | 1.333 | 1.500 | 1.667 |
| $B_3$ | 0 | 0.060 | 0.238 | 0.527 | 0.914 | 1.386 | 1.926 | 2.517 | 3.143 | 3.789 | 4.443 |
| $C_3$ | 0 | 0.448 | 0.627 | 0.544 | 0.228 | −0.275 | −0.915 | −1.638 | −2.394 | −3.141 | −3.846 |
| $D_3$ | 0 | −1.012 | −1.591 | −1.721 | −1.446 | −0.853 | −0.047 | 0.856 | 1.756 | 2.576 | 3.267 |
| $F_3$ | 0 | 0.109 | 0.173 | 0.191 | 0.168 | 0.110 | 0.024 | −0.079 | −0.194 | −0.310 | −0.424 |

**表 5-3** **$\tan\beta = 0.61 (\beta = 31°22'59'')$**

| $\frac{k}{m}$ | 0 | 0.1 | 0.2 | 0.3 | 0.4 | 0.5 | 0.6 | 0.7 | 0.8 | 0.9 | 1.0 |
|---|---|---|---|---|---|---|---|---|---|---|---|
| $A_1$ | 2.678 | 2.150 | 1.612 | 1.075 | 0.537 | 0 | −0.537 | −1.075 | −1.612 | −2.150 | −2.687 |
| $B_1$ | −8.798 | −6.843 | −4.917 | −3.046 | −1.255 | 0.439 | 2.022 | 3.485 | 4.825 | 6.042 | 7.141 |

[1] 采用喀列尔金的表格计算梯形断面应力时，$R_x$以指向下游为正，$R_y$以垂直向下为正，$M_0$以引起上游面压应力者为正，故$R_y = -49.28$，$R_x = +32$，$M_0 = +177.3$。与前述公式法相比，$M_0$的符号相反，请读者注意。

续表

| $\frac{k}{m}$ | 0 | 0.1 | 0.2 | 0.3 | 0.4 | 0.5 | 0.6 | 0.7 | 0.8 | 0.9 | 1.0 |
|---|---|---|---|---|---|---|---|---|---|---|---|
| $C_1$ | 9.407 | 7.253 | 5.056 | 2.910 | 0.898 | −0.914 | −2.482 | −3.785 | −4.820 | −5.603 | −6.156 |
| $D_1$ | −9.798 | −7.651 | −5.261 | −2.837 | −0.568 | 1.396 | 2.964 | 4.101 | 4.819 | 5.164 | 5.205 |
| $E_1$ | 1.000 | 0.906 | 0.800 | 0.700 | 0.600 | 0.500 | 0.400 | 0.300 | 0.200 | 0.100 | 0 |
| $F_1$ | 2.183 | 1.819 | 1.439 | 1.061 | 0.697 | 0.362 | 0.064 | −0.191 | −0.403 | −0.571 | −0.700 |
| $B_2$ | 1.000 | 1.002 | 1.019 | 1.063 | 1.145 | 1.273 | 1.451 | 1.681 | 1.961 | 2.289 | 2.657 |
| $C_2$ | 0 | 0.027 | 0.075 | 0.098 | 0.053 | −0.085 | −0.332 | −0.690 | −1.148 | −1.689 | −2.290 |
| $D_2$ | 0 | −0.094 | −0.305 | −0.525 | −0.657 | −0.633 | −0.420 | −0.019 | 0.539 | 1.208 | 1.936 |
| $F_2$ | 0 | 0.007 | 0.021 | 0.036 | 0.042 | 0.034 | 0.009 | −0.035 | −0.096 | −0.172 | −0.260 |
| $A_3$ | 0 | 0.164 | 0.328 | 0.492 | 0.656 | 0.820 | 0.984 | 1.148 | 1.311 | 1.475 | 1.639 |
| $B_3$ | 0 | 0.060 | 0.236 | 0.521 | 0.903 | 1.367 | 1.897 | 2.477 | 3.090 | 3.720 | 4.356 |
| $C_3$ | 0 | 0.442 | 0.617 | 0.533 | 0.219 | −0.278 | −0.908 | −1.616 | −2.352 | −2.076 | −3.755 |
| $D_3$ | 0 | −1.001 | −1.570 | −1.695 | −1.416 | −0.825 | −0.031 | 0.853 | 1.727 | 2.517 | 3.175 |
| $F_3$ | 0 | 0.111 | 0.176 | 0.194 | 0.170 | 0.110 | 0.024 | −0.082 | −0.196 | −0.314 | −0.427 |

**表 5-4** **$\tan\beta = 0.62(\beta = 31°47'56'')$**

| $\frac{k}{m}$ | 0 | 0.1 | 0.2 | 0.3 | 0.4 | 0.5 | 0.6 | 0.7 | 0.8 | 0.9 | 1.0 |
|---|---|---|---|---|---|---|---|---|---|---|---|
| $A_1$ | 2.601 | 2.081 | 1.561 | 1.044 | 0.520 | 0 | −0.520 | −1.041 | −1.561 | −2.081 | −2.601 |
| $B_1$ | −8.538 | −6.636 | −4.762 | −2.943 | −1.204 | 0.437 | 1.968 | 3.380 | 4.669 | 5.838 | 6.890 |
| $C_1$ | 9.147 | 7.045 | 4.899 | 2.805 | 0.847 | −0.911 | −2.425 | −3.676 | −4.663 | −5.401 | −5.914 |
| $D_1$ | −9.538 | −7.442 | −5.103 | −2.730 | −0.516 | 1.392 | 2.904 | 3.986 | 4.657 | 4.964 | 4.977 |
| $E_1$ | 1.000 | 0.900 | 0.800 | 0.700 | 0.600 | 0.500 | 0.400 | 0.300 | 0.200 | 0.100 | 0 |
| $F_1$ | 2.188 | 1.822 | 1.440 | 1.059 | 0.694 | 0.358 | 0.061 | −0.193 | −0.402 | −0.567 | −0.693 |
| $B_2$ | 1.000 | 1.002 | 1.019 | 1.063 | 1.145 | 1.274 | 1.451 | 1.681 | 1.959 | 2.284 | 2.648 |
| $C_2$ | 0 | 0.027 | 0.075 | 0.097 | 0.052 | −0.088 | −0.335 | −0.692 | −1.147 | −1.681 | −2.273 |
| $D_2$ | 0 | −0.094 | −0.306 | −0.526 | −0.656 | −0.629 | −0.413 | −0.012 | 0.541 | 1.200 | 1.913 |
| $F_2$ | 0 | 0.007 | 0.022 | 0.037 | 0.043 | 0.034 | 0.008 | −0.036 | −0.099 | −0.177 | −0.266 |
| $A_3$ | 0 | 0.161 | 0.323 | 0.484 | 0.645 | 0.806 | 0.968 | 1.129 | 1.290 | 1.452 | 1.613 |
| $B_3$ | 0 | 0.059 | 0.233 | 0.514 | 0.892 | 1.349 | 1.870 | 2.439 | 3.038 | 3.653 | 4.272 |
| $C_3$ | 0 | 0.437 | 0.607 | 0.522 | 0.210 | −0.282 | −0.902 | −1.595 | −2.312 | −3.013 | −3.666 |
| $D_3$ | 0 | −0.990 | −1.551 | −1.668 | −1.388 | −0.799 | −0.015 | 0.851 | 1.700 | 2.460 | 3.086 |
| $F_3$ | 0 | 0.113 | 0.179 | 0.197 | 0.172 | 0.111 | 0.023 | −0.084 | −0.199 | −0.317 | −0.429 |

表 5-5 $\tan\beta = 0.63 (\beta = 32°12'39'')$

| $\frac{k}{m}$ | 0 | 0.1 | 0.2 | 0.3 | 0.4 | 0.5 | 0.6 | 0.7 | 0.8 | 0.9 | 1.0 |
|---|---|---|---|---|---|---|---|---|---|---|---|
| $A_1$ | 2.520 | 2.016 | 1.512 | 1.008 | 0.501 | 0 | −0.504 | −1.008 | −1.512 | −2.016 | −2.520 |
| $B_1$ | −8.291 | −6.437 | −4.613 | −2.845 | −1.156 | 0.435 | 1.916 | 3.280 | 4.521 | 5.643 | 6.651 |
| $C_1$ | 8.900 | 6.846 | 4.749 | 2.705 | 0.798 | −0.908 | −2.370 | −3.572 | −4.513 | −5.208 | −5.685 |
| $D_1$ | −9.291 | −7.243 | −4.951 | −2.628 | −0.466 | 1.388 | 2.845 | 3.877 | 4.502 | 4.774 | 4.761 |
| $E_1$ | 1.000 | 0.900 | 0.800 | 0.700 | 0.600 | 0.500 | 0.400 | 0.300 | 0.200 | 0.100 | 0 |
| $F_1$ | 2.194 | 1.826 | 1.441 | 1.058 | 0.691 | 0.354 | 0.057 | −0.195 | −0.402 | −0.564 | −0.686 |
| $B_2$ | 1.000 | 1.002 | 1.019 | 1.064 | 1.146 | 1.274 | 1.451 | 1.680 | 1.957 | 2.279 | 2.640 |
| $C_2$ | 0 | 0.027 | 0.075 | 0.097 | 0.051 | −0.090 | −0.339 | −0.695 | −1.146 | −1.674 | −2.256 |
| $D_2$ | 0 | −0.095 | −0.307 | −0.527 | −0.656 | −0.625 | −0.406 | −0.006 | 0.543 | 1.193 | 1.890 |
| $F_2$ | 0 | 0.007 | 0.023 | 0.038 | 0.044 | 0.035 | 0.008 | −0.038 | −0.102 | −0.181 | −0.272 |
| $A_3$ | 0 | 0.159 | 0.317 | 0.476 | 0.635 | 0.794 | 0.952 | 1.111 | 1.270 | 1.429 | 1.587 |
| $B_3$ | 0 | 0.058 | 0.230 | 0.509 | 0.881 | 1.331 | 1.844 | 2.401 | 2.987 | 3.588 | 4.190 |
| $C_3$ | 0 | 0.431 | 0.598 | 0.511 | 0.201 | −0.286 | −0.896 | −1.575 | −2.274 | −2.953 | −3.581 |
| $D_3$ | 0 | −0.979 | −1.531 | −1.643 | −1.360 | −0.774 | 0 | 0.848 | 1.674 | 2.405 | 3.000 |
| $F_3$ | 0 | 0.115 | 0.182 | 0.200 | 0.174 | 0.112 | 0.022 | −0.086 | −0.202 | −0.320 | −0.432 |

表 5-6 $\tan\beta = 0.64 (\beta = 32°37'09'')$

| $\frac{k}{m}$ | 0 | 0.1 | 0.2 | 0.3 | 0.4 | 0.5 | 0.6 | 0.7 | 0.8 | 0.9 | 1.0 |
|---|---|---|---|---|---|---|---|---|---|---|---|
| $A_1$ | 2.441 | 1.953 | 1.465 | 0.977 | 0.488 | 0 | −0.488 | −0.977 | −1.465 | −1.953 | −2.441 |
| $B_1$ | −8.054 | −6.248 | −4.471 | −2.750 | −1.110 | 0.434 | 1.867 | 3.183 | 4.379 | 5.458 | 6.243 |
| $C_1$ | 8.664 | 6.656 | 4.606 | 2.610 | 0.751 | −0.905 | −2.319 | −3.472 | −4.369 | −5.024 | −5.468 |
| $D_1$ | −9.054 | −7.052 | −4.806 | −2.530 | −0.418 | 1.384 | 2.789 | 3.772 | 4.355 | 4.593 | 4.556 |
| $E_1$ | 1.000 | 0.900 | 0.800 | 0.700 | 0.600 | 0.500 | 0.400 | 0.300 | 0.200 | 0.100 | 0 |
| $F_1$ | 2.200 | 1.830 | 1.442 | 1.056 | 0.687 | 0.350 | 0.054 | −0.197 | −0.401 | −0.560 | −0.679 |
| $B_2$ | 1.000 | 1.002 | 1.019 | 1.064 | 1.146 | 1.075 | 1.452 | 1.680 | 1.955 | 2.274 | 2.631 |
| $C_2$ | 0 | 0.027 | 0.075 | 0.096 | 0.049 | 0.093 | −0.342 | −0.697 | −1.145 | −1.667 | −2.240 |
| $D_2$ | 0 | −0.095 | −0.308 | −0.528 | −0.655 | −0.621 | −0.400 | 0.001 | 0.546 | 1.185 | 1.866 |
| $F_2$ | 0 | 0.008 | 0.024 | 0.039 | 0.045 | 0.036 | 0.008 | −0.040 | −0.105 | −0.186 | −0.278 |
| $A_3$ | 0 | 0.156 | 0.313 | 0.469 | 0.625 | 0.781 | 0.938 | 1.094 | 1.250 | 1.406 | 1.563 |
| $B_3$ | 0 | 0.058 | 0.228 | 0.503 | 0.870 | 1.314 | 1.818 | 2.365 | 2.938 | 3.524 | 4.111 |
| $C_3$ | 0 | 0.426 | 0.590 | 0.501 | 0.192 | −0.290 | −0.890 | −1.556 | −2.237 | −2.894 | −3.500 |
| $D_3$ | 0 | −0.969 | −1.513 | −1.618 | −1.332 | −0.749 | 0.015 | 0.846 | 1.647 | 2.352 | 2.916 |
| $F_3$ | 0 | 0.117 | 0.185 | 0.203 | 0.176 | 0.112 | 0.021 | −0.088 | −0.205 | −0.323 | −0.435 |

表 5-7 **$\tan\beta = 0.65(\beta = 33°01'26'')$**

| $\frac{k}{m}$ | 0 | 0.1 | 0.2 | 0.3 | 0.4 | 0.5 | 0.6 | 0.7 | 0.8 | 0.9 | 1.0 |
|---|---|---|---|---|---|---|---|---|---|---|---|
| $A_1$ | 2.367 | 1.893 | 1.420 | 0.947 | 0.473 | 0 | −0.473 | −0.947 | −1.420 | −1.893 | −2.367 |
| $B_1$ | −7.829 | −6.068 | −4.336 | −2.661 | −1.066 | 0.432 | 1.820 | 3.091 | 4.244 | 5.281 | 6.206 |
| $C_1$ | 8.434 | 6.476 | 4.476 | 2.519 | 0.707 | −0.902 | −2.269 | −3.377 | −4.230 | −4.849 | −5.261 |
| $D_1$ | −8.829 | −6.870 | −4.668 | −2.437 | −0.372 | 1.380 | 2.735 | 3.671 | 4.214 | 4.421 | 4.362 |
| $E_1$ | 1.000 | 0.900 | 0.800 | 0.700 | 0.600 | 0.500 | 0.400 | 0.300 | 0.200 | 0.100 | 0 |
| $F_1$ | 2.206 | 1.834 | 1.443 | 1.054 | 0.684 | 0.346 | 0.050 | −0.199 | −0.401 | −0.557 | −0.672 |
| $B_2$ | 1.000 | 1.002 | 1.020 | 1.064 | 1.147 | 1.276 | 1.453 | 1.680 | 1.754 | 2.269 | 2.622 |
| $C_2$ | 0 | 0.027 | 0.076 | 0.096 | 0.048 | −0.095 | −0.345 | −0.699 | −1.144 | −1.659 | −2.222 |
| $D_2$ | 0 | −0.096 | −0.310 | −0.529 | −0.654 | −0.617 | −0.393 | 0.007 | 0.548 | 1.177 | 1.843 |
| $F_2$ | 0 | 0.008 | 0.024 | 0.040 | 0.046 | 0.037 | 0.008 | −0.041 | −0.108 | −0.191 | −0.284 |
| $A_3$ | 0 | 0.154 | 0.308 | 0.462 | 0.615 | 0.769 | 0.923 | 1.077 | 1.231 | 1.385 | 1.538 |
| $B_3$ | 0 | 0.057 | 0.226 | 0.498 | 0.860 | 1.298 | 1.793 | 2.330 | 2.891 | 3.463 | 4.034 |
| $C_3$ | 0 | 0.421 | 0.581 | 0.491 | 0.184 | −0.293 | −0.885 | −1.536 | −2.200 | −2.837 | −3.419 |
| $D_3$ | 0 | −0.959 | −1.495 | −1.594 | −1.305 | −0.725 | 0.029 | 0.843 | 1.622 | 2.299 | 2.836 |
| $F_3$ | 0 | 0.119 | 0.188 | 0.206 | 0.178 | 0.112 | 0.020 | −0.091 | −0.208 | −0.326 | −0.437 |

表 5-8 **$\tan\beta = 0.66(\beta = 33°25'29'')$**

| $\frac{k}{m}$ | 0 | 0.1 | 0.2 | 0.3 | 0.4 | 0.5 | 0.6 | 0.7 | 0.8 | 0.9 | 1.0 |
|---|---|---|---|---|---|---|---|---|---|---|---|
| $A_1$ | 2.296 | 1.837 | 1.377 | 0.918 | 0.459 | 0 | −0.459 | −0.918 | −1.377 | −1.837 | −2.296 |
| $B_1$ | −7.613 | −5.895 | −4.207 | −2.575 | −1.024 | 0.430 | 0.775 | 3.004 | 4.115 | 5.112 | 5.999 |
| $C_1$ | 8.224 | 6.303 | 4.340 | 2.432 | 0.664 | −0.899 | −2.220 | −3.286 | −4.099 | −4.683 | −5.063 |
| $D_1$ | −8.613 | −6.697 | −4.536 | −2.348 | −0.329 | 1.376 | 2.683 | 3.574 | 4.079 | 4.257 | 4.179 |
| $E_1$ | 1.000 | 0.900 | 0.800 | 0.700 | 0.600 | 0.500 | 0.400 | 0.300 | 0.200 | 0.100 | 0 |
| $F_1$ | 2.212 | 1.838 | 1.444 | 1.053 | 0.681 | 0.342 | 0.047 | −0.201 | −0.450 | −0.553 | −0.665 |
| $B_2$ | 1.000 | 1.002 | 1.020 | 1.064 | 1.147 | 1.276 | 1.453 | 1.679 | 1.951 | 2.265 | 2.614 |
| $C_2$ | 0 | 0.027 | 0.076 | 0.095 | 0.046 | −0.098 | −0.348 | −0.701 | −1.143 | −1.652 | −2.206 |
| $D_2$ | 0 | −0.096 | −0.311 | −0.530 | −0.653 | −0.613 | −0.387 | 0.014 | 0.550 | 1.169 | 1.820 |
| $F_2$ | 0 | 0.008 | 0.025 | 0.041 | 0.047 | 0.037 | 0.007 | −0.043 | −0.112 | −0.0195 | −0.290 |
| $A_3$ | 0 | 0.152 | 0.303 | 0.455 | 0.606 | 0.758 | 0.909 | 1.061 | 1.212 | 1.364 | 1.515 |
| $B_3$ | 0 | 0.057 | 0.224 | 0.492 | 0.851 | 1.282 | 1.769 | 2.296 | 2.845 | 3.403 | 3.960 |
| $C_3$ | 0 | 0.416 | 0.573 | 0.482 | 0.175 | −0.297 | −0.879 | −1.518 | −2.165 | −2.781 | −3.342 |
| $D_3$ | 0 | −0.949 | −1.477 | −1.570 | −1.279 | −0.702 | 0.043 | 0.841 | 1.597 | 2.248 | 2.758 |
| $F_3$ | 0 | 0.121 | 0.191 | 0.208 | 0.180 | 0.113 | 0.018 | −0.093 | −0.211 | −0.329 | −0.439 |

表 5-9　　　　$\tan\beta=0.67(\beta=33°49'20'')$

| $\frac{k}{m}$ | 0 | 0.1 | 0.2 | 0.3 | 0.4 | 0.5 | 0.6 | 0.7 | 0.8 | 0.9 | 1.0 |
|---|---|---|---|---|---|---|---|---|---|---|---|
| $A_1$ | 2.228 | 1.782 | 1.337 | 0.891 | 0.446 | 0 | −0.446 | −0.891 | −1.337 | −1.782 | −2.228 |
| $B_1$ | −7.408 | −5.731 | −4.084 | −2.494 | −0.984 | 1.429 | 1.732 | 3.920 | 3.992 | 4.951 | 5.803 |
| $C_1$ | 8.018 | 6.137 | 4.214 | 2.348 | 0.624 | −0.896 | −2.174 | −3.198 | −3.973 | −4.523 | −4.875 |
| $D_1$ | −8.408 | −6.532 | −4.410 | −2.262 | −0.287 | 1.372 | 2.633 | 3.481 | 3.950 | 4.100 | 4.005 |
| $E_1$ | 1.000 | 0.900 | 0.800 | 0.700 | 0.600 | 0.500 | 0.400 | 0.300 | 0.200 | 0.100 | 0 |
| $F_1$ | 2.218 | 1.841 | 1.445 | 1.051 | 0.677 | 0.338 | 0.043 | −0.203 | −0.399 | −0.549 | −0.658 |
| $B_2$ | 1.000 | 1.003 | 1.020 | 1.064 | 1.148 | 1.277 | 1.454 | 1.678 | 1.949 | 2.260 | 2.605 |
| $C_2$ | 0 | 0.028 | 0.076 | 0.095 | 0.045 | −0.101 | −0.351 | −0.703 | −1.141 | −1.644 | −2.188 |
| $D_2$ | 0 | −0.097 | −0.312 | −0.531 | −0.652 | −0.609 | −0.380 | −0.020 | 0.552 | 1.162 | 1.798 |
| $F_2$ | 0 | 0.008 | 0.026 | 0.042 | 0.049 | 0.038 | 0.007 | −0.045 | 0.715 | −0.200 | −0.295 |
| $A_3$ | 0 | 0.149 | 0.299 | 0.448 | 0.597 | 0.746 | 0.896 | 1.045 | 1.194 | 1.343 | 1.493 |
| $B_3$ | 0 | 0.056 | 0.211 | 0.487 | 0.841 | 1.266 | 1.746 | 2.263 | 2.801 | 3.346 | 3.888 |
| $C_3$ | 0 | 0.411 | 0.565 | 0.472 | 0.167 | −0.300 | −0.874 | −1.499 | −2.129 | −2.727 | −3.266 |
| $D_3$ | 0 | −0.940 | −1.461 | −1.547 | −1.254 | −0.679 | 0.057 | 0.838 | 1.573 | 2.199 | 2.683 |
| $F_3$ | 0 | 0.123 | 0.194 | 0.211 | 0.181 | 0.113 | 0.017 | −0.095 | −0.214 | −0.331 | −0.441 |

表 5-10　　　　$\tan\beta=0.68(\beta=34°12'57'')$

| $\frac{k}{m}$ | 0 | 0.1 | 0.2 | 0.3 | 0.4 | 0.5 | 0.6 | 0.7 | 0.8 | 0.9 | 1.0 |
|---|---|---|---|---|---|---|---|---|---|---|---|
| $A_1$ | 2.163 | 1.730 | 1.298 | 0.865 | 0.433 | 0 | −0.433 | −0.865 | −1.298 | −1.730 | −2.162 |
| $B_1$ | −7.211 | −5.573 | −3.966 | −2.416 | −0.946 | 0.427 | 1.690 | 2.839 | 3.873 | 4.797 | 5.614 |
| $C_1$ | 7.821 | 5.979 | 4.095 | 2.269 | 0.585 | −0.893 | −2.130 | −3.113 | −3.853 | −4.371 | −4.697 |
| $D_1$ | −8.211 | −6.375 | −4.289 | −2.180 | −0.247 | 1.368 | 2.585 | 3.392 | 3.826 | 3.950 | 3.839 |
| $E_1$ | 1.000 | 0.900 | 0.800 | 0.700 | 0.600 | 0.500 | 0.400 | 0.300 | 0.200 | 0.100 | 0 |
| $F_1$ | 2.224 | 1.845 | 1.446 | 1.049 | 0.674 | 0.334 | 0.039 | −0.205 | −0.399 | −0.546 | −0.651 |
| $B_2$ | 1.000 | 1.003 | 1.020 | 1.065 | 1.148 | 1.277 | 1.454 | 1.678 | 1.947 | 2.255 | 2.596 |
| $C_2$ | 0 | 0.028 | 0.076 | 0.094 | 0.043 | −0.103 | −0.355 | −0.705 | −1.140 | −1.637 | −2.172 |
| $D_2$ | 0 | −0.097 | −0.314 | −0.532 | −0.651 | −0.605 | −0.373 | 0.027 | 0.554 | 1.154 | 1.775 |
| $F_2$ | 0 | 0.009 | 0.027 | 0.044 | 0.050 | 0.039 | 0.007 | −0.046 | −0.118 | −0.204 | −0.301 |
| $A_3$ | 0 | 0.147 | 0.294 | 0.441 | 0.588 | 0.735 | 0.882 | 1.029 | 1.176 | 1.324 | 1.471 |
| $B_3$ | 0 | 0.056 | 0.219 | 0.482 | 0.832 | 1.251 | 1.723 | 2.230 | 2.757 | 3.290 | 3.818 |
| $C_3$ | 0 | 0.407 | 0.557 | 0.463 | 0.159 | −0.304 | −0.869 | −1.482 | −2.096 | −2.675 | −3.194 |
| $D_3$ | 0 | −0.931 | −1.445 | −1.525 | −1.229 | −0.657 | 0.070 | 0.835 | 1.550 | 2.152 | 2.611 |
| $F_3$ | 0 | 0.125 | 0.197 | 0.214 | 0.183 | 0.114 | 0.016 | −0.097 | −0.217 | −0.334 | −0.443 |

表 5-11　　$\tan\beta = 0.69\ (\beta = 34°36'20'')$

| $\frac{k}{m}$ | 0 | 0.1 | 0.2 | 0.3 | 0.4 | 0.5 | 0.6 | 0.7 | 0.8 | 0.9 | 1.0 |
|---|---|---|---|---|---|---|---|---|---|---|---|
| $A_1$ | 2.100 | 1.680 | 1.260 | 0.840 | 0.420 | 0 | −0.420 | −0.840 | −1.260 | −1.680 | −2.100 |
| $B_1$ | −7.021 | −5.422 | −3.853 | −2.341 | −0.909 | 1.425 | 1.650 | 2.762 | 3.760 | 4.649 | 5.434 |
| $C_1$ | 7.633 | 5.828 | 3.981 | 2.193 | 0.548 | −0.890 | −2.087 | −3.033 | −3.738 | −4.226 | −4.527 |
| $D_1$ | −8.021 | −6.223 | −4.173 | −2.102 | −0.209 | 1.363 | 2.538 | 3.307 | 3.708 | 3.807 | 3.681 |
| $E_1$ | 1.000 | 0.900 | 0.800 | 0.700 | 0.600 | 0.500 | 0.400 | 0.300 | 0.200 | 0.100 | 0 |
| $F_1$ | 2.230 | 1.848 | 1.447 | 1.048 | 0.670 | 0.329 | 0.036 | −0.207 | −0.398 | −0.542 | −0.645 |
| $B_2$ | 1.000 | 1.003 | 1.020 | 1.065 | 1.149 | 1.278 | 1.454 | 1.678 | 1.945 | 2.250 | 2.587 |
| $C_2$ | 0 | 0.028 | 0.076 | 0.094 | 0.042 | −0.106 | −0.358 | −0.708 | −1.139 | −1.630 | −2.155 |
| $D_2$ | 0 | −0.098 | −0.315 | −0.533 | −0.649 | −0.600 | −0.367 | 0.033 | 0.555 | 1.146 | 1.753 |
| $F_2$ | 0 | 0.009 | 0.028 | 0.045 | 0.051 | 0.039 | 0.006 | −0.048 | −0.121 | −1.209 | −0.307 |
| $A_3$ | 0 | 0.145 | 0.290 | 0.435 | 0.580 | 0.725 | 0.870 | 1.014 | 1.159 | 1.304 | 1.449 |
| $B_3$ | 0 | 0.055 | 0.217 | 0.478 | 0.823 | 1.237 | 1.701 | 2.199 | 2.715 | 3.236 | 3.750 |
| $C_3$ | 0 | 0.402 | 0.549 | 0.454 | 0.151 | −0.307 | −0.864 | −1.465 | −2.064 | −2.624 | −3.123 |
| $D_3$ | 0 | −0.923 | −1.429 | −1.504 | −1.204 | −0.635 | 0.083 | 0.833 | 1.526 | 2.105 | 2.540 |
| $F_3$ | 0 | 0.128 | 0.200 | 0.217 | 0.185 | 0.114 | 0.015 | −0.100 | −0.220 | −0.337 | −0.445 |

表 5-12　　$\tan\beta = 0.70\ (\beta = 34°59'31'')$

| $\frac{k}{m}$ | 0 | 0.1 | 0.2 | 0.3 | 0.4 | 0.5 | 0.6 | 0.7 | 0.8 | 0.9 | 1.0 |
|---|---|---|---|---|---|---|---|---|---|---|---|
| $A_1$ | 2.041 | 1.633 | 1.224 | 0.816 | 0.408 | 0 | −0.408 | −0.816 | −1.224 | −1.633 | −2.041 |
| $B_1$ | −6.841 | −5.278 | −3.745 | −2.269 | −0.875 | 0.423 | 1.612 | 2.689 | 3.653 | 4.508 | 5.263 |
| $C_1$ | 7.452 | 5.182 | 3.871 | 2.119 | 0.513 | −0.887 | −2.046 | −2.956 | −3.628 | −4.086 | −4.364 |
| $D_1$ | −7.841 | −6.076 | −4.062 | −2.026 | −0.172 | 1.358 | 2.493 | 3.224 | 3.594 | 3.671 | 3.532 |
| $E_1$ | 1.000 | 0.900 | 0.800 | 0.700 | 0.600 | 0.500 | 0.400 | 0.300 | 0.200 | 0.100 | 0 |
| $F_1$ | 2.236 | 1.852 | 1.448 | 1.046 | 0.666 | 0.325 | 0.032 | −0.208 | −0.397 | −0.538 | −0.638 |
| $B_2$ | 1.000 | 1.003 | 1.020 | 1.065 | 1.150 | 1.278 | 1.455 | 1.677 | 1.943 | 2.245 | 2.578 |
| $C_2$ | 0 | 0.028 | 0.076 | 0.093 | 0.040 | −0.109 | −0.361 | −0.710 | −1.138 | −1.622 | −2.138 |
| $D_2$ | 0 | −0.098 | −0.316 | −0.534 | −0.648 | 0.596 | −0.360 | 0.040 | 0.557 | 1.138 | 1.731 |
| $F_2$ | 0 | 0.009 | 0.028 | 0.046 | 0.052 | 0.040 | 0.006 | −0.050 | −0.125 | −0.214 | −0.312 |
| $A_3$ | 0 | 0.143 | 0.286 | 0.429 | 0.571 | 0.714 | 0.857 | 1.000 | 1.143 | 1.286 | 1.429 |
| $B_3$ | 0 | 0.055 | 0.215 | 0.473 | 0.814 | 1.223 | 1.680 | 2.169 | 2.674 | 3.183 | 3.684 |
| $C_3$ | 0 | 0.398 | 0.542 | 0.445 | 0.144 | −0.310 | −0.859 | −1.448 | −2.031 | −2.574 | −3.054 |
| $D_3$ | 0 | −0.915 | −1.414 | −1.483 | −1.181 | −0.614 | 0.095 | 0.830 | 1.504 | 2.060 | 2.472 |
| $F_3$ | 0 | 0.130 | 0.203 | 0.220 | 0.187 | 0.114 | 0.014 | −0.102 | −0.223 | −0.339 | −1.446 |

表 5-13　　　　$\tan\beta = 0.71(\beta = 35°22'29'')$

| $\frac{k}{m}$ | 0 | 0.1 | 0.2 | 0.3 | 0.4 | 0.5 | 0.6 | 0.7 | 0.8 | 0.9 | 1.0 |
|---|---|---|---|---|---|---|---|---|---|---|---|
| $A_1$ | 1.984 | 1.587 | 1.190 | 0.793 | 0.397 | 0 | −0.397 | −0.793 | −1.190 | −1.587 | −1.984 |
| $B_1$ | −6.668 | −5.140 | −3.641 | −2.201 | −0.841 | 0.421 | 1.576 | 2.618 | 3.549 | 4.374 | 5.098 |
| $C_1$ | 7.279 | 5.543 | 3.765 | 2.049 | 0.479 | −0.884 | −2.004 | −2.881 | −3.522 | −3.953 | −4.208 |
| $D_1$ | −7.668 | −5.936 | −3.955 | −1.954 | −0.137 | 1.354 | 2.449 | 3.144 | 3.485 | 3.541 | 3.390 |
| $E_1$ | 1.000 | 0.900 | 0.800 | 0.700 | 0.600 | 0.500 | 0.400 | 0.300 | 0.200 | 0.100 | 0 |
| $F_1$ | 2.242 | 1.856 | 1.449 | 1.044 | 0.663 | 0.321 | 0.029 | −0.210 | −0.397 | −0.535 | −0.631 |
| $B_2$ | 1.000 | 1.003 | 1.020 | 1.066 | 1.150 | 1.279 | 1.455 | 1.677 | 1.941 | 2.240 | 2.570 |
| $C_2$ | 0 | 0.028 | 0.076 | 0.093 | 0.039 | −0.111 | −0.364 | −0.712 | −1.136 | −1.614 | −2.121 |
| $D_2$ | 0 | −0.099 | −0.317 | −0.534 | −0.647 | −0.592 | −0.353 | 0.046 | 0.559 | 1.130 | 1.709 |
| $F_2$ | 0 | 0.009 | 0.029 | 0.047 | 0.053 | 0.040 | 0.005 | −0.052 | −0.128 | −0.218 | −0.318 |
| $A_3$ | 0 | 0.141 | 0.282 | 0.423 | 0.563 | 0.704 | 0.845 | 0.986 | 1.127 | 1.268 | 1.408 |
| $B_3$ | 0 | 0.054 | 0.213 | 0.469 | 0.806 | 1.209 | 1.659 | 2.130 | 2.635 | 3.132 | 3.620 |
| $C_3$ | 0 | 0.394 | 0.534 | 0436 | 0.136 | −0.314 | −0.855 | −1.432 | −2.000 | −2.526 | −2.988 |
| $D_3$ | 0 | −0.097 | −1.399 | −1.462 | −1.158 | −0.593 | 0.107 | 0.828 | 1.482 | 2.016 | 2.407 |
| $F_3$ | 0 | 0.132 | 0.206 | 0.222 | 0.188 | 0.114 | 0.012 | −0.104 | −0.225 | −0.342 | −0.448 |

表 5-14　　　　$\tan\beta = 0.72(\beta = 35°45'11'')$

| $\frac{k}{m}$ | 0 | 0.1 | 0.2 | 0.3 | 0.4 | 0.5 | 0.6 | 0.7 | 0.8 | 0.9 | 1.0 |
|---|---|---|---|---|---|---|---|---|---|---|---|
| $A_1$ | 1.929 | 1.543 | 1.157 | 0.772 | 0.386 | 0 | −0.386 | −0.772 | −1.157 | −1.543 | −1.929 |
| $B_1$ | −6.502 | −5.007 | −3.542 | −2.135 | −0.809 | 0.419 | 1.541 | 2.550 | 3.449 | 4.245 | 4.940 |
| $C_1$ | 7.114 | 5.411 | 3.365 | 1.982 | 0.447 | 0.881 | −1.968 | −2.810 | −3.421 | −3.826 | −4.060 |
| $D_1$ | −7.502 | −5.801 | −3.852 | −1.885 | −0.104 | 1.349 | 2.406 | 3.068 | 3.381 | 3.417 | 3.254 |
| $E_1$ | 1.000 | 0.900 | 0.800 | 0.700 | 0.600 | 0.500 | 0.400 | 0.300 | 0.200 | 0.100 | 0 |
| $F_1$ | 1.248 | 1.860 | 1.450 | 1.042 | 0.659 | 0.317 | 0.025 | −0.212 | −0.396 | −0.531 | −0.625 |
| $B_2$ | 1.000 | 1.003 | 1.020 | 1.066 | 1.151 | 1.280 | 1.455 | 1.677 | 1.938 | 2.235 | 2.562 |
| $C_2$ | 0 | 0.028 | 0.076 | 0.092 | 0.037 | −0.114 | −0.367 | −0.714 | −1.135 | −1.607 | −2.105 |
| $D_2$ | 0 | −0.099 | −0.319 | −0.535 | −0.645 | −0.587 | −0.346 | 0.052 | 0.560 | 1.122 | 1.687 |
| $F_2$ | 0 | 0.010 | 0.030 | 0.049 | 0.055 | 0.041 | 0.005 | −0.054 | −0.131 | −0.223 | −0.324 |
| $A_3$ | 0 | 0.139 | 0.278 | 0.417 | 0.556 | 0.694 | 0.833 | 0.972 | 1.111 | 1.250 | 1.389 |
| $B_3$ | 0 | 0.054 | 0.212 | 0.464 | 0.798 | 1.195 | 1.639 | 2.110 | 2.596 | 3.082 | 3.557 |
| $C_3$ | 0 | 0.390 | 0.528 | 0.428 | 0.129 | −0.317 | −0.850 | −1.416 | −1.970 | −2.479 | −2.924 |
| $D_3$ | 0 | −0.899 | −1.384 | −1.442 | −1.135 | −0.573 | 0.119 | 0.825 | 1.460 | 1.973 | 2.343 |
| $F_3$ | 0 | 0.134 | 0.209 | 0.225 | 0.190 | 0.114 | 0.011 | −0.107 | −0.228 | −0.344 | −0.450 |

表 5-15　　$\tan\beta=0.73(\beta=36°07'46'')$

| $\frac{k}{m}$ | 0 | 0.1 | 0.2 | 0.3 | 0.4 | 0.5 | 0.6 | 0.7 | 0.8 | 0.9 | 1.0 |
|---|---|---|---|---|---|---|---|---|---|---|---|
| $A_1$ | 1.877 | 1.501 | 1.126 | 0.751 | 0.375 | 0 | −0.375 | −0.751 | −1.126 | −1.501 | −1.877 |
| $B_1$ | −6.343 | −4.879 | −3.446 | −2.072 | −0.779 | 0.417 | 1.506 | 2.485 | 3.354 | 4.120 | 4.790 |
| $C_1$ | 6.955 | 5.282 | 3.568 | 1.917 | 0.415 | −0.878 | −1.931 | −2.742 | −3.324 | −3.705 | −3.919 |
| $D_1$ | −7.343 | −5.673 | −3.753 | −1.818 | −0.071 | 1.344 | 2.365 | 2.994 | 3.281 | 3.298 | 3.125 |
| $E_1$ | 1.000 | 0.900 | 0.800 | 0.700 | 0.600 | 0.500 | 0.400 | 0.300 | 0.200 | 0.100 | 0 |
| $F_1$ | 2.254 | 1.864 | 1.450 | 1.040 | 0.655 | 0.312 | 0.022 | −0.214 | −0.395 | −0.527 | −0.618 |
| $B_2$ | 1.000 | 1.003 | 1.020 | 1.066 | 1.151 | 1.281 | 1.456 | 1.676 | 1.936 | 2.231 | 2.553 |
| $C_2$ | 0 | 0.028 | 0.076 | 0.092 | 0.035 | −0.117 | −0.370 | −0.716 | −1.134 | −1.599 | −2.088 |
| $D_2$ | 0 | −0.100 | −0.320 | −0.530 | −0.644 | −0.583 | −0.340 | 0.058 | 0.562 | 1.114 | 1.665 |
| $F_2$ | 0 | 0.010 | 0.031 | 0.050 | 0.056 | 0.042 | 0.004 | −0.056 | −0.135 | −0.228 | −0.329 |
| $A_3$ | 0 | 0.137 | 0.274 | 0.411 | 0.548 | 0.685 | 0.822 | 0.959 | 1.096 | 1.233 | 1.370 |
| $B_3$ | 0 | 0.053 | 0.210 | 0.460 | 1.790 | 1.182 | 1.619 | 2.082 | 2.558 | 3.033 | 3.497 |
| $C_3$ | 0 | 0.386 | 0.521 | 0.420 | 0.121 | −0.320 | −0.846 | −1.401 | −1.941 | −2.434 | −2.861 |
| $D_3$ | 0 | −0.891 | −1.370 | −1.423 | −1.113 | −0.553 | 0.130 | 0.822 | 1.440 | 1.931 | 2.281 |
| $F_3$ | 0 | 0.136 | 0.212 | 0.228 | 0.191 | 0.114 | 0.009 | −0.109 | −0.231 | −0.347 | −0.451 |

表 5-16　　$\tan\beta=0.74(\beta=36°30'05'')$

| $\frac{k}{m}$ | 0 | 0.1 | 0.2 | 0.3 | 0.4 | 0.5 | 0.6 | 0.7 | 0.8 | 0.9 | 1.0 |
|---|---|---|---|---|---|---|---|---|---|---|---|
| $A_1$ | 1.826 | 1.461 | 1.096 | 0.730 | 0.365 | 0 | −0.365 | −0.730 | −1.096 | −1.461 | −1.826 |
| $B_1$ | −6.189 | −4.757 | −3.355 | −2.011 | −0.749 | 0.415 | 1.474 | 2.422 | 3.263 | 4.001 | 4.645 |
| $C_1$ | 6.802 | 5.159 | 3.475 | 1.855 | 0.386 | −0.874 | −1.896 | −2.675 | −3.224 | −3.588 | −3.784 |
| $D_1$ | −7.189 | −5.550 | −3.658 | −1.753 | −0.040 | 1.340 | 2.325 | 2.922 | 3.184 | 3.184 | 3.002 |
| $E_1$ | 1.000 | 0.900 | 0.800 | 0.700 | 0.600 | 0.500 | 0.400 | 0.300 | 0.200 | 0.100 | 0 |
| $F_1$ | 2.260 | 1.867 | 1.451 | 1.038 | 0.652 | 0.308 | 0.018 | −0.216 | −0.394 | −0.524 | −0.611 |
| $B_2$ | 1.000 | 1.003 | 1.020 | 1.067 | 1.152 | 1.281 | 1.456 | 1.676 | 1.934 | 2.226 | 2.544 |
| $C_2$ | 0 | 0.028 | 0.076 | 0.091 | 0.034 | −0.120 | −0.374 | −0.718 | −1.132 | −1.591 | −2.072 |
| $D_2$ | 0 | −0.100 | −0.321 | −0.537 | −0.643 | −0.578 | −0.333 | 0.065 | 0.563 | 1.106 | 1.644 |
| $F_2$ | 0 | 0.010 | 0.032 | 0.051 | 0.057 | 0.042 | 0.004 | −0.058 | −0.138 | −0.232 | −0.335 |
| $A_3$ | 0 | 0.135 | 0.270 | 0.405 | 0.541 | 0.676 | 0.811 | 0.946 | 1.081 | 1.216 | 1.351 |
| $B_3$ | 0 | 0.053 | 0.208 | 0.456 | 0.783 | 1.170 | 1.600 | 2.055 | 2.521 | 2.985 | 3.438 |
| $C_3$ | 0 | 0.382 | 0.514 | 0.412 | 0.114 | −0.323 | −0.842 | −1.386 | −1.912 | −2.389 | −2.800 |
| $D_3$ | 0 | −0.884 | −1.357 | −1.404 | −1.091 | −0.533 | 0.141 | 0.819 | 1.418 | 1.891 | 2.221 |
| $F_3$ | 0 | 0.138 | 0.215 | 0.230 | 0.193 | 0.114 | 0.008 | −0.112 | −0.233 | −0.349 | −0.452 |

表 5-17 $\tan\beta = 0.75(\beta = 36°52'12'')$

| $\frac{k}{m}$ | 0 | 0.1 | 0.2 | 0.3 | 0.4 | 0.5 | 0.6 | 0.7 | 0.8 | 0.9 | 1.0 |
|---|---|---|---|---|---|---|---|---|---|---|---|
| $A_1$ | 1.778 | 1.422 | 1.067 | 0.711 | 0.356 | 0 | −0.356 | −0.711 | −1.067 | −1.422 | −1.778 |
| $B_1$ | −6.042 | −4.639 | −3.267 | −1.035 | −0.721 | 0.413 | 1.442 | 2.367 | 3.175 | 3.887 | 4.507 |
| $C_1$ | 6.655 | 5.041 | 3.386 | 1.796 | 0.357 | −0.871 | −1.861 | −2.661 | −3.139 | −3.476 | −3.655 |
| $D_1$ | −7.042 | −5.431 | −3.567 | −1.691 | −0.011 | 1.335 | 2.286 | 2.853 | 3.091 | 3.075 | 2.885 |
| $E_1$ | 1.000 | 0.900 | 0.800 | 0.700 | 0.600 | 0.500 | 0.400 | 0.300 | 0.200 | 0.100 | 0 |
| $F_1$ | 2.267 | 1.871 | 1.452 | 1.036 | 0.648 | 0.304 | 0.014 | −0.217 | −0.393 | −0.520 | −0.605 |
| $B_2$ | 1.000 | 1.003 | 1.020 | 1.067 | 1.152 | 1.282 | 1.457 | 1.674 | 1.932 | 2.221 | 2.535 |
| $C_2$ | 0 | 0.028 | 0.076 | 0.091 | 0.032 | −0.123 | −0.377 | −0.720 | −1.130 | −1.584 | −2.056 |
| $D_2$ | 0 | −0.101 | −0.323 | −0.538 | −0.641 | −0.574 | −0.326 | 0.071 | 0.564 | 1.098 | 1.623 |
| $F_2$ | 0 | 0.011 | 0.033 | 0.052 | 0.058 | 0.043 | 0.003 | −0.060 | −0.142 | −0.237 | −0.340 |
| $A_3$ | 0 | 0.133 | 0.267 | 0.400 | 0.533 | 0.667 | 0.800 | 0.933 | 1.067 | 1.200 | 1.333 |
| $B_3$ | 0 | 0.053 | 0.207 | 0.452 | 0.775 | 1.158 | 1.581 | 2.029 | 2.486 | 2.939 | 3.380 |
| $C_3$ | 0 | 0.378 | 0.508 | 0.404 | 0.107 | −0.327 | −0.838 | −1.371 | −1.884 | −2.346 | −2.741 |
| $D_3$ | 0 | −0.877 | −1.344 | −1.385 | −1.070 | −0.514 | 0.152 | 0.816 | 1.398 | 1.851 | 2.163 |
| $F_3$ | 0 | 0.140 | 0.218 | 0.233 | 0.194 | 0.114 | 0.006 | −0.114 | −0.236 | −0.351 | −0.454 |

表 5-18 $\tan\beta = 0.76(\beta = 37°14'05'')$

| $\frac{k}{m}$ | 0 | 0.1 | 0.2 | 0.3 | 0.4 | 0.5 | 0.6 | 0.7 | 0.8 | 0.9 | 1.0 |
|---|---|---|---|---|---|---|---|---|---|---|---|
| $A_1$ | 1.731 | 1.385 | 1.309 | 0.693 | 0.346 | 0 | −0.346 | −0.693 | −1.309 | −1.385 | −1.731 |
| $B_1$ | −5.901 | −4.526 | −3.182 | −1.897 | −1.694 | 0.412 | 1.412 | 2.304 | 3.091 | 3.778 | 4.374 |
| $C_1$ | 6.514 | 4.927 | 3.300 | 1.738 | 0.330 | 0.868 | −1.828 | −2.550 | −3.053 | −3.368 | −3.531 |
| $D_1$ | −6.901 | −5.317 | −3.479 | −1.632 | 0.018 | 1.330 | 2.249 | 2.787 | 3.001 | 2.971 | 2.773 |
| $E_1$ | 1.000 | 0.900 | 0.800 | 0.700 | 0.600 | 0.500 | 0.400 | 0.300 | 0.200 | 0.100 | 0 |
| $F_1$ | 2.273 | 1.875 | 1.453 | 1.034 | 0.644 | 0.299 | 0.011 | −0.219 | −0.393 | −0.517 | −0.598 |
| $B_2$ | 1.000 | 1.003 | 1.021 | 1.067 | 1.153 | 1.282 | 1.457 | 1.674 | 1.930 | 2.216 | 2.527 |
| $C_2$ | 0 | 0.029 | 0.076 | 0.090 | 0.030 | −0.125 | −0.380 | −0.722 | −1.129 | −1.576 | −2.039 |
| $D_2$ | 0 | −0.102 | −0.324 | −0.539 | −0.640 | −0.569 | −0.319 | 0.077 | 0.566 | 1.090 | 1.602 |
| $F_2$ | 0 | 0.011 | 0.034 | 0.054 | 0.060 | 0.043 | 0.002 | −0.062 | −0.145 | −0.242 | −0.346 |
| $A_3$ | 0 | 0.132 | 0.263 | 0.395 | 0.526 | 0.658 | 0.789 | 0.921 | 1.053 | 1.184 | 1.316 |
| $B_3$ | 0 | 0.052 | 0.205 | 0.449 | 0.768 | 1.146 | 1.563 | 2.003 | 2.451 | 2.894 | 3.324 |
| $C_3$ | 0 | 0.374 | 0.502 | 0.396 | 0.100 | −0.330 | −0.833 | −1.356 | −1.856 | −2.304 | −2.683 |
| $D_3$ | 0 | −0.871 | −1.331 | −1.367 | −1.049 | −0.496 | 0.163 | 0.813 | 1.378 | 1.813 | 2.107 |
| $F_3$ | 0 | 0.143 | 0.221 | 0.236 | 0.196 | 0.114 | 0.005 | −0.116 | −0.239 | −0.353 | −0.455 |

表 5-19 **$\tan\beta = 0.77(\beta = 37°35'47'')$**

| $\frac{k}{m}$ | 0 | 0.1 | 0.2 | 0.3 | 0.4 | 0.5 | 0.6 | 0.7 | 0.8 | 0.9 | 1.0 |
|---|---|---|---|---|---|---|---|---|---|---|---|
| $A_1$ | 1.687 | 1.349 | 1.012 | 0.675 | 0.337 | 0 | −0.337 | −0.675 | −1.012 | −1.349 | −1.687 |
| $B_1$ | −5.765 | −4.417 | −3.101 | −1.844 | −0.669 | 0.410 | 1.382 | 2.248 | 3.009 | 3.673 | 4.247 |
| $C_1$ | 6.379 | 4.817 | 3.217 | 1.683 | 0.303 | −0.885 | −1.795 | −2.490 | −2.970 | −3.265 | −3.412 |
| $D_1$ | −6.765 | −5.207 | −3.395 | −1.574 | 0.045 | 1.325 | 2.212 | 2.722 | 2.915 | 2.871 | 2.666 |
| $E_1$ | 1.000 | 0.900 | 0.800 | 0.700 | 0.600 | 0.500 | 0.400 | 0.300 | 0.200 | 0.100 | 0 |
| $F_1$ | 2.280 | 1.879 | 1.454 | 1.032 | 0.640 | 0.295 | 0.007 | −0.221 | −0.392 | −0.513 | −0.592 |
| $B_2$ | 1.000 | 1.003 | 1.021 | 1.068 | 1.153 | 1.283 | 1.457 | 1.673 | 1.927 | 2.211 | 2.518 |
| $C_2$ | 0 | 0.029 | 0.076 | 0.090 | 0.029 | −0.128 | −0.383 | −0.723 | −1.127 | −1.568 | −2.023 |
| $D_2$ | 0 | −0.102 | −0.325 | −0.540 | −0.638 | −0.564 | −0.312 | 0.083 | 1.567 | 1.082 | 1.581 |
| $F_2$ | 0 | 0.011 | 0.034 | 0.055 | 0.061 | 0.044 | 0.002 | −0.064 | −0.149 | −0.246 | −0.351 |
| $A_3$ | 0 | 0.130 | 0.260 | 0.390 | 0.519 | 0.649 | 0.779 | 0.909 | 1.039 | 1.169 | 1.299 |
| $B_3$ | 0 | 0.052 | 0.204 | 0.445 | 0.761 | 1.134 | 1.545 | 1.978 | 2.417 | 2.850 | 3.270 |
| $C_3$ | 0 | 0.371 | 0.495 | 0.389 | 0.093 | −0.333 | −0.830 | −1.342 | −1.829 | −2.263 | −2.628 |
| $D_3$ | 0 | −0.864 | −1.318 | −1.350 | −1.029 | −0.478 | 0.173 | 0.810 | 1.358 | 1.775 | 2.053 |
| $F_3$ | 0 | 0.145 | 0.224 | 0.238 | 0.197 | 0.114 | 0.003 | −0.119 | −0.241 | −0.355 | −0.456 |

表 5-20 **$\tan\beta = 0.78(\beta = 37°57'15'')$**

| $\frac{k}{m}$ | 0 | 0.1 | 0.2 | 0.3 | 0.4 | 0.5 | 0.6 | 0.7 | 0.8 | 0.9 | 1.0 |
|---|---|---|---|---|---|---|---|---|---|---|---|
| $A_1$ | 1.644 | 1.315 | 0.986 | 0.657 | 0.329 | 0 | −0.329 | −0.657 | −0.986 | −1.315 | −1.644 |
| $B_1$ | −5.634 | −4.313 | −3.023 | −1.792 | −0.644 | 0.408 | 1.354 | 2.194 | 2.931 | 3.571 | 4.125 |
| $C_1$ | 6.248 | 4.712 | 3.137 | 1.630 | 0.278 | −0.861 | −1.764 | −2.433 | −2.889 | −3.166 | −3.299 |
| $D_1$ | −6.634 | −5.101 | −3.313 | −1.518 | 0.071 | 1.320 | 2.176 | 2.660 | 2.833 | 2.775 | 2.565 |
| $E_1$ | 1.000 | 0.900 | 0.800 | 0.700 | 0.600 | 0.500 | 0.400 | 0.300 | 0.200 | 0.100 | 0 |
| $F_1$ | 2.286 | 1.833 | 1.455 | 1.030 | 0.636 | 0.291 | 0.004 | −0.222 | −0.391 | −0.509 | −0.586 |
| $B_2$ | 1.000 | 1.003 | 1.021 | 1.068 | 1.154 | 1.284 | 1.458 | 1.673 | 1.925 | 2.206 | 2.509 |
| $C_2$ | 0 | 0.029 | 0.076 | 0.089 | 0.027 | −0.131 | −0.386 | −0.725 | −1.125 | −1.560 | −2.007 |
| $D_2$ | 0 | −0.103 | −0.327 | −0.540 | −0.637 | −0.559 | −0.306 | 0.089 | 0.568 | 1.074 | 1.560 |
| $F_2$ | 0 | 0.011 | 0.035 | 0.056 | 0.062 | 0.044 | 0.001 | −0.066 | −0.152 | −0.251 | −0.356 |
| $A_3$ | 0 | 0.128 | 0.256 | 0.385 | 0.513 | 0.641 | 0.769 | 0.897 | 1.026 | 1.154 | 1.282 |
| $B_3$ | 0 | 0.051 | 0.202 | 0.442 | 0.755 | 1.123 | 1.528 | 1.953 | 2.384 | 2.808 | 3.217 |
| $C_3$ | 0 | 0.368 | 0.489 | 0.381 | 0.087 | −0.336 | −0.826 | −1.328 | −1.803 | −2.223 | −2.573 |
| $D_3$ | 0 | −0.585 | −1.306 | −1.332 | −1.009 | −0.460 | 0.183 | 0.807 | 1.339 | 1.739 | 2.000 |
| $F_3$ | 0 | 0.147 | 0.227 | 0.241 | 0.198 | 0.113 | 0.002 | −0.121 | −0.244 | −0.357 | −0.457 |

表 5-21　　$\tan\beta = 0.79(\beta = 38°18'31'')$

| $\frac{k}{m}$ | 0 | 0.1 | 0.2 | 0.3 | 0.4 | 0.5 | 0.6 | 0.7 | 0.8 | 0.9 | 1.0 |
|---|---|---|---|---|---|---|---|---|---|---|---|
| $A_1$ | 1.602 | 1.282 | 0.961 | 0.641 | 0.320 | 0 | −0.320 | −0.641 | −0.961 | −1.282 | −1.602 |
| $B_1$ | −5.518 | −4.212 | −2.947 | −1.742 | −0.620 | 0.406 | 1.327 | 2.142 | 2.856 | 3.474 | 4.007 |
| $C_1$ | 6.122 | 4.611 | 3.060 | 1.578 | 0.254 | −0.858 | −1.732 | −2.378 | −2.812 | −3.071 | −3.190 |
| $D_1$ | −6.508 | −4.999 | −3.234 | −1.464 | 0.096 | 1.315 | 2.141 | 2.599 | 2.753 | 2.683 | 2.468 |
| $E_1$ | 1.000 | 0.900 | 0.800 | 0.700 | 0.600 | 0.500 | 0.400 | 0.300 | 0.200 | 0.100 | 0 |
| $F_1$ | 2.293 | 1.887 | 1.455 | 1.028 | 0.632 | 0.286 | 0 | −0.224 | −0.390 | −0.505 | −0.579 |
| $B_2$ | 1.000 | 1.003 | 1.021 | 1.068 | 1.155 | 1.284 | 1.458 | 1.673 | 1.923 | 2.201 | 2.501 |
| $C_2$ | 0 | 0.029 | 0.076 | 0.089 | 0.025 | −0.134 | −0.390 | −0.727 | −1.123 | −1.553 | −1.991 |
| $D_2$ | 0 | −0.103 | −0.328 | −0.541 | −0.635 | −0.555 | −0.299 | 0.095 | 0.569 | 1.066 | 1.540 |
| $F_2$ | 0 | 0.012 | 0.036 | 0.058 | 0.063 | 0.045 | 0 | −0.068 | −0.156 | −0.256 | −0.361 |
| $A_3$ | 0 | 0.127 | 0.253 | 0.380 | 0.506 | 0.633 | 0.759 | 0.886 | 1.013 | 1.139 | 1.266 |
| $B_3$ | 0 | 0.051 | 0.201 | 0.438 | 0.748 | 1.112 | 1.511 | 1.929 | 2.351 | 2.766 | 3.166 |
| $C_3$ | 0 | 0.364 | 0.433 | 0.514 | 0.080 | −0.339 | −0.822 | −1.315 | −1.777 | −2.184 | −2.520 |
| $D_3$ | 0 | −0.852 | −1.294 | −1.314 | −0.989 | −0.442 | 0.192 | 0.804 | 1.320 | 1.703 | 1.949 |
| $F_3$ | 0 | 0.149 | 0.230 | 0.243 | 0.200 | 0.113 | 0 | −0.124 | −0.246 | −0.359 | −0.458 |

表 5-22　　$\tan\beta = 0.80(\beta = 38°39'35'')$

| $\frac{k}{m}$ | 0 | 0.1 | 0.2 | 0.3 | 0.4 | 0.5 | 0.6 | 0.7 | 0.8 | 0.9 | 1.0 |
|---|---|---|---|---|---|---|---|---|---|---|---|
| $A_1$ | 1.563 | 1.250 | 0.938 | 0.625 | 0.313 | 0 | −0.313 | −0.625 | −0.938 | −1.250 | −1.563 |
| $B_1$ | −5.389 | −4.115 | −2.875 | −1.695 | −0.597 | 0.404 | 1.300 | 2.093 | 2.783 | 3.381 | 3.894 |
| $C_1$ | 6.001 | 4.513 | 2.986 | 1.529 | 0.231 | −0.855 | −1.704 | −2.324 | −2.738 | −2.980 | −3.086 |
| $D_1$ | −6.387 | −4.901 | −3.158 | −1.413 | 0.120 | 1.309 | 2.108 | 2.541 | 2.676 | 2.595 | 2.375 |
| $E_1$ | 1.000 | 0.900 | 0.800 | 0.700 | 0.600 | 0.500 | 0.400 | 0.300 | 0.200 | 0.100 | 0 |
| $F_1$ | 2.300 | 1.891 | 1.456 | 1.026 | 0.628 | 0.282 | −0.003 | −0.225 | −0.389 | −0.502 | −0.573 |
| $B_2$ | 1.000 | 1.003 | 1.021 | 1.069 | 1.155 | 1.285 | 1.458 | 1.671 | 1.920 | 2.196 | 2.492 |
| $C_2$ | 0 | 0.024 | 0.076 | 0.088 | 0.024 | −0.137 | −0.393 | −0.729 | −1.122 | −1.545 | −1.975 |
| $D_2$ | 0 | −0.104 | −0.329 | −0.542 | −0.633 | −0.554 | −0.292 | 0.100 | 0.569 | 1.058 | 1.520 |
| $F_2$ | 0 | 0.012 | 0.037 | 0.059 | 0.064 | 0.045 | −0.001 | −0.071 | −0.159 | −0.260 | −0.367 |
| $A_3$ | 0 | 0.125 | 0.250 | 0.375 | 0.500 | 0.625 | 0.750 | 0.875 | 1.000 | 1.125 | 1.250 |
| $B_3$ | 0 | 0.051 | 0.199 | 0.435 | 0.742 | 1.101 | 1.495 | 1.906 | 2.320 | 2.726 | 3.116 |
| $C_3$ | 0 | 0.361 | 0.478 | 0.367 | 0.074 | −0.342 | −0.818 | −1.302 | −1.752 | −2.146 | −2.469 |
| $D_3$ | 0 | −0.846 | −1.283 | −1.298 | −0.970 | −0.426 | 0.202 | 0.801 | 1.301 | 1.669 | 1.900 |
| $F_3$ | 0 | 0.151 | 0.233 | 0.246 | 0.201 | 0.113 | −0.001 | −0.126 | −0.249 | −0.361 | −0.458 |

表 5-23 $\tan\beta = 0.81(\beta = 39°00'27'')$

| $\frac{k}{m}$ | 0 | 0.1 | 0.2 | 0.3 | 0.4 | 0.5 | 0.6 | 0.7 | 0.8 | 0.9 | 1.0 |
|---|---|---|---|---|---|---|---|---|---|---|---|
| $A_1$ | 1.524 | 1.219 | 0.914 | 0.610 | 0.305 | 0 | −0.305 | −0.610 | −0.914 | −1.219 | −1.524 |
| $B_1$ | −5.270 | −4.021 | −2.805 | −1.708 | −0.575 | 0.402 | 1.275 | 2.044 | 2.713 | 3.291 | 3.786 |
| $C_1$ | 5.885 | 4.419 | 2.914 | 1.482 | 0.208 | −0.851 | −1.676 | −2.272 | −2.666 | −2.892 | −2.986 |
| $D_1$ | −6.270 | −4.806 | −3.085 | −1.363 | 0.144 | 1.304 | 2.075 | 2.484 | 2.602 | 2.510 | 2.286 |
| $E_1$ | 1.000 | 0.900 | 0.800 | 0.700 | 0.600 | 0.500 | 0.400 | 0.300 | 0.200 | 0.100 | 0 |
| $F_1$ | 2.306 | 1.895 | 1.457 | 1.024 | 0.624 | 0.277 | −0.007 | −0.227 | −0.382 | −0.498 | −0.567 |
| $B_2$ | 1.000 | 1.003 | 1.021 | 1.069 | 1.156 | 1.285 | 1.458 | 1.674 | 1.918 | 2.191 | 2.484 |
| $C_2$ | 0 | 0.029 | 0.076 | 0.088 | 0.022 | −0.140 | −0.396 | −0.731 | −1.120 | −1.537 | −1.959 |
| $D_2$ | 0 | −0.105 | −0.331 | −0.542 | −0.632 | −0.545 | −0.285 | 0.106 | 0.570 | 1.050 | 1.500 |
| $F_2$ | 0 | 0.012 | 0.038 | 0.060 | 0.066 | 0.046 | −0.002 | −0.073 | −0.163 | −0.265 | −0.372 |
| $A_3$ | 0 | 0.123 | 0.247 | 0.370 | 0.494 | 0.617 | 0.741 | 0.864 | 0.988 | 1.111 | 1.235 |
| $B_3$ | 0 | 0.050 | 0.198 | 0.432 | 0.735 | 1.091 | 1.479 | 1.883 | 2.289 | 2.686 | 3.067 |
| $C_3$ | 0 | 0.358 | 0.472 | 0.360 | 0.068 | −0.345 | −0.814 | −1.288 | −1.728 | −2.108 | −2.419 |
| $D_3$ | 0 | −0.840 | −1.271 | −1.282 | −0.952 | −0.409 | 0.211 | 0.798 | 1.283 | 1.635 | 1.852 |
| $F_3$ | 0 | 0.154 | 0.236 | 0.249 | 0.202 | 0.112 | −0.003 | −0.129 | −0.251 | −0.363 | −0.459 |

表 5-24 $\tan\beta = 0.82(\beta = 39°21'06'')$

| $\frac{k}{m}$ | 0 | 0.1 | 0.2 | 0.3 | 0.4 | 0.5 | 0.6 | 0.7 | 0.8 | 0.9 | 1.0 |
|---|---|---|---|---|---|---|---|---|---|---|---|
| $A_1$ | 1.487 | 1.190 | 0.892 | 0.595 | 0.297 | 0 | −0.297 | −0.595 | −0.892 | −1.190 | −1.487 |
| $B_1$ | −5.157 | −3.931 | −2.737 | −1.604 | −0.554 | 0.400 | 1.250 | 1.997 | 0.646 | 3.204 | 3.682 |
| $C_1$ | 5.772 | 4.328 | 2.845 | 1.436 | 0.187 | −0.848 | −1.648 | −2.222 | −2.597 | −2.808 | −2.891 |
| $D_1$ | −6.157 | −4.714 | −3.014 | −1.315 | 0.166 | 1.299 | 2.043 | 2.429 | 2.530 | 2.428 | 2.201 |
| $E_1$ | 1.000 | 0.900 | 0.800 | 0.700 | 0.600 | 0.500 | 0.400 | 0.300 | 0.200 | 0.100 | 0 |
| $F_1$ | 2.313 | 1.898 | 1.458 | 1.022 | 0.620 | 0.273 | −0.010 | −0.228 | −0.387 | −0.494 | −0.560 |
| $B_2$ | 1.000 | 1.003 | 1.021 | 1.069 | 1.456 | 1.286 | 1.459 | 1.671 | 1.916 | 2.186 | 2.475 |
| $C_2$ | 0 | 0.029 | 0.077 | 0.087 | 0.020 | −0.143 | −0.399 | −0.732 | −1.118 | −1.529 | −1.944 |
| $D_2$ | 0 | −0.105 | −0.332 | −0.543 | −0.630 | −0.540 | −0.278 | 0.112 | 0.571 | 1.042 | 1.480 |
| $F_2$ | 0 | 0.013 | 0.039 | 0.062 | 0.067 | 0.046 | −0.002 | −0.075 | −0.166 | −0.269 | −0.377 |
| $A_3$ | 0 | 0.122 | 0.244 | 0.366 | 0.488 | 0.610 | 0.732 | 0.854 | 0.976 | 1.098 | 1.220 |
| $B_3$ | 0 | 0.050 | 0.197 | 0.428 | 0.729 | 1.081 | 1.463 | 1.861 | 2.259 | 2.648 | 3.019 |
| $C_3$ | 0 | 0.355 | 0.467 | 0.353 | 1.061 | −0.348 | −0.811 | −1.276 | −1.704 | −2.072 | −2.370 |
| $D_3$ | 0 | −0.835 | −1.260 | −1.266 | −0.933 | −0.393 | 0.220 | 0.795 | 1.265 | 1.602 | 1.800 |
| $F_3$ | 0 | 0.156 | 0.239 | 0.251 | 0.203 | 0.112 | −0.005 | −0.131 | −0.254 | −0.365 | −0.460 |

表 5-25　　$\tan\beta = 0.83\ (\beta = 39°40'34'')$

| $\frac{k}{m}$ | 0 | 0.1 | 0.2 | 0.3 | 0.4 | 0.5 | 0.6 | 0.7 | 0.8 | 0.9 | 1.0 |
|---|---|---|---|---|---|---|---|---|---|---|---|
| $A_1$ | 1.452 | 1.161 | 0.871 | 0.581 | 0.290 | 0 | −0.290 | −0.581 | −0.871 | −1.161 | −1.452 |
| $B_1$ | −5.048 | −3.844 | −2.672 | −1.561 | −0.533 | 0.398 | 1.266 | 1.953 | 2.581 | 3.121 | 3.581 |
| $C_1$ | 5.663 | 4.240 | 2.779 | 1.391 | 0.166 | −0.844 | −1.621 | −2.174 | −2.530 | −2.727 | −2.799 |
| $D_1$ | −6.048 | −4.626 | −2.945 | −1.268 | 0.188 | 1.293 | 2.011 | 2.377 | 2.461 | 2.350 | 2.120 |
| $E_1$ | 1.000 | 0.900 | 0.800 | 0.700 | 0.600 | 0.500 | 0.400 | 0.300 | 0.200 | 0.100 | 0 |
| $F_1$ | 2.320 | 1.903 | 1.458 | 1.019 | 0.616 | 0.269 | −0.013 | −0.230 | −0.386 | −0.490 | −0.554 |
| $B_2$ | 1.000 | 1.003 | 1.021 | 1.070 | 1.157 | 1.287 | 1.459 | 1.670 | 1.913 | 2.181 | 2.467 |
| $C_2$ | 0 | 0.029 | 0.077 | 0.086 | 0.018 | −0.145 | −0.402 | −0.734 | −1.116 | −1.521 | −1.928 |
| $D_2$ | 0 | −0.106 | −0.334 | −0.544 | −0.628 | −0.535 | −0.272 | 0.117 | 0.571 | 1.033 | 1.461 |
| $F_2$ | 0 | 0.113 | 0.040 | 0.063 | 0.068 | 0.046 | −0.003 | −0.078 | −0.170 | −0.274 | −0.382 |
| $A_3$ | 0 | 0.120 | 0.241 | 0.361 | 0.482 | 0.602 | 0.723 | 0.843 | 0.964 | 1.084 | 1.205 |
| $B_3$ | 0 | 0.050 | 0.195 | 0.425 | 0.723 | 1.071 | 1.448 | 1.839 | 2.230 | 2.610 | 2.972 |
| $C_3$ | 0 | 0.352 | 0.461 | 0.346 | 0.055 | −0.350 | −0.807 | −1.263 | −1.680 | −2.037 | −2.323 |
| $D_3$ | 0 | −0.830 | −1.250 | −1.251 | −0.915 | −0.376 | 0.228 | 0.791 | 1.247 | 1.570 | 1.760 |
| $F_3$ | 0 | 0.158 | 0.242 | 0.254 | 0.205 | 0.112 | −0.007 | −0.133 | −0.256 | −0.367 | −1.460 |

表 5-26　　$\tan\beta = 0.84\ (\beta = 40°01'49'')$

| $\frac{k}{m}$ | 0 | 0.1 | 0.2 | 0.3 | 0.4 | 0.5 | 0.6 | 0.7 | 0.8 | 0.9 | 1.0 |
|---|---|---|---|---|---|---|---|---|---|---|---|
| $A_1$ | 1.417 | 1.134 | 0.850 | 0.567 | 0.283 | 0 | −0.283 | −0.567 | −0.850 | −1.134 | −1.417 |
| $B_1$ | −4.943 | −3.760 | −2.610 | −1.520 | −0.514 | 0.396 | 1.203 | 1.909 | 2.518 | 3.040 | 5.484 |
| $C_1$ | 5.558 | 4.155 | 2.714 | 1.349 | 0.146 | −0.841 | −1.595 | −2.127 | −2.466 | −2.648 | −2.710 |
| $D_1$ | −5.943 | −4.560 | −2.879 | −1.223 | 0.209 | 1.288 | 1.981 | 2.325 | 2.394 | 2.275 | 2.043 |
| $E_1$ | 1.000 | 0.900 | 0.800 | 0.700 | 0.600 | 0.500 | 0.400 | 0.300 | 0.200 | 0.100 | 0 |
| $F_1$ | 2.327 | 1.907 | 1.459 | 1.017 | 0.612 | 0.264 | −0.017 | −0.231 | −0.385 | −0.487 | −0.548 |
| $B_2$ | 1.000 | 1.003 | 1.022 | 1.070 | 1.157 | 1.287 | 1.459 | 1.669 | 1.911 | 2.176 | 2.459 |
| $C_2$ | 0 | 1.029 | 0.077 | 0.086 | 0.017 | −0.148 | −0.405 | −0.735 | −1.114 | −1.514 | −1.912 |
| $D_2$ | 0 | −0.107 | −0.335 | −0.545 | −0.627 | −0.530 | −0.265 | −0.123 | 0.572 | 1.025 | 1.442 |
| $F_2$ | 0 | 0.013 | 0.041 | 0.065 | 0.069 | 0.047 | −0.004 | −0.080 | −0.174 | −0.278 | −1.387 |
| $A_3$ | 0 | 0.119 | 0.238 | 0.357 | 0.476 | 0.595 | 0.714 | 0.833 | 0.952 | 1.071 | 1.190 |
| $B_3$ | 0 | 0.050 | 0.194 | 0.422 | 0.718 | 1.061 | 1.433 | 1.818 | 2.201 | 2.573 | 2.929 |
| $C_3$ | 0 | 0.349 | 0.456 | 0.340 | 0.049 | −0.353 | −0.804 | −1.251 | −1.657 | −2.002 | −2.277 |
| $D_3$ | 0 | −0.874 | −1.239 | −1.235 | −0.897 | −0.361 | 0.236 | 0.788 | 1.230 | 1.538 | 1.716 |
| $F_3$ | 0 | 0.160 | 0.245 | 0.256 | 0.206 | 0.111 | −0.008 | −0.136 | −0.259 | −0.368 | −1.461 |

表 5-27　　$\tan\beta = 0.85(\beta = 40°21'52'')$

| $\frac{k}{m}$ | 0 | 0.1 | 0.2 | 0.3 | 0.4 | 0.5 | 0.6 | 0.7 | 0.8 | 0.9 | 1.0 |
|---|---|---|---|---|---|---|---|---|---|---|---|
| $A_1$ | 1.384 | 1.107 | 0.830 | 0.554 | 0.277 | 0 | −0.277 | −0.554 | −0.830 | −1.107 | −1.384 |
| $B_1$ | −4.842 | −3.679 | −2.549 | −1.480 | −0.495 | 0.394 | 1.181 | 1.867 | 2.458 | 2.963 | 3.391 |
| $C_1$ | 5.457 | 4.073 | 2.652 | 1.307 | 0.127 | −0.837 | −1.569 | −2.082 | −2.404 | −2.573 | −2.626 |
| $D_1$ | −5.842 | −4.458 | −2.815 | −1.180 | 0.229 | 1.282 | 1.951 | 2.274 | 2.330 | 2.203 | 1.969 |
| $E_1$ | 1.000 | 0.900 | 0.800 | 0.700 | 0.600 | 0.500 | 0.400 | 0.300 | 0.200 | 0.100 | 0 |
| $F_1$ | 2.334 | 1.912 | 1.460 | 1.015 | 0.608 | 0.260 | −0.020 | −0.233 | −0.384 | −0.483 | −0.542 |
| $B_2$ | 1.000 | 1.003 | 1.022 | 1.070 | 1.158 | 1.288 | 1.460 | 1.669 | 1.908 | 2.171 | 2.451 |
| $C_2$ | 0 | 0.029 | 0.077 | 0.085 | 0.015 | −0.151 | −0.408 | −0.737 | −1.112 | −1.506 | −1.897 |
| $D_2$ | 0 | −0.107 | −0.336 | −0.546 | −0.625 | −0.525 | −0.258 | 0.128 | 0.572 | 1.017 | 1.423 |
| $F_2$ | 0 | 0.014 | 0.042 | 0.066 | 0.070 | 0.047 | −0.005 | −0.082 | −0.177 | −0.283 | −0.392 |
| $A_3$ | 0 | 0.118 | 0.235 | 0.353 | 0.471 | 0.588 | 0.706 | 0.824 | 0.941 | 1.059 | 1.176 |
| $B_3$ | 0 | 0.049 | 0.193 | 0.420 | 0.712 | 1.051 | 1.419 | 1.797 | 2.173 | 2.537 | 2.883 |
| $C_3$ | 0 | 0.346 | 0.451 | 0.333 | 0.043 | −0.356 | −0.800 | −1.239 | −1.635 | −2.968 | −2.232 |
| $D_3$ | 0 | −0.819 | −1.229 | −1.220 | −0.880 | −0.346 | 0.244 | 0.784 | 1.213 | 1.507 | 1.673 |
| $F_3$ | 0 | 0.162 | 0.248 | 0.259 | 0.207 | 0.110 | −0.010 | −0.138 | −0.261 | −0.370 | −0.461 |

表 5-28　　$\tan\beta = 0.86(\beta = 40°41'44'')$

| $\frac{k}{m}$ | 0 | 0.1 | 0.2 | 0.3 | 0.4 | 0.5 | 0.6 | 0.7 | 0.8 | 0.9 | 1.0 |
|---|---|---|---|---|---|---|---|---|---|---|---|
| $A_1$ | 1.352 | 1.082 | 0.811 | 0.541 | 0.270 | 0 | −0.270 | −0.541 | −0.811 | −1.082 | −1.352 |
| $B_1$ | −4.744 | −3.601 | −2.490 | −1.442 | −0.477 | 0.392 | 1.159 | 1.827 | 2.400 | 2.888 | 3.302 |
| $C_1$ | 5.359 | 3.994 | 2.592 | 1.267 | 0.108 | −0.834 | −1.544 | −2.038 | −2.344 | −2.501 | −2.544 |
| $D_1$ | −5.744 | −4.379 | −2.753 | −1.137 | 0.248 | 1.277 | 1.922 | 2.226 | 2.268 | 2.134 | 1.898 |
| $E_1$ | 1.000 | 0.900 | 0.800 | 0.700 | 0.600 | 0.500 | 0.400 | 0.300 | 0.200 | 0.100 | 0 |
| $F_1$ | 2.341 | 1.916 | 1.460 | 1.012 | 0.604 | 0.256 | −0.023 | −0.234 | −0.383 | −0.480 | −0.536 |
| $B_2$ | 1.000 | 1.003 | 1.022 | 1.071 | 1.158 | 1.289 | 1.460 | 1.668 | 1.906 | 2.166 | 2.442 |
| $C_2$ | 0 | 0.030 | 0.077 | 0.084 | 0.013 | −0.154 | −0.411 | −0.738 | −1.110 | −1.498 | −1.882 |
| $D_2$ | 0 | −0.108 | −0.338 | −0.546 | −0.623 | −0.520 | −0.251 | 0.134 | 0.572 | 1.009 | 1.404 |
| $F_2$ | 0 | 0.014 | 0.043 | 0.067 | 0.071 | 0.047 | −0.006 | −0.085 | −0.181 | −0.287 | −0.397 |
| $A_3$ | 0 | 0.116 | 0.233 | 0.349 | 0.465 | 0.581 | 0.698 | 0.844 | 0.930 | 1.047 | 1.163 |
| $B_3$ | 0 | 0.049 | 0.192 | 0.417 | 0.707 | 1.042 | 1.404 | 1.777 | 2.146 | 2.502 | 2.840 |
| $C_3$ | 0 | 0.343 | 0.446 | 0.327 | 0.037 | −0.359 | −0.797 | −1.227 | −1.613 | −1.935 | −2.188 |
| $D_3$ | 0 | −0.814 | −1.219 | −1.205 | −0.863 | −0.331 | 0.252 | 0.781 | 1.196 | 1.477 | 1.632 |
| $F_3$ | 0 | 0.165 | 0.251 | 0.261 | 0.208 | 0.110 | −0.012 | −0.141 | −0.263 | −0.371 | −0.461 |

表 5-29　　$\tan\beta = 0.87(\beta = 41°01'24'')$

| $\frac{k}{m}$ | 0 | 0.1 | 0.2 | 0.3 | 0.4 | 0.5 | 0.6 | 0.7 | 0.8 | 0.9 | 1.0 |
|---|---|---|---|---|---|---|---|---|---|---|---|
| $A_1$ | 1.321 | 1.057 | 0.793 | 0.528 | 0.264 | 0 | −0.264 | −0.528 | −0.793 | −1.057 | −1.321 |
| $B_1$ | −4.649 | −3.525 | −2.434 | −1.405 | −0.459 | 0.390 | 1.138 | 1.787 | 2.344 | 2.816 | 3.215 |
| $C_1$ | 5.265 | 3.918 | 2.534 | 1.229 | 0.091 | −0.830 | −1.520 | −1.995 | −2.286 | −2.431 | −2.466 |
| $D_1$ | −5.649 | −4.302 | −2.693 | −1.095 | 0.266 | 1.271 | 1.893 | 2.179 | 2.207 | 2.067 | 1.830 |
| $E_1$ | 1.000 | 0.900 | 0.800 | 0.700 | 0.600 | 0.500 | 0.400 | 0.300 | 0.200 | 0.100 | 0 |
| $F_1$ | 2.348 | 1.920 | 1.461 | 1.010 | 0.600 | 0.251 | −0.027 | −0.235 | −0.381 | −0.476 | −0.530 |
| $B_2$ | 1.000 | 1.003 | 1.022 | 1.071 | 1.159 | 1.289 | 1.460 | 1.667 | 1.904 | 2.161 | 2.434 |
| $C_2$ | 0 | 0.030 | 0.077 | 0.084 | 0.011 | −0.157 | −0.414 | −0.740 | −1.107 | −1.490 | −1.867 |
| $D_2$ | 0 | −0.108 | −0.339 | −0.547 | −0.621 | −0.515 | −0.245 | 0.139 | 0.573 | 1.001 | 1.385 |
| $F_2$ | 0 | 0.015 | 0.044 | 0.069 | 0.073 | 0.048 | −0.007 | −0.087 | −0.185 | −0.292 | −0.402 |
| $A_3$ | 0 | 0.115 | 0.230 | 0.345 | 0.460 | 0.575 | 0.690 | 0.805 | 0.920 | 1.034 | 1.149 |
| $B_3$ | 0 | 0.049 | 0.191 | 0.414 | 0.701 | 1.033 | 1.390 | 1.757 | 2.119 | 2.468 | 2.797 |
| $C_3$ | 0 | 0.341 | 0.441 | 0.321 | 0.032 | −0.361 | −0.794 | −1.215 | −1.591 | −1.903 | −2.146 |
| $D_3$ | 0 | −0.810 | −1.209 | −1.191 | −0.846 | −0.316 | 0.260 | 0.777 | 1.180 | 1.448 | 1.592 |
| $F_3$ | 0 | 0.167 | 0.254 | 0.264 | 0.209 | 0.109 | −0.014 | −0.143 | −0.265 | −0.373 | −0.462 |

表 5-30　　$\tan\beta = 0.88(\beta = 41°20'52'')$

| $\frac{k}{m}$ | 0 | 0.1 | 0.2 | 0.3 | 0.4 | 0.5 | 0.6 | 0.7 | 0.8 | 0.9 | 1.0 |
|---|---|---|---|---|---|---|---|---|---|---|---|
| $A_1$ | 1.291 | 1.033 | 0.775 | 0.517 | 0.258 | 0 | −0.258 | −0.517 | −0.775 | −1.033 | −1.291 |
| $B_1$ | −4.557 | −3.452 | −2.379 | −1.369 | −0.442 | 0.389 | 1.118 | 1.750 | 2.289 | 2.747 | 3.132 |
| $C_1$ | 5.174 | 3.844 | 2.478 | 1.191 | 0.074 | −0.826 | −1.497 | −1.954 | −2.230 | −2.364 | −2.391 |
| $D_1$ | −5.557 | −4.227 | −2.634 | −1.056 | 0.286 | 1.265 | 1.865 | 2.132 | 2.149 | 2.003 | 1.765 |
| $E_1$ | 1.000 | 0.900 | 0.800 | 0.700 | 0.600 | 0.500 | 0.400 | 0.300 | 0.200 | 0.100 | 0 |
| $F_1$ | 2.355 | 1.924 | 1.461 | 1.007 | 0.595 | 0.247 | −0.030 | −0.236 | −0.380 | −0.473 | −0.525 |
| $B_2$ | 1.000 | 4.003 | 1.022 | 1.071 | 1.160 | 1.289 | 1.460 | 1.666 | 1.901 | 2.156 | 2.425 |
| $C_2$ | 0 | 0.030 | 0.077 | 0.083 | 0.009 | −0.160 | −0.417 | −0.741 | −1.105 | −1.483 | −1.852 |
| $D_2$ | 0 | −0.109 | −0.341 | −0.548 | −0.619 | −0.510 | −0.238 | 0.144 | 0.573 | 0.993 | 1.367 |
| $F_2$ | 0 | 0.015 | 0.045 | 0.070 | 0.074 | 0.048 | −0.008 | −0.090 | −0.188 | −0.296 | −0.406 |
| $A_3$ | 0 | 0.114 | 0.227 | 0.341 | 0.455 | 0.568 | 0.682 | 0.795 | 0.909 | 1.023 | 1.136 |
| $B_3$ | 0 | 0.049 | 0.190 | 0.411 | 0.696 | 1.025 | 1.377 | 1.737 | 2.093 | 2.435 | 2.756 |
| $C_3$ | 0 | 0.338 | 0.436 | 0.314 | 0.026 | −0.364 | −0.790 | −1.204 | −1.570 | −1.870 | −2.104 |
| $D_3$ | 0 | −0.805 | −1.200 | −1.176 | −0.829 | −0.301 | −0.267 | 0.774 | 1.163 | 1.420 | 1.553 |
| $F_3$ | 0 | 0.169 | 0.257 | 0.266 | 0.210 | 0.109 | −0.016 | −0.146 | −0.268 | −0.374 | −0.462 |

表 5-31 $\tan\beta=0.89(\beta=41°40'09'')$

| $\frac{k}{m}$ | 0 | 0.1 | 0.2 | 0.3 | 0.4 | 0.5 | 0.6 | 0.7 | 0.8 | 0.9 | 1.0 |
|---|---|---|---|---|---|---|---|---|---|---|---|
| $A_1$ | 1.262 | 1.010 | 0.757 | 0.505 | 0.252 | 0 | −0.252 | −0.505 | −0.757 | −1.010 | −1.262 |
| $B_1$ | −4.469 | −3.381 | −2.326 | −1.335 | −0.425 | 0.386 | 1.098 | 1.713 | 2.236 | 2.680 | 3.052 |
| $C_1$ | 5.085 | 3.772 | 2.423 | 1.155 | 0.057 | −0.823 | −1.474 | −1.914 | −2.176 | −2.298 | −2.319 |
| $D_1$ | −5.469 | −4.154 | −2.578 | −1.018 | 0.301 | 1.260 | 1.838 | 2.087 | 2.093 | 1.941 | 1.703 |
| $E_1$ | 1.000 | 0.900 | 0.800 | 0.700 | 0.600 | 0.500 | 0.400 | 0.300 | 0.200 | 0.100 | 0 |
| $F_1$ | 2.362 | 1.928 | 1.462 | 1.005 | 0.591 | 0.242 | −0.033 | −0.238 | −0.379 | −0.469 | −0.519 |
| $B_2$ | 1.000 | 1.003 | 1.022 | 1.072 | 1.160 | 1.290 | 1.461 | 1.666 | 1.899 | 2.152 | 2.417 |
| $C_2$ | 0 | 0.030 | 0.077 | 0.082 | 0.007 | −0.163 | −0.420 | −0.743 | −1.103 | −1.475 | −1.837 |
| $D_2$ | 0 | −0.110 | −0.342 | −0.548 | −0.617 | −0.505 | −0.231 | 0.149 | 0.573 | 0.985 | 1.349 |
| $F_2$ | 0 | 0.015 | 0.046 | 0.072 | 0.075 | 0.048 | −0.010 | −0.092 | −0.192 | −0.301 | −0.411 |
| $A_3$ | 0 | 0.112 | 0.225 | 0.337 | 0.449 | 0.562 | 0.674 | 0.787 | 0.899 | 1.011 | 1.124 |
| $B_3$ | 0 | 0.048 | 0.189 | 0.409 | 0.691 | 1.016 | 1.363 | 1.718 | 2.067 | 2.402 | 2.716 |
| $C_3$ | 0 | 0.336 | 0.431 | 0.308 | 0.020 | −0.366 | −0.787 | −1.192 | −1.549 | −1.841 | −2.064 |
| $D_3$ | 0 | −0.801 | −1.191 | −1.162 | −0.813 | −0.287 | 0.274 | 0.770 | 1.147 | 1.392 | 1.516 |
| $F_3$ | 0 | 0.172 | 0.260 | 0.268 | 0.210 | 0.108 | 0.018 | −0.148 | −0.270 | −0.376 | −0.462 |

表 5-32 $\tan\beta=0.90(\beta=41°59'4'')$

| $\frac{k}{m}$ | 0 | 0.1 | 0.2 | 0.3 | 0.4 | 0.5 | 0.6 | 0.7 | 0.8 | 0.9 | 1.0 |
|---|---|---|---|---|---|---|---|---|---|---|---|
| $A_1$ | 1.235 | 0.988 | 0.741 | 0.494 | 0.247 | 0 | −0.247 | −0.494 | −0.741 | −0.988 | −1.235 |
| $B_1$ | −4.383 | −3.312 | −2.275 | −1.301 | −0.410 | 0.384 | 1.079 | 1.677 | 2.186 | 2.615 | 2.974 |
| $C_1$ | 4.999 | 3.702 | 2.370 | 1.120 | 0.041 | −0.819 | −1.451 | −1.875 | −2.123 | −2.236 | −2.249 |
| $D_1$ | −5.383 | −4.084 | −2.523 | −0.981 | 0.318 | 1.254 | 1.811 | 2.044 | 2.039 | 1.881 | 1.643 |
| $E_1$ | 1.000 | 0.900 | 0.800 | 0.700 | 0.600 | 0.500 | 0.400 | 0.300 | 0.200 | 0.100 | 0 |
| $F_1$ | 2.369 | 1.932 | 1.462 | 1.002 | 0.587 | 0.238 | −0.037 | −0.239 | −0.378 | −0.465 | −0.513 |
| $B_2$ | 1.000 | 1.003 | 1.022 | 1.072 | 1.161 | 1.291 | 1.461 | 1.665 | 1.896 | 2.147 | 2.409 |
| $C_2$ | 0 | 0.030 | 0.077 | 0.082 | 0.005 | −0.166 | −0.423 | −0.794 | −1.101 | −1.467 | −1.822 |
| $D_2$ | 0 | −0.110 | −0.344 | −0.549 | −0.615 | −0.500 | −0.225 | 0.154 | 0.573 | 0.977 | 1.331 |
| $F_2$ | 0 | 0.016 | 0.047 | 0.073 | 0.076 | 0.048 | −0.011 | −0.095 | −0.196 | −0.305 | −0.416 |
| $A_3$ | 0 | 0.111 | 0.222 | 0.333 | 0.444 | 0.556 | 0.667 | 0.778 | 0.889 | 1.000 | 1.111 |
| $B_3$ | 0 | 0.048 | 0.188 | 0.406 | 0.686 | 1.007 | 1.350 | 1.699 | 2.042 | 2.370 | 2.677 |
| $C_3$ | 0 | 0.333 | 0.427 | 0.302 | 0.015 | −0.369 | −0.784 | −1.181 | −1.529 | −1.811 | −2.024 |
| $D_3$ | 0 | −0.797 | −1.182 | −1.149 | −0.797 | −0.273 | 0.281 | 0.766 | 1.132 | 1.365 | 1.479 |
| $F_3$ | 0 | 0.174 | 0.263 | 0.271 | 0.211 | 0.107 | −0.020 | −0.150 | −0.272 | −0.377 | −0.462 |

表 5-33 $\tan\beta = 0.91(\beta = 42°18'08'')$

| $\frac{k}{m}$ | 0 | 0.1 | 0.2 | 0.3 | 0.4 | 0.5 | 0.6 | 0.7 | 0.8 | 0.9 | 1.0 |
|---|---|---|---|---|---|---|---|---|---|---|---|
| $A_1$ | 1.208 | 0.966 | 0.725 | 0.483 | 0.242 | 0 | −0.242 | −0.483 | −0.725 | −0.966 | −1.208 |
| $B_1$ | −4.300 | −3.246 | −2.226 | −1.268 | −0.395 | 0.382 | 1.060 | 1.643 | 2.136 | 2.552 | 2.899 |
| $C_1$ | 4.917 | 3.636 | 2.319 | 1.086 | 0.026 | −0.815 | −1.429 | −1.837 | −2.072 | −2.175 | −2.182 |
| $D_1$ | −5.300 | −4.016 | −2.470 | −0.945 | 0.334 | 1.248 | 1.785 | 2.002 | 1.986 | 1.824 | 1.584 |
| $E_1$ | 1.000 | 0.900 | 0.800 | 0.700 | 0.600 | 0.500 | 0.400 | 0.300 | 0.200 | 0.100 | 0 |
| $F_1$ | 2.376 | 1.937 | 1.463 | 1.000 | 0.583 | 0.233 | −0.040 | −0.240 | −0.377 | −0.462 | −0.508 |
| $B_2$ | 1.000 | 1.003 | 1.023 | 1.072 | 1.161 | 1.292 | 1.461 | 1.664 | 1.894 | 2.142 | 2.401 |
| $C_2$ | 0 | 0.030 | 0.077 | 0.081 | 0.003 | −0.169 | −0.426 | −0.745 | −1.098 | −1.459 | −1.807 |
| $D_2$ | 0 | −0.111 | −0.345 | −0.549 | −0.613 | −0.495 | −0.218 | 0.159 | 0.573 | 0.969 | 1.313 |
| $F_2$ | 0 | 0.016 | 0.048 | 0.075 | 0.077 | 0.048 | −0.012 | −0.097 | −0.200 | −0.310 | −0.420 |
| $A_3$ | 0 | 0.110 | 0.220 | 0.330 | 0.440 | 0.549 | 0.659 | 0.769 | 0.879 | 0.989 | 1.099 |
| $B_3$ | 0 | 0.048 | 0.187 | 0.404 | 0.681 | 0.999 | 1.338 | 1.681 | 2.018 | 2.338 | 2.638 |
| $C_3$ | 0 | 0.331 | 0.422 | 0.296 | 0.009 | −0.371 | −0.781 | −1.170 | −1.509 | −1.782 | −1.986 |
| $D_3$ | 0 | −0.793 | −1.173 | −1.135 | −0.781 | −0.260 | 0.288 | 0.763 | 1.116 | 1.338 | 1.443 |
| $F_3$ | 0 | 0.176 | 0.266 | 0.273 | 0.212 | 0.106 | −0.022 | −0.153 | −0.274 | −0.378 | −0.462 |

表 5-34 $\tan\beta = 0.92(\beta = 42°36'51'')$

| $\frac{k}{m}$ | 0 | 0.1 | 0.2 | 0.3 | 0.4 | 0.5 | 0.6 | 0.7 | 0.8 | 0.9 | 1.0 |
|---|---|---|---|---|---|---|---|---|---|---|---|
| $A_1$ | 1.181 | 0.945 | 0.709 | 0.473 | 0.236 | 0 | −0.236 | −0.473 | −0.709 | −0.945 | −1.181 |
| $B_1$ | −4.220 | −3.182 | −2.178 | −1.237 | −0.380 | 0.380 | 1.040 | 1.610 | 2.089 | 2.491 | 2.827 |
| $C_1$ | 4.837 | 3.571 | 2.269 | 1.053 | 0.011 | −0.812 | −1.408 | −1.800 | −2.023 | −2.117 | −2.118 |
| $D_1$ | −5.220 | −3.951 | −2.418 | −0.910 | 0.349 | 1.242 | 1.759 | 1.961 | 1.935 | 1.769 | 1.531 |
| $E_1$ | 1.000 | 0.900 | 0.800 | 0.700 | 0.600 | 0.500 | 0.400 | 0.300 | 0.200 | 0.100 | 0 |
| $F_1$ | 2.383 | 1.941 | 1.464 | 0.997 | 0.578 | 0.229 | −0.043 | −0.241 | −0.375 | −0.458 | −0.502 |
| $B_2$ | 1.000 | 1.003 | 1.023 | 1.073 | 1.162 | 1.292 | 1.461 | 1.663 | 1.891 | 2.137 | 2.393 |
| $C_2$ | 0 | 0.030 | 0.077 | 0.080 | 0.001 | −0.172 | −0.429 | −0.747 | −1.096 | −1.451 | −1.793 |
| $D_2$ | 0 | −0.112 | −0.346 | −0.550 | −0.611 | −0.490 | −0.211 | 0.164 | 0.572 | 0.961 | 1.296 |
| $F_2$ | 0 | 0.016 | 0.050 | 0.076 | 0.078 | 0.048 | −0.013 | −0.100 | −0.203 | −0.314 | −0.425 |
| $A_3$ | 0 | 0.109 | 0.217 | 0.326 | 0.435 | 0.543 | 0.652 | 0.761 | 0.870 | 0.978 | 1.087 |
| $B_3$ | 0 | 0.048 | 0.186 | 0.402 | 0.677 | 0.991 | 1.325 | 1.664 | 1.994 | 2.308 | 2.601 |
| $C_3$ | 0 | 0.329 | 0.417 | 0.291 | 0.004 | −0.373 | −0.777 | −1.159 | −1.489 | −1.753 | −1.948 |
| $D_3$ | 0 | −0.787 | −1.164 | −1.122 | −0.766 | −0.247 | 0.294 | 0.759 | 1.101 | 1.312 | 1.409 |
| $F_3$ | 0 | 0.179 | 0.269 | 0.275 | 0.213 | 0.105 | −0.024 | −0.155 | −0.276 | −0.379 | −0.462 |

表 5-35　　$\tan\beta = 0.93(\beta = 42°55'22'')$

| $\frac{k}{m}$ | 0 | 0.1 | 0.2 | 0.3 | 0.4 | 0.5 | 0.6 | 0.7 | 0.8 | 0.9 | 1.0 |
|---|---|---|---|---|---|---|---|---|---|---|---|
| $A_1$ | 1.156 | 0.925 | 0.694 | 0.462 | 0.230 | 0 | −0.231 | −0.462 | −0.694 | −0.925 | −1.156 |
| $B_1$ | −4.142 | −3.120 | −2.131 | −1.207 | −0.366 | 0.378 | 1.025 | 1.577 | 2.043 | 2.433 | 2.757 |
| $C_1$ | 4.760 | 3.508 | 2.222 | 1.022 | −0.003 | −0.808 | −1.388 | −1.765 | −1.976 | −2.061 | −2.056 |
| $D_1$ | −5.142 | −3.887 | −2.368 | −0.875 | 0.364 | 1.236 | 1.734 | 1.921 | 1.886 | 1.715 | 1.479 |
| $E_1$ | 1.000 | 0.900 | 0.800 | 0.700 | 0.600 | 0.500 | 0.400 | 0.300 | 0.200 | 0.100 | 0 |
| $F_1$ | 2.391 | 1.945 | 1.464 | 0.995 | 0.574 | 0.225 | −0.046 | −0.242 | −0.374 | −0.455 | −0.496 |
| $B_2$ | 1.000 | 1.003 | 1.023 | 1.073 | 1.162 | 1.293 | 1.461 | 1.663 | 1.889 | 2.132 | 2.385 |
| $C_2$ | 0 | 0.030 | 0.077 | 0.080 | 0 | −0.175 | −0.432 | −0.748 | −1.094 | −1.444 | −1.778 |
| $D_2$ | 0 | −0.112 | −0.348 | −0.550 | −0.609 | −0.484 | −0.205 | 0.169 | 0.572 | 0.953 | 1.279 |
| $F_2$ | 0 | 0.017 | 0.051 | 0.077 | 0.079 | 0.049 | −0.014 | −0.103 | −0.207 | −0.318 | −0.429 |
| $A_3$ | 0 | 0.108 | 0.215 | 0.323 | 0.430 | 0.538 | 0.645 | 0.753 | 0.860 | 0.968 | 1.075 |
| $B_3$ | 0 | 0.047 | 0.185 | 0.399 | 0.672 | 0.983 | 1.313 | 1.646 | 1.970 | 2.278 | 2.564 |
| $C_3$ | 0 | 0.326 | 0.413 | 0.285 | −0.001 | −0.376 | −0.774 | −1.149 | −1.470 | −1.725 | −1.912 |
| $D_3$ | 0 | −0.785 | −1.155 | −1.109 | −0.750 | −0.234 | 0.300 | 0.755 | 1.086 | 1.287 | 1.375 |
| $F_3$ | 0 | 0.181 | 0.272 | 0.278 | 0.214 | 0.104 | −0.026 | −0.158 | −0.278 | −0.380 | −0.462 |

表 5-36　　$\tan\beta = 0.94(\beta = 43°13'43'')$

| $\frac{k}{m}$ | 0 | 0.1 | 0.2 | 0.3 | 0.4 | 0.5 | 0.6 | 0.7 | 0.8 | 0.9 | 1.0 |
|---|---|---|---|---|---|---|---|---|---|---|---|
| $A_1$ | 1.132 | 0.905 | 0.679 | 0.453 | 0.226 | 0 | −0.226 | −0.453 | −0.679 | −0.905 | −1.132 |
| $B_1$ | −4.067 | −3.059 | −2.086 | −1.177 | −0.353 | 0.376 | 1.008 | 1.546 | 1.998 | 2.376 | 2.690 |
| $C_1$ | 4.685 | 3.447 | 2.175 | 0.991 | −0.017 | −0.804 | −1.368 | −1.730 | −1.930 | −2.006 | −1.996 |
| $D_1$ | −5.067 | −3.826 | −2.320 | −0.840 | 0.378 | 1.230 | 1.709 | 1.882 | 1.838 | 1.664 | 1.428 |
| $E_1$ | 1.000 | 0.900 | 0.800 | 0.700 | 0.600 | 0.500 | 0.400 | 0.300 | 0.200 | 0.100 | 0 |
| $F_1$ | 2.398 | 1.949 | 1.465 | 0.992 | 0.570 | 0.220 | −0.049 | −0.243 | −0.373 | −0.451 | −0.491 |
| $B_2$ | 1.000 | 1.003 | 1.023 | 1.076 | 1.163 | 1.293 | 1.462 | 1.661 | 1.886 | 2.127 | 2.377 |
| $C_2$ | 0 | 0.030 | 0.077 | 0.079 | −0.002 | −0.178 | −0.435 | −0.705 | −1.091 | −1.436 | −1.764 |
| $D_2$ | 0 | −0.113 | −0.349 | −0.551 | −0.606 | −0.479 | −0.198 | 0.174 | 0.572 | 0.945 | 1.262 |
| $F_2$ | 0 | 0.017 | 0.052 | 0.079 | 0.081 | 0.049 | −0.016 | −0.105 | −0.211 | −0.323 | −0.434 |
| $A_3$ | 0 | 0.106 | 0.213 | 0.319 | 0.426 | 0.532 | 0.638 | 0.745 | 0.851 | 0.957 | 1.064 |
| $B_3$ | 0 | 0.047 | 0.184 | 0.397 | 0.668 | 0.975 | 1.301 | 1.629 | 1.947 | 2.249 | 2.529 |
| $C_3$ | 0 | 0.324 | 0.409 | 0.279 | −0.006 | −0.378 | −0.775 | −1.138 | −1.451 | −1.697 | −1.876 |
| $D_3$ | 0 | −0.781 | −1.147 | −1.096 | −0.735 | −0.221 | 0.306 | 0.751 | 1.071 | 1.262 | 1.342 |
| $F_3$ | 0 | 0.183 | 0.275 | 0.280 | 0.214 | 0.103 | −0.028 | −0.160 | −0.280 | −0.382 | −0.461 |

表 5-37 $\tan\beta=0.95(\beta=43°31'52'')$

| $\frac{k}{m}$ | 0 | 0.1 | 0.2 | 0.3 | 0.4 | 0.5 | 0.6 | 0.7 | 0.8 | 0.9 | 1.0 |
|---|---|---|---|---|---|---|---|---|---|---|---|
| $A_1$ | 1.108 | 0.886 | 0.665 | 0.443 | 0.222 | 0 | −0.222 | −0.443 | −0.665 | −0.886 | −1.108 |
| $B_1$ | −3.994 | −3.001 | −2.043 | −1.149 | −0.339 | 0.375 | 0.991 | 1.515 | 1.955 | 2.321 | 2.625 |
| $C_1$ | 4.612 | 3.387 | 2.129 | 0.961 | −0.030 | −0.801 | −1.348 | −1.696 | −1.885 | −1.954 | −1.939 |
| $D_1$ | −4.994 | −3.766 | −2.272 | −0.810 | 0.392 | 1.224 | 1.685 | 1.844 | 1.792 | 1.615 | 1.380 |
| $E_1$ | 1.000 | 0.900 | 0.800 | 0.700 | 0.600 | 0.500 | 0.400 | 0.300 | 0.200 | 0.100 | 0 |
| $F_1$ | 2.405 | 1.953 | 1.465 | 0.989 | 0.565 | 0.216 | −0.053 | −0.244 | −0.371 | −0.447 | −0.485 |
| $B_2$ | 1.000 | 1.003 | 1.023 | 1.074 | 1.163 | 1.294 | 1.462 | 1.661 | 1.884 | 2.122 | 2.369 |
| $C_2$ | 0 | 0.031 | 0.077 | 0.078 | −0.004 | −0.181 | −0.438 | −0.750 | −1.089 | −1.428 | −1.750 |
| $D_2$ | 0 | −0.114 | −0.351 | −0.552 | −0.604 | −0.476 | −0.192 | 0.178 | 0.571 | 0.937 | 1.245 |
| $F_2$ | 0 | 0.018 | 0.053 | 0.086 | 0.082 | 0.049 | −0.017 | −0.108 | −0.215 | −0.327 | −0.438 |
| $A_3$ | 0 | 0.105 | 0.211 | 0.316 | 0.421 | 0.526 | 0.632 | 0.737 | 0.842 | 0.947 | 1.053 |
| $B_3$ | 0 | 0.047 | 0.183 | 0.395 | 0.663 | 0.968 | 1.289 | 1.612 | 1.925 | 2.220 | 2.494 |
| $C_3$ | 0 | 0.322 | 0.405 | 0.274 | −0.011 | −0.380 | −0.768 | −1.128 | −1.432 | −1.670 | −1.842 |
| $D_3$ | 0 | −0.777 | −1.139 | −1.083 | −0.720 | −0.208 | 0.312 | 0.747 | 1.057 | 1.238 | 1.311 |
| $F_3$ | 0 | 0.186 | 0.278 | 0.282 | 0.215 | 0.102 | −0.030 | −0.163 | −0.282 | −0.383 | −0.461 |

表 5-38 $\tan\beta=0.96(\beta=43°49'51'')$

| $\frac{k}{m}$ | 0 | 0.1 | 0.2 | 0.3 | 0.4 | 0.5 | 0.6 | 0.7 | 0.8 | 0.9 | 1.0 |
|---|---|---|---|---|---|---|---|---|---|---|---|
| $A_1$ | 1.085 | 0.868 | 0.651 | 0.434 | 0.217 | 0 | −0.217 | −0.434 | −0.651 | −0.868 | −1.085 |
| $B_1$ | −3.923 | −2.944 | −2.001 | −1.121 | −0.327 | 0.373 | 0.975 | 1.485 | 1.913 | 2.268 | 2.562 |
| $C_1$ | 4.541 | 3.330 | 2.086 | 0.932 | −0.043 | −0.797 | −1.328 | −1.663 | −1.842 | −1.903 | −1.883 |
| $D_1$ | −4.923 | −3.708 | −2.226 | −0.779 | 0.405 | 1.218 | 1.661 | 1.807 | 1.747 | 1.567 | 1.333 |
| $E_1$ | 1.000 | 0.900 | 0.800 | 0.700 | 0.600 | 0.500 | 0.400 | 0.300 | 0.200 | 0.100 | 0 |
| $F_1$ | 2.413 | 1.958 | 1.465 | 0.987 | 0.561 | 0.211 | −0.056 | −0.245 | −0.370 | −0.444 | −0.480 |
| $B_2$ | 1.000 | 1.003 | 1.023 | 1.074 | 1.164 | 1.294 | 1.462 | 1.660 | 1.881 | 2.117 | 2.361 |
| $C_2$ | 0 | 0.031 | 0.077 | 0.077 | −0.006 | −0.184 | −0.441 | −0.751 | −1.086 | −1.420 | −1.736 |
| $D_2$ | 0 | −0.114 | −0.352 | −0.552 | −0.602 | −0.469 | −0.185 | 0.183 | 0.571 | 0.929 | 1.229 |
| $F_2$ | 0 | 0.018 | 0.054 | 0.082 | 0.083 | 0.049 | −0.018 | −0.111 | −0.218 | −0.331 | −0.442 |
| $A_3$ | 0 | 0.104 | 0.208 | 0.313 | 0.417 | 0.521 | 0.625 | 0.729 | 0.833 | 0.938 | 1.042 |
| $B_3$ | 0 | 0.047 | 0.183 | 0.393 | 0.659 | 0.960 | 1.277 | 1.595 | 1.903 | 2.192 | 2.459 |
| $C_3$ | 0 | 0.320 | 0.401 | 0.268 | −0.017 | −0.382 | −0.765 | −1.117 | −1.414 | −1.644 | −1.808 |
| $D_3$ | 0 | −0.773 | −1.131 | −1.071 | −0.706 | −0.196 | 0.317 | 0.743 | 1.042 | 1.214 | 1.280 |
| $F_3$ | 0 | 0.188 | 0.281 | 0.284 | 0.215 | 0.101 | −0.032 | −0.165 | −0.284 | −0.384 | −0.461 |

表 5-39 $\tan\beta = 0.97(\beta = 44°07'39'')$

| $\frac{k}{m}$ | 0 | 0.1 | 0.2 | 0.3 | 0.4 | 0.5 | 0.6 | 0.7 | 0.8 | 0.9 | 1.0 |
|---|---|---|---|---|---|---|---|---|---|---|---|
| $A_1$ | 1.063 | 0.850 | 0.638 | 0.425 | 0.213 | 0 | −0.213 | −0.425 | −0.638 | −0.850 | −1.063 |
| $B_1$ | −3.854 | −2.889 | −1.960 | −1.094 | −0.314 | 0.371 | 0.959 | 1.457 | 1.872 | 2.217 | 2.501 |
| $C_1$ | 4.473 | 3.274 | 2.043 | 0.904 | −0.055 | −0.793 | −1.309 | −1.632 | −1.800 | −1.854 | −1.830 |
| $D_1$ | −4.854 | −3.651 | −2.182 | −0.748 | 0.418 | 1.212 | 1.638 | 1.771 | 1.703 | 1.521 | 1.289 |
| $E_1$ | 1.000 | 0.900 | 0.800 | 0.700 | 0.600 | 0.500 | 0.400 | 0.300 | 0.200 | 0.100 | 0 |
| $F_1$ | 2.420 | 1.962 | 1.466 | 0.984 | 0.556 | 0.207 | −0.059 | −0.246 | −0.369 | −0.440 | −0.475 |
| $B_2$ | 1.000 | 1.003 | 1.023 | 1.075 | 1.165 | 1.295 | 1.462 | 1.659 | 1.879 | 2.112 | 2.353 |
| $C_2$ | 0 | 0.031 | 0.077 | 0.077 | −0.008 | −0.187 | −0.444 | −0.752 | −1.084 | −1.413 | −1.722 |
| $D_2$ | 0 | −0.115 | −0.354 | −0.553 | −0.602 | −0.464 | −0.179 | 0.187 | 0.570 | 0.921 | 1.212 |
| $F_2$ | 0 | 0.018 | 0.055 | 0.083 | 0.084 | 0.049 | −0.020 | −0.114 | −0.222 | −0.336 | −0.447 |
| $A_3$ | 0 | 0.103 | 0.206 | 0.309 | 0.412 | 0.515 | 0.619 | 0.722 | 0.825 | 0.928 | 1.031 |
| $B_3$ | 0 | 0.047 | 0.182 | 0.391 | 0.655 | 0.953 | 1.266 | 1.579 | 1.881 | 2.164 | 2.426 |
| $C_3$ | 0 | 0.318 | 0.396 | 0.263 | −0.022 | −0.385 | −0.762 | −1.108 | −1.397 | −1.618 | −1.775 |
| $D_3$ | 0 | −0.770 | −1.123 | −1.058 | −0.691 | −0.184 | 0.323 | 0.739 | 1.028 | 1.191 | 1.250 |
| $F_3$ | 0 | 0.190 | 0.284 | 0.286 | 0.216 | 0.100 | −0.034 | −0.167 | −0.286 | −0.384 | −0.460 |

表 5-40 $\tan\beta = 0.98(\beta = 44°25'17'')$

| $\frac{k}{m}$ | 0 | 0.1 | 0.2 | 0.3 | 0.4 | 0.5 | 0.6 | 0.7 | 0.8 | 0.9 | 1.0 |
|---|---|---|---|---|---|---|---|---|---|---|---|
| $A_1$ | 1.041 | 0.833 | 0.625 | 0.416 | 0.208 | 0 | −0.208 | −0.416 | −0.625 | −0.833 | −1.041 |
| $B_1$ | −3.787 | −2.836 | −1.920 | −1.069 | −0.302 | 0.369 | 0.944 | 1.429 | 1.833 | 2.167 | 2.442 |
| $C_1$ | 4.406 | 3.220 | 2.001 | 0.876 | −0.067 | −0.789 | −1.291 | −1.601 | −1.759 | −1.806 | −1.778 |
| $D_1$ | −4.787 | −3.596 | −2.138 | −0.719 | 0.430 | 1.205 | 1.615 | 1.736 | 1.660 | 1.477 | 1.246 |
| $E_1$ | 1.000 | 0.900 | 0.800 | 0.700 | 0.600 | 0.500 | 0.400 | 0.300 | 0.200 | 0.100 | 0 |
| $F_1$ | 2.427 | 1.966 | 1.466 | 0.981 | 0.552 | 0.203 | −0.062 | −0.247 | −0.367 | −0.437 | −0.469 |
| $B_2$ | 1.000 | 1.003 | 1.023 | 1.075 | 1.165 | 1.295 | 1.462 | 1.658 | 1.876 | 2.107 | 2.345 |
| $C_2$ | 0 | 0.031 | 0.077 | 0.076 | −0.010 | −0.189 | −0.446 | −0.753 | −1.081 | −1.405 | −1.708 |
| $D_2$ | 0 | −0.116 | −0.355 | −0.553 | −0.597 | −0.458 | −0.173 | 0.192 | 0.569 | 0.913 | 1.196 |
| $F_2$ | 0 | 0.019 | 0.056 | 0.085 | 0.085 | 0.049 | −0.021 | −0.116 | −0.226 | −0.340 | −0.451 |
| $A_3$ | 0 | 0.102 | 0.204 | 0.306 | 0.408 | 0.510 | 0.612 | 0.714 | 0.816 | 0.918 | 1.020 |
| $B_3$ | 0 | 0.046 | 0.181 | 0.389 | 0.651 | 0.946 | 1.255 | 1.563 | 1.860 | 2.137 | 2.393 |
| $C_3$ | 0 | 0.316 | 0.392 | 0.258 | −0.026 | −0.387 | −0.759 | −1.098 | −1.379 | −1.593 | −1.742 |
| $D_3$ | 0 | −0.767 | −1.115 | −1.046 | −0.677 | −0.172 | 0.328 | 0.735 | 1.014 | 1.169 | 1.221 |
| $F_3$ | 0 | 0.193 | 0.287 | 0.288 | 0.216 | 0.099 | −0.036 | −0.170 | −0.288 | −0.385 | −0.460 |

表 5-41　　$\tan\beta = 0.99(\beta = 44°42'44'')$

| $\frac{k}{m}$ | 0 | 0.1 | 0.2 | 0.3 | 0.4 | 0.5 | 0.6 | 0.7 | 0.8 | 0.9 | 1.0 |
|---|---|---|---|---|---|---|---|---|---|---|---|
| $A_1$ | 1.020 | 0.816 | 0.612 | 0.408 | 0.204 | 0 | −0.204 | −0.408 | −0.612 | −0.816 | −1.020 |
| $B_1$ | −3.723 | −2.784 | −1.881 | −1.043 | −0.291 | 0.367 | 0.929 | 1.402 | 1.795 | 2.119 | 2.385 |
| $C_1$ | 4.342 | 3.167 | 1.961 | 0.850 | −0.079 | −0.785 | −1.273 | −1.570 | −1.719 | −1.760 | −1.728 |
| $D_1$ | −4.723 | −3.543 | −2.096 | −0.690 | 0.442 | 1.199 | 1.593 | 1.701 | 1.619 | 1.434 | 1.205 |
| $E_1$ | 1.000 | 0.900 | 0.800 | 0.700 | 0.600 | 0.500 | 0.400 | 0.300 | 0.200 | 0.100 | 0 |
| $F_1$ | 2.435 | 1.971 | 1.467 | 0.978 | 0.548 | 0.198 | −0.065 | −0.248 | −0.366 | −0.433 | −0.464 |
| $B_2$ | 1.000 | 1.003 | 1.024 | 1.075 | 1.166 | 1.296 | 1.462 | 1.658 | 1.874 | 2.103 | 2.338 |
| $C_2$ | 0 | 0.031 | 0.077 | 0.075 | −0.012 | −0.192 | −0.449 | −0.754 | −1.078 | −1.397 | −1.694 |
| $D_2$ | 0 | −0.116 | −0.357 | −0.553 | −0.595 | −0.453 | −0.166 | 0.196 | 0.569 | 0.905 | 1.181 |
| $F_2$ | 0 | 0.019 | 0.057 | 0.086 | 0.086 | 0.049 | 0.023 | −0.119 | −0.230 | −0.344 | −0.455 |
| $A_3$ | 0 | 0.101 | 0.202 | 0.303 | 0.404 | 0.505 | 0.606 | 0.707 | 0.808 | 0.909 | 1.010 |
| $B_3$ | 0 | 0.046 | 0.180 | 0.387 | 0.647 | 0.939 | 1.244 | 1.547 | 1.839 | 2.111 | 2.361 |
| $C_3$ | 0 | 0.314 | 0.388 | 0.252 | −0.031 | −0.389 | −0.756 | −1.088 | −1.362 | −1.568 | −1.711 |
| $D_3$ | 0 | −0.763 | −1.108 | −1.034 | −0.663 | −0.160 | 0.333 | 0.731 | 1.001 | 1.147 | 1.192 |
| $F_3$ | 0 | 0.195 | 0.290 | 0.291 | 0.217 | 0.098 | −0.038 | −0.172 | −0.290 | −0.386 | −0.460 |

表 5-42　　$\tan\beta = 1.0(\beta = 45°)$

| $\frac{k}{m}$ | 0 | 0.1 | 0.2 | 0.3 | 0.4 | 0.5 | 0.6 | 0.7 | 0.8 | 0.9 | 1.0 |
|---|---|---|---|---|---|---|---|---|---|---|---|
| $A_1$ | 1.000 | 0.800 | 0.600 | 0.400 | 0.200 | 0 | −0.200 | −0.400 | −0.600 | −0.800 | −1.000 |
| $B_1$ | −3.660 | −2.734 | −1.844 | −1.019 | −0.279 | 0.365 | 0.914 | 1.375 | 1.757 | 2.072 | 2.330 |
| $C_1$ | 4.279 | 3.116 | 1.922 | 0.824 | −0.090 | −0.782 | −1.255 | −1.541 | −1.681 | −1.716 | −1.680 |
| $D_1$ | −4.660 | −3.492 | −2.055 | −0.663 | 0.454 | 1.193 | 1.571 | 1.668 | 1.580 | 1.393 | 1.165 |
| $E_1$ | 1.000 | 0.900 | 0.800 | 0.700 | 0.600 | 0.500 | 0.400 | 0.300 | 0.200 | 0.100 | 0 |
| $F_1$ | 2.442 | 1.975 | 1.467 | 0.975 | 0.543 | 0.194 | −0.068 | −0.249 | −0.365 | −0.430 | −0.459 |
| $B_2$ | 1.000 | 1.003 | 1.024 | 1.076 | 1.166 | 1.297 | 1.462 | 1.657 | 1.871 | 2.098 | 2.330 |
| $C_2$ | 0 | 0.031 | 0.077 | 0.074 | −0.014 | −0.195 | −0.452 | −0.755 | −1.076 | −1.390 | −1.680 |
| $D_2$ | 0 | −0.117 | −0.358 | −0.554 | −0.592 | −0.447 | −0.160 | 0.200 | 0.568 | 0.898 | 1.165 |
| $F_2$ | 0 | 0.020 | 0.059 | 0.088 | 0.087 | 0.048 | −0.024 | −0.122 | −0.233 | −0.348 | −0.459 |
| $A_3$ | 0 | 0.100 | 0.200 | 0.300 | 0.400 | 0.500 | 0.600 | 0.700 | 0.800 | 0.900 | 1.000 |
| $B_3$ | 0 | 0.046 | 0.179 | 0.385 | 0.643 | 0.932 | 1.233 | 1.532 | 1.818 | 2.085 | 2.330 |
| $C_3$ | 0 | 0.312 | 0.384 | 0.247 | −0.036 | −0.391 | −0.753 | −1.079 | −1.345 | −1.544 | −1.680 |
| $D_3$ | 0 | −0.761 | −1.100 | −1.022 | −0.650 | −0.149 | 0.338 | 0.727 | 0.987 | 1.125 | 1.165 |
| $F_3$ | 0 | 0.197 | 0.293 | 0.293 | 0.217 | 0.097 | −0.041 | −0.174 | −0.292 | −0.387 | −0.459 |

表 5-43 $\tan\beta = 1.5\,(\beta = 56°18'36'')$

| $\frac{k}{m}$ | 0 | 0.1 | 0.2 | 0.3 | 0.4 | 0.5 | 0.6 | 0.7 | 0.8 | 0.9 | 1.0 |
|---|---|---|---|---|---|---|---|---|---|---|---|
| $A_1$ | 0.4444 | 0.3555 | 0.2666 | 0.1777 | 0.0888 | 0 | −0.0888 | −0.1777 | −0.2666 | −0.3555 | −0.4444 |
| $B_1$ | −1.9002 | −1.3287 | −0.8045 | −0.3591 | −0.0023 | 0.2721 | 0.4781 | 0.6311 | 0.7445 | 0.8290 | 0.8924 |
| $C_1$ | 2.5306 | 1.6630 | 0.7969 | 0.1071 | −0.3444 | −0.5853 | −0.6780 | −0.6816 | −0.6391 | −0.5770 | −0.5102 |
| $D_1$ | −2.9002 | −1.9994 | −0.8197 | 0.1434 | 0.6825 | 0.8553 | 0.8109 | 0.6753 | 0.5223 | 0.3853 | 0.2746 |
| $E_1$ | 1.0000 | 0.9000 | 0.8000 | 0.7000 | 0.6000 | 0.5000 | 0.4000 | 0.3000 | 0.2000 | 0.1000 | 0 |
| $F_1$ | 2.8580 | 2.1890 | 1.4470 | 0.7952 | 0.3138 | 0.0045 | −0.5104 | −0.2551 | −0.2850 | −0.2845 | −0.2685 |
| $B_2$ | 1.0000 | 1.0042 | 1.0314 | 1.0940 | 1.1919 | 1.3161 | 1.4555 | 1.6001 | 1.7429 | 1.8796 | 2.0078 |
| $C_2$ | 0 | 0.0374 | 0.0717 | 0.0217 | −0.1240 | −0.3292 | −0.5491 | −0.7514 | −0.9203 | −1.0516 | −1.1479 |
| $D_2$ | 0 | −0.1573 | −0.4253 | −0.5396 | −0.4317 | −0.1871 | 0.0832 | 0.3105 | 0.4715 | 0.5695 | 0.6178 |
| $F_2$ | 0 | 0.0493 | 0.1302 | 0.1610 | 0.1130 | 0.0026 | −0.1380 | −0.2812 | −0.4105 | −0.5185 | −0.6041 |
| $A_3$ | 0 | 0.0666 | 0.1333 | 0.2000 | 0.2666 | 0.3333 | 0.4000 | 0.4666 | 0.5333 | 0.6000 | 0.6666 |
| $B_3$ | 0 | 0.0425 | 0.1596 | 0.3256 | 0.5118 | 0.6960 | 0.8653 | 1.0090 | 1.1411 | 1.2484 | 1.3386 |
| $C_3$ | 0 | 0.2494 | 0.2391 | 0.0482 | −0.2067 | −0.4390 | −0.6101 | −0.7156 | −0.7669 | −0.7789 | −0.7652 |
| $D_3$ | 0 | −0.6744 | −0.8317 | −0.5672 | −0.1550 | 0.1960 | 0.4111 | 0.5024 | 0.5098 | 0.4710 | 0.4119 |
| $F_3$ | 0 | 0.3284 | 0.4341 | 0.3578 | 0.1883 | 0.0034 | −0.1534 | −0.2678 | −0.3421 | −0.3841 | −0.4027 |

表 5-44 $\tan\beta = 2.0\,(\beta = 63°26'06'')$

| $\frac{k}{m}$ | 0 | 0.1 | 0.2 | 0.3 | 0.4 | 0.5 | 0.6 | 0.7 | 0.8 | 0.9 | 1.0 |
|---|---|---|---|---|---|---|---|---|---|---|---|
| $A_1$ | 0.2500 | 0.2000 | 0.1500 | 01000 | 0.0500 | 0 | −0.0500 | −0.1000 | −0.1500 | −0.2000 | −0.2500 |
| $B_1$ | −1.2400 | −0.8036 | −0.4276 | −0.1406 | 0.0620 | 0.1996 | 0.2920 | 0.3543 | 0.3970 | 0.4268 | 0.4480 |
| $C_1$ | 1.8789 | 1.0826 | 0.3441 | −0.1324 | −0.3543 | −0.4152 | −0.3979 | −0.3512 | −0.2986 | −0.2499 | −0.2080 |
| $D_1$ | −2.2400 | −1.3701 | −0.2641 | 0.4132 | 0.6135 | 0.5600 | 0.4305 | 0.3054 | 0.2077 | 0.1378 | 0.0896 |
| $E_1$ | 1.0000 | 0.9000 | 0.8000 | 0.7000 | 0.6000 | 0.5000 | 0.4000 | 0.3000 | 0.2000 | 0.1000 | 0 |
| $F_1$ | 3.3217 | 2.3762 | 1.3515 | 0.5769 | 0.1173 | −0.1090 | −0.1995 | −0.2213 | −0.2123 | −0.1915 | −0.1678 |
| $B_2$ | 1.0000 | 1.0057 | 1.0399 | 1.1112 | 1.2094 | 1.3197 | 1.4304 | 1.5350 | 1.6303 | 1.7159 | 1.7920 |
| $C_2$ | 0 | 0.0433 | 0.0551 | −0.0477 | −0.2267 | −0.4152 | −0.5729 | −0.6883 | −0.7645 | −0.8097 | −0.8321 |
| $D_2$ | 0 | −0.2039 | 0.4684 | −0.4616 | −0.2470 | 0 | 0.1865 | 0.2979 | 0.3508 | 0.3656 | 0.3584 |
| $F_2$ | 0 | 0.0950 | 0.2162 | 0.2077 | 0.0751 | −0.1090 | −0.2871 | −0.4338 | −0.5435 | −0.6204 | −0.6710 |
| $A_3$ | 0 | 0.0500 | 0.1000 | 0.1500 | 0.2000 | 0.2500 | 0.3000 | 0.3500 | 0.4000 | 0.4500 | 0.5000 |
| $B_3$ | 0 | 0.0431 | 0.1545 | 0.2965 | 0.4371 | 0.5600 | 0.6610 | 0.7416 | 0.8054 | −0.8559 | 0.8960 |
| $C_3$ | 0 | 0.2165 | 0.1376 | −0.0795 | −0.2834 | −0.4152 | −0.4775 | −0.4916 | −0.4778 | 0.4498 | −0.4161 |
| $D_3$ | 0 | −0.6468 | −0.6383 | −0.2607 | 0.0910 | 0.2800 | 0.3360 | 0.3202 | 0.2758 | −0.2256 | 0.1792 |
| $F_3$ | 0 | 0.4752 | 0.5406 | 0.3461 | 0.0938 | −0.1090 | −0.2394 | −0.3099 | −0.3397 | 0.3447 | −0.3355 |

$$\sigma_y = 2.041\times40-2.2\times1\times40+8\times(-6.841)+\frac{98.56\times2.236}{0.7\times40}+\frac{64\times7.452}{40}+\frac{354.6\times(-7.841)}{40^2}$$

$$=81.64-88-54.728+7.870+11.923-1.738$$

$$=-43$$

$$\tau=0$$

在上游面，因 $\tau=0$，故 $\sigma_x$ 及 $\sigma_y$ 即为主应力。所求得的 $\sigma_y=-43$ 与前面按公式求得之值是一致的。

## 第四节　基础内应力计算

设计重力坝时，不仅要求知道坝体内部的应力分布状态，同时也希望知道基础内的应力情况。从图 5-10 中显然可见，基础上主要承受三类荷载：①自重；②均匀的上游（或下游）库水压力；③坝体对基础面的作用力。第三类荷载又可分为垂直力 $p$ 及剪力 $q$ 两部分。$p$ 和 $q$ 的分布方式，是很难精确确定的（确定 $p$ 和 $q$ 的分布，正是重力坝的弹性理论分析中的一个重要任务）。但在计算基础内的应力时，我们常可用其静力当量代替之，这对计算离开坝底稍远处的基础内应力，是没有显著影响的。

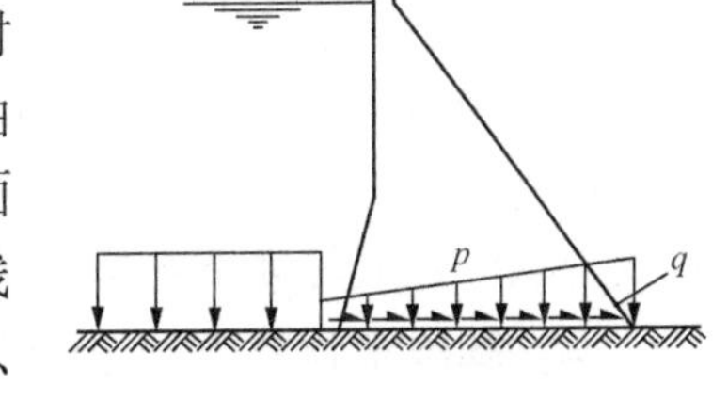

图 5-10　基础受荷情况

最简单和粗糙的处理方法，是将 $p$ 及 $q$ 合成为一对集中荷载 $P$ 及 $Q$，作用在基础面上。$P$ 及 $Q$ 的数值可由平衡条件得之，其作用点则置于 $p$、$q$ 合力通过基础面的地方。要作比较正确的计算时，可假定 $p$ 及 $q$ 呈线性分布，即 $p=a+bx$，$q=c+dx$。当然也可进而假定 $p$、$q$ 呈二次或二次以上的曲线分布，如 $p=a+bx+cx^2+\cdots$，$q=a'+b'x+c'x^2+\cdots$。注意，如果采用本章第二、三节中的公式，计算坝底截面处的应力 $\sigma_y$ 及 $\tau$，作为作用在基础面上的荷载 $p$ 及 $q$ 时，在一般的荷载下，$p$ 及 $q$ 多为 $x$ 的一、二、三次曲线（仅在上游面均布荷载作用下，才出现 $\tan^{-1}\dfrac{x}{y}$ 的函数形式，但这一函数也可极近似地以 $x$ 的二项或三项式表示之）。

下面我们分别讨论在各种情况下的基础应力公式。

### 一、在自重作用下的基础应力

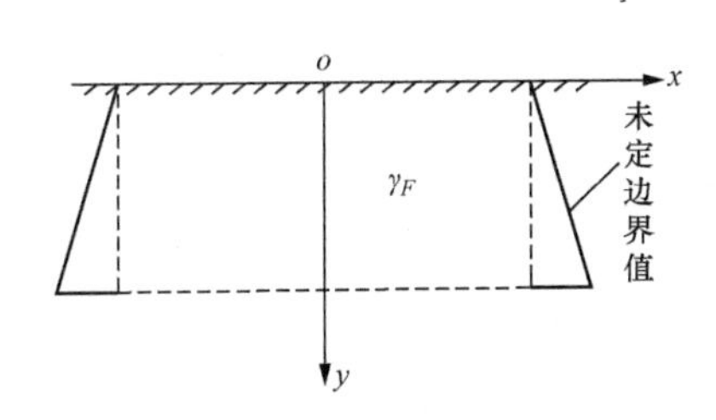

图 5-11　承受自重的基础体

如图 5-11 所示，取 $y$ 轴垂直向下，$x$ 轴与基础面相重，并指向下游。则在基础自重作用下，应力函数是：

$$F=\frac{1}{1-\mu_F}\gamma_F\frac{y^3}{6} \tag{5-94}$$

式中，$\gamma_F$ 及 $\mu_F$ 是基岩的容重及泊松比。

其应力为：

$$
\left.\begin{aligned}
\sigma_x &= -\frac{\mu_F}{1-\mu_F}\gamma_F y \\
\sigma_y &= -\gamma_F y \\
\tau &= 0
\end{aligned}\right\} \tag{5-95}
$$

这组应力满足平衡条件、相容条件和基础表面上的边界条件，似乎即为唯一的解答。但实际上，问题远较复杂，因为现在的边界条件是不够明确的，我们只知道在 $y=0$ 的线上 $\sigma_x=\sigma_y=\tau=0$ 为其边界条件之一，但并不知道在 $x=\pm\infty$ 线上的应力条件如何。所以，我们不能把式（5-95）作为这个情况下的唯一解答。为了更全面一些，不如取：

$$
\left.\begin{aligned}
\sigma_x &= k\,\sigma_y = -k\,\gamma_F y \\
\sigma_y &= -\gamma_F y \\
\tau &= 0
\end{aligned}\right\} \tag{5-96}
$$

容易证明，上面这一组应力同样满足平衡、相容和基础表面上的边界条件。这里 $k$ 是 $\sigma_x$ 与 $\sigma_y$ 的一个比值，须根据具体条件来判断选择。$k$ 值将在 $\frac{\mu_F}{1-\mu_F}$～1.0 之间变化。实际上，本情况就表示在建坝前基础内的自然应力状况，或称为原始应力状况。这种原始应力，不仅与基岩材料有关，而且还取决于地质条件，要精确地确定它极为困难。根据近年来对隧洞内地层压力的研究得知，在坚固的岩基下，以及在离地表较深处，$k$ 的数值将更接近于 1。也就是说，基岩内部存在着较大的原始水平压应力，这一点，对重力坝或隧洞等地下结构的修建来说，是有利的。

## 二、在集中荷载 *P* 和 *Q* 作用下的基础应力

设在基础面上有一集中垂直荷载 $P$ 作用。取坐标系统如图 5-12 所示，可求出应力函数为：

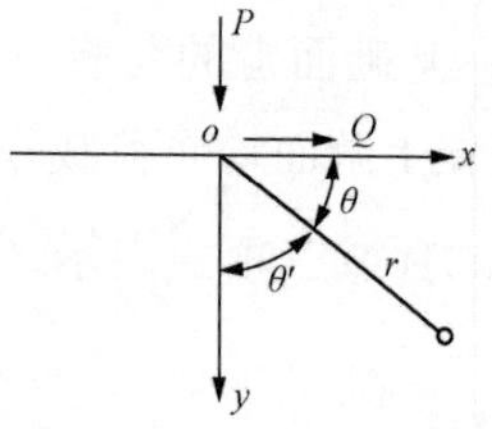


图 5-12　基础面上的集中力

$$
F = \frac{P}{\pi} r\,\theta\cos\theta = \frac{P}{\pi} x\tan^{-1}\frac{y}{x} \tag{5-97}
$$

或当极角从 $y$ 轴量起时，

$$
F = \frac{P}{\pi} r\,\theta'\sin\theta' \tag{5-97'}
$$

应力为：

$$
\left.\begin{aligned}
\sigma_r &= -\frac{2P}{\pi}\cdot\frac{\sin\theta}{r} = -\frac{2P}{\pi}\cdot\frac{\cos\theta'}{r} \\
\sigma_\theta &= 0 \\
\tau_{r\theta} &= 0
\end{aligned}\right\} \tag{5-98}
$$

在垂直坐标中则为：

$$\left.\begin{aligned}
\sigma_x &= -\frac{2P}{\pi}\cdot\frac{\sin\theta\cos^2\theta}{r} = -\frac{2P}{\pi}\cdot\frac{x^2 y}{(x^2+y^2)^2}\\
&= -\frac{2P}{\pi}\cdot\frac{\cos\theta'\sin^2\theta'}{r}\\
\sigma_y &= -\frac{2P}{\pi}\cdot\frac{\sin^3\theta}{r} = -\frac{2P}{\pi}\cdot\frac{y^3}{(x^2+y^2)^2}\\
&= -\frac{2P}{\pi}\cdot\frac{\cos^3\theta'}{r};\\
\tau_{xy} &= -\frac{2P}{\pi}\cdot\frac{\sin^2\theta\cos\theta}{r} = -\frac{2P}{\pi}\cdot\frac{xy^2}{(x^2+y^2)^2}\\
&= -\frac{2P}{\pi}\cdot\frac{\sin\theta'\cos^2\theta'}{r}
\end{aligned}\right\}\tag{5-99}$$

在这个情况下的位移公式是很有用的，它们是：

$$\upsilon(\text{切向位移}) = -\frac{2P}{\pi E}\cos\theta'\log r - \frac{(1-\mu)P}{\pi E}\theta'\sin\theta' + A\sin\theta' + B\cos\theta'$$

$$\begin{aligned}
u(\text{径向位移}) = &\frac{2\mu P}{\pi E}\sin\theta' + \frac{2P}{\pi E}\log r\cdot\sin\theta' - \frac{(1-\mu)P}{\pi E}\theta'\cos\theta'\\
&+\frac{(1-\mu)P}{\pi E}\sin\theta' + A\cos\theta' - B\sin\theta' + C_r
\end{aligned}$$

$A$、$B$、$C$ 为表示刚体位移的三个常数。由条件：

$\theta'=0$，$u=0$

$\theta'=0$，$y=d$，$\upsilon=0$　　(假定在$\theta'=0$、$y=d$处无垂直位移)

可求出 $A=C=0$，$B=\frac{2P}{\pi E}\log d$，故

$$\begin{aligned}
\upsilon = &\frac{2\mu P}{\pi E}\sin\theta' + \frac{2P}{\pi E}\log r\cdot\sin\theta' - \frac{(1-\mu)P}{\pi E}\theta'\cos\theta'\\
&+\frac{(1-\mu)P}{\pi E}\sin\theta' - \frac{2P}{\pi E}\log d\cdot\sin\theta'\\
u = &-\frac{2P}{\pi E}\cos\theta'\log r - \frac{(1-\mu)P}{\pi E}\theta'\sin\theta' + \frac{2P}{\pi E}\log d\cdot\cos\theta'
\end{aligned}$$

最重要的是基础面上的沉陷及变位，即在上面 $u$ 及 $\upsilon$ 的公式中置 $\theta'=\pm\frac{\pi}{2}$：

$$\left.\begin{aligned}
u &= \frac{(1-\mu)P}{2E}(\text{水平位移})\\
\upsilon &= \pm\left[\frac{2P}{\pi E}\log r - \frac{2P}{\pi E}\log d + \frac{(1+\mu)P}{\pi E}\right](\text{垂直沉陷})
\end{aligned}\right\}\tag{5-100}$$

其次，设在基础面上有一集中水平剪力 $Q$ 作用，则相应的公式为：

$$
\left.\begin{aligned}
&F=-\frac{Q}{\pi}r\,\theta\sin\theta=-\frac{Qy}{\pi}\tan^{-1}\frac{y}{x}\\
&\sigma_r=-\frac{2Q}{\pi}\bullet\frac{\cos\theta}{r}\\
&\sigma_\theta=0\\
&\tau_{r\theta}=0
\end{aligned}\right\}\tag{5-101}
$$

或

$$
\left.\begin{aligned}
&\sigma_x=-\frac{2Q}{\pi}\bullet\frac{\cos^3\theta}{r}=-\frac{2Q}{\pi}\bullet\frac{x^3}{(x^2+y^2)^2}\\
&\sigma_y=-\frac{2Q}{\pi}\bullet\frac{\cos\theta\sin^2\theta}{r}=-\frac{2Q}{\pi}\bullet\frac{xy^2}{(x^2+y^2)^2}\\
&\tau_{xy}=-\frac{2Q}{\pi}\bullet\frac{\cos^2\theta\sin\theta}{r}=-\frac{2Q}{\pi}\bullet\frac{x^2y}{(x^2+y^2)^2}
\end{aligned}\right\}\tag{5-102}
$$

### 三、在均匀荷载作用下的基础应力

图 5-13 中表示边界上作用着一段均匀压力 $p_0$。这个问题的解答，可用叠加原理求出，其最终成果可以整理为：

$$
\left.\begin{aligned}
&\sigma_x=\frac{p_0}{2\pi}[(2\alpha_1-\sin2\alpha_1)-(2\alpha_2-\sin2\alpha_2)]\\
&\sigma_y=\frac{p_0}{2\pi}[(2\alpha_1+\sin2\alpha_1)-(2\alpha_2+\sin2\alpha_2)]\\
&\tau_{xy}=\frac{p_0}{2\pi}(\cos2\alpha_1-\cos2\alpha_2)
\end{aligned}\right\}\tag{5-103}
$$

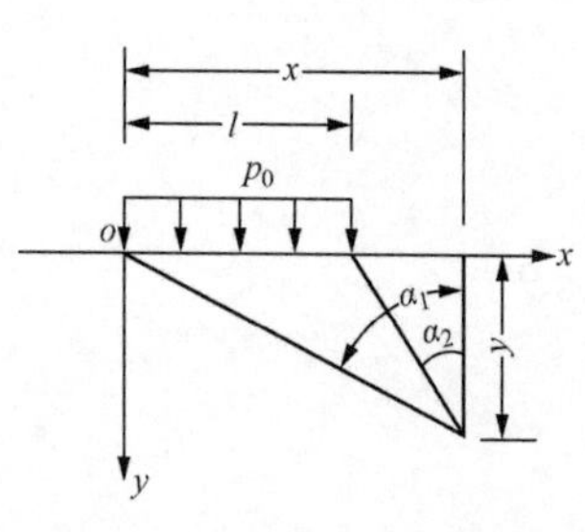


图 5-13　基础面上的均布力

式中，$\alpha_1$ 及 $\alpha_2$ 为控制计算点的两个角坐标，其定义见图 5-13，均以从垂直线顺时针向量取为正，反之为负（图 5-13 中所示点的 $\alpha_1$ 及 $\alpha_2$ 均为负值）。采用 $\alpha_1$ 及 $\alpha_2$ 后，应力的公式比用 $x$、$y$ 简便。

图 5-14 中表示在上游库水压力 $p_0$ 作用下的情况。假定库水压力延伸至无限远，本情况的解答可自上一情况中推导出来（置 $\alpha_1=-\dfrac{\pi}{2}$，$\alpha_2=\alpha$）：

$$
\left.\begin{aligned}
&\sigma_x=-\frac{p_0}{2\pi}(\pi+2\alpha-\sin2\alpha)=-\frac{p_0}{2\pi}\left(\pi-2\tan^{-1}\frac{x}{y}+\frac{2xy}{x^2+y^2}\right)\\
&\sigma_y=-\frac{p_0}{2\pi}(\pi+2\alpha+\sin2\alpha)=-\frac{p_0}{2\pi}\left(\pi-2\tan^{-1}\frac{x}{y}-\frac{2xy}{x^2+y^2}\right)\\
&\tau_{xy}=-\frac{p_0}{2\pi}(1+\cos2\alpha)=-\frac{p_0}{2\pi}\bullet2\cos^2\alpha=-\frac{p_0}{\pi}-\frac{y^2}{x^2+y^2}
\end{aligned}\right\}\tag{5-104}
$$

这个情况在极坐标中的解答是：

$$
\left.\begin{aligned}
\sigma_r &= -\frac{p_0}{\pi}\left(\pi-\theta-\frac{1}{2}\sin 2\theta\right)\\
\sigma_\theta &= -\frac{p_0}{\pi}\left(\pi-\theta+\frac{1}{2}\sin 2\theta\right)\\
\tau_{r\theta} &= -\frac{p_0}{2\pi}(1-\cos 2\theta)
\end{aligned}\right\} \tag{5-105}
$$

$\theta$的定义见图 5-14。

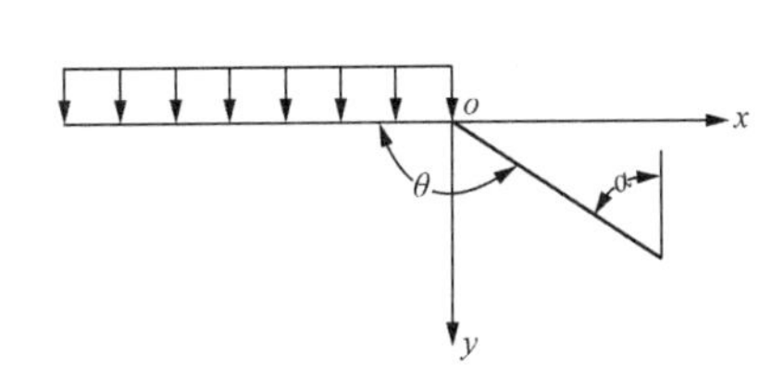


图 5-14　上游库水压力作用下的情况

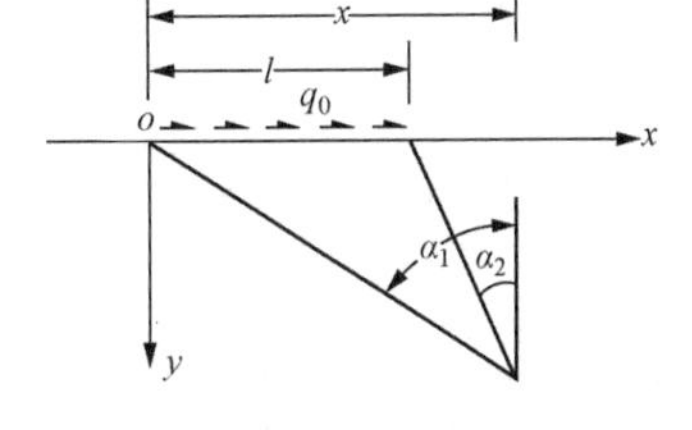


图 5-15　基础面上的均布剪力

在承受局部均布压力时，基础面的沉陷为：

$$
\upsilon_0 = \frac{2p_0}{\pi E}\left[(l+x)\log\frac{d}{l+x} - x\log\frac{d}{x}\right] + \frac{1-\mu}{\pi E}p_0 l \tag{5-106}
$$

式中，$E$ 为材料的弹性模量。此时，坐标系统是这样取的，即荷载在 $x$～$1+x$ 间。上式适用于无荷载段，在荷载段内的表面沉陷为：

$$
\upsilon_0 = \frac{2p_0}{\pi E}\left[(l-x)\log\frac{d}{l-x} + x\log\frac{d}{x}\right] + \frac{1-\mu}{\pi E}p_0 l \tag{5-107}
$$

图 5-15 中表示边界上作用着一段均匀剪力 $q_0$，其相应公式为：

$$
\left.\begin{aligned}
\sigma_x &= \frac{q_0}{\pi}[(\log\cos^2\alpha_1 - \cos^2\alpha_1) - (\log\cos^2\alpha_2 - \cos^2\alpha_2)]\\
\sigma_y &= \frac{q_0}{2\pi}(\cos 2\alpha_1 - \cos 2\alpha_2)\\
\tau_{xy} &= \frac{q_0}{2\pi}[(2\alpha_1 - \sin 2\alpha_1) - (2\alpha_2 - \sin 2\alpha_2)]
\end{aligned}\right\} \tag{5-108}
$$

采用 $x$、$y$ 坐标则为：

$$
\left.\begin{aligned}
\sigma_x &= \frac{q_0}{\pi}\left[\log\frac{(l-x)^2+y^2}{x^2+y^2} + \frac{y^2}{(l-x)^2+y^2} - \frac{y^2}{x^2+y^2}\right]\\
\sigma_y &= \frac{q_0}{\pi}\left[\frac{y^2}{x^2+y^2} - \frac{y^2}{(l-x)^2+y^2}\right]\\
\tau_{xy} &= \frac{q_0}{\pi}\left[\tan^{-1}\frac{l-x}{y} + \tan^{-1}\frac{x}{y} - \frac{(l-x)y}{(l-x)^2+y^2} - \frac{xy}{x^2+y^2}\right]
\end{aligned}\right\} \tag{5-109}
$$

在基础表面，$y=0$，这时 $\sigma_y=\tau=0$（在 $0<x<l$ 间 $\tau=q_0$），而

$$\left.\begin{aligned}\sigma_x &= -\frac{2q_0}{\pi}\log\frac{x-l}{x}\ (l<x)\\ \sigma_x &= \frac{2q_0}{\pi}\log\frac{x-l}{x}\ (x<0)\end{aligned}\right\}\tag{5-110}$$

## 四、在渐变荷载作用下的基础应力

当基础边界上有渐变荷载 $px$ 作用时（见图 5-16），其应力公式为（$p$ 以拉力为正，压力为负）：

$$\left.\begin{aligned}\sigma_x &= \frac{p}{x}\left\{x\left(\tan^{-1}\frac{l-x}{y}+\tan^{-1}\frac{x}{y}\right)+y\log\left[\frac{y^2+(l-x)^2}{x^2+y^2}\right]-\frac{yl(l-x)}{(l-x)^2+y^2}\right\}\\ \sigma_y &= \frac{p}{\pi}\left[x\left(\tan^{-1}\frac{l-x}{y}+\tan^{-1}\frac{x}{y}\right)+\frac{yl(l-x)}{(l-x)^2+y^2}\right]\\ \sigma_{x\mathrm{y}} &= \frac{p}{\pi}\left[y\left(\tan^{-1}\frac{l-x}{y}+\tan^{-1}\frac{x}{y}\right)-\frac{ly^2}{(l-x)^2+y^2}\right]\end{aligned}\right\}\tag{5-111}$$

在这一荷载作用下，基础表面的沉陷为：

$$\upsilon_0 = -\frac{p}{2E\pi}[(l^2-x^2)\log(x-l)^2+x^2\log x^2]$$

当基础边界表面有渐变剪力 $qx$ 作用时，其应力公式为：

$$\left.\begin{aligned}\sigma_x &= \frac{q}{\pi}\left[x\log\frac{(1-x)^2+y^2}{x^2+y^2}-3y\left(\tan^{-1}\frac{l-x}{y}+\tan^{-1}\frac{x}{y}\right)+\frac{ly^2}{(l-x)^2+y^2}+2l\right]\\ \sigma_y &= \frac{q}{\pi}\left[y\left(\tan^{-1}\frac{l-x}{y}+\tan^{-1}\frac{x}{y}\right)-\frac{ly^2}{(l-x)^2+y^2}\right]\\ \tau_{xy} &= \frac{q}{\pi}\left\{x\left(\tan^{-1}\frac{l-x}{y}+\tan^{-1}\frac{x}{y}\right)+y\log\left[\frac{y^2+(l-x)^2}{x^2+y^2}\right]-\frac{yl(l-x)}{(l-x)^2+y^2}\right\}\end{aligned}\right\}\tag{5-112}$$

## 五、叠加法的应用

如果基础表面上所承受的荷载形式比较复杂，不能以简单的线性分布代替，则可以将其划分为若干分段，取每一段的强度为其平均值 $p_0$、$p_1$、$p_2$…，$q_0$、$q_1$、$q_2$…，然后利用本节第三段中的公式以叠加法求出其成果。

例如，考虑图 5-17，设基础表面上承受连续的几段均布荷载作用，其强度各为 $p_0$、$p_1$、$p_2$…，现欲求某点（$x$，$y$）处的应力。我们将各段荷载分界点与此点相连，算出连线与垂直线间的夹角 $\theta_0$、$\theta_1$、$\theta_2$…（$\theta$ 从垂直线量起，以顺时针向为正）。则根据本节第三段中的公式，分应力可由叠加法求得如下：

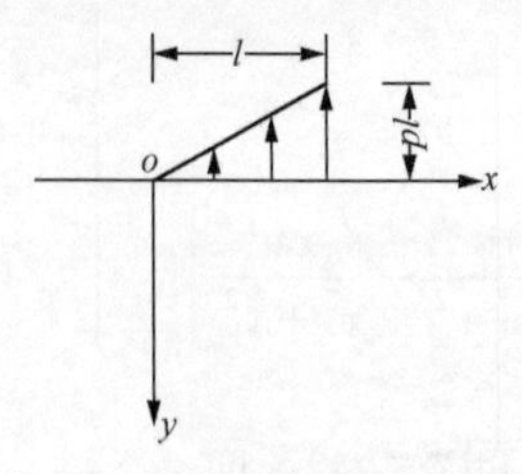

图 5-16　基础面上的渐变荷载

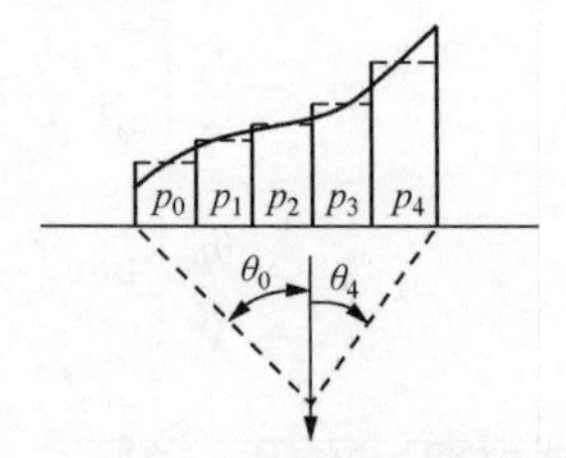

图 5-17　基础面上的多段均布荷载

$$\sigma_x=\frac{p_0}{2\pi}[(2\theta_0-\sin 2\theta_0)-(2\theta_1-\sin 2\theta_1)]+\frac{p_1}{2\pi}[(2\theta_1-\sin 2\theta_1)-(2\theta_2-\sin 2\theta_2)]$$
$$+\frac{p_2}{2\pi}[(2\theta_2-\sin 2\theta_2)-(2\theta_3-\sin 2\theta_3)]+\cdots$$
$$=\frac{p_0}{2\pi}(2\theta_0-\sin 2\theta_0)+\frac{p_1-p_0}{2\pi}(2\theta_1-\sin 2\theta_1)$$
$$+\frac{p_2-p_1}{2\pi}(2\theta_2-\sin 2\theta_2)+\cdots-\frac{p_n}{2\pi}(2\theta_{n+1}-\sin 2\theta_{n+1})$$
$$\sigma_y=\frac{p_0}{2\pi}(2\theta_0+\sin 2\theta_0)+\frac{p_1-p_0}{2\pi}(2\theta_1+\sin 2\theta_1)$$
$$+\frac{p_2-p_1}{2\pi}(2\theta_2+\sin 2\theta_2)+\cdots-\frac{p_n}{2\pi}(2\theta_{n+1}+\sin 2\theta_{n+1})$$
$$\tau_{xy}=\frac{p_0}{2\pi}\cos 2\theta_0+\frac{p_1-p_0}{2\pi}\cos 2\theta_1+\frac{p_2-p_1}{2\pi}\cos 2\theta_2+\cdots$$
$$-\frac{p_n}{2\pi}\cos 2\theta_{n+1}$$

当边界面上作用着连续的几段均匀剪力时，设其强度各为 $q_1$、$q_1$、$q_2$、…、$q_n$，则相应公式甚易导出：

$$\sigma_x=\frac{q_0}{\pi}(\log\cos^2\theta_0-\cos^2\theta_0)+\frac{q_1-q_0}{\pi}(\log\cos^2\theta_1-\cos^2\theta_1)$$
$$+\frac{q_2-q_1}{\pi}(\log\cos^2\theta_2-\cos^2\theta_2)+\cdots$$
$$-\frac{q_n}{\pi}(\log\cos^2\theta_{n+1}-\cos^2\theta_{n+1})$$
$$\sigma_y=\frac{q_0}{2\pi}\cos 2\theta_0+\frac{q_1-q_0}{2\pi}\cos 2\theta_1+\frac{q_2-q_1}{2\pi}\cos 2\theta_2+\cdots-\frac{q_n}{2\pi}\cos 2\theta_{n+1}$$
$$\tau_{xy}=\frac{q_0}{2\pi}(2\theta_0-\sin 2\theta_0)+\frac{q_1-q_0}{2\pi}(2\theta_1-\sin 2\theta_1)$$
$$+\frac{q_2-q_1}{2\pi}(2\theta_2-\sin 2\theta_2)+\cdots-\frac{q_n}{2\pi}(2\theta_{n+1}-\sin 2\theta_{n+1})$$

现在我们举一个例子来说明计算的步骤。图 5-18 表示一高坝坝基，坝底宽 342ft。设已求出坝基上的压力（及剪力）如图中虚曲线所示[1]。压力及剪力强度以库底水压力 $p_0$ 为单位。现在要计算坝基下一点 $P$ 处的应力，其位置表示在图上。

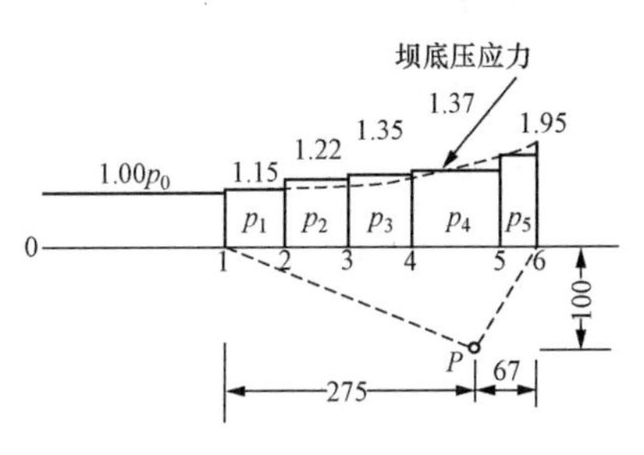


图 5-18　某高坝坝基

我们首先将压力曲线划分为几段，每段各以其平均强度表之。注意，划分时每段长度不一定相等，在曲线平缓处，分段可取得长一些，曲线陡峻处，分段宜稍短。上游库水压力 $p_0$ 作为第一段。令各段

[1] 本例取自美国大古力坝的应力分析成果，见参考文献［3］。

分界点各为 0、1、2、3、4、5、6，共 7 点（0 点在上游无穷远处）。将这些点与 $P$ 点相连，计算连线与垂线间夹角 $\theta$，并化为弧度：

$$
\begin{aligned}
&\theta_0=-90^\circ, && 2\theta_0=-180^\circ=-3.1416\\
&\theta_1=-70^\circ, && 2\theta_1=-140^\circ=-2.4435\\
&\theta_2=-66^\circ 22.5', && 2\theta_2=-132^\circ 45'=-2.3213\\
&\theta_3=-55^\circ 32.5', && 2\theta_3=-111^\circ 05'=-1.9460\\
&\theta_4=-31^\circ 52.5', && 2\theta_4=-63^\circ 45'=-1.1126\\
&\theta_5=17^\circ, && 2\theta_5=34^\circ=0.5934\\
&\theta_6=33^\circ 52.5', && 2\theta_6=67^\circ 45'=1.1825
\end{aligned}
$$

然后计算荷载：

$$
\begin{aligned}
&p_0=1\\
&p_1-p_0=0.15\\
&p_2-p_1=0.07\\
&p_3-p_2=0.13\\
&p_4-p_3=0.02\\
&p_5-p_4=0.58\\
&p_5=1.95
\end{aligned}
$$

剪力 $q$ 可同样处理，设已求得为：

$$
\begin{aligned}
&q_0=0\\
&q_1-q_0=0.127\\
&q_2-q_1=0.075\\
&q_3-q_2=0.398\\
&q_4-q_3=0.315\\
&q_5-q_4=0.895\\
&q_5=1.810
\end{aligned}
$$

这样，即可列表计算应力了。例如先计算基础面上压力所引起的 $P$ 点的应力（见表 5-45）。

**表 5-45　　基础面 $P$ 点应力计算**

| 数值 | (1) | (2) | (3) | (4) | (5) | (6) | (7) | (8) |
|---|---|---|---|---|---|---|---|---|
| | $2\theta$ | $\sin 2\theta$ | (1)+(2) | $p_{n+1}-p_n$ | (3)×(4) | $\cos 2\theta$ | $q_{n+1}-q_n$ | (6)×(7) |
| 0 | −3.1416 | 0 | −3.1416 | 1 | −3.1416 | −1 | 0 | 0 |
| 1 | −2.4435 | −0.6420 | −3.0855 | 0.15 | −0.4628 | −0.7660 | 0.127 | −0.0973 |
| 2 | −2.3213 | −0.7343 | −3.0556 | 0.07 | −0.2139 | −0.6788 | 0.075 | −0.0509 |
| 3 | −1.9460 | −0.9320 | −2.8780 | 0.13 | −0.3741 | −0.3624 | 0.398 | −0.1442 |

续表

| 数值 | (1) | (2) | (3) | (4) | (5) | (6) | (7) | (8) |
|---|---|---|---|---|---|---|---|---|
| | $2\theta$ | $\sin 2\theta$ | (1)+(2) | $p_{n+1}-p_n$ | (3)×(4) | $\cos 2\theta$ | $q_{n+1}-q_n$ | (6)×(7) |
| 4 | −1.1126 | −0.8969 | −2.0095 | 0.02 | −0.0402 | 0.4423 | 0.315 | 0.1393 |
| 5 | 0.5934 | 0.5592 | 1.1526 | 0.58 | 0.6685 | 0.8290 | 0.895 | 0.7420 |
| 6 | 1.1825 | 0.9255 | 2.1080 | −1.95 ($-p_{n+1}$) | −4.1106 | 0.3786 | −1.810 ($-q_{n+1}$) | −0.6853 |
| 合计 | | | | | −7.6747 | | | −0.0964 |

上表中第（5）行之和为−7.6747，故按公式，因基础面上压力而产生的该点垂直应力即为：

$$\sigma_y = \frac{-7.6747}{2\pi} p_0 = -1.22 p_0$$

表中第（6）～（8）行系剪力所产生的$\sigma_y$值的计算。在剪力和压力联合作用下，该点的垂直应力是：

$$\sigma_y = \frac{-7.6747-0.0964}{2\pi} p_0 = -1.2368 p_0$$

在这个应力上尚应加上原来存在的地层压力$\sigma_y = -\gamma_F y$。

要计算$P$点的水平应力$\sigma_x$及剪应力$\tau_{xy}$，尚须补列表 5-46。

**表 5-46　　基础面 $P$ 点$\sigma_x$、$\tau_{xy}$计算**

| 数值 | (1)′ | (2)′ | (3)′ | (4)′ | (5)′ | (6)′ | (7)′ | (8)′ |
|---|---|---|---|---|---|---|---|---|
| | (1)−(2) | (1)′×(4) | $\cos 2\theta$ | $\log\cos 2\theta$ | 2[(4)′−(3)′] | (5)′×(7) | (4)×(6) | (1)′×(7) |
| 0 | −3.1416 | −3.1416 | 0 | −∞ | −∞ | 0 | −1 | 0 |
| 1 | −1.8015 | −0.2702 | 0.1170 | −2.1464 | −4.5268 | −0.5749 | −0.1149 | −0.2288 |
| 2 | −1.5870 | −0.1111 | 0.1622 | −1.8193 | −3.9630 | −0.2972 | −0.0475 | −0.1190 |
| 3 | −1.0140 | −0.1318 | 0.3167 | −1.1499 | −2.9332 | −1.1674 | −0.0471 | −0.4036 |
| 4 | −0.2157 | −0.0043 | 0.7231 | −0.3243 | −2.0948 | −0.6599 | 0.0088 | −0.0679 |
| 5 | 0.0342 | 0.0198 | 0.6873 | −0.3750 | −2.1246 | −1.9015 | 0.4808 | 0.0306 |
| 6 | 0.2570 | −0.5012 | 0.6913 | −0.3692 | −2.1210 | 3.8390 | −0.7383 | −0.4652 |
| 合计 | | −4.1404 | | | | −0.7619 | −1.4582 | −1.2539 |

于是可得：

$$\sigma_x = \frac{-4.1404-0.7619}{2\pi} p_0 = -0.7802 p_0 (\text{压力})$$

$$\tau_{xy} = \frac{-1.4582-1.2539}{2\pi} p_0 = -0.431 p_0 (\text{[illegible]})$$

在$\sigma_x$上也须加上原始水平压力$-k\gamma_F y$。

## 第五节 渗透压力应力计算

混凝土并不是绝对不透水的材料。水库蓄水后，库水在压力下将不断地从上游面渗入坝内，流向排水管或下游面，从而产生了渗透压力。这个压力对坝体的稳定和应力影响颇大。在上一章中对此已用材料力学方法进行过讨论，本节中将作稍为精确一些的分析。

渗透压力作用在坝内各点上，因此是一种特殊的体积力。设以 $p$ 表示各点上的渗透压力强度，$\eta$表示渗透压力作用的面积系数（一般可取为 1），则渗透水作用在元素 $\mathrm{d}x \cdot \mathrm{d}y$ 上的不平衡力为 $\dfrac{\mathrm{d}p}{\mathrm{d}x}\eta$及 $\dfrac{\mathrm{d}p}{\mathrm{d}y}\eta$，元块上的体积力乃为：

$$\left.\begin{aligned} g_x &= -\frac{\partial p}{\partial x}\eta \\ g_y &= -\frac{\partial p}{\partial x}\eta + \gamma'_c \end{aligned}\right\} \tag{5-113}$$

式中，$\gamma'_c$为坝体材料的饱和容重。平衡条件要求：

$$\begin{aligned} \frac{\partial \sigma_x}{\partial x} + \frac{\partial \tau_{xy}}{\partial y} + g_x = 0 \\ \frac{\partial \sigma_y}{\partial y} + \frac{\partial \tau_{xy}}{\partial x} + g_y = 0 \end{aligned}$$

对于这一个问题，我们将取一个应力函数 $F$，令：

$$\left.\begin{aligned} \sigma_x &= \frac{\partial^2 F}{\partial y^2} + p\eta - \gamma'_c y \\ \sigma_y &= \frac{\partial^2 F}{\partial x^2} + p\eta - \gamma'_c y \\ \tau &= \frac{\partial^2 F}{\partial x \partial y} \end{aligned}\right\} \tag{5-114}$$

式中，$p\eta - \gamma'_c y$ 即为体积力的势函数。则其相容条件为：

$$\nabla^4 F + \frac{(1-2\mu)}{(1-\mu)}\eta \nabla^2 p = 0 \tag{5-115}$$

式中，$\dfrac{(1-2\mu)}{(1-\mu)}\eta$ 常简写为 $k$，当 $\mu \approx 0$ 时，$k \approx \eta \approx 1$。

如果渗透水呈平面势流，则 $p$ 满足谐和方程，而 $\nabla^2 p = 0$，式（5-115）简化为 $\nabla^4 F = 0$，这和无渗透水时的情况相同。因此我们得到一条重要结论；如果渗透水压力 $p$ 在坝内呈连续分布而且满足谐和方程，则计算坝体应力时，可以先不考虑渗透压力的影响，求出各分应力（如 $\sigma_x$、$\sigma_y$ 及 $\tau_{xy}$）或主应力（$\sigma_{\mathrm{I}}$，$\sigma_{\mathrm{II}}$），然后在正应力 $\sigma_x$、$\sigma_y$ 或主应力 $\sigma_{\mathrm{I}}$、$\sigma_{\mathrm{II}}$ 中加上渗透压力强度 $p\eta$ 即可（加上 $p\eta$ 表示该点拉应力增加 $p\eta$ 或压应力减小 $p\eta$）。剪应力 $\tau$ 及主应力方向不受影响。这个结论是布拉兹于 1936

年在第二次国际大坝会议上提出的。

如果坝体材料均匀，没有设置特殊的排水措施，无局部开裂的情况，则坝内渗流大致服从达西定律，因而上述布拉兹的结论是适用的。但当坝体有局部开裂情况或设有排水措施时，$p$（或其导数）的分布就不连续，$\nabla^2 p$ 也不等于 0。在这种情况下，就不能再采用布拉兹理论来计算（即不能先计算无渗透压力时的应力，然后在各点的正应力上加以该点渗透压力强度与$\eta$的乘积），而须采用其他的计算理论。

辛克维兹（C. C. Zienkiewicz）和我国刘世康工程师曾研究过这种问题，得出了一些结论。本节中拟略加介绍。首先，由上一章所述可知，在一般设计中，我们对渗透压力 $p$ 的分布图形，不外假定其呈直线分布或折线分布等几种情况。应用叠加法，我们若能解决在坝体断面上存在局部三角形及矩形分布的渗透压力的应力问题，即可算出常见的各种组合图形（参见图 5-19）。这种问题以用极坐标解之较为方便。取坐标系统如图 5-20 所示。在极坐标中，相应的平衡方程和相容方程为：

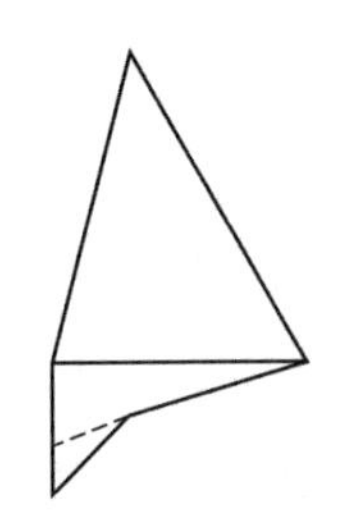
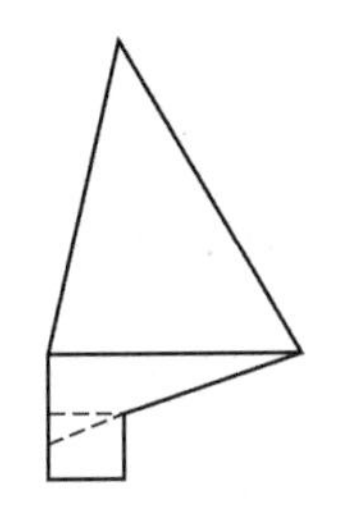
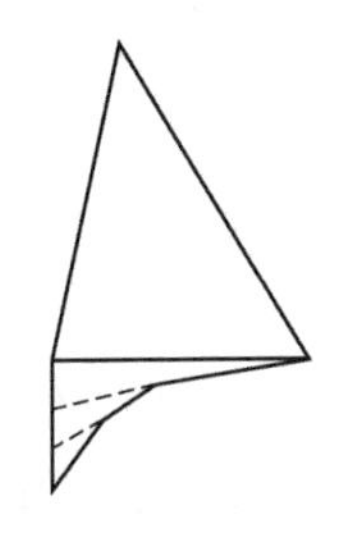

图 5-19　渗透压力图形的分解

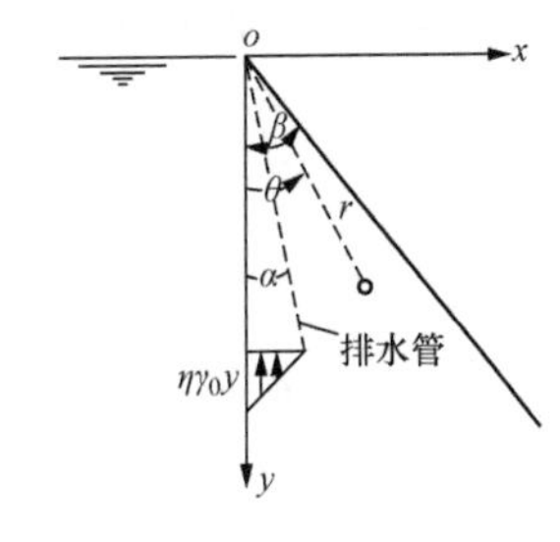


图 5-20　渗透压力坐标系统

$$
\left.
\begin{aligned}
&\frac{\partial \sigma_r}{\partial r}+\frac{1}{r}\cdot\frac{\partial \tau_{r\theta}}{\partial \theta}+\frac{\sigma_r-\sigma_\theta}{r}-\eta\frac{\partial p}{\partial r}+\gamma_c' \cos\theta=0\\
&\frac{1}{r}\cdot\frac{\partial \sigma_r}{\partial \theta}+\frac{\partial \tau_{r\theta}}{\partial r}+\frac{\partial \tau_{r\theta}}{r}-\frac{\eta}{r}\cdot\frac{\partial p}{\partial \theta}-\gamma_c' \sin\theta=0\\
&\nabla^2(\nabla^2 F+kp)=0
\end{aligned}
\right\}
\tag{5-116}
$$

分应力与应力函数 $F$ 间的关系是：

$$
\left.
\begin{aligned}
&\sigma_r=\frac{1}{r}\cdot\frac{\partial F}{\partial r}+\frac{1}{r^2}\cdot\frac{\partial F^2}{\partial \theta^2}+p\eta-\gamma_c' r\cos\theta\\
&\sigma_\theta=\frac{\partial^2 F}{\partial r^2}+p\eta-\gamma_c' r\cos\theta\\
&\tau_{r\theta}=\frac{1}{r^2}\cdot\frac{\partial F}{\partial \theta}-\frac{1}{r}\cdot\frac{\partial^2 F}{\partial r\partial \theta}
\end{aligned}
\right\}
\tag{5-117}
$$

下面我们分别介绍其解答。

1. 局部三角形渗透压力作用

如图 5-21 所示，设沿 $\theta=\alpha$ 的线上设有排水管，渗透压力 $p$ 在上游面的强度为 $r\gamma_0=\gamma_0 y$，到 $\theta=\alpha$ 时减为 0。我们要在这种条件下解方程 $\nabla^2(\nabla^2 F+kp)=0$。

首先将 $p$ 以数学式子表示之。在 $0\leqslant\theta\leqslant\alpha$ 时，

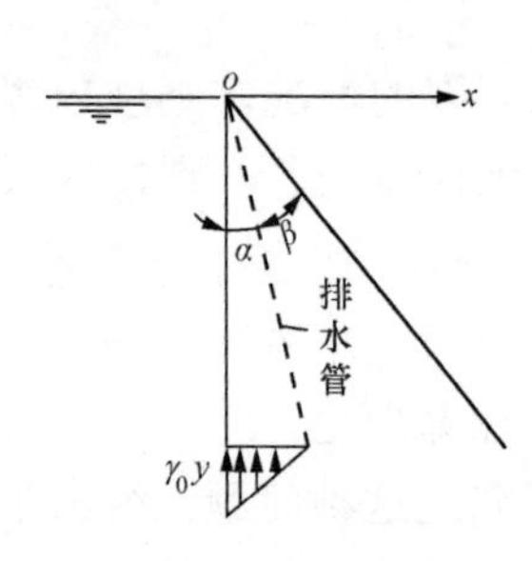


图 5-21　局部三角形渗透压力

$$p=r\frac{\gamma_0\sin(\alpha-\theta)}{\sin\alpha}$$

在$\alpha\leqslant\theta\leqslant\beta$时，

$$p=0$$

显然 $p$ 不是一个连续函数，暂时将 $p$ 写为：

$$p=r\psi(\theta)$$

式中$\psi(\theta)$的定义是：

$$0\leqslant\theta\leqslant\alpha,\ \psi(\theta)=\frac{\gamma_0\sin(\alpha-\theta)}{\sin\alpha}$$

$$\alpha\leqslant\theta\leqslant\beta,\ \psi(\theta)=0$$

其次，由问题的性质，我们可假定 $F$ 取下列形式：

$$F=r^3 f(\theta) \tag{5-118}$$

式中，$f(\theta)$为一未定的$\theta$函数。将 $F$ 及 $p$ 代入相容方程中，可以得出一个确定$f$的方程：

$$\frac{\mathrm{d}^4 f}{\mathrm{d}\theta^4}+10\frac{\mathrm{d}^2 f}{\mathrm{d}\theta^2}+9f=-k\left[\psi(\theta)+\psi^n(\theta)\right]$$

如果我们将$\psi(\theta)$及$\psi^n(\theta)$代入$k\left[\psi(\theta)+\psi^n(\theta)\right]$中，可以发现，此值常为 0，但在$\theta=\alpha$处此值突然跃为无穷。像这样一个函数，可以用数学上的狄拉克冲击函数来表示，即

$$k\left[\psi(\theta)+\psi^n(\theta)\right]=\frac{k\gamma_0}{\sin\alpha}\delta(\theta-\alpha)$$

式中，$\delta(\theta-\alpha)$为一个冲击函数，其定义是：

$$\theta\neq\alpha,\ \delta(\theta-\alpha)=0$$

$$\theta=\alpha,\ \delta(\theta-\alpha)=\infty$$

$$\int_{-\infty}^{+\infty}\delta(\theta-\alpha)\mathrm{d}\theta=1$$

所以，确定$f$的方程化为：

$$\frac{\mathrm{d}^4 f}{\mathrm{d}\theta^4}+10\frac{\mathrm{d}^2 f}{\mathrm{d}\theta^2}+9f=-\frac{k\gamma_0}{\sin\alpha}\delta(\theta-\alpha)$$

上式可用运算法（拉普拉斯变换）解之，其结果为：

$$\begin{aligned}f(\theta)=&-\frac{1}{8}\left[\frac{\gamma_c'-\gamma_0}{6}+f''(0)\right]\cos3\theta-\frac{f'''(0)}{24}\sin3\theta+\frac{1}{8}\left[\frac{3}{2}(\gamma_c'-\gamma_0)+f''(0)\right]\cos\theta\\&+\frac{f'''(0)}{8}\sin\theta+\frac{k\gamma_0}{\sin\alpha}H(\theta-\alpha)\left[\frac{1}{24}\sin3(\theta-\alpha)-\frac{1}{8}\sin(\theta-\alpha)\right]\end{aligned} \tag{5-119}$$

式中，$H(\theta-\alpha)$是个梯阶函数：

$$\theta<\alpha\text{时},\ H(\theta-\alpha)=0$$

$$\theta\geqslant\alpha\text{时},\ H(\theta-\alpha)=1$$

此外，式中的 $f''(0)$ 及 $f'''(0)$ 要由边界条件确定：

$$\left.\begin{aligned}&f''(0)=-\eta\gamma_0\frac{\sin^2(\beta-\alpha)}{\sin^2\beta}-\frac{(\gamma_c'-\gamma_0)(1+\cos^2\beta)}{2\sin^2\beta}+\gamma_c'\cot^2\beta\\&f'''(0)=\eta\gamma_0\frac{\sin^2(\beta-\alpha)}{\sin^3\beta}(2\cos\beta+\sin\beta\cot\alpha)+(\gamma_c'-\gamma_0)2\cot^3\beta\\&\qquad+\frac{\gamma_c'\cos\beta}{\sin^3\beta}(1-3\cos^2\beta)\end{aligned}\right\}\quad(5\text{-}120)$$

上式中已假定 $k\approx\eta$。

求出 $f(\theta)$ 后，应力函数便完全确定，从而可计算分应力 $\sigma_r$、$\sigma_\theta$ 及 $\tau_{r\theta}$，并可换为 $\sigma_y$、$\sigma_x$ 及 $\tau_{xy}$。可以看出，以 $\theta=\alpha$ 为分界线，$\sigma_y$ 及 $\tau_{xy}$ 在两边各呈直线分布（因而整个断面上呈折线分布）。在 $\theta=0$、$\alpha$ 及 $\beta$ 三点处为控制值（中间近似地连以直线即可），这些控制应力为：

当 $\theta=0$ 时：

$$\left.\begin{aligned}&\sigma_y=\frac{\gamma_0 y}{\sin^2\beta}\left[1-\sin^2\beta\left(1+\frac{\gamma_c'}{\gamma_0}-\eta\right)-\eta\sin^2(\beta-\alpha)\right]\\&\tau_{xy}=0\end{aligned}\right\}\quad(5\text{-}121)$$

当 $\theta=\alpha$ 时：

$$\left.\begin{aligned}&\sigma_y=\gamma_0 y\left[\eta\frac{2\sin^2(\beta-\alpha)}{\sin^3\beta}\cos\beta\tan\alpha-\frac{\gamma_c'\sin(\beta-\alpha)}{\gamma_0\sin\beta\cos\alpha}+\cot^2\beta(1-2\cot\beta\tan\alpha)\right]\\&\tau_{xy}=\gamma_0 y\left[\eta\frac{\sin^2(\beta-\alpha)}{\sin^2\beta}-\cot^2\beta\right]\tan\alpha\end{aligned}\right\}\quad(5\text{-}122)$$

当 $\theta=\beta$ 时：

$$\left.\begin{aligned}&\sigma_y=-\frac{\gamma_0 y}{\sin^2\beta}\left[\eta\sin(\beta-\alpha)\sin\alpha\cos\beta+\cos^2\beta\right]\\&\tau_{xy}=-\gamma_0 y\left[\eta\frac{\sin(\beta-\alpha)\sin\alpha}{\sin\beta}+\cot\beta\right]\end{aligned}\right\}\quad(5\text{-}123)$$

注意，在这些公式中，已包括自重及上游水压力的影响在内，并不是仅由“渗透压力”所引起的应力。

如果在以上公式中除去自重及坝面水压力的影响，则可得出单独由于渗透压力所引起的应力的公式：

当 $\theta=0$ 时：

$$\left.\begin{aligned}&\sigma_y=\frac{\eta\gamma_0 y}{\sin^2\beta}[\sin^2\beta-\sin^2(\beta-\alpha)]\\&\tau_{xy}=0\\&\sigma_x=\eta\gamma_0 y\end{aligned}\right\}\quad(5\text{-}124)$$

当 $\theta=\alpha$ 时：

$$
\left.\begin{aligned}
\sigma_y &= \frac{2\eta\gamma_0 y\cos\beta}{\sin^3\beta}\sin^2(\beta-\alpha)\tan\alpha \\
\tau_{xy} &= \frac{\eta\gamma_0 y}{\sin^2\beta}\sin^2(\beta-\alpha)\tan\alpha \\
\sigma_x &= 0
\end{aligned}\right\} \tag{5-125}
$$

当$\theta=\beta$时：

$$
\left.\begin{aligned}
\sigma_y &= -\frac{\eta\gamma_0 y\cos\beta}{\sin^2\beta}\sin(\beta-\alpha)\sin\alpha \\
\tau_{xy} &= -\frac{\eta\gamma_0 y}{\sin\beta}\sin(\beta-\alpha)\sin\alpha \\
\sigma_x &= -\frac{\eta\gamma_0 y}{\cos\beta}\sin(\beta-\alpha)\sin\alpha
\end{aligned}\right\} \tag{5-126}
$$

如果在$\theta=\alpha$处$p$不等于0，而为其上游值的$\alpha_1$倍，然后再逐渐变化，至下游处为0，则控制应力为：

当$\theta=0$时：

$$
\begin{aligned}
\sigma_y = -\frac{\gamma_0 y}{\sin^2\beta}\bigg\{&\left(\frac{\gamma_c'}{\gamma_0}\sin^2\beta-\eta\sin^2\beta-\cos^2\beta\right) \\
&+\eta\sin(\beta-\alpha)[\sin(\beta-\alpha)-\alpha_1\cos\alpha\sin\beta]\bigg\}
\end{aligned} \tag{5-127}
$$

当$\theta=\alpha$时：

$$
\begin{aligned}
\sigma_y = -\frac{\gamma_0 y}{\sin^2\beta}\bigg\{&\frac{\gamma_c'}{\gamma_0}\cdot\frac{\sin\beta\sin(\beta-\alpha)}{\cos\alpha}-\cos^2\beta\left(1-\frac{2\tan\alpha}{\tan\beta}-\alpha_1\eta\sin^2\beta\right) \\
&-2\eta\sin(\beta-\alpha)\frac{\tan\alpha}{\tan\beta}[\sin(\beta-\alpha)-\alpha_1\cos\beta\sin\alpha]\bigg\}
\end{aligned} \tag{5-128}
$$

当$\theta=\beta$时：

$$
\sigma_y = -\frac{\gamma_0 y}{\sin^2\beta}[\cos^2\beta+\eta\sin(\beta-\alpha)\cos\beta\sin\alpha-\alpha_1\eta\sin\beta\cos\beta\sin\alpha\cos\alpha] \tag{5-129}
$$

下面举个数例。若$\beta=40°$，$\alpha=20°$，$\gamma_c'=2.42$，$\gamma_0=1$，$\eta=100\%$，$\mu=0$，则在上游面（$\theta=0$）：

$$
\begin{aligned}
\sigma_y &= \frac{\gamma_0 y}{\sin^2\beta}[1-\sin^2\beta(1+2.42-1)-\sin^2(40°-20°)] \\
&= \gamma_0 y\left[\csc^2 40°-2.42-\frac{\sin^2 20°}{\sin^2 40°}\right] = -0.283\gamma_0 y
\end{aligned}
$$

在排水管处：

$$
\sigma_y = -0.937\gamma_0 y
$$

在下游面：

$$
\sigma_y = -1.637\gamma_0 y
$$

这个例题，若按材料力学方法计算，即假定$\sigma_y$在全断面上呈直线分布，则其答案为：

$$\theta=0，\ \sigma_y=-0.321\gamma_0 y$$
$$\theta=\alpha，\ \sigma_y=-0.904\gamma_0 y$$
$$\theta=\beta，\ \sigma_y=-1.666\gamma_0 y$$

再次，这个例题若不恰当地引用布拉兹方法，则首先不计算渗透压力影响，可算出：

$$\theta=0，\ \sigma_y=\frac{\gamma_0 y}{m^2}-\gamma_c' y=(1.42-2.42)\gamma_0 y=-1.00\gamma_0 y$$
$$\theta=\alpha，\ \sigma_y=-1.182\gamma_0 y$$
$$\theta=\beta，\ \sigma_y=-1.42\gamma_0 y$$

加入渗透压力影响$p$后：

$$\theta=0，\ \sigma_y=-\gamma_0 y+\gamma_0 y=0$$
$$\theta=\alpha，\ \sigma_y=-1.182\gamma_0 y+0=-1.182\gamma_0 y$$
$$\theta=\beta，\ \sigma_y=-1.42\gamma_0 y+0=-1.42\gamma_0 y$$

将以上成果进行比较，我们可以发现，比较精确的答案介于按直线分布和按布拉兹理论所求出的成果之间，但与按直线分布求出者相差较小，在下游面处的最大误差不过4%～5%左右，在上游面处相差12.5%。因此，实际设计时，当渗透压力不呈直线分布，或$\nabla^2 p$不等于0时，我们仍可假定$\sigma_y$呈直线变化，按材料力学公式进行计算，既较方便，也较合理。

2. 局部矩形渗透压力作用

当渗透压力呈矩形分布时，其应力公式可根据三角形分布的应力公式推导出来[1]。图5-22中，（a）图的渗透压力$UABC$可先近似地假定由（b）图中的$CGEF$所代替，

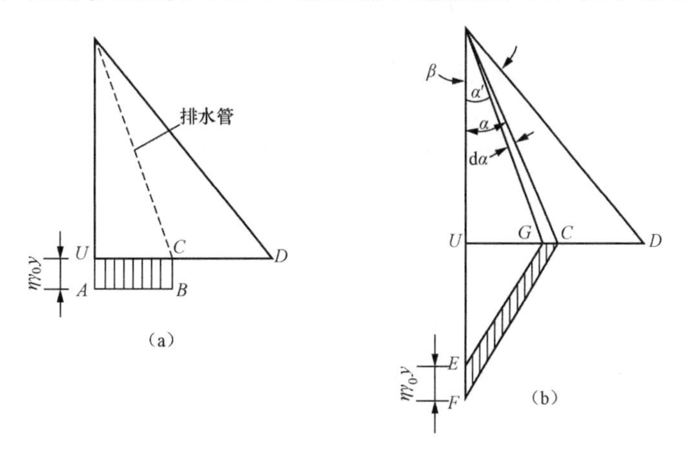


图5-22 局部矩形渗透压力

[1] 本解答由我国刘世康工程师得出。

然后令 $UF\to\infty$，$EF=\eta\gamma_0 y$，因 $GC\to 0$，故 $UABC=CGEF=UFC-UEG$。

先研究$\theta=0$的情况。根据三角形渗透压力公式及以上所述，得：

$$\begin{aligned}\sigma_y&=\frac{UF}{\sin^2\beta}[\sin^2\beta-\sin^2(\beta-\alpha)]-\frac{UE}{\sin^2\beta}[\sin^2\beta-\sin^2(\beta-\alpha')]\\&=\eta\gamma_0 y-\frac{1}{\sin^2\beta}\{\eta\gamma_0 y\sin^2(\beta-\alpha)+UE[\sin^2(\beta-\alpha)-\sin^2(\beta-\alpha')]\}\end{aligned}\tag{5-130}$$

式中，$\alpha'=\alpha-\mathrm{d}\alpha$，因而 $\sin^2(\beta-\alpha)-\sin^2(\beta-\alpha')$ 可写成 $\sin^2(\beta-\alpha)-\sin^2[(\beta-\alpha)+\mathrm{d}\alpha]$，其中$\beta$为常数，$\alpha$为独立变数，$\mathrm{d}\alpha$为微小增量。根据微分概念，可得：

$$\sin^2(\beta-\alpha)-\sin^2(\beta-\alpha')=-2\sin(\beta-\alpha)\cos(\beta-\alpha)\mathrm{d}\alpha\tag{a}$$

但

$$\mathrm{d}\alpha=\frac{GC\cos\alpha}{r}\tag{b}$$

将（a）及（b）式代入式（5-130），得：

$$\sigma_y=\eta\gamma_0 y-\frac{\eta\gamma_0 y}{\sin^2\beta}\sin^2(\beta-\alpha)-\frac{UE\cos\alpha GC}{r\sin^2\beta}[-2\sin(\beta-\alpha)\cos(\beta-\alpha)]\tag{c}$$

上式中当 $UE\to\infty$，$GC\to 0$ 时，其乘积为不定值，但可通过简单的几何关系得出其值：

$$UF:UE=UC:UG$$

或

$$(UE+\eta\gamma_0 y):UE=(UG+GC):UG$$

移项整理后得：

$$UE\cdot GC=\eta\gamma_0 y\cdot UG=\eta\gamma_0 y(r\sin\alpha-GC)=\eta\gamma_0 y(r\sin\alpha)\tag{d}$$

将式（d）代入（c）得到计算公式：

$$\sigma_y=\frac{\eta\gamma_0 y}{\sin^2\beta}\left[\sin^2\beta-\sin^2(\beta-\alpha)+\frac{1}{2}\sin(2\beta-2\alpha)\sin 2\alpha\right]\tag{5-131}$$

$\tau_{xy}$ 与 $\sigma_x$ 的计算公式与三角形分布时并无区别，即：

$$\left.\begin{aligned}\tau_{xy}&=0\\\sigma_x&=\eta\gamma_0 y\end{aligned}\right\}\tag{5-132}$$

当$\theta=\alpha$时，亦可同样推导，唯须注意在$\theta=\alpha$时$\sigma_y$ 有一突变，故须分就该点左右加以分析，即须分别研究$\alpha-\mathrm{d}\alpha$与$\alpha+\mathrm{d}\alpha$两点上的应力。略去详细推导过程[1]，其最终成果为：

当$\theta=\alpha-\mathrm{d}\alpha$时：

[1] 参见刘世康：试论重力坝的渗透压力应力分析。水利学报，1959年第5期。

$$
\left.\begin{aligned}
\sigma_y &= \frac{2\eta\gamma_0 y\cos\beta}{\sin^3\beta}\left[\sin^2(\beta-\alpha)\tan\alpha-\sin(2\beta-2\alpha)\sin^2\alpha\right] \\
&\quad+\frac{\eta\gamma_0 y}{\sin^2\beta}[\sin^2\beta-\sin^2(\beta-\alpha)] \\
\tau_{xy} &= \frac{\eta\gamma_0 y}{\sin^2\beta}[\sin^2(\beta-\alpha)\tan\alpha-\sin 2(\beta-\alpha)\sin^2\alpha] \\
\sigma_x &= \eta\gamma_0 y
\end{aligned}\right\} \quad (5\text{-}133)
$$

当$\theta=\alpha+\mathrm{d}\alpha$时：

$$
\left.\begin{aligned}
\sigma_y &= \frac{2\eta\gamma_0 y\cos\beta}{\sin^3\beta}[\sin^2(\beta-\alpha)\tan\alpha-\sin 2(\beta-\alpha)\sin^2\alpha] \\
&\quad+\frac{\eta\gamma_0 y}{\sin^2\beta}[\sin^2\beta\cos^2\alpha-\sin^2(\beta-\alpha)] \\
\tau_{xy} &= \frac{\eta\gamma_0 y}{\sin^2\beta}[\sin^2(\beta-\alpha)\tan\alpha-\sin 2(\beta-\alpha)\sin^2\alpha]+\eta\gamma_0 y\sin\alpha\cos\alpha \\
\sigma_x &= \eta\gamma_0 y\sin^2\alpha
\end{aligned}\right\} \quad (5\text{-}134)
$$

当$\theta=\beta$时：

$$
\left.\begin{aligned}
\sigma_y &= -\frac{\eta\gamma_0 y\cos\beta}{\sin^2\beta}[\sin\alpha\sin(\beta-\alpha)(1+\cos^2\alpha)-\sin^2\alpha\cos\alpha\cos(\beta-\alpha)] \\
\tau_{xy} &= -\frac{\eta\gamma_0 y}{\sin\beta}[\sin\alpha\sin(\beta-\alpha)(1+\cos^2\alpha)-\sin^2\alpha\cos\alpha\cos(\beta-\alpha)] \\
\sigma_x &= -\frac{\eta\gamma_0 y}{\cos\beta}[\sin\alpha\sin(\beta-\alpha)(1+\cos^2\alpha)-\sin^2\alpha\cos\alpha\cos(\beta-\alpha)]
\end{aligned}\right\} \quad (5\text{-}135)
$$

下面举一数例[❶]。设有一重力坝，如图 5-23 所示，其$\eta=100\%$，坝高$y=100\text{m}$，底宽$T=100\text{m}$，$r=0.26795$，$\alpha=15°$，$\beta=45°$。

图 5-23 某重力坝

在三角形渗透压力作用下：

当$\theta=0$时：

$$\sigma_y=\frac{100}{0.5}\times(0.5-0.25)=50\text{t/m}^2$$

$$\tau_{xy}=0$$

$$\sigma_x=100\text{t/m}^2$$

当$\theta=\alpha=15°$时：

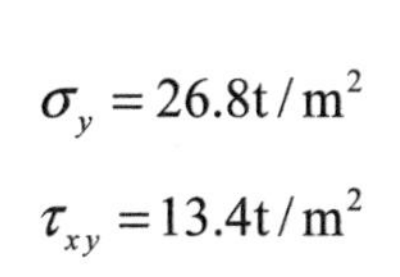

$$\sigma_y=26.8\text{t/m}^2$$

$$\tau_{xy}=13.4\text{t/m}^2$$

❶ 本例取自刘世康：试论重力坝的渗透压力应力分析。水利学报，1959 年第 5 期。

$$\sigma_x = 0$$

当 $\theta = \beta = 45°$ 时：

$$\sigma_y = -18.31\text{t/m}^2$$

$$\tau_{xy} = -18.31\text{t/m}^2$$

$$\sigma_x = -18.31\text{t/m}^2$$

在矩形渗透压力作用下：

当 $\theta = 0$ 时：

$$\sigma_y = 93.30\text{t/m}^2$$

$$\tau_{xy} = 0$$

$$\sigma_x = 100\text{t/m}^2$$

当 $\theta = \alpha = 15°$ 时：

$\sigma_y = 53.59\text{t/m}^2$（左），$46.86\text{t/m}^2$（右）

$\tau_{xy} = 1.796\text{t/m}^2$（左），$26.78\text{t/m}^2$（右）

$\sigma_x = 6.68\text{t/m}^2$（左），$100\text{t/m}^2$（右）

当 $\theta = 45°$ 时：

$$\sigma_y = -27.45\text{t/m}^2$$

$$\tau_{xy} = -27.45\text{t/m}^2$$

$$\sigma_x = -27.45\text{t/m}^2$$

兹将上述成果和按材料力学方法求出的结果以及用布拉兹理论求出者一并绘在图5-24中，以供比较。从图5-24中可以看出，用弹性理论法和用材料力学法求出的结果颇为接近，相差值在7%～8%左右。并可看出，当渗透压力呈局部矩形或三角形分布时，采用布拉兹理论将得到完全不符实际的成果。

以上计算渗透压力的公式适用于上游坝面铅直的情况。如上游坝面倾斜时，仍可利用这些公式计算，但需经过一番坐标转换工作才能获得最终应力。其法即先将坐标轴转动一下，以上游坝面作为新的 $y$ 轴（记为 $y'$），于是可利用上述公式计算坝内任何一点的渗透压力的分应力 $\sigma'_x$、$\sigma'_y$ 及 $\tau'_{xy}$（计算时应注意公式中 $\eta\gamma_0 y$ 中的 $y$ 值仍指水深，即该点距水面的铅垂距离），然后用下列公式换算为 $\sigma_x$、$\sigma_y$ 及 $\tau_{xy}$：

$$\sigma_x = \sigma'_y \sin^2\alpha + \sigma'_x \cos^2\alpha - 2\tau'_{xy} \sin\alpha\cos\alpha$$
$$\sigma_y = \sigma'_y \cos^2\alpha + \sigma'_x \sin^2\alpha + 2\tau'_{xy} \sin\alpha\cos\alpha$$
$$\tau_{xy} = (\sigma'_x - \sigma'_y)\sin\alpha\cos\alpha + \tau'_{xy}(\cos^2\alpha - \sin^2\alpha)$$

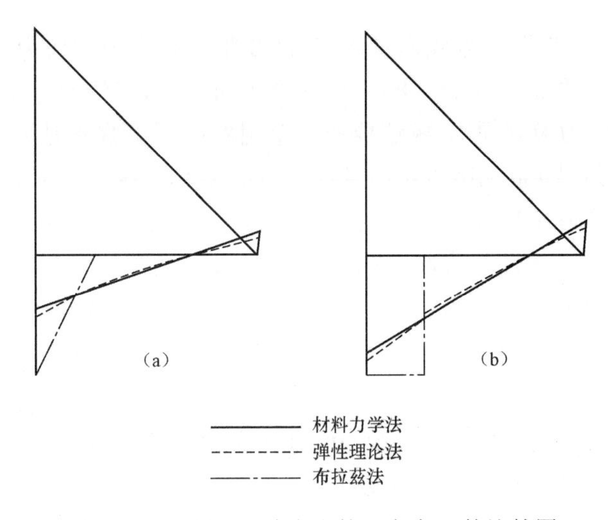


图 5-24　由不同理论求出的正应力$\sigma_y$的比较图

（a）渗透压力呈三角形分布；（b）渗透压力呈矩形分布

在上述公式中，$\alpha$ 是上游坝面与铅直线的交角。

## 第六节　角　缘　函　数

### 一、角缘函数的应用

图 5-25（a）示一重力坝及其基础。大约在重力坝全高的 2/3 处作一截面 $AC$，则 $AC$ 线以上部分的坝体应力，可用以前几节中无限楔体应力公式（或材料力学方法）进行计算，已足够精确。同样，若在基础上画出一块范围 $BFGE$，当 $BO$、$BF$、$DE$、$EG$ 诸线有一定长度时（$BO \approx L$，$BF \approx H$），在此范围外基础中的应力，可以视基岩为一半无限弹性体，在表面上承受库水压力及坝体荷载（后者可用其静力当量代之），而用本章第四节中的公式求之。至于在两者间的一块区域，其精确的应力值很难计算，但这一部分的应力问题恰又最为重要。目前比较成功的解法有：①弹性理论分析法；②数值解法；③偏光弹性试验或其他应力试验。本节中拟介绍理论分析法之一，即布拉兹的角缘函数法。

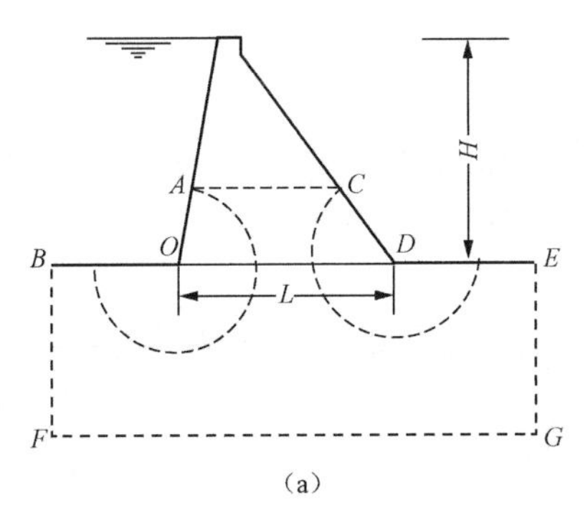


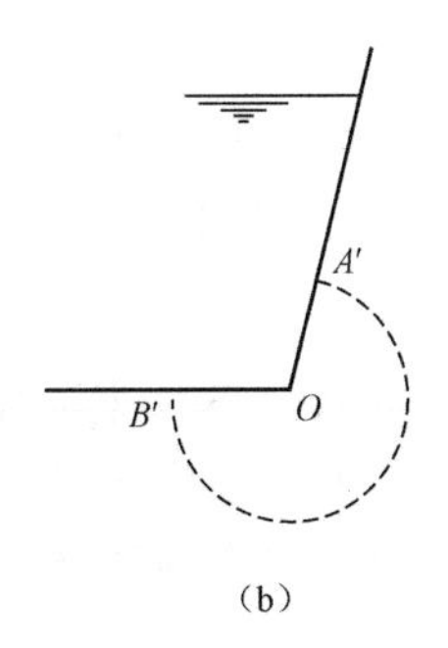


图 5-25　某重力坝及其基础

试以上游面 $AOB$ 为例，当我们只研究 $AOB$ 附近范围内的应力时，不妨把它当作一个无限的平面角来看见图 5-25（b），在这个平面角 $A'OB'$ 边上作用着与图 5-25（a）中相似的荷载（水压力及自重），像这样的一个问题的理论解答是可以求出的。假定在此情况下的应力函数是 $F_0$，相应的应力是 $\sigma_r^0$、$\sigma_\theta^0$ 及 $\tau_{r\theta}^0$，这一组应力将称为基本应力。

但这一解答与实际情况显然尚有距离，因为它虽能满足上游边界的一切条件，却不能满足下游边界上的条件。为此，我们在基本应力函数 $F_0$ 上加以校正项 $F_\gamma$。显然，$F_\gamma$ 应具有这样的性质：它不引起上游面边界值的任何变化，但能引起"角"内部应力的重分布。适当地选择和调整 $F_\gamma$，可使 $F_0+F_\gamma$ 同时满足上下游边界条件，因而求出最终解答。

$F_\gamma$ 就称为角 $\gamma$ 的本征函数（Eigen function）或角缘函数。对于一个指定的角 $\gamma$ 而言，它为数无穷，我们可以用下式表之：

$$F_\gamma=\sum_{n=1}^{n=\infty}C_nF_{\gamma n} \tag{5-136}$$

式中，$C_n$ 是系数（复数），$F_{\gamma n}$ 为第 $n$ 个角缘函数。严格讲来，我们应取无穷个校正项，才能完全满足下游边界上无穷个点子的边界条件。但实际上，我们只取有限个校正项，以求出一组近似解答。这样求出的解答，只限于用来计算角 $AOB$ 附近区域内的应力（如图 5-25 中虚线所示范围）。因此，我们应该在下游面转角处进行一次相似的计算。中间范围内的应力重要性较差，我们可用平衡条件及插补法得之。

上面已经说过，图 5-25（a）中 $AC$ 线上的应力可以用其他方法算出，因此我们可将图 5-25 中的问题简化成图 5-26 中所示的情况，以 $BOACDE$ 来代替原坝体边界，这里 $AC$ 线上的边界力均为已知值。

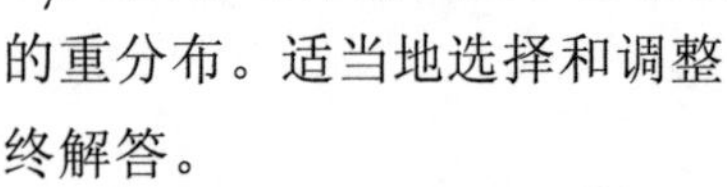

图 5-26　某重力坝及其基础简化图

根据研究，在 $F_0$ 中只要再加上五个校正项，即可相当准确地求出 $AOB$ 角附近的应力，因此可设：

$$F=F_0+\sum_{n=1}^{n=5}C_nF_{\gamma n} \tag{5-137}$$

式中

$$C_n=A_n+iB_n \tag{5-138}$$

而 $A_n$ 及 $B_n$ 为实数。所以需要决定十个系数 $A_1$、…、$A_5$，$B_1$、…、$B_5$。但当角度 $\gamma>\pi$ 时，$C_1$ 及 $C_2$ 为实数，故实际上只需确定八个系数（$A_1$，$A_2$，$A_3$，$A_4$，$A_5$，$B_3$，$B_4$，$B_5$）。

我们将建立八个条件来决定这八个常数，这些条件可以这样选取：

（1）$A$ 点的主应力应该等于已知值 $\sigma_{rA}$；

（2）$B$ 点的主应力应该等于已知值 $\sigma_{rB}$；

（3）$C$ 点的 $F$、$\dfrac{\partial F}{\partial x}$、$\dfrac{\partial F}{\partial y}$ 应该等于已知值 $F_C$、$\left[\dfrac{\partial F}{\partial x}\right]C$、$\left[\dfrac{\partial F}{\partial y}\right]C$；

（4）$D$ 点的 $F$、$\dfrac{\partial F}{\partial x}$、$\dfrac{\partial F}{\partial y}$ 应该等于已知值 $F_D$、$\left[\dfrac{\partial F}{\partial x}\right]D$、$\left[\dfrac{\partial F}{\partial y}\right]D$。

将 $F=F_0+F_\gamma$ 及 $\sigma_r=\dfrac{\partial^2 F}{r^2\partial\theta^2}+\dfrac{1}{r}\cdot\dfrac{\partial F}{\partial r}-gr\cos(\theta-\alpha)$ 等代入后，以上八个条件可写为：

$$\left.\begin{aligned}
&\left[\frac{\partial^2 F_\gamma}{r^2\partial\theta^2}\right]_A+\frac{1}{r}\left[\frac{\partial F_\gamma}{\partial r}\right]_A=\sigma_{rA}-\sigma_{rA}^0\\
&\left[\frac{\partial^2 F_\gamma}{r^2\partial\theta^2}\right]_B+\frac{1}{r}\left[\frac{\partial F_\gamma}{\partial r}\right]_B=\sigma_{rB}-\sigma_{rB}^0\\
&\left[F_\gamma\right]_C=F_C-F_{0C}\\
&\left[\frac{\partial F_\gamma}{\partial x}\right]_C=\left[\frac{\partial F}{\partial x}\right]_C-\left[\frac{\partial F_0}{\partial x}\right]_C\\
&\left[\frac{\partial F_\gamma}{\partial y}\right]_C=\left[\frac{\partial F}{\partial y}\right]_C-\left[\frac{\partial F_0}{\partial y}\right]_C\\
&\left[F_\gamma\right]_D=F_D-F_{0D}\\
&\left[\frac{\partial F_\gamma}{\partial x}\right]_D=\left[\frac{\partial F}{\partial x}\right]_D-\left[\frac{\partial F_0}{\partial x}\right]_D\\
&\left[\frac{\partial F_\gamma}{\partial y}\right]_D=\left[\frac{\partial F}{\partial y}\right]_D-\left[\frac{\partial F_0}{\partial y}\right]_D
\end{aligned}\right\}\tag{5-139}$$

上式中 $\sigma_{rA}^0$ 表示由于 $F_0$ 所产生的 $\sigma_{rA}$，余类推。

以上八个方程中，右边各项均为已知值，左边各项均为 $F_\gamma$ 项，也就是 $A_1$、$A_2$、$A_3$、$A_4$、$A_5$、$B_3$、$B_4$、$B_5$ 的函数，因此经演算后可以得到一组八元方程，适可解出八个未知值。

应该说明，上述解法系假定混凝土与基岩具有相同的材料常数，因此可以作为一个均匀介质的问题来解。如果基岩与混凝土的弹性性质相差很大，则须由其他途径进行研究（这一问题可称为基础刚度对坝体应力影响的问题，它不仅很难进行精确分析，即使作数值分析或应力试验也很困难）。

**二、基本应力函数及边界值的计算**

方程组（5-139）右边各项包括两部分，一为基本应力函数 $F_0$，一为边界值 $F_c$ 等。其求法说明如下。

基本应力函数即指图 5-25（b）中无限平面角在水压力和重力作用下的应力函数 $F_0$，这函数可写为：

$$F_0=F_p+F_g \tag{5-140}$$

式中，$F_p$ 指水压力的应力函数，$F_g$ 指重力的应力函数。这两个函数为：

$$F_p=\frac{\omega_0 r^3\sin^2\theta}{12\sin^3\gamma}(3\cos\theta\sin 2\gamma+6\sin\theta\sin^2\gamma-4\sin\theta)-\frac{1}{2}\omega_0 r^2 \tag{5-141}$$

$$F_g = \frac{g r^3}{6}\left(\frac{\cos\alpha}{\tan\gamma}\sin^3\theta + \frac{3\sin\alpha}{\tan\gamma}\cos\theta\sin^2\theta - \frac{2\sin\alpha}{\tan^2\gamma}\sin^3\theta + \sin\alpha\sin^3\theta + \cos\alpha\cos^3\theta\right) \tag{5-142}$$

式中，$\omega_0$为水的容重（为避免混淆，不用$\gamma_0$），$g$为单位体积力，$\alpha$是体积力与极轴的交角。当体积力只为重力时，$g$即为坝体容重，而$\alpha=90°$。$\theta$与$r$为极坐标（图 5-27）。在这些式中，我们取库深$H=1$，故式中的$r$实际上是$\frac{r}{H}$，为一无因次的纯数。

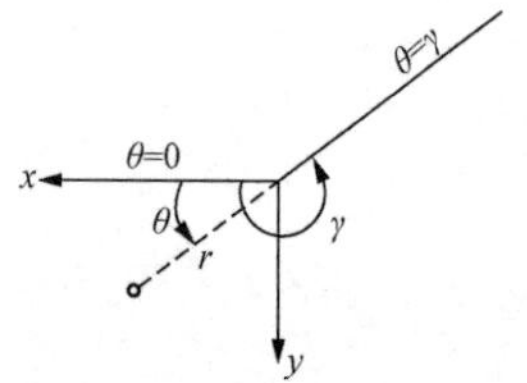

图 5-27　极坐标图

由此，可以算出以下诸式：

$$\frac{\partial F_0}{\partial x} = \frac{\partial F_p}{\partial x} + \frac{\partial F_g}{\partial x},\quad \frac{\partial F_0}{\partial y} = \frac{\partial F_p}{\partial y} + \frac{\partial F_g}{\partial y} \tag{5-143}$$

而

$$\left.\begin{aligned}
\frac{\partial F_p}{\partial x} &= \frac{w_0 y^2\cos\gamma}{2\sin^2\gamma} - w_0 x \\
\frac{\partial F_p}{\partial y} &= \frac{w_0}{4\sin^3\gamma}\left[2xy\sin2\gamma + y^2(6\sin^2\gamma - 4)\right] - w_0 y \\
\frac{\partial F_g}{\partial x} &= \frac{g y^2}{2\tan\gamma} \\
\frac{\partial F_g}{\partial y} &= g y\left[\frac{x}{\tan\gamma} - \frac{y}{\tan^2\gamma} + \frac{y}{2}\right]
\end{aligned}\right\} \tag{5-144}$$

$F_0$所引生的应力$\sigma_r^0$，可分为水压力所产生的$\sigma_{rp}^0$及自重产生的$\sigma_{rg}^0$两项：

$$\sigma_r^0 = \sigma_{rp}^0 + \sigma_{rg}^0 \tag{5-145}$$

而

$$\left.\begin{aligned}
\sigma_{rp}^0 &= \frac{w_0 r}{12\sin^3\gamma}[\sin2\gamma(-12\cos\theta + 18\cos^3\theta) \\
&\quad + 36\sin^2\gamma(\sin\theta - \sin^3\theta) - 24(\sin\theta - \sin^3\theta)] - w_0 \\
\sigma_{rg}^0 &= \frac{g r}{2}\left[\frac{6\cos^3\theta - 4\cos\theta}{\tan\gamma} - (\sin\theta - \sin^3\theta)\left(\frac{4}{\tan^2\gamma} - 2\right)\right] \\
&\quad - g r\cos(\theta - \alpha)
\end{aligned}\right\} \tag{5-146}$$

其次，我们还要计算八个边界值，即$\sigma_{rA}$、$\sigma_{rB}$、$F_C$、$\left[\frac{\partial F}{\partial x}\right]_C$、$\left[\frac{\partial F}{\partial y}\right]_C$、$F_D$、$\left[\frac{\partial F}{\partial x}\right]_D$、$\left[\frac{\partial F}{\partial y}\right]_D$。其中后面六个值，是下游$C$及$D$点上的应力函数及其偏微分值，可由边界荷载计算，将另详述于本章第七节中，本节暂从略，而只说明$\sigma_{rA}$及$\sigma_{rB}$的求法。

$\sigma_{rA}$这个应力，不论是由水压力或重力引起的，都可用经典解答或材料力学法求出，此处不详细介绍。至于应力$\sigma_{rB}$则可用布辛内斯克公式计算，其公式如下：

（1）由于上游库水压力$p$所产生的：

$$\sigma_{rB}=-p \tag{5-147}$$

（2）由于坝基剪力（系由水压力所引起）所产生的：

$$\sigma_{rB}=\frac{2S}{\pi l}\log\frac{a+l}{a} \tag{5-148}$$

式中，$S$为全部水平水压力［$S$、$a$、$l$的定义参见图 5-28（a）］。

（3）由于自重产生的：坝体自重所产生的基础面剪力分布如图 5-28（b）所示，其精确的分布规律尚属未知，但近似地可用一对等量而反向的剪力来代表，如图 5-28（c）所示。由此：

$$\sigma_{rB}=-\frac{2H_1}{\pi r_1}+\frac{2H_2}{\pi r_2} \tag{5-149}$$

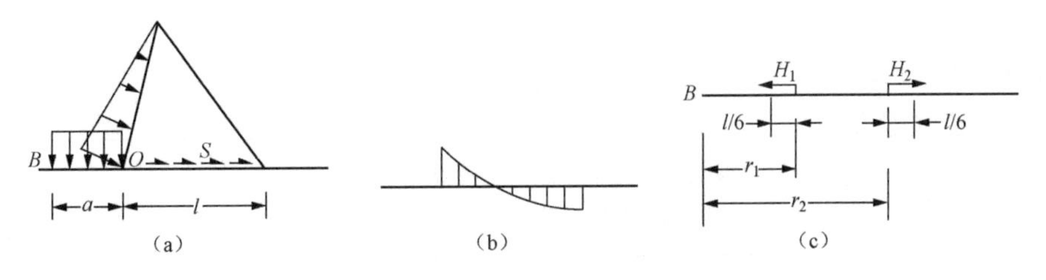


图 5-28　坝体自重产生的基础面剪力分布图

在第一次计算时，可取$H_1=H_2=\dfrac{W}{4}$（$W$为坝体全重）。在求出坝基剪力后，应该复核一下$H$之值，必要时尚须修正。

于是：

$$\sigma_{rB}=\frac{2S}{\pi l}\log\frac{a+l}{a}-p+\frac{2H}{\pi r_2}-\frac{2H}{\pi r_1}\ （拉力） \tag{5-150}$$

这样，方程组（5-139）右边各项就均可求出。

**三、本征值及本征函数的确定**

设有一平面角$AOB=\gamma$，我们要找出一函数$F_\gamma$，使它满足下列条件：

当$\theta=0$及$\gamma$时：

$$F_\gamma=\frac{\partial F_\gamma}{\partial\theta}=0$$

亦即$F_\gamma$不引起$\gamma$角两条边界上的边界值的变化。考虑函数

$$F_{\gamma n}=r^{n+1}\left[n\cos n\theta\sin\theta-\sin n\theta\cos\theta+m\sin n\theta\sin\theta\right] \tag{5-151}$$

此函数显然满足$\theta=0$时$F_\gamma=\dfrac{\partial F_\gamma}{\partial r}=0$的条件。但要使它在$\theta=\gamma$时也能使$F_\gamma=\dfrac{\partial F_\gamma}{\partial r}=0$，则常数$n$及$m$不能是任意的，而需满足以下关系式：

$$\left.\begin{aligned}\sin n\gamma&=\pm n\sin\gamma\\ m&=\cot\gamma-n\cot n\gamma\end{aligned}\right\} \tag{5-152}$$

凡是满足上式的 $n$、$m$ 值，称为 $\gamma$ 角的本征值。以这些本征值代入式（5-151）中，即为相应于 $\gamma$ 角的本征函数。注意，本征值为数无穷，依次以 $n_1$、$n_2\cdots$，$m_1$、$m_2\cdots$记之。本征值 $n$、$m$ 一般是复数。当 $\gamma>\pi$ 时，第一和第二对值 $n_1$、$m_1$，$n_2$、$m_2$ 是实数，可由下式以试算法求出：

$$\left.\begin{array}{l}\sin n\gamma=n\sin\gamma\\ \sin n\gamma=-n\sin\gamma\end{array}\right.\quad(m=\cot\gamma-n\cot n\gamma)\tag{5-153}$$

其余的本征值均为复数。令 $n=a+\mathrm{i}b$，$m=d+\mathrm{i}e$，则 $a$、$b$、$d$、$e$ 可由下式试算出来：

$$\left.\begin{array}{l}\sin a\gamma\cosh b\gamma=\pm a\sin\gamma\\ \cos a\gamma\sinh b\gamma=\pm b\sin\gamma\\ d=\cot\gamma-a\cot a\gamma\\ e=b\tan a\gamma\end{array}\right\}\tag{5-154}$$

例如，设 $\gamma=264°17'20''$，不难试算出：

第一、二本征值：

$$n_1=0.554392,\ n_2=0.948717$$
$$m_1=0.938230,\ m_2=-0.231569$$

第三本征值：

$$n_3=2.35077+0.32661\mathrm{i}$$
$$m_3=-0.260359+2.130621\mathrm{i}$$

其余可类推。

求出本征值后，本征函数即随之确定。接着我们就需计算方程组（5-139）左边各项：

1. $F_\gamma$ 值的计算

按定义：

$$F_\gamma=Cr^{n+1}\left[n\cos n\theta\sin\theta-\sin n\theta\cos\theta+m\sin n\theta\sin\theta\right]\tag{5-155}$$

对于第一、二本征值，$n_1$、$n_2$、$m_1$、$m_2$、$C_1=A_1$、$C_2=A_2$ 均为实数，甚易计算，只要将相应的 $\theta$ 值代入，$F_\gamma$ 即可表为 $A_1$、$A_2$ 的函数。

在第三本征值以上，$C=A+\mathrm{i}B$，$n=a+\mathrm{i}b$，$m=d+\mathrm{i}e$，均为复数，我们须将 $F_\gamma$ 的公式变换一下，以利计算。令 $\xi=\log r$，则：

$$r^{n+1}=r^{a+1}\cdot r^{\mathrm{i}b}=r^{a+1}(\cos b\xi+\mathrm{i}\sin b\xi)=r^{a+1}(c+\mathrm{i}s)$$

式中，$c=\cos b\xi$，$s=\sin b\xi$，均为 $\xi$（即 $\log r$）的函数，而：

$$F_\gamma=(A+\mathrm{i}B)r^{a+1}(c+\mathrm{i}s)[(a+\mathrm{i}b)\cos(a+\mathrm{i}b)\theta\sin\theta$$
$$-\sin(a+\mathrm{i}b)\theta\cos\theta+(d+\mathrm{i}e)\sin\theta\sin(a+\mathrm{i}b)\theta]$$

展开后得：

$$F_\gamma=r^{a+1}[A(Lc+Ms)+B(Mc-Ls)]\tag{5-156}$$

式中，$L$、$M$ 为 $\theta$ 的函数：

$$\left.\begin{array}{l}L=-f+hd-je+ka+lb\\ M=g-he-jd-kb+la\end{array}\right\}\tag{5-157}$$

除 $a$、$b$、$d$、$e$ 的定义同前外，$f$、$g$、$h$、$j$、$k$、$l$ 各为：

$$
\left.\begin{aligned}
f &= \sin a\theta \cosh b\theta \cos\theta \\
g &= \cos a\theta \sinh b\theta \cos\theta \\
h &= \sin a\theta \cosh b\theta \sin\theta \\
j &= \cos a\theta \sinh b\theta \sin\theta \\
k &= \cos a\theta \cosh b\theta \sin\theta \\
l &= \sin a\theta \sinh b\theta \sin\theta
\end{aligned}\right\} \tag{5-158}
$$

因此，要计算任何一点（$r$，$\theta$）处的 $F_\gamma$ 值，可先计算 $\xi = \log r$，再求 $c = \cos b\xi$，$s = \sin b\xi$，然后将 $\theta$ 代入式（5-158）求出 $f$、$g$、$h$、$j$、$k$ 及 $l$，再计算 $L$、$M$，然后计算：

$$
F_\gamma = \sum_{n=1}^{n=5} r^{a+1}\left[A(Lc+Ms)+B(Mc-Ls)\right] \tag{5-159}
$$

最后 $F_\gamma$ 必呈 $A_1$、$A_2$、$A_3$、$A_4$、$A_5$、$B_3$、$B_4$、$B_5$ 八个系数的线性组合形式。

2. $\dfrac{\partial F_\gamma}{\partial x}$ 及 $\dfrac{\partial F_\gamma}{\partial y}$ 的计算

此两值可由 $\dfrac{\partial F_\gamma}{\partial r}$ 及 $\dfrac{\partial F_\gamma}{\partial \theta}$ 计算：

$$
\left.\begin{aligned}
\frac{\partial F_\gamma}{\partial x} &= \frac{\partial F_\gamma}{\partial r}\cos\theta - \frac{\partial F_\gamma}{r\partial\theta}\sin\theta \\
\frac{\partial F_\gamma}{\partial y} &= \frac{\partial F_\gamma}{\partial r}\sin\theta + \frac{\partial F_\gamma}{r\partial\theta}\cos\theta
\end{aligned}\right\} \tag{5-160}
$$

而 $\dfrac{\partial F_\gamma}{\partial r}$ 及 $\dfrac{\partial F_\gamma}{\partial \theta}$ 由下式计算：

$$
\left.\begin{aligned}
\frac{\partial F_\gamma}{\partial r} &= \sum r^a\left[A'(Lc+Ms)+B'(Mc-Ls)\right] \\
\frac{\partial F_\gamma}{r\partial\theta} &= \sum r^a\left[A(Pc+Qs)+B(Qc-Ps)\right]
\end{aligned}\right\} \tag{5-161}
$$

式中

$$
\left.\begin{aligned}
A' &= A(a+1)-Bb \\
B' &= Ab+B(a+1) \\
P &= df-eg+ok+pl+h+wj-qh \\
Q &= -ef-dg+ol-pk-j+wh+qj
\end{aligned}\right\} \tag{5-162}
$$

其中 $o$、$p$、$q$ 及 $w$ 均为常数：

$$
\left.\begin{aligned}
o &= ad-be \\
p &= ae+bd \\
q &= a^2-b^2 \\
w &= 2ab
\end{aligned}\right\} \tag{5-163}
$$

3. $F_\gamma$所引起的应力$[\sigma_r]_\gamma$的计算

这些应力按公式$\sigma_r=\dfrac{\partial^2 F}{r^2\partial\theta^2}+\dfrac{1}{r}\cdot\dfrac{\partial F}{\partial r}$计算。经演化后，其式为：

$$[\sigma_r]_\gamma=\sum[A\Phi_r-B\Psi_r] \tag{5-164}$$

式中

$$\begin{aligned}\Phi_r=&r^{a-1}\cos b\xi[\cos a\theta\cosh b\theta\{1\}+\sin a\theta\cosh b\theta\{2\}+\sin a\theta\sinh b\theta\{3\}\\&-\cos a\theta\sinh b\theta\{4\}]-r^{a+1}\sin b\xi[\cos a\theta\cosh b\theta\{3\}+\sin a\theta\cosh b\theta\{4\}\\&-\sin a\theta\sinh b\theta\{1\}+\cos a\theta\sinh b\theta\{2\}]\end{aligned}$$

为了书写简便起见，将上式写为：

$$\Phi_r=cr^{a-1}\sigma_r[1]-sr^{a-1}\sigma_r[2] \tag{5-165}$$

同样，$\Psi_r$亦可简写为：

$$\Psi_r=cr^{a-1}\sigma_r[2]+sr^{a-1}\sigma_r[1] \tag{5-166}$$

$[\sigma_\theta]_\gamma$及$[\tau_{r\theta}]_\gamma$的公式亦可仿此推求（见参考文献［2］）。式中$\{1\}\sim\{4\}$是$\theta$的函数：

$$\left.\begin{aligned}\{1\}&=2E_2\cos\theta+(H_1+L_1)\sin\theta\\\{2\}&=(E_2-E_1)\sin\theta-L_1\cos\theta\\\{3\}&=2G_2\cos\theta+(J_1+H_2)\sin\theta\\\{4\}&=(G_2-G_1)\sin\theta-J_1\cos\theta\end{aligned}\right\} \tag{5-167}$$

其中$E_1$、$E_2$、$G_1$、$G_2$、$H_1$、$H_2$、$J_1$、$L_1$都是常数：

$$\left.\begin{aligned}E_1&=a^2d-b^2d-2abe\\E_2&=ad-be\\G_1&=a^2e-b^2e+2abd\\G_2&=ae+bd\\H_1&=a-a^3+3ab^2\\H_2&=b+b^3-3a^2b\\J_1&=b+2ab\\L_1&=a+a^2-b^2\end{aligned}\right\} \tag{5-168}$$

应用上述各公式，可以求出任何一点（$r$，$\theta$）处的$F_\gamma$、$\left(\dfrac{\partial F_\gamma}{\partial x}\right)$、$\left(\dfrac{\partial F_\gamma}{\partial y}\right)$及$[\sigma_r]_\gamma$，均以$A_1\sim B_5$等常数表示，从而可以建立起联立方程组（5-139），解出所需的八个常数，最终确定角缘函数的形式。由此，即可计算各点应力。当然，这里计算工作是相当繁重的，必须列表逐步进行。其实例可见参考文献［2］。

## 四、边缘应力的近似计算

以上所述方法，计算工作量颇大。如我们把校正函数少取几项，则计算工作可以大减，但求出的应力公式的适用范围也愈小。最简单的处理，是只取两个校正项，即$n_1$及$n_2$（均为实数），这样：

$$F_\gamma = A_1 F_{\gamma 1} + A_2 F_{\gamma 2} = A_1 r^{n_1+1}(m_1 \sin n_1 \theta \sin\theta + n_1 \cos n_1 \theta \sin\theta - \sin n_1 \theta \cos\theta) + A_2 r^{n_2+1}(m_2 \sin n_2 \theta \sin\theta + n_2 \cos n_2 \theta \sin\theta - \sin n_2 \theta \cos\theta) \quad (5\text{-}169)$$

本征值 $n_1$ 及 $n_2$ 的求法详式（5-153），须以试算法求得。求出 $n_1$ 及 $n_2$ 后，即可由式 $m = \cot\gamma - n\cot n\gamma$ 求 $m_1$ 及 $m_2$。

既然只取了两个校正项，便只能满足两个边界条件。以上游角而言，边界条件便是使 $A$、$B$ 两点处的应力等于已知值 $\sigma_A$ 及 $\sigma_B$。这两个条件以算式表示为：

$$\left.\begin{aligned}
&\left[\frac{\partial^2 F_\gamma}{r^2 \partial\theta^2} + \frac{1}{r}\cdot\frac{\partial F_\gamma}{\partial r}\right]_{\substack{\theta=\gamma\\ r=a}} = \sigma_A - \left[\frac{\partial^2 F_0}{r^2 \partial\theta^2} + \frac{1}{r}\cdot\frac{\partial F_0}{\partial r} - g r\cos(\theta-\beta)\right]_{\substack{\theta=\gamma\\ r=a}} = \sigma_{rA} - \sigma_{rA}^0\\
&\left[\frac{\partial^2 F_\gamma}{r^2 \partial\theta^2} + \frac{1}{r}\cdot\frac{\partial F_\gamma}{\partial r}\right]_{\substack{\theta=0\\ r=b}} = \sigma_B - \left[\frac{\partial^2 F_0}{r^2 \partial\theta^2} + \frac{1}{r}\cdot\frac{\partial F_0}{\partial r} - g r\cos(\theta-\beta)\right]_{\substack{\theta=0\\ r=b}} = \sigma_{rB} - \sigma_{rB}^0
\end{aligned}\right\} \quad (5\text{-}170)$$

式中，$F_0 = F_p + F_g$ 为基本应力函数，$a$、$b$ 各表示 $OA$ 及 $OB$ 段相对长度。将 $F_\gamma$ 代入后，式（5-170）可简化为：

$$2A_1 n_1 m_1 a^{n_1-1} + 2A_2 n_2 m_2 a^{n_2-1} = \sigma_{rA} - \sigma_{rA}^0$$
$$2A_1 n_1 m_1 b^{n_1-1} - 2A_2 n_2 m_2 b^{n_2-1} = \sigma_{rB} - \sigma_{rB}^0$$

由此即可确定 $A_1$ 和 $A_2$ 值，因而确定 $F_\gamma$ 及各应力。如果我们取 $OA = OB = a$，则

$$A_1 = \frac{\sigma_{rA} - \sigma_{rA}^0 + \sigma_{rB} - \sigma_{rB}^0}{4n_1 m_1 a^{n_1-1}} \quad (5\text{-}171)$$

$$A_2 = \frac{\sigma_{rA} - \sigma_{rA}^0 - \sigma_{rB} - \sigma_{rB}^0}{4n_2 m_2 a^{n_2-1}} \quad (5\text{-}172)$$

求出 $A_1$ 及 $A_2$ 后，可用以下公式求边界 $\theta=0$ 和 $\theta=\gamma$ 上的主应力：

$$[\sigma_r]_{\theta=0} = \frac{\sigma_{rA} - \sigma_{rA}^0 + \sigma_{rB} - \sigma_{rB}^0}{2}\left(\frac{r}{a}\right)^{n_1-1} + \frac{\sigma_{rA} - \sigma_{rA}^0 - \sigma_{rB} + \sigma_{rB}^0}{2}\left(\frac{r}{a}\right)^{n_2-1} + [\sigma_r^0]_{\theta=0} \quad (5\text{-}173)$$

$$[\sigma_r]_{\theta=\gamma} = \frac{\sigma_{rA} - \sigma_{rA}^0 + \sigma_{rB} - \sigma_{rB}^0}{2}\left(\frac{r}{a}\right)^{n_1-1} - \frac{\sigma_{rA} - \sigma_{rA}^0 - \sigma_{rB} + \sigma_{rB}^0}{2}\left(\frac{r}{a}\right)^{n_2-1} + [\sigma_r^0]_{\theta=\gamma} \quad (5\text{-}174)$$

以上两式是用以求边界上（$\theta=0$ 及 $\theta=\gamma$）各点径向应力 $\sigma_r$ 的。由于校正项只取了两项，事实上也只在推求边界上的应力时还较可靠些。在坝底（$\theta=\pi$）上，可用以下公式求算应力，但只限于计算离开坝趾很近的区域：

$$\left.\begin{aligned}
\sigma_y &= \sigma_\theta = \sum_{s=1,2} A_s n(n+1) r^{n-1}\sin n\pi + [\sigma_\theta^0]_{\theta=\pi}\\
\sigma_x &= \sigma_r = \sum_{s=1,2} A_s[(n+1)\sin n\pi - 2m\cos n\pi] r^{n-1} + [\sigma_r^0]_{\theta=\pi}\\
\tau_{xy} &= \tau_{r\theta} = \sum_{s=1,2} A_s nmr^{n-1}\sin n\pi + [\tau^0]_{\theta=\pi}
\end{aligned}\right\} \quad (5\text{-}175)$$

要进行以上计算，首先需决定 $F_0=F_p+F_g$ 及 $\sigma_\theta^0$、$\sigma_r^0$、$\tau^0$ 等，兹将主要情况下的有关公式列在下面：

1．水压力

即边界 $\theta=0$ 上有均匀压力 $w_0$，在 $\theta=\gamma$ 上有变化压力 $(1-r)w_0$；

$$F_p=\frac{w_0 r^3\sin^2\theta}{12\sin^3 r}(3\cos\theta\sin 2\gamma+6\sin\theta\sin^2\gamma-4\sin\theta)-\frac{1}{2}w_0 r^2 \qquad (5\text{-}176)$$

$$\left.\begin{aligned}
&[\sigma_r^0]_{\theta=0}=\frac{w_0 r\cos\gamma}{\sin^2\gamma}-w_0\\
&[\sigma_r^0]_{\theta=\gamma}=-\frac{w_0 r\cos^2\gamma}{\sin^2\gamma}-w_0\\
&[\sigma_r^0]_{\theta=\pi}=-\frac{w_0 r}{\tan\gamma\sin\gamma}-w_0\\
&[\sigma_\theta^0]_{\theta=\pi}=-w_0\\
&[\sigma_\tau^0]_{\theta=\pi}=0
\end{aligned}\right\} \qquad (5\text{-}177)$$

2．重力

设重力 $g$ 的作用方向与 $x$ 轴成 $\beta$ 角；

$$\begin{aligned}
F_g=\frac{gr^3}{6}\Bigg(&\frac{\cos\beta}{\tan\gamma}\sin^3\theta+\frac{3\sin\beta}{\tan y}\cos\theta\sin^2\theta\\
&-\frac{2\sin\beta}{\tan^2\gamma}\sin^3\theta+\sin\beta\sin^3\theta+\cos\beta\cos^3\theta\Bigg)
\end{aligned} \qquad (5\text{-}178)$$

$$\left.\begin{aligned}
&[\sigma_r^0]_{\theta=0}=-\frac{gr\sin\gamma-\beta}{\sin\gamma}\\
&[\sigma_r^0]_{\theta=\gamma}=-\frac{gr\sin\beta}{\sin\gamma}\\
&[\sigma_r^0]_{\theta=\pi}=-\frac{gr\sin(\gamma-\beta)}{\sin\gamma}\\
&[\sigma_\theta^0]_{\theta=\pi}=[\tau^0]_{\theta=\pi}=0
\end{aligned}\right\} \qquad (5\text{-}179)$$

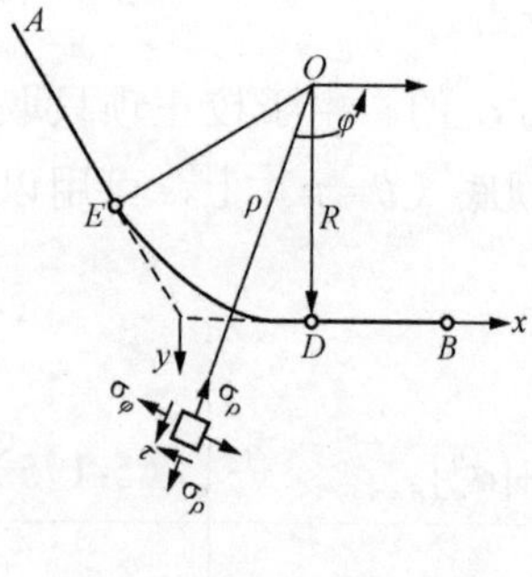

当 180°＜$\gamma$＜360°时，$n_1-1$ 常小于零，故 $\left(\frac{r}{a}\right)^{n_1-1}$ 当 $r\to 0$，常趋于无限大。这说明如坝面与基础面成直线相交时，在交点处的弹性应力理论上会达到无穷。实际上，由于材料的塑性性质，当然不会如此，但尖锐的交角总是高度应力集中之处。所以，我们应该在相交处接以一段圆弧，如图 5-29 中的 *DE* 段。这时我们仍可用上述方法及公式计算 *BD* 及 *AE* 段内的应力，至于 *DE* 段内的应力，可另依照下面的步骤计算。

图 5-29　应力极坐标图

把坐标原点移到 $DE$ 段的圆心 $O$ 处，并取极坐标$\rho$、$\varphi$如图 5-29 所示。我们要找出一组应力分布，使在边界 $DE$ 段上 $\sigma_\rho=-w_0$（$DE$ 段很短，其上压力常可令为常数 $w_0$ 或为零），并在 $E$、$D$ 两点给出预知值 $\sigma_{rE}$ 及 $\sigma_{rD}$。我们不难证明，若取：

$$F=(B_1\cos\varphi+B_2\sin\varphi)\left(\frac{1}{\rho}+\frac{2\rho\log\rho}{R^2}\right)-\frac{1}{2}\rho^2 w_0+\frac{1}{2}gR^2\rho\varphi\sin(\varphi-\beta) \tag{5-180}$$

将给出 $[\sigma_\rho]_{\rho=R}=w_0$，$[\tau]_{\rho=R}=0$，因此满足边界条件。再调整 $B_1$ 及 $B_2$ 之值，使在 $\varphi=\dfrac{\pi}{2}$，$\rho=R$ 时，$\sigma_\varphi=\sigma_{rD}$，以及 $\varphi=\gamma-\dfrac{\pi}{2}$，$\rho=R$ 时，$\sigma_\varphi=\sigma_{rE}$。从这两个要求，可列出求 $B_1$ 及 $B_2$ 之方程为：

$$\begin{aligned}B_1&=[\sigma_{rE}+w_0+(\sigma_{rD}+w_0)\cos\gamma+gR\cos\beta\sin\gamma]\frac{R^3}{4\sin\gamma}\\B_2&=[\sigma_{rD}+w_0+gR\sin\beta]\frac{R^3}{4}\end{aligned} \tag{5-181}$$

于是沿边界$\rho=R$ 的应力公式乃为：

$$[\sigma_\varphi]_{\rho=R}=[\sigma_{rE}+w_0+(\sigma_{rD}+w_0)\cos\gamma]\frac{\cos\varphi}{\sin\gamma}+(\sigma_{rD}+w_0)\sin\varphi-w_0 \tag{5-182}$$

用以上所述方法，我们可以求出坝在基础附近上、下游面转角处的应力分布，当然这只限于边界上和贴近边界处的应力，因为我们只取了两个校正项。表面边界上的应力的计算是很重要的，因为不但这里的应力最高，而且求出表面应力后可用迭弛法计算内部应力。

今以图 5-30 中所示重力坝上游坝趾附近表面应力的计算为例。上游坝角为 267°52′，由试算法得：

$$n_1=0.55,\quad n_2=0.93$$

由式（5-153）得：

$$m_1=0.895,\quad m_2=-0.318$$

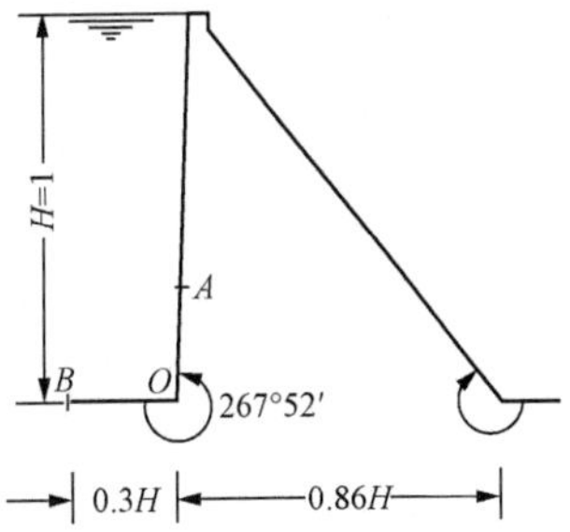

首先计算水压力作用下的边界应力。设 $p_0$ 代表在水面下单位距离处（沿上游坝面量）的水压力，又设 $A$、$B$ 点的主应力$\sigma_r$ 已由材料力学法和布辛内斯克公式求得：



图 5-30　重力坝上游表面应力计算

$$\begin{aligned}\sigma_{rA}&=0.871p_0\\\sigma_{rB}&=-0.500p_0\end{aligned}$$

又令 $OA=OB=0.3H$，水压力所产生的 $F_p$ 及$\sigma_r$ 等可由式（5-176）、式（5-177）求得，即先将 $\gamma=267°52'$代入，得：

$$[\sigma_r^0]_{\theta=0} = -(1+0.05r)p_0$$
$$[\sigma_r^0]_{\theta=\gamma} = -(1+0.0025r)p_0$$
$$[\sigma_r^0]_{\theta=\pi} = -(1+0.50r)p_0$$
$$[\tau^0]_{\theta=\pi} = 0$$

再将 $r=0.3$ 代入上式中，得：

$$\sigma_{rB}^0 = -1.015p_0$$
$$\sigma_{rA}^0 = -1.001p_0$$
$$[\sigma_\theta^0]_{\theta=\pi} = -p_0$$

代入式（5-173）及式（5-174）中得应力公式：

$$[\sigma_r]_{\theta=0} = \left[0.6945\left(\frac{1}{r}\right)^{0.45} - 0.6785\left(\frac{1}{r}\right)^{0.07} - 0.05r - 1\right]p_0$$

$$[\sigma_r]_{\theta=\gamma} = \left[0.6945\left(\frac{1}{r}\right)^{0.45} + 0.6785\left(\frac{1}{r}\right)^{0.07} - 0.0025r - 1\right]p_0$$

以上的推导中都取坝高 $H=1$，在实际情况中，只须使以上公式中的 $p_0$ 表示坝底处的水压力即可。

由求得的公式可见，当 $r\to 0$ 时，$\sigma_r\to\infty$。设我们在上游坝趾做一圆的填角，其切点为 $D$、$E$，$OD=OE=0.0238H$，则半径 $R=\dfrac{-0.0238}{\cot\dfrac{\gamma}{2}}=0.025$。

我们仍用上面的应力公式计算 $\sigma_{rD}$ 及 $\sigma_{rE}$。以 $r=0.025$ 代入，得 $\sigma_{rD}=1.943p_0$，$\sigma_{rE}=3.523p_0$。代入式（5-182）得：

$$[\sigma_\varphi]_{\rho=R} = [-4.3813\cos\varphi + 2.943\sin\varphi - 1]p_0$$

当 $\varphi=146°07'$ 时，$[\sigma_\varphi]_{\rho=R}$ 达最大值 $4.278p_0$。沿边界的 $\sigma_r$ 及 $\sigma_\varphi$ 的变化示于图 5-31 中。

其次计算体积力所产生的应力。在重力作用下，$\beta=90°$，设 $\sigma_{rA}$ 已求得为 $-0.660g$，$\sigma_{rB}$ 已求得为零。在式（5-179）中，置 $\beta=90°$，$\gamma=267°52'$，$r=0.3$，则得：

$$[\sigma_r^0]_{\theta=0} = 0.05gr, \quad \sigma_{rA}^0 = 0.015g$$
$$[\sigma_r^0]_{\theta=\gamma} = gr, \quad \sigma_{rB}^0 = 0.3g$$
$$[\sigma_r^0]_{\theta=\pi} = -0.05gr, \quad [\sigma_\theta^0]_{\theta=\pi} = [\tau^0]_{\theta=\pi} = 0$$

代入式（5-173）、式（5-174）中，置 $p_0=0$，$a=0.3$，得：

$$[\sigma_r]_{\theta=0} = \left[-0.2837\left(\frac{1}{r}\right)^{0.45} + 0.4345\left(\frac{1}{r}\right)^{0.07} + 0.05r\right]g$$

$$[\sigma_r]_{\theta=\gamma} = \left[-0.2837\left(\frac{1}{r}\right)^{0.45} - 0.4345\left(\frac{1}{r}\right)^{0.07} + r\right]g$$

在 $D$、$E$ 两点处的应力是：

$$\sigma_{rD} = -0.9596g$$
$$\sigma_{rE} = -2.0657g$$

代入式（5-182）中，并置 $w_0 = 0$，得：

$$[\sigma_{\varphi}]_{\rho=R} = [2.0202\cos\varphi - 0.9596\sin\varphi]g$$

最大的 $\sigma_{\varphi}$ 在 $\varphi = 154°36'$ 处，其值为 $-2.237g$，$\sigma_r$ 及 $\sigma_{\varphi}$ 的变化如图 5-32 所示。

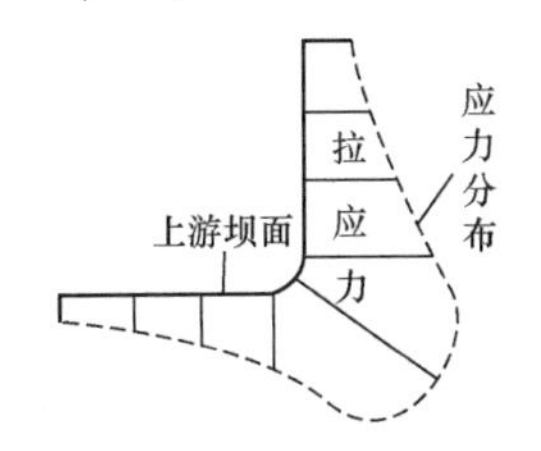

图 5-31　上游坝面拉应力

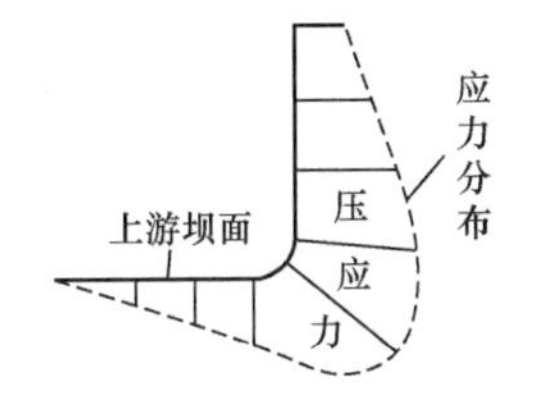

图 5-32　上游坝面压应力

### 五、基础刚度对坝体应力的影响

图 5-33 中示一重力坝，修建于基岩上。若基岩的力学性质（弹性模量 $E$、泊松比 $\mu$ 及容重 $\gamma$ 等）和坝体材料一致，则可用以上所述的方法计算坝体及基岩中的应力。若基岩性质与坝体有异，则应力分布亦将随之不同。这个问题也可借本征函数略作探究。

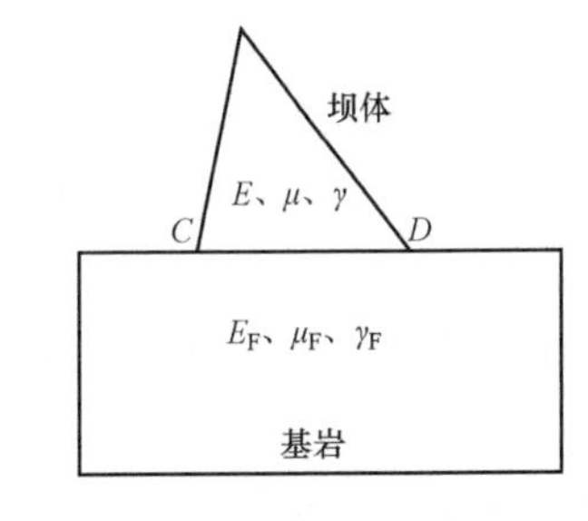

图 5-33　修建于基岩上的重力坝

计算方法是这样的：①假定坝体是一个无穷的楔形体，用经典理论计算坝体内各点应力，并求出在基础线 $CD$ 上的应力和变形；②在坝体基本应力函数上加以一定数量的角缘本征函数校正项，这些校正项中暂时包括若干个未定常数，计算校正函数所引起的楔形体内的应力，特别是 $CD$ 线上的应力和变形；③将由①中求得的 $CD$ 线上的正应力及剪应力放在基岩面上，求出基岩表面的变形；④将由②中求得的 $CD$ 线上的正应力及剪应力放在基岩表面上求其变形；⑤根据连续条件，坝体在①、②两种应力状态下 $CD$ 线上的变形应该和基岩面在③、④两种情况下的变形相符，由此可建立条件方程，得出各校正项中的未定常数；⑥校正函数确定后即可分别计算坝体及基础中的应力。

上述计算法的原理虽很明显，但计算工作量极大，几乎不便实用，因此必须研究简化的方法。在国外一些文献中曾作了许多近似的假定，求出了一些成果。我们在这里将略去详细的数学分析过程，而对其研究的成果做一些定性的考察。

图 5-34 中表示某一坝体的计算成果，其中画出了在坝基断面上的正应力 $\sigma_y$ 和剪应力 $\tau_{xy}$ 的分布曲线，系按不同的 $k$ 值绘制，$k$ 代表 $E_{基岩}$：$E_{混凝土}$之值，自 0.5 至∞。图 5-34 中的实线系按材料力学方法算出的成果。

从图 5-34 中我们可以得出以下几点结论：

（1）坝体在自重和水压力作用下，在考虑基础的刚度影响后，坝底断面上的应力不再呈线性分布。

（2）$k$ 值愈大（即基岩愈刚强），则在断面中央部分的压应力愈大，而两端的压应

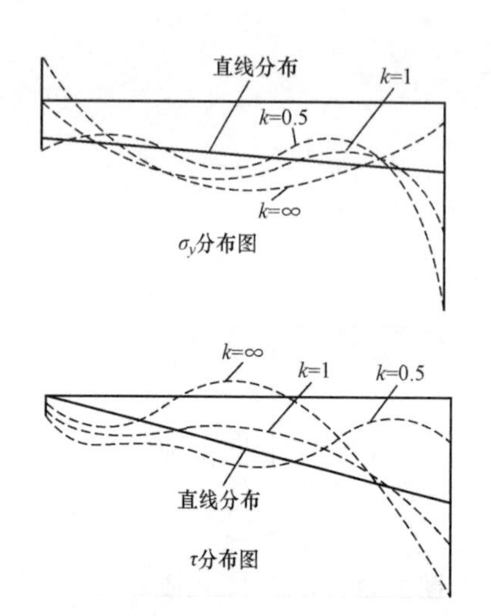


图 5-34　基础刚度对坝基应力分析之影响

力愈小，因此，极易在上游面产生拉应力——即使按材料力学方法计算上游面仍保留着适当的压应力。从一些实际计算的成果来看，当 $k$ 大于 1 时，上游面极易产生拉应力。例如一个典型的三角形坝体断面，承受自重及齐顶水压力作用，上下游坝坡各为 $n=0$，$m=0.70$，设按材料力学方法计算，上下游面的正压力各为 $\sigma_{yu}$ 及 $\sigma_{yd}$，则当 $k=1$ 时，上下游面的正应力各为 0 及 $2.5\sigma_{yd}$。而当 $k=2$ 时，上下游面的正应力各为 $-0.8\sigma_{yu}$ 及 $1.87\sigma_{yd}$。当 $k$ 更大时，上游面的拉应力也更大，下游面的压应力更小。又如另一三角形坝体，上下游坝坡各为 $n=0.15$，$m=0.8$，则在 $k=1$ 时，上游面应力也接近为零，$k=\infty$ 时，上游面拉应力达 $-1.2\sigma_{yu}$。

（3）$k$ 值减小时（即基岩渐软弱时），坝基正应力的分布渐趋复杂，一般讲来，两端的压应力将有所增加，而中央部分压应力将减小，呈复杂的鞍形分布。例如，上述 $n=0$、$m=0.7$ 的三角形坝体，当 $k=0.5$（即基岩的弹性模量仅为坝体的一半）时，上下游面坝体正应力各为 $1.0\sigma_{yu}$ 及 $2.91\sigma_{yd}$，即在这一情况中，上游面应力恰巧等于按材料力学方法求出的值，而下游面压应力的集中系数达 2.91。当 $n=0.15$、$m=0.8$ 时，设 $k=0.5$，则上游面正应力为 $1.2\sigma_{yu}$。可见，对上游面应力而言，基岩弹性模量低一些，反而是有利的。

（4）在坝基上剪应力的分布，也有类似的变化，但更形复杂，可研究图 5-34。

这一个问题也可应用最小功法进行一些探索，这一方法是首先由杰可勃森（B.F.Jacobsen）提出的，现亦稍加介绍如下。

图 5-35 中示一最简单的楔形重力坝，上游面为垂直面，楔顶夹角为 $\beta$，承受齐顶水压力及自重。假设基岩刚度为无穷大。

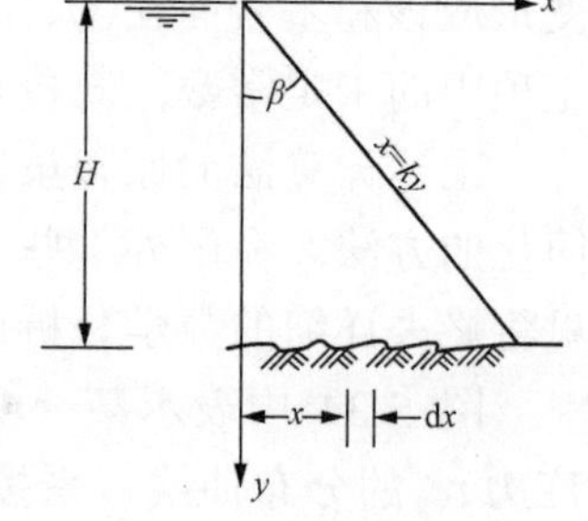


图 5-35　某楔形重力坝

坝体中的应力应该满足平衡条件、边界条件和相容条件，后者也可用最小功原理来代替，即在无穷组满足平衡条件和边界条件的应力状态中，能使结构物的内功为最小的一组就是真正的应力状态。

但实际上，我们无法写出所有可能的满足平衡条件和边界条件的应力状态（真正的应力分布也包括在其内）。因此，我们将根据判断，写出一些近似的应力表达式（这些式子能满足边界条件与平衡条件），然后找出其中使内功取最小值的一组解答，这一组解答在所设的各应力状态中将最接近真正应力状态。这一方法一般称为里兹（Ritz）法。如果我们在拟定满足平衡条件和边界条件的应力公式时能审慎选取，这样做常常可以获得很满意的成果。当然，由于这样所得的是近似结果，故最终的成果不能严格满足相容条件。

对于图 5-35 中的问题，我们不妨假定：

$$\sigma_y = yf\left(\frac{x}{y}\right) = y\left(A + B\frac{x}{y} + C\frac{x^2}{y^2} + D\frac{x^3}{y^3}\right) \tag{5-183}$$

即假定垂直正应力与 $y$ 成正比，而且在经过楔顶的放射线上，各点的 $\sigma_y$ 也成比例。那么，由平衡条件可以求出 $\sigma_x$ 和 $\tau$：

$$\left.\begin{aligned} \sigma_x &= \frac{C}{6} \cdot \frac{x^4}{y^3} + 0.3D\frac{x^5}{y^4} - \gamma_0 y \\ \tau &= -Ax + \frac{C}{3} \cdot \frac{x^3}{y^2} + \frac{D}{2} \cdot \frac{x^4}{y^3} - \gamma_c x \end{aligned}\right\} \tag{5-184}$$

为了满足平衡条件，$A$、$B$、$C$、$D$ 四个常数不能完全任意选取。取任一水平截面，截面上的应力应与外荷载平衡，由此即可得：

$$\left.\begin{aligned} A &= -\gamma_c + \frac{\gamma_0}{k^2} + C\frac{k^2}{6} + D\frac{k^3}{5} \\ B &= \frac{\gamma_c}{k} - 2\frac{\gamma_0}{k^3} - Ck - 0.9Dk^2 \end{aligned}\right\} \tag{5-185}$$

这样写出的应力状态，并满足上下游面边界状态，因为在上游面 $x=0$，由式（5-184）得 $\sigma_x = -\gamma_0 y$，$\tau=0$，在下游面 $x=ky$，求出 $\sigma_x$，$\sigma_y$ 和 $\tau$ 后，可以证明：

$$\sigma_x \sigma_y = \tau^2$$

$$\tau = \sigma_y \tan\beta$$

总之，式（5-183）、式（5-184）所表示的应力分布，不论常数 $C$ 及 $D$ 取什么值，常可满足平衡条件和边界条件。

令 $L$ 代表这组应力系统所做的内功，则如果我们选取 $C$ 及 $D$ 值，使 $\frac{\partial L}{\partial C} = \frac{\partial L}{\partial D} = 0$，所得的成果将最接近实际解答。根据弹性理论：

$$L = \frac{1}{2G}\iiint\left[\frac{\sigma_y^2 + \sigma_x^2}{2} - \frac{(\sigma_y + \sigma_x)^2}{2(m+1)} + \tau^2\right]\mathrm{d}y\,\mathrm{d}x\,\mathrm{d}z \tag{5-186}$$

式中，$G$ 是剪切弹性模量，$m$ 是泊松比的倒数 $\left(m = \frac{1}{\mu}\right)$，故 $\frac{\partial L}{\partial D} = 0$ 可写为：

$$\begin{aligned} &\frac{1}{2G}\int_0^1 \mathrm{d}z \int_0^H \mathrm{d}y \int_0^{kH} \mathrm{d}x\left[\frac{m}{m+1}\left(\sigma_y \frac{\mathrm{d}\sigma_y}{\mathrm{d}D} + \sigma_x \frac{\mathrm{d}\sigma_x}{\mathrm{d}D}\right)\right. \\ &\left. - \frac{1}{m+1}\left(\sigma_y \frac{\mathrm{d}\sigma_x}{\mathrm{d}D} + \sigma_x \frac{\mathrm{d}\sigma_y}{\mathrm{d}D}\right) + 2\tau\frac{\mathrm{d}\tau}{\mathrm{d}D}\right] = 0 \end{aligned} \tag{5-187}$$

$\frac{\partial L}{\partial C} = 0$ 也可仿此写出。

由式（5-185），可求出：

$$\left.\begin{aligned}\frac{\mathrm{d}A}{\mathrm{d}C}&=\frac{k^2}{6}\\\frac{\mathrm{d}B}{\mathrm{d}C}&=-k\\\frac{\mathrm{d}A}{\mathrm{d}D}&=\frac{k^3}{5}\\\frac{\mathrm{d}B}{\mathrm{d}D}&=-0.9k^2\end{aligned}\right\}\tag{5-188}$$

从而

$$\left.\begin{aligned}\frac{\mathrm{d}\sigma_y}{\mathrm{d}C}&=\frac{k^2}{6}y-kx+\frac{x^2}{y}\\\frac{\mathrm{d}\sigma_x}{\mathrm{d}C}&=\frac{x^4}{6y^3}\\\frac{\mathrm{d}\tau}{\mathrm{d}C}&=-k^2\frac{x}{6}+\frac{x^3}{3y^2}\\\frac{\mathrm{d}\sigma_y}{\mathrm{d}D}&=\frac{k^3}{5}y-0.9k^2x+\frac{x^3}{y^2}\\\frac{\mathrm{d}\sigma_x}{\mathrm{d}D}&=0.3\frac{x^5}{y^4}\\\frac{\mathrm{d}\tau}{\mathrm{d}D}&=-\frac{k^3}{5}x+0.5\frac{x^4}{y^3}\end{aligned}\right\}\tag{5-189}$$

将上值均代入$\dfrac{\partial L}{\partial D}=0$及$\dfrac{\partial L}{\partial C}=0$中，从$x=0$积分至$x=ky$，并整理后，可得：

$$\left[\frac{m}{m+1}\left(\frac{C}{180}+\frac{D}{120}k+\frac{C}{324}k^4+\frac{D}{200}k^5-\frac{\gamma_0}{30}\right)\right.$$
$$\left.-\frac{1}{m+1}\left(\frac{A}{30}+\frac{B}{36}k+\frac{8}{315}Ck^2+\frac{D}{42}k^3\right)-\frac{A}{45}+\frac{C}{105}k^2-\frac{D}{72}k^3-\frac{\gamma_c}{45}\right]=0\tag{5-190}$$

$$\left[\frac{m}{m+1}\left(\frac{C}{120}+\frac{9}{700}Dk+\frac{C}{200}k^4+\frac{9k^5}{1100}D-\frac{\gamma_0}{20}\right)\right.$$
$$\left.-\frac{1}{m+1}\left(\frac{A}{20}+\frac{3}{70}Bk+\frac{C}{25}k^2+\frac{4}{105}Dk^3\right)-\frac{A}{30}+\frac{3}{200}Ck^2+\frac{D}{45}k^3-\frac{\gamma_0}{30}\right]=0\tag{5-191}$$

由以上两式及式（5-185）可确定$A$、$B$、$C$、$D$四个常数。

下面举一个数例。设$\gamma_0=62.5\text{lb/ft}^3$，$\tan\beta=k=0.645$，$m=8$，$\gamma_c=150.23\text{lb/ft}^3$。则由式（5-185）：

$$A=0.069337C+0.05367D$$
$$B=-232.92-0.645C-0.37442D$$

由式（5-190）、式（5-191）得（乘以1000）：

$$8.2013C+8.2909D-25.926A-1.9907B=5190.3$$

$$12.568C+13.011D-38.889A-3.0714B=7785.5$$

解以上四式，并将成果除以 144，使应力单位化为 lb/in$^2$，可得：

$$A=0.3765，B=-5.777，C=9.504，D=-5.263$$

故

$$\sigma_y=\left(0.3765-5.777\frac{x}{y}+9.504\frac{x^2}{y^2}-5.263\frac{x^3}{y^3}\right)y$$

$$\tau=\left(-1.420\frac{x}{y}+3.168\frac{x^3}{y^3}-2.632\frac{x^4}{y^4}\right)y$$

$$\sigma_x=\left(-0.4340+1.584\frac{x^4}{y^4}-1.579\frac{x^5}{y^5}\right)y$$

试取 $y=100$ft，各点应力将如表 5-47 所示。

**表 5-47　　　　应 力 值 表**

| $x$ | $\sigma_y$ | $\tau$ | $\sigma_x$ |
|---|---|---|---|
| 0 | 37.650 | 0 | −43. 403 |
| 3 | 21.161 | | |
| 6 | 5.274 | | |
| 10 | −11.140 | −13.908 | −43.389 |
| 20 | −44.082 | −26.283 | −43.200 |
| 30 | −64.332 | −36.172 | −42.503 |
| 40 | −75.048 | −43.254 | −40.962 |
| 50 | −79.389 | −47.839 | −38.438 |
| 60 | −80.512 | −50.868 | −35.201 |
| 64.5 | −80.809 | −52.119 | −33.616 |

在图 5-36 中画出了这些应力曲线。图中的实线表示按材料力学方法或不考虑基础影响的计算成果，可见$\sigma_y$的差异最大，按最小功法，在坝趾坝踵处的压应力大有减小，坝踵处并出现了 37.65lb/in$^2$ 的拉应力（不考虑基础影响时该处应力为 0）。

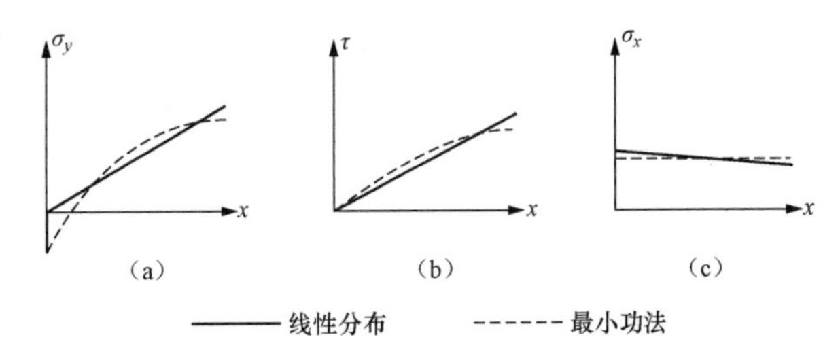


图 5-36　用最小功法求出的坝基应力

（a）$\sigma_y$；（b）$\tau$；（c）$\sigma_x$

上述方法的适用范围似乎很小，但当坝体上游面为垂直，且基岩刚度远大于混凝土时，我们是可以用上法来研究基础附近的应力分布情况的，这时须将实际断面及计算资料稍加变化。图 5-37（a）示一实际坝体断面，在基础高程处的合力为 $W$，合力矩为 $M$。我们将实际断面化为图 5-37（b）中的情况。这个换算断面呈楔形，水位齐顶，具有与原断面相同的底宽和下游坡。但将水的容重改为$\gamma'_0$，混凝土的容重改为$\gamma'_c$，$\gamma'_0$及$\gamma'_c$由下式求出：

$$\left.\begin{aligned}&\frac{1}{2}\gamma'_c\cdot\tan\beta\cdot H^2=W\\&\frac{H^3}{6}(\gamma'_0+\gamma'_c\cdot\tan^2\beta)=M\end{aligned}\right\}\qquad(5\text{-}192)$$

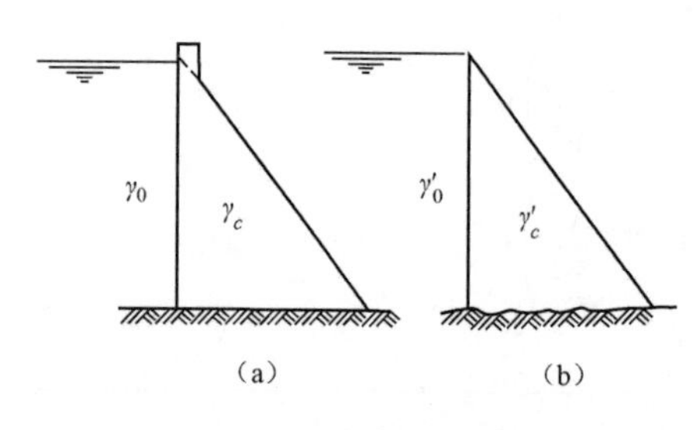


图 5-37　某坝体断面

由于实际断面的坝顶结构影响，以及上游水面不一定齐坝顶等原因，故求出的$\gamma'_c$及$\gamma'_0$将与$\gamma_c$及$\gamma_0$稍有出入，但不应该相差很大。采用虚拟容重$\gamma'_0$及$\gamma'_c$后，可使实际断面换化为理想断面，而维持在坝基高程上的合力和合力矩不变。这对所求出的靠近坝基的应力将无显著影响，仅上游面的水平正应力$\sigma_x$或将稍与边界条件不符。

当上游面有斜坡时，最小功法也可应用。这时我们仍假定：

$$\sigma_y=y\left(A+B\frac{x}{y}+C\frac{x^2}{y^2}+D\frac{x^3}{y^3}\right)$$

由平衡条件求出$\sigma_x$及$\tau$的表达式，并由截面上应力应与外载相平衡的条件，建立$A$、$B$、$C$、$D$ 间的两个关系式。最小功表达式仍为式（5-187），唯积分极限有异。两个最小功表达式与两个平衡条件，适足以求出$A$、$B$、$C$、$D$等四个常数。这在原理上与上游面为垂直情况无大的不同，仅计算工作量要增加不少。应该注意，如果两个断面底宽相同，一个为垂直上游面，一个为倾斜上游面，则按材料力学方法（或不计基础影响）计算，后者在坝踵处的应力远较前者不利，而按最小功法计算，视基岩为无限刚强时，两者在坝踵及其附近的正应力$\sigma_y$并无显著区别。

以上所述又只限于用在基岩为无限刚强的情况，如果基础的刚度有限，则在承受荷载后，基础内各点亦将产生变形，因而在计算内功时，除坝体部分外，尚应计及基础部分的内功。后者的计算是很复杂的。为简化计，可用基础面上荷载所作的外功来代替。设在基础面上作用着垂直荷载（见图 5-38）：

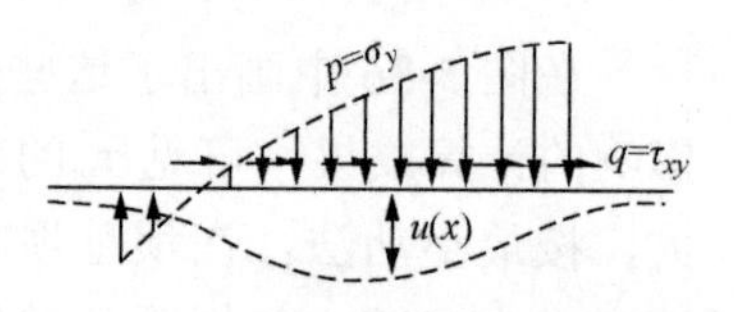


图 5-38　基础面上的荷载

$$p=\sigma_y=H\left(A+B\frac{x}{H}+C\frac{x^2}{H^2}+D\frac{x^3}{H^3}\right)$$

水平荷载：

$$q=\tau_{xy}=H\left[-(A+\gamma_c)\frac{x}{H}+\frac{C}{3}-\frac{x^3}{H^3}+\frac{D}{2}\cdot\frac{x^4}{H^4}\right]$$

求出基础表面的垂直沉陷$u$（$x$）及水平变位$v$（$x$），则$p$及$q$所做的功为：

$$L' = \frac{1}{2}\int_0^b p(x)u(x)\mathrm{d}x + \frac{1}{2}\int_0^b q(x)v(x)\mathrm{d}x$$

上式显然最终可化为 $A$、$B$、$C$、$D$ 的函数。将上式对 $C$ 及 $D$ 取微分后，$\frac{\partial L'}{\partial C}$ 及 $\frac{\partial L'}{\partial D}$ 将为 $A$、$B$、$C$、$D$ 的一次函数。把这些函数与坝体的内功微分 $\frac{\partial L}{\partial C}$、$\frac{\partial L}{\partial D}$ 相加，并置为 0，可以得到一组方程，用来确定 $A$、$B$、$C$、$D$ 四值。容易知道，最终的应力分布将为 $k = \frac{E_{基岩}}{E_{混凝土}}$ 的函数。当基础较软弱时，坝踵的应力情况将比 $E_{基岩}=\infty$的情况有所改善。这个结论和用其他方法求得的结果是一致的。应该说明，考虑基础弹性变形后的最小功计算法，还是一个有待研究和发展的问题。

## 第七节　有限差和迭弛法

### 一、有限差公式

根据上节中的讨论，我们已不难看出，只要重力坝的边界荷载或形状比较复杂，应力函数的形式解答便将极其繁复。这时，我们往往放弃理论解答的寻求，而设法对某一具体问题找出一组数值解答。这种方法近年在工程界中颇为流行，特别是一些快速计算工具问世后，本法的实用性也就更高。在本节中拟将其原理作一简单介绍。

数值解法的优点是其应用范围殊为广泛，不论边界条件如何复杂，常可设法求出其值；而其缺点则在计算工作量颇为浩大，常常需求助于电子计算机或电模拟计算机，此外，一个问题的解答不能应用到边界条件稍有不同的其他问题上去。

本法的原理，其实也很简单：如果不能找出应力函数 $F$ 的形式解答，则不妨寻求其数值解答，即求出指定点上 $F$ 的数值。计算时，我们先将坝体画成正方形的网格，如图 5-39 所示，我们的目的，即在求出各网格结点上的 $F$ 值。如果各结点上的 $F$ 值为已知，则各点上的 $\frac{\partial F}{\partial x}$、$\frac{\partial^2 F}{\partial x^2}$ 等微分值可按数值微分的公式得之（参见图 5-40）：

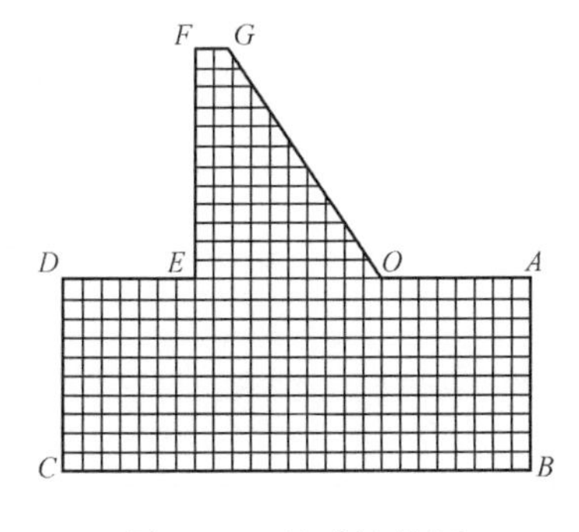


图 5-39　迭弛计算网

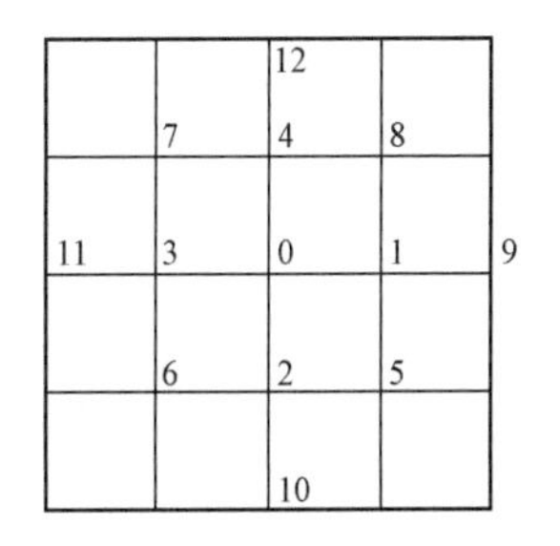


图 5-40　各网格结点

$$
\left.\begin{aligned}
\left[\frac{\partial F}{\partial x}\right]_0 &= \frac{F_1 - F_3}{2h} \\
\left[\frac{\partial F}{\partial y}\right]_0 &= \frac{F_4 - F_2}{2h} \\
\left[\frac{\partial^2 F}{\partial x^2}\right]_0 &= \frac{F_1 + F_3 - 2F_0}{h^2} \\
\left[\frac{\partial^2 F}{\partial x^2}\right]_0 &= \frac{F_2 + F_4 - 2F_0}{h^2} \\
\left[\nabla^2 F\right]_0 &= \frac{F_1 + F_2 + F_3 + F_4 - 4F_0}{h^2} \\
\left[\frac{\partial^2 F}{\partial x \partial y}\right]_0 &= \frac{F_8 - F_7 + F_6 - F_5}{4h^2} \\
\left[\frac{\partial^3 F}{\partial x^3}\right]_0 &= \frac{F_9 - 2F_1 + 2F_3 - F_{11}}{2h^3} \\
\left[\frac{\partial^3 F}{\partial y^3}\right]_0 &= \frac{F_{12} - 2F_4 + 2F_2 - F_{10}}{2h^3} \\
\left[\frac{\partial^4 F}{\partial x^4}\right]_0 &= \frac{6F_0 - 4F_1 - 4F_3 + F_9 + F_{11}}{h^4} \\
\left[\frac{\partial^4 F}{\partial xy^4}\right]_0 &= \frac{6F_0 - 4F_2 - 4F_4 + F_{10} + F_{12}}{h^4} \\
\left[\nabla^4 F\right]_0 &= \frac{20F_0 - 8\sum_1^4 F + 2\sum_5^8 F + \sum_9^{12} F}{h^4} \\
\left[\frac{\partial^4 F}{\partial x^2 \partial y^4}\right]_0 &= \frac{4F_0 - 2\sum_1^4 F + \sum_5^8 F}{h^4}
\end{aligned}\right\} \qquad (5\text{-}193)
$$

式中，$h$ 为方格边长。

控制 $F$ 的方程是 $\nabla^4 F = 0$，若以有限差形式表之，为：

$$
20F_0 - 8(F_1 + F_2 + F_3 + F_4) + 2(F_5 + F_6 + F_7 + F_8) + (F_9 + F_{10} + F_{11} + F_{12}) = 0 \qquad (5\text{-}194)
$$

即在坝体内任一区域上的 $F$ 值均需满足上式。如果我们已求出沿坝体边界上的 $F$ 值，则可以根据上式设法用渐近的步骤确定各点的 $F$ 值，然后用数值微分法计算各点的 $\frac{\partial^2 F}{\partial x^2}$ 等，最后即可求出分应力：

$$
\sigma_x = \frac{\partial^2 F}{\partial y^2} - g_x x - g_y y
$$

$$
\sigma_y = \frac{\partial^2 F}{\partial x^2} - g_x x - g_y y
$$

$$\tau_{xy}=-\frac{\partial^2 F}{\partial x\partial y}$$

因此，我们的问题有二：①如何确定边界上的 $F$ 值；②如何从边界值及相容条件求出坝内各点的 $F$ 值。兹分别说明如下。

**二、边界上 $F$ 值的计算**

边界上的 $F$ 值，常可根据边界条件计算。考虑图 5-41，取任意一小段边界 d$s$ 来研究，其上有表面荷载 $H$d$s$ 及 $V$d$s$（均以与坐标轴方向一致时为正）。由平衡条件，可写如下：

$$\left.\begin{aligned}\sigma_x\,\mathrm{d}y-\tau\,\mathrm{d}x&=H\,\mathrm{d}s\\ \sigma_y\,\mathrm{d}x-\tau\,\mathrm{d}y&=-V\,\mathrm{d}s\end{aligned}\right\}\tag{5-195a}$$

以上两式是根据 $A$（$x$，$y$）点微分元块的平衡条件而写下的。现于边界上另取一点 $B$（$x_B$，$y_B$），则将 $A$ 点元块上的全部内外力系对 $B$ 点取力矩并由平衡条件，可写下：

$$(\sigma_x\mathrm{d}y-\tau\,\mathrm{d}x)(y_B-y)+(\sigma_y\,\mathrm{d}x-\tau\,\mathrm{d}y)(x_B-x)=\mathrm{d}M\tag{5-195b}$$

上式中 d$M$ 为 $H$d$s$ 及 $V$d$s$ 对于 $B$ 点的力矩。

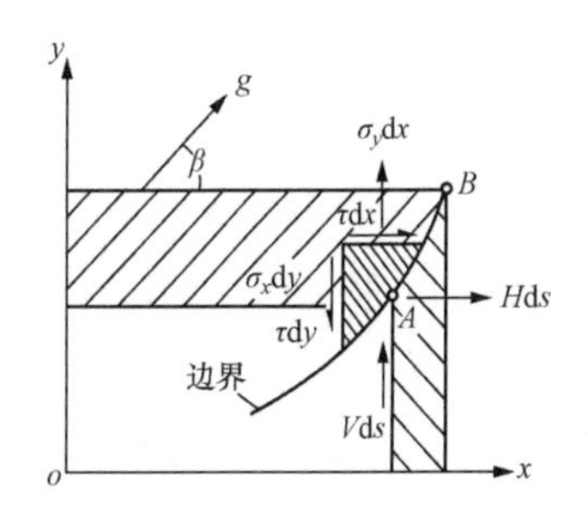

图 5-41　边界上 $F$ 值的计算

现在将各分应力以应力函数表之，即：

$$\sigma_x=\frac{\partial^2 F}{\partial y^2}-g_x x-g_y y$$

$$\sigma_y=\frac{\partial^2 F}{\partial x^2}-g_x x-g_y y$$

$$\tau_{xy}=-\frac{\partial^2 F}{\partial x\partial y}$$

并代入式（5-195a），得：

$$\frac{\partial^2 F}{\partial y^2}\mathrm{d}y-g_x x\mathrm{d}y-g_y y\mathrm{d}y+\frac{\partial^2 F}{\partial x\partial y}\mathrm{d}x=H\,\mathrm{d}s$$

$$\frac{\partial^2 F}{\partial x^2}\mathrm{d}x-g_x x\mathrm{d}x-g_y y\mathrm{d}x+\frac{\partial^2 F}{\partial x\partial y}\mathrm{d}y=-V\,\mathrm{d}s$$

上两式移项并从 $A$ 点积分到 $B$ 点后，得：

$$\left.\begin{aligned}\left[\frac{\partial F}{\partial y}\right]_B&=\left[\frac{\partial F}{\partial y}\right]_A+X+g_x\int_A^B x\,\mathrm{d}y+\frac{1}{2}g_y\,(y_B^2-y_A^2)\\ \left[\frac{\partial F}{\partial x}\right]_B&=\left[\frac{\partial F}{\partial x}\right]_A-Y+\frac{1}{2}g_x(x_B^2-x_A^2)+g_y\int_A^B y\,\mathrm{d}x\end{aligned}\right\}\tag{5-196}$$

式中，$X=\int_A^B H\,\mathrm{d}s$，$Y=\int_A^B V\,\mathrm{d}s$，分别表示在 $A$、$B$ 两点间全部边界力沿 $x$ 及 $y$ 方向的合力。所以，当 $A$ 点的 $\frac{\partial F}{\partial x}$ 及 $\frac{\partial F}{\partial y}$ 为已知值后，另一点 $B$ 的 $\frac{\partial F}{\partial x}$ 及 $\frac{\partial F}{\partial y}$ 值即可按上式计算，

其中 $X$、$Y$ 可由边界力确定，而 $\int_A^B x\mathrm{d}y$ 和 $\int_A^B y\mathrm{d}x$ 则要从边界曲线积分而得（为图 5-41 中的两块阴影面积）。若边界曲线的方程 $y=f(x)$ 或 $x=\varphi(y)$ 为已知，则积分可以直接求出，否则我们须用数值积分法完成计算。

同样，由式（5-195b）我们不难求出：

$$\begin{aligned}F_B &= F_A+(x_B-x_A)\left[\frac{\partial F}{\partial x}\right]_A+(y_B-y_A)\left[\frac{\partial F}{\partial x}\right]_A+M\\&\quad+\int_A^B(xg_x+yg_y)[(x_B-x)\mathrm{d}x+(y_B-y)\mathrm{d}y]\\&=F_A+(x_B-x_A)\left[\frac{\partial F}{\partial x}\right]_A+(y_B-y_A)\left[\frac{\partial F}{\partial y}\right]_A+M\\&\quad+g_x\int_A^B(y_B-y)x\mathrm{d}y+g_y\int_A^B(x_B-x)y\mathrm{d}x+\frac{1}{6}g_x x_B^3+\frac{1}{6}g_y y_B^3\\&\quad-g_x\left(\frac{x_B x_A^2}{2}-\frac{x_A^3}{3}\right)-g_y\left(\frac{y_B y_A^2}{2}-\frac{y_A^3}{3}\right)\end{aligned}\tag{5-197}$$

换言之，当 $A$ 点的 $F$ 值及 $\left[\frac{\partial F}{\partial x}\right]_A$、$\left[\frac{\partial F}{\partial y}\right]_A$ 值为已知时，另一点 $B$ 上的 $F$ 值可按式（5-197）计算，式中 $M$ 为 $A$、$B$ 两点间全部边界力对 $B$ 点的力矩。$\int_A^B(y_B-y)x\mathrm{d}y$ 及 $\int_A^B(x_B-x)y\mathrm{d}x$ 各表示图 5-41 中相应阴影面积对 $B$ 点的力矩。

这样，在计算坝体边界值时，我们只要找定一个起始点 $A$，设法求出 $A$ 点的三个边界值 $F_A$、$\left[\frac{\partial F}{\partial x}\right]_A$、$\left[\frac{\partial F}{\partial y}\right]_A$，就可应用式（5-196）、式（5-197）循序计算边界上其余各点的边界值了。我们注意到在 $F$ 函数中加上一项 $ax+by+c$，对应力毫无影响，因此，我们常可调整 $a$、$b$、$c$ 之值，令起始点的 $F$、$\frac{\partial F}{\partial x}$、$\frac{\partial F}{\partial y}$ 为零，这样计算公式即可简化。其次，既然在 $F$ 中加上一次项对应力无影响，则公式中的 $\frac{1}{2}g_y y_A^2$、$\frac{1}{2}g_x x_A^2$、…等常数项也可置为零（即令 $x_A=y_A=0$）。所以，边界上任何一点 $B$（$x_B$，$y_B$）的边界值可用以下三个简化后的公式计算：

$$\left.\begin{aligned}\left[\frac{\partial F}{\partial y}\right]_B&=X_B+g_x\int_0^B x\mathrm{d}y+\frac{1}{2}g_y y_B^2\\\left[\frac{\partial F}{\partial x}\right]_B&=-Y_B+\frac{1}{2}g_x x_B^2+g_y\int_0^B y\mathrm{d}x\\F_B&=M_B+g_x\int_0^B(y_B-y)x\mathrm{d}y+g_y\int_0^B(x_B-x)y\mathrm{d}x+\frac{1}{6}x_B^3 g_x+\frac{1}{6}y_B^3 g_y\end{aligned}\right\}\tag{5-198}$$

现在再将计算边界值的步骤归纳如下：

（1）作一计算体的草图，画出边界线及边界荷载（当然边界荷载须与体积力呈平衡，在没有体积力作用时，边界力须自呈平衡）。画出坐标轴和其正的方向。

（2）在边界上选取一点 0 作为原点，也就是边界值计算的起始点。这一点上的三个值 $F$、$\dfrac{\partial F}{\partial x}$、$\dfrac{\partial F}{\partial y}$ 均取为 0。对于图 5-39 所示的坝体断面，我们常取 $F$ 或 $E$ 点作为起始点。

（3）将边界划分为若干小段，标出各小段的分界点。计算这些分界点的坐标 $x$、$y$，计算时须注意其正负符号。计算每相继两点的坐标差$\Delta x$、$\Delta y$（后面一点坐标减去前面一点坐标的差值，有正负）。

计算每一小段上的边界力合力沿 $x$、$y$ 方向的分力$\Delta X$、$\Delta Y$，也须注意其正负符号。

计算每一小段的相应面积 $x\Delta y$ 和 $y\Delta x$（有正负）。

（4）从 0 点开始，依照一定方向（顺时针向或逆时针向）循序计算各点上的$\dfrac{\partial F}{\partial x}$、$\dfrac{\partial F}{\partial y}$及 $F$ 三值，最后仍回到原点 0。如果计算无误，则回到 0 点这三值应重为零。这可作为一个很好的校核。

例如，从 0 点出发，依次为 1、2、3、…、$n$ 诸点，然后回到 0 点，则 0 点的

$$F_0=0,\quad \left[\frac{\partial F}{\partial x}\right]_0=0,\quad \left[\frac{\partial F}{\partial y}\right]_0=0$$

其次一点的三个值为：

$$\left.\begin{aligned}
&\left[\frac{\partial F}{\partial x}\right]_1=-\Delta Y_{01}+\frac{1}{2}g_x x_1^2+g_y\,(y_1\Delta x_{01})\\
&\left[\frac{\partial F}{\partial y}\right]_1=\Delta X_{01}+g_x\,(x_1\Delta y_{01})+\frac{1}{2}g_y y_1^2\\
&F_1=\Delta M_{01}+g_x(x_1\Delta y_{01})\frac{\Delta y_{01}}{2}+g_y(y_1\Delta x_{01})\frac{\Delta x_{01}}{2}+\frac{1}{6}x_1^3 g_x+\frac{1}{6}y_1^3 g_y
\end{aligned}\right\}\tag{5-199}$$

式中，$\Delta Y_{01}$、$\Delta X_{01}$、$\Delta M_{01}$ 各为“01”这一段边界上的合力沿 $y$、$x$ 方向的分力及对 1 点的力矩；$\Delta x_{01}$ 及$\Delta y_{01}$ 为这一小段边界的 $x$ 及 $y$ 方向的投影。

求出 $F_1$ 等后，再进而计算第 2 点上的相应值。例如：

$$\left[\frac{\partial F}{\partial x}\right]_2=-\Delta Y_{01}-\Delta Y_{12}+\frac{1}{2}g_x x_2^2+g_y\,(y_1\Delta x_{01}+y_2\Delta x_{02})$$

我们可以列一张表，把每一小段上的$\Delta Y$ 和 $y\Delta x$ 都事先算好并汇列成行，则从 0 点起，依次将 $-\Delta Y$ 及 $y\Delta x$ 叠加（代数和）并加上$\dfrac{1}{2}g_x x^2$，即得依次各点的$\dfrac{\partial F}{\partial x}$值。如果无体积力作用，则仅须叠加 $-\Delta Y$ 即可。

同样：

$$\left[\frac{\partial F}{\partial y}\right]_2 = \Delta X_{01} + \Delta X_{12} + \frac{1}{2}g_y y_2^2 + g_x(x_1\Delta y_{01} + x_2\Delta y_{12})$$

我们也可列出各小段上的$\Delta X$和$x\Delta y$值，依次叠加，并加上$\frac{1}{2}g_y y^2$，即得各点上的$\frac{\partial F}{\partial y}$值。

列表计算$F$时，要稍微复杂一些。分析式（5-198），除$\frac{1}{6}x^3 g_x$及$\frac{1}{6}y^3 g_y$可以按各点坐标计算外，其余三项均须用累计法求之：

1）$M_B$：系从0点到计算点间全部边界力对计算点的力矩。这个力矩可分别由垂直力$Y$和水平力$X$来计算。假定某一点$n$处的总合力（即从0点至$n$点间）$X_n$、$Y_n$和力矩$M_n$为已知，则显然这些力对$n+1$点的力矩为：

$$M_{n+1} = M_n + Y_n\Delta x_{n,n+1} + X_n\Delta y_{n,n+1}$$

因此，在列表记下各点的$X$、$Y$、$M$后，可以循序计算$M_{n+1}$，并无困难。

2）$g_x\int_0^B(y_B - y)x\mathrm{d}y$：我们将$g_x \cdot x\mathrm{d}y$当作每一段上的一个微分水平力$\Delta X$，依次累计每点上的合力$X$和力矩$M$，则完全可用同上的步骤来逐点计算$g_x\int_0^B(y_B - y)x\mathrm{d}y$值。同理，将$g_y \cdot y\mathrm{d}x$当作每一段上一个微小的垂直力$\Delta Y$，也可逐点算出$g_y\int_0^B(x_B - x)y\mathrm{d}x$之值。

综上所述，边界值的计算以列表进行计算为宜，这样不易弄错。

在计算时必须密切注意各种数值的正负符号，坐标$x$、$y$的符号是容易确定的，$\Delta x$及$\Delta y$系指后一计算点的坐标减去先一计算点的坐标，按所得结果定其正负号。边界力$\Delta X$、$\Delta Y$按其方向是否与坐标轴相符定其符号，$M$按其对计算点的转动方向定正负号（$M$如系由$X \cdot \Delta y$或$Y \cdot \Delta x$算出者，则当$\Delta x$、$\Delta y$、$X$、$Y$各取其正确符号时，$M$的符号亦为正确）。体积力的符号视$x$、$y$、$\mathrm{d}x$、$\mathrm{d}y$的符号而定。当循边界一周计算回到原点时，如所得$F_0 = \left[\frac{\partial F}{\partial x}\right]_0 = \left[\frac{\partial F}{\partial y}\right]_0 = 0$，即证明计算无误；如这三值不等于0，必然存在错误，此时须细致地校对原始平衡条件及边界计算中有无错误。

当无体积力作用时，$g_x = g_y = 0$，计算可以大形简化，计算表格也相应简化。

在计算重力坝的边界值时，尚有两个问题须再作讨论：

（1）基础部分边界值的计算。基础部分实际上为一半无限大的平面，在计算时我们只切取其一部分，见图5-39。因此，我们从沿坝面及基岩面上的荷载，可以算出$A—O—G—F—E—D$线上的边界值，但不能求出基础另三面$AB$、$BC$及$CD$上的边界值，因为这些边界上的荷载（反力）尚不知道。

这个困难可以这样解决：我们视基岩为一半无限弹性板，承受上下游水压力和坝体传来的正应力、剪应力以及自重的作用。用本章第四节中的公式计算在这些荷载下

沿 $AB$、$BC$ 及 $CD$ 三条边界上的正应力及剪应力，作为表面荷载，这样就可算出整个计算域的边界值了。坝基反力形式虽尚属未知，但可以用其静力相当值代替之，只要基础块的尺寸不是取得过小，坝基反力以其静力当量代替后，对这三条边界上的应力的影响并不大，而再从这些边界值去计算坝内应力时，其误差就更微小了。

（2）不规则边界及边界值的插补和延拓。在进行迭弛计算时，我们一般都将计算区划分成正方形的网格（参见图 5-39），直线段边界，特别是平行坐标轴的直线边界，常可与网格线相符，而网格结点都落在边界上。这时，我们即可计算这些结点上的边界值。但如边界线形状较复杂或为曲线，则网格结点不一定落在边界线上，其计算法尚须加以研究。

图 5-42 中表示一段边界与附近迭弛网格的关系。我们首先应该算出边界线和网格线相交点上的边界值 $F$、$\dfrac{\partial F}{\partial x}$ 及 $\dfrac{\partial F}{\partial y}$，如图中的 $B$、$C$、$D$ 诸点上的各值。然后从这些边界值去推算网格结点上的边界值，其推算公式为：

$$\left.\begin{aligned} F_{(x+\mathrm{d}x)} &= F_x + \frac{\partial F}{\partial x}\mathrm{d}x \\ F_{(y+\mathrm{d}y)} &= F_y + \frac{\partial F}{\partial y}\mathrm{d}y \end{aligned}\right\} \tag{5-200}$$

例如图 5-42 中 $\beta$ 点的 $F$ 值可由 $B$ 或 $C$ 点推算（取相距较近点推算，或取其平均值），$\varepsilon$点的 $F$ 值可由 $C$、$D$ 点推算。

因为进行迭弛计算时要用到一点上下左右相邻两格上各点的 $F$ 值，因此，在求出边界上各点的 $F$ 值后，尚需推算相邻一格的虚拟点上的 $F$ 值。这也可用外推公式计算，但在迭弛过程中必须随时校正，以增加其精确度。

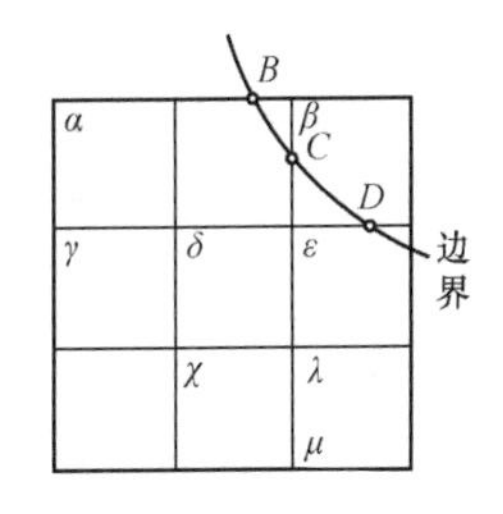

图 5-42　边界与附近迭弛网格的关系

### 三、计算域内部 *F* 值的确定

求出边界值后，第二个问题是如何从边界值确定内部各点的 $F$ 值。如果网格结点不过多，我们自然可以采用代数方程的办法，即将网格上各结点予以编号，然后对每一个内部结点，都写下一个差分方程［见式（5-194）］。这样，我们就可以得到足够多的联立方程，来确定内部各点的 $F$ 值。

但在通常的计算区，其网格结点数多达数十或数百点，解算联立方程的工作，除非利用快速计算器具（如电子计算机）进行，一般是不现实的。由于近年来计算技术和机器的飞速发展，因此利用快速计算机来解决这一问题是极有前途的。

第二个办法是通过一些模拟计算机来确定内部的函数值。这里可以提一下电阻模拟计算机。理论上已经证明，电阻模拟计算机可以适用于解决平面谐和方程、泊松方程、重谐和方程和重泊松方程。在实践上近来也有飞速发展，而且获得了满意的成就因此，这一方法的发展也是很有希望的。另一种模拟是所谓拟板法。当一块弹性平板承受边界荷载而变形时（垂直于平板平面的变形），控制变形 $z$ 的方程是：

$$\nabla^4 z=0$$

显然，承受边界荷载的平面弹性问题的应力函数 $F$，和承受边界荷载的薄板挠曲变形 $z$，在数学上受同样形式的微分方程的控制。这样，我们可以取一块薄板，使其形状与坝体断面相似，并令其边界发生预定的变位 $z$ 和坡度 $\frac{\partial z}{\partial x}$、$\frac{\partial z}{\partial y}$（分别相应于坝体边界上的 $F$、$\frac{\partial F}{\partial x}$、$\frac{\partial F}{\partial y}$）。这时薄板将自然挠曲而成为一曲面。量下或算出这一薄板在挠曲后的各点的变形值 $z$，此值即相当于坝体各点的 $F$ 值。$z$ 的确定，或可通过模型板的试验实测其变形值，或可通过试载法计算其变形值。这便是用拟板法确定坝体应力的原理。但当采用拟板法时，我们常常测量或计算薄板中的曲率 $\left(\frac{\partial^2 z}{\partial x^2},\ \frac{\partial^2 z}{\partial y^2}\right)$ 和扭率 $\left(\frac{\partial^2 z}{\partial x \partial y}\right)$，因为这些数值直接和坝体中的分应力成正比，而不必通过 $F$ 函数的间接计算，所以在本节中对此不再详加介绍。关于拟板法的较全面的理论（包括承受体积力作用和复联区域的相似原理），可以参考有关文献。

如上述各法都不能采用，那么就只能进行迭弛计算，应用逐步修正的原理来获得一组近似解答。用迭弛法计算时，我们先画一张放大的图（类似图 5-39），将各结点予以编号，自 1、2、3、…、$n$。其中边界点上的 $F$ 为已知值。首先拟定各点上原始的 $F$ 值。在边界点上，即为其边界值（此值在以后计算中不变动），内部各点则根据邻近边界值估计填入。原始的边界值估计得愈精确，则以后的计算工作愈简单。

决定了各点的原始 $F$ 值后，即计算每一结点上的第一次余差 $R_1$。余差 $R$ 的定义是：

$$R=20F_0-8\sum_{1}^{4}F_i+2\sum_{5}^{8}F_i+\sum_{9}^{12}F_i \tag{5-201}$$

迭弛计算的目的，就是设法修改原来估计的 $F$ 值，使各点上的余差 $R$ 均告消灭。把各点第一次余差 $R$ 求出后，记在草图或计算表上相应结点处。我们注意到，如果任一结点上的 $F$ 值增加 1，则该点余差值将变动 +20，因此适当的调整该点的 $F$ 值，即可使该点上的余差消失。但与此同时，其上下左右 12 点上的余差都将变动，其影响情况可见图 5-43，此图可称为迭弛计算的影响值表。

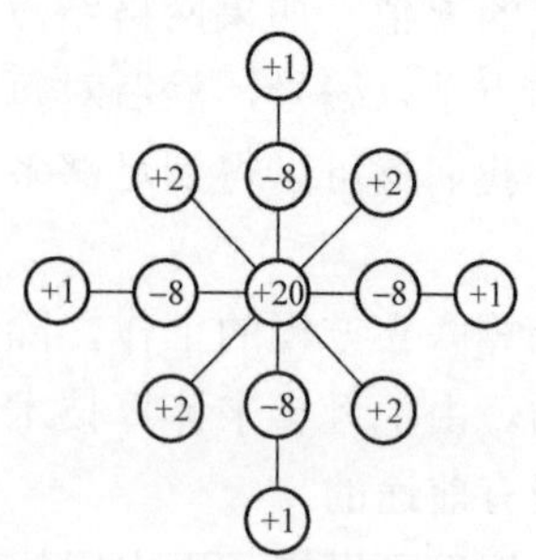

图 5-43　迭弛影响系数

因此，在求出各点的第一次余差后，我们可从余差较大的点子开始，把这些点子上的 $F$ 值加以修正，使其余差消失，同时记录这一操作所引起的对相邻各点余差的影响，得出第二次的各点余差值 $R_2$。如此继续进行，直至各点的余差均接近消失，达到所需精度为止。

上述迭弛计算的收敛速度一般并不很快，因为如图 5-43 所示，设仅 0 点有余差 −20，其余各点均无余差，则将 0 点 $F$ 值增加 1，该点上的余差虽告消灭，而邻近 12 点上均出现新的余差。这 12 个新的余差的代数和仍为 −20（$-8\times4+2\times4+1\times4=-20$）。这意味着在迭弛计算中，有一大部分计算工作的作用，仅在将中央结点的余差推向边界附近去，而不能有效地消除总余差的值。通常我们必须采用各种办法来加快收敛速度，减少计算工作量。其方法如下：

（1）审慎地拟定第一次的 $F$ 值，或借助于简单的拟板模型试验，较精确地确定原始 $F$ 值。

（2）将应力函数分为 $F_1$ 及 $F_2$ 两部分，其中 $F_1$ 可设法由理论求出，且与最终的 $F$ 函数相差不过大。所以迭弛法仅系用来推求校正函数 $F_2$，而对其精确度的要求就可以降低。

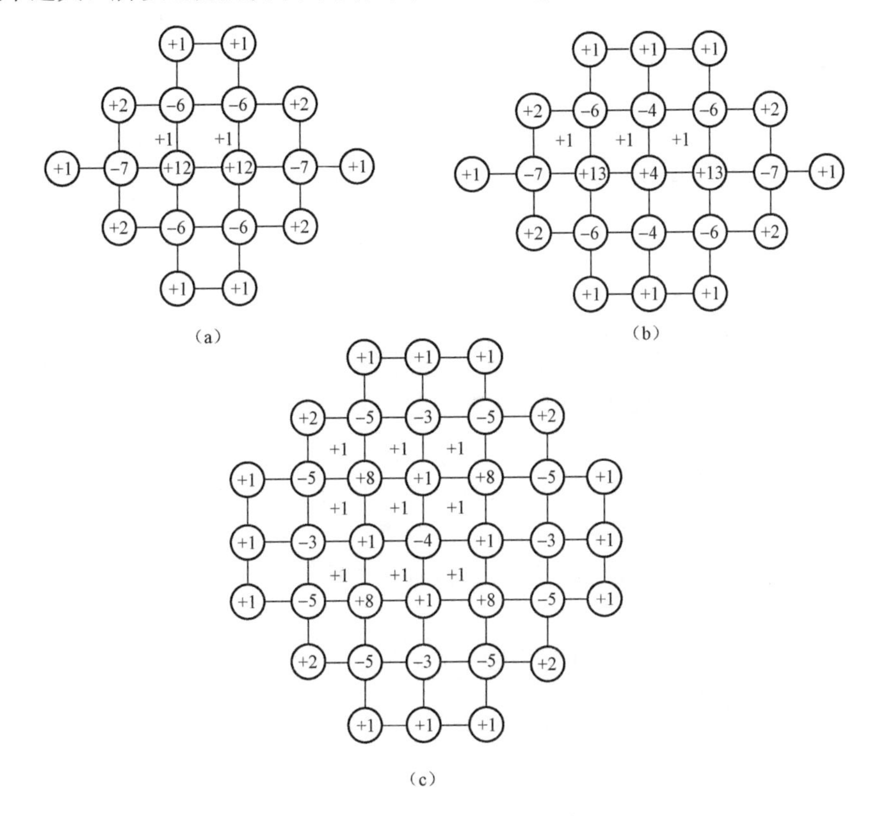


图 5-44　整块迭弛影响值

（3）在迭弛各点余差时，不是一点一点地依次迭弛，而是仔细地研究各点余差分布情况，将若干结点同时改变其 $F$ 值，从而使每一步的迭弛工作能最有效地减少余差总值。图 5-44 中表示几种整块迭弛的影响表。例如，当有一个区域，有两个相邻结点上存在几乎相同的、较大的正余差，而其外圈各结点上又有程度不等的负余差时，可以实行图 5-44（a）中的整块迭弛，余类推。这种整块迭弛的影响表可以用图 5-43 中的基本图形由迭加法简捷地求出，列置在旁边，随时对照施用。

（4）另一种更有效的集体迭弛法是这样的：以图 5-45 为例，设 0 点有一余差 $R_0=1$，其余各点 $R$ 均为 0。如将 $F_0$ 减少 $\dfrac{1}{20}$，其余各点 $F$ 不动，则 $R_0$ 消失，但 $R_1$～$R_4$ 由 0 变成 0.4，$R_5$～$R_8$ 由 0 变成 $-0.1$，$R_0$～$R_{12}$ 由 0 变为 $-0.05$。但我们也可以这样做，即在消灭 $R_0$ 时，将 $F_0$、$F_1$、$F_2$、$F_3$ 及 $F_4$ 均予改动，使 $R_0$ 消失后，亦不产生新的 $R_1$～$R_4$。设这样做要在 $F_0$ 上增加 $\Delta F_0$，在 $F_1$～$F_4$ 上各增加 $\Delta F_1$，则 $\Delta F_0$ 及 $\Delta F_1$ 可自下式得出：

$$R_0+20\Delta F_0-32\Delta F_1=0$$

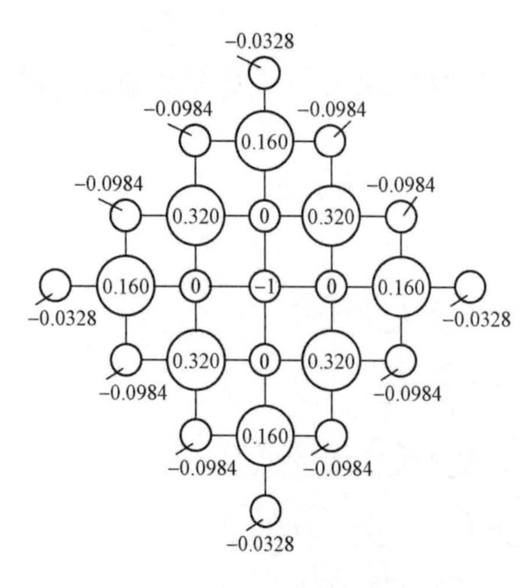


图 5-45 集体迭弛法

$$0+25\Delta F_1-8\Delta F_0=0$$

置 $R_0=1$ 解之，得 $\Delta F_0=-\dfrac{25}{244}$，$\Delta F_1=-\dfrac{2}{61}$。

因此，当仅 0 点有余差 $R_0=1$ 时，我们在 $F_0$ 中减去 25/244，同时在 $F_1$～$F_4$ 中各减去 2/61，则 0、1、2、3、4 五点上的余差同时消灭，但将引起 $R_5$～$R_{24}$ 的变动，其影响值见图 5-45。这样，余差拓展的速度将大大加快。

按此，我们常可以在计算域中围出一块范围（该范围内余差均较大），令该范围内的 $n$ 个结点上的 $F$ 值各改变一值$\Delta F_1$、$\Delta F_2$、…、$\Delta F_n$。然后要求经过这次迭弛，此范围内的余差一次消灭。换言之，要成立一组 $n$ 元方程，根据条件解出这 $n$ 个校正值$\Delta F$，并计算这一迭弛对该范围以外各点的影响。当迭弛工作中发现某些区域存在一些余差，此起彼伏，相互影响，收敛较慢时，采用这一方法常常可得满意成果。

总之，迭弛法的计算工作量是较大的，只有掌握了一定的实际操作经验并在每一步工作中都审慎从事，才能比较迅速地求出结果。

上面提到过在边界附近各点上进行迭弛时，要用到边界以外虚拟点子上的 $F$ 值。这里再作一些说明。

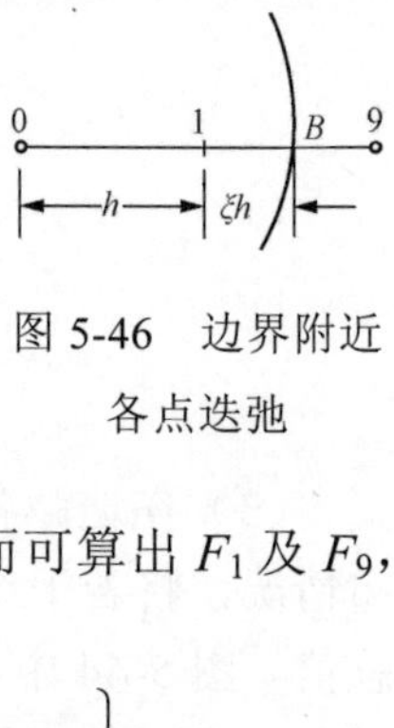

参考图 5-46，设网格线 0～9 与 $x$ 轴平行，与边界相交于 $B$ 点，在 $B$ 点上的 $F_B$、$\left[\dfrac{\partial F}{\partial x}\right]_B$ 为已知。那么，我们假定 $F$ 值沿 $x$ 轴方向呈二次曲线分布，即：

图 5-46 边界附近各点迭弛

$$F=F_B+\left[\frac{\partial F}{\partial x}\right]_B(x-x_B)+c(x-x_B)^2 \tag{5-202}$$

式中，$c$ 为一个常数，当 $x=x_0$ 时，$F$ 须等于 $F_0$，由此可求出 $c$，从而可算出 $F_1$ 及 $F_9$，均以 $F_0$ 表示之：

$$\left.\begin{aligned}F_1&=\left[\frac{1+2\xi}{(1+\xi)^2}F_B-\frac{\xi h}{1+\xi}\left[\frac{\partial F}{\partial x}\right]_B\right]+\frac{\xi^2}{(1+\xi)^2}F_0=N_2+\frac{\xi^2}{(1+\xi)^2}F_0\\F_9&=\left[\frac{4\xi}{(1+\xi)^2}F_B+\frac{2(1-\xi)h}{1+\xi}\left[\frac{\partial F}{\partial x}\right]_B\right]+\frac{(1-\xi)^2}{(1+\xi)^2}F_0=N_1+\frac{(1-\xi)^2}{(1+\xi)^2}F_0\end{aligned}\right\} \tag{5-203}$$

上式中 $h$ 为网格间距，而$\xi h$ 为 $B$ 点到 1 点距离，$N_1$ 及 $N_2$ 均可事先算好。因此，在迭弛时，每当 $F_0$ 的数值拟定或校正后，即可按上式求出 $F_1$ 及 $F_9$，以供下一次迭弛用。换言之，$F_1$ 及 $F_9$ 并非固定不变，而是根据 $F_0$ 的数值的校正，随之调整的。这样做，可在每一步中都较好地满足边界条件，比简单地从 $F_B$ 推算 $F_1$ 及 $F_9$，并认为其固定不变，要好得多。我们注意点 1 虽然位在边界以内，但其性质与外推点 $F_9$ 相似，在该点上不进行迭弛计算（后者只做到 0 点为止）。

再研究一下图 5-42。$B$、$C$、$D$ 是曲线边界与网格交点。这里虚拟点 $\beta$ 上的 $F$ 值，既可自 $F_B$ 及 $\left[\dfrac{\partial F}{\partial x}\right]_B$ 计算，也可自 $F_C$ 及 $\left[\dfrac{\partial F}{\partial y}\right]_C$ 计算。同样，$F_\xi$ 既可自 $C$ 点计算，也可自 $D$ 点计算。如网格间距很小，这样得出的结果应相差无几。如结果颇不相同，可这样解决：在迭弛 $\alpha$ 点时，$F_\beta$ 值应自 $B$ 点计算，迭弛 $\lambda$ 点时，$F_\beta$ 值应自 $C$ 点计算，迭弛 $\delta$ 点时，则采用平均值。同样，迭弛 $\lambda$、$\mu$ 时，$F_\xi$ 值应自 $C$ 点计算，迭弛 $\gamma$、$\delta$ 时，$F_\xi$ 值应自 $D$ 点计算，迭弛 $\varkappa$ 点时，用平均值。

当图 5-46 中的点 1 落在边界上时，则 $\xi=0$，而式（5-203）简化为：

$$F_9 = F_0 + 2h\left[\frac{\partial F}{\partial x}\right]_B \tag{5-204}$$

很显然，在迭弛计算中，网格的粗细有很大影响，网格分得愈细，成果愈精确，但计算工作量将迅速增加。因此，除非有合适的计算器械，一般网格不宜分得过细，也就是说不适宜于研究尖锐的应力集中问题。有时，我们可这样进行，即不在第一次计算中即采用过细的网格，而采取逐渐局部加密的方式。例如在图 5-47 中，我们可先用较粗的网格进行计算，待获得初步成果后，再将某些有应力集中现象的地区，如图中的 $aoe$ 角附近，割切出来，划分为较细的网格，进行进一步的计算。这个割切的区域，边界 $ab$、$oe$ 的尺寸应该如此选择，即使该处应力集中的程度已不显著，因此，$abcde$ 上的边界值即可取用第一次以较粗网格计算所得的结果。

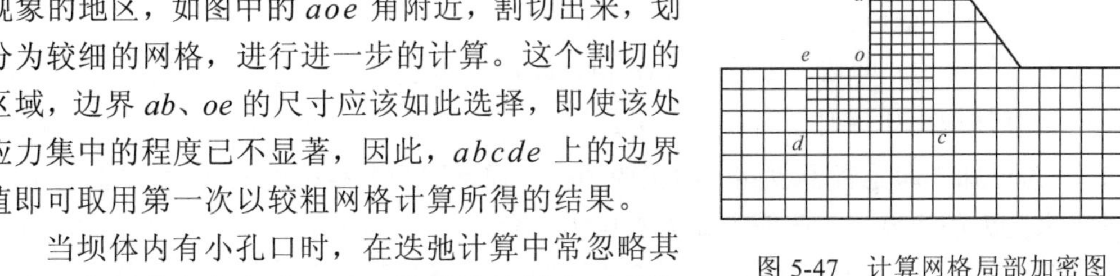


图 5-47　计算网格局部加密图

当坝体内有小孔口时，在迭弛计算中常忽略其影响。当坝体内有大孔口时，将使计算域有两条边界线，构成所谓复联区域的问题，其迭弛计算尚存在着理论上和操作上的困难。

当坝体和基岩的弹性性质不同时，理论上也可以进行数值计算，这时在坝底分界线上须以两种材料的变形接触条件和应力（垂直交线的正应力及剪应力）相等条件来代替一般的迭弛条件，可以参考有关文献。但在实践上，尚少见成功的报道。

计算域内部各点的 $F$ 值经多次迭弛调整而确定后，即可按有限差公式计算其分应力。参考图 5-40，在无体积力时我们可写下：

$$\left.\begin{aligned}
\sigma_{y0} &= \frac{F_1 + F_3 - 2F_0}{h^2} \\
\sigma_{x0} &= \frac{F_2 + F_4 - 2F_0}{h^2} \\
\tau_{xy0} &= \frac{F_5 + F_7 - F_6 - F_8}{4h^2}
\end{aligned}\right\} \tag{5-205}$$

求出应力后，应沿若干断面画出应力分布图，并校核其平衡情况，以判断计算的精确程度。

### 四、间接计算法

上面所述的方法，是由边界上的 $F$ 值，根据重谐和方程的条件，直接推算内部各点的 $F$ 值，然后由 $F$ 值计算应力。这虽然是一种直接解法，但由于迭弛时，每一点 $F$ 值的调整，要牵涉上下左右十二个点上的余差，因之计算是比较复杂的。为了减少计算工作量，我们有时采用所谓间接计算法，即将重谐和方程化为一组泊松方程和谐和方程来解。兹略加叙述如下。

应力函数 $F$ 在体积力势函数 $V$ 和温度场 $T$ 均为谐和函数的条件下是一个重谐和函数：

$$\nabla^4 F = 0$$

如果我们将 $\nabla^2 F = \left(\dfrac{\partial^2}{\partial x^2} + \dfrac{\partial^2}{\partial y^2}\right) F$ 记为 $u$，则显然 $u$ 是一个谐和函数：$\nabla^2 u = 0$。因此，原式可以化为如下两式：

$$\left.\begin{aligned} \nabla^2 F &= u \\ \nabla^2 u &= 0 \end{aligned}\right\} \tag{5-206}$$

根据应力函数定义，$u = \sigma_x + \sigma_y + 2g_x x + 2g_y y$（设体积力仅为常量 $g_x$ 及 $g_y$）。当无体积力作用时，$u = \sigma_x + \sigma_y$。因此，我们可以先设法求出 $u$ 的分布，再进而计算 $F$ 的分布，这便是间接计算法的原理。兹分述如下：

1．边界上 $u$ 值的计算

边界上的 $u$ 值，即边界上的 $\sigma_x + \sigma_y$ 值，或任何其他两个正交方向上的正应力之和 $\sigma_1 + \sigma_2$。有体积力作用时，可在其上再加上 $2g_x x + 2g_y y$。在边界上，常有一个正应力 $\sigma_x$ 或 $\sigma_1$ 为已知（即垂直于边界上的正应力——通常即为荷载强度）。例如在上下游坝面承受水压力的边界上，此应力即为水压力（负值），而在自由边界上，此值即为 0。又如在图 5-39 中，沿 *ABCD* 线上各点的应力可用布辛内斯克公式计算，该线上的 $\sigma_x$、$\sigma_y$ 均可求出。因之，我们只须求出某些边界上另一方向（平行边界方向）的应力（$\sigma_y$ 或 $\sigma_2$），即可确定边界上的 $u$ 值。后一应力可以采用以下方法求之：

（1）通过偏光弹性试验。用偏光弹性试验可以比较迅速和可靠地求出边界上的另一主应力（用偏光弹性试验成果去求内部各点的应力则较困难，也不易精确）。因此，我们可以用偏光弹性试验配合迭弛计算来解决比较复杂的问题。

（2）通过近似公式的计算。以图 5-25 为例，我们取出坝体及基础的 *AOBFGEDC* 部分，作为计算域。这一区域中，*BFGE* 线上各点的三个分应力，如前所述，可以用布辛内斯克公式计算，*AC* 线上的应力，可用材料力学法或无限楔体的解答进行计算，因而这些线上的 $u$ 值都能确定。而 *AOB*、*CDE* 两条边界线上的第二主应力 $\sigma_r$，则可用本章第六节第四段中所述的方法近似求得，与另一主应力 $\sigma_\theta$ 相加后，亦可确定其 $u$ 值。这样，全部边界上的 $u$ 值均可确定。

（3）通过估计，拟定边界上的第二主应力之值，待以后修正。

2．计算域内部各点 $u$ 值的确定

这同样须将计算域划成正方形网格，然后用迭弛法自边界上的 $u$ 值推算内部各点的 $u$ 值。这个问题常被称为狄义赫利问题（The Dirichlet Problem）。

谐和方程 $\nabla^2 u=0$，以有限差形式表之是：

$$u_0=\frac{1}{4}(u_1+u_2+u_3+u_4) \tag{5-207}$$

式中，$u_0$ 表示任意一点上的 $u$ 值，而 $u_1$、$u_2$、$u_3$ 及 $u_4$ 则代表此点上下左右相邻四点上的 $u$ 值。若 0 点与相邻四点（1，2，3，4）之距不等，而各为 $l_1$、$l_2$、$l_3$ 及 $l_4$，则式（5-207）改为：

$$\left(\frac{1}{l_1 l_3}+\frac{1}{l_2 l_4}\right)u_0=\frac{u_1}{l_1(l_1+l_3)}+\frac{u_2}{l_2(l_2+l_4)}+\frac{u_3}{l_3(l_1+l_3)}+\frac{u_4}{l_4(l_2+l_4)} \tag{5-208}$$

因此，当边界上的 $u$ 值为已知时，我们可以先估计填入内部各点的 $u$，然后取任一点的相邻四点上的 $u$ 值的平均值，作为此点第二次的修正值。对于边界附近的各点，则应该用式（5-208）。如此反复计算修正，就可较迅速地使各点上的 $u$ 都满足谐和条件。这一种迭弛算法，远比解决重谐和方程要方便，用电模拟解算也很合适，因此是切合实用的。

3．计算域内各点 $F$ 值的确定

当计算域内各点的 $u$ 值已求出后，可从下列泊松方程求 $F$：

$$\nabla^2 F=u \tag{5-209}$$

以有限差形式表之则为：

$$F_0=\frac{1}{4}(F_1+F_2+F_3+F_4)-\frac{h^2}{4}u_0 \tag{5-210}$$

式中，$h$ 指网格的间距。因此，求 $F$ 时，我们可以先填入边界点上的 $F$ 值，然后估计拟定内部各点的 $F$ 值（这和直接计算法相同）。迭弛时，取任一点相邻四点上 $F$ 值的平均值，减去 $\frac{h^2 u_0}{4}$（$u_0$ 为已知值，得自步骤 2），作为该点第二次修正的 $F$ 值。如此反复修正，也能较快地使各点上的 $F$ 值满足 $\nabla^2 F=u$ 的要求。这步迭弛工作的计算量，大致上和步骤 2 相仿，仅略略多一些，用电模拟计算机解这一个问题也是合适的。

接近边界的点子，与其上下左右相邻点的间距，有时会不等于网格的间距。设点 0 与四邻点 1、2、3 及 4 的间距各为 $l_1$、$l_2$、$l_3$ 及 $l_4$，则迭弛公式改为：

$$\frac{F_1}{l_1(l_1+l_3)}+\frac{F_2}{l_2(l_2+l_4)}+\frac{F_3}{l_3(l_1+l_3)}+\frac{F_4}{l_4(l_2+l_4)}-\left(\frac{1}{l_1 l_3}+\frac{1}{l_2 l_4}\right)F_0=u_0 \tag{5-211}$$

4．$F$ 值的校核和应力计算

用间接的方法求出 $F$ 值后，应该代入重谐和方程 $\nabla^4 F=0$ 的公式中来复核。如果边界上的 $u$ 值是可靠的，两次迭弛计算中（$\nabla^2 u=0$，$\nabla^2 F=u$）没有错误，则由间接法求出的 $F$ 必满足重谐和方程，而可由此计算各分应力。

如果发现 $F$ 值未能很好地满足重谐和方程，而迭弛计算中又没有错误，则显然是由于边界上的 $u$ 值估计或计算得不准确。此时，我们尚须进行校正计算，即将这样求出的 $F$ 值，作为原始值，进行重谐和方程的迭弛计算，以修正之。由于原始值已与最终值相差不多，故修正工作量不至过大。

当坝内留有大孔口时，只要我们能设法求出或估算内外两条边界上的 $u$ 值，同样可以计算。$u$ 值可由偏光弹性试验求出，或设法进行估计，以后再行校正。

关于间接计算法在宽缝重力坝应力分析中的应用，将另在第八章第六节中介绍。

## 第八节　坝体自振周期计算

重力坝除承受静力荷载外，在偶然的情况下也将承受一些动力荷载，诸如地震、溢洪时的振动和某些冲击作用。重力坝是大体积建筑物，对瞬时的和轻微的冲击或振动，都能很好地抵抗而无需验算（仅须注意在反复振动荷载下裂缝附近的应力集中和裂缝扩展的问题），但在承受较剧烈的长期的振动（如地震）时，我们应对坝体的动力学性质作一些分析，以保证安全。

重力坝的动力计算极为复杂困难，这不但由于振动荷载（如地震）很难预先估计和计算，而且也由于重力坝是十分复杂的空间建筑物，其基础条件又千变万化，无一定准则，加上坝体断面十分巨大，上游并蓄有大量库水，合理的计算必须同时考虑库水、坝体及基础的综合影响，这就使得在数学处理上过分复杂，不便实用。因此，关于重力坝的动力计算，还是一个远未解决的问题。本节中将只限于介绍一个略较简单的重要课题，即重力坝的自振频率（或称固有频率），亦即自振周期的计算。坝体自振周期的计算为动力计算中主要内容之一，由此可以知道坝体的抗振性能，考察其是否会与强迫振动力发生共振。坝体实际上是具有无穷次自由度的连续弹性体，我们所求者常为其主振周期（相当于最低自振频率）。

### 一、悬臂式重力坝的自振周期

悬臂式重力坝各坝段间无牵涉，故可切取一断面作为平面问题处理。考虑图 5-48 中所示的最简单的三角形坝体。从结构学上看，这是一个变厚度的悬臂梁，一般以应用雷理（Lord Rayleigh）原理来求其自振周期为宜。设坝体在作水平振动时，各点均作如下的简谐运动：

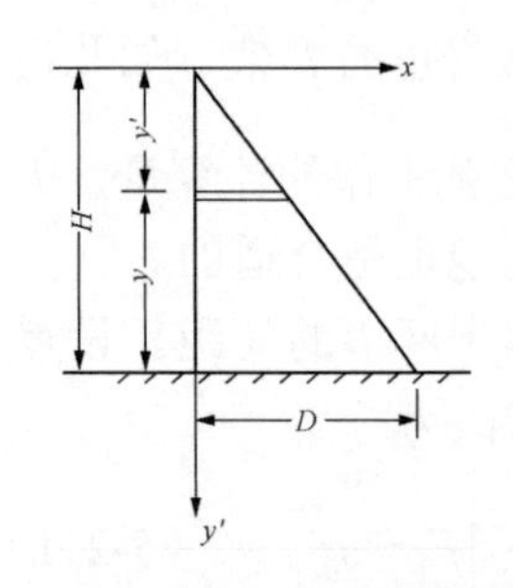

图 5-48　变厚度悬臂梁

$$x(t)=X\sin\frac{2\pi}{T}t=x\sin\omega t \tag{5-212}$$

式中，$x$（$t$）为水平位移，$X$ 为振幅，$T$ 为周期，$\omega$ 为圆频率。则当其达到最大位移时，动能为 0，而势能达最大值。反之，当其经过静平衡位置时，势能为 0，而动能达最大值。雷理原理即利用最大势能等于最大动能的条件来决定自振周期。

根据力学，动能等于 $\frac{1}{2}mv^2$，但 $v=\frac{\mathrm{d}x}{\mathrm{d}t}=\omega X\cos\omega t$，当 $\cos\omega t=1$ 时，$v$ 取最大值 $\omega X$，故最大的动能为：

$$\frac{1}{2}\omega^2\int_0^H X^2\,\mathrm{d}m$$

式中，d$m$ 表示坝体断面上任一元素之质量，积分沿梁的全高取之。

另一方面，势能等于 $\frac{1}{2}mX$，整个坝体的势能为：

$$\frac{1}{2}\int_0^H X\,\mathrm{d}m$$

取两者相等，可求出：

$$\omega^2=\frac{\int_0^H X\,\mathrm{d}m}{\int_0^H X^2\,\mathrm{d}m} \tag{5-213}$$

这样看来，要计算自振频率$\omega$时，必须先知道其振幅曲线 $X(y)$，也就是坝体达最大位移时的变形曲线。准确的变形曲线要从振动时坝体所受的惯性荷载来计算，但惯性荷载又须自变形曲线计算，故两者互相有关，不能简单地独立求出。为了解决这个困难，我们通常假定一条近似的变形曲线（当然应满足边界条件），计算惯性荷载，然后再由惯性荷载计算变形曲线，这样逐步校正，就可获得成果。一般言之，即使开始时的变形曲线假定得与实际振幅有些出入，但对计算自振周期而言，却常可获得满意的成果。

例如仍参考图 5-48，取坐标系统如图所示，在距坝底 $y$ 处坝体宽度为 $\frac{D}{H}(H-y)$，该处的微分质量为：

$$\mathrm{d}m=\frac{\rho}{g}\cdot\frac{D}{H}(H-y)\mathrm{d}y$$

式中，$\rho$ 为材料容重，$g$ 为重力加速度。假定一条振幅曲线。作为第一次近似，我们姑且假定振动时的惯性力即为各断面上的重力（即假定振动时各断面上的加速度都是 $g$），这样，我们可把梁的自重横向作用在梁上，作为荷载，计算其相应的变形曲线。甚易证明，这条曲线为二次曲线：

$$X=\frac{\rho H^2}{ED^2}y^2$$

将 $X$ 及 $\mathrm{d}m$ 的表达式代入式（5-213）中，得：

$$\omega^2=\frac{\dfrac{\rho^2H^5}{12ED}}{\dfrac{\rho^3H^9}{30E^2D^3g}}=2.5\frac{EgD^2}{\rho H^4} \tag{5-214}$$

故

$$\omega=1.581\frac{D}{H^2}\sqrt{\frac{Eg}{\rho}} \tag{5-215}$$

[1]

克希荷夫（G.Kirchhoff）曾用贝塞尔函数求得精确之值为：

$$\omega=1.534\frac{D}{H^2}\sqrt{\frac{Eg}{\rho}}$$

可见我们近似地把悬臂梁的自重横向放置作为惯性力来计算变形曲线和自振频

[1] 式中的 $E$，应以振动情况下的弹性模量值代入。

率，求出的成果就已很精确。在应用雷理原理计算基本频率时，我们常可得到这种满意的成果。

如果要得到进一步精确的值，我们可将按自重荷载求出的变形曲线 $X$，乘以 $\omega^2\mathrm{d}m$，得出 $\dfrac{\rho}{g}\cdot\dfrac{D}{H}(H-y)\left(\omega^2\dfrac{\rho H^2}{ED^2}y^2\right)\mathrm{d}y$，然后将这一值作为惯性荷载，再计算其相应的变形曲线 $X_1$，将 $X_1$ 代入式（5-213），即可求出更精确的 $\omega$ 值。根据计算，第二次校正后，可得出几乎完全精确的 $\omega$ 值，因此就无需再作更进一步的校正。

上述计算方法和步骤，完全适用于任何断面形状的坝体。仅当其断面变化很复杂时，变形曲线可能不易用一个代数式表示，这时我们可以计算 $X$ 的数值（梁在各点的变位值），然后用数值方法进行 $\int X\,\mathrm{d}m$ 及 $\int X^2\,\mathrm{d}m$ 的计算，再代入式（5-213）求出 $\omega$ 的数值。

以上的计算中只考虑了弯曲变形成分。如要包括剪切变形影响，则精确的分析将甚为困难，但应用雷理原理仍可迅捷地获得结果。考虑剪力的影响，将延长自振周期，因为受荷载作用的坝体的变形将比纯弯曲情况增加一值 $X_S$，而

$$\frac{\mathrm{d}X_S}{\mathrm{d}y}=\frac{k}{G}\cdot\frac{Q}{A}$$

式中，$k$ 为断面上剪应力分布系数（一般取为 1.25），$G=\dfrac{E}{2(1+\mu)}$，$Q$ 为断面上的剪力，$A$ 为断面面积。求出 $X_S$ 后，与弯曲变形 $X_B$ 迭合，求得总变形 $X=X_B+X_S$，以此代入式（5-213）中，即可计算考虑剪切变形影响后的自振频率。

仍以三角形坝体为例，并仍将坝体自重横向作用在坝上作为惯性力，则 $Q=\dfrac{\rho D}{2H}(H-y)^2$，又 $A=\dfrac{D}{H}(H-y)$，由此可求出剪切变形为 $X_S=\dfrac{k\rho}{4G}(2Hy-y^2)$，将此值与弯曲变形合计，得：

$$X=\frac{\rho H^2}{ED^2}y^2+\frac{k\rho}{4G}(2Hy-y^2)$$

以上列变形曲线为基础，最大的动能是：

$$\frac{\omega^2\rho^3H^5D}{2g}\left(\frac{H^4}{30E^2D^4}+\frac{kH^2}{30EGD^2}+\frac{k^2}{96G^2}\right)$$

而最大的势能为：

$$\frac{\rho^2DH^3}{2}\left(\frac{k}{16G}+\frac{H^2}{12ED^2}\right)$$

令两者相等，即可求出：

$$\omega^2=\frac{30g\left(\dfrac{H^2}{12ED^2}+\dfrac{k}{16G}\right)}{\rho H^2\left(\dfrac{H^4}{E^2D^4}+\dfrac{kH^2}{EGD^2}+\dfrac{k^2}{3.2G^2}\right)}\tag{5-216}$$

例如，以大古力重力坝为例，坝高 $H=458\text{ft}$，$D=394\text{ft}$，$\rho=150\text{lb/ft}^3$，$E=576000000\text{lb/ft}^2$，$\mu=0.2$，$G=\dfrac{E}{2.4}$，$k=1.25$。代入式（5-215）中，可求出$\omega=33.0$，$T=\dfrac{2\pi}{\omega}=0.190\text{s}$，而代入式（5-216）中，可求出$\omega=24.7$，$T=0.254\text{s}$，即考虑剪切变形影响后，自振周期增加了 33.5%。

要更精确地计算自振周期，则尚应考虑转动能量及基础变形影响。一些学者们的研究指出，前者的影响不大，但后者常可显著地延长自振周期。包括基础变形影响的自振周期可以这样近似计算：首先求出在指定的惯性荷载下基础的转动角$\alpha$及位移 $b$，然后在变形曲线 $X$ 上增加一项$\alpha y+b$，即：

$$X=\frac{\rho H^2}{ED^2}y^2+\frac{k\rho}{4G}(2Hy-y^2)+\alpha y+b=hy^2+ny+b$$

以此值为根据，可以求得动能之值为：

$$\frac{\rho D\omega^2 H}{2g}\left[\frac{h^2H^4}{30}+\frac{hnH^3}{10}+\frac{(2hb+n^2)H^2}{12}+\frac{nbH}{3}+\frac{b^2}{2}\right]$$

势能之值为：

$$\frac{\rho DH}{2}\left(h\frac{H^2}{12}+\frac{nH}{6}+\frac{b}{2}\right)$$

使两者相等，可解出$\omega^2$：

$$\omega^2=\frac{2.5g(hH^2+2nH+6b)}{h^2H^4+3hnH^3+2.5(2hb+n^2)H^2+10nbH+15b^2} \tag{5-217}$$

例如上述大古力重力坝的基础变形 $X\approx 0.0001651y+0.0702$，以这些数值代入上式后，得$\omega=8.14$，$T=\dfrac{2\pi}{\omega}=0.77\text{s}$，可见考虑基础变形影响后，坝体自振周期大有延长。但是基础变形不容易精确计算，而且严格讲来随坝基移动的基岩的动能也应计算在内；此外，根据某些坝的实际测量资料，发现其周期与按基础为刚固所算出者相接近，故许多学者建议在计算坝体自振周期时，基础变形影响可以略而不计。

以上求得的结果，是库空时的坝体自振周期。当上游蓄水时，坝体与库水作一体振动，不应忽略库水的影响。这一问题的解答曾由雷彬松（Л. С. Лейбензон）求出。他假定水不可压缩，求出振动时水的位移，从而计算在振动时水所做的功 $W_w$，同时仍计算坝体的动能 $U$ 和势能 $V$，最后根据雷理原理：

$$W_w+U+V=\text{常数}$$

或

$$\frac{\partial}{\partial t}(W_w+U+V)=0$$

可得出自振频率的公式。对于三角形坝体，其值为：

$$\omega=1.581\frac{D}{H^2}\sqrt{\frac{Eg}{\rho\left(1+\dfrac{3.2\rho_0 H}{\rho D}\right)}} \tag{5-218}$$

式中，$\rho_0$为水的容重。由上式知考虑库水影响后，将减小频率，亦即延长周期。在库空时，置$\rho_0=0$，所求得的$\omega$公式即和上面推得的成果一致。在其他更复杂的情况中，为了要近似地考虑库水对自振周期的影响，我们可以将坝体材料容重$\rho$以$\rho\left(1+\dfrac{3.2\rho_0 H}{\rho D}\right)$来代替。

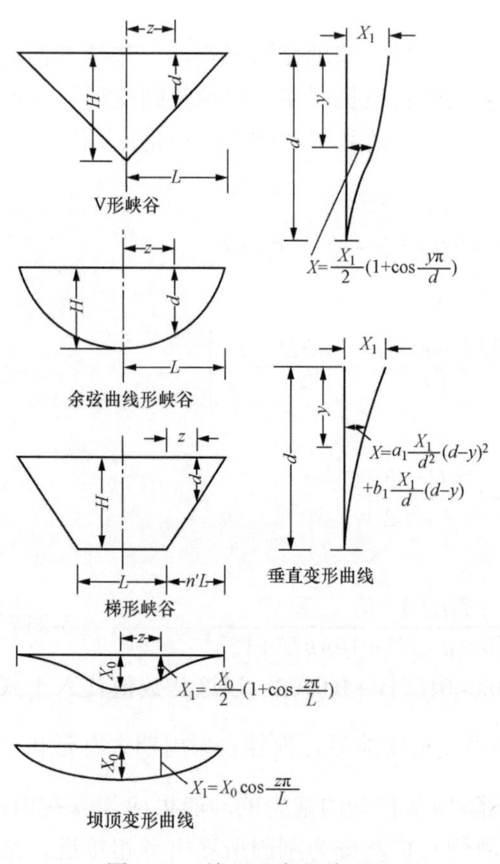


图 5-49　峡谷及变位线形状

## 二、整体式重力坝的自振周期

整体式重力坝（如横缝灌浆的重力坝或重力拱坝）的结构性质属于空间问题类型，因此不能再用以上所述各种公式分别切取断面计算其自振周期，而必须将整个重力坝视为一个整体来处理。这时，坝体的变位可以用一个曲面$X(y, z)$来表示。假定一个符合边界条件的变形曲面，计算相应的动能和势能，同样可以求出坝体的自振周期，其原理与平面问题一样。

下面为了便于近似核算，我们将对峡谷形状及变形曲面性质作些近似假定，来导出一些估算的公式。对于峡谷形状，我们假定其呈 V 字形、余弦曲线形和梯形等三种形状（图 5-49）。令$d$表示峡谷某处的深度，则 V 形峡谷的$d=\dfrac{H}{L}(L-z)$，余弦曲线形峡谷的$d=H\cos\dfrac{z\pi}{2L}$，梯形峡谷两岸部分的$d=\dfrac{H}{n'L}(n'L-z)$。对于变形面，我们假定坝顶变形曲线取下列形式之一：

$$X_1=\frac{X_0}{2}\left(1+\cos\frac{z\pi}{L}\right)\text{（适用于两坝头固定情况）}\tag{5-219}$$

$$X_1=X_0\cos\frac{z\pi}{2L}\text{（适用于两坝头铰接情况）}\tag{5-220}$$

式中，$X_1$为坝顶变形，$X_0$为中央最大坝顶变形。此外，假定沿垂直线上的变形取以下两种形式之一：

$$X=\frac{X_1}{2}\left(1+\cos\frac{y\pi}{d}\right)\text{（适用于拱坝）}\tag{5-221}$$

$$X=a_1\frac{X_1}{d^2}(d-y)^2+b_1\frac{X_1}{d}(d-y)\text{（适用于重力坝）}\tag{5-222}$$

最后，假定由于基础水平变位（$\varDelta_0$）引起的坝体各点变形为：

$$\varDelta=\frac{\varDelta_0}{L}(L-z) \tag{5-223}$$

作了这些假定后，我们即可利用雷理原理计算自振周期。我们将利用水压力所引起的坝体变形面为计算根据（亦即假定振动时的惯性力等于水压力）。这样，各式中的$x_0$、$a_1$、$b_1$、$\varDelta_0$ 等数值要根据水压力所引起的坝体变形值来决定。因此，在计算坝体自振周期前，我们常须做一次试载法分析，确定坝体在水压力作用下的变形曲面，以便从中选取必要的数据。

下面我们简单介绍一下如何根据雷理原理来导出自振频率的公式。设河谷为余弦曲线形峡谷，坝顶及垂直线上的变形依式（5-219）及式（5-222），基础变形依式（5-223），则坝体上任一点 $P$（$z$，$y$）的变形可写为：

$$X=\frac{\varDelta_0}{L}(L-z)+a_1\frac{X_0}{2}\left(1+\cos\frac{z\pi}{L}\right)\left(1-\frac{y}{H\cos\frac{z\pi}{2L}}\right)^2+b_1\frac{X_0}{2}\left(1+\cos\frac{z\pi}{L}\right)\left(1-\frac{y}{H\cos\frac{z\pi}{2L}}\right)$$

相应的微分质量为：

$$\mathrm{d}m=\frac{\rho}{g}\cdot\frac{D}{H}\cdot y\,\mathrm{d}z\,\mathrm{d}y$$

式中，$D$ 为坝底宽，$H$ 为坝高。

最大的速度是 $V_{\max}=\omega X$，故最大的动能为：

$$\begin{aligned}&\frac{\rho}{g}\cdot\frac{D}{H}\omega^2\int_0^L\int_0^{H\cos\frac{z\pi}{2L}}y\left\{\frac{\varDelta_0}{L}(L-z)+\frac{X_0}{2}\left(1+\cos\frac{z\pi}{L}\right)\right.\\&\left.\cdot\left[a_1\left(1-\frac{y}{H\cos\frac{z\pi}{2L}}\right)^2+b_1\left(1-\frac{y}{H\cos\frac{z\pi}{2L}}\right)\right]\right\}^2\mathrm{d}z\,\mathrm{d}y\\&=\left[0.133994\varDelta_0^2+0.096274\left(\frac{a_1}{2}+b_1\right)\varDelta_0X_0\right.\\&\left.+0.3125\left(\frac{a_1^2}{30}+\frac{a_1b_1}{10}+\frac{b_1^2}{12}\right)X_0^2\right]\frac{\rho}{g}D\omega^2HL\end{aligned}$$

另一方面，最大的势能等于水压力所做的功，在坝体任一点上的水压力是$p=\rho_0y\,\mathrm{d}z\,\mathrm{d}y$，所做的功为：

$$\rho_0\int_0^L\int_0^{H\cos\frac{z\pi}{2L}}y\left\{\frac{\varDelta_0}{L}(L-z)+\frac{X_0}{2}\left(1+\cos\frac{z\pi}{L}\right)\left[a_1\left(1-\frac{y}{H\cos\frac{z\pi}{2L}}\right)^2+b_1\left(1-\frac{y}{H\cos\frac{z\pi}{2L}}\right)\right]\right\}\mathrm{d}z\,\mathrm{d}y$$

$$=\left[0.175661\varDelta_0+0.0625\left(\frac{a_1}{2}+b_1\right)X_0\right]\rho_0H^2L$$

使动能和势能相等，即可解出：

$$\omega^2 = \frac{\rho_0 gH}{\rho D} \cdot \frac{0.175661\varDelta_0 + 0.0625\left(\frac{a_1}{2} + b_1\right)X_0}{0.133994\varDelta_0^2 + 0.096274\left(\frac{a^1}{2} + b_1\right)\varDelta_0 X_0 + 0.3125\left(\frac{a_1^2}{30} + \frac{a_1 b_1}{10} + \frac{b_1^2}{12}\right)X_0^2} \quad (5\text{-}224)$$

其他各种情况，均可类似推得，其成果汇列于表 5-48 中。

对于梯形峡谷，其推导过程如下。令基础变位引起的变形为$\varDelta$，且设：

$$\varDelta = \frac{\varDelta_0}{n'L}(n'L - z)\,(\text{右岸})$$

$$\varDelta = \frac{\varDelta_0}{nL}(nL - \mathrm{z})\,(\text{左岸})$$

又使

$$X_1 = \frac{X_0}{2}\left(1 + \cos\frac{z\pi}{n'L}\right)(\text{右岸})$$

$$X_1 = \frac{X_0}{2}\left(1 + \cos\frac{z\pi}{nL}\right)(\text{左岸})$$

**表 5-48　　　　自振圆频率计算公式表**

| 序号 | 峡谷形状及水平变形曲线形状 | 垂直变形曲线形状 | 坝头连接情况 | $\omega^2$ 公式 |
|---|---|---|---|---|
| 1 | 余弦曲线形 | 余弦曲线 | 固定 | $\frac{[0.175661\varDelta_0 + 0.55755X_0]\rho_0 gH}{[0.133994\varDelta_0^2 + 0.085883\varDelta_0 X_0 + 0.026930X_0^2]\rho D}$ |
| 2 | 三角形 | 余弦曲线 | 固定 | $\frac{[0.125\varDelta_0 + 0.039844X_0]\rho_0 gH}{[0.1\varDelta_0^2 + 0.064047\varDelta_0 X_0 + 0.020050X_0^2]\rho D}$ |
| 3 | $a_1 \neq 0$ $b_1 \neq 0$ 余弦曲线形 | 抛物线 | 固定 | $\frac{\left[0.175661\varDelta_0 + 0.0625\left(\frac{a_1}{2} + b_1\right)X_0\right]\rho_0 gH}{\left[0.133994\varDelta_0^2 + 0.096274\left(\frac{a_1}{2} + b_1\right)\varDelta_0 X_0 + 0.3125\left(\frac{a_1^2}{30} + \frac{a_1 b_1}{10} + \frac{b_1^2}{12}\right)X_0^2\right]\rho D}$ |
| 4 | $a_1 = 1$ $b_1 = 0$ 余弦曲线形 | 抛物线 | 固定 | $\frac{[0.175661\varDelta_0 + 0.03125X_0]\rho_0 gH}{[0.133994\varDelta_0^2 + 0.048137\varDelta_0 X_0 + 0.010417X_0^2]\rho D}$ |
| 5 | $a_1 = 0$ $b_1 = 1$ 余弦曲线形 | 直线 | 固定 | $\frac{[0.175661\varDelta_0 + 0.0625X_0]\rho_0 gH}{[0.133994\varDelta_0^2 + 0.096274\varDelta_0 X_0 + 0.026042X_0^2]\rho D}$ |
| 6 | $a_1 \neq 0$ $b_1 \neq 0$ 三角形 | 抛物线 | 固定 | $\frac{\left[0.125\varDelta_0 + 0.044665\left(\frac{a_1}{2} + b_1\right)X_0\right]\rho_0 gH}{\left[0.1\varDelta_0^2 + 0.071795\left(\frac{a_1}{2} + b_1\right)\varDelta_0 X_0 + 0.23265\left(\frac{a_1^2}{30} + \frac{a_1 b_1}{10} + \frac{b_1^2}{12}\right)X_0^2\right]\rho D}$ |

续表

| 序号 | 峡谷形状及水平变形曲线形状 | 垂直变形曲线形状 | 坝头连接情况 | $\omega^2$ 公式 |
|---|---|---|---|---|
| 7 | $a_1=1$ $b_1=0$ 三角形 | 抛物线 | 固定 | $\dfrac{[0.125\varDelta_0+0.022333X_0]\rho_0 gH}{[0.1\varDelta_0^2+0.035898\varDelta_0 X_0+0.007755X_0^2]\rho D}$ |
| 8 | $a_1=0$ $b_1=1$ 三角形 | 直线 | 固定 | $\dfrac{[0.125\varDelta_0+0.044665X_0]\rho_0 gH}{[0.1\varDelta_0^2+0.071795\varDelta_0 X_0+0.019388X_0^2]\rho D}$ |
| 9 | $a_1\neq0$ $b_1\neq0$ 三角形 | 抛物线 | 铰接 | $\dfrac{\left[0.125\varDelta_0+0.049090\left(\frac{a_1}{2}+b_1\right)X_0\right]\rho gH}{\left[0.1\varDelta_0^2+0.076773\left(\frac{a_1}{2}+b_1\right)\varDelta_0 X_0+0.26799\left(\frac{a_1^2}{30}+\frac{a_1b_1}{10}+\frac{b_1^2}{12}\right)X_0^2\right]\rho D}$ |
| 10 | $a_1=1$ $b_1=0$ 三角形 | 抛物线 | 铰接 | $\dfrac{[0.125\varDelta_0+0.024545X_0]\rho_0 gH}{[0.1\varDelta_0^2+0.038387\varDelta_0 X_0+0.008933X_0^2]\rho D}$ |
| 11 | $a_1=0$ $b_1=1$ 三角形 | 直线 | 铰接 | $\dfrac{[0.125\varDelta_0+0.049090X_0]\rho_0 gH}{[0.1\varDelta_0^2+0.076773\varDelta_0 X_0+0.022333X_0^2]\rho D}$ |
| 12 | $a_1\neq0$ $b_1\neq0$ 余弦曲线形 | 抛物线 | 铰接 | $\dfrac{\left[0.175661\varDelta_0+0.070736\left(\frac{a_1}{2}+b_1\right)X_0\right]\rho_0 gH}{\left[0.133994\varDelta_0^2+0.105074\left(\frac{a_1}{2}+b_1\right)\varDelta_0 X_0+0.375\left(\frac{a_1^2}{30}+\frac{a_1b_1}{10}+\frac{b_1^2}{12}\right)X_0^2\right]\rho D}$ |
| 13 | $a_1=1$ $b_1=0$ 余弦曲线形 | 抛物线 | 铰接 | $\dfrac{[0.175661\varDelta_0+0.035368X_0]\rho_0 gH}{[0.133994\varDelta_0^2+0.052537\varDelta_0 X_0+0.0125X_0^2]\rho D}$ |
| 14 | $a_1=0$ $b_1=1$ 余弦曲线形 | 直线 | 铰接 | $\dfrac{[0.175661\varDelta_0+0.070736X_0]\rho_0 gH}{[0.133994\varDelta_0^2+0.105074\varDelta_0 X_0+0.03125X_0^2]\rho D}$ |

沿垂直线上的变形则服从式（5-222）。据此，在中央矩形部分坝体各点的变形可写为：

$$X=\varDelta_0+X_0\left(1-\frac{y}{H}\right)$$

在左岸岸坡部分：

$$X=\frac{\varDelta_0}{nL}(nL-z)+\frac{X_0}{2}\left(1+\cos\frac{z\pi}{nL}\right)\left[1-\frac{y}{H\left(1-\frac{z\pi}{nL}\right)}\right]$$

在右岸 $n$ 应易为 $n'$。

对于矩形部分坝体：

$$动能=\frac{\rho}{g}\cdot\frac{D}{H}\omega^2\int_0^L\int_0^H y\left[\varDelta_0+X_0\left(1-\frac{y}{H}\right)\right]^2\mathrm{d}z\,\mathrm{d}y=\left(\frac{\varDelta_0^2}{2}+\frac{\varDelta_0X_0}{3}+\frac{X_0^2}{12}\right)\frac{\rho}{g}D\omega^2HL$$

$$势能=\rho_0\int_0^L\int_0^H y\left[\varDelta_0+X_0\left(1-\frac{y}{H}\right)\right]^2\mathrm{d}z\,\mathrm{d}y=\left(\frac{1}{2}\varDelta_0+\frac{1}{6}X_0\right)\rho_0H^2L$$

对于左端三角形部分坝体：

$$动能=\frac{1}{2}\cdot\frac{\rho}{g}\cdot\frac{D}{H}\omega^2\int_0^{nL}\int_0^{H\left(1-\frac{z}{nL}\right)}y\left[\frac{\varDelta_0}{nL}(nL-z)+\frac{X_0}{2}\left(1+\cos\frac{z\pi}{nL}\right)\left(1-\frac{y}{H\left[1-\frac{z}{nL}\right]}\right)\right]^2\mathrm{d}z\,\mathrm{d}y$$

$$=\frac{1}{2}nL\frac{\rho}{g}DH\omega^2(0.1\varDelta_0^2+0.071795\varDelta_0X_0+0.019388X_0^2)$$

$$势能=\frac{1}{2}\rho_0\int_0^{nL}\int_0^{H\left(1-\frac{z}{nL}\right)}y\left[\frac{\varDelta_0}{nL}(nL-z)+\frac{X_0}{2}\left(1+\cos\frac{z\pi}{nL}\right)\left(1-\frac{y}{H\left[1-\frac{z}{nL}\right]}\right)\right]\mathrm{d}z\,\mathrm{d}y$$

$$=\frac{1}{2}nL\rho_0H^2(0.125\varDelta_0+0.044665X_0)$$

左右两端合计得：

$$动能=\frac{1}{2}(n+n')L\frac{\rho}{g}DH\omega^2(0.1\varDelta_0^2+0.071795\varDelta_0X_0+0.019388X_0^2)$$

$$势能=\frac{1}{2}(n+n')L\rho_0H^2(0.125\varDelta_0+0.044665X_0)$$

由此可求出：

$$\omega^2=\frac{\rho_0gH}{\rho D}\cdot\left[\left(\frac{1}{2}\varDelta_0+\frac{1}{6}X_0\right)+\frac{1}{2}(n+n')(0.125\varDelta_0+0.044665X_0)\right]$$
$$\div\left[\left(\frac{1}{2}\varDelta_0^2+\frac{1}{3}\varDelta_0X_0+\frac{1}{12}X_0^2\right)+\frac{1}{2}(n+n')(0.1\varDelta_0^2+0.071795\varDelta_0X_0+0.019388X_0^2)\right]\tag{5-225}$$

对于拱坝或重力拱坝，我们可将它沿一直的轴线展开，进行同样的计算（这时变位 $X$ 指各点的径向变位）。但展开后的坝体体积将较实际的坝体为大，因此需将计算的混凝土容重减小一些来抵销这一影响，以使坝体的总质量不变。令 $R$ 为拱坝半径，$K$、$K_1$ 及 $c$ 的定义见图 5-50，则展开后的体积为 $\frac{2}{3c}HR^2\pi$，而原拱坝的体积为 $\frac{2}{3}\left(\frac{2\pi}{c}-\frac{1}{K}+\frac{K_1}{K}\right)HR^2$，因而展开后的混凝土容重应改用：

$$\rho' = \frac{c}{\pi}\left(\frac{2\pi}{c} - \frac{1}{K} + \frac{K_1}{K}\right)\rho$$

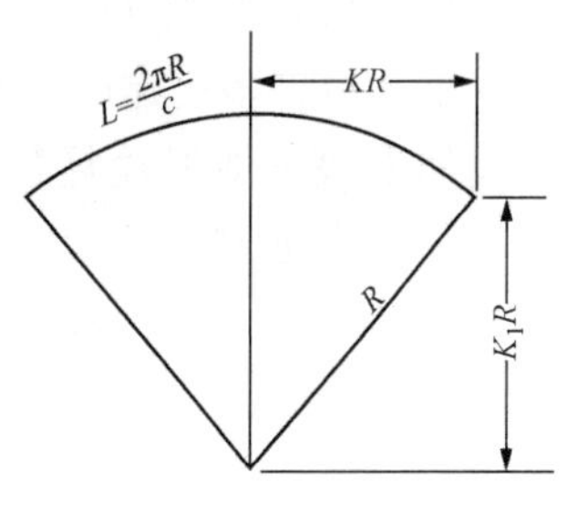

图 5-50　计算图

此外，在计算自振周期时，弹性模量应采用瞬时值 $E'$，此值常大于标准弹性模量 $E$。如果在计算水压力所产生的变形时系采用 $E$ 值，则由此求出的周期应该乘以系数 $\sqrt{\frac{E}{E'}}$ 以校正之。

总结起来说，要计算整体式重力坝的自振周期，可按下列步骤进行：

（1）根据峡谷断面形状，决定属于何种类型。

（2）计算在水压力作用下，沿中央悬臂梁及沿坝顶的变形曲线（一般须用试载法求出），并决定其属于哪一类型：中央悬臂梁的变形属于式（5-221）或式（5-222），坝顶变形属于式（5-219）或式（5-220）。同时，根据算出的变形曲线，选定采用的 $X_0$、$\Delta_0$ 及 $a_1$、$b_1$ 诸值。

（3）如系重力拱坝，尚需求出化引容重 $\rho'$。

（4）将有关数值代入相应公式中，求出自振频率，由此计算自振周期。

现举包尔德坝（Boulder Dam）为例。根据其平面布置，拱圈的 $K=K_1=0.707$，$c=8$，因而 $\rho'=0.945\rho$，其混凝土的容重本为 150lb/ft$^3$，化引为 142lb/ft$^3$。此外，其最大坝高 $H=727$ft，中央部分平均底宽 $D=625$ft，水的容重 $\rho_0=62.5$lb/ft$^3$，$E=5000000$lb/in$^2$。根据试载法计算，在中央悬臂梁顶部的变形（由于弯曲、剪切及基础转动所引起的）为 $X_0=0.022$ft，基础在中央悬臂梁底部处的变位为 $\Delta_0$=0.018ft。又根据算出的变形曲线来看，拱顶变形曲线接近两端固定的形式，垂直线上的变形接近一直线。故于式（5-222）中置 $a_1=0$，$b_1=1$。将这些数值代入表 5-48 情况（5）的公式中后，可以求出自振周期 $T=0.223$s。如果不考虑基础变位影响则 $T=0.148$s。这是以 $E=5000000$lb/in$^2$ 计的，如其瞬时弹性模量 $E'=6500000$lb/in$^2$，则求得的 $T$ 值尚应乘以 $\sqrt{\frac{5}{6.5}}=0.877$。

再以慕立斯坝（Morris Dam）为例，此坝的峡谷形状及变形曲线型式接近表 5-48 中的情况（11）。根据计算，在水压力作用下的 $\Delta_0=0.011$ft，$X_0=0.058$ft，$H=328$ft，$\rho_0=62.5$lb/ft$^3$，$\rho=150$lb/ft$^3$，$g=32.2$ft/s$^2$，$D=280$ft，$E=2000000$lb/in$^2$，$E'=5000000$lb/in$^2$。首先将 $\Delta_0$ 及 $X_0$ 乘 $\frac{E}{E'}$ 加以校正，得 $X_0=0.0232$，$\Delta_0=0.0044$，代入相应公式中，得出：

$T=0.180$s（包括基础变位影响）

$T=0.163$s（不包括基础变位影响）

又以大古力坝为例，其有关数据为：$D=450$ft，$H=528$ft，$\Delta_0=0.0352$ft，$X_0=0.0355$ft，$\rho=150$，$\rho_0=625$，$g=32.2$，$E=4000000$lb/in$^2$，$E'=5800000$lb/in$^2$。峡谷属梯形类型，$n'=0.5944$，$n=0.2584$。将这些数值代入式（5-225）中，求出 $\omega$，转化为 $T$，并乘以 $\sqrt{\frac{E}{E'}}$

校正后，可以得出 $T=0.287s$。如果不计基础变位影响，可置$\Delta_0=0$，得 $T=0.174s$。

根据对许多已建成的混凝土重力高坝计算的成果来看，其自振周期多在 0.1～0.4s。

如果峡谷地形较复杂，不能以简单的V形、余弦曲线形或梯形表之，而且坝体的断面形状亦远非三角形，则按上述公式求得的周期，仅为一粗略的估计值。对于重要的坝，有必要求得较精确的成果者，我们可以按下述步骤来进行校正：

（1）将坝体划分为许多$\Delta z\cdot\Delta y$ 的小块，计算每小块的质量 $\Delta m=\frac{\rho}{g}D\Delta z\Delta y$（$D$ 为坝的厚度）。

（2）计算在水压力作用下，每小块中心处的变位 $X_1$。通常是用试载法计算沿某些水平线及垂直线上的变位，其余各点上的变位可用曲线插补法求之。

（3）计算最大动能 $\frac{1}{2}\sum v^2\Delta m=\frac{1}{2}\sum\omega^2X_1^2\cdot\frac{\rho}{g}D\Delta z\Delta y=\frac{\rho}{2g}\omega^2\sum X_1^2D\Delta z\Delta y$ ，及最大势能 $\frac{1}{2}\sum\rho_0y\Delta z\Delta y\cdot X_1=\frac{1}{2}\rho_0\sum yX_1\Delta z\Delta y$，从而求出第一个近似圆频率：

$$\omega^2=\frac{\rho_0g}{\rho}\cdot\frac{\sum yX_1\Delta z\Delta y}{\sum X_1^2D\Delta z\Delta y}$$

（4）然后将每一点上的 $X_1$，乘以$\omega^2$，再乘以$\Delta m$，作为惯性力 $\Delta P=X_1\omega^2\cdot\frac{\rho}{g}D\Delta z\Delta y$，作用在各小方块上。计算在这些惯性荷载下坝的变形 $X_2$。

（5）重复计算最大动能 $\frac{1}{2}\sum v^2\Delta m=\frac{1}{2}\sum\omega_2^2X_2^2\frac{\rho}{g}D\Delta z\Delta y=\frac{\rho}{2g}\omega_2^2\sum X_2^2D\Delta z\Delta y$ 及最大势能 $\frac{1}{2}\sum X_1\omega^2\frac{\rho}{g}DX_2\Delta z\Delta y=\frac{\omega^2\rho}{2g}\sum DX_1X_2\Delta z\Delta y$，从而求出第二次较可靠的圆频率值 $\omega_2$：

$$\omega_2^2=\frac{\rho g\omega^2\sum X_1X_2D\Delta z\Delta y}{\rho g\sum X_2^2D\Delta z\Delta y}=\omega^2\frac{\sum X_1X_2D\Delta z\Delta y}{\sum X_2^2D\Delta z\Delta y}$$

（6）如果要求更精确之值，可再将上述步骤重复一次，即计算惯性力 $\Delta P=X_2\omega_2^2\cdot\frac{\rho}{g}\Delta z\Delta y$，再计算其所引起的变形 $X_3$，从而计算最大的动能和势能，以求出第三次的$\omega_3$值。一般讲来，常无此反复计算的必要。

## 第九节　坝体应力试验方法简介

### 一、概述

根据以上各节的介绍，我们可以看出，要用纯粹的理论方法计算边界条件极为复杂的重力坝应力，是非常困难的。若采用数值解法（有限差法），其工作量又过大。因此，对于重要而复杂的问题，我们常用试验方法推求应力或变形，以弥补计算之不足，或校核计算的成果。最常用的试验方法是偏光弹性试验、形变网试验、拟板试验、电拟试验等。后两个试验是通过相似原理，用其他物理现象中的函数来代替平面弹性问题中的应力、变位或应力函数。

应力试验目前已发展成为一门专门科学，其内容极为丰富，决非本书范围所能及。本节中仅拟对几种最常用的应力试验方法，稍加介绍其原理或常识，以供设计人员参考。读者如欲进一步了解其内容，必须参阅有关的专著。

我们应注意，重力坝是平面应变性质的问题，除有分应力$\sigma_x$、$\sigma_y$及$\tau_{xy}$外，尚有垂直于计算平面的正应力$\sigma_z=\mu(\sigma_x+\sigma_y)$。这和薄片的平板两面不受任何限制的平面应力问题有所不同。但我们更须注意，在许多情况下，平面应变问题中的应力值与材料的物理常数$E$、$\mu$、$\alpha$等无关。因而，在相同的边界条件下，平面应变和平面应力问题间的$\sigma_x$、$\sigma_y$及$\tau_{xy}$完全相等。这为模型试验带来了有利条件，因为在进行应力试验时，总是切取一薄片模型来做的。

在哪些情况下平面问题的应力与材料的物理常数无关呢？根据弹性力学理论，可归纳如下：

（1）单联体（例如无孔洞的坝体断面）承受边界力作用。

（2）单联体除承受边界力外，尚承受体积力和温度场的作用，而体积力的势函数$V$和温度场$T$都是谐和函数（即$\nabla^2 V \neq \nabla^2 T \neq 0$）。

（3）复联体（例如开有大孔口的坝体断面）承受边界力作用，在每一封闭边界上外力自成平衡。

在以下几种情况下，应力将与材料的物理常数有关：

（1）单联体承受体积力（或不均匀温度场）作用，而体积力的势函数（或温度分布函数）不是谐和函数（$\nabla^2 V \neq 0$，$\nabla^2 T \neq 0$），则应力公式中将有$\mu$（或$E$及$\mu$）出现。例如在不连续的渗透压力作用下的应力分布问题。

（2）复联体承受边界力作用，但每一封闭边界上边界力的合力不平衡，此时应力公式中将有$\mu$出现。

（3）复联体承受体积力作用，在内边界上体积力合力不等于0，或沿边界积分$\int\frac{\partial V}{\partial n}\mathrm{d}s$不等于0，或$\int\left(y\frac{\partial V}{\partial n}-x\frac{\partial V}{\partial s}\right)\mathrm{d}s$及$\int\left(y\frac{\partial V}{\partial n}+x\frac{\partial V}{\partial n}\right)\mathrm{d}s$不等于0，则即使$\nabla^2 V=0$，应力仍为$\mu$之函数。

（4）复联体承受温度场作用，沿某一边界上积分值$\int\frac{\partial T}{\partial n}\mathrm{d}s$、$\int\left(y\frac{\partial T}{\partial n}-x\frac{\partial T}{\partial s}\right)\mathrm{d}s$及$\int\left(y\frac{\partial T}{\partial s}-x\frac{\partial T}{\partial n}\right)\mathrm{d}s$不等于0，则即使$\nabla^2 T=0$，应力仍为$E$及$\mu$之函数。

在我们通常遇到的问题中，多为单联体承受边界荷载及重力作用的问题，而重力的势函数$V$是满足谐和方程的，因此按平面应力情况求出的试验成果，不需要作任何校正。如果我们需研究大孔口重力坝的应力（复联体问题），而且内边界上边界荷载合力不为0或承受重力作用时，则由模型试验求出的应力尚应有所校正。换言之，严格讲来，在这种情况下，模型的材料不能任意选择。但实际上，因为试验材料的$\mu$和$E$值殊难控制，同时$\mu$值一般较小（如混凝土的$\mu$仅为1/5～1/6），故在普通的应力试验中多忽视这一影响。

## 二、应变网试验

应变网试验的原理，就是做一片结构模型（通常用石膏硅藻土或轻质混凝土等做成），在欲观测的点上贴以电阻丝，然后在模型上加荷，使其变形，电阻丝随之伸缩，用精密的电阻仪测定电阻的变化值，即可确定相应的应变量，由应变及模型材料的弹性模量即可换算出模型应力，最后可化算为原体应力。这种应力试验方法有时也称为电测法，并适用于空间结构问题（例如测拱坝应力），但在后一情况中，只能测定结构物表面上的应力。

另一种方法是利用极易变形的材料（如胶体或橡皮）做成模型，试验前，在模型上印上一定的网格，在模型受荷后，应变网格发生显著变形，用显微镜量下其变形值后，即可换算为应变及应力。

根据理论，在每一点上至少应该量下三个独立的应变，才能换算出所有分应力。一般为校核计，在每一点上常测定四个应变。量出三个独立的应变值$\varepsilon_{\mathrm{I}}$、$\varepsilon_{\mathrm{II}}$、$\varepsilon_{\mathrm{III}}$后，我们可以按照应变分析理论计算相应的主应变$\varepsilon_1$、$\varepsilon_2$及其方向。则该点上的主应力即为$\sigma_1=\dfrac{E}{1-\mu^2}(\varepsilon_1+\mu\varepsilon_2)$，$\sigma_2=\dfrac{E}{1-\mu^2}(\varepsilon_2+\mu\varepsilon_1)$，主应力的方向和主应变相符。如果三个应变是垂直应变$\varepsilon_y$、水平应变$\varepsilon_x$和对角线应变$\varepsilon_d$，则更可直接算出分应力$\sigma_x=\dfrac{E}{1-\mu^2}(\varepsilon_x+\mu\varepsilon_y)$、$\sigma_y=\dfrac{E}{1-\mu^2}(\varepsilon_y+\mu\varepsilon_x)$、$\tau_{xy}=G(\varepsilon_{d_1}-\varepsilon_{d_2})$。

求出模型应力后，应乘以系数$\dfrac{k_3}{k_1k_2}$换化为原型应力，这里$k_1$为几何比尺$\dfrac{l_H}{l_M}$，$k_2$为厚度比尺$\dfrac{t_H}{t_M}$，$k_3$为荷载比$\dfrac{p_H}{p_M}$（脚注$H$表示原型，$M$表示模型）。

许多模型材料的$E$和$\mu$值常随时间变动，因此必须置备以同样材料做成的试件，在加荷试验的同时，测定其$E$及$\mu$值。

应变试验的优点是：原理简单明了，设备及操作也较简单，同时进行一次试验便可获得应力分布全貌（有时尚可测下其变形）；而其缺点，主要在于精度不高，如：

（1）因为电阻丝或应变网格必须有一定的长度，所以求出的应变或应力也仅代表该范围内的平均值，因此不能正确地反映出尖锐的应力集中现象。

（2）对模型材料要求有低的和稳定的弹性模量，$\mu$值亦以小些为好，这就很难找到合适的材料。如果采用橡皮等材料，由于其$\mu$值很大，故不宜用来研究复联体在重力作用下的应力问题。

（3）在电测中，电阻丝的粘贴、模型面上的光洁度和湿度、温度等条件都影响读数的精确性。

所以应变网试验目前常作为初步的或校核性的应力试验。

## 三、偏光弹性试验

偏光弹性试验是解决平面弹性问题的有力工具，近年来且已发展应用到空间弹性问题上。其理论与试验细节，均有专著论述，非本书范围所能及。本节中只拟大致介绍一些常识，且侧重于介绍如何用偏光弹性试验来解决重力坝应力分布中的一些问题。

在1816年，勃留斯特（David Brewster）发现，当一块玻璃承受压力而以“偏振光”照视时，会产生条纹。但如何应用这一现象来分析弹性体内应力分布，还是在1900年以后经过许多科学家的努力才逐步得到解决并渐趋完善的。

偏振光就是指光的振动波只在一个平面内振动的光。由普通光源（如白炽灯、汞弧灯）发射的光线不是偏振光，必须使它们通过一种“偏振片”后才能成为偏振光。偏振片的作用好像一种过滤器，它把光波在其他方向的振动都拦阻了，只让某一平面内的振动通过。这一平面称为振动面，与之垂直的平面称为偏振面。

某种透明材料在承受荷载后，各点上均产生主应力$\sigma_1$、$\sigma_2$等，$\sigma_1$与$\sigma_2$不相等时，沿$x$、$y$两方向的光学性质也不相等，当以偏振光照视这一材料时，光波沿$x$、$y$轴的振动分量通过材料所需的时间也不相同，因此，光线透过这一材料后，在$x$、$y$向的振动分量就出现一个相位差。根据实践，各点上的相位差与该点正应力之差$\sigma_1-\sigma_2$成正比。因此，设法求出每点上的相位差，就可按比例求出该点上的主应力差。

要确定相位差，可以在物体后面再放一块偏振片（常称为分析片），这一镜片的光轴要和偏振片垂直，使光线通过这一镜片后，两个振动分量又合并在偏振面上。这时，透过分析片的光线的强度，将为相位差（或即主应力差）的函数，同时也是该点主应力平面与偏振面交角的函数。当某些点上主应力差为0时，该点无光透过，形成一点黑影；某些点上主应力差达最大值时，该点通过光度最强，形成一个亮点。换言之，透过分析片去看材料，会发现其上出现黑白相间的一组条纹。另外，各点上主应力方向是变化的，某些点上主应力方向与光波振动面重合时，也出现黑影，所以，还存着另一组黑影和上述条纹混淆在一起。但后一组黑影分布的间距常常较大，黑影较宽，也较模糊。

在偏光弹性试验中，我们采用一种合适的透明材料，按坝体断面形状制成模型，加上相应的荷载，放在偏光弹性试验仪器中，在模型前后各加上一块偏振片。光自光源发生，通过第一块偏振片，成为偏振光，透过模型，再穿过第二块分析片。我们从分析片后面观察模型，即可看到各组条纹，从这些条纹中即可确定各点主应力之差及主应力方向，最后可从这些观测资料推算应力分布。现在我们分为几个问题，稍加说明之。

1. 主应力方向的推求

上面讲过，当主应力方向与光波振动面重合时，该点上将出现黑影。这些黑影线可称为等倾线，因为在这条线上各点的主应力方向是相同的。等倾线黑影与另一组“等色线”（下详）黑影混在一起，但很容易分辨出来。因为我们若把偏振片和分析片旋转一角度（仍保持两者光轴垂直），则光线的偏振面随之转动，而等倾线亦将变动其位置；另一方面，等色线只与各点主应力差有关，不随镜片的转动而变。所以两者很容易分别。我们将两块镜片连续旋转，可以描下一组等倾线来。具体操作时，可在模型上画上方格，通过观测描制；更方便的办法是在分析片后放一张纸，使透过的光线直接在这张纸上成像，于是可以直接绘像或摄影。如果在两块镜片的转盘上经过率定预先刻好角度，就可画出各种规定倾角的等倾线。

决定等倾线的主要困难是，由于主应力方向仅缓慢地变化，所以黑影的宽度常较大、较模糊。而且若模型制作不慎，留有初应力，则等倾线位置会有较大偏差。所以一般说来，要用观测方法精确地测定等倾线是较困难的。

等倾线组绘出后，可在各等倾线各点上画出主应力方向，用一组光滑的曲线联结起来，就得到主应力轨迹线（如图 5-51）。主应力轨迹线当然有两组，且互为正交。

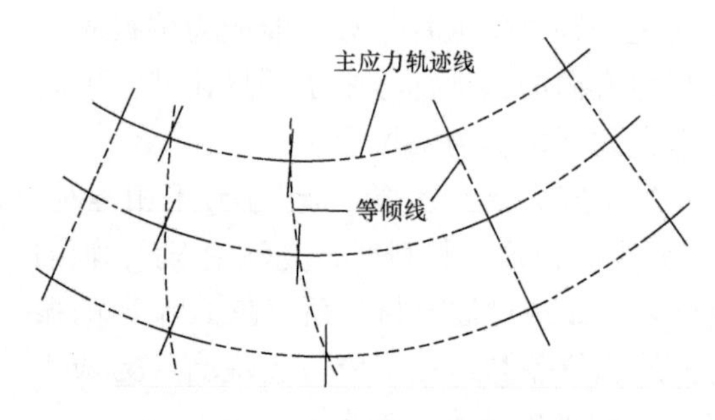


图 5-51　主应力轨迹线及等倾线

等倾线有以下一些特点：

（1）各等倾线不相交，除非有一点存在，该点的 $\sigma_1=\sigma_2$，则各等倾线会通过此点（这点称为等应力点）。

（2）直线边界本身为一等倾线（假定其上无切向荷载）。

（3）几何上及荷载上都为对称的轴线是一条等倾线。

（4）一条等倾线与自由曲线形边界相交于一点，该点处自由边界的倾角等于等倾线的倾角（除非自由边界上有一点的 $\sigma_1=\sigma_2=0$，此时任何等倾线均可通过此点）。

2. 主应力差的推求

上面已说过，偏光弹性试验中的阴影线包括两种成分，一种是上述的等倾线，另一种称为等色线。在后一组线上每一条暗影或每一条亮带上的相位差 $\omega(t_1-t_2)=0$ 或 $2n\pi$，式中 $\omega$ 为光的圆频率，$t$ 为光线透过模型板所需时间。

根据偏光弹性试验原理，$\omega(t_1-t_2)$ 与主应力差 $\sigma_1-\sigma_2$ 成正比，故等色线上各点的主应力差为常数。我们以受弯曲的简支梁为例，当模型梁上的荷载渐渐增加时，等色线就逐渐增多，而且总是在边界上先产生新的条纹，再逐渐向中央靠近，各线间距也渐渐加密。因此，我们常把中立轴上的一条等色线称为是 0 阶的，其旁第一条为 1 阶的，其次为 2 阶的，余类推。每增加 1 阶，相当于 $\sigma_1-\sigma_2$ 增加一定之值，此值可通过对模型材料的率定试验来测定，以 $f/h$ 记之，$h$ 为模型板厚，$f$ 为材料的性质，可称为条纹指数。因此，第 $n$ 阶的等色线上的主应力差即为 $\sigma_1-\sigma_2=\dfrac{f}{h}\cdot n$。

由等色线决定主应力差时，有三个问题必须予以解决：

（1）等倾线和等色线的分别。这是比较容易鉴别的，如将偏振片和分析片略作转动，此时等倾线即随之变动，而等色线并不变动。还有一些其他的方法，例如用白光照射（不用单色光），此时等色线将为一组排列有序的彩色条纹（这也是所以称为等色线的原因），极易与等倾线区别开来。

（2）每条等色线阶数的肯定。最方便的办法是找出 0 阶的等色线，找出此线后其余各线的阶数可数与 0 阶线相隔条纹数而得。0 阶等色线可改变荷载来观察鉴定，因为荷载变动时，各阶的等色线都将改变其亮度，而 0 阶线永为黑影。或用白光照射，这时其他各线均出现彩色条纹，而 0 阶线保持为黑色。另一个办法是，找出一个等应力点（$\sigma_1=\sigma_2$），则邻近的等色线阶数即可数出。等应力点在透视中为一黑点，但不要和高阶条纹集中处的圆点混淆，这时须改变荷载，或用白光照射，或研究等倾线是否通过此点，来加以判别。注意，自由边界上有垂直的角点时，该点常为一等应力点。有些点子上的应力若能用理论方法算出，亦有助于复核或鉴定该处的阶数。

其他的方法是，在加荷过程中观察某些点子上黑纹生成的数目，或注意某点上条纹变动一次时相应的荷载增加量，则不难从最后荷载值算出该点上的条纹阶数。

用某些特殊的仪器，如常用的柯克及巴宾式补偿仪（Coker and Babinet´s Compensator），也可迅捷地决定阶数。

以上所述方法，只能决定整数的条纹阶数。如果我们在偏振片和分析片上尚装有“四分之一波片”，则还可以决定半阶。再用白光照射，根据光条颜色，可以估计分数的阶数。用补偿仪则可以较精确地测定分数阶数。这些须参考专门的著作。

（3）条纹指数 $f$ 的确定。$f$ 是材料的常数，单位是：力/长度×阶数，可通过试验来率定。常用的率定试验有二：

1）拉杆鉴定。做一块标准试件，厚 $h$（注意厚度必须与模型板厚度相同），宽 $b$，使承受简单的轴向拉力 $P$。设在加荷过程中，黑影反复出现 $n$ 次，则

$$f=\frac{\sigma_1 h}{n}=\frac{P}{bh}\cdot\frac{h}{n}=\frac{P}{bn}$$

2）弯曲鉴定。做一根标准试梁，厚 $h$，宽 $d$。在两端加纯力矩，使梁受纯弯曲，梁中出现平行的条纹。设从上缘到下缘条纹总数为 $n$（注意 $n$ 不一定是整数，可根据条纹分布影像外推），梁两端承受的弯矩是 $M$，则

$$f=\frac{2M}{Z}\cdot\frac{h}{n}=\frac{12M}{d^2 n}$$

式中，$Z$ 为梁截面的抵抗矩。

求出 $n$、$f$ 后，等色线上各点的主应力差可用式 $\sigma_1-\sigma_2=\dfrac{nf}{h}$ 求出。

其他尚有圆板鉴定等，不详述。

3. 主应力和的推求

在偏光弹性试验中，只能求出各点主应力的方向及主应力差，必须再求出主应力和，才能完全决定一点上的应力。除在边界上，因有一个主应力为已知，故甚易根据偏光弹性试验成果确定 $\sigma_1$、$\sigma_2$、$\sigma_1+\sigma_2$ 以及其他分应力外，内部各点的应力尚须经过计算才能确定。常用的几种确定 $\sigma_1+\sigma_2$ 的方法，介绍如下：

（1）侧向变形测量。模型板在受荷后，其各点厚度均有变化。因为是平面问题，沿厚度方向的应变为：

$$\varepsilon_2=-\frac{\mu}{E}(\sigma_1+\sigma_2)=\frac{\Delta h}{h}$$

由上式得：

$$\sigma_1+\sigma_2=-\frac{E}{\mu}\cdot\frac{\Delta h}{h}$$

我们采用一些特制的仪器，精密地测定各点的 $\Delta h$ 及 $h$ 后，即可算出 $\sigma_1+\sigma_2$。若 $E$ 及 $\mu$

值不易测定，我们可另做一试验，即在正方块试件四周加以规定的均匀压力$\sigma$，测定相应的$\Delta h$，则$\dfrac{E}{\mu}=\dfrac{2\sigma h}{\Delta h}$，并不需要知道$E$和$\mu$的绝对值。

此法原理虽很简单，但因模型材料厚度及应力都很小，故侧向应变极为微小，一般仪器很难精确稳定地测定$\varepsilon_z$值，所以在实用上采用不多。

（2）迭弛法。此法的原理已在本章第七节中详细作了介绍，即首先根据偏光弹性试验成果，确定边界上的主应力和$u=\sigma_1+\sigma_2$，由于$u$必须满足谐和方程，故可由迭弛法计算内部各点的$u$值。本节中不再重复介绍。

本法是一个比较实用的方法。其缺点是在某些边界上，偏光弹性试验不能给出较精确的$u$值（特别是在条纹比较稀少或特别集中的地区），因而影响计算的精度。

4. 剪力差法

以上所述，是利用观测成果确定主应力方向$\theta$和主应力差$\sigma_1-\sigma_2$，另外设法找出$\sigma_1+\sigma_2$，由此来确定主应力值。我们也可采取另一方式，从试验结果来求$\sigma_x$、$\sigma_y$和$\tau_{xy}$。这个方法称为剪力差法，在实际工作中常常采用。

首先，我们注意，分应力$\tau_{xy}$可以直接从偏光弹性试验成果计算，因为：

$$\tau_{xy}=\frac{\sigma_1-\sigma_2}{2}\sin 2\theta$$

式中，$\theta$为第一主应力$\sigma_1$的方向和$\tau_{xy}$所在平面的夹角（锐角），可得自等倾线图。求出$\tau_{xy}$后，我们可从平衡条件求$\sigma_x$及$\sigma_y$。根据平衡条件：

$$\frac{\partial\sigma_x}{\partial x}+\frac{\partial\tau_{xy}}{\partial y}+X=0$$

$$\frac{\partial\sigma_y}{\partial y}+\frac{\partial\tau_{xy}}{\partial x}+Y=0$$

积分之，并设$X=Y=0$，得到：

$$\sigma_x=\sigma_{x0}-\int\frac{\partial\tau_{xy}}{\partial y}\mathrm{d}x$$

$$\sigma_y=\sigma_{x0}-\int\frac{\partial\tau_{xy}}{\partial x}\mathrm{d}y$$

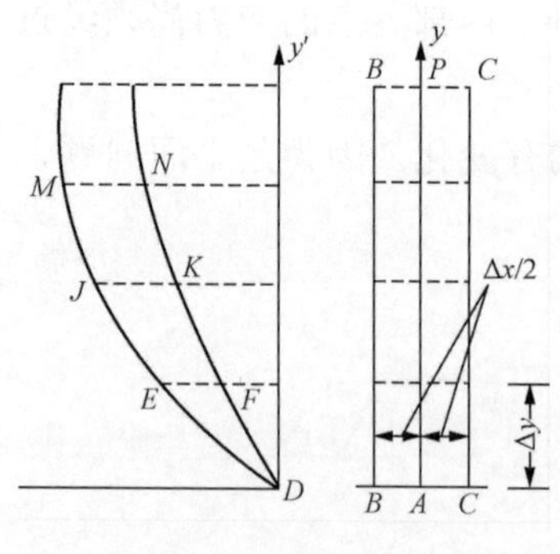

图 5-52　剪力差计算

式中，$\sigma_{x0}$及$\sigma_{y0}$为开始积分点的$\sigma_x$及$\sigma_y$。上式表示，将$\tau_{xy}$对$y$方向的微差，沿$x$轴累积后，加在原始的$\sigma_{x0}$上，即得相应点的$\sigma_x$值（$\sigma_y$亦然）。计算时，常从边界开始，因为该点上的$\sigma_x$及$\sigma_y$为已知，或可求出。如图 5-52，设我们欲求$AP$线上的$\sigma_x$及$\sigma_y$，可在$AP$线两旁各画一直线$BB$及$CC$，与$AP$相距各为$\dfrac{\Delta x}{2}$（$\Delta x$之值须妥善选择，此值过大过小都将使计算成果精确性降低）。再沿$AP$线分成许多等格，各相距$\Delta y$。一般常使$\Delta x=\Delta y$以便计算。

然后，将 $BB$ 及 $CC$ 线上的 $\tau_{xy}$ 求出，并画在其旁，如图 5-52 所示。这样，在边界上一点 $A$ 处的 $\sigma_y$ 即为边界上的荷载 $p$。第二点（与 $A$ 相距 $\Delta y$）上的 $\sigma_y = p + \Delta\sigma_y$，而 $\Delta\sigma_y$ 即为面积 $EFD$ 除以 $\Delta x$。同理，第三点上的 $\sigma_y$ 等于第二点上的 $\sigma_y$ 再加上校正值 $\Delta\sigma_y$，此值即为面积 $JKFE$ 除以 $\Delta x$，如此继续推算。当 $\Delta x = \Delta y$ 时，面积除 $\Delta x$ 亦即表示该面积的平均宽度，可在图上估计量取。$\sigma_x$ 也可同理计算，或者也可从 $\tau_{xy}$ 及 $\sigma_y$ 求出：

$$\sigma_x = \sigma_y + (\sigma_1 - \sigma_2)\cos 2\theta$$

用剪力差法计算分应力的缺点是：工作量较大，误差有累积作用。由于偏光弹性试验的资料本来存在若干误差，再经有限差法的反复计算和辗转推算，因而很难要求过高的精确度。

计算出各断面上的各应力后，必须进行平衡校核，即切取一块坝体，考察其在内外力作用下是否平衡。由于试验和计算中不可避免地存在误差，因而平衡条件必然不能完全满足。如误差在 5%左右，已可认为很满意。误差达 10%甚至更大一些也是常遇到的。

以上介绍的是偏光弹性试验中的一些基本原理和常识，下面再介绍一些操作中的常识。

1. 模型材料

模型材料多用环氧树脂、有机玻璃或塑胶板。良好的模型材料要求有高的光敏度，适宜的弹性模量，容易加工，不容易产生边缘效应。要找一种非常理想的材料也是不容易的。有时某种材料具有这种优点，而某种材料又具有另一种优点，我们可以都试一下，取长补短。例如用环氧树脂的模型，观察等色线很清楚，但等倾线不清楚，而用某种有机玻璃的模型，观测等倾线很清楚，但等色线间距不够，我们就可用前者观察等色线，而用后者测定等倾线。

上述材料多系人工合成材料。浇铸成模型板后，在板上按重力坝断面尺寸及选定的比例尺，细致地放样和加工。在这些过程中（配料、熔化、浇铸、锯锉……）要谨慎从事，以避免或减少产生初应力。制成模型后，应放在偏光弹性仪中观测一下，如有初应力存在，即将出现条纹。如初应力不大，可以把模型加热到一定温度后退火，以消除之。但也须注意在退火过程中发生边缘效应。模型制作后，宜迅速进行试验，不宜放置很久，以致发生变化。

模型的厚度及比例尺要选择妥善。理论上讲，厚度愈大，试验精度愈高。实际上，模型过厚时，制作加工都较困难，反而会引起不利后果。一般模型板厚度常在 1～2cm。模型的比尺，应尽可能大一些，但一般受到偏振片尺寸的限制。此外，尚应注意以下几点：①须与外加荷载配合且在模型中能看到足够多的条纹；②注意模型板的稳定性（细长度）。

模型中的应力和原型中的应力（或荷载）按下式换算：

$$\frac{\sigma_H}{\sigma_M} = \frac{q_H}{q_M} = \frac{k_3}{k_1 k_2}$$

式中，脚标 $H$ 及 $M$ 各代表原体及模型，$\sigma$、$q$ 各代表应力和荷载强度，$k_1$ 为几何比尺

（即 $l_H/l_M$），$k_2$ 为厚度比尺（即 $t_H/t_M$），$k_3$ 为力的比尺（即 $P_H/P_M$）。

2. 加荷和观测

一般荷载常为边界压力（主要是水压力）及自重两种。某些荷载如渗透压力和温度场等，目前尚难在偏光弹性试验中复制。

因为模型尺寸很小，用液体压力来复制水压力不仅困难，而且常嫌不能产生足够的条纹，所以通常都用千斤顶或重锤加荷来代替。为此，我们须将边界划分为若干小段，算出每一小段上的合力，各以一个外荷载代替之。注意，这些外力不能直接加在边界上，而必须在每段边界上贴上刚度较大的垫块，把外力加在垫块上。如能审慎从事，这样就可以相当满意地复制出分布的边界压力来。如果处理不善，则将在垫块间产生应力集中，从而扰动了边界上的条纹分布。所以这一工作必须细致地进行。

加荷及观测有两种不同的方法：一种是将模型安装在试验仪器上，然后加荷并观察。这一切都在常温下进行。另一种方法称为冻结法，即将模型片放在烘箱内并加荷，加荷后将模型片升温到一定温度，然后逐渐冷却到常温，再卸除荷载并取出模型片。这时，应力条纹已"冻结"在模型片中，即可放在试验仪器中进行观测。两种方法各有优缺点。前一种方法的优点是，设备比较简单，并可在观测过程中变动荷载，进行某些研究。后一种方法的优点是，荷载的绝对值可以小很多倍，而且观测方便，缺点是需一套加温设备，而且冻结条纹需一定的技巧和时间。一般讲来，后一种方式更为有利，在试验重力影响时，多应用后一种方法。

进行自重应力试验时，可以设法转化为边界荷载问题处理，但更常用的方法是用离心力来复制重力。其法即将模型片放置在特设的离心回旋机中旋转，使之承受离心力，以代替重力（当旋转臂长度较模型片远为大时，离心力可视为常数，而接近重力性质）。在旋转过程中逐渐加热，维持一定期间后仍冷却到室温。再取出模型片，这时应力条纹已冻结在内，即可进行观测。设离心机的回转角速度为 $\omega$（系等速度，常在 1000～3000r/min），模型容重为 $\gamma_M$，则旋转时每一点上所受到的离心力为 $F=\frac{\gamma_M}{g}\omega^2 R$，式中，$R$ 为回转半径，因模型片较小（通常为 10～20cm）而回转臂较大（通常为 1～2m），故 $R$ 可视为常数（即取一平均值）。在这种试验中，模型与原体应力的换算式是：

$$\frac{\sigma_H}{\sigma_M}=k_1\cdot\frac{\gamma_H}{\gamma_M}\cdot\frac{g}{\omega^2 R}$$

例如，设 $\gamma_H=2.4\text{t/m}^3$，$\gamma_M=1.2\text{t/m}^3$，$k_1=5000$，$\omega=2500\text{r/min}=262\text{rad/s}$，$R=13\text{cm}$，则 $\sigma_H=11\sigma_M$。

在离心机中除放置模型外，常另放置一块矩形标准试件，以供率定模型应力用。试件当然系用与模型片相同的材料制成。

在观测时，一般在分析片后装设一镜台，其上安设底版，使透过的光线在这里成像，以便进行摄影或描绘条纹。

前面提过，在进行重力坝的断面应力计算或试验时，坝体以下应附有一块较大的基础块。这个基础块的尺寸如果过小，将显著地影响试验成果。其次，模型片在试验仪器中的固定装置，通常都位在基础块底边附近，用以代替实际上的边界反力而维持平衡，这样看来，基础块的高度更不宜过小。基础块另两条边界上实际上也存在应力（见图 5-25 中的 *BF* 及 *EG* 边），试验中如忽略这些应力，也会影响坝基附近的应力分布情况。

## 参考文献


[1] 苏联部长会议国家建设委员会．岩基上混凝土重力坝设计规范（CH 123-60）．北京：中国工业出版社，1964．

[2] 潘家铮．重力坝的弹性理论计算．北京：水利电力出版社，1958．

[3] Bureau of Reclamation，Department of Interior，U.S.A.：Technical Memorandum No.403．

[4] 杜庆华．重力坝弹性应力分析问题，清华大学第一次科学讨论会报告集，第二分册．北京：机械工业出版社，1956．

[5] Б.Г.Галеркин. К исследованию напряжений в плотинах и подпорныхćгенкахТрапе-цоидального профиля，Издательство АН СССР，1932.

[6] J.H.A.Brahtz. The Stress Function and Photoelasticity Applied to Dams，Trans.ASCE，Vol.101，1936.

[7] S. D. Carothers. Plain Strains in a Wedge with Applications for Masonry Dams，Proc.Royal Soc.Edinburgh，Vol.53，1913．

[8] D.N.de G.Allen. Relaxation Methods，McGraw-Hill，1955．

# 第六章

# 坝体孔口和廊道的应力分析

## 第一节 概 述

在重力坝内，为了进行检查、灌浆或供交通、排水等用，常需布置许多廊道、孔洞或管道。有关这些孔道的布置问题，已在第二章中简单地论述过。本章中主要讨论这些廊道和孔洞附近的应力分析和配筋设计问题。

坝内采用的廊道和孔洞的形状很多，最常见的有以下几种（参见图 6-1）：

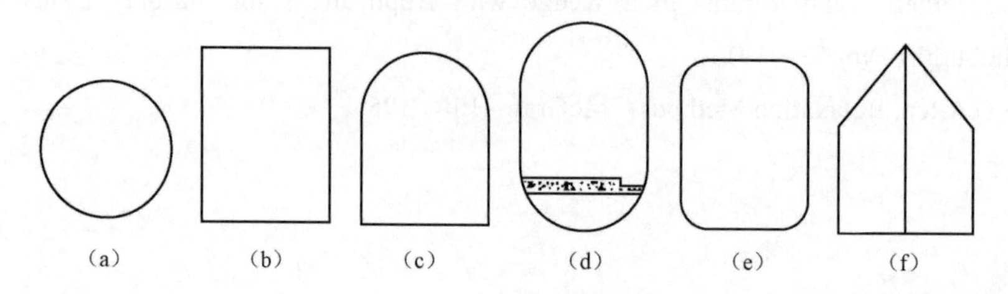


图 6-1 各种廊道形状

1. 圆形孔

坝内的泄水孔或输水管道等常常采用圆形断面。它的优点是水力条件较好，适宜于承受均布内压力，同时应力分析也较方便。对于需要在孔内设钢板或喷浆层衬砌以加强的孔，更以采用圆形断面为宜。

2. 矩形孔

坝体内的排水、灌浆和交通廊道，以及电梯井、出线洞等，可以采用矩形断面。它的优点是施工方便，接头简单。缺点是在尖角处有较大的应力集中，某些断面上的拉应力较大，配筋较多。

3. 马蹄形孔或上圆下方的孔洞

此种孔洞由下部的矩形和上部的半圆形组成。各种廊道采用这一断面的颇多，所以也称为标准廊道断面。这种孔洞的精确应力分析比较复杂，所以常常通过偏光弹性试验来取得实用的设计资料。

4. 椭圆形孔

矩形孔洞的应力条件较差，因此有时采用椭圆形孔洞来改善它，以节约钢筋。它的缺点是立模浇捣较为不便，在廊道底部常需另铺平台或回填混凝土以便工作。某些圆形孔道的渐变段处或其与倾斜的坝面相交处，也常常呈椭圆形。有时，我们用两端为半圆形中间为矩形的形状来代替椭圆形，以简化立模放样工作。

5. 其他形状的孔洞

例如输水管道进口处的渐变段［图 6-1（e）］。某些靠近坝边的廊道，也可以做成如图 6-1（f）所示的尖顶廊道（交通廊道）。

在讨论廊道和孔洞附近的应力分布问题时，首先须说明大孔口和小孔口问题的区别。这两类问题并无明确的分界线，但是可以这样来说明问题的性质：图 6-2（a）中示一重力坝断面，在其上取截面Ⅰ-Ⅰ，假定沿Ⅰ-Ⅰ的应力分布如图中实线所示。现在设我们在该截面处布置了一个孔口。由于这个原因，应力分布曲线改为同图虚线所示之形状。比较这两条曲线可以看出，孔口的存在，仅扰动其附近一小部分区域内的应力分布，引起了应力重分布，但并不使原截面上的应力分布状态有本质上的变动。这种情况便属于小孔口问题。与之相反，如果孔口尺寸较大，使开孔后截面应力分布状态起了全面的变化［见图 6-2（b）］，即属于大孔口问题。小孔口的应力分析问题比较简单，本章中所讨论的问题以小孔口情况为主，对大孔口问题只扼要介绍一些近似的和实用的计算法。

下面我们讨论一下小孔口应力分析的原理。这里，基本的考虑是这样的：孔口既然很小，则其所缺去的重量的影响先可忽略不计。其次，我们可以先算出坝体在孔口形心处的原来应力状态（假定无孔口存在），包括主应力 $\sigma_1$、$\sigma_2$ 的数值和方向，然后即可假定在坝体中该孔口附近的应力分布状态［图 6-3（a）］和图 6-3（b）的情况相同，后者是该孔口位于双向均匀应力场 $\sigma_1$ 和 $\sigma_2$ 中的情况，而这个问题是可以用弹性理论得出解答的，不论孔口呈什么形状。根据一些文献的研究，如果孔口尺寸远小于坝体尺寸，而且孔口形心离开边界也较远（例如在三倍孔口尺寸以上）时，这样求出的成果，将十分接近其精确值，完全满足设计实用之需。

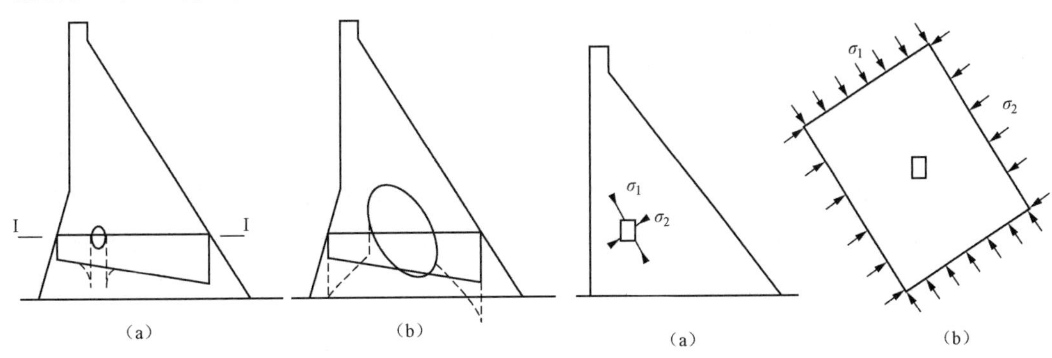


图 6-2　大孔口与小孔口问题

图 6-3　小孔口分析原理

我们的计算将限于平面问题，而且通常均为平面变形问题。为此，必须根据孔洞在坝内的布置情况，切取合适的截面来作为计算的依据。一般孔洞或廊道的布置，不外三种情况：

（1）孔洞或廊道的纵轴线与坝体纵轴线平行［图 6-4（a）］。这时可切取坝体的横截面来进行计算。

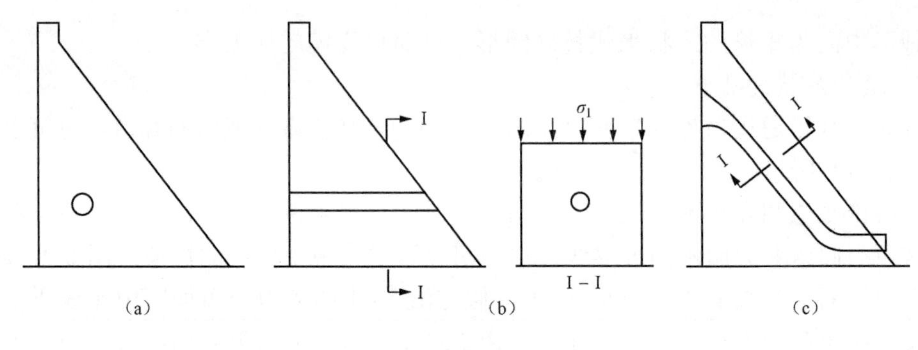


图 6-4　坝体内的孔口

（2）孔洞或廊道的纵轴线与坝体纵轴线垂直［图 6-4（b）］。这时可切取坝体的纵截面来进行计算（注意，须沿上下游方向切取一系列的断面进行计算）。在计算平面内，以垂直方向的坝体应力$\sigma_1$为主要荷载，另一方向的应力$\sigma_2$为值很小（在悬臂式重力坝中接近为 0，在整体式重力坝中可取为横缝灌浆压力，或横缝灌浆后由于温度变化所引起的挤压应力）。

如果孔洞方向是垂直的，则计算截面应水平地切取，其余和上述情况相似。

（3）孔洞是斜置的［图 6-4（c）］。通常也是沿正交于孔洞轴线的方向切取截面，进行应力分析。容易看出，如果管道方向能布置得与坝体最大主应力的方向平行或接近平行，应力条件将最有利。因为这时在计算平面上只有较小的第二主应力作用着。

在进一步论述应力分析前，我们指出几点影响廊道应力的因素，这些结论在设计和布置廊道时是很有用的：

（1）廊道应避免过分靠近坝块边界，尤其不宜过分靠近坝体上游面（参见第二章第四节），因为这样将显著地使靠近廊道处的边界应力恶化。

（2）廊道形状以尽量减少尖锐的折角为宜，因为在这些转折处常常产生高度的应力集中。

（3）廊道周围的应力状态，通常受主应力$\sigma_1$及$\sigma_2$控制。设$\sigma_1$为较大的主压应力，则廊道断面的长轴最好能与$\sigma_1$的方向平行。在一般情况中，较大的主应力方向常接近垂直，所以，高而狭的廊道在应力分布的条件上将较低而宽的廊道有利。换言之，在满足生产运行要求的基础上，廊道宽度应该尽量缩小，以改善应力分布，节约钢筋。

## 第二节　无限域内圆孔的计算

### 一、无限域中的简单圆孔

我们先从最简单的问题开始。图 6-5 中示一位于无限域中单向均匀应力场内的圆孔。设应力场强度为 $p$，孔口半径为 $r_0$。取极坐标系统如图示。这个问题是平面弹性理论中的一个经典问题，其解答曾由克许（G.Kirsch）给出：

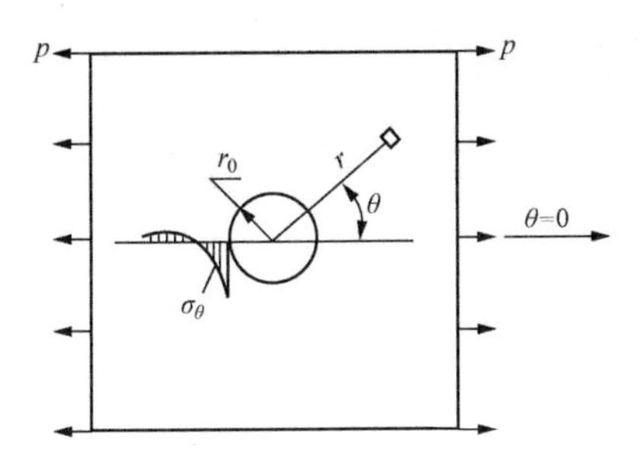


图 6-5 圆孔分析

$$
\left.\begin{aligned}
\sigma_r &= \frac{p}{2}\left(1-\frac{1}{R^2}\right)+\frac{p}{2}\left(1+\frac{3}{R^4}-\frac{4}{R^2}\right)\cos 2\theta \\
\sigma_\theta &= \frac{p}{2}\left(1+\frac{1}{R^2}\right)-\frac{p}{2}\left(1+\frac{3}{R^4}\right)\cos 2\theta \\
\tau_{r\theta} &= -\frac{p}{2}\left(1-\frac{3}{R^4}+\frac{2}{R^2}\right)\sin 2\theta
\end{aligned}\right\} \qquad (6\text{-}1)
$$

式中

$$R=\frac{r}{r_0}$$

通过圆心，取三条射线：$\theta=0$，$\theta=45°$，$\theta=90°$，按上式可以求出沿这三条线上的分应力，见表 6-1。

如果上述圆孔位在双向均匀应力场中，其解答可由上述情况以叠加法得之：

**表 6-1** **沿三条射线的分应力**

| $\theta$ \ $R$ | | 1.0 | 1.1 | 1.2 | 1.3 | 1.4 | 1.5 | 1.6 | 1.727 | 1.8 | 2.0 | 3.0 |
|---|---|---|---|---|---|---|---|---|---|---|---|---|
| 0 | $\sigma_r$ | 0 | −0.0415 | −0.0127 | 0.0460 | 0.1150 | 0.1852 | 0.2524 | 0.3306 | 0.3714 | 0.4688 | 0.7408 |
| | $\sigma_\theta$ | −1.0000 | −0.6113 | −0.3762 | −0.2294 | −0.1354 | −0.0741 | −0.0336 | −0.0009 | 0.0114 | 0.0313 | 0.0371 |
| | $\tau$ | 0 | 0 | 0 | 0 | 0 | 0 | 0 | 0 | 0 | 0 | 0 |
| 45° | $\sigma_r$ | 0 | 0.0868 | 0.1528 | 0.2042 | 0.2449 | 0.2778 | 0.3047 | 0.3324 | 0.3457 | 0.3750 | 0.4445 |
| | $\sigma_\theta$ | 1.0000 | 0.9132 | 0.8472 | 0.7959 | 0.7551 | 0.7222 | 0.6953 | 0.6676 | 0.6543 | 0.6250 | 0.5556 |
| | $\tau$ | 0 | −0.3019 | −0.4711 | −0.5665 | −0.6198 | −0.6482 | −0.6617 | −0.6667 | −0.6657 | −0.6563 | −0.5926 |
| 90° | $\sigma_r$ | 0 | 0.2151 | 0.3183 | 0.3624 | 0.3749 | 0.3704 | 0.3570 | 0.3343 | 0.3200 | 0.2813 | 0.1482 |
| | $\sigma_\theta$ | 3.0000 | 2.4377 | 2.0706 | 1.8211 | 1.6456 | 1.5185 | 1.4242 | 1.3361 | 1.2972 | 1.2188 | 1.0741 |
| | $\tau$ | 0 | 0 | 0 | 0 | 0 | 0 | 0 | 0 | 0 | 0 | 0 |

$$
\left.\begin{aligned}
\sigma_r &= \frac{p_1+p_2}{2}\left(1-\frac{1}{R^2}\right)+\frac{p_1-p_2}{2}\left(1+\frac{3}{R^4}-\frac{4}{R^2}\right)\cos 2\theta \\
\sigma_\theta &= \frac{p_1+p_2}{2}\left(1+\frac{1}{R^2}\right)-\frac{p_1-p_2}{2}\left(1+\frac{3}{R^4}\right)\cos 2\theta \\
\tau_{r\theta} &= -\frac{p_1-p_2}{2}\left(1-\frac{3}{R^4}+\frac{2}{R^2}\right)\sin 2\theta
\end{aligned}\right\} \qquad (6\text{-}2)
$$

当 $p_1=p_2=p$ 时，上式简化为：

$$\left.\begin{aligned}\sigma_r&=p\left(1-\frac{1}{R^2}\right)\\\sigma_\theta&=p\left(1+\frac{1}{R^2}\right)\\\tau_{r\theta}&=0\end{aligned}\right\}\tag{6-3}$$

当位于无限域中的孔口，在孔口边界上承受均匀正向压力 $p$ 时（图 6-6），其应力为：

$$\left.\begin{aligned}\sigma_r&=-\frac{p}{R^2}\\\sigma_\theta&=\frac{p}{R^2}\end{aligned}\right\}\tag{6-4}$$

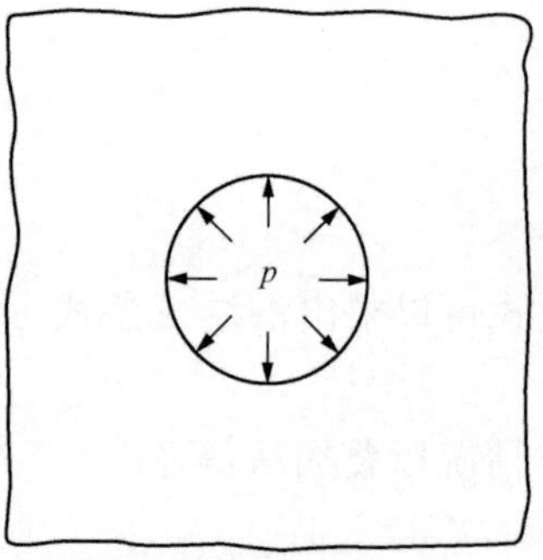

这时，应力状态为轴对称的，各点上只有一个径向位移 $u_r$，其值为：

$$u_r=\frac{p}{2GR^2}\tag{6-5}$$

图 6-6　承受内压力的圆孔

式中，$G$ 为抗剪弹性模数，亦即拉姆常数，即：

$$G=\frac{E}{2(1+\mu)}\tag{6-6}$$

上面所介绍的是无限域中简单的圆形孔口在各种情况下的解答。现在我们进而讨论一些设计问题。从式（6-1）及图 6-5 可以看出，在单向均匀应力场中，沿平行应力场的对称轴（$\theta=0$）上，靠近孔口处有一块压力区（如果应力场是压应力，这里就变成拉力区），这一块压（拉）力区对孔口配筋影响最大。在 $\theta=0$ 的直线上，应力公式是：

$$\sigma_\theta=\frac{p}{2}\left(\frac{1}{R^2}-\frac{3}{R^4}\right)\tag{6-7}$$

这个应力，在孔边（$R=1$）为最大压应力 $-p$，以后随着 $r$ 的增加而迅速减小，到

$$\frac{1}{R^2}=\frac{3}{R^4}\text{或}R=1.732\text{或}r=1.732r_0$$

时，应力为 0，以后变为微小的拉应力。压力区的总面积可将式（6-7）积分以求得之：

$$P=\int_{r_0}^{1.732r_0}\sigma_\theta\,\mathrm{d}r=-0.1924pr_0\tag{6-8}$$

$P$ 值是控制设计的数字。

当孔口位在双向应力场中时，另一方向的应力 $p_2$ 将对 $P$ 值起显著的抵销作用。设 $p_2=k\cdot p_1=kp$，则容易求出沿 $\theta=0$ 线上的应力公式是：

$$\sigma_\theta=\frac{p}{2}\left(2k+\frac{1+k}{R^2}-\frac{3-3k}{R^4}\right)\tag{6-9}$$

由于受到 $p_2$ 的抵销影响，$\sigma_0$ 将较在单向应力场中更快地变为 0，而相应的 $P$ 值将更为微小。$\sigma_\theta=0$ 的位置，可置式（6-9）中的 $\sigma_\theta=0$ 以求得之：

$$\frac{1}{R^2}=\frac{(1+k)+\sqrt{1+26k-23k^2}}{6(1-k)} \tag{6-10}$$

由上式可算出 $R$，记为 $R_1$，从而可确定 $\sigma_\theta=0$ 处的坐标 $r_1$。将式（6-9）就 $r=r_0$ 至 $r=r_1$ 间积分，可以求出在双向应力场下的总压（拉）力区面积 $P$：

$$P=\frac{pr_0}{2}\left(2kR_1+\frac{1-k}{R_1^3}-\frac{1+k}{R_1}\right) \tag{6-11}$$

在表 6-2 中给出了不同的 $k$ 值下 $R_1$ 和 $P$ 的数值。

**表 6-2　　不同 $k$ 值下 $R_1$ 和 $P$ 的数值**

| $k=0.0$ | $R_1=1.7320$ | $P=0.3849\frac{pr_0}{2}$ | $P=0.0962pB$ |
|---|---|---|---|
| 0.05 | 1.4958 | 0.2685 | 0.0671 |
| 0.10 | 1.3562 | 0.1791 | 0.0448 |
| 0.15 | 1.2540 | 0.1098 | 0.0274 |
| 0.20 | 1.1714 | 0.0582 | 0.0145 |
| 0.25 | 1.1010 | 0.0229 | 0.0057 |
| 0.30 | 1.0385 | 0.0037 | 0.0009 |

注　$B=2r_0$，为廊道宽度。

由表 6-2 可见，随着 $p_2$ 的稍微增加，压（拉）力区面积 $P$ 就迅速减小，当 $k=0.2$～0.25 时，$P$ 就接近为 0 了。所以充分利用 $p_2$ 的影响来改善廊道孔洞周围的应力情况，是非常经济合理的。但须指出，设计所采用的 $p_2$ 值必须有确切的保证。

有了表 6-2 中的数值后，配筋计算的工作可大为简化。设钢筋的允许应力为 $\sigma_a$，则按一般设计方法，单位长度廊道所需的钢筋面积为：

$$F_s=\frac{P}{\sigma_a}=\alpha\cdot B\cdot\frac{p}{\sigma_a} \tag{6-12}$$

式中，$\alpha$ 为一个数值系数，亦即表 6-2 最后一行中的系数，$B$ 代表廊道宽度，在圆形廊道中 $B=2r_0$。但这里尚需调整一下单位问题。普通 $p$ 及 $\sigma_a$ 都是应力，其单位可取为 $kg/cm^2$，且在式（6-12）中相互抵销。$B$ 的单位以 m 为合适，$F_s$ 的单位以 $cm^2/m$ 为合适。这样，公式中的 $\alpha$ 值就应该为表 6-2 中最后一行数值的 10000 倍。图 6-7 中的曲线即根据这些资料绘成。

举一个例子：设某圆形廊道，半径为 0.75m，在其形心处的应力为：$\sigma_y=20kg/cm^2$，$\sigma_x=2kg/cm^2$，则 $k=\sigma_x/\sigma_y=0.1$，由图 6-7 或表 6-2，得 $\alpha=448$。又 $\sigma_a=1250kg/cm^2$。因而所需钢筋截面为：

$$F_s=448\times1.5\times\frac{20}{1250}=10.66cm^2/m$$

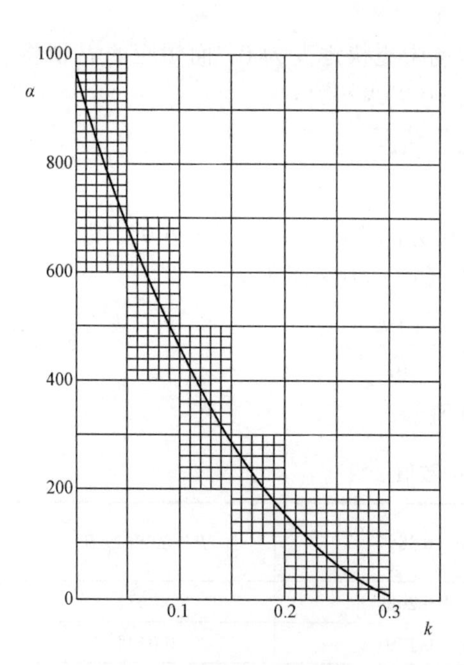


图 6-7　圆孔配筋系数曲线

查阅铜筋面积表，可配置 19mm 圆钢筋，每米 4 根，其 $F_s=11.3\text{cm}^2/\text{m}$。注意，这样求出的 $F_s$ 是指在圆孔顶部和底部（$y$ 轴上）的最大截面积，钢筋在延伸一定长度后，即可减少或截断。

当孔口一方面位在正压应力场 $p_1$、$p_2=kp_1$ 中，一方面又承受均匀内水压力 $p$ 的作用，则在纵轴（与最大主应力 $p_1$ 平行）上任一点处的环向应力是：

$$\sigma_\theta=\frac{p_1}{2}\left(2k+\frac{1+k}{R^2}-\frac{3-3k}{R^4}+\frac{1}{R^2}\cdot\frac{p}{p_1}\right)$$

在这条纵轴上，应力等于 0 的点，其离开圆心的坐标可由下式求出：

$$2k+\frac{1+k+\dfrac{p}{p_1}}{R^2}-\frac{3-3k}{R^4}=0 \tag{6-10'}$$

设其坐标为 $R_1$，则沿纵轴上的全部拉应力可由 $\sigma_\theta$ 积分而得：

$$\begin{aligned}P&=\int_{r_0}^{R_1 r_0}\sigma_\theta\,\mathrm{d}r=\frac{p_1}{2}\int_{r_0}^{R_1 r_0}\left(2k+\frac{1+k}{R^2}-\frac{3-3k}{R^4}+\frac{1}{R^2}\cdot\frac{p}{p_1}\right)\mathrm{d}r\\&=\frac{p_1 r_0}{2}\left[2k_1 R_1+\frac{1-k}{R_1^3}+\frac{1+k}{R_1}+\frac{p}{p_1}\left(1-\frac{1}{R_1}\right)\right]\end{aligned} \tag{6-11'}$$

所需钢筋面积为：

$$\begin{aligned}F_s&=\frac{P}{\sigma_a}=\frac{p_1 r_0}{2\sigma_a}\left[2k_1 R_1-\frac{1-k}{R_1^3}+\frac{1+k}{R_1}+\frac{p}{p_1}\left(1-\frac{1}{R_1}\right)\right]\\&=\frac{p_1}{\sigma_a}\cdot 2r_0\left[\frac{1}{2}k_1 R_1-\frac{1-k}{4R_1^3}+\frac{1+k}{4R_1}+\frac{p}{4p_1}\left(1-\frac{1}{R_1}\right)\right]\\&=\frac{p_1}{\sigma_a}B\alpha\end{aligned}$$

式中的 $\alpha$ 将为 $k$ 及 $p/p_1$ 两个参数的函数。

## 二、无限域中的加劲圆孔

下面我们来研究无限域中在孔边镶有一圈加劲环的圆孔的应力问题（图 6-8）。令圆孔半径为 $b$（也就是加劲环的外径），加劲环的内半径为 $a$，加劲环的平均半径为 $c$，环的断面积为 $A$，惯性矩为 $I$。设此加劲圆孔位于均匀应力场 $p=1$ 内，要计算孔口附近和环内的应力（作为平面应力问题考虑）。

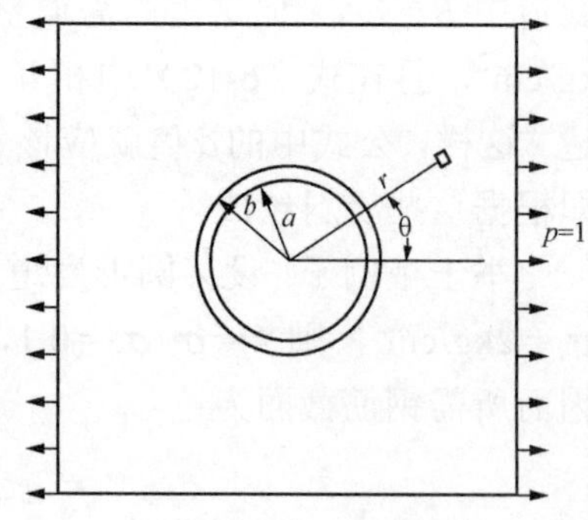


图 6-8　加劲圆孔

取极坐标系统 $r$、$\theta$ 如图 6-8 所示，根据前人的研究，在这个情况中的应力状态可以近似地用下列应力函数来表示：

$$F=\frac{1}{2}r^{2}+Db^{2}\log r+\left(-\frac{r^{2}}{2}+\frac{Bb^{4}}{r^{2}}+Cb^{2}\right)\cos 2\theta \tag{6-13}$$

式中，$B$、$C$、$D$ 暂为未知常数。相应的分应力公式为：

$$\left.\begin{aligned}\sigma_{r}&=1+\frac{D}{R^{2}}+\left(1-\frac{6B}{R^{4}}-\frac{4C}{R^{2}}\right)\cos 2\theta\\ \sigma_{\theta}&=1-\frac{D}{R^{2}}+\left(-1+\frac{6B}{R^{4}}\right)\cos 2\theta\\ \tau_{r\theta}&=-\left(1+\frac{6B}{R^{4}}+\frac{2C}{R^{2}}\right)\sin 2\theta\end{aligned}\right\} \tag{6-14}$$

式中，$R$ 表示 $\frac{r}{b}$。当 $R\to\infty$ 时，$[\sigma_{r}]_{\theta=0}=p=2$，$[\sigma_{r}]_{\theta=\pi/2}=0$，$\tau=0$。因此 $F$ 相当于单向均匀应力场，其强度 $p=2$ 的情况。由此求出的最后应力应乘以 $p/2$。

在加劲环外圈处，$R=1$，代入式（6-14）后，得分应力为：

$$\left.\begin{aligned}\sigma_{r}&=1+D+(1-6B-4C)\cos 2\theta\\ \sigma_{\theta}&=1-D+(-1+6B)\cos 2\theta\\ \tau_{r\theta}&=-(1+6B+2C)\sin 2\theta\end{aligned}\right\} \tag{6-15}$$

应力 $\sigma_r$ 及 $\tau_{r\theta}$，乘以平板厚度 $e$（可令为 1）后，就是作用在加劲环上的荷载。

在这些荷载作用下，加劲环中任一截面上的应力，包括弯矩、轴向力和剪力将为：

$$\left.\begin{aligned}M&=m\cos 2\theta\\ N&=n\cos 2\theta+n_{0}\\ S&=s\sin 2\theta\end{aligned}\right\} \tag{6-16}$$

式中

$$\left.\begin{aligned}m&=\frac{b^{2}}{2}(1-2k-4kB+6B+2C)\\ n&=-b(1+2B)\\ n_{0}&=b(1+D)\\ s&=b(-1+2B+2C)\\ k&=\frac{c}{b}\approx 1\end{aligned}\right\} \tag{6-17}$$

正号的 $M$、$N$ 和 $S$ 表示的应力的方向如图 6-9 所示。

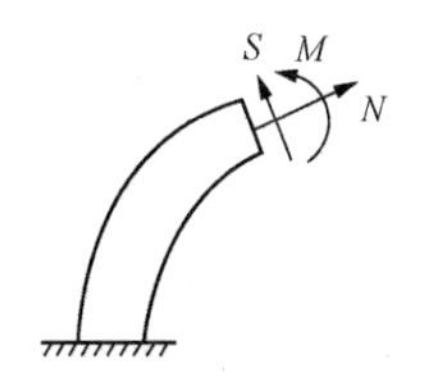

图 6-9　$M$、$N$、$S$ 表示的应力的方向

最后我们需要决定三个常数 $B$、$C$ 及 $D$，这必须考虑形变相容条件。即，计算平板在应力状态 $F$ 下沿孔口边缘处（$R=1$）的径向及环向变位 $u_r$ 及 $u_\theta$，另外计算加劲环在相应荷载作用下的外缘径向及环向变位 $\delta_r$ 及 $\delta_\theta$，令两者分别相等，就可得到一组条件来确定未定常数 $B$、$C$ 及 $D$。布拉兹在作了些简化处

理后，获得以下成果[1]（略去详细推导过程）：

$$\left.\begin{aligned} B&=\frac{d_1c_2-d_2c_1}{b_1c_2-b_2c_1}\\ C&=\frac{d_2b_1-d_1b_2}{b_1c_2-b_2c_1}\\ D&=\frac{1-\alpha}{1+\alpha}\end{aligned}\right\}\qquad(6\text{-}18)$$

式中

$$\left.\begin{aligned} b_1&=12(1+\mu)+2\beta k^2(3-2k)+4\alpha k(2K-1)\\ c_1&=24+2\beta k^2+8\alpha Kk\\ d_1&=-6(1+\mu)+\beta k^2(2k-1)+2\alpha k(2K+1)\\ b_2&=2\beta(1-k)(3-2k)+4\alpha+12\\ c_2&=2\beta(1-k)\\ d_2&=\beta(2k-1)(1-k)-2\alpha+2\\ K&=2.4(1+\mu)\sim 2.5(1+\mu)\\ \alpha&=\frac{be}{A'}\\ \beta&=\frac{b^3e}{I'}\end{aligned}\right\}\qquad(6\text{-}19)$$

式（6-19）中的 $A'$ 指加劲环的化算截面积，$A'=A\bullet\frac{E_s}{E_c}$，$E_s$ 为钢材的弹性模量，$E_c$ 为混凝土的弹性模量，$I'$亦为化算截面的惯性矩。

求出 $B$、$C$、$D$ 三值后，无限域中的应力可由式（6-14）求之，加劲环中的应力可由式（6-16）、式（6-17）求出。

如果这一加劲圆孔位在双向应力场 $p_x$ 及 $p_y$ 中，则应用叠加法可得（设极轴与 $x$ 轴一致）：

无限域中应力：

$$\left.\begin{aligned} \sigma_r&=\frac{p_x+p_y}{2}\left(1+\frac{D}{R^2}\right)+\frac{p_x-p_y}{2}\left(1-\frac{6B}{R^4}-\frac{4C}{R^2}\right)\cos 2\theta\\ \sigma_\theta&=\frac{p_x+p_y}{2}\left(1-\frac{D}{R^2}\right)-\frac{p_x-p_y}{2}\left(1-\frac{6B}{R^4}\right)\cos 2\theta\\ \tau_{r\theta}&=-\frac{p_x-p_y}{2}\left(1+\frac{6B}{R^4}+\frac{2C}{R^2}\right)\sin 2\theta\end{aligned}\right\}\qquad(6\text{-}20)$$

环中应力：

[1] 近来Г.Н.萨文等人应用复势函数给本问题提出了更全面的解答。见Г.Н.萨文：孔附近的应力集中，第七章，科学出版社，1958年。

$$\left.\begin{aligned}M&=\frac{p_x-p_y}{4}b^2e(1-2k-4kB+6B+2C)\cos 2\theta\\N&=\frac{p_x+p_y}{2}be(1+D)-\frac{p_x-p_y}{2}be(1+2B)\cos 2\theta\\S&=\frac{p_x-p_y}{2}be(-1+2B+2C)\sin 2\theta\end{aligned}\right\}\quad(6\text{-}21)$$

环的内外缘上的应力：

$$\left.\begin{aligned}[\sigma_\theta]_{r=b}&=-\frac{M(b-c)}{I}+\frac{N}{A}\ \text{（外缘）}\\[\sigma_\theta]_{r=a}&=+\frac{M(c-a)}{I}+\frac{N}{A}\ \text{（内缘）}\end{aligned}\right\}\quad(6\text{-}22)$$

以上是一般性解答。现在再进而讨论几个特殊情况。

在坝体中所开的圆孔，其边界上的加劲环一般常为一薄的钢管，或仅为圆孔周围的一些钢筋而已。在这个特殊情况下，我们可置加劲环的 $I\to 0$（但 $A\neq 0$）和 $e=1$。这样，当 $I\to 0$ 时，$\beta=\frac{b^3e}{I}\to\infty$，$k=\frac{c}{b}\to 1$，$R=\frac{r}{b}\to\frac{r}{a}$。将这些值代入式（6-18）后，$B$ 及 $C$ 成为不定值，求其极限，可得：

$$\left.\begin{aligned}B&=\frac{1-\alpha}{2\alpha+6}\\C&=\frac{\alpha+1}{\alpha+3}\\D&=\frac{1-\alpha}{1+\alpha}\end{aligned}\right\}\quad(6\text{-}23)$$

若加劲环的断面（或钢筋面积）也趋近于 0，则 $\alpha\to\infty$，而 $B\to -\frac{1}{2}$，$C\to +1$，$D\to -1$。这时，所得解答与前面介绍的简单圆孔的经典解答是相符的。

如果加劲环的断面及刚性极大，则可假定环为无穷刚强，即在 $r=b$ 处的变位应为 0，由此条件可得：

$$\left.\begin{aligned}B&=\frac{1}{2}\cdot\frac{1+\mu}{3-\mu}\\C&=-\frac{1+\mu}{3-\mu}\\D&=\frac{1-\mu}{1+\mu}\end{aligned}\right\}\quad(6\text{-}24)$$

最重要的应力是沿 $x$ 和 $y$ 轴的环向应力 $\sigma_\theta$，在式（6-20）中，置 $\theta=0$ 及 $90°$，可得：

$$\left.\begin{aligned}[\sigma_\theta]_{\theta=0}&=\frac{p_x+p_y}{2}\left(1-\frac{D}{R^2}\right)-\frac{p_x-p_y}{2}\left(1-\frac{6B}{R^4}\right)\\[\sigma_\theta]_{\theta=90^\circ}&=\frac{p_x+p_y}{2}\left(1-\frac{D}{R^2}\right)+\frac{p_x-p_y}{2}\left(1-\frac{6B}{R^4}\right)\end{aligned}\right\}\quad(6\text{-}25)$$

在$\theta=90°$的线上（$y$轴），应力变为0的点子的位置可由下式给出：

$$\frac{1+k}{2}\left(1-\frac{D}{R^2}\right)-\frac{1-k}{2}\left(1-\frac{6B}{R^4}\right)=0 \tag{6-26}$$

式中$k=\dfrac{p_x}{p_y}$。上式就$R^2$解之，可得：

$$\frac{1}{R^2}=\frac{D(1+k)+\sqrt{D^2(1+k)^2-48Bk(1-k)}}{12B(1-k)} \tag{6-27}$$

由上式可确定零应力点的坐标$R_1$。

这样，拉力区的合力为：

$$\begin{aligned}P&=\int_{r_0=a}^{r_1}\sigma_\theta\,\mathrm{d}r=p_y\int_{r_0=a}^{r_1}\left[\frac{1+k}{2}\left(1-\frac{D}{R^2}\right)-\frac{1-k}{2}\left(1-\frac{6B}{R^4}\right)\right]\mathrm{d}r\\&=p_y a\left[k(R_1-1)-\frac{D}{2}(1+k)(1-R_1^{-1})+B(1-k)(1-R_1^{-3})\right]\end{aligned} \tag{6-28}$$

总结起来，设计加劲圆孔的配筋的步骤如下：

（1）根据所给资料，确定$\alpha=\dfrac{be}{A'}$，以及$B$、$C$、$D$三个常数［式（6-23）］。

（2）确定孔口中心处的正应力比值$k=p_x/p_y$。

（3）将$k$、$B$及$D$值代入式（6-27），求出零应力点的坐标$R_1$。

（4）将$R_1$值代入式（6-28），求出拉应力合力$P$。计算时，$p_y$若为压力，应以负值代入。求出的$P$为正值时，表示拉应力。

（5）计算所需钢筋断面积。

由于这个情况的参变数较多，因此不易绘制图表，但根据上述步骤进行计算，工作量尚不多。

另外一种荷载情况是在加劲圈内承受均匀的正向压力$p$。这是一个简单的轴等称应力分布问题，其解答是很容易求出的。仍假定加劲圈很薄，可以得到如下成果（忽略去详细的推导）：

1．加劲圈与混凝土间的接触压力

$$p'=\frac{a\alpha}{b(1+\alpha)}p \tag{6-29}$$

2．混凝土内的应力

$$\left.\begin{aligned}\sigma_r&=-\frac{a\alpha}{b(1+\alpha)R^2}p\\\sigma_\theta&=\frac{a\alpha}{b(1+\alpha)R^2}p\\\tau_{r\theta}&=0\end{aligned}\right\} \tag{6-30}$$

3．加劲圈中的内力

$$M=0$$

$$S=0$$

$$N=\frac{ae}{1+\alpha}p$$

因我们系切取单位宽度计算，故 $e=1$，$A=b-a$，从而：

$$\sigma_\theta=\frac{N}{A}=\frac{ap}{(b-a)(1+\alpha)} \tag{6-31}$$

如果加劲圈很厚，当然以上公式就不复适用，而应将加劲圈视为一个弹性圆环处理。但一般坝内孔洞衬砌中不会出现这种情况，故从略。

下面举一个例子。设某坝坝体内有一泄水圆管，其内径为1219.2mm，以钢板镶面，管壁计算厚度为0.795cm。$p_y=-23.21$，$p_x=0$。

先计算常数$\alpha$：$\alpha=\frac{be}{nA}$，式中 $b$ 为管的半径，$b=0.617\text{m}$（到钢管外壁）。$e$ 取 1m 厚。$A=1\times0.00795=0.00795(\text{m}^2)$，$n=12$。

$$\alpha=\frac{1\times0.617}{12\times0.00795}=6.48$$

而

$$B=\frac{1-\alpha}{2(\alpha+3)}=-0.289$$

$$C=\frac{\alpha+1}{\alpha+3}=0.789$$

$$D=\frac{1-\alpha}{1+\alpha}=-0.732$$

先以 $k=0$ 代入式（6-27）中：

$$\frac{1}{R_1^2}=\frac{D}{6B}=\frac{-0.732}{-6\times0.289}=0.422$$

$$R_1=1.538，R_1^{-1}=0.65，R_1^{-3}=0.2745$$

然后由式（6-28）得出：

$$P=p_ya\left[-\frac{D}{2}(1-R_1^{-1})+B(1-R_1^{-3})\right]$$

$$=p_ya[0.366\times0.35-0.289\times0.725]=-0.0815p_yr_0$$

设钢筋允许应力为$1250\text{kg/cm}^2$，则沿孔道每米长的配筋断面应该为：

$$F_s=\frac{P}{\sigma_a}=\frac{0.0815\times23.21\times0.617}{1250}=\frac{1.166}{1250}=0.000934(\text{m}^2/\text{m})=9.34(\text{cm}^2/\text{m})$$

可选用19mm圆钢筋，每米配4根，$F_s=11.3$。

以上的计算未考虑钢板衬砌的有利影响。要更合理些，可以如下计算：

首先，计算在孔边混凝土的最大拉应力，即在式（6-25）中以 $R=1$ 代入：

$$[\sigma_\theta]_{\substack{\theta=90^\circ\\R=1}}=\frac{p_x+p_y}{2}(1-D)+\frac{p_x-p_y}{2}(1-6B)$$

$$=p_y\left[\frac{1}{2}(1+k)(1-D)-\frac{1}{2}(1-k)(1-6B)\right] \tag{6-32}$$

钢板或加劲圈中的应力是上述应力乘以 $n=\dfrac{E_s}{E_c}$，即：

$$[\sigma_\theta]_{钢}=np_y\left[\frac{1}{2}(1+k)(1-D)-\frac{1}{2}(1-k)(1-6B)\right] \tag{6-33}$$

钢板或加劲圈中的总拉力是这个应力与钢板截面积之乘积：

$$P'=nA_s p_y\left[\frac{1}{2}(1+k)(1-D)-\frac{1}{2}(1-k)(1-6B)\right] \tag{6-34}$$

故混凝土与钢板中的总拉力为：

$$\begin{aligned}\sum P=P+P'=p_y\Bigg\{&a\left[k(R_1-1)-\frac{D}{2}(1+k)(1-R_1^{-1})+B(1-k)(1-R_1^{-3})\right]\\&+nA_s\left[\frac{1}{2}(1+k)(1-D)-\frac{1}{2}(1-k)(1-6B)\right]\Bigg\}\end{aligned} \tag{6-35}$$

需配筋的总量为：

$$F_s'=\frac{\sum P}{\sigma_a} \tag{6-36}$$

式中，$\sigma_a$ 为钢材允许应力。在上述总面积 $F'_s$ 中减去加劲圈面积 $A_s$ 后，就是尚须配筋的面积 $F_s$。如果 $F'_s$ 小于 $A_s$，则表示加劲圈本身已足够抵抗拉力，无需额外配筋（$F_s$ 为负值）。

如果还要考虑配了钢筋所产生的影响，$F_s$ 可按下式计算：

$$P+P'-A_s\sigma_a+(n-1)F_s[\sigma_\theta]_{R\approx1}=F_s\sigma_a \tag{6-37}$$

或

$$F_s=\frac{P+P'-A_s\sigma_a}{\sigma_a-(n-1)p_y\left[\frac{1}{2}(1+k)(1-D)-\frac{1}{2}(1-k)(1-6B)\right]} \tag{6-38}$$

以上例来讲，我们已求出：

$$\begin{aligned}P&=p_y a\left[k(R_1-1)-\frac{D}{2}(1+k)(1-R_1^{-1})+B(1-k)(1-R_1^{-3})\right]\\&=0.0815p_y r_0=116.6\text{kg/cm}=11660\text{kg/m}\end{aligned}$$

再计算：

$$\begin{aligned}P'&=p_y nA_s\left[\frac{1}{2}(1+k)(1-D)-\frac{1}{2}(1-k)(1-6B)\right]\\&=p_y\times12A_s\left[\frac{1}{2}(1+0.732)-\frac{1}{2}(1+1.734)\right]=p_y\times0.795\times12\times0.501\\&=111.3\text{kg/cm}=11130\text{kg/m}\end{aligned}$$

然后计算：

$$A_s\sigma_a=0.795\times1250=994\text{kg/cm}=99400\text{kg/m}$$

由于 $P+P'-A_s\sigma_a<0$，即式（6-38）的分子为负数，故知在这个情况中，0.795cm厚的铜板已能负担全部拉力，而无需额外配筋。但实际上，我们常在加劲圈外的混凝土层内酌量布置一些环向和纵向的分布和构造钢筋。

### 三、圆孔周围的温度应力场

图 6-10 中示一圆筒，其内半径为 $a$，外半径为 $b$。设其原始温度场是均匀的，也没有温度应力。其后由于某种原因，周围的温度场起了变化，这时就相应产生了温度应力。在本节中我们只研究轴对称的温度分布场，即温度 $T$ 仅依 $r$ 变化而与 $\theta$ 无关。当然，这时温度应力场也是轴对称的。

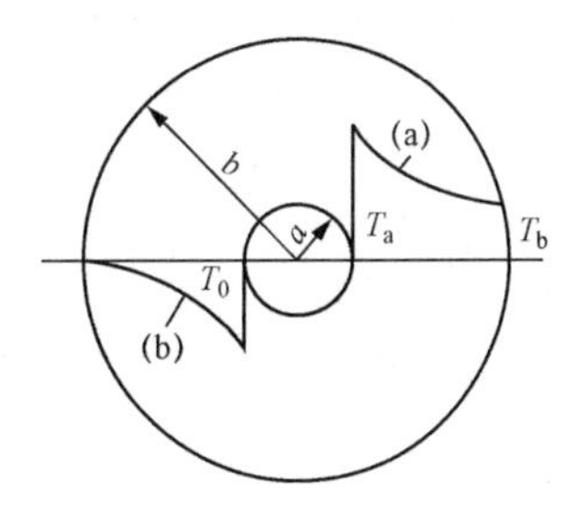

图 6-10　圆筒内温度的分布

为了计算温度应力，我们首先要确定孔口外域的温度分布曲线。这个问题属于热传导学的范围，本节中将从略。现在设这条曲线已经求得，呈图 6-10 中曲线（a）所示的形状，在孔口边界处温度为 $T_a$，在外径处温度为 $T_b$，其间呈某种函数变化。从弹性理论极易证明，如果整个区域发生均匀的温度变化，并不产生分应力 $\sigma_r$ 及 $\sigma_\theta$，故图 6-10 中的温度分布曲线（a）亦可用曲线（b）代替之，在后者，孔口处温度为 $T_0=T_a-T_b$，而在外径处 $T=0$。

随着孔口尺寸和问题性质的不同，温度曲线有各种不同的形状，现在分类叙述如下：

（1）孔口尺寸较小，坝体尺寸较大，可以视为无限域中的孔口处理（$b\to\infty$），同时，温度分布曲线较平缓（图 6-11 曲线 $a$）：这个情况下的温度分布曲线，常可近似地以下式表达：

$$T(r)=T_0\left(\frac{a}{r}\right)^n \tag{6-39}$$

在孔口处，$r=a$，$T=T_0$；在无限远处，$T=0$。这是和边界条件相符的。此外，我们尚可调整 $n$ 之值，使这条曲线通过某一预定点。$n$ 值取得愈大，温度分布曲线也愈尖锐。

在这个情况下的分应力是：

$$\left.\begin{aligned}
\sigma_r&=\frac{E\alpha T_0}{n-2}\left[\left(\frac{a}{r}\right)^n-\left(\frac{a}{r}\right)^2\right]\\
\sigma_\theta&=\frac{E\alpha T_0}{n-2}\left[\left(\frac{a}{r}\right)^2-(n-1)\left(\frac{a}{r}\right)^n\right]\\
\tau_{r\theta}&=0
\end{aligned}\right\} \tag{6-40}$$

式中，$\alpha$ 为线膨胀系数。上式适用于平面应力问题，对于平面应变问题，则在应力公式中尚应以 $\dfrac{E}{1-\mu}$ 代替 $E$。这一解答的正确性可这样来证明：①它满足边界条件 ($r=a$ 时

$\sigma_r=\tau=0, r=\infty$时，$\sigma_r=\tau=0$)；②它满足相容条件 $\nabla^4 F=\nabla^2(\sigma_r+\sigma_\theta)=-\dfrac{E\alpha}{1-\mu}\nabla^2 T$。

根据这个解答，在孔口边界处，环向应力常为：

$$\sigma_\theta=-\frac{E\alpha T_0}{1-\mu} \tag{6-41}$$

然后随着 $r$ 的增加，此值迅速减小，在 $r=(n-1)^{\frac{1}{n-2}}a$ 处，$\sigma_\theta$变为 0，再后则反号。如果 $T_0$ 为正值，即孔口处的温度高于无限远处的温度，则在靠近孔口处的$\sigma_\theta$为压应力，否则为拉应力。$n$ 值愈大，$\sigma_\theta$的变化也愈尖锐，总拉应力值也愈小。

注意，当 $n=2$ 时，式（6-40）成为不定式，取其极限，并以 $\dfrac{E}{1-\mu}$ 代替 $E$，有：

$$\left.\begin{aligned}
\sigma_r&=\frac{E\alpha T_0}{1-\mu}\left(\frac{a}{r}\right)^2\log\frac{a}{r}\\
\sigma_\theta&=-\frac{E\alpha T_0}{1-\mu}\left(\frac{a}{r}\right)^2\left(1+\log\frac{a}{r}\right)\\
\tau_{r\theta}&=0
\end{aligned}\right\} \tag{6-42}$$

（2）孔口尺寸较小，坝体尺寸较大，可以视为无限域中的孔口处理；同时，温度分布曲线很陡峻，即仅在孔口附近一小范围内有温度梯度存在，超出这一范围后，温度场均为 0（图 6-11 曲线 $b$）：令温度有变化的范围为 $r=b$，那么，我们不妨假定孔口的外域由两部分合成，其一为一圆环，这个圆环的内半径为 $a$，外半径为 $b$，承受温度荷载作用，并在外边界 $r=b$ 处承受某种均布径向荷载 $p$ 的作用；其二为一具有圆孔的无限域，圆孔半径为 $b$，在孔口承受均布荷载 $p$。然后，由相容条件确定接触应力 $p$，从而计算圆环和无限域中的分应力。

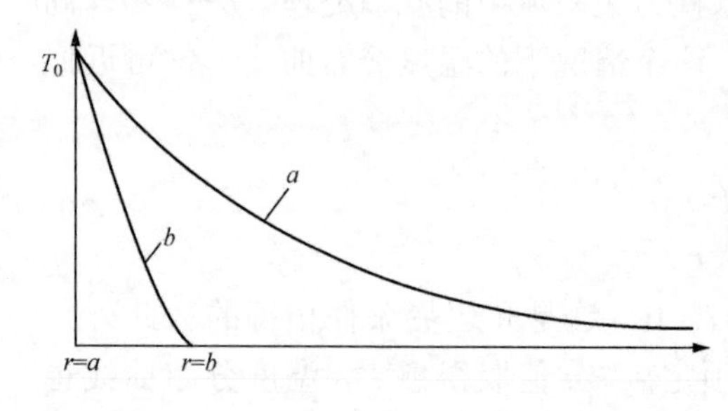

图 6-11　无限域中孔口温度分布曲线

如果圆环厚度 $b-a$ 不大时，我们更可作些近似假定以简化计算，即①假定温度场在 $b-a$ 范围内呈线性分布；②假定圆环的应力及变形可以用结构力学及材料力学的近似公式计算。根据这些假定，我们就可求出接触应力 $p$：

$$p=\frac{E\alpha T_0(b-a)}{2(2b-a)} \tag{6-43}$$

由此，可从式（6-4）求出无限域中的应力：

$$\left.\begin{aligned}
\sigma_r&=-\frac{E\alpha T_0(b-a)}{2(2b-a)R^2}\qquad\left(R=\frac{r}{b}\right)\\
\sigma_\theta&=-\sigma_r
\end{aligned}\right\} \tag{6-44}$$

至于圆环中的应力，我们将采用材料力学公式计算。其一是由于外边界上有均匀正向荷载 $p$ 所引起的应力，这一应力可用环应力公式计算：

$$\sigma_\theta = \frac{pb}{b-a} = -\frac{bE\alpha T_0}{2(2b-a)} \tag{6-45}$$

其二，是温度梯度所产生的挠曲应力，这可先求出温度应力所产生的弯矩：

$$M = \frac{E\alpha T_0}{b-a} \bullet I$$

而环应力乃为：

$$\sigma_\theta = \frac{Md}{I}$$ （$d$ 为各点离中和轴的距离）

在圆环的内外边界上，此值达最大值：

$$\sigma_\theta = \frac{E\alpha T_0}{b-a} \bullet \left(\frac{b-a}{2}\right) = \frac{E\alpha T_0}{2}$$

与式（6-45）合计后，得：

$$\left.\begin{aligned} [\sigma_\theta]_{r=b} &= \left[-\frac{b}{2(2b-a)} + \frac{1}{2}\right] E\alpha T_0 = +\frac{b-a}{2(2b-a)} E\alpha T_0 \\ [\sigma_\theta]_{r=a} &= \left[-\frac{b}{2(2b-a)} - \frac{1}{2}\right] E\alpha T_0 = -\frac{(3b-a)}{2(2b-a)} E\alpha T_0 \end{aligned}\right\} \tag{6-46}$$

如果是平面应变问题，尚应以 $\frac{E}{1-\mu}$ 代替 $E$。

下面解释一下符号问题。如果 $T_0$ 以孔内温度高于无限远处温度时为正，则 $(\sigma_\theta)_{r=a}$ 为负值，表示在孔边将产生压应力；反之，如孔口温度低于无限远处温度，则 $T_0$ 为负，而在孔口处的环向应力 $[\sigma_\theta]_{r=a}$ 为正值，即表示出现拉应力。

注意，由于在本解答中对圆环的分析作了些近似假定，因此这个解答只适用于某些特殊场合，即孔口尺寸与坝体尺寸相比为很小，而温度变化的范围与孔口尺寸相比也不大时（例如圆环厚度不大于一个孔口半径），才较适用。如圆环较厚，或圆环外的区域不能作为无限域处理，我们也不难根据弹性理论中对圆环的解答（拉姆解答）和相容条件来获得更合理的公式。

（3）孔口尺寸与坝体边界相比不可忽略：这时我们常将带孔口的坝体近似地作为一个轴对称的圆环来解算（图 6-10）。这里孔口半径为 $a$，圆环外半径为 $b$，温度分布场为 $T$（$r$）。由弹性理论容易推出这种情况温度应力的一般性公式是：

$$\left.\begin{aligned} \sigma_r &= \frac{\alpha E}{(1-\mu)r^2}\left(\frac{r^2-a^2}{b^2-a^2}\int_a^b Tr\,\mathrm{d}r - \int_a^r Tr\,\mathrm{d}r\right) \\ \sigma_\theta &= \frac{\alpha E}{(1-\mu)r^2}\left(\frac{r^2+a^2}{b^2-a^2}\int_a^b Tr\,\mathrm{d}r + \int_a^r Tr\,\mathrm{d}r - Tr^2\right) \end{aligned}\right\} \tag{6-47}$$

因此，计算圆孔周围温度应力的一般性步骤是：①用热传导学的理论，确定圆孔周围的温度分布函数，如果这个函数十分复杂，可以用一个近似的初等函数，例如 $r$ 的幂级数来代替之；②将 $T$ 函数代入式（6-47），积分后即可得出 $\sigma_r$ 及 $\sigma_\theta$。在这里需要确定圆筒的外半径 $b$，这个外半径通常可取为内切于坝体边界的圆孔的同心圆的半径。

下面我们再分述几种特殊情况的解答：

1）温度函数呈对数曲线分布，$T=T_0\dfrac{\log\dfrac{b}{r}}{\log\dfrac{b}{a}}$，即在内边界 $r=a$，$T=T_0$，在外边界 $r=b$，$T=0$，其间则为对数函数。这个问题的解答已求出如下：

$$\left.\begin{aligned}\sigma_r&=\frac{E\alpha T_0}{2(1-\mu)\log\dfrac{b}{a}}\left[-\log\frac{b}{r}-\frac{a^2}{b^2-a^2}\left(1-\frac{b^2}{r^2}\right)\log\frac{b}{a}\right]\\\sigma_\theta&=\frac{E\alpha T_0}{2(1-\mu)\log\dfrac{b}{a}}\left[1-\log\frac{b}{r}-\frac{a^2}{b^2-a^2}\left(1+\frac{b^2}{r^2}\right)\log\frac{b}{a}\right]\\\sigma_z&=\frac{E\alpha T_0}{2(1-\mu)\log\dfrac{b}{a}}\left[1-2\log\frac{b}{r}-\frac{2a^2}{b^2-a^2}\log\frac{b}{a}\right]\end{aligned}\right\}\tag{6-48}$$

如果圆筒很薄，上述公式可简化为：

$$\left.\begin{aligned}[\sigma_\theta]_{r=a}&=-\frac{E\alpha T_0}{2(1-\mu)}\cdot\frac{2a+b}{3a}\\[\sigma_\theta]_{r=b}&=-\frac{E\alpha T_0}{2(1-\mu)}\cdot\frac{4a-b}{3a}\end{aligned}\right\}\tag{6-49}$$

2）温度函数呈 $r$ 的幂级数变化，如：

$$T=T_0+T_1\frac{r}{b-a}+T_2\left(\frac{r}{b-a}\right)^2+\cdots=\sum_0^n T_n\left(\frac{r}{b-a}\right)^n\tag{6-50}$$

将 $T$ 代入式（6-47）积分，可求出 $\sigma_\theta$ 的公式如下：

$$\sigma_\theta=-\frac{E\alpha}{1-\mu}\sum_1^n T_n\left[\frac{(r^2+a^2)(b^{n+2}-a^{n+2})}{(n+2)(b^2-a^2)r^2(b-a)^n}+\frac{r^{n+2}-a^{n+2}}{(n+2)(b-a)^n r^2}-\frac{r^n}{(b-a)^n}\right]\tag{6-51}$$

当 $n=0$，即 $T=T_0$ 为常数时，$\sigma_\theta=0$，故均匀温度场不产生应力 $\sigma_r$ 及 $\sigma_\theta$，而以上级数中 $n$ 可从 1 取起。

当 $n=1$ 时，即圆环内温度呈均匀变化时，上式化为：

$$\sigma_\theta=\frac{E\alpha T_1}{1-\mu}\left[\frac{(r^2+a^2)(b^3-a^3)}{3(b^2-a^2)r^2(b-a)}+\frac{r^3-a^3}{3(b-a)r^2}-\frac{r}{b-a}\right]=\frac{E\alpha T_1}{1-\mu}\times\frac{a^2b^2+(ab+a^2+b^2)r^2-2(a+b)r^3}{3r^2(b^2-a^2)}\tag{6-52}$$

在内外边界上的 $\sigma_\theta$ 值是：

$$\left.\begin{aligned}[\sigma_\theta]_{r=a}&=\frac{E\alpha T_1}{1-\mu}\cdot\frac{2b+a}{3(b+a)}\\[\sigma_\theta]_{r=b}&=\frac{E\alpha T_1}{1-\mu}\cdot\frac{2a+b}{3(b+a)}\end{aligned}\right\}\tag{6-53}$$

$T_1$则为 $r=a$ 及 $r=b$ 处温度之相差值。

3）温度函数呈（$b-r$）的 $n$ 次幂变化，即：

$$T=\frac{T_0}{(b-a)^n}(b-r)^n \tag{6-54}$$

式中，$n$ 为正整数。在 $r=a$ 处，$T=T_0$，$r=b$ 处，$T=0$。上式可以很近似地仅用一项来代表各种实际的温度应力场。

将 $T$ 代入式（6-47）积分后，可求出$\sigma_\theta$的公式如下：

$$\sigma_\theta=\frac{E\alpha T_0}{1-\mu}\left\{\frac{r^2+a^2}{r^2(b^2-a^2)(b-a)^n}\left[\frac{b(b-a)^{n+1}}{n+1}-\frac{(b-a)^{n+2}}{n+2}\right]+\frac{1}{r^2(b-a)^n}\right.$$
$$\left.\times\left[\frac{(b-r)^{n+2}}{n+2}-\frac{b(b-r)^{n+1}}{n+1}\right]+\frac{1}{r^2}\left[\frac{b(b-a)}{n+1}-\frac{(b-a)^2}{n+2}\right]-\frac{(b-r)^n}{(b-a)^n}\right\} \tag{6-55}$$

当 $n=1$ 时：

$$\sigma_\theta=\frac{E\alpha T_0}{1-\mu}\left\{\frac{r^2+a^2}{r^2(b^2-a^2)(b-a)}\left[\frac{b(b-a)^2}{2}-\frac{(b-a)^3}{3}\right]+\frac{1}{r^2(b-a)}\right.$$
$$\left.\times\left[\frac{(b-r)^3}{3}-\frac{b(b-r)^2}{2}\right]+\frac{1}{r^2}\left[\frac{b(b-a)}{2}-\frac{(b-a)^2}{3}\right]-\frac{b-r}{b-a}\right\}$$

此式经换化后，可证明与式（6-52）是一致的。

下面举一个例子。设某坝中有一半径为 2m 的输水管，与坝体尺寸相较，可视为小孔口。在管壁处的温度为 10℃，坝体稳定温度为 20℃，在离孔口 2m 处，坝体温度已接近 20℃，故温度应力分布曲线如图 6-12 中所示。我们假定在 $r=4$m 处温度即为 20℃，并设其间呈直线变化，则可应用式（6-43）～式（6-46），这里：

$b=4$，$a=2$，$T_0=10$℃

故接触应力为：

$$p=\frac{E\alpha T_0(4-2)}{2\times(8-2)}=\frac{E\alpha T_0}{6}$$

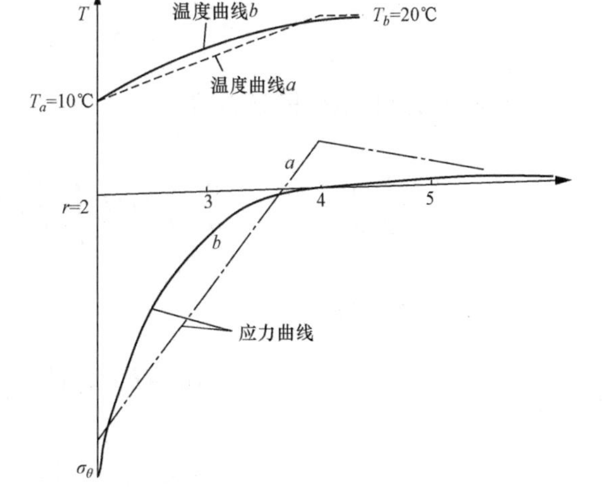


图 6-12　温度应力分布曲线

在 $r>4$ 的无限域内，环应力公式为：

$$\sigma_\theta=\frac{E\alpha T_0(4-2)}{2\times(8-2)R^2}=\frac{E\alpha T_0}{6R^2}$$

置 $R=\frac{r}{b}=1$、1.2、1.4、1.6、1.8、2.0、3.0 等，可求出 $r=4$、4.8、5.6、6.4、7.2、8.0、12.0m 处的$\sigma_\theta$各为 0.166、0.115、0.085、0.065、0.051、0.042 及 0.0185$E\alpha T_0$，

均为压应力。

在温度影响圈范围内，内外边界处的$\sigma_\theta$值可按式（6-46）计算：

$$[\sigma_\theta]_{r=a}=-\frac{3\times4-2}{2\times(2\times4-2)}E\alpha T_0=-\frac{10}{12}E\alpha T_0=-0.833E\alpha T_0$$

$$[\sigma_\theta]_{r=b}=+\frac{4-2}{2\times(2\times4-2)}E\alpha T_0=+\frac{2}{12}E\alpha T_0=+0.166E\alpha T_0$$

其间可假定呈直线分布。这样，最终的温度应力图将如图 6-12 中曲线 $a$ 所示。由图可见，拉力区深度约$\frac{5}{3}$m，环向总拉力为：

$$P=-0.833E\alpha T_0\times\frac{1}{2}\times\frac{5}{3}=-0.694E\alpha T_0$$

如 $E=1\times10^6$t/m²，$\alpha=0.00001$，$T_0=-10$℃，代入上式得：

$$P=0.694\times100=69.4\text{（t/每米长坝体）}$$

假如我们换一种算法，即令温度曲线为：

$$T=T_0\left(\frac{a}{r}\right)^n=T_0\left(\frac{2}{r}\right)^n$$

由式（6-40）：

$$\sigma_\theta=\frac{E\alpha T_0}{n-2}\left[\left(\frac{a}{r}\right)^2-(n-1)\left(\frac{a}{r}\right)^n\right]$$

总拉应力可由$\sigma_\theta$积分而得：

$$P=\frac{E\alpha T_0}{n-2}\int_a^r\left(\frac{a}{r}\right)^2\mathrm{d}r-\frac{n-1}{n-2}E\alpha T_0\int_a^r\left(\frac{a}{r}\right)^n\mathrm{d}r=E\alpha T_0 a\left[\frac{1-\dfrac{a}{r}}{n-2}-\frac{1}{n-2}\left(1-\frac{a^{n-1}}{r^{n-1}}\right)\right]$$

设令 $n=3$，则：

$$\sigma_\theta=E\alpha T_0\left[\left(\frac{a}{r}\right)^2-2\left(\frac{a}{r}\right)^3\right]$$

$$P=E\alpha T_0 a\left[1-\frac{a}{r}-\left(1-\frac{a^2}{r^2}\right)\right]$$

$\sigma_\theta$为 0 的一点是：

$$r=2a$$

故

$$P=E\alpha T_0 a\left[1-\frac{1}{2}-\left(1-\frac{1}{4}\right)\right]=-\frac{a}{4}E\alpha T_0=-0.50E\alpha T_0$$

与前得结果比较，在数值上相差 40%左右。又上式中的负号，是由于在推导公式中，取孔口温度高于坝体稳定温度时 $T_0$ 为正值的原因。

图 6-12 中曲线 $b$ 为按此法求出的温度应力分布曲线。

## 第三节　无限域中的椭圆孔

### 一、用复变函数法分析带孔口的平面域应力的原理

椭圆形的廊道或孔洞在重力坝内也不时采用，其优点是应力分布状态最较有利。要设计这类廊道或孔洞，必须解决带有椭圆孔的无限域的应力分析问题。

这一类问题曾先后被许多学者研究过。对于单向应力场中椭圆孔口的应力分布问题，科洛索夫（Г. В. Колосов）在 1909 年确定了沿孔的长轴方向拉伸的问题。其后幕斯黑列什维里（Н. И. Мусхелишвили）在 1919 年完成了本问题的通解。1921 年英格利斯（C. E. Inglis）和波希尔（T. Pösohl）又用完全不同的方法得出了本问题的解答。分析这些研究成果，大致上有两类计算方法：一类是由科洛索夫及幕斯黑列什维里所发展的复变函数法；另一类是由其他学者所采用的曲线坐标应力函数法。前者可以给出范围较为广泛的一系列问题的通解，而且解答形式比较简洁，后者则适宜于用来推求某些点上的应力分量。本节中拟对两类方法均稍加介绍。我们用第一类方法求得椭圆孔问题的通解，并由此计算几个控制截面和控制点上的应力，编制成设计图表。当需要计算孔口附近其余各点上的应力时，应用上述通解公式相当繁复，这时可按照第二类方法求解。

应该指出，这些方法可以用来分析无限域中任何其他形状的孔口应力集中问题，这里只是以椭圆孔作为例子具体地介绍这些方法的原理和步骤而已。以下先简介复变函数法。

从第五章中我们知道，弹性理论的平面问题归结于求下列微分方程组的解答（设无体积力）：

$$\left.\begin{aligned}&\frac{\partial \sigma_x}{\partial x}+\frac{\partial \tau_{xy}}{\partial y}=0\\&\frac{\partial \tau_{xy}}{\partial x}+\frac{\partial \sigma_y}{\partial y}=0\\&\left(\frac{\partial^2}{\partial x^2}+\frac{\partial^2}{\partial y^2}\right)(\sigma_x+\sigma_y)=0\end{aligned}\right\}\tag{6-56}$$

此外，所得出的解答应该满足下列边界条件：

$$\left.\begin{aligned}\sigma_x\cos(n,x)+\tau_{xy}\cos(n,y)=X_n\\\tau_{xy}\cos(n,x)+\sigma_y\cos(n,y)=Y_n\end{aligned}\quad\text{（在边界上）}\right\}\tag{6-57}$$

式中，$X$、$Y$ 为作用在边界上的外力的分值，$n$ 指法线方向。

若采用一个应力函数 $F(x，y)$，且令：

$$\sigma_x=\frac{\partial^2 F}{\partial y^2},\quad \sigma_y=\frac{\partial^2 F}{\partial x^2},\quad \tau=-\frac{\partial^2 F}{\partial x\partial y}\tag{6-58}$$

则平衡条件［式（6-56）之前两式］即能满足，而相容条件［式（6-56）之最末一式］

化为：

$$\nabla^4 F = \frac{\partial^4 F}{\partial x^4} + 2\frac{\partial^4 F}{\partial x^2 \partial y^2} + \frac{\partial^4 F}{\partial y^4} = 0 \tag{6-59}$$

边界条件则可写成：

$$\left.\begin{aligned} \frac{\partial F}{\partial y} &= \int_0^s X_n \,\mathrm{d}s + c_1 \\ & \qquad\qquad (\text{沿边界} s \text{积分}) \\ \frac{\partial F}{\partial x} &= \int_0^s Y_n \,\mathrm{d}s + c_2 \end{aligned}\right\} \tag{6-60}$$

在单联体中，常数 $c_1$ 及 $c_2$ 可取为 0。

以上是熟知的平面弹性理论的基本公式。下面我们讨论一下如何利用复变函数来解这一课题。

假定 $\varphi_1(z)$及$\chi_1(z)$是两个 $z$ 的可解析函数，而 $z$ 是一个复变数，$z = x + \mathrm{i}y$，则重谐和方程式 $\nabla^4 F = 0$ 的一般性解答可以写为：

$$F = \mathrm{Re}[\bar{z}\,\varphi_1(z) + \chi_1(z)] = \frac{1}{2}\left[\bar{z}\,\varphi_1(z) + z\,\overline{\varphi_1(z)} + \chi_1(z) + \overline{\chi_1(z)}\right] \tag{6-61}$$

式中 Re 表示复变函数的实数部分，在变数或函数上加一横，表示共轭变数或函数，例如 $\bar{z} = x - \mathrm{i}y$。

要证明这一点，只须把式（6-61）展开，令 $\varphi_1(z) = p(x，y) + \mathrm{i}q(x，y)$，$\chi_1(z) = p_1(x，y) + \mathrm{i}q_1(x，y)$，则：

$$\mathrm{Re}[\bar{z}\,\varphi_1(z) + \chi_1(z)] = \mathrm{Re}\left[(x - \mathrm{i}y)(p + \mathrm{i}q) + p_1 + \mathrm{i}q_1\right] = xp + yq + p_1 \tag{6-62}$$

但 $p$、$q$ 是谐和函数［因为它们是可解析的复变函数 $\varphi_1$（$z$）的虚、实部分］，所以 $xp$ 及 $yq$ 是重谐和函数［注意：若$\psi$为任一谐和函数，即 $\nabla^2\psi = 0$，则 $x\psi$、$y\psi$及$(x^2+y^2)\psi$ 必然是重谐和函数，即 $\nabla^4(x\psi) = 0$、…。以 $x\psi$ 为例证之，$\nabla^4(x\psi) = \nabla^2\nabla^2(x\psi) = \nabla^2\left(x\nabla^2\psi + 2\frac{\partial\psi}{\partial x}\right) = 2\nabla^2\frac{\partial\psi}{\partial x} = 2\frac{\partial}{\partial x}\nabla^2\psi = 0$。同理可证明$y\psi$及$(x^2+y^2)\psi$也都是重谐和函数］。又 $p_1$ 本身是谐和函数，当然也是重谐和函数。因此，$\mathrm{Re}[\bar{z}\varphi_1(z) + \chi_1(z)]$是重谐和函数。另外，它含有四个独立函数（$p$、$q$、$p_1$及$q_1$），所以它是重谐和方程式形式上的全解。函数 $\varphi_1$（$z$）及$\chi_1$（$z$）常称为复势函数，也可称为复应力函数。有时，取$\chi_1(z)$的微分函数$\psi_1(z) = \chi'_1(z)$更为方便，故通常将$\varphi_1(z)$及$\psi_1(z)$称为复应力函数。

将复应力函数微分，可以求出分应力的表示公式。

$$F = \mathrm{Re}\left[\bar{z}\,\varphi_1(z) + \chi_1(z)\right]$$

或

$$2F = \bar{z}\,\varphi_1(z) + \chi_1(z) + z\,\overline{\varphi_1(z)} + \overline{\chi_1(z)}$$

微分后：

$$\frac{\partial F}{\partial x} + \mathrm{i}\frac{\partial F}{\partial y} = \varphi_1(z) + z\,\overline{\varphi'_1(z)} + \overline{\psi(z)}$$

$$\frac{\partial^2 F}{\partial x^2}+\mathrm{i}\frac{\partial^2 F}{\partial x\partial y}=\varphi_1'(z)+z\overline{\varphi_1''(z)}+\overline{\varphi_1'(z)}+\overline{\psi_1'(z)}$$

$$\mathrm{i}\frac{\partial^2 F}{\partial x\partial y}-\frac{\partial^2 F}{\partial y^2}=-\varphi_1'(z)+z\overline{\varphi_1''(z)}-\overline{\varphi_1'(z)}+\overline{\psi_1'(z)}$$

将以上各式组合后，可求出：

$$\sigma_x+\sigma_y=2\varphi_1'(z)+2\overline{\varphi_1'(z)}=4\operatorname{Re}\varphi_1'(z) \tag{6-63}$$

$$\sigma_y-\sigma_x-2\mathrm{i}\,\tau_{xy}=2\left[z\overline{\varphi_1''(z)}+\overline{\psi_1'(z)}\right] \tag{6-64}$$

或

$$\sigma_y-\sigma_x+2\mathrm{i}\tau_{xy}=2[\bar{z}\,\varphi_1''(z)+\psi_1'(z)] \tag{6-65}$$

将实数及虚数部分分开后，即可求出$\sigma_x+\sigma_y$、$\sigma_y-\sigma_x$及$\tau_{xy}$，从而获得全部解答。变位$u$及$v$也可以用复势函数来表示。由定义：

$$E\frac{\partial u}{\partial x}=\sigma_x-\mu\sigma_y$$

$$E\frac{\partial v}{\partial y}=\sigma_y-\mu\sigma_x$$

$$G\left(\frac{\partial v}{\partial x}+\frac{\partial u}{\partial y}\right)=\tau_{xy}$$

将$\sigma_x=\dfrac{\partial^2 F}{\partial y^2}$，$\sigma_y=\dfrac{\partial^2 F}{\partial x^2}$，$\tau_{xy}=-\dfrac{\partial^2 F}{\partial x\partial y}$代入后，可得：

$$\left.\begin{aligned}2Gu&=-\frac{\partial F}{\partial x}+\frac{4}{1+\mu}p\\2Gv&=-\frac{\partial F}{\partial y}+\frac{4}{1+\mu}q\end{aligned}\right\} \tag{6-66}$$

再将$F$以复势函数代入后，最后得到：

$$2G(u+\mathrm{i}v)=-\left(\frac{\partial F}{\partial x}+\mathrm{i}\frac{\partial F}{\partial y}\right)+\frac{4}{1+\mu}(p+\mathrm{i}q)=\frac{3-\mu}{1+\mu}\varphi_1(z)-z\overline{\varphi_1'(z)}-\overline{\psi_1(z)} \tag{6-67}$$

上式系就平面应力情况而言。若为平面应变，则式中的$\mu$应代以$\dfrac{\mu}{1-\mu}$，或

$$2G(u+\mathrm{i}v)=\varkappa\varphi_1(z)-z\overline{\varphi_1'(z)}-\overline{\psi_1(z)} \tag{6-68}$$

式中

$$\varkappa=3-4\mu \tag{6-69}$$

边界条件也可以改写为：

$$\frac{\partial F}{\partial x}+\mathrm{i}\frac{\partial F}{\partial y}=\varphi_1(z)+z\overline{\varphi_1'(z)}+\overline{\psi_1(z)}=\mathrm{i}\int_0^8(X_n+\mathrm{i}Y_n)\mathrm{d}s+c=f_1+\mathrm{i}f_2+\text{常数} \tag{6-70}$$

总之，在直角坐标中，用复变函数解平面问题的主要内容是找出两个复势函数$\varphi_1(z)$与$\chi_1(z)$或$\psi_1(z)$，使它们能满足边界条件［式（6-70）］，然后即可按式（6-63）～式（6-65）、式（6-67）计算应力及变形。

如果我们采用极坐标系统（$r$，$\theta$），则相应的公式可改化如下：

$$z = x + \mathrm{i}y = r\mathrm{e}^{\mathrm{i}\theta} \tag{6-71}$$

$$\left.\begin{aligned} u &= u_r \cos\theta - u_\theta \sin\theta \\ v &= u_r \sin\theta + u_\theta \cos\theta \end{aligned}\right\} \tag{6-72}$$

$$2G(u_r + \mathrm{i}u_\theta) = \mathrm{e}^{-\mathrm{i}\theta}\left[\mathcal{X}\varphi_1(z) - z\overline{\varphi_1'(z)} - \overline{\psi_1(z)}\right] \tag{6-73}$$

$$\left.\begin{aligned} &\sigma_r + \sigma_\theta = 4\mathrm{Re}\,\varphi_1'(z) = 2\left[\varphi_1'(z) + \overline{\varphi_1'(z)}\right] \\ &\sigma_\theta - \sigma_r + 2\mathrm{i}\,\tau_{r\theta} = 2\left[\bar{z}\varphi_1''(z) + \psi_1'(z)\right]\mathrm{e}^{2\mathrm{i}\theta} \\ &\sigma_r - \mathrm{i}\,\tau_{r\theta} = \varphi_1'(z) + \overline{\varphi_1'(z)} - \mathrm{e}^{2\mathrm{i}\theta}\left[\bar{z}\varphi_1''(z) + \psi_1'(z)\right] \end{aligned}\right\} \tag{6-74}$$

下面我们研究一下如何根据边界条件来确定复势函数 $\varphi_1(z)$和$\psi_1(z)$的问题。在实用上，这是最重要和最复杂的问题。这里不拟作详尽的论述，只以带有圆孔的无限域作例来解释一般性的方法。先假定复势函数 $\Phi(z) = \varphi'(z)$ 和 $\psi(z) = \psi'(z)$，它们可以展开成幂级数：

$$\Phi(z) = \sum_{k=0}^{\infty} a_k z^{-k}, \quad \psi(z) = \sum_{k=0}^{\infty} a_k' z^{-k} \tag{6-75}$$

其中 $a_k(a_0, a_1, a_2\cdots)$ 及 $a_k'(a_0', a_1', a_2'\cdots)$ 是两组待定的复系数。根据分析，我们发现：$a_0$ 及 $a_0'$ 由无限远处的应力状态确定，$a_1$ 及 $a_1'$ 由孔口边缘上合力性质确定，$a_2$ 以上则由孔口的荷载确定。

如果在无限远处的应力状态可以用 $p$、$q$ 及$\alpha$三值来表示，其中 $p$、$q$ 为两主应力，$\alpha$为 $p$ 的主轴与 $ox$ 轴所成之角，则：

$$\left.\begin{aligned} a_0 &= B + \mathrm{i}C \\ a_0' &= B' + \mathrm{i}C' \end{aligned}\right\} \tag{6-76}$$

其中

$$B = \frac{1}{4}(p+q)$$

$C$ = 任意数（不影响应力，相应于平面无穷远部分的回转），常取为 0。

$$B' + \mathrm{i}C' = -\frac{1}{2}(p-q)\mathrm{e}^{-2\mathrm{i}\alpha} \tag{6-77}$$

其次，可以证明：

$$a_1 = \frac{X + \mathrm{i}Y}{2\pi(1+\mathcal{X})}, \quad a_1' = \frac{\mathcal{X}(X - \mathrm{i}Y)}{2\pi(1+\mathcal{X})} \tag{6-78}$$

在解本问题时，可不必用上式，只要引用如下位移单值条件即足。

$$\mathcal{X}a_1 + \overline{a_1'} = 0 \tag{6-79}$$

剩下的问题是要从边界条件，即：

$$\Phi(z)+\overline{\Phi(z)}-e^{2i\theta}\left[\bar{z}\Phi'(z)+\Psi(z)\right]=N=iT \quad（在边界 L 上） \tag{6-80}$$

确定其余各待定常数。为此目的，我们将边界上的力 $N-iT$ 展开为复的富氏级数：

$$N-iT=\sum_{-\infty}^{+\infty}A_k e^{ik\theta} \tag{6-81}$$

将式（6-81）、式（6-75）代入式（6-80），经过一些化算，比较两边的各同次幂系数，就可以确定各常数如下（式中 $R_0$ 表示圆孔半径）：

（1）就 $e^{in\theta}(n\geqslant 3)$ 比较系数，可得：

$$\bar{a}_n=R_0^n A_n(n\geqslant 3) \tag{6-82}$$

（2）就 $e^{-in\theta}(n\geqslant 1)$ 比较系数，可得：

$$a'_n=(n-1)R_0^2 a_{n-2}-R_0^n A_{-n+2}(n\geqslant 3) \tag{6-83}$$

（3）由无穷远处应力状态已得：

$$a_0=B+iC，\ a'_0=B'+iC' \tag{6-84}$$

（4）就 $e^{2i\theta}$ 比较系数，得：

$$\left.\begin{aligned}&a_2=\overline{a'_0}R_0^2+\bar{A}_2R^2\\&2a_0-\frac{a'_2}{R_0^2}=A_0\\&\frac{\bar{a}_1}{R_0}-\frac{a'_1}{R_0}=A_1\end{aligned}\right\} \tag{6-85}$$

再考虑位移单值条件就可完全确定 $a_1$ 和 $a_2$：

$$\left.\begin{aligned}&a_1=\frac{\bar{A}_1R_0}{1+\varkappa}\\&a'_1=\frac{\varkappa A_1R_0}{1+\varkappa}\\&a_2=\overline{a'_0}R_0^2+\bar{A}_2R_0^2\\&a'_2=2a_0R_0^2-A_0R_0^2\end{aligned}\right\} \tag{6-86}$$

这样，具有圆孔的无限域的应力分布问题的通解就求出了。

下面举一简单例子来说明这一通解的用法。设圆孔周边上不受外力，并设在无穷远处：

$$\sigma_x^{\infty}=p，\ \sigma_y^{\infty}=\tau_{xy}^{\infty}=0$$

这样，由无穷远处的应力状态可求出：

$$a_0=\frac{1}{4}(p+q)=\frac{p}{4}$$

$$a'_0=B'+iC'=-\frac{1}{2}(p-q)e^0=-\frac{1}{2}p$$

此外，由于圆孔周边上无外力，所有的 $A_k$ 都等于 0，而：

$$a_1=0,\ a_1'=0,\ a_2=\overline{a_0'}R_0^2=-\frac{p}{2}R_0^2,\ a_2'=2a_0R_0^2=\frac{p}{2}R_0^2$$

$$a_3=a_4=\cdots=0,\ a_3'=2R_0^2a_1=0,\ a_4'=3R_0^2a_2=-\frac{3pR_0^4}{2}$$

$$a_5'=a_6'=\cdots=0$$

所以，最终的复势函数是：

$$\Phi(z)=\frac{p}{4}\left(1-\frac{2R_0^2}{z^2}\right)$$

$$\Psi(z)=-\frac{p}{2}\left(1-\frac{R_0^2}{z^2}+\frac{R_0^4}{z^4}\right)$$

或

$$\varphi(z)=\frac{p}{4}\left(z+\frac{2R_0^2}{z}\right)$$

$$\psi(z)=-\frac{p}{2}\left(z+\frac{R_0^2}{z}-\frac{R_0^4}{z^3}\right)$$

于是可用式（6-74）来求应力：

$$\sigma_r+\sigma_\theta=4\operatorname{Re}\Phi(z)=4\operatorname{Re}\left[\frac{p}{4}\left(1-\frac{2R_0^2}{r^2}e^{-2i\theta}\right)\right]=p\left(1-\frac{2R_0^2}{r^2}\cos 2\theta\right)$$

$$(\operatorname{Re}\ e^{-2i\theta}=\cos 2\theta)$$

$$\begin{aligned}\sigma_\theta-\sigma_r+2i\tau_{r\theta}&=2\left[\bar{z}\Phi'(z)+\Psi(z)\right]e^{2i\theta}\\&=2\left[re^{-i\theta}\frac{p}{4}\left(\frac{4R_0^2}{r^2}e^{-3i\theta}\right)-\frac{p}{2}\left(1-\frac{R_0^2}{r^2}e^{-2i\theta}+\frac{3R_0^4}{r^4}e^{-4i\theta}\right)\right]e^{2i\theta}\\&=p\left[\frac{2R_0}{r^2}e^{-2i\theta}-e^{2i\theta}+\frac{R_0^2}{r^2}-\frac{3R_0^4}{r^4}e^{-2i\theta}\right]\end{aligned}$$

比较实数及虚数部分，得：

$$\sigma_\theta-\sigma_r=p\left(\frac{2R_0^2}{r^2}\cos 2\theta-\cos 2\theta+\frac{R_0^2}{r^2}-\frac{3R_0^4}{r^4}\cos 2\theta\right)$$

$$2\tau_{r\theta}=p\left(-\frac{2R_0^2}{r^2}\sin 2\theta-\sin 2\theta+\frac{3R_0^4}{r^4}\sin 2\theta\right)$$

因此

$$\tau_{r\theta}=-\frac{p}{2}\left(1+\frac{2R_0^2}{r^2}-\frac{3R_0^4}{r^4}\right)\sin 2\theta$$

$$\sigma_\theta=\frac{p}{2}\left(1+\frac{R_0^2}{r^2}\right)-\frac{p}{2}\left(1+\frac{3R_0^4}{r^4}\right)\cos 2\theta$$

$$\sigma_r=\frac{p}{2}\left(1-\frac{2R_0^2}{r^2}\right)+\frac{p}{2}\left(1-\frac{4R_0^2}{r^2}+\frac{3R_0^4}{r^4}\right)\cos 2\theta$$

这和上节中用经典解法得出的结果［见式（6-1）］是一致的。要确定这个问题中的变位值，可代入式（6-73）：

$$
\begin{aligned}
2G(u_r+\mathrm{i}u_\theta)&=\mathrm{e}^{-\mathrm{i}\theta}\left[\varkappa\varphi_1(z)-z\overline{\varphi_1'(z)}-\overline{\psi_1(z)}\right]\\
&=\mathrm{e}^{-\mathrm{i}\theta}\left[\varkappa\frac{p}{4}\left(r\mathrm{e}^{\mathrm{i}\theta}+\frac{2R_0^2}{r}\mathrm{e}^{-\mathrm{i}\theta}\right)-r\mathrm{e}^{\mathrm{i}\theta}\left(\frac{p}{4}\right)\left(1+\frac{2R_0^2}{r^2}\mathrm{e}^{2\mathrm{i}\theta}\right)\right.\\
&\quad\left.+\frac{p}{2}\left(r\mathrm{e}^{-\mathrm{i}\theta}+\frac{R_0^2}{r}\mathrm{e}^{\mathrm{i}\theta}-\frac{R_0^4}{r^3}\mathrm{e}^{3\mathrm{i}\theta}\right)\right]\\
&=\frac{p}{4}\left[(\varkappa-1)r+\varkappa\frac{2R_0^2}{r}\mathrm{e}^{-2\mathrm{i}\theta}+\frac{2R_0^2}{r}\mathrm{e}^{2\mathrm{i}\theta}+2r\mathrm{e}^{-2\mathrm{i}\theta}+\frac{2R_0^2}{r}-\frac{2R_0^4}{r^3}\mathrm{e}^{2\mathrm{i}\theta}\right]
\end{aligned}
$$

由此求得：

$$
\left.\begin{aligned}
u_r&=\frac{p}{8Gr}\left\{(\varkappa-1)r^2+2R_0^2+2\left[R_0^2(\varkappa+1)+r^2-\frac{R_0^4}{r^2}\right]\cos 2\theta\right\}\\
u_\theta&=\frac{-p}{4Gr}\left[R_0^2(\varkappa-1)+r^2-\frac{R_0^2}{r^2}\right]\sin 2\theta
\end{aligned}\right\}\tag{6-87}
$$

**二、图形的保角映射原理**

上例说明了在均匀拉力场中圆孔周边的应力分布解答。如果孔洞形状不是圆孔而取其他形状，则尚须进行一番变换工作，把孔洞周围的区域（外域），映射为单位圆内域或外域，才能顺利地解决问题。

理论研究证实，任何单联区域必可映射为单位圆的内域或外域（黎曼定理）。这种映射称为保角映射或保角变换。

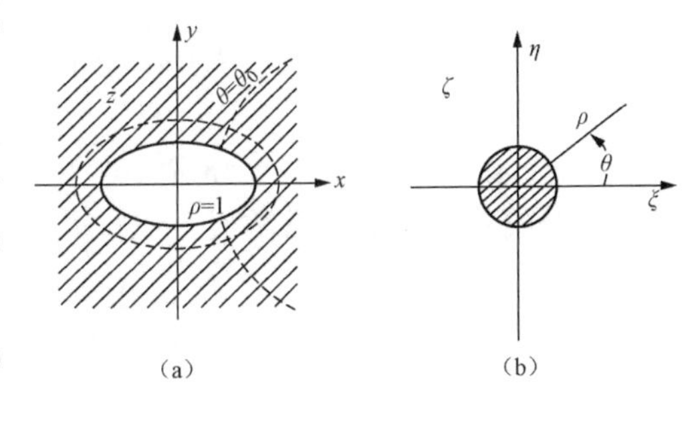

图 6-13　保角映射

考虑图 6-13 中的两个平面，其中图（a）是 $z$（$x$，$y$）平面，图（b）是 $\zeta$（$\xi$，$\eta$ 或 $\rho$，$\theta$）平面。在 $z$ 平面上有一孔口，我们要把它映射为 $\zeta$ 平面的单位圆，而令 $z$ 平面孔口的外域转化为 $\zeta$ 平面单位圆的内域。

这种转化可以通过 $z$ 和 $\zeta$ 间的一个数学关系式来达到。这一数学关系式称为两个平面间的变换公式或映射公式，常以式

$$z=\omega(\zeta)\tag{6-88}$$

表示之，或

$$x+\mathrm{i}y=\omega(\xi+\mathrm{i}\eta)=\omega(\rho\mathrm{e}^{\mathrm{i}\theta})$$

将 $\omega(\xi+\mathrm{i}\eta)$ 或 $\omega(\rho\mathrm{e}^{\mathrm{i}\theta})$ 的虚实部分开，令各为 $\alpha$ 及 $\mathrm{i}\beta$，则：

$$
\begin{aligned}
x&=\alpha(\xi,\eta)\text{ 或 }x=\alpha(\rho,\theta)\\
y&=\beta(\xi,\eta)\text{ 或 }y=\beta(\rho,\theta)
\end{aligned}\tag{6-89}
$$

这是 $z$ 平面上的坐标（$x$，$y$）与 $\zeta$ 平面上的坐标（$\rho$，$\theta$）间的关系式。因此，当我

们知道原平面上任一点的坐标 $x$、$y$ 后，总可以确定相应的$\zeta$平面上的坐标 $\rho$、$\theta$。当然，已知$\rho$、$\theta$也可以求 $x$、$y$，而且更为方便。

例如，设椭圆孔沿 $x$ 轴方向的轴长为 $2a$，沿 $y$ 轴方向的轴长为 $2b$，令 $m$ 代表其偏心度，$m=\dfrac{a-b}{a+b}$，则将椭圆孔外域化为单位圆内域的映射函数是：

$$z=\omega(\zeta)=R\left(\frac{1}{\zeta}+m\zeta\right) \tag{6-90}$$

式中，$R$ 是长短轴的平均值。

要证明这一变换是对的，可将

$$\zeta=\rho e^{i\theta}=\rho(\cos\theta+i\sin\theta)$$

和 $z=x+iy$ 代入，再分开 $\omega=(\zeta)$ 的虚实部，即可得：

$$\left.\begin{aligned} x&=\frac{R}{\rho}(m\rho^2+1)\cos\theta \\ y&=\frac{R}{\rho}(m\rho^2-1)\sin\theta \end{aligned}\right\} \tag{6-91}$$

消去$\theta$或$\rho$，我们得到：

$$\left.\begin{aligned} \frac{x^2\rho^2}{R^2(m\rho^2+1)^2}+\frac{y^2\rho^2}{R^2(m\rho^2-1)^2}&=1 \\ \frac{x^2}{4mR^2\cos^2\theta}-\frac{y^2}{4mR^2\sin^2\theta}&=1 \end{aligned}\right\} \tag{6-92}$$

在上式中，取 $\rho$ 为常数时，第一式就为 $z$ 平面上的椭圆，特别当 $\rho=1$，得：

$$\frac{x^2}{R^2(m+1)^2}+\frac{y^2}{R^2(m-1)^2}=1$$

即

$$\frac{x^2}{a^2}+\frac{y^2}{b^2}=1$$

故$\zeta$平面上的单位圆相当于 $z$ 平面上的椭圆孔口。$\zeta$平面上其他同心圆相当于 $z$ 平面上相应的共焦椭圆轨迹。在式中取$\theta=0$，则得 $y=0$，取 $\theta=\pi/2$，则得 $x=0$，故$\zeta$平面上的$\xi$轴相应于 $z$ 平面上的 $x$ 轴，$\zeta$平面上的$\eta$轴相应于 $z$ 平面上的 $y$ 轴，$\zeta$平面上 $\theta=\theta_0$ 的直线相应于 $z$ 平面上一条双曲线。

如何寻求将任意形状孔口映射为单位圆的变换函数 $\omega(\zeta)$ 是一个有趣的问题。这个问题在本章第五节中尚有讨论。在这里只指出，各种形状孔口的外域常可用一级数变换函数 $\omega(\zeta)$ 映射为单位圆的内域或外域，但正方形、矩形和其他不规则形状孔口的映射函数为一无穷级数。实际上，这些级数收敛很快，一般只须取四五项已足够了。

本节中讨论的是椭圆孔。上面已提到椭圆孔外域映射为单位圆内域的变换式是 $z=\omega(\zeta)=R\left(\dfrac{1}{\zeta}+m\zeta\right)$，更一般性的变换式可写为：

$$z=\omega(\zeta)\,R e^{i\alpha}\left(\frac{1}{\zeta}+m\zeta\right) \quad (6\text{-}93)$$

式中，$m$ 仍表示椭圆的偏心率。$m$ 的绝对值常小于 1。当 $m=0$ 时即成为圆孔，而 $m=+1$ 或 $-1$ 时即成为 $ox$ 或 $oy$ 轴上的一条缝，其长度为 $4R$。总之，改变 $m$ 可以得到长短轴比值为任意数的椭圆。如令短轴与长轴之比为 $\frac{b}{a}=k$，则 $k=\frac{1-m}{1+m}$ 或 $m=\frac{1-k}{1+k}$。变换式中的 $R$ 控制椭圆的绝对尺寸，即 $R=\frac{a+b}{2}$，$\alpha$ 则控制椭圆的方向，即长轴与 $x$ 轴间的正转角。以下我们都置 $\alpha=0$。

在具体计算时，我们常先假定计算点的新坐标 $\rho$、$\theta$，从式（6-91）可以算出相应的 $x$、$y$ 坐标。然后，用以后的公式算出新坐标系统上的分应力 $\sigma_\rho$、$\sigma_\theta$ 及 $\tau_{\rho\theta}$，由此可换算出任何方向的分应力及主应力。

**三、用复变函数法解椭圆孔问题**

设椭圆孔口原来在 $z$（$x$，$y$）平面上，其复势函数为 $\varphi_1(z)$ 及 $\psi_1(z)=\chi_1'(z)$。现在我们将该孔口通过变换式 $z=\omega(\zeta)$ 映射为 $\zeta$ 平面上的单位圆，在数学上就是将 $z$ 均以 $\omega(\zeta)$ 代替，这样相应的复势函数也化为 $\zeta$ 的函数 $\varphi(\zeta)$ 及 $\psi(\zeta)$。$\varphi_1(z)$ 及 $\psi_1(z)$ 的微分函数也可化为：

$$\varphi_1'(z)=\frac{d\varphi_1}{dz}=\frac{\varphi'(\zeta)}{\omega'(\zeta)}=\Phi(\zeta) \quad (6\text{-}94)$$

$$\psi_1'(z)=\frac{d\psi_1}{dz}=\frac{\psi'(\zeta)}{\omega'(\zeta)}=\Psi(\zeta) \quad (6\text{-}95)$$

$\varphi(\zeta)$ 及 $\psi(\zeta)$ 常可写为如下形式：

$$\psi(\zeta)=\frac{X+iY}{2\pi(1+\varkappa)}\log\zeta+c\frac{B_1+iC_1}{\zeta}+\sum_0^\infty a_n\zeta^n \quad (6\text{-}96)$$

$$\psi(\zeta)=-\frac{\varkappa(X-iY)}{2\pi(1+\varkappa)}\log\zeta+c\frac{B_1+iC_1}{\zeta}+\sum_0^\infty b_n\zeta^n \quad (6\text{-}97)$$

边界条件也要作相应变化，而且需从边界条件来确定复势函数 $\varphi(\zeta)$ 及 $\psi(\zeta)$ 中的常数。求出 $\varphi(\zeta)$ 及 $\psi(\zeta)$ 后，即可用下式［这些公式就是式（6-74）的变换］来计算分应力：

$$\sigma_\rho+\sigma_\theta=4\,\mathrm{Re}\,\varphi'(\zeta)=2[\Phi(\zeta)+\overline{\Phi(\zeta)}] \quad (6\text{-}98)$$

$$\sigma_\theta-\sigma_\rho+2i\tau_{\rho\theta}=\frac{2\zeta^2}{\rho^2\overline{\omega'(\zeta)}}\left[\overline{\omega(\zeta)}\Phi'(\zeta)+\omega'(\zeta)\Psi(\zeta)\right] \quad (6\text{-}99)$$

或

$$\sigma_\rho-i\tau_{\rho\theta}=\Phi(\zeta)+\overline{\Phi(\zeta)}-\frac{\zeta^2}{\rho^2\overline{\omega'(\zeta)}}\left[\overline{\omega(\zeta)}\Phi'(\zeta)+\omega'(\zeta)\Psi(\zeta)\right] \quad (6\text{-}100)$$

这样看来，计算的步骤是：①确定映射函数 $z=\omega(\zeta)$；②计算 $\omega'$、$\overline{\omega}$ 和 $\overline{\omega}'$ 等；③确定复势函数 $\varphi(\zeta)$ 及 $\psi(\zeta)$；④计算 $\varphi'(\zeta)$、$\psi'(\zeta)$、$\Phi(\zeta)$、$\Phi'(\zeta)$、$\overline{\Phi(\zeta)}$、$\Psi(\zeta)$ 等；

⑤代入相应分应力公式确定应力。

在椭圆孔的情况中，可分步进行如下：

（1）确定映射函数。由上述，知 $z=\omega(\zeta)=R\left(\dfrac{1}{\zeta}+m\zeta\right)$。

（2）计算 $\omega'$、$\bar{\omega}$ 和 $\bar{\omega}'$：

$$\omega'(\zeta)=R\left(-\frac{1}{\zeta^2}+m\right) \tag{6-101}$$

$$\overline{\omega(\zeta)}=R\left(\frac{1}{\bar{\zeta}}+m\bar{\zeta}\right)=R\left(\frac{\zeta}{\zeta\bar{\zeta}}+\frac{m\bar{\zeta}}{\zeta}\right)=R\left(\frac{\zeta}{\rho^2}+\frac{m\rho^2}{\zeta}\right)(\text{因为}\zeta\bar{\zeta}=\rho^2) \tag{6-102}$$

$$\overline{\omega'(\zeta)}=R\left(-\frac{1}{\bar{\zeta}^2}+m\right)=R\left(-\frac{\zeta^2}{\bar{\zeta}^2\zeta^2}+m\right)=R\left(-\frac{\zeta^2}{\rho^4}+m\right) \tag{6-103}$$

（3）确定复势函数 $\varphi(\zeta)$ 及 $\psi(\zeta)$。$\varphi(\zeta)$ 及 $\psi(\zeta)$ 的一般性表达式为式（6-96）、式（6-97），由于孔口边界上无外力，即 $X=Y=0$，常数 $B$、$C$、$B_1$、$C_1$ 可由无限远处应力状态确定，系数 $a_n$ 及 $b_n$，由边界条件确定。参考文献［1］中给出了以下成果❶（略去推导过程）：

$$\varphi(\zeta)=\frac{pR}{4}\left[\frac{1}{\zeta}+(2e^{2i\alpha}-m)\zeta\right] \tag{6-104}$$

$$\psi(\zeta)=-\frac{pR}{2}\left[\frac{e^{-2i\alpha}}{\zeta}+\frac{\zeta^3e^{2i\alpha}+(me^{2i\alpha}-m^2-1)\zeta}{m\zeta^2-1}\right] \tag{6-105}$$

（4）计算 $\varphi'(\zeta)$、$\psi'(\zeta)$、$\Phi(\zeta)$、$\Phi'(\zeta)$、$\overline{\Phi(\zeta)}$、$\Psi(\zeta)$：

$$\varphi'(\zeta)=\frac{pR}{4}\left[-\frac{1}{\zeta^2}+(2e^{2i\alpha}-m)\right] \tag{6-106}$$

$$\psi'(\zeta)=-\frac{pR}{2}\left\{-\frac{e^{-2i\alpha}}{\zeta^2}+\frac{(m\zeta^2-1)\left[3e^{2i\alpha}\zeta^2+(me^{2i\alpha}-m^2-1)\right]-2m\zeta\left[\zeta^3e^{2i\alpha}+(me^{2i\alpha}-m^2-1)\zeta\right]}{(m\zeta^2-1)^2}\right. \tag{6-107}$$

$$\Phi(\zeta)=\frac{\varphi'(\zeta)}{\omega'(\zeta)}=\frac{\dfrac{pR}{4}\left[-\dfrac{1}{\zeta^2}+(2e^{2i\alpha}-m)\right]}{R\left(-\dfrac{1}{\zeta^2}+m\right)}=\frac{p}{4}\left[\frac{(2e^{2i\alpha}-m)\zeta^2-1}{m\zeta^2-1}\right] \tag{6-108}$$

$$\Phi'(\zeta)=\frac{p}{4}\left\{\frac{2(m\zeta^2-1)(2e^{2i\alpha}-m)\zeta-2m\zeta\left[(2e^{2i\alpha}-m)\zeta^2-1\right]}{(m\zeta^2-1)^2}\right\} \tag{6-109}$$

$$\overline{\Phi(\zeta)}=\frac{p}{4}\left[\frac{(2e^{2i\alpha}-m)\dfrac{\rho^4}{\zeta^2}-1}{\dfrac{m\rho^4}{\zeta^2}-1}\right]=\frac{p}{4}\left[\frac{(2e^{2i\alpha}-m)\rho^4-\zeta^2}{m\rho^4-\zeta^2}\right] \tag{6-110}$$

❶ 见参考文献［1］的第二章，§2。

$$\Psi(\zeta)=\frac{\psi'(\zeta)}{\omega'(\zeta)}=-\frac{p}{2}\left\{-\frac{e^{-2i\alpha}}{m\zeta^2-1}+\frac{\zeta^2\left[3e^{2i\alpha}\zeta^2+(me^{2i\alpha}-m^2-1)\right]}{(m\zeta-1)^2}\right.$$

$$\left.-\frac{\zeta^2\left[\zeta^3 e^{2i\alpha}+(me^{2i\alpha}-m^2-1)\zeta\right]2m\zeta}{(m\zeta^2-1)^3}\right\} \tag{6-111}$$

将以上各函数代入式（6-98）、式（6-99）中，得：

$$\sigma_\rho+\sigma_\theta=2\left[\Phi(\zeta)+\overline{\Phi(\zeta)}\right]$$

$$=2\left\{\frac{p}{4}\left[\frac{(2e^{2i\alpha}-m)\zeta^2-1}{m\zeta^2-1}\right]+\frac{p}{4}\left[\frac{(2e^{2i\alpha}-m)\rho^4-\zeta^2}{m\rho^4-\zeta^2}\right]\right\}$$

$$=\frac{p}{2}\left\{\frac{\left[2(\cos2\alpha+i\sin2\alpha)-m\right]\left[\rho^2(\cos2\theta+i\sin2\theta)\right]-1}{m\rho^2(\cos2\theta+i\sin2\theta)-1}\right.$$

$$\left.+\frac{\rho^4\left[2(\cos2\alpha+i\sin2\alpha)-m\right]-\rho^2(\cos2\theta+i\sin2\theta)}{m\rho^4-\rho^2(\cos2\theta+i\sin2\theta)}\right\} \tag{6-112}$$

$$\sigma_\theta-\sigma_\rho+2i\tau_{\rho\theta}=\frac{2\zeta^2}{\rho^2\overline{\omega'(\zeta)}}\left[\overline{\omega(\zeta)}\Phi'(\zeta)+\omega'(\zeta)\Psi(\zeta)\right]$$

上式中，先将$\overline{\omega'(\zeta)}$、$\overline{\omega(\zeta)}$、$\Phi'(\zeta)$、$\Psi(\zeta)$代入，然后再以$\zeta=\rho(\cos\theta+i\sin\theta)$代入，分开虚实部分，即可求出$\sigma_\theta-\sigma_\rho$和$\tau_{\rho\theta}$。但公式过分冗长，不便实用。实际上，我们常常只需求出少数沿轴线或边界线上的应力，即可进行配筋计算。现在推求沿$x$、$y$轴及孔口边界的应力公式如下：

（1）沿$x$轴。置$\theta=0$，$\zeta=\rho$，得：

$$\sigma_\theta+\sigma_\rho=p\left[\frac{2\rho^2\cos2\alpha-m\rho^2-1}{m\rho^2-1}\right] \tag{6-113}$$

$$\sigma_\theta-\sigma_\rho=\left[\frac{2\rho^2\cos2\alpha(m\rho^4-m\rho^2+m^2\rho^2-1)+2m\rho^2(1+m\rho^2-\rho^2-m^2\rho^2)}{(m\rho^2-1)^3}\right.$$

$$\left.-\frac{\rho^2\cos2\alpha(3\rho^2+m)-\rho^2(m^2+1)}{(m\rho^2-1)^2}+\frac{\cos2\alpha}{m\rho^2-1}\right]p \tag{6-114}$$

特别是，当$\alpha=0$，或即主应力场方向平行于$x$轴时，简化为：

$$\sigma_\theta=\frac{\rho^6(2m^2-m^3-m)+\rho^4(3-m^3+5m^2-7m)+\rho^2(2m-m^2-1)}{2(m\rho^2-1)^3}p$$

$$=\frac{2\rho^6(k^3-k^2)+4\rho^4(k^2+2k^3)-2\rho^2(k^2+k^3)}{\left[(1-k)\rho^2-(1+k)\right]^3}p \tag{6-115}$$

式中，$\rho$与$x$间的关系是：

$$\rho=\frac{x-\sqrt{x^2-4R^2m}}{2Rm} \tag{6-116}$$

（2）沿$y$轴。置$\theta=90°$，$\zeta=ip$，$\zeta^2=-\rho^2$，得：

$$\sigma_\theta+\sigma_\rho=p\left[\frac{(2\cos2\alpha-m)\rho^2+1}{m\rho^2+1}\right] \tag{6-117}$$

$$\sigma_\theta-\sigma_\rho=p\left[\frac{\cos 2\alpha}{m\rho^2+1}+\frac{\rho^2\cos 2\alpha(2m\rho^2+3\rho^2-m-2)+\rho^2(m^2+m-m\rho^2+1)}{(m\rho^2+1)^2}\right.$$

$$\left.+\frac{2m\rho^4\cos 2\alpha(1-m\rho^2-\rho^2+m)+m\rho^2(1-2m\rho^2-2m^2\rho^2+m^2\rho^4-2\rho^2)}{(m\rho^2+1)^3}\right] \quad (6\text{-}118)$$

特别是，当$\alpha=0$时：

$$\sigma_\theta=[\rho^6(2+2k-6k^2+2k^3)+\rho^4(6+18k+2k^2-2k^3)$$

$$+\rho^2(6+6k-2k^2-2k^3)+(2+6k+6k^2+2k^3)]\frac{p}{2\left[(1-k)\rho^2+(1+k)\right]^3} \quad (6\text{-}119)$$

这里

$$\rho=\frac{y-\sqrt{y^2-4R^2m}}{2Rm} \quad (6\text{-}120)$$

（3）沿孔口边界。这里有一个主应力$\sigma_\rho=0$，故$\sigma_\rho+\sigma_0=\sigma_\theta$，由此可以求得：

$$\sigma_\theta=p\frac{1-m^2+2m\cos 2\alpha-2\cos 2(\theta+\alpha)}{1-2m\cos 2\theta+m^2} \quad (6\text{-}121)$$

或

$$\sigma_\theta=p\frac{(1+k)^2\sin^2(\theta+\alpha)-\sin^2\alpha-k^2\cos^2\alpha}{\sin^2\theta+k^2\cos^2\theta} \quad (6\text{-}122)$$

置$\alpha=0$，即拉力场与$x$轴平行，得：

$$\sigma_\theta=p\frac{1-m^2+2m-2\cos 2\theta}{1-2m\cos 2\theta+m^2}=p\frac{\sin^2\theta+2k\sin^2\theta-k^2\cos^2\theta}{\sin^2\theta+k^2\cos^2\theta} \quad (6\text{-}123)$$

边界上的最大应力$\sigma_\theta$，发生在$\theta=\pm\frac{\pi}{2}$处：

$$\sigma_\theta=p\left(1+2\frac{b}{a}\right) \quad (6\text{-}124)$$

而在$\theta=0$处：

$$\sigma_\theta=-p$$

取两个特例来看，当$\frac{b}{a}=\frac{2}{3}$及$\frac{b}{a}=\frac{3}{2}$时，边界上$\sigma_\theta$的数值将如表6-3所示。

表6-3　　$\sigma_\theta$的数值

| $b/a$ \ $\theta$ | 0° | 10° | 20° | 30° | 40° | 50° | 60° | 70° | 80° | 90° |
|---|---|---|---|---|---|---|---|---|---|---|
| $\frac{3}{2}$（即拉力与长轴垂直） | −1.00 | −0.93 | −0.72 | −0.35 | 0.19 | 0.93 | 1.86 | 2.85 | 3.67 | 4.00 |
| $\frac{2}{3}$（即拉力与长轴平行） | −1.00 | −0.78 | −0.23 | 0.43 | 1.04 | 1.54 | 1.90 | 2.15 | 2.29 | 2.33 |

## 四、椭圆孔口应力集中设计资料

计算椭圆孔口附近应力集中及配筋量的工作量是很大的，要按以下步骤进行：

（1）求出孔口中心处的主应力及方向。主应力方向不一定与椭圆的长、短轴方向一致，但当孔口中心处的剪力$\tau_{xy}$不大时，两者常甚接近。由以上公式可见，若取$\alpha=0$或$\dfrac{\pi}{2}$时，计算工作可简化很多。因此，通常每忽略剪应力影响，假定主应力方向与长、短轴方向一致。

（2）沿几条截面选取若干点子，计算由于每一个主应力所引起的分应力$\sigma_\rho$、$\sigma_\theta$及$\tau_{\rho\theta}$，并迭加之，求出合成应力。

（3）将$\sigma_\rho$、$\sigma_\theta$及$\tau_{\rho\theta}$化为$\sigma_x$、$\sigma_y$及$\tau_{xy}$或其他合适方向的分应力。计算拉力区及拉力总值，配置钢筋。

由于这样计算工作量很大，所以极不方便。我们通常只限于计算沿 $ox$ 及 $oy$ 轴上的应力分布，求出该两截面上所需钢筋（这两截面上所需钢筋最多），然后参照孔口边界上的拉力范围，将环向钢筋酌量逐渐减少，或使呈均匀变化即可。

下面我们给出了各种不同形状（不同 $k$ 值）的椭圆在均匀单位拉力场（$\sigma_x=1$）中沿 $ox$ 及 $oy$ 轴上的应力$\sigma_\theta$的数值（表 6-4，表 6-5）。注意，在 $ox$ 轴上，$\sigma_\theta=\sigma_y$，在 $oy$ 轴上，$\sigma_\theta=\sigma_x$。

有了表 6-4、表 6-5 中的系数，计算便较方便。在表中，坐标都以$\rho$表示，$\rho$与$x$或$y$的关系式见式（6-116）、式（6-120）等，或可从表 6-6、表 6-7 中查出，这里：

**表 6-4　　在均匀拉力场 $p=1$（$p$ 平行于 $x$ 轴）中沿 $ox$ 轴上的$\sigma_\theta$值**

| $\rho$ \ $k$ | 0.1 | 0.2 | 0.3 | 0.4 | 0.5 | 0.6 | 0.7 | 0.8 | 0.9 |
|---|---|---|---|---|---|---|---|---|---|
| 1.0 | 1.000 | 1.000 | 1.000 | 1.000 | 1.000 | 1.000 | 1.000 | 1.000 | 1.000 |
| 0.95 | 0.249 | 0.446 | 0.554 | 0.621 | 0.666 | 0.699 | 0.723 | 0.742 | 0.758 |
| 0.9 | 0.0797 | 0.209 | 0.308 | 0.381 | 0.436 | 0.478 | 0.511 | 0.538 | 0.560 |
| 0.85 | 0.0261 | 0.0974 | 0.168 | 0.228 | 0.277 | 0.316 | 0.350 | 0.378 | 0.402 |
| 0.8 | 0.0149 | 0.0416 | 0.0862 | 0.129 | 0.167 | 0.200 | 0.229 | 0.253 | 0.275 |
| 0.75 | −0.00187 | 0.0130 | 0.0379 | 0.0653 | 0.0921 | 0.116 | 0.135 | 0.159 | 0.176 |
| 0.7 | −0.0048 | −0.0149 | 0.0100 | 0.0255 | 0.0421 | 0.0586 | 0.0743 | 0.0889 | 0.1026 |
| 0.65 | −0.0056 | −0.00841 | −0.0055 | 0.00125 | 0.0100 | 0.0195 | 0.0292 | 0.0387 | 0.048 |
| 0.6 | −0.00543 | −0.0112 | −0.0134 | −0.01425 | −0.0098 | −0.0057 | −0.00095 | 0.00412 | 0.00928 |
| 0.55 | −0.00486 | −0.0117 | −0.0167 | −0.0196 | −0.0207 | −0.0206 | −0.0196 | −0.0180 | −0.0161 |
| 0.5 | −0.00415 | −0.0115 | −0.0172 | −0.0220 | −0.0256 | −0.0280 | −0.0298 | −0.0306 | −0.0311 |
| 0.4 | −0.0027 | −0.0080 | −0.0135 | −0.0194 | −0.0244 | −0.0288 | −0.0327 | −0.0361 | −0.0390 |
| 0.3 | −0.0015 | −0.0048 | −0.0087 | −0.0128 | −0.0167 | −0.0205 | −0.0239 | −0.0272 | −0.0301 |
| 0.2 | −0.0007 | −0.0022 | −0.0041 | −0.0062 | −0.0083 | −0.0103 | −0.0123 | −0.0142 | −0.0159 |
| 0.1 | −0.0002 | −0.0006 | −0.0011 | −0.0016 | −0.0022 | −0.0028 | −0.0033 | −0.0039 | −0.0044 |

长轴与拉力场方向平行

| $\rho$ \ $k$ | 1 | $\frac{1}{0.9}$ | $\frac{1}{0.8}$ | $\frac{1}{0.7}$ | $\frac{1}{0.6}$ | $\frac{1}{0.5}$ | $\frac{1}{0.4}$ | $\frac{1}{0.3}$ | $\frac{1}{0.2}$ | $\frac{1}{0.1}$ |
|---|---|---|---|---|---|---|---|---|---|---|
| 1.0 | 1.000 | 1.000 | 1.000 | 1.000 | 1.000 | 1.000 | 1.000 | 1.000 | 1.000 | 1.000 |

续表

| $\rho$ \ $k$ | 1 | $\frac{1}{0.9}$ | $\frac{1}{0.8}$ | $\frac{1}{0.7}$ | $\frac{1}{0.6}$ | $\frac{1}{0.5}$ | $\frac{1}{0.4}$ | $\frac{1}{0.3}$ | $\frac{1}{0.2}$ | $\frac{1}{0.1}$ |
|---|---|---|---|---|---|---|---|---|---|---|
| 0.95 | 0.771 | 0.782 | 0.794 | 0.807 | 0.818 | 0.830 | 0.844 | 0.857 | 0.870 | 0.884 |
| 0.9 | 0.579 | 0.597 | 0.615 | 0.635 | 0.654 | 0.674 | 0.696 | 0.726 | 0.742 | 0.766 |
| 0.85 | 0.422 | 0.441 | 0.462 | 0.486 | 0.505 | 0.531 | 0.557 | 0.585 | 0.616 | 0.646 |
| 0.8 | 0.294 | 0.313 | 0.333 | 0.355 | 0.379 | 0.404 | 0.432 | 0.463 | 0.496 | 0.532 |
| 0.75 | 0.193 | 0.209 | 0.227 | 0.247 | 0.269 | 0.292 | 0.320 | 0.350 | 0.383 | 0.423 |
| 0.7 | 0.115 | 0.128 | 0.142 | 0.159 | 0.177 | 0.197 | 0.221 | 0.248 | 0.278 | 0.325 |
| 0.65 | 0.0565 | 0.0655 | 0.076 | 0.088 | 0.102 | 0.118 | 0.137 | 0.159 | 0.186 | 0.222 |
| 0.6 | 0.0144 | 0.0200 | 0.0265 | 0.0347 | 0.0439 | 0.0555 | 0.0692 | 0.086 | 0.1066 | 0.132 |
| 0.55 | −0.0140 | −0.0114 | −0.00822 | −0.00414 | 0.00114 | 0.00782 | 0.0163 | 0.0272 | 0.0413 | 0.0591 |
| 0.5 | −0.0313 | −0.0312 | −0.0306 | −0.0296 | −0.0280 | −0.0255 | −0.0218 | −0.0167 | −0.00911 | 0.00135 |
| 0.4 | −0.0416 | −0.0441 | −0.0468 | −0.0498 | −0.0526 | −0.0558 | −0.0589 | −0.0621 | −0.0650 | −0.0673 |
| 0.3 | −0.0329 | −0.0356 | −0.0388 | −0.0425 | −0.0464 | −0.0511 | −0.0564 | −0.0626 | −0.0698 | −0.0781 |
| 0.2 | −0.0176 | −0.0193 | −0.0213 | −0.0238 | −0.0264 | −0.0296 | −0.0334 | −0.0381 | −0.0438 | −0.0508 |
| 0.1 | −0.0049 | −0.0054 | −0.0060 | −0.0067 | −0.0075 | −0.0085 | −0.0097 | −0.0112 | −0.0131 | −0.0155 |
| | 短轴与拉力场方向平行 | | | | | | | | | |

**表 6-5　在均匀拉力场 $p=1$（$p$ 平行 $x$ 轴）中沿 $oy$ 轴上的 $\sigma_\theta$ 值**

| $\rho$ \ $k$ | 0.1 | 0.2 | 0.3 | 0.4 | 0.5 | 0.6 | 0.667 | 0.7 | 0.8 | 0.9 |
|---|---|---|---|---|---|---|---|---|---|---|
| 1.0 | 1.200 | 1.400 | 1.600 | 1.800 | 2.000 | 2.200 | 2.333 | 2.400 | 2.600 | 2.800 |
| 0.95 | 1.181 | 1.362 | 1.537 | 1.709 | 1.878 | 2.043 | 2.152 | 2.205 | 2.364 | 2.520 |
| 0.9 | 1.162 | 1.324 | 1.476 | 1.622 | 1.762 | 1.898 | 1.984 | 2.027 | 2.153 | 2.273 |
| 0.85 | 1.147 | 1.286 | 1.416 | 1.539 | 1.654 | 1.763 | 1.832 | 1.866 | 1.964 | 2.057 |
| 0.8 | 1.129 | 1.249 | 1.358 | 1.460 | 1.554 | 1.641 | 1.695 | 1.721 | 1.798 | 1.868 |
| 0.75 | 1.111 | 1.213 | 1.304 | 1.387 | 1.462 | 1.537 | 1.574 | 1.602 | 1.652 | 1.706 |
| 0.7 | 1.095 | 1.179 | 1.253 | 1.320 | 1.380 | 1.433 | 1.467 | 1.482 | 1.527 | 1.568 |
| 0.65 | 1.079 | 1.147 | 1.206 | 1.258 | 1.307 | 1.348 | 1.373 | 1.385 | 1.418 | 1.451 |
| 0.6 | 1.064 | 1.118 | 1.165 | 1.212 | 1.242 | 1.274 | 1.309 | 1.303 | 1.329 | 1.353 |
| 0.55 | 1.050 | 1.092 | 1.127 | 1.158 | 1.188 | 1.212 | 1.226 | 1.233 | 1.253 | 1.272 |
| 0.5 | 1.038 | 1.070 | 1.097 | 1.120 | 1.141 | 1.160 | 1.172 | 1.177 | 1.192 | 1.206 |
| 0.4 | 1.019 | 1.035 | 1.050 | 1.062 | 1.073 | 1.084 | 1.091 | 1.094 | 1.102 | 1.111 |
| 0.3 | 1.008 | 1.014 | 1.021 | 1.027 | 1.033 | 1.038 | 1.042 | 1.043 | 1.048 | 1.053 |
| 0.2 | 1.002 | 1.004 | 1.007 | 1.009 | 1.011 | 1.014 | 1.016 | 1.016 | 1.018 | 1.020 |
| 0.1 | 1.000 | 1.001 | 1.001 | 1.002 | 1.002 | 1.003 | 1.004 | 1.004 | 1.004 | 1.005 |
| | 长轴与拉力场方向平行 | | | | | | | | | |

续表

| $\rho$ \ $k$ | 1.0 | 1.111 | 1.250 | 1.429 | 1.500 | 1.667 | 2.000 | 2.500 | 3.333 | 5.000 | 10.00 |
|---|---|---|---|---|---|---|---|---|---|---|---|
| 1.0 | 3.000 | 3.222 | 3.500 | 3.858 | 4.000 | 4.334 | 5.000 | 6.000 | 7.667 | 11.000 | 21.00 |
| 0.95 | 2.673 | 2.839 | 3.042 | 3.297 | 3.396 | 3.622 | 4.057 | 4.654 | 5.523 | 6.865 | 8.751 |
| 0.9 | 2.389 | 2.514 | 2.660 | 2.840 | 2.911 | 3.065 | 3.351 | 3.725 | 4.240 | 4.981 | 6.171 |
| 0.85 | 2.144 | 2.236 | 2.346 | 2.474 | 2.521 | 2.630 | 2.810 | 3.064 | 3.381 | 3.810 | 4.472 |
| 0.8 | 1.934 | 2.003 | 2.082 | 2.177 | 2.210 | 2.286 | 2.418 | 2.581 | 2.789 | 3.068 | 3.503 |
| 0.75 | 1.756 | 1.806 | 1.865 | 1.933 | 1.958 | 2.012 | 2.106 | 2.223 | 2.367 | 2.565 | 2.875 |
| 0.7 | 1.605 | 1.643 | 1.686 | 1.737 | 1.756 | 1.800 | 1.865 | 1.950 | 2.058 | 2.205 | 2.439 |
| 0.65 | 1.479 | 1.512 | 1.549 | 1.590 | 1.603 | 1.636 | 1.677 | 1.741 | 1.824 | 1.920 | 2.119 |
| 0.6 | 1.374 | 1.397 | 1.422 | 1.450 | 1.462 | 1.485 | 1.516 | 1.577 | 1.643 | 1.733 | 1.874 |
| 0.55 | 1.289 | 1.306 | 1.326 | 1.348 | 1.356 | 1.375 | 1.406 | 1.448 | 1.501 | 1.575 | 1.683 |
| 0.5 | 1.219 | 1.233 | 1.247 | 1.265 | 1.272 | 1.287 | 1.308 | 1.345 | 1.387 | 1.445 | 1.530 |
| 0.4 | 1.118 | 1.127 | 1.136 | 1.148 | 1.151 | 1.162 | 1.177 | 1.197 | 1.223 | 1.258 | 1.308 |
| 0.3 | 1.057 | 1.062 | 1.066 | 1.074 | 1.076 | 1.073 | 1.090 | 1.102 | 1.117 | 1.135 | 1.161 |
| 0.2 | 1.022 | 1.024 | 1.027 | 1.030 | 1.031 | 1.034 | 1.038 | 1.043 | 1.049 | 1.058 | 1.068 |
| 0.1 | 1.005 | 1.005 | 1.006 | 1.007 | 1.007 | 1.008 | 1.009 | 1.010 | 1.012 | 1.014 | 1.017 |
| | 短轴与拉力场方向平行 | | | | | | | | | | |

**表 6-6　　$f_1(\rho, k)$值表（$x=f_1 \cdot a$）**

| $\rho$ \ $k$ | 0 | 0.1 | 0.2 | 0.3 | 0.4 | 0.5 | 0.6 | 0.7 | 0.8 | 0.9 | 1 |
|---|---|---|---|---|---|---|---|---|---|---|---|
| 1 | 1.000 | 1.000 | 1.000 | 1.000 | 1.000 | 1.000 | 1.000 | 1.000 | 1.000 | 1.000 | 1.000 |
| 0.95 | 1.001 | 1.006 | 1.011 | 1.016 | 1.022 | 1.027 | 1.032 | 1.037 | 1.042 | 1.047 | 1.052 |
| 0.9 | 1.005 | 1.015 | 1.025 | 1.035 | 1.045 | 1.055 | 1.065 | 1.075 | 1.085 | 1.096 | 1.111 |
| 0.85 | 1.013 | 1.029 | 1.046 | 1.062 | 1.078 | 1.094 | 1.111 | 1.127 | 1.143 | 1.160 | 1.176 |
| 0.8 | 1.025 | 1.048 | 1.070 | 1.093 | 1.115 | 1.138 | 1.160 | 1.183 | 1.205 | 1.227 | 1.250 |
| 0.75 | 1.041 | 1.070 | 1.100 | 1.129 | 1.158 | 1.187 | 1.216 | 1.245 | 1.275 | 1.304 | 1.333 |
| 0.7 | 1.065 | 1.101 | 1.138 | 1.174 | 1.210 | 1.246 | 1.283 | 1.319 | 1.355 | 1.392 | 1.428 |
| 0.65 | 1.094 | 1.138 | 1.183 | 1.227 | 1.272 | 1.316 | 1.360 | 1.405 | 1.449 | 1.494 | 1.538 |
| 0.6 | 1.133 | 1.186 | 1.240 | 1.293 | 1.346 | 1.400 | 1.453 | 1.506 | 1.559 | 1.613 | 1.666 |
| 0.55 | 1.184 | 1.247 | 1.311 | 1.374 | 1.438 | 1.501 | 1.564 | 1.628 | 1.691 | 1.755 | 1.818 |
| 0.5 | 1.250 | 1.325 | 1.400 | 1.475 | 1.550 | 1.625 | 1.700 | 1.775 | 1.850 | 1.925 | 2.000 |
| 0.4 | 1.450 | 1.555 | 1.660 | 1.765 | 1.870 | 1.975 | 2.080 | 2.185 | 2.290 | 2.395 | 2.500 |
| 0.3 | 1.817 | 1.969 | 2.120 | 2.272 | 2.424 | 2.575 | 2.727 | 2.879 | 3.031 | 3.182 | 3.333 |
| 0.2 | 2.600 | 2.840 | 3.080 | 3.320 | 3.560 | 3.800 | 4.040 | 4.280 | 4.520 | 4.760 | 5.000 |
| 0.1 | 5.050 | 5.545 | 6.040 | 6.535 | 7.030 | 7.525 | 8.020 | 8.515 | 9.010 | 9.505 | 10.000 |

注　$k>1$ 时，采用下表系数计算 $x=f_2 \cdot b$。

表 6-7　　$f_2(\rho, k)$值表（$x=f_2 \cdot b$）

| $k$ / $\rho$ | 0 | 0.1 | 0.2 | 0.3 | 0.4 | 0.5 | 0.6 | 0.7 | 0.8 | 0.9 | 1 |
|---|---|---|---|---|---|---|---|---|---|---|---|
| 1 | 1.0 | 1.000 | 1.000 | 1.000 | 1.000 | 1.000 | 1.000 | 1.000 | 1.000 | 1.000 | 1.000 |
| 0.95 | ∞ | 1.514 | 1.257 | 1.172 | 1.129 | 1.104 | 1.087 | 1.074 | 1.065 | 1.058 | 1.052 |
| 0.9 | ∞ | 2.060 | 1.532 | 1.357 | 1.269 | 1.216 | 1.181 | 1.156 | 1.137 | 1.122 | 1.111 |
| 0.85 | ∞ | 2.643 | 1.828 | 1.556 | 1.420 | 1.339 | 1.284 | 1.246 | 1.216 | 1.194 | 1.176 |
| 0.8 | ∞ | 3.275 | 2.150 | 1.775 | 1.587 | 1.475 | 1.400 | 1.347 | 1.306 | 1.275 | 1.250 |
| 0.75 | ∞ | 3.961 | 2.501 | 2.014 | 1.771 | 1.625 | 1.527 | 1.459 | 1.406 | 1.365 | 1.333 |
| 0.7 | ∞ | 4.695 | 2.880 | 2.275 | 1.972 | 1.791 | 1.670 | 1.584 | 1.519 | 1.469 | 1.428 |
| 0.65 | ∞ | 5.538 | 3.316 | 2.575 | 2.205 | 1.982 | 1.834 | 1.730 | 1.650 | 1.558 | 1.538 |
| 0.6 | ∞ | 6.466 | 3.800 | 2.909 | 2.465 | 2.200 | 2.021 | 1.895 | 1.800 | 1.726 | 1.667 |
| 0.55 | ∞ | 7.524 | 4.354 | 3.297 | 2.769 | 2.452 | 2.424 | 2.090 | 1.976 | 1.888 | 1.818 |
| 0.5 | ∞ | 8.750 | 5.00 | 3.75 | 3.125 | 2.75 | 2.50 | 2.321 | 2.186 | 2.083 | 2.000 |
| 0.4 | ∞ | 11.950 | 6.70 | 4.95 | 4.075 | 3.55 | 3.20 | 2.95 | 2.76 | 2.616 | 2.500 |
| 0.3 | ∞ | 16.99 | 9.40 | 6.87 | 8.61 | 4.85 | 4.35 | 3.98 | 3.71 | 3.50 | 3.333 |
| 0.2 | ∞ | 26.6 | 14.6 | 10.6 | 8.60 | 7.40 | 6.60 | 6.03 | 5.60 | 5.26 | 5.000 |
| 0.1 | ∞ | 54.55 | 29.8 | 21.55 | 17.42 | 14.95 | 13.3 | 12.12 | 11.23 | 10.55 | 10.0 |

注　$k>1$ 时，采用上表系数计算 $y=f_1 \cdot a$。

$$x=f_1 \cdot a，y=f_2 \cdot b$$

$f_1$及$f_2$为两个参数，是$\rho$及$k$的函数。表中给出不同$\rho$及$k$值的$f_1$及$f_2$值。

例如，当 $b/a=0.6$ 时，$\rho=0.8$ 表示一个椭圆，其在 $x$、$y$ 轴上的截矩各为 $1.160a$ 及 $1.400b$。

下面举一个例子。某坝内有一个椭圆形廊道，$b/a=3/2$，位于图 6-14 所示的应力场中，求最大拉应力值。由图显然可见，最大拉应力发生在 $ox$ 轴上。由于$\sigma_x=50$ 所产生的 $ox$ 轴上的拉应力和由于$\sigma_y=5$ 所产生的 $ox$ 轴上的压应力，各可自表 6-4 及表 6-5 中的系数计算并绘成曲线，如图 6-15 中所示。由此可求出 $ox$ 轴上拉应力区深约 0.75m，总拉力约 10.28t/m，如钢筋允许拉应力为 $1t/cm^2$，则每米长需配筋 $10 \sim 11cm^2$。

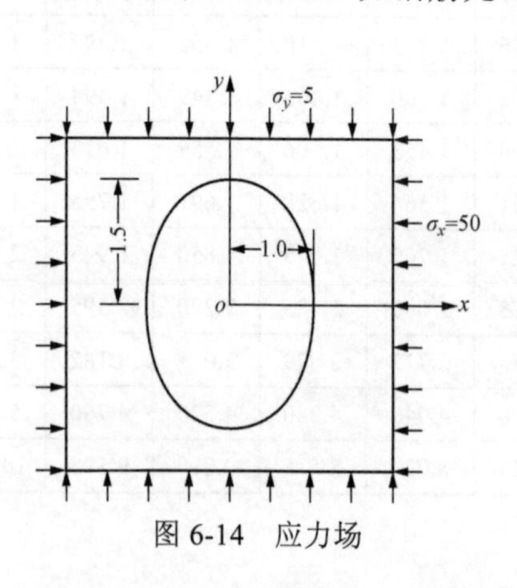

图 6-14　应力场

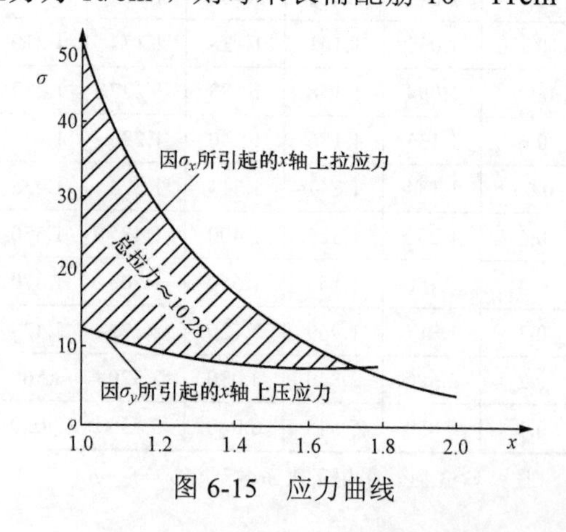

图 6-15　应力曲线

如果椭圆孔位于一个单向均匀压力场 $p$ 中，$p$ 的方向与其一轴平行，则将在椭圆沿该轴的顶部和底部发生拉应力区，拉应力区的总面积（即总拉力）可以沿该轴线画出应力曲线后求出，下面给出一些系数：

（1）压力场 $p$ 与椭圆长轴平行。这时拉应力区发生在长轴两端，其值可以式 $F=\alpha pB$ 的形式表之，式中 $B=2b$ 为廊道全宽，$\alpha$ 为一系数。于是配筋量即为：

$$F_s=\alpha B\frac{p}{\sigma_a} \tag{6-125}$$

$\sigma_a$ 为钢筋允许应力。如果 $B$ 以 m 计，$F_s$ 以 $cm^2/m$ 计，则 $\alpha$ 值如表 6-8 所示：

**表 6-8　　$\alpha$ 值**

| $b/a$ | 1 | 0.9 | 0.8 | 0.7 | 0.6 | 0.5 | 0.4 | 0.3 | 0.2 | 0.1 |
|---|---|---|---|---|---|---|---|---|---|---|
| $\alpha$ | 970 | 940 | 900 | 855 | 800 | 735 | 655 | 570 | 470 | 250 |

（2）压力场 $p$ 与椭圆短轴平行。这时拉应力区发生在短轴两端，其值可以式 $F=\beta pB$ 的形式表之，式中 $B=2a$，也表示廊道全宽（这时廊道高度小于宽度），$\beta$ 为一系数，而配筋量即为：

$$F_s=\beta B\frac{p}{\sigma_a} \tag{6-126}$$

$B$ 以 m 计，$F_s$ 以 $cm^2/m$ 计时，系数 $\beta$ 的值如表 6-9 所示。

**表 6-9　　系数 $\beta$ 的值**

| $b/a$ | 1 | 0.9 | 0.8 | 0.7 | 0.6 | 0.5 | 0.4 | 0.3 | 0.2 |
|---|---|---|---|---|---|---|---|---|---|
| $\beta$ | 970 | 995 | 1040 | 1085 | 1140 | 1175 | 1215 | 1275 | 1580 |

例如，上面所举的例题中，如 $y$ 向压力 $p_y=0$，仅 $x$ 向压力 $p_x=50$ 作用着，则在 $ox$ 轴上的拉应力区及配筋量可这样计算：$b/a=0.66$，由表 6-9 查得 $\beta\approx1100$，设 $\sigma_a=1000kg/cm^2$，则：

$$F_s=1100\times3\times\frac{5.0}{1000}=16.5\,(cm^2/m)$$

即每米长的廊道上需配筋 $16.5cm^2$。

当椭圆廊道位在双向应力场中时，仍可用式（6-125）来计算配筋量，唯现在系数 $\alpha$ 将为 $a/b$ 及 $\sigma_x/\sigma_y$ 两个参数的函数。图 6-16 中示出了一些 $\alpha$ 的曲线，可供设计时采用。

## 五、用曲线坐标法计算椭圆孔应力分布

上面介绍的是用复势函数分析孔洞应力分布的方法。弹性理论中另一个有力的分析工具是曲线坐标法，现在略加介绍如下。

我们常用的极坐标，实际上就是最简单的一种曲线坐标。应用极坐标，可以方便地解决许多圆环、圆板、圆孔、楔形体等的应力分布问题，这些已为我们所熟知。对于椭圆孔口，以用另一种曲线坐标——椭圆坐标为宜。

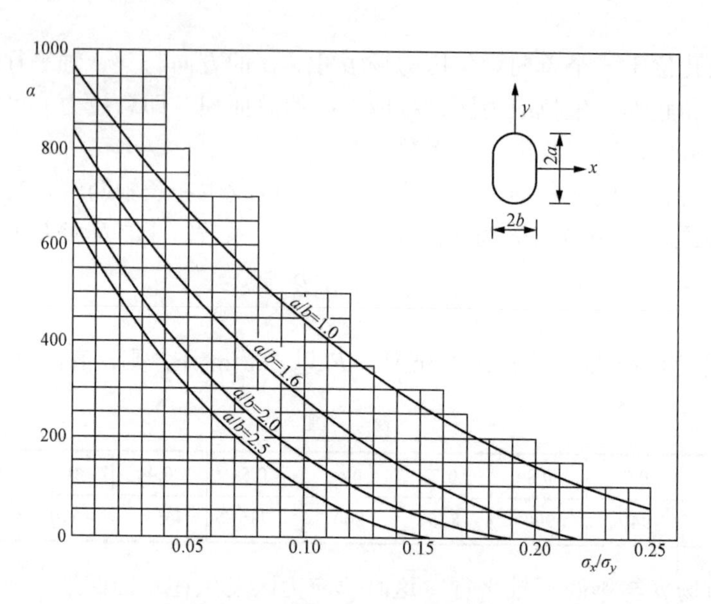


图 6-16 椭圆孔配筋计算曲线

设在 $z$ 平面上我们布置一直角坐标系统 $x$、$y$，则给定一对（$x$，$y$）值后，即可决定 $z$ 平面上一点的位置。现在试考虑以下两个函数：

$$F_1(x,y)=\xi,\ F_2(x,y)=\eta \tag{6-127}$$

当我们给 $\xi$ 及 $\eta$ 以一指定值 $\xi_0$、$\eta_0$ 时，$F_1(x,y)=\xi_0$、$F_2(x,y)=\eta_0$ 将表示为 $xy$ 平面上的两条曲线，它们相交于一点 $p$。如果改变 $\xi_0$、$\eta_0$ 的值，$p$ 点也随之改变，因此，用一对 $\xi$、$\eta$ 也可以确定 $p$ 点位置，$\xi$ 及 $\eta$ 就是 $p$ 点的曲线坐标。极坐标（$\rho$，$\theta$）就是曲线坐标的一种。

如果将式（6-127）就 $x$、$y$ 写出：

$$x=f_1(\xi,\eta),\ y=f_2(\xi,\eta) \tag{6-128}$$

则意义更为明确。特别是，设：

$$x=c\cosh\xi\cos\eta,\ y=c\sinh\xi\sin\eta \tag{6-129}$$

则消去 $\eta$ 或 $\xi$ 后，分别得：

$$\frac{x^2}{c^2\cosh^2\xi}+\frac{y^2}{c^2\sinh^2\xi}=1 \tag{6-130}$$

$$\frac{x^2}{c^2\cos^2\eta}-\frac{y^2}{c^2\sin^2\eta}=1 \tag{6-131}$$

可见置 $\xi$ 为常数，我们得到一组椭圆，置 $\eta$ 为常数，我们得到一组双曲线。这两组曲线互为正交且具有公共的焦距 $2c$，这组坐标就是椭圆坐标。

上述 $x$、$y$ 与 $\xi$、$\eta$ 间的关系，可以用一个复变函数即映射函数来表示，如取：

$$z=\omega(\zeta)=c\cosh\zeta \tag{6-132}$$

可证明即表示式（6-130）和式（6-131）。

将映射函数就 $\zeta$ 微分，且写为：

$$\omega'(\zeta)=J\mathrm{e}^{\mathrm{i}\alpha}=J\cos\alpha+\mathrm{i}J\sin\alpha \tag{6-133}$$

则容易证明：

$$\mathrm{d}s^2=\mathrm{d}x^2+\mathrm{d}y^2=J^2(\mathrm{d}\xi^2+\mathrm{d}\eta^2)$$

$$沿\eta=常数的曲线上\frac{\mathrm{d}y}{\mathrm{d}x}=\tan\alpha$$

$$沿\xi=常数的曲线上\frac{\mathrm{d}y}{\mathrm{d}x}=-\cot\alpha$$

所以 $J$ 常称为坐标变换中的伸缩系数，$\alpha$则称为旋转角。在椭圆坐标中：

$$\omega'(\zeta)=c\sinh\zeta=c\sinh\xi\cos\eta+\mathrm{i}c\cosh\xi\sin\eta=J\mathrm{e}^{\mathrm{i}\alpha}$$

故得：

$$\left.\begin{aligned}&J^2=c^2(\sinh^2\xi\cos^2\eta+\cosh^2\xi\sin^2\eta)=c^2(\cosh^2\xi-\cos^2\eta)\\&\tan\alpha=\coth\xi\tan\eta\end{aligned}\right\} \tag{6-134}$$

介绍过曲线坐标的定义后，我们可进而研究曲线坐标中的应力系统。这里也有三个分应力：$\sigma_\xi$、$\sigma_\eta$及$\tau_{\xi\eta}$，它们与直角坐标中的分应力$\sigma_x$、$\sigma_y$及$\tau_{xy}$间的关系很容易写出：

$$\left.\begin{aligned}&\sigma_\xi=\frac{1}{2}(\sigma_x+\sigma_y)+\frac{1}{2}(\sigma_x-\sigma_y)\cos2\alpha+\tau_{xy}\sin2\alpha\\&\sigma_\eta=\frac{1}{2}(\sigma_x+\sigma_y)-\frac{1}{2}(\sigma_x-\sigma_y)\cos2\alpha-\tau_{xy}\sin2\alpha\\&\tau_{\xi\eta}=-\frac{1}{2}(\sigma_x-\sigma_y)\sin2\alpha+\tau_{xy}\cos2\alpha\end{aligned}\right\} \tag{6-135}$$

或可写为：

$$\sigma_\xi+\sigma_\eta=\sigma_x+\sigma_y$$

$$\sigma_\eta-\sigma_\xi+2\mathrm{i}\tau_{\xi\eta}=\mathrm{e}^{2\mathrm{i}\alpha}(\sigma_y-\sigma_x+2\mathrm{i}\tau_{xy})$$

式中的 $\mathrm{e}^{2\mathrm{i}\alpha}$ 可由映射函数 $z=\omega(\zeta)$ 中得到。因为：

$$\omega'(\zeta)=J\mathrm{e}^{\mathrm{i}\alpha}$$

而 $\overline{\omega'(\zeta)}=J\mathrm{e}^{-\mathrm{i}\alpha}$，故：

$$\mathrm{e}^{2\mathrm{i}\alpha}=\frac{\omega'(\zeta)}{\overline{\omega'(\zeta)}} \tag{6-136}$$

在椭圆坐标中：

$$\mathrm{e}^{2\mathrm{i}\alpha}=\frac{\sinh\zeta}{\overline{\sinh\zeta}} \tag{6-137}$$

在曲线坐标中的分位移是 $u_\xi$ 及 $u_\eta$（各指沿$\xi$增加的方向及沿$\eta$增加的方向的变位），它们与直角坐标中分位移 $u$ 及 $v$ 间的关系式是：

$$\left.\begin{aligned}&u_\xi=u\cos\alpha+v\sin\alpha\\&u_\eta=v\cos\alpha-u\sin\alpha\end{aligned}\right\} \tag{6-138}$$

或写为：

$$u_{\xi}+\mathrm{i}u_{\eta}=\mathrm{e}^{\mathrm{i}\alpha}(u+\mathrm{i}v) \tag{6-139}$$

当曲线坐标系统中的应力函数 $F(\xi,\eta)$ 找出后，三个分应力可由下式计算：

$$\left.\begin{aligned}
\sigma_{\xi}&=\frac{1}{J^2}\cdot\frac{\partial^2 F}{\partial\eta^2}-\left(\frac{1}{J^3}\cdot\frac{\partial J}{\partial\eta}\right)\frac{\partial F}{\partial\eta}+\left(\frac{1}{J^3}\cdot\frac{\partial J}{\partial\xi}\right)\frac{\partial F}{\partial\xi}\\
\sigma_{\eta}&=\frac{1}{J^2}\cdot\frac{\partial^2 F}{\partial\xi^2}-\left(\frac{1}{J^3}\cdot\frac{\partial J}{\partial\xi}\right)\frac{\partial F}{\partial\xi}+\left(\frac{1}{J^3}\cdot\frac{\partial J}{\partial\eta}\right)\frac{\partial F}{\partial\eta}\\
\tau_{\xi\eta}&=-\frac{1}{J^2}\cdot\frac{\partial^2 F}{\partial\xi\partial\eta}+\left(\frac{1}{J^3}\cdot\frac{\partial J}{\partial\eta}\right)\frac{\partial F}{\partial\xi}+\left(\frac{1}{J^3}\cdot\frac{\partial J}{\partial\xi}\right)\frac{\partial F}{\partial\eta}
\end{aligned}\right\} \tag{6-140}$$

在椭圆坐标中，我们可求出：

$$\frac{\partial J}{\partial\eta}=c\cos\eta\sin\eta(\cosh^2\xi-\cos^2\eta)^{-\frac{1}{2}} \tag{6-141}$$

$$\frac{\partial J}{\partial\xi}=c\sinh\xi\cosh\xi(\cosh^2\xi-\cos^2\eta)^{-\frac{1}{2}} \tag{6-142}$$

现在我们考虑一个椭圆孔，其长轴与 $x$ 轴平行，原点取在中心，并位于均匀的单向拉力场 $p=1$ 中（拉力方向平行 $x$ 轴）。如果不考虑椭圆孔影响，那么在 $x$、$y$ 坐标中的应力函数是：

$$F=\frac{p}{2}y^2$$

将此式改写为：

$$F=F_0+xF_1$$

$$F_0=\frac{p}{2}(y^2-x^2),\quad F_1=\frac{p}{2}x$$

然后，化为曲线坐标：

$$F_0=\frac{pc^2}{2}(\sinh^2\xi\sin^2\eta-\cosh^2\xi\cos^2\eta)=\frac{pc^2}{4}(-1-\cosh2\xi\cos2\eta)$$

$$F_1=\frac{pc}{2}\cosh\xi\cos\eta$$

为了考虑开孔影响，将 $F_0$、$F_1$ 中加入一些调整项目：

$$F_0=\frac{pc^2}{4}\left[-1+A\xi+(-\cosh2\xi+B\mathrm{e}^{-2\xi})\cos2\eta\right]$$

$$F_1=\frac{pc}{2}(\cosh\xi+C\mathrm{e}^{-\xi})\cos\eta$$

$$F=\frac{pc^2}{8}\left[1+\cosh2\xi+2A\xi+2C\mathrm{e}^{-\xi}\cosh\xi+(1-\cosh2\xi+2B\mathrm{e}^{-2\xi}+2C\mathrm{e}^{-\xi}\cosh\xi)\cos2\eta\right] \tag{6-143}$$

式中，$A$、$B$、$C$ 为三个常数，要从边界条件确定。因为孔口边界上无外力，故条件是：

$$\left(\frac{\partial F}{\partial\xi}\right)_{\xi_0}=0,\ \left(\frac{\partial F}{\partial\eta}\right)_{\xi_0}=0$$

取 $F$ 的导数，可得：

$$\frac{\partial F}{\partial \xi}=\frac{pc^2}{8}[2\sinh 2\xi+2A+2C\mathrm{e}^{-\xi}\sinh\xi-2C\mathrm{e}^{-\xi}\cosh\xi$$

$$+(-2\sinh 2\xi-4B\mathrm{e}^{-2\xi}+2C\mathrm{e}^{-\xi}\sinh\xi-2C\mathrm{e}^{-\xi}\cosh\xi)\cos 2\eta]=0\ (当\ \xi=\xi_0) \quad (6\text{-}144)$$

$$\frac{\partial F}{\partial \eta}=-\frac{pc^2}{4}(1-\cosh 2\xi+2B\mathrm{e}^{-2\xi}+2C\mathrm{e}^{-\xi}\cosh\xi)\sin 2\eta=0\ （当\ \xi=\xi_0） \quad (6\text{-}145)$$

由上式得：

$$2\sinh 2\xi_0+2A-2C\mathrm{e}^{-2\xi_0}=0$$

$$-2\sinh 2\xi_0-4B\mathrm{e}^{-2\xi_0}-2C\mathrm{e}^{-2\xi_0}=0$$

$$1-\cosh 2\xi_0+2B\mathrm{e}^{-2\xi_0}+2C\mathrm{e}^{-\xi_0}\cosh\xi_0=0$$

由此乃得：

$$\left.\begin{aligned}&A=1-\cosh 2\xi_0\\&B=-\frac{1}{4}\mathrm{e}^{4\xi_0}+\frac{3}{4}-\frac{1}{2}\mathrm{e}^{2\xi_0}\\&C=-1+\mathrm{e}^{-2\xi_0}\end{aligned}\right\} \quad (6\text{-}146)$$

这样就确定了应力函数 $F$。然后取 $F$ 的偏导数：

$$\left.\begin{aligned}&\frac{\partial^2 F}{\partial \xi^2}=\frac{pc^2}{2}\left[\cosh 2\xi+C\mathrm{e}^{-2\xi}+(-\cosh 2\xi+2B\mathrm{e}^{-2\xi}+C\mathrm{e}^{-2\xi})\cos 2\eta\right]\\&\frac{\partial^2 F}{\partial \eta^2}=\frac{pc^2}{2}(1-\cosh 2\xi+2B\mathrm{e}^{-2\xi}+2C\mathrm{e}^{-\xi}\cosh\xi)\cos 2\eta\\&\frac{\partial^2 F}{\partial \xi\partial \eta}=-\frac{pc^2}{2}(-\sinh 2\xi-2B\mathrm{e}^{-2\xi}-C\mathrm{e}^{-2\xi})\sin 2\eta\end{aligned}\right\} \quad (6\text{-}147)$$

将式（6-141）、式（6-142）、式（6-144）、式（6-145）、式（6-147）代入式（6-140）后，即可求得分应力的最终公式，它为 $\xi$、$\eta$ 的函数。

这些公式在形式上虽然好像很冗长，其实可以列表顺序计算，而且其中无复数演算，所以还是方便的。要计算椭圆孔口附近各点应力时，用这些公式比用复势函数为便。

计算的步骤是：

（1）确定椭圆两轴之比 $\frac{a}{b}$，计算孔口边界坐标 $\xi_0$：

$$\coth\xi_0=\frac{a}{b}$$

（2）确定比值 $c$：

$$c\cosh\xi_0=a\ 或\ c\sinh\xi_0=b$$

（3）确定映射函数：

$$z=c\cosh\zeta,\ 或\ x=c\cosh\xi\cos\eta,\ y=c\sinh\xi\sin\eta$$

（4）用式（6-146）确定常数 $A$、$B$、$C$。

（5）选取计算点的坐标（$x$，$y$），由映射函数试算出相应的 $\xi$ 及 $\eta$；或选取 $\xi$、$\eta$，反算 $x$、$y$，这样更较方便。

（6）从函数表中查出并计算出：$\sinh\xi$，$\cosh\xi$，$\sinh 2\xi$，$\cosh 2\xi$，$\sinh^2\xi$，$\cosh^2\xi$，$e^{-\xi}$，$e^{-2\xi}$，$\sin\eta$，$\cos\eta$，$\sin^2\eta$，$\cos^2\eta$，$\cos 2\eta$，$\sin 2\eta$，列表备用。

（7）计算这一点上的伸缩系数 $J$、$J^2$ 及 $J^3$：

$$J^2 = c^2(\cosh^2\xi - \cos^2\eta)$$

（8）计算 $\dfrac{\partial J}{\partial\xi}$ 及 $\dfrac{\partial J}{\partial\eta}$。

（9）计算 $\dfrac{\partial F}{\partial\xi}$、$\dfrac{\partial F}{\partial\eta}$。

（10）计算 $\dfrac{\partial^2 F}{\partial\xi^2}$、$\dfrac{\partial^2 F}{\partial\eta^2}$ 及 $\dfrac{\partial^2 F}{\partial\xi\partial\eta}$。

（11）将相应值代入式（6-140）计算分应力 $\sigma_\xi$、$\sigma_\eta$ 及 $\tau_{\xi\eta}$。

（12）计算 $\alpha$。

（13）换算为主应力或其他方向的分应力。

现举一数例如下。设某椭圆孔短轴 $b=0.75$m，长轴 $a=1.57$m，沿长轴方向有均匀拉力 $p$ 作用。试求 $x=0.8$、$y=2.4$ 一点处的应力。

兹按上述步骤计算如下：

（1）$\dfrac{a}{b}=\dfrac{1.57}{0.75}=2.093$，故 $\xi_0=\coth^{-1}2.093$，$\xi_0=0.52$。

（2）确定 $c$ 值：

$$c=\frac{a}{\cosh\xi_0}=\frac{1.57}{1.138}=1.38$$

（3）确定映射函数：

$$z=1.38\cosh\zeta$$

（4）由式（6-146）确定 $A$、$B$、$C$：

$$A=1-\cosh 2\xi_0=1-1.5913=-0.5913$$

同样可求出：

$$B=-2.65$$
$$C=1.838$$

（5）由计算点坐标 $x=0.8$、$y=2.4$，或 $x=0.58c$，$y=1.74c$，试算得：

$$\xi\approx 1.35,\quad \eta\approx 73°20'$$

为了校核，可用式（6-129）反求 $x$、$y$：

$$x=c\cosh\xi\cos\eta=c\times 2.058\times 0.287=0.59c\approx 0.8$$
$$y=c\sinh\xi\sin\eta=c\times 1.80\times 0.958=1.725c\approx 2.4$$

（6）从函数表中查出并计算出以下各值（表 6-10）：

**表 6-10　函数计算值**

| （1） | （2） | （3） | （4） | （5） | （6） | （7） | （8） | （9） |
|---|---|---|---|---|---|---|---|---|
| $\xi$ | $\cosh\xi$ | $\cosh^2\xi$ | $\sinh\xi$ | $\sinh^2\xi$ | $e^{-\xi}$ | $2\xi$ | $\cosh 2\xi$ | $\sinh 2\xi$ |
| 1.35 | 2.058 | 4.24 | 1.80 | 3.24 | 0.259 | 2.70 | 7.47 | 7.41 |

续表

| (10) | (11) | (12) | (13) | (14) | (15) | (16) | (17) | (18) |
|---|---|---|---|---|---|---|---|---|
| $e^{-2\xi}$ | $\eta$ | $\sin\eta$ | $\cos\eta$ | $\sin^2\eta$ | $\cos^2\eta$ | $2\eta$ | $\cos2\eta$ | $\sin2\eta$ |
| 0.067 | 73°20′ | 0.958 | 0.287 | 0.92 | 0.082 | 146°40′ | −0.835 | 0.550 |

(7）计算 $J$、$J^2$ 及 $J^3$ 等：

$$J^2 = c^2(\cosh^2\xi - \cos^2\eta) = 4.16c^2, J = 2.045c$$

$$J^3 = 8.50c^3$$

(8）计算 $\frac{\partial J}{\partial \xi}$ 及 $\frac{\partial J}{\partial \eta}$：

$$\frac{\partial J}{\partial \xi} = c\sinh\xi\cosh\xi(\cosh^2\zeta - \cos^2\eta)^{-\frac{1}{2}} = 1.80\times2.058\times4.16^{-\frac{1}{2}}c$$

$$=1.81c$$

$$\frac{1}{J^3}\cdot\frac{\partial J}{\partial \xi} = \frac{1.81}{8.50}c^{-2} = 0.214c^{-2}$$

$$\frac{\partial J}{\partial \eta} = c\cos\eta\sin\eta(\cosh^2\xi - \cos^2\eta)^{-\frac{1}{2}} = 0.287\times0.958\times4.16^{-\frac{1}{2}}c$$

$$=0.135c$$

$$\frac{1}{J^3}\times\frac{\partial J}{\partial \eta} = \frac{0.135}{8.50}c^{-2} = 0.0159c^{-2}$$

(9）计算 $\frac{\partial F}{\partial \xi}$、$\frac{\partial F}{\partial \eta}$：

$$\frac{\partial F}{\partial \xi} = \frac{pc^2}{8}[2\times7.41 - 2\times0.5913 + 2\times1.838\times0.259\times1.80 - 2\times1.838\times0.259\times2.058$$

$$+(-2\times7.41 + 10.6\times0.067 + 2\times1.838\times0.259\times1.80 - 2\times1.838\times0.259\times2.058)$$

$$\times(-0.835)] = \frac{pc^2}{8}(13.38 + 11.97) = \frac{pc^2}{8}\times25.35 = 3.17pc^2$$

同样可求出：

$$\frac{\partial F}{\partial \eta} = 0.672pc^2$$

(10）计算 $\frac{\partial^2 F}{\partial \xi^2}$、$\frac{\partial^2 F}{\partial \eta^2}$ 及 $\frac{\partial^2 F}{\partial \xi\partial \eta}$：

$$\frac{\partial^2 F}{\partial \xi^2} = \frac{pc^2}{2}[7.47 + 1.838\times0.067 + (-7.47 - 5.3\times0.067$$

$$+1.838\times0.067)\times(-0.835)] = \frac{pc^2}{2}\times14.02 = 7.01pc^2$$

同样可求出：

$$\frac{\partial^2 F}{\partial \eta^2} = -2.04pc^2$$

$$\frac{\partial^2 F}{\partial \xi \partial \eta}=1.97pc^2$$

（11）计算分应力：

$$\sigma_\xi=\frac{c^{-2}}{4.16}(-2.04pc^2)-0.0159c^{-2}\times 0.672pc^2+0.214c^{-2}\times 3.17pc^2=0.178p$$

同样可求出：

$$\sigma_\eta=1.02p$$

$$\tau_{\xi\eta}=-0.381p$$

关于$\alpha$及主应力之计算，甚为简便，不赘述。

从以上的计算中可以看出，在最终成果中 $c$ 值并不出现。这说明，在相似的椭圆孔口外域，相应点上的分应力是相同的，如果它们位在同一强度的均匀应力场中的话。

所以，在实际计算中，并不必须将 $c$ 的绝对值代入各公式中，而可令 $c$ 值等于 1。具体讲，在前述的计算步骤（3）中，可从

$$\frac{z}{c}=\cosh\zeta$$

来求出$\zeta(\xi,\eta)$值，以后便可置各公式中的 $c$ 为 1，而获得最终成果了。

设有加劲圈的椭圆孔口的应力分析，当然是一个更较复杂的问题。假定加劲圈的断面是由两个共焦椭圆围成，则这一问题也可在理论上予以解决（参见参考文献［1］第五章§8）。由于在坝体设计上应用不广，此处不再介绍。

**六、承受均布正向压力的椭圆孔口**

当椭圆孔口在边界上承受均布正向压力 $p$（如内水压力）时，相应的复势函数是：

$$\varphi(\zeta)=-\frac{pRm}{\zeta} \tag{6-148}$$

$$\psi(\zeta)=-\frac{pR}{\zeta}-\frac{pRm}{\zeta}\cdot\frac{1+m\zeta^2}{\zeta^2-m} \tag{6-149}$$

注意，在推导上式时，是将椭圆域外域映射为单位圆的外域，即 $x=\infty$ 及 $y=\infty$，相当于$\rho=\infty$，而不是$\rho=0$。

相应的分应力公式是：

$$\sigma_\theta=\frac{p}{(\rho^4-2m\rho^2\cos 2\theta+m^2)^2}\cdot[2m(\rho^2\cos 2\theta-m)(\rho^4-2m\rho^2\cos 2\theta+m^2)+\rho^2(\rho^4-m^2)(1+m^2-2m\cos 2\theta)] \tag{6-150}$$

$$\sigma_\rho=\frac{p}{(\rho^4-2m\rho^2\cos 2\theta+m^2)^2}\cdot[2m(\rho^2\cos 2\theta-m)(\rho^4-2m\rho^2\cos 2\theta+m^2)-\rho^2(\rho^4-m^2)(1+m^2-2m\cos 2\theta)] \tag{6-151}$$

$$\tau_{\rho\theta}=2p\frac{\rho^2(m\rho^4+m^3-\rho^2m^3-\rho^2m)\sin 2\theta}{(\rho^4-2m\rho^2\cos 2\theta+m^2)^2} \tag{6-152}$$

本问题同样可以用曲线坐标法解之，其最终成果为：

$$
\left.\begin{aligned}
\sigma_{\xi} &= p\frac{\sinh 2\xi(\cosh 2\xi-\cosh 2\xi_{0})}{(\cosh 2\xi-\cos 2\eta)^{2}}-p \\
\sigma_{\eta} &= p\frac{\sinh 2\xi(\cosh 2\xi+\cosh 2\xi_{0}-2\cos 2\eta)}{(\cosh 2\xi-\cos 2\eta)^{2}} \\
\tau_{\xi\eta} &= p\frac{\sin 2\eta(\cosh 2\xi-\cosh 2\xi_{0})}{(\cosh 2\xi-\cos 2\eta)^{2}}
\end{aligned}\right\} \tag{6-153}
$$

式中，符号$\xi$、$\eta$、$\xi_0$等的定义均和以前相同，$p$为作用在孔口边界上的正向压力。

## 第四节　无限域中的矩形孔

无限域中的矩形孔口，处在均匀的拉力场中时，孔口附近的应力分布，也可以用复变函数法确定。其计算原理与步骤和上节相似，也是首先找出将矩形孔口变换为单位圆的变换函数$\omega(\zeta)$，再确定两个应力函数$\varphi(\zeta)$和$\psi(\zeta)$，然后代入基本公式中来计算应力。

将矩形变换为单位圆的变换函数，在理论上讲，是一个无限级数，但实际上我们只采用有限的项，这样得出的虽非精确的矩形，但当所取项数在三或四项以上时，已极接近为矩形了。

在Г.Н.萨文的著作中，给出一些矩形孔口的解答，现转录于下，以供参考。

1. 正方形孔

$$
\left.\begin{aligned}
\omega(\zeta) &= R\left(\frac{1}{\zeta}-\frac{1}{6}\zeta^{3}+\frac{1}{56}\zeta^{7}-\frac{1}{176}\zeta^{11}+\cdots\right) \\
\varphi(\zeta) &= pR\left[\frac{1}{4\zeta}+\left(\frac{3}{7}\cos 2\alpha+\mathrm{i}\frac{3}{5}\sin 2\alpha\right)\zeta+\frac{1}{24}\zeta^{3}\right] \\
\psi(\zeta) &= -pR\left[\frac{\mathrm{e}^{-2\mathrm{i}\alpha}}{2\zeta}+\frac{13\zeta-26\left(\frac{3}{7}\cos 2\alpha+\mathrm{i}\frac{3}{5}\sin 2\alpha\right)\zeta^{3}}{12(2+\zeta^{4})}\right]
\end{aligned}\right\} \tag{6-154}
$$

式中　$R$——单位圆半径，它控制正方形的尺寸；

$p$——均匀应力场的强度；

$\alpha$——$p$的方向与$x$轴的交角。

在推导$\varphi(\zeta)$及$\psi(\zeta)$时，变换函数中只取了两项，即$\omega(\zeta)=R\left(\frac{1}{\zeta}-\frac{1}{6}\zeta^{3}\right)$，这样，以$\zeta=\rho \mathrm{e}^{\mathrm{i}\theta}$代入：

$$
\left.\begin{aligned}
x &= R\left(\frac{\cos\theta}{\rho}-\frac{1}{6}\rho^{3}\cos 3\theta\right) \\
y &= R\left(-\frac{\sin\theta}{\rho}-\frac{1}{6}\rho^{3}\sin 3\theta\right)
\end{aligned}\right\} \tag{6-155}
$$

在孔口边界上$\rho=1$，故：

$$\left.\begin{aligned}x&=R\left(\cos\theta-\frac{1}{6}\cos3\theta\right)\\y&=R\left(-\sin\theta-\frac{1}{6}\sin3\theta\right)\end{aligned}\right\}\tag{6-156}$$

所得出的是一个略带圆角的正方形。以 $a$ 代表这一曲线正方形的边长（沿 $ox$ 或 $oy$ 轴量），则在式（6-156）中置$\theta=0$，可得$a=2x=2R\left(1-\frac{1}{6}\right)=\frac{5}{3}R$，或$R=\frac{3}{5}a$。

如果$\alpha=0$，即$\sigma_x^{(\infty)}=p$，$\sigma_y^{(\infty)}=\tau_{xy}^{(\infty)}=0$，则：

$$\left.\begin{aligned}\varphi(\zeta)&=pR\left(\frac{1}{4\zeta}+\frac{3}{7}\zeta+\frac{1}{24}\zeta^3\right)\\\psi(\zeta)&=-pR\left[\frac{1}{2\zeta}+\frac{91\zeta-78\zeta^3}{84(\zeta^4+2)}\right]\end{aligned}\right\}\tag{6-157}$$

由此可推求$\sigma_\rho$、$\sigma_\theta$及$\tau_{\rho\theta}$的公式，但甚冗长，只有在边界上，因$\rho=1$、$\tau_{\rho\theta}=\sigma_\rho=0$，故可得出较简单的成果：

$$\sigma_\theta=\frac{4(AC+BD)}{C^2+D^2}p\tag{6-158}$$

式中

$$\begin{aligned}A&=14-24\cos2\theta-7\cos4\theta\\B&=-24\sin4\theta-7\sin4\theta\\C&=56+28\cos4\theta\\D&=28\sin4\theta\end{aligned}\tag{6-159}$$

如果$\alpha=\frac{\pi}{4}$，则复势函数为：

$$\left.\begin{aligned}\varphi(\zeta)&=pR\left(\frac{1}{4\zeta}+\mathrm{i}\frac{3}{5}\zeta+\frac{1}{24}\zeta^3\right)\\\psi(\zeta)&=pR\left[\frac{\mathrm{i}}{2\zeta}-\frac{65\zeta-\mathrm{i}78\zeta^3}{60(2+\zeta^4)}\right]\end{aligned}\right\}\tag{6-160}$$

在孔周的应力仍以式（6-158）表之，但：

$$\left.\begin{aligned}A&=10+24\sin2\theta-5\cos4\theta\\B&=-24\cos2\theta-5\sin4\theta\\C&=40+20\cos4\theta\\D&=20\sin4\theta\end{aligned}\right\}\tag{6-161}$$

如果在变换函数［式（6-154）中的第一式］中多取一项，则可得到较精确的复势函数：

$$\left.\begin{aligned}\varphi(\zeta)&=pR\left(\frac{1}{4\zeta}+0.426\zeta+0.046\zeta^3+0.008\zeta^5+0.004\zeta^7\right)\\\psi(\zeta)&=-pR\left(\frac{1}{2\zeta}-\frac{0.548\zeta-0.457\zeta^3-0.026\zeta^5-0.029\zeta^7}{1+0.5\zeta^4+0.125\zeta^8}\right)\end{aligned}\right\}\tag{6-162}$$

上述复势函数的形式虽非特别复杂，但代入应力公式中去推求分应力公式时，却异常冗长复杂（除个别断面或孔口边界上以外），这是复势函数解法的一个缺点。为了克服这个缺点，我们可注意，应力公式

$$\sigma_\rho+\sigma_\theta=2\left[\frac{\varphi'(\zeta)}{\omega'(\zeta)}+\overline{\frac{\varphi'(\zeta)}{\omega'(\zeta)}}\right]$$

$$\sigma_\theta-\sigma_\rho+2\mathrm{i}\,\tau_{\rho\theta}=\frac{2\zeta^2}{\rho^2\overline{\omega'(\zeta)}}\left[\overline{\omega(\zeta)}\left(\frac{\varphi'(\zeta)}{\omega'(\zeta)}\right)'+\omega'(\zeta)\frac{\psi'(\zeta)}{\omega'(\zeta)}\right]$$

中，最难求的是$\left(\frac{\varphi'(\zeta)}{\omega'(\zeta)}\right)'$和$\psi'(\zeta)$这些项，因此，我们不妨采用数值解法，即计算各指定点的$\frac{\varphi'(\zeta)}{\omega'(\zeta)}$及$\psi(\zeta)$，然后计算其邻近点上的$\frac{\varphi'(\zeta)}{\omega'(\zeta)}$及$\psi'(\zeta)$，再用差分法计算$\left(\frac{\varphi'(\zeta)}{\omega'(\zeta)}\right)'$和$\psi'(\zeta)$。

另外一个办法是用$\varphi(\zeta)$及$\psi(\zeta)$计算指定点上的艾雷应力函数$F$：

$$\frac{\partial F}{\partial x}+\mathrm{i}\frac{\partial F}{\partial y}=\varphi(\zeta)+\frac{\omega(\zeta)}{\overline{\omega'(\zeta)}}\overline{\varphi(\zeta)}+\overline{\psi(\zeta)} \tag{6-163}$$

然后计算其邻近点的$\frac{\partial F}{\partial x}+\mathrm{i}\frac{\partial F}{\partial y}$，并用有限差法计算$\frac{\partial^2 F}{\partial x^2}$、$\frac{\partial^2 F}{\partial y^2}$及$\frac{\partial^2 F}{\partial x\partial y}$，然后按定义计算分应力：

$$\sigma_x=\frac{\partial^2 F}{\partial y^2},\quad \sigma_y=\frac{\partial^2 F}{\partial x^2},\quad \tau_{xy}=-\frac{\partial^2 F}{\partial x\partial y}$$

2. 矩形孔，长短边之比为$\frac{a}{b}=5$

变换函数为：

$$\omega(\zeta)=R\left(\frac{1}{\zeta}+0.643\,\zeta-0.098\,\zeta^3-0.038\,\zeta^5-0.011\,\zeta^7\right) \tag{6-164}$$

当此矩形位于拉力场$p$中，$p$的方向与$x$轴（长边）成$\alpha$角，则$\alpha=0$时的复势函数为：

$$\left.\begin{aligned}\varphi(\zeta)&=pR\left(\frac{0.25}{\zeta}+0.323\,\zeta+0.016\,\zeta^3+0.008\,\zeta^5+0.003\,\zeta^7\right)\\ \psi(\zeta)&=-pR\left(\frac{0.5+0.101\,\zeta^2+0.414\,\zeta^4+0.064\,\zeta^6+0.021\,\zeta^8}{\zeta-0.643\,\zeta^3+0.293\,\zeta^5+0.189\,\zeta^7+0.078\,\zeta^9}\right)\end{aligned}\right\} \tag{6-165}$$

当$\alpha=\frac{\pi}{2}$时，复势函数为：

$$\left.\begin{aligned}\varphi(\zeta)&=pR\left(\frac{0.25}{\zeta}-0.586\zeta+0.055\zeta^3+0.018\zeta^5+0.003\zeta^7\right)\\ \psi(\zeta)&=pR\left(\frac{0.5-1.256\zeta^2-0.172\zeta^4+0.252\zeta^6+0.100\zeta^8}{\zeta-0.643\zeta^3+0.293\zeta^5+0.189\zeta^7+0.078\zeta^9}\right)\end{aligned}\right\}\quad(6\text{-}166)$$

当 $\alpha=\frac{\pi}{3}$ 时，复势函数为：

$$\left.\begin{aligned}\varphi(\zeta)&=pR\left[\frac{0.25}{\zeta}-(0.358-0.500\mathrm{i})\zeta+(0.045+0.023\mathrm{i})\zeta^3\right.\\&\quad\left.+(0.015+0.006\mathrm{i})\zeta^5+0.003\zeta^7\right]\\ \psi(\zeta)&=pR\left(\frac{0.25+0.433\mathrm{i}}{\zeta}+\frac{0.040\zeta^7+0.127\zeta^5-0.096\zeta^3-0.832\zeta}{1-0.643\zeta^2+0.293\zeta^4+0.189\zeta^6+0.078\zeta^8}\right.\\&\quad\left.+\mathrm{i}\frac{0.280\zeta+0.574\zeta^3+0.102\zeta^5+0.034\zeta^7}{1-0.643\zeta^2+0.293\zeta^4+0.189\zeta^6+0.078\zeta^8}\right)\end{aligned}\right\}\quad(6\text{-}167)$$

当 $\alpha=\frac{\pi}{6}$ 时，复势函数为：

$$\left.\begin{aligned}\varphi(\zeta)&=pR\left[\frac{0.25}{\zeta}+(0.090-0.500\mathrm{i})\zeta+(0.026-0.023\mathrm{i})\zeta^3\right.\\&\quad\left.+(0.011-0.006\mathrm{i})\zeta^5+0.003\zeta^7\right]\\ \psi(\zeta)&=pR\left(-\frac{0.25+0.433\mathrm{i}}{\zeta}-\frac{0.564\zeta-0.263\zeta^3+0.066\zeta^5-0.034\zeta^7}{1-0.643\zeta^2+0.293\zeta^4+0.189\zeta^6+0.078\zeta^8}\right.\\&\quad\left.+\mathrm{i}\frac{0.280\zeta+0.567\zeta^3+0.102\zeta^5+0.032\zeta^7}{1-0.643\zeta^2+0.293\zeta^4+0.189\zeta^6+0.078\zeta^8}\right)\end{aligned}\right\}\quad(6\text{-}168)$$

3. 矩形孔，长短边之比为 $\frac{a}{b}=3.2$

变换函数为：

$$\omega(\zeta)=R\left(\frac{1}{\zeta}+0.5\zeta-0.125\zeta^3-0.038\zeta^5\right)\quad(6\text{-}169)$$

当 $\alpha=0$，即 $\sigma_x^{(\infty)}=p$、$\sigma_y^{(\infty)}=\tau_{xy}^{(\infty)}=0$ 时：

$$\left.\begin{aligned}\varphi(\zeta)&=pR\left(\frac{0.25}{\zeta}+0.338\zeta+0.023\zeta^3+0.0095\zeta^5\right)\\ \psi(\zeta)&=-pR\left(\frac{0.5}{\zeta}+\frac{0.432\zeta-0.549\zeta^3-0.029\zeta^5}{1-0.5\zeta^2+0.375\zeta^4+0.190\zeta^5}\right)\end{aligned}\right\}\quad(6\text{-}170)$$

当 $\alpha=\frac{\pi}{2}$，即 $\sigma_x^{(\infty)}=0=\tau_{xy}^{(\infty)}$、$\sigma_y^{(\infty)}=p$ 时：

$$
\left.\begin{aligned}
\varphi(\zeta) &= pR\left(\frac{0.25}{\zeta} - 0.538\zeta + 0.0385^3 + 0.0095\zeta^5\right) \\
\psi(\zeta) &= pR\left(\frac{0.5}{\zeta} + \frac{0.826\zeta + 0.360\zeta^3 + 0.510\zeta^5}{1 - 0.5\zeta^2 + 0.375\zeta^4 + 0.190\zeta^6}\right)
\end{aligned}\right\} \tag{6-171}
$$

在表 6-11 中给出了正方形孔和上述两种矩形孔在孔边的$\sigma_\theta$值，以应力场强度 $p$ 为单位。

**表 6-11　　正方形孔和两种矩形孔在孔边的$\sigma_\theta$值**

| $\theta$ | 正方形孔 $\alpha=0$ | 矩形孔　$a/b=5$ | | | | 矩形孔　$a/b=3.2$ | |
|---|---|---|---|---|---|---|---|
| | | $\alpha=0$ | $\alpha=\pi/6$ | $\alpha=\pi/3$ | $\alpha=\pi/2$ | $\alpha=0$ | $\alpha=\pi/2$ |
| 0 | −0.936 | −0.768 | +0.033 | +1.641 | +2.420 | −0.770 | +2.152 |
| 20 | | −0.152 | −0.452 | +9.070 | +8.050 | −0.686 | +4.257 |
| 25 | | +2.692 | −2.519 | +12.556 | +7.030 | | +6.204 |
| 30 | | +2.812 | −2.264 | +5.541 | +1.344 | +2.610 | +5.512 |
| 35 | −0.544 | | | | | +3.181 | |
| 40 | +0.605 | +1.558 | −0.278 | +1.214 | −0.644 | +2.392 | −0.193 |
| 45 | +4.368 | | | | | | |
| 50 | +4.460 | | | | | | |
| 55 | +2.888 | | | | | | |
| 90 | +1.760 | +1.592 | +0.653 | −0.412 | −0.940 | +1.342 | −0.980 |
| 140 | | +1.558 | +1.877 | −1.889 | −0.644 | | |
| 150 | | +2.812 | +7.466 | −2.078 | +1.344 | | |
| 160 | | −0.152 | +5.096 | +2.115 | +8.050 | | |
| 180 | | −0.768 | +0.033 | +1.641 | +2.420 | | |

上面介绍的公式和数据，都是Γ.Η.萨文应用Η.И.幕斯黑列什维里的复变函数法研究孔口附近应力集中问题时所推导出来的。对于长短边为其他比值的矩形孔，我们也可类似地进行计算，大致说来，其步骤如下：

（1）求出变换函数：

$$
\omega(\zeta) = R\left(\frac{1}{\zeta} + a_1\zeta + a_3\zeta^3 + a_5\zeta^5 + \cdots\right)
$$

（2）求出复势函数$\varphi(\zeta)$及$\psi(\zeta)$；

（3）代入应力公式（6-98）、式（6-99）计算应力。

但总的讲来，这种计算工作量相当巨大。其中变换函数可用试算法得之，复势函数要用幂级数法或由柯西型积分定出，而计算分应力的工作更大，常以采用上面介绍过的差分求法比较切实用一些。在这种计算中包括很多复数的运算，常非一般工程技术人员所熟悉，这也是此方法的一个缺点。所以，除非有特殊的需要，我们多利用一些现成的资料或数据进行设计，而避免采用按照原始的公式重新导算。关于应用复变函数法直接计算孔口附近应力集中问题的步骤，在下一节中有稍较详细的介绍。

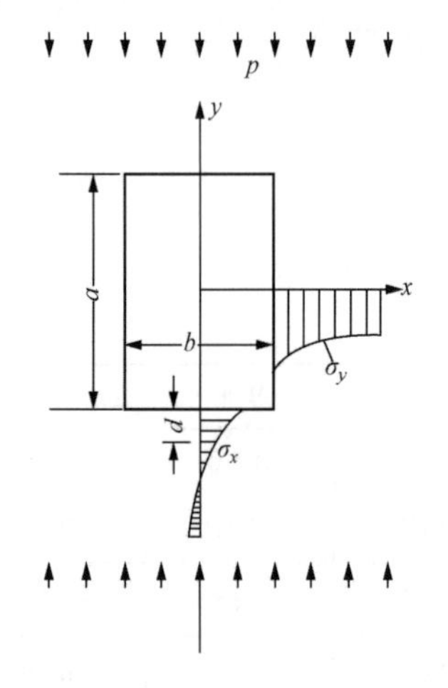


图 6-17　矩形孔口

以上介绍的是矩形孔口附近应力分布的理论分析法。前已述及，这种方法计算工作比较繁重，一般在设计中并不采用，下面将介绍一些简单便用的设计资料。

菲立普斯（H.Boyd Phillips）及亚伦（Ira E.Allen）曾对各种边长比值的矩形孔口，进行偏光弹性干涉仪分析，并且整理成曲线[1]，较便于设计应用，兹介绍如下。

图 6-17 中示一无限域中的矩形孔口，位在均匀压力场$\sigma_y=p$中。这时，沿垂直中心线（$y$ 轴）上靠近孔口处将产生拉应力$\sigma_x$。根据研究，$\sigma_x$与矩形两边边长比值 $a/b$ 间存在以下关系：当 $a/b$ 增加时，$\sigma_x$ 也稍增加，但增加之值殊为微小，在设计上可以忽略不计。因此，不论 $a/b$ 如何，常可采用图 6-18 中的曲线。图中曲线的纵坐标为$\sigma_x/p$ 值，横坐标为 $d/b$ 值，$d$ 为所考虑应力之点离开孔边的距离。由图可知，在 $d=0.42b$ 处，$\sigma_x=0$，再过去即将为压应力了，全部拉力区面积约为 0.149$bp$。

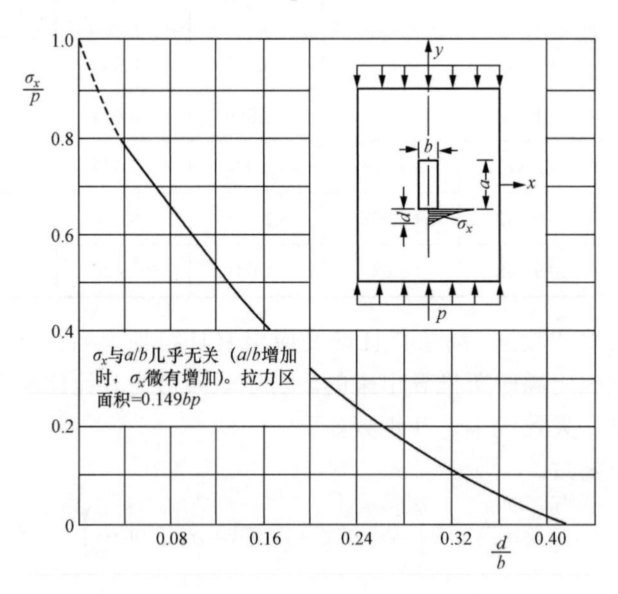


图 6-18　矩形孔应力曲线

[1] 参见 Proceeding of ASCE，Jouroal of Engineering Mechanics Division，Vol. 86.

图 6-19 中的矩形孔口位在均匀压力场$\sigma_y=p$中，现在研究一下沿 $x$ 轴上的应力分布。显然，在 $x$ 轴上全为压应力，在孔边处最大，离孔边愈远，压力愈小，但以$\sigma_y=p$为极限。这里，和 $y$ 轴上的$\sigma_x$相反，$x$ 轴上的$\sigma_y$的分布与矩形边长之比 $b/a$ 关系很大，$b/a$ 愈大，靠近孔边的压应力集中程度也愈大。例如，当 $b/a\rightarrow\infty$，即矩形孔缩为一条水平裂缝时，在 $x$ 轴上的压应力 $\sigma_y$ 将按下式分布：

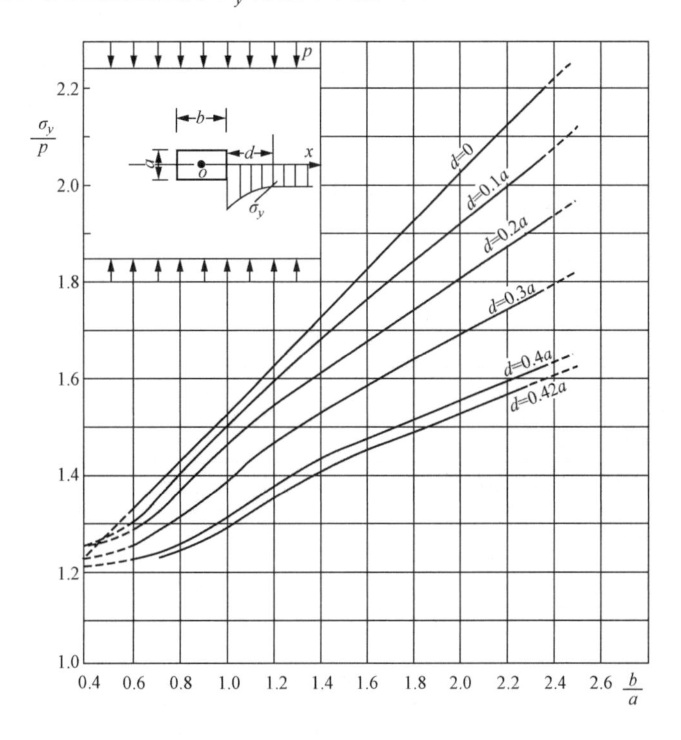


图 6-19　矩形孔应力曲线

$$\sigma_y = p\frac{x}{\sqrt{x^2-(b/2)^2}}$$

而在孔边处$\sigma_y$达无限大。又当 $b/a\rightarrow0$，即矩形孔缩成一条垂直裂缝时，$x$ 轴上的压应力又成为均匀分布：$\sigma_y=p$（参见本章第七节）。

图 6-19 表示从 $b/a=0.4$ 到 $b/a=2.4$ 范围内的$\sigma_y$值，分布深度从 $d=0$ 起到 $d=0.42a$。

这些资料的用法是较简单的，其步骤如下：

（1）计算矩形孔中心的应力 $\sigma_y$ 和 $\sigma_x$ 。

（2）计算在正应力场 $\sigma_y$ 作用下沿 $y$ 轴及沿 $x$ 轴的应力，并绘成曲线，即将图 6-18 及图 6-19 中的资料，乘以 $\sigma_y$ 后，画成曲线。

（3）计算在正应力场 $\sigma_x$ 作用下沿 $y$ 轴及沿 $x$ 轴的应力，并绘成曲线。这仍可应用图 6-18 和图 6-19 中的资料，唯须用图 6-18 中的曲线求 $x$ 轴上的 $\sigma_y$，而用图 6-19 中的曲线求 $y$ 轴上的 $\sigma_x$ 。同时，在查曲线时须把两边长的比值改用其倒数。

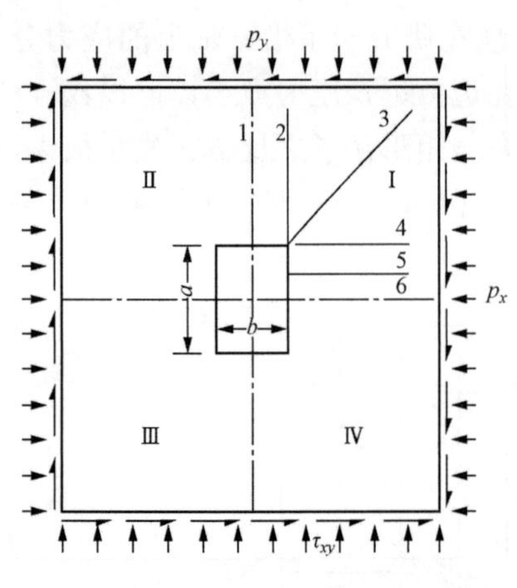


图 6-20 矩形孔光弹性试验断面

（4）将两次所得成果叠加，求出沿 $x$、$y$ 轴上的合成应力，计算总拉应力，据此配置钢筋。

实际工程中，矩形廊道的高宽比常在 1.5 左右，故对 $a/b=1.5$ 的矩形孔进行了较详细的试验。图 6-20 中表示试验的项目，即将矩形孔置于 $\sigma_x=p_x$、$\sigma_y=p_y$ 和 $\tau_{xy}$ 等三种均匀应力场中，测定 6 条射线上的正应力。其成果见表 6-12～表 6-14。应用这些资料可以求出矩形廊道附近应力状态，以便进行各种设计计算。

应用时，仍先求出矩形孔口中心处三个分应力 $\sigma_x$、$\sigma_y$ 及 $\tau$，然后将表中的系数分别乘上这三个分应力再叠加，即得各射线上的正应力。

**表 6-12** $\sigma/p_y$ 值

| $d/b$ | 1 线 | 2 线 | 3 线 | 4 线 | 5 线 | 6 线 |
|---|---|---|---|---|---|---|
| 0 | −0.92 | | — | — | +1.49 | +1.36 |
| 0.05 | −0.75 | +0.03 | +1.06 | +1.54 | +1.46 | +1.35 |
| 0.10 | −0.59 | −0.13 | +0.85 | +1.39 | +1.42 | +1.34 |
| 0.15 | −0.44 | −0.21 | +0.76 | +1.31 | +1.38 | +1.34 |
| 0.20 | −0.32 | −0.23 | +0.71 | +1.27 | +1.33 | +1.33 |
| 0.30 | −0.13 | −0.18 | +0.64 | +1.21 | +1.27 | +1.31 |
| 0.40 | −0.02 | −0.12 | +0.59 | +1.16 | +1.22 | +1.29 |
| 0.50 | +0.04 | −0.08 | +0.58 | +1.13 | +1.18 | +1.26 |
| 0.60 | +0.07 | −0.05 | +0.56 | +1.10 | +1.16 | +1.23 |
| 0.70 | +0.09 | −0.03 | +0.54 | +1.07 | +1.13 | +1.21 |
| 0.80 | +0.10 | −0.02 | +0.53 | +1.05 | +1.10 | +1.19 |
| 0.90 | +0.11 | 0 | +0.52 | +1.04 | +1.08 | +1.18 |
| 1.00 | +0.11 | +0.01 | +0.51 | +1.03 | +1.06 | +1.17 |

**表 6-13** $\sigma/p_x$ 值

| $d/b$ | 1 线 | 2 线 | 3 线 | 4 线 | 5 线 | 6 线 |
|---|---|---|---|---|---|---|
| 0 | +1.78 | — | — | — | −0.89 | −0.92 |
| 0.05 | +1.75 | +1.81 | +1.32 | +0.14 | −0.78 | −0.81 |
| 0.10 | +1.72 | +1.66 | +1.12 | −0.07 | −0.66 | −0.70 |
| 0.15 | +1.69 | +1.57 | +0.99 | −0.14 | −0.55 | −0.59 |
| 0.20 | +1.65 | +1.51 | +0.89 | −0.16 | −0.43 | −0.49 |

续表

| d/b | 1线 | 2线 | 3线 | 4线 | 5线 | 6线 |
|---|---|---|---|---|---|---|
| 0.30 | +1.55 | +1.44 | +0.77 | −0.17 | −0.24 | −0.32 |
| 0.40 | +1.45 | +1.36 | +0.70 | −0.15 | −0.14 | −0.18 |
| 0.50 | +1.36 | +1.30 | +0.65 | −0.13 | −0.08 | −0.09 |
| 0.60 | +1.28 | +1.25 | +0.61 | −0.11 | −0.05 | −0.02 |
| 0.70 | +1.23 | +1.21 | +0.59 | −0.08 | −0.02 | +0.03 |
| 0.80 | +1.19 | +1.17 | +0.57 | −0.05 | +0.01 | +0.06 |
| 0.90 | +1.16 | +1.13 | +0.55 | −0.02 | +0.03 | +0.07 |
| 1.00 | +1.14 | +1.11 | +0.54 | +0.02 | +0.05 | +0.08 |

**表 6-14　　　$\sigma/\tau_{xy}$ 值**

| d/b | 1线 | 2线 | 3线 | 4线 | 5线 | 6线 |
|---|---|---|---|---|---|---|
| 0 | 0 | | — | — | −0.95 | 0 |
| 0.05 | 0 | −1.94 | −2.77 | −2.36 | −1.00 | 0 |
| 0.10 | 0 | −1.44 | −2.20 | −1.83 | −0.99 | 0 |
| 0.15 | 0 | −1.07 | −1.89 | −1.43 | −0.93 | 0 |
| 0.20 | 0 | −0.79 | −1.69 | −1.17 | −0.85 | 0 |
| 0.30 | 0 | −0.42 | −1.45 | −0.82 | −0.65 | 0 |
| 0.40 | 0 | −0.21 | −1.28 | −0.60 | −0.43 | 0 |
| 0.50 | 0 | −0.14 | −1.18 | −0.44 | −0.27 | 0 |
| 0.60 | 0 | −0.11 | −1.11 | −0.33 | −0.17 | 0 |
| 0.70 | 0 | −0.08 | −1.06 | −0.23 | −0.10 | 0 |
| 0.80 | 0 | −0.06 | −1.02 | −0.18 | −0.06 | 0 |
| 0.90 | 0 | −0.05 | −0.99 | −0.12 | −0.03 | 0 |
| 1.00 | 0 | −0.04 | −0.98 | −0.08 | −0.02 | 0 |

在表中，“+”号表示压应力，“−”号表示拉应力，$b$ 表示廊道宽，$d$ 表示沿线各点距孔边距离，$p_x$ 及 $p_y$ 为沿 $x$、$y$ 方向的均匀应力场，以压应力为正。表中的$\sigma/p_y$ 及$\sigma/p_x$ 值沿两中心轴对称，而$\sigma/\tau_{xy}$ 值系指在Ⅰ、Ⅲ象限中的值，在Ⅱ、Ⅳ象限中符号应相反。

引用上述曲线和数表，虽较直接计算已省事甚多，但尚可作进一步简化，以便设计。一般在设计中起决定性作用的是在正应力场$\sigma_y$ 和$\sigma_x$ 作用下（设均为压应力）沿 $y$ 轴上的总拉力区面积。这块面积常可以式 $P=\alpha B\sigma_y$ 表示之，其中 $B=b$ 是廊道宽度，以 m 计，$\sigma_y$ 是垂向压力场强度，以 $kg/cm^2$ 计，$\alpha$ 是一个数字系数，$P$ 是每一米长的廊道上的总拉力，以 kg/m 计。在确定$\alpha$的绝对值时，须注意适应 $P$、$B$ 及$\sigma_y$ 所选取的单位。

$\alpha$值可通过图 6-21 中的曲线来确定，即先将$\sigma_x$以与$\sigma_y$的比值表之，再由图查出$\alpha$值并据以计算 $P$ 值，显然 $P$ 是$\sigma_x/\sigma_y$的函数。

在求出总拉应力 $P$ 后，所需的配筋断面积显然为：

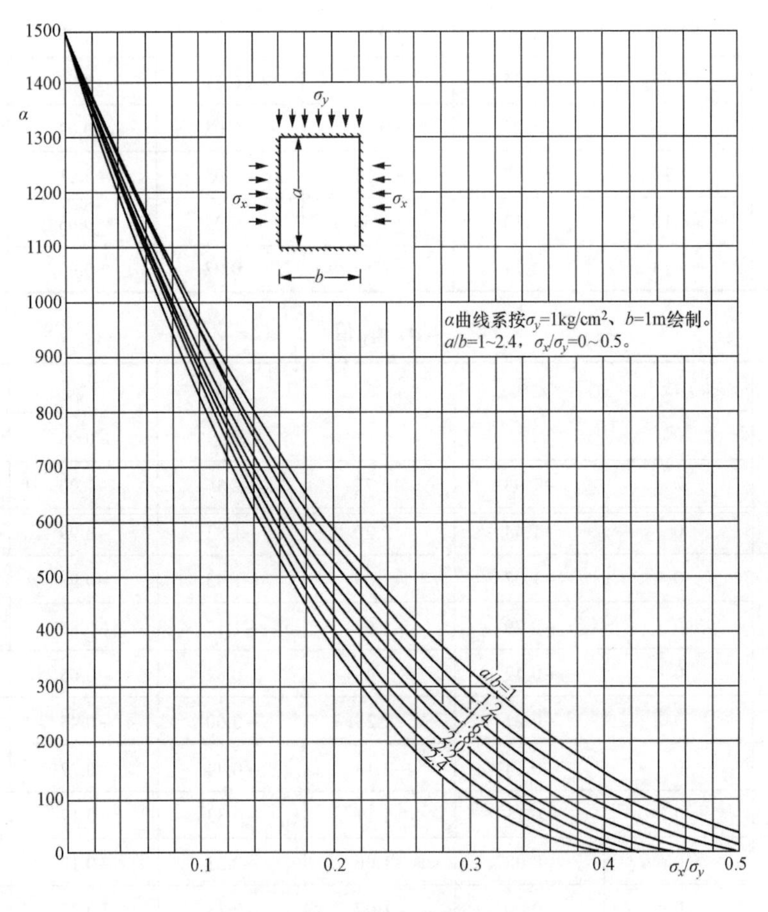


图 6-21　$\alpha$曲线

$$F_s=\frac{P}{\sigma_a}=\alpha B\frac{\sigma_y}{\sigma_a}$$

式中，$\sigma_a$为钢筋允许应力，以 kg/cm$^2$ 计；而 $F_s$ 的单位是 cm$^2$/m 长廊道。

图 6-21 中给出各种形状矩形廊道（$a/b$ 从 1～2.4）在各种$\sigma_x/\sigma_y$比值（从 0～0.5）下的系数$\alpha$值，$\alpha$的绝对值已调整到与 $B$ 和 $F_s$ 的单位相适应了。

有了这一张曲线图后，配筋计算将极为方便。例如，设有一个矩形廊道，宽 1.5m，高 2.25m，在其形心处的应力是$\sigma_y=20$kg/cm$^2$，$\sigma_x=2$kg/cm$^2$。又钢筋允许应力采用 1250kg/cm$^2$。故$\sigma_x/\sigma_y=0.1$，$a/b=1.5$。由图 6-21 中确定相应的$\alpha$值为$\alpha\approx 925$，因而：

$$F_s=925\times 1.5\times\frac{20}{1250}=22.5\ (\text{cm}^2/\text{m})$$

查钢筋面积表，可配 24mm 圆钢筋，间距 20cm，$F_s=22.6$。

最后，我们考虑一下矩形廊道内部承受均匀水压力的情况。这个情况可以利用叠加法分解成为三个情况之和，如图 6-22 所示。其中图 6-22（b）中的应力状态是各点上都承受“静水状态”的压应力（即 $\sigma_x=\sigma_y=\sigma_{\text{I}}=\sigma_{\text{II}}=-p$），图 6-22（c），又可拆为沿 $x$ 轴及沿 $y$ 轴受均布拉力两种情况，即第二、第三状态可以应用本节中所供给的图表求出控制断面上的应力。三者叠加后，即得最终成果。

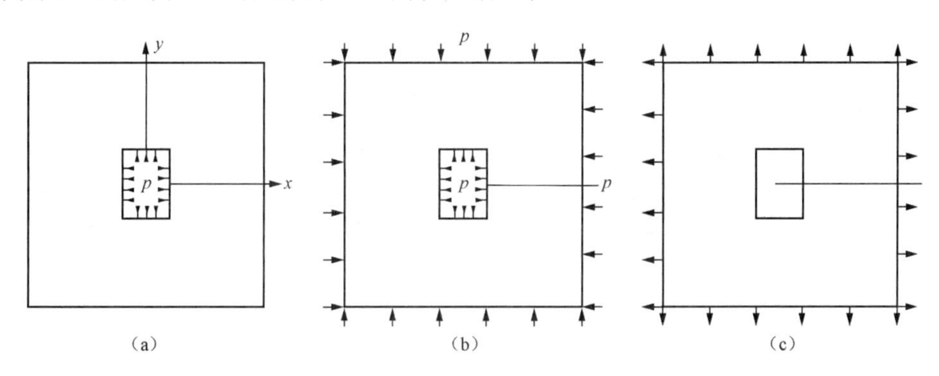


图 6-22　承受内压力的矩形孔计算法

例如，设上述矩形廊道，宽 1.5m，高 2.25m，在孔内承受均匀水压力 $p=10\text{kg/cm}^2$。则可计算如下：

（1）沿 $x$ 轴的应力分布。令 $\bar{x}$ 代表计算点距孔边的水平距离，取 $\bar{x}=0$、$0.05B$、…各点，在应力场 $p_x=10$（拉力）作用下，其应力可从表 6-13 的第 6 线得之，记为 $\sigma_{y1}$。在应力场 $p_y=10$ 作用下，其应力亦可自表 6-12 第 6 线得之，记为 $\sigma_{y2}$。$\sigma_{y1}$ 及 $\sigma_{y2}$ 值列如表 6-15（以拉应力为正）：

**表 6-15**　　　　$\sigma_y$ 计 算 表

| $\bar{x}/B$ | 0 | 0.05 | 0.10 | 0.15 | 0.20 | 0.30 | 0.40 | 0.50 | 0.60 | 0.70 | 0.80 | 0.90 | 1.00 | ∞ |
|---|---|---|---|---|---|---|---|---|---|---|---|---|---|---|
| $\sigma_{y1}$ | −9.2 | −8.1 | −7.0 | −5.9 | −4.9 | −3.2 | −1.8 | −0.9 | −0.2 | +0.3 | +0.6 | +0.7 | +0.8 | 0 |
| $\sigma_{y2}$ | +13.6 | +13.5 | +13.4 | +13.4 | +13.3 | +13.1 | +12.9 | +12.6 | +12.3 | +12.1 | +11.9 | +11.8 | +11.7 | +10.0 |
| $\sigma_{y3}$ | −10.0 | −10.0 | −10.0 | −10.0 | −10.0 | −10.0 | −10.0 | −10.0 | −10.0 | −10.0 | −10.0 | −10.0 | −10.0 | −10.0 |
| 总计 | −5.6 | −4.6 | −3.6 | −2.5 | −1.6 | −0.1 | +1.1 | +1.7 | +2.1 | +2.4 | +2.5 | +2.5 | +2.5 | 0 |

然后叠加情况一，即各点上有一均匀压应力 $p=-10.0$，最终结果示于上表的最后一行。显然可见，在这个情况下，沿 $x$ 轴上离孔口 $0.3B$ 以外产生拉应力。

（2）沿 $y$ 轴的应力分布。可按相同方法求出，列如表 6-16（$\bar{y}$ 表示所考虑点距孔口边缘之垂距）。

**表 6-16**　　　　$\sigma_x$ 计 算 表

| $\bar{y}/B$ | 0 | 0.05 | 0.10 | 0.15 | 0.20 | 0.30 | 0.40 | 0.50 | 0.60 | 0.70 | 0.80 | 0.90 | 1.00 | ∞ |
|---|---|---|---|---|---|---|---|---|---|---|---|---|---|---|
| $\sigma_{x1}$（由于 $p_x$） | +17.8 | +17.5 | +17.2 | +16.9 | +16.5 | +15.5 | +14.5 | +13.6 | +12.8 | +12.3 | +11.9 | +11.6 | +11.4 | +10.0 |

续表

| $\overline{y}/B$ | 0 | 0.05 | 0.10 | 0.15 | 0.20 | 0.30 | 0.40 | 0.50 | 0.60 | 0.70 | 0.80 | 0.90 | 1.00 | ∞ |
|---|---|---|---|---|---|---|---|---|---|---|---|---|---|---|
| $\sigma_{x2}$（由于$p_y$） | −9.2 | −7.5 | −5.9 | −4.4 | −3.2 | −1.3 | −0.2 | +0.4 | +0.7 | +0.9 | +1.0 | +1.1 | +1.1 | 0 |
| $\sigma_{x3}$（均匀压力） | −10.0 | −10.0 | −10.0 | −10.0 | −10.0 | −10.0 | −10.0 | −10.0 | −10.0 | −10.0 | −10.0 | −10.0 | −10.0 | −10.0 |
| 总计 | −1.4 | 0 | +1.3 | +2.5 | +3.3 | +4.2 | +4.3 | +4.0 | +3.5 | +3.2 | +2.9 | +2.7 | +2.5 | 0 |

在$y$轴上，在离孔边0.05$B$以外，即为拉应力区。

## 第五节　无限域中的标准廊道

坝体内的视察、排水或灌浆廊道常常做成上圆下方的“马蹄形”或“城门洞形”。这种孔口的应力分析仍可采用幕斯黑列什维里的复变函数法解决，但现在要找寻其变换函数$\omega(\zeta)$及应力函数$\varphi(\zeta)$及$\psi(\zeta)$将更复杂一些。通常我们常常利用一些应力试验的成果来进行配筋设计，而很少做精确的数学分析。

美国垦务局光弹性试验室曾以图6-23中所示的标准尺寸的廊道，进行一系列的试验，求出在三种应力场（$\sigma_y$、$\sigma_x$和$\tau_{xy}$）中，廊道周围各截面上的各分应力，其成果在设计时应用尚方便。试验中，测量应力的截面共有13条，即$A$、$B$、$C$、$D$、$E$、$F$、$G$、$H$、$I$、$J$、$K$、$L$和$M$，其位置可见图6-23。

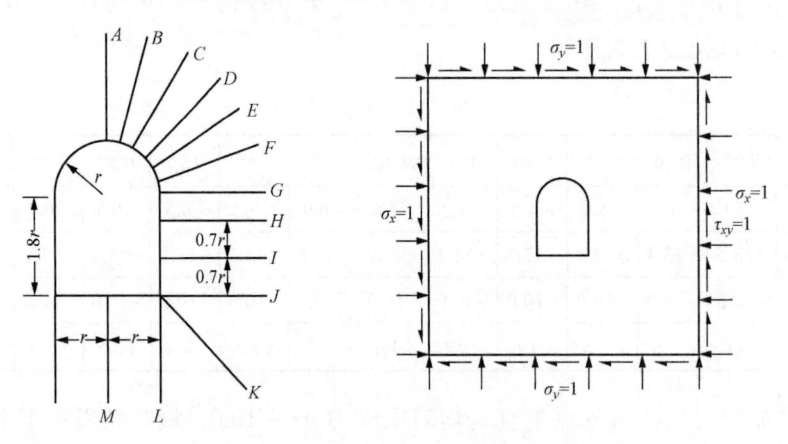


图6-23　标准廊道光弹性试验示意图

在各种应力场中，各截面上的应力系数列于表6-17～表6-25中。应力系数就是各点绝对应力与应力场强度的比值。正应力中正号指压应力，负号指拉应力。

**表6-17　在正应力场$\sigma_y=1$中各截面上环向（正交于截面）应力系数**

| 截面 \ 距孔边距离 | 0 | 0.2$r$ | 0.4$r$ | 0.8$r$ | 1.2$r$ | 1.6$r$ |
|---|---|---|---|---|---|---|
| $A$ | −1.00 | −0.34 | −0.10 | 0.00 | 0.02 | 0.05 |

续表

| 截面 \ 距孔边距离 | 0 | 0.2$r$ | 0.4$r$ | 0.8$r$ | 1.2$r$ | 1.6$r$ |
|---|---|---|---|---|---|---|
| $B$ | −0.94 | −0.11 | 0.01 | 0.08 | 0.11 | 0.12 |
| $C$ | −0.55 | 0.34 | 0.33 | 0.41 | 0.39 | 0.36 |
| $D$ | −0.84 | 0.79 | 0.73 | 0.67 | 0.66 | 0.63 |
| $E$ | 2.10 | 1.62 | 1.38 | 1.10 | 0.97 | 0.89 |
| $F$ | 2.75 | 1.96 | 1.58 | 1.27 | 1.10 | 1.04 |
| $G$ | 2.50 | 2.01 | 1.70 | 1.42 | 1.28 | 1.20 |
| $H$ | 2.18 | 1.89 | 1.68 | 1.43 | 1.29 | 1.17 |
| $I$ | 2.26 | 1.92 | 1.72 | 1.46 | 1.31 | 1.26 |
| $J$ | 3.20 | 1.82 | 1.44 | 1.32 | 1.22 | 1.22 |
| $K$ | 3.20 | 0.80 | 0.59 | 0.53 | 0.52 | 0.52 |
| $L$ | 3.20 | −0.12 | −0.10 | −0.04 | 0.04 | 0.13 |
| $M$ | −1.00 | −0.53 | −0.22 | 0 | 0.15 | 0.21 |

**表 6-18　　在正应力场 $\sigma_y=1$ 中各截面上径向应力系数**

| 截面 \ 距孔边距离 | 0 | 0.2$r$ | 0.4$r$ | 0.8$r$ | 1.2$r$ | 1.6$r$ |
|---|---|---|---|---|---|---|
| $A$ | 0 | 0.02 | 0.13 | 0.38 | 0.59 | 0.71 |
| $B$ | 0 | 0.14 | 0.27 | 0.45 | 0.59 | 0.67 |
| $C$ | 0 | 0.10 | 0.20 | 0.37 | 0.50 | 0.59 |
| $D$ | 0 | 0.14 | 0.23 | 0.32 | 0.38 | 0.41 |
| $E$ | 0 | 0.11 | 0.17 | 0.22 | 0.24 | 0.25 |
| $F$ | 0 | 0.00 | 0.01 | 0.03 | 0.04 | 0.06 |
| $G$ | 0 | 0.14 | 0.19 | 0.21 | 0.18 | 0.14 |
| $H$ | 0 | 0.09 | 0.11 | 0.14 | 0.17 | 0.19 |
| $I$ | 0 | 0.09 | 0.14 | 0.18 | 0.18 | 0.18 |
| $J$ | 0 | 0.26 | 0.24 | 0.21 | 0.12 | 0.10 |
| $K$ | 0 | 0.92 | 0.73 | 0.68 | 0.64 | 0.61 |
| $L$ | 0 | 0.72 | 0.78 | 0.88 | 0.92 | 1.00 |
| $M$ | 0 | −0.03 | 0 | 0.21 | 0.37 | 0.47 |

**表 6-19　　在正应力场 $\sigma_y=1$ 中各截面上剪应力系数**

| 截面 \ 距孔边距离 | 0 | 0.2$r$ | 0.4$r$ | 0.8$r$ | 1.2$r$ | 1.6$r$ |
|---|---|---|---|---|---|---|
| $A$ | 0 | 0 | 0 | 0 | 0 | 0 |
| $B$ | 0 | 0.38 | 0.40 | 0.36 | 0.32 | 0.29 |
| $C$ | 0 | 0.51 | 0.55 | 0.56 | 0.57 | 0.58 |

续表

| 截面 \ 距孔边距离 | 0 | 0.2$r$ | 0.4$r$ | 0.8$r$ | 1.2$r$ | 1.6$r$ |
|---|---|---|---|---|---|---|
| $D$ | 0 | 0.36 | 0.60 | 0.66 | 0.62 | 0.58 |
| $E$ | 0 | 0.28 | 0.42 | 0.56 | 0.59 | 0.54 |
| $F$ | 0 | 0.24 | 0.32 | 0.37 | 0.38 | 0.39 |
| $G$ | 0 | 0.22 | 0.18 | 0.07 | 0.02 | 0 |
| $H$ | 0 | 0 | 0 | 0 | 0 | 0 |
| $I$ | 0 | 0 | 0 | 0 | 0 | 0 |
| $J$ | 0 | 0.05 | 0.04 | 0.04 | 0.04 | 0.04 |
| $K$ | 0 | −0.72 | −0.70 | −0.68 | −0.66 | −0.64 |
| $L$ | 0 | −0.15 | −0.27 | −0.35 | −0.27 | 0 |
| $M$ | 0 | 0 | 0 | 0 | 0 | 0 |

**表 6-20　　在正应力场$\sigma_x = 1$中各截面上环向应力系数**

| 截面 \ 距孔边距离 | 0 | 0.2$r$ | 0.4$r$ | 0.8$r$ | 1.2$r$ | 1.6$r$ |
|---|---|---|---|---|---|---|
| $A$ | 4.00 | 2.83 | 2.20 | 1.52 | 1.32 | 1.23 |
| $B$ | 3.42 | 2.68 | 2.13 | 1.52 | 1.33 | 1.21 |
| $C$ | 2.33 | 1.85 | 1.53 | 1.22 | 1.08 | 0.99 |
| $D$ | 1.21 | 1.09 | 0.99 | 0.85 | 0.77 | 0.72 |
| $E$ | −0.24 | 0.41 | 0.40 | 0.39 | 0.38 | 0.37 |
| $F$ | −0.91 | 0.06 | 0.07 | 0.09 | 0.11 | 0.12 |
| $G$ | −1.10 | −0.60 | −0.40 | −0.17 | −0.04 | 0.03 |
| $H$ | −1.08 | −0.43 | −0.20 | 0.09 | 0.26 | 0.34 |
| $I$ | −0.98 | −0.64 | −0.39 | −0.11 | 0 | 0.04 |
| $J$ | 3.40 | −0.05 | −0.22 | −0.18 | −0.10 | 0.02 |
| $K$ | 3.40 | 0.20 | 0.09 | 0.05 | 0.05 | 0.05 |
| $L$ | 3.40 | 2.20 | 1.57 | 1.33 | 1.29 | 1.23 |
| $M$ | 2.72 | 2.09 | 1.86 | 1.57 | 1.50 | 1.40 |

**表 6-21　　在正应力场$\sigma_x = 1$中各截面上径向应力系数**

| 截面 \ 距孔边距离 | 0 | 0.2$r$ | 0.4$r$ | 0.8$r$ | 1.2$r$ | 1.6$r$ |
|---|---|---|---|---|---|---|
| $A$ | 0 | 0.38 | 0.51 | 0.48 | 0.32 | 0.23 |
| $B$ | 0 | 0.43 | 0.52 | 0.42 | 0.34 | 0.29 |
| $C$ | 0 | 0.43 | 0.55 | 0.50 | 0.40 | 0.34 |
| $D$ | 0 | 0.23 | 0.31 | 0.37 | 0.41 | 0.43 |
| $E$ | 0 | 0.23 | 0.32 | 0.45 | 0.53 | 0.59 |
| $F$ | 0 | 0.19 | 0.28 | 0.46 | 0.61 | 0.68 |
| $G$ | 0 | −0.06 | 0.12 | 0.27 | 0.41 | 0.54 |

续表

| 截面 \ 距孔边距离 | 0 | 0.2r | 0.4r | 0.8r | 1.2r | 1.6r |
|---|---|---|---|---|---|---|
| H | 0 | −0.08 | 0.00 | 0.16 | 0.33 | 0.47 |
| I | 0 | −0.11 | −0.01 | 0.23 | 0.44 | 0.61 |
| J | 0 | 1.35 | 1.13 | 0.95 | 0.89 | 0.87 |
| K | 0 | 1.10 | 0.92 | 0.79 | 0.70 | 0.66 |
| L | 0 | −0.40 | 0.05 | 0.16 | 0.10 | 0.07 |
| M | 0 | 0.20 | 0.27 | 0.25 | 0.14 | 0.10 |

**表 6-22　　在正应力场$\sigma_x=1$中各截面上剪应力系数**

| 截面 \ 距孔边距离 | 0 | 0.2r | 0.4r | 0.8r | 1.2r | 1.6r |
|---|---|---|---|---|---|---|
| A | 0 | 0 | 0 | 0 | 0 | 0 |
| B | 0 | −0.30 | −0.32 | −0.34 | −0.35 | −0.36 |
| C | 0 | −0.47 | −0.55 | −0.63 | −0.66 | −0.65 |
| D | 0 | −0.60 | −0.70 | −0.76 | −0.76 | −0.76 |
| E | 0 | −0.50 | −0.57 | −0.66 | −0.69 | −0.70 |
| F | 0 | −0.42 | −0.47 | −0.46 | −0.44 | −0.43 |
| G | 0 | −0.20 | −0.20 | −0.20 | −0.20 | −0.20 |
| H | 0 | −0.05 | −0.06 | −0.06 | −0.06 | −0.06 |
| I | 0 | 0.09 | 0.14 | 0.19 | 0.19 | 0.17 |
| J | 0 | 0.42 | 0.56 | 0.42 | 0.28 | 0.22 |
| K | 0 | 0.70 | 0.79 | 0.80 | 0.76 | 0.70 |
| L | 0 | 0.18 | 0.17 | 0.01 | 0.03 | 0.05 |
| M | 0 | 0 | 0 | 0 | 0 | 0 |

**表 6-23　　在剪应力场$\tau_{xy}=1$中各截面上环向应力系数**

| 截面 \ 距孔边距离 | 0 | 0.2r | 0.4r | 0.8r | 1.2r | 1.6r |
|---|---|---|---|---|---|---|
| A | 0 | 0 | 0 | 0 | 0 | 0 |
| B | −3.27 | −1.51 | −1.10 | −0.78 | −0.68 | −0.65 |
| C | −5.18 | −2.20 | −1.74 | −1.27 | −1.07 | −0.91 |
| D | −6.12 | −2.65 | −2.17 | −1.62 | −1.29 | −1.03 |
| E | −5.72 | −3.18 | −2.49 | −1.61 | −1.13 | −0.95 |
| F | −3.77 | −2.17 | −1.67 | −1.11 | −0.75 | −0.47 |
| G | −2.43 | −1.40 | −1.08 | −0.44 | −0.14 | −0.02 |
| H | −0.45 | 0.10 | 0.26 | 0.33 | 0.28 | 0.23 |
| I | 1.04 | 0.45 | 0.50 | 0.52 | 0.45 | 0.34 |
| J | 7.0 | 1.95 | 1.29 | 0.71 | 0.42 | 0.29 |

续表

| 截面 \ 距孔边距离 | 0 | 0.2*r* | 0.4*r* | 0.8*r* | 1.2*r* | 1.6*r* |
|---|---|---|---|---|---|---|
| *K* | 7.0 | 2.68 | 2.20 | 1.67 | 1.36 | 1.16 |
| *L* | 7.0 | 1.50 | 1.04 | 0.56 | 0.26 | 0.07 |
| *M* | 0 | 0 | 0 | 0 | 0 | 0 |

**表 6-24　　在剪应力场 $\tau_{xy}=1$ 中各截面上径向应力系数**

| 截面 \ 距孔边距离 | 0 | 0.2*r* | 0.4*r* | 0.8*r* | 1.2*r* | 1.6*r* |
|---|---|---|---|---|---|---|
| *A* | 0 | 0 | 0 | 0 | 0 | 0 |
| *B* | 0 | −0.33 | −0.24 | −0.03 | 0.15 | 0.28 |
| *C* | 0 | −0.34 | −0.26 | −0.06 | 0.17 | 0.35 |
| *D* | 0 | −0.37 | −0.31 | −0.03 | 0.15 | 0.30 |
| *E* | 0 | −0.31 | −0.34 | −0.20 | −0.02 | 0.20 |
| *F* | 0 | −0.39 | −0.49 | −0.39 | −0.26 | −0.10 |
| *G* | 0 | −0.32 | −0.49 | −0.57 | −0.50 | −0.35 |
| *H* | 0 | −0.63 | −0.65 | −0.64 | −0.57 | −0.43 |
| *I* | 0 | 0.18 | 0.26 | 0.25 | 0.15 | 0.07 |
| *J* | 0 | 1.55 | 1.46 | 1.12 | 0.77 | 0.47 |
| *K* | 0 | 0.21 | 0.19 | −0.01 | −0.19 | −0.30 |
| *L* | 0 | 1.21 | 1.42 | 1.35 | 0.94 | 0.56 |
| *M* | 0 | 0 | 0 | 0 | 0 | 0 |

**表 6-25　　在剪应力场 $\tau_{xy}=1$ 中各截面上剪应力系数**

| 截面 \ 距孔边距离 | 0 | 0.2*r* | 0.4*r* | 0.8*r* | 1.2*r* | 1.6*r* |
|---|---|---|---|---|---|---|
| *A* | 0 | −0.20 | −0.38 | −0.74 | −1.06 | −1.38 |
| *B* | 0 | −1.15 | −1.20 | −1.24 | −1.21 | −1.14 |
| *C* | 0 | −0.74 | −0.77 | −0.77 | −0.70 | −0.59 |
| *D* | 0 | 0.06 | −0.06 | −0.14 | −0.11 | −0.08 |
| *E* | 0 | 0.25 | 0.37 | 0.49 | 0.51 | 0.51 |
| *F* | 0 | 0.79 | 0.90 | 1.00 | 1.02 | 1.00 |
| *G* | 0 | 0.53 | 0.79 | 1.06 | 1.26 | 1.34 |
| *H* | 0 | 0.30 | 0.54 | 0.92 | 1.21 | 1.37 |
| *I* | 0 | 0.45 | 0.64 | 0.88 | 1.05 | 1.17 |
| *J* | 0 | 0.84 | 0.91 | 0.92 | 0.92 | 0.91 |
| *K* | 0 | 0.14 | 0.15 | 0.11 | 0.06 | 0.06 |
| *L* | 0 | −0.91 | −1.08 | −1.15 | −1.15 | −1.12 |
| *M* | 0 | −0.72 | −0.82 | −0.88 | −0.92 | |

为了进一步简化配筋计算，和椭圆形及矩形孔相仿，我们注意到廊道形心处的坝体正应力$\sigma_y$常大于$\sigma_x$，剪应力$\tau_{xy}$甚小，同时它产生的最大环向应力的断面位置与前二项并不在同一位置，因此可以忽略不计。这样，可在不同的$\sigma_x/\sigma_y$比值下，求出控制截面（$y$轴）上的总拉力区面积系数$\alpha$，以供设计用。图6-24中表示标准廊道中沿$A$、$B$、$C$及$M$四条线上$\dfrac{\sigma_x}{\sigma_y}=0\sim0.35$范围内的$\alpha$值。此图的使用法与矩形或椭圆形廊道相似。例如，设一廊道做成标准形状，宽度为1.5m，形心处的应力为$\sigma_x=2\,\mathrm{kg/cm^2}$，$\sigma_y=20\,\mathrm{kg/cm^2}$，则$\sigma_x/\sigma_y=0.1$。钢筋允许应力为1250kg/cm$^2$。在相应曲线上找到沿$M$及$A$截面上的$\alpha$值各为680及290，故顶部需筋面积：

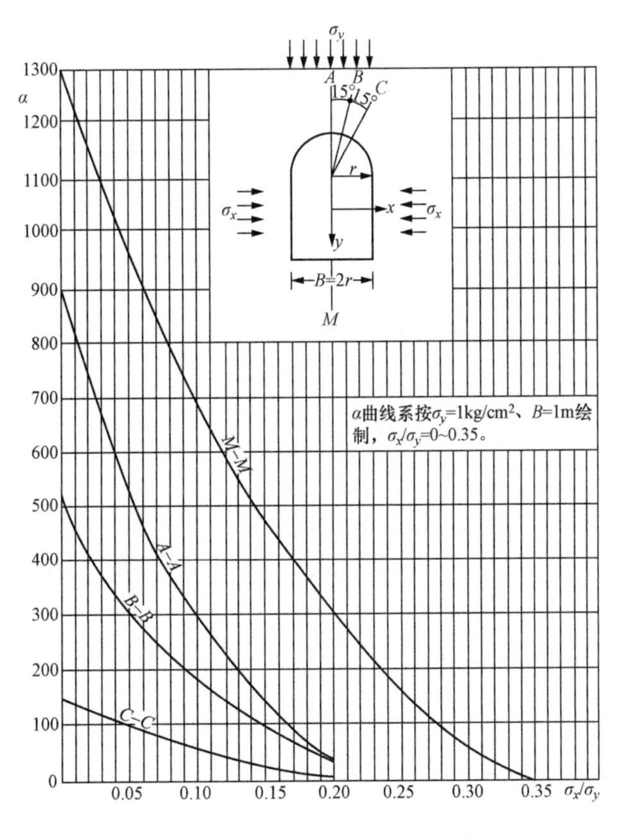


图6-24　标准廊道配筋计算曲线

$$F_s=290\times1.5\times\frac{20}{1250}=6.95$$

底部需筋面积：

$$F_s=680\times1.5\times\frac{20}{1250}=16.35$$

顶部可配置12mm圆钢，每米6根；底部可配置19mm圆钢，每米6根。

如果廊道断面不与标准形式完全一致，但只要是上部为半圆形，下部接近为正方形或长短边相近的矩形时，均仍可应用这些设计资料，并可得到满意的结果。

以上介绍的是采用偏光弹性试验成果设计廊道配筋的方法。如果在某些情况下必须精确地计算廊道周围的应力分布时，我们仍可采用幕斯黑列什维里的复变函数法。下面介绍一下应用此法进行具体计算的步骤和方法。这些步骤具有普遍意义，可用来计算任何形状的小孔口附近的应力分布状态。为简明计，下文中只述计算步骤，忽略了详细的推导。

应用复变函数计算应力分布必须顺次解决以下三个问题：

（1）找出孔口的映射函数或变换函数 $z=\omega(\zeta)$，将具有孔口的无限域映射为单位圆内域或外域；

（2）找出相应的复势函数 $\varphi(\zeta)$ 和 $\psi(\zeta)$；

（3）计算分应力 $\sigma_\rho$、$\sigma_\theta$ 及 $\tau_{\rho\theta}$。

兹分述如下：

1．孔口映射函数 $z=\omega(\zeta)$ 的决定

根据数学理论，对应于任何形状的单联孔口，必然存在一个函数 $z=\omega(\zeta)$，可以将 $z$ 平面上具有孔口的无限域映射为 $\zeta$ 平面上的单位圆内域（或外域，以下以映射为内域作准）。由进一步的研究可知，这个函数 $z=\omega(\zeta)$ 可以用以下多项式表之：

$$\omega(\zeta)=\frac{a_{-1}}{\zeta}+a_0+a_1\zeta+a_2\zeta^2+\cdots+a_n\zeta^n+\cdots \tag{6-172}$$

一般讲来，多项式具有无限项，但实际应用时，只须取有限项即可满足所需精度。例如取用 6 项：

$$z=\omega(\zeta)=\frac{a_{-1}}{\zeta}+a_0+a_1\zeta+a_2\zeta^2+a_3\zeta^3+a_4\zeta^4 \tag{6-173}$$

式中，$a_{-1}$～$a_4$ 是六个待定常数。

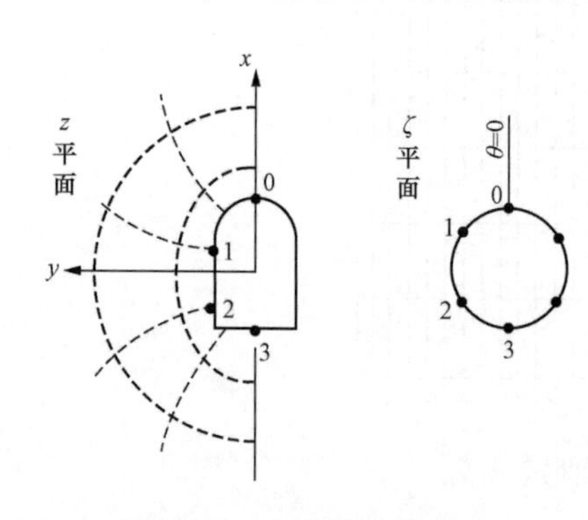

图 6-25　廊道外形的映射

要确定六个常数，必须在 $z$ 平面和 $\zeta$ 平面上找出相对应的几个点子，如图 6-25 中的点 0、1、2、3、…，确定每一点在两个平面中的坐标，如点 0 在 $z$ 平面的坐标为 $z_0=x_0+y_0$，在 $\zeta$ 平面中的坐标为 $\zeta_0=\rho_0 e^{i\theta_0}$，将它们代入式（6-173），即得一组方程式，表示 $a_{-1}\sim a_4$ 间的关系。选择足够数量的点子后，即可成立足够数量的方程式来确定六个常数。

以标准廊道的形状为例，我们在 $\zeta$ 平面单位圆上选取 0、1、2、3 等四点，则在 $z$ 平面上的坐标各为：

$$0(x_0+i\times 0),1(x_1+iy_1),2(x_2+iy_2),3(x_3+i\times 0)$$

相应点在 $\zeta$ 平面上的坐标为：

$$0(e^{i\times 0}=1+i\times 0),1(e^{i\theta_1}),2(e^{i\theta_2}),3(e^{i\pi}=-1+i\times 0)$$

取任一点，例如点 2 来看，它在 $z$ 平面的坐标为 $(x_2+iy_2)$，在 $\zeta$ 平面上的坐标为 $e^{i\theta_2}=\cos\theta_2+i\sin\theta_2$，将它们代入映射函数中，得：

$$a_{-1}\mathrm{e}^{-\mathrm{i}\theta_2}+a_0+a_1\mathrm{e}^{\mathrm{i}\theta_2}+a_2\mathrm{e}^{2\mathrm{i}\theta_2}+a_3\mathrm{e}^{3\mathrm{i}\theta_2}+a_4\mathrm{e}^{4\mathrm{i}\theta_2}=x_2+\mathrm{i}y_2$$

或

$$\begin{aligned}&(a_{-1}\cos\theta_2+a_0+a_1\cos\theta_2+a_2\cos 2\theta_2+a_3\cos 3\theta_2+a_4\cos 4\theta_2)\\&+\mathrm{i}(-a_{-1}\sin\theta_2+a_1\sin\theta_2+a_2\sin 2\theta_2+a_3\sin 3\theta_2+a_4\sin 4\theta_2)=x_2+\mathrm{i}y_2\end{aligned}$$

使上式虚实部分各自相等，我们就可成立 $a_{-1}\sim a_4$ 间的两个线性关系式，以 $x_2$ 及 $y_2$ 为常数。同样，我们将 0、1、3 等点的（$x$，$y$）和 $(\xi,\eta)$ 坐标代入映射函数中，可以得出另外四个关系式（0 及 3 点各只有一个关系式），这样，我们就恰好有六个关系式，可用来解出 $a_{-1}$～$a_4$ 六个未知数，从而确定了映射函数。

其次一个问题是如何找寻两个图形上的对应点。利用对称关系，0、3 两点的对应位置是极易找到的，如图 6-25 所示：

$$0(x_0+\mathrm{i}\times 0)\rightarrow 0(\rho_0\mathrm{e}^{\mathrm{i}\times 0})$$
$$3(x_3+\mathrm{i}\times 0)\rightarrow 3(\rho_0\mathrm{e}^{\mathrm{i}\pi})$$

1、2 两点比较难找。我们可将这两点设在单位圆的 $\rho_0\mathrm{e}^{\mathrm{i}\pi/3}$ 和 $\rho_0\mathrm{e}^{\mathrm{i}2\pi/3}$ 上，这样计算起来比较方便（即令 $\theta_1=\pi/3$，$\theta_2=2\pi/3$）。在 $z$ 平面上，我们可在孔口外域绘一流网图，设从 0 点到 3 点共有 $n$ 条流线，那么第 $\dfrac{n}{3}$ 及第 $\dfrac{2n}{3}$ 根流线与孔口相交的位置就是第 1、2 两点的位置。

当然，这样求出的 1、2 两点的位置不能十分精确。所以，在找出映射函数后，我们应该令 $\zeta=\mathrm{e}^{\mathrm{i}\theta}$，取 $\theta=0$、$\theta_1$、$\theta_2$、$\theta_3$、$\theta_4$、…、$\pi$，代入映射函数中，反求出各相应点的 $x$ 及 $y$，将它们绘在 $z$ 平面上，观察其与原孔口形状是否相符。如果尚有些出入，应该调整 1、2 两点的位置，重算一遍。一般说来，经过两次计算后，已可确定足够精确的映射函数了。

如果 $\theta_1=\pi/3$，$\theta_2=2\pi/3$，则六个关系式如下：

$$\left.\begin{aligned}&x_0=a_{-1}+a_0+a_1+a_2+a_3+a_4\\&x_3=-a_{-1}+a_0-a_1+a_2-a_3+a_4\ (x_3\text{常为负数})\\&x_1=\frac{1}{2}a_{-1}+a_0+\frac{1}{2}a_1-\frac{1}{2}a_2-a_3-\frac{1}{2}a_4\\&y_1=\frac{\sqrt{3}}{2}a_{-1}-\frac{\sqrt{3}}{2}a_1-\frac{\sqrt{3}}{2}a_2+\frac{\sqrt{3}}{2}a_4\\&x_2=-\frac{1}{2}a_{-1}+a_0-\frac{1}{2}a_1-\frac{1}{2}a_2+a_3-\frac{1}{2}a_4\\&y_2=-\frac{\sqrt{3}}{2}a_{-1}+\frac{\sqrt{3}}{2}a_1-\frac{\sqrt{3}}{2}a_2+\frac{\sqrt{3}}{2}a_4\end{aligned}\right\}\quad(6\text{-}174)$$

由上式解出 $a_{-1}\sim a_4$ 六个值，而映射函数为：

$$\begin{aligned}z=x+\mathrm{i}y=&a_{-1}(\cos\theta-\mathrm{i}\sin\theta)+a_0+a_1(\cos\theta+\mathrm{i}\sin\theta)\\&+a_2(\cos 2\theta+\mathrm{i}\sin 2\theta)+a_3(\cos 3\theta+\mathrm{i}\sin 3\theta)+a_4(\cos 4\theta+\mathrm{i}\sin 4\theta)\end{aligned}$$

或

$$\left.\begin{aligned}x&=a_{-1}\cos\theta+a_0+a_1\cos\theta+a_2\cos2\theta+a_3\cos3\theta+a_4\cos4\theta\\y&=-a_{-1}\sin\theta+a_1\sin\theta+a_2\sin2\theta+a_3\sin3\theta+a_4\sin4\theta\end{aligned}\right\}\tag{6-175}$$

由此即可从单位圆来绘制孔口形状。

2. 确定复势函数

复势函数 $\varphi(\zeta)$ 及 $\psi(\zeta)$ 可写成如下形式：

$$\varphi(\zeta)=\frac{a_1(\sigma_x^\infty+\sigma_y^\infty)}{4\zeta}+\sum_1^\infty A_n\zeta^n\tag{6-176}$$

$$\psi(\zeta)=-\frac{\bar{a}_{-1}(\sigma_x^\infty+\sigma_y^\infty)}{4}\zeta+\frac{a_{-1}(\sigma_x^\infty+\sigma_y^\infty)}{4}\left[\frac{\bar{\omega}\left(\frac{1}{\zeta}\right)}{\zeta^2\omega'(\zeta)}-\frac{\bar{d}_{k-2}}{\zeta^k}-\cdots-\frac{\bar{d}_0}{\zeta^2}-\frac{\bar{d}_{-1}}{\zeta}\right]$$

$$-\frac{\bar{\omega}\left(\frac{1}{\zeta}\right)}{\omega'(\zeta)}\varphi_0'(\zeta)+\frac{\bar{K}_1}{\zeta}+\frac{\bar{K}_2}{\zeta^2}+\cdots+\frac{\bar{K}_{k-2}}{\zeta^{k-2}}+a_{-1}\frac{\sigma_y^\infty-\sigma_x^\infty}{2\zeta}\tag{6-177}$$

其中

$$\bar{\omega}\left(\frac{1}{\zeta}\right)=\sum_{-1}^{k}\bar{a}_n\zeta^{-n}\tag{6-178}$$

$$\varphi_0(\zeta)=\sum_1^\infty A_n\zeta^n\tag{6-179}$$

式中　$\sigma_x^\infty$、$\sigma_y^\infty$——无限远处的应力状态；

$a_{-1}\sim a_n$——映射函数中的系数。

这里还要求出 $d_n$、$A_n$、$K_n$ 这一些常数，其计算步骤如下：

（1）求常数 $d_{k-2}$、$d_{k-3}$、…、$d_{-2}$。这一组常数可从下列方程组中解出：

$$\left(-\bar{a}_{-1}\zeta^2+\sum_1^k n\bar{a}_n\zeta^{-n+1}\right)\cdot\sum_{-\infty}^{k-2}d_n\zeta^n=\sum_{-1}^{k}a_n\zeta^n\tag{6-180}$$

将上式展开，用比较系数法即可求出 $d$。因为我们的映射函数只取六项，即 $n$ 从 $-1$～4，故 $k=4$，只须求出 $d_2$、$d_1$、$d_0$、$d_{-1}$、$d_{-2}$ 即可。

（2）写下常数 $K_0$、$K_1$、…、$K_{k-2}$ 与 $A_1$、$A_2$、…、$A_{k-1}$ 间的关系式：

$$\left.\begin{aligned}K_0&=\bar{A}_1d_0+2\bar{A}_2d_1+\cdots+(k-2)\bar{A}_{k-2}d_{k-3}+(k-1)\bar{A}_{k-1}d_{k-2}\\K_1&=\bar{A}_1d_1+2\bar{A}_2d_2+\cdots+(k-2)\bar{A}_{k-2}d_{k-2}\\&\vdots\\K_{k-3}&=\bar{A}_1d_{k-3}+2\bar{A}_2d_{k-2}\\K_{k-2}&=\bar{A}_1d_{k-2}\end{aligned}\right\}\tag{6-181}$$

（3）求常数 $A_n$（从而也求出 $d$）。这组常数可从下式求出：

$$\sum_1^\infty A_n\zeta^n+\sum_0^{k-2}K_n\zeta^n=\frac{\sigma_x^\infty+\sigma_y^\infty}{4}\bar{a}_{-1}\left(\sum_{-2}^{k-2}d_n\zeta^{n+2}\right)-\bar{a}_{-1}\frac{\sigma_y^\infty-\sigma_x^\infty}{2}\zeta\tag{6-182}$$

如果 $k$ 只取到 4 为止，则式（6-181）化为：

$$K_0 = d_0 \overline{A}_1 + 2d_1 \overline{A}_2 + 3d_2 \overline{A}_3$$
$$K_1 = d_1 \overline{A}_1 + 2d_2 \overline{A}_2$$
$$K_2 = d_2 \overline{A}_1$$

而 $A_n$ 常可表为：

$$A_n = a\sigma_x + b\sigma_y \text{ (当} n=1\sim n=4,\ a、b \text{ 均为常数)}$$
$$A_n = 0 \text{（当} n \geqslant 5\text{）}$$

求出 $A_n$、$d_n$、$K_n$ 后，代入式（6-176）、式（6-177），我们就求出了两个复势函数，其中 $\psi(\zeta)$ 的形式较为冗长：

$$\varphi(\zeta) = \frac{a_1(\sigma_x^\infty + \sigma_y^\infty)}{4\zeta} + A_1\zeta + A_2\zeta^2 + A_3\zeta^3 + A_4\zeta^4 \tag{6-183}$$

$$\begin{aligned}\psi(\zeta) = &-\frac{a_{-1}(\sigma_x^\infty + \sigma_y^\infty)}{4}\zeta + \frac{a_{-1}(\sigma_x^\infty + \sigma_y^\infty)}{4} \\ &\times\left[\frac{\sum_{-1}^{4} a_n\zeta^{-n}}{\zeta^2\left(-\frac{a_{-1}}{\zeta^2} + a_1 + 2a_2\zeta + 3a_3\zeta^2 + 4a_4\zeta^3\right)} - \frac{d_2}{\zeta^4} - \frac{d_1}{\zeta^3} - \frac{d_0}{\zeta^2} - \frac{d_{-1}}{\zeta}\right] \\ &- \frac{\sum_{-1}^{4} a_n\zeta^{-n}}{\left(-\frac{a_{-1}}{\zeta^2} + a_1 + 2a_2\zeta + 3a_3\zeta^2 + 4a_4\zeta^3\right)} \\ &\times(A_1 + 2A_2\zeta + 3A_3\zeta^2 + 4A_4\zeta^3) + \frac{K_1}{\zeta} + \frac{K_2}{\zeta^2} + a_1\frac{\sigma_y^\infty - \sigma_x^\infty}{2\zeta}\end{aligned} \tag{6-184}$$

3. 计算分应力 $\sigma_\rho$、$\sigma_\theta$ 及 $\tau_{\rho\theta}$

在计算分应力时，通常先选取计算点（$\rho e^{i\theta}$），并从映射函数找出相应的直角坐标 $x$、$y$。

然后，将这点的坐标 $\zeta = \rho e^{i\theta}$ 代入如下分应力公式：

$$\sigma_\rho + \sigma_\theta = 2\left[\frac{\varphi'(\zeta)}{\omega'(\zeta)} + \overline{\frac{\varphi'(\zeta)}{\omega'(\zeta)}}\right]$$

$$\sigma_\theta - \sigma_\rho + 2i\tau_{\rho\theta} = \frac{2\zeta^2}{\rho^2\,\overline{\omega'(\zeta)}}\left[\overline{\omega(\zeta)}\left(\frac{\varphi'(\zeta)}{\omega'(\zeta)}\right)' + \omega'(\zeta)\frac{\varphi'(\zeta)}{\omega'(\zeta)}\right]$$

计算三个分应力。考察上述公式，可见其中 $\left(\frac{\varphi'(\zeta)}{\omega'(\zeta)}\right)'$ 及 $\psi'(\zeta)$ 两项非常复杂，不便计算。这时我们常采用近似数值解法，即计算 $\zeta = \rho e^{i\theta}$ 及附近一点 $\rho_1 e^{i\theta_1}$ 处的 $\frac{\varphi'(\zeta)}{\omega'(\zeta)}$ 及 $\psi(\zeta)$ 值，然后用差分法求这两个值的微分。

在孔口边界上的应力较易计算，因为这里 $\sigma_\rho=0$，

$$\sigma_\theta=2\left[\frac{\varphi'(\zeta)}{\omega'(\zeta)}+\overline{\frac{\varphi'(\zeta)}{\omega'(\zeta)}}\right]$$

算式较简单，计算起来没有困难。

另外一个计算应力的方法是，计算一点及其附近点的应力函数的偏导数：

$$\frac{\partial F}{\partial x}+\mathrm{i}\frac{\partial F}{\partial y}=\varphi(\zeta)+\frac{\omega(\zeta)}{\overline{\omega'(\zeta)}}\overline{\varphi'(\zeta)}+\overline{\psi(\zeta)}$$

然后用差分法求 $\frac{\partial^2 F}{\partial x^2}$、$\frac{\partial^2 F}{\partial y^2}$ 和 $\frac{\partial^2 F}{\partial x\partial y}$，而

$$\sigma_x=\frac{\partial^2 F}{\partial y^2}$$

$$\sigma_y=\frac{\partial^2 F}{\partial x^2}$$

$$\tau_{xy}=-\frac{\partial^2 F}{\partial x\partial y}$$

## 第六节　靠近边界的圆孔

### 一、靠近直线边界的圆孔

在本章第二节中所述的圆孔四周应力计算公式，理论上讲，只能用于无限域中的圆孔情况。实际上，若圆孔中心至最近的坝体边界的距离在 3 倍直径以上时，即可作为无限域中的孔口来处理，不致有显著的误差。一般在设计中应该避免过分靠近边界设置孔口，因为这对应力分布颇为不利，但有时不可避免，或圆孔尺寸颇大，与边界间的相对距离的影响不可忽略时，则必须进行较精确的计算和配筋［见 6-26 中的（a）和（b）］。

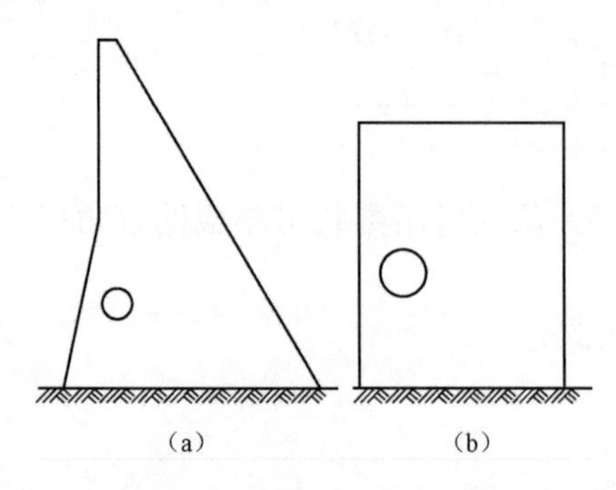


图 6-26　靠近边界的圆孔

靠近直线边界的圆孔周围应力分布问题，也可用本章第三节中所述的曲线坐标法来解决。这里所采用的坐标称为“双极曲线坐标”，它最宜于分析圆板中有偏心孔的应力分布问题。当圆板直径无限加大时，就化为直线边界附近开有圆孔的问题。双极坐标系统曾被解弗莱（G.B.Jeffery）详细论述过，他并得出一些解答，但其中有些成果有误，其后为明特林（R.D.Mindlin）所补充解决。

坝体边界处的圆孔的荷载情况，约可分为以下几类：

（1）直线边界上有均匀荷载 $p$，例如库水压力、伸缩缝中的灌浆压力或混凝土膨胀时的压力。

（2）直线边界上无应力，在 $x$ 轴方向有均匀应力场 $p_x$。例如，在圆孔中心处的主应力 $\sigma_x$，就可近似地化为均匀应力场 $p_x=\sigma_x$ 来处理。

（3）圆孔边界上承受均匀正向压力 $p_i$。

以上三种情况又可利用叠加原理化为以下三种组合（见图 6-27），即①在所有外边界上有均匀压力 $p-p_i$；②在垂直边界 $x=\pm\infty$ 上有均布应力场 $p_x-p$；③在所有内外边界上有压力 $p_i$。这里第③种情况中的应力状态是很简单的，在板中任何一点上的剪应力均为 0，正应力均为 $p_i$（压力，在弹性理论中应为负值）。所以以下只须叙述①、②两种情况的解答。

双极曲线坐标的映射函数是：

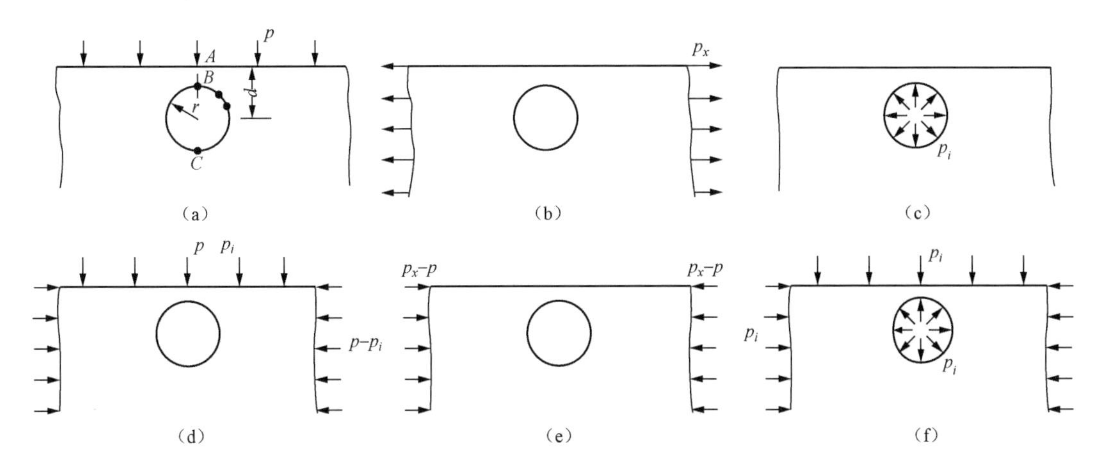


图 6-27 靠近边界的圆孔的计算

$$z=\mathrm{i}a\coth\frac{\zeta}{2} \tag{6-185}$$

或

$$\zeta=\log\frac{z+\mathrm{i}a}{z-\mathrm{i}a} \tag{6-186}$$

式中，$a$ 为双极系统中的极点到原点的距离。如果把 $\mathrm{i}a\coth\frac{\zeta}{2}$ 展开，并使与 $z=x+\mathrm{i}y$ 的虚实部分各自相等，可求出：

$$x=\frac{a\sin\eta}{\cosh\xi-\cos\eta},\quad y=\frac{a\sinh\xi}{\cosh\xi-\cos\eta} \tag{6-187}$$

要将 $\xi$、$\eta$ 以 $x$、$y$ 来表示，比较麻烦些。我们可写下：

$$\xi=\log\frac{r_1}{r_2},\quad \eta=\theta_1-\theta_2 \tag{6-188}$$

式中，$r_1$、$r_2$、$\theta_1$、$\theta_2$ 的定义是：

$$x+\mathrm{i}(y+a)=r_1\mathrm{e}^{\mathrm{i}\theta_1},\quad x+\mathrm{i}(y-a)=r_2\mathrm{e}^{\mathrm{i}\theta_2} \tag{6-189}$$

研究上述关系式的几何意义，可以供给我们画双极系统的规则。如图 6-28 所示，$O$ 为原点，$A$、$B$ 为两极点，则考虑任一点 $P$ 后，显然 $PA$ 长度即为 $r_1$，其与 $x$ 轴的交角即为 $\theta_1$，$PB$ 长度即为 $r_2$，其与 $x$ 轴的交角即为 $\theta_2$。因此，$\eta$ 为常数的轨迹，即 $\theta_1-\theta_2$ 为常数的轨迹，就是经过 $A$、$B$ 两点的一段圆弧，其圆周角等于 $\theta_1-\theta_2$。注意，位于 $y$ 轴另一侧的一段圆弧也是 $\eta$ 为常数的轨迹，唯其常数较这边一侧增加了 $2\pi$。

再考虑另一点$Q$的轨迹，它使$\xi$为常数，也就是使$\frac{r_1}{r_2}$为常数，这也是一个圆，圆心位在 $y$ 轴上，距原点为$a\coth\xi$，半径为$a\,\mathrm{csch}\,\xi$。这两组圆族处处正交，正如直角坐标一样。图 6-29 表示一组双极坐标。在双极系统中的伸缩系数为：

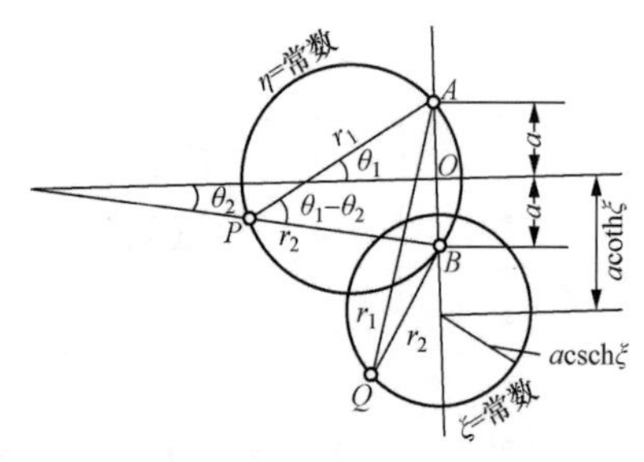


图 6-28　双极坐标系统的定义

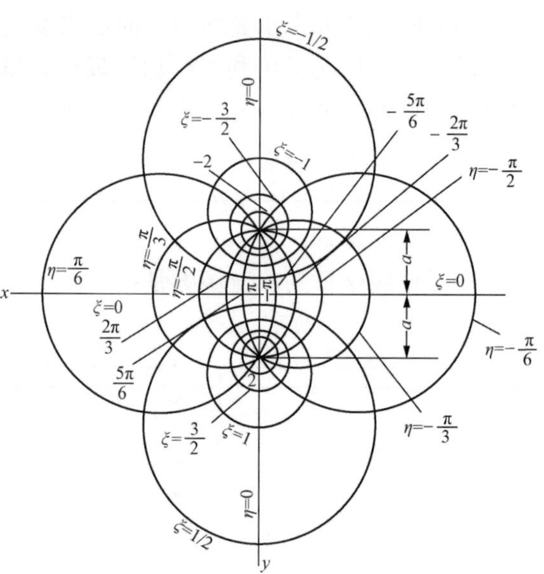


图 6-29　双极坐标系统

$$Je^{\mathrm{i}\alpha}=-\frac{\mathrm{i}a}{2}\mathrm{csch}^2\frac{\zeta}{2}=-\frac{\mathrm{i}a}{2}\mathrm{csch}^2\frac{1}{2}(\xi+\mathrm{i}\eta)$$

由此

$$J=\frac{a}{\cosh\xi-\cos\eta},\quad \tan\alpha=\frac{\cosh\xi\cos\eta-1}{\sinh\xi\sin\eta} \tag{6-190}$$

代入曲线坐标分应力公式中，可得：

$$\left.\begin{aligned}
&a\sigma_\xi=\left[(\cosh\xi-\cos\eta)\frac{\partial^2}{\partial\eta^2}-\sinh\xi\frac{\partial}{\partial\xi}-\sin\eta\frac{\partial}{\partial\eta}+\cosh\xi\right]\left(\frac{F}{J}\right)\\
&a\sigma_n=\left[(\cosh\xi-\cos\eta)\frac{\partial^2}{\partial\xi^2}-\sinh\xi\frac{\partial}{\partial\xi}-\sin\eta\frac{\partial}{\partial\eta}+\cos\eta\right]\left(\frac{F}{J}\right)\\
&a\tau_{\xi\eta}=-(\cosh\xi-\cos\eta)\frac{\partial^2}{\partial\xi\partial\eta}\left(\frac{F}{J}\right)
\end{aligned}\right\} \tag{6-191}$$

现在考虑第一种荷载情况，即外边界有均匀压力$p=1$，内边界无应力，或即：

$$\left.\begin{aligned}
&\xi=0\text{时},\ \sigma_\xi=1,\ \tau_{\xi\eta}=0\\
&\xi=\xi_0\text{时},\sigma_\xi=0,\ \tau_{\xi\eta}=0
\end{aligned}\right\} \tag{6-192}$$

适合这个情况的应力函数是：

$$\frac{F}{J}=(A\cosh 2\xi+B+C\sinh 2\xi)\cos\eta+D\xi(\cos\eta-\cosh\xi) \tag{6-193}$$

式中$A$、$B$、$C$、$D$为常数，代入式（6-191）得分应力公式为：

$$\begin{aligned}
a\sigma_\xi=&A(\cosh2\xi-2\sinh2\xi\sinh\xi\cos\eta)+B\\
&+C(\sinh2\xi-2\cosh2\xi\sinh\xi\cos\eta)+D\sinh\xi(\cosh\xi-\cos\eta)
\end{aligned} \tag{6-194}$$

$$\begin{aligned}
a\sigma_\eta=&A[2\cosh\xi\cos\eta-\cosh2\xi(4\cos^2\eta-1-2\cosh\xi\cos)]+B\\
&+C[2\sinh\xi\cos\eta-\sinh2\xi(4\cos^2\eta-1-2\cosh\xi\cos\eta)]-D\sinh\xi(\cosh\xi-\cos\eta)
\end{aligned} \tag{6-195}$$

$$a\tau_{\xi\eta}=(2A\sinh 2\xi+2C\cosh 2\xi+D)(\cosh\xi-\cos\eta)\sin\eta \tag{6-196}$$

将边界条件代入后，得：

$$\begin{aligned}
A&=\frac{a}{2(1-\cosh^2\xi_0)}\\
B&=A(1-2\cosh^2\xi_0)\\
C&=-A\coth\xi_0\\
D&=-2C
\end{aligned} \tag{6-197}$$

其中孔口边界坐标$\xi_0$可由下式求出：

$$\xi_0=\cosh^{-1}\frac{d}{r} \tag{6-198}$$

而$d$为孔口中心至直线边界距离，$r$为孔半径。

应用以上公式计算各点应力时，当然还较复杂，所以一般只限于求几个特殊截面上的应力$\sigma_\eta$：

（1）在直线边界上的水平应力$\sigma_\eta=\sigma_x$。在公式中以$\xi=0$代入，经过冗长的化算后，最后可得：

$$\sigma_\eta=\frac{\left[\left(\frac{x}{r}\right)^2+\left(\frac{d}{r}\right)^2-1\right]^2-4\left[\left(\frac{x}{r}\right)^2-\left(\frac{d}{r}\right)^2+1\right]}{\left[\left(\frac{x}{r}\right)^2+\left(\frac{d}{r}\right)^2-1\right]^2}p \tag{6-199}$$

特别是，在对称线顶点$A$，$x=0$，$\sigma_\eta$达最大值：

$$(\sigma_\eta)_{\max}=\frac{\left(\frac{d}{r}\right)^2+3}{\left(\frac{d}{r}\right)^2-1}p \tag{6-200}$$

（2）在圆孔边界上的环向应力$\sigma_\eta$。可于基本公式中置$\xi=\xi_0$而得出。忽略去繁复的演化，最后可求出下列简单的公式：

$$\sigma_\eta=2p(1+\tan^2\varphi) \tag{6-201}$$

式中，$\varphi$代表圆周上任一点和对称线顶点$A$的联线与垂直线间的夹角（参见图6-30）。这样看来，圆周上常有四点（左右各两点）的$\sigma_\eta$值相同。此外，若过顶点$A$作圆周的切线，则切点处的$\sigma_\eta$为最大值。

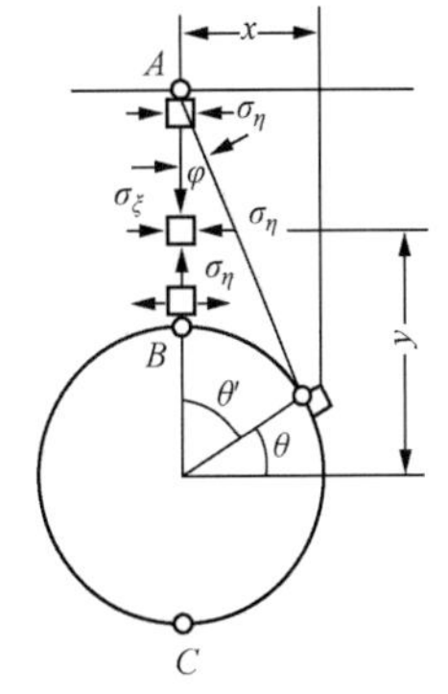

图6-30　应力示意图

设圆周上任一点的角坐标为$\theta$，则$\varphi$与$\theta$间的关系是：

$$\tan\varphi=\frac{r\cos\theta}{d-r\sin\theta}=\frac{\cos\theta}{\frac{d}{r}-\sin\theta}$$

代入式（6-201）后，$\sigma_\eta$的公式可写为：

$$\sigma_\eta = 2p\left[1+\frac{\cos^2\theta}{\left(\frac{d}{r}-\sin\theta\right)^2}\right] = 2p\left[\frac{\left(\frac{d}{r}\right)^2 - 2\frac{d}{r}\sin\theta+1}{\left(\frac{d}{r}-\sin\theta\right)^2}\right] \tag{6-202}$$

特别是，当$\theta=\pm 90°$时，$\varphi=0$，$\sigma_\eta=2p$，可见不论$\frac{d}{r}$取何值，在$B$、$C$两点处的$\sigma_\eta$常为边界荷载$p$的两倍。

（3）沿对称线上的水平应力$\sigma_\eta$。在这条线上，$A$、$B$、$C$三点的$\sigma_\eta$为已知值，其余各点上的应力计算较困难［可在式（6-195）中置$\eta=0$计算］。一般在求出$A$、$B$、$C$三点上的值后，参照已知的曲线分布情况绘制应力分布曲线。

下面我们研究第二种荷载情况，即平板两端承受均匀应力$p_x=1$［图6-27（b）］。

这个情况中的分应力仍可用公式（6-191）计算，唯应力函数$\frac{F}{J}$为：

$$\frac{F}{J} = -\frac{a}{2}\sinh\xi + B_0\,\xi(\cosh\xi-\cos\eta)+\sum_{K=1}^{\infty}\varphi_K(\xi)\cos K\eta \tag{6-203}$$

式中

$$\varphi_1(\xi)=\alpha \mathrm{e}^{-\xi}\sinh\xi + A_1(1-\cosh 2\xi)+\frac{B_0}{2}\sinh 2\xi \tag{6-204}$$

$$\begin{aligned}\varphi_K(\xi) = a\mathrm{e}^{-K\xi}\sinh\zeta &+ A_K[\cosh(K-1)\xi-\cosh(K+1)\xi] \\ &+(K-1)B_K\left[\frac{\sinh(K-1)\xi}{K-1}-\frac{\sinh(K+1)\xi}{K+1}\right](K\geqslant 2)\end{aligned} \tag{6-205}$$

$A_1$、$B_0$、$A_K$、$B_K$均为常数：

$$A_K = a\frac{K\sinh\xi_0\,(K\sinh\xi_0-\cosh\xi_0)+\mathrm{e}^{-K\xi_0}\sinh K\xi_0}{2(\sinh^2 K\xi_0 - K^2\sinh^2\xi_0)}(K\geqslant 2) \tag{6-206}$$

$$B_K = -\frac{a}{2}\cdot\frac{K(K-1)\sinh^2\xi_0}{\sinh^2 K\xi_0 - K^2\sinh^2\xi_0}(K\geqslant 2) \tag{6-207}$$

用上式计算是比较复杂的。在表6-26中给出了在几种情况下最重要的三个分应力$(\sigma_\eta)_A$、$(\sigma_\eta)_B$和$(\sigma_\eta)_C$值。

**二、两侧都接近边界的圆孔**

如果圆孔的两侧都很接近边界，则可采用豪兰特的解答[1]。忽略去详细的推导，我们把某些计算成果列在下面以供参考（图6-31）。

1. 沿垂直对称线上（$x=0$）的水平应力$\sigma_\eta$

以$\rho$表示对称线上各点离开圆心的距离，则$\sigma_\eta$的值将如表6-27所示（以拉力场强度$p$为单位）。

[1] R.C.J.Howland: On the Stresses in the Neighbourhood of a Circular Hole in a Strip under Tension. Phil.Trans. Roy. soc.London, Series A, Vol 220,1920.

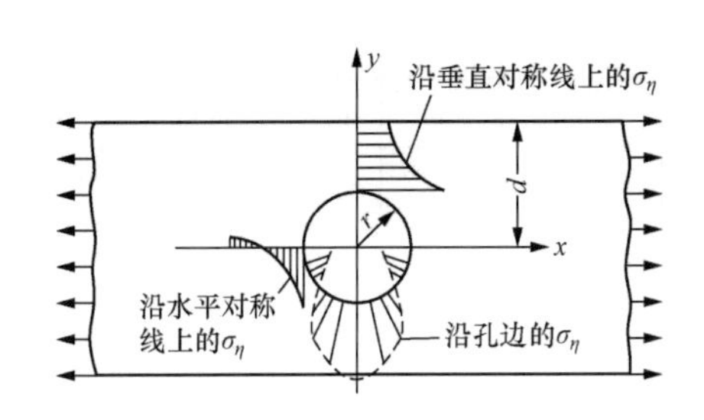


图 6-31　两侧都接近边界的圆孔

2. 沿圆孔边界上的环向应力$\sigma_\eta$

以$\theta$表示边界上各点至圆心的连线与水平线的夹角，则$\sigma_\eta$的值如表 6-28 所示（以 $p$ 为单位）。

沿圆孔边界上最大的环向应力$\sigma_\eta$在$\theta=90°$处，表 6-29 中较详细地给出了这一个最大值。

3. 沿水平对称线 $y=0$（参见图 6-31）上各点的垂直应力$\sigma_\eta$

令$\rho$表示水平对称线上各点离开圆孔中心的距离，我们算出了 $\dfrac{d}{r}=2$ 及 $\dfrac{d}{r}=\infty$ 两种情况的值，列于表 6-30 中。$\dfrac{d}{r}$ 取其他值时，可用插补法估算之。

**表 6-26　　　　几种情况下三个分应力的值**

| 荷载情况 | $\sigma_\eta$ | $\frac{r}{d}=0$ | 0.05 | 0.10 | 0.15 | 0.20 | 0.25 | 0.30 | 0.35 | 0.40 | 0.45 |
|---|---|---|---|---|---|---|---|---|---|---|---|
| 外边界有单位均布压力 | $A$ | −1.00 | −1.01 | −1.04 | −1.09 | −1.17 | −1.265 | −1.395 | −1.56 | −1.76 | −2.02 |
| | $B$ | −2 | −2 | −2 | −2 | −2 | −2 | −2 | −2 | −2 | −2 |
| | $C$ | −2 | −2 | −2 | −2 | −2 | −2 | −2 | −2 | −2 | −2 |
| 内边界有单位均布压力 | $A$ | 0 | 0.01 | 0.04 | 0.09 | 0.17 | 0.265 | 0.395 | 0.56 | 0.76 | 1.02 |
| | $B$ | 1.00 | 1.00 | 1.00 | 1.00 | 1.00 | 1.00 | 1.00 | 1.00 | 1.00 | 1.00 |
| | $C$ | 1.00 | 1.00 | 1.00 | 1.00 | 1.00 | 1.00 | 1.00 | 1.00 | 1.00 | 1.00 |
| 直线边界上有单位均布压力 | $A$ | 0 | −0.03 | −0.07 | −0.15 | −0.25 | −0.375 | −0.545 | −0.74 | −0.97 | −1.27 |
| | $B$ | 1 | 1.025 | 1.05 | 1.1 | 1.15 | 1.20 | 1.25 | 1.33 | 1.41 | 1.55 |
| | $C$ | 1 | 1.01 | 1.02 | 1.04 | 1.06 | 1.08 | 1.10 | 1.12 | 1.15 | 1.17 |
| 平板两端有单位均布压力 | $A$ | −1.00 | −0.98 | −0.96 | −0.94 | −0.92 | −0.89 | −0.85 | −0.82 | −0.79 | −0.75 |
| | $B$ | −3.00 | −3.025 | −3.05 | −3.10 | −3.15 | −3.20 | −3.25 | −3.33 | −3.41 | −3.55 |
| | $C$ | −3.00 | −3.01 | −3.02 | −3.04 | −3.06 | −3.08 | −3.10 | −3.12 | −3.15 | −3.17 |

| 荷载情况 | $\sigma_\eta$ | 0.50 | 0.55 | 0.60 | 0.65 | 0.70 | 0.75 | 0.80 | 0.85 | 0.90 | 0.95 | 1.00 |
|---|---|---|---|---|---|---|---|---|---|---|---|---|
| 外边界有单位均布压力 | $A$ | −2.33 | −2.73 | −3.24 | −3.92 | −4.83 | −6.20 | −8.14 | −11.59 | −18.24 | −37.4 | −∞ |
| | $B$ | −2 | −2 | −2 | −2 | −2 | −2 | −2 | −2 | −2 | −2 | −2 |
| | $C$ | −2 | −2 | −2 | −2 | −2 | −2 | −2 | −2 | −2 | −2 | −2 |
| 内边界有单位均布压力 | $A$ | 1.35 | 1.75 | 2.24 | 2.92 | 3.83 | 5.20 | 7.14 | 10.39 | 17.24 | 36.4 | ∞ |
| | $B$ | 1.00 | 1.00 | 1.00 | 1.00 | 1.00 | 1.00 | 1.00 | 1.00 | 1.00 | 1.00 | 1.00 |
| | $C$ | 1.00 | 1.00 | 1.00 | 1.00 | 1.00 | 1.00 | 1.00 | 1.00 | 1.00 | 1.00 | 1.00 |
| 直线边界上有单位均布压力 | $A$ | −1.63 | −2.08 | −2.64 | −3.37 | −4.36 | −5.78 | −7.79 | −11.11 | −18.04 | −37.29 | −∞ |
| | $B$ | 1.70 | 1.88 | 2.15 | 2.43 | 2.85 | 3.40 | 4.12 | 5.15 | | | ∞ |
| | $C$ | 1.19 | 1.22 | 1.25 | 1.28 | 1.32 | 1.36 | 1.41 | 1.49 | 1.60 | 1.75 | 2.00 |

续表

| 荷载情况 | $\sigma_\eta$ | 0.50 | 0.55 | 0.60 | 0.65 | 0.70 | 0.75 | 0.80 | 0.85 | 0.90 | 0.95 | 1.00 |
|---|---|---|---|---|---|---|---|---|---|---|---|---|
| 平板两端有单位均布压力 | $A$ | −0.70 | −0.65 | −0.60 | −0.55 | −0.49 | −0.42 | −0.35 | −0.28 | −0.20 | −0.11 | 0 |
| | $B$ | −3.70 | −3.88 | −4.13 | −4.43 | −4.85 | −5.40 | −6.12 | −7.15 | | | |
| | $C$ | −3.19 | −3.22 | −3.25 | −3.28 | −3.32 | −3.36 | −3.41 | −3.49 | −3.60 | −3.75 | −4.00 |

**表 6-27　　沿垂直对称线上的水平应力**

| $\rho$ \ $d/r$ | 10 | 5 | 3.33 | 2.5 | 2.0 |
|---|---|---|---|---|---|
| 0.1$d$ | 3.03 | | | | |
| 0.2$d$ | 1.23 | 3.14 | | | |
| 0.3$d$ | 1.08 | 1.57 | 3.36 | | |
| 0.4$d$ | 1.04 | 1.26 | 1.93 | 3.74 | |
| 0.5$d$ | 1.03 | 1.16 | 1.47 | 2.30 | 4.32 |
| 0.6$d$ | 1.02 | 1.11 | 1.28 | 1.75 | 2.75 |
| 0.7$d$ | 1.01 | 1.07 | 1.17 | 1.48 | 2.04 |
| 0.8$d$ | 1.01 | 1.05 | 1.07 | 1.28 | 1.61 |
| 0.9$d$ | 1.00 | 1.01 | 0.96 | 1.08 | 1.22 |
| 1.0$d$ | 0.99 | 0.97 | 0.89 | 0.81 | 0.73 |

**表 6-28　　沿圆孔边界上的环向应力**

| $\theta$ \ $d/r$ | ∞ | 10 | 5 | 3.33 | 2.5 | 2.0 |
|---|---|---|---|---|---|---|
| 0 | −1.00 | −1.03 | −1.11 | −1.26 | −1.44 | −1.58 |
| 15 | −0.73 | −0.74 | −0.82 | −0.95 | −1.12 | −1.32 |
| 30 | −0.00 | −0.01 | −0.06 | −0.15 | −0.30 | −0.51 |
| 45 | 1.00 | 1.00 | 1.00 | 0.98 | 0.91 | 0.77 |
| 60 | 2.00 | 2.01 | 2.07 | 2.15 | 2.25 | 2.32 |
| 75 | 2.73 | 2.74 | 2.85 | 3.03 | 3.32 | 3.72 |
| 90 | 3.00 | 3.02 | 3.14 | 3.36 | 3.74 | 4.32 |

**表 6-29　　沿圆孔边界上的环向应力最大值**

| $d/r$ | ∞ | 20 | 10 | 6.66 | 5.00 | 4.00 | 3.33 | 2.86 | 2.50 | 2.22 | 2.00 | 1.82 |
|---|---|---|---|---|---|---|---|---|---|---|---|---|
| $(\sigma_\eta)_{max}$ | 3.00 | 3.00 | 3.02 | 3.07 | 3.14 | 3.24 | 3.36 | 3.54 | 3.74 | 4.00 | 4.32 | 4.72 |

**表 6-30　　沿水平对称线上的垂直应力**

| $r/d$ \ $\rho$ | $r$ | 1.2$r$ | 1.4$r$ | 1.5$r$ | 1.6$r$ | 1.8$r$ | 2.0$r$ |
|---|---|---|---|---|---|---|---|
| 0 | 1.00 | 0.376 | 0.135 | 0.074 | 0.034 | −0.0117 | −0.0313 |
| 0.5 | 1.50 | 0.637 | 0.330 | 0.185 | 0.113 | 0 | −0.075 |

当圆孔距两侧边界的距离不相等时（图 6-32），应力情况又与上述略有不同。设孔口半径为 $r$，圆心离开边界的距离一侧为 $d$，另一侧有 $e$，且 $d<e$，则圆孔周边上最大环向应力（发生在较薄的一侧）将取表 6-31 所示之值。

此外，在较薄一侧（即图 6-32 中 $AB$ 段）所承受的总拉力可用下式近似计算：

**表 6-31　　圆孔周边上最大环向应力**

| $e/d$ \ $r/d$ | 0 | 0.05 | 0.10 | 0.15 | 0.20 | 0.25 | 0.30 | 0.35 | 0.40 | 0.45 | 0.50 |
|---|---|---|---|---|---|---|---|---|---|---|---|
| 1 | 3.00 | 3.02 | 3.04 | 3.08 | 3.15 | 3.24 | 3.38 | 3.54 | 3.75 | 3.99 | 4.30 |
| 2 | 3.00 | 3.02 | 3.04 | 3.08 | 3.15 | 3.24 | 3.33 | 3.46 | 3.64 | 3.86 | 4.14 |
| 4 | 3.00 | 3.02 | 3.05 | 3.09 | 3.15 | 3.20 | 3.29 | 3.41 | 3.56 | 3.75 | 4.00 |
| ∞ | 3.00 | 3.03 | 3.05 | 3.10 | 3.15 | 3.20 | 3.25 | 3.33 | 3.41 | 3.55 | 3.70 |

$$P=\frac{pd\sqrt{1-\left(\frac{r}{d}\right)^2}}{1-\frac{d}{e}\left[1-\sqrt{1-\left(\frac{r}{d}\right)^2}\right]} \tag{6-208}$$

根据上表和进一步的计算比较，我们发现，当圆孔离开一侧边界的距离为一定时，另一侧边界位置若稍有改动，对这一侧各点应力的影响并不很显著。因此，即使圆孔位置并不完全与 $x$ 轴对称，我们仍可应用对称情况下的计算结果来估计各控制断面上的应力。这时，两侧可各取其本身的 $\frac{d}{r}$ 值，而在 $x$ 轴上可取两种情况应力的平均值或取用较不利的应力值。

如果圆孔靠近矩形角缘，内受均布压力（如靠近坝块角的垂直输水孔，见图 6-33），则可引用表 6-32 所列的偏光弹性试验成果[❶]：

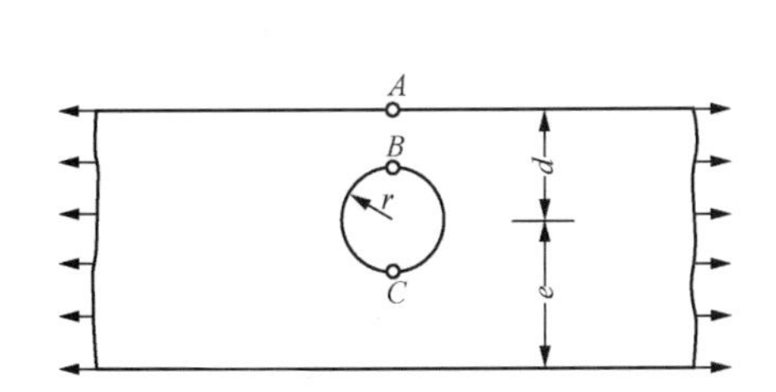

图 6-32　距两侧边界距离不等的圆孔

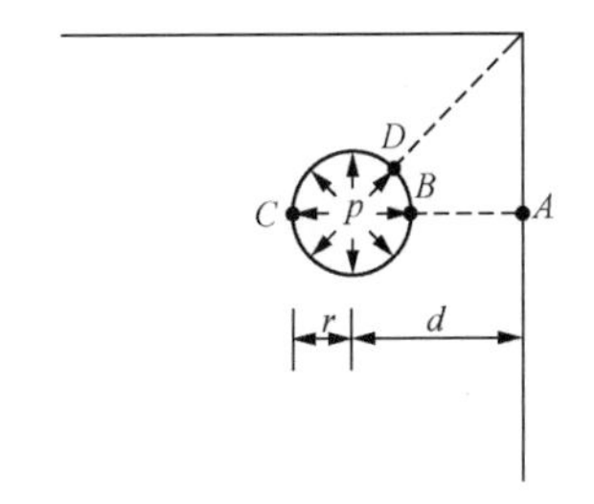

图 6-33　靠近矩形角缘的圆孔

❶ 本资料根据 Journal of Applied Mechanics，ASME.，June 1958，“Stress Distribution around Hydrostatically Loaded Circular Holes in the Neighbourhood of Cornes”一文计算。

表 6-32　　偏光弹性试验成果

| $r/d$ | 0 | 0.10 | 0.20 | 0.30 | 0.40 | 0.50 | 0.60 | 0.70 | 0.80 | 0.90 |
| --- | --- | --- | --- | --- | --- | --- | --- | --- | --- | --- |
| $\sigma_A/p$ | 0 | 0.05 | 0.17 | 0.40 | 0.70 | 1.08 | 1.98 | 3.44 | 6.36 | 7.46 |
| $\sigma_B/p$ | 1.0 | 1.0 | 0.85 | 0.85 | 0.90 | 1.10 | 1.30 | 1.61 | 1.92 | 3.25 |
| $\sigma_D/p$ | 1.0 | 1.0 | 0.85 | 0.85 | 1.00 | 1.42 | 2.15 | 3.22 | 4.85 | 9.40 |
| $\sigma_C/p$ | 1.0 | 1.0 | | | | 1.10 | 1.45 | 1.69 | 1.95 | 2.23 |

在 $AB$ 断面上的总拉力 $P=kpr$，在 $0.5\leqslant r/d\leqslant 0.9$ 的范围内，可近似地取 $k=1$。

## 三、镶有加劲圈的圆孔

图 6-34 中示一靠近边界的圆孔，镶有加劲圈，承受各种荷载。求这个课题的精确解答是十分困难的。下面我们介绍一些适宜于设计中采用的近似计算法。

1. 孔内有均布正向压力 $p$ 作用

我们在圆孔外作一同心圆，与外包的混凝土边界相切。然后，在计算加劲圈应力时，就作为一个钢板—钢筋混凝土联合衬砌圈来分析，即当作轴对称问题处理，忽略接触面上的切向力和钢板的弯曲作用。这一课题是极易由变形相容条件得出解答的，可见式（6-29）～式（6-31），或参考有关书籍，这里不赘述[1]。解决了这个问题后，我们可以得到钢板加劲圈中的环向应力及钢板和外包混凝土间的接触压力 $p'$（$p'$为$p$的一部分）。

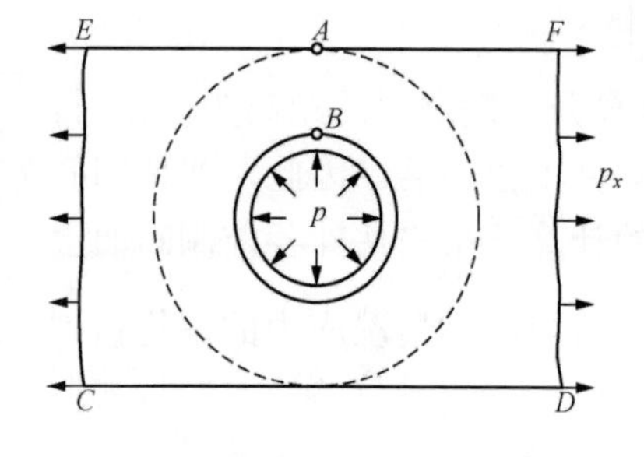

图 6-34　镶有加劲圈的圆孔

在完成上述计算后，我们可将接触应力 $p'$ 放在孔口边界上，然后再用本节中所介绍的方法与资料，来计算混凝土体内的应力。这时，我们可以计入圆孔靠近边界或偏心等对应力的影响。

2. 加劲圆孔位在均匀单向拉力场 $p_x$ 中

这一问题尚未得到合理解决，我们可用叠加法来进行一些近似计算。首先我们设想这一加劲圆孔是位在无限域中，这便可应用本章第二节中所述方法计算加劲圈和无限域中的应力。这一组应力可称为基本应力系统。同时，并算出边界线 $EF$ 和 $CD$ 上的正应力 $\sigma_n$ 及剪应力 $\tau$。

由于 $EF$ 及 $CD$ 为自由边界，所以必须消除这两条线上的应力。为此，我们可将 $\sigma_n$ 及 $\tau$ 反方向作用在边界上，作为边界荷载，再寻找这一情况下的解答。这样求出的结果可称为修正应力系统。把它与基本应力系统叠加后，即得所欲求的成果。

修正应力系统只能近似地计算，例如当圆孔相当靠近边界时，我们不妨把它当作一座拱桥看待，$\sigma_n$ 及 $\tau$ 即为作用在桥面上的荷载，可用结构力学方法来估算 $AB$ 断面上的修正应力。或者，我们切出一个混凝土圆环，计算在边界荷载 $\sigma_n$、$\tau$ 的作用下，在圆环内外表面上的应力，最后对混凝土圆环进行分析，计算其修正应力。在从边界荷载计算圆环内外缘上的应力时，我们可近似地不考虑孔的存在，当然也不考虑加劲

[1] 如参考潘家铮：水工结构应力分析丛书之二，水工隧洞。上海科学技术出版社，1958 年。

圈的影响。在计算时，不妨应用半无限平面承受边界荷载时的应力公式，或对矩形梁进行级数分析，以便确定沿圆环内外缘上的应力值。最后取出圆环，将上述应力作用在圆环内外边界上而进行圆环分析。当然，作用在内边界的荷载，应该是该处应力的反向值。

这种计算当然不能很精确，但由于修正应力系统本身就远小于基本应力，故近似的计算仍可给出很合理的结果。

## 第七节　裂缝附近的应力集中

在混凝土重力坝坝体内，不可避免地要出现一些裂缝或存在一些人为的分缝（后者例如不作灌浆处理的浇筑块错缝，参考第七章）。在这些缝或者裂缝的附近，应力会产生显著的集中现象，对此应作一些研究。

我们研究一下裂缝所承受的荷载情况。大体讲来，裂缝或缝承受以下两类荷载：

（1）水压力或灌浆压力。例如当高压水侵入裂缝内，即沿缝面作用着正向荷载。又如对某些临时缝进行灌浆回填，就在缝面上作用着均匀灌浆压力。这一类荷载的特点是沿缝面均匀分布。

（2）坝体应力重分布及温度、收缩应力。我们假定在裂缝面上不能传递抗拉、抗剪作用，抗压作用也只有在缝两侧块体接触后才能传递。这样，由于裂缝的存在，势必引起坝体应力的重分布。又当坝体温度变化或混凝土收缩时，也就在裂缝附近引起应力集中。

关于这一类问题，我们常可利用叠加原理，将它进行如下的转化：

1）假定坝体内并无这条缝存在，进行应力分析，求出作用在裂缝位置的正向应力 $p$ 及剪应力 $q$。这一个分析成果，常称为基本应力状态。

2）将上面求出的裂缝位置的应力 $p$ 及 $q$，反向作用在裂缝边界上，作为外载，计算相应的应力分布（$p$ 如为压应力，而且裂缝是密闭的，则可以略去）。这一分析可称为修正应力状态，也就是裂缝对应力分布的影响成份。

3）将基本应力状态及修正应力状态相叠加，就是我们要求的最终成果。

从以上分析可见，作用在裂缝上的荷载有正向荷载 $p$ 及剪切荷载 $q$ 两种，而且这种荷载常常同时作用在裂缝的两侧上，其数值相同而方向相反。

当裂缝边界上承受这些荷载作用时，其附近的应力分布状态是可以用弹性理论进行一些分析的。在本章第三节中曾讲过，裂缝是蜕化的椭圆（ $m=\pm1$），所以有些成果还可自该节的资料中引用过来。

在以下的分析中，我们将假定裂缝处在一个无限域中。此外，由于裂缝附近的各种应力主要是由边界上的正向荷载引起的，切向荷载的比重较小，因此下面的分析也只限于正向荷载。

这一类问题曾由韦斯特格德作过研究，他用半反逆法得出了许多很有用的解答。他引用了一个复变函数 $Z$，其微分为 $Z'$，其积分函数记为 $Z_1$， $Z_1$ 的积分为 $Z_2$。应力函数就是：

$$F=\operatorname{Re}Z_2+y\operatorname{Im}Z_1 \tag{6-209}$$

式中，Re 及 Im 各代表函数的实数和虚数部分。

各分应力是：

$$\left.\begin{aligned}\sigma_x &= \mathrm{Re}\,Z - y\,\mathrm{Im}\,Z' \\ \sigma_y &= \mathrm{Re}\,Z + y\,\mathrm{Im}\,Z' \\ \tau_{xy} &= -y\,\mathrm{Re}\,Z'\end{aligned}\right\} \tag{6-210}$$

我们来考察几个实用情况：

1. 孔口边界上作用着均布正向压力 $p$（图 6-35）

在这个情况中：

$$Z = \frac{p}{[1-(a/z)^2]^{\frac{1}{2}}} \tag{6-211}$$

式中，$a$ 为裂缝长度之半。由此，即可求出各分应力。在裂缝两侧延伸线（$x$ 轴）上的垂直正应力为：

$$(\sigma_y)_{y=0} = p\frac{x-\sqrt{x^2-a^2}}{\sqrt{x^2-a^2}}, (\tau_{xy})_{y=0} = 0 \tag{6-212}$$

$\sigma_y$ 的分布如图 6-35 中所示，在裂缝两端（$x=a$）为无穷大，然后迅速减低。每一侧上的合力当然等于 $pa$。

在其他各点上的分应力，当然也可以从式（6-211）中推算，但还有另外一个更方便的方法，即将图 6-35 中的无限域沿 $x$ 轴切开，成为两个半无限平面，在平面的边界上，作用着正向压力 $p$（在 $|x|<a$ 的范围内）和正向反力 $\sigma_y = p\frac{x-\sqrt{x^2-a^2}}{\sqrt{x^2-a^2}}$（在 $|x|>a$ 的范围内），后者呈曲线分布，可以用一组条形或集中荷载代替之，然后采用第五章第四节中的方法和公式来计算（图 6-36）。

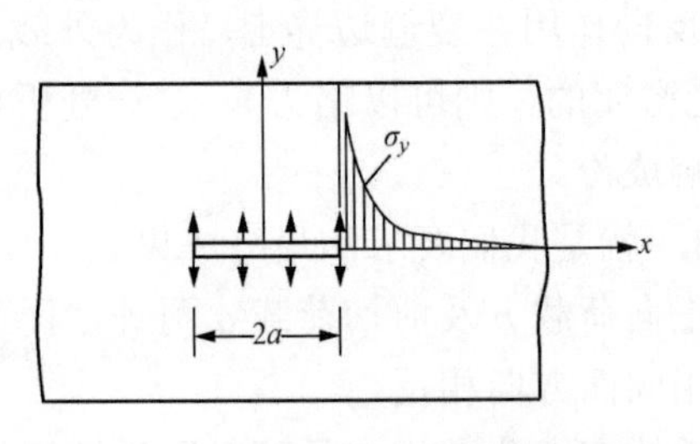

图 6-35　$\sigma_y$ 分布图

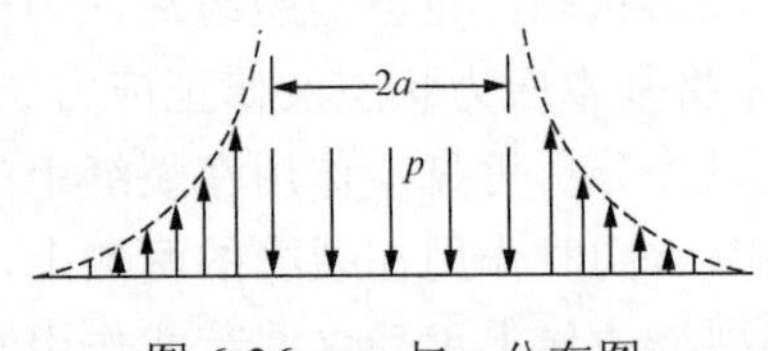

图 6-36　$\sigma_y$ 与 $p$ 分布图

在本章第三节中曾给出椭圆孔在孔周承受均布正向压力下的应力公式，在这些公式中，置 $m=1$，椭圆就蜕化为裂缝，而应力公式改为：

$$\sigma_\theta = p\left[\frac{2(\rho^2\cos 2\theta-1)(\rho^4-2\rho^2\cos 2\theta+1)+\rho^2(\rho^4-1)(2-2\cos 2\theta)}{(\rho^4-2\rho^2\cos 2\theta+1)^2}\right] \tag{6-213}$$

再置 $\theta=0$，更可得：

$$\sigma_\theta = p\frac{2(\rho^2-1)^3+\rho^2(\rho^4-1)\times 0}{(\rho^2-1)^4} = p\frac{2}{\rho^2-1}$$

按此公式求出的 $x$ 轴上的正应力 $\sigma_\theta=\sigma_y$，是和按式（6-212）求出的 $\sigma_y$ 完全一致

的。如果将椭圆域外域映射为单位圆内域，则相应公式为：

$$\sigma_\theta = p\frac{2\rho^2}{1-\rho^2} \tag{6-214}$$

2. 孔口边界上承受一对反向荷载 $P$［常称为劈力，如图 6-37（a）所示］

这个情况下的 $Z$ 函数是：

$$Z = \frac{Pa}{\pi(z-b)z}\left[\frac{1-(b/a)^2}{1-(a/z)^2}\right]^{\frac{1}{2}} \tag{6-215}$$

在 $x$ 轴上的正应力为：

$$(\sigma_y)_{y=0} = \frac{P\sqrt{a^2-b^2}}{\pi}\bullet\frac{1}{(x-b)\sqrt{x^2-a^2}} \tag{6-216}$$

其他各点上的分应力，同样可将无限域切开成为两个半无限平面，而在其边界上设置上述反力 $(\sigma_y)_{y=0}$ 及劈力 $P$，用布辛内斯克公式以叠加法完成计算。

当劈力位在对称线上时，$b=0$，式（6-215）及式（6-216）简化为：

$$Z = \frac{Pa}{\pi z^2}\left[\frac{1}{1-(a/z)^2}\right]^{\frac{1}{2}} \tag{6-217}$$

$$\sigma_y = \frac{Pa}{\pi}\bullet\frac{1}{x\sqrt{x^2-a^2}} \tag{6-218}$$

3. 孔口边界上承受两组对称布置的劈力［图 6-37（b）］

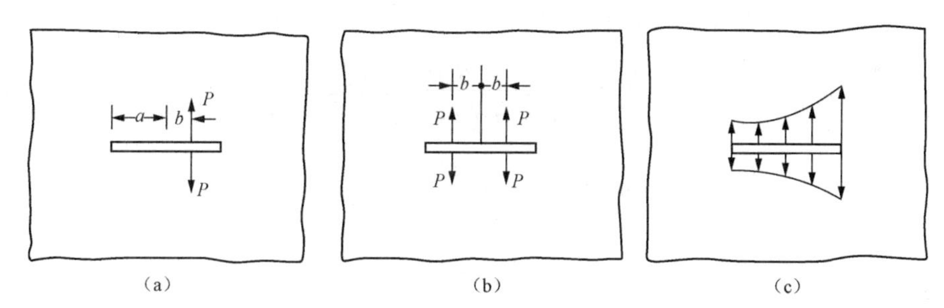


图 6-37　作用在裂缝边上的劈力

这个情况下的 $Z$ 函数是：

$$Z = \frac{2Pa}{\pi(z^2-b^2)}\left[\frac{1-(b/a)^2}{1-(a/z)^2}\right]^{\frac{1}{2}} \tag{6-219}$$

在 $x$ 轴上的垂直正应力为：

$$(\sigma_y)_{y=0} = \frac{2P\sqrt{a^2-b^2}}{\pi}\bullet\frac{x}{(x^2-b^2)\sqrt{x^2-a^2}} \tag{6-220}$$

4. 在孔口边界上承受非均布的任意形状劈力的作用［图 6-37（c）］

如果劈力的分布是对称的，我们可以引用式（6-219）、式（6-220）用叠加法完成计算；如果劈力分布并不对称，则应该用式（6-215）、式（6-216）以叠加法完成计算，

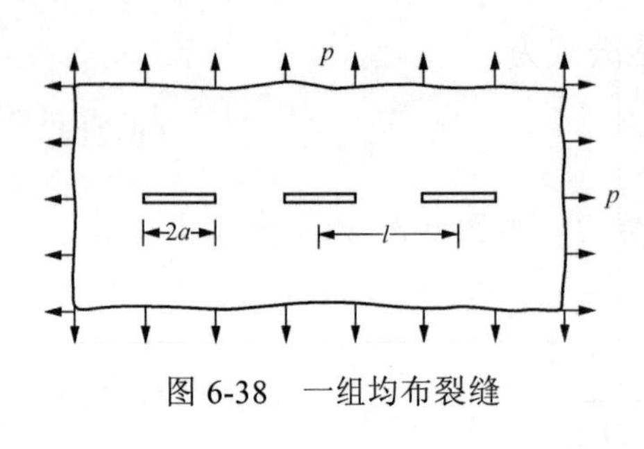

图 6-38 一组均布裂缝

即将分布的劈力荷载以一组集中荷载近似地代替之。如分布的劈力荷载强度大致上相等，更可用一个均布荷载代替之，而将两者的相差部分再化为一组集中荷载修正之。

5. 一组均布的裂缝，其长度均为 $2a$，中心间距均为 $l$，位于双向正应力场 $p$ 中（图 6-38）

这个情况下的 $Z$ 函数是：

$$Z=\frac{p}{\left[1-\left(\frac{\sin\pi a/l}{\sin\pi z/l}\right)^2\right]^{\frac{1}{2}}} \tag{6-221}$$

如果上述裂缝组在各裂缝的中线上承受一个劈力 $P$，则

$$Z=\frac{P\sin\frac{\pi a}{l}}{l\left(\sin\frac{\pi z}{l}\right)^2}\left[1-\left(\frac{\sin\frac{\pi a}{l}}{\sin\frac{\pi z}{l}}\right)^2\right]^{-\frac{1}{2}} \tag{6-222}$$

6. 一条长度为 $2a$ 的裂缝，位在单向均匀应力场 $p$ 中，应力场的方向与裂缝垂直（图 6-39）

这个情况可应用本章第三节中在单向应力场内的椭圆孔的解答，只须将 $m$ 置为 1，使椭圆蜕化为裂缝。在 $x$ 轴上的应力如下：

$$\sigma_y=\frac{a^2p}{\sqrt{x^2-a^2}(x+\sqrt{x^2-a^2})} \tag{6-223}$$

$$\sigma_x=\frac{a^2p}{\sqrt{x^2-a^2}(x+\sqrt{x^2-a^2})}+p \tag{6-224}$$

$$\tau_{xy}=0 \tag{6-225}$$

注意，如果裂缝方向和应力场方向平行，那么各点应力将和无裂缝存在的情况相同。

下面举一个例子。图 6-40 中示一条坝体中的垂直工作缝，长度为 2m。现在拟进行灌浆封堵，试求缝附近的应力分布并做配筋设计。设灌浆压力为 $2\text{kg/cm}^2$，作用在全部面积上。

这个问题可以用式（6-212）进行解算。置 $a=1$，$p=20\text{t/m}^2$，可得：

$$\sigma_y=20\frac{1-\sqrt{1-\left(\frac{a}{x}\right)^2}}{\sqrt{1-\left(\frac{a}{x}\right)^2}}$$

分别设 $\frac{a}{x}=1.0$、0.9、0.8、0.7、0.6、0.5、0.4、0.3、0.2，可以求出以下成果：

| $x$ | 1 | 1.11 | 1.25 | 1.43 | 1.67 | 2.00 | 2.50 | 3.33 | 5.00 |
|---|---|---|---|---|---|---|---|---|---|
| $\dfrac{a}{x}$ | 1.0 | 0.9 | 0.8 | 0.7 | 0.6 | 0.5 | 0.4 | 0.3 | 0.2 |
| $1-\left(\dfrac{a}{x}\right)^2$ | 0 | 0.19 | 0.36 | 0.51 | 0.64 | 0.75 | 0.84 | 0.91 | 0.96 |
| $\sqrt{1-\left(\dfrac{a}{x}\right)^2}$ | 0 | 0.436 | 0.6 | 0.715 | 0.8 | 0.866 | 0.917 | 0.954 | 0.98 |
| $\sigma_y$ | ∞ | 25.8 | 13.33 | 7.98 | 5.00 | 3.08 | 1.82 | 0.96 | 0.40 |

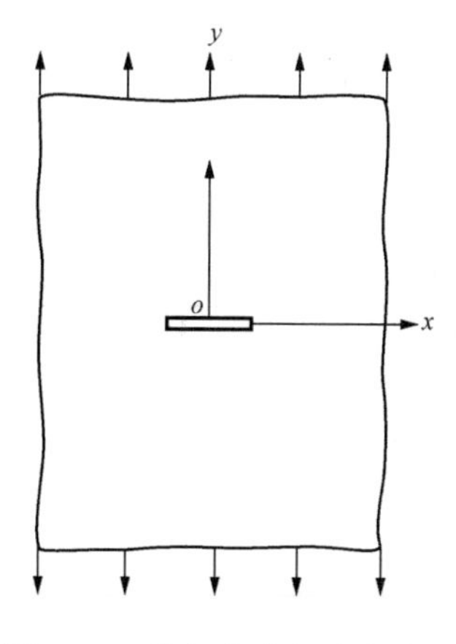


图 6-39　均匀应力场中的裂缝

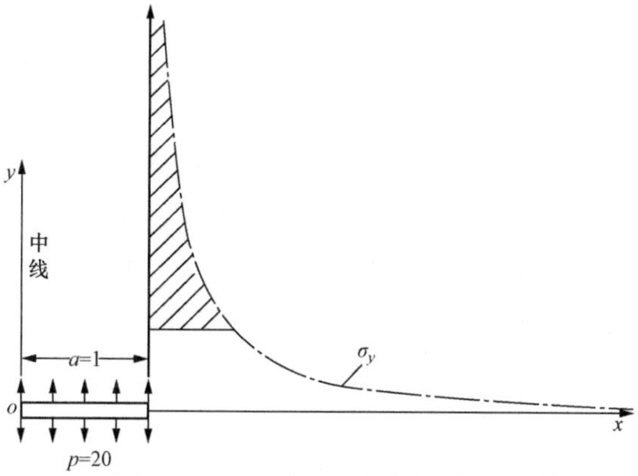

图 6-40　$\sigma_y$ 曲线

将$\sigma_y$画成曲线，将如图 6-40 中所示。假定容许混凝土承受一些微小的拉应力，例如 0.5kg/cm$^2$，那么钢筋所需承受的拉力就是图 6-40 中画阴影的面积。要精确地计算这块面积，可以将$\sigma_y$沿 $x$ 轴积分。由于式（6-212）不便作形式积分，我们改用式（6-214）：

$$\sigma_\theta = p \cdot \frac{2\rho^2}{1-\rho^2}$$

总拉力：

$$P = \int \sigma_\theta \, \mathrm{d}x = 2p\int \frac{\rho^2}{1-\rho^2} \cdot \frac{\mathrm{d}x}{\mathrm{d}\rho}\mathrm{d}\rho$$

由式（6-91）可得：

$$x = \frac{R}{\rho}(1+\rho^2)$$

$$\frac{\mathrm{d}x}{\mathrm{d}\rho} = R\left(\frac{\rho^2-1}{\rho^2}\right)$$

故

$$P = 2p\int_1^\rho -R\,\mathrm{d}\rho = -pa\int_1^\rho \mathrm{d}\rho = -pa(\rho-1) = pa(1-\rho)$$

在本例中 $x_1 \approx 1.67$m（即图 6-40 中阴影区底宽为 0.67m）相应的

$$\rho_1=\frac{x-\sqrt{x^2-4R^2}}{2R}=1.67-\sqrt{1.67^2-1}=0.33$$

而

$$P=pa(1-0.33)=0.67pa=0.67\times20\times1=13.4\,(\mathrm{t})$$

这里还要减去混凝土承受的部分，从图 6-40 上，阴影区底宽为 0.67m，则：

$$P'=0.67\times5=3.4(\mathrm{t})$$

故应由钢筋承受的部分为：

$$P=13.4-3.4=10\,(\mathrm{t})$$

如取 $\sigma_a=1\mathrm{t/cm}^2$，则每米长的坝体应配置钢筋 $10\mathrm{cm}^2$。

## 第八节　大孔口坝体应力分析问题

坝体内如欲设置厂房、大型输水或导流水道等时，便出现了带大孔口坝体的应力分析问题。图 6-41 中表示几种常见的大孔口问题，其中（a）是腹孔式重力坝；（b）是坝内设有大型纵向导流底孔；（c）是坝内式厂房建筑。

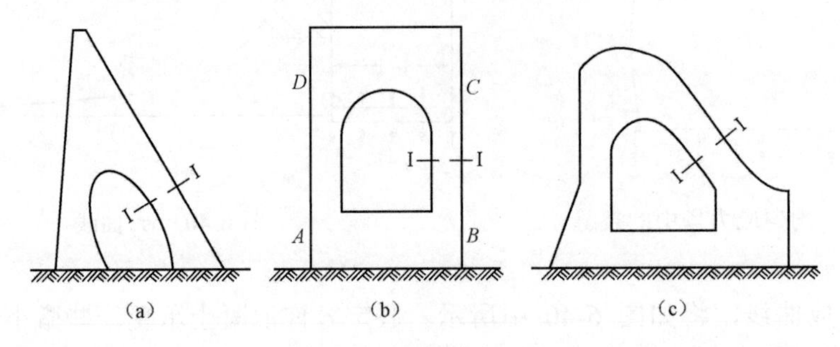


图 6-41　坝体内的大孔口

带有大孔口的坝体的应力分析问题，是弹性力学上的多联体在边界力和体积力作用下的分析问题，其计算远较单联体为复杂，而且除了若干极简单的情况（如圆筒，偏心圆筒，圆板内设一方孔等）外，尚少较简单合用的形式解答和资料可供采用。本节中不拟对这个问题进行一般性的讨论，而将限于介绍一些设计中适用的近似解法。

### 一、结构力学方法

如果孔口尺寸很大，那么便有可能将坝体断面视为由几根“杆件”组成的结构，用结构力学的方法进行近似的分析。

图 6-41 中表示一些适宜于采用结构力学方法来作近似计算的例子。在这里可以提出以下一些须注意之处：

（1）坝体顶部常较厚，不宜简单地化成一根杆件来处理。为此，可采用以下方法：在离开孔口适当远的地方作一截面［图 6-42（a）]，假定在这截面上的应力已不受孔口的影响（或可适当地估计这一影响），而可采用第四章或第五章中所介绍的方法算出这一截面上的应力。然后切开这一截面，并将求得的正应力 $\sigma_n$ 及剪应力 $\tau$ 作为外荷载作用在下部结构上，后者则用结构力学的方法来进行分析［图 6-42（b)]。

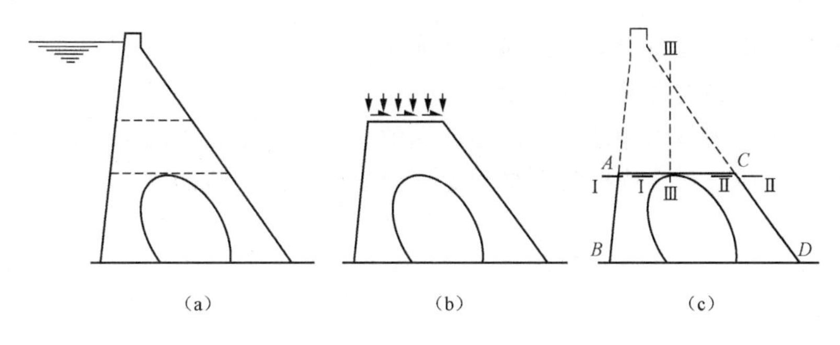


图 6-42　大孔口问题的结构力学解法

另外一种办法是，把顶部坝体作为一个刚度为无限大的“刚体”处理，而应用变位相容条件来分析两条“腿”上的应力［参见图 6-42（c）］。计算方法可参考第四章第七节并缝坝块的计算。这样就可求出坝体上下游面两条腿中的应力分布，特别是坝踵和坝趾处的应力。至于在上部坝块内的应力，除顶部可以不考虑孔口影响而进行计算外，在靠近与“腿”部相连处的应力，可以按图 6-43 中所示步骤进行，即将上部坝体作为一个半无限平面，将Ⅰ-Ⅰ及Ⅱ-Ⅱ断面上的应力作为平面边界上的荷载，来计算Ⅲ-Ⅲ断面上的应力。当然，实际上坝块并非无限平面，这样求出的应力不很准确，为此可以求出两条边界 *OA*、*OC* 上的应力，然后取消这些应力，作一些调整。

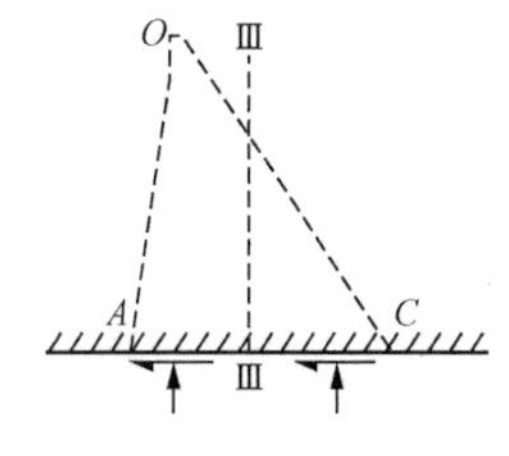


图 6-43　Ⅲ-Ⅲ剖面

（2）各杆件的厚度都很巨大，所以，常不可忽视剪应力及轴向应力对结构物变形的影响。

（3）在计算中常宜注意到基础变形影响，如图 6-42（c）中所示，杆件 *AB*、*CD* 均应视为固接在弹性地基上的构件，而在计算中考虑地基变形影响，后者可以用第四章第六节或第八节中介绍过的伏格特公式来估计。

又如图 6-41（b）中所示的底梁 *AB*，亦应视为弹性地基上的梁处理，而且最好考虑梁与地基间的黏结力作用。

我们曾经用这种方法计算一个极高的腹孔坝应力问题和一个具有大型导流底孔的坝体应力问题，获得了很有意义的资料。以其计算成果与偏光弹性试验成果相比较，在应力性质、变化趋势等方面都很相符，数值上则有些出入。

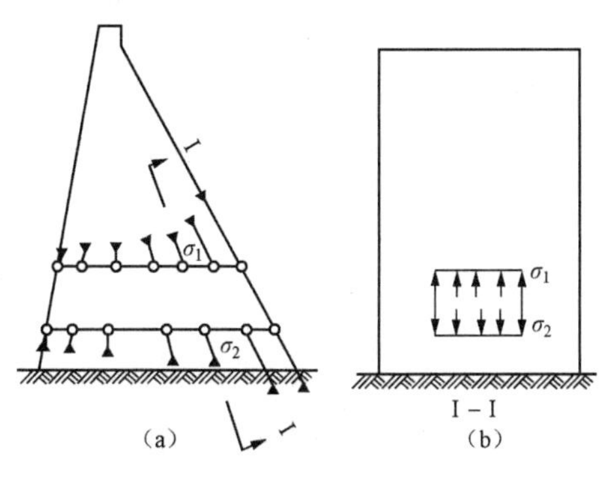


图 6-44　底孔应力的分析

（4）大孔洞的轴线为顺河流向时，我们须切取许多断面分别核算。这时可采取如下步骤（参见图 6-44）：①设想无孔洞存在，计算在上、下边界线处的分应力、主应力及其方向；②将空洞部位的混凝土移去，而将上述边界上的主应力反向作用在孔洞边界上作为荷载；③沿主应力方向切取剖面，并用结构力学方法求出应力，这组应力即为孔洞存在所引起的应力重分布部分，应和①中的应力叠加，方为最终成果。

## 二、迭弛法和结构力学法弛结合

对于解决单联物体的弹性应力问题，迭弛法是一个很有效的工具，特别是如能利用电模拟积分仪或电子计算机时更是如此。但复联体的迭弛计算工作，由于边界上的积分常数要由位移单值定理确定，使此法的进行极为困难。分析近年来这一方面的理论研究和实践成果，用迭弛法来计算复联体弹性应力的问题应认为尚未妥善解决。

但如孔口很大，使某些地方断面较薄，在这些地方的应力状态容易由结构力学方法求出者，则可在该处作一切面（图 6-41 中的剖面Ⅰ-Ⅰ），把复联体割为单联体，而把按结构力学方法求出的应力作为外荷载，这样便可化为单联体问题而用迭弛法计算了。

选取切割断面时宜注意以下几点：

（1）切开的断面应选在断面形状厚度较均匀，而且又是较薄的地方。

（2）切开断面的位置不应靠近最重要的计算断面，以减小误差。

在求出应力函数后，应校核一下在切割线附近范围内，是否满足相容条件 $\nabla^4 F=0$。如果尚有显著不符情况，说明切割面上的应力尚不够精确，应该再进行修改和调整。

## 三、应用弹性理论并反复修正

图 6-45 中示一楔形坝体断面，内部设有一个大的圆孔。我们可注意，在弹性理论中，以下两个问题的理论解答是已经找到了的：

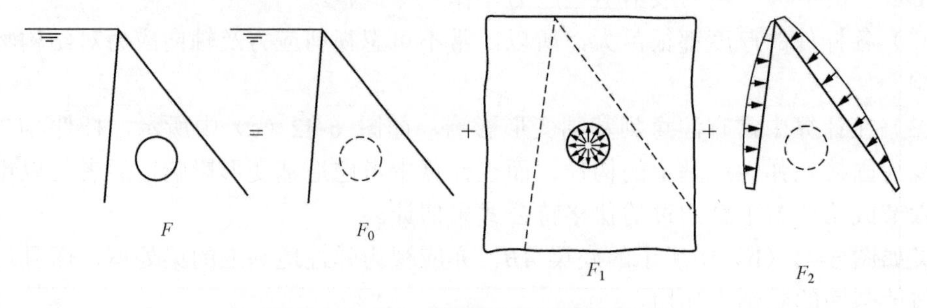


图 6-45　大孔口问题的反复修正解法

1. 楔形坝体，其两个边界上承受任何荷载作用

可将两条边界上的正向和切向荷载，展开成为 $r$ 的幂级数，例如对于上游面的荷载，可写为：

$$p=\sum_{n=0}^{n=\infty} A_n r^n$$

$$q=\sum_{n=0}^{n=\infty} B_n r^n$$

下游面的荷载亦可写为：

$$p'=\sum_{n=0}^{n=\infty} A'_n r^n$$

$$q'=\sum_{n=0}^{n=\infty} B'_n r^n$$

容易证明，取应力函数 $F=\sum r^n\ [a_{n+2}\cos(n+2)\theta+c_{n+2}\sin(n+2)\theta+b_n\cos n\theta+d_n\sin n\theta]$，是可以满足相容条件和边界条件的，其分应力公式为：

$$\sigma_\theta=2b_0+2d_0\theta+2a_2\cos2\theta+2c_2\sin2\theta+\sum_{n=1}^{n}(n+2)(n+1)r^n\big[b_n\cos n\theta+d_n\sin n\theta+a_{n+2}\cos(n+2)\theta+c_{n+2}\sin(n+2)\theta\big]$$

$$\tau_{r\theta}=-d_0+2a_2\sin2\theta-2c_2\cos2\theta+\sum_{n=1}^{n}r^n\big[n(n+1)b_n\sin n\theta-n(n+1)d_n\cos n\theta+(n+1)(n+2)a_{n+2}\sin(n+2)\theta-(n+1)(n+2)c_{n+2}\cos(n+2)\theta\big]$$

置$\theta=0$及$\theta=\beta$，可得出在边界上的应力，以此与边界荷载相等，就可确定各 $r$ 幂的系数，如根据$(\sigma_\theta)_{\theta=0}=\sum A_n r^n$可得：

$$2(b_0+a_2)=A_0$$

$$(n+2)(n+1)(b_n+a_{n+2})=A_n$$

同样，从$(\sigma_\theta)_{\theta=\beta}=\sum A'_n r^n$，$(\tau_{r\theta})_{\theta=0}=\sum B_n r^n$，$(\tau_{r\theta})_{\theta=\beta}=\sum B'_n r^n$，也可成立类似方程组，由此可确定各未定常数。

2. 无限域中的圆孔，在其内边界上承受任何荷载作用

可将内边界上的正向和切向荷载展开为富氏级数；

$$N-\mathrm{i}T=\sum_{-\infty}^{+\infty}A_k\mathrm{e}^{\mathrm{i}k\theta}$$

并由此确定复势函数［见式（6-81）～式（6-86）］，于是即可计算各点应力。

根据以上两个基本解答，应用叠加原理，并考虑孔口应力分布的局部性质，我们就极易得出以下的反复修正法，用以解决无限楔体内开设大孔口并承受任何荷载作用的问题：

（1）找出实心坝体在所设外荷载作用下的应力函数 $F_0$ 及应力系统$\sigma_{x0}$、$\sigma_{y0}$及$\tau_{xy0}$（或$\sigma_{r0}$、$\sigma_{\theta0}$及$\tau_{r\theta0}$）。这组应力可称为基本应力系统。

计算在圆孔周边处的基本应力，并沿边界方向分解为垂直孔边的正应力$\sigma_n$及剪应力$\tau_n$。将$\sigma_n$及$\tau_n$的分布作调和分析，展化为富氏级数。

（2）实际上，在圆孔边界上不应存在应力（设孔口是自由的），或应存在着指定的应力（设孔口上有荷载作用），为此我们引入第二个应力函数 $F_1$，$F_1$ 相当于无限域中开有所设圆孔并在孔口边界上承受边界力$-\sigma_n$、$-\tau_n$ 作用的解答（如果孔口边界上有外荷载作用，则边界力中当然应包括这些外荷载在内）。$F_1$ 所产生的应力系统，可称为第一修正系统。计算沿楔形两条边界线上的第一修正应力，并沿边界方向换算为正向及剪向应力。将这些应力换化为 $r$ 的幂级数 $\sigma_n^{(1)}$、$\tau_n^{(1)}$。

（3）再引入第三个应力函数 $F_2$，它相当于下述问题的解答，即一个实心坝体，在两边界上承受边界荷载$-\sigma_n^{(1)}$、$-\tau_n^{(1)}$。计算这个第二修正应力。

（4）按照上述程序继续进行。每一次求出 $F_i$ 后，即可进而计算 $F_{i+1}$，而最终的解答就是 $F=F_0+F_1+F_2+\cdots$。由于孔口上边界荷载所产生的无限域中的应力，随着离孔口距离之增加而迅速减小，所以以上计算步骤的收敛性是很快的。当孔口不过分大时，尤其如此，往往只须计算到 $F_2$ 或至多到 $F_3$ 就足够了。

上述解法在原理上是非常明显的，在计算上当然比较复杂，但作为无限楔体中的大圆孔来说，则是完全可以实用的方法。

如果坝体外形不是简单的楔形，孔口形状也不是简单的圆孔，则计算更要困难一些，但是上法的原理是完全适用的。对于无限楔形内设有大椭圆孔或正方形孔、矩形孔、马蹄形孔的计算，上述方法仍然是实用的。如果要考虑坝体折坡影响或基础刚度影响时，计算便较困难，因为在这种情况下，即使是实心坝体，也还没有找到合理和简捷的形式解答。

应用上述叠加原理，某些问题的基本解答如能很好地组合起来，并再适当地引入一些近似解法和判断，我们常常能解决不少极复杂的问题。

例如图 6-46（a）中示一矩形坝块中设有大尺寸导流底孔的情况，要进行这一课题的应力分析，我们先设想这个底孔是位在无限域的单向应力场中，应用相应的理论，算出基本应力系统，并求出直线边界上的基本应力 $\sigma_0$、$\tau_0$［图 6-46（b）］。

然后，引入第一修正系统，这一系统如图 6-46（c）所示，仍然是一个具有大孔口的坝块，但在直线边界上承受边界荷载 $-\sigma_0$、$-\tau_0$。要精确分析这个课题当然是困难的，但我们考察具体问题的图形后，不妨把 *AB*、*CD* 两块区域作为一根深梁，用弹性理论或杆件结构上的方法来计算其内应力。同时求出截面Ⅰ-Ⅰ及Ⅱ-Ⅱ上的应力 $\sigma_1$、$\tau_1$。

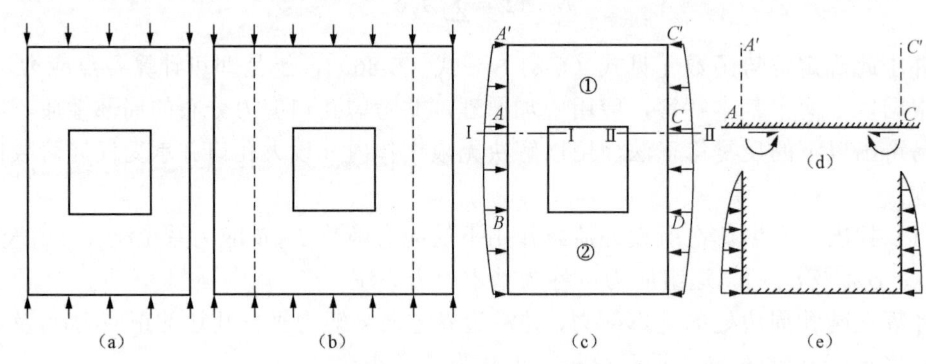


图 6-46　矩形大孔口的计算

其后，我们再切开截面Ⅰ-Ⅰ及Ⅱ-Ⅱ，把截面以外的区域①和②作为一个半无限平面，在边界上承受荷载 $\sigma_1$ 及 $\tau_1$。将求出的应力作为区域①和②中的第一修正应力。这时还应求出 *AA′*、*CC′* 线上的这些应力 $\sigma_2$、$\tau_2$。

最后，还应计算图 6-46（e）的问题，在这里将 *AA′* 及 *CC′* 线上的 $\sigma_0$、$\tau_0$ 和 $\sigma_2$、$\tau_2$ 反向作为边界荷载。

将所有以上这些应力叠加后，我们即可近似地找到原问题的最终解答。

**四、偏光弹性试验及其他**

偏光弹性试验是解决大孔口坝体平面应力问题的一个极有用的工具。几乎在所有这类问题中，我们都要进行这种试验，或以校核理论分析的成果，或直接取得某些设计资料。

偏光弹性试验也可与理论计算结合起来。例如，应用偏光弹性试验求出边界上的应力后，再进行迭弛计算，或应用偏光弹性试验求出某一截面上的应力，然后切开这一截面作为单联体分析。

除偏光弹性试验外，我们也可采用软胶形变网试验、结构模型应力测验以及拟板试验等来解决大孔口坝体的应力分析问题。近年来，更发展了一些其他的试验应力分析方法，如偏光干涉仪试验和脆性漆试验等，取得了良好效果。

## 参考文献


[1] Г. Н. 萨文．孔附近的应力集中．北京：科学出版社，1958．

[2] Н. И. 幕斯黑列什维里．数学弹性力学若干基本问题．北京：科学出版社，1958．

[3] S. Timoshenko and J．N．Goodier：Theory of Elasticity，1951．

[4] 潘家铮．水工结构应力分析丛书之七，坝内的孔口和廊道．上海：上海科学技术出版社，1959．

[5] R.D. Mindlin. Stress Distribution around a Tunnel，Proc．ASCE，vol. 65，1939．

[6] R. D. Mindlin. Stress Distribution around a Hole near the Edge of a Plate in Tension，Proc．SESA，vol. 5. No.2，1948．

[7] E.G. Coker and L．N．G．Filon. A Treatise on Photo-elasticity．

[8] R.C.J. Howland. On the Stresses in the Neighbourhood of a Circular Hole in a Strip under Tension，Phil．Trans．of the Royal Soc．of London，ser. A，vol. 220，1920．

[9] G.B. Jeffery. Plane Stress and Plane Strain in Bipolar Coordinates，Phil．Trans．of the Royal Soc．of London，Ser. A，vol. 221，1921．

# 第七章

# 重力坝的分缝与温度控制

## 第一节　重力坝的各种分缝型式

重力坝的断面尺寸，一般都较巨大，实际施工时常须分缝浇筑。平行于河流方向的缝可以称为横缝，而平行于坝轴线方向的缝则称为纵缝。横缝和纵缝将坝体分为许多较小的块子，以便进行浇筑。分缝的型式虽然很多，但其基本设计原则不外以下三类：①施工条件的考虑——分缝后的坝块尺寸须适合于现场的施工条件；②温度及收缩应力的考虑——分缝后坝块的温度和收缩应力必须减低到许可的限度，以防止或限制开裂；③枢纽布置上的考虑——例如坝内式厂房布置中，坝体横缝的设计须与机组布置条件相适应；又如要通过坝体导流时，布置分缝就应该考虑导流条件；坝内有某种埋藏式结构物或坝体外形有重要变化等，也对分缝的位置有影响。

### 一、横缝

我们先讨论横缝的布置。横缝一般均做成永久温度缝形式，其宽度可自 0.2～2.0cm，根据横缝间距及混凝土温度的变幅而定，缝间常以柔性填料充填。这种横缝将相邻坝段完全分开，使成为互不牵连的独立块体。这就是悬臂式重力坝。在这种情况下横缝间当然不需设置键槽，而应该在上游面或下游面（或上游面及下游面）做好妥善的阻水设施。对于整体式重力坝，横缝间不应放填料而应做成键槽，并敷设灌浆系统。铰接式重力坝在横缝间设置键槽，但不进行灌浆。

横缝的间距主要取决于温度应力条件和浇筑混凝土的能力。后者不仅指施工现场上的混凝土的生产、运输和浇筑能力，而且还包括其控制温度的能力；前者则取决于当地的气候条件、地质条件、混凝土级配和原材料品种以及其他一系列因素。1930 年以前，修建巨型混凝土坝的初期，横缝间距相当大（约 25～40m 或更大）例如 1916 年修建的阿利伍德（Allywood）坝，其横缝间距达 45m。但以后发现横缝间距过大，常常在坝体内造成巨大的温度裂缝，因此就逐渐改小。目前常用的间距是 12～18m，在特殊情况下也有采用低到 8～10m 或高到 20～24m 的。

以上讲的横缝都是贯穿全部坝体的缝。在 1930 年以前，也曾有许多工程技术人员主张采用“局部坝缝”，这种分缝仅深达表面内一定距离而并不贯穿整个断面。例如，图 7-1 为 1926—1928 年修建的西那那（Cignana）坝的横缝示意图，图中（c）为贯穿坝缝，*a*、*b* 为局部坝缝。贯穿坝缝与局部坝缝常交叉设置。从理论上讲，设置局部坝缝可扩大贯穿坝缝的间距，而且表层混凝土温度变化大，缝距应该密，内部及底部混凝土温度变化小，横缝缝距可以放大，似乎设置局部坝缝以补贯穿坝缝的不足，是很合理的事。但实践证明，在这种局部缝的末端，常引起高度应力集中而发生裂缝，而且在施工上和阻水设计等方面都较复杂，所以近来除非有特殊原因，多已不采用局部坝缝[1]。

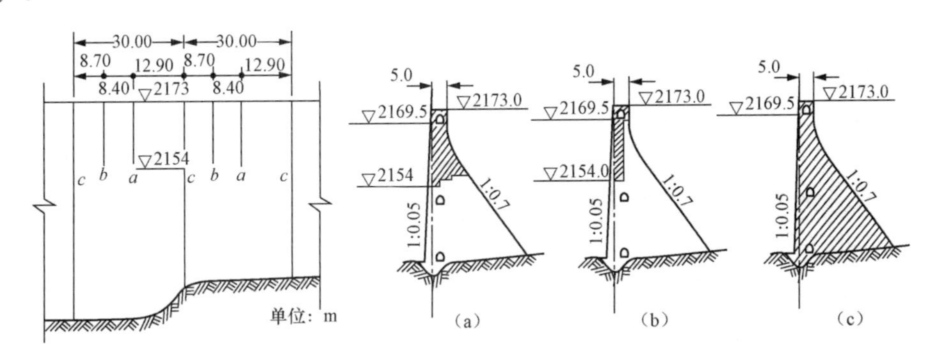


图 7-1　西那那坝横缝示意图

有时也出现相反的布置，即坝体底部设有横缝，而在一定高程处取消横缝。这种“并缝”的做法也应力求避免。

图 7-2 中表示必须采用局部缝的情况。这是靠岸坡的部位，由于枢纽布置上的需要，设有一条横缝 *A*，如将这条缝延伸到基础，就使 2 号坝块的基础面形状出现极不利的尖角，为此我们将 1、2 两坝块的基础混凝土合并浇筑，而在一定高程上再分缝。这时，除应在基础部位混凝土温度及强度已达稳定后再加高上部坝块外，应严格控制加高块体的温度变化，并在分缝的下部配置足够的钢筋，以防止上部块体温度变化时拉断下部块体。

决定横缝布置时，尚应注意以下几点：

（1）厂房设在坝内，或紧接在坝后与坝体相结合者，横缝间距常与机组间距相同。如机组间距过大时，可使两个坝段与一个机组相对应，两个坝段并常做成一大一小。

（2）坝内设置临时导流底孔或导流梳齿的，横缝的布置应与之相适应。研究溢流段的横缝间距时，还要考虑溢洪闸门的标准尺寸和布置等问题。

（3）在岸坡坝段横缝不应落在陡峻的边坡上，而应位于平缓的坡面或平台上（参见图 7-2）。

（4）近代的做法，常有将横缝在坝体内部扩大而成为宽缝，即做成为“宽缝重力坝”的。但在上游或下游（或上游及下游）的“头部”，相邻坝块仍应贴紧并于其间设置阻水。头部厚度不宜小于水头的 1/8～1/10，也不宜小于 3～5m。

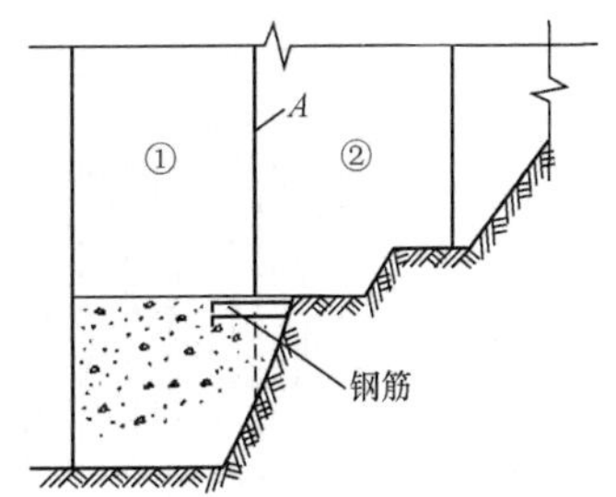


图 7-2　横缝的并缝

[1] 如采用局部坝缝，则缝深约为 5～6m，在缝端应配并缝钢筋。

永久性横缝间常采用填充料，以保证横缝宽度，使坝块得以自由伸缩。采用的填充料视缝宽不同而异。当缝宽小于 5mm 时，可在缝面上涂刷一、二层软沥青或沥青玛琋脂。当缝宽在 5～20mm 时，可在缝面上张贴 1～5 层沥青油毛毡，或在缝面上涂刷特殊的沥青冷油膏。如果缝面更宽时，也可考虑在缝间填入特别制造的沥青板。良好的填料应有足够的伸长和压缩性，承受温度变化时有一定的热稳定性及较好的流动性。沥青玛琋脂是一种良好的材料，这种玛琋脂由石油沥青（Ⅲ号）和水泥、石棉粉等配成（配合比约为 40%:40%:20%）。

横缝的宽度应使相邻坝段在最大的温度变幅下能自由变形，不相干涉，所以可根据横缝间距、温度变幅和混凝土的膨胀系数等估算。计算时不仅应考虑长期运行中的情况，也须考虑施工期中的温度变化情况。在一般的条件下，当坝块宽度不超过 20m 时，缝宽常取为 1cm 左右。

设置横缝后，对减除温度应力和缩小浇筑块尺寸方面固然很有利，但也引起一些不利的后果，主要有：

（1）横缝常形成漏水的通路，特别在高坝中，横缝的阻水设计是较复杂的，如果设计或施工中有不妥之处，常易产生大量渗漏，使难于处理。

（2）在岸坡上的坝段，设置横缝后，对其侧向稳定是不利的。

有时，为了要解决上述问题，就在横缝间进行灌浆封堵，形成整体式重力坝。横缝灌浆工作应在混凝土浇完且已达稳定温度后，并在有利季节（冬季及初春）进行，以提高灌浆质量，避免再次拉开。横缝灌浆后，坝体多少将起整体作用。如果横缝是在水库蓄水前灌浆的，则水压力所产生的应力应按整体式重力坝计算。如果在蓄水后才灌浆，则灌浆后水位波动所引起的应力须按整体式重力坝计算。整体式重力坝的工作特性及优缺点前已讨论过，这里不再重复。横缝灌浆管道系统的布置原理与纵缝灌浆系统相同，在图 7-3 中为一张示意图。关于管道布置的原理，出浆盒、排气槽和阻浆片等的详图及安装方式，可参见图 7-39。

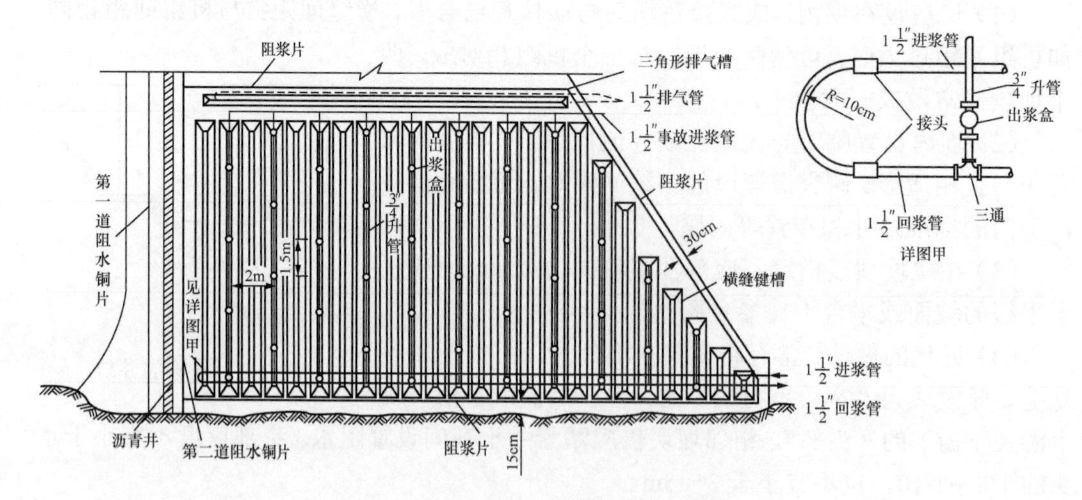


图 7-3　横缝灌浆（有键槽）典型布置图

## 二、纵缝

纵缝通常都是一种临时性的施工缝和温度缝，在最后须设法灌浆封填。从结构上来看，横缝的设置并不显著地影响重力坝的应力分布（指悬臂式重力坝），而纵缝如不处理，是会引起显著的应力重分布的。如果在纵缝处理以前，坝体已承受了部分荷载，则其影响亦必须加以考虑。

纵缝的布置形式很多，归纳言之，可分为：①垂直纵缝；②错缝；③斜缝。除此以外，还有不设纵缝的通仓浇筑。可参考图 7-4。有时也采用混合形式，如下部设置垂直纵缝而上部通仓浇筑。采用这种做法时须在并缝面上布置足够的钢筋，或将纵缝终止于一个廊道的底部，而在廊道顶部布置钢筋。

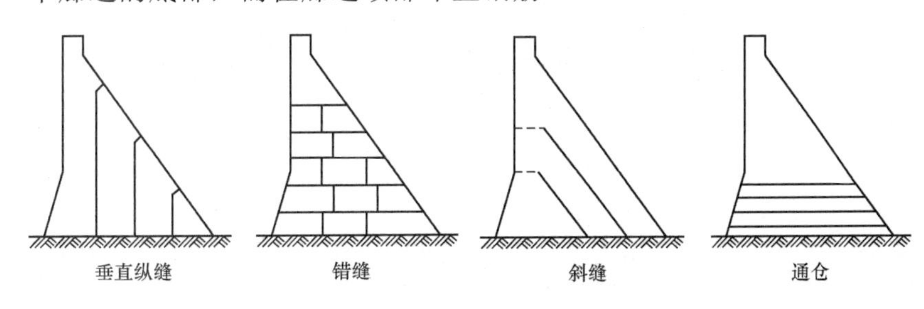


图 7-4　纵缝型式示意图

垂直的纵缝（或称柱状浇筑法）采用颇广，在美国、苏联、欧洲各国、日本、印度都曾采用此法浇筑过高坝。错缝多采用于中等或较低的坝中，苏联的德聂伯水电站的拦河坝就是用错缝方式施工的。错缝也称为砌砖式分缝。斜缝是一个较新颖的分缝方式，我国的新安江拦河坝及日本的丸山坝曾采用过这种型式。此外，如果要在已完成坝体的下游面加厚加高，实际上也就形成了斜缝。通仓浇筑的特点是不设纵缝，以往只应用在低坝上，近年来由于温度控制和施工浇捣水平的不断提高，已能应用到 140m 以上的高坝上了。

关于纵缝各种型式的特点及其设计要求，将在本章第五节中叙述，本节中拟先介绍些一般概念。

（1）如前所述，纵缝是一种临时性的浇筑缝或温度缝，它将完整的断面切割为几块，对坝体的应力分布及稳定性是不利的，因此必须进行处理。而且在经济合理的基础上，应当减少纵缝的数量。

（2）纵缝经灌浆处理后，如两侧坝块能紧密结合，则在传递压应力上是有保证的。此外，一般重力坝设计中在坝体内不容许存在拉应力（或只能有极小的拉应力），所以纵缝面上的抗拉强度虽然很低，却不致引起严重问题。较重要的是纵缝面上的抗剪能力远低于完整的混凝土块，因而常引起较显著的应力重分布现象。为了提高纵缝面上的抗剪力，我们常常在缝面上设置键槽，并将缝面细致凿毛后再浇筑邻块混凝土。图 7-5 中表示标准的键槽布置型式。注意，键槽的面应大致上与该点主应力方向垂直。

（3）纵缝两侧坝块在浇筑中的高差不宜过大。否则一侧坝块浇筑已久，混凝土已硬化、冷却而进入稳定状态，而另一侧坝块却很迟才浇上，当新浇块硬化收缩时，会

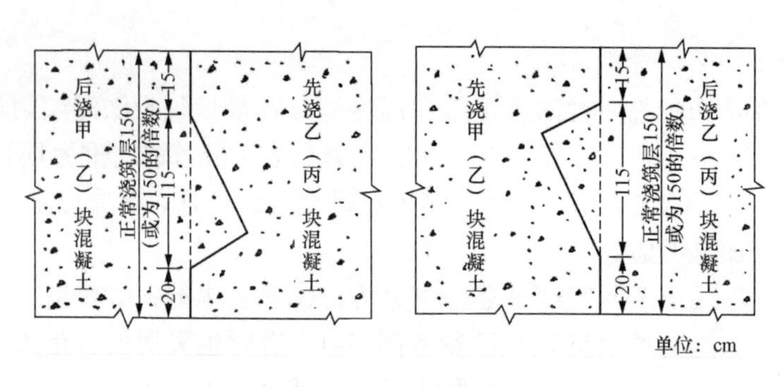


图 7-5　标准键槽图

在缝面上产生显著的应力，从而引起不利的应力分布或破坏键槽。这种应力可以根据温度差作些估算。某些外国规范要求纵缝两侧坝块浇筑高差不超过 7.5～10m，甚至限制在 6m 以下，或三个浇筑层以下。如果因为某种原因，不可避免地要形成较大高差和较长的间歇期时，应该对缝面处理及应力问题作专门的研究。一般情况下，可限制相邻坝块高差不超过 10～12m。

当坝体内某一部分须先行浇筑时（例如要利用一部分坝体作为施工栈桥墩子），则其接触面的处理原则亦同此。

### 三、水平缝

水平缝就是上下相邻两浇筑块间的施工接缝。缝面一般都做成水平，必要时，可具有很小的斜角（不能大于 10:1，且应下游面较高）。水平缝与下游坝面相交处，应垂直坝面（图 7-6）。

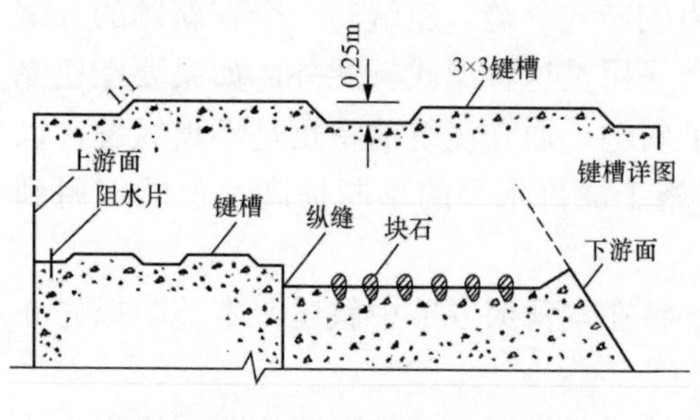


图 7-6　水平缝的处理

水平缝常为坝体中一个薄弱面，要加强缝面的抗剪和抗渗能力，我们常采用以下措施：①升高前对缝面进行细致的凿毛、冲洗，除去表面不坚固部分，铺上砂浆，再继续浇筑；②在迎水面处加设一道阻水片；③缝面留键槽，如分有纵缝者，各坝块的水平缝应错开，不在同一高程；④在缝面上埋置大块石以提高缝面粗糙度和抗剪能力（图 7-6）。

## 第二节　混凝土坝的温度控制原理与基本措施

在 20 世纪初，对混凝土坝内的温度变化过程及其后果还知道得不多，因此在设计和施工中也对此缺少应有的注意。其后，在实践中，发现坝体内出现了许多性质不同的裂缝，而且查明了温度应力是使大体积混凝土坝出现裂缝的主要原因，于是就开始深入研究温度变化问题、温度应力问题和控制温度和温度应力的措施等，而且获得了很多成就。目前，在任何一个大型混凝土重力坝设计中，都已把温度控制和防裂措施作为重要的内容之一。本节中拟对这个课题作一些综合性的说明。

## 一、混凝土坝中的温度变化及其后果

混凝土坝在浇筑后，其温度将发生复杂的变化。使温度发生变化的主要原因有三：

（1）混凝土在水泥硬化期中所散发的水化热使其温度升高；

（2）混凝土入仓时的温度与周围介质的温度（主要是气温）不同，即存在“初始温差”，因而引起温度的变化；

（3）周围介质的温度发生变化，或是由浇筑时的气温变化到稳定温度，或是作周期性的变化。

由于上述原因，混凝土块体内部各点之间，以及混凝土和周围介质间，都存在着温度梯度，热量将在其间流动、传导，温度也随之作复杂的变化。它是坐标和时间的函数，即 $T=T(x, y, z, t)$。大体上讲来，混凝土入仓后的温度变化过程将如图7-7所示。在 $t=0$ 时（即浇筑入仓后），混凝土的温度为入仓温度 $T_p$，其后由于水化热作用，温度将上升。这一上升段的时间通常不长，因为水化热在28天龄期内即散发殆尽。然后，温度将大体上呈下降趋势（在下降过程中混杂有复杂的波动），这段下降期可能历时颇长。最后，当各种初始影响（水化热、初始温差、浇筑气温与稳定温度之差）渐次消失，该点温度就达到稳定期，这时，温度仅随外界气温的规律性的变动而呈平缓和微小的波动。当然，以上所述仅为一般趋势，如果对温度进行人工控制，则其变化曲线将有大的变化。

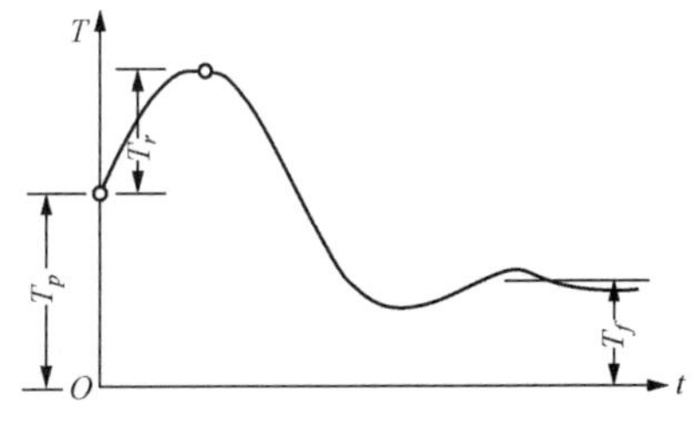


图 7-7　混凝土温度变化曲线

这些温度变化为什么会产生温度裂缝？总的讲来，是由于温度发生变化后，混凝土的体积亦随之伸缩，当各块体不能自由伸缩而受到约束或限制时，就要产生温度应力，而当拉应力超过混凝土的强度时就要开裂。温度应力及裂缝大体上又可分为两类。首先，从整体来看，入仓后混凝土的温度是先急剧升高，然后又缓慢降低，其体积先有些膨胀，然后逐渐收缩。当混凝土块体在收缩过程中受到某种约制时，就要产生拉应力或裂缝。这一类裂缝的特点是必然发生在变形受约制最严重的部分，如靠近基岩或老混凝土处，同时它的发生时间也较迟，因为上面说过，混凝土的降温过程是较缓慢的。要防止这类裂缝，主要的原则是要降低混凝土的最高温度，使其“回降值”（或称与稳定温度间的温差）尽量减小。

其次，混凝土块体在温度变化过程中，温度分布是不均匀的，在边界处是边界温度，中心处有中心温度，这就在块体内产生温度梯度并引起温度应力。这类温度应力及裂缝在任何时候都会发生，但尤其以浇筑后不久发生的更多，因为这时混凝土内温迅速升高，与外界低气温间很容易形成较大的温度梯度。浇筑后气温有突变时也常会出现这类裂缝。这类裂缝多产生在温度梯度最陡处，多半也就是在边界上。要防止这类裂缝，主要问题是在于消灭尖锐的温度梯度，减小内外温差，而并不在于降低混凝土的绝对温度。

因此，所谓混凝土的温度控制也有两个内容，一是减小混凝土最高温度与将来的稳定温度间的差值，另一是使各点温度尽量均匀，不形成陡坡。

此外还有第三个要求，就是使坝体迅速地达到它的最终稳定温度，以便进行灌缝封堵处理，并解除以后再产生较大的温度应力的威胁。这一点对于拱坝、整体式重力坝和设有垂直纵缝的重力坝是非常重要的。

由此可见，对混凝土坝的温度控制的内容是多方面的，其中控制最高温度和迅速散发热量是一个主要环节，但并不是其全部内容。有时，我们要进行相反的工作，即加热混凝土和保温。例如在严寒地区，尤其是在冬季浇筑混凝土时，便须加热混凝土拌和物，应用保温模板，暴露的表面也应加以掩护。当初始温差过大，或气温急剧下降时，混凝土块不宜长期暴露而应及时升高或加以保护。应防止混凝土块温度过分低于稳定温度。但在本章中，我们仍将只限于论述温度控制中的主要内容，即对最高温度的控制和加速散热的问题。

应该指出，温度应力虽然是产生裂缝的主要原因，但其他一些因素也会引起开裂，如结构应力、干缩应力、局部的应力集中现象等。在进行温度控制的同时，也必须消除这些次要的有害原因（参见本章第七节）。

**二、限制混凝土最高温度的措施**

限制混凝土最高温度的措施很多，而且都有其重要意义，应该视具体条件组合施用。兹简述如下；

1. 采用低热混凝土

一方面是采用低热水泥，一方面是减少单位水泥用量。普通的高标号硅酸盐水泥的发热量较大而且强度常有余，所以并不是浇筑大坝的最理想的材料。对于重要的大坝，最好采用特种低热水泥，这种水泥的主要特点是 $C_3S$ 不太多，$C_2S$ 较多，七天的水化热不超过 60kcal/kg。

在单位水泥用量方面，近数十年来有显著的下降趋势。曾有将单位水泥用量降到 110kg 的例子。当然这只是指内部混凝土。要降低水泥用量而仍然保证混凝土质量，必须采取许多有效措施，例如加入不同的掺合料（矿渣、煤灰等），选择良好的级配和应用大骨料，大量埋放块石，以及在混凝土拌和物中加入外加剂等。

降低单位水泥用量，不仅能降低温度，而且可降低混凝土造价，节约建筑材料，其意义是十分巨大的。我们在进行坝体设计时，必须根据具体分析，合理地规定各分区混凝土的标号，选择适当的设计龄期，并在施工设计中研究最佳的配合比、外加剂和考虑埋放块石的措施。表 7-1 中为国外混凝土坝水泥用量的粗略统计。在采取各种措施以降低水泥用量的同时，我们也应注意，不宜无根据地过多减少水泥用量，以免混凝土的早期抗拉强度过低，容易发生裂缝。

**表 7-1　　国外混凝土坝水泥用量的粗略统计**

| 国别 | 所统计坝的数目 | 修建年代及坝型 | 水泥用量（$kg/m^3$） | 备注 |
|---|---|---|---|---|
| 英国 | 44 | 1930 年以后的重力坝 | 内部 223，外部 368 | |
| 法国 | 10 | 重力坝<br>拱坝 | 内部 210，外部 260<br>325 | 认为水泥用量低于 200kg/m³，抗冻、抗渗、抗蚀性将过低 |

续表

| 国别 | 所统计坝的数目 | 修建年代及坝型 | 水泥用量（kg/m³） | 备注 |
|---|---|---|---|---|
| 葡萄牙 | 5 | 厚拱坝<br>薄拱坝<br>重力式岸墩 | 200～225<br>225～250<br>150 | |
| 瑞典 | 最近30年来所修建的坝 | — | 275～350 | 早期拦河坝水泥用量230kg/m³，水灰比0.9，曾引起破坏 |
| 瑞士 | 2 | — | 上游270，下游250<br>内部170 | |
| 美国 | — | 1940年以前的重力坝 | 223 | |
| | | 松原坝<br>俄马坝<br>菲雷峡坝 | 内部112，外部126<br>内部110，外部168<br>106 | 外加56kg灰渣<br>外加33kg灰渣 |
| 西德 | 1 | 爱盖尔重力坝 | 内部174，外部294 | |
| 意大利 | 36 | 重力坝 | 内部218，外部236 | 拱坝平均为275kg/m³ |

2. 促进天然散热

浇筑块的尺寸及间歇期，对天然散热效果有很大影响。采用薄层浇筑，并适当延长间歇期，可以使大部分水化热从暴露面散发，从而可限制混凝土的最高温度。

为了进一步增加天然散热的速度，还可以设置冷却缝或冷却井，换言之，使混凝土块体有更多的散热面。当坝体施工进度较慢时，这些措施的效果更好。美国和瑞士的某些坝，将坝块每隔10余米即设冷却缝，敞开散热的时间从几个月到两年，然后再用混凝土回填，以使坝体结成整体。冷却缝的宽度自1.0～3.0m，填缝工作要在大体积混凝土已冷却稳定后，并选择冬末春初季节进行。填缝的混凝土应具有低热性和小的干缩率，必要时需进行人工冷却。宽缝重力坝中的宽缝是一个良好的散热面，而且不需要回填。

3. 减低入仓温度

最常用的办法是对混凝土拌和物施行人工冷却，例如预冷各种骨料，用冷水或加冰屑拌和；在夏季施行绝热作业；防止运送和浇筑过程中的温度升高等。

采用冰冻水及冰屑拌制混凝土，可使其温度降低6～8℃，如再冷却粗骨料，可使混凝土温度降低十余度，如果还要进一步降低其温度，则连水泥和砂子也需预冷。

4. 人工水管冷却

这个方法就是在混凝土中埋设冷却水管，混凝土入仓初凝后，立即通水冷却，以降低混凝土的最高温度。

### 三、控制混凝土散热过程的措施

要控制混凝土达最高温度后的散热过程，一般都采用上述的水管冷却方法。因此，在混凝土内埋入冷却水管，可起两重作用，其一就是上述的在混凝土入仓后，立刻通水冷却以减低其最高温度，这一作用常称为“一期冷却”。另一个作用就是混凝土达最高温度后再继续通水，以增加其冷却散热的速度，这一作用则称为“二期冷却”。

上面提到的设宽缝、冷却缝、冷却井等措施，也同样有双重作用，一是降低混凝土的最高温度，二是加速散热，而且以第二种作用为主。

**四、分缝分块对温度应力的影响**

将混凝土坝体适当地分缝浇筑，往往可以在很大程度上减小温度应力及避免裂缝的发生，这是众所熟知的事实。这种温度缝消减温度应力的作用，可以分两种理由来解释：

（1）温度缝减轻了约束作用，消减了温度应力。图7-8（a）中表示一块无限长的浇筑块，其厚度为 $h$（垂直纸面的宽度则等于1）。为便于设想，假定基岩是完全刚固的。设这一无限长的浇筑块的温度均匀地下降了 $\Delta T$，由于它受到基岩的限制，不能自由收缩，就将产生温度应力，在本情况中，各点上均产生均匀的拉应力：

$$\sigma_x = \frac{E\alpha\Delta T}{1-\mu}$$

现在，如我们沿 $x$ 轴方向设若干温度缝，其间距为 $2l$，则在各垂直断面上的温度应力即将消减。在缝面上，这些温度应力当然消减为 0（因为温度缝缝面是一个无应力面），在内部各断面上，温度应力也将有不同程度的消减。根据弹性力学中的迭加原理，图7-8（b）中的情况可认为是图7-8（a）与图7-8（c）两种情况之和，后者为一长 $2l$、厚 $h$ 的混凝土块，在边界上承受均匀压力 $p=\dfrac{E\alpha\Delta T}{1-\mu}$ 的作用，$p$ 将在块体内产生压应力，这些压应力就代表温度缝的减载作用。以温度应力最大的对称断面 $x=0$ 来讲，当温度缝间距 $2l$ 愈小时，图7-8（c）中的压应力愈均匀，愈接近 $\dfrac{E\alpha\Delta T}{1-\mu}$。因此，设置足够密的温度缝后，几乎能把块体中的温度应力 $\sigma_x$ 全部消除，仅仅在紧靠基岩处尚残留一小部分。这就为防止温度裂缝的产生创造了条件。

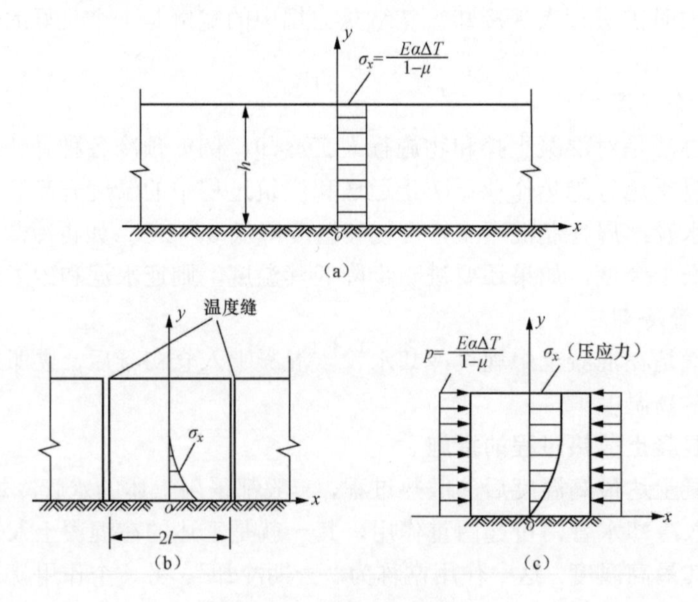


图7-8　温度缝的作用

必须注意，按照弹性力学，如假定基岩为无限刚固，则不论温度缝间距如何密，在紧靠基岩处的最大拉应力仍为 $\frac{E\alpha\Delta T}{1-\mu}$，只是受拉区迅速的减小，使拉应力呈局部分布性质。下面我们还将提到，考虑了材料的塑性性质后，温度缝还能减小这一最大拉应力值。但是，即使按弹性力学的分析成果来看，温度缝减低温度应力和防止发生裂缝的效果仍然是极为显著的，因为以图 7-8 中（a）和（b）两种情况来对比，虽然基岩面上的最大拉应力相同，后者发生贯穿性裂缝的可能性就不大，而在前者，只要这最大拉应力一超过混凝土的抗拉强度，混凝土块必然全部断裂。这些温度裂缝将大体均匀分布，其间距正代表为防止混凝土块断裂所需设置的温度缝的最大间距。

（2）温度缝减低了在基岩处的最大约束应力。上面讲到，按弹性力学计算温度应力时，在基岩面上的最大拉应力为常数。但实际上，混凝土块浇筑后，弹性模量是逐渐变化的，温度也是先逐渐升高然后逐渐回降的，混凝土还有徐变的特性。考虑了这些因素后，基岩面上的最大约束应力就不是常数，而将为温度缝间距的函数。这一结论是近年来由我国水利水电科学研究院所获得的。不同长度的浇筑块在水化热温升及回降过程中所产生的最大温度应如图 7-9 中曲线所示。浇筑块长度对初始温差所产生的温度应力也有类似影响。

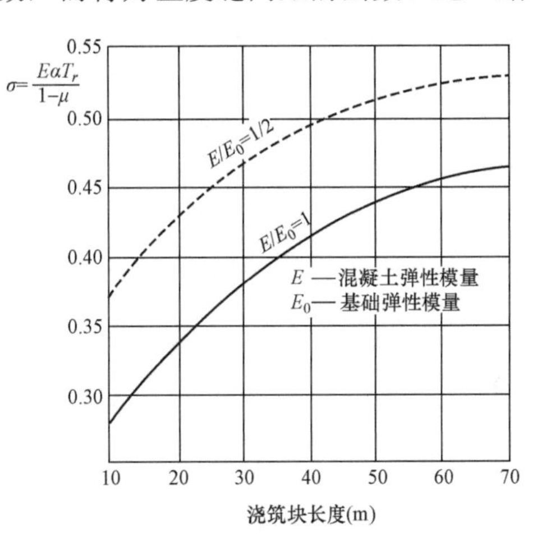


图 7-9　浇筑块长度对温度应力的影响

从以上情况来看，可以确认：采用合理的分缝分块尺寸，是减少温度应力、防止发生裂缝的有效措施。坝块横缝间距一般为 12～18m，纵缝间距变化较大，以往常采用 10～15m，近年来有逐渐放大的趋势。显然，间距愈大，温度收缩应力问题愈重要，而对温度控制的要求愈严格。究竟分缝间距和温度控制措施应如何配合才最适宜，须根据不同工程的具体条件来研究确定。

**五、温度控制措施的组合应用**

以上介绍的各种温度控制措施，应视各工程具体条件组合应用。其中有一些措施，在各种工程中都应该采用，可称为基本措施。另一些措施则须视工程的重要性和温度变化等自然条件来选定。我们可把它们简单地归纳为下面几种类型；

1. 基本措施

（1）使用低热或中热水泥；

（2）在满足各种设计指标的基础上，采用最小水泥用量；

（3）在气温有突然变化时，对混凝土表面进行绝缘保护，并加强养护；

（4）在夏（冬）季浇筑时，实行夏（冬）季作业，不使混凝土及其原材料受到气温的过大影响。

2. 附加控制

（1）采用较小的纵、横缝间距，薄层浇筑，较长的间歇期，或设冷却缝、冷却井等，不再施用其他人工冷却方式——适用于较低的坝，或在冬、春季施工的坝块，离开基岩较高的坝块，以及施工进度较慢的工程中。

（2）除采用上述措施外，再对混凝土进行简单的人工冷却，如加冰拌和，用冰冻水拌和等——适用于低的和中等高度的坝，在较热季节中浇筑的坝块。

（3）除采用（1）中的措施外，还采用埋冷却水管进行人工冷却——适用于高坝，靠近基岩部分，以及在热天施工的部位。

在必要时，可将（2）、（3）措施合并施用。

（4）进行强烈的混凝土预冷，即将混凝土全部材料实行冷却处理，严格地规定其入仓温度。浇筑块尺寸及厚度均可放大，因为已不考虑以天然散热为主要措施。相反，必要时尚须考虑保护浇筑块表面，以免热量倒灌。采用这一措施后，一般不再采用冷却水管。这一措施适用于不过分高的坝（以便取消纵缝，通仓浇筑），工地具有强大的冷却设备的情况。在年平均气温过低的地区，本措施不甚合适。

（5）在温度控制问题非常严重的情况下，可以联合采用（3）、（4）两种措施，即将混凝土进行强烈的预冷，同时又在混凝土内埋设冷却水管进行通水冷却。

最后应该指出，在同一工程中，可视不同条件采用各种温度控制措施，不必一律。例如两岸断面较小的坝段，又安排在较冷季节中施工时，就可不必采取人工冷却措施，也不留设纵缝；而河床部分较高的坝段，则可采用柱状法分块浇筑，并在其中埋设冷却水管。但由于预冷骨料和设冷却水管两种措施，各需一套较复杂的设备，所以如无必要，在同一工程中不宜同时采用这两种方法。



## 第三节　重力坝的温度场计算

从上节所述可知，重力坝的温度控制设计中包括以下几个主要内容：①混凝土的温度变化过程的计算；②由于温度变化所产生的温度应力的计算；③温度控制措施的规划和设计，以及有关的施工组织设计。本节中先讨论混凝土的温度场计算法。

### 一、基本资料

进行混凝土坝的温度分析，必须取得或假定若干基本资料。现分述如下：

1. 坝址处气温资料

这一资料常可根据当地气象记录进行分析整理。最重要的数据为：多年平均气温，多年的月平均气温，最高最低气温，气温的年变幅、日变幅和中间变幅（及周期）。月平均气温一般均以七月份为最高，一月份最低，大致呈正弦曲线变化或呈扭曲的正弦曲线变化。

2. 坝址处的水温和地下水温

坝址处河水的温度可根据实测资料引用。水温一般要比气温低一些，变幅也小。地下水温往往要进行特殊的勘测工作来测定。地下水温的变化幅度较小，即其最高温度远低于最高气温或河水温度，而最低温度又较最低气温或河水温度为高。

至于水库形成后的水温，显然无法在设计期就取得实测资料，而只能参考类似地区类似高度水库的资料加以引用。一般说来，库水的年平均温度在水库面层大致上等于河水的年平均温度，往下递减，但到一定库深后（如至 50m 以下），即维持为一常数，此常数自 8～4℃不等，视建筑地区气候条件而定。库水温度尚有变幅，但也较河水温度之变幅为小，尤其在库底处的变幅几近于 0。

3. 混凝土的级配及材料特性

混凝土的级配即每一立方米混凝土中所含水泥、砂、粗骨料及水的重量，可从混凝土级配设计资料中取得。在一个坝块内采用不同标号的混凝土时，则视具体情况取最重要的一种级配或用其平均值。

此外我们必须知道各种原材料的容重、比热和水泥的水化热等基本资料，由此推算混凝土的容重、比热和其他特性。混凝土的这些常数虽随级配及原材料性质而异，但变幅不大，其大致数值如下：

单位容重　　$\rho=2400\text{kg/m}^3$

比热　　$c=0.22$～$0.24$kcal/（kg・℃）

导温系数　　$a=0.0025$～$0.0045\text{m}^2/\text{h}$

导热系数　　$k=1.4$～$2.4$kcal/（h・℃・m）

在重要的工程中，最后两个资料须进行试验测定。

水泥的水化热特性为一重要资料，取决于水泥品种、出厂日期和浇捣温度，必须有厂家的资料或进行试验测定。对于中等标号的中热硅酸盐水泥，其 28 天水化热总量约为 80kcal/kg，低热水泥及加掺合料的水泥的发热量较此为小，而高标号水泥又远大于此。

水泥水化热随时间发生的过程，是一条很复杂的曲线，一般为了简化计算，常假定用一简单的公式表示：

$$Q_t=Q_0(1-e^{-mt}) \tag{7-1}$$

式中，$Q_t$ 为累计至 $t$ 日后每千克水泥的发热量，$Q_0$ 为每千克水泥的总发热量，$m$ 是水泥散热系数，视水泥品种及浇捣时的温度而定，约在 0.2～0.4（$d^{-1}$），$m$ 值愈大，水泥发热愈快。

要进行详细研究时，还应测定基岩的容重、比热、导温系数等资料。作为近似估算，则可参考一些文献上的资料拟定。

4. 坝面温度的估算

坝体上游面长期与库水接触，可假定其温度即等于库水温度。坝顶及下游面则由于太阳辐射的影响，其温度要稍高于平均气温，相差值取决于坝址纬度、坝面方向等，可按以下步骤进行估算：

（1）估算坝体吸收的太阳辐射热量：

$$R=\mu S\cos\theta\ [\text{kcal/}(\text{m}^2\cdot\text{h})] \tag{7-2}$$

式中，$\mu$ 是混凝土表面吸收率（$\mu\approx0.2$），$S$ 是太阳辐射常数，$\theta$ 为纬度。

（2）计算坝面温度平均上升值：

$$\Delta T=\frac{R}{\beta}\left(1-\sqrt{\frac{k^2}{\beta^2 at}}\right)^{❶} \tag{7-3}$$

式中 $\beta$——混凝土的表面辐射系数；

$t$——年平均日射时间，$t\approx 4$h。

$k$、$R$、$a$ 的意义同前。

例如，设 $\cos\theta=\cos30°=0.866$，$a=0.004$，$S=1100$kcal/（$m^2$ · h），$\beta=34$kcal/（$m^2$ · h · ℃），$k=2.1$，则：

$$R=0.2\times1100\times0.866=190$$

$$\Delta T=\frac{190}{34}\left(1-\frac{2.1}{34\times2\times\sqrt{0.004}}\right)=\frac{190}{34}\times0.515=2.88\ (℃)$$

在进行温度分析时，尚需其他一些设计资料，如浇筑块尺寸，间歇期，冷却措施等，可见下述。

**二、坝体稳定温度场计算**

坝体稳定温度系指经过长期运行，一些初始影响（如水化热等）已经消失，坝体最终所达到的温度。这是温度控制设计中的一个重要依据。当然，在初始影响消失后，由于边界上温度（气温、水温）的波动，坝内各点温度仍有稳定的波动，但这种波动只在表面处较显著，稍入内部即不显著（日气温变化之影响范围不过 0.4～0.8m，年变化之影响范围也不过 7～10m），我们常以各点的年平均温度来表示，而绘制其稳定温定场。

以往采用的决定稳定温度场的步骤如下（图 7-10）：

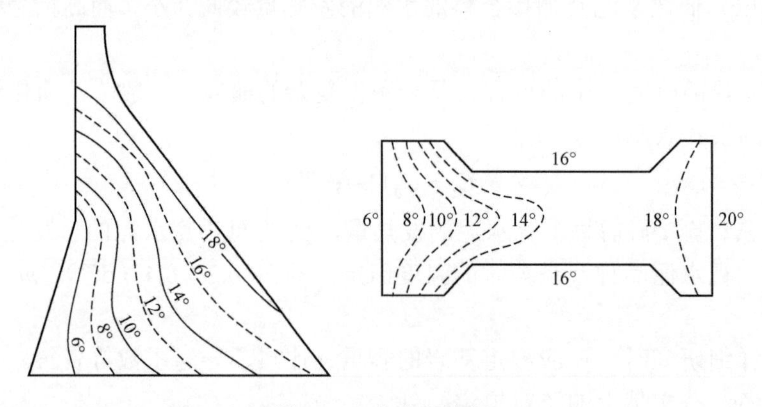


图 7-10　稳定温度场

（1）绘制坝体横断面图，标出边界上的温度；

（2）坝底边界上的温度，可假定从上游到下游呈线性分布；

（3）用迭弛法计算内部各点的稳定温度，因为平面稳定温度分布场满足谐和条件（$\nabla^2 T=0$）。

---

❶ 当 $\sqrt{\frac{\beta^2 at}{k^2}}<3.0$ 时，应采用更精确的公式：$\Delta T=\frac{R}{\beta}\left\{1-e^{\frac{\beta^2 at}{k^2}}\left[1-\mathrm{erf}\left(\sqrt{\frac{\beta^2 at}{k^2}}\right)\right]\right\}$，式中 erf 为概率积分函数。

实质上，上述解法就是在确定边界温度后，假定内部温度与表面温度之差按均等分布，从而画出等温线来。这种算法对坝底边界温度作了一个近似假定，当然所给出的成果也将是近似的，实际上坝底边界温度取决于地层温度和库水对地温的影响，是一个很复杂的问题。但是对于一般的设计工作来讲，上述解法已能满足需要了。

画出坝体稳定温度场后，我们就可以求出整个坝体断面的平均稳定温度或分区平均稳定温度。

对于宽缝重力坝，除上、下游坝面外，两侧宽缝也是一个边界，因此坝内的稳定温度场是一个三向问题，要根据边界温度进行繁冗的计算后才可确定。但普通我们均仍近似地切取一些水平断面作为平面问题处理。

**三、混凝土浇筑入仓温度的计算**

混凝土拌和及入仓时的温度，是一个极重要的设计数据。拌和温度取决于混凝土的级配及原材料的温度和比热，可用下列混合公式计算：

$$T_b = \frac{\sum cWT}{\sum cW} \tag{7-4}$$

式中，$W$ 表示各种成分的重量比，$T$ 为其温度，$c$ 为其比热。一般水的比热为 1，骨料及水泥的比热为 0.2 左右，故上式可写为：

$$T_b = \frac{0.2W_{沙}T_{沙} + 0.2W_{石}T_{石} + 0.2W_{泥}T_{泥} + W_{水}T_{水}}{0.2(W_{沙} + W_{石} + W_{泥}) + W_{水}} \tag{7-5}$$

如果骨料内还含有水，设其含水率为 $p$，则其比热应改用 $0.2+p$，而在水的重量中应减去骨料含水量 $pW_{石}$ 等。

一般骨料温度接近月平均气温，水温可取月平均水温，但水泥温度要高得多，常在 30～40℃以上，甚至达 50℃。由于混凝土中骨料比重最大，所以若无预冷措施，混凝土拌和出来的温度常接近月平均气温。在寒冷季节中可能稍高一些。

混凝土出拌和机并运输至坝体浇筑后，温度将稍有变化。如令 $T_a$ 表示气温，则入仓后的温度 $T_p$ 为：

$$T_p = T_p + (T_a - T_b)(p_1 + p_2 + \cdots + p_n) \tag{7-6}$$

式中，$p_1$、$p_2$、…代表各施工步骤的温度变化系数，以下为一些参考数字：

（1）装料、卸料、转运、……：每一次，$p=0.032$；

（2）运输过程中：$p=At$，$t$ 为运输时间（min），$A$ 值如表 7-2 所示。

**表 7-2　　$A$ 值**

| 运输工具 | 混凝土容积（$m^3$） | $A$ |
|---|---|---|
| 自卸卡车 | 1.0 | 0.0040 |
| | 1.4 | 0.0037 |
| | 2.0 | 0.0030 |
| 长方形吊罐 | 0.3 | 0.0022 |
| | 1.6 | 0.0013 |
| 圆筒形吊罐 | 1.6 | 0.0009 |
| 双轮手推车（保温加盖） | 0.15 | 0.0070 |
| 手推斗车（车身保温） | 0.75 | 0.0100 |

（3）浇捣过程中：$p=0.003t$，$t$ 为浇捣时间（min）。

作为近似估计，可取 $\sum p=0.4\sim0.5$。

如果骨料不预冷，则 $T_a$ 及 $T_b$ 相差不大，拌和温度与入仓温度相差也不大。反之，经过强烈预冷的混凝土，$T_a$ 及 $T_b$ 相差很大，故 $T_p$ 与 $T_a$ 也可能显著不同。此时，必须尽量缩短运输及浇筑时间，加强运输过程中的绝热设施，以减少热量的倒灌。很显然，混凝土经过强烈预冷者，不宜采用薄层浇筑，且浇筑后表面应加盖护，到其内温升到气温后再移去盖护散热。

施加预冷的混凝土，其入仓和拌和温度仍可用以上公式计算，唯各材料之温度须用其预冷后的温度。如果在拌和时加入冰屑以代替水，这一部分水量的温度除应采用0℃计算外，并应在计算中考虑冰屑融解时所吸收的热量（80kcal/kg）。

**四、混凝土入仓后的温度变化（无人工冷却）**

混凝土入仓时的温度为 $T_p$。入仓后由于水泥水化热作用，温度将逐渐上升；另一方面，当内温高于气温时，又将通过表面逐渐散热，因而形成复杂的温度变化。为了分析这个问题，我们可以分别研究几种简单情况，然后加以组合。

1. 混凝土的绝热温升

如果混凝土入仓后，四周都加以绝缘，不使热量散发，那么由于水化热作用，混凝土内温将持续上升。根据水化热散发公式[式（7-1）]，这种绝热温升的过程显然为：

$$T_{\mathrm{r}}=\frac{WQ_0}{c\rho}(1-\mathrm{e}^{-mt}) \tag{7-7}$$

式中，$W$ 为每立方米混凝土的纯水泥含量，其余符号意义同前。可见在绝热状态下最大的温升为：

$$T_{r\max}=\frac{WQ_0}{c\rho} \tag{7-8}$$

2. 用差分法计算混凝土的温度变化

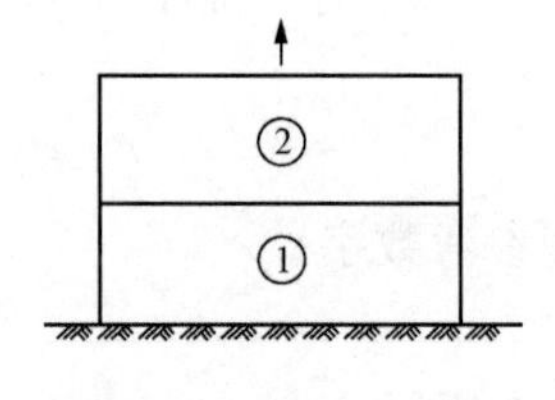

图 7-11　从基岩上依次浇捣混凝土块的顺序

图 7-11 表示从基岩上依次浇捣混凝土块的情况。设基岩原始地温为已知值。第一次浇上块子 1，其入仓温度为 $T_p$，气温为 $T_a$，混凝土绝热温升为 $\frac{WQ_0}{c\rho}$（$1-\mathrm{e}^{-mt}$）。间歇了若干时间后，又继续浇捣块子 2，其时入仓温度、气温及绝热温升都可能与块子 1 有所不同。如此继续上升。我们要计算混凝土块中的各点温度变化过程。

很显然，这是一个非常复杂的问题，我们必须做些合理的简化，以便分析。注意到木模板是良好的绝缘体，而且通常每次浇筑厚度与坝块尺寸相比是很小的，所以我们将忽略热量的侧向传播，而假定只有上下方向的传播，这就使问题简化为单向的传热学问题。

虽然作了这样的简化，由于参变数很多，要作全面的理论解答还很困难。实践证明，这一类问题最便于用有限差法来求数值解答。在单向问题的数值解答中，几乎可将一切可变因素的影响都包括在内。

这一问题的数值解法的步骤如下：

（1）画一条基准线表示高程（图 7-12），图中以 0 点代表地面，0 点以右代表基础以下，其左代表各浇筑块。

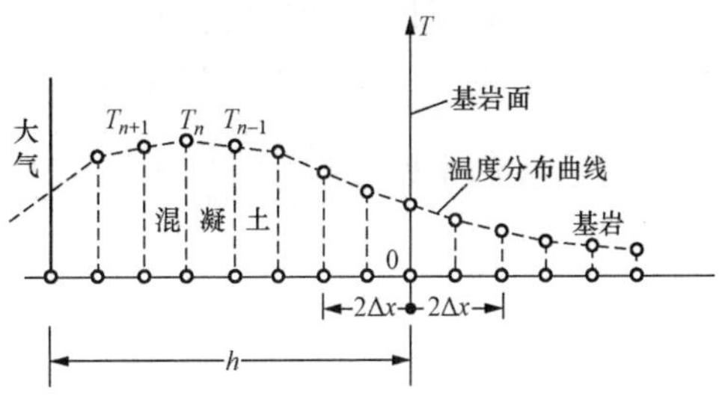

图 7-12 温度变化的差分计算

将基准线按 Δ$x$ 的间距分隔成许多小块，我们以后便计算每一分界点处的温度。另外将时间也按间距 Δ$t$ 分成许多小段。Δ$x$ 及 Δ$t$ 的大小要谨慎地选择，必须使：①Δ$x$ 及 Δ$t$ 能满足计算精度的需要，即不能过大；②参变数 $\frac{a\Delta t}{\Delta x^2}$ 的值必须小于 $\frac{1}{2}$，而且最好凑成一个合适的分数，最常用的是使 $\frac{a\Delta t}{\Delta x^2}=\frac{1}{2}$ 或 $\frac{1}{4}$；③ Δ$x$ 之值须能将各浇筑块厚度均匀分割。

（2）假定有相邻的三点，其编号依次为 $n-1$、$n$、$n+1$。在第 $K$ 个时段里，设这三点上的温度各为 $T_{n-1,K}$；$T_{n,K}$ 及 $T_{n+1,K}$。那么，在经过一个时段 Δ$t$ 后，中央一点的温度改变为 $T_{n,K+1}$，其值为：

$$T_{n,K+1}=\frac{T_{n-1,K}+T_{n+1,K}}{2}\bullet 2a\frac{\Delta t}{\Delta x^2}-T_{n,K}\left(2a\frac{\Delta t}{\Delta x^2}-1\right)+\Delta T_{n,K} \tag{7-9}$$

式中，$\Delta T_{n,K}$ 为在这一时段中，$n$ 点由于内热源所产生的温升。

这样看来，当我们知道了上一时段各点上的温度 $T$ 后，常可从上式推算下一时段各点的温度，如此继续进行，直至达到指定的时间为止。

（3）最起始的温度，当然是指浇筑第 1 块混凝土时的温度。这时，在 $x<0$（即基岩内）的各点，可采用原始地温，在 $h>x>0$，即浇捣块范围内各点，可采用入仓温度 $T_p$，在 $x>h$ 的范围内，各点温度均为气温。

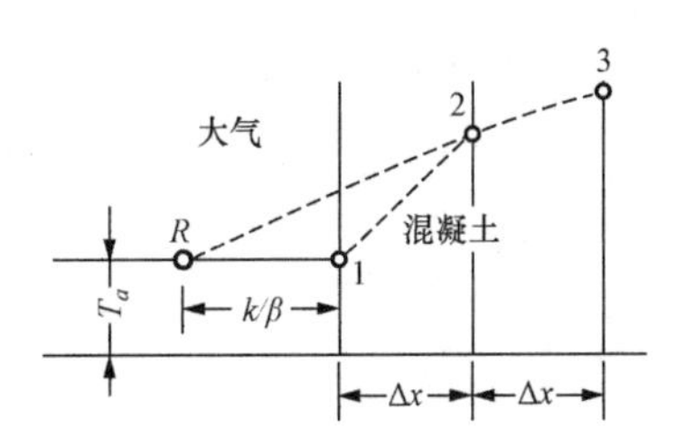

图 7-13 温度变化的差分计算

这里要谈一谈边界条件，首先是与空气接触的边界。考虑图 7-13 中靠边界的一个点子（编号为 1），关于点子 1 的温度，若作为第一次近似值，不妨即令该点温度等于气温（这相当于假定边界上的条件符合热传导学上的第一类条件）。更合理的做法是，在离开边界为 $\frac{k}{\beta}$ 处取一点 $R$，令 $R$ 点上的温度常等于气温 $T_a$，这里 $\beta$ 是混凝土对大气的辐射系数或称热交换系数，$\beta\approx 20$kcal/（m$^2$ • h • ℃），故 $\frac{k}{\beta}\approx 0.07$～0.12m。

混凝土与基岩的接触是所谓第四类边界条件。通常混凝土与基础的热学常数相差不大，我们常视作同一类材料处理，以简化计算，这样，除基岩内无内热源外，另无区别。

（4）关于内热源所产生的温升 Δ$T$，可按具体情况计算。如果混凝土的绝热温升过程为 $T_{r\max}(1-e^{-mt})$，则在 $t=t_1$ 到 $t=t_2$ 间的耗热温升 Δ$T$ 显然为 $T_{r\max}(e^{-mt_2}-e^{-mt_1})$，可以预先算好备用。在混凝土与基岩接触点上的绝热温升可取为 $\frac{\Delta T}{2}$。

（5）如此可以继续进行到第二浇筑块上，那时，第一块的表面改为第四类边界条件，第二块表面为第一类边界条件。其余的计算无区别。

普通我们常取 $a\dfrac{\Delta t}{\Delta x^2}=\dfrac{1}{2}$ 或 $\dfrac{1}{4}$，则式（7-9）改为：

$$T_{n,K+1}=\frac{T_{n-1,K}+T_{n+1,K}}{2}+\Delta T_{n,K}\left(a\frac{\Delta t}{\Delta x^2}=\frac{1}{2}\right) \tag{7-10}$$

或

$$T_{n,K+1}=\frac{1}{4}(T_{n-1,K}+2T_{n,K}+T_{n+1,K})+\Delta T_{n,K}\left(a\frac{\Delta t}{\Delta x^2}=\frac{1}{4}\right) \tag{7-11}$$

这两式都很简单，并可用图解法进行工作，尤其取 $a\dfrac{\Delta t}{\Delta x^2}=\dfrac{1}{2}$ 时，更为简捷，但其精度当然比取 $a\dfrac{\Delta t}{\Delta x^2}=\dfrac{1}{4}$ 要差些。采用 $a\dfrac{\Delta t}{\Delta x^2}=\dfrac{1}{2}$ 时，$\Delta t$ 及 $\Delta x$ 宜取得小一些。

计算的成果可以画成曲线，明显地表示出不同时间沿高程的温度分布（图 7-14），或列成表格以供检用（表 7-3）。

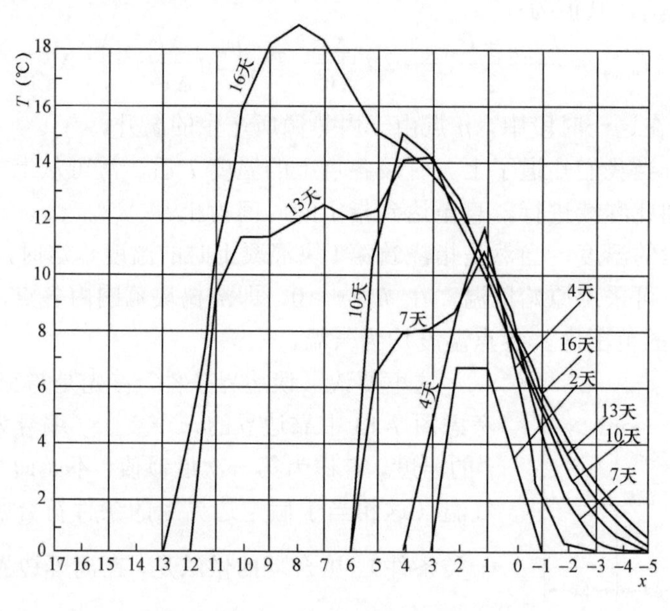


图 7-14　浇筑块温度分布曲线

表 7-3　××坝基础浇筑块平均温度计算成果表

| 天 \ 层 | 1（1.5m） | 2（1.5m） | 3（3.0m） | 4（3.0m） | 5（3.0m） |
|---|---|---|---|---|---|
| 1 | 0 | | | | |
| 2 | 5.03 | | | | |
| 3 | 7.44 | | | | |
| 4 | 8.36 | | | | |
| 5 | 8.51 | | | | |
| 6 | 8.87 | 0.67 | | | |

续表

| 天 \ 层 | 1（1.5m） | 2（1.5m） | 3（3.0m） | 4（3.0m） | 5（3.0m） |
|---|---|---|---|---|---|
| 7 | 9.50 | 6.28 | | | |
| 8 | 10.17 | 9.21 | | | |
| 9 | 10.74 | 10.53 | | | |
| 10 | 11.11 | 10.95 | | | |
| 11 | 11.39 | 11.58 | 0.37 | | |
| 12 | 11.53 | 12.42 | 6.55 | | |
| 13 | 11.54 | 13.25 | 9.67 | | |
| 14 | 11.49 | 13.96 | 12.85 | | |
| 15 | 11.40 | 14.53 | 14.37 | | |
| 16 | 11.27 | 14.98 | 15.42 | 0.36 | |
| 17 | 11.17 | 15.31 | 16.40 | 6.56 | |
| 18 | 11.08 | 15.56 | 17.26 | 10.43 | |
| 19 | 11.03 | 15.77 | 17.83 | 12.86 | |
| 20 | 10.93 | 15.85 | 18.23 | 14.33 | |
| 21 | 10.95 | 15.86 | 18.52 | 15.50 | 0.36 |
| 22 | 10.95 | 15.77 | 18.80 | 16.50 | 6.56 |
| 23 | 10.95 | 15.48 | 18.93 | 17.35 | 10.60 |

说明：1．第1、2层厚1.5 m，以上3m一层，间歇期5天。

2．水化热绝热温升 $T_r = 22.7℃（1 - e^{-0.35t}）$，$a = 0.084m^2/d$。

3．气温7.9℃未加入在内。

4．用有限差法计算，$\Delta t = 1$ 天，$\Delta x = 0.5m$，$a\dfrac{\Delta t}{\Delta x^2} = 0.336$。

3．用理论公式计算混凝土块的温度变化

上述问题在作了一些近似假定后，也可按理论公式来寻求解答，兹叙述如下：

设混凝土块是分层均匀地浇筑的，每层厚度为 $h$，间歇期间为 $t_0$，浇筑温度为 $T_p$，气温为 $T_a$，混凝土的绝热温升为 $T_r = T_{r\max}（1 - e^{-mt}）$，欲估计浇筑块的最高温度。

实际上，在混凝土浇筑后，一方面因水化热关系而使浇筑块温度升高，另一方面热量又分别自浇筑块表面和底面发散，要详细地计算这些影响比较困难。但既然混凝土是分层均匀上升的，则传到底层混凝土中去的热量将来仍可得自上面所浇的新混凝土中。所以，为了估算浇筑层的最高温度，我们不妨假定浇筑块底面是绝热的。实际的计算证明，当浇筑块是均匀上升时，采用这一假定所求出的最高温度是接近其精确值的，相差不过1～2℃。

下面，我们利用叠加法原理，将本问题分为两个独立的问题来计算：

（1）浇筑温度 $T_p$ 等于气温 $T_a$，则在水化热作用下，块体温度为：

$$T = \frac{4mT_{r\max}}{\pi} \sum_{1,3,5,\cdots} \frac{e^{-mt} - e^{-a\frac{n^2\pi^2}{4h^2}t}}{n\left(a\dfrac{n^2\pi^2}{4h^2} - m\right)} \sin\frac{n\pi}{2h}x \qquad (7\text{-}12)$$

在块体内的平均温度是：

$$T_m = \frac{8T_{r\max}mt}{\pi^2}\sum_{1,3,5,\cdots}\frac{e^{-mt}-e^{-a\frac{n^2\pi^2}{4h^2}t}}{\left[n^2\left(a\frac{n^2\pi^2 t}{4h^2}\right)-mt\right]} \tag{7-12′}$$

上式虽为无限级数，但收敛甚快（一般只须取首二、三项即足），因此仍有实用价值。在上式中，以 $t=t_0$（间歇期间）代入，即可求出在间歇期终了时的坝块平均温度，再加上残余的水化热温升 $T_{r\max}e^{-mt_0}$，即可得到由于水化热产生的升高温升值。

（2）浇筑温度 $T_p$ 低于气温 $T_a$，但无水化热，这时，经过时间 $t$ 后的浇筑块平均温度将为：

$$\begin{aligned} T_m &= T_a-(T_a-T_p)\bullet\frac{8}{\pi^2}\sum_{1,3,5,\cdots}^{\infty}\frac{1}{n^2}e^{-an^2\pi^2t/4h^2} \\ &= T_a-(T_a-T_p)\bullet E\left(\frac{at}{4h^2}\right)=T_p+(T_a-T_p)(1-E) \end{aligned} \tag{7-13}$$

式中，$E$ 为一个系数，是变数 $\frac{at}{4h^2}$ 的函数。

这样，浇筑块的最高温度可用下式估算：

$$\begin{aligned} T_p+T_r &= T_p+(T_a-T_p)(1-E) \\ &+\frac{8T_{r\max}mt_0}{\pi^2}\sum_{1,3,5,\cdots}\left[\frac{e^{-mt_0}-e^{-a\frac{n^2\pi^2}{4h^2}t_0}}{n^2\left(a\frac{n^2\pi^2t_0}{4h^2}\right)-mt_0}\right]+T_{r\max}e^{-mt_0} \end{aligned} \tag{7-14}$$

函数 $E$ 可从后面的表 7-6 中查得。该表中的参变数是 $\pi^2\frac{at}{L^2}$，系用以计算平板两侧散热用的，在计算浇筑块表面散热时，应取 $L=2h$。

试举一例。设某坝浇筑层厚度为 $h=1.5$m，间歇期 $t_0=5$d，混凝土的导温系数为 $a=0.11\text{m}^2/\text{d}$，水泥的散热系数 $m=0.24/\text{d}$，最高绝热温升为 $T_{r\max}=22.8$℃，浇筑温度为 20℃，气温为 25℃，试求浇筑块中的最高温升。

根据上述数据可算出：

$$mt_0=0.24\times5=1.2,\quad T_{r\max}e^{-mt_0}=22.8\times0.3=6.84\text{（℃）}$$

$$\frac{at}{L^2}=\frac{0.11\times5}{3\times3}=0.0611,\quad \frac{\pi^2at}{L^2}=0.604$$

由表 7-6 查出 $E=0.444$，$1-E=0.556$。

$$(T_a-T_p)(1-E)=(25-20)\times0.556=2.78\text{（℃）}$$

又式（7-12′）中的无限级数收敛很快，只须取一项已足够精确，这样：

$$\frac{8T_{r\max}mt_0}{\pi_2}\bullet\frac{e^{-mt_0}-e^{-\frac{a\pi^2}{4h^2t_0}}}{\left[a\frac{\pi^2t_0}{4h^2}-mt_0\right]}=\frac{8\times22.8\times1.2}{\pi^2}\bullet\frac{0.3-e^{-0.604}}{0.604-1.2}=9.19\text{（℃）}$$

于是最高温度为：

$$T = T_p + T_r = 20 + 2.78 + 9.19 + 6.84 = 38.81\text{（℃）}$$

另外还有一个稍微精确一些的算法，现说明如下：设想某一浇筑块，厚为 $h$，浇在基岩或老混凝土上，间歇了 $t_0$ 天后，继续往上浇筑，现欲估算这一浇筑块的最高温度。如果浇筑块的热量完全不发散，则其最高温度应等于浇筑温度 $T_p$ 与绝热温升 $T_{r\max}$ 之和。但在间歇期和其余时间，浇筑块的热量有所散发，设散发的总热量为 $Q$，则该块的最高平均温度将为：

$$T = T_p + T_{r\max} - \frac{Q}{c\rho h}$$

如我们能近似地估算出总的散热量 $Q$，就可以算出最高温度值 $T$。

最主要的散热量显然就是在间歇期通过表面散发的水化热（记为 $Q_1$）。美国垦务局曾用数值积分法求出 $Q_1$ 的数值，它为 $\frac{h}{\sqrt{4at}}$ 及 $mt_0$ 的函数，可记为：

$$Q_1 = \eta c\rho h T_{r\max}$$

式中，$\eta$ 为一个系数。由于散发了热量 $Q_1$，浇筑块温度将下降 $\Delta T$：

$$\Delta T = \frac{Q_1}{c\rho h} = \eta T_{r\max} \tag{7-15}$$

其次的散热量是当入仓温度 $T_p$ 高于气温 $T_a$ 时，从表面散发的热量 $Q_2$。美国垦务局求得其值为：

$$Q_2 = \frac{2k(T_p - T_a)}{\sqrt{\pi}}\left[\sqrt{\frac{t}{a}} - I\right]$$

式中

$$I = \frac{h}{2a}\left[\frac{e^{-\frac{h^2}{4at}}}{\frac{h}{\sqrt{4at}}} - \sqrt{\pi} + \sqrt{\pi}P\left(\frac{h}{\sqrt{4at}}\right)\right]$$

而 $P$（$x$）为概率函数值。

将式（7-15）简化后，可求出由于散发热量 $Q_2$ 而引起的温度降低为：

$$\Delta T = \frac{Q_2}{c\rho h} = (T_p - T_a)\bullet k_2 \tag{7-16}$$

式中，$k_2$ 为一个系数，只为 $\frac{h}{\sqrt{4at}}$ 的函数。

考虑这两种主要散热影响后，浇筑块的最高温度将为：

$$\begin{aligned} T &= T_p + T_{r\max} - \eta T_{r\max} - (T_p - T_a)k_2 \\ &= T_p + T_{r\max}(1-\eta) - (T_p - T_a)k_2 \\ &= T_p + T_{r\max}k_1 - (T_p - T_a)k_2 \end{aligned}$$

式中，$k_1 = 1 - \eta$。

再考虑在间歇期 $t_0$ 后，在该块上新浇了一层混凝土，但原先的浇块尚可通过新浇块散热（通过新浇块，从其表层散发）。为了近似估计这一部分散热量 $Q_3$，我们假定在浇筑上层混凝土时，原浇块的温度大致即为 $T_p + T_{r\max}k_1 - (T_p - T_a)k_2$，而上层混凝土的温度为气温 $T_a$，则不难推出 $Q_3$ 为：

$$Q_3 = \frac{2k\left[T_p + T_{r\max}k_1 - (T_p - T_a)k_2 - T_a\right]}{\sqrt{\pi}} \cdot I$$

其所产生的温度降落可写为：

$$\Delta T = k_3\left[T_p + T_{r\max}k_1 - (T_p - T_a)k_2 - T_a\right] \tag{7-17}$$

式中，$k_3$ 为一系数，也仅为 $\frac{h}{\sqrt{4at}}$ 的函数。

这样，原浇筑块中的最高温度将为：

$$T = \left[T_p + T_{r\max}k_1 - (T_p - T_a)k_2\right](1-k_3) + T_a k_3 \tag{7-18}$$

图 7-15 中给出了 $k_1$ 的曲线，这是根据参考文献[5]直接复制的。在表 7-4 及表 7-5 中给出了 $k_2$ 和 $k_3$ 的数值，这是根据参考文献［5］中的积分 $I$ 值换算而得的。有了这三个系数后，计算最高温度就成为一件较容易的工作了。

我们试将上文所述数例，以此法解算之。首先计算参数：

$$\frac{h}{\sqrt{4at}} = \frac{1.5}{\sqrt{4\times0.11\times5}} = 1.011$$

$$mt = 0.24\times5 = 1.2$$

从图 7-15 查出 $k_1 = 0.71$，从表 7-4 中查得 $k_2 = 0.511$，从表 7-5 中查得 $k_3 = 0.0493$，故浇筑块的最高温度为：

$T$=（$20 + 22.8\times0.75 + 5\times0.511$）×（$1 - 0.0493$）$+ 0.0493\times25 = 37.1$（℃）

比以前用公式求得者（38.81℃）低了 1.71℃。

再举一例，设 $h = 1.525$m，$t_0 = 10$ 天，$T_a = 26.7$℃，$T_p = 23.9$℃，$a = 0.0892\text{m}^2/\text{d}$，$T_{r\max} = 38.9$℃，$m = 0.288$/d，求浇筑块的最高温度。

$$\frac{h}{\sqrt{4at}} = \frac{1.525}{\sqrt{4\times0.0892\times10}} = 0.809$$

$$mt = 0.288\times10 = 2.88$$

从图 7-15 查出 $k_1 = 0.52$，从表 7-4 查得 $k_2 = 0.5825$，从表 7-5 查得 $k_3 = 0.112$，于是：

$T$=（$23.9 + 38.9\times0.52 + 2.8\times0.5825$）×（$1 - 0.112$）$+ 0.112\times26.7 = 43.6$（℃）

表 7-4　　**$k_2$ 函数表**

| $\frac{h}{\sqrt{4at}}$ | $k_2$ | $\frac{h}{\sqrt{4at}}$ | $k_2$ | $\frac{h}{\sqrt{4at}}$ | $k_2$ |
|---|---|---|---|---|---|
| 2.4 | 0.235 | 1.6 | 0.349 | 0.8 | 0.586 |
| 2.3 | 0.245 | 1.5 | 0.370 | 0.7 | 0.626 |
| 2.2 | 0.256 | 1.4 | 0.393 | 0.6 | 0.671 |
| 2.1 | 0.268 | 1.3 | 0.420 | 0.5 | 0.722 |
| 2.0 | 0.282 | 1.2 | 0.449 | 0.4 | 0.776 |
| 1.9 | 0.296 | 1.1 | 0.479 | 0.3 | 0.831 |

续表

| $\frac{h}{\sqrt{4at}}$ | $k_2$ | $\frac{h}{\sqrt{4at}}$ | $k_2$ | $\frac{h}{\sqrt{4at}}$ | $k_2$ |
|---|---|---|---|---|---|
| 1.8 | 0.312 | 1.0 | 0.513 | 0.2 | 0.887 |
| 1.7 | 0.330 | 0.9 | 0.547 | 0 | 1.000 |

**表 7-5　　$k_3$ 函 数 表**

| $\frac{h}{\sqrt{4at}}$ | $k_3$ | $\frac{h}{\sqrt{4at}}$ | $k_3$ | $\frac{h}{\sqrt{4at}}$ | $k_3$ |
|---|---|---|---|---|---|
| 2.4 | ≈0 | 1.7 | 0.0023 | 1.0 | 0.051 |
| 2.3 | 0.0001 | 1.6 | 0.0036 | 0.9 | 0.078 |
| 2.2 | 0.0002 | 1.5 | 0.0065 | 0.8 | 0.115 |
| 2.1 | 0.0003 | 1.4 | 0.0094 | 0.7 | 0.175 |
| 2.0 | 0.0005 | 1.3 | 0.0145 | 0.6 | 0.265 |
| 1.9 | 0.0009 | 1.2 | 0.022 | 0.5 | 0.40 |
| 1.8 | 0.0014 | 1.1 | 0.034 | 0.4 | 0.65 |

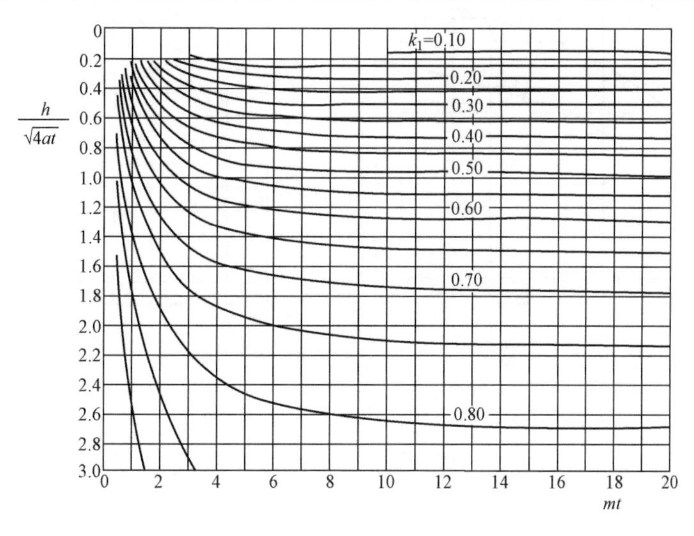


图 7-15　$k_1$ 曲线

4. 设计图表

上述的温度计算工作量较大，最好能有些图表曲线，以供作迅速和粗略的估计之用。

通常混凝土浇筑后，很快就升到最高温度，在这段时间中，气温变化不致很大，故可假定气温 $T_a$ 为常数。另外，我们假定块子是均匀上升的，基础或老混凝土的温度也是常数且等于 $T_a$（这是因为老混凝土散热对新混凝土的温升影响不大）。这样，我们只须研究以下两个问题：①气温、基础温度及混凝土入仓温度均为 0 时，水化热所产生的温度；②无水化热，但混凝土入仓温度比气温高（或低）若干度所产生的温度变化过程。

（1）水化热的影响。在绝热状态下，混凝土内各点的绝热温升均为 $T_{r\max}$。在具体施工条件下，各点的最大温升均小于 $T_{r\max}$。设坝块的平均温升以 $T_s$ 表之，则不妨写成：

$$T_s = G \cdot T_{r\max} \tag{7-19}$$

式中，$G$ 是一个小于 1 的系数。根据上述公式进行许多计算的成果来分析，可知：①间歇时间愈长，$G$ 愈小，但厚度 $h$ 较大时这一影响就不显著；②浇块愈薄，$G$ 愈小；③水化热放热速度愈快，$G$ 愈大，但间歇时间不长时，其影响较小。

总之，$G$ 是以下三个参变数的函数：①浇筑块厚度 $h$；②间歇时间或每月上升高度；③水化热散热特性。其中水泥散热系数 $m$ 很难精确测定，同时当每月上升速度超过 5m 时，其影响不大，故我们常假定一个平均的 $m$ 值，来计算 $G$ 值，并绘成图表以供使用。

这种资料已经不少，由于假定的 $m$ 值和计算公式不同，成果也有些出入。图 7-16 为参考文献［6］中列出的曲线图（已改制），当我们要近似和迅速地估算水化热所引起的温升 $T_s$ 时，可以采用这一资料。

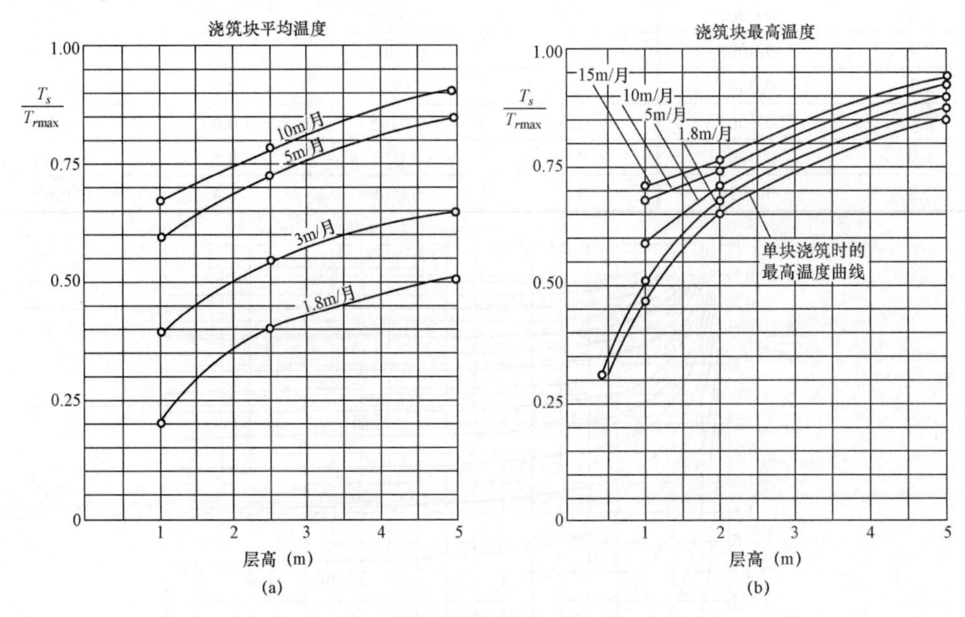


图 7-16　浇筑块温升曲线

（2）浇捣块温度与气温之差的影响。如果混凝土入仓温度 $T_p$ 与气温 $T_a$ 相差很大，则即使没有水化热作用，在混凝土块中仍将发生温度变化。设混凝土块是均匀分期上升的，每块的厚度一律，则各块中的最终的温度变化值 $\Delta T$ 可由图 7-17 的曲线查得。

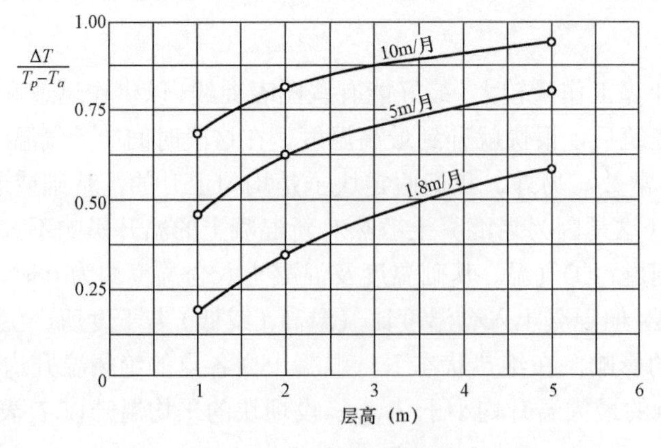


图 7-17　温度变化曲线

在绘制这些曲线时，假定 $T_p - T_a = 10℃$，导热系数 $\beta = 20\text{kcal/}$（$\text{m}^2 \cdot \text{h} \cdot ℃$），导温系数 $a = 2.5 \times 10^{-3}\text{m}^2/\text{h}$。

以上文中的算例为例。因 $h = 1.525 \approx 1.5\text{m}$，间歇期为 10 天，即月升速度为 4.5m/月，则由图 7-16 可查出 $\dfrac{T_s}{T_{r\max}} \approx 0.55$，或 $T_s = 0.55 \times 38.9℃ = 21.4℃$。又气温为 26.7℃，入仓温度为 23.9℃，相差 2.8℃，由图 7-17 可查出温度回升率约为 0.5，或温度将回升 $2.8℃ \times 0.5 = 1.4℃$。最高温升乃为：

$$T = 23.9℃ + 21.4℃ + 1.4℃ = 46.7℃$$

这和以前算出的结果尚接近。

**五、混凝土入仓后的温度变化（人工冷却）**

如果根据上述公式计算后，认为混凝土内温过高，那么就必须采用人工冷却的方法来降低内温。现代最常采用的人工冷却措施，就是在坝体内埋设盘蛇形的水管，在混凝土入仓初凝后，即在管内流通冷水，来散发混凝土内的热量，减低内温。水管通常放在每一浇筑层平面上，或规定的高程平面上，且均匀分布。图 7-18 中为其平面布置及纵剖面示意。

令水管的平面间距为 $s_1$，两层水管相距为 $s_2$，如 $s_1 = 1.1547s_2$，且上下两层水管交叉布置，则每一水管所负担的冷却范围是一个正六角形［图 7-18（b）］，这个六角形可近似地以一等积圆形来代替，显然等积圆形的直径 $2R = 1.2125s_2$。这样，水管的冷却问题可转化为一个空心圆筒的冷却问题，后者的外径为 $R$，内径为 $r_0$（即水管半径），在外径上为一绝缘面，在内径处的温度则为水温。

如果 $s_1 \neq 1.1547s_2$，或水管呈井字形排列而非梅花形排列［图 7-18（c）］，在近似地估计冷却效果时，我们仍可转化为圆筒问题来处理。根据文献上的资料，这样做是可以的。相当圆筒的外半径应该这样选择，使圆筒的周长与每根水管所负担的冷却区域的周长相等。水管作井形布置的效果不如梅花形布置，矩形两条边长相差愈大，效果也愈差。

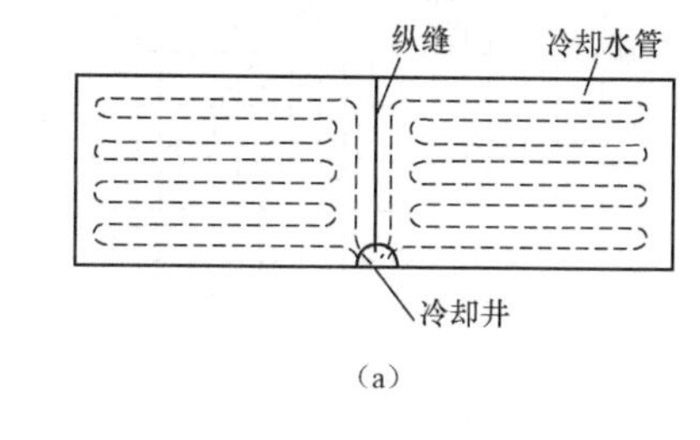

（a）

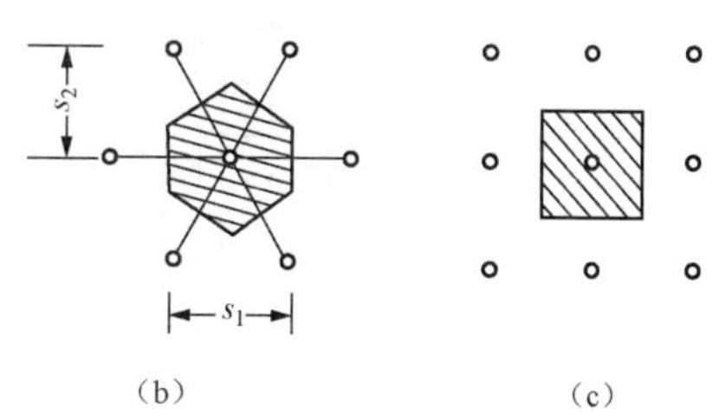

（b）　　（c）

图 7-18　冷却水管布置

（a）剖面图；（b）梅花形布置；（c）井字形布置

现在考虑图 7-18（b）中所示的圆筒，设此圆筒代表新浇的一块混凝土，其入仓温度为 $T_p$，绝热温升为 $T_{r\max}(1 - e^{-mt})$，冷却水温度为 $T_w$，要计算其温度变化过程。这个问题显然可以分为两个问题来处理：①混凝土无水化热，但入仓温度 $T_p \neq$ 水温 $T_w$；②混凝土入仓温度 $T_p = T_w$，但有水化热产生。兹分别叙述如下：

1. 混凝土入仓温度 $T_p \neq$ 水温 $T_w$，其绝热温升为 0

这个问题的理论解答是可以找出的，须以无穷级数形式表示。如令 $T_m$ 表示圆筒的平均温度，那么 $T_m$ 将为 $\frac{at}{R^2}$、$\frac{R}{r_0}$ 两者的函数。M. C. 拉姆金给出了一个很简单的近似解答（在实用上是足够精确的）：

$$T_m = X_1(T_p - T_w),\ X_1 = \mathrm{e}^{-\lambda \frac{at}{R^2}} \tag{7-20}$$

式中，$\lambda$ 是一个系数，随 $\frac{R}{r_0}$ 而变化，当 $\frac{R}{r_0}=100$ 时，$\lambda$ 约为 0.52，当 $\frac{R}{r_0}$ 取其他值时，$\lambda$ 可由下式计算：

$$\lambda = 0.52 \times \frac{\log 100}{\log(R/r_0)} \tag{7-21}$$

所以，也可以设想 $\lambda$ 值不变，仅将导温系数 $a$ 修正如下。

$$a' = a\frac{\log 100}{\log(R/r_0)} \tag{7-22}$$

图 7-19 中表示 $X_1$ 的值（以 $\frac{R}{r_0}=100$ 为准，另外画有 $\frac{R}{r_0}=10$ 的曲线）。

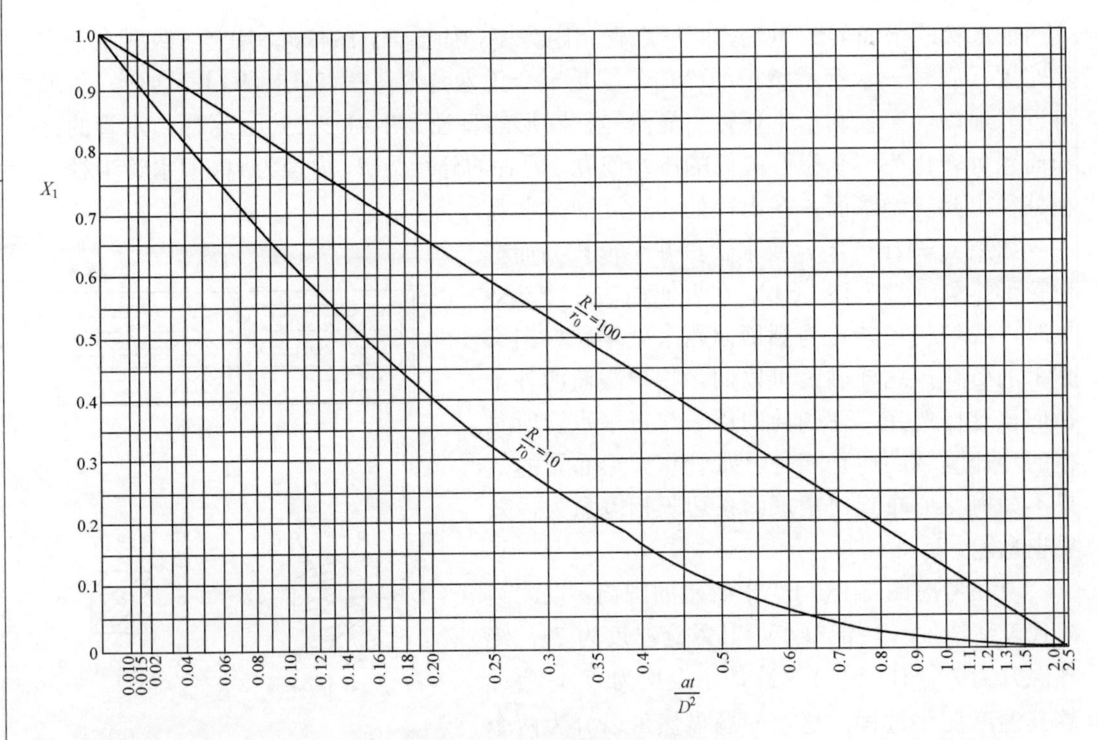


图 7-19　空心圆筒散热曲线

但是实际上的问题还要复杂一些，因为在以上计算中假定冷却水温 $T_w$ 是常数，实际上冷却水在水管内流动时，水温将逐渐升高，上式求出之值只在冷却水管进入混凝土处才是正确的，再往里，混凝土内温就将较算出之值为高，而在水管出口处达最高值。因此，我们以沿一根水管全长的混凝土圆筒的整体平均温度来代替进口断面上的

平均温度。这个整体平均温度仍可以式

$$T_m = X(T_p - T_w) \tag{7-23}$$

表之，但现在 $X$ 不仅是 $\frac{at}{R^2}$ 的函数，同时并系 $\frac{kL}{c_w \rho_w q_w}$ 的函数，这里 $k$ 为混凝土的导热系数，$L$ 为一根水管的全长，$c_w$、$\rho_w$ 及 $q_w$ 各为冷却水的此热、容重和流量。这个参变数也和 $\frac{at}{R^2}$ 一样是无因次的。

图 7-20 中示 $X$ 的曲线，系依两个参变数 $\frac{at}{D^2}$ 及 $\frac{kL}{c_w \rho_w q_w}$ 绘制。显然，当后者为 0 时，即转化为冷却水温为常数的情况（图 7-19）。图 7-20 系取自参考文献［5］。此图及以后的图 7-21、图 7-22 都按 $\frac{R}{r_0}=100$ 绘制，如 $\frac{R}{r_0} \neq 100$，则仍如前述，可以调整 $a$ 值，而仍利用它们。

在出口处（或距水管进口 $L$ 处）的水温，将比进口水温 $T_w$ 高出一些，这高出的温度 $\Delta T$ 可写为：

$$\Delta T = Y(T_p - T_w) \tag{7-24}$$

又在该断面上，混凝土的平均温度高出进口水温之值可写为：

$$\Delta T = Z(T_p - T_w) \tag{7-25}$$

图 7-21 及图 7-22 表示 $Y$ 及 $Z$ 函数之值。

2. 混凝土入仓温度 $T_p$ = 水温 $T_w$，但有内热源，其绝热温升为 $T_{r\max}(1-e^{-mt})$

这个问题，可以利用上一问题的解答而用叠加法完成计算。我们将时间 $t$ 分为许多小段 $\Delta t$，则第 $i$ 小段中的温升为：

$$\Delta T_{ri} = T_{r\max}(1-e^{-m\Delta t})e^{-mi\Delta t} \tag{7-26}$$

对于每一个温升所产生的温度变化，均可用式（7-26）求之，而合成温度将为：

$$T_m = \sum_{i=1}^{i=n} T_{r\max}(1-e^{-m\Delta t})e^{-mi\Delta t}e^{-\frac{a\lambda i\Delta t}{R^2}} \tag{7-27}$$

如取 $\Delta t = 1$ 日，上式也可化为：

$$T_m = T_{r\max}\frac{m}{m-\frac{a\lambda}{R^2}}\left(e^{-\frac{a\lambda}{R^2}t} - e^{-mt}\right)$$

$$= T_{r\max}\frac{\frac{R^2 m}{a}}{\frac{R^2 m}{a}-\lambda}\left(e^{-\frac{a\lambda}{R^2}t} - e^{-mt}\right) \tag{7-28}$$

如果要考虑水温沿水管变化的影响，则将绝热温升分解为一系列 $\Delta T_{ri}$ 后，对每一段 $\Delta T_r$，都应用图 7-20 的 $X$ 值计算相应温度，然后叠加之。这里，最终的圆筒平均温度除为 $\frac{at}{R^2}$ 和 $\frac{kL}{c_w \rho_w q_w}$ 的函数外，并且也为 $R\sqrt{m/a}$ 的函数，可将 $T_m$ 写为：

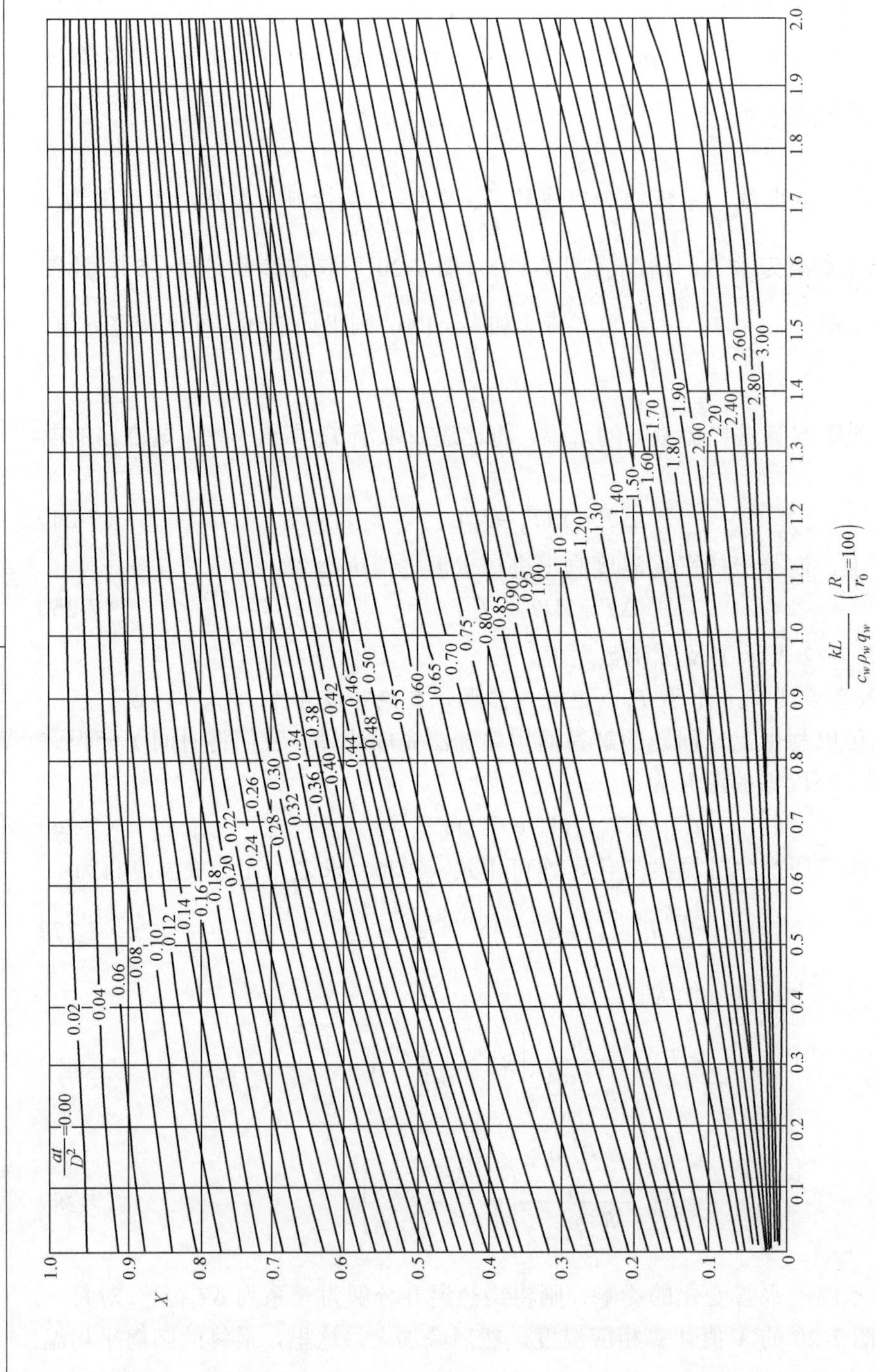


图 7-20 长度为 $L$ 的混凝土圆筒的平均温度函数 $X=f\left(\frac{at}{D^2},\frac{kL}{c_w\rho_w q_w}\right)$

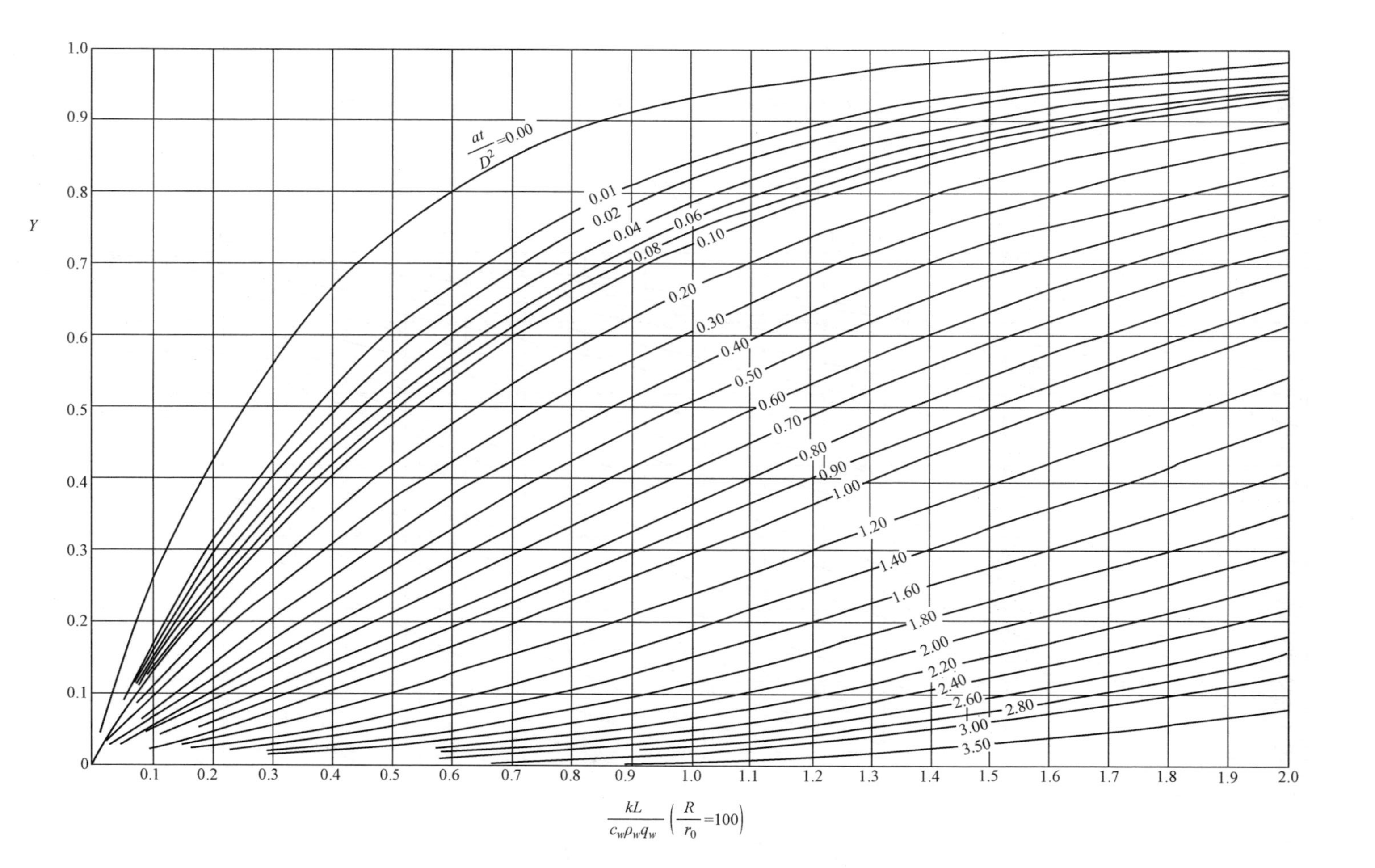


图 7-21 通过长 $L$ 的冷却水管后冷却水的温度上升函数 $Y=f\left(\frac{at}{D^2},\frac{kL}{c_w\rho_w q_w}\right)$

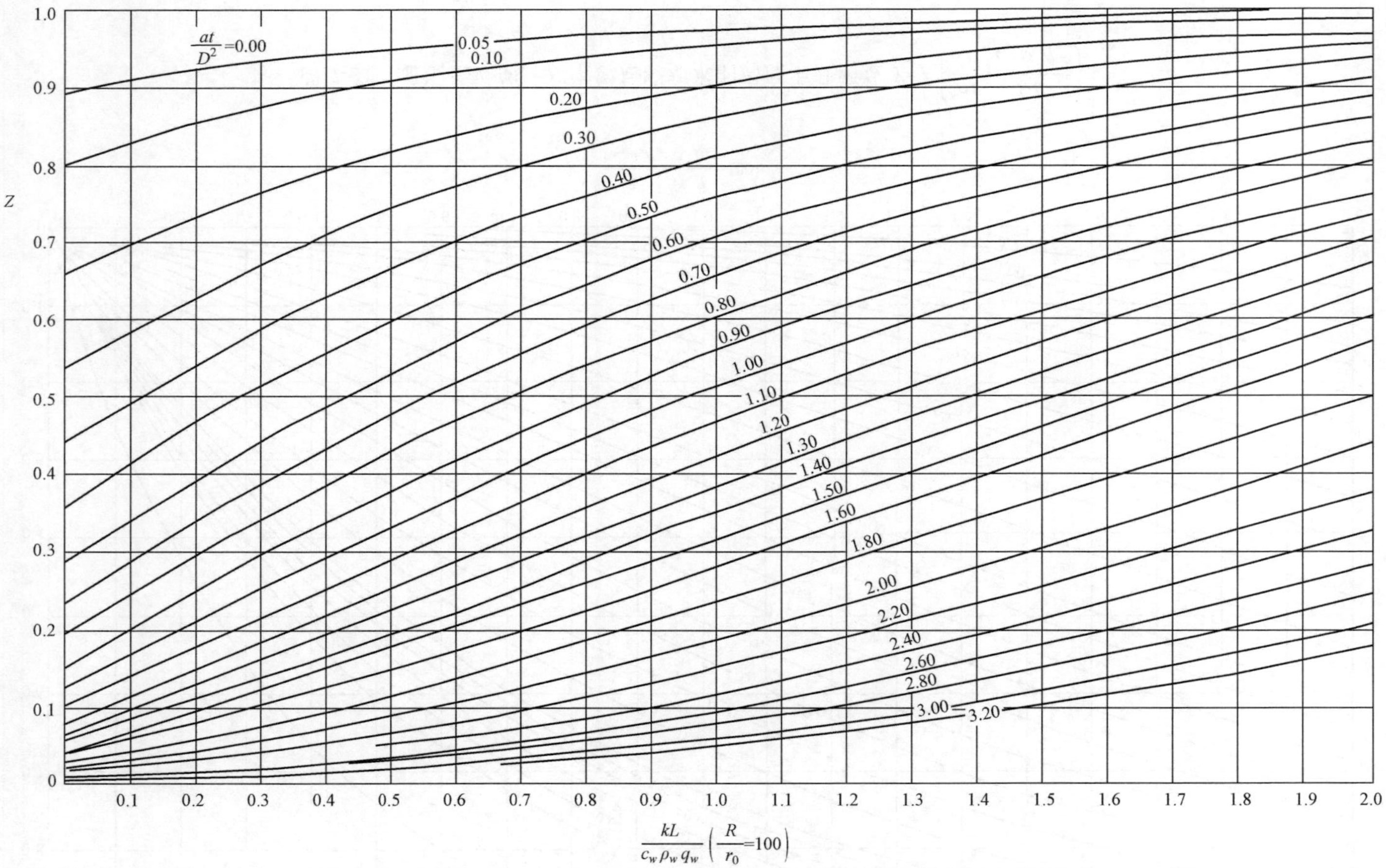

$\frac{at}{D^2}=0.00$, 0.05, 0.10, 0.20, 0.30, 0.40, 0.50, 0.60, 0.70, 0.80, 0.90, 1.00, 1.10, 1.20, 1.30, 1.40, 1.50, 1.60, 1.80, 2.00, 2.20, 2.40, 2.60, 2.80, 3.00, 3.20

$Z$: 0, 0.1, 0.2, 0.3, 0.4, 0.5, 0.6, 0.7, 0.8, 0.9, 1.0

$\frac{kL}{c_w\rho_w q_w}\left(\frac{R}{r_0}=100\right)$: 0.1, 0.2, 0.3, 0.4, 0.5, 0.6, 0.7, 0.8, 0.9, 1.0, 1.1, 1.2, 1.3, 1.4, 1.5, 1.6, 1.7, 1.8, 1.9, 2.0

图 7-22　中空混凝土圆筒距进口 $L$ 处的温度函数 $Z=f\left(\frac{at}{D^2},\frac{kL}{c_w\rho_w q_w}\right)$

$$T_m = X'(T_{r\max}) \tag{7-29}$$

图 7-23 中为 $X'$的曲线，系我国朱伯芳同志所算出。

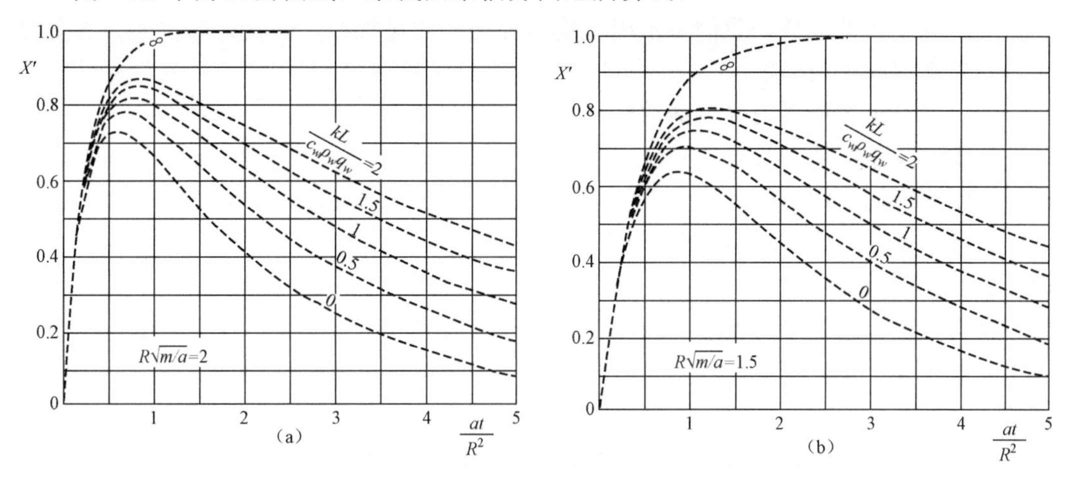


图 7-23 Δ$X'$的曲线

另外一个近似算法，是先假定 $T_w$ 不变，用式（7-28）算出 $T_m$，然后，比照前文式（7-20）与式（7-23）的 $X$ 值加以修正。

下面举一个例子。在某一工程中采用人工冷却来降低混凝土入仓后的最高温度。设 $R=1.25\text{m}$，$r_0=0.0125\text{m}$，$\dfrac{R}{r_0}=100$，$\dfrac{kL}{c_w\rho_w q_w}=1.0$，$T_p=20℃$，$T_w=5℃$，$m=0.0102$，$a=0.004$，$T_{r\max}=25℃$。试求 $\dfrac{at}{R^2}=1.5$ 时的内温。

我们先不考虑水温的变化，由图 7-19 得 $X_1=0.47$，即：

$$T_m=(T_p-T_w)\times 0.47=15\times 0.47=7.05\ (℃)$$

再

$$\frac{R^2m}{a}=\frac{1.25^2\times 0.0102}{0.004}=4,\ \lambda=0.52$$

由式（7-28）：

$$T_m=25\times\frac{4}{4-0.52}(\mathrm{e}^{-0.52\times 1.5}-\mathrm{e}^{-0.0102\times 600})$$
$$=28.8\times(0.47-0.05)=28.8\times 0.42=12.1\ (℃)$$

合计之，这时的混凝土内温为 12.1 + 7.05 = 19.15（℃）。

再考虑水温变动影响。由图 7-20，因 $\dfrac{at}{R_2}=1.5$，或 $\dfrac{at}{D_2}=0.375$，$\dfrac{kL}{c_w p_w q_w}=1.0$ 得 $X=0.67$，即：

$$T_m=15\times 0.67=10\ (℃)$$

比不考虑水温变化时，大了 42.5%。

再由图 7-23，得 $X_1'=0.71$，即：

$$T_m=25\times 0.71=17.7\ (℃)$$

（也可这样计算：$T_m = 12.1 \times 1.425 = 17.3℃$）

合计之，混凝土的内温为 27.7℃。

分别取 $t$ 为其他值，我们可求出平均内温的变化过程线，而其最高值即为人工冷却后的最高混凝土内温。

**六、混凝土达最高内温后的散热计算**

坝体混凝土在达到最高温度后，将通过表面的自然散热或借人工冷却而逐渐降温，最终达到其平均稳定温度。以后就只随气温、水温的变化而略作波动了。

如果未设人工冷却设施，则坝体只能向上下游面散热，因为这时坝体正陆续升高，顶部已无大量向空中散热条件。为了简化计算，我们常沿各高程切取坝块平面，而视作一块厚度为 $L$ 的混凝土板向其两侧散热的问题处理。

假定混凝土块的温度是均匀分布的，其值为 $T_0$，四周的边界温度为 $T_a$（常数），则经过一定时间 $t$ 后，混凝土块的平均温度将为：

$$T = T_a + (T_0 - T_a)E = T_0 + (T_a - T_0)(1 - E) \tag{7-30}$$

式中，$E$ 是一个散热系数，是 $\dfrac{at}{L^2}$ 的函数，表 7-6 中示 $E$ 的数值。又平板中心温度可写为：

$$T_c = T_a + (T_0 - T_a)\ E'$$

表（7-7）中示 $E'$ 的数值。有了平均温度，中心温度和边界温度后，平板内的温度分布曲线常可近似地画出来。

一般天然冷却历时很长，故气温 $T_a$ 不可视为常数。气温为变量时的精确计算是较困难的，但我们可用叠加法来解决问题，即将 $T_a$ 的过程线分为若干时段，假定每一时段中的气温是常数 $T_i$，根据叠加原理：

$$T = T_a + \sum_{i=1}^{n}(T_{i-1} - T_i) \cdot E \tag{7-31}$$

**表 7-6　　无限大平板平均温度表（即 $E$ 值表）**

| $\pi^2 \cdot \dfrac{at}{L^2}$ | 0 | 0.01 | 0.02 | 0.03 | 0.04 | 0.05 | 0.06 | 0.07 | 0.08 | 0.09 |
|---|---|---|---|---|---|---|---|---|---|---|
| 0 | 1.0000 | 0.9282 | 0.8984 | 0.8756 | 0.8563 | 0.8394 | 0.8240 | 0.8099 | 0.7968 | 0.7845 |
| 0.1 | 0.7728 | 0.7618 | 0.7512 | 0.7410 | 0.7312 | 0.7218 | 0.7127 | 0.7038 | 0.6952 | 0.6869 |
| 0.2 | 0.6787 | 0.6708 | 0.6631 | 0.6555 | 0.6481 | 0.6408 | 0.6337 | 0.6267 | 0.6199 | 0.6132 |
| 0.3 | 0.6066 | 0.6000 | 0.5936 | 0.5873 | 0.5812 | 0.5751 | 0.5691 | 0.5632 | 0.5573 | 0.5515 |
| 0.4 | 0.5458 | 0.5402 | 0.5346 | 0.5292 | 0.5237 | 0.5184 | 0.5131 | 0.5079 | 0.5028 | 0.4976 |
| 0.5 | 0.4926 | 0.4877 | 0.4827 | 0.4779 | 0.4730 | 0.4682 | 0.4636 | 0.4589 | 0.4543 | 0.4497 |
| 0.6 | 0.4452 | 0.4408 | 0.4363 | 0.4319 | 0.4277 | 0.4234 | 0.4192 | 0.4150 | 0.4108 | 0.4068 |
| 0.7 | 0.4027 | 0.3986 | 0.3947 | 0.3907 | 0.3868 | 0.3830 | 0.3792 | 0.3754 | 0.3716 | 0.3679 |
| 0.8 | 0.3643 | 0.3607 | 0.3570 | 0.3534 | 0.3499 | 0.3464 | 0.3430 | 0.3396 | 0.3362 | 0.3329 |
| 0.9 | 0.3296 | 0.3263 | 0.3230 | 0.3199 | 0.3166 | 0.3134 | 0.3104 | 0.3173 | 0.3042 | 0.3012 |
| 1.0 | 0.2982 | 0.2952 | 0.2923 | 0.2894 | 0.2865 | 0.2836 | 0.2809 | 0.2780 | 0.2751 | 0.2725 |
| 1.1 | 0.2698 | 0.2672 | 0.2645 | 0.2618 | 0.2592 | 0.2566 | 0.2541 | 0.2576 | 0.2491 | 0.2466 |
| 1.2 | 0.2441 | 0.2417 | 0.2393 | 0.2369 | 0.2346 | 0.2322 | 0.2300 | 0.2276 | 0.2253 | 0.2231 |
| 1.3 | 0.2209 | 0.2187 | 0.2165 | 0.2144 | 0.2122 | 0.2101 | 0.2081 | 0.2060 | 0.2039 | 0.2019 |

续表

| $\pi^2 \cdot \frac{at}{L^2}$ | 0 | 0.01 | 0.02 | 0.03 | 0.04 | 0.05 | 0.06 | 0.07 | 0.08 | 0.09 |
|---|---|---|---|---|---|---|---|---|---|---|
| 1.4 | 0.1999 | 0.1979 | 0.1959 | 0.1940 | 0.1920 | 0.1902 | 0.1882 | 0.1864 | 0.1845 | 0.1827 |
| 1.5 | 0.1808 | 0.1791 | 0.1773 | 0.1755 | 0.1738 | 0.1720 | 0.1703 | 0.1686 | 0.1670 | 0.1653 |
| 1.6 | 0.1836 | 0.1620 | 0.1604 | 0.1588 | 0.1573 | 0.1556 | 0.1541 | 0.1525 | 0.1511 | 0.1496 |
| 1.7 | 0.1481 | 0.1466 | 0.1452 | 0.1436 | 0.1423 | 0.1409 | 0.1394 | 0.1381 | 0.1367 | 0.1354 |
| 1.8 | 0.1340 | 0.1327 | 0.1313 | 0.1300 | 0.1287 | 0.1274 | 0.1262 | 0.1249 | 0.1237 | 0.1225 |
| 1.9 | 0.1213 | 0.1200 | 0.1188 | 0.1176 | 0.1165 | 0.1153 | 0.1142 | 0.1131 | 0.1119 | 0.1108 |
| 2.0 | 0.1097 | 0.1086 | 0.1076 | 0.1064 | 0.1054 | 0.1043 | 0.1033 | 0.1023 | 0.1012 | 0.1003 |
| 2.1 | 0.0993 | 0.0982 | 0.0923 | 0.0963 | 0.0954 | 0.0944 | 0.0935 | 0.0926 | 0.0916 | 0.0907 |
| 2.2 | 0.0898 | 0.0889 | 0.0880 | 0.0871 | 0.0863 | 0.0854 | 0.0846 | 0.0837 | 0.0829 | 0.0821 |
| 2.3 | 0.0813 | 0.0805 | 0.0797 | 0.0789 | 0.0781 | 0.0773 | 0.0765 | 0.0758 | 0.0751 | 0.0742 |
| 2.4 | 0.0735 | 0.0728 | 0.0721 | 0.0713 | 0.0707 | 0.0700 | 0.0692 | 0.0686 | 0.0678 | 0.0672 |
| 2.5 | 0.0665 | 0.0659 | 0.0653 | 0.0646 | 0.0640 | 0.0633 | 0.0627 | 0.0620 | 0.0614 | 0.0608 |
| 2.6 | 0.0602 | 0.0596 | 0.0590 | 0.0584 | 0.0579 | 0.0573 | 0.0567 | 0.0562 | 0.0556 | 0.0550 |
| 2.7 | 0.0545 | 0.0539 | 0.0534 | 0.0528 | 0.0524 | 0.0518 | 0.0513 | 0.0508 | 0.0503 | 0.0498 |
| 2.8 | 0.0493 | 0.0488 | 0.0483 | 0.0478 | 0.0473 | 0.0469 | 0.0464 | 0.0460 | 0.0455 | 0.0451 |
| 2.9 | 0.0446 | 0.0442 | 0.0437 | 0.0433 | 0.0429 | 0.0424 | 0.0420 | 0.0416 | 0.0412 | 0.0408 |
| 3.0 | 0.0404 | 0.0400 | 0.0396 | 0.0392 | 0.0387 | 0.0384 | 0.0380 | 0.0376 | 0.0373 | 0.0369 |
| 3.1 | 0.0365 | 0.0361 | 0.0357 | 0.0354 | 0.0350 | 0.0347 | 0.0344 | 0.0340 | 0.0336 | 0.0333 |
| 3.2 | 0.0331 | 0.0327 | 0.0324 | 0.0321 | 0.0318 | 0.0315 | 0.0311 | 0.0308 | 0.0360 | 0.0302 |
| 3.3 | 0.0292 | 0.0295 | 0.0293 | 0.0289 | 0.0287 | 0.0283 | 0.0281 | 0.0278 | 0.0276 | 0.0272 |
| 3.4 | 0.0271 | 0.0268 | 0.0265 | 0.0263 | 0.0260 | 0.0258 | 0.0255 | 0.0252 | 0.0250 | 0.0247 |
| 3.5 | 0.0245 | 0.0242 | 0.0240 | 0.0237 | 0.0235 | 0.0233 | 0.0230 | 0.0228 | 0.0226 | 0.0224 |

**表 7-7　　无限大平板中心温度表（即 $E'$值表）**

| $\frac{at}{L^2}$ | $E'$ | $\frac{at}{L^2}$ | $E'$ | $\frac{at}{L^2}$ | $E'$ | $\frac{at}{L^2}$ | $E'$ | $\frac{at}{L^2}$ | $E'$ | $\frac{at}{L^2}$ | $E'$ | $\frac{at}{L^2}$ | $E'$ |
|---|---|---|---|---|---|---|---|---|---|---|---|---|---|
| 0.001 | 1.0000 | 0.016 | 0.9896 | 0.031 | 0.9107 | 0.046 | 0.8015 | 0.061 | 0.6955 | 0.076 | 0.6009 | 0.091 | 0.5185 |
| 0.002 | 1.0000 | 0.017 | 0.9866 | 0.032 | 0.9038 | 0.047 | 0.7941 | 0.062 | 0.6883 | 0.077 | 0.5950 | 0.092 | 0.5134 |
| 0.003 | 1.0000 | 0.018 | 0.9832 | 0.033 | 0.8967 | 0.048 | 0.7868 | 0.063 | 0.6821 | 0.078 | 0.5892 | 0.093 | 0.5084 |
| 0.004 | 1.0000 | 0.019 | 0.9794 | 0.034 | 0.8896 | 0.049 | 0.7796 | 0.064 | 0.6756 | 0.079 | 0.5835 | 0.094 | 0.5034 |
| 0.005 | 1.0000 | 0.020 | 0.9752 | 0.035 | 0.8824 | 0.050 | 0.7723 | 0.065 | 0.6690 | 0.080 | 0.5778 | 0.095 | 0.4985 |
| 0.006 | 1.0000 | 0.021 | 0.9706 | 0.036 | 0.8752 | 0.051 | 0.7651 | 0.066 | 0.6626 | 0.081 | 0.5721 | 0.096 | 0.4936 |
| 0.007 | 1.0000 | 0.022 | 0.9657 | 0.037 | 0.8679 | 0.052 | 0.7579 | 0.067 | 0.6561 | 0.082 | 0.5665 | 0.097 | 0.4887 |
| 0.008 | 0.9998 | 0.023 | 0.9605 | 0.038 | 0.8605 | 0.053 | 0.7508 | 0.068 | 0.6498 | 0.083 | 0.5610 | 0.098 | 0.4839 |
| 0.009 | 0.9996 | 0.024 | 0.9550 | 0.039 | 0.8532 | 0.054 | 0.7437 | 0.069 | 0.6435 | 0.084 | 0.5555 | 0.099 | 0.4792 |
| 0.010 | 0.9992 | 0.025 | 0.9493 | 0.040 | 0.8458 | 0.055 | 0.7367 | 0.070 | 0.6372 | 0.085 | 0.5500 | 0.100 | 0.4745 |
| 0.011 | 0.9985 | 0.026 | 0.9433 | 0.041 | 0.8384 | 0.056 | 0.7297 | 0.071 | 0.6310 | 0.086 | 0.5447 | 0.102 | 0.4652 |
| 0.012 | 0.9975 | 0.027 | 0.9372 | 0.042 | 0.8310 | 0.057 | 0.7227 | 0.072 | 0.6246 | 0.087 | 0.5393 | 0.104 | 0.4561 |
| 0.013 | 0.9961 | 0.028 | 0.9308 | 0.043 | 0.8236 | 0.058 | 0.7158 | 0.073 | 0.6188 | 0.088 | 0.5340 | 0.106 | 0.4472 |
| 0.014 | 0.9944 | 0.029 | 0.9242 | 0.044 | 0.8162 | 0.059 | 0.7090 | 0.074 | 0.6128 | 0.089 | 0.5288 | 0.108 | 0.4385 |
| 0.015 | 0.9922 | 0.030 | 0.9175 | 0.045 | 0.8088 | 0.060 | 0.7022 | 0.075 | 0.6068 | 0.090 | 0.5236 | 0.110 | 0.4299 |

续表

| $\frac{at}{L^2}$ | $E'$ | $\frac{at}{L^2}$ | $E'$ | $\frac{at}{L^2}$ | $E'$ | $\frac{at}{L^2}$ | $E'$ | $\frac{at}{L^2}$ | $E'$ | $\frac{at}{L^2}$ | $E'$ | $\frac{at}{L^2}$ | $E'$ |
|---|---|---|---|---|---|---|---|---|---|---|---|---|---|
| 0.112 | 0.4215 | 0.142 | 0.3135 | 0.172 | 0.2332 | 0.205 | 0.1684 | 0.280 | 0.0803 | 0.42 | 0.0202 | 0.72 | 0.0010 |
| 0.114 | 0.4133 | 0.144 | 0.3074 | 0.174 | 0.2286 | 0.210 | 0.1602 | 0.285 | 0.0764 | 0.44 | 0.0169 | 0.74 | 0.0009 |
| 0.116 | 0.4052 | 0.146 | 0.3014 | 0.176 | 0.2241 | 0.215 | 0.1525 | 0.290 | 0.0728 | 0.46 | 0.0136 | 0.76 | 0.0007 |
| 0.118 | 0.3973 | 0.148 | 0.2955 | 0.178 | 0.2198 | 0.220 | 0.1452 | 0.295 | 0.0693 | 0.48 | 0.0112 | 0.78 | 0.0006 |
| 0.120 | 0.3895 | 0.150 | 0.2897 | 0.180 | 0.2155 | 0.225 | 0.1382 | 0.300 | 0.0659 | 0.50 | 0.0092 | 0.80 | 0.0005 |
| 0.122 | 0.3819 | 0.152 | 0.2840 | 0.182 | 0.2113 | 0.230 | 0.1315 | 0.31 | 0.0597 | 0.52 | 0.0075 | 0.82 | 0.0004 |
| 0.124 | 0.3745 | 0.154 | 0.2785 | 0.184 | 0.2071 | 0.235 | 0.1252 | 0.32 | 0.0541 | 0.54 | 0.0062 | 0.84 | 0.0003 |
| 0.126 | 0.3671 | 0.156 | 0.2731 | 0.186 | 0.2031 | 0.240 | 0.1192 | 0.33 | 0.0490 | 0.56 | 0.0051 | 0.86 | 0.0003 |
| 0.128 | 0.3600 | 0.158 | 0.2677 | 0.188 | 0.1991 | 0.245 | 0.1134 | 0.34 | 0.0444 | 0.58 | 0.0042 | 0.88 | 0.0002 |
| 0.130 | 0.3529 | 0.160 | 0.2625 | 0.190 | 0.1952 | 0.250 | 0.1080 | 0.35 | 0.0402 | 0.60 | 0.0034 | 0.90 | 0.0002 |
| 0.132 | 0.3460 | 0.162 | 0.2574 | 0.192 | 0.1914 | 0.255 | 0.1028 | 0.36 | 0.0365 | 0.62 | 0.0028 | 0.92 | 0.0001 |
| 0.134 | 0.3393 | 0.164 | 0.2523 | 0.194 | 0.1877 | 0.260 | 0.0978 | 0.37 | 0.0330 | 0.64 | 0.0023 | 0.94 | 0.0001 |
| 0.136 | 0.3326 | 0.166 | 0.2474 | 0.196 | 0.1840 | 0.265 | 0.0931 | 0.38 | 0.0299 | 0.66 | 0.0019 | 0.96 | 0.0001 |
| 0.138 | 0.3261 | 0.168 | 0.2426 | 0.198 | 0.1804 | 0.270 | 0.0886 | 0.39 | 0.0271 | 0.68 | 0.0016 | 0.98 | 0.0001 |
| 0.140 | 0.3198 | 0.170 | 0.2378 | 0.200 | 0.1769 | 0.275 | 0.0844 | 0.40 | 0.0246 | 0.70 | 0.0013 | 0.10 | 0.0001 |

用上式计算 $T$ 时，可列成表格进行，见表 7-8。

**表 7-8　　坝体混凝土散热计算表**

| 时段 | 气温 | 温差 | 时间 | $\frac{at}{L_2}$ | $E$ | 温度计算 | | | |
|---|---|---|---|---|---|---|---|---|---|
| | | | | | | 时段 1 | 时段 2 | 时段 3 | … |
| 1 | $T_1$ | $T_0-T_1$ | $\Delta t$ | $\frac{a\Delta t}{L^2}$ | $E_1$ | $(E_1)(T_0-T_1)$ | $(E_2)(T_0-T_1)$ | $(E_3)(T_0-T_1)$ | … |
| 2 | $T_2$ | $T_1-T_2$ | $2\Delta t$ | $\frac{2a\Delta t}{L^2}$ | $E_2$ | | $(E_1)(T_1-T_2)$ | $(E_2)(T_1-T_2)$ | … |
| 3 | $T_3$ | $T_2-T_3$ | $3\Delta t$ | $\frac{3a\Delta t}{L^2}$ | $E_3$ | | | $(E_1)(T_2-T_3)$ | … |
| ⋮ | ⋮ | ⋮ | ⋮ | ⋮ | ⋮ | | | | |

上表计算步骤如下：先选择时段间距 $\Delta t$，将每一时段中的平均气温填入上表第 2 列内。计算相邻两时段气温之差，填入第 3 列*，在第 1 时段中此值为 $T_0-T_1$。然后计算每一时段的 $t$ 及 $\frac{at}{L^2}$，并根据 $\frac{at}{L^2}$ 查出 $E$ 的系数填入第 6 列*。以后即可进行温度计算。将第一时段中的温差（$T_0-T_1$）依次乘 $E_1$、$E_2$、$E_3$…，并依次填入右边的温度计算各栏内。然后将第二时段中的温差（$T_1-T_2$）也分别乘以 $E_1$、$E_2$…，依次填入右边各栏内，但要较上一列移右一栏填起。如此循序往下计算。最后将各栏温度取总和，再加上各时段原始气温 $T_i$ 就是所欲求的成果。

如果坝块在另外两侧也能散热（例如设有横向散热缝的坝块和宽缝重力坝等），则令坝块横向长度为 $L'$，我们可以计算 $\frac{at}{(L')^2}$，并按此在表 7-6 中查出横向散热系数 $\bar{E}$ 来，

* 原书为行，现勘误改为列。——编者注

那么一切计算仍可如上述进行，只须把表 7-8 第 6 列中的 $E$ 以 $E \cdot \bar{E}$ 代替即可。显然，增加了横向散热面后，冷却速度将加快不少。

当上下游边界温度不同时（如上游已蓄水），则在推求平均温度时，可用上下游边界温度的平均值作为计算采用的边界温度。

通过上述计算，我们很容易发现天然散热的效果毕竟是较缓慢的，尤其当坝体较厚时，往往须历时数月至数年才可达到稳定温度。在许多情况下我们必须用人工方法来加速冷却过程。此时，仍可采用上面介绍过的水管冷却系统，其计算公式、步骤及图表都已在前面介绍过了。在用冷却水管散热时，边界温度变化的影响很小，常略而不计。

**七、坝体长期稳定温度场的计算**

坝体竣工，水库蓄水一定时期后，水化热及初始温差的影响均已消失，坝体内各点的温度亦随边界温度的周期性变化而变动，在离边界稍远处，这些变动极小，已接近常量。各点温度按时间取平均值后，就可绘出断面上的稳定温度场。

边界上的温度，系指下游面的气温和上游面的水温。我们容易证明，边界温度的日变化或中间变化对混凝土的影响只限于极靠近表面的一些地区，故不妨忽略，这样，上下游边界温度都只有年变化，而可假定为：

$$T = A + B\sin\left(\frac{2\pi}{\gamma}t + e\right) \tag{7-32}$$

式中，$A$ 为边界温度的年平均值，$B$ 为其年变幅，$\gamma$ 为变化周期，即 365 天或 8760h，$e$ 为初相角，视时间轴的原点位置而定，若取 4 月中为时间轴的起点，则可置 $e=0$。

如果有一个无穷厚的物体，在表面上承受正弦状的温度周期性变化 $T=B\sin\omega t$ $\left(\omega=\dfrac{2\pi}{\gamma}\right)$，则在物体内部某一点 $x$ 处的温度为：

$$T = Be^{-x\sqrt{\frac{\omega}{2a}}}\sin\left(\omega t - \sqrt{\frac{\omega}{2a}}x\right) \tag{7-33}$$

这个简单的公式，即表示边界温度变化时对距表面深度为 $x$ 处的影响。从上式中可见，在 $x$ 处的温度变幅要比边界温度的变幅小 $e^{-x\sqrt{\frac{\omega}{2a}}}$ 倍。如取 $a$ 大致为 $0.1m^2/d$，取 $\omega$ 各相当于年变化、半月变化及日变化周速，则当 $e^{-x\sqrt{\frac{\omega}{2a}}}=0.1$ 及 0.01 时的 $x$ 值将如下表所示：

**表 7-9　　不同 $\omega$ 及 $e^{-x\sqrt{\frac{\omega}{2a}}}$ 取值下的 $x$ 值**　　m

| $e^{-x\sqrt{\frac{\omega}{2a}}}$ \ $\omega$ | 日变化 | 半月变化 | 年变化 |
|---|---|---|---|
| 0.1 | 0.41 | 1.59 | 7.85 |
| 0.01 | 0.82 | 3.19 | 15.75 |

从上表我们知道表面温度日变化的影响大约只及 0.5m 深度处，半月变化可至 2～3m，年变化可至 8～12m 左右。

在重力坝的顶部，厚度较薄，不能作为无穷厚的物体处理，我们可近似地当作一块平板的温度场问题来计算。平板厚度 $L$ 等于坝体计算断面处的厚度，而其两边各承受上下游正弦变化的边界温度作用。这样，平板中的平均温度将为：

$$T_m = \frac{A_0 + A_1}{2} + \frac{B_0 + B_1}{2}(A' \sin \omega_1 t - B' \cos \omega_1 t) \tag{7-34}$$

最大、最小平均温度为：

$$T_m = \frac{A_0 + A_1}{2} \pm \frac{B_0 + B_1}{2}\sqrt{A'^2 + B'^2} \tag{7-35}$$

发生最大、最小平均温度的时期，比边界温度达最大或最小的时期要延迟一段时期，其相角差值为：

$$\delta = \frac{\arctan \dfrac{B'}{A'}}{2\pi} \tag{7-36}$$

以上式中 $A_0$、$A_1$ 及 $B_0$、$B_1$ 各为上、下游边界温度的平均值及年变幅，$\omega_1$ 为年变化周速$\left(\omega_1 = \dfrac{2\pi}{8760}\mathrm{h}^{-1}\right)$，而 $A'$及 $B'$为两个参数，是 $\dfrac{L}{\sqrt{a\gamma}}$ 的函数（$\gamma = 8760$），可由图 7-24 中查出。当 $\dfrac{L}{\sqrt{a\gamma}} > 2.0$ 时，$\delta$ 约为 0.125 周期，对年变化来说，坝内最高、最低温度常较最高、最低气温延迟 1.5 个月。

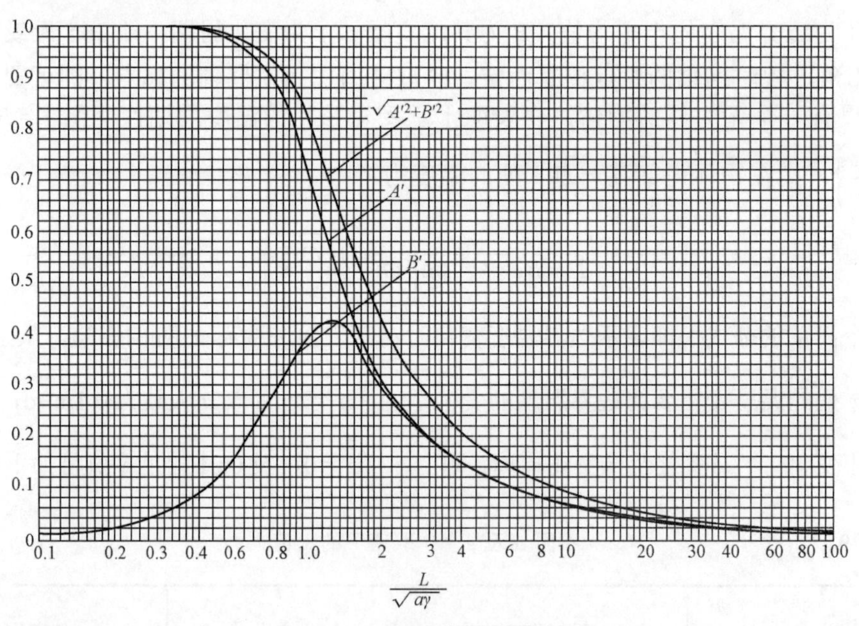


图 7-24　$A'$、$B'$及 $\sqrt{A'^2 + B'^2}$ 曲线图

## 八、球体的散热

设有一圆球，半径为 $R$，其初始温度为 $T_0$（均匀的），置于 0℃的水中，则经过时间 $t$ 后，温度场将为：

$$T = \frac{R}{r} T_0 \sum_{n=1}^{\infty} (-1)^{n+1} \frac{2}{n\pi} \mathrm{e}^{-\frac{a n^2 \pi^2 t}{R^2}} \sin \frac{n\pi r}{R} \tag{7-37}$$

球体的平均温度为：

$$T=\frac{6T_0}{\pi^2}\sum_{n=1}^{\infty}\frac{1}{n^2}\mathrm{e}^{-\frac{an^2\pi^2}{R^2}t}=F\bullet T_0 \tag{7-38}$$

式中，$F$ 是散热系数，为 $\frac{at}{R^2}$ 的函数，其值列于表 7-10 中。

**表 7-10　　F 函 数 表**

| $\frac{at}{R^2}$ | $F$ | $\frac{at}{R^2}$ | $F$ | $\frac{at}{R^2}$ | $F$ | $\frac{at}{R^2}$ | $F$ | $\frac{at}{R^2}$ | $F$ |
|---|---|---|---|---|---|---|---|---|---|
| 0 | 1.000 | 0.0007 | 0.829 | 0.0018 | 0.730 | 0.010 | 0.433 | 0.020 | 0.274 |
| 0.00001 | 0.975 | 0.0008 | 0.820 | 0.0020 | 0.720 | 0.011 | 0.422 | 0.025 | 0.225 |
| 0.00002 | 0.968 | 0.0009 | 0.808 | 0.0025 | 0.690 | 0.012 | 0.400 | 0.030 | 0.182 |
| 0.0004 | 0.957 | 0.0010 | 0.798 | 0.003 | 0.665 | 0.013 | 0.385 | 0.040 | 0.123 |
| 0.0001 | 0.935 | 0.0011 | 0.788 | 0.004 | 0.620 | 0.014 | 0.369 | 0.050 | 0.088 |
| 0.0002 | 0.907 | 0.0012 | 0.779 | 0.005 | 0.580 | 0.015 | 0.350 | 0.060 | 0.060 |
| 0.0003 | 0.887 | 0.0013 | 0.772 | 0.006 | 0.545 | 0.016 | 0.336 | 0.070 | 0.039 |
| 0.0004 | 0.868 | 0.0014 | 0.761 | 0.007 | 0.515 | 0.017 | 0.322 | 0.080 | 0.030 |
| 0.0005 | 0.856 | 0.0015 | 0.754 | 0.008 | 0.489 | 0.018 | 0.308 | 0.10 | 0.014 |
| 0.0006 | 0.844 | 0.0016 | 0.745 | 0.009 | 0.466 | 0.019 | 0.293 | ∞ | 0 |

表 7-10 在计算骨料预冷时颇为有用，下面举一个计算的例子。设粗骨料的等值半径为 10cm，原始温度为 25℃，浸在 0℃的冷水中，要求将骨料温度降为 4℃，求所需浸水时间。设 $a=0.0034\text{m}^2/\text{h}$，则：

$$F=\frac{T}{T_0}=\frac{4}{25}=0.16$$

由表 7-10，用插入法可得 $\frac{at}{R^2}=0.034$。

故

$$t=0.034\times\frac{R^2}{a}=0.034\times\frac{0.1\times0.1}{0.0034}=0.1$$

即需冷浸 0.1h。

注意，在冷浸过程中必须以 0℃的冷水循环流通，使介质的温度维持为 0℃才可。用上述资料并可解决加冰拌和时，冰块是否能全部融化的问题。又以上算法不适用于以冷空气冷却骨料的计算，因为在这一情况中必须考虑热交换系数 $\beta$，可参见本章第六节。

## 第四节　坝块中温度应力的计算方法

### 一、基本原理

混凝土坝温度控制计算工作有两大内容，第一是计算坝块内的温度变化过程，第二是计算坝块内由于温度变化所产生的温度应力。在上节中已对温度变化的计算作了讨论，本节中继续讨论温度应力计算问题。

我们先讨论一下弹性体的温度应力计算问题的基本原理。设有一个平面弹性体（平面应力问题），在原始状态下无应力存在，今该物体的温度场 $T$ 发生了变化，于是将产生温度应力。令 $T(x, y)$ 表示相对于原始（无应力情况下）温度场的温度变化值，则相应的温度应力可以从下式计算：

$$\sigma_x=\frac{\partial^2 F}{\partial y^2}-\frac{E\alpha T}{1-\mu}$$

$$\sigma_y=\frac{\partial^2 F}{\partial x^2}-\frac{E\alpha T}{1-\mu}$$

$$\tau_{xy}=-\frac{\partial^2 F}{\partial x\partial y}$$

式中，$F$ 是一个应力函数，它要满足下列方程：

$$\nabla^4 F=-\frac{E\alpha}{1-\mu}\nabla^2 T$$

把以上公式和弹性体在边界力及体积力作用下的相应公式作比较，我们可以得出以下的重要结论：如果有一平面弹性体，其温度场与原始无应力时的温度场相比发生了变化 $T(x, y)$，以温度上升为正，则相应的温度应力可以视为由两部分合成：

（1）在每一点上存在着正应力：

$$\sigma_x=\sigma_y=-\frac{E\alpha T}{1-\mu}$$

$$\tau_{xy}=0$$

（2）在每一点上存在着另一组应力，这组应力相应于下述弹性问题的解答：在弹性体的每一点上，作用着体积力：

$$g_x=\frac{E\alpha}{1-\mu}\cdot\frac{\partial T}{\partial x}$$

$$g_y=\frac{E\alpha}{1-\mu}\cdot\frac{\partial T}{\partial y}$$

此外，并在边界上作用有边界荷载：

$$p=\frac{E\alpha T}{1-\mu}$$

式中，$T$ 表示边界各点上的温度变化。

举个例子：图 7-25 表示一块浇在基岩上的混凝土块，其原始温度为 $T_0$（假定是均匀的），经过一定时间后，混凝土的温度降为 $T_a$（假定也是均匀的），要计算相应的温度应力。设基岩为绝对刚固，亦未发生温度变化。

按上所述，这个问题可以分为两个问题来解：

（1）在混凝土块中，每一点上发生正应力：

$$\sigma_x=\sigma_y=-\frac{E\alpha T}{1-\mu}=\frac{E\alpha(T_0-T_a)}{1-\mu}$$

换言之，每一点上存在均匀的双向拉应力$\dfrac{E\alpha(T_0-T_a)}{1-\mu}$。

（2）在混凝土块中，每一点上作用着体积力 $g_x$ 及 $g_y$。但现在温度变化是均匀的，故这些体积力为 0。此外，在混凝土块边界上作用有边界荷载：

$$p=\frac{E\alpha T}{1-\mu}=-\frac{E\alpha(T_0-T_a)}{1-\mu}$$

换言之，在边界上作用有均匀压力 $p$［见图 7-25（c）］。我们如能求出这一情况下的应力，再与上述均匀拉应力场相加，即可得出最终的温度应力。

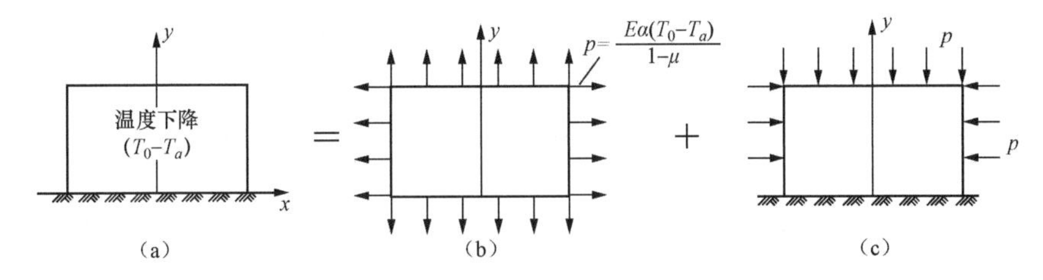


图 7-25　弹性块体温度应力计算分解

于此，我们要注意一个原则，即对于具有定常弹性模量的完全弹性体而言，最终的温度应力只取决于最终的温度场 $T(x, y)$，而与温度变化的过程无关。例如，图 7-25 中所示的混凝土块体的冷却，不论是在一天内或是在一个月内由 $T_0$ 冷却到 $T_a$，也不论其冷却过程是按时间均匀降温或采取其他过程，只要最后是降到 $T_a$，则最终的温度应力都是一样的。下面我们就可看到，考虑了材料弹性模量是随时间变化这一因素和材料的徐变性能后，这一结论就完全不正确了。按弹性理论算出的温度应力将失之过大。混凝土的弹性模量是随其龄期有显著变化的，其徐变性质更不可忽视，所以计算坝体的温度应力时决不可忽视这些因素的影响，而温度应力将不仅是最终温度场的函数，并且也将和温度场的变化过程有关。这一个问题当然很复杂，但是常常可利用按照弹性体假定所获得的结论并应用叠加原理来解决之。换言之，前者是分析更复杂问题的基础。所以，我们也将从研究弹性体的温度应力问题开始。

## 二、短形浇筑块温度应力的弹性理论解答

研究图 7-25 还可以发现，在忽略一些次要因素后，这个问题尚可简化为以下两个问题之和：

（1）在混凝土块体各点上有水平正应力：

$$\sigma_x=\frac{E\alpha(T_0-T_a)}{1-\mu}$$

（2）在混凝土块体两侧边界上作用有边界荷载（压力）：

$$p=-\frac{E\alpha(T_0-T_a)}{1-\mu}$$

因此，我们的问题就进一步化为解算一个图 7-26（a）所示的两侧承受均匀压力的弹性块体的问题了。与此相仿，设图 7-25 中的弹性块体，其温度变化值并非均匀，而为沿高程 $y$ 的函数 $T(y)$（但与横坐标 $x$ 无关），则其温度应力近似上可由以下两种

应力状态叠加而得：

（1）在混凝土块体各点上有水平正应力：

$$\sigma_x = -\frac{E\alpha T(y)}{1-\mu}$$

（2）在混凝土块体两侧面上作用有边界荷载［参见图 7-26（b）］：

$$p = \frac{E\alpha T(y)}{1-\mu}$$

如果要考虑基岩的温度变化及其弹性变形，则可划出一块基岩与混凝土块合并考虑，在原理上并无不同，但在下面我们将先假定基岩是无限刚固和不变形的。

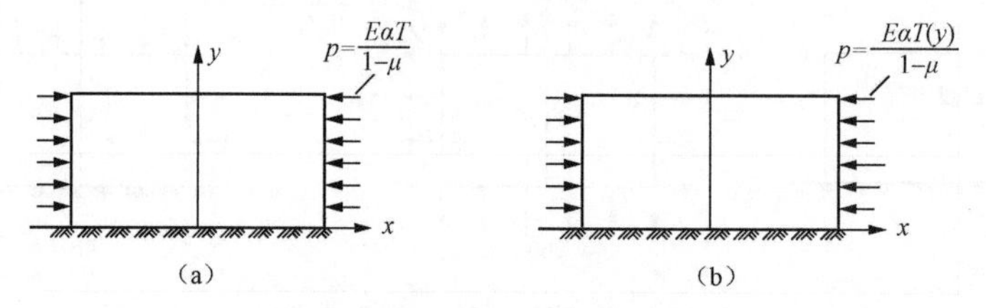


图 7-26　弹性块体的边界荷载

现在我们考虑第（2）种应力分布状态。图 7-27 所示为一浇在基岩上的混凝土块，两侧边承受边界荷载 $p$ 作用。很显然，这个问题中最主要的应力是水平正应力 $\sigma_x$。在 $y$ 值比较大（较高处）的地方，混凝土块受基础限制的影响已较微小，故边界荷载几乎不变强度的通过坝体传递，而在靠近基岩处，则就有较大的限制，愈近基岩，水平应力 $\sigma_x$ 的绝对值愈小，大致呈图 7-27 中虚线所示情况。将这一应力图形与第（1）种情况下的应力图形相合并，即可得图 7-27（b）中所示的应力图。可见，当浇在基岩上的混凝土块冷却时，块体内将产生水平拉应力 $\sigma_x$，在靠近基岩处达到其最大值。反之，混凝土块升温时，在靠近基岩处将产生最大的压应力值。这些水平正应力又以沿坝块中心线上为最大，所以我们一般仅核算沿坝体中心线上的水平应力。

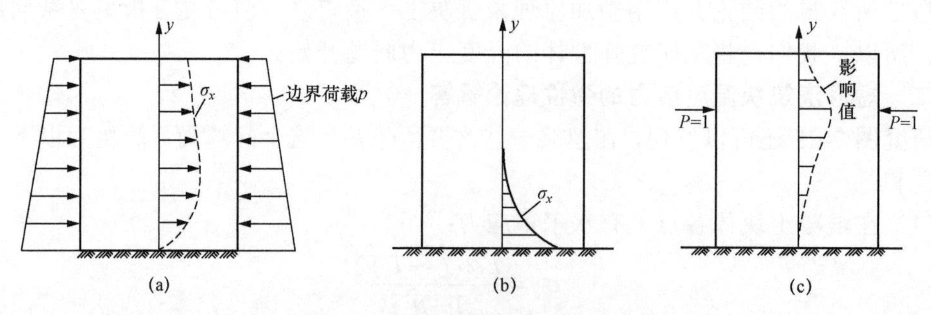


图 7-27　第（2）种应力分布状态

总结起来说，我们要计算一块浇筑在刚固基础上的矩形混凝土块中心线上的水平温度应力 $\sigma_x$ 时需按以下步骤进行：

（1）计算浇筑后混凝土块沿高度 $y$ 的温度变化曲线 $T$（$y$），$T$（$y$）以温度上升时为正，下降为负。要计算那一时段的温度应力，就引用当时的 $T$（$y$）曲线。

（2）计算第一组应力，即：

$$(\sigma_x)_1 = -\frac{E\alpha T(y)}{1-\mu}$$

这只须将 $T$（$y$）曲线乘以系数 $-\frac{E\alpha}{1-\mu}$ 即可。

（3）计算混凝土块在其两侧承受边界荷载下的中心线上的（$\sigma_x$）$_2$。当温度上升时，边界荷载为拉力，下降时则为压力。

$$p = \frac{E\alpha T(y)}{1-\mu}$$

（4）将（$\sigma_x$）$_1$ 及（$\sigma_x$）$_2$ 合并，即得最终成果。

在这四个步骤中，较困难的当然是步骤（3）。因此，我们常常用理论方法或通过实验求出矩形块在其侧边承受单位荷载时的某些应力值（主要是对称线上的水平正应力 $\sigma_x$），作为一种“影响值”，这样，在任何边界荷载下，我们都可用迭加法来求得所需成果［见图 7-27（c）］。

图 7-28 中表示不同高宽比的矩形块，在边界上承受不同的单位荷载下的中央断面上正应力 $\sigma_x$ 的分布曲线。表 7-11 为一张影响系数表（均视基岩为无限刚固）。

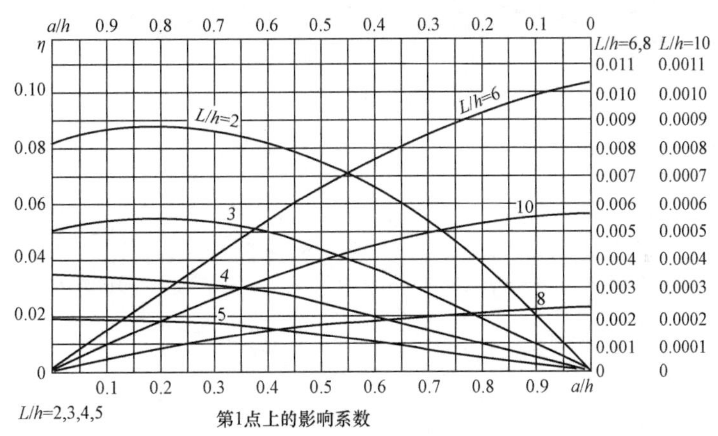


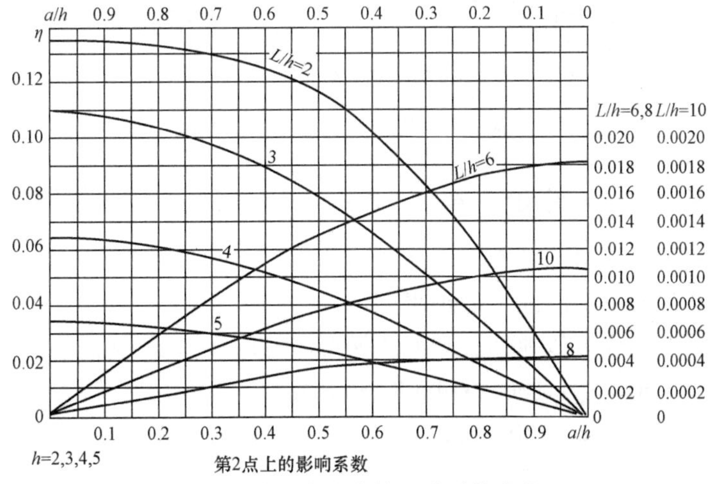


图 7-28　浇筑块温度应力的影响系数曲线（一）

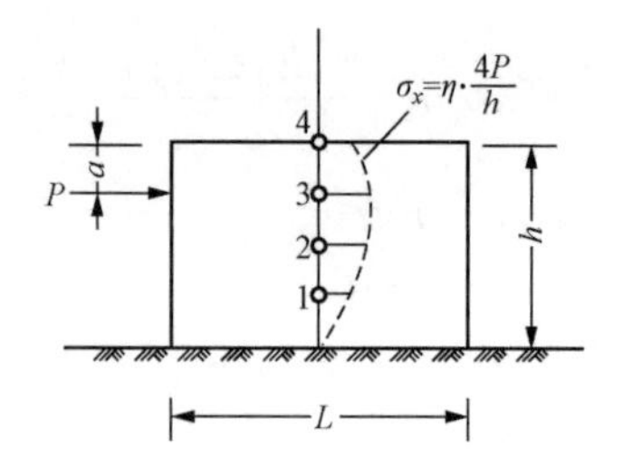


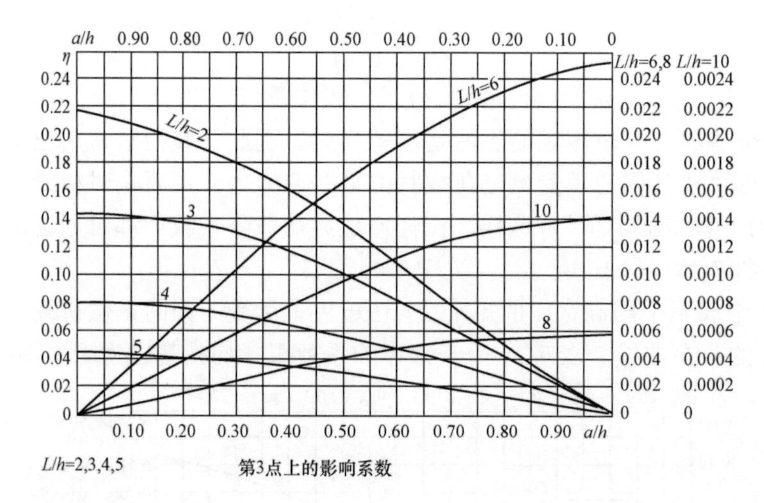


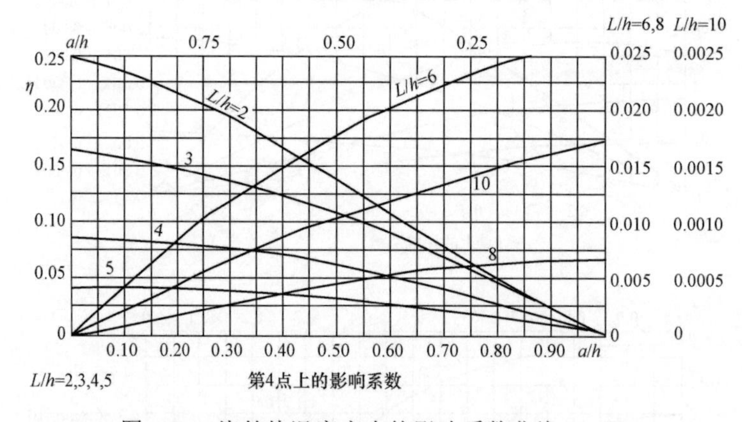


图 7-28 浇筑块温度应力的影响系数曲线（二）

下面我们举一数例来说明[1]。设有一浇筑块，$L=20\text{m}$，$h=5\text{m}$，$\frac{L}{h}=4$。混凝土入仓后，因水化热关系，温度升高，但沿断面不均匀，而是两端低，中央高，如图 7-29 所示。欲求所产生的中央断面上的水平应力。

我们先把温度曲线近似地划分为五块梯形，每块高 1m，它们的面积依次为：

（1）$(0.67+5.60)\div 2\times 100=314$（℃·cm）；

（2）$(5.60+8.04)\div 2\times 100=682$（℃·cm）；





[1] 本例取自参考文献[4]。

**表 7-11**　　　　应力 $\sigma_x$ = 表中系数 × $\dfrac{4P}{h}$

| 点 L/h \ a/h | 0 | | | | 0.25 | | | |
|---|---|---|---|---|---|---|---|---|
| | 4 | 3 | 2 | 1 | 4 | 3 | 2 | 1 |
| 2 | 0.252 | 0.210 | 0.135 | 0.082 | 0.210 | 0.192 | 0.134 | 0.088 |
| 3 | 0.170 | 0.145 | 0.110 | 0.050 | 0.145 | 0.138 | 0.100 | 0.055 |
| 4 | 0.090 | 0.082 | 0.064 | 0.034 | 0.082 | 0.077 | 0.058 | 0.032 |
| 5 | 0.0488 | 0.0445 | 0.034 | 0.0183 | 0.0445 | 0.041 | 0.030 | 0.0178 |
| 6 | 0.0255 | 0.025 | 0.018 | 0.0105 | 0.0235 | 0.021 | 0.017 | 0.009 |
| 8 | 0.0065 | 0.0057 | 0.0045 | 0.0025 | 0.0057 | 0.0056 | 0.0041 | 0.0022 |
| 10 | 0.0017 | 0.0014 | 0.0011 | 0.00058 | 0.0014 | 0.0013 | 0.0010 | 0.0005 |

| 点 L/h \ a/h | 0.50 | | | | 0.75 | | | |
|---|---|---|---|---|---|---|---|---|
| | 4 | 3 | 2 | 1 | 4 | 3 | 2 | 1 |
| 2 | 0.137 | 0.136 | 0.124 | 0.072 | 0.062 | 0.062 | 0.072 | 0.058 |
| 3 | 0.110 | 0.101 | 0.080 | 0.044 | 0.056 | 0.055 | 0.044 | 0.025 |
| 4 | 0.064 | 0.058 | 0.045 | 0.025 | 0.034 | 0.032 | 0.031 | 0.013 |
| 5 | 0.034 | 0.030 | 0.0243 | 0.0139 | 0.0188 | 0.0178 | 0.0139 | 0.0071 |
| 6 | 0.018 | 0.017 | 0.0120 | 0.0066 | 0.0105 | 0.009 | 0.0075 | 0.0035 |
| 8 | 0.0045 | 0.0041 | 0.0038 | 0.0016 | 0.0025 | 0.0022 | 0.0016 | 0.0010 |
| 10 | 0.0011 | 0.0010 | 0.00076 | 0.00042 | 0.0058 | 0.0005 | 0.00042 | 0.00022 |

注　$L=2l$——坝块底长；

$h$——坝块高；

$a$——单位荷载作用点离开坝块表面距离。

假定基岩绝对刚固，仅一侧受力 $P$ 作用，如两侧均受力，则影响系数须乘以 2。

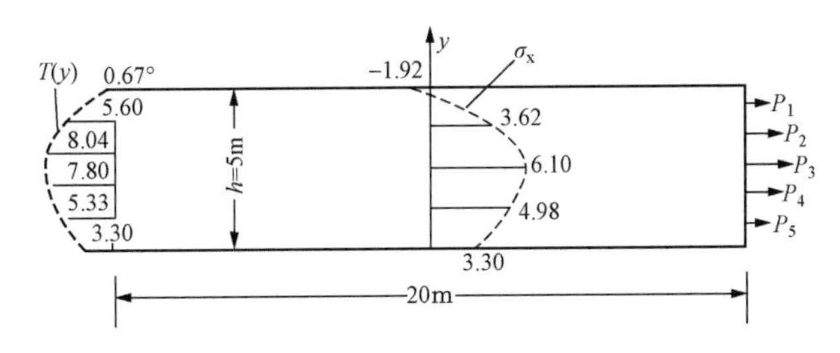


图 7-29　浇筑块纵断面应力分布

（3）（8.04 + 7.80）÷ 2 × 100 = 792（℃ · cm）；

（4）（7.80 + 5.33）÷ 2 × 100 = 657（℃ · cm）；

（5）（5.33＋3.30）÷2×100＝432（℃·cm）。

这些面积再乘以 $E\alpha$ 或 $\frac{E\alpha}{1-\mu}$ 后，即可化为边界力。如 $E$ 以 kg/cm$^2$ 计，$\alpha$ 以℃$^{-1}$ 计，则合力以 kg/cm 计。这些合力各作用于梯形的重心处。求出各作用点离开表面的距离 $a$，计算 $\frac{a}{h}$，$P_1$~$P_5$ 的五个 $\frac{a}{h}$ 值各为 0.126、0.326、0.500、0.694 及 0.892。

于是，从图 7-28 中查出 $\frac{L}{h}=4$ 时各相应 $\frac{a}{h}$ 值的影响系数，再计算 $P_1$~$P_5$ 所产生的中央断面上各点的应力，如表 7-12 所示。

**表 7-12　　中央断面上各点的应力**

| 点子 | 荷载产生的应力 | | | | | 合计应力（$\sum\sigma$） | 总应力（$2\sum\sigma$） | 原始应力（$-E\alpha T$） | 最终成果 |
|---|---|---|---|---|---|---|---|---|---|
| | $P_1$ | $P_2$ | $P_3$ | $P_4$ | $P_5$ | | | | |
| 4 | +0.22 | +0.41 | +0.400 | +0.210 | +0.055 | $+1.295E\alpha$ | $+2.59E\alpha$ | $-0.67E\alpha$ | $+1.92E\alpha$ |
| 3 | +0.20 | +0.38 | +0.0368 | +0.195 | +0.047 | $+1.190E\alpha$ | $+2.38E\alpha$ | $-6.00E\alpha$ | $-3.62E\alpha$ |
| 2 | +0.16 | +0.294 | +0.286 | +0.174 | +0.038 | $+0.950E\alpha$ | $+1.90E\alpha$ | $-8.00E\alpha$ | $-6.10E\alpha$ |
| 1 | +0.083 | +0.158 | +0.155 | +0.09 | +0.023 | $+0.509E\alpha$ | $+1.02E\alpha$ | $-6.00E\alpha$ | $-4.98E\alpha$ |
| 0 | 0 | 0 | 0 | 0 | 0 | 0 | 0 | $-3.30E\alpha$ | $-3.30E\alpha$ |

上表的计算步骤如下：以 $P_1$ 为例，其 $\frac{a}{h}$ 值为 0.126，从图 7-28 中内查得出 4、3、2、1 四点的影响系数为 0.089、0.088、0.064 和 0.033，各乘以 $\frac{4P}{h}=\frac{4\times 314}{500}E\alpha=2.51E\alpha$ 后，得出 $0.22E\alpha$、$0.20E\alpha$、$0.16E\alpha$、$0.083E\alpha$。由于 $P_1$ 是拉力，故加上正号，填入表中 $P_1$ 栏下。其余各栏仿此填入。将每点上五个影响值迭合，得合计应力；又由于两侧都有边界荷载，故尚须加倍，以得出总应力。另外计算原始应力 $-E\alpha T$（压应力），与总应力取代数和，即得最终成果。此成果画在图 7-29 中央断面上。可见，水化热温升过程中，中央断面大体上均发生压应力，仅靠表面处有拉应力，最大压应力并不在底部而在块体中部。

如果经过一段时间后，这一块体温度分布曲线又从图 7-29 所示的形状变成另一形状，则可推求两者之差，仿上做法，把温差化成表面荷载，计算所引起的应力。如此继续进行，可以求出各点的应力过程曲线。

当坝体温度是均匀上升或均匀下降时，问题要简单一些，可以求出一些数学解答 Г.И.马斯洛夫和 A.B.别洛夫等的著作中都给出过这一问题的解答。在图 7-30 中，表示矩形浇筑块温度均匀变化时的沿中央断面上的水平应力图，它是 $\frac{h}{L}$ 的函数。计算中假定基岩为无限刚强。在基岩面上，最大应力 $\sigma_x=\frac{E\alpha T}{1-\mu}$，可见浇筑块宽度 $L$ 减小时，并不能减小基岩面上的最大应力，但受拉区迅速地缩小，上部各点拉应力也显著减少，约在 $\frac{h}{L}=0.44$ 时，表面上的拉应力即为 0。由图并可知，薄而长的浇捣块（当 $\frac{h}{2l}<0.2$

时)，在混凝土收缩中几乎全断面受到均匀的拉应力，最容易使块体发生断裂。

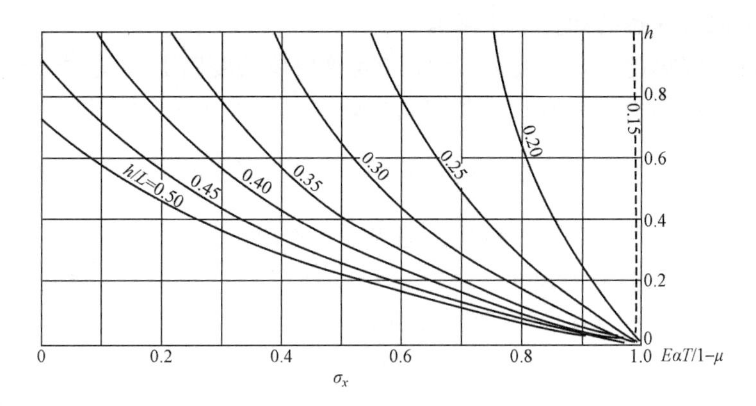


图 7-30　嵌固式浇筑块中心线上的温度应力

以上的成果，都是按基岩为无限刚固推导的。如果基岩并非无限刚固，则相应的温度应力将小一些。为了近似计算基础非刚固时对温度应力的影响，可以采用一个“有效弹性模量 $E_e$”来代替混凝土的弹性模量 $E$，$E_e$ 由下式确定：

$$E_e = \frac{E}{1 + 0.4 \cdot \dfrac{E}{E_f}} \tag{7-39}$$

式中，$E_f$是基础的弹性模量。这个式子是美国垦务局提出的。我国水利水电科学研究院经过试验，认为上式中的常数 0.4 尚偏小，且不应该为一常数。从试验情况来看，如果采用下列的比值（表 7-13），可能更合适一些❶：

**表 7-13　　不同 $E/E_f$ 条件下的温度应力之比**

| $E/E_f$ | 0 | 0.5 | 1.0 | 1.5 | 2 | 3 | 4 |
|---|---|---|---|---|---|---|---|
| 温度应力之比 | 1.0 | 0.8 | 0.61 | 0.48 | 0.35 | 0.21 | 0.13 |

当浇筑块均匀降温时，沿块体对称纵轴上的水平正应力 $\sigma_x$ 与 $\frac{E\alpha T}{1-\mu}$ 值之比，常称为约束系数。根据我国水利水电科学研究院的研究，当 $E=E_f$时，约束系数 $R$ 约如下表所示（表 7-14）：

**表 7-14　　约束系数 $R$ 取值表**

| $y/L$ | 0 | 0.1 | 0.2 | 0.3 | 0.4 | 0.5 |
|---|---|---|---|---|---|---|
| $R$ | 0.55 | 0.40 | 0.27 | 0.16 | 0.10 | 0 |

纵轴上任何点的正应力 $\sigma_x$，可用公式 $\sigma_x = R \cdot \frac{E\alpha T}{1-\mu}$ 估算之。

如基岩弹性模量与混凝土弹性模量不相等，则亦可仿上所示，进行调整。基岩愈

❶ 要更精确地计算弹性地基上浇筑块的温度应力，应该采用相应于这种浇筑块的影响系数。我国水利水电科学研究院曾进行了长期试验，测定过这些系数，见参考文献［10］。

刚固，约束应力愈大。

### 三、半无限长狭条的弹性理论解答

当坝体向上浇捣达一定高度后（约在 0.4 倍块体长度以上），基岩的约束影响已可忽略，这时，可以作为半无限长狭条问题来处理。如果在这个狭条中，温度仍系沿 $y$ 轴变化，则正如上文所述，这一问题可化为两个问题之和：其一为应力场 $\sigma_x=\dfrac{E\alpha T}{1-\mu}$，另一为温度缝的减载作用，后者可化为边界荷载作用下的应力问题。

在图 7-31 中，设狭条宽度为 $L=2l$，离开端部 $\xi L$ 处作用有一对单位集中荷载时，沿中心线上各点的正应力 $\sigma_x$ 可用傅里叶级数解之，也可通过试验测定其影响系数。表 7-15 为一张影响系数表[1]，如同表 7-11 一样。

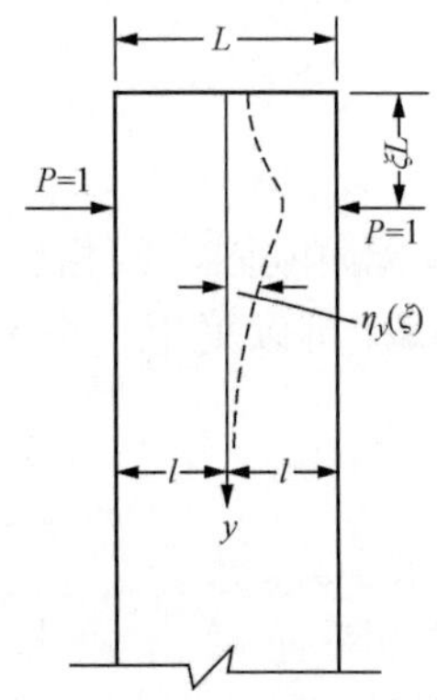


图 7-31　狭长坝体受力示意

表 7-15 最适宜于用来计算离开基岩较远处的浇筑块入仓后的温度应力情况，即所谓上下层约束应力。其时热量主要向上下方向传导，因而温度为 $y$ 的函数。我们首先用本章第三节中所述的差分法计算温度场的变化过程，求出函数 $T(y,t)$。对于任一已知时间，$T$ 为 $y$ 的函数。将 $T(y)$ 乘以 $\dfrac{E\alpha}{1-\mu}\cdot\Delta y$ 后，转化为边界力 $P$，而可用下式计算对称线上的水平正应力：

$$\sigma_x=\frac{E\alpha}{1-\mu}T-\sum\frac{P\xi}{L}\cdot\eta_y(\xi)\qquad(7\text{-}40)$$

式中的 $\eta_y(\xi)$ 即为表 7-15 中的影响系数。

**表 7-15**　　**水平正应力 $\sigma_x$ = 表中系数 $\times\dfrac{P}{L}$**

| $\xi$ \ $y/L$ | 0 | 0.1 | 0.2 | 0.3 | 0.4 | 0.5 | 0.6 | 0.7 | 0.8 | 0.9 | 1.0 |
|---|---|---|---|---|---|---|---|---|---|---|---|
| 0 | 6.68 | 4.55 | 2.68 | 1.33 | 0.43 | 0 | −0.37 | −0.44 | −0.42 | −0.33 | −0.23 |
| 0.1 | 4.55 | 3.56 | 2.50 | 1.56 | 0.81 | 0.33 | 0 | −0.20 | −0.25 | −0.20 | −0.12 |
| 0.2 | 2.68 | 2.50 | 2.23 | 1.77 | 1.18 | 0.79 | 0.42 | 0.19 | 0.10 | 0 | −0.10 |
| 0.3 | 1.33 | 1.56 | 1.77 | 1.78 | 1.52 | 1.24 | 0.87 | 0.54 | 0.25 | 0.10 | 0 |
| 0.4 | 0.43 | 0.81 | 1.18 | 1.52 | 1.68 | 1.59 | 1.27 | 0.91 | 0.47 | 0.22 | 0.11 |
| 0.5 | 0 | 0.33 | 0.79 | 1.24 | 1.59 | 1.68 | 1.59 | 1.29 | 0.81 | 0.56 | 0.29 |
| 0.6 | −0.37 | 0 | 0.42 | 0.87 | 1.27 | 1.59 | 1.78 | 1.60 | 1.24 | 0.81 | 0.54 |
| 0.7 | −0.44 | −0.20 | 0.19 | 0.54 | 0.91 | 1.29 | 1.60 | 1.70 | 1.60 | 1.20 | 0.85 |
| 0.8 | −0.42 | −0.25 | 0.10 | 0.25 | 0.47 | 0.81 | 1.24 | 1.60 | 1.70 | 1.60 | 1.20 |
| 0.9 | −0.33 | −0.20 | 0 | 0.10 | 0.22 | 0.56 | 0.81 | 1.20 | 1.60 | 1.68 | 1.59 |
| 1.0 | −0.23 | −0.12 | −0.10 | 0 | 0.11 | 0.29 | 0.54 | 0.85 | 1.20 | 1.59 | 1.68 |
| 1.1 | | | | | | | | 0.44 | 0.85 | 1.20 | 1.65 |
| 1.2 | | | | | | | | | 0.44 | 0.85 | 1.22 |
| 1.3 | | | | | | | | | | | 0.85 |

[1] 本表取自苏联重力坝设计规范（CH 123-60），并加了一些校正。

### 四、自由墙式结构的温度应力

坝体浇高并拆模后，热量在上下方向的流动渐趋稳定，而由于边界温度与混凝土温度的不同，将从侧面散热，因而温度场 $T$ 主要为 $x$ 的函数，如图 7-32 所示。习惯上，这个问题被称为自由墙式结构的温度应力问题。

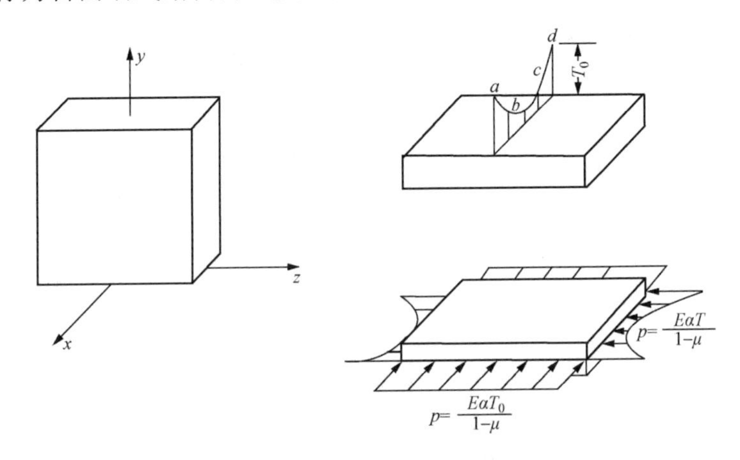


图 7-32　自由墙的温度应力

我们从自由墙中切取一片，取坐标如图 7-32 所示。图中的曲线 $abcd$ 表示某一时间的温度分布曲线 $T(x)$（假定温度 $T$ 沿 $z$ 及 $y$ 方向不变）。按照本节开始时所述的原理，这一情况下的温度应力可视为由以下两部分合成：

（1）在自由墙内各点上加以正应力：

$$p=\sigma_x=\sigma_y=\frac{E\alpha T}{1-\mu}$$

当温度 $T$ 自原始温度场 0 上升时，$p$ 为压力，反之为拉力，以下以温度下降为例。

（2）在自由墙两表面上加以压力：

$$p=\frac{E\alpha T_0}{1-\mu}$$

式中，$T_0$ 为边界上的温度。

在自由墙两端加以压力：

$$p=\frac{E\alpha T}{1-\mu}\ （T\text{ 为 }x\text{ 的函数}）$$

我们最感兴趣的是水平应力 $\sigma_z$，尤其是中央部位（$z\approx 0$ 附近）处的 $\sigma_z$ 值。在这些部位上，边界力 $p=\frac{E\alpha T}{1-\mu}$ 的影响已可按其静力当量来计算。边界上的力 $p=\frac{E\alpha T}{1-\mu}$ 常可合成为一个合力 $P$ 及力矩 $M$：

$$\left.\begin{aligned}P&=\int\frac{E\alpha T(x)}{1-\mu}\mathrm{d}x\\M&=\int\frac{E\alpha T(x)}{1-\mu}x\mathrm{d}x\end{aligned}\right\}\qquad(7\text{-}41)$$

前者在中央断面上产生均匀压力$\frac{P}{2l}$，后者产生直线变化的应力$\frac{3xE\alpha}{2l^3(1-\mu)}\cdot\int_{-l}^{+l}T(x)x\mathrm{d}x$，因而各点的最终合成应力为：

$$\sigma_z=\frac{E\alpha T(x)}{(1-\mu)}-\frac{1}{2l}\cdot\frac{E\alpha}{1-\mu}\int_{-l}^{+l}T(x)\mathrm{d}x\pm\frac{3xE\alpha}{2l^3(1-\mu)}\int_{-l}^{+l}T(x)x\mathrm{d}x \tag{7-42}$$

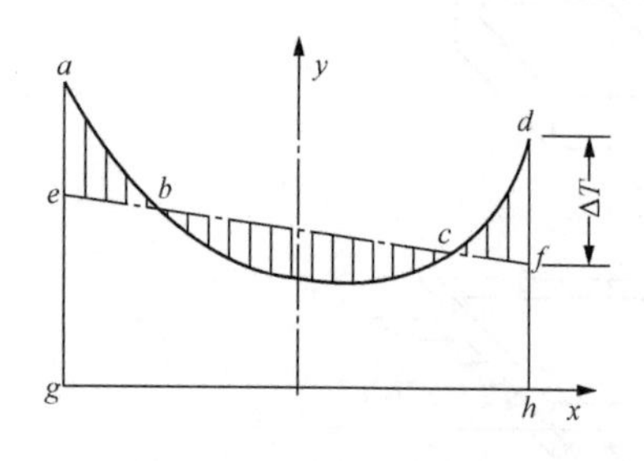

图 7-33　温度分布曲线

应用上述公式，只要平板内温度分布曲线 $T(x)$ 为已知，我们常可求出温度应力的分布曲线来，而其计算，实相当于在温度分布曲线中画一条闭合线（图 7-33 中之 $ef$ 线）。当温度分布曲线沿 $x$ 轴对称时，闭合线 $ef$ 就是平均温度线，这是一条水平线，而边界上的最大拉应力可简单地写为：

$$\sigma=\frac{E\alpha\Delta T}{1-\mu} \tag{7-43}$$

式中，$\Delta T$ 表示板的平均温度与边界温度之差，通常称为内外温差。当温度分布不对称时，闭合线 $ef$ 是一条斜线，它与基准线 $gh$ 间所包的一个梯形 $efhg$ 应与温度曲线和基准线间所包的曲线形有相同的面积和相同的形心位置坐标 $\bar{x}$。这条闭合线可用图解法、数值法或积分法求出。

平板中温度分布曲线的确定法，在热传导学的书中都有详细叙述。这里只须指出一点，即计算内外温差所引起的温度应力时，最好不采用第一类边界条件，而应考虑混凝土和空气间的热交换作用采用差分法计算。混凝土与空气间的热交换系数 $\beta$ 的定义是：当混凝土表面温度与气温相差一度时在单位时间内通过单位面积所散发的热量，其单位为 kcal/（$\mathrm{m}^2\cdot\mathrm{h}\cdot$℃）。一般 $\beta$ 值为 20～30，表面上有木模时，即降为 6，有绝缘模板时更降为 2～0。如果我们假定混凝土边界上的温度即等于气温，其实就是假定 $\beta=\infty$。在计算表面温度应力时，不考虑 $\beta$ 的影响常会得出过大的温度应力。要考虑 $\beta$ 的影响，则在进行温度场的有限差计算时，不能假定边界温度等于气温，而应令离开边界为 $\frac{k}{\beta}$ 处才为气温（参见本章第三节）。这样求出的温度场，在边界上将高于气温（在混凝土块散热冷却情况下），而相应的边界应力也将小于按 $\beta=\infty$所计算得到的成果。

如果平板原始温度为 $T$（均布），突然暴露在 0℃的空气中，则 $\beta=\infty$时，最大的边界应力将为$\frac{E\alpha T}{1-\mu}$，式中 $T$ 为内外温差。考虑 $\beta$ 的影响后，当$\frac{\beta l}{k}<100$ 时其最大拉应力可用下式估计之：

$$\sigma=\frac{2}{3}\cdot\frac{E\alpha T}{1-\mu}\cdot\frac{1}{1+\frac{2k}{\beta l}} \tag{7-44}$$

发生最大温度应力的时间，也不在 $t=0$，而可见表 7-16。

表 7-16　　考虑 $\beta$ 影响后的平板温度应力

| $\beta l/k$ | 0 | 0.5 | 1 | 2 | 3 | 5 | 8 | 20 | 100 | $\infty$ |
|---|---|---|---|---|---|---|---|---|---|---|
| $\sigma_{max}$：$\dfrac{E\alpha T}{1-\mu}$ | 0 | 0.140 | 0.223 | 0.327 | 0.393 | 0.460 | 0.528 | 0.615 | 0.673 | 1.000 |
| 发生 $\sigma_{max}$ 时的 $\dfrac{at}{l}$ 值 | — | 0.220 | 0.150 | 0.123 | 0.103 | 0.081 | 0.062 | 0.045 | 0.030 | 0 |

## 五、考虑徐变影响的温度应力计算

根据弹性力学算出的温度应力往往过高，实践证明，混凝土常常能承受较大的温差而并不开裂，虽然计算所得的弹性应力已远远超过混凝土的极限强度。这是因为混凝土的徐变作用显著地松弛了温度应力之故。

考虑徐变作用的温度应力的计算，最好应用松弛系数 $k_p$ 的原理来进行之。设某一混凝土试块，被拉长了一定距离，其时需在两端加上一定的力 $P$。将两端予以固定后，我们将发现，随着时间的增加，为维持原变形所需加在两端的外力可以逐渐变小，到相当长的时间后接近一极限值［参见图 7-34（d)]。这种现象称为应力松弛现象，它表明随着时间的增加，有一部分弹性变形逐渐变为塑性变形而不复引起弹性应力。因此，图 7-34（d)中的松弛曲线可以视为是弹性变形与塑性变形的划分线。松弛曲线在加荷时常常为 1，以后逐渐减小，并接近一极限。不同龄期的松弛曲线也不相同，受荷龄期愈早，松弛得愈多。松弛曲线的直接试验确定比较困难，通常均从徐变试验曲线换算出来。混凝土的级配和原材料不同时，松弛曲线有较大的差异，图 7-35 中为一典型的松弛曲线图。

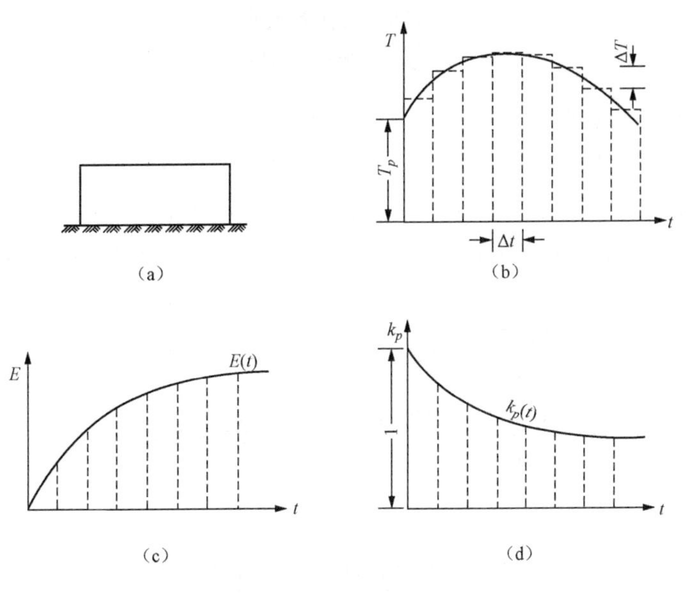


图 7-34　松弛曲线示意图

这样，我们就可以用迭加法来解决徐变影响的问题。设我们已求得某一温度应力问题的弹性理论解答：

$$\sigma = \sigma(t)$$

$\sigma$ 为时间 $t$ 的一个函数。我们可以把它分为若干时段，而设想应力是跳跃式地增加的，即：

$$\sigma(t)=\sum_{i=0}^{n}(\Delta\sigma)_i$$

式中，$(\Delta\sigma)_i$ 表示在时段 $t_i$ 中应力的增加值。那么，考虑徐变影响后，应力公式可写为：

$$\sigma^*(t)=\sum_{i=0}^{n}(\Delta\sigma)_i\cdot k_p(t,\tau_i) \tag{7-45}$$

这里，$\tau_i$ 是指在发生第 $i$ 号应力时的混凝土龄期，而 $k_p$（$t$，$\tau_i$）就是相应于该龄期的混凝土松弛系数。由于任何连续的应力变化过程都可以近似地以阶梯形变化去替代它，所以，当我们求出某一问题的弹性理论解答后，常可用叠加法求出包括徐变影响后的成果。

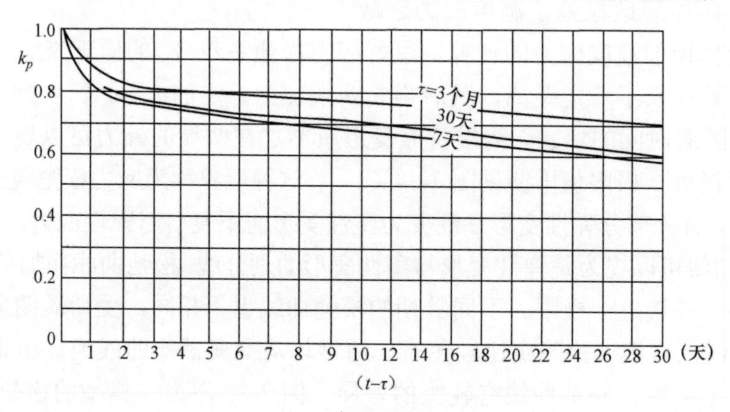


图 7-35 松弛系数曲线

$\tau$—混凝土加荷时的龄期

例如，我们要计算图 7-34（a）中嵌固式矩形浇筑块的温度应力。设已知其温度变化过程如图 7-34（b）的曲线所示。我们将时间轴划分为许多小段 $\Delta t$，确定在每一小时段内温度的变化 $\Delta T_i$（以上升为正，下降为负），并求出相应于各时段的混凝土弹性模量 $E_i$［注意 $E_i$ 亦为龄期的函数，可见图 7-34（c）］。不考虑徐变影响时，任一点 $x$ 上的水平正应力为：

第 1 时段 $\sigma_x=\dfrac{\alpha E_1\Delta T_1\sigma'_x}{1-\mu}=\Delta\sigma_{x1}$

第 2 时段 $\sigma_x=\dfrac{\alpha E_1\Delta T_1\sigma'_x}{1-\mu}+\dfrac{\alpha E_2\Delta T_2\sigma'_x}{1-\mu}=\Delta\sigma_{x1}+\Delta\sigma_{x2}$

⋮

第 $n$ 时段 $\sigma_x=\dfrac{\alpha E_1\Delta T_1\sigma'_x}{1-\mu}+\dfrac{\alpha E_2\Delta T_2\sigma'_x}{1-\mu}+\cdots+\dfrac{\alpha E_n\Delta T_n\sigma'_x}{1-\mu}$

$=\Delta\sigma_{x1}+\Delta\sigma_{x2}+\cdots+\Delta\sigma_{xn}$

式中，$\sigma'_x$ 是该点的一个应力系数，即当 $\dfrac{E\alpha}{1-\mu}\Delta T=1$ 时该点的弹性应力。考虑徐变影响后，每一个应力增值 $\Delta\sigma_x$ 都将随时间而松弛掉一部分，故应力乃为：

第 1 时段　$\sigma_x = \Delta\sigma_{x1} \cdot k_{p1}$

第 2 时段　$\sigma_x = \Delta\sigma_{x1} \cdot k_{p2} + \Delta\sigma_{x2} \cdot k^1{}_{p1}$

⋮

⋮

第 $n$ 时段　$\sigma_x = \Delta\sigma_{x1} \cdot k_{pn} + \Delta\sigma_{x2} k^1{}_{p(n-1)} + \cdots + \Delta\sigma_{xn} k^n{}_{p1}$

式中，$k_{p1}$、$k_{p2} \cdots k_{pn}$，$k^1{}_{p1}$、$k^1{}_{p2} \cdots k^1{}_{pn}$，…，各表示不同龄期的松弛曲线坐标。作为近似计算，我们可只取某一代表性龄期下的松弛曲线坐标 $k_{p1}$、$k_{p2} \cdots k_{pn}$ 供各时段用，以简化计算。上述计算可以列表进行，如表 7-17 所示。

将这样求出的成果，按时间绘成曲线，就是温度应力过程线。如在同一图上也绘出混凝土抗拉强度发展过程线，则当温度应力超过抗拉强度时，混凝土即将开裂。

这种计算，理论上可获得更为合理的成果，但必须取得可靠的温度、弹性模量和松弛曲线的资料。同时，计算工作量也是较大的。如果弹性模量和松弛曲线的资料不很精确，就会减低做精确计算的实际意义。

如果为了极近似地估计徐变的影响，我们可将混凝土的弹性模量乘一个系数 $k_p$ 来表示之。这个系数一般为 0.5。

当图 7-34（a）中混凝土的温度变化沿 $y$ 轴不均匀时，同样可将时段分为 $\Delta T$ 小段，计算每一时段中断面温度的变化值 $\Delta T$（并非常量，而为 $y$ 的函数），并应用本节第三或第四段中所述方法求出相应的各点上的应力变化 $\Delta\sigma$（$E$ 值亦取相应的数值），再乘以松弛系数将各次 $\Delta\sigma$ 值削减并叠加之，即可求出所需答案。

**表 7-17　　嵌固式矩形浇筑块温度应力计算**

| 时段 | 温差 $\Delta T$ | 弹性模量 $E$ | 松弛系数 $k_p$ | 应力计算 | | | | | | | |
|---|---|---|---|---|---|---|---|---|---|---|---|
| | | | | 时段 | | | | | | | |
| | | | | 1 | 2 | 3 | 4 | 5 | … | $n-1$ | $n$ |
| 1 | $\Delta T_1$ | $E_1$ | $k_{p1}$ | $\alpha k_{p1} E_1 \cdot \Delta T_1$ | $\alpha k_{p2} E_1 \cdot \Delta T_1$ | $\alpha k_{p3} E_1 \cdot \Delta T_1$ | $\alpha k_{p4} E_1 \cdot \Delta T_1$ | $\alpha k_{p5} E_1 \cdot \Delta T_1$ | … | $\alpha k_{pn-1} \cdot E_1 \Delta T_1$ | $\alpha k_{pn} E_1 \cdot \Delta T_1$ |
| 2 | $\Delta T_2$ | $E_2$ | $k_{p2}$ | | $\alpha k_{p1} E_2 \cdot \Delta T_2$ | $\alpha k_{p2} E_2 \cdot \Delta T_2$ | $\alpha k_{p3} E_2 \cdot \Delta T_2$ | $\alpha k_{p4} E_2 \cdot \Delta T_2$ | … | $\alpha k_{pn-2} \cdot E_2 \Delta T_2$ | $\alpha k_{pn-1} \cdot E_2 \Delta T_2$ |
| 3 | $\Delta T_3$ | $E_3$ | $k_{p3}$ | | | $\alpha k_{p1} E_3 \cdot \Delta T_3$ | $\alpha k_{p2} E_3 \cdot \Delta T_3$ | $\alpha k_{p3} E_3 \cdot \Delta T_3$ | … | $\alpha k_{pn-3} \cdot E_3 \Delta T_3$ | $\alpha k_{pn-2} \cdot E_3 \Delta T_3$ |
| ⋮ | ⋮ | ⋮ | ⋮ | | | | ⋮ | ⋮ | ⋮ | ⋮ | ⋮ |
| $n$ | $\Delta T_n$ | $E_n$ | $K_{pn}$ | | | | | | | | $\alpha k_{p1} E_n \cdot \Delta T_n$ |
| $\sigma = \frac{\sigma'_x}{1-\mu} \cdot \Sigma$ | | | | $\Sigma$ | | | | | | | |

混凝土弹性模量的变化，视其级配及水泥品种而异，大致上若取 1 个月后的弹性模量为 100%，则 3、10、20、60、90 天龄期的弹性模量约各为 14%、80%、93%、105%、108%。

## 六、混凝土浇筑块温度应力的实用估算法

以上各段所介绍的都是计算温度应力的基本理论和方法，当我们要对浇筑块的温度应力问题进行详细的研究时，可以采用这些方法。但在实际设计时，我们常须采用较合理的近似计算，以求迅速地求出一些主要控制数据，而避免进行过分繁复的计算。下面将介绍一些实用的估算方法。

1. 基础浇筑块的温度应力估算

首先应用本章第三节中的公式和方法，算出基础浇筑块的入仓温度 $T_p$、稳定温度 $T_f$ 以及由于水化热所产生的最高温升 $T_{s\max}$（以下即简写为 $T_s$）。对于较重要的问题，$T_s$ 可用差分法计算，并沿高程画成分布曲线。在作近似估算时，亦可用本章第三节中的公式和曲线，求出一个最高的平均 $T_s$ 值（即沿浇筑块的平均温度）。

求出 $T_p$、$T_f$ 及 $T_s$ 后，即可估算最大温度应力。$T_p-T_f$ 常被称为均布温差，均布温差产生的最大温度应力可按下式估算：

$$\sigma_1 = k_p R \frac{E\alpha}{1-\mu}(T_p - T_f) \tag{7-46}$$

为了偏于安全一些，初步估算时可取 $R=1$（基岩无限刚固时）至 $R=0.6$（基岩 $E_f=E$）。$k_p$ 一般取为 0.5。

$T_s$ 可称为非均布温差。如果 $T_s$ 是用差分法求出的，且已沿高程画成曲线，我们可将 $T_s$ 分布曲线划为若干小段 $\Delta h_i$，令每一小段中的平均温度为 $T_i$ 计算每一小段的当量外力：

$$P_i = \frac{k_p E\alpha}{1-\mu} T_i \Delta h_i \tag{7-47}$$

则 $T_s$ 所产生的温度应力为：

$$\sigma_2 = \frac{k_p E\alpha}{1-\mu} T_i(y) - \frac{1}{L}\sum_{\xi=1}^{n} P_\xi \eta_{i\xi} \tag{7-48}$$

式中，$\eta_{i\xi}$ 是浇筑块中央断面上 $i$ 点处正应力 $\sigma_x$ 的影响系数（荷载作用在 $\xi$ 点处），视基岩是否刚固，从图 7-28 中取用，或加以折扣后使用。

如果是近似计算，$T_s$ 是用公式估算的一个平均值，即 $T_i(y)=T_s=$ 常数，则

$$\sigma_2 = \frac{k_p E\alpha}{1-\mu} T_s\left(1 - \frac{1}{L}\sum \eta \cdot \Delta h\right) = \frac{k_p E\alpha}{1-\mu} T_s A \tag{7-49}$$

式中，$\Delta h$ 为分段高度，$\sum \eta$ 为对于所计算点的应力影响系数之和，$A$ 为一个系数，取决于浇筑块的高宽比，当浇筑块较高时，$A$ 只为块子宽度 $L$ 的函数[❶]。

浇筑块中最终的温度应力乃为 $\sigma=\sigma_1+\sigma_2$，即

❶ 我国水利水电科学研究院曾算出 $A$ 的大致数值如下：

| 浇筑块宽度（m） | 15 | 20 | 30 | 40 | 50 | 60 | 80 |
|---|---|---|---|---|---|---|---|
| $E/E_f$=0.5 | 0.47 | 0.50 | 0.555 | 0.60 | 0.63 | 0.653 | 0.69 |
| $E/E_f$=1.0 | 0.365 | 0.40 | 0.45 | 0.485 | 0.515 | 0.535 | 0.565 |

$$\sigma=\frac{k_p E\alpha}{1-\mu}\left[R(T_p-T_f)+AT_s\right] \tag{7-50}$$

最偏安全的计算是令 $R=A=1$，此时，

$$\sigma=\frac{k_p E\alpha}{1-\mu}(T_p-T_f+T_s) \tag{7-51}$$

2. 浇筑块中由于内外温差产生的温度应力

首先用本章第三节中所述的各种方法，确定浇筑块的平均温度 $T_m$ 及表面温度 $T$，而由于内外温差所产生的表面温度应力可用下式估算：

$$\sigma=\frac{k_p E\alpha}{1-\mu}(T_m-T) \tag{7-52}$$

上式中的表面温度 $T$，近似上可取为边界气温，但常失之过于安全，必要时可根据表面散热条件酌加修正（参见本章第三节）。

3. 浇筑块由于上下层温差所产生的温度应力

此时假定浇筑块已离开基础约束范围，故坝块可视作无限长条处理。用差分法计算（或用公式估算）新浇混凝土及其邻近处老混凝土的温度分布 $T(y)$，沿高程画成曲线，其在 $i$ 点处的温度应力可仿基础块计算：

$$\sigma_i=\frac{k_p E\alpha}{1-\mu}T_i(y)-\frac{1}{L}\sum_{\xi=1}^{n}P_\xi\eta_{i\xi} \tag{7-53}$$

但式中 $\eta_{i\xi}$ 为无限长条两侧受单位荷载时在 $i$ 点处的影响系数，见表 7-15。在这一计算中未考虑上下层混凝土弹性模量相异的影响。

算出各种温度应力 $\sigma$ 后，为防止发生裂缝，应令

$$\sigma\leqslant\frac{\varepsilon_p E}{K} \tag{7-54}$$

式中，$\varepsilon_p$ 为混凝土的极限拉伸，其变化范围为（0.6～1.5）$\times10^{-4}$，主要取决于混凝土中水泥的含量及施工水平。对于水泥含量在 200kg/$m^3$ 以上的表层高标号混凝土，$\varepsilon_p$ 值一般可取为 $1\times10^{-4}$，对于内部混凝土稍低。$K$ 为抗裂安全系数，在核算施工期的表面温度裂缝和上下层温差应力时，可采用 $K=1.2$～1.3，在核算基础块在运用期中的温度应力与重要部位由长期气温产生的表面温度应力时，视建筑物重要性及浇筑块大小，分别采用 1.4～2.0。

## 第五节　各种分缝方式的设计问题

### 一、通仓浇筑

在通仓浇筑中，整个坝体断面从上游面到下游面是不设纵缝整体浇筑的。在以往，因受到施工浇筑能力和温度控制能力的限制，通仓浇筑只适用于低坝。近年来，已扩展适用到高坝了。这种浇筑方式的优点是：①纵缝是结构上的薄弱环节，取消纵缝后坝体的整体性可以得到保证，消除了纵缝所产生的应力重分布问题；②取消纵缝后，可以相应地取消复杂和昂贵的纵缝灌浆系统，也节省和简化了立模工作；③对施工进

度有利，大坝浇筑后即可蓄水，或可提前蓄水（边浇筑边蓄水），使工程提早发挥效益。它的缺点是：①浇捣面积很大，需要相适应的施工设备和严格的组织措施，否则极易产生质量事故（如在浇筑过程中混凝土凝固）；②由于浇筑块尺寸很大，温度及收缩应力也极大，故需要极其严格的温度控制措施，为此要进行详尽的温度控制设计，需要巨大的冷冻容量及大量其他施工设备，否则必将产生危害性的裂缝。

我们先讨论一下混凝土工厂的容量问题。设浇捣块的面积为 $F$，每铺一层混凝土其高度为 $d$，则每浇一层所需的混凝土体积为 $Fd\text{m}^3$。假定混凝土自拌和至初凝的时间为 $t$h，减去运输时间、浇筑时间、各种延误时间及上一浇筑层的浇筑时间后，净时间为 $t'$，则为了能连续浇筑不产生初凝等事故，工地上拌和、运输和浇筑混凝土的能力，在理论上讲必须大于 $\dfrac{Fd}{t'}\text{m}^3/\text{h}$。实际上，由于各种不可预见的原因和考虑各种具体条件，工地所须准备的容量应该是 $k'\dfrac{Fd}{t'}$ 或 $k\dfrac{Fd}{t}$，其中 $k'$ 或 $k$ 是一个安全系数。安全系数要根据机械设备的运行可靠情况，施工技术熟练程度和其他一系列因素确定。对于混凝土的拌和、运输及浇筑等方面可以视具体条件采用不同的安全系数，但决不能不留余地或安全系数取用过少。

例如，设坝面长 80m，宽 18m，$F=1440\text{m}^2$。又设每铺一层混凝土其厚为 0.25m，初凝时间为 4h，则设备容量 $Q=k\times\dfrac{1440\times0.25}{4}=90k(\text{m}^3/\text{h})$。又如，假定对拌和总容量的安全系数为 3，则拌和楼应具有 270m³/h 的生产能力。如果运输、入仓的机械设备容量的安全系数为 2，则需有 180m³/h 的生产能力。假定我们采用门式起重机吊运 3m³ 容积的吊罐进行浇筑，则每小时应有吊运 60 次的能力。设门式起重机每小时可工作 15 次，那么至少要有四台门式起重机来浇筑这一坝块。其他平仓、振捣等的机械设备和劳动力均需按此布置。显然可见，浇筑块面积愈大，施工上的困难将愈多。

为了解决或减少这些施工困难，可以采取下述措施：

（1）设法延长混凝土的初凝时间。这包括选择合适的水泥品种，在混凝土拌制中加入适当的增塑剂（缓凝剂），利用有利季节进行浇筑等。降低混凝土的拌和温度也能延缓初凝时间。于此，可注意在炎热的季节中混凝土的初凝时间要缩短很多，因此在这种季节中浇筑大面积的块子是不适宜的。如果不可避免时，必须采取专门的措施。

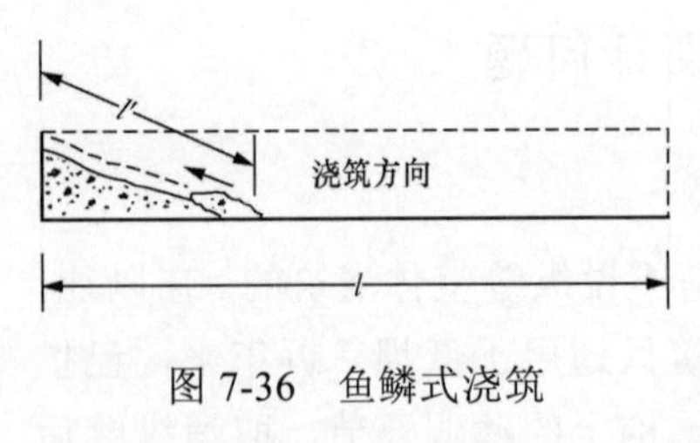

图 7-36　鱼鳞式浇筑

（2）采用特殊的浇捣方式，例如所谓鱼鳞式，即图 7-36 所示的方式进行斜层浇筑。这时，为了保证在浇筑期间混凝土不凝固，公式 $Q=\dfrac{Fd}{t}$ 中的 $F$ 就指斜层面积 $l'B$，而不是整个块子的平面面积 $lB$ 了。但采用这种浇筑法也存在许多问题，如：①斜层的倾角必须很平缓，否则混凝土会发生分离和蠕动，影响质量；②浇筑块的高度必须很薄，如限制在 0.75～1m；③不易埋放块石；④施工管理上比较困难，容易造成质量事故。

（3）尽量减薄每一浇筑铺层的厚度 $d$，换言之，使同一体积的混凝土能铺更大的面积。最薄的铺层厚度约为 20cm 或再稍小些。但铺层愈薄，控制愈困难，平仓工作也愈大，故也受到一定的限制。

（4）大量埋设块石也可以直接缓和混凝土的浇筑强度，但同时增加了块石的采运、处理、运输和入仓的工作，必须另做一套有关的施工组织设计。

总之，大面积坝块的通仓浇筑，在施工科学上是一个细致和复杂的问题，必须事先做好详细周密的施工组织设计，才能保证施工的质量。这种施工设计的重要性是丝毫不亚于结构设计的。

其次，我们利用上两节的成果简单地分析一下通仓浇筑中的温度控制问题。我们知道，浇筑块面积和底长 $l$ 愈大，则其温度应力也愈大，温度控制要求也愈严格。参见图 7-30，我们又知道浇筑块中温度应力最大的部位是在靠近基岩或老混凝土块约 $0.25l$ 的高度范围内，这里受到的限制作用最大，最容易开裂。这些部位中的温度变化过程和相应的温度应力可按以上两节中所述方法进行详细分析核算，由此来确定所必须采取的温度控制措施及具体要求。作为近似的和迅速的估计，我们可按上节中最后一段所述原理作一初步分析。

在通仓浇筑中，最重要的问题是计算混凝土入仓后所将达到的最高温升及其以后降温的数量，由此来推断其是否会发生严重的裂缝。混凝土入仓后的温度变化问题，按前节所述，常可分解为几个问题而进行一些估算：

（1）混凝土入仓温度与气温相等，而且为常数，由于水泥水化热的作用，使混凝土块的内温上升了一值 $T_s$。这个值依混凝土的绝热温升 $T_r$、块厚及间歇时间来定，并沿浇筑块高度呈曲线分布。为近似估算，可用本章第三节图 7-16 中的资料估计。

温升 $T_s$ 及其以后回降所产生的温度应力，可按下式估算：

$$\sigma_1 = T_s k_p \bullet \frac{E\alpha}{1-\mu} A \qquad (7\text{-}55)$$

式中，$E$、$a$、$\mu$、$A$、$k_p$ 定义同前。[在苏联重力坝设计规范（CH126-60）中，则将$\sigma_1$写为 $\sigma_1 = T_s k_1 k_p \bullet \frac{E\alpha}{1-\mu}$，其中 $k_1$ 为混凝土刚度随时间变化的系数。因为当混凝土温度上升 $T_s$ 时，中心线上发生压应力，而当温度再回落时，在中心线上将产生拉应力，但混凝土后期的刚度较大，故拉应力大于初期所产生的压应力。经过分析比较，这超过部分约占 70%，即 $k_1 \approx 0.7$。]

（2）混凝土无水化热，其入仓温度 $T_p$ 与气温 $T_a$ 也相等，当经过长期运行后，将变化为坝体的稳定温度 $T_f$。则由于 $T_p$ 与 $T_f$ 之不同，将产生温度应力（$T_p > T_f$ 时产生拉应力）。

这一个应力可用下式近似估算：

$$\sigma_2 = (T_p - T_f)\frac{E\alpha}{1-\mu} k_p R \qquad (7\text{-}56)$$

这个公式中的 $E$、$\alpha$、$\mu$、$k_p$、$R$ 的意义同前。$T_p$ 可以根据本章第三节中公式计算，

而 $T_f$ 须根据坝体的稳定温度场的计算来定（参见本章第三节）。若为初步近似，可取 $T_f$ 为年平均气温及水库水温的年平均值两者的平均值。

将以上两个应力合计，得：

$$\sigma=\sigma_1+\sigma_2=k_p\cdot\frac{E\alpha}{1-\mu}\left[AT_s+R(T_p-T_f)\right]\leqslant\frac{\varepsilon_p E}{K}$$

简化后得：

$$AT_s+R(T_p-T_f)\leqslant\frac{(1-\mu)\varepsilon p}{Kk_p\alpha} \tag{7-57}$$

式中

$\mu\approx 1/6$

$\varepsilon_p\approx(0.6\sim1.5)\times10^{-4}$

$K\approx1.4\sim2.0$

$k_p\approx0.5$

$\alpha\approx1\times10^{-5}/℃$

$A$ 及 $R$ 两值要根据浇筑块尺寸和基岩弹性模量而定。例如，当 $A=R=0.55$ 时：

**表 7-18　　混凝土浇筑块最大允许基础温差取值**　　℃

| $h$ \ $l$ | 15m | 30m | 50m |
|---|---|---|---|
| 0～$l$/4 | 25～22 | 21～19 | 18～16 |
| $l$/4～$l$/2 | 28～26 | 24～22 | 21～19 |

$$T_s+T_p-T_f\leqslant\frac{30.3}{K}$$

如 $K$ 为 1.4～2.0，则允许温差约为 22～15℃。

我国水利水电科学研究院，曾假定 $E/E_f=1$、$\varepsilon=1.0\times10^{-4}$、$K=1.5\sim1.9$，就各种浇筑块计算最大允许基础温差 $\Delta T$，其最终成果如表 7-18 所示。

表中 $l$ 为浇筑块长度，$h$ 为离开地基面高度。在一般工程中，我们均可按上表来控制温度，不必进行复杂的温度应力计算。上表的数值有一些波动范围，可按以下原则选取：

（1）对于重要的工程，$\Delta T$ 应选用下限；

（2）当基岩 $E_f$ 很大时，宜选用下限；

（3）当混凝土的极限拉伸 $\varepsilon_p$ 较小时，宜选用下限（表列数字按 $\varepsilon_p=1.0\times10^{-4}$ 计算，或可按实测的 $\varepsilon_p$ 值修正允许温差 $\Delta T$，$\Delta T$ 与 $\varepsilon_p$ 成反比）。

分析式（7-57），我们知道要满足通仓浇筑中的温度控制要求，可以采用以下几种措施：

（1）减低混凝土的入仓温度 $T_p$。其措施包括：

1）利用有利季节浇筑。因为混凝土的自然拌和温度主要取决于气温，倘能尽量利用有利季节浇筑，$T_p$ 值较低，实为经济合理的方法。故在考虑整个工程的施工进度时，务须研究充分利用冬季或初春浇筑基础部位混凝土的可能性。但在寒冷地区，不能在冬季施工，应根据具体条件选定浇筑时间。

2）将混凝土进行预冷，包括预冷粗骨料和砂（甚至预冷水泥），加冷水或冰屑拌和（注意这两者有时有矛盾），混凝土温度预冷至较低温度时，尚需严密地做好拌和及运输过程中的绝热，以免预冷效果减损。

（2）减低水化热温升 $T_s$。其主要措施为减少水泥用量，采用特种水泥（低热大坝水泥），采用薄层浇筑及延长间歇期。注意，后面两种措施对减少 $T_s$ 虽颇有效，但不宜与混凝土预冷措施结合起来，或者要有专门设计，即经过强烈预冷的混凝土，又采用薄层浇筑，则在入仓后必须严加保护，以防热量倒灌，而在混凝土内温升高到气温后又应除去盖护层，使其向空气中散热。

另外一种减低 $T_s$ 的措施，就是在混凝土中埋设水管进行强迫冷却。

分析许多实例后可以发现，在利用冬、春季浇筑时，有可能不必采用预冷骨料或水管冷却即可满足温度控制要求，而在夏、秋季浇筑时，不采用昂贵复杂的预冷混凝土或水管冷却措施是极难满足要求的，在某些情况下，甚至要两者兼用。

通仓浇筑方式以往只限用于小坝，近代由于科学技术的发展，已逐渐推行到 100m 以上的高坝。如果一个工程需在较短期内完工、蓄水，而又有条件采用强大的施工设备（包括混凝土的制造、运输和冷却）时，可以考虑按这一方式施工。

下面我们简单地介绍一个采用通仓浇筑法施工的高坝实例，这就是底特洛坝（Detroit Dam）。这个坝要求在短期内建成。坝体最大高度 140m，最大底宽 108m，每坝块宽约 15.4m，总体积约 115 万 $m^3$，混凝土的浇捣强度为 $190m^3/h$。

坝址处年平均温度为 10℃。设计中规定浇筑后混凝土的最高温度不超过 26.6℃，即最大温差不超过 16.6℃，因而视不同季节分别要求混凝土的入仓温度限制在 4.4～10℃以下。为此，对于混凝土的全部成分进行了彻底的预冷。粗骨料用冷水（1.7℃）浸灌法，细骨料和水泥采用螺旋式热量交换法，拌和水的 85%都以冰代替（但不超过 $60kg/m^3$）。冷却后的骨料用长 120m 的绝缘搬运机运输。冷却容量为 630 冷冻吨。

为了冷却混凝土，采用了以下主要设备：

骨料冷却罐（容积为 $120yd^3$）……………………………5 台

细骨料冷却器……………………………………………2 台

水泥冷却器………………………………………………1 台

冷却的效果如下（表 7-19）：

**表 7-19　　混凝土各成分冷却效果**　　℃

| 材料 | 冷却前温度 | 冷却后温度 | 温度下降值 |
|---|---|---|---|
| 粗骨料 | 18.5 | 3.3 | 15.2 |
| 细骨料 | 21.0 | 10 | 11.0 |
| 水泥 | 66.5 | 15.5 | 51.0 |
| 水 |  | 1.7 |  |

大坝混凝土的平均水泥用量为134kg/m$^3$，水灰比0.85，骨料最大粒径为150mm。所采用的水泥是特种水泥（一种称为4号低热水泥，一种称为2号改良水泥）。在某些部位，采用了所有以上措施后尚未满足要求，又再在混凝土内埋冷却水管辅助散热。

大坝完全采用通仓薄层浇筑方式施工，每块高度在基础部位为2.5ft（0.76m），较高处为5ft（约1.5m）。

## 二、错缝浇筑

错缝浇筑的形式，可参见图 7-4。这种分缝方式在苏联许多低坝或中等高度的坝体施工中常常采用。根据一些文献上的建议，它主要适用于50～60m以下的重力坝，对高坝是不很适宜的。每块的厚度约为 3～5m，长度约为 9～18m（考虑到坝址区气温愈低，一般其温度变幅也较大，故坝址区气温较低时用下限，较温暖时用上限）。

采用错缝浇筑，上面一个坝块与下面一个坝块有一搭接长度 $e$，一般规定 $e$ 应大约等于块子厚度 $h$ 的一半或 1/3，而不容许在块子的一半处搭接。其理由我们将在以下讨论。

在错缝面上，可以设置键槽和凿毛缝面，还可以在浇筑层面上做成凹凸的槽形，以加强整体性。但在上述搭接区段（$e$）却不应凿毛，其理由亦详后。错缝缝面间照例是不灌浆的。

错缝浇筑法的优点，是免除了灌浆工序。同时，如错缝不被拉开，坝体的整体性也是良好的。它的缺点是很显然的：①在施工上各浇筑块间的相互干扰较大，影响施工进度；②在混凝土的温度和收缩应力作用下，很容易在缝端开裂，破坏坝体的整体性。

根据以上的情况，我们便可对错缝设计方面作一些较深入的探讨。

### 1. 错缝浇筑块尺寸的选择

选择浇筑块的尺寸时，所考虑的原则仍然为施工能力及温度应力问题。一方面，浇筑块的面积应适应施工设备及施工力量条件；另一方面，又要使相应的温度应力在容许范围以内，相应的温度控制为切实可行。注意，采用错缝浇筑时，决不可同时采用水管冷却法。如有必要进行人工冷却，则只能预冷混凝土。所以一般讲来，错缝浇筑块尺寸不能过大。对于以上两个问题的分析和计算原理，则与上面说的通仓浇筑方式并无不同。由于浇筑块长度较小，对基础温差的控制亦可采用上限，但绝不是可以不必进行温度控制，这一点必须注意。

### 2. 缝端应力集中问题

不论对混凝土温度加以什么方式的控制，在入仓后，浇筑块体的温度总是要起变化的。在这温度变化过程中，对错缝坝块来说，除了在坝块中部产生约束应力（这和通仓浇筑或纵缝分块法是相同的，但因为错缝分块尺寸较小，这一问题较容易解决）外，还会在缝端引起特殊的应力集中问题。这一个问题在其他浇筑方式中是没有的。

如图 7-37（a）所示，设 $ab$、$cd$、…均为垂直缝。坝块入仓温度为 $T_p$，最高温升达 $T_p+T_s$，后来冷却下降到 $T_f$。我们要研究在这个过程中的缝端应力变化情况。根据第六章第七节中的论述，我们可按以下步骤计算：首先假定这些缝 $ab$、$cd$ 并不存在，计算按通仓方式施工时在温度变化过程中的应力，特别要算出沿 $ab$、$cd$ 这些垂直线上的应力分布，如图 7-37（a）中的虚线所示。一般这都是拉应力。这一个问题可以用理论法进行分析，也可以进行偏光弹性试验来研究。注意，在靠近基岩处，这些应力 $\sigma_x$ 约等于 $\dfrac{E\alpha}{1-\mu}k_p(T_p+AT_s-T_f)$。

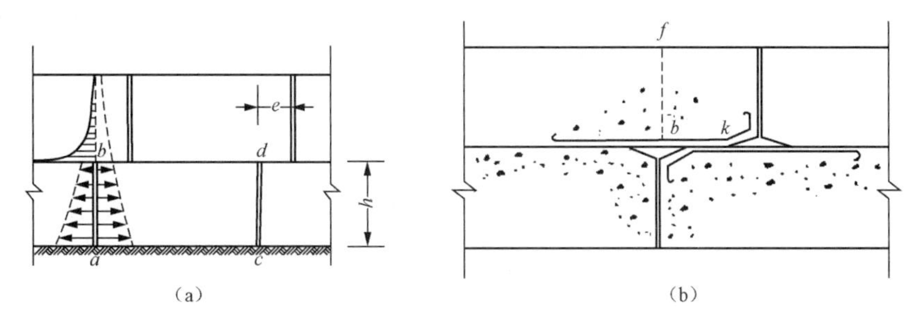


图 7-37　坝块内部垂直缝应力计算示意图

然后，我们把位在 $ab$、$cd$ 范围内的应力 $\sigma_x$，反向作用在缝面上，视作一种荷载（缝内劈力），再引用第六章第七节中的公式，来计算 $ab$、$cd$ 等延长线上各点的应力（均为拉应力）。设其值如图 7-37（a）中实线所示。

我们把以上两种应力状态相加，就得到设有直缝 $ab$、$cd$、…的坝体在温度变化过程中的应力状态，特别重要的是 $ab$、$cd$ 等分缝延长线上的应力情况。这时，分缝面上当然无应力，而在延伸段上的应力将有所增加。换言之，本来由 $ab$、$cd$ 等范围内混凝土所承受的拉应力，现在转由缝上下面的混凝土来承担，这些地区的混凝土的负担是增加了，而且在缝端处的应力强度成为无限大（理论值）。如果缝面劈力大致为均匀的，强度为 $p$，缝高（即浇筑块高）为 $h$，则缝上下面所增加的总拉力当然为 $ph/2$。

根据这些分析，我们就可得出一些结论，这些结论在设计错缝布置时是极为重要的：

（1）错缝浇筑块高度 $h$ 不宜过大。因为 $h$ 愈大，缝愈长，转嫁给缝上下面混凝土所承受的总拉力也愈大，愈易引起开裂。因此错缝浇筑块高度多限为 3、4m，在靠近基岩处，更以采用下限为宜。

（2）在靠近基岩处的错缝缝端应力集中和增加最大，愈向上，这个问题的严重性也愈小，因为上层受基础的限制小，因而假想的、作用在缝面上的劈力荷载也愈小了。所以在坝体的较高部位，是可以考虑采用错缝布置的。

（3）应该校核一下缝的上下延长线上混凝土的抗拉情况，采取必要的防裂措施。我们应设法计算或试验或估计缝两端延长线上的总拉力，研究混凝土是否能承受这些拉力，并采取相应的措施。理论上讲，缝端的应力集中为无限大（实际上由于混凝土的塑性性质和缝具有一定宽度，当然不会是无限大），因此一定要开裂。所以有必要在搭接处采取一些措施来减轻应力集中程度［见图 7-37（b）］，以减少开裂的可能。如果经核算认为混凝土尚不能承受这些拉力，那么还要进一步控制块体的温度变化幅度，或在缝顶、底配置钢筋。在以往的类似设计中，在错缝搭接部位一般是不配筋的，所以一旦开裂，便难中止。我们认为，在若干重要部位，经过一定核算后，有必要配置足量的钢筋。钢筋即使不能防止裂缝的出现，但至少可以限制裂缝的不断延伸和扩展。

（4）即使缝上下面处混凝土的应力状态经核算后认为是安全的，或已配置了钢筋，但应考虑到万一沿分缝裂开并向上下延伸是非常不利的。所以在设计中，我们应使搭接部分 $e$ 范围上的总抗剪力小于沿错缝上下的坝块抗拉断的强度。这就要限制 $e$ 的值在 $1/2h \sim 1/3h$ 内，并要求搭接范围内保持接触面为光滑，以减少抗剪强度。这样做，在万一受到过大的温度荷载时，搭接面 $e$ 将被拉开，而不是使错缝向上下裂开扩展，后者的后果显然要不利得多。

所以，我们设计的原则是：①$bf$ 线上的总拉应力小于 $bk$ 线上的抗剪力；②$bk$ 线上的抗剪力又小于 $bf$ 线上的抗拉强度。如两个条件都满足，则错缝既不会拉裂，也不会滑移。如只满足条件②，则错缝可能滑移，而不致拉裂。必要时我们就配置钢筋来使条件②得到满足。

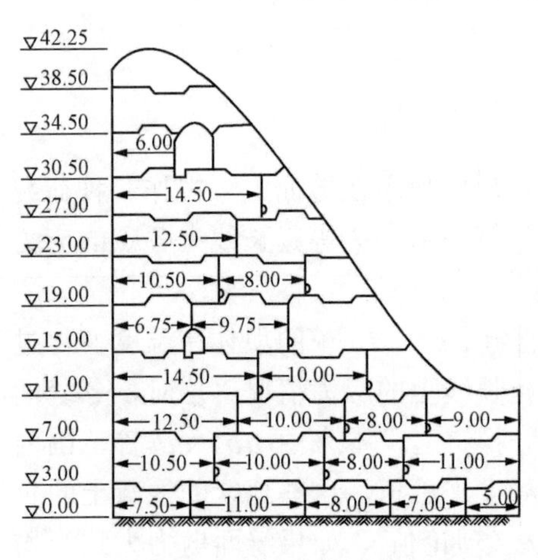

图 7-38　错缝浇筑坝实例

在用错缝方法浇筑较高的重力坝时，建议最好设置宽缝和足够的廊道系统，以便日后进行检查，必要时进行灌浆补强。

用错缝法浇筑高坝的成例还较少见，有关错缝布置及设计的论述也很少。苏联近年来用错缝施工的一些坝中，发现的裂缝比较多。所以这一课题虽然已很古老，却尚有待从理论和实践上作进一步的研究。图 7-38 示一错缝坝块的实例。注意，上下层相邻错缝联线的方向不宜与下游坝面平行而应与之相交。

### 三、垂直纵缝浇筑法

垂直纵缝浇筑法（柱状法）是目前采用得最多的一种浇筑混凝土高坝的方法。这里纵缝为一直线，垂直地从基岩伸到坝面，将坝体切割成柱状（当坝体上游面有斜坡时，不宜将纵缝穿出上游坝面）。在纵缝面上须留设键槽。纵缝一般都须在坝体冷却到稳定温度并使缝有一定的张开度时进行灌浆封堵，并规定在封缝后始可蓄水，否则就要考虑应力重分布问题。对于上游坝面有较平缓的坝坡的情况，设置纵缝会显著地影响自重应力的分布，特别当纵缝间距较小时更是如此，所以必须避免这种情况，必要时要作专门的论证和提出补救措施。

采用纵缝浇筑法的优点是：①可根据施工浇筑设备及温度控制能力，合适地确定纵缝间距（从 10～30m 不等），以保证施工质量，解除温度应力和避免开裂，因此适用于任何高度的大坝。②各柱状块可分别上升，彼此间干扰较少，有利于施工安排（但各块间高差亦不宜过大，详见本章第一节所述）；浇筑块形状整齐划一，可采用标准模板。纵缝法的缺点是：①纵缝是结构上的薄弱环节，虽然经过灌浆处理，也不能使坝体完全恢复整体作用，即其整体性次于用通仓法浇筑的坝体。②纵缝必须在坝体冷却到稳定温度后灌浆，而一般高坝的自然冷却速度是极慢的（数年甚至十余年后才达稳定），所以采用纵缝时通常相伴的总是在坝内布置人工冷却管道系统和纵缝面上的灌浆管道系统，这些都要耗费很大量的钢材，需要强大的冷却容量，而且不能在坝体浇制后即行蓄水，对工程建设总的进度有影响。

某些工程中，为了加速坝块天然冷却和避免纵缝灌浆，采取了设置宽缝的方法，就是把纵缝宽度增加到 1m 左右，在坝体冷却到预定的温度时，用无收缩性的低温混凝土回填这些宽缝。不言而喻，在填缝以前坝体不能蓄水。采用这种宽的纵缝时，为了加速冷却，也往往需在混凝土内敷设水管进行强迫冷却，仅仅依靠坝块向四周的散热常嫌不足。

关于纵缝间距的选定，仍然取决于施工浇筑能力及温度控制能力两者，这和前述通仓浇筑无异。由于纵缝的设置大大减少了浇块长度，故容许温差较大，温度控制要求也较容易满足。过去纵缝间距常在 10～15m 间，但是如上所述，纵缝过多不仅大大增加了缝面处理工作量，而且也削弱了坝体的整体性，因此，近年来随着温度控制水平的提高，这个间距也有逐渐增大的趋势。目前采用 20～30m 长的浇筑块已不少见，特殊情况下有用到 50m 长的，后者与所谓通仓浇筑已无原则性的区别，仅仅是受到混凝土浇灌强度的限制而采取了少量的分缝，其在温度控制上的要求应与通仓浇筑中所述的完全相同。我们注意到采用垂直纵缝时常须在坝内埋设冷却水管以满足后期灌浆的要求，那么当然可以利用这些管道兼起“一期冷却”的作用，即在混凝土入仓后立刻通水冷却以降低混凝土的最高温升，从而加大纵缝间距。在早年推行水管冷却法时，较偏重于后期冷却的作用，因此纵缝间距较小，而以后逐渐利用水管来同时降低最高温升后，纵缝的间距就渐渐大了。

我们试举两个实例来简单地说明这种变化。第一个例子是方塔纳坝（Fontana dam）。此坝在 1944 年建成，坝高 143.3m，最大底宽 114.0m，坝顶长 488m。用垂直的纵缝分块。横缝间距 15m，纵缝间距 15～24m，薄层浇筑，靠近坝基处每块高 0.75m，其上为 1.5m。大坝总方量约 214 万 $m^3$，每立方米混凝土水泥用量为 278（外部）～180kg（内部），水灰比用 0.75，最大骨料直径为 150mm。水泥是低热品种。

在坝体内布置了 1 英寸直径的水管，均铺在每一浇筑层面上，间距为 1.9m。在坝基处，层高为 0.75m，水管间距为 0.76m。靠坝基处混凝土温升限制在 11℃，其上限制在 17℃。经水管冷却后坝体的纵、横缝都灌浆封堵，使结合成整体。

第二个例子是饿马（hungry horse）重力拱坝。此坝于 1952 年竣工，坝高 170m，最大底宽 101m，坝体总方量为 222 万 $m^3$。横缝间距为 24m，纵缝间距最大达 55m，薄层浇筑（层高 1.5m）。表面混凝土单位水泥含量为 168kg，水灰比 0.38，内部混凝土水泥含量为 112kg，水灰比 0.44，最大骨料为 150mm。水泥为硅酸盐水泥。级配中加入占水泥用量 34%～54%的掺合料。

饿马坝的纵、横缝是完全灌浆封堵的。在每一浇筑层面上埋设 1 英寸水管，进行两期冷却。第一期在浇筑后立即进行，取用河水为冷却水，冷却 14～16 天，以降低混凝土温升。在达到这一目的后，中止冷却。然后在冬季再继续进行冷却，使混凝土温度下降到 4℃。在以后灌浆时，混凝土中的温度将不超过 14℃。

比较以上两个例子，可见近来纵缝间距已有很大的放宽，同时单位水泥用量也有大幅度的降低。

可见，柱状浇筑中的温度控制，有两个主要要求，其一是限制混凝土入仓后的最高温升，以防止形成裂缝，另一是按预定计划使坝块温度下降到稳定温度，以便封缝。采用冷却水管进行分期冷却常可同时满足这两大要求。在特殊情况中，则尚须辅以预冷混凝土来进一步控制最高温升。

下面我们简单地讨论一下纵缝缝面的灌浆设计。

纵缝灌浆是分区进行的，一般约 15～20m 为一区。在每一区缝面上，沿四周要设阻浆片，封住这一区域。阻浆片常以较厚的镀锌铁皮制成，弯曲成乁或⌒形，埋入混凝土块中。施工时对阻浆片需妥善埋设和保护，以免损毁，否则在事后灌浆时将引起很大困难和影响灌浆质量。

每一个灌浆层应该有一套单独的管道系统，包括进浆管、回浆管（注意纵缝灌浆无例外地采用循环灌浆法）、支管和出浆盒等。其布置方式各有不同，图 7-39 中示常见的布置。进浆管及回浆管是浆液的主要循环通路，多采用$1\frac{1}{2}$英寸黑铁管。浆液由进浆管中进入各支管（多为 1～3/4 英寸薄钢管），并通过出浆盒流入缝面。出浆盒多以薄铁皮制成，以短管与支管相连接[❶]。施工时，灌浆管道系统总是埋设在先浇块混凝土内，待拆除边模后，将出浆盒的另一半合上并固定，在出浆盒周围用纸张或其他涂料暂时封住，再浇相邻块混凝土，以防止水泥浆流入出将盒内堵死管道系统。浇捣后应即通水检查，以保证管道畅通。

除上述管道处，尚应设置排气槽和排气孔，因为缝面间本有空气，灌浆时浆液从底层逐渐升高，应使空气可以退入排气槽并通过排气孔泄出。此外，为了防止因进浆管或回浆管堵塞而使整个系统失效，应该设置一些事故进浆管，均见图 7-39。

出浆盒应按梅花形布置，每个出浆盒负担的灌堵面积，视灌浆压力及其影响范围而定，约为 3～4$m^2$。

进浆、回浆管道应该引至某一适当地点，并加阀保护。例如靠下游面的纵缝，管道可引到下游坝面外的施工平台上；设有宽缝的坝，可引到宽缝中；靠上游面的纵缝，可引到相近的廊道里。在上述这些地方布置施工平台，安排灌浆机、拌和机和其他设备。施工平台位置的选择，一要靠近灌浆层的底部，二要出入方便，便于联系检查，并有足够空间，其三，同时进行灌浆的纵缝，最好集中在一处操作，以便控制。一个灌浆区中的各管道出口更应集中在一处。

关于灌浆的时间，前已谈到，必须在坝体冷却到其最终稳定温度后始可进行，而且不宜在炎热的季节进行。为了测定坝体内温，应事先埋设遥测温度计（必要时可钻孔用普通温度计直接测定），或利用冷却水管测量，即在冷却水管中注满水，两端封闭，经过规定的时间后测其水温。这样测得的温度要与根据计算所确定的温度进行核对。灌浆并至少应在混凝土的干缩作用大致结束时进行（至少应在浇筑后 6 个月进行）。在坝址区气温很低的情况下，灌浆温度可比稳定温度提高 4～6℃。

灌浆进行的顺序方面，有以下一些原则：①应该从低的高程向上灌注；②应该自河床段向两岸灌注；③纵横缝均需灌浆的应先灌纵缝后灌横缝；④同一断面上有几条纵

❶ 我国有一拱坝施工时，用在混凝土中留一凹穴代替出浆盒，颇为成功。

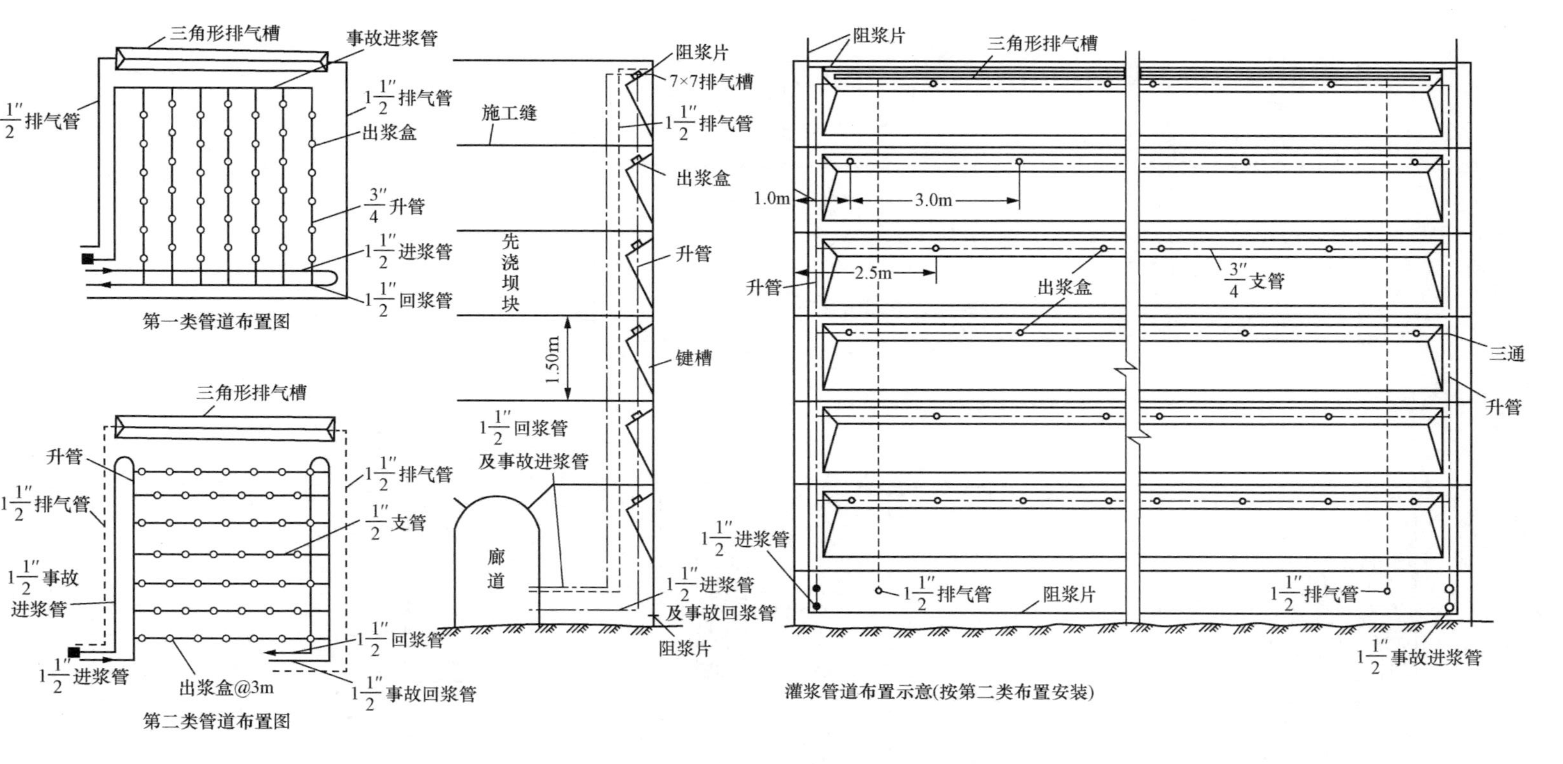


图 7-39　纵缝灌浆系统布置图（一）

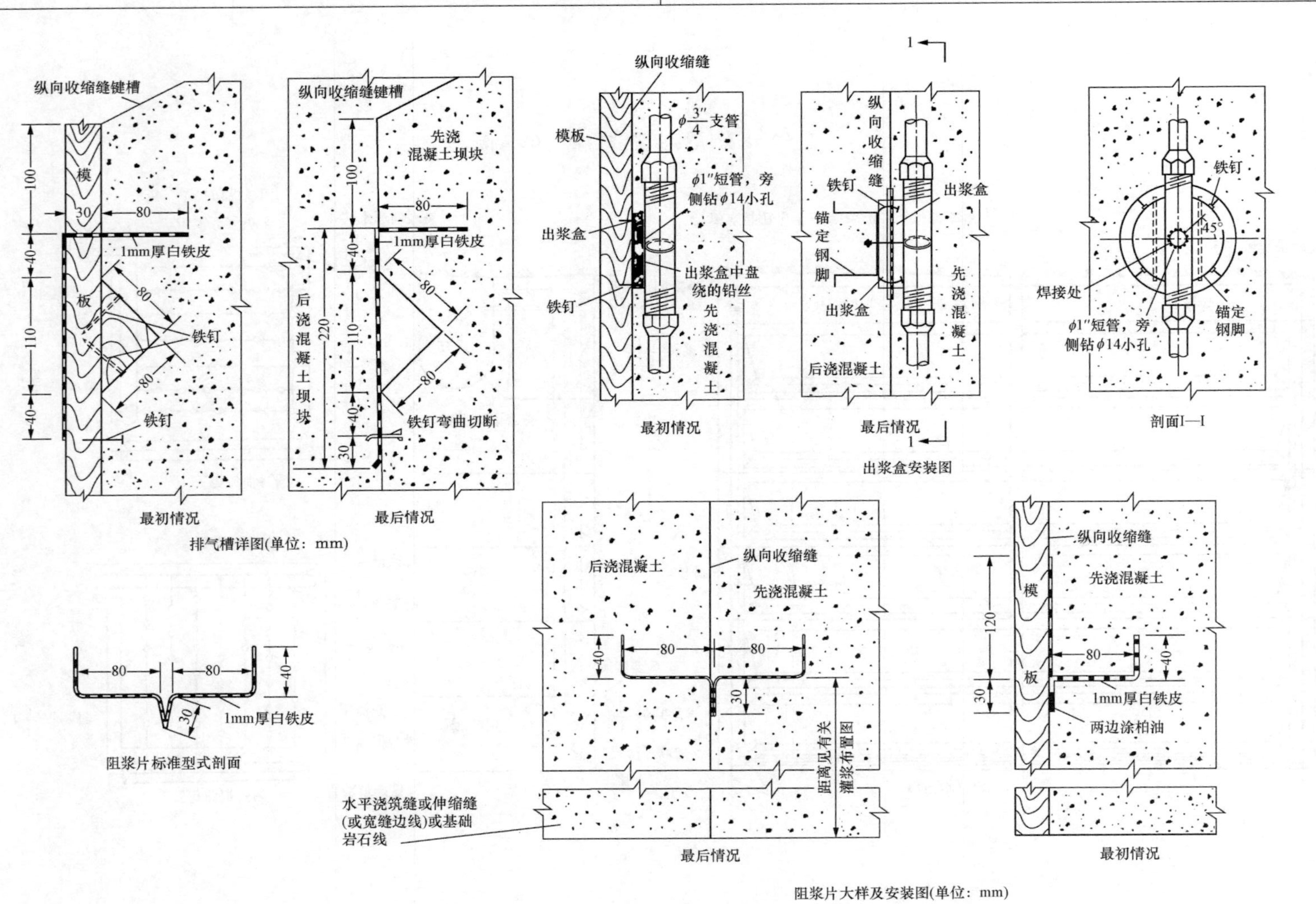


图 7-39　纵缝灌浆系统布置图（二）

缝的，在同一高程区内的各条纵缝最好同时灌浆；⑤上一层中的灌浆，必须在下一层浆液已凝固结石后进行；⑥靠近基础处的纵缝灌浆应在邻近的高压帷幕灌浆以前完成。

纵缝灌浆的施工程序大致为：①准备工序；②冲洗压水；③充水润湿；④灌浆；⑤清理和结束。其中值得注意的有以下几点：

（1）每一层的灌浆工作必须一次做完。所以事前的准备、检查工作必须细致和全面地进行，防止因任何原因（材料供应不及、机械故障、停水停电、漏浆冒浆等）而中途停顿，以致大大影响灌缝质量。

（2）灌缝所需的水泥质量要求很高，必须是高标号的、新鲜的、过筛的优质水泥。

（3）灌缝前必须先冲洗纵（横）缝，检查管道系统是否畅通，是否有漏浆可能。如有漏水情况，人能到达之处，可用棉花、麻绳填紧，外涂矾土水泥封固，或用钢丝网喷浆封堵，人不能到达的地方，可沿缝面钻大口径钻孔再回填混凝土阻浆。

灌缝前，缝面应通水充分润湿，在灌浆时再放去。

（4）灌浆时应该用稀浆（例如水灰比为 3:1）开始，逐渐加稠，直至本层顶部排气管中渐次流出水→稀浆→稠浆，即说明缝面已灌满水泥浆，就可关闭阀门，加大压力灌注，至不吸浆时为止，然后并浆结束。

在灌浆压力方面，一般说来，坝体不能承受过大的灌浆压力，故均属于低压灌注范围，其压力约在 2～4kg/cm$^2$。选择灌浆压力时需进行计算论证并在实践中加以试验（要密切注意灌浆中纵缝张开情况，加以控制）。还需注意，坝块的侧向稳定性较差，故进行横缝灌浆时，在相邻横缝中或须通入压力较低的水循环运行，以资平衡。在灌注某一灌浆层时，其上部灌浆层亦须通水循环，一方面提高下一层灌浆质量，另一方面，万一阻浆片有破损时，使下层缝中泥浆不致串入上层堵死上层管道系统。

一般说来，纵（横）缝预埋灌浆系统经过一次灌注后，管道系统即被堵死，不能再用。某些工程因各种需要曾设法保留管道系统的作用，并设计了特殊的出浆设备，以使能进行重复灌浆，但成功的报道尚少见到。

**四、斜缝浇筑**

在各种分缝型式中，斜缝是较新颖和较少用的一种，但在肋墩坝的垛墩分缝中，则已早有采用斜缝的成例。近年来，我国的新安江重力坝（坝高 105m）的溢流段及日本的丸山重力坝（坝高 90 余米）都采用过斜缝浇筑法，获得了许多经验。图 7-40 为丸山坝的剖面示意图。

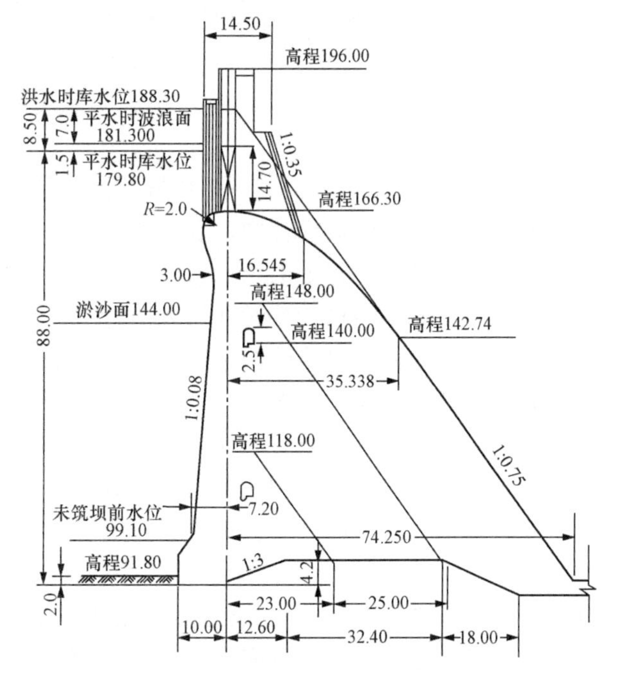


图 7-40　丸山坝溢流段剖面

从结构观点来看，斜缝比垂直纵缝要合理得多，因为斜缝可以大致上沿最大主应力的方向设置，这样，沿缝面上的剪应力非常微小，只要在缝面上进行细致的处理（凿毛，加设键槽），是足可担负这些剪应力的。所以按斜缝分块的坝体的整体性比纵缝分块的为好。这就使得斜缝有可能不必灌浆，而实际上，斜缝两侧混凝土不能像纵缝一样自由变形使缝张开，除非设有特殊措施，斜缝中是灌不进浆的。因此，斜缝原则上应按不灌浆来设计，这就大大节省了造价，并且有可能省去冷却水管系统（设置垂直纵缝时，几乎不可避免地要采用冷却水管）。

但是斜缝也存在着三个较主要的缺点：

（1）各浇筑块间的干扰较大，例如当斜缝与下游坝面平行时，上游坝块未浇，当然不可能施工下游坝块，这给施工安排带来一些不利。

（2）斜缝不宜直接伸出到上游面，必须在一定高程截止，在并缝处容易发生应力集中和裂缝。此外，还要严密防止库水顺该高程渗入斜缝产生不利后果。

（3）斜缝对相邻坝块浇筑间歇期有较严格的限制，违反这一限制，下游坝块在收缩时将在缝面上引起很大的应力，而且会造成整个坝体断面上的应力重分布。

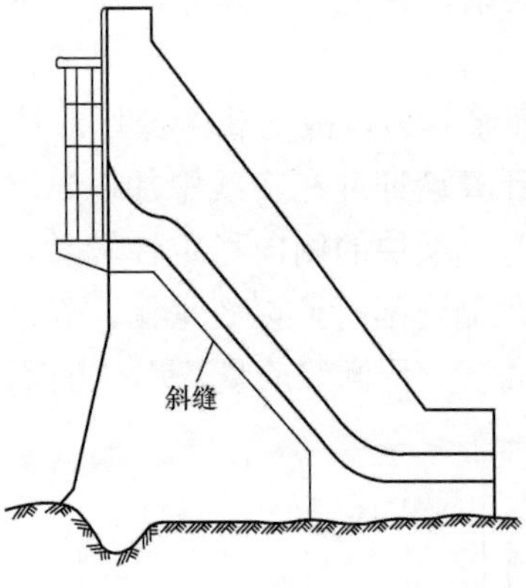

图 7-41　坝体斜缝示意图

如果在坝体内部设有输水钢管等，如图 7-41 所示，很显然，采用斜缝可加速施工进度并给安装工作带来许多方便。我国新安江重力坝主要是由于这一原因而采用斜缝浇筑的。

对于防止和减低缝端的应力集中问题，我们可以采取以下一些措施：

（1）控制在并缝区域附近混凝土的温度变化量，使尽可能减少温度应力；

（2）在结构上采取一些措施，例如在并缝处配置足够数量的抗拉杆件、钢筋，将斜缝通入一个廊道，避免尖锐的折角等。在配筋设计中，我们常须取得一些实验应力成果。

对于斜缝终止高程处的水平接缝面，要求特别注意其接触质量，并在上游面做阻水设备，防止库水沿这一接触面渗入斜缝。

关于斜缝两侧浇筑块的施工进度问题，原则上应使两个块子的施工间歇期不长，顺次上升。因为，如果间歇期很长，就相当于上游块 $A$（图 7-42）已完全冷却凝固后才在其上浇捣 $B$ 块，这样 $A$ 块无异于为 $B$ 块的基础。当 $B$ 块降温收缩时，将在缝面上产生很大的剪应力，使 $B$ 块靠斜缝区发生拉力，而 $A$ 块的靠斜缝一侧产生压力。这种温度应力不但将使缝面结合遭到破坏，引起 $B$ 块的裂缝，而且还会恶化 $A$ 块上游面处的应力条件，特别容易使坝踵产生拉应力，十分不利。

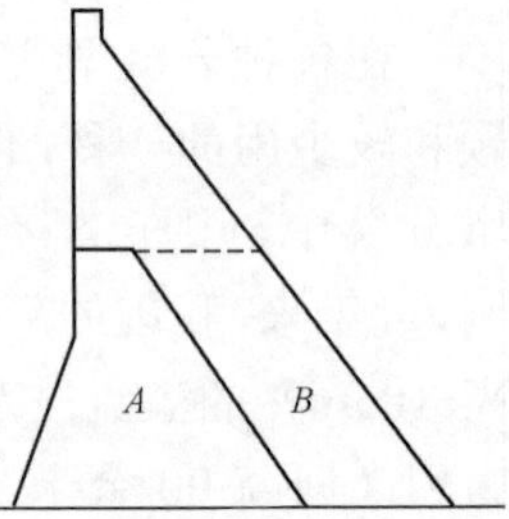

图 7-42　斜缝浇筑

如果 $A$、$B$ 块的施工间歇期不可能缩短，致使上述温度应力达到不可容许的程度，则必须采取以下的措施来解决问题：

（1）在浇 $B$ 块混凝土时，严格地分薄层浇筑，加速散热，并控制其温度，不使在缝面上产生过大的温度应力。

（2）在缝面上设置特殊的预制混凝土模板（图 7-43）。这混凝土模板与 $A$ 块接触面上的摩擦系数必须减到最小（为此，常须在 $A$ 块与模板接触缘上埋放金属片，国外有采用不锈钢者），并使模板与 $A$ 块间保持一定的间隙。当 $B$ 块上升到与 $A$ 块同高后（图 7-42），即应暂停而大力进行冷却，待 $B$ 块收缩稳定后，再进行灌缝封堵。在 $B$ 块收缩过程中，缝面上将产生剪力，其值等于缝面上的正向压力与摩擦系数的乘积。设计中必须考虑这个剪力的影响。经过这样处理后，始可继续升高。

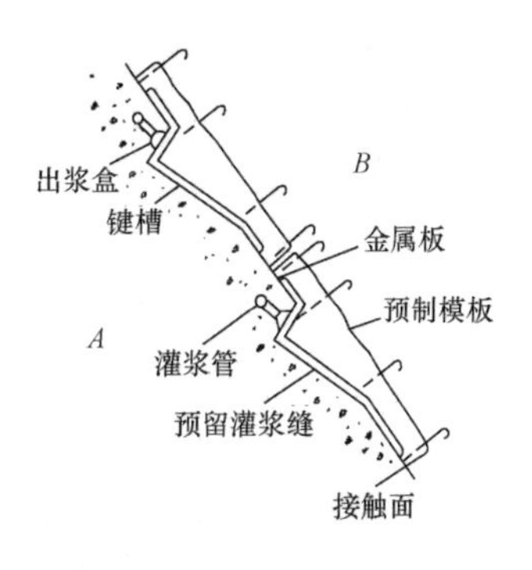

图 7-43　斜缝缝面结构

采用后一做法虽可解决 $B$ 块收缩应力问题，但在该块中仍须布置冷却系统并进行斜缝灌浆，这就使工程复杂和昂贵。所以在新建大坝时，通常不采用这种做法，而仅在加高古老的建筑物时才采用。

下面我们简单地介绍日本丸山坝（采用斜缝浇筑）的设计简况，以供参考。这个坝的断面可见图 7-40，最大坝高 96.5m，坝顶长 265m，总容积为 50 万 $m^3$。施工期限很急迫，限 18 个月内完成。1951 年 10 月筹备开工，实际到 1954 年才全部完工。

坝址区多年平均气温为 14℃。下游面因受日射温度升高 3℃，上游面假定水库一半深度以下水温为 4℃，以上渐变至水面，水面为河水年平均温度。由此绘制坝体的稳定温度场。

坝体分为 18 个坝段，横缝间距 14m。在纵缝方面，最大溢流段坝基宽度为 85m，如取纵缝间距为 15m，须分为 5～6 个柱状块浇筑，有 4～5 条缝。为此就必须埋设冷却水管，进行坝块冷却和灌浆，不能满足提早竣工蓄水的要求。因此设计人员们经过一再研究后决定放弃垂直纵缝的做法，而采用了两条大致上与主应力方向一致的斜缝，将坝体分成三块，每块浇筑面积为 14×28m。斜缝面上设置了键槽，不进行灌浆。

关于坝体的温度应力问题，经分析后决定采用低热水泥并预冷混凝土来加以控制。一些基本数据及资料如下：

混凝土的级配：水泥 180kg，砂 512kg，卵石 1534kg，水 116kg。

混凝土常数 $a=0.00492m^2/h$，$c=0.22kcal/(kg\cdot℃)$。

绝热温升 28.67℃（当浇捣温度为 28℃时）～26.05℃（当浇捣温度为 6℃时）。

混凝土浇筑分层：每层 1.5m，间歇 4 天后上升。

经过用差分法计算，按标准条件施工，则最高温升 $T_s$ 约为 17.6℃，如将混凝土分别预冷 5°、10°、15°及 20°，则仍按标准条件施工时，水化热温升各为 14.4°、12.4°、10.4°及 8.1°（均用差分法算出）。

研究温度控制的条件仍为：

$$T_p+T_s-T_f<\Delta T$$

$\Delta T$ 为允许温差。根据丸山坝的分块尺寸（14×28）及具体经验，设计人员采用 $\Delta T=22.7$℃。又 $T_f$ 为稳定温度，即为 14℃。故 $T_p+T_s$——即最高内温不应超过 $14+22.7=36.7$℃。

根据该坝施工计划分析，起控制性作用的是某些坝段的中央段和下游段靠基础的部位，这些部位必须在 6、7、8 月的高温下浇筑，所以温度控制要求即按此最不利情况计算。据分析，如果将混凝土预冷 15℃，那么，即使在高温季节浇筑，最高内温亦不至超过 36.4℃。所以，就根据必须在 7 月份浇基础部分混凝土（设计浇筑强度为 $60m^3/h$）且须预冷 15℃这样一个标准来进行相应的施工设计。

根据丸山坝的施工报告，混凝土冷却的实施情况如下：冷却设备在 1952 年 9 月 8 日开始运转（两台冷冻机），到 11 月 20 日停止，在 9、10 月中，一般使混凝土温度较气温下降了 10℃左右或更多些，混凝土入仓绝对温度被控制在 10～16℃之内。再经用测温仪在坝内测定混凝土的 28 日龄期最高温度，由此计算温差 $\Delta T$，发现都低于容许极限 22.7℃。因此可以认为对温度的控制是成功的。

**五、各种分缝比较和浇筑块高度**

以上讨论了各种分缝设计中应注意之处。关于浇筑块的高度问题，各国的经验和看法颇不一致。大致说来，错缝浇筑法的块高因各种原因不可过高，常在 3～4m 左右，而 5m 可能已为极限。高坝采用通仓法浇筑时，目前多用薄层（约 1.5m 一层，基础部位更薄）。至于垂直纵缝式浇筑的块高，有薄层的经验，也有高块的经验。

美国的工程技术人员似力主薄层浇筑，1.5m 的层高几乎成了统一规定，间歇期通常为 5 昼夜。他们的理由是薄层浇筑可充分利用表面散热，而这是最经济合理的散热措施；薄层浇筑能保证施工质量；施工的准备工作简单方便；冷却水管均可布置在各浇筑面上。瑞士和某些其他国家的工程技术人员认为取块厚为 2.5～3m 更好些。

加拿大的工程技术人员断然反对美国的做法，他们采取的块高常达 15～20m，每块体积达 $7000\sim9000m^3$。为了固定这样高块的模板，他们采用了特制的贝雷式桁架。根据他们国家的自然条件，常不采用人工冷却。他们认为高块浇筑减少了不利的水平接缝，大大地加快了施工进度，而温度控制还是可以借其他方法来达到的。

我国解放以来已积累了许多混凝土坝施工的经验，其中薄层施工与高块浇筑都有。根据我国的经验，初步可以认为在有适当的措施下采用高块浇筑法是能够保证混凝土的质量和满足温度控制要求的，进度也快，某些施工上的困难（如埋设冷却水管须悬空吊挂等），也可以克服。但高块浇筑在施工准备工作上要复杂得多（包括立模，布置浇筑系统、冷却系统和相应管理工作），施工中所花费的材料也很多（如模板、拉条等）。所以究竟应该采取薄层浇筑或高块浇筑，看来应根据各工程的具体条件来比较选择，并无肯定答案。应该指出，我国一些坝采用 6～10m 左右的浇筑块高，发现效果很好。

现在我们试把各种分缝的主要特点和适用场合列表比较如下（见表 7-20）：

表 7-20　　各种分缝的主要特点和适用场合比较

| 分缝形式 | 垂直纵缝式 | 通仓式 | 错缝式 | 斜缝式 |
|---|---|---|---|---|
| 坝高 | 适用于高、中、低坝 | 100m 以下 | 50～60m 以下 | 适用于高、中、低坝 |
| 温度控制 | | 要求特别高 | | |
| 冷却方式 | 常须水管冷却（必要时尚需兼行混凝土预冷） | 常须预冷混凝土，必要时兼敷冷却水管 | 不放冷却水管，必要时预冷混凝土 | 一般不放冷却水管而预冷混凝土 |
| 缝面灌浆 | 必须进行纵缝灌浆 | 无缝 | 不灌浆 | 原则上不灌浆 |
| 温度配筋 | 不配筋 | 不配筋 | 必要时须配筋 | 必要时须配筋 |
| 浇筑块高度 | 1.5m 薄层至 20m 以上的高块 | 0.75～1.5m 薄层 | 3～4m | 1.5m 薄层至 20m 以上的高块 |
| 施工期及进度 | | | | 适用于快速施工 |
| 蓄水 | 一般须灌缝后蓄水 | 浇妥坝体即可蓄水 | 浇妥坝体即可蓄水 | 浇妥坝体即可蓄水 |
| 钢材 | 大量冷却水管及灌浆管道 | | | |

## 第六节　人工冷却措施

大体积混凝土的温度控制，除采用本章第二节中所述的基本措施外，往往尚需进行人工冷却，才能满足要求。人工冷却有两大方式，一种是预冷混凝土，控制其入仓温度，另一种是埋设冷却水管，降低其最高温度和控制其散热速度。现在分别作一简单介绍于下。

### 一、混凝土的预冷

混凝土预冷法可以有效、大幅度地降低混凝土的入仓温度。这个措施的优点是，可以解决高温季节混凝土施工中的许多困难，与通仓浇筑方式结合起来后可以取消纵缝和灌浆工作，其所需设备可以回收，在其他工程中继续应用。它的缺点是，施工设备较复杂，初期投资大，而且在混凝土入仓后就不能再控制其温度。这个方法自开始采用以来，在许多工程上获得了成功，随着温度控制设备的改进，大坝水泥用量的减少，可以预期此法在今后尚有发展。

预冷混凝土的主要环节是骨料的预冷，而骨料预冷中又以粗骨料的预冷最为重要，也最有效。粗骨料预冷法有二：一为冷浸法，一为空气冷却法。所谓冷浸法其原理很简单，即设置一些容量巨大的筒，内装约 1/3 的冷冻水，用皮带运输机将骨料送入筒内使满，乃不断通入冷却水循环，直至预定时间，然后停止通水并排去筒内的冷却水，将筒内骨料卸入皮带机运送到拌和楼中去（图 7-44）。

这个方法在美国的沃若克（Ozork）、布尔召尔斯（Bull Shoals）、底特洛（Detroit）及印度的巴克拉（Bhakla）等坝的施工中均曾采用过。如底特洛坝坝体体积为 115 万 $m^3$，冷冻容量（总容量）为 630 冷冻吨，粗骨料在冷却前为 18.5℃，冷却后为 3.3℃，

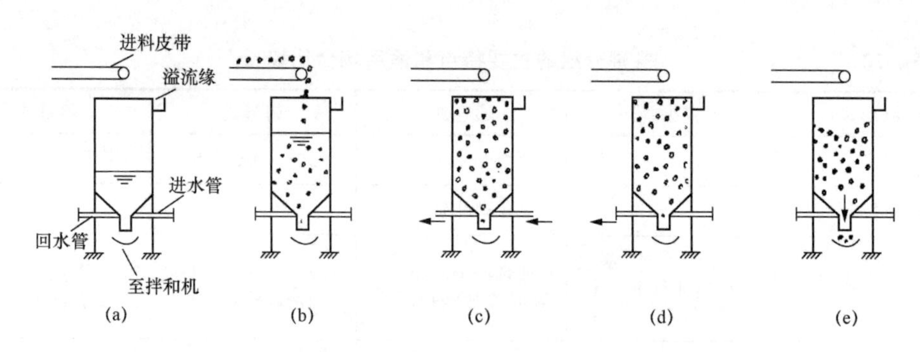


图 7-44　冷浸法预冷骨料示意图

（a）装 1/3 冷冻水；（b）进料；（c）冷冻水循环；（d）排去冷冻水；（e）卸料

共设冷却罐 5 台，每台容积为 120yd$^3$，冷浸时间为 35min。又如布尔召尔斯坝坝体体积为 160 万 m$^3$，冷却水温为 1.5℃，每种骨料均设 2 只冷却罐，骨料冷却后用冷空气吹送搬运，以防止温度回升。

冷浸法的优点是冷却效果显著。其缺点是需要一整套的冷却设备，这些设备要与拌和系统相配合，统一考虑布置（包括骨料的筛分、运输、贮存、冷却、拌和等），比较复杂。其次，骨料水浸后含水量不稳定，影响混凝土的级配。故冷浸后尚应进行脱水处理，例如将骨料置于筛子上用冷空气喷洗，这又增加了一道工序。

另一种粗骨料预冷法，是空气冷却法。这个方法是在骨料的运输或贮存期间，以冷空气吹入与其进行热交换。此法在哈仑郡（Harlan County）坝的施工中曾采用过。具体的做法是，将拌和机上部的骨料器做成密封式，由底部和侧面吹入冷气，使与器内流下的骨料对流冷却。用空气冷却法时，交换器（贮料仓）的容积一定要很大，冷却时间较冷浸法为长，而且须注意骨料进出时带入热空气和泄走冷空气的问题。普通需把骨料仓分为两半，一半冷却，一半泻料。进料容量要大，以缩短开放时间。

哈仑郡坝的体积是 33 万 m$^3$，浇筑强度是 134m$^3$/h。当地气温夏季为 40℃，冬季为 2℃，用 −1.1℃的冷气进行骨料冷却，使粗骨料从 32.2℃降为 10℃（约在 45min 内完成）。贮料器的容量达 700m$^3$。主要设备有：50 马力的氨压缩机 9 台，75 马力轴流式空气吹送机 4 台。

对于细骨料及水泥，当然不能用冷浸法，必须采用空气冷却法，即采用一种特殊的螺旋冷运器搬送这些材料，在螺旋机中实行冷却。水泥温度不宜冷却过低，否则对混凝土的强度不利。

拌和用水可用部分冰块代替，由于水的比热大，冰块融解时尚要吸收潜热 80kcal/kg，故效果很好。加冰量的上限可至实际用水量的 70%～80%。但制造小块冰屑，常须特殊的制冰机或碎冰机，而运输冰块到拌和楼也较复杂，设备非常昂贵。

下面我们举日本丸山坝的冷却设计来作为一个较详细的例子。这个坝总体积为 50 万 m$^3$，高 90 余米，施工期要求很短，详细数据在本章第五节中已有介绍。根据温度控制设计，混凝土须预冷至 10℃，经分析后，决定以冷却粗骨料为主，冷却拌和用水为辅，细骨料及水泥不加冷却。粗骨料的冷却用空气冷却法。

首先要计算理论冷冻容量。混凝土的级配、天然温度及含水率见表 7-21。

混凝土浇筑量为 100m$^3$/h。

假定将粗骨料冷至 $T_石$，拌和水冷至 0.6℃，以使混凝土温度降为 10℃，则可用拌和温度公式［式（7-5）］来算出 $T_石$：

**表 7-21　　混凝土的级配、天然温度及含水率**

| 参数 | 粗骨料 | 砂 | 水泥 | 水 |
|---|---|---|---|---|
| 用量（kg） | 1534 | 512 | 180 | 74 |
| 温度（℃） | 24 | 21 | 26 | 18 |
| 含水率 | 1.05（16kg/m$^3$） | 5（26kg/m$^3$） | | |

$$10=\frac{0.2(T_{石}\times1534+21\times512+26\times180)+1\times0.6\times74+1\times T_{石}\times16+1\times26\times21}{0.2(1534+512+180)+74+16+26}$$

式中，0.2 为干燥材料（除水外）之组合平均比热。解上式，得 $T_石=6.13$℃，故粗骨料须预冷至 6℃。

混凝土的浇筑强度为 100m$^3$/h，计每小时须处理 153400kg 的粗骨料和 1700kg 的表面附着水，所需吸热量为：

$$153400(24^\circ-6^\circ)\times0.21=579900$$
$$1700(24^\circ-6^\circ)\times1=28800$$
$$合计\ 608700\text{kcal/h}$$

式中，0.21 及 1 各为粗骨料及水的比热。

每小时用拌和水 7400kg，其所需吸热量为：

$$7400\times(18^\circ-0^\circ)\times1=133000\text{kcal/h}\text{（近似取拌和水温为 0℃）}$$

所以总理论冷却容量为 741700kcal/h。

其次计算鼓风机容量。设冷空气进口温度为 2℃，出口温度为 22℃，进口时相对湿度为 100%，出口为 23%，则每千克空气热量将从 2.3kcal 增加到 7.8kcal，而每小时需风量为：

$$G=\frac{608700}{7.8-2.3}=110680\text{kg/h}=85700\text{m}^3/\text{h}$$

设有 8%的冷却空气自出口处泄漏，则总需风量为：

$$85700\times1.08=92560\text{m}^3/\text{h}=1557\text{m}^3/\text{min}$$

选定鼓风机容量为 1600m$^3$/min。

实际冷冻设备容量须在理论容量上再加上损失。最主要的损失是空气冷却室中的系统损失，这可由计算空气冷却室中的运行情况而知，设已求出为 234300kcal/h。其次为通过鼓风机的损失，设经过鼓风机温度上升 1.5℃，这损失即为 $G\times1.5℃\times0.24\approx43000$。还要再加上拌和水温度的回升（0.6℃）的损失 4440。合计之，总负荷为 1023400kcal/h≈340 冷冻吨（每冷冻吨约折合 3000kcal/h）。

根据冷冻容量可选定 3 台 93 马力（轴马力）的冷冻机，其电动机为 125 马力。

骨料仓的大小和骨料滞留冷却时间，须通过热交换计算来确定。设骨料仓总容量为 $W$(t)，每小时进料 $n$ 次，骨料温度要降低 $\Delta T$(℃)，骨料比热为 $c$，则共需散发热量 $Q=nWc\Delta T$（kcal/h）。另外骨料与冷却空气的平均温度差为 $\Delta T_m$，骨料表面积为 $F$，骨料与空气间的热交换系数为 $\beta$［kcal/（$m^2$·h·℃）］，则 $Q=F\beta\Delta T_m$，于是由 $nWc\Delta T=F\beta\Delta T_m$ 可求出 $n$，即每小时进料次数，由此可换算滞留时间。

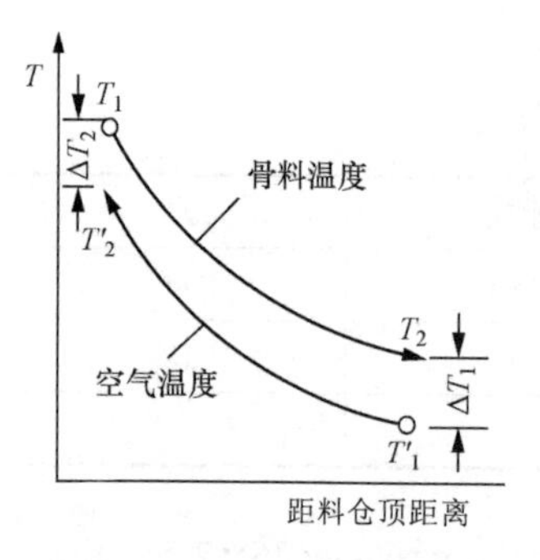


图 7-45　$\Delta T_m$ 计算示意图

骨料与冷却空气的平均温差 $\Delta T_m$ 要这样计算：参考图 7-45，当冷空气从骨料仓底部进入时，其温度为 $T'_1$，往上逐渐升高，到骨料仓顶部出口处为 $T'_2$，而骨料从顶部落下时温度为 $T_1$，往下逐渐降低，至底部出口处为 $T_2$。则在料仓底部之温差为 $T_2-T'_1=\Delta T_1$，在顶部之温差为 $T_1-T'_2=\Delta T_2$，而平均温差应按下式计算：

$$\Delta T_m=\frac{\Delta T_2-\Delta T_1}{2.303\log\dfrac{\Delta T_2}{\Delta T_1}}$$

骨料表面积可化为等值的圆球体计算，例如 80～150mm 的骨料可化为 $80+\frac{1}{3}\times(150-80)\approx100$mm 的圆球计算，如每个球的质量为 1.4kg，贮料器容量为 10t，则总表面积约为 $8.8m^2$。

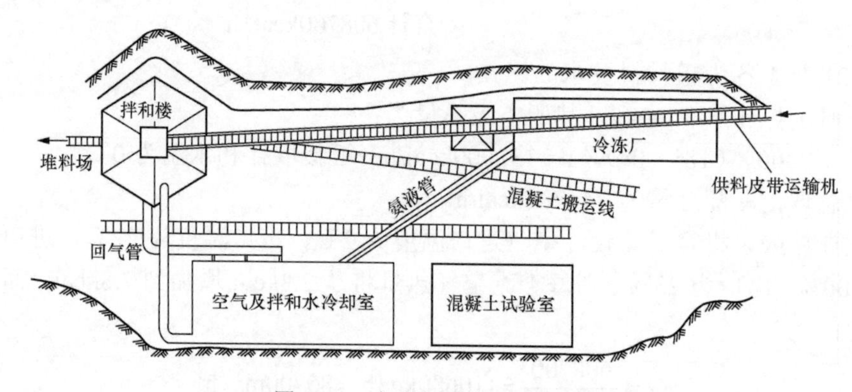


图 7-46　丸山坝冷却厂布置图

图 7-46 中示冷却设备与拌和设备的布置简图。拌和楼右侧为氨压缩室，内装三台氨压缩机，氨气在高压下通过油分离机除去油分（这些油分是从压缩机中带出的），进入冷凝器，在这里氨气冷缩为氨液，然后将氨液送到拌和楼旁的空气及拌和水冷却室中。氨液通过膨胀阀进入空气冷却器（及水冷却器），压力解除，氨液迅速气化，吸收大量的热，使冷却器中的空气及水均冷到 0℃，乃由鼓风机及水泵送至拌和楼。空气进入骨料仓，冷却骨料后，温度升高到 22℃排出，仍集中回到空气冷却室中循环使用，而冷却水则进入拌和楼拌制混凝土，使混凝土的拌和温度不超过 10℃。

空气冷却室及水冷却室中的布置和热量交换情况均需作出专门的设计和布置，此处从略。图 7-47 中为丸山坝冷却系统示意图。

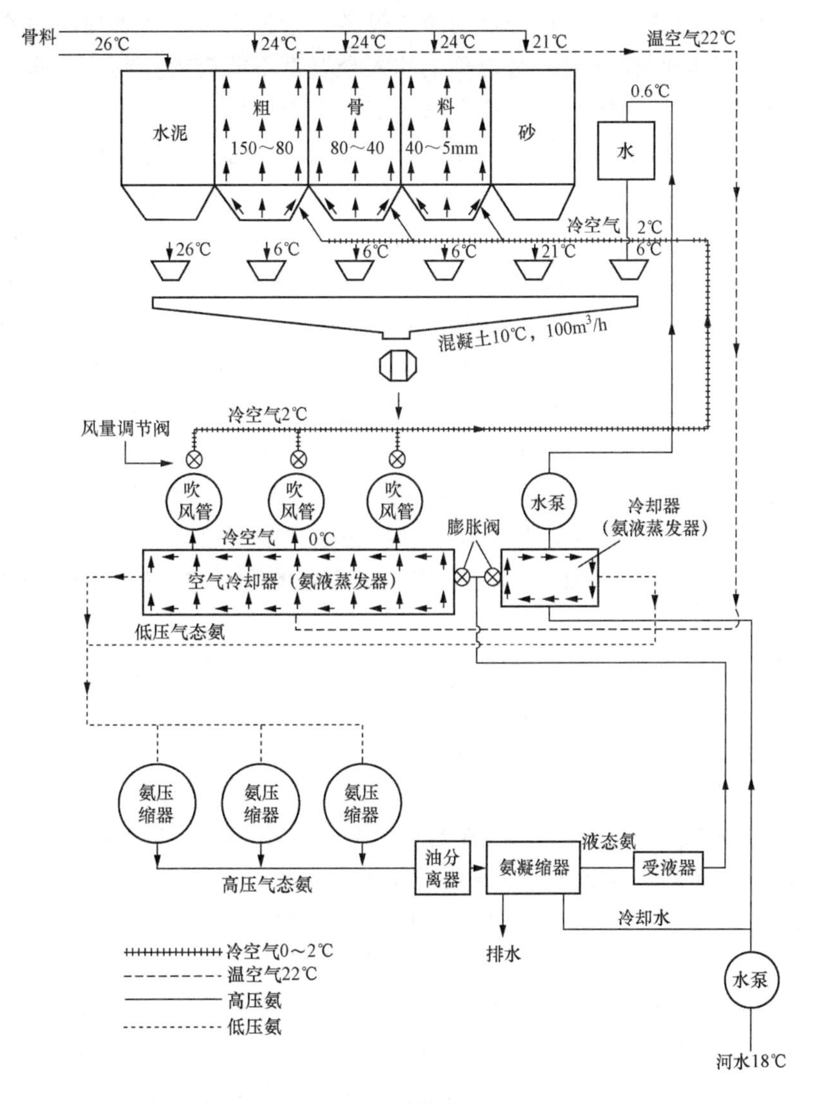


图 7-47 丸山坝冷却系统示意图

这个坝的冷却设备和混凝土拌和系统的布置是十分紧凑的。部分原因是由于预冷计划是在后来决定的，其时拌和系统已布置就绪，故不能不在已有的基础上进行布置。

## 二、冷却水管系统

冷却水管系统自采用以来，已逐渐成为一种主要的人工控制方式了。采用冷却水管的优点是：控制效果好，在一、二个月内即可将坝体混凝土的温度降低到稳定温度，以便进行接触缝灌浆。如果应用冷却水管作一期冷却，也可有效地减低最高温升。其次，由于冷却水管是均匀地分布在混凝土块体中，故混凝土中的温度得以较均匀地下降，不致产生过大的内外温差。还有一个最大的好处，就是控制灵活，可视具体条件调节水温、流量和冷却时间来满足各种设计要求，并且可将坝体温度降到稳定温度以下，这一点对于采用其他的冷却措施来讲是不可能的。

冷却水管系统的缺点是：需一定的冷冻设备、管道系统，其中坝内的冷却管道均埋入混凝土中，不能回收利用；对混凝土的入仓温度不能有效控制；在施工和操作上也较复杂，如果水管被损坏时，冷却水渗入混凝土中还会引起有害影响。

冷却水管系统分为坝内系统及坝外系统两部分。坝内系统为3/4～1in直径的薄钢管，弯成盘蛇形，布置在各高程上。对于薄的浇筑层，可在每层面上布置一层，对于厚的浇筑层，可在仓内预先吊好一层或两层。水管的垂直间距从1.0～3.0m（再大，其冷却效果就不显著），其水平间距为1～2m。每根管子长度约为200～250m，两端接出到坝外（例如接到坝下游面、宽缝中或专设的冷却井中）。如坝块面积较大，水管较密，在同一块子中每层水管总长超过250m时，应以200～250m为一个循环单元，分别引出其管端，使与坝外的进、回水管道相连接。

冷却水管可沿纵向布置，亦可沿横向布置，以能减少弯头使水流通畅为准。在基础附近因岩石表面常高低不平，须随地形布置。第一层冷却水管可离开基岩0.7～1.2m左右（由于基岩也能吸收热量，故冷却水管不必贴住基岩放）。

冷却管内水的流速约在0.6m/s以上，在1in直径的管子内，相应的流量为900L/h，或15L/min。

冷却水管一般做成数米长的分段，在现场上连接，其直线段可用套筒缩接，弯曲段用缩接接头，或者也可采用氧焊。每一根管子接妥后，即应通水试验，考察其有否漏水情况。水管引出坝面或缝面处，应设一个标准的套筒。

坝外系统一般包括冷冻厂、冷却水池、进水及回水总管和伸入各坝块内的支管。冷冻厂内设氨压缩机、冷凝器、水冷却器和水泵等。冷却水池为贮存池，应选设于较高部位，使冷却水可借自重流到要冷却的坝块中（或至少可流到大部分坝块中）。从冷冻厂及冷水塔中，引出进水和回水总管到坝体中，这些管子直径根据计算选定，可自20～40cm不等。再从总管上接出分管进入各坝段的宽缝或冷却井或冷却槽中，以便与坝内系统相连接。一般的布置法是将进、回水总管引入坝内沿基础高程敷设，并在每坝段的冷却井（或宽缝、冷却槽）中引出垂直的支管。支管上沿高程设有三通管和阀，可与附近引出的坝内冷却水管出口端用橡皮管衔接。其他的布置方式当然也很多，可视具体条件设计。

在冷却井等结构内，须设置爬梯、工作平台和保安设施。图7-48示冷却管道坝外系统布置示意图。

冷却水管的供水系统最好分为两部分，一部分与冰冻厂连接，供应冰冻水，一部分与水池连接，供应天然河水或地下水（这样进、回水总管各需两套）。在二期冷却时，常可利用部分天然河水，以减少冷却费用，而初期冷却及部分地区或时段中的二期冷却则需用冷冻水。设置两套系统可使调度运行灵活。河水冷却系统管道最好不与工程上用水系统合并起来，两者并在一起往往并不方便和经济。如果用河水冷却，回水可以废弃入下游河床中，而用冷冻水冷却时，则回水仍应引入冷冻厂内的水冷却室中循环使用。

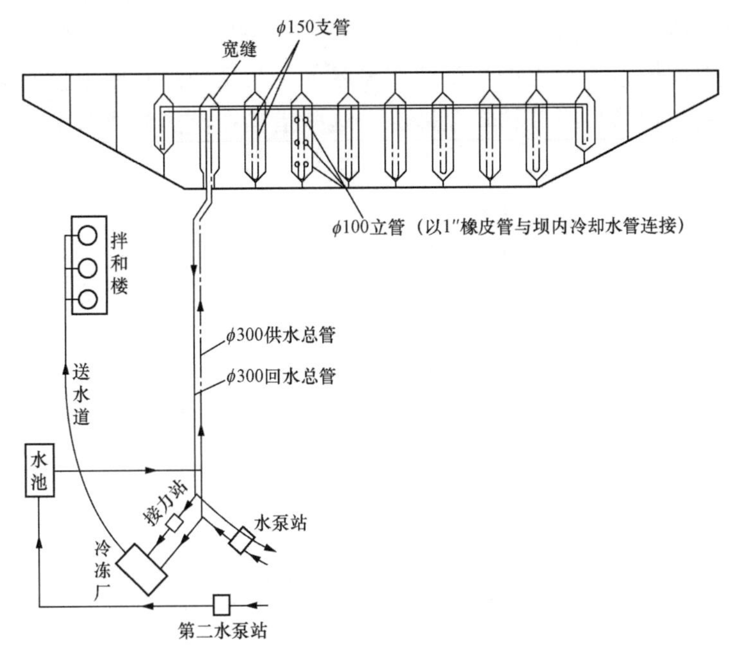


图 7-48　冷却管道坝外系统布置示意图

冷却水管系统的冷冻容量计算，可用本章第三节中的 $Y$ 曲线来完成（图 7-21）。设某一天接在冷却总管上的冷却水管共有 $n$ 根，每根长 $l$(m)，冷却水进口处的水温为 $T_w$，混凝土温度为 $T_c$，每根管道中的流量为 $q_w$（L/min）。那么可计算参数 $\dfrac{kL}{c_w\rho_w q_w}$，然后由图 7-21 中查出 $Y$ 值，而出口处的水温将较进口处高出一值 $\Delta T$：

$$\Delta T = Y(T_c - T_w)$$

每小时冷却水所吸收的热量为：

$$nq_w \times 60(\text{min})\Delta T \times 1[\text{kcal/(L·℃)}] = 60nq_w\Delta T(\text{kcal/h})$$

所需冷冻吨数为：

$$\frac{60nq_w\Delta T}{3000} = \frac{1}{50}nq_w\Delta T$$

式中，常数 3000 是转化当量，即 1 冷冻吨=3000kcal/h

例如设在某坝段上 $n=20$ 根，$\Delta T=10℃$，$q_w=15\text{L/min}$，则

$$\frac{1}{50}nq_w\Delta T = \frac{1}{50} \times 20 \times 15 \times 10 = 60（冷冻吨）$$

如果其他坝段上也接有水管同时进行冷却，则可仿此计算并叠加之，得出这一天的合计冷冻容量。如此逐月逐日计算，可画出施工过程中所需冷冻容量曲线。设备容量须按最高值设计，并且还要考虑一切损耗因素在内。

冷冻厂的负荷极不均匀，有高峰期，也有停止运行期，所以宜选择台数较多的冷冻机组。冷冻厂的安装和运转是较复杂的，运行中亦可能发生事故而需停机检修，设计时应将这些因素适当考虑在内。

### 三、简易绝热降温措施

除上述的大规模强力人工冷却系统和设备外，为了经济有效地控制混凝土温度，还应该采用一系列的简易绝热和降温措施，这些措施在炎热的季节中更为有效。上述措施包括：

（1）保护骨料仓，不使直接受日光暴射。为此可在骨料仓或料场上搭设棚盖，还可以喷雾冷却。取料时用地弄出料，取用料仓底部或内部的骨料。

（2）严密保护拌和楼，搭设凉棚，喷雾。在运输混凝土的设备上作绝缘保护，如在吊斗外加罩子，加保护层，或当骨料和混凝土用皮带运输机运输时，全部皮带机均加以严密保护和喷雾散热。这对于采用混凝土预冷法浇筑时，尤为重要。

（3）炎热季节中将敞开的宽缝、廊道口、井洞均严密护盖，并在内部喷水散热。如工地能找到地下水源，而地下水温度较低时，更可充分利用地下水来降温散热。

（4）合理安排分块尺寸和施工进度，尽量利用晚间和清晨浇筑混凝土。在混凝土内加入合适的表面活性剂，如塑化剂等。

尽量采取这些简易措施，并配合一定的人工冷却系统，往往能够完善地解决夏季浇筑大坝的困难课题。

## 第七节　混凝土坝的温度裂缝

本章中前面各节所述，都是如何控制温度防止开裂的问题。实践证明，如能重视这一问题，吸取以往各种工程上的经验，妥善地编制温度控制设计并在施工中严格执行，混凝土坝体的裂缝是完全可以防止的。反之，则往往会产生许多不利的裂缝。在本节中我们再介绍几种由于控制不善而产生的裂缝情况以及其补强措施。

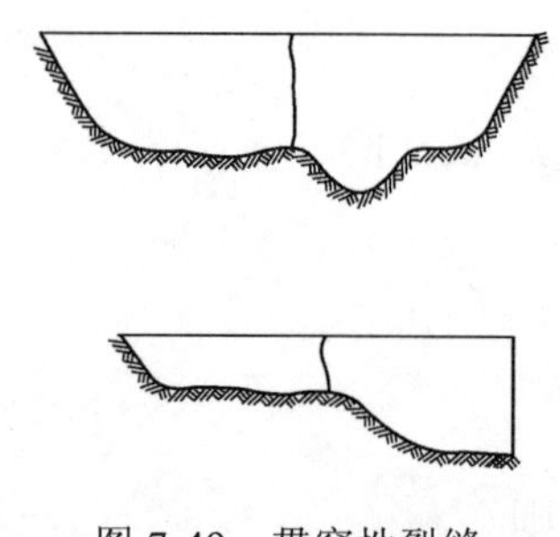

图 7-49　贯穿性裂缝

图 7-49 中表示一个坝块在中部产生贯穿性裂缝的情况。这显然是由于混凝土的最高内温超过其稳定温度过多，在降温过程中引起的温度裂缝。裂缝通常位在块体中部，最容易出现在基岩高程有变化或块体平面尺寸有变化之处。有时，块体尺寸较大时也会发生平行的两条甚至更多的裂缝。

这种贯穿性裂缝以发生在基岩附近区为多，底部（或接近底部）开度较大，逐渐向上延伸。在有些工程中，发现贯穿性裂缝并不从基岩开始，而从某一高程开始。经分析后，认为这是由于在该高程处浇筑间歇期较长，冷却硬化了的老混凝土起了基础的作用。

对于这种贯穿缝的处理，如果是在施工期中发现的，一般应即暂缓浇筑，待块体充分冷却后，利用低温季节缝的开度最大时进行灌浆封堵。这时需沿缝面做好细致的嵌缝阻浆工作。如果必须在处理以前继续上升坝块，则应在裂缝面上铺设抗拉钢筋，或者沿缝设置专门的缝。

抗拉钢筋要根据裂缝高度、并缝时的坝块温度和灌浆压力等进行计算拟定。例如，设并缝时坝块温度为 $T_1$，日后的稳定温度为 $T_f$，则在温差 $T_1-T_f$ 作用下，图 7-50

中 $A$、$B$ 两块将变形到图中虚线所示位置，缝的张开度 $\varepsilon$ 将为 $T_1-T_f$ 及浇筑块长度的函数。然后设想在 $A$、$B$ 块顶面上施加剪应力 $\tau$，令裂缝在其顶端仍然相合。很显然，这剪应力 $\tau$ 就是在温度继续下降时施加在接触面上的剪切荷载，由此可以求出新浇筑块沿裂缝延伸线上的水平拉应力。这种算法完全忽视了新浇筑块本身的温度变化及弹性作用，因此求出的成果是较粗略的，更精确的计算应该考虑后者的温度变化和变形影响在内。至于在裂缝内灌浆时所产生的应力状态，可用第六章第七节中的理论计算。注意，以上两种应力情况常须叠加以求出最大拉应力分布曲线，由此来决定配筋量。钢筋常须延伸过 $A$、$B$ 块体中心线以外。另外还应注意，配置钢筋并不一定能防止新浇筑块的开裂。

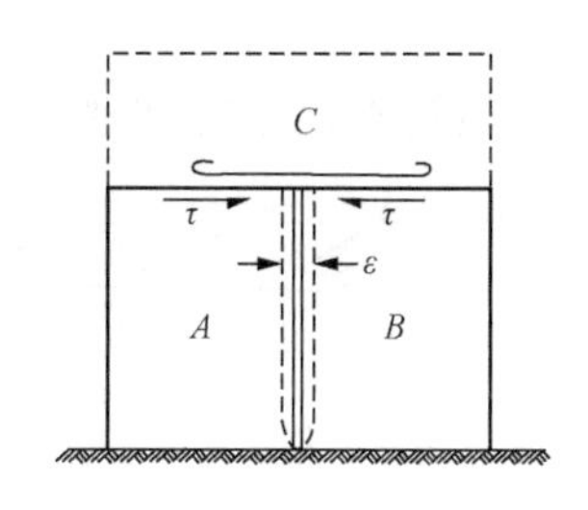

图 7-50 抗拉钢筋计算示意图

还应当注意，有时在某些浇筑块浇筑后不久，即沿其表面形成连续的裂缝，外表上好像是贯穿性裂缝（图 7-51），其实，这种裂缝多半可能是表面裂缝，延伸不深。所以是否为贯穿性裂缝，要分析该缝的发生期、所在部位，加以计算后解决，并可辅以简单的现场观察（沿缝面挖凿或钻孔压水）来最后确定。

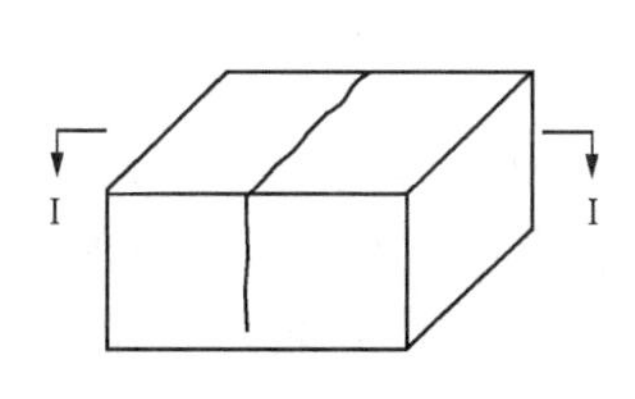

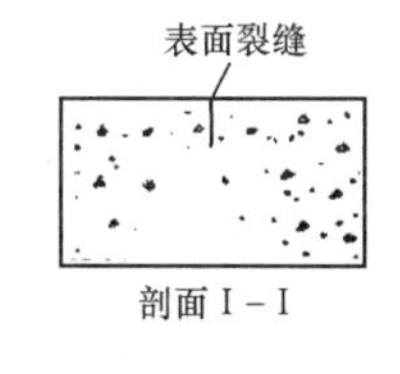

图 7-51 表面裂缝

图 7-52 中示某工程设有导流底孔的一个坝段在底孔边墙上发生裂缝的情况。裂缝在浇筑后半年余发生。这部位的混凝土均在夏季浇筑，入仓温度达 30℃左右，水化热的绝热温升达 23℃。考虑散热效果后，可以认为混凝土入仓后其最高内温迅速即达 48～50℃。另一方面，由于边墙较薄，散热较易，故在该年冬末与次年春初，边墙平均温度已降到 10～12℃，即在 6 个月中混凝土温度全面下降了 36～38℃。此外，分析了各时期的内外温差后，发现边墙断面上的温度梯度也很陡，有时中心内温尚达 25℃，而边界气温已跌到 0℃，温差达 25℃。从以上所述，极易判定这些边墙上的裂缝是贯穿性裂缝，是由于内外温差过大和混凝土温度的大幅度下降所共同造成的。很有可能首先由于表面温度梯度过陡而沿某些棱角部位产生表面裂缝，接着在混凝土温度及气温进一步下降时，表面裂缝向内扩展直至全部切割整个边墙。实际调查试验后也证实了这确是一条贯穿大裂缝。后经沿缝面配置足够的钢筋，再回填底孔混凝土，在缝内则用低压灌浆填堵，处理后效果良好。

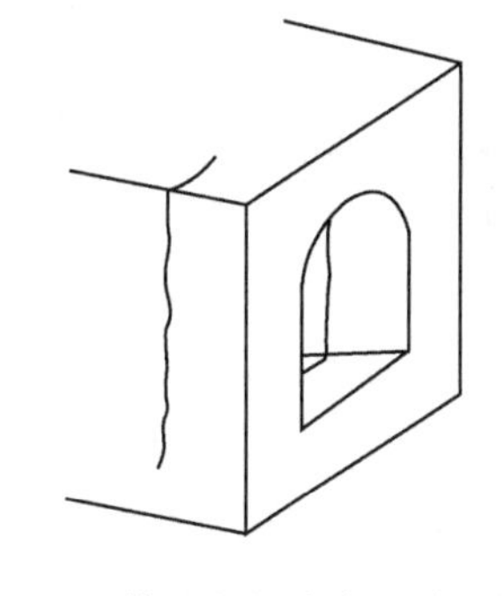
图 7-52 某工程导流底孔边墙裂缝

从这个例子中还说明一个重要事实：温度控制的主要目的是在于消除随时间而产生的温差和沿坐标上的温差，如果不能消除这些基本因素，则所谓良好的通风散热条件只会使裂缝提早发生，而不会产生什么有利的后果。

图 7-53（a）中表示了各种各样的表面裂缝。表面裂缝可以在浇筑后不久即产生，因为混凝土的水化热的发展是很迅速的，如这时气温又恰有下降，则内外温差尤其巨

大，极易产生裂缝。所以在夏、秋季浇筑的混凝土最容易产生表面裂缝。有时要防止表面裂缝不仅不能加速其向暴露的边界散热，还要将表面掩盖起来，这和尽快使坝块达到稳定温度的要求是矛盾的。

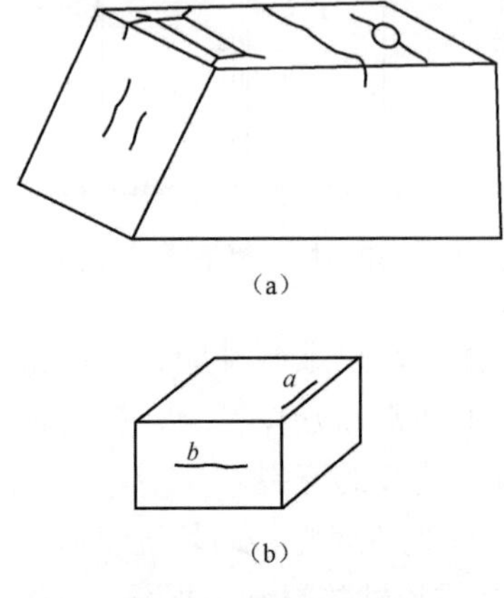


图 7-53　表面裂缝

表面裂缝可以在任何部位、任何时间和沿任何方向发生。但最多的是垂直于边界线的裂缝，像图 7-53（b）中所示的表面裂缝是很少看到的，因为边界面是一个无正应力作用的自由面，这就限制了图 7-53（b）中裂缝 $a$ 的发展，又混凝土块体中常存在着较大的垂直向压应力（自重应力），这又限制了裂缝 $b$ 的发生。

要防止表面裂缝，除须如前所述，尽量减低混凝土的浇筑温度、水化热温升等来减少内外温差外，以下几点也是十分重要的：

1. 妥善地养护混凝土

混凝土养护不当，表面水分散失，体积干缩，就会产生干缩应力，其作用与表面温度下降产生的温度应力是完全相同的。所以养护不善，将促使表面裂缝更多更快地产生。尤其大坝混凝土的强度一般不高，抗裂能力不强，故其养护期间更应比一般的混凝土结构为长。通常采用的养护方法为浇水维持表面湿润、覆盖草袋帆布和延缓拆模等，最近并有涂养护剂和用聚乙烯薄膜遮盖的方法。

在我国某一重力坝的施工中，由于受到设备限制，未能大量采用预冷混凝土及水管冷却等现代化温度控制措施，同时又要求很快建成，施工单位乃对混凝土块的养护给予了特别的重视。实践证明，其表面裂缝的数量很少。这一有意义的经验，有力地说明了养护工作对减少表面裂缝的作用（当然这并不是说养护工作可以代替一切其他措施）。

2. 消除结构上的弱点

坝块的体型设计不当，例如存在尖锐的凹角、棱角，局部地方过分单薄，都容易在收缩时引起巨大的应力集中而致拉裂。图 7-54 中示某坝中实测到的许多表面裂缝，可见它们都是沿结构的单薄部分发展的。因此在设计和施工分块中应尽可能消除这些不利因素，并应在必要部位配置温度钢筋。

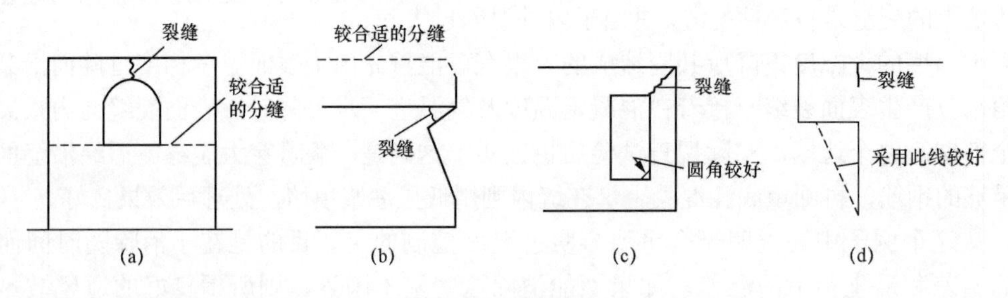


图 7-54　结构裂缝

3. 隔离混凝土的表面

当气温有危险性的下降，如寒潮侵袭时，对于散热条件十分有利的单薄部件，尤其对于夏秋季浇筑的混凝土，都有必要考虑隔离混凝土的表面，不使与气温直接接触，以免产生过大的温度梯度。

隔离的方法，最简单的就是延缓拆模，因为木模板是一种良好的绝缘体。必要时还应考虑敷设帆布、草袋等掩盖，或在设计中考虑采用特种保温模板及预制混凝土模板。

表面裂缝的深度不大（数厘米至数十厘米，最多为数米），开度一般也不大（小于1mm，甚至只为发丝状），有些裂缝在一定时期后能重行闭合，所以其危害性较小。但也不能一概而论。在以下部位的表面裂缝的影响就不宜忽视：

（1）在上游面的裂缝。蓄水后表面温度要继续降低，往往引起裂缝继续扩展，造成渗水途径。在宽缝重力坝或大头坝上游面，倘这类裂缝与其后空腔部分串通尤为不利。

（2）位在溢流面上的裂缝。经高速水流的长期冲刷，极易由这些裂缝部位开始破坏混凝土，逐渐发展引起较大的损坏。

（3）位在某些结构上不利部位的裂缝。例如位在悬臂结构的顶部受拉区中的裂缝，廊道的受拉区中的裂缝（当廊道周围未配筋时）。这种裂缝在坝体逐渐承受设计荷载时，会产生应力集中，且逐渐扩展，甚至产生事故。由此可见，在结构上属于受拉的区域，则在其表面部分最好配置一定的温度钢筋，即使按照计算这些拉应力远在混凝土的容许范围以内。因为表面温度应力常常是不能绝对避免而且也不易精确预计的。

（4）在温度继续下降的部位中的裂缝。例如靠近基础部位的表面裂缝。当该区混凝土温度尚在下降时，表面裂缝很容易演化扩展成为贯穿性裂缝。

所以对于不同部位、不同性质的表面裂缝需分别对待处理。以下是几种常用的处理方法：

（1）如果裂缝不深，可以将裂缝凿除，并敷设钢筋网后喷浆补平。修补工作应在混凝土块温度已稳定并在低温季节进行，以防再度开裂。有条件时可用环氧树脂砂浆填平。

（2）如果深度较大，例如达数十厘米，则喷浆较为困难，这时可沿裂缝凿一深槽，内宽外窄，用高强度砂浆紧密填实，表面再以钢丝网喷浆补平，或在有条件时以环氧树脂砂浆填平。

这种工作也应在混凝土温度稳定后再进行，而且施工质量必须保证，否则是用两条缝代替了原来的一条缝，丝毫不起作用。

（3）如果表面裂缝深度较深，采用凿槽填补有困难，这时，如经查明这种缝已属稳定，将来不致再继续延伸，也可只在表面做些防渗处理，即沿缝凿开一条狭槽，深约10cm，以砂浆紧密填塞，或用水泥喷浆、水泥加水玻璃喷浆等修平。如果缝有一定的开度，还可以在缝内嵌入防渗材料以加强效果。

但是如果裂缝是否稳定的问题未能解决，或坝块温度尚未稳定，这些仅仅做在表面的防渗工作显然是不够的。这时往往需要用插筋来加固，这些插筋或为跨缝的U形钢筋，或为斜穿过裂缝的钢筋，都要先挖一条槽，钻孔，接着插筋并锚固之，最后再回填槽子。但插筋的效果终究受到一定限制，而且过密的插筋孔亦将对混凝土引起破坏作用。所以发生了深的表面裂缝终究是不利的。

表面裂缝一般不采用灌浆处理，因为不仅表面裂缝中一般灌不进浆，而且灌浆压力也会引起裂缝的进一步扩展。除非对于延伸较深和开度较大的裂缝，我们或可在锚筋后或结合锚筋进行低压填缝灌浆。

近年来国外尚有用环氧树脂嵌填、补修裂缝的成功经验。

在施工期中发现浇筑块表面有裂缝时，通常都在缝面上布置骑缝钢筋，然后再继续浇捣，以防止裂缝向上延伸。骑缝钢筋的数量约为每米 8 根 $\phi32\sim\phi36$ 钢筋，须要有足够长度。

除了上述的贯穿性和表面裂缝外，通常混凝土坝体中还会遇见以下所述那些性质的裂缝，这些裂缝是由于温度收缩应力和其他因素联合形成的，或完全由于其他原因所形成。

图 7-55 中，（a）图所示的裂缝其形成原因有二：①温度收缩应力；②不合理的基岩开挖形状。（b）图中裂缝形成的原因，除温度应力外，尚有结构物形状不合理的因素。

在悬臂式结构中要特别注意避免因模板支承下沉而形成断裂性的裂缝［图 7-55（c）］。某些部位由于基岩的不均匀沉陷和模板的走动变形，会产生巨大的裂缝［图 7-55（d）及图 7-55（e）］。图 7-55（f）中的水平向大缝，显然是由于水平浇筑层面处理不妥或在施工过程中发生了凝固事故而形成的。

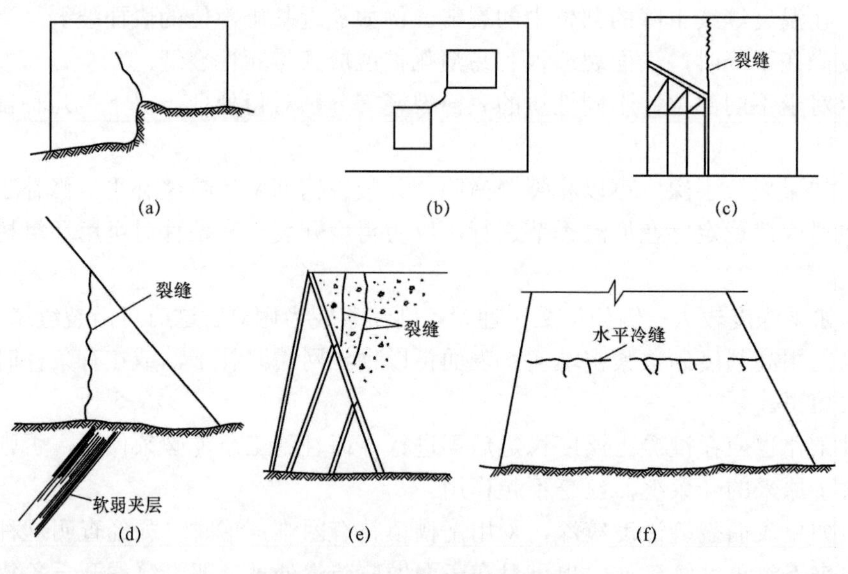


图 7-55　各种类型裂缝示意图

由此可见，要消灭混凝土坝中任何有危害性的裂缝，必须进行多方面的工作，其中温度控制工作是主要的内容，但还须结合结构设计、基础处理、施工准备、施工管理等一系列的工作，只要谨慎细致地处理这个问题，混凝土坝中的裂缝是完全可以防止的。

## 参考文献

[1] 朱伯芳．有内部热源的大块混凝土用埋设水管冷却的降温计算．水利学报，1957（4）．

[2] 朱伯芳．混凝土坝的温度计算．中国水利，1956（11、12）．

[3] П.И.瓦西利耶夫等．混凝土坝内温度裂缝的防止和混凝土块温度应力的计算．水力发电，1957（17、18）．

[4] 潘家铮．混凝土坝的温度控制计算．上海：上海科学技术出版社，1959．

[5] 美国内务部垦务局编．混凝土坝的冷却．北京：水利电力出版社，1958．

[6] 苏联部长会议国家建设委员会．岩基上混凝土重力坝设计规范（CH 123-60）．北京：中国工业出版社，1964．

[7] П. И. Васильев. Некоторые вопросы пластических деформаций бетона, Известия ВНИИГ, Том 49，1953．

[8] R.E.Glover．Flow of Heat in Dams，Journal ACI，1934．

[9] W.R.渥．在大体积混凝土坝内控制温度和裂缝的经验，坝体应力分析、温度计算和坝工设计．北京：水利电力出版社，1960．

[10] 朱伯芳，王同生，丁宝瑛．重力坝和混凝土浇筑块的温度应力．水利学报，1964（1）．

# 第八章

# 宽缝重力坝的设计和计算

## 第一节　宽缝重力坝的特点和断面选择

### 一、宽缝重力坝的特点

过去修建的重力坝，不论其为悬臂式、铰接式或整体式结构，相邻坝段都是紧靠着的，因此可统称为实体重力坝。

随着近数十年来筑坝工程技术的发展，逐渐兴起了一种新的重力坝型式，可称为宽缝重力坝（或称为空心重力坝，但这一名称不甚确切，本书概称为宽缝重力坝）。和实体重力坝相比，宽缝重力坝相邻坝段间不仅仅留了一条伸缩缝或工作缝，而是留设了占有一定空间的“宽缝”，如图 8-1 所示。仅在上游段（或上游及下游段）宽缝才闭合而形成一个相衔接的“头部”。宽缝重力坝各坝段通常都是独立地工作的。有时在岸坡较陡的情况下，为了增加岸坡上坝段的侧向稳定性，或为了加强横缝间的阻水能力，也有在头部横缝间进行灌浆封堵的。但由于接触面积较小，这种灌浆处理在结构上的作用要比相应的实体重力坝为小。

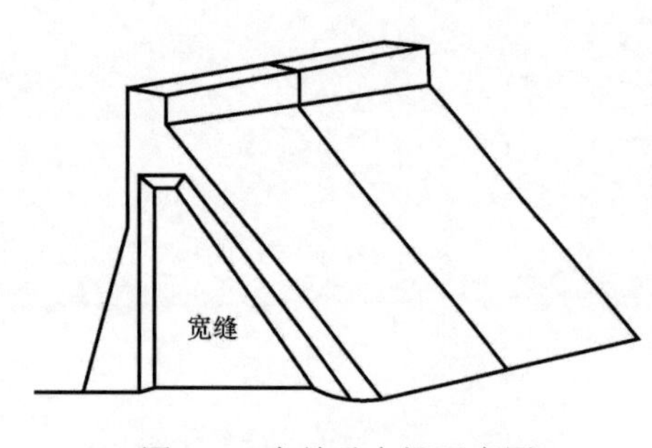


图 8-1　宽缝重力坝示意图

设坝段的总宽度为 $B$，宽缝宽度为 $2s$（参见图 8-2），比值 $\frac{2s}{B}$ 可称为宽缝比。在开始采用宽缝重力坝时，宽缝比值常为 0.1～0.2，很少有超过 0.3 的。而目前，尤其在我国修建的一些大型宽缝重力坝中，此值已发展到 0.4～0.5，甚至有超过 0.5 的。但当 $\frac{2s}{B}$ 值过大时，应该认为坝型已属于肋墩坝范畴。所以，可以认为宽缝重力坝是介于实体重力坝和肋墩坝之间的一种坝型。它是既具有重力坝的一些基本特点，而又具有肋墩坝的某些优点的一种新坝型。

宽缝重力坝之所以近年来应用颇广，是由于它在技术经济各方面都具有一定优点之故。现在试举述宽缝的优点如下：

1. 减低扬压力，节约坝体混凝土量

宽缝的留设对于减少坝体各水平断面上的扬压力有显著效果。因为：

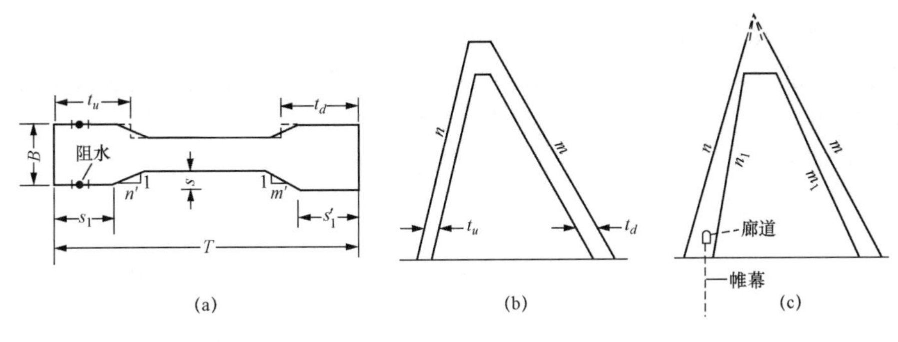


图 8-2　宽缝重力坝的断面

（1）在宽缝范围内，不存在作用在坝体上的扬压力。

（2）设置一些简单的排水管后，宽缝内的水位可以不高于下游的尾水位。这样，沿坝基宽缝边缘线上任何点的渗透压力均为零，必然减少作用在断面上的渗透压力总值。

（3）可以在宽缝内抽水，以降低宽缝内的水位，这样更可进一步减低扬压力（包括浮托力及渗透压力）。宽缝的上述减压作用本质上正和肋墩坝相同。

在设计中考虑了宽缝的有利影响后，可以使扬压力变为一个较次要的因素，因而坝体混凝土总量常可较实体重力坝节约 10%～20%，甚或更多。

2. 根据不同地质情况调节混凝土量

同一坝址，各坝段的地质情况不尽相同，因而基岩与混凝土间的摩擦系数也有所区别。采用宽缝后，可以改变宽缝尺寸，调节混凝土量。这样，各坝段上下游坝坡既可做成一样的，以满足在结构布置、施工和美观上的要求，又可根据各坝段的具体地基条件，独自核算，增减宽缝尺寸，使每一坝段恰巧满足稳定要求，避免浪费。

3. 增加散热面，有利于混凝土的温度控制

留设宽缝后，增加了坝块的侧向散热面，对温度控制很有帮助。如能设法降低宽缝中的温度，则效果更为显著。此外，宽缝的存在，对于布置冷却管道和进行通水冷却等工作均很方便。

4. 便于检查和维护

坝体内留设宽缝后，可方便地进行坝体观察和检查工作，例如观察有无危害性裂缝或大量渗漏现象等。并且在必要时，尚可在宽缝内进行维护修补工作，如进行加固灌浆或基础补充处理等工作。

此外，留设宽缝后，提供了大量空间，在适当解决交通、照明、通风和防潮问题后，这些空间亦可合理地加以利用。

从结构角度上说，坝体内部应力较低，将该处厚度减薄，以使材料强度得到更充分的利用，也是较合理的。

当然，留设宽缝后，也引起一些困难或不利。例如模板的数量和种类将有所增加，混凝土浇筑前的准备工作要复杂一些。但这些困难一般尚可在施工中克服。同时和一般的大头坝坝型相比较，宽缝重力坝的模板和断面形状还是比较简单的。

由于宽缝重力坝基本上仍属于重力坝范畴，所以它仍具有重力坝的一些优点，如：

可以在坝顶通过较大的溢洪流量，坝体的刚固性较好，稳定和应力的计算较简单，对温度应力较不敏感，也不需在坝内配置大量钢筋。这些正是某些轻型坝如连拱坝、平板坝等的缺点。

由上述可见，在适当的条件下，宽缝重力坝确实是一种合理的新颖坝型。

**二、宽缝尺寸的设计**

在上面曾提到，当开始采用宽缝重力坝时，宽缝比$\frac{2s}{B}$常被限制在0.3以下。但根据近年来的研究和实践，这一界限已被突破，目前宽缝比可达0.4以至0.5。只要恰当地进行布置和设计，采用较大的宽缝并不会引起不利的影响。因此，目前对宽缝宽度的设计，并无严格的限制，一般系根据稳定及应力要求、降低扬压力的作用并考虑施工条件来决定。但在一般情况下，宽缝比约在0.4以内。

宽缝重力坝各坝段的水平断面中，在上游（或上游及下游）区形成一个“头部”，其两侧各有一块悬臂体［参见图8-2（a）］。悬臂体的厚度$s_1$须很好选择。在这段厚度内须布置可靠的阻水系统，同时坝体基础中的帷幕灌浆线也应该位于该区域内。坝体的灌浆廊道和上游面的各种廊道也最好在其间穿过。此外，还应满足某些特殊要求（如混凝土的防渗、坝体的防空要求等）。一般$s_1 \geqslant (0.08 \sim 0.12)h$（$h$为上游水深），但不宜小于3m；在寒冷地区，这个最小厚度尚宜加大。

上游头部的颈坡$n'$也须妥善选择。这个坡度如选择得过陡，对应力分布不利，而选择得过平，则又增加了工程量。所以$s$、$s_1$和$n'$三个数值，常是一并选定然后经过计算或试验来证实其合理性的。一般颈坡常在1:1～1:2。

在坝体下游面，宽缝一般总是闭合的，但也可以不闭合，和一般的肋墩坝相同。在下列情况，下游面必须封闭：

（1）在溢流坝段，下游面必须封闭以便过水。

（2）设计时如考虑在宽缝内排水，以降低浮托力或利用宽缝内空间，则在最高尾水位以下的部分，须将下游面封闭，并做好阻水。

（3）根据应力计算要求，须增强下游面刚度时。

（4）有其他特殊要求（如防空、排水、美观等）须封闭下游面时。

通常下游面的$s_1'$值在3～5m左右，而且不应小于2m。

下游悬臂体的尺寸$s_1'$、$m'$等的选择较为自由。一般根据结构要求及施工方便等条件来决定。

在坝体的横断面上来看，宽缝上下游轮廓线的布置，有两种常用的方式：

（1）宽缝上下游轮廓线与上下游坝面平行，即$m=m_1$，$n=n_1$，或$t_u$、$t_d$均为常数［图8-2（b）］。

（2）宽缝上下游轮廓线与上下游坝面线延长后，交于同一点。此时，$m$及$n$略小于$m_1$及$n_1$。在这种布置方式中，任一水平截面上坝块断面积$F$、惯性矩$I$与相应的实体重力坝断面积$F=BT$，惯性矩$I=\frac{1}{12}BT^3$的比值是一个常数［图8-2（c）］。

宽缝顶部的高程，若仅从减少扬压力的要求出发，则只须略略超过下游最高水位即可。但实际上，这高程总是根据稳定要求与宽缝宽度同时选定，常远高于下游水位，而接近坝顶。

以上所述，是设计宽缝尺寸的一些概念。宽缝的最终轮廓，将根据稳定和应力的条件来确定。

### 三、宽缝重力坝经济断面的选择

宽缝重力坝的设计原则和实体重力坝相同，是根据抗滑稳定要求和应力要求来制定的。

1. 抗滑稳定要求

设坝体任一断面上所受到的总的水平推力为 $V$，总的垂直压力（扣除扬压力后）为 $W$，断面上的摩擦系数为 $f$，要求的稳定安全系数为 $K_c$，则抗滑稳定要求为：

$$\frac{fW}{V} \geqslant K_c \tag{8-1}$$

对于普通的宽缝重力坝，视建筑物的级别和设计情况的不同，$K_c$ 值的变化范围可为 1.00～1.10。和实体重力坝相同，$K_c$ 值须根据相应的规范选用，可参见第三章，此处不再重复。

上述抗滑稳定计算中，未考虑黏结力的影响。如果在计算公式中列入黏结力作用，则相应的安全系数 $K_c$ 必须提高。我们须注意，由于宽缝重力坝的断面面积常较相应的实体重力坝为小，所以，如果两者按式（8-1）计算具有相同的安全系数，则按考虑黏结力的公式计算时，宽缝坝的安全系数将比实体坝为小，亦即宽缝重力坝在破坏时的最终抗滑安全系数较实体重力坝为小。但经过多年来的经验证明，宽、缝重力坝如按公式（8-1）设计，已能安全可靠地运转，而按考虑黏结力公式算出的安全系数，也并不完全代表实际上的“最终破坏安全系数”。所以目前宽缝重力坝几乎多按不考虑黏结力影响的公式（8-1）设计，以求得出一个最经济的断面。仅当坝体较高或宽缝较大时，除应按式（8-1）设计外，尚应核算一下剪摩安全系数。此时，常规定其不应小于 2.0～2.5。

2. 应力要求

一般要求在坝体上游面不产生主拉应力，在下游面及坝体内部的压应力不超过允许值，和实体重力坝的相应要求一致。

和实体重力坝相似，除非是坝的高度特别大，宽缝重力坝下游面的压应力常在一般混凝土的许可压应力范围以内。因此，真正起控制作用的是上游面的应力问题。

这里所谓坝体应力，都是指按材料力学方法算出来的“计算应力”，这和实体重力坝也相同。计算应力时应考虑一切作用在坝上的荷载，主要为坝体自重和水压力，其次为渗透压力、浪压力、淤沙压力和地震力等。温度应力则常忽略不计。如计算中不考虑渗透压力，则在上游面应该保持一定的主压应力，例如令其不小于上游水头压力的 0.25～0.50 倍。

介绍了以上几个设计要求后，我们可以进一步研究如何决定宽缝重力坝的经济断面。所谓经济断面是指既能同时满足上述两个设计要求而混凝土数量又为最少的断面

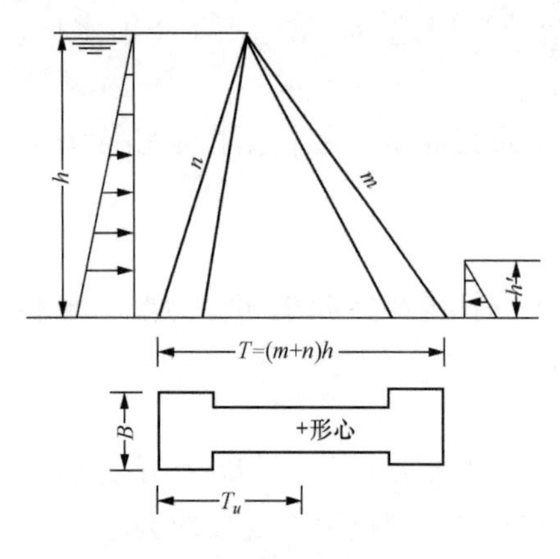


图 8-3　宽缝重力坝的简化断面

（参见第三章）。

宽缝重力坝经济断面的选择，其原理与实体重力坝无异，但由于参变数较多，因此选择工作也较复杂，不能如实体重力坝那样，进行过分详尽的选择比较。

图 8-3 中所示为宽缝重力坝的简化断面，呈三角形，上下游坝坡各为 $n$ 及 $m$。在水平断面上，坝段面积为 $F$，惯性矩为 $I$，形心到上游面的距离为 $T_u$。相应的实体重力坝的坝段面积为 $BT$，惯性矩为 $\frac{1}{12}BT^3$，$T_u=\frac{T}{2}$。

我们令：

$$\frac{F}{BT}=K_1;\ \frac{I}{\frac{1}{12}BT^3}=K_2;\ \frac{T_u}{T}=K_3 \tag{8-2}$$

$K_1$、$K_2$ 均为小于 1 的数。并假定各水平断面上有相同的 $K_1$、$K_2$ 和 $K_3$。

由此看来，要完全确定图 8-3 所示的坝体断面尺寸，我们必须确定五个参数：$m$、$n$、$K_1$、$K_2$ 和 $K_3$。这当然是非常复杂的事。如果再考虑到实际坝体断面不是一个理论的三角形，坝顶有一定宽度，上游面或有折坡，荷载条件也很复杂，则参数数量更将增加。因此，很难推导出一些理论公式来确定宽缝重力坝的经济断面。

但是，我们可以根据一些简化的假定，先研究并计算出一个在简化条件下的理论经济断面。然后以此为基础，将各种具体数据引用上去，再分别进行试算和修正，就不难得出一个接近理论要求的经济断面。实际上，由于影响成果的参数过多，真正的“经济断面”是不容易也不必要找到的。

我们的简化假定是：

（1）坝体为三角形断面，各高程上的 $K_1$、$K_2$、$K_3$ 三个系数不变。

（2）荷载为：①齐顶水压力；②自重；③浮托力 $U_1=\gamma_0 h'F=\gamma_0 h'\cdot K_1BT=\gamma_0 h'K_1B(m+n)h$；④渗透压力 $U_2$ 为一常数。（$\gamma_0$ 代表水的容重，$h$ 及 $h'$ 分别代表上下游水深。）

首先，我们考虑稳定条件。由图 8-3，作用在每个坝段上的总水平力为：

$$V=\frac{1}{2}\gamma_0Bh^2-\frac{1}{2}\gamma_0Bh'^2 \tag{8-3}$$

作用在坝体上的总垂直压力（略去下游水重）为：

$$W=\frac{1}{2}\gamma_0nBh^2+\frac{1}{2}\gamma_cK_1B(m+n)h^2-\gamma_0h'K_1B(m+n)h-U_2 \tag{8-4}$$

由抗滑稳定要求：

$$\frac{f\left[\frac{1}{2}\gamma_0nBh^2+\frac{1}{2}\gamma_cK_1(m+n)Bh^2-\gamma_0K_1(m+n)Bh'h-U_2\right]}{\frac{1}{2}\gamma_0Bh^2-\frac{1}{2}\gamma_0Bh'^2}=K_c \tag{8-5}$$

令 $\gamma_0$=1、$\gamma_c$=2.4，将上式简化后得：

$$K_1(m+n)=\frac{\dfrac{K_c}{2f}\left[1-\left(\dfrac{h'}{h}\right)^2\right]+\dfrac{U_2}{Bh^2}-\dfrac{n}{2}}{1.2-\dfrac{h'}{h}} \tag{8-6}$$

上式中一些项目值的解释如下：

（1）$K_1$（$m$+$n$）——上下游坝面坡度之和与 $K_1$ 的乘积。这个数值与坝体总体积成正比，因为后者等于 $\frac{1}{2}K_1(m+n)Bh^2$。所以最经济的断面就要求 $K_1$（$m$+$n$）值取最小值。

（2）$\dfrac{K_c}{2f}$——安全系数与摩擦系数比值之半。此值约在 0.7～1.1 之间变化，安全系数愈小或摩擦系数愈大，断面愈经济。

（3）$\dfrac{h'}{h}$——下游水头与上游水头之比。此值在 0～0.15 之间。在一般情况下，此值愈小，断面愈经济。因为浮托力的不利作用比下游水压力的有利作用为大。

（4）$\dfrac{U_2}{Bh^2}$——渗透压力与上游总水压力比值之半。此值一般在 0～1.5 之间。

对于一个指定的工程，$\dfrac{K_c}{2f}$、$\dfrac{h'}{h}$、$\dfrac{U_2}{Bh^2}$ 均为已知值，故由上式可以画出 $K_1$（$m$+$n$）与 $n$ 之间的关系曲线。

由式（8-6）显然可见，上游坡 $n$ 愈大，坝体愈经济，且呈直线变化。这是很容易理解的：上游坡愈大，利用的水重愈多，就抗滑稳定要求而言，所需坝体体积必然愈小。因此，我们第一条结论是：就稳定要求来说，在许可条件下，上游坝坡应尽可能的平缓，以获得最经济的断面。

究竟允许的 $n$ 值是多少？这就要研究应力条件。上游面正应力由两部分组成，一为垂直力所引起的压应力 $\dfrac{W}{F}$，一为弯矩所引起的拉应力 $\dfrac{MT_u}{I}$。压应力：

$$\sigma_y=\frac{W}{F}=\frac{W}{K_1B(m+n)h}=\frac{1}{2}\bullet\frac{n}{m+n}\bullet\frac{h}{K_1}+1.2h-h'-\frac{U_2}{K_1B(m+n)h} \tag{8-7}$$

弯矩：

$$\begin{aligned}M=&\frac{\gamma_0}{6}Bh^3+M_u-\frac{\gamma_0}{2}nBh^3\left[K_3(m+n)-\frac{n}{3}\right]\\&-\frac{\gamma_c}{2}K_1(m+n)Bh^3\left[\frac{K_3(m+n)-n}{3}\right]\end{aligned} \tag{8-8}$$

式中，$M_u$ 为渗透压力引起的对断面形心的力矩。

以 $I=\frac{1}{12}K_2BT^3=\frac{1}{12}K_2B(m+n)^3h^3$ 代入后，得相应的上游面拉应力为：

$$\sigma_y=\frac{MK_3(m+n)h}{I}=\frac{2hK_3}{K_2(m+n)^2}+\frac{12M_uK_3}{K_2Bh^2(m+n)^2}$$
$$-\frac{6nh\left[K_3(m+n)-\dfrac{n}{3}\right]K_3}{K_2(m+n)^2}-\frac{14.4K_1h\left[\dfrac{K_3(m+n)-n}{3}\right]K_3}{K_2(m+n)} \tag{8-9}$$

由此得上游面的正应力为：

$$\frac{\sigma_y}{h}=\frac{1}{2}\cdot\frac{n}{m+n}\cdot\frac{1}{K_1}+1.2-\frac{h'}{h}-\frac{U_2}{K_1(m+n)Bh^2}-\frac{2K_3}{K_2(m+n)^2}$$
$$-\frac{12M_u}{Bh^3}\cdot\frac{K_3}{K_2}\cdot\frac{1}{(m+n)^2}+\frac{6nK_3\left[K_3(m+n)-\dfrac{n}{3}\right]}{K_2(m+n)^2}$$
$$+\frac{4.8K_1K_3\left[K_3(m+n)-n\right]}{K_2(m+n)} \tag{8-10}$$

当$\dfrac{h'}{h}$、$\dfrac{U_2}{Bh^2}$、$\dfrac{M_u}{Bh^3}$等值为已知时，$\dfrac{\sigma_y}{h}$将为$n$、$(m+n)$、$K_1$、$K_2$、$K_3$等五个参数的函数。在设计宽缝尺寸时，$K_2$及$K_3$常可根据一些原则和要求事先拟定（$K_3$常接近为$\dfrac{1}{2}$）。这样$\dfrac{\sigma_y}{h}$将只为$n$、$(m+n)$及$K_1$三个参数的函数了。

例如，设$\dfrac{h'}{h}=0$、$\dfrac{U_2}{Bh^2}=0.12$、$\dfrac{M_u}{Bh^3}=0.05$，又设$K_3=\dfrac{1}{2}$，式（8-10）可简化为：

$$\frac{\sigma_y}{h}=\frac{1}{2}\cdot\frac{n}{m+n}\cdot\frac{1}{K_1}+1.2-\frac{0.12}{K_1(m+n)}-\frac{1}{K_2(m+n)^2}-\frac{0.3}{K_2(m+n)^2}$$
$$+\frac{3n\left[0.5(m+n)-\dfrac{n}{3}\right]}{K_2(m+n)^2}+\frac{2.4K_1\left[0.5(m+n)-n\right]}{K_2(m+n)} \tag{8-11}$$

先选择一个$K_1$值，并选择几个$n$值，将$K_1$、$n$及规定的$\dfrac{\sigma_y}{h}$值代入上式，就可以算出相应的（$m+n$）值。如果这样求出的（$m+n$）值恰巧和按稳定要求求出的（$m+n$）值相同，就表示这一组$K_1$、$n$、（$m+n$）值同时满足稳定及应力要求。如果求出的（$m+n$）值大于稳定要求的（$m+n$）值，表示断面设计是受应力条件控制，应该采用按应力求出的（$m+n$）值；反之，如求出的（$m+n$）值小于稳定要求的值，就表示受稳定条件控制，应采用按稳定要求求得的（$m+n$）值。总之，对于指定的$K_1$值，对每一个$n$值必可求出一个相应的（$m+n$）值，使$m$与$n$同时满足或超过应力及稳定的要求。各个不同的$n$值中，必有一个给出最小的（$m+n$）值。这一组的$m$、$n$值，即为在指定的$K_1$值下最经济的断面参数。

然后，另选一个$K_1$值，同样可以求出另一组在该指定的$K_1$值下最经济的$m$、

$n$ 值。这样选取几个 $K_1$ 值后，可以得出几组断面参数（$K_1$～$m$～$n$）。最后，计算各组的乘积 $K_1$（$m$+$n$），能使这一个乘积取最小值的，就是我们最终选定的经济断面参数。

关于对 $\frac{\sigma_y}{h}$ 的规定，可分两种情况：

（1）在主应力计算中不考虑扬压力作用，而规定上游面主应力 $\sigma_{\mathrm{I}}$ 不得小于某一指定压应力值，例如不小于上游水头 $p$ 值之半，即

$$\sigma_{\mathrm{I}}=\frac{\sigma_y-p\cos^2\alpha}{\sin^2\alpha}\geqslant\frac{p}{2} \tag{8-12}$$

由此可得：

$$\sigma_y\geqslant\frac{p}{2}\sin^2\alpha+p\cos^2\alpha \tag{8-12′}$$

式中，$a$ 为上游坝面与水平面交角。

（2）在主应力计算中，考虑扬压力影响，而规定上游面接触主应力 $\sigma'_{\mathrm{I}}$ 应不小于 0（不产生拉应力）。

令 $\sigma'_{\mathrm{I}}=\sigma_{\mathrm{I}}-p$，$\sigma'_y=\sigma_y-p$，代入式（8-12）中并化简，得：

$$\sigma_{\mathrm{I}}=\frac{\sigma'_y}{\sin^2\alpha}$$

所以，要求 $\sigma'_{\mathrm{I}}$ 不小于 0，只须要求 $\sigma_y$ 不小于 0 即可，亦即其条件是：

$$\sigma_y\geqslant 0 \tag{8-13}$$

此外，还应指出，在我们的初步估计中，有一些次要项目没有考虑进去，所以开始试算时，对 $\sigma_y$ 的要求，应比上述要求多留出一些裕度，即令 $\sigma_y$ 保持少量的压应力（在计算稳定要求时，亦宜将 $K_c$ 略放大一些，其理由同此）。

通过上述计算，我们初步选定了 $K_1$、$m$、$n$ 三个参数。然后可进而研究 $K_2$、$K_3$ 两个参数。在我们作初步估计时，系假定坝体水平断面对称，即 $K_3=\frac{1}{2}$。现在我们可进一步研究，当保持 $K_1$ 不变时，改变宽缝上下游头部比例，将产生什么影响。因为 $K_1$ 不变，故对坝体抗滑稳定并无显著影响，但坝体应力将有所改变。我们如将上游头部扩大，而将下游头部减小（见图 8-4），则断面形心将向上游移动（即 $K_3$ 减小），同时断面惯性矩也将减小。研究应力公式（8-10），可见这一改变将引起以下诸项数值的变化：

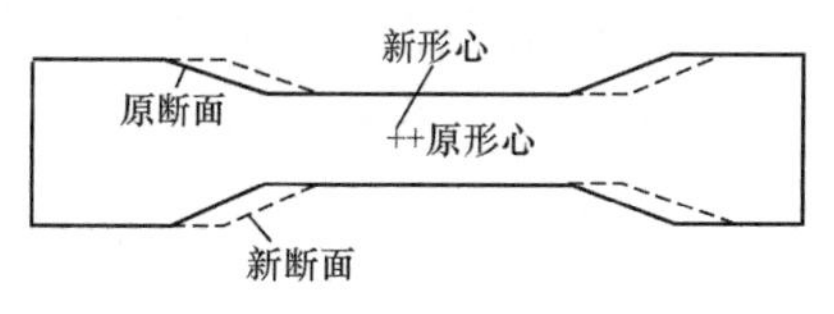

图 8-4　上游头部扩大，下游头部减小

$$-\frac{2K_3}{K_2(m+n)^2}-\frac{0.6K_3}{K_2(m+n)^2}+\frac{6nK_3\left[K_3(m+n)-\frac{n}{3}\right]}{K_2(m+n)^2}$$
$$+\frac{4.8K_1K_3\left[K_3(m+n)-n\right]}{K_2(m+n)}$$

由于各项的分母中都有 $K_2$，故我们只须研究因为 $K_3$ 的变化所引起的影响是有利或不利的，或将分子中的公共项 $K_3$ 也除出，只须研究以下四项的变化：

$$-2-0.6+6n\left[K_3(m+n)-\frac{n}{3}\right]+4.8K_1\left[K_3(m+n)-n\right](m+n)$$

显而易见，当 $K_3$ 减小时，以上四项之和是随之减小的，同时可注意 $\frac{K_3}{K_2}$ 之比值也是减小的。所以从增加上游面压应力而言，断面形状应使宽缝下游头部大于上游头部。这是一个有意义的结论。但是，在上一节中已提过，宽缝上游头部因各种要求，不宜做得过小，而若尽量加大宽缝下游头部，将使断面增加。所以，一般常先确定上游头部的尺寸，而下游头部常做成和上游一样，或略小于上游。

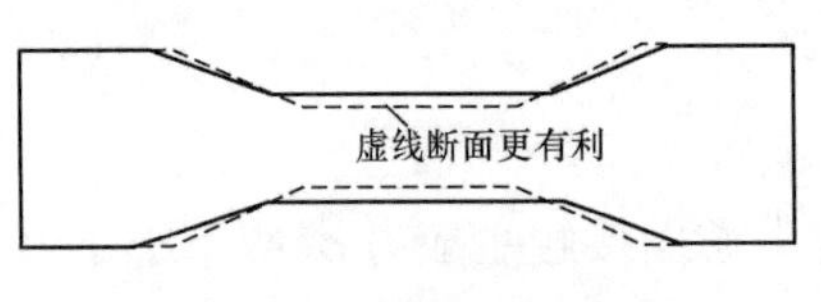


图 8-5　上、下游头部均增大

其次研究 $K_2$ 的变化。很显然，在保持 $K_1$ 不变的条件下，我们应该使 $K_2$ 尽量取最大值，亦即使断面有最大的惯性矩。由图 8-5 容易看出，要使 $K_2$ 值增大，应该尽量减小宽缝坝段体的厚度（即加大宽缝），而放大上下游头部的尺寸。

最后，我们须指出，按照上述步骤选择经济断面时，往往发现系数 $K_1$ 愈小，断面愈经济，而随着 $K_1$ 的减小，上游坝坡渐大，下游坝坡渐小。所以理论上最经济的断面，应该是具有尽可能大的宽缝比，上游坝坡较平，下游坝坡较陡的形式。这实际上就接近肋墩坝的形式。这在理论上也是容易理解的，因为宽缝重力坝的进一步发展就是肋墩坝。既然把这些关系分析清楚，我们就可以总结一下选择宽缝重力坝的经济断面的步骤如下：

（1）根据施工条件、温度应力情况、坝体承受横向力（如横向地震力）的稳定性以及其他条件（如溢洪道布置及坝后厂房机组间距等），选择坝段宽度 $B$。一般 $B$ 值以取得大一些为妥（对于中等或高的重力坝，$B$ 值常在 18～22m 间）。

（2）根据纵向弯曲（压屈）要求、施工条件和基础情况，选择宽缝比 $\frac{2s}{B}$。这一比值约在 0.3～0.4 之间，并争取用较大值。

（3）根据头部各种布置上和应力上的要求，选定其尺寸，即决定 $s_1$ 和 $n'$ 两个数值。同样，拟定尾部尺寸。虽然在 $K_1$ 不变的条件下，尾部尺寸大，对上游面应力有利，但因 $\frac{2s}{B}$ 及 $n'$、$m'$ 等值均已拟定，加大尾部尺寸即将减小 $K_1$，故尾部一般采用较小尺寸。

（4）根据上述资料，即可计算 $K_1$ 的数值。总之，我们希望采用较小的 $K_1$ 值。

（5）根据 $K_1$，选择几个不同的 $n$ 值，由式（8-6）算出相应的（$m$+$n$）值，并画成曲线，如图 8-6 中曲线 1。

（6）用 $K_1$ 值和几个不同的 $n$ 值代入式（8-11），算出相应的（$m$+$n$）值[1]，也画在图上，如图 8-6 中曲线 2。

[1] 在计算应力要求时，由于断面已拟定，故 $K_1$、$K_2$ 及 $K_3$ 均为已知值。

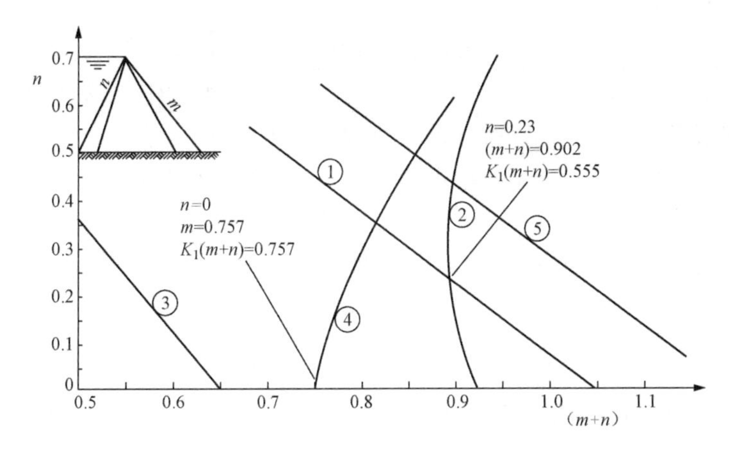


图 8-6　宽缝重力坝的经济断面的选择

（7）由两条曲线的交点，可以定出一组 *m*、*n* 值来。这组 *m*、*n* 值是同时满足稳定和应力要求而使坝体体积为最小的上下游坝坡值。

（8）这样就得出了宽缝重力坝的大致轮廓。然后布置坝顶结构，或将宽缝轮廓线略作修改，或将上游坝坡形式略作修改，并考虑各种荷载影响，重新进行较详细的核算。在这样基础上求得的宽缝重力坝最终断面将十分接近其理论经济断面。

（9）布置特殊坝段（如溢流坝段）。

（10）有时，坝体的稳定性可借其他措施来解决（例如在宽缝内填石，以增加重量）。在这种情况下，第 5 步骤不必进行，而最经济的 *m*、*n* 值可由 *n*～（*m*+*n*）曲线来决定。

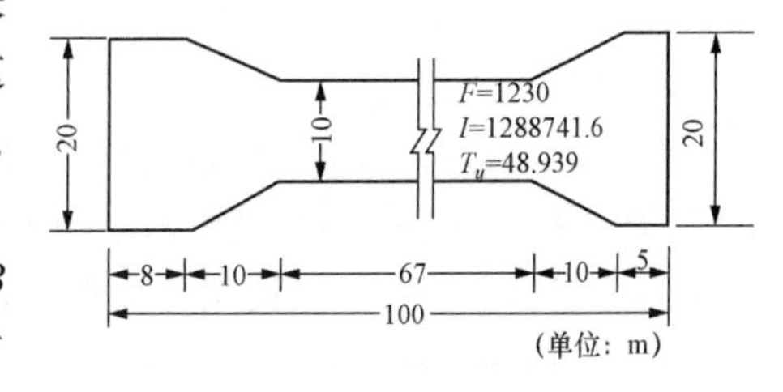


图 8-7　坝基断面尺寸

现举某一宽缝重力坝为例。其坝段宽度 *B* 选定为 20m，宽缝比选定为 0.5，坝基断面尺寸拟定如图 8-7 所示，则可以求出 $K_1$=0.6150，$K_2$=0.7732，$K_3$=0.4894，其余数值为：

$$\frac{h'}{h}=0,\ \frac{U_2}{Bh^2}=0.12,\ \frac{M_u}{Bh^3}=0.05,\ \frac{K_c}{2f}=0.66$$

由式（8-6）：

$$K_1(m+n)=0.65-\frac{n}{2.4}$$

或

$$(m+n)=1.058-0.678n$$

由此可画出 *n* 与（*m*+*n*）间的关系线，如图 8-6 中的曲线 1。此线上各点的 *m*、*n* 值都能满足稳定要求，而在此线右方区域内各点的 *m*、*n* 值，都超过最低限度的稳定要求。

然后研究应力要求。把 $K_1$、$K_2$、$K_3$ 的数值代入式（8-10）后，并令上游面不产生应力，即 $\frac{\sigma_y}{h}$=0，可得：

$$\frac{\sigma_y}{h}=0=1.2+\frac{0.804n-0.1951}{(m+n)}-\frac{1.645+1.265n^2}{(m+n)^2}$$

在上式中代入不同的 $n$ 值后，可以算出相应的（$m+n$）值，画成 $n$～（$m+n$）曲线后，如图 8-6 中的曲线 2。在此曲线上各点的 $m$、$n$ 值，都能满足上游面应力为 0 的要求。在此线右方区域内的各点的 $m$、$n$ 值，能使上游面产生一些压应力。

由图看，显然能同时满足稳定和应力要求且使（$m+n$）值为最小的点子，就是两曲线的交点。因而得到：$n$=0.23，（$m+n$）=0.902，$m$=0.675，$K_1$（$m+n$）=0.555。如坝体高 100m，则每段混凝土量为 $20\times100\times0.555\times\frac{100}{2}$=55500（$m^3$）。

倘若我们采用实体重力坝坝型，则可取 $K_1$=l。这时，按相应的稳定和应力条件所画出的控制曲线将如图 8-6 中的曲线 3 和 4。由图可见，两曲线并不相交，坝体断面基本上受应力条件控制。理论上的经济断面将要求 $n$ 取负值，即上游是反坡。实用上，我们取 $n$=0，则 $m$=0.757，$K_1$（$m+n$）=0.757。设坝高 100m，每坝段的混凝土量将为 75700$m^3$。可见采用宽缝重力坝，在满足同样的设计条件要求下，混凝土量仅为实体重力坝的 73%，经济效益甚为显著。

如果坝体断面设计不受稳定条件限制，完全由应力条件确定，则由图 8-6 的曲线 2 可见，应该采用 $n$=0.3，$m$≈0.6。这个结果，和上述 $n$=0.23、$m$=0.672 相比较，在工程量上并无很大的出入。因为曲线 2 在 $n$=0.15 至 $n$=0.4 间是比较平直的。

但是我们必须指出，如果上述宽缝重力坝的稳定条件较为不利（如摩擦系数较低，或浮托力很大），曲线 1 将向右移动，例如移到图 8-6 中曲线 5 的位置。这时，坝体总的混凝土量将有所增加，而且往往要求很平缓的上游坡和较陡的下游坡，使宽缝重力坝的优越性减低。根据一些实例来看，由于宽缝重力坝总的重量较小，稳定条件常常成为主要的控制要求，而不能按照应力曲线选择最经济的断面。为此，我们应该设法采取各种有效措施来解决稳定问题，不使断面不合理地增大。以下一些措施是很有效的，值得在设计中研究采用：

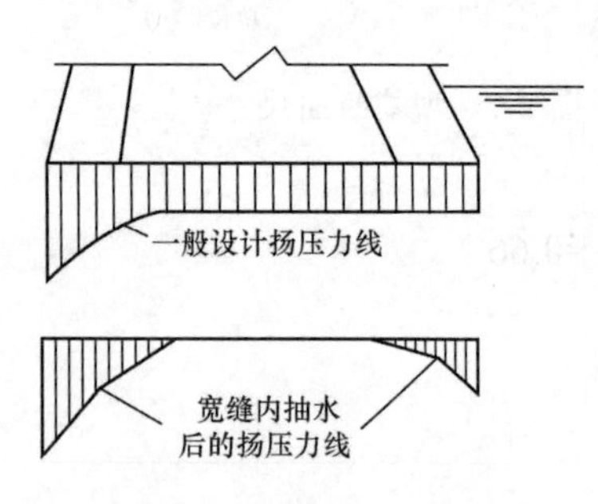

图 8-8 减低扬压力的措施

（1）将宽缝下游闭合，在伸缩缝中做阻水，并在下游坝趾基础中进行浅孔阻水灌浆和钻排水孔（和上游面的阻水处理相仿），并在宽缝内抽水，使宽缝内的水位保持远低于下游水位。这样可以取消或大大减小坝基扬压力（图形中的矩形部分），但在下游面相应增加了一些渗透压力（参见图 8-8）。

（2）在宽缝中做一个拱，拱上堆填石渣等，利用这些压重，增加坝体重量。

（3）在挡水坝段，可利用坝顶堆填石渣压重。

（4）如基岩地质条件良好，可考虑将坝基开挖成斜坡或台阶形，使下游部位基础较高，或在上游部位开挖齿槽，以增加抗滑阻力，从而适当地降低安全系数。

在本节中我们最后再补充说明以下几点：

（1）上述经济断面的试算，只给我们指出一个大致的轮廓，以便以此为基础，合适地布置出最终的设计断面。因为影响经济断面的因素很多，变化不一，所以不能希望通过各种计算找出一个理论上完全精确的经济断面。而且，从图 8-6 中的曲线 2 可见，在上下游坝坡与理论经济断面坝坡稍有区别时，对总的工程量的影响是不大的。

（2）在两岸岸坡部分，特别是在较陡的斜坡上，或在地质情况不利的斜坡上，不宜采用具有过大的宽缝的重力坝，或在靠近地基部分应将宽缝缩小或闭合。

（3）在某些参考文献上，推荐了一些图表，可用以初步确定宽缝重力坝的经济断面，正和第三章第四节之四中所介绍的图表及计算方式相似（见参考文献［1］）。但是由于影响宽缝重力坝经济断面的参数较多，这样求出的经济断面的实际意义并不大，因此本书中未予转载。读者如有需要，可参考上述文献。

## 第二节　宽缝重力坝的整体应力分析

### 一、宽缝重力坝的应力计算概述

当宽缝重力坝的断面选定后，就需详细计算坝体内部的应力分布。对于实体重力坝而言，坝体应力分布很接近平面分布状态，因此通常都作为平面问题处理。这时，主要的分应力有三个，即：正应力 $\sigma_y$、$\sigma_x$ 和剪应力 $\tau_{xy}$。坐标轴的方向如下：$y$ 轴为垂直轴，以向下方向为正，$x$ 轴为指向上下游方向的轴，以指上游为正；$z$ 轴为平行坝轴线方向的轴。在实体重力坝中，正应力 $\sigma_z$ 和剪应力 $\tau_{xz}$、$\tau_{yz}$ 均可忽略不计。

宽缝重力坝的情况稍有不同。严格讲来，宽缝重力坝是一个三向弹性问题，每一点上有六个独立的分应力，即：正应力 $\sigma_y$、$\sigma_x$ 和 $\sigma_z$；以及三个剪应力 $\tau_{xy}$、$\tau_{yz}$ 和 $\tau_{xz}$。完整的解答应该全部确定这六个空间函数。但是按照严谨的弹性理论计算这六个应力，是一项极其困难的工作，即使进行三向应力试验，也不容易得到精确的成果。同时，宽缝重力坝的应力分布情况，基本上还接近平面状态，只是在局部地区引起应力重分布。为此，我们常常采用较近似的方法来计算宽缝重力坝的应力。这些方法的原则，是仍以平面分析为基础，加上一定的局部应力分布复核。实践指出，这种计算法虽然不能精确地反映出实际应力分布状态，但其成果已能满足设计需要。

在宽缝重力坝内各点的六个分应力中，$\sigma_y$、$\sigma_x$ 及 $\tau_{xy}$ 仍然为三个主要的分应力，我们首先应该计算这三个应力。在实体重力坝中，这些应力沿 $z$ 轴方向并不变化（即属于平面应力分布状态）。在宽缝重力坝中，我们将仍然认为它们沿 $z$ 轴并不变化，作为基本假定。但在计算中，我们将考虑坝段宽度变化的影响，来求出和实体重力坝有所不同的分应力值。这样求出的应力，可以视为是各种应力沿坝段宽度的平均值。

其余三个分应力 $\sigma_z$、$\tau_{yz}$、$\tau_{xz}$ 与主要分应力相比较，其值较小，而且只在局部地区才较显著。其他地区的这些应力更较微小，而可忽略。根据分析研究，只在宽缝重力坝的头部及其附近地区，这些分应力才较显著，因此我们只需计算头部地区的次要应力。为了近似地求出这些应力，我们可以垂直坝面切取一个断面（见图 8-9），仍然视作平面问题处理，这样我们可以求出分应力 $\sigma_z$、$\tau_{xz}$ 和 $\sigma_x$。当然，由于我们采用了近似的将空间应力问题转化为平面问题的方法，这样求出来的 $\sigma_x$ 将和以前求出的 $\sigma_x$ 并不相符。但是，我们主要的目的是在于确定头部的 $\sigma_z$ 和 $\tau_{xz}$，所以对 $\sigma_x$ 可以置之不问，而且在靠近坝面处，两种计算所求出的 $\sigma_x$ 还是相近的。

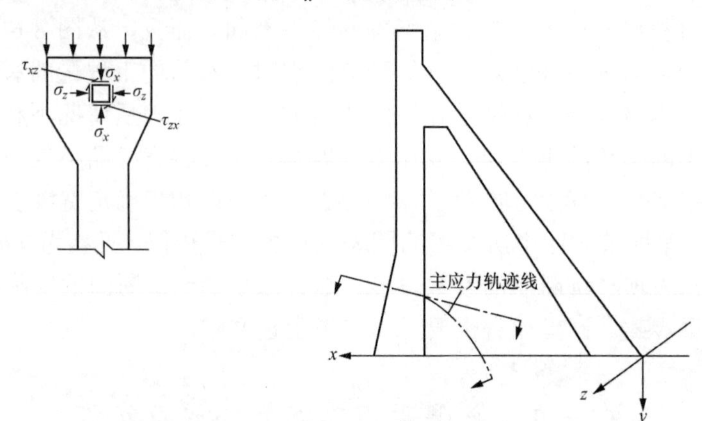


图 8-9　主应力轨迹线示意图

至于最后一个分应力 $\tau_{yz}$，只有在考虑了 $\sigma_y$ 和 $\tau_{xy}$ 沿 z 轴的不均匀分布情况后才能求出，计算比较困难，而且在普通的宽缝重力坝中，这个应力很微小，并不起控制作用，所以我们一般都将它忽略不计。

这样，宽缝重力坝的应力计算，将分为两种问题来进行。首先，把宽缝重力坝视为一个变厚度的平面重力坝问题，在 xy 平面中分析其分应力 $\sigma_y$、$\sigma_x$ 和 $\tau_{xy}$。这一步工作是较主要的，我们以后称为“整体应力分析”。通过整体应力分析，我们要研究坝体上游面是否产生不利的拉应力，坝体下游面或内部的压应力是否超过允许值，并且将决定坝体内各点的主应力和方向，以供设计廊道、管道、洞井和决定混凝土标号等用。这些都和实体重力坝相似，这部分计算方法将在本节中论述。

然后，我们将进一步分析宽缝重力坝头部的应力情况，以下称为“局部应力分析”。为此，我们将垂直坝面切取一断面，仍然视作平面问题处理（或者可设想沿 xy 平面上第一主应力方向切取一断面，则更易理解，见图 8-9）。在这个应力分析课题中，我们主要推求分应力 $\sigma_z$ 和 $\tau_{xz}$，研究头部是否产生不利的拉应力，是否需要配置钢筋或采用其他措施，考察宽缝的尺寸、形状是否合适，并且必要时作出相应的修正。这一部分的应力计算方法将在第六节中叙述。

在计算实体重力坝应力时，我们常采用材料力学中的假定，即所谓重力分析法。正如第四章中所述，这个方法虽然未能考虑形变相容条件，未能反映出正应力 $\sigma_y$ 在坝基部分的非线性分布情况，但仍然为设计中的主要工具。按此方法设计的重力坝，都能安全地运行。在宽缝重力坝的整体应力分析中，我们也将采用同一基本假定，即采用重力分析法进行计算。

要在整体应力分析中考虑基础的影响，即要研究坝基附近的应力集中（非线性分布）情况，通常以采用半立体的偏光弹性试验为宜。如果要采用计算方法，则只能应用空间问题的迭弛计算法，但因工作量甚大，必须靠快速计算工具（如电子计算机）来解决。关于半立体偏光弹性试验的计算步骤，将在第六节中简单提及，而对空间迭弛法本书中不拟叙述。

头部局部应力计算是一个平面问题，通常采用材料力学方法进行计算，或可采用一些弹性理论公式，更精确的方法是应用偏光弹性试验或迭弛法。这些方法将在第五节中介绍。

**二、宽缝重力坝的计算公式**

本节中所用符号，基本上与实体重力坝相同，仅增加了以下几个符号（图 8-10）：

$T_u$——断面形心至上游面距离；

$T_d$——断面形心至下游面距离；

$t_u$——宽缝上游边线至上游坝面距离；

$t_d$——宽缝下游边线至下游坝面距离；

$t_m$——宽缝段的长度；对以上三项有：$t_u+t_m+t_d=T$；

$t$——宽缝上游边线至下游坝面距离，等于 $t_m+t_d$；

$B$——坝段总宽度；

$B_1$——坝段在宽缝处的宽度；

$F$——坝段水平断面面积；

$I$——坝段水平断面关于其形心的惯性矩。

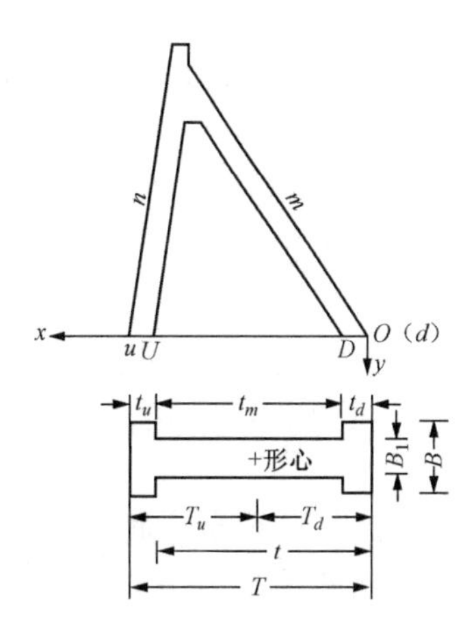

图 8-10　宽缝重力坝计算简图

各种符号所附的脚标 $u$、$m$ 及 $d$，分别指上游段、宽缝段和下游段。

应力值所附的脚标 $u$、$U$、$D$、$d$，分别指上游面、宽缝上游端、宽缝下游端和下游面等四点处的应力（参见图 8-10）。

以上各值中，$T_u$、$T_d$、$F$ 及 $I$ 可按以下公式计算：

$$\left.\begin{aligned}&T_u = T - T_d\\&T_d = \frac{1}{2F}\left[B(t_d^2 - t_u^2) + B_1 t_m^2 + 2(B_1 t_d t_m + B t_u T)\right]\\&F = B(t_u + t_d) + B_1 t_m\\&I = \frac{1}{12}(Bt_d^3 + Bt_u^3 + B_1 t_m^3) + Bt_u\left(T_u - \frac{t_u}{2}\right)^2 + Bt_d\left(T_d - \frac{t_d}{2}\right)^2 + B_1 t_m\left(T_d - t_d - \frac{t_m}{2}\right)^2\end{aligned}\right\} \quad (8\text{-}14)$$

下面我们推导宽缝重力坝的计算公式。

在计算宽缝重力坝时，我们以一个坝段作为对象，因此所求出的应力为该坝段整个宽度内的平均应力，未考虑应力集中问题。

1. 垂直正应力 $\sigma_y$ 的计算

在宽缝坝计算中，仍假定 $\sigma_y$ 呈直线分布，即 $\sigma_y=a+bx$，而 $a$ 及 $b$ 可由下式计算：

$$a = \frac{W}{F} - \frac{M}{I}T_d \quad (8\text{-}15)$$

$$b = \frac{M}{I} \quad (8\text{-}16)$$

由此可算出在 $u$、$U$、$d$、$D$ 四点处的 $\sigma_y$ 和在上下游坝面的剪应力 $\tau_u$、$\tau_d$（这些值在以后有用）：

$$\sigma_{yd}=a \quad (8\text{-}17)$$

$$\sigma_{yD}=a+bt_d \quad (8\text{-}18)$$

$$\sigma_{yU}=a+b\left(t_d+t_m\right)=a+bt \tag{8-19}$$

$$\sigma_{yu}=a+bT \tag{8-20}$$

$$\tau_d=\left(\sigma_{yd}-p'\right)m \tag{8-21}$$

$$\tau_u=\left(p-\sigma_{yu}\right)n \tag{8-22}$$

计算垂直正应力时，只须知道荷载的资料 $W$、$M$ 和几何尺寸资料 $F$、$I$、$T_d$ 就够了。

2. 剪应力 $\tau$ 的计算

如图 8-11，沿坝段长度方向，分为 $d$—$D$，$D$—$U$，$U$—$u$ 等三段，分段推导剪应力的公式。

（1）$d$—$D$ 段。取一宽为 $x$ 的截面，在 $ox$ 段内 $\sigma_y$ 的总和为：

$$Q=B\int_0^x\sigma_y\mathrm{d}x=B\int_0^x(a+bx)\mathrm{d}x=B\left(ax+\frac{1}{2}bx^2\right)$$

坝块自重为：

$$\mathrm{d}W=\gamma_c Bx\mathrm{d}y$$

有垂直方向的地震时，可在 $\gamma_c$ 内计入地震之影响。

作用于下游坝面上的垂直压力为：

$$\mathrm{d}W'=p'B\mathrm{d}x$$

$p'$ 代表下游坝面上的压力强度。

由图 8-11 所示，坝块在 $y$ 轴方向力的平衡条件可写为：

$$\tau B\mathrm{d}y+\gamma_c Bx\mathrm{d}y+p'B\mathrm{d}x+B\left[(a-\mathrm{d}a)(x-\mathrm{d}x)+\frac{1}{2}(b-\mathrm{d}b)(x-\mathrm{d}x)^2\right]-B\left(ax+\frac{1}{2}bx^2\right)=0$$

展开化简，以 $B\mathrm{d}y$ 遍除之，并注意 $\frac{\mathrm{d}x}{\mathrm{d}y}=m$，略去高次微分项后，得：

$$\tau=a_{1d}+b_{1d}x+c_{1d}x^2 \tag{8-23}$$

式中，$a_{1d}$、$b_{1d}$ 及 $c_{1d}$ 是三个系数。

$$a_{1d}=(a-p')\,m \tag{8-24}$$

$$b_{1d}=\frac{\mathrm{d}a}{\mathrm{d}y}+bm-\gamma_c \tag{8-25}$$

$$c_{1d}=\frac{1}{2}\cdot\frac{\mathrm{d}b}{\mathrm{d}y} \tag{8-26}$$

（2）$D$—$U$ 段。仿照上述，参考图 8-12，$ox$ 段内 $\sigma_y$ 的合力为：

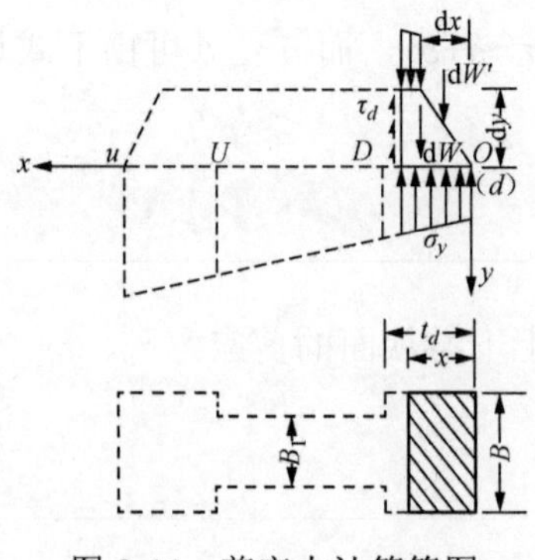

图 8-11　剪应力计算简图

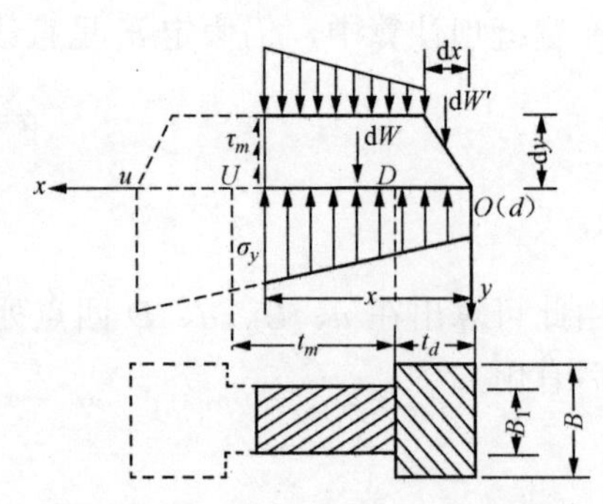

图 8-12　$D$—$U$ 段剪应力计算简图

$$Q = B\int_0^{t_d}\sigma_y \mathrm{d}x + B_1\int_{t_d}^{x}\sigma_y \mathrm{d}x$$
$$= B\left(at_d + \frac{1}{2}bt_d^2\right) + B_1\left[a(x-t_d) + \frac{b}{2}(x^2 - t_d^2)\right]$$

同样有：

$$\mathrm{d}W = \gamma_c Bt_d \mathrm{d}y + \gamma_c B_1(x-t_d)\mathrm{d}y$$
$$\mathrm{d}W' = p'B\mathrm{d}x$$

沿 $y$ 轴的力的平衡条件可写为：

$$\tau B_1 \mathrm{d}y + \mathrm{d}W' + \mathrm{d}W - \mathrm{d}Q = 0$$

简化整理后，得：

$$\tau = a_{1m} + b_{1m}x + c_{1m}x^2 \tag{8-27}$$

式中

$$\begin{aligned} a_{1m} &= \frac{B}{B_1}\left[(a+bt_d)\frac{\mathrm{d}t_d}{\mathrm{d}y} + t_d\frac{\mathrm{d}a}{\mathrm{d}y} + \frac{1}{2}t_d^2\frac{\mathrm{d}b}{\mathrm{d}y}\right] \\ &+\left(am - t_d\frac{\mathrm{d}a}{\mathrm{d}y} - \frac{1}{2}t_d^2\frac{\mathrm{d}b}{\mathrm{d}y} - a\frac{\mathrm{d}t_d}{\mathrm{d}y} - bt_d\frac{\mathrm{d}t_d}{\mathrm{d}y}\right) \\ &-\frac{B}{B_1}mp' + \left(1 - \frac{B}{B_1}\right)\gamma_c t_d \\ &= \left(\frac{B}{B_1} - 1\right)\cdot\left(\sigma_{yd}\frac{\mathrm{d}t_d}{\mathrm{d}y} + t_d\frac{\mathrm{d}a}{\mathrm{d}y} + \frac{1}{2}t_d^2\frac{\mathrm{d}b}{\mathrm{d}y} - \gamma_c t_d\right) \\ &+ am - \frac{B}{B_1}mp' \end{aligned} \tag{8-28}$$

$$b_{1m} = \frac{\mathrm{d}a}{\mathrm{d}y} + bm - \gamma_c \tag{8-29}$$

$$c_{1m} = \frac{1}{2}\frac{\mathrm{d}b}{\mathrm{d}y} \tag{8-30}$$

（3）$U$—$u$ 段。见图 8-13，令：

$$Q = B\int_x^T \sigma_y \mathrm{d}x = B\left[a(T-x) + \frac{b}{2}(T^2 - x^2)\right]$$
$$\mathrm{d}W = \gamma_c B(T-x)\mathrm{d}y$$
$$\mathrm{d}W' = pB\mathrm{d}x_u$$

垂直力的平衡条件可写为：

$$\tau B\mathrm{d}y - \mathrm{d}W - \mathrm{d}W' + \mathrm{d}Q = 0$$

将 $\mathrm{d}Q$、$\mathrm{d}W$、$\mathrm{d}W'$及 $\frac{\mathrm{d}x_u}{\mathrm{d}y} = n$ 、 $\frac{\mathrm{d}T}{\mathrm{d}y} = m + n$ 代入上式中简化后整理可得：

$$\tau = a_{1u} + b_{1u}x + c_{1u}x^2 \tag{8-31}$$

式中

$$a_{1u}=(p-a)n+\gamma_c T-T\frac{\mathrm{d}a}{\mathrm{d}y}$$

$$-\frac{T^2}{2}\cdot\frac{\mathrm{d}b}{\mathrm{d}y}-bT(m+n) \tag{8-32}$$

$$b_{1u}=-\gamma_c+\frac{\mathrm{d}a}{\mathrm{d}y}+bm \tag{8-33}$$

$$c_{1u}=\frac{1}{2}\cdot\frac{\mathrm{d}b}{\mathrm{d}y} \tag{8-34}$$

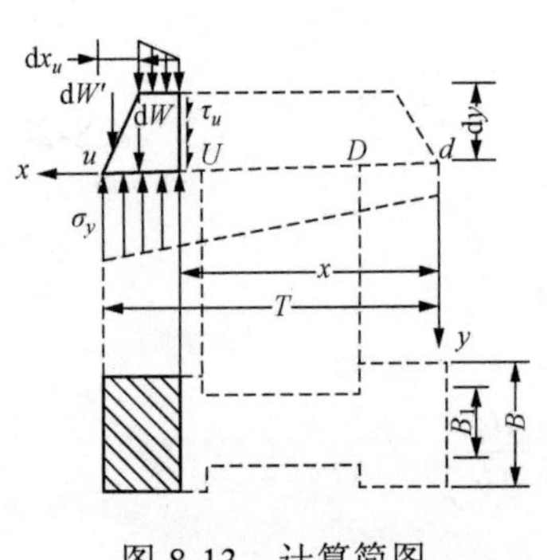


图 8-13　计算简图

由以上的推导，我们得出一条重要的结论，即三段上的剪应力均呈抛物线变化；各段公式不同，但只常数项相差，即：

$$a_{1u}\neq a_{1m}\neq a_{1d};\ b_{1u}=b_{1m}=b_{1d};\ c_{1u}=c_{1m}=c_{1d}$$

计算剪应力时，我们当然可以应用式（8-24）～式（8-26）、式（8-28）～式（8-30）及式（8-32）～式（8-34）求出各系数 $a_{1d}$、…、$c_{1u}$，然后按式（8-23）、式（8-27）、式(8-31)计算应力。但这样需先从原始资料中算出$\frac{\mathrm{d}a}{\mathrm{d}y}$、$\frac{\mathrm{d}b}{\mathrm{d}y}$等值，极其繁复，应用起来颇不方便。为此，我们改用以下方法来推求这些系数。

既然三段剪应力都呈二次曲线变化，且仅常数项不同，我们可以写下：

$$\tau_u=a_{1u}+b_1x+c_1x^2$$

$$\tau_m=a_{1m}+b_1x+c_1x^2$$

$$\tau_d=a_{1d}+b_1x+c_1x^2$$

这里只有五个待定系数：$a_{1u}$、$a_{1m}$、$a_{1d}$、$b_1$ 及 $c_1$，可应用以下五个条件来确定：

（1）在下游面，剪应力等于已知值 $\tau_d$。

（2）在 $x=t_d$ 处，根据平衡条件［参见图 8-14（a）]：

$$Bm_1\sigma_{yD}+\tau_{mD}B_1-B_1m_1\sigma_{yD}-\tau_{dD}B=0 \tag{8-35}$$

注意，在 $x=t_d$ 处，剪应力分布并不连续，有两个数值，上式中的 $\tau_{dD}$ 及 $\tau_{mD}$ 分别表示在下游侧及宽缝侧的剪应力值。

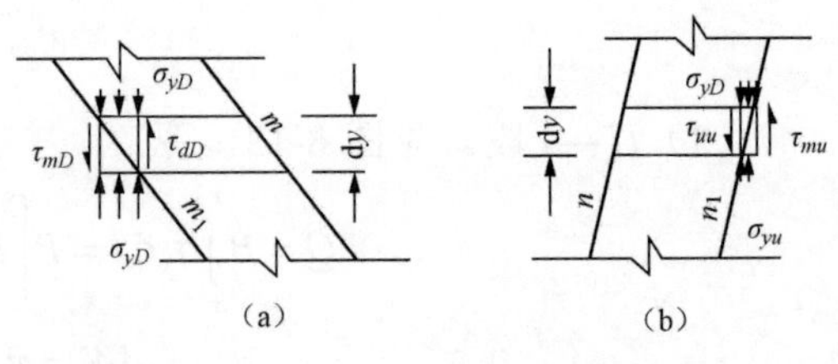


图 8-14　平衡条件示意图

（3）在 $x=t_m+t_d=T-t_u$ 处，根据平衡条件［图 8-14（b)]：

$$Bn_1\sigma_{yU}-\tau_{mU}B_1-B_1n_1\sigma_{yU}+\tau_{uU}B=0 \tag{8-36}$$

（4）在上游面，剪应力等于已知值 $\tau_u$。

（5）在整个水平截面上，全部剪应力应与水平外荷载相平衡。

根据这五个条件，我们可以写下：

$$a_{1d}=\tau_d \tag{8-37}$$

$$\left.\begin{aligned}&B_1(a_{1m}+b_1t_d+c_1t_d^2)-B(a_{1d}+b_1t_d+c_1t_d^2)\\&\quad+(B-B_1)m_1\sigma_{yD}=0\\&B(a_{1u}+b_1t+c_1t^2)-B_1(a_{1m}+b_1t+c_1t^2)\\&\quad+(B-B_1)n_1\sigma_{yU}=0\\&a_{1u}+b_1t+c_1t^2=\tau_u\end{aligned}\right\} \tag{8-38}$$

$$(Ba_{1d}t_d+B_1a_{1m}t_m+Ba_{1u}t_u)+b_1\left[\frac{B}{2}t_d^2+\frac{B_1}{2}(t^2-t_d^2)+\frac{B}{2}(T^2-t^2)\right]$$

$$+c_1\left[\frac{B}{3}t_d^3+\frac{B_1}{3}(t^3-t_d^3)+\frac{B}{3}(T^3-t^3)\right]=-V \tag{8-39}$$

以上五式中，$\tau_d$、$\sigma_{yD}$、$\tau_{yU}$、$\sigma_u$、$-V$ 均为已知值，$a_{1d}$、$a_{1m}$、$a_{1u}$、$b_1$ 及 $c_1$ 为五个未知元，适可由此五式中解之。实际上，我们可先利用式（8-37），将各式中的 $a_{1d}$ 均以 $\tau_d$ 代替，于是只剩下四式。然后再整理（8-38）的三式，以某一未知元（如 $a_{1m}$）为准而解之，将其他三未知元均以 $a_{1m}$ 表示。最后将所得结果代入式（8-39），即可获得解答。例如令

$$\left.\begin{aligned}&\beta'=\frac{B-B_1}{B_1}\\&\beta=\frac{B}{B_1}=\beta'+1\end{aligned}\right\} \tag{8-40}$$

则式（8-38）可整理为：

$$\left.\begin{aligned}&\beta't_db_1+\beta't_d^2c_1=(-\beta\tau_d+\beta'm_1\sigma_{yD})+a_{1m}\\&\beta a_{1u}+\beta'b_1t+\beta'c_1t^2=-\beta'n_1\sigma_{yU}+a_{1m}\\&a_{1u}+Tb_1+T^2c_1=\tau_u\end{aligned}\right\} \tag{8-41}$$

将以上三式解之可得：

$$\left.\begin{aligned}&a_{1u}=k_1+k_2a_{1m}\\&b_1=k_3+k_4a_{1m}\\&c_1=k_5+k_6a_{1m}\end{aligned}\right\} \tag{8-42}$$

式中，$k_1$、…、$k_6$ 均为数值系数。代入式（8-39）整理后可得：

$$a_{1m}=-\frac{V+Bt_d\tau_d+Bt_uk_1+Ck_3+Dk_5}{B_1t_m+Bt_uk_2+Ck_4+Dk_6} \tag{8-43}$$

式中

$$\left.\begin{aligned}&C=\frac{B}{2}t_d^2+\frac{B_1}{2}(t^2-t_d^2)+\frac{B}{2}(T^2-t^2)\\&D=\frac{B}{3}t_d^3+\frac{B_1}{3}(t^3-t_d^3)+\frac{B}{3}(T^3-t^3)\end{aligned}\right\} \tag{8-44}$$

既然求出 $a_{1m}$，即可依次计算 $a_{1u}$、$b_1$ 和 $c_1$，从而得到剪应力的计算公式。

现将计算剪应力公式的步骤总结如下：

（1）所需资料：

应力方面：$\sigma_{yD}$，$\sigma_{yU}$，$\tau_d$，$\tau_u$［取自式（8-18）、式（8-19）、式（8-21）及式（8-22）］。

几何尺寸方面；$B$，$B_1$，$\beta'=\dfrac{B-B_1}{B_1}$，$\beta=\dfrac{B}{B_1}$，$m_1$，$n_1$，$t_d$，$t_u$，$t_m$，$t$，$T$，又按式（8-44）计算 $C$、$D$。

（2）成立联立方程组（8-41），求出 $k_1$、…、$k_6$。

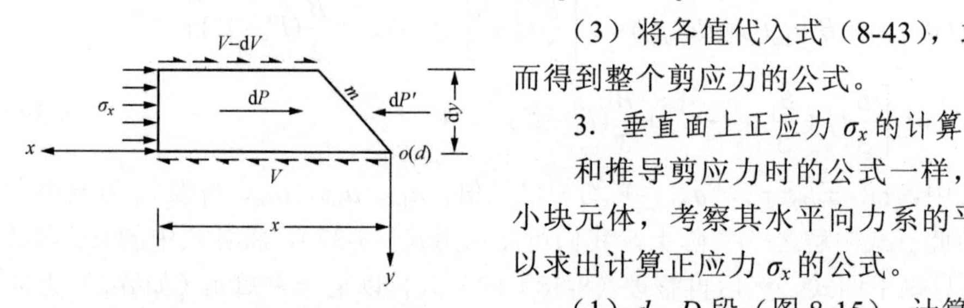


图 8-15　$d$—$D$ 段正应力示意图

（3）将各值代入式（8-43），求出 $a_{1m}$，从而得到整个剪应力的公式。

3. 垂直面上正应力 $\sigma_x$ 的计算

和推导剪应力时的公式一样，我们切取一小块元体，考察其水平向力系的平衡条件，可以求出计算正应力 $\sigma_x$ 的公式。

（1）$d$—$D$ 段（图 8-15）。计算断面处 $ox$ 段内剪应力总和为：

$$V=B\int_0^x \tau \mathrm{d}x=B\left(a_{1d}x+\frac{1}{2}b_1x^2+\frac{1}{3}c_1x^3\right)$$

地震时，水平地震引起坝块的水平惯性力（地震力作用向下游）为：

$$\mathrm{d}P=\lambda\gamma_c Bx\mathrm{d}y$$

作用于下游坝面各种荷载水平分力之和为：

$$\mathrm{d}P'=p'B\mathrm{d}y$$

由坝块上沿 $x$ 轴方向合力平衡的条件，得：

$$\sigma_x B\mathrm{d}y-\mathrm{d}V+\mathrm{d}P-\mathrm{d}P'=0$$

将 $\mathrm{d}V$、$\mathrm{d}P$、$\mathrm{d}P'$、$\dfrac{\mathrm{d}x}{\mathrm{d}y}=m$ 等代入后，并加简化，可得：

$$\sigma_x=a_{2d}+b_{2d}x+c_{2d}x^2+d_{2d}x^3 \tag{8-45}$$

式中

$$a_{2d}=a_{1d}m+p' \tag{8-46}$$

$$b_{2d}=\frac{\mathrm{d}a_{1d}}{\mathrm{d}y}+b_1m-\lambda\gamma_c \tag{8-47}$$

$$c_{2d}=\frac{1}{2}\cdot\frac{\mathrm{d}b_1}{\mathrm{d}y}+c_1m \tag{8-48}$$

$$\mathrm{d}_{2d}=\frac{1}{3}\cdot\frac{\mathrm{d}c_1}{\mathrm{d}y} \tag{8-49}$$

（2）$D$—$U$ 段（图 8-16）。令：

$$V = B\int_0^{t_d}\tau \mathrm{d}x + B_1\int_{t_d}^{x}\tau \mathrm{d}x$$

$$= B\left(a_{1d}t_d + \frac{1}{2}b_1 t_d^2 + \frac{1}{3}c_1 t_d^3\right)$$

$$+ B_1\left[a_{1m}(x - t_d) + \frac{1}{2}b_1(x^2 - t_d^2)\right.$$

$$\left.+ \frac{1}{3}c_1(x^3 - t_d^3)\right]$$

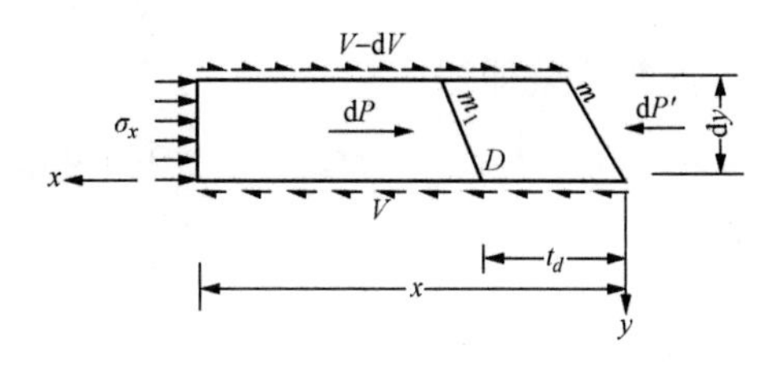


图 8-16 $D$—$U$ 段正应力示意图

$$\mathrm{d}P = \lambda\gamma_c B t_d \mathrm{d}y + \lambda\gamma_c B_1(x - t_d)\mathrm{d}y$$
$$\mathrm{d}P' = p'B\mathrm{d}y$$

由力的平衡条件得：

$$\sigma_x B_1 \mathrm{d}y - \mathrm{d}V + \mathrm{d}P - \mathrm{d}P' = 0$$

简化整理得：

$$\sigma_x = a_{2m} + b_{2m}x + c_{2m}x^2 + d_{2m}x^3 \tag{8-50}$$

式中

$$a_{2m} = \beta p' - \beta'\lambda\gamma_c t_d + \beta\left(t_d\frac{\mathrm{d}a_{1d}}{\mathrm{d}y} + \frac{1}{2}t_d^2\frac{\mathrm{d}b_1}{\mathrm{d}y}\right.$$
$$\left.+\frac{1}{3}t_d^3\frac{\mathrm{d}c_1}{\mathrm{d}y}\right) + \left(a_{1m}m - t_d\frac{\mathrm{d}a_{1m}}{\mathrm{d}y} - \frac{1}{2}t_d^2\frac{\mathrm{d}b_1}{\mathrm{d}y} - \frac{1}{3}t_d^3\frac{\mathrm{d}c_1}{\mathrm{d}y}\right) \tag{8-51}$$

$$b_{2m} = \frac{\mathrm{d}a_{1m}}{\mathrm{d}y} + b_1 m - \lambda\gamma_c \tag{8-52}$$

$$c_{2m} = c_{2d}$$
$$d_{2m} = d_{2d}$$

（3）$U$—$u$ 段（图 8-17）。令：

$$V = B\int_x^T \tau \mathrm{d}x = B\left[a_{1u}(T - x) + \frac{b_1}{2}(T^2 - x^2) + \frac{c_1}{3}(T^3 - x^3)\right]$$
$$\mathrm{d}P = \lambda\gamma_c(T - x)B\mathrm{d}y$$
$$\mathrm{d}P' = pB\mathrm{d}y$$

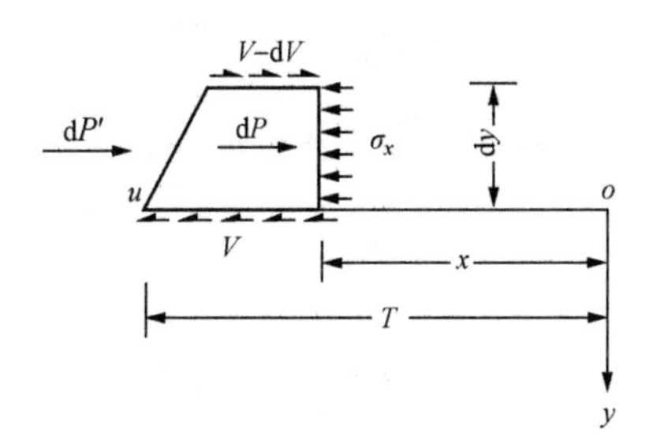


图 8-17 $U$—$u$ 段正应力示意图

由力的平衡条件得：

$$\sigma_x B\mathrm{d}y - \mathrm{d}P' - \mathrm{d}P + \mathrm{d}V = 0$$

简化整理得：

$$\sigma_x = a_{2u} + b_{2u}x + c_{2u}x^2 + \mathrm{d}_{2u}x^3 \tag{8-53}$$

式中

$$a_{2u} = p + a_{1u}m - \tau_u(m+n) - T\frac{\mathrm{d}a_{1u}}{\mathrm{d}y} - \frac{1}{2}T^2\frac{\mathrm{d}b_1}{\mathrm{d}y} - \frac{1}{3}T^3\frac{\mathrm{d}c_1}{\mathrm{d}y} + \lambda\gamma_c T \tag{8-54}$$

$$b_{2u} = \frac{\mathrm{d}a_{1u}}{\mathrm{d}y} + b_1 m - \lambda\gamma_c \tag{8-55}$$

$$c_{2u} = c_{2d}$$

$$d_{2u} = d_{2d}$$

总之，根据以上推导，我们得出如下结论：坝体三段上的水平正应力 $\sigma_x$ 均呈三次曲线变化，而且其 $x^2$ 及 $x^3$ 项的系数相等，故可写为：

$$\left.\begin{array}{ll} \text{下游段} & \sigma_x = a_{2d} + b_{2d}x + c_2x^2 + d_2x^3 \\ \text{宽缝段} & \sigma_x = a_{2m} + b_{2m}x + c_2x^2 + d_2x^3 \\ \text{上游段} & \sigma_x = a_{2u} + b_{2u}x + c_2x^2 + d_2x^3 \end{array}\right\} \tag{8-56}$$

式中，$a_{2d}$、$a_{2m}$、$a_{2u}$、$b_{2d}$、$b_{2m}$、$b_{2u}$、$c_2$ 及 $d_2$ 为八个待定系数，其计算公式为：

$$a_{2d} = a_{1d}m + p'$$

$$a_{2m} = \beta p' - \beta'\lambda\gamma_c t_d + \beta\left(t_d\frac{\mathrm{d}a_{1d}}{\mathrm{d}y} + \frac{1}{2}t_d^2\frac{\mathrm{d}b_1}{\mathrm{d}y} + \frac{1}{3}t_d^3\frac{\mathrm{d}c_1}{\mathrm{d}y}\right) + \left(a_{1\mathrm{m}}m - t_d\frac{\mathrm{d}a_{1\mathrm{m}}}{\mathrm{d}y} - \frac{1}{2}t_d^2\frac{\mathrm{d}b_1}{\mathrm{d}y} - \frac{1}{3}t_d^3\frac{\mathrm{d}c_1}{\mathrm{d}y}\right)$$

$$a_{2u} = p + a_{1u}m - \tau_u(m+n) - T\frac{\mathrm{d}a_{1u}}{\mathrm{d}y} - \frac{1}{2}T^2\frac{\mathrm{d}b_1}{\mathrm{d}y} - \frac{1}{3}T^3\frac{\mathrm{d}c_1}{\mathrm{d}y} + \lambda\gamma_c T$$

$$b_{2d} = \frac{\mathrm{d}a_{1d}}{\mathrm{d}y} + b_1 m - \lambda\gamma_c$$

$$b_{2m} = \frac{\mathrm{d}a_{1m}}{\mathrm{d}y} + b_1 m - \lambda\gamma_c$$

$$b_{2u} = \frac{\mathrm{d}a_{1u}}{\mathrm{d}y} + b_1 m - \lambda\gamma_c$$

$$c_2 = \frac{1}{2}\cdot\frac{\mathrm{d}b_1}{\mathrm{d}y} + c_1 m$$

$$d_2 = \frac{1}{3}\cdot\frac{\mathrm{d}c_1}{\mathrm{d}y}$$

以上八个系数，不能以八个独立的条件来解算，而必须从上述方程式中来计算。考察以上各式的右边，只有五个导数$\frac{da_{1d}}{dy}$、$\frac{da_{1m}}{dy}$、$\frac{da_{1u}}{dy}$、$\frac{db_1}{dy}$及$\frac{dc_1}{dy}$为未知（以下简写为$a'_{1d}$、$a'_{1m}$、$a'_{1u}$、$b'_1$及$c'_1$），其余均为已知值，只要设法算出这五个导数，问题就迎刃而解。这五个导数可以这样计算：将以前求剪应力时的五个公式（8-37）～式（8-39），两边均对 $y$ 微分，并在符号右角上加撇表示其对 $y$ 的导数，可得：

$$a'_{1d} = \tau'_d \tag{8-57}$$

$$\left.\begin{aligned}&\beta' t_d b'_1 + \beta' t_d^2 c'_1 = -\beta\tau'_d + \beta' m_1 \sigma'_{yD} - \beta' t'_d b_1 - 2\beta' t_d t'_d c_1 + a'_{1m}\\&\beta a'_{1n} + \beta' t b'_1 + \beta' t^2 c'_1 = -\beta' n_1 \sigma'_{yD} + a'_{1m} - \beta' t' b_1 - 2\beta' t t' c_1\\&a'_{1u} + T b'_1 + T^2 c'_1 = \tau'_u - T' b_1 - 2T T' c_1\end{aligned}\right\} \tag{8-58}$$

$$\begin{aligned}(B a'_{1d} t_d + B_1 a'_{1m} t_m + B a'_{1u} t_u) + b'_1 C + c'_1 D = -V' - (B a_{1d} t'_d\\+ B_1 a_{1m} t'_m + B a'_{1u} t'_u) - b_1\left[B t_d t'_d + B_1(t t' - t_d t'_d)\right.\\\left.+ B(TT' - tt')\right] - c_1\left[B t_d^2 t'_d + B_1(t^2 t' - t_d^2 t'_d) + B(T^2 T' - t^2 t')\right]\end{aligned} \tag{8-59}$$

以上五式中，$t'_d$、$t'_u$、$t'_m$、$T'$及$t'$各表示$t_d$、$t_u$、$t_m$、$T$及$t$对于$y$的导数，其值为：

$$t'_d = m - m_1;\quad t'_u = n - n_1;\quad t'_m = m_1 + n_1;\quad t' = m + n_1;\quad T' = m + n \tag{8-60}$$

在多数情况下，宽缝两侧边和上下游坝面是平行的（有时略有不平行，亦可作为平行处理，影响甚微），即 $m=m_1$、$n=n_1$，故：

$$t'_d = 0;\quad t'_u = 0;\quad t'_m = t' = T' = m + n \tag{8-61}$$

则以前五式乃简化为：

$$a'_{1d} = \tau'_d \tag{8-62}$$

$$\left.\begin{aligned}&\beta' t_d b'_1 + \beta' t_d^2 c'_1 = (-\beta\tau'_d + \beta' m_1 \sigma'_{yD}) + a'_{1m}\\&\beta a'_{1u} + \beta' t b'_1 + \beta' t^2 c'_1 = -\left[\beta' n_1 \sigma'_{yU} + \beta'(m+n)(b_1 + 2tc_1)\right] + a'_{1m}\\&a'_{1u} + T b'_1 + T^2 c'_1 = \tau'_u - (m+n)(b_1 + 2c_1 T)\end{aligned}\right\} \tag{8-63}$$

$$(B a'_{1d} t_d + B_1 a'_{1m} t_m + B a'_{1u} t_u) + b'_1 C + c'_1 D = -V' - A \tag{8-64}$$

式中

$$A = (m+n)\left[B_1 a_{1m} + b_1(B_1 t + B t_u) + c_1(B_1 t^2 + B\overline{T^2 - t^2})\right] \tag{8-65}$$

从这五式中可以解算$a'_{1d}$、$a'_{1m}$、$a'_{1u}$、$b'_1$及$c'_1$等五个导数[❶]。式中只有$\tau'_d$、$\sigma'_{yD}$、$\sigma'_{yU}$、$\tau'_U$及$V'$等五个值需要计算，其他均为已知值。这五个值可以如下求之：

（1）$\tau'_d$：因$\tau_d$=（$a-p'$）$m$，故：

$$\tau'_d = \left(\frac{da}{dy} - \frac{dp'}{dy}\right) m \tag{8-66}$$

❶ 如$t'_d$、$t'_u$不能置为零时，可由式（8-57）～式（8-59）解算五个导数，除常数项较多几项外，其余并无区别。

而由式（8-25）：

$$\frac{\mathrm{d}a}{\mathrm{d}y}=b_1-bm+\gamma_c \tag{8-25'}$$

又

$$\frac{\mathrm{d}p'}{\mathrm{d}y}=\gamma_0 \tag{8-67}$$

下游无水时，$\frac{\mathrm{d}p'}{\mathrm{d}y}$值为 0；有地震作用力时，需计入其影响。

（2）$\tau'_u$：因

$$\tau_u=(p-a-bT)n$$

故：

$$\tau'_u=\left[\frac{\mathrm{d}p}{\mathrm{d}y}-\frac{\mathrm{d}a}{\mathrm{d}y}-T\frac{\mathrm{d}b}{\mathrm{d}y}-(m+n)b\right]n \tag{8-68}$$

除$\frac{\mathrm{d}a}{\mathrm{d}y}$的公式见上述外，我们有：

$$\left.\begin{aligned}&\frac{\mathrm{d}b}{\mathrm{d}y}=2c_1\\&\frac{\mathrm{d}p}{\mathrm{d}y}=\gamma_0(\text{有地震力、淤沙压力等时也须计入})\end{aligned}\right\} \tag{8-69}$$

（3）$V'$：很显然，$V'=\frac{\mathrm{d}V}{\mathrm{d}y}=-Bp$，即为坝体上游面水平荷载强度与坝段宽度的乘积，有地震力等作用时均应考虑其影响在内。下游面有水压力时，$p$ 指两面压力强度之差。

（4）$\sigma'_{yD}$：因

$$\sigma_{yD}=a+bt_d$$

故：

$$\sigma'_{yD}=\frac{\mathrm{d}a}{\mathrm{d}y}+t_d\frac{\mathrm{d}b}{\mathrm{d}y}+bt'_d \tag{8-70}$$

如$t_d$为常数，则$bt'_d$项为 0。

（5）$\sigma'_{yU}$：因

$$\sigma_{yU}=a+bt$$

故：

$$\sigma'_{yU}=\frac{\mathrm{d}a}{\mathrm{d}y}+t\frac{\mathrm{d}b}{\mathrm{d}y}+(m+n)b \tag{8-71}$$

从方程组（8-62）～（8-64）解算五个导数时，我们可先从式（8-63），就 $a'_{1m}$ 解出：

$$\left.\begin{aligned}a'_{1u} &= k'_1 + k_2 a'_{1m}\\ b'_1 &= k'_3 + k_4 a'_{1m}\\ c'_1 &= k'_5 + k_6 a'_{1m}\end{aligned}\right\} \tag{8-72}$$

注意，由于式（8-63）各未知元前的系数和式（8-41）完全相同，故上式中的 $k_2$、$k_4$ 及 $k_6$ 即式（8-42）中的 $k_2$、$k_4$ 及 $k_6$。

将上述各值代入式（8-64），则可得：

$$a'_{1m} = -\frac{(V'+A) + Bt_d a'_{1d} + Bt_u k'_1 + Ck'_3 + Dk'_5}{B_1 t_m + Bt_u k_2 + Ck_4 + Dk_6} \tag{8-73}$$

求出 $a'_{1m}$，即可依次计算 $a'_{1u}$、$b'_1$ 及 $c'_1$，然后代入式（8-47）～式（8-55），计算 $a_{2d}$、$a_{2m}$、$a_{2u}$、$b_{2d}$、$b_{2m}$、$b_{2u}$、$c_2$ 及 $d_2$ 等八个系数，最终求出 $\sigma_x$ 的表达式。

4. 计算步骤归纳

以上所述计算步骤，可整理如下：

（1）所需基本资料：$W$、$M$、$V$、$T$、$t$、$t_u$、$t_m$、$t_d$、$m$、$n$、$m_1$、$n_1$、$F$、$I$、$p$、$p'$、$T_u$、$T_d$。

（2）垂直正应力 $\sigma_y$：

1）计算 $a=\frac{W}{F}-\frac{MT_d}{J}$、$b=\frac{M}{J}$。

2）得出 $\sigma_y$ 的公式：$\sigma_y=a+bx$，并求出 $\sigma_{yu}$、$\sigma_{yU}$、$\sigma_{yD}$、$\sigma_{yd}$ 四值以备应用。

（3）剪应力 $\tau$：

1）计算 $\tau_u=(p-\sigma_{yu})n$、$\tau_d=(\sigma_{yd}-p')m=a_{1d}$。

2）计算 $\beta'=\frac{B-B_1}{B_1}$、$\beta=\frac{B}{B_1}$、$t_d$、$t_d^2$、$t$、$t^2$、$T$、$T^2$ 以及

$$C=\frac{B}{2}t_d^2+\frac{B_1}{2}(t^2-t_d^2)+\frac{B}{2}(T^2-t^2)$$

$$D=\frac{B}{3}t_d^3+\frac{B_1}{3}(t^3-t_d^3)+\frac{B}{3}(T^3-t^3)$$

3）建立联立方程：

$$\left.\begin{aligned}&\beta' t_d b_1 + \beta' t_d^2 c_1 = (-\beta\tau_d + \beta' m_1\sigma_{yD}) + a_{1m}\\ &\beta a_{1u} + \beta' t b_1 + \beta' t^2 c_1 = -\beta' n_1 \sigma_{yD} + a_{1m}\\ &a_{1u} + Tb_1 + T^2 c_1 = \tau_u\end{aligned}\right\}$$

解之，得：

$$\left.\begin{aligned}a_{1u} &= k_1 + k_2 a_{1m}\\ b_1 &= k_3 + k_4 a_{1m}\\ c_1 &= k_5 + k_6 a_{1m}\end{aligned}\right\}$$

就可求得 $k_1$～$k_6$ 等六个系数。

4）代入下式，决定 $a_{1m}$；

$$a_{1m}=-\frac{V+Bt_d\tau_d+Bt_uk_1+Ck_3+Dk_5}{B_1t_m+Bt_uk_2+Ck_4+Dk_6}$$

从而求出 $b_1$、$c_1$ 和 $a_{1u}$。

5）得出 $\tau$ 的计算公式：

上游段 $\tau=a_{1u}+b_1x+c_1x^2$

宽缝段 $\tau=a_{1m}+b_1x+c_1x^2$

下游段 $\tau=a_{1d}+b_1x+c_1x^2$

（4）水平正应力 $\sigma_x$：

1）计算五个导数：

$$\tau'_d=\left(\frac{\mathrm{d}a}{\mathrm{d}y}-\frac{\mathrm{d}p'}{\mathrm{d}y}\right)m=a'_{1d}$$

而 $\frac{\mathrm{d}a}{\mathrm{d}y}=b_1-bm+\gamma_c$，$\frac{\mathrm{d}p'}{\mathrm{d}y}$ 根据下游面边界压力情况决定；

$$\tau'_u=\left[\frac{\mathrm{d}p}{\mathrm{d}y}-\frac{\mathrm{d}a}{\mathrm{d}y}-T\frac{\mathrm{d}b}{\mathrm{d}y}-(m+n)b\right]n$$

而 $\frac{\mathrm{d}b}{\mathrm{d}y}=2c_1$，$\frac{\mathrm{d}p}{\mathrm{d}y}=\gamma_0$；

$$V'=\frac{\mathrm{d}V}{\mathrm{d}y}=-Bp$$

$$\sigma'_{yD}=\frac{\mathrm{d}a}{\mathrm{d}y}+t_d\frac{\mathrm{d}b}{\mathrm{d}y}$$ ❶

$$\sigma'_{yU}=\frac{\mathrm{d}a}{\mathrm{d}y}+t\frac{\mathrm{d}b}{\mathrm{d}y}+(m+n)b$$

2）建立联立方程组❷：

$$\left.\begin{aligned}&\beta't_db'_1+\beta't_d^2c'_1=(-\beta\tau'_d+\beta'm_1\sigma'_{yD})+a'_{1m}\\&\beta a'_{1u}+\beta'tb'_1+\beta't^2c'_1=-[\beta'n_1\sigma'_{yU}+\beta'(m+n)(b_1+2tc_1)]+a'_{1m}\\&a'_{1u}+Tb'_1+T^2c'_1=\tau'_u-(m+n)(b_1+2Tc_1)\end{aligned}\right\}$$

解之，得：

$$\left.\begin{aligned}a'_{1u}&=k'_1+k_2a'_{1m}\\b'_1&=k'_3+k_4a'_{1m}\\c'_1&=k'_5+k_6a'_{1m}\end{aligned}\right\}$$

由此可得出 $k'_1$，$k'_3$，$k'_5$ 等三个系数。

❶ 如 $t_d$ 不为常数，则 $\sigma'_{yD}=\frac{\mathrm{d}a}{\mathrm{d}y}+t_d\frac{\mathrm{d}b}{\mathrm{d}y}+b(m-m_1)$。

❷ 如 $t_d$ 及 $t_u$ 不为常数，则用式（8-58）。

3）计算 $A$ 值：

$$A=(m+n)\left[B_1a_{1m}+b_1(B_1t+Bt_u)+c_1(B_1t^2+B\overline{T^2-t^2})\right]$$

再代入下式求 $a'_{1m}$ ❶：

$$a'_{1m}=-\frac{(V'+A)+Ba'_{1d}t_d+Bt_uk'_1+Ck'_3+Dk'_5}{B_1t_m+Bt_uk_2+Ck_4+Dk_6}$$

由此求出 $a'_{1u}$、$b'_1$ 及 $c'_1$（$a'_{1d}=\tau'_d$ 已求出）。

4）应用式（8-46）～式（8-55）中相应公式计算 $a_{2u}$、$a_{2m}$、$a_{2d}$、$b_{2u}$、$b_{2m}$、$b_{2d}$、$c_2$ 及 $d_2$ 等八个系数。

5）得出 $\sigma_x$ 的计算公式：

$$\sigma_x=\begin{Bmatrix}a_{2u}+b_{2u}x\\a_{2m}+b_{2m}x\\a_{2d}+b_{2d}x\end{Bmatrix}+c_2x^2+d_2x^3$$

## 三、宽缝重力坝计算举例

图 8-18 中示一宽缝重力坝断面。各尺寸及荷载均见图示，试用本节所述方法计算其应力。

1. 垂直正应力 $\sigma_y$

$\sigma_y$ 按偏心受压公式计算，甚为简易，不必详细说明，其成果为：

$W$=194880t

（以一个坝块计，下同）；

$M$=−589333t・m；

$F$=1360m²；

$I$=781333m⁴；

$T_u=T_d$=40m；

$$a=\frac{W}{F}-\frac{MT_d}{I}=173.46$$

$b$=−0.7543

故得：

$$\sigma_y=a+bx=173.46-0.7543x$$

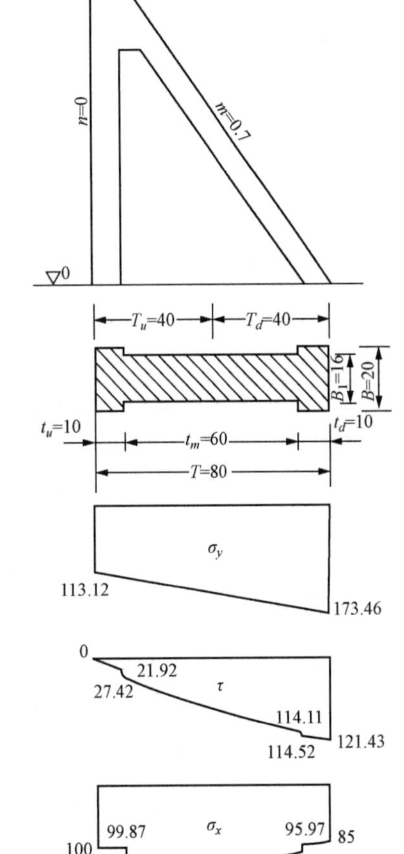


图 8-18　某一宽缝重力坝断面

注：图中长度以 m 计，应力以 t/m² 计。

可列表计算如下（表中应力以 t/m² 计）：

| $x$ | 0 | 10 | 20 | 30 |
|---|---|---|---|---|
| $\sigma_y$ | 173.46（$\sigma_{yd}$） | 165.92（$\sigma_{yD}$） | 158.37 | 150.83 |

| $x$ | 40 | 50 | 60 | 70 | 80 |
|---|---|---|---|---|---|
| $\sigma_y$ | 143.28 | 135.74 | 128.20 | 120.67（$\sigma_{yU}$） | 113.12（$\sigma_{yu}$） |

❶ 如 $t_d$ 及 $t_u$ 不为常数，应代入式（8-59）求 $a'_{1m}$。

2. 剪应力 $\tau$

$\tau$ 可按下列步骤计算：

（1）计算上下游坝面剪应力：

$$\text{上游 } n=0\text{，故 } \tau_u=0$$

$$\text{下游 } m=0.7\text{，故 } \tau_d=173.465\times0.7=121.4255$$

（2）计算以下各值：

$$\beta'=\frac{B-B_1}{B_1}=\frac{20-16}{16}=0.25$$

$$\beta=\frac{B}{B_1}=\frac{20}{16}=1.25$$

$$t_d=10;\ t'_d=100;\ t=70;\ t^2=4900;\ T=80;\ T^2=6400;\ C=54400;$$
$$D=2957333$$

（3）代入式（8-41）建立联立方程组：

$$\left.\begin{aligned}&2.5b_1+25c_1=a_{1m}-122.7456\\&5a_{1u}+70b_1+4900c_1=4a_{1m}\\&a_{1u}+80b_1+6400c_1=0\end{aligned}\right\}$$

（4）解上式列方程组，得：

$$\left.\begin{aligned}&a_{1u}=115.5253\\&b_1=-55.9060+0.45714a_{1m}\\&c_1=0.68077-0.0057143a_{1m}\end{aligned}\right\}$$

所以：

$$k_1=115.5253;\ k_2=0;\ k_3=-55.9060;\ k_4=0.45714;$$
$$k_5=0.68077;\ k_6=-0.0057143$$

（5）代入式（8-43）：

$$a_{1m}=-\frac{V+Bt_d\tau_d+Bt_uk_1+Ck_3+Dk_5}{B_1t_m+Bt_uk_2+Ck_4+Dk_6}=121.0193$$

从而求得：

$$b_1=-0.58325;\ c_1=-0.01077$$

（6）这样就求出了剪应力的计算公式：

上游段 $\tau=115.5253-0.58325x-0.01077x^2$

宽缝段 $\tau=121.0193-0.58325x-0.01077x^2$

下游段 $\tau=121.4255-0.58325x-0.01077x^2$

可列表计算如下（表中应力以 t/m² 计）：

| $x$ | 0 | $10^-$ | $10^+$ | 20 | 30 | 40 | 50 | 60 | $70^-$ | $70^+$ | 80 |
|---|---|---|---|---|---|---|---|---|---|---|---|
| $\tau$ | 121.43 | 114.52 | 114.11 | 105.05 | 93.83 | 80.46 | 64.93 | 47.25 | 27.42 | 21.92 | 0 |

3. 正应力 $\sigma_x$

（1）计算五个导数：

$$\tau'_d=\left(\frac{\mathrm{d}a}{\mathrm{d}y}-\frac{\mathrm{d}p'}{\mathrm{d}y}\right)m=\frac{\mathrm{d}a}{\mathrm{d}y}m=(b_1-bm+\gamma_c)m=2.3447\times0.7=1.6413$$

$$\tau'_u=\left[\frac{\mathrm{d}p}{\mathrm{d}y}-\frac{\mathrm{d}a}{\mathrm{d}y}-T\frac{\mathrm{d}b}{\mathrm{d}y}-(m+n)b\right]n=0\ \text{（由于 }n=0\text{）}$$

$$V'=-100\times20=-2000$$

$$\sigma'_{yD}=\frac{\mathrm{d}a}{\mathrm{d}y}+t_d\frac{\mathrm{d}b}{\mathrm{d}y}=\frac{\mathrm{d}a}{\mathrm{d}y}+t_d\bullet2c_1=2.3447-0.02154\times10$$

$$=2.3447-0.2154=2.1293$$

$$\sigma'_{yU}=\frac{\mathrm{d}a}{\mathrm{d}y}+t\frac{\mathrm{d}b}{\mathrm{d}y}+mb=2.3447+(-0.02154)\times70+0.7$$

$$\times(-0.7543)=0.30895$$

（2）成立联立方程组：

$$\left.\begin{aligned}&a'_{1d}=\tau'_d\\&\beta't_db'_1+\beta't'_dc'_1=(-\beta\tau'_d+\beta'm_1\sigma'_{yD})+a'_{1m}\\&\beta a'_{1u}+\beta'tb'_1+\beta't^2c'_1=-\beta'm(b_1+2tc_1)+a'_{1m}\\&a'_{1u}+Tb'_1+T^2c'_1=-m(b_1+2\,Tc_1)\end{aligned}\right\}$$

将上列各数值代入后，得：

$$\begin{aligned}&2.5b'_1+25c'_1=-1.6790\\&1.25a'_{1u}+17.5b'_1+1225c'_1=0.365934\\&a'_{1u}+80b'_1+6400c'_1=1.614515\end{aligned}$$

解之，得：

$$\left.\begin{aligned}&a'_{1u}=k'_1+k_2a'_{1m}=1.639735\\&b'_1=k'_3+k_4a'_{1m}=-0.767498+0.45714a'_{1m}\\&c'_1=k'_5+k_6a'_{1m}=0.0095898-0.0057143a'_{1m}\end{aligned}\right\}$$

（3）计算 $a'_{1m}$、$a'_{1u}$、$b'_1$ 及 $c'_1$ 等值。首先计算 $A$ 值：

$$A=(m+n)\left[B_1a_{1m}+b_1(B_1t+Bt_u)+c_1(B_1t^2+B\overline{T^2-t^2})\right]$$

$$=-0.7344$$

故

$$V'+A=-2000.7344$$

代入式（8-73）：

$$a'_{1m}=-\frac{(V'+A)+Bt_da'_{1d}+Bt_uk'_1+Ck'_3+Dk'_5}{B_1t_m+Bt_uk_2+Ck_4+Dk_6}=1.650317$$

由此求得：

$$\begin{aligned}&a'_{1u}=1.639735\\&b'_1=-0.013072\\&c'_1=0.000159379\\&a'_{1d}=1.641332\end{aligned}$$

（4）计算各系数值：

$$a_{2d}=a_{1d}m=121.4255\times0.7=84.998$$

$$a_{2m}=\beta\left(t_d a'_{1d}+\frac{1}{2}t_d^2 b'_1+\frac{1}{3}t_d^3 c'_1\right)+\left(a_{1m}m-t_d a'_{1m}-\frac{1}{2}t_d^2 b'_1-\frac{1}{3}t_d^3 c'_1\right)=88.5767$$

$$a_{2u}=p+a_{1u}m-Ta'_{1u}-\frac{1}{2}T^2 b'_1-\frac{1}{3}T^3 c'_1=64.4100$$

$$b_{2m}=a'_{1m}+b_1 m=1.24204$$

$$b_{2u}=a'_{1u}+b_1 m=1.23146$$

$$b_{2d}=a'_{1d}+b_1 m=1.23306$$

$$c_2=\frac{1}{2}b'_1+c_1 m=-0.014075$$

$$d_2=\frac{1}{3}c'_1=0.000053126$$

（5）这样得到了 $\sigma_x$ 的计算公式：

下游段　$\sigma_x=84.998+1.23306x-0.014075x^2+0.000053126x^3$

宽缝段　$\sigma_x=88.5767+1.24204x-0.014075x^2+0.000053126x^3$

上游段　$\sigma_x=64.4100+1.23146x-0.014075x^2+0.000053126x^3$

$\sigma_x$ 值可以列表计算如下（表中应力以 $t/m^2$ 计）：

| $x$ | 0 | $10^-$ | $10^+$ | 20 | 30 | 40 | 50 | 60 | $70^-$ | $70^+$ | 80 |
|---|---|---|---|---|---|---|---|---|---|---|---|
| $\sigma_x$ | 85.00 | 95.97 | 99.64 | 108.21 | 114.60 | 119.14 | 122.13 | 123.90 | 124.77 | 99.87 | 100.0 |

（6）求出 $\sigma_x$ 后，可按下述条件复核一下：

1）在上游坝面处的 $\sigma_x$ 值，可以按下列公式直接求出，以便与上面求得的结果相校核：

$$\sigma_{xu}=p+(\sigma_{yu}-p)n^2$$

2）在 $x=t_d$ 处，根据平衡要求，有如下的关系式存在：

$$\sigma_{xdD}B+\tau_{mD}mB_1=\tau_{xmD}B_1+\tau_{dD}mB$$

例如，在本例中：

95.97×20+114.11×0.7×16=99.64×16+114.52×0.7×20

3）在 $x=t$ 处，根据平衡要求，有：

$$\sigma_{xuU}B+\tau_{uU}nB=\sigma_{xmU}B_1+\tau_{mU}nB_1$$

例如，本例中：

99.87×20+0=124.77×16+0

本例中，$\sigma_y$、$\sigma_x$ 及 $\tau$ 的分布情况，示于图 8-18 中。

**四、考虑渐变段影响的应力计算法**

以上各段所述的计算法，都假定宽缝重力坝坝块的水平截面呈工字形。实际上，坝块宽度从上下游头部到宽缝段间总是呈直线渐变形式，参见图 8-19。作为一般设计计算的方法，我们可以将这个实际断面近似地化引成一个相当的工字形断面，并使它们具有相同的截面积，然后按照假定的化引断面进行计算。注意在计算垂直正应力 $\sigma_y$ 时，仍可采用实际断面的 $F$、$I$ 及作用在断面上的外荷载 $W$、$M$ 等，而不必采用化引断面计算。

按照化引断面求出的剪应力 $\tau$ 和水平正应力 $\sigma_x$ 的分布，在 $x=t_d$ 及 $x=t$ 处都有一个突变。这是因为断面宽度在此处有突变，而我们所计算的又是断面上的平均应力之故。在实际的坝体上，不应该存在这种应力突变情况。对于这一问题，我们可按以下方法进行一些修正。

设图 8-20 中，折线 1-2-3-4-5-6 表示按化引断面求出的应力曲线成果，在 2-3、4-5 处有一突变。而实际断面在该处有一渐变段，如图上的 $U'U''$和 $D''D'$。可在 $U'$、$U''$、$D''$、$D'$四点处各引垂线，交应力曲线于 2′、3′、4′、5′等四点，最后我们可取折线 1-2′-3′-4′-5′-6 为最终的应力分布曲线。这样就避免了应力突变现象。

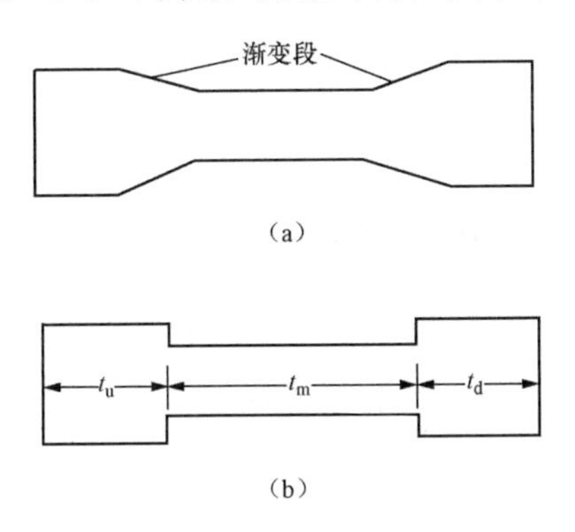


图 8-19　实际断面和化引断面

（a）实际断面；（b）化引工字形断面

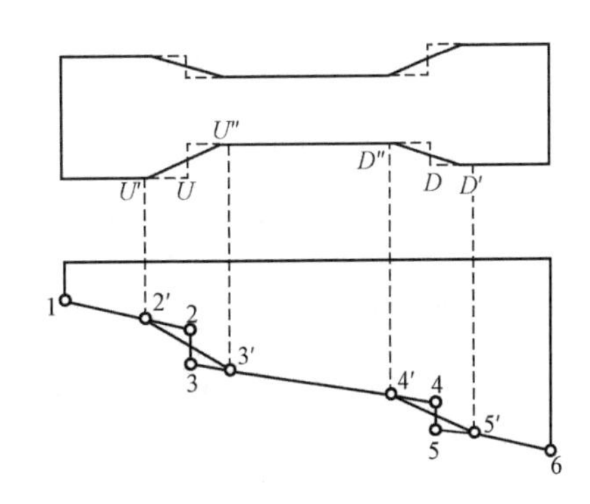


图 8-20　应力曲线成果图

在一般的宽缝重力坝设计中，这样做法已可满足要求。但如果有特殊需要，必须按准确的坝体断面进行应力分析时，亦即在计算中必须考虑渐变段影响时，以前各节公式不再适用。这情况下的公式当然仍可求出，唯形式较为复杂，我们可采用下述的“几何法”来解算这一问题。

（1）设我们欲计算图 8-21 中坝体断面 1-①上的各种应力。我们先在该断面上下各取一个辅助断面 2-②及 3-③，三个断面相距各为 Δ$y$。Δ$y$ 的值应该取得小一些；例如取 Δ$y$=0.2～0.5m。Δ$y$ 值愈小，成果愈精确，但要求相应的计算精确度也愈高。

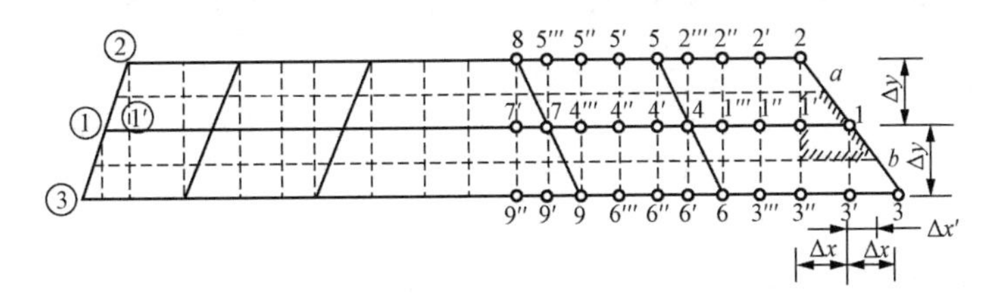


图 8-21　“几何法”坝体断面

（2）计算 1-①、2-②及 3-③三个断面上的合力 $W$、$M$ 及断面特性 $F$、$I$。注意，这项计算要求很高的精确度。因为三个断面相距很近，各项数值本来就很接近，而我们以后的一切计算，却完全根据上述数值的微小差值进行。所以计算的精度不高，就会得出完全不符实际的成果。求出上述数值后，进而确定三个断面上正应力 $\sigma_y$ 的公式。

（3）将三个断面画成网格。在坝体上下游边线、宽缝渐变段上下游边线与三个断面相交点（如图 8-21 中的 1、2、3、4、5、6、7、8、9 等），均应有一垂线通过。在这些线段之间，则视计算精度的需要，适当地用垂线分段。算出计算网上每一交点处的 $\sigma_y$ 值（同样要求很高的精度，以下均同）。

（4）先考虑小元块 1-2-1′。在底边 1-1′上，作用着正应力 $\sigma_{y1}\sim\sigma_{y1'}$，其合力是 $\frac{1}{2}(\sigma_{y1}+\sigma_{y1'})B\Delta x$。此外，在斜边 1-2 上作用有下游水压力，其合力是 $p'B\Delta x$（$p'$为 1-2 线上平均压力强度值）。最后尚有小块体自重 $\frac{1}{2}\gamma_c B\Delta x\Delta y$。因此，三个力量的代数和就是 1′-2 线上的总剪力：

$$T_{1'2}=\frac{1}{2}(\sigma_{y1}+\sigma_{y1'})B\Delta x-p'B\Delta x-\frac{1}{2}\gamma_c B\Delta x\Delta y$$

而 1′-2 线上的平均剪力当然就是：

$$\tau_{1'2}=\frac{T_{1'2}}{B\Delta y}=\frac{1}{2}(\sigma_{y'}+\sigma_{y1''})m-p'm-\frac{1}{2}\gamma_c\Delta x$$

（5）继续计算小元块 2-1′-1″-2′，在 2′-1″线上的总剪力容易写下为：

$$T_{2'1''}=T_{1'2}+\frac{1}{2}(\sigma_{y1'}+\sigma_{y1''})B\Delta x-\frac{1}{2}(\sigma_{y2}+\sigma_{y2'})B\Delta x-\gamma_c B\Delta y\Delta x$$

（注意，相邻块的 $\Delta x$ 可以不同）。而：

$$\tau_{2'1''}=\tau_{1'2}+\frac{1}{2}(\sigma_{y1'}+\sigma_{y1''})\frac{\Delta x}{\Delta y}-\frac{1}{2}(\sigma_{y2}+\sigma_{y2'})\frac{\Delta x}{\Delta y}-\gamma_c\Delta x$$

仿此推算，我们一直可以算出 2‴-4 线上的剪力。

（6）在考虑小元块 2‴-4-4′-5 的平衡时，我们注意到，4-4′已进入渐变段，因此在点 4′处的坝块宽度已有一微小变化，设其宽度为 $B_4'$。这样，作用在 4-4′上的总的垂直正应力，可近似写成：

$$\sigma_{y44'}=\frac{1}{2}(\sigma_{y4}+\sigma_{y4'})\times\frac{1}{2}(B_4+B_{4'})\times\Delta x$$

因而，作用在 5-4′线上的总剪力是：

$$T_{54'}=T_{2'''4}+\frac{1}{4}(\sigma_{y4}+\sigma_{y4'})(B_4+B_{4'})\Delta x-\frac{1}{2}(\sigma'''_{y2}+\sigma_{y5})B\Delta x-\Delta W$$

式中，$\Delta W$ 是小元块的自重，近似上可写为：

$$\Delta W=\gamma_c\left(\frac{3}{4}B+\frac{1}{4}B_{4'}\right)\Delta y\Delta x$$

又注意 5-4′线上的截面积是 $\frac{1}{2}(B+B_{4'})\Delta y$，故：

$$\tau_{54'}=\frac{T_{54'}}{\frac{1}{2}(B+B_{4'})\Delta y}$$

（7）按此类推，逐块计算，我们可以求出各条垂直线上的总剪力 $T$ 及平均剪应力 $\tau$。一直可以算到上游面②-①线为止。但是这一条线上的剪力，也可考虑小元块①-②-①′

的平衡而得到。因此，供给我们一个很好的校核工具。可借以发现在逐块计算中有无错误或过大的误差。如果各断面上的 $\sigma_y$ 及逐块平衡计算中都未出错，则由下游向上游推算和由上游向下游推算所得出的同一垂直线上的剪力应该相同，或仅能存在由于近似计算而产生的微小尾差。

（8）这样求出的剪应力 $\tau$，可以视为是在断面 1-①和 2-②中间的一个断面上的剪应力（图 8-21 中的虚线）。用同样原理及步骤，考虑 1-①与 3-③断面间各小元块的平衡，可以求出垂线 1′-3″、1″- 3‴……上的剪力。再取上下层剪力平均，就可得到 1-①断面上的剪应力。例如 $\tau_{1'}=\dfrac{1}{2}(\tau_{1'2}+\tau_{1'3'})$。$\tau_1$ 及 $\tau_{①}$ 可直接由边界条件计算。这样，我们就最终求出了 1-①断面上从上游到下游各点上的剪应力值。

（9）计算 $\sigma_x$ 的原理是完全一样的。现在须从剪应力的差值中来确定 $\sigma_x$ 值。例如图 8-21 中，欲求 1-①断面上的 $\sigma_x$ 值，我们仍从下游往上游推算。在点 1 处的 $\sigma_x$ 可直接由边界条件计算，甚为简易。进而计算点 1′处的 $\sigma_x$，须考虑图中画有阴影线的小元块的平衡。我们可先计算 $a$、$b$ 两点上的剪应力 $\tau_a$ 及 $\tau_b$（这可先算出 $\tau_2$ 及 $\tau_3$ 然后内插得之）。这样，在上述小元块的顶部，作用有总的剪力 $\dfrac{1}{2}(\tau_a+\tau_{1'2})\times\dfrac{1}{2}B\Delta x$，小元块的底部作用有总的剪力 $\dfrac{1}{2}(\tau_{3''1'}+\tau_{3'1})\times B\Delta x+\dfrac{1}{2}(\tau_{3'1}+\tau_b)\times\dfrac{1}{2}B\Delta x'$。如果没有其他外力，这两剪力之差，除以 $B\Delta y$，即为 1′点上的平均 $\sigma_x$ 值了（如有下游水压力或地震力，当然应该计入）。注意，点 1′及点 1 处 $\sigma_x$ 值之差，应该大致等于 $\tau_{3''1'}$ 与 $\tau_{1'2}$ 之差乘以 $\dfrac{\Delta x}{\Delta y}$（当无其他水平外力时），可作大致的校核。

以后的计算均可逐块考虑平衡而得，不需再详细解释。在渐变段范围内，同样须注意到宽度的变化。最后算到上游边界时，应该另从边界条件计算 $\sigma_x$ 值，以校核有无过大的误差。

### 五、上下游头部宽度不等情况下的计算

在本节之末，再讨论一下游段与上游段宽度不等的情况。坝体水平断面的形状如图 8-22 所示。令上游段、宽缝段和下游段坝块宽度各为 $B$、$B_1$ 及 $B_2$，三段的长度仍各为 $t_u$、$t_m$ 及 $t_d$，且 $t_u+t_m+t_d=T$，$t_m+t_d=t$。这样，计算正应力 $\sigma_y$ 的公式仍为式（8-15）～式（8-16），无所改变。仅断面积 $F$、断面惯性矩 $I$，及形心位置 $T_d$ 应按以下公式计算：

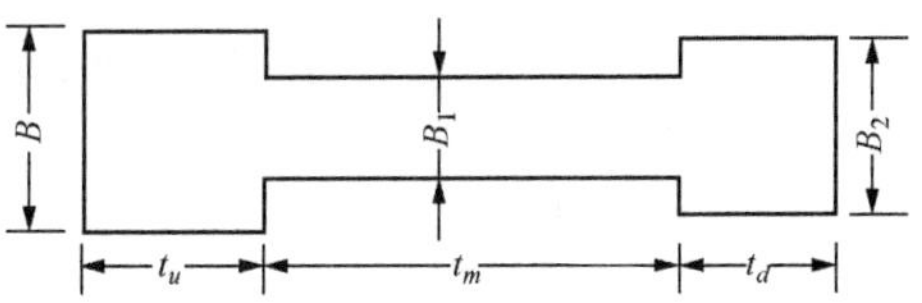

图 8-22　坝体水平断面形状

$$
\left.\begin{aligned}
&F=Bt_u+B_1t_m+B_2t_d\\
&I=\frac{1}{12}Bt_u^3+Bt_u\left(\frac{t+T}{2}\right)^2+\frac{1}{12}B_1t'_m+B_1t_m\left(\frac{t_d+t}{2}\right)^2+\frac{1}{3}B_2t_d^3-FT_d^2\\
&T_d=\frac{1}{F}\left(Bt_u\frac{t+T}{2}+B_1t_m\frac{t+t_d}{2}+B_2t_d\frac{t_d}{2}\right)
\end{aligned}\right\}\quad(8\text{-}74)
$$

在计算剪应力时，根据以前的推导，我们知道三段中的剪应力均呈二次曲线分布，且仅常数项不相等，即可写成：

$$\left.\begin{aligned}\tau &= a_{1d} + b_1 x + c_1 x^2 \\ \tau &= a_{1m} + b_1 x + c_1 x^2 \\ \tau &= a_{1u} + b_1 x + c_1 x^2\end{aligned}\right\} \tag{8-75}$$

其中，有五个未知元 $a_{1d}$、$a_{1m}$、$a_{1u}$、$b_1$ 及 $c_1$，可以从下列五个条件来求解：

（1）在下游面的剪应力等于已知值 $\tau_d$。

（2）在 $x=t_d$ 处，根据平衡条件有：

$$\sigma_{yD} m_1 (B_2 - B_1) + \tau_{mD} B_1 - \tau_{dD} B_2 = 0 \tag{8-76}$$

（3）在 $x=t$ 处，根据平衡条件有：

$$\sigma_{yU} n_1 (B - B_1) + \tau_{uU} B - \tau_{mU} B_1 = 0 \tag{8-77}$$

（4）在上游面的剪应力等于已知值 $\tau_u$。

（5）在整个水平截面上，全部剪应力应与水平外载相平衡。

根据这五个条件，我们可得：

$$\left.\begin{aligned}& a_{1d} = \tau_d \\ & \beta_1' t_d b_1 + \beta_1' t_d^2 c_1 = (-\beta_1 \tau_d + \beta_1' m_1 \sigma_{yD}) + a_{1m} \\ & \beta a_{1u} + \beta' t b_1 + \beta' t^2 c_1 = -\beta' n \sigma_{yU} + a_{1m} \\ & a_{1u} + T b_1 + T^2 c_1 = \tau_u\end{aligned}\right\} \tag{8-78}$$

$$\begin{aligned}(B a_{1u} t_u + B_1 a_{1m} t_m + B_2 a_{1d} t_d) &+ b_1 \left[\frac{1}{2} B^2 t_d^2 + \frac{1}{2} B_1 (t^2 - t_d^2)\right. \\ &\left. + \frac{1}{2} B (T^2 - t^2)\right] + c_1 \left[\frac{1}{3} B_2 t_d^3 + \frac{1}{3} B_1 (t^3 - t_d^3)\right. \\ &\left. + \frac{1}{3} B (T^3 - t^3)\right] = -V\end{aligned}$$

式中

$$\beta = \frac{B}{B_1};\quad \beta' = \beta - 1;\quad \beta_1 = \frac{B_2}{B_1};\quad \beta_1' = \beta_1 - 1$$

将上列的中间三式解之，可得：

$$\begin{aligned}a_{1u} &= k_1 + k_2 a_{1m} \\ b_1 &= k_3 + k_4 a_{1m} \\ c_1 &= k_5 + k_6 a_{1m}\end{aligned}$$

式中，$k_1$～$k_6$ 均为数值系数。代入式（8-78）最后一式中，并令：

$$\left.\begin{aligned}C_1 &= \frac{1}{2} B_2 t_d^2 + \frac{1}{2} B_1 (t^2 - t_d^2) + \frac{1}{2} B (T^2 - t^2) \\ D_1 &= \frac{1}{3} B_2 t_d^3 + \frac{1}{3} B_1 (t^3 - t_d^3) + \frac{1}{3} B (T^3 - t^3)\end{aligned}\right\} \tag{8-79}$$

可得到：

$$a_{1m}=-\frac{V+B_2t_d\tau_d+Bt_uk_1+C_1k_3+D_1k_5}{B_1t_m+Bt_uk_2+C_1k_4+D_1k_6} \tag{8-80}$$

既然求出 $a_{1m}$，即可依次计算 $a_{1u}$、$b_1$ 和 $C_1$，从而得到剪应力的计算公式。

在计算正应力 $\sigma_x$ 时，公式仍为式（8-56），其中有八个待定系数 $a_{2d}$ ～$d_2$。这些系数也仍然可用式（8-46）～式（8-49）、式（8-51）、式（8-52）、式（8-54）、式（8-55）计算，仅仅在式（8-51）中，须把 $\beta$ 及 $\beta'$换成 $\beta_1$ 及 $\beta_1'$。在八个系数公式中，有五个导数待定，即 $a'_{1d}$、$a'_{1m}$、$a'_{1u}$、$b'_1$ 及 $c'_1$。这五个导数可以从下列五式决定：

$$a'_{1d}=\tau'_d$$

$$\left.\begin{aligned}\beta'_1t_db'_1+\beta'_1t_d^2c'_1&=-\beta_1\tau'_d+\beta'_1m_1\sigma'_{yD}-\beta'_1t'_db_1\\&\quad-2\beta'_1t_dt'_dC_1+a'_{1m}\\\beta a'_{1u}+\beta'td'_1+\beta't^2c'_1&=-\beta'n_1\sigma'_{yU}+a'_{1m}-\beta't'b_1\\&\quad-2\beta'tt'C_1\end{aligned}\right\} \tag{8-81}$$

$$a'_{1u}+Tb'_1+T^2c'_1=\tau'_u-T'b_1-2TT'C_1$$

$$\begin{aligned}(B_2a'_{1d}t_d+B_1a'_{1m}t_m+Ba'_{1u}t_u)+b'_1C_1+c'_1D_1&=-V'-(B_2a_{1d}t'_d\\&\quad+B_1a_{1m}t'_m+Ba_{1u}t'_u)-b_1[B_2t_dt'_d+B_1(tt'-t_dt'_d)+B(TT'\\&\quad-tt')]-c_1[B_2t_d^2t'_d+B_1(t^2t'-t_d^2t'_d)+B(T^2T'-t^2t')]\end{aligned}$$

将以上五式与式（8-57）～式（8-59）比较，可见除某些项目中的 $\beta$、$\beta'$、$B$ 须相应的换为 $\beta_1$、$\beta_1'$及 $B_2$ 外，其余并无分别。所以完全可以仿照前述步骤及公式，算出这些导数，从而求出 $\sigma_x$ 公式中的八个系数，最后确定 $\sigma_x$ 的计算公式。

## 第三节　渗透压力所产生的应力分析

在宽缝重力坝内渗透压力所引起的坝体应力，也可以按第四章第四节相同步骤计算。下面先讨论一下渗透压力的分布图形。

在坝体的横断面上，我们常假定渗透压力作如下的分布：上游迎水面处渗透压力强度为上下游全部水头差 $p$（或上游水位与宽缝内水位差），然后按直线减少，至排水管或排水孔处减为某一剩余水头 $ap$（见第三章第一节），然后再依直线减少，至下游某一范围为 0。对于宽缝重力坝，渗透压力作用范围常取为头部再加宽缝段坝块宽度的 2 倍。在坝基断面上，则于帷幕灌浆处也常形成一个转折点。当然，严格说来，宽缝重力坝内的渗透压力分布是一个三向问题。但理论和试验指出，上述简化假定有一定代表性，可作为设计计算的根据。

当混凝土中产生裂缝且与上游水库相通时，我们仍假定裂缝内的渗透压力为全水头。因此，各种复杂的渗透压力图形常可分解为矩形与三角形等简单的分布图形分别进行计算，然后叠加，以得出最后结果。以下我们分别就三种情况进行推导。

## 一、矩形渗透压力分布

一般重力坝设计中，决不允许上游面产生贯通到宽缝范围内的裂缝。所以矩形渗透压力的分布宽度 $rT$ 不应超过 $t_u$（见图 8-23）。

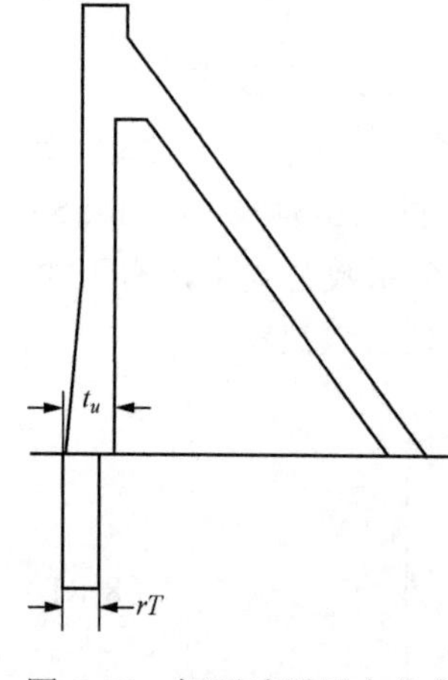


图 8-23　矩形渗透压力分布

1. 垂直正应力 $\sigma_y$ 的计算公式

根据基本假定：

$$\sigma_y = a + bx$$

$$a = \frac{W}{F} - \frac{M}{I}T_d$$

$$b = \frac{M}{I}$$

在我们的情况中：

$$W = -BprT$$

$$M = -prT\left(T_u - \frac{1}{2}rT\right)B$$

代入后得：

$$\left.\begin{aligned} a &= -pr\frac{T}{F}B + prB\frac{T\,T_d\left(T_u - \frac{1}{2}rT\right)}{I} = prK_a \\ b &= -\frac{prB}{T}\cdot\frac{T^2\left(T_u - \frac{1}{2}rT\right)}{I} = -\frac{pr}{T}K_b \end{aligned}\right\} \tag{8-82}$$

2. 剪应力 $\tau$ 的计算公式

剪应力 $\tau$ 的基本计算公式仍为：

$$\tau = \frac{\mathrm{d}Q}{\mathrm{d}y};\ Q = \int \sigma_y \mathrm{d}x$$

而且仍宜分为三段推导。

（1）$0 < x < t_d$ 段：

$$Q = \int_0^x \sigma_y \mathrm{d}x = ax + \frac{1}{2}bx^2$$

$$\frac{\mathrm{d}Q}{\mathrm{d}y} = \tau = a\frac{\mathrm{d}x}{\mathrm{d}y} + \left(\frac{\mathrm{d}a}{\mathrm{d}y} + b\frac{\mathrm{d}x}{\mathrm{d}y}\right)x + \frac{1}{2}\cdot\frac{\mathrm{d}b}{\mathrm{d}y}x^2$$

$$= a_{1d} + b_1 x + c_1 x^2 \tag{8-83}$$

式中

$$\left.\begin{aligned} a_{1d} &= am \\ b_1 &= bm + \frac{\mathrm{d}a}{\mathrm{d}y} \\ c_1 &= \frac{1}{2}\cdot\frac{\mathrm{d}b}{\mathrm{d}y} \end{aligned}\right\} \tag{8-84}$$

在这些公式中尚有$\frac{\mathrm{d}a}{\mathrm{d}y}$和$\frac{\mathrm{d}b}{\mathrm{d}y}$两值有待求出。这些值可从微分式（8-82）得到。但由于式中$r$、$T$、$F$、$I$、$T_d$、$T_u$等均为$y$的函数，计算起来比较复杂。我们可注意，如果上下游坝面、上下游宽缝边线和排水管线都交于一点（图 8-24），则式中的$K_a$和$K_b$均为常数（即不随变数 $y$ 而改变）。因而$\frac{\mathrm{d}a}{\mathrm{d}y}$及$\frac{\mathrm{d}b}{\mathrm{d}y}$的公式可以大大简化如下（注意，当下游无水时，或计算断面在下游水位以上，$\frac{\mathrm{d}p}{\mathrm{d}y}=\frac{p}{y}$，以下推导均以此情况为例；计算断面在下游水位以下时，可置$\frac{\mathrm{d}p}{\mathrm{d}y}=0$，同样推求）：

$$\left.\begin{aligned}\frac{\mathrm{d}a}{\mathrm{d}y}&=\frac{pr}{y}K_a\\\frac{\mathrm{d}b}{\mathrm{d}y}&=-\left[\frac{1}{T}-\frac{y(m+n)}{T^2}\right]\frac{pr}{y}K_b\end{aligned}\right\}\tag{8-85}$$

渗透压力所产生的应力，实际上常只占坝体合成应力的10%以下，所以即使实际坝体轮廓不完全符合图 8-24 的要求，我们也仍可应用上式计算$\frac{\mathrm{d}a}{\mathrm{d}y}$及$\frac{\mathrm{d}b}{\mathrm{d}y}$的数值，而获得满意的结果。必要时我们也可直接微分式（8-82）来求出更精确的值。在一般情况下，$\frac{\mathrm{d}b}{\mathrm{d}y}\approx 0$。

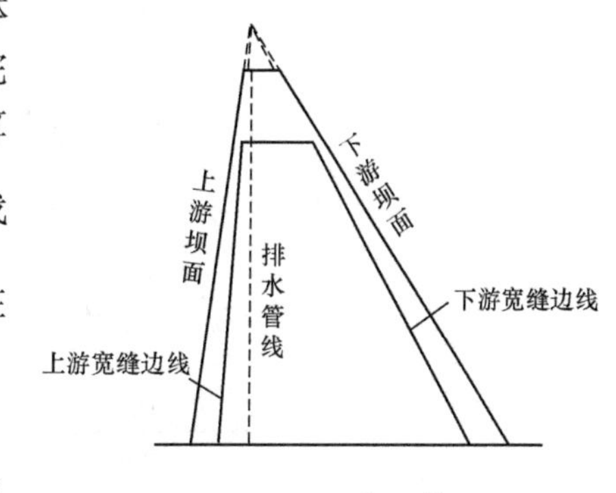


图 8-24　简化计算$\frac{\mathrm{d}a}{\mathrm{d}y}$、$\frac{\mathrm{d}b}{\mathrm{d}y}$示意图

（2）$t_d<x<t$ 段：本段中，基本平衡条件要求：

$$\tau B_1=\frac{\mathrm{d}Q}{\mathrm{d}y}$$

$$Q=B\int_0^{t_d}\sigma_y\mathrm{d}x+B_1\int_{t_d}^{x}\sigma_y\mathrm{d}x$$

故

$$\tau=\frac{\mathrm{d}}{\mathrm{d}y}\left(\frac{B}{B_1}\int_0^{t_d}\sigma_y\mathrm{d}x+\int_{t_d}^{x}\sigma_y\mathrm{d}x\right)$$

将 $\sigma_y=a+bx$ 代入整理后，得：

$$\begin{aligned}\tau=&\left[\beta'\left(t_d\frac{\mathrm{d}a}{\mathrm{d}y}+a\frac{\mathrm{d}t_d}{\mathrm{d}y}+\frac{1}{2}t_d^2\frac{\mathrm{d}b}{\mathrm{d}y}+bt_d\frac{\mathrm{d}t_d}{\mathrm{d}y}\right)+am\right]\\&+\left(\frac{\mathrm{d}a}{\mathrm{d}y}+bm\right)x+\frac{1}{2}\cdot\frac{\mathrm{d}b}{\mathrm{d}y}x^2=a_{1m}+b_1x+c_1x^2\end{aligned}\tag{8-86}$$

可见这一段剪应力仍呈抛物线分布，且 $x$ 和 $x^2$ 项的系数与下游段相同，仅常数项$a_{1m}$不同。$a_{1m}$的公式尚可简化如下：

$$
\begin{aligned}
a_{1m} &= \beta'\left(\overline{a+bt_d}\frac{\mathrm{d}t_d}{\mathrm{d}y}+t_d\frac{\mathrm{d}a}{\mathrm{d}y}+\frac{1}{2}t_d^2\frac{\mathrm{d}b}{\mathrm{d}y}\right)+am \\
&= \beta'\left(\overline{a+bt_d}\frac{\mathrm{d}t_d}{\mathrm{d}y}+a\frac{\mathrm{d}x}{\mathrm{d}y}+t_d\overline{\frac{\mathrm{d}a}{\mathrm{d}y}+b\frac{\mathrm{d}x}{\mathrm{d}y}}+\frac{1}{2}t_d^2\frac{\mathrm{d}b}{\mathrm{d}y}-a\frac{\mathrm{d}x}{\mathrm{d}y}-b\frac{\mathrm{d}x}{\mathrm{d}y}\right) \\
&\quad +a_{1d} = \beta'\left(\sigma_{yD}\frac{\mathrm{d}t_d}{\mathrm{d}y}+\tau_{dD}-\sigma_{yD}\frac{\mathrm{d}x}{\mathrm{d}y}\right)+a_{1d} \\
&= \beta'(\tau_{dD}-m_1\sigma_{yD})+a_{1d}
\end{aligned}
\tag{8-87}
$$

式中，$\sigma_{yD}$ 指 $x=t_d$ 处的垂直正应力；$\tau_{dD}$ 指 $x=t_d$ 处下游段的剪应力；$m_1$ 指宽缝下游边界线的坡度；$\beta=\dfrac{B}{B_1}$；$\beta'=\beta-1$；以上均为已知值。上式其实也可考虑 $x=t_d$ 处的微小元块的平衡条件后直接写出。

（3）$t<x<T$ 段：与上段相同，在 $t<x<T$ 的一段中，剪应力公式为：

$$\beta\tau=\frac{\mathrm{d}Q}{\mathrm{d}y}$$

$$Q=B\int_0^{t_d}\sigma_y\mathrm{d}x+B_1\int_{t_d}^{t}\sigma_y\mathrm{d}x+B\int_t^x\sigma_y\mathrm{d}x$$

将 $\sigma_y=a+bx$ 代入并积分和微分后，可得：

$$
\begin{aligned}
\tau &= \frac{1-\beta}{\beta}\left[\frac{\mathrm{d}a}{\mathrm{d}y}(t-t_d)+a\left(\frac{\mathrm{d}t}{\mathrm{d}y}-\frac{\mathrm{d}t_d}{\mathrm{d}y}\right)+\frac{1}{2}\cdot\frac{\mathrm{d}b}{\mathrm{d}y}(t^2-t_d^2)\right. \\
&\quad \left.+b\left(t\frac{\mathrm{d}t}{\mathrm{d}y}-t_d\frac{\mathrm{d}t_d}{\mathrm{d}y}\right)\right]+am+\left(bm+\frac{\mathrm{d}a}{\mathrm{d}y}\right)x+\frac{1}{2}\cdot\frac{\mathrm{d}b}{\mathrm{d}y}x^2 \\
&= a_{1u}+b_1x+c_1x^2
\end{aligned}
\tag{8-88}
$$

式中

$$
\left.
\begin{aligned}
a_{1u} &= \frac{1-\beta}{\beta}\left[\frac{\mathrm{d}a}{\mathrm{d}y}(t-t_d)+a\left(\frac{\mathrm{d}t}{\mathrm{d}y}-\frac{\mathrm{d}t_d}{\mathrm{d}y}\right)\right. \\
&\quad \left.+\frac{1}{2}\cdot\frac{\mathrm{d}b}{\mathrm{d}y}(t^2-t_d^2)+b\left(t\frac{\mathrm{d}t}{\mathrm{d}y}-t_d\frac{\mathrm{d}t_d}{\mathrm{d}y}\right)\right]+am \\
b_1 &= bm+\frac{\mathrm{d}a}{\mathrm{d}y} \\
c_1 &= \frac{1}{2}\cdot\frac{\mathrm{d}b}{\mathrm{d}y}
\end{aligned}
\right\}
\tag{8-89}
$$

其中 $a_{1u}$ 的公式经过较冗长的转化后，可写成：

$$a_{1u}=\frac{1-\beta}{\beta}(\tau_{mU}+n_1\sigma_{yU})+a_{1m} \tag{8-90}$$

在有渗透压力作用段中，$n_1\sigma_{yU}$ 应为 $n_1$（$\sigma_{yU}+\bar{p}$），$\bar{p}$ 为 $x=T-t_u$ 处的渗压强度。

上式其实也可以从 $x=t$ 处的小元块平衡条件求出。参见图 8-25，可写下：

$$B\tau_{uU}+Bn_1\sigma_{yU}=B_1\tau_{mU}+B_1n_1\sigma_{yU} \tag{8-91}$$

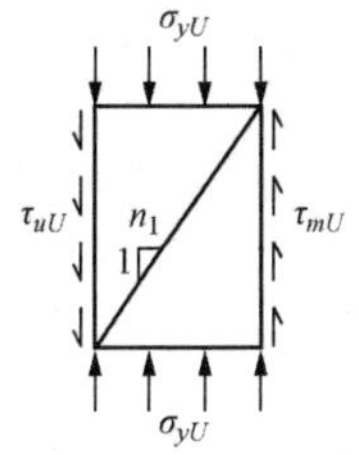

以 $\tau_{uU}=a_{1u}+b_1x+c_1x^2$、$\tau_{mU}=a_{1m}+b_1x+c_1x^2$、$\beta=\dfrac{B}{B_1}$ 代入整理后即可得：

$$a_{1u}-a_{1m}=\frac{1-\beta}{\beta}(\tau_{mU}+n_1\sigma_{yU})$$



图 8-25　$x=t$ 时的平衡条件

注意，式（8-88）其实只适用于无渗透压力存在的一段，即 $t<x<T-rT$。在 $T-rT<x<T$ 的一段范围内，剪应力 τ 中尚应加上一补充项，即：

$$\tau=a_{1u}+b_1x+c_1x^2+[\tau] \tag{8-92}$$

这补充项［$\tau$］是由于元块上下面的渗透压力不平衡所产生的剪应力。计算补充项时，坐标原点以取在渗透压力消失点（即 $x=T-rT$）为便，故不用 $x$ 而改用 $x'$。令 $p$ 表示渗透压力强度，显然：

$$[\tau]=\frac{\mathrm{d}Q}{\mathrm{d}y};\ \ Q=\int_0^{x'}p\mathrm{d}x'=px'$$

故

$$[\tau]=p\frac{\mathrm{d}x'}{\mathrm{d}y}+x'\frac{\mathrm{d}p}{\mathrm{d}y}=-pn_2+x'\frac{p}{y}$$

或者，我们可将式（8-92）写为：

$$\tau=a_{1u}+b_1x+c_1x^2+[a_{1u}]+[b_1]x'+[c_1]x'^2 \tag{8-93}$$

式中

$$\left.\begin{aligned}&[a_{1u}]=pn_2\\&[b_1]=\frac{p}{y}\text{（下游水位以上），或}[b_1]=0\text{（下游水位以下）}\\&[c_1]=0\end{aligned}\right\} \tag{8-94}$$

式中，$n_2$ 是渗透压力消失点的轨迹线的坡度，见图 4-14，可由式 $n_2=r（m+n）-n$ 计算；$p$ 及 $y$ 是上游面的渗压强度及水深。

3. 水平正应力 $\sigma_x$ 的计算公式

水平正应力仍应划为三段分别计算。

（1）$0<x<t_d$ 段。本段的基本平衡条件要求：

$$\sigma_x=\frac{\mathrm{d}V}{\mathrm{d}y};\ \ V=\int_0^{x}\tau\mathrm{d}x$$

将 $\tau=a_{1d}+b_1x+c_1x^2$ 代入后，得：

$$\sigma_x=a_{2d}+b_{2d}x+c_2x^2+d_2x^3 \tag{8-95}$$

式中

$$\left.\begin{aligned}
a_{2d} &= a_{1d}m \\
b_{2d} &= b_1 m + \frac{\mathrm{d}a_{1d}}{\mathrm{d}y} \\
c_2 &= c_1 m + \frac{1}{2}\cdot\frac{\mathrm{d}b_1}{\mathrm{d}y} \\
d_2 &= \frac{1}{3}\cdot\frac{\mathrm{d}c_1}{\mathrm{d}y}
\end{aligned}\right\} \tag{8-96}$$

其中$\frac{\mathrm{d}a_{1d}}{\mathrm{d}y}$、$\frac{\mathrm{d}b_1}{\mathrm{d}y}$及$\frac{\mathrm{d}c_1}{\mathrm{d}y}$三个导数的计算公式极为冗长。为简化计，并考虑到渗透压力引起的应力仅占全部应力中的一小部分，我们将采用近似公式，即：

$$a_{1d} = am$$

$$b_1 = bm + \frac{\mathrm{d}a}{\mathrm{d}y} = bm + \frac{pr}{y}K_a$$

$$c_1 = -\frac{1}{2}\left[\frac{1}{T} - \frac{y(m+n)}{T^2}\right]\frac{pr}{y}K_b$$

故

$$\left.\begin{aligned}
\frac{\mathrm{d}a_{1d}}{\mathrm{d}y} &= m\frac{\mathrm{d}a}{\mathrm{d}y} = \frac{mpr}{y}K_a \\
\frac{\mathrm{d}b_1}{\mathrm{d}y} &= m\frac{\mathrm{d}b}{\mathrm{d}y} = -m\left[\frac{1}{T} - \frac{y(m+n)}{T^2}\right]\frac{pr}{y}K_b \\
\frac{\mathrm{d}c_1}{\mathrm{d}y} &= (m+n)\left[\frac{1}{T^2} - \frac{y(m+n)}{T^3}\right]\frac{pr}{y}K_b
\end{aligned}\right\} \tag{8-97}$$

式中，$p$为矩形渗透压力的强度，$y$为计算点的水深。

（2）$t_d < x < t$段。本段中平衡条件要求：

$$B_1\sigma_x = \frac{\mathrm{d}V}{\mathrm{d}y};\quad V = B\int_0^{t_d}\tau\mathrm{d}x + B_1\int_{t_d}^{x}\tau\mathrm{d}x$$

积分后，我们发现$\sigma_x$呈三次曲线分布，而且$x^2$和$x^3$项的系数与下游段相同，故可写成：

$$\sigma_x = a_{2m} + b_{2m}x + c_2x^2 + d_2x^3 \tag{8-98}$$

其中$b_{2m}$很容易求出为：

$$b_{2m} = b_{1m} + \frac{\mathrm{d}a_{1m}}{\mathrm{d}y} \tag{8-99}$$

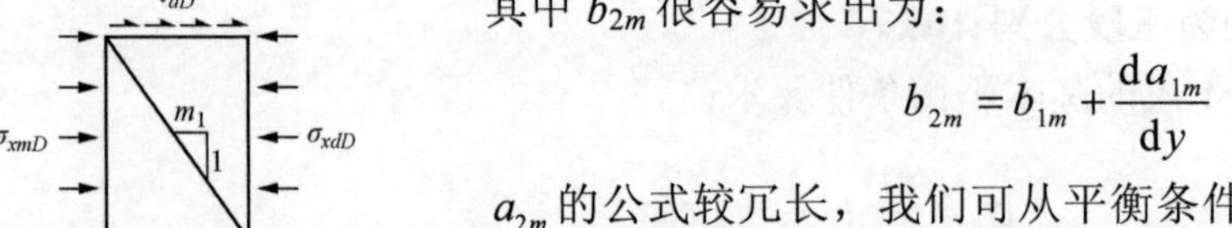


图 8-26　平衡条件

$a_{2m}$的公式较冗长，我们可从平衡条件来推算。见图 8-26，由平衡要求可写下：

$$\sigma_{xmD} + \beta m_1\tau_{dD} = \beta\sigma_{xdD} + m_1\tau_{mD} \tag{8-100}$$

将以下四式代入，即可求得$a_{2m}$：

$$\sigma_{xmD} = a_{2m} + b_{2m} t_d + c_2 t_d^2 + d_2 t_d^3$$
$$\sigma_{xdD} = a_{2d} + b_{2d} t_d + c_2 t_d^2 + d_2 t_d^3$$
$$\tau_{mD} = a_{1m} + b_1 t_d + c_1 t_d^2$$
$$\tau_{dD} = a_{1d} + b_1 t_d + c_1 t_d^2$$

首先我们写下：

$$\sigma_{xmD} = \sigma_{xdD} + a_{2m} - a_{2d} + (b_{2m} - b_{2d}) t_d$$
$$\tau_{md} = \tau_{dD} + (a_{1m} - a_{1d})$$

代入后：

$$\sigma_{xdD} + (a_{2m} - a_{2d}) + (b_{2m} - b_{2d}) t_d + \beta m_1 \tau_{dD} = \sigma_{xdD} + m_1 \tau_{dD} + m_1 (a_{1m} - a_{1d})$$

故

$$a_{2m} = \beta' \sigma_{xdD} - \beta' m_1 \tau_{dD} - (b_{2m} - b_{2d}) t_d + (a_{1m} - a_{1d}) m_1 + a_{2d} \tag{8-101}$$

在式（8-99）中尚需计算一个导数 $\dfrac{\mathrm{d}a_{1m}}{\mathrm{d}y}$。由式（8-87）：

$$a_{1m} = \beta' (\tau_{dD} - m_1 \sigma_{yD}) + a_{1d}$$

故

$$\frac{\mathrm{d}a_{1m}}{\mathrm{d}y} = \beta' \left( \frac{\mathrm{d}\tau_{dD}}{\mathrm{d}y} - m_1 \frac{\mathrm{d}\sigma_{yD}}{\mathrm{d}y} \right) + \frac{\mathrm{d}a_{1d}}{\mathrm{d}y} \tag{8-102}$$

而

$$\tau_{dD} = a_{1d} + b_1 t_d + c_1 t_d^2$$
$$\sigma_{yD} = a + b t_d$$

$$\frac{\mathrm{d}\tau_{dD}}{\mathrm{d}y} = \frac{\mathrm{d}a_{1d}}{\mathrm{d}y} + t_d \frac{\mathrm{d}b_1}{\mathrm{d}y} + b_1 \frac{\mathrm{d}t_d}{\mathrm{d}y} + t_d^2 \frac{\mathrm{d}c_1}{\mathrm{d}y} + 2 t_d c_1 \frac{\mathrm{d}t_d}{\mathrm{d}y} \tag{8-103}$$

$$\frac{\mathrm{d}\sigma_{yD}}{\mathrm{d}y} = \frac{\mathrm{d}a}{\mathrm{d}y} + b \frac{\mathrm{d}t_d}{\mathrm{d}y} + t_d \frac{\mathrm{d}b}{\mathrm{d}y} \tag{8-104}$$

式中，$\dfrac{\mathrm{d}t_d}{\mathrm{d}y} = m - m_1$；余皆为已知值。

（3）$t < x < T$ 段。本段中平衡条件要求：

$$B\sigma_x = \frac{\mathrm{d}V}{\mathrm{d}y};\quad V = B\int_0^{t_d} \tau \mathrm{d}x + B_1 \int_{t_d}^{t} \tau \mathrm{d}x + B \int_t^x \tau \mathrm{d}x$$

积分后，我们发现 $\sigma_x$ 呈三次曲线分布，而且 $x^2$ 和 $x^3$ 项的系数与下游段相同，故可写成：

$$\sigma_x = a_{2u} + b_{2u} x + c_2 x^2 + d_2 x^3 \tag{8-105}$$

其中 $b_{2u}$ 很容易求出为：

$$b_{2u} = b_1 m + \frac{\mathrm{d}a_{1u}}{\mathrm{d}y} \tag{8-106}$$

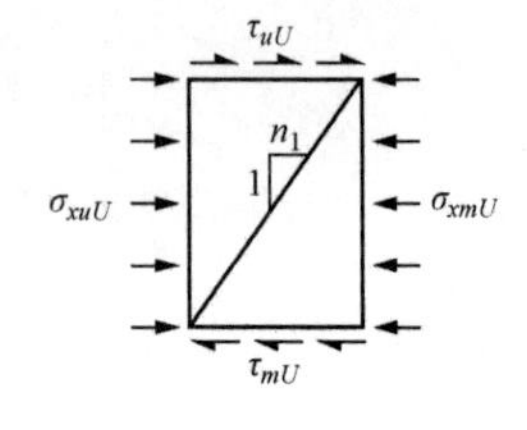


图 8-27 平衡条件

$a_{2u}$ 的公式较冗长，我们可从平衡条件来推算。见图 8-27，由平衡要求可写下：

$$\beta\sigma_{xuU} + n_1\beta\tau_{uU} = \sigma_{xmU} + n_1\tau_{mU} \tag{8-107}$$

将下列四式代入可求得 $a_{2u}$：

$$\sigma_{xuU} = a_{2u} + b_{2u}t + c_2t^2 + d_2t^3$$
$$\sigma_{xmU} = a_{2m} + b_{2m}t + c_2t^2 + d_2t^3$$
$$\tau_{uU} = a_{1u} + b_1t + c_1t^2$$
$$\tau_{mU} = a_{1m} + b_1t + c_1t^2$$

首先写下：

$$\sigma_{xuU} = \sigma_{xmU} + (a_{2u} - a_{2m}) + (b_{2u} - b_{2m})t$$
$$\tau_{uU} = \tau_{mU} + (a_{1u} - a_{1m})$$

代入后得：

$$\beta\sigma_{xmU} + \beta(a_{2u} - a_{2m}) + \beta(b_{2u} - b_{2m})t + n_1\beta\tau_{mU} - \sigma_{xmU}$$
$$- n_1\tau_{mU} + \beta n_1(a_{1u} - a_{1m}) = 0$$

故

$$a_{2u} = \frac{1-\beta}{\beta}(\sigma_{xmU} + n_1\tau_{mU}) + (b_{2m} - b_{2u})t$$
$$+ (a_{1m} - a_{1u})n_1 + a_{2m} \tag{8-108}$$

在有渗透压力作用的区段中，$n_1\tau_{mU}$ 前尚应增加一项 $\overline{p}$。$\overline{p}$ 代表 $y = T - t_u$ 处的渗透强度。

注意式（8-105）只适用无渗透压力地段。而在有渗透压力段，水平正应力 $\sigma_x$ 中需再增加一项，即：

$$\sigma_x = a_{2u} + b_{2u}x + c_2x^2 + d_2x^3 + [\sigma_x] \tag{8-109}$$

这个补充项 $[\sigma_x]$ 是由于元块上下面的 $[\tau]$ 不平衡所产生的水平正应力。计算 $[\sigma_x]$ 时，我们仍将坐标原点移到渗透压力消失点处，新坐标以 $x'$ 记之，则：

$$V = \int_0^{x'} [\tau]\mathrm{d}x' = \int_0^{x'} \left(pn_2 + \frac{p}{y}x'\right)\mathrm{d}x' = pn_2x' + \frac{p}{2y}x'^2$$

$$\frac{\mathrm{d}V}{\mathrm{d}y} = pn_2\frac{\mathrm{d}x'}{\mathrm{d}y} + n_2x'\frac{p}{y} + \frac{p}{2y}2x'\frac{\mathrm{d}x'}{\mathrm{d}y}$$

由此，$[\sigma_x]$ 可写为：

$$[\sigma_x] = [a_{2u}] + [b_{2u}]x' + [c_2]x'^2[d_2]x'^3 \tag{8-110}$$

式中

$$[a_{2u}] = pn^2{}_2 - p$$

$$\left.\begin{aligned} &[b_{2u}] = \frac{n_2p}{y} + \frac{n_2p}{y} = \frac{2n_2p}{y} \\ &[c_2] = 0 \\ &[d_2] = 0 \end{aligned}\right\} \tag{8-111}$$

## 二、三角形渗透压力分布（一）

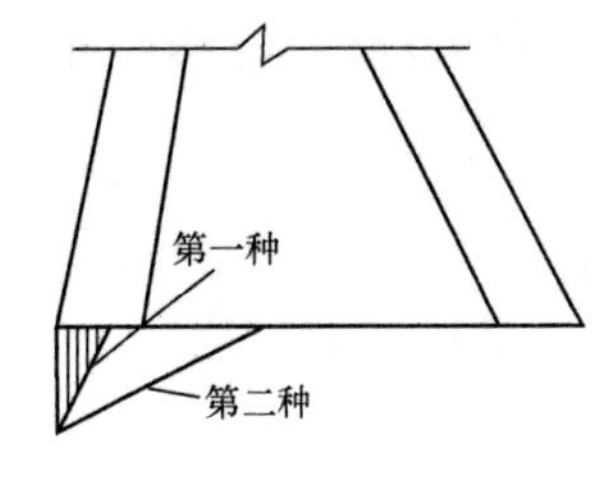


图 8-28　三角形渗透压力分布

三角形渗透压力的分布图形有两种情况。一种是渗透压力在头部范围内即消失，一种是延伸到宽缝段（很少有延伸到下游段的情况），可参见图 8-28。我们首先研究第一种情况。这一情况下的应力公式与上述矩形分布下的公式完全相似，兹简略列述如下。

1. 垂直正应力 $\sigma_y$

$$\sigma_y = a + bx$$
$$a = \frac{W}{F} - \frac{M}{I}T_d \tag{8-112}$$
$$b = \frac{M}{I}$$

但

$$W = -\frac{1}{2}prTB;\ \ M = -\frac{1}{2}prTB\left(T_u - \frac{1}{3}rT\right)$$

故

$$a = -pr\frac{TB}{2F} + prB\frac{TT_d\left(T_u - \frac{1}{3}rT\right)}{2I} = prK_a' \tag{8-113}$$

$$b = -\frac{prB}{T}\cdot\frac{T^2\left(T_u - \frac{1}{3}rT\right)}{2I} = -\frac{pr}{T}K_b' \tag{8-114}$$

以下我们仍将假定 $\frac{T}{2F}$、$\frac{1}{2I}TT_d\left(T_u - \frac{1}{3}rT\right)$ 和 $\frac{1}{2I}T^2\left(T_u - \frac{1}{3}rT\right)$ 诸值不随 $y$ 而变，即 $K_a'$ 及 $K_b'$ 为常数。式中 $p$ 为上游面处的渗透压力强度。

2. 剪应力 $\tau$

剪应力 $\tau$ 的公式仍分三段导写：

（1）$0<x<t_d$ 段：

$$\tau = a_{1d} + b_1x + c_1x^2 \tag{8-115}$$

$$\left.\begin{aligned} a_{1d} &= am \\ b_1 &= bm + \frac{\mathrm{d}a}{\mathrm{d}y} \\ c_1 &= \frac{1}{2}\cdot\frac{\mathrm{d}b}{\mathrm{d}y} \end{aligned}\right\} \tag{8-116}$$

$$\frac{\mathrm{d}a}{\mathrm{d}y} = \frac{pr}{y}K_a' \tag{8-117}$$

$$\frac{\mathrm{d}b}{\mathrm{d}y} = -\left[\frac{1}{T} - \frac{y(m+n)}{T^2}\right]\frac{pr}{y}K_b' \tag{8-118}$$

（2）$t_d<x<t$ 段：此段公式完全与矩形分布情况下的相同：

$$\tau = a_{1m} + b_1 x + c_1 x^2 \tag{8-119}$$

$$a_{1m} = \beta'(\tau_{dD} - m_1\sigma_{yD}) + a_{1d} \tag{8-120}$$

（3）$t<x<T$ 段：此段公式也与矩形分布的公式相同：

$$\tau = a_{1u} + b_1 x + c_1 x^2 \tag{8-121}$$

$$a_{1u} = \frac{1-\beta}{\beta}(\tau_{mU} + n_1\sigma_{yU}) + a_{1m} \tag{8-122}$$

但在有渗透压力作用的区域内（$T-rT<x<T$）：

$$a_{1u} = \frac{1-\beta}{\beta}\left[\tau_{mU} + n_1(\sigma_{yU} + \overline{p})\right] + a_{1m}$$

$$\tau = a_{1u} + b_1 x + c_1 x^2 + [\tau] \tag{8-123}$$

$$[\tau] = [a_{1u}] + [b_1]x' + [c_1]x'^2 \tag{8-124}$$

补充项的三个系数为：

$$\left.\begin{aligned} &[a_{1u}] = 0 \\ &[b_1] = \frac{p}{rT}n_2 \\ &[c_1] = \frac{p}{2ry}\left[\frac{1}{T} - \frac{y}{T^2}(m+n)\right] \approx 0 \\ &\text{或} \\ &[c_1] = -\frac{p}{2rT^2}(m+n)\text{（在下游水位以下）} \end{aligned}\right\} \tag{8-125}$$

式中，$n_2$ 仍指渗透压力消失点轨迹线的坡度。

3. 水平正应力 $\sigma_x$

（1）$0<x<t_d$ 段：

$$\sigma_x = a_{2d} + b_{2d}x + c_2 x^2 + d_2 x^3 \tag{8-126}$$

$$\left.\begin{aligned} a_{2d} &= a_{1d}m \\ b_{2d} &= b_1 m + \frac{\mathrm{d}a_{1d}}{\mathrm{d}y} \\ c_2 &= c_1 m + \frac{1}{2}\cdot\frac{\mathrm{d}b_1}{\mathrm{d}y} \\ d_2 &= \frac{1}{3}\cdot\frac{\mathrm{d}c_1}{\mathrm{d}y} \end{aligned}\right\} \tag{8-127}$$

$$\frac{\mathrm{d}a_{1d}}{\mathrm{d}y} = m\frac{\mathrm{d}a}{\mathrm{d}y} = \frac{mpr}{y}K'_a \tag{8-128}$$

$$\frac{\mathrm{d}b_1}{\mathrm{d}y} = m\frac{\mathrm{d}b}{\mathrm{d}y} = -m\left[\frac{1}{T} - \frac{y}{T^2}(m+n)\right]\frac{pr}{y}K'_b \tag{8-129}$$

$$\frac{\mathrm{d}c_1}{\mathrm{d}y}=\frac{1}{2}\cdot\frac{\mathrm{d}^2b}{\mathrm{d}y^2}=(m+n)\left[\frac{1}{T^2}-\frac{y}{T^3}(m+n)\right]\frac{pr}{y}K_b' \tag{8-130}$$

（2）$t_d<x<t$ 段：

$$\sigma_x=a_{2m}+b_{2m}x+c_2x^2+d_2x^3 \tag{8-131}$$

$$a_{2m}=\beta'(\sigma_{xdD}-m_1\tau_{dD})-(b_{2m}-b_{2d})t_d+(a_{1m}-a_{1d})m_1+a_{2d} \tag{8-132}$$

$$b_{2m}=b_1m+\frac{\mathrm{d}a_{1m}}{\mathrm{d}y} \tag{8-133}$$

式中 $\frac{\mathrm{d}a_{1m}}{\mathrm{d}y}$ 可以如下求之：因 $a_{1m}=\beta'(\tau_{dD}-m_1\sigma_{yD})+a_{1d}$，故：

$$\frac{\mathrm{d}a_{1m}}{\mathrm{d}y}=\beta'\left(\frac{\mathrm{d}\tau_{dD}}{\mathrm{d}y}-m_1\frac{\mathrm{d}\sigma_{yD}}{\mathrm{d}y}\right)+\frac{\mathrm{d}a_{1d}}{\mathrm{d}y} \tag{8-134}$$

可参见式（8-102）～式（8-104）。

（3）$t<x<T$ 段：

$$\sigma_x=a_{2u}+b_{2u}x+c_2x^2+d_2x^3 \tag{8-135}$$

$$a_{2u}=\frac{1-\beta}{\beta}(\sigma_{xmU}+n_1\tau_{mU})+(b_{2m}-b_{2u})t+(a_{1m}-a_{1u})n_1+a_{2m} \tag{8-136}$$

$$b_{2u}=b_{1m}+\frac{\mathrm{d}a_{1u}}{\mathrm{d}y} \tag{8-137}$$

本区段在渗透压力作用范围内，即 $T-rT<x<T$ 时，式（8-136）右边第一项应为 $\frac{1-\beta}{\beta}(\sigma_{xmU}+\bar{p}+n_1\tau_{mU})$，且 $\sigma_x$ 的公式应该写为：

$$\sigma_x=a_{2u}+b_{2u}x+c_2x^2+d_2x^3+[\sigma_x] \tag{8-138}$$

其中补充项［$\sigma_x$］为：

$$[\sigma_x]=[a_{2u}]+[b_{2u}]x'+[c_2]x'^2+[d_2]x'^3 \tag{8-139}$$

$$\left.\begin{aligned}&[a_{2u}]=0\\&[b_{2u}]=[b_1]n_2-\frac{p}{rT}\\&[c_2]=[c_1]n_2+\frac{1}{2}\cdot\frac{\mathrm{d}[b_1]}{\mathrm{d}y}\\&[d_2]=\frac{1}{3}\cdot\frac{\mathrm{d}[c_1]}{\mathrm{d}y}\end{aligned}\right\} \tag{8-140}$$

［$b_1$］、［$c_1$］的公式见式（8-125），由此可得：

$$\left.\begin{aligned}&\frac{\mathrm{d}[b_1]}{\mathrm{d}y}=\frac{[b_1]}{y}\left[1-\frac{y}{T}(m+n)\right]\approx 0\\&\frac{\mathrm{d}[c_1]}{\mathrm{d}y}=\frac{p}{yrT^2}\left[\frac{y}{T}(m+n)^2-(m+n)\right]\approx 0\end{aligned}\right\} \tag{8-141}$$

### 三、三角形渗透压力分布（二）

在本情况中，假定渗透压力消失点位在宽缝段内。各分应力的计算公式如下。

1. 垂直正应力 $\sigma_y$

$$\sigma_y = a + bx \tag{8-142}$$

$$a = \frac{W}{F} - \frac{M}{I} T_d \tag{8-143}$$

$$b = \frac{M}{I} \tag{8-144}$$

$$\frac{W}{B} = -\frac{1}{2} prT(1-\xi)^2 \frac{B_1}{B} - p(1-\xi)t_u - \frac{1}{2} pt_u \xi \tag{8-145}$$

$$\begin{aligned}\frac{M}{B} = &-\frac{1}{2} prT\left(T_u - t_u - \frac{rT}{3}\overline{1-\xi}\right)(1-\xi)^2 \frac{B_1}{B} \\ &- pt_u\left(T_u - \frac{t_u}{2}\right)(1-\xi) - \frac{1}{2} pt_u\left(T_u - \frac{t_u}{3}\right)\xi\end{aligned} \tag{8-146}$$

式中

$$\xi = \frac{t_u}{rT}$$

为简化计，可写成：

$$a = prK_a'' \tag{8-147}$$

$$b = -\frac{pr}{T} K_b'' \tag{8-148}$$

并假定 $K_a''$ 及 $K_b''$ 均不随 $y$ 而变（参见以前两段所述）。

2. 剪应力 $\tau$

剪应力的公式，仍分三段推导。

（1）$0<x<t_d$ 段：

$$\tau = a_1 d + b_1 x + c_1 x^2 \tag{8-149}$$

$$\left.\begin{aligned} a_{1d} &= am \\ b_1 &= bm + \frac{\mathrm{d}a}{\mathrm{d}y} \\ c_1 &= \frac{1}{2} \cdot \frac{\mathrm{d}b}{\mathrm{d}y} \end{aligned}\right\} \tag{8-150}$$

$$\frac{\mathrm{d}a}{\mathrm{d}y} = \frac{pr}{y} K_a'' \tag{8-151}$$

$$\frac{\mathrm{d}b}{\mathrm{d}y} = -\left[\frac{1}{T} - \frac{y(m+n)}{T^2}\right] \frac{pr}{y} K_b'' \approx 0 \tag{8-152}$$

（2）$t_d<x<t$ 段：本区段内又可分为无渗透压力作用段（$t_d<x<T-rT$）及有渗透压力作用段（$T-rT<x<t$）。在无渗透压力作用段上：

$$\tau = a_{1m} + b_1 x + c_1 x^2 \tag{8-153}$$

$$a_{1m}=\beta'(\tau_{dD}-m_1\sigma_{yD})+a_{1d} \tag{8-154}$$

在有渗透压力作用段：

$$\tau=a_{1m}+b_1x+c_1x^2+[\tau] \tag{8-155}$$

$$[\tau]=[a_{1m}]+[b_1]x'+[c_1]x'^2 \tag{8-156}$$

$$\left.\begin{aligned}&[a_{1m}]=0\\&[b_1]=\frac{p}{rT}n_2\\&[c_1]=\frac{p}{2ry}\left[\frac{1}{T}-\frac{y}{T^2}(m+n)\right]\approx 0\\&[c_1]=-\frac{p}{2rT^2}(m+n)\ (\text{计算断面在下游水位以下})\end{aligned}\right\} \tag{8-157}$$

（3）$t<x<T$ 段：

$$\tau=a_{1u}+b_1x+c_1x^2+[\tau] \tag{8-158}$$

$$a_{1u}=\frac{1-\beta}{\beta}\left[\tau_{mU}+n_1(\sigma_{yU}+\overline{p})\right]+a_{1m} \tag{8-159}$$

式中，$\overline{p}$ 为在 $x=t$ 处的渗透压力强度，$\overline{p}=p\left(1-\frac{t_u}{rT}\right)$。

$$[\tau]=[a_{1u}]+[b_1]x'+[c_1]x'^2 \tag{8-160}$$

$$[a_{1u}]=0 \tag{8-161}$$

3．水平正压力 $\sigma_x$

与求剪应力一样，分三段写出其公式如下。

（1）$0<x<t_d$ 段：

$$\sigma_x=a_{2d}+b_{2d}x+c_2x^2+d_2x^3 \tag{8-162}$$

$$\left.\begin{aligned}&a_{2d}=a_{1d}m\\&b_{2d}=b_1m+\frac{\mathrm{d}a_{1d}}{\mathrm{d}y}\\&c_2=c_1m+\frac{1}{2}\cdot\frac{\mathrm{d}b_1}{\mathrm{d}y}\\&d_2=\frac{1}{3}\cdot\frac{\mathrm{d}c_1}{\mathrm{d}y}\end{aligned}\right\} \tag{8-163}$$

$$\left.\begin{aligned}&\frac{\mathrm{d}a_{1d}}{\mathrm{d}y}=m\frac{pr}{y}K''_a\\&\frac{\mathrm{d}b_1}{\mathrm{d}y}=-m\left[\frac{1}{T}-\frac{y}{T^2}(m+n)\right]\frac{pr}{y}K''_b\approx 0\\&\frac{\mathrm{d}c_1}{\mathrm{d}y}=(m+n)\left[\frac{1}{T^2}-\frac{y}{T^3}(m+n)\right]\frac{pr}{y}K''_b\approx 0\end{aligned}\right\} \tag{8-164}$$

（2）$t_d$＜$x$＜$t$ 段：无渗透压力作用段（$t_d$＜$x$＜$T-rT$）：

$$\sigma_x = a_{2m} + b_{2m}x + c_2x^2 + d_2x^3 \tag{8-165}$$

$$a_{2m} = \beta'[\sigma_{xdD} - m_1\tau_{dD}] - (b_{2m} - b_{2d})t_d + (a_{1m} - a_{1d})m_1 + a_{2d} \tag{8-166}$$

$$b_{2m} = b_1 m + \frac{\mathrm{d}a_{1m}}{\mathrm{d}y} \tag{8-167}$$

式中，$\frac{\mathrm{d}a_{1m}}{\mathrm{d}y}$ 仍可由式（8-102）～式（8-104）计算，不再重复列出。

在有渗透压力作用段（$T-rT$＜$x$＜$t$）：

$$\sigma_x = a_{2m} + b_{2m}x + c_2x^2 + d_2x^3 + [\sigma_x] \tag{8-168}$$

$$[\sigma_x] = [a_{2m}] + [b_{2m}]x' + [c_2]x'^2 + [d_2]x'^3 \tag{8-169}$$

$$\left.\begin{aligned} &[a_{2m}] = 0 \\ &[b_{2m}] = [b_1]n_2 - \frac{p}{rT} \\ &[c_2] = [c_1]n_2 + \frac{1}{2}\cdot\frac{\mathrm{d}[b_1]}{\mathrm{d}y} \approx 0 \\ &[d_2] = \frac{1}{3}\cdot\frac{\mathrm{d}[c_1]}{\mathrm{d}y} \approx 0 \end{aligned}\right\} \tag{8-170}$$

$$\left.\begin{aligned} &\frac{\mathrm{d}[b_1]}{\mathrm{d}y} = \frac{pn_2}{yrT}\left[1 - \frac{y}{T}(m+n)\right] \approx 0 \\ &\frac{\mathrm{d}[c_1]}{\mathrm{d}y} = \frac{p}{yrT^2}\left[\frac{y}{T}(m+n)^2 - (m+n)\right] \approx 0 \end{aligned}\right\} \tag{8-171}$$

（3）$t$＜$x$＜$T$ 段：

$$\sigma_x = a_{2u} + b_{2u}x + c_2x^2 + d_2x^3 + [\sigma_x] \tag{8-172}$$

$$a_{2u} = \frac{1-\beta}{\beta}(\sigma_{xmU} + \overline{p} + n_1\tau_{mU}) + (b_{2m} - b_{2u})t + (a_{1m} - a_{1u})n_1 + a_{2m} \tag{8-173}$$

$$[\sigma_x] = [a_{2u}] + [b_{2u}]x' + [c_2]x'^2 + [d_2]x'^3 \tag{8-174}$$

$$\begin{aligned} [a_{2u}] = \frac{1-\beta}{\beta}\Bigg\{&\left[[b_1](m+n) + \frac{1}{2}\cdot\frac{\mathrm{d}[b_1]}{\mathrm{d}y}T\right]\left(r - \frac{T_u}{T}\right)^2 T \\ &+ \left[[c_1](m+n)\frac{1}{3} + \frac{\mathrm{d}[c_1]}{\mathrm{d}y}T\right]\left(r - \frac{T_u}{T}\right)^3 T^2\Bigg\} \end{aligned} \tag{8-175}$$

$$[b_{2u}] = [b_1]n_2 - \frac{p}{rT} \tag{8-176}$$

式中，$\overline{p}$ 为 $x=t$ 处的渗透压力强度。

**四、实例**

设一宽缝重力坝，在某高程处的断面尺寸如下（见图 8-29）：$T$=80m，$t_u$=20m，$t_m$=40m，$t_d$=20m，上游水深 $y$=100m，坝坡为 $m$=0.6，$n$=0.2，$n_1$=0，$m_1$=0.4。上游段

承受三角形渗透压力，在上游面处渗压强度 $p$=100m，依直线渐变到距上游面 16m 处为 0，即 $r$=0.2，或 $n_2$=−0.04。此外，坝段宽 $B$=20m，宽缝段宽 $B_1$=14m，$\beta=\frac{B}{B_1}=\frac{10}{7}$，$\beta'=\frac{3}{7},\frac{1-\beta}{\beta}=-0.3$。

试求渗透压力所引起的断面应力。

这种荷载情况属于第一种三角形渗透压力分布，我们应用式（8-112）～式（8-141）计算。

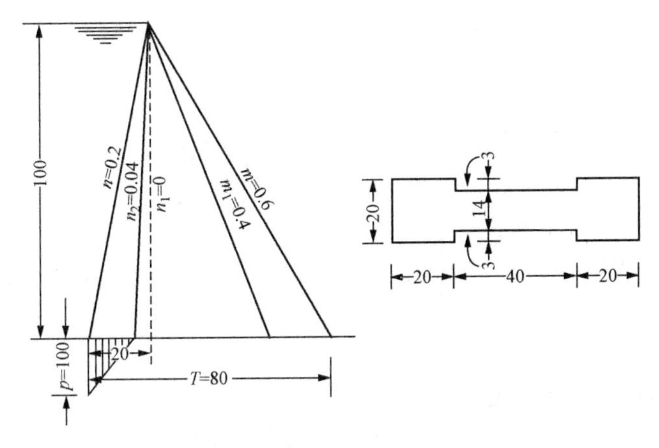


图 8-29 某宽缝重力坝的断面尺寸

注：本图中长度单位为 m，应力单位为 t/m²。

$$\sigma_y=a+bx$$

$$W=-\frac{1}{2}pr\times80\times20=-800pr=-16000\,(\mathrm{t})$$

$$M=-\frac{1}{2}pr\times80\times(40-5.3)\times20=-554666.6\,(\mathrm{t\cdot m})$$

$$F=2\times20\times20+14\times40=800+560=1360\,(\mathrm{m^2})$$

$$I=\frac{1}{12}\times20\times80^3-\frac{1}{12}\times6\times40^3=853333.3-32000=821333.3\,(\mathrm{m^4})$$

故

$$a=\frac{-16000}{1360}-\frac{-554666.6}{821333.3}\times40=-11.7647+27.013=15.2483$$

$$b=\frac{-554666.6}{821333.3}=-0.67532$$

$$K_a'=0.76241$$

$$K_b'=2.7013$$

这样，正应力 $\sigma_y$ 的公式为：

$$\sigma_y=15.2483-0.67532x$$

以 $x$=0、20、60、80 代入后，得：

$$\sigma_{yd}=15.2483$$
$$\sigma_{yD}=1.74179$$
$$\sigma_{yU}=-25.2712$$
$$\sigma_{yu}=-38.7777$$

应力单位均为 t/m$^2$，下同。

其次计算剪应力。在下游段，应用式（8-115）～式（8-118）：

$$a_{1d}=am=15.2483\times0.6=9.14898$$
$$\frac{\mathrm{d}a}{\mathrm{d}y}=\frac{a}{y}=\frac{15.2483}{100}=0.152483$$

故

$$b_1=bm+\frac{\mathrm{d}a}{\mathrm{d}y}=-0.67532\times0.6+0.152483=-0.25271$$
$$\frac{\mathrm{d}b}{\mathrm{d}y}=-\frac{pr}{y}K_b'\left(\frac{1}{T}-y\frac{m+n}{T^2}\right)=0$$

故

$$c_1=0$$

所以下游段的剪应力公式为：

$$\tau=9.14898-0.25271x$$

以 $x$=0、20 代入，得：

$$\tau_d=9.14898;\ \ \tau_{dD}=4.09478$$

宽缝段的剪应力公式中有一个 $a_{1m}$ 须按式（8-120）计算：

$$a_{1m}=0.428571\times(4.09478-0.4\times1.74179)+9.14898=10.60525$$

所以宽缝段剪应力公式是：

$$\tau=10.60525-0.25271x$$

以 $x=20$、60 代入，得：

$$\tau_{mD}=5.55101;\ \ \tau_{mU}=-4.55746$$

然后再计算上游段的剪应力，按式（8-122）：

$$a_{1u}=-0.3\times(-4.55746+0)+10.60525=11.97249$$

所以上游段剪应力公式是：

$$\tau=11.97249-0.25271x$$

以 $x$=60 代入，得：

$$\tau_{uU}=-3.19023$$

要计算有渗透压力作用段上的剪应力，尚须计算补充项［τ］。按式（8-125）：

$$[a_{1u}]=0;\ [c_1]=0$$
$$[b_1]=-\frac{100}{16}\times0.04=-0.25$$

故

$$[\tau]=-0.25x'$$

而

$$\tau=11.97249-0.25271x-0.25x'$$

例如，以 $x=80$、$x'=16$ 代入，可求出上游面处的剪应力为：

$$\tau_u=11.97249-20.2168-4=-12.24431$$

注意，根据上游面的边界条件：

$$\tau_u=-n(\sigma_y+p)=-0.2\times(-38.7777+100)=-12.24446$$

与上面求出的结果相同，这是计算中无错误的一个良好校核。

现在计算水平正应力为 $\sigma_x$。在下游段，按式（8-127）～式（8-130）：

$$a_{2d}=a_{1d}m=9.14898\times0.6=5.48938$$

$$b_{2d}=-0.25271\times0.6+\frac{\mathrm{d}a_{1d}}{\mathrm{d}y}=-0.151626+0.091490=-0.060136$$

其中
$$\frac{\mathrm{d}a_{1d}}{\mathrm{d}y}=0.6\times0.152483=0.091490$$

$$c_2=0$$
$$d_2=0$$

故

$$\sigma_x=5.48938-0.060136x$$

以 $x=0$、20 代入，得：

$$\sigma_{xd}=5.48938$$
$$\sigma_{xdD}=5.48938-1.20272=4.28666$$

其次，计算宽缝段的应力。先算 $b_{2m}$：

$$b_{2m}=b_1m+\frac{\mathrm{d}a_{1m}}{\mathrm{d}y}$$

其中

$$b_1m=-0.25271\times0.6=-0.151626$$

$$\frac{\mathrm{d}a_{1m}}{\mathrm{d}y}=0.428571\left(\frac{\mathrm{d}\tau_{dD}}{\mathrm{d}y}-0.4\frac{\mathrm{d}\sigma_{yD}}{\mathrm{d}y}\right)+0.0914898$$

$$\frac{\mathrm{d}\tau_{dD}}{\mathrm{d}y}=0.0914898+20\frac{\mathrm{d}b_1}{\mathrm{d}y}-0.25271\times0.2$$
$$=0.0914898+0-0.050542=0.0409478$$

$$\frac{\mathrm{d}\sigma_{yD}}{\mathrm{d}y}=0.152483-0.67532\times0.2=0.017419$$

代入后，得：

$$\frac{\mathrm{d}a_{1m}}{\mathrm{d}y}=0.428571\times0.033980+0.0914898=0.1060526$$

因而：

$$b_{2m}=-0.151626+0.1060526=-0.0455734$$

继续计算 $a_{2m}$。由式（8-132）：

$$a_{2m}=0.428571\times(4.28666-0.4\times4.09478)-20\times(-0.0455734+0.060136)$$
$$+0.4\times(10.60525-9.14898)+5.48938=6.91581$$

因此，在宽缝段范围内：

$$\sigma_x=6.91581-0.0455734x$$

以 $x=20$、60 代入，得：

$$\sigma_{xmD}=6.91581-0.911468=6.004342$$
$$\sigma_{xmU}=6.91581-2.734404=4.18141$$

算出 $\sigma_{xmD}$ 后，可代入式（8-100）校核平衡条件。即代入

$$\sigma_{xmD}+\beta m_1\tau_{dD}=\beta\sigma_{xdD}+m_1\tau_{mD}$$

得：

6.004342+1.428571× 0.4 × 4.09478=1.428571× 4.28666+0.4× 5.55101

最后，计算上游段的 $\sigma_x$ 公式。先由式（8-137）：

$$b_{2u}=b_1m+\frac{\mathrm{d}a_{1u}}{\mathrm{d}y}=0.6\times(-0.25271)+\frac{\mathrm{d}a_{1u}}{\mathrm{d}y}$$
$$=-0.151626+\frac{\mathrm{d}a_{1u}}{\mathrm{d}y}$$

式中的 $\frac{\mathrm{d}a_{1u}}{\mathrm{d}y}$ 可如下计算：

$$a_{1u}=\frac{1-\beta}{\beta}(\tau_{mU}+n_1\sigma_{yU})+a_{1m}$$
$$\frac{\mathrm{d}a_{1u}}{\mathrm{d}y}=\frac{1-\beta}{\beta}\left(\frac{\mathrm{d}\tau_{mU}}{\mathrm{d}y}+n_1\frac{\mathrm{d}\sigma_{yU}}{\mathrm{d}y}\right)+\frac{\mathrm{d}a_{1m}}{\mathrm{d}y}$$

式中

$$\sigma_{yU}=a+bt$$
$$\frac{\mathrm{d}\sigma_{yU}}{\mathrm{d}y}=\frac{\mathrm{d}a}{\mathrm{d}y}+t\frac{\mathrm{d}b}{\mathrm{d}y}+b\frac{\mathrm{d}t}{\mathrm{d}y}\left(\frac{\mathrm{d}b}{\mathrm{d}y}=0,\frac{\mathrm{d}t}{\mathrm{d}y}=m+n_1\right)$$
$$\tau_{mU}=a_{1m}+b_1t$$
$$\frac{\mathrm{d}\tau_{mU}}{\mathrm{d}y}=\frac{\mathrm{d}a_{1m}}{\mathrm{d}y}+t\frac{\mathrm{d}b_1}{\mathrm{d}y}+b_1\frac{\mathrm{d}t}{\mathrm{d}y}$$
$$n_1=0$$

代入后，得：

$$\frac{\mathrm{d}a_{1u}}{\mathrm{d}y}=-0.3\times(-0.0455734)+0.1060526=0.119725$$

于是

$$b_{2u}=-0.151626+0.119725=-0.031901$$

求出$b_{2u}$后，可由式（8-136）求$a_{2u}$：

$$a_{2u}=\frac{1-\beta}{\beta}(\sigma_{xmU}+n_1\tau_{mU})+(b_{2m}-b_{2u})t+(a_{1m}-a_{1u})n_1+a_{2m}$$

$$=\frac{1-\beta}{\beta}\sigma_{xmU}+(b_{2m}-b_{2u})t+a_{2m}=-0.3\times4.18141$$

$$+(-0.0455734+0.031901)\times60+6.91581=4.841033$$

于是在上游段内：

$$\sigma_x=4.841033-0.031901x$$

以$x=60$代入，得：

$$\sigma_{xuU}=4.841033-1.91406=2.92697$$

在有渗透压力作用段范围内，尚须计算补充项：

$$[a_{2u}]=0$$

$$[b_{2u}]=[b_1]n_2-\frac{p}{rT}=-(-0.25)\times0.04-\frac{p}{rT}=0.01-\frac{p}{rT}$$

$$[c_2]=0$$

$$[d_2]=0$$

所以在该段内的$\sigma_x$公式为：

$$\sigma_x=4.841033-0.031901x+0.01x'-\frac{p}{rT}x'$$

以$x=80$，$x'=rT$=16代入，得：

$$\sigma_{xu}=2.44895-p$$

在上游面，$\sigma_{xu}$应满足以下方程式：

$$\sigma_{xu}+p=-n\tau_u$$

即

$$2.44895=-0.2\times(-12.24431)$$

这也是一个很好的校核手段。

从本例中，尚可看到，如果$T=(m+n)y$，则各段剪应力和水平正应力均呈直线分布。如果不能满足上述条件，则$x^2$及$x^3$项不等于0，但一般情况下，其影响很微小。所以，渗透压力所产生的各种应力基本上均呈直线状分布。

## 第四节　宽缝重力坝的基本因素法

在第四章第五节中，我们介绍过用基本因素法分析实体重力坝的原理和公式。这个方法也可用来分析宽缝重力坝，特别适用于当坝体上下游面与宽缝轮廓线交于同一点的情况［参见图8-2（c）］。如果它们不交于同一点，则每一水平断面上的三个系数$K_1$、$K_2$和$K_3$均不相同，此时基本因素法的公式将变得非常复杂，不切实用。故对于后一情况，以采用本章第二、三节中所述方法计算为宜，但仍可采用基本因素法作近似计算（一般应力绝对值的误差是不大的，但宽缝轮廓线上各点的应力常不能完全满足平衡条件）。

应用基本因素法计算宽缝重力坝的原理，和实体重力坝完全一致，因此本节中将只作一简单介绍，并列出最终的公式以供应用。

下面我们仍采用 $K_1$、$K_2$ 和 $K_3$ 三个系数分别表示宽缝重力坝一个坝段的水平断面的面积 $F$、惯矩 $I$、形心至下游面距离 $T_d$ 与相应实体重力坝断面的三个值的比，即：

$$K_1=F/BT;\ K_2=I/\frac{1}{12}BT^3;\ K_3=T_d/\frac{T}{2}$$ ❶

则由式（8-15）～式（8-16），我们知：

$$\sigma_y=a+bx$$

$$a=\frac{W}{F}-\frac{M}{I}T_d=\frac{W}{K_1BT}-\frac{MK_3\frac{T}{2}}{K_2\frac{1}{12}BT^3}=\frac{W}{K_1BT}-\frac{6MK_3}{K_2BT^2}$$

$$b=\frac{M}{I}=\frac{M}{K_2\frac{1}{12}BT^3}=\frac{12M}{K_2BT^3}$$

如果将 $\sigma_y$ 的公式写为：

$$\sigma_y=a+bx=\left(\frac{W}{K_1BT}-\frac{6MK_3}{K_2BT^2}\right)+\frac{12M}{K_2BT^3}x$$

$$=\left(\frac{W}{BT}\cdot\frac{1}{K_1}-\frac{M}{BT^2}\cdot\frac{6K_3}{K_2}\right)+\frac{12}{K_2}\cdot\frac{M}{BT^2}\cdot\frac{x}{T}$$

则根据基本因素法的原理，$\sigma_y$ 可认为由 $W$ 及 $M$ 两种因素产生，而写为：

$$\sigma_y=\frac{W}{BT}(a'_w+b'_wx')+\frac{M}{BT^2}(a'_M+b'_Mx')$$

式中，$x'=\frac{x}{T}$。比较上两式，显然：

$$a'_w=\frac{1}{K_1};\ b'_w=0$$

$$a'_M=-\frac{6K_3}{K_2};\ b'_M=\frac{12}{K_2}$$

因此，我们可以从 $K_1$、$K_2$、$K_3$ 等三个系数，先计算 $a'$ 及 $b'$ 值，然后计算各点的相对应力 $\sigma'_y=a'+b'x'$ 值，并分别乘上调整乘数 $\frac{W}{BT}$ 和 $\frac{M}{BT^2}$，叠加后即可求出各点的正应力 $\sigma_y$。如令 $K_1=K_2=K_3=0$，则 $a'_w=1$、$b'_w=0$、$a'_M=-6$、$b'_M=12$，与实体重力坝的公式相符。如 $W$ 及 $M$ 以单宽长度计（即以 $W$ 代表 $\frac{W}{B}$，$M$ 代表 $\frac{M}{B}$），则调整乘数即可简

❶ 在本节中，$K_3$ 均取为 $T_d/\frac{T}{2}$，与本章第一节不同，该处 $K_3$ 代表 $T_u/T$。

化为 $\frac{W}{T}$ 及 $\frac{M}{T^2}$，与实体重力坝一致。本节以下均作如此简化。

对于剪应力及水平正应力的公式，均可如此推导，唯这时在应力公式中出现的变数不止 $W$ 及 $M$ 两个，而且有 $W$、$V$、$M$、$p$、$p'$、$\gamma_0$、$\gamma'_0$、$\gamma_c$、$\lambda\gamma_c$ 等，正和实体重力坝相似，公式形式也远较复杂。为了简化公式，我们作以下一些假定：

（1）假定上下游坝面与宽缝上下游轮廓线交于一点。这样，$K_1$、$K_2$ 及 $K_3$ 三个系数可不随高程而变，即：

$$\frac{dK_1}{dy}=\frac{dK_2}{dy}=\frac{dK_3}{dy}=\frac{d^2K_1}{dy^2}=\frac{d^2K_2}{dy^2}=\frac{d^2K_3}{dy^2}=0$$

这可在推求一些偏导数时减少很多工作量，而对最终计算成果并无显著影响。

实际上，宽缝重力坝的轮廓不一定能满足上述条件。这时，可在每一计算截面上维持 $t_d$、$t_m$、$t_u$ 等尺寸不变，而假定 $m_1=m-(m+n)\frac{t_d}{T}$，$n_1=n-(m+n)\frac{t_u}{T}$，以代替真正的 $m_1$ 和 $n_1$，使上述条件得到满足。

（2）当坝面为曲线时（如溢流坝段的溢流面），我们假定 $\frac{dm}{dy}$、$\frac{dn}{dy}$ 等的数值很小，也可忽略。

现在试举剪应力的公式来看。从第二节式（8-23）～式（8-28）得：

$$\tau=a_{1d}+b_1x+c_1x^2$$

$$a_{1d}=(a-p')m$$

$$b_1=\frac{da}{dy}+bm-\gamma_c$$

$$c_1=\frac{1}{2}\cdot\frac{db}{dy}$$

在 $a_{1d}$ 的公式中，显然参与作用的因素除 $W$、$M$ 外，多了一个 $p'$。$W$、$M$ 所产生的 $a'_{1d}$，显然即为相应的 $a'$ 乘以 $m$，如右表所示。$p'$ 对 $a_{1d}$ 的影响，显然即为 $-m$。

| | $a'$ | $a'_{1d}$ |
|---|---|---|
| $W$ | $\frac{1}{K_1}$ | $\frac{m}{K_1}$ |
| $M$ | $-\frac{6K_3}{K_2}$ | $-\frac{6mK_3}{K_2}$ |

其次，研究 $b_1$ 的公式。这里首先要推导 $\frac{da}{dy}$ 的式子。我们可演算如下：

$$a=\frac{W}{K_1T}-\frac{6K_3M}{K_2T^2}$$

故

$$\frac{da}{dy}=\frac{K_1T\frac{dW}{dy}-WK_1\frac{dT}{dy}}{(K_1T)^2}-\frac{6K_3}{K_2}\left(\frac{T^2\frac{dM}{dy}-2TM\frac{dT}{dy}}{T^4}\right)$$

这里已应用了 $K_1$、$K_2$、$K_3$ 为常数的假定，使公式大为简化。

上式中的 $\frac{\mathrm{d}W}{\mathrm{d}y}$ 及 $\frac{\mathrm{d}M}{\mathrm{d}y}$ 可演算如下：

$$\frac{\mathrm{d}W}{\mathrm{d}y}=K_1\gamma_c T+np+mp' \text{（} p' \text{为下游面水压力）}$$

$$\frac{\mathrm{d}W}{\mathrm{d}y}=W\left[m-\frac{K_3}{2}(m+n)\right]+V+pnT\left(1-\frac{K_3}{2}\right)-\frac{1}{2}p'K_3mT$$

$$\frac{\mathrm{d}T}{\mathrm{d}y}=m+n$$

代入 $\frac{\mathrm{d}a}{\mathrm{d}y}$ 的公式中并简化整理后，得：

$$\frac{\mathrm{d}a}{\mathrm{d}y}=\frac{W}{T^2}\left\{\left[\frac{-6K_3}{K_2}\left(1-\frac{K_3}{2}\right)-\frac{1}{K_1}\right]m+\left(\frac{3K_3^2}{K_2}-\frac{1}{K_1}\right)n\right\}$$
$$+\frac{V}{T^2}\left(-\frac{6K_3}{K_2}\right)+\frac{M}{T^3}\left[\frac{12K_3}{K_2}(m+n)\right]+\frac{1}{K_1T}(\gamma_c K_1 T$$
$$+pn+p'm)-\frac{6K_3}{K_2T}\left[pn\left(1-\frac{K_3}{2}\right)-p'\frac{K_3m}{2}\right]$$

在 $b_1$ 的公式中还有 $bm=\frac{M}{T^3}\cdot\frac{12m}{K_2}$ 和 $-\gamma_c$ 两项。将它们加在上式中，可见参与 $b_1$ 公式中的基本因素有 $W$、$V$、$M$、$p$、$p'$ 等五项。分别置 $\frac{W}{T}=1$、$\frac{V}{T}=1$、$\frac{M}{T^2}=1$、$p=1$、$p'=1$，即可求出这五个因素所产生的 $b_1$ 值如下：

由于 $\frac{W}{T}$ 产生的 $$b_1'=\left(\frac{3K_3^2}{K_2}-\frac{1}{K_1}\right)(m+n)-\frac{6K_3}{K_2}m$$

由 $\frac{V}{T}$ 所产生的 $$b_1'=\frac{-6K_3}{K_2}$$

由 $\frac{M}{T^2}$ 所产生的 $$b_1'=\frac{12}{K_2}[m+K_3(m+n)]$$

由 $p$ 所产生的 $$b_1'=\left[\frac{1}{K_1}-\frac{6K_3}{K_2}\left(1-\frac{K_3}{2}\right)\right]n$$

由 $p'$ 所产生的 $$b_1'=\left(\frac{1}{K_1}+\frac{3K_3^2}{K_2}\right)m$$

其余各种应力系数 $c_1'$、$a_{2d}'$、$a_{2m}'$、…、$d_2'$，均可仿此推求，不再一一详举。最终的成果列入表 8-1。在这张表中，为了缩短公式，又采用了几个新的符号如下：

$$x_1=\frac{6}{K_2}\beta t_d'(K_3-t_d')$$

$$x_2=\frac{6}{K_2}(1-K_3)$$

$$\alpha=\frac{B_1}{B}$$

$$\beta = \frac{B}{B_1}$$

$$\beta' = \frac{B - B_1}{B_1}$$

$$t'_d = \frac{t_d}{T}$$

$$t'_m = \frac{t_m}{T}$$

$$t'_u = \frac{t_u}{T}$$

应用基本因素法计算宽缝重力坝的步骤如下：

（1）选取计算截面：确定这一截面上的各基本因素值：$\frac{W}{T}, \frac{M}{T^2}, \frac{V}{T}$，$p + p_E$，$p' - p'_E$，$\left(\gamma_0 + \frac{\partial p_E}{\partial y}\right)T, \left(\gamma'_0 - \frac{\partial p'_E}{\partial y}\right)T, \gamma_c T$，$\lambda\gamma_c T$ 等。并计算这个断面上的几何参数：$K_1$，$K_2$，$K_3$，$m$，$n$，$t'_u$，$t'_d$，$t'_m$，$\alpha$，$\beta$，$\beta'$，$x_1$，$x_2$。

（2）将几何参数代入公式中，计算每一种基本因素所产生的应力指数 $a'$、$b'$、$a'_{1d}$、…、$d'_2$。

（3）求出各计算点的相对坐标 $x' = \frac{x}{T}$。

（4）计算每一基本因素对各计算点所产生的应力。例如，$\frac{W}{T}$ 所产生的应力为：

$$\sigma_y = \frac{W}{T}(a' + b'x')$$

$$\tau_d = \frac{W}{T}(a'_{1d} + b'_1 x' + c'_1 x'^2)$$

$$\tau_m = \frac{W}{T}(a'_{1m} + b'_1 x' + c'_1 x'^2)$$

$$\vdots$$

$$\sigma_{xu} = \frac{W}{T}(a'_{2u} + b'_{2u} x' + c'_2 x'^2 + d'_2 x'^3)$$

以上各式中的 $a'$、$b'$、…、$d'_2$ 均取用 $\frac{W}{T}$ 所产生的应力系数。

（5）将各项因素产生的应力叠加，即得最终成果。如：

$$\sigma_y = \frac{W}{T}(a' + b'x') + \frac{M}{T^2}(a' + b'x')$$

$$\tau_d = \frac{W}{T}(a' + b'x') + \frac{V}{T}(a' + b'x') + \frac{M}{T^2}(a' + b'x') + p(a' + b'x') + p'(a' + b'x')$$

$$\vdots$$

当计算截面上存在渗透压力时，也可用同样原理导出基本因素的应力系数公式，已列入表 8-1 中。但在计算渗透压力所产生的应力时，有以下几点须注意：

表 8-1

| 荷载 | | $a'$ | $b'$ | $a'_{1d}$ | $a'_{1m}$ | $a'_{1u}$ | $b'_1$ | $c'_1$ | $a'_{2d}$ | $a'_{2m}$ | $a'_{2u}$ |
|---|---|---|---|---|---|---|---|---|---|---|---|
| 普通荷载 | $W=1$ | $\frac{1}{K_1}$ | 0 | $\frac{1}{K_1}m$ | $\chi_1\left[\frac{K_3}{2}(m+n)-m\right]+\frac{m}{K_1}$ | $\chi_2\left[\frac{K_3}{2}(m+n)-m\right]+\frac{m}{K_1}$ | $\left(\frac{3K_3^2}{K_2}-\frac{1}{K_1}\right)\times(m+n)-\frac{6K_3}{K_2}m$ | $\frac{6}{K_2}m-\frac{3K_3}{K_2}\times(m+n)$ | $\frac{1}{K_2}m^2$ | $\chi_1[(K_3-2)m^2+K_3\times mn]+\frac{1}{K_1}m^2$ | $\chi_2[(K_3-2)m^2+K_3\times mn]+\frac{1}{K_1}m^2$ |
| | $V=1$ | 0 | 0 | 0 | $-\chi_1$ | $-\chi_2$ | $-\frac{6K_3}{K_2}$ | $\frac{6}{K_2}$ | 0 | $-2\chi_1 m$ | $-2\chi_2 m$ |
| | $M=1$ | $-\frac{6K_3}{K_2}$ | $\frac{12}{K_2}$ | $-\frac{6K_3}{K_2}m$ | $\chi_1(m+n)-\frac{6K_3}{K_2}m$ | $\chi_2(m+n)-\frac{6K_3}{K_2}m$ | $\frac{12}{K_2}[m+K_3\times(m+n)]$ | $-\frac{18}{K_2}(m+n)$ | $-\frac{6K_3}{K_2}m^2$ | $2\chi_1(m+n)m-\frac{6K_3}{K_2}m^2$ | $2\chi_2(m+n)m-\frac{6K_3}{K_2}m^2$ |
| | $p+p_E=1$ | 0 | 0 | 0 | $-\chi_1\left(1-\frac{K_3}{2}\right)\times n+\beta\frac{t_d}{K_1}n$ | $-\chi_2\left(1-\frac{K_3}{2}\right)\times n+(\alpha-1)\frac{t'_m}{K_1}n$ | $\left[\frac{1}{K_1}-\frac{6K_3}{K_2}\times\left(1-\frac{K_3}{2}\right)\right]n$ | $\frac{6}{K_2}\left(1-\frac{K_3}{2}\right)n$ | 0 | $\beta\{\sigma_{y_dD_1}-[m-(m+n)\times t'_d]\tau'_{dD_1}\}+(a'_{1m}-a'_{1d})[m-(m+n)\times t'_d]+a'_{2d}+(b'_{2d}-b'_{2m})t'_d$ | $(\alpha-1)\{\sigma'_{ymV_1}+[n-(m+n)t'_u]\tau'_{mV_1}\}+(a'_{1m}-a'_{1u})[n-(m+n)t'_u]+a'_{2m}+(b'_{2m}-b'_{2u})(1-t'_u)$ |
| | $p'-p'_E=1$ | 0 | 0 | $-m$ | $\chi_1\frac{K_3}{2}m+\beta\frac{t'_d}{K_1}\times m-\frac{m}{a}$ | $\chi_2\frac{K_3}{2}m+(a-1)\times\frac{t'_m}{K_1}m-m$ | $\left(\frac{1}{K_1}+\frac{3K_3^2}{K_2}\right)\times m$ | $-\frac{3K_3}{K_2}m$ | $1-m^2$ | 同上 | 同上 |
| | $\gamma+\frac{\partial p_E}{\partial y}=1$ | 0 | 0 | 0 | 0 | 0 | 0 | 0 | 0 | $\beta\sigma'_{ydD_1}+(b'_{2d}-b'_{2m})t'_d$ | $(\alpha-1)\sigma'_{ymV_1}+a'_{2m}+(b'_{2m}-b'_{2u})(1-t'_u)$ |
| | $\gamma'_0-\frac{\partial p'_E}{\partial y}=1$ | 0 | 0 | 0 | 0 | 0 | 0 | 0 | 0 | 同上 | 同上 |
| | $\gamma_c=1$ | 0 | 0 | 0 | 0 | 0 | 0 | 0 | 0 | 同上 | 同上 |
| | $\lambda\gamma_c=1$ | 0 | 0 | 0 | 0 | 0 | 0 | 0 | 0 | $-\frac{1}{2}\chi_1K_1+1-\frac{K_1}{K_2}$ | $-\frac{1}{2}\chi_2K_1+1-\frac{K_1}{K_2}$ |

续表

| 荷载 | | $b'_{2d}$ | $b'_{2m}$ | $b'_{2u}$ | $c'_2$ | $d'_2$ | 调整乘数 |
|---|---|---|---|---|---|---|---|
| 普通荷载 | $W=1$ | $2b'_1m$ | $b'_{2d}+\chi_1[2m(m+n)$ $-K_3(m+n)^2]$ | $b'_{2d}+\chi_2[2m(m+n)$ $-K_3(m+n)^2]$ | $2c'_1m+\left(\frac{1}{K_1}-\frac{6K_3^2}{K_2}\right)(m+n)^2$ $+\frac{12K_3}{K_2}(m+n)m$ | $\frac{6K_3}{K_2}(m+n)^2$ $-\frac{12}{K_2}(m+n)m$ | $\frac{W}{T}$ |
| | $V=1$ | $2b'_1m'$ | $b'_{2d}+2\chi_1\times(m+n)$ | $b'_{2d}+2\chi_1(m+n)$ | $2c'_1m+\frac{12K_3}{K_2}(m+n)$ | $-\frac{12}{K_2}(m+n)$ | $\frac{V}{T}$ |
| | $M=1$ | $2b'_1m-b'm^2$ | $b'_{2d}+2\chi_1(m+n)^2$ | $b'_{2d}-2\chi_2(m+n)^2$ | $2c'_1m-\frac{18K_3}{K_2}(m+n)^2$ | $\frac{24}{K_2}(m+n)^2$ | $\frac{M}{T^2}$ |
| | $p+p_E=1$ | $2b'_1m$ | $b'_{2d}+\chi_1(1+n^2)$ | $b'_{2d}+\chi_2(1+n^2)$ | $2c'_1m+\frac{3K_3}{K_2}(1-mn)$ $+\left(\frac{9K_3}{K_2}-\frac{3K_3^2}{K_2}-\frac{1}{K_1}\right)\times(m+n)n$ | $\left(\frac{4K_3}{K_2}-\frac{10}{K_2}\right)\times(m+n)n$ $+\frac{2}{K_2}\times mn-\frac{2}{K_2}$ | $p+p_E$ |
| | $p'-p'_E$ $=1$ | $2b'_1m$ | $b'_{2d}-\chi_1\times(1+m^2)$ | $b'_{2d}-\chi_2(1+m^2)$ | $2c'_1m-\frac{3K_3}{K_2}(1+m^2)$ $-\left(\frac{3K_3^2}{K_2}+\frac{1}{K_1}\right)\times(m+n)m$ | $\frac{4K_3}{K_2}(m+n)m$ $+\frac{2}{K_2}(1+m^2)$ | $p'-p'_E$ |
| | $\gamma_0+\frac{\partial p_E}{\partial y}$ $=1$ | 0 | $-\chi_1\left(1-\frac{K_3}{2}\right)$ $\times n+\beta\frac{t'_d}{K_1}n$ | $-\chi_2\left(1-\frac{K_3}{2}\right)\times n+(\alpha-1)\times\frac{t'_m}{K_1}n$ | $\left[\frac{1}{2K_1}-\frac{3K_3}{K_2}\left(1-\frac{K_3}{2}\right)\right]n$ | $\frac{2}{K_2}\left(1-\frac{K_3}{2}\right)n$ | $\left(\gamma_0+\frac{\partial p_E}{\partial y}\right)T$ |
| | $\gamma_0-\frac{\partial p_E}{\partial y}$ $=1$ | $-m$ | $b'_{2d}+\chi_1\frac{K_3}{2}\times m$ $+\beta\left(\frac{t'_d}{K_1}-1\right)m$ | $b'_{2d}+\chi_2\frac{K_3}{2}\times m+(\alpha-1)\times\frac{t'_m}{K_1}n$ | $\left(\frac{1}{2K_1}+\frac{3K_3^2}{2K_2}\right)m$ | $-\frac{K_3}{K_2}m$ | $\left(\gamma'_0-\frac{\partial p'_E}{\partial y}\right)T$ |
| | $\gamma_c=1$ | $m$ | $b_{2d}+\chi_1K_1$ $\times\left[\frac{K_3}{2}(m+n)-m\right]$ | $b'_{2d}+\chi_2K_1$ $\times\left[\frac{k_3}{2}(m+n)-m\right]$ | $-\frac{3K_1K_3}{K_2}m+\frac{1}{2}\left(\frac{3K_1K_3^2}{K_2}-2\right)(m+n)$ | $\frac{2K_1}{K_2}m-\frac{K_1K_3}{K_2}\times(m+n)$ | $\gamma_cT$ |
| | $\lambda\gamma_c=1$ | $-1$ | $\chi_1K_1-1$ | $\chi_2K_1-1$ | $\frac{3K_1K_3}{K_3}$ | $-\frac{2K_1}{K_2}$ | $\lambda\gamma_cT$ |

续表

| 荷载 | | | $a'$ | $b'$ | $d'_{1d}$ | $d'_{1m}$ | $d'_{1u}$ | $b'_1$ | $c'_1$ | $d'_{2d}$ | $d'_{2m}$ | $d'_{2u}$ |
|---|---|---|---|---|---|---|---|---|---|---|---|---|
| 渗透压力荷载 | 计算断面在下游水位以上 | 基本图形 I | $K_a$ | $K_b$ | $mK_a$ | $\psi_1+mK_a$ | $\alpha\psi_1+\psi_2+mK_a$ | $K_a(m+n)mK_b$ | 0 | $m^2K_a$ | $2\psi_1[m-(m+n)t'_d]+K_a[m^2+\beta(m+n)^2\times t_d^2]$ | $2\alpha\psi_1[m-(m+n)t'_d]+2\psi_2[m-(m+n)(1-t'_d)]+m^2K_a+K_a\times(\alpha-1)(m+n)^2[(1-t'_u)^2-t'^2_d]$ |
| | | II | $K_a$ | $K_b$ | $mK_a$ | 同上 | $\alpha\psi_1+\psi_2+mK_a+\frac{1}{r}(\alpha-1)(m+n)(r-t'_u)^2$ | 同上 | 0 | 同上 | 同上 | $2\alpha\psi_1[m-(m+n)\times t'_d]+2\psi_2[m-(m+n)(1-t'_u)]+m^2K_a+K_a(\alpha-1)(m+n)^2[(1-t'_u)^2-t'^2_d]+r(\alpha-1)(m+n)^2\left(1-\frac{t'_u}{r}\right)^2[r+2t'_u+\frac{2m}{m+n}-3]$ |
| | | III | $K_a$ | $K_b$ | $mK_a$ | 同上 | $\alpha\psi_1+\psi_2+mK_a$ | 同上 | 0 | 同上 | 同上 | 同基本图形（Ⅰ） |
| | 计算断面在下游水位以下 | I | $K_a$ | $K_b$ | $mK_a$ | $\psi'_1+mK_a-\beta\times(m+n)t'^2_d\frac{K_b}{2}$ | $\alpha\psi'_1+\psi'_2+mK_a-(\alpha-1)(m+n)\times\frac{K_b}{2}[(1-t'_u)^2-t'^2_d]$ | $mK_b$ | $-\frac{1}{2}(m+n)K_b$ | $m^2K_a$ | $\psi'_1[m-(m+n)t'_d]+K_a[m^2+m(m+n)\times(\beta-1)t'_d]+\frac{1}{3}\times\beta(m+n)^2t'^3_dK_b$ | $\alpha\psi'_1[m-(m+n)t'_d]+\psi'_2[m-(m+n)(1-t'_u)]+K_a[m^2+m\times(m+n)(\alpha-1)(1-t'_u-t'_d)]+\frac{K_b}{3}\times(\alpha-1)(m+n)^2[(1-t'_u)^3-t'^3_d]$ |
| | | II | $K_a$ | $K_b$ | $mK_a$ | 同上 | $\alpha\psi'_1+\psi'_2+mK_a-(\alpha-1)(m+n)\times\frac{K_b}{2}[(1-t'_u)^2-t'^2_d]+\frac{r}{2}\times(\alpha-1)(m+n)\left(1-\frac{t'_u}{r}\right)^2$ | 同上 | 同上 | 同上 | 同上 | $\alpha\psi'_1[m-(m+n)t'_d]+\psi'_2[m-(m+n)(1-t'_u)]+K_a[m^2+m\times(m+n)(\alpha-1)(1-t'_u-t'_d)]+\frac{K_b}{3}(\alpha-1)(m+n)^2[(1-t'_u)^3-t'^3_d]+r\times(\alpha-1)(m+n)\left(1-\frac{t'_u}{r}\right)^2\left[m-(m+n)\times\left(1-t'_u-\frac{r^2}{3}+\frac{rt'_u}{3}\right)\right]$ |
| | | III | $K_a$ | $K_b$ | $mK_a$ | 同上 | $\alpha\psi'_1+\psi'_2+m\times K_a-(\alpha-1)(m+n)\frac{K_b}{2}[(1-t'_u)^2-t'^2_u]$ | 同上 | 同上 | 同上 | 同上 | 同基本图形（Ⅰ） |

续表

| 荷载 | | | $b'_{2d}$ | $b'_{2m}$ | $b'_{2u}$ | $c'_2$ | $d'_2$ | 调整乘数 |
|---|---|---|---|---|---|---|---|---|
| 渗透压力荷载 | 计算断面在下游水位以上 | 基本图形 I | $2m(m+n)K_a$ $+m^2K_b$ | $(\psi_1+2mK_a)\times$ $(m+n)+m^2K_b$ | $(\alpha\psi_1+\psi_2+2m$ $\times K_a)(m+n)$ $+m^2K_b$ | 0 | 0 | $p_1$ |
| | | II | 同上 | 同上 | $(\alpha\psi_1+\psi_2+2m\times K_a)$ $(m+n)+m^2K_b+\frac{1}{r}$ $\times(\alpha-1)(m+n)^2(1-t'_u)^2$ | 0 | 0 | $p_2$ |
| | | III | 同上 | 同上 | $(\alpha\psi_1+\psi_2+2mK_a)$ $\times(m+n)+m^2K_b$ | 0 | 0 | $P_3$ |
| | 计算断面在下游水位以下 | I | $m^2K_b$ | $m^2K_b$ | $m^2K_b$ | $-mK_b(m+n)$ | $\frac{1}{3}K_b(m+n)^2$ | $p_1$ |
| | | II | 同上 | 同上 | 同上 | 同上 | 同上 | $p_2$ |
| | | III | 同上 | 同上 | 同上 | 同上 | 同上 | $p_3$ |

说明：（1）$\chi_1=\frac{6}{K^2}\beta t'_d(K_3-t'_d)$；$\chi_2=\frac{6}{K_2}(1-K_3)$；$\alpha=\frac{B_1}{B}$；$\beta'=\frac{B_1}{B}$；$\beta=\beta'-1$；$t'_d=\frac{t_d}{T}$；$t'_m=\frac{t_m}{T}$；$t'_u=\frac{t_u}{T}$。

（2）$\psi_1=\beta(m+n)t'_d(2K_a+t'_d K_b)$；$\psi_2=(\alpha-1)(m+n)(1-t'_u)[2K_u+(1-t'_u)K_b]$；$\psi'_1=\beta(m+n)t'_d(K_a+t'_d K_b)$；$\psi'_2=(\alpha-1)\frac{t_u}{T}$。

（3）$K_a$、$K_b$ 的计算详见表 8-3。

（1）渗透压力的基本图形分为三种：

基本图形Ⅰ：局部三角形分布，上游面强度为 $p_1$，消失点在头部范围内；

基本图形Ⅱ：局部三角形分布，上游面强度为 $p_2$，消失点在宽缝段内；

基本图形Ⅲ：局部矩形分布，上游面强度为 $p_3$，消失点在宽缝段内。

（2）在无渗透压力作用的区段内，剪应力及水平正应力的计算公式仍为如下形式：

$$\tau = a_1 + b_1 x + c_1 x^2, \sigma_x = a_2 + b_2 x + c_2 x^2 + d_2 x^3$$

在有渗透压力作用的区段内，这些公式尚应加上一个校正项，如：

$$\tau_m = a_{1m} + b_1 x + c_1 x^2 + [a_{1m}] + [b_1]\bar{x} + [c_1]\bar{x}^2$$

式中，$\bar{x}$是从渗透压力消失点量起的横坐标。所以应力指数的公式也相应为：

$$\tau'_m = a'_{1m} + b'_1 x' + c'_1 x'^2 + [a'_{1m}] + [b'_1]\bar{x}' + [c'_1]\bar{x}'^2$$

式中，$\bar{x}' = \dfrac{\bar{x}}{T}$，而系数$[a'_{1m}]$、$[b'_1]$、$[c'_1]$等另须计算。这些系数的公式另列入表 8-2 中。

**表 8-2　$[a'_{1m}]$ 等 系 数 公 式**

| | 基本图形 | $[a'_{1m}]$ | $[a'_{1u}]$ | $[b'_1]$ | $[c'_1]$ | $[a'_{2m}]$ |
|---|---|---|---|---|---|---|
| 计算断面在下游水位以上 | Ⅰ | — | 0 | $m+n-\dfrac{n}{r}$ | 0 | — |
| | Ⅱ | 0 | 0 | $m+n-\dfrac{n}{r}$ | 0 | 0 |
| | Ⅲ | — | $r(m+n)-n$ | $m+n$ | 0 | — |
| 计算断面在下游水位以下 | Ⅰ | — | 0 | $m+n-\dfrac{n}{r}$ | $-\dfrac{m+n}{2r}$ | — |
| | Ⅱ | 0 | 0 | $m+n-\dfrac{n}{r}$ | $-\dfrac{m+n}{2r}$ | 0 |
| | Ⅲ | — | $r(m+n)-n$ | 0 | 0 | — |
| | 基本图形 | $[a'_{2u}]$ | $[b'_2]$ | $[c'_2]$ | $[d'_2]$ | 调整乘数 |
| 计算断面在下游水位以上 | Ⅰ | 0 | $\dfrac{1}{r}\{[r(m+n)-n]^2-1\}$ | 0 | 0 | $p_1$ |
| | Ⅱ | 0 | $\dfrac{1}{r}\{[r(m+n)-n]^2-1\}$ | 0 | 0 | $p_2$ |
| | Ⅲ | $[r(m+n)-n]^2-1$ | $2(m+n)[r(m+n)-n]$ | 0 | 0 | $p_3$ |
| 计算断面在下游水位以下 | Ⅰ | 0 | $\dfrac{1}{r}\{[r(m+n)-n]^2-1\}$ | $-\dfrac{m+n}{r}[r(m+n)-n]$ | $\dfrac{1}{3}\dfrac{(m+n)^2}{r}$ | $p_1$ |
| | Ⅱ | 0 | $\dfrac{1}{r}\{[r(m+n)-n]^2-1\}$ | $-\dfrac{m+n}{r}[r(m+n)-n]$ | $\dfrac{1}{3}\dfrac{(m+n)^2}{r}$ | $p_2$ |
| | Ⅲ | $[r(m+n)-n]^2-1$ | 0 | 0 | 0 | $p_3$ |

表 8-3　　　　$K_a$ 及 $K_b$ 的公式

| 基本图形 | $K_a$的公式 | 基本图形 | $K_b$的公式 |
|---|---|---|---|
| I | $K_a=-\frac{r}{2K_1}+\frac{3rK_3}{K_2}\left(1-\frac{1}{2}K_3-\frac{1}{3}r\right)$ | I | $K_b=-\frac{6r}{K_2}\left(1-\frac{1}{2}K_3-\frac{1}{3}r\right)$ |
| II | $K_a=\frac{r}{2}\left[-\frac{1}{K_1}+\frac{6K_3}{K_2}\left(1-\frac{1}{2}K_3-\frac{1}{3}r\right)\right]+\frac{1}{2r}(r-t_u')^2$ $\times\varphi\left[\frac{1}{K_1}-\frac{6K_3}{K_2}\left(1-\frac{1}{2}K_3-\frac{1}{3}r-\frac{2}{3}t_u\right)\right]$ | II | $K_b=\frac{6}{K_2}\left[-r\left(1-\frac{1}{2}K_3-\frac{1}{3}r\right)\right.$ $\left.+\frac{1}{r}(r-t_u')^2\varphi\left(1-\frac{1}{2}K_3-\frac{1}{3}r-\frac{2}{3}t_u\right)\right]$ |
| III | $K_a=-\frac{r}{K_1}+\frac{6rK_3}{K_2}\left(1-\frac{1}{2}K_3-\frac{1}{2}r\right)$ | III | $K_b=-\frac{12r}{K_2}\left(1-\frac{1}{2}K_3-\frac{1}{2}r\right)$ |

注　$\varphi=\frac{B-B_1}{B}$。

（3）为了简化公式，在推导渗透压力生产的应力系数时，采用了一些新的符号，计有：$\psi_1$，$\psi_2$，$\psi_1'$，$\psi_2'$，$K_a$，$K_b$ 等。其定义及公式详见表 8-1 下的说明及表 8-3。此外并作了两个假定，即：①假定 $\frac{\mathrm{d}r}{\mathrm{d}y}=0$（即渗透压力消失点的轨迹为一直线且与上下游坝面交于一点）。②假定 $T=(m+n)y$，$p=\eta\gamma_0 y$，即假定上游库水面位于上下游坝面交点处，这样 $\frac{\mathrm{d}p}{\mathrm{d}y}=\eta\gamma_0$，为一常数。但在下游尾水位以下，$p=\eta\gamma_0(y-y')=$常数（即上下游水位差）。所以，采用这个假定后，在尾水位上下的断面，其计算渗透压力的公式将稍有不同。这些都列入表 8-1 及表 8-2 中。

## 第五节　分区混凝土重力坝的应力计算

### 一、材料力学计算法

在第二章第六节中，我们已经说明过，为了经济上的理由，重力坝坝体内各部分并不采用同一种标号的混凝土，而是按“分区混凝土”原则进行设计施工的。

混凝土的标号不同，其力学性质将随之而异。因此分区混凝土重力坝应该认为是由几种不同材料组成的物体。要作精确的应力分析，必须考虑这一情况。

如果坝体内混凝土种类很多，则精确的应力分析很为困难。在本章第六节中对于这个问题有一简单论述，可资参考。但一般仅在坝面和坝体内部采用两种（或三种）不同标号的混凝土（参见图 8-30）。通常在坝体内部采用较低标号的混凝土（设其容重及弹性模量分别为 $\gamma_c$ 及 $E$），在坝面附件采用较高标号的混凝土（设其容重及弹性模具分别为 $\gamma_c'$ 及 $E'$）。这种情况下，坝

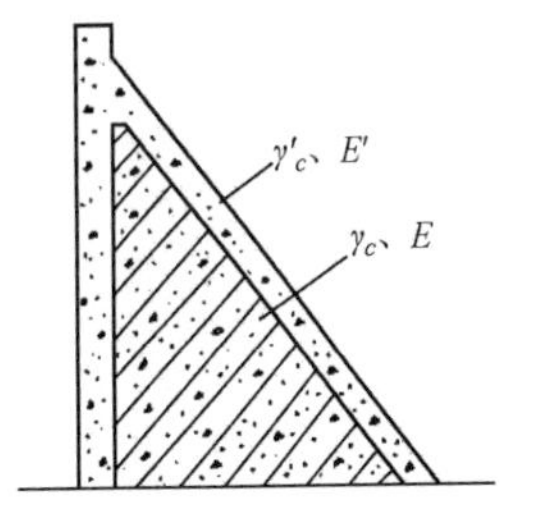


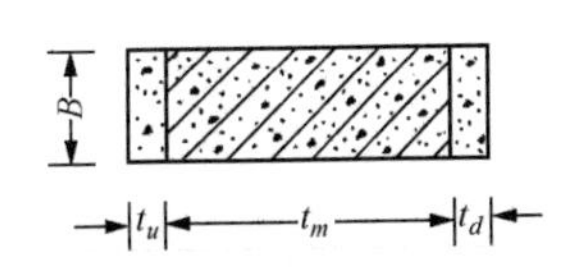


图 8-30　混凝土分区示意图

体的应力分析可以较简捷地进行，而且其性质与宽缝重力坝的计算极相类似，所以就归入本章中。

这个问题可用材料力学方法求出一个近似解答，也可以用弹性理论就某些简化情况求出较精确的解答。我们先介绍材料力学计算法。

首先，令：

$$\gamma_c' = \gamma_c \eta';\ E' = E\eta$$

式中，$\eta$及$\eta'$均为大于 1 的数值系数（$\eta'$极接近于 1）。

我们在计算这一问题时，仍采用如下的基本假定，即认为坝体各水平断面在变形后仍维持为一平面。这样，这一问题的解答将与前述宽缝重力坝的应力分析极相似，兹略加说明如下。

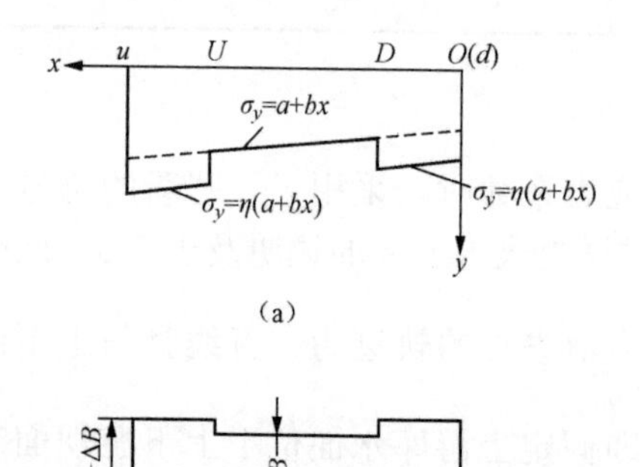


图 8-31　分区混凝土重力坝正应力$\sigma_y$的分布

1. 正应力$\sigma_y$的计算

由于我们假定水平断面在变形后仍维持为一平面，同时根据材料力学的基本公式，应力$\sigma$为弹性模量 $E$ 与应变$\varepsilon$的乘积，所以可以肯定$\sigma_y$ 的分布将呈三段不连续的直线，如图 8-31 所示。而且甚易知道，若将上下游坝面段的$\sigma_y$值乘上$\dfrac{1}{\eta}$加以缩小后，则三段直线即将衔接成一条直线。

由于$\sigma_y$完全可由平衡条件（$\sigma_y$与外荷载 $W$ 及 $M$ 的平衡）确定，我们就很容易发现，这一问题中$\sigma_y$的解答和图 8-31（b）中所示的宽缝重力坝的$\sigma_y$的解答是相同的，只要两者的外荷载相同，并且使宽缝坝中坝块总宽度与宽缝段宽度之比等于$\eta$即可，即：

$$\frac{B+\Delta B}{B}=\eta \tag{8-177}$$

因此。我们可以得到计算$\sigma_y$的公式为：

$$\left.\begin{aligned}&\text{下游段}\quad \sigma_y=\eta(a+bx)\\&\text{中央段}\quad \sigma_y=a+bx\\&\text{上游段}\quad \sigma_y=\eta(a+bx)\end{aligned}\right\} \tag{8-178}$$

式中

$$\left.\begin{aligned}a&=\frac{W}{F}-\frac{MT_u}{I}\\b&=\frac{M}{I}\end{aligned}\right\} \tag{8-179}$$

$W$、$M$ 各指原来的坝体在计算断面上的全部垂直荷载和对于其“化引断面”形心的全部力矩。$F$、$I$ 是一块假想断面（化引断面）的面积和惯性矩。这块断面的形状如图 8-31（b）所示，呈工字形，腰宽即为坝块原来宽度 $B$（或可取为 1，则一切荷载 $M$、

$W$、$V$ 等均以 1m 坝宽为准），两头的宽度为$\eta B$，长度即为高标号混凝土区域的厚度[1]。

2. 剪应力$\tau$的计算

和宽缝重力坝的推导一样，我们将坝体划分为三段来分析，可参见图 8-11～图 8-13。

在下游段，切取一微小元块，考虑其平衡条件（参见图 8-11），可写下：

$$\tau B \mathrm{d}y + \mathrm{d}W' + \mathrm{d}W - \mathrm{d}Q = 0$$

式中

$$\mathrm{d}W' = p' B \mathrm{d}x$$

$$\mathrm{d}W = \gamma_c' \, Bx \mathrm{d}y$$

$$Q = B\int_0^x \eta(a+bx)\mathrm{d}x = \eta B\left(ax + \frac{1}{2}bx^2\right)$$

代入整理后，得：

$$\tau = a_{1d} + b_{1d}x + c_{1d}x^2 \tag{8-180}$$

式中

$$\left.\begin{aligned} a_{1d} &= \eta\left(a - \frac{p'}{\eta}\right)m \\ b_{1d} &= \eta\left(\frac{\mathrm{d}a}{\mathrm{d}y} + bm - \frac{\eta'}{\eta}\gamma_c\right) \\ c_{1d} &= \frac{\eta}{2}\cdot\frac{\mathrm{d}b}{\mathrm{d}y} \end{aligned}\right\} \tag{8-181}$$

在中央段，切取一微小元块，考虑其平衡条件（参见图 8-12），可写下：

$$\tau B \mathrm{d}y + \mathrm{d}W' + \mathrm{d}W - \mathrm{d}Q = 0$$

式中

$$\mathrm{d}W' = p' B \mathrm{d}x$$

$$\mathrm{d}W = \gamma_c' \, B t_d \mathrm{d}y + \gamma_c B(x - t_d)\mathrm{d}y$$

$$Q = \eta B\int_0^{t_d}(a+bx)\mathrm{d}x + B\int_{t_d}^{x}(a+bx)\mathrm{d}x = \eta B\left(at_d + \frac{1}{2}bt_d^2\right) + B\left[a(x-t_d) + \frac{b}{2}(x^2 - t_d^2)\right]$$

代入整理后，得：

$$\tau = a_{1m} + b_{1m}x + c_{1m}x^2 \tag{8-182}$$

式中

$$\left.\begin{aligned} a_{1m} &= (\eta-1)t_d\frac{\mathrm{d}a}{\mathrm{d}y} + \frac{\eta-1}{2}t_d^2\frac{\mathrm{d}b}{\mathrm{d}y} \\ &\quad + am - p'm - (\eta'-1)\gamma_c t_d \\ b_{1m} &= \frac{\mathrm{d}a}{\mathrm{d}y} + bm - \gamma_c \\ c_{1m} &= \frac{1}{2}\cdot\frac{\mathrm{d}b}{\mathrm{d}y} \end{aligned}\right\} \tag{8-183}$$

在上游段，切取一微小元块，考虑其平衡条件（参见图 8-13），可写下：

[1] 如上游面与下游面的混凝土标号不相同，则相应于上下游段宽度不相同的宽缝重力坝，其计算法见前。

$$\tau B\mathrm{d}y-\mathrm{d}W'-\mathrm{d}W+\mathrm{d}Q=0$$

式中

$$\mathrm{d}W'=pB\mathrm{d}x_u$$
$$\mathrm{d}W=\gamma_c' B(T-x)\mathrm{d}y=\eta'\gamma_c B(T-x)\mathrm{d}y$$
$$Q=\eta B\left[a(T-x)+\frac{b}{2}(T^2-x^2)\right]$$

代入整理后，得：

$$\tau=a_{1u}+b_{1u}x+c_{1u}x^2 \tag{8-184}$$

式中

$$\left.\begin{aligned} a_{1u}&=\eta\left[\left(\frac{p}{\eta}-a\right)n+\frac{\eta'}{\eta}\gamma_c T-T\frac{\mathrm{d}a}{\mathrm{d}y}-\frac{T^2}{2}\cdot\frac{\mathrm{d}b}{\mathrm{d}y}-bT(m+n)\right]\\ b_{1u}&=\eta\left(\frac{\mathrm{d}a}{\mathrm{d}y}+bm-\frac{\eta'}{\eta}\gamma_c\right)\\ c_{1u}&=\eta\left(\frac{1}{2}\cdot\frac{\mathrm{d}b}{\mathrm{d}y}\right)\end{aligned}\right\} \tag{8-185}$$

为了便于和宽缝重力坝的公式相对照，我们将上下游坝面段的剪应力除以$\eta$（记为$\bar{\tau}$），作为计算对象，即上下游高标号混凝土段：

$$\bar{\tau}=\frac{\tau}{\eta} \tag{8-186}$$

这样，我们可以把上游段剪应力公式写成：

$$\left.\begin{aligned}\tau&=\eta\bar{\tau}\\ \bar{\tau}&=a_{1u}+b_{1u}x+c_{1u}x^2\end{aligned}\right\} \tag{8-187}$$

式中

$$\left.\begin{aligned} a_{1u}&=\left(\frac{p}{\eta}-a\right)n+\frac{\eta'}{\eta}\gamma_c T-T\frac{\mathrm{d}a}{\mathrm{d}y}-\frac{T^2}{2}\cdot\frac{\mathrm{d}b}{\mathrm{d}y}-bT(m+n)\\ b_{1u}&=\frac{\mathrm{d}a}{\mathrm{d}y}+bm-\frac{\eta'}{\eta}\gamma_c\\ c_{1u}&=\frac{1}{2}\cdot\frac{\mathrm{d}b}{\mathrm{d}y}\end{aligned}\right\} \tag{8-188}$$

中央段剪应力可以写成：

$$\tau=a_{1m}+b_{1m}x+c_{1m}x^2 \tag{8-189}$$

式中

$$\left.\begin{aligned} a_{1m}&=(\eta-1)t_d\frac{\mathrm{d}a}{\mathrm{d}y}+\frac{\eta-1}{2}t_d^2\frac{\mathrm{d}b}{\mathrm{d}y}+am-p'm-(\eta'-1)\gamma_c t_d\\ b_{1m}&=\frac{\mathrm{d}a}{\mathrm{d}y}+bm-\gamma_c\\ c_{1m}&=\frac{1}{2}\cdot\frac{\mathrm{d}b}{\mathrm{d}y}\end{aligned}\right\} \tag{8-190}$$

下游段剪应力可以写成：

$$\left.\begin{aligned}\tau&=\eta\overline{\tau}\\ \overline{\tau}&=a_{1d}+b_{1d}x+c_{1d}x^2\end{aligned}\right\}\tag{8-191}$$

式中

$$\left.\begin{aligned}a_{1d}&=\left(a-\frac{p'}{\eta}\right)m\\ b_{1d}&=\frac{\mathrm{d}a}{\mathrm{d}y}+bm-\frac{\eta'}{\eta}\gamma_c\\ c_{1d}&=\frac{1}{2}\bullet\frac{\mathrm{d}b}{\mathrm{d}y}\end{aligned}\right\}\tag{8-192}$$

从上可见，若取$\overline{\tau}$（上下游段）及$\tau$（中央段）为计算对象，即$c_{1u}=c_{1m}=c_{1d}=\frac{1}{2}\bullet\frac{\mathrm{d}b}{\mathrm{d}y}$，但$b_{1u}$、$b_{1m}$、$b_{1d}$并不完全相等。不过，如作为近似计算，我们不妨令$\eta'=\eta$。这样$b_{1d}=b_{1m}=b_{1u}$，因而就简化成和宽缝重力坝相同的问题了。全部剪应力公式中有五个未知系数：$a_{1d}$、$a_{1m}$、$a_{1u}$、$b_1$及$c_1$，可由下列五个条件决定：

（1）在下游坝面，剪应力应等于已知值$\tau_d$，或

$$\eta a_{1d}=\tau_d;\quad a_{1d}=\frac{\tau_d}{\eta}$$

（2）在$x=t_d$处，根据平衡条件可写下：

$$\eta m_1\sigma_{yD}+\tau_{mD}-\sigma_{yD}m_1-\eta\overline{\tau}_{dD}=0\tag{8-193}$$

式中
$$\sigma_{yD}=a+bt_d$$

（3）在$x=t$处，根据平衡条件可写下：

$$\eta n_1\sigma_{yU}-\tau_{mU}-n_1\sigma_{yU}+\eta\overline{\tau}_{uU}=0\tag{8-194}$$

式中
$$\sigma_{yU}=a+bt$$

（4）在上游坝面，剪应力应等于已知值$\tau_u$，或：

$$a_{1u}+b_1T+c_1T^2=\frac{\tau_u}{\eta}$$

（5）整个水平截面上，全部剪应力应与水平外载相平衡，或：

$$B\int_0^{t_d}\eta\overline{\tau}\mathrm{d}x+B\int_{t_d}^{t}\tau\mathrm{d}x+B\int_t^T\eta\overline{\tau}\mathrm{d}x=-V\tag{8-195}$$

这五个条件，在形式上与式（8-37）～式（8-39）完全相似。因此我们得到计算剪应力的步骤如下：

（1）所需资料：应力方面，$\sigma_{yD}$，$\sigma_{yU}$，$\tau_d$及$\tau_u$。几何尺寸方面：$\eta$（相当于宽缝重力坝中的$\beta=\frac{B}{B_1}$），$m$，$n$，$t_d$，$t_m$，$t$，$t_u$，$T$。又计算：

$$\left.\begin{aligned}C&=B\left[\frac{\eta}{2}t_d^2+\frac{1}{2}(t^2-t_d^2)+\frac{\eta}{2}(T^2-t^2)\right]\\D&=B\left[\frac{\eta}{3}t_d^3+\frac{1}{3}(t^3-t_d^3)+\frac{\eta}{3}(T^3-t^3)\right]\end{aligned}\right\}\tag{8-196}$$

（2）成立联立方程组，就 $a_{1m}$ 求解，以确定 $k_1 \cdots k_6$ 六个数值：

$$\left.\begin{aligned}(\eta-1)t_d b_1+(\eta-1)t_d^2c_1&=(-\tau_d+\overline{\eta-1}m_1\sigma_{yD})+a_{1m}\\\eta a_{1u}+(\eta-1)tb_1+(\eta-1)t^2c_1&=(-\overline{\eta-1}n_1\sigma_{yU})+a_{1m}\end{aligned}\right\}\tag{8-197}$$

$$a_{1u}+Tb_1+T^2c_1=\frac{\tau_u}{\eta}$$

$$\left.\begin{aligned}a_{1u}&=k_1+k_2a_{1m}\\b_1&=k_3+k_4a_{1m}\\c_1&=k_5+k_6a_{1m}\end{aligned}\right\}\tag{8-198}$$

（3）代入下式求出 $a_{1m}$：

$$a_{1m}=-\frac{V+Bt_d\tau_d+B\eta t_uk_1+Ck_3+Dk_5}{B_1t_m+B\eta t_uk_2+Ck_4+Dk_6}\tag{8-199}$$

然后依次计算 $a_{1u}$、$b_1$、$c_1$。

（4）求出 $a_{1u}$、$a_{1m}$、$a_{1d}$、$b_1$、$c_1$ 后，中央段的剪应力公式即为：

$$\tau=a_{1m}+b_1x+c_1x^2$$

上下游段的最终剪应力公式应为：

$$\tau=\eta(a_{1d}+b_1x+c_1x^2)\text{ 或 }\tau=\eta(a_{1u}+b_1x+c_1x^2)$$

3．水平正应力 $\sigma_x$ 的计算

和宽缝重力坝一样，将式（8-197）对 $y$ 微分并整理后，可得：

$$\left.\begin{aligned}&(\eta-1)\ t_db_1'+(\eta-1)\ t_d^2c_1'=(-\tau_a'+\overline{\eta-1}\ m_1\sigma_{yD}')+a_{1m}'\\&\eta a_{1u}'+(\eta-1)\,tb_1'+(\eta-1)t^2c_1'=-\left[(\eta-1)n_1\sigma_{yU}'+(\eta-1)\right.\\&\left.\times(m+n)(b_1+2tc_1)\right]+a_{1m}'\\&a_{1u}'+Tb_1'+T^2c_1'=\frac{\tau_u'}{\eta}-(m+n)\,(b_1+2c_1T)\end{aligned}\right\}\tag{8-200}$$

将上式就 $a_{1m}'$ 求解，得：

$$\left.\begin{aligned}a_{1u}'&=k_1'+k_2a_{1m}'\\b_1'&=k_3'+k_4a_{1m}'\\c_1'&=k_5'+k_6a_{1m}'\end{aligned}\right\}\tag{8-201}$$

然后代入下式确定 $a_{1m}'$：

$$a_{1m}'=-\frac{(V'+A)+\eta Ba_{1d}'t_d+\eta Bt_uk_1'+Ck_3'+Dk_5'}{B_1t_m+Bt_uk_2+Ck_4+Dk_6}\tag{8-202}$$

式中

$$A=(m+n)\left[Ba_{1m}+b_1B(t+\eta t_u)+c_1B(t^2+\eta\overline{T^2-t^2})\right] \tag{8-203}$$

由此可推算 $a'_{1u}$、$b'_1$、$c'_1$ 等。求出 $a'_{1d}$、$a'_{1m}$、$a'_{1u}$、$b'_1$ 及 $c'_1$ 后，可代入下列各式计算如下各系数值：

$$\left.\begin{aligned}
&a_{2d}=a_{1d}m+\frac{p'}{\eta}\\
&b_{2d}=a'_{1d}+b_1m-\lambda\gamma_c\frac{\eta'}{\eta}\\
&c_2=\frac{1}{2}b'_1+c_1m\\
&d_2=\frac{1}{3}c'_1\\
&a_{2m}=p'-\lambda\gamma_c t_d(\eta'-1)+\eta\left(t_d a'_{1d}+\frac{t_d^2}{2}b'_1+\frac{t_d^3}{3}c'_1\right)\\
&\qquad+\left(a_{1m}m-t_d a'_{1m}-\frac{t_d^2}{2}b'_1-\frac{t_d^3}{3}c'_1\right)\\
&b_{2m}=a'_{1m}+b_1m-\lambda\gamma_c\\
&a_{2u}=\frac{p}{\eta}+a_{1u}m-\tau_u(m+n)-Ta'_{1u}-\frac{T^2}{2}b'_1\\
&\qquad-\frac{T^3}{3}c'_1+\lambda\frac{\eta'}{\eta}T\\
&b_{2u}=a'_{1u}+b_1m-\lambda\gamma_c\frac{\eta'}{\eta}
\end{aligned}\right\} \tag{8-204}$$

算出这些系数后，三段上的 $\sigma_x$ 公式是：

$$\left.\begin{aligned}
&\text{上游段}\ \sigma_x=\eta(a_{2u}+b_{2u}x+c_2x^2+d_2x^3)\\
&\text{中央段}\ \sigma_x=a_{2m}+b_{2m}x+c_2x^2+d_2x^3\\
&\text{下游段}\ \sigma_x=\eta(a_{2d}+b_{2d}x+c_2x^2+d_2x^3)
\end{aligned}\right\} \tag{8-205}$$

至于 $\tau'_d$、$\tau'_u$、$\sigma'_{yD}$、$\sigma'_{yU}$ 及 $V'$ 等五个导数可以如下计算：

$$\tau_d=(a\eta-p')m,\quad \tau'_d=\left(\eta\frac{\mathrm{d}a}{\mathrm{d}y}-\frac{\mathrm{d}p'}{\mathrm{d}y}\right)m$$

式中

$$\frac{\mathrm{d}a}{\mathrm{d}y}=b_1-bm+\gamma_c$$

$$\tau_u=(p-\eta a-\eta bT)n,\quad \tau'_u=\left[\frac{\mathrm{d}p}{\mathrm{d}y}-\eta\frac{\mathrm{d}a}{\mathrm{d}y}-\eta T\frac{\mathrm{d}b}{\mathrm{d}y}-\eta b(m+n)\right]n$$

式中

$$\frac{\mathrm{d}b}{\mathrm{d}y}=2c_1,\ \frac{\mathrm{d}p}{\mathrm{d}y}=\gamma_0$$

$$V'=\frac{\mathrm{d}V}{\mathrm{d}y}=-Bp$$

$$\sigma_{yD}=a+bt_d,\ \sigma'_{yD}=\frac{\mathrm{d}a}{\mathrm{d}y}+t_d\frac{\mathrm{d}b}{\mathrm{d}y}$$

$$\sigma_{yU}=a+bt,\ \sigma'_{yU}=\frac{\mathrm{d}a}{\mathrm{d}y}+t\frac{\mathrm{d}b}{\mathrm{d}y}+b(m+n)$$

这样，我们解决了分区混凝土重力坝的计算问题。由以上的推导，可见其计算与相应的宽缝重力坝的计算极其相似或相同。注意，上述计算法有一假定，即$\eta=\eta'$。在实际中许多情况下，通常$\eta$略大于$\eta'$，但两者是接近的，因此所产生的误差是微不足道的。如果我们要较精确的计入$\eta$与$\eta'$不同的影响，则在求剪应力时，$b_{1u}\neq b_{1m}\neq b_{1d}$。从式（8-188）～式（8-192）我们可写下三段的公式。

上游段：

$$\tau=\eta\overline{\tau},\ \overline{\tau}=a_{1u}+b_{1u}x+c_1x^2$$

式中

$$b_{1u}=b_1+\gamma_c-\frac{\eta'}{\eta}\gamma_c=b_1+\gamma_c\left(1-\frac{\eta'}{\eta}\right)$$

如令：

$$\in=\gamma_c\left(1-\frac{\eta'}{\eta}\right)$$

则

$$b_{1u}=b_1+\in$$

就得：

$$\overline{\tau}=a_{1u}+b_1x+c_1x^2+\in x \tag{8-206}$$

中央段：

$$\tau=a_{1m}+b_1x+c_1x^2$$

下游段：

$$\tau=\eta\overline{\tau},\ \overline{\tau}=a_{1d}+b_1x+c_1x^2+\in x \tag{8-207}$$

这样仍有五个未知系数：$a_{1u}$、$a_{1m}$、$a_{1d}$、$b_1$及$c_1$（$\in$为已知值），可由以下五个条件求之：

（1）在下游坝面：

$$\eta a_{1d}=\tau_d,\ a_{1d}=\frac{\tau_d}{\eta}$$

（2）在$x=t_d$处：

$$\eta m_1\sigma_{yD}+\tau_{mD}-\sigma_{yD}m_1-\eta\overline{\tau}_{dD}=0$$

或

$$(\eta-1)t_db_1+(\eta-1)t_d^2c_1=-\tau_d-\eta\in t_d+(\eta-1)m_1\sigma_{yD}+a_{1m} \tag{8-208}$$

（3）在$x=t$处：

$$\eta n_1\sigma_{yU}-\tau_{mU}-n_1\sigma_{yU}+\eta\overline{\tau}_{uU}=0$$

或

$$(\eta-1)tb_1+(\eta-1)\ t^2c_1+\eta a_{1u}=-\eta\in t-(\eta-1)\ n_1\sigma_{yU}+a_{1m} \tag{8-209}$$

（4）在上游坝面：

$$a_{1u}+b_1T+c_1T^2=\frac{\tau_u}{\eta}-\in T \tag{8-210}$$

（5）整个水平截面上，剪应力应与水平外载相平衡：

$$\eta Ba_{1d}t_d+Ba_{1m}t_m+\eta Ba_{1u}t_u+Bb_1C+Bc_1D+\frac{\eta B\varepsilon}{2}(t_d^2+T^2-t^2)=-V \tag{8-211}$$

由此可求出$a_{1u}$、$a_{1m}$、$a_{1d}$、$b_1$及$c_1$五个值。至于$\sigma_x$的计算，同样可以微分以上五式，先求出$a'_{1u}$、$a'_{1m}$、$b'_1$及$c'_1$，然后代入式（8-204），计算$a_{2u}$、$a_{2m}$、$a_{2d}$、$b_{2u}$、$b_{2m}$、$b_{2d}$、$c_2$及$d_2$，从而得到$\sigma_x$的公式。为节约篇幅不再详细推导。

## 二、弹性理论计算法

分区混凝土重力坝的应力分布问题，在作了一些简化假定后，也可以用平面弹性理论进行分析。这些假定是：

（1）坝体为一无限楔体，由通过楔顶的辐射线分为若干区，每一区为一种混凝土（最简单的情况是两层楔形体，最常用情况则是三层楔形体）。

（2）坝体承受若干种简单的荷载，如自重、坝面上的线性荷载和楔顶集中荷载等。其他荷载情况可利用圣维南原理以迭加法进行解算。

（3）计算的原理是分区求出坝体应力函数$\varphi_i$，使其满足平衡条件、边界条件、相容条件和分区接触面上的接触条件（在接触面两侧有相同的法向应力和剪应力，且变形连续）。

对于这一个问题苏联学者求得了一些解答，其中一些可供实用的成果已列入参考文献［1］中。本节中将直接引用这些成果，不加详细证导。

下面我们只介绍两层楔形体和对称的三层楔形体的解法。这里只有两种不同的材料。第一种材料的弹性常数为$E_1$、$\mu_1$，第二种材料的弹性常数为$E_2$、$\mu_2$。两者容重分别为$\gamma_1$、$\gamma_2$，并令：

$$\left.\begin{aligned}\eta&=\frac{E_2}{E_1}\bullet\frac{1-\mu_1^2}{1-\mu_2^2}\\ \vartheta&=\frac{\eta}{1-\mu_1}-\frac{1}{1-\mu_2}\end{aligned}\right\} \tag{8-212}$$

由两层组成的断面，靠下游的一层作为第一种材料，靠上游一层作为第二种材料。对称的三层断面则以中间部分作为第一种材料，两边部分作为第二种材料。

这样，就可求出每一层中的应力公式。每个公式中包含四个待定常数：$A$，$B$，$C$及$D$。这四个常数可由荷载情况及坝体条件求出。

全部计算草图及应力公式汇列于图8-32、图8-33和表8-4、表8-5及表8-6中。计算可按以下步骤进行：

（1）从公式（8-212），计算系数$\eta$和$\vartheta$。

（2）利用表8-4或表8-5第二栏的公式，用$A$及$B$来表示系数$C$和$D$。

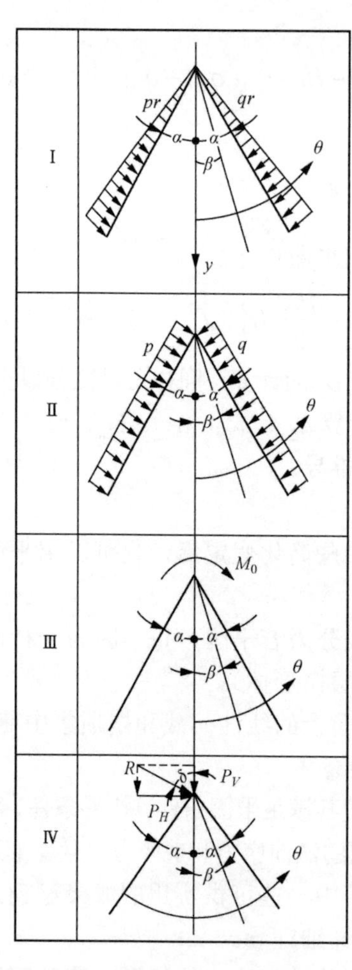

图 8-32　荷载草图（用于表 8-4）

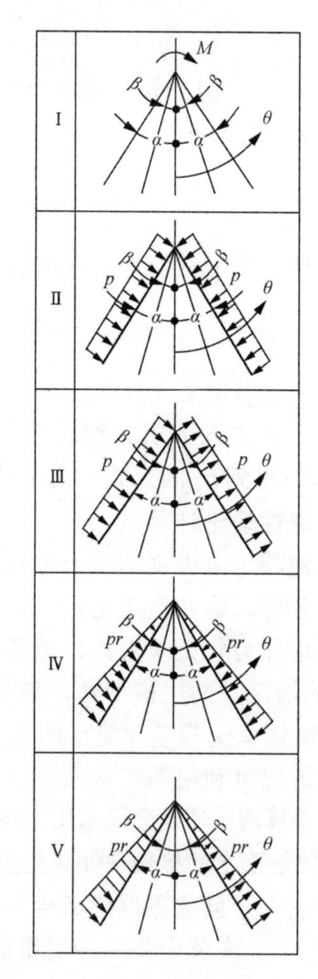

图 8-33　荷载草图（用于表 8-5）

（3）将 $C$ 和 $D$ 的式子代入表中第三栏的方程式，解出未知数 $A$ 与 $B$，再由此计算 $C$ 与 $D$。

（4）求出 $A$、$B$、$C$、$D$ 后，按照表中第 4、5 栏公式，分别计算出各层选定点的应力。第一层的应力公式在表中均带有“*”号，在第二层的应力公式中有 $\sigma_\theta^*$、$\sigma_r^*$、$\tau_{r\theta}^*$ 项者即指相应之值。

在自重作用下的应力计算，稍有周折，须按以下三种情况计算并叠加以求其和：

（1）半无限平面的自重应力状态：

$$\sigma_\theta=\sigma_r=-\gamma y;\quad \tau_{r\theta}=0$$

（2）在楔形体两侧边界上作用强度为 $\gamma y$ 的线性拉力下的应力状态（无体积力）。这一状态的应力可按表 8-4、表 8-5 中情况Ⅰ计算，只须把外荷载 $-pr$ 和 $-qr$ 用 $+\gamma y$ 代替之。

（3）由于两部分材料容重及弹性模量不同所引起的应力状态。这一状态可用应力函数 $\varphi_2$ 表示之，可按表 8-6 中公式计算。

在参考文献［1］中，举有一个数例，我们现在引用这个数例来说明计算步骤。

某坝呈楔形断面，上下游坝坡为 $n$=0、$m$=0.7，楔顶角为 $2\alpha$ =35°。坝体由两部分混凝土浇成，分界线的角坐标为 $\beta=-12°30'$。坝体下游部分（第一层）的混凝土强度较高，设 $E_1=2E_2$。此外设两种混凝土的容重及泊松比相同，即：$\gamma_1=\gamma_2=2.4$ t/m$^3$，$\mu_1=\mu_2=\frac{1}{6}$。令坝高 $H$=1。试计算在上游面齐顶水压力和自重作用下的应力状态。

**表 8-4　　两层楔形体的应力计算公式**

| 荷载情况（图 8-32） | 系数 $C$ 和 $D$ | 计算系数 $A$ 和 $B$ 的方程式 |
|---|---|---|
| 1 | 2 | 3 |
| Ⅰ | $C=(\eta-1)\left[A\cos(\alpha+\beta)+B\sin(\alpha+\beta)+\frac{p}{6}\cos(\alpha+\beta)\right]+\frac{\vartheta}{8}[6AR(\alpha+\beta)+6BN(\alpha+\beta)-p\cos(\alpha+\beta)]$<br>$D=-(\eta-1)[A\sin(\alpha+\beta)-B\cos(\alpha+\beta)+\frac{p}{6}\sin(\alpha+\beta)]+\frac{\vartheta}{8}\left[2AM(\alpha+\beta)-2BR(\alpha+\beta)-\frac{p}{3}\sin(\alpha+\beta)\right]$ | $AM(2\alpha)-BR(2\alpha)+CM(\alpha-\beta)-DR(\alpha-\beta)=\frac{p}{6}\sin 2\alpha$<br>$AR(2\alpha)+BN(2\alpha)+CR(\alpha-\beta)+DN(\alpha-\beta)=\frac{p}{6}\cos 2\alpha-\frac{q}{6}$ |
| Ⅱ | $C=(\eta-1)A$<br>$D=(\eta-1)\left[2(\alpha+\beta)A+B-\frac{p}{2}\right]-\frac{\vartheta}{2}\{[2(\alpha+\beta)-\sin 2(\alpha+\beta)]A+[1-\cos 2(\alpha+\beta)]B-\frac{p}{2}\}$ | $A(4\alpha-\sin 4\alpha)+B(1-\cos 4\alpha)+C[2(\alpha-\beta)-\sin 2(\alpha-\beta)]+D[1-\cos 2(\alpha-\beta)]=\frac{p-q}{2}$<br>$A\ (1-\cos 4\alpha)\ +B\sin 4\alpha+C[1-\cos 2(\alpha-\beta)]+D\sin 2(\alpha-\beta)=0$ |
| Ⅲ | $C=(\eta-1)[A\cos 2(\alpha+\beta)+B\sin 2(\alpha+\beta)]+\frac{\vartheta}{2}\{A[1-\cos 2(\alpha+\beta)]-B\sin 2(\alpha+\beta)\}$<br>$D=-(\eta-1)[A\sin 2(\alpha+\beta)-B\cos 2(\alpha+\beta)]$ | $A(1-\cos 4\alpha)-B\sin 4\alpha+C[1-\cos 2(\alpha-\beta)]-D\sin 2(\alpha-\beta)=0$<br>$A(4\alpha-\sin 4\alpha)-B(1-\cos 4\alpha)+C[2(\alpha-\beta)-\sin 2(\alpha-\beta)]-D[1-\cos 2(\alpha-\beta)]=4M$ |
| Ⅳ | $C$=0<br>$D$=0 | $-\frac{A}{2}[(1-\eta)\sin^2(\alpha+\beta)+\eta\sin^2 2\alpha]+\frac{B}{2}\{(1+\eta)\alpha+\frac{1-\eta}{2}[2\beta+\sin(\alpha+\beta)]+\frac{\eta}{2}\sin 4\alpha\}=R\cos\delta=Pv$<br>$-\frac{A}{2}\{\frac{1-\eta}{2}[\sin 2(\alpha+\beta)-2\beta]-\alpha(1+\eta)+\frac{1}{2}\sin 4\alpha\}+\frac{B}{2}[(\eta-1)\ \sin^2(\alpha+\beta)-\eta\sin^2 2\alpha]=R\sin\delta=P_H$ |

续表

| 荷载情况（图 8-32） | 应力计算公式 第一层 | 应力计算公式 第二层 |
|---|---|---|
| 1 | 4 | 5 |
| Ⅰ | $-\alpha<\theta<\beta$<br>$\sigma_\theta=\sigma_\theta^*=6ArR(\theta+\alpha)+6BrN(\theta+\alpha)-pr\cos(\theta+\alpha)$<br>$\sigma_r=\sigma_r^*=-2ArK(\theta+\alpha)-2BrL(\theta+\alpha)-\frac{pr}{3}\cos(\theta+\alpha)$<br>$\tau_{r\theta}=\tau_{r\theta}^*=2ArM(\theta+\alpha)-2BrR(\theta+\alpha)-\frac{pr}{3}\sin(\theta+\alpha)$ | $\beta<\theta<\alpha$<br>$\sigma_\theta=\sigma_\theta^*+6CrR(\theta-\beta)+6DrN(\theta-\beta)$<br>$\sigma_r=\sigma_r^*-2CrK(\theta-\beta)-2DrL(\theta-\beta)$<br>$\tau_{r\theta}=\tau_{r\theta}^*+2CrM(\theta-\beta)-2DrR(\theta-\beta)$ |
| Ⅱ | $-\alpha<\theta<\beta$<br>$\sigma_\theta=\sigma_\theta^*=2A[2(\theta+\alpha)-\sin2(\theta+\alpha)]+2B[1-\cos2(\theta+\alpha)]-p$<br>$\sigma_r=\sigma_r^*=2A[2(\theta+\alpha)+\sin2(\theta+\alpha)]+2B[1+\cos2(\theta+\alpha)]-p$<br>$\tau_{r\theta}=\tau_{r\theta}^*=-2A[1-\cos(\theta+a)]-2B\sin(\theta+\alpha)$ | $\beta<\theta<\alpha$<br>$\sigma_\theta=\sigma_\theta^*+2C[2(\theta-\beta)-\sin2(\theta-\beta)]+2D[1-\cos2(\theta-\beta)]$<br>$\sigma_r=\sigma_r^*+2C[2(\theta-\beta)+\sin2(\theta-\beta)]+2D[1+\cos2(\theta-\beta)]$<br>$\tau_{r\theta}=\tau_{r\theta}^*-2C[1-\cos2(\theta-\beta)]-2D\sin2(\theta-\beta)$ |
| Ⅲ | $-\alpha<\theta<\beta$<br>$\sigma_\theta=0$<br>$\sigma_r=\sigma_r^*=\frac{1}{r^2}[A\sin2(\theta+\alpha)-B\cos2(\theta+\alpha)]$<br>$\tau_{r\theta}=\tau_{r\theta}^*=\frac{1}{2r^2}\{A[1-\cos2(\theta+\alpha)]-B\sin2(\theta+\alpha)\}$ | $\beta<\theta<\alpha$<br>$a_\theta=0$<br>$\sigma_r=\sigma_r^*+\frac{1}{r^2}[C\sin2(\theta-\beta)-D\cos2(\theta-\beta)]$<br>$\tau_{r\theta}=\tau_{r\theta}^*+\frac{1}{2r^2}\{C[1-\cos2(\theta-\beta)]-D\sin2(\theta-\beta)\}$ |
| Ⅳ | $0<\theta<\alpha+\beta$<br>$\sigma_\theta=\sigma_\theta^*=0$<br>$\sigma_r=\sigma_r^*=\frac{1}{r}(-A\sin\theta+B\cos\theta)$<br>$\tau_{r\theta}=0$ | $\alpha+\beta<\theta<2\alpha$<br>$\sigma_\theta=0$<br>$\sigma_r=\eta\sigma_r^*=\frac{\eta}{r}[-A\sin\theta+B\cos\theta]$<br>$\tau_{r\theta}=0$ |

注　$N(\theta)=\frac{1}{3}(\sin3\theta-3\sin\theta);R(\theta)=\cos3\theta-\cos\theta;M(\theta)=3\sin3\theta-\sin\theta;K(\theta)=3\cos3\theta+\cos\theta;L(\theta)=\sin3\theta+\sin\theta$。

**表 8-5　　三层楔形体的应力计算公式**

| 荷载情况（图 8-33） | 系数 $C$ 和 $D$ | 计算系数 $A$ 和 $B$ 的方程式 |
|---|---|---|
| 1 | 2 | 3 |
| Ⅰ | $C=-(\eta-1)A\cos2\beta+\frac{\vartheta}{2}(A\cos2\beta+B)$<br>$D=(\eta-1)A\sin2\beta$ | $A\cos2\alpha+B+C[1-\cos2(\alpha-\beta)]-D\sin2(\alpha-\beta)=0$<br>$A\sin2\alpha+2B\alpha+C[2(\alpha-\beta)-\sin2(\alpha-\beta)]-D[1-\cos2(\alpha-\beta)]=2M$ |

续表

| 荷载情况（图 8-33） | 系数 $C$ 和 $D$ | 计算系数 $A$ 和 $B$ 的方程式 |
|---|---|---|
| 1 | 2 | 3 |
| II | $C=0$<br>$D=(\eta-1)A-\frac{\vartheta}{2}(A+B\cos 2\beta)$ | $A+B\cos 2\alpha+D[1-\cos 2(\alpha-\beta)]=-\frac{p}{2}$<br>$B\sin 2\alpha-D\sin 2(\alpha-\beta)=0$ |
| III | $C=\frac{\eta-1}{2}A$<br>$D=(\eta-1)A\beta-\frac{\vartheta}{2}(A\beta+B\sin 2\beta)$ | $A+2B\cos 2\alpha+2C[1-\cos 2(\alpha-\beta)]+2D\sin 2(\alpha-\beta)=0$<br>$A\alpha+B\sin 2\alpha+C[2(\alpha-\beta)-\sin 2(\alpha-\beta)]+D[1-\cos 2(\alpha-\beta)]=\frac{p}{2}$ |
| IV | $C=-(\eta-1)A\cos\beta+\frac{3\vartheta}{4}(A\cos\beta+B\cos 3\beta)$<br>$D=(\eta-1)A\sin\beta+\frac{\vartheta}{4}(A\sin\beta+3B\sin 3\beta)$ | $A\cos\alpha+B\cos 3\alpha+CR(\alpha-\beta)+DN(\alpha-\beta)=-\frac{p}{6}$<br>$A\sin\alpha+3B\sin 3\alpha+CM(\alpha-\beta)-DR(\alpha-\beta)=0$ |
| V | $C=-(\eta-1)A\sin\beta+\frac{3\vartheta}{4}(A\sin\beta+B\sin 3\beta)$<br>$D=(\eta-1)A\cos\beta+\frac{\vartheta}{4}(A\cos\beta+3B\cos 3\beta)$ | $A\cos\alpha+3B\cos 3\alpha+CM(\alpha-\beta)-DR(\alpha-\beta)=0$<br>$A\sin\alpha+B\sin 3\alpha+CR(\alpha-\beta)+DN(\alpha-\beta)=\frac{p}{6}$ |

| 荷载情况（图 8-33） | 应力计算公式 | | |
|---|---|---|---|
| | 第一层 $(-\beta<\theta<\beta)$ | 第二层 $(\beta<\theta<\alpha)$ | 第三层 $(-\alpha<\theta<-\beta)$ |
| 1 | 4 | 5 | 6 |
| I | $\sigma_\theta=0$<br>$\sigma_r=\sigma_r^*=-\frac{A}{r^2}\sin 2\theta$<br>$\tau_{r\theta}=\tau_{r\theta}^*=\frac{1}{2r^2}(A\cos 2\theta+B)$ | $\sigma_\theta=0$<br>$\sigma_r=\sigma_r^*+\frac{1}{r^2}[C\sin 2(\theta-\beta)-D\cos 2(\theta-\beta)]$<br>$\tau_{r\theta}=\tau_{r\theta}^*+\frac{1}{2r^2}\{C[1-\cos 2(\theta-\beta)]-D\sin 2(\theta-\beta)\}$ | $\sigma_\theta=0$<br>$\sigma_r=\sigma_r^*+\frac{1}{r^2}[C\sin 2(\theta+\beta)+D\cos 2(\theta+\beta)]$<br>$\tau_{r\theta}=\tau_{r\theta}^*+\frac{C}{2r^2}[1-\cos 2(\theta+\beta)]+\frac{D}{2r^2}\sin 2(\theta+\beta)$ |
| II | $\sigma_\theta=\sigma_\theta^*=2A+2B\cos 2\theta$<br>$\sigma_r=\sigma_r^*=2A-2B\cos 2\theta$<br>$\tau_{r\theta}=\tau_{r\theta}^*=2B\sin 2\theta$ | $\sigma_\theta=\sigma_\theta^*+2D[1-\cos 2(\theta-\beta)]$<br>$\sigma_r=\sigma_r^*+2D[1+\cos 2(\theta-\beta)]$<br>$\tau_{r\theta}=\tau_{r\theta}^*-2D\sin 2(\theta-\beta)$ | $\sigma_\theta=\sigma_\theta^*+2D[1-\cos 2(\theta+\beta)]$<br>$\sigma_r=\sigma_r^*+2D[1+\cos 2(\theta+\beta)]$<br>$\tau_{r\theta}=\tau_{r\theta}^*-2D\sin 2(\theta+\beta)$ |

续表

| 荷载情况（图 8-33） | 应力计算公式 | | |
|---|---|---|---|
| | 第一层 ($-\beta<\theta<\beta$) | 第二层 ($\beta<\theta<\alpha$) | 第三层 ($-\alpha<\theta<-\beta$) |
| 1 | 4 | 5 | 6 |
| Ⅲ | $\sigma_\theta=\sigma_\theta^*=2A\theta+2B\sin 2\theta$<br>$\sigma_r=\sigma_r^*=2A\theta-2B\sin 2\theta$<br>$\tau_{r\theta}=\tau_{r\theta}^*=-A-2B\cos 2\theta$ | $\sigma_\theta=\sigma_\theta^*+2C[2(\theta-\beta)$<br>$-\sin 2(\theta-\beta)]$<br>$+2D[1-\cos 2(\theta-\beta)]$<br>$\sigma_r=\sigma_r^*+2C[2(\theta-\beta)$<br>$+\sin 2(\theta-\beta)]$<br>$+2D[1+\cos 2(\theta-\beta)]$<br>$\tau_{r\theta}=\tau_{r\theta}^*-2C[1-\cos 2(\theta-\beta)]$<br>$-2D\sin 2(\theta-\beta)$ | $\sigma_\theta=\sigma_\theta^*+2C[2(\theta+\beta)$<br>$-\sin 2(\theta+\beta)]$<br>$-2D[1-\cos 2(\theta+\beta)]$<br>$\sigma_r=\sigma_r^*+2C[2(\theta+\beta)$<br>$+\sin 2(\theta+\beta)]$<br>$-2D[1+\cos 2(\theta+\beta)]$<br>$\tau_{r\theta}=\tau_{r\theta}^*-2C[1-\cos 2(\theta+\beta)]$<br>$+2D\sin 2(\theta+\beta)$ |
| Ⅳ | $\sigma_\theta=\sigma_\theta^*=6Ar\cos\theta$<br>$+6Br\cos 3\theta$<br>$\sigma_r=\sigma_r^*=2Ar\cos\theta$<br>$-6Br\cos 3\theta$<br>$\tau_{r\theta}=\tau_{r\theta}^*=2Ar\sin\theta$<br>$+6Br\sin 3\theta$ | $\sigma_\theta=\sigma_\theta^*+6CrR(\theta-\beta)$<br>$+6DrN(\theta-\beta)$<br>$\sigma_r=\sigma_r^*-2CrK(\theta-\beta)$<br>$-2DrL(\theta-\beta)$<br>$\tau_{r\theta}=\tau_{r\theta}^*+2CrM(\theta-\beta)$<br>$-2DrR(\theta-\beta)$ | $\sigma_\theta=\sigma_\theta^*+6CrR(\theta+\beta)$<br>$-6DrN(\theta+\beta)$<br>$\sigma_r=\sigma_r^*-2CrK(\theta+\beta)$<br>$+2DrL(\theta+\beta)$<br>$\tau_{r\theta}=\tau_{r\theta}^*+2CrM(\theta+\beta)$<br>$+2DrR(\theta+\beta)$ |
| Ⅴ | $\sigma_\theta=\sigma_\theta^*=6Ar\sin\theta$<br>$+6Br\sin 3\theta$<br>$\sigma_r=\sigma_r^*=2Ar\sin\theta$<br>$-6Br\sin 3\theta$<br>$\tau_{r\theta}=\tau_{r\theta}^*=-2Ar\cos\theta$<br>$-6Br\cos 3\theta$ | $\sigma_\theta=\sigma_\theta^*+6CrR(\theta-\beta)$<br>$+6DrN(\theta-\beta)$<br>$\sigma_r=\sigma_r^*-2CrK(\theta-\beta)$<br>$-2DrL(\theta-\beta)$<br>$\tau_{r\theta}=\tau_{r\theta}^*+2CrM(\theta-\beta)$<br>$-2DrR(\theta-\beta)$ | $\sigma_\theta=\sigma_\theta^*-6CrR(\theta+\beta)$<br>$+6DrN(\theta+\beta)$<br>$\sigma_r=\sigma_r^*+2CrK(\theta+\beta)$<br>$-2DrL(\theta+\beta)$<br>$\tau_{r\theta}=\tau_{r\theta}^*-2CrM(\theta+\beta)$<br>$-2DrR(\theta+\beta)$ |

注　表中符号见表 8-4。

**表 8-6　　应力函数 $\varphi_2$ 计算公式**

| 自重函数 $\varphi_2$ | | |
|---|---|---|
| | 两层楔形体 | 三层楔形体 |
| 系数 $C$ 与 $D$ | $C=(\eta-1)[A\cos(\alpha+\beta)+B\sin(\alpha+\beta)]$<br>$+\dfrac{\vartheta}{8}[6AR(\alpha+\beta)+6BN(\alpha+\beta)]$<br>$+\dfrac{\lambda}{8}\cos\beta-\dfrac{1-4\mu_2}{24(1-\mu_2)}(\gamma_1-\gamma_2)\cos\beta$<br>$D=-(\eta-1)[A\sin(\alpha+\beta)-B\cos(\alpha+\beta)]$<br>$+\dfrac{\vartheta}{8}[2AM(\alpha+\beta)-2BR(\alpha+\beta)]-\dfrac{\lambda}{8}\sin\beta$ | $C=-(\eta-1)A\cos\beta+\dfrac{3\vartheta}{4}(A\cos\beta+B\cos 3\beta)$<br>$+\dfrac{\lambda}{8}\cos\beta-\dfrac{1-4\mu_2}{24(1-\mu_2)}(\gamma_1-\gamma_2)\cos\beta$<br>$D=(\eta-1)A\sin\beta+\dfrac{\vartheta}{4}(A\sin\beta+3B\sin 3\beta)$<br>$-\dfrac{\lambda}{8}\sin\beta$ |
| 计算系数 $A$ 与 $B$ 的方程式 | $AM(2\alpha)-BR(2\alpha)+CM(\alpha-\beta)-DR(\alpha-\beta)$<br>$=\dfrac{\gamma_1-\gamma_2}{6}\sin(\alpha-\beta)\cos\beta$<br>$AR(2\alpha)+BN(2\alpha)+CR(\alpha-\beta)+DN(\alpha-\beta)$<br>$=\dfrac{\gamma_1-\gamma_2}{6}\cos(\alpha-\beta)\cos\beta$ | $A\sin\alpha+3B\sin 3\alpha+CM(\alpha-\beta)-DR(\alpha-\beta)$<br>$=\dfrac{\gamma_1-\gamma_2}{6}\cos\beta\sin(\alpha-\beta)$<br>$A\cos\alpha+B\cos 3\alpha+CR(\alpha-\beta)+DN(\alpha-\beta)$<br>$=\dfrac{\gamma_1-\gamma_2}{6}\cos\beta\cos(\alpha-\beta)$ |

| 自 重 函 数 $\varphi_2$ | | | |
|---|---|---|---|
| | | 两层楔形体 | 三层楔形体 |
| 应力 | 第一层 | $\sigma_\theta=\sigma_\theta^*=6ArR(\theta+\alpha)+6BrN(\theta+\alpha)$<br>$\sigma_r=\sigma_r^*=-2ArK(\theta+\alpha)-2BrL(\theta+\alpha)$<br>$\tau_{r\theta}=\tau_{r\theta}^*=2ArM(\theta+\alpha)-2BrR(\theta+\alpha)$ | $\sigma_\theta=\sigma_\theta^*=6Ar\cos\theta+6Br\cos3\theta$<br>$\sigma_r=\sigma_r^*=2Ar\cos\theta-6Br\cos3\theta$<br>$\tau_{r\theta}=\tau_{r\theta}^*=2Ar\sin\theta+6Br\sin3\theta$ |
| | 第二层 | $\sigma_\theta=\sigma_\theta^*+6CrR(\theta-\beta)+6DrN(\theta-\beta)$<br>$-(\gamma_1-\gamma_2)r\cos(\theta-\beta)\cos\beta$<br>$\sigma_r=\sigma_r^*-2CrK(\theta-\beta)-2DrL(\theta-\beta)$<br>$-\dfrac{\gamma_1-\gamma_2}{3}r\cos(\theta-\beta)\cos\beta$<br>$\tau_{r\theta}=\tau_{r\theta}^*+2CrM(\theta-\beta)-2DrR(\theta-\beta)$<br>$-\dfrac{\gamma_1-\gamma_2}{3}r\sin(\theta-\beta)\cos\beta$ | $\sigma_\theta=\sigma_\theta^*+6CrR(\theta-\beta)+6DrN(\theta-\beta)$<br>$-(\gamma_1-\gamma_2)r\cos(\theta-\beta)\cos\beta$<br>$\sigma_r=\sigma_r^*-2CrK(\theta-\beta)-2DrL(\theta-\beta)$<br>$-\dfrac{\gamma_2-\gamma_2}{3}r\cos(\theta-\beta)\cos\beta$<br>$\tau_{r\theta}=\tau_{r\theta}^*+2CrM(\theta-\beta)-2DrR(\theta-\beta)$<br>$-\dfrac{\gamma_1-\gamma_2}{3}r\sin(\theta-\beta)\cos\beta$ |
| | 第三层 | | $\sigma_\theta=\sigma_\theta^*+6CrR(\theta+\beta)-6DrN(\theta+\beta)$<br>$-(\gamma_1-\gamma_2)r\cos(\theta+\beta)\cos\beta$<br>$\sigma_r=\sigma_r^*-2CrK(\theta+\beta)+2DrL(\theta+\beta)$<br>$-\dfrac{\gamma_1-\gamma_2}{3}r\cos(\theta+\beta)\cos\beta$<br>$\tau_{r\theta}=\tau_{r\theta}^*+2CrM(\theta+\beta)+2DrR(\theta+\beta)$<br>$+\dfrac{\gamma_1-\gamma_2}{3}r\sin(\theta+\beta)\cos\beta$ |

注 $\lambda=\dfrac{\eta(1-2\mu_1)\gamma_1}{1-\mu_1}-\dfrac{(1-2\mu_2)\gamma_2}{1-\mu_2}$，其余符号见表 8-4。

（1）静水压力作用下的解答：这一问题可利用表 8-4 中情况 I 计算，置 $p=0$、$q=1\,\mathrm{t/m^3}$，按表中第二栏的公式求出：

$$C=(\eta-1)[A\cos(\alpha+\beta)+B\sin(\alpha+\beta)]+\frac{\vartheta}{8}[6AR(\alpha+\beta)$$
$$+6BN(\alpha+\beta)]$$
$$D=-(\eta-1)[A\sin(\alpha+\beta)-B\cos(\alpha+\beta)]+\frac{\vartheta}{8}[2AM(\alpha+\beta)$$
$$+2BR(\alpha+\beta)]$$

式中，$\eta=\dfrac{1}{2}$；$\vartheta=1.2\times\dfrac{1}{2}-1.2=-0.6$。

再由表中第三栏的公式：

$$AM(2\alpha)-BR(2\alpha)+CM(\alpha-\beta)-DR(\alpha-\beta)=0$$
$$AR(2\alpha)+BN(2\alpha)+CR(\alpha-\beta)+DN(\alpha-\beta)=-\frac{q}{6}=-0.167$$

解之，得：

$$A=0.4277;\ B=-0.8489;\ C=-0.1705;\ D=0.4011$$

将这些常数代入表 8-4 中第四、五栏的公式中，可求得第一、二层的应力。

第一层：

$$\sigma_\theta^* = 6r\,[0.4277R(\theta+\alpha) - 0.8489N(\theta+\alpha)]$$
$$\sigma_r^* = -2r\,[0.4277K(\theta+\alpha) - 0.8489L(\theta+\alpha)]$$
$$\tau_{r\theta}^* = 2r\,[0.4277M(\theta+\alpha) + 0.8489R(\theta+\alpha)]$$

第二层：

$$\sigma_\theta = \sigma_\theta^* + 6r[-0.1705R(\theta-\beta) + 0.4011N(\theta-\beta)]$$
$$\sigma_r = \sigma_r^* - 2r[-0.1705K(\theta-\beta) + 0.4011L(\theta-\beta)]$$
$$\tau_{r\theta} = \tau_{r\theta}^* + 2r[-0.1705M(\theta-\beta) - 0.4011(\theta-\beta)]$$

并可校核是否满足下列边界条件：

$$\theta = -a,\ \ \sigma_\theta = 0,\ \ \tau_{r\theta} = 0$$
$$\theta = +a,\ \ \sigma_\theta = -qr,\ \ \tau_{r\theta} = 0$$

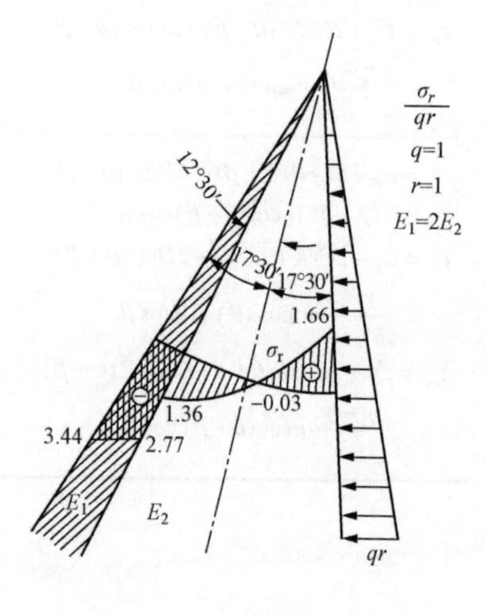


图 8-34　两层楔形体断面坝在上游水压力下的$\sigma_r$分布图

在应力公式中置$\tau$=常数，可求出沿弧形断面上的应力分布。图 8-34 中示$\sigma_r$的分布图。可见在上游面处的拉应力为 1.66t/m$^2$，下游面的压力为 3.44 t/m$^2$，此处在接触面处$\sigma_r$有一突变。如果本例为一均质材料坝，则上游面的拉应力为 2.04 t/m$^2$。因此，提高下游部分的刚度，可以减小上游面的拉应力。

（2）自重作用下的解答：自重应力由三种应力状态叠加而得：

第一状态，即简单的压力分布：

$$\sigma_{r1} = \sigma_{\theta I} = -\gamma y;\ \ \tau_{r\theta} = 0$$

第二状态，按照表 8-4 中情况 I 计算。这里$q = -\gamma, p = -\gamma\cos 2\alpha$。因此按表中第二栏公式，将 $C$ 及 $D$ 以 $A$ 及 $B$ 表示之：

$$C = (\eta-1)\left[A\cos(\alpha+\beta) + B\sin(\alpha+\beta) - \frac{\gamma}{6}\cos2\alpha\cos(\alpha+\beta)\right]$$
$$+\frac{\vartheta}{8}6\left[AR(\alpha+\beta) + BN(\alpha+\beta) + \frac{\gamma}{6}\cos2\alpha\cos(\alpha+\beta)\right]$$
$$D = -(\eta-1)\left[A\sin(\alpha+\beta) - B\cos(\alpha+\beta) - \frac{\gamma}{6}\cos2\alpha\sin(\alpha+\beta)\right]$$
$$+\frac{\vartheta}{8}\times2\left[AM(\alpha+\beta) - BR(\alpha+\beta) + \frac{\gamma}{6}\cos2\alpha\sin(\alpha+\beta)\right]$$

而 $A$ 及 $B$ 则可按第三栏的公式确定：

$$AM(2\alpha) - BR(2\alpha) + CM(\alpha-\beta) - DR(\alpha-\beta) = -\frac{\gamma}{6}\cos2\alpha\sin2\alpha$$
$$AR(2\alpha) + BN(2\alpha) + CR(\alpha-\beta) + DN(\alpha-\beta) = -\frac{\gamma}{6}\cos^2 2\alpha + \frac{\gamma}{6}$$

解上列方程式得：

$$A = A_1 = 0.0971$$
$$B = B_1 = 0.0263$$
$$C = C_1 = 0.0528$$
$$D = D_1 = 0.0152$$

第三状态，可按表 8-6 计算系数 $A$、$B$、$C$、$D$。因在本例中，$\gamma_1=\gamma_2=2.4\ \text{t/m}^3$，$\mu_1=\mu_2=\dfrac{1}{6}$，所以表 8-6 中 $\lambda$ 值为：

$$\lambda = \frac{(\eta-1)(1-2\mu)}{1-\mu}\gamma$$

表 8-6 中第二层应力公式中，取消 $(\gamma_1-\gamma_2)$ 项，解相应的方程式得：

$$A = A_2 = 0.0304$$
$$B = B_2 = 0.1814$$
$$C = C_2 = -0.0705$$
$$D = D_2 = -0.1038$$

然后进行叠加。因为第二、第三状态的应力公式中，仅常数不同，因此可将以上求得的系数叠加。令 $A$ 代表 $A_1 + A_2$，$B$ 代表 $B_1 + B_2$，等等。乃得应力公式如下。

第一层：

$$\sigma_\theta^* = 6r[AR(\theta+\alpha) + BN(\theta+\alpha)] + \gamma r\cos 2\alpha\cos(\theta+\alpha)$$

$$\sigma_r^* = -2r[AK(\theta+\alpha) + BL(\theta+\alpha)] + \frac{\gamma r}{3}\cos 2\alpha\cos(\theta+\alpha)$$

$$\tau_{r\theta}^* = 2r[AM(\theta+\alpha) - BR(\theta+\alpha)] + \frac{\gamma r}{3}\cos 2\alpha\sin(\theta+\alpha)$$

第二层：

$$\sigma_\theta = \sigma_\theta^* + 6r[CR(\theta-\beta) + DN(\theta-\beta)]$$
$$\sigma_r = \sigma_r^* - 2r[CK(\theta-\beta) + DL(\theta-\beta)]$$
$$\tau_{r\theta} = \tau_{r\theta}^* + 2r[CM(\theta-\beta) - DR(\theta-\beta)]$$

在上述应力公式中再加上第一状态的应力 $\sigma_\theta=\sigma_r=-\gamma y$ 后，可得到本情况在自重作用下的应力。

求出 $\sigma_r$、$\sigma_\theta$、$\tau_{r\theta}$ 后，可转换为直角坐标的应力 $\sigma_x$、$\sigma_y$ 及 $\tau_{xy}$。图 8-35 中即表示在 $y$=1 的水平断面上的应力 $\sigma_y$，其中（a）为静水压力作用下的应力图，（b）为自重作用下的应力图，（c）为其合成应力图。

图中虚线表示均质材料坝的 $\sigma_y$ 分布图。括号中的数字即为均质坝的坝面应力。由图可见，当下游部分材料的刚性增大时，上游面压应力也随之增大（由均质坝的 0.36 增加到 0.79），与此同时下游面压应力也增大了。弹性理论方法算出的成果和按材料力学方法求出的成果是相似的，结论也是一致的。

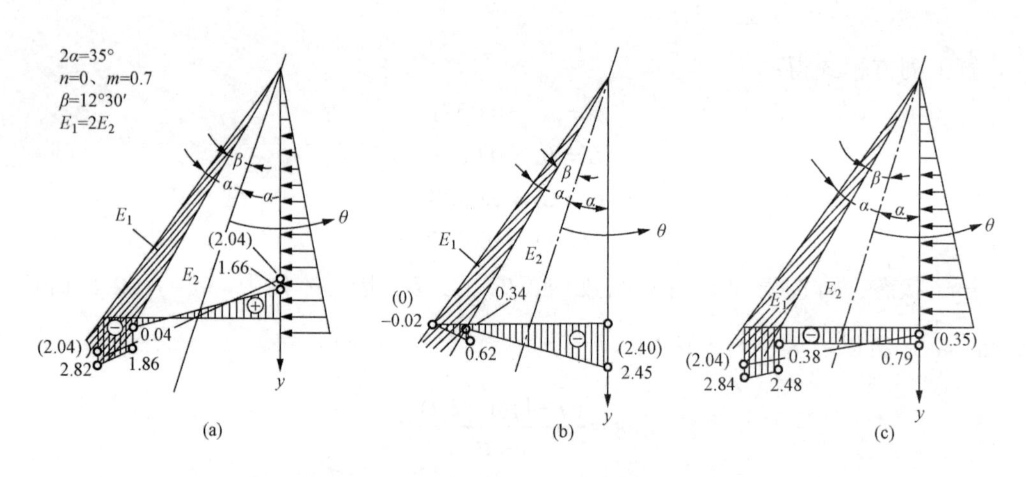


图 8-35　两层楔形体断面坝的 $\dfrac{\sigma_y}{H}$ 分布图

但可注意，若下游高标号混凝土的部分所占比例过大时，上游面应力情况并不随之成比例的改善，而是超过一定范围后，应力反而下降。这一点也是容易理解的。因为设楔形体的夹角为 $2\alpha$，下游高标号区混凝土的夹角为 $\delta$，则 $\delta$ 等于 0 时，为一均质坝，$\delta$ 渐渐增加时，上游面压应力也渐增，但当 $\delta \to 2\alpha$ 时，又成为一均质坝（仅弹性模量较高而已）。可见在 0 和 $2\alpha$ 之间，必有一个 $\delta$ 值能使上游面压应力达最大。根据参考文献［1］中所举之例，在 $2\alpha=35°$、$n=0$、$m=0.7$ 的情况下，当 $\dfrac{\delta}{2\alpha}\approx 0.2$ 时，上游面的压应力将达最大值。所以，为了改善上游坝面的应力，在下游面浇筑过厚的高强度混凝土是无必要的。

本段中所述的应用弹性理论计算两层及三层楔体的理论及公式中有关水压力的部分，稍经化算后，也可适用于宽缝重力坝中。

## 第六节　宽缝重力坝局部应力计算

### 一、材料力学计算法

在第一节中已经说明，宽缝重力坝的局部应力计算主要在于推求头部区域的分应力 $\sigma_z$ 和 $\tau_{xz}$，而且我们将沿垂直上游面方向或沿第一主应力方向切出一片坝体，作为平面问题处理，其计算图形略如图 8-36 所示。这时，主要的荷载将为上游面及伸缩缝中的水压力。

很显然，最重要的计算断面将为沿宽缝边的断面 Ⅰ-Ⅰ，而这一断面上游点 $A$ 处的应力 $\sigma_{zA}$ 更为一个重要的控制因素。

在本节中我们仍将采用材料力学方法计算头部应力。这样，沿 Ⅰ-Ⅰ 断面上的正应力 $\sigma_z$ 的公式可以写为：

$$\sigma_z=\frac{P}{L}+\frac{Mx}{I}=\frac{P}{L}+\frac{12Mx}{L^3} \tag{8-213}$$

$$\sigma_{zA}=\frac{P}{L}+\frac{6M}{L^2} \tag{8-214}$$

式中，$L$ 为 I-I 断面长度；$P$ 为作用在 I-I 断面上的全部沿 $z$ 方向力的合力，以引起该断面上压应力时为正。由图 8-36 可知：

$$P = pl - P_u \tag{8-215}$$

式中，$p$ 为上游面压力强度；$l$ 为上游面至伸缩缝间第一道阻水之距离；$P_u$ 为作用在 I-I 断面上的渗透压力的合力；$x$ 为计算点到 I-I 断面形心的距离。

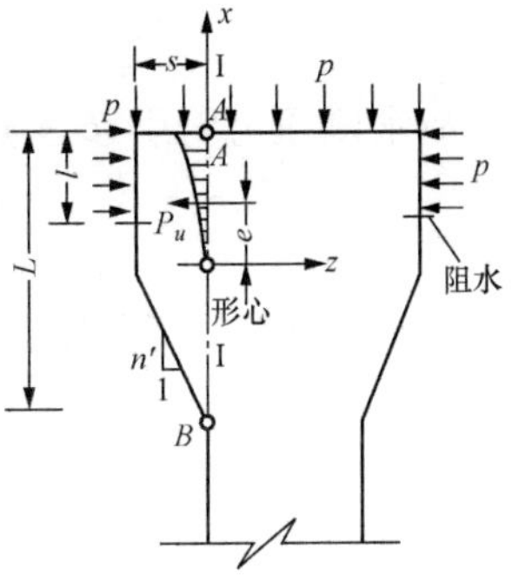

式（8-213）中的 $M$ 指全部荷载对于 I-I 断面形心的力矩，以引起上游面压应力时为正。很容易求出：

$$M = 0.5pl(L-l) - 0.5ps^2 - P_u e \tag{8-216}$$

式中，$s$ 为宽缝头部悬臂伸出的长度；$e$ 为渗透压力合力到断面形心之距离。

图 8-36　宽缝重力坝局部应力计算简图

将以上各式代入式（8-214）中得：

$$\sigma_{zA} = \frac{pl - P_u}{L} + \frac{3pl(L-l) - 3ps^2 - 6P_u e}{L^2} \tag{8-217}$$

断面 I-I 上的剪应力，也可按材料力学公式计算。因为一般不是控制因素，故从略。

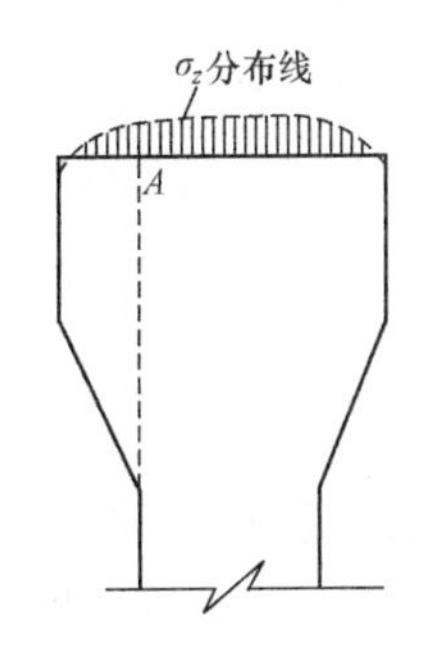

图 8-37　$\sigma_z$ 分布曲线

变动 I-I 断面位置，我们可以求出沿迎水面的 $\sigma_z$ 分布曲线。$\sigma_z$ 通常为拉应力，在 $A$ 点达最大值；$A$ 点以右（即在坝中央部分），可令其为常数（稍偏安全），如图 8-37 所示。此外，还可以画出头部受拉区域的范围和各断面上的总拉力。

头部的水平拉应力是对坝体很不利的，我们应该设法尽量减小它。由式（8-217）可知，采取以下措施，可以显著减少拉应力：

（1）增加断面 I-I 的长度 $L$，或即放缓头部的颈坡度（加大 $n'$）。

（2）增加伸缩缝内水的侧压力 $pl$，这要求将阻水片尽量移后一些。这一点，正和将大头坝头部做成钻石形或圆形，以利用水侧压力来抵消头部的拉应力一样。

（3）提高混凝土抗渗性能，并做好排水设备，以减小渗透压力 $P_u$。

经过适当的布置后，头部拉应力往往可以限制在较小的范围内。如果 $\sigma_{zA}$ 虽为拉应力，但能够不超过 1～2kg/cm$^2$，就不必配置钢筋或采取其他特殊措施。

兹举实例说明如下。

如图 8-36 中所示，设：$s = 5$ m，$L$=18m，$p$=12kg/cm$^2$，$l$=6m，渗透压力呈三角形分布，上游面强度为 $p$，延伸长度 8m。试求 $\sigma_{zA}$。

若只计算上游面水压力，则：

$$M = -0.5 \times 120 \times 5^2 = -1500\text{（t·m）}$$

$A$ 点拉应力为：

$$\sigma_{zA} = -\frac{6 \times 1500}{18^2} = -27.8\text{（t/m}^2\text{）}$$

考虑宽缝内水侧压力：

$$P=120\times6=720\text{（t）}$$

$$M=0.5\times720\times12=4320\text{（t·m）}$$

故水侧压力将引起 $A$ 点压应力为：

$$\sigma_{zA}=\frac{720}{18}+\frac{6\times4320}{18^2}=120\text{（t/m}^2\text{）}$$

考虑渗透压力影响：

$$P=-0.5\times120\times8=-480\text{（t）}$$

$$M=-480\times6.33=-3040\text{（t·m）}$$

故 $A$ 点拉应力为：

$$\sigma_{zA}=\frac{-480}{18}-\frac{6\times3040}{18^2}=-83\text{（t/m}^2\text{）}$$

因此，合计后在 $A$ 点尚有压应力 9.2t/m$^2$。

由上例可看出，水侧压力和渗透压力的影响很大。例如，设阻水片往上游移，使 $l$=2m，则：

$$P=120\times2=240\text{（t）}$$

$$M=0.5\times240\times16=1920\text{（t·m）}$$

$$\sigma_{zA}=\frac{240}{18}+\frac{6\times1920}{18^2}=49\text{（t/m}^2\text{）}$$

这样，在 $A$ 点就将出现拉应力 61.8t/m$^2$。因此在设计宽缝重力坝时，头部尺寸必须布置妥当，阻水片到坝面宜留一定长度，而且在施工中应设法保证在这一段伸缩缝范围内有充分的水压力，以符合设计假定。此外，增加断面 I-I 的长度（即适当加大 $n'$），也可以大大改善上游面的拉应力和下游转角处的应力集中程度。

## 二、弹性理论计算

宽缝重力坝头部两侧常呈梯形悬臂形式，因此可以应用弹性理论公式计算。但由于一般的弹性理论公式中均考虑为无限楔形的情况，而实际上悬臂头的高度有限，因此按弹性理论公式计算结果亦与实际有所差别，一般只在计算大宽缝的头部应力时采用之。

梯形断面的应力问题，可应用叠加法利用无限楔体承受几种简单荷载的解答而求出成果。Б.Г.喀列尔金推导出了全部公式，并制成了许多数表以供应用。这些在第五章第三节中已有详尽介绍，这里就不再重复，只举一例以解释叠加法之应用。考虑图 8-38（a）中所示剖面，在边界上承受均布荷载。这一情况可以分析为图 8-38（b）、（c）、（d）、（e）四者之和。每一种情况均可应用第五章第三节的公式及表进行计算。现将有关公式再行汇列于下：

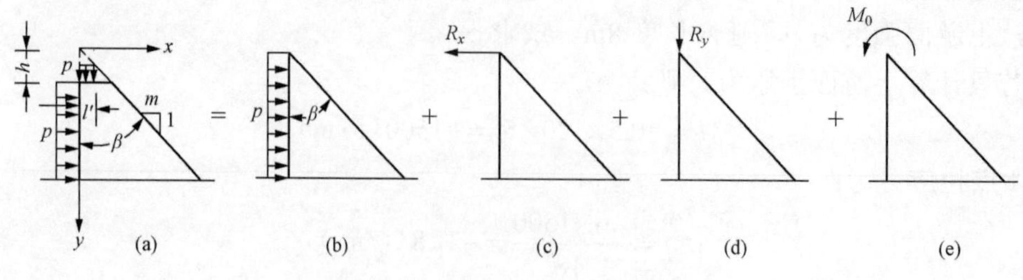


图 8-38　叠加法计算典型剖面

$$\sigma_x = -\frac{p}{m-\beta}\left(-m+\beta-\tan^{-1}\frac{x}{y}+\frac{xy}{x^2+y^2}\right)$$

$$-\frac{2R_y}{\beta^2-\sin^2\beta}\left[\frac{x^2y}{(x^2+y^2)^2}(\beta-\sin\beta\cos\beta)-\frac{x^3}{(x^2+y^2)^2}\sin^2\beta\right]$$

$$+\frac{2R_x}{\beta^2-\sin^2\beta}\left[\frac{x^2y}{(x^2+y^2)^2}\sin^2\beta-\frac{x^3}{(x^2+y^2)^2}(\beta+\sin\beta\cos\beta)\right]$$

$$-\frac{2M_0}{\sin\beta-\beta\cos\beta}\left[\frac{x^2(3y^2-x^2)}{(x^2+y^2)^3}\sin\beta-\frac{4x^3y}{(x^2+y^2)^3}\cos\beta\right]$$

$$\sigma_y = -\frac{p}{m-\beta}\left[\beta-\tan^{-1}\frac{x}{y}-\frac{xy}{(x^2+y^2)}\right]$$

$$-\frac{2R_y}{\beta^2-\sin^2\beta}\left[\frac{y^3}{(x^2+y^2)^2}(\beta-\sin\beta\cos\beta)-\frac{xy^2}{(x^2+y^2)^2}\sin^2\beta\right]$$

$$+\frac{2R_x}{\beta^2-\sin^2\beta}\left[\frac{y^3}{(x^2+y^2)^2}\sin^2\beta-\frac{xy^2}{(x^2+y^2)^2}(\beta+\sin\beta\cos\beta)\right]$$

$$+\frac{2M_0}{\sin\beta-\beta\cos\beta}\left[\frac{y^2(3x^2-y^2)}{(x^2+y^2)^3}\sin\beta+\frac{2xy(y^2-x^2)}{(x^2+y^2)^3}\cos\beta\right]$$

$$\tau = \frac{p}{m-\beta}\cdot\frac{x^2}{x^2+y}-\frac{2R_y}{\beta^2-\sin^2\beta}\left[\frac{xy^2}{(x^2+y^2)^2}(\beta-\sin\beta\cos\beta)-\frac{x^2y}{(x^2+y^2)^2}\sin^2\beta\right]$$

$$+\frac{2R_x}{\beta^2-\sin^2\beta}\left[\frac{xy^2}{(x^2+y^2)^2}\sin^2\beta-\frac{x^2y}{(x^2+y^2)^2}(\beta+\sin\beta\cos\beta)\right]$$

$$-\frac{2M_0}{\sin\beta-\beta\cos\beta}\left[\frac{2xy(y^2-x^2)}{(x^2+y^2)^3}\sin\beta-\frac{3x^2y^2-x^4}{(x^2+y^2)^3}\cos\beta\right]$$

式中

$$R_x = -ph$$
$$R_y = pl'$$
$$M_0 = \frac{1}{2}pl'^2-\frac{1}{2}ph^2$$

注意，上面我们直接引用了 Б.Г.喀列尔金的公式，故坐标系统如图 8-38 所示，且应力以拉应力为正。

如果上游边界尚存在三角形荷载：$p' = \gamma_0 y$，则各应力公式中还要增加一项（参见图 8-39）：

$$\sigma_x = -\gamma_0 y$$

$$\sigma_y = \left(\frac{1}{m^2}-\frac{2k}{m^3}\right)\gamma_0 y$$

$$\tau = -\frac{k}{m}\gamma_0 y$$

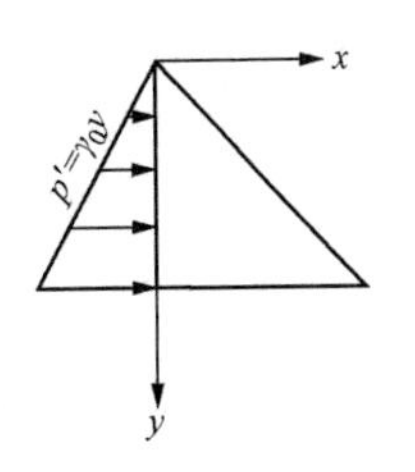

图 8-39　三角形荷载

式中 $k=\dfrac{x}{y}$；$m$ 本为楔形体下游面的坡度，这里代表宽缝头部的颈坡。

第五章中已介绍过，应用上述公式可以直接计算应力，但很繁复。喀列尔金将这三个公式写为：

$$\sigma_x=-\gamma_0 y+pB_2-\frac{2R_y}{ym}F_2+\frac{2R_x}{y}C_2+\frac{2M_0}{y^2}D_2$$

$$\sigma_y=\gamma_0 yA_1-B_1 p-\frac{2R_y}{ym}F_1+\frac{2R_x}{y}C_1+\frac{2M_0}{y^2}D_1$$

$$\tau=-\gamma_0 yA_3+B_3 p-\frac{2R_y}{ym}F_3+\frac{2R_x}{y}C_3+\frac{2M_0}{y^2}D_3$$

式中，$A_1$、$B_1$、$C_1$、$D_1$、$F_1$、$B_2$、$C_2$、$D_2$、$F_2$、$A_3$、$B_3$、$C_3$、$D_3$及$F_3$ 均为系数，是楔形顶角 $\beta$及$k=\dfrac{x}{y}$的函数，其意义可见第五章，兹从略。

如果是一个梯形断面承受自重作用（容重为 $\gamma_c$），则各应力公式中还应增加一项：

$$\sigma_x=0$$

$$\sigma_y=-E_1\gamma_c y$$

$$\tau=0$$

喀列尔金列表给出 $A_1\sim F_3$ 各系数值，其范围从 $\tan\beta=m=0.60$ 到 $m=1.00$。这些表格已附列于第五章中。当然有了这些表格后，计算工作可以大大地简化。

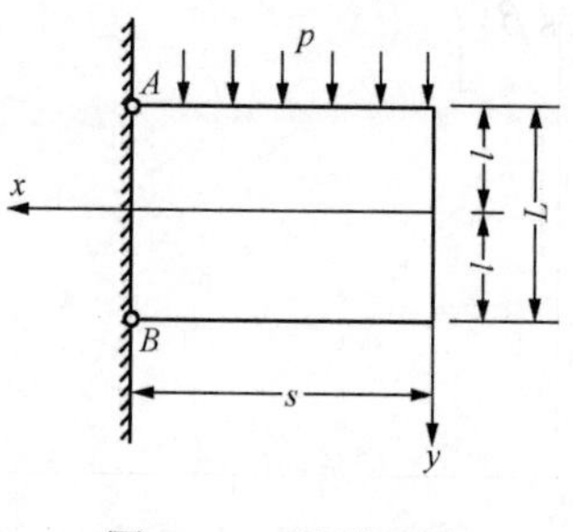

图 8-40　矩形深梁

最后，尚须重复指出一点，即上述公式表格，只适用于大宽缝情况，即悬臂头长度 $s$ 要比 $h$ 为大时才能得出合理结果，否则不如仍按材料力学公式计算更为合适。

**三、深梁公式**

如 $n'$或$m'$ 的数值很小，则悬臂部分可近似作为矩形深梁看待，如图 8-40 所示。一根矩形的悬臂梁，当承受均布荷载 $p$ 的作用时，它的应力公式为❶：

$$\left.\begin{aligned}\sigma_x&=\frac{px^2y}{2I}-\frac{p}{2I}\left(\frac{2}{3}y^3-\frac{2}{5}l^2y\right)\\ \sigma_y&=-\frac{p}{2}\left(1+\frac{3}{2}\cdot\frac{y}{l}-\frac{y^3}{2l^3}\right)\\ \tau&=\frac{p}{2I}(l^2-y^2)x\end{aligned}\right\}\quad(8\text{-}218)$$

坐标系统取如图 8-40 所示，式中 $l=\dfrac{L}{2}$，$I=\dfrac{L^3}{12}=\dfrac{2}{3}l^3$。故上式也可写为：

❶ 本段及下段改用 $x$、$y$ 轴坐标系统（以前为 $z$、$x$ 轴系统），以使公式与一般弹性理论教本中的公式相一致。

$$
\left.\begin{aligned}
\sigma_x &= \frac{p}{L^3}(6x^2y - 4y^3 + 0.6yL^2) \\
\sigma_y &= -\frac{p}{2}\left(1 + 3\frac{y}{L} - 4\frac{y^3}{L^3}\right) \\
\tau &= \frac{3}{2}\cdot\frac{p}{L}\left(1 - 4\frac{y^2}{L^2}\right)x
\end{aligned}\right\} \tag{8-219}
$$

在断面 I-I（图 8-36），$x=s$，代入后得：

$$
\left.\begin{aligned}
\sigma_x &= \frac{p}{L^3}(6s^2y - 4y^3 + 0.6yL^2) \\
\sigma_y &= -\frac{p}{2}\left(1 + 3\frac{y}{L} - 4\frac{y^3}{L^3}\right) \\
\tau &= \frac{3}{2}\cdot\frac{p}{L}\left(1 - 4\frac{y^2}{L^2}\right)s
\end{aligned}\right\} \tag{8-220}
$$

在 $A$ 点，$y=\frac{L}{2}$，上式更简化为：

$$
\left.\begin{aligned}
\sigma_x &= p\left(3\frac{s^2}{L^2} - \frac{1}{2} + 0.3\right) = p\left(3\frac{s^2}{L^2} - 0.2\right) \\
\sigma_y &= -p \\
\tau &= 0
\end{aligned}\right\} \tag{8-221}
$$

按深梁公式求出的 $A$ 点拉应力，要比按材料力学方法求出的略小。

此外，应该注意，按深梁公式求出的应力成果，正如上节所述，并不一定比按材料力学公司求出的更精确多少。其原因是：

（1）实际悬臂部分是一个梯形断面而非为矩形断面。

（2）悬臂梁系与坝体中间部分相连接，边界条件很复杂，并非简单的固定端。例如在图 8-36 中的 $B$ 点，将引起很高的压应力集中，而按深梁公式计算，却不能获得这一资料。

（3）本段中所述公式，实际上只适用于较长的矩形悬臂梁的中间部分，而宽缝重力坝的头部悬臂常呈较短较厚的形式，故深梁公式，并不很适用。

（4）在水侧压力及渗透压力作用下，尚无更简单的弹性理论可资应用。

因此，本节中的公式，常常只供粗略估算之用。

### 四、偏光弹性试验和迭弛计算

头部局部应力问题简化为平面问题处理后，当然可以应用偏光弹性试验获得较可信的结果。由于断面轮廓比较规则，在各种边界荷载作用下，不论制模、加荷、观测或在应力计算上，均无困难。有关偏光弹性试验的方法和技术，可参见第五章及专著，本节中不详述。存在的问题是渗透压力所产生的应力。渗透压力在本质上可视为一种体积力，但由于其分布不均匀，因此极难在模型中复制。这一个问题尚待研究解决。

另外一种较严谨的计算方法，就是迭弛计算法。有关这一方法的原理，在第五章中已有介绍，但本节中拟对具体进行步骤再略加讨论。

用迭弛法计算平面弹性应力问题，有两个途径，即①直接迭弛法；②间接迭弛法。前者就是用迭弛计算法解决一个数学上的重谐和方程式，后者是解算一个谐和方程和一个泊松方程。

直接计算法，虽步骤很简明，但实际工作时，除非利用电子计算机，否则颇有困难。主要问题是迭弛计算工作量很大，而且不容易得出精确结果。因此，第五章中所述间接迭弛法将为一合适的方法，此法的原理可见第五章。其具体进行步骤为：

（1）计算边界上的 $u$ 值 $(u=\sigma_x+\sigma_y)$。

（2）计算网格内部各点上的 $u$ 值。因为 $u$ 是一个谐和函数，因此本问题是一个简单的狄义赫利问题。最简单的迭弛步骤如下：当边界上的 $u$ 值为已知时，我们可先估计地填入内部各点的 $u$ 值，然后取任一点相邻四点的 $u$ 值的平均值，作为此点的第二次修正 $u$ 值。如此反复修正，直至修正值和原值相同为止。这样就获得一组 $u$ 值，与边界上的 $u$ 值共同满足谐和方程。

靠近边界处的点，其与周围四点间距可能不到一个网格宽度 $h$，即可采用以下更普遍的公式。即设 0 点与相邻四点（1，2，3，4）之距离各为 $h_1$、$h_2$、$h_3$及$h_4$，则迭弛公式为：

$$\left(\frac{1}{h_1h_3}+\frac{1}{h_2h_4}\right)u_0=\frac{u_1}{h_1(h_1+h_3)}+\frac{u_2}{h_2(h_2+h_4)}+\frac{u_3}{h_3(h_1+h_3)}+\frac{u_4}{h_4(h_2+h_4)} \tag{8-222}$$

（3）计算网内各点 $F$ 值。各点上的 $u$ 值既为已知，即可利用式 $\nabla^2F=u$ 来确定 $F$ 值。这是一个泊松方程。把它写成有限差的形式是：

$$F_0=\frac{1}{4}(F_1+F_2+F_3+F_4)-\frac{h^2}{4}u_0 \tag{8-223}$$

式中，$h$ 指正方网格的间距。因此，在求 $F$ 时，我们先填入边界上的 $F$ 值（这与直接计算法相同），然后估计地决定内部各点的 $F$ 值。迭弛时，取任一点相邻四点的 $F$ 值的平均值减去 $\frac{h^2}{4}u_0$（$u_0$ 为已知值，由上一步骤中求定），作为该点的修正 $F$ 值。如此反复修正，最后使各点上的 $F$ 值都满足 $\nabla^2F=u$ 的要求。这一步迭弛工作量大致和解算一个谐和函数的工作量差不多。

接近边界的点子，其与上下左右相邻点子的间距，有时会不等于网格的间距。设该点 0 与四邻点 1、2、3 及 4 的间距各为 $h_1$、$h_2$、$h_3$及$h_4$，则迭弛公式改为：

$$\frac{F_1}{h_1(h_1+h_3)}+\frac{F_2}{h_2(h_2+h_4)}+\frac{F_3}{h_3(h_1+h_3)}+\frac{F_4}{h_4(h_2+h_4)}-\left(\frac{1}{h_1h_3}+\frac{1}{h_2h_4}\right)F_0=u_0 \tag{8-224}$$

求出 $F$ 值后，可由此计算 $\sigma_x$、$\sigma_y$及$\tau$，甚为简易。

显然，间接计算法的主要关键在于如何确定边界上的 $u$ 值。按 $u=\sigma_x+\sigma_y=\sigma_1+\sigma_2$，即 $u$ 等于边界上两个主应力之和。边界上的一个主应力(即垂直于边界上的荷载强度)，常为已知，只要再求出另一个主应力，即能获得边界上的 $\sigma_1+\sigma_2=u$ 值。我们可以采用前三段中所述的方法，计算边界上的另一主应力，作为第一次试算的根据。

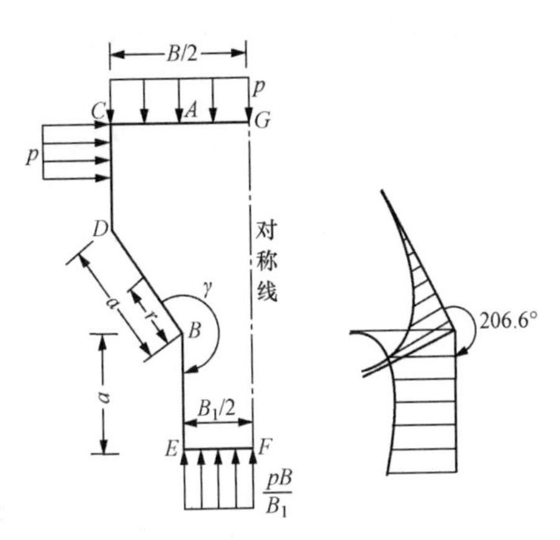


图 8-41　$u$ 值计算简图

现在我们叙述一种较为正确的边界上 $u$ 值的估计法。如图 8-41 所示，我们取出计算范围为 $ACDBEFG$，并令 $BD=BE=a$。边界荷载方面，$CG$ 边界上为均布上游面水压力 $p$，$CD$ 边界上均布侧向水压力 $p$，$EF$ 边界上为反力。我们假定在此线上反力已近均匀，故反力强度即为 $p\dfrac{B}{B_1}=p\beta$。

在 $CG$ 线上，第一主应力即为$-p$，第二主应力可按材料力学公式计算，即为 $\sigma_x$（以前记为 $\sigma_z$）。在 $AG$ 范围内，可假定 $\sigma_x$ 值为常数。$CD$ 线上的第二主应力即 $\sigma_y$（以前记为 $\sigma_x$），可按深梁公式 $\sigma_y=-\dfrac{p}{2}\left(1+\dfrac{3}{2}\bullet\dfrac{y}{l}-\dfrac{y^3}{2l^3}\right)$ 计算；在 $D$ 点 $\sigma_y=0$。在 $EF$ 线上，第一主应力即 $-p\beta$，第二主应力 $\sigma_x$ 甚小，可令为零。

这样，尚有 $DBE$ 边线上的 $u$ 值尚待确定。在这条边界上，第一主应力为 0，第二主应力 $\sigma_r$ 可以用第五章所介绍的角缘函数来作估计。其步骤如下：

（1）计算角 $DBE$，令为 $\gamma$（$\gamma$常大于180°），然后按下式求出 $\gamma$ 角的两个本征值 $n_1$和$n_2$：

$$\left.\begin{aligned}\sin n_1\gamma&=-n_1\sin\gamma\\ \sin n_2\gamma&=+n_2\sin\gamma\end{aligned}\right\}\tag{8-225}$$

（2）令在 $D$ 点的第二主应力为 $\sigma_D$，$E$ 点的第二主应力为 $\sigma_E$，则在 $BE$ 线上的第二主应力可由下式计算：

$$\sigma_{r\cdot BE}=\frac{\sigma_E+\sigma_D}{2}\left(\frac{r}{a}\right)^{n_1-1}+\frac{\sigma_E-\sigma_D}{2}\left(\frac{r}{a}\right)^{n_2-1}\tag{8-226}$$

在 $BD$ 线上的第二主应力可由下式计算：

$$\sigma_{r\cdot BD}=\frac{\sigma_E+\sigma_D}{2}\left(\frac{r}{a}\right)^{n_1-1}-\frac{\sigma_E-\sigma_D}{2}\left(\frac{r}{a}\right)^{n_2-1}\tag{8-227}$$

式中，$r$ 代表所求应力点离开 $B$ 点的距离。如以 $\sigma_E=-p\beta$、$\sigma_D$=0代入，上两式简化为：

$$\left.\begin{aligned}\sigma_{r\cdot BE}&=-\frac{p\beta}{2}\left[\left(\frac{r}{a}\right)^{n_1-1}+\left(\frac{r}{a}\right)^{n_2-1}\right]\\ \sigma_{r\cdot BD}&=-\frac{p\beta}{2}\left[\left(\frac{r}{a}\right)^{n_1-1}-\left(\frac{r}{a}\right)^{n_2-1}\right]\end{aligned}\right\}\tag{8-228}$$

例如设 $\gamma=206.6°$（图 8-41），则 $n_1=0.75$，$n_2=1.53$，$n_1-1=-0.25$，$n_2-1=0.53$，而：

$$\sigma_{r\cdot BE}=-\frac{p\beta}{2}\left[\left(\frac{r}{a}\right)^{-0.25}+\left(\frac{r}{a}\right)^{0.53}\right]$$

$$\sigma_{r\cdot BD}=-\frac{p\beta}{2}\left[\left(\frac{r}{a}\right)^{-0.25}-\left(\frac{r}{a}\right)^{0.53}\right]$$

置 $\frac{r}{a}=0$、0.1、0.2、0.4、0.6、0.8、1.0，可以算出如下表所列的成果（以 $p\beta$ 为单位）：

| $r/a$ | 0 | 0.1 | 0.2 | 0.4 | 0.6 | 0.8 | 1.0 |
|---|---|---|---|---|---|---|---|
| $BE$ 线 | $-\infty$ | −1.036 | −0.962 | −0.937 | −0.950 | −0.966 | −1 |
| $BD$ 线 | $-\infty$ | −0.743 | −0.536 | −0.322 | −0.187 | −0.078 | 0 |

从上述计算我们可以看出：①在 $BE$ 线上，第二主应力基本上呈均布状，仅在极邻近 $B$ 点处发生尖锐的应力集中；②在 $BD$ 线上，第二主应力自 $D$ 点起由 0 按曲线规律逐渐增大，到 $B$ 点亦发生尖锐集中；③从理论上讲，$B$ 点压应力呈无穷大（实际上，由于材料的塑性性质，当然不可能出现无穷大应力）。上述结论和偏光弹性试验的成果基本上是相吻合的；仅在数值上偏光弹性试验得出的应力集中系数常较低，而应力集中影响范围则较广。

我们按上述各种方法求出边界上的第二主应力（即平行于边界之主应力）后，与第一主应力相加（注意，拉应力为正，压应力为负，取两者之代数和），即得出边界上的 $u$ 值。然后进行间接迭弛法，确定各点的应力。

以上所述是针对采用间接迭弛法。如采用直接迭弛法，则其步骤是先从边界荷载计算边界上的应力函数 $F$ 值，再估计内部各点的 $F$ 值，并计算各点余差；然后有系统地调整内部各点 $F$ 值，使各点余差渐趋消失；最后从 $F$ 值利用数值微分法算出各点的各个分应力。

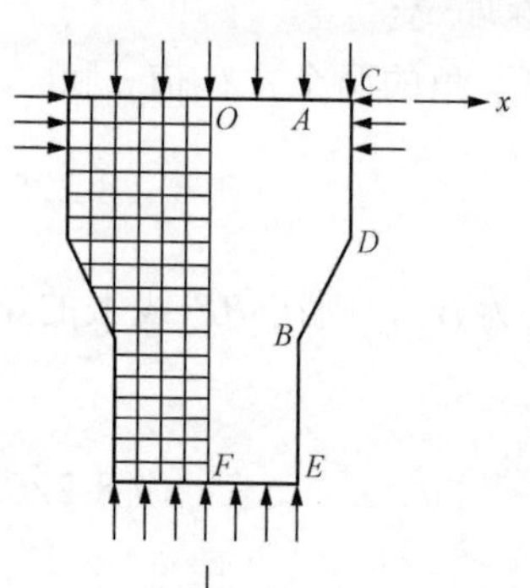

图 8-42　头部应力计算示意图

宽缝重力坝的头部应力计算问题，是一个平面问题，通常而且是一个对称问题，又没有体积力作用，所以计算工作可以适当简化。如图 8-42 所示，我们可取一半截面 $OACDBEF$ 为计算对象，将坐标原点置于 $O$ 点。令 $O$ 点的 $F=\frac{\partial F}{\partial x}=\frac{\partial F}{\partial y}=0$，然后根据边界条件，由 $O$ 点出发，顺 $OACD$……的方向，依次计算各点的 $\frac{\partial F}{\partial x}$、$\frac{\partial F}{\partial y}$ 及 $F$ 值。由于无体积力存在，这些值可用以下的简单公式计算：

$$\left.\begin{aligned}\left[\frac{\partial F}{\partial x}\right]_b&=-Y^{(b)}\\\left[\frac{\partial F}{\partial y}\right]_b&=X^{(b)}\\\left[F\right]_b&=M^{(b)}\end{aligned}\right\}\qquad(8\text{-}229)$$

式中，$b$ 代表边界上任一点；$\left[\frac{\partial F}{\partial x}\right]_b$、$\left[\frac{\partial F}{\partial y}\right]_b$ 及 $[F]_b$ 代表 $b$ 点上的 $\frac{\partial F}{\partial x}$、$\frac{\partial F}{\partial y}$ 和 $F$；$Y^{(b)}$ 代表 $O$ 点到 $b$ 点间全部边界荷载在 $y$ 轴上的投影总和；$X^{(b)}$ 代表 $O$ 点到 $b$ 点间全部边界荷载在 $x$ 轴上的投影总和；$M^{(b)}$ 代表上述边界荷载对于 $b$ 点的力矩。$Y^{(b)}$、$X^{(b)}$ 以其指向与坐标轴正向相同时为正，反之为负；$M^{(b)}$ 以顺时针方向为正。从此，可以很方便地求出边界上各点的三个函数值。

进行迭弛计算时，须将计算区域画上正方形网格。有时边界上的点予并不恰巧落在网格交点上（应该尽可能使边界上的点子落在网格交点上，如图 8-42 所示，仅斜线上有少数点不是网格交点），便须从边界值推算位在边界线附近各结点的 $F$ 值。这可以从 $\frac{\partial F}{\partial x}$、$\frac{\partial F}{\partial y}$ 来插补计算，即 $[F]_{x+\Delta x}=[F]_x+\left[\frac{\partial F}{\partial x}\right]\Delta x$，余类推。

其次，一步工作是估计边界内部各点的近似 $F$ 值，然后计算各点的余差 $R$：

$$R=20F_0-8(F_1+F_2+F_3+F_4)+2(F_5+F_6+F_7+F_8)+(F_9+F_{10}+F_{11}+F_{12}) \tag{8-230}$$

而最困难的工作，在于调整各内部点的 $F$ 值，使各点余差趋于消灭（注意边界上各点的 $F$ 值固定不变）。通常在笔算时是利用余差影响值图，根据各点余差分布情况，将各点 $F$ 值作适当的增减，逐次进行，渐趋平衡。

以上所述仅为迭弛计算中一些主要关键。具体计算时，必须有熟练的技巧并进行较长的反复平衡，才能获得满意结果。近年来电模拟计算机的问世，使本问题的解决得到一新的途径，但其讨论已超出本书范围。

## 第七节　半立体试验和计算

### 一、半立体偏光弹性试验计算

本章第二节中所述的计算方法，是以材料力学的基本假定（正应力 $\sigma_y$ 呈直线分布）为根据的，因此不能反映出应力的非线性分布现象。要进一步研究宽缝重力坝的应力问题，必须采用更为严谨的方法，如迭弛计算或进行偏光弹性试验。

严格讲来，宽缝重力坝是一个空间问题，但空间迭弛计算或三向偏光弹性试验都比较困难，因此我们常常进行“半立体”的试验或计算。所谓半立体试验，基本上仍为平面模型试验，但在模型中反映了宽缝的影响，所以其性质和第二节中所述的重力分析法是相同的，唯在试验中可以研究基础部分对应力的影响（通常均假定基础的弹性模数与混凝土相同）。本节中简单地讨论一下半立体偏光弹性试验中的一些问题。

半立体偏光弹性试验的方法，基本上和平面偏光弹性试验是相同的，仅在制模和计算上有些区别，今简述如下：

1. 制模

试验模型要选择优良的材料制造。这种材料应具备以下性质：透明度好，光敏性高，便于加工，并较稳定（不容易产生边缘效应）等。通常用的是环氧树脂和有机玻璃等。

模型板的厚度 $t$，代表原体上一个坝段的厚度 $B$。$t$ 值要很好地加以选择。理论上讲，板厚一些，试验精确度可以高些；同时要在模型上反映宽缝影响，也需要用较厚的板。但是板厚若过大，则浇模较困难，加工制造也不易平整，反而影响观测精度。一般采用的板厚是 1.5～2cm。

宽缝重力坝的外形，应按设计图纸精确地放样，坝体下应附有一块适当大小的基础体，然后细致地把模型锯下加工修光。宽缝部位，或可在模型板上按比例切去，或可在浇制模型时预先按宽缝尺寸制作一块模板放在垫板上，浇好后将模板脱去即成。上述两法中似以采用后法较方便。基础块的厚度一般与坝体相同，但若基础弹性模量与混凝土的弹性模量出入较大时，必须设法调整。即将基础部分厚度按弹性模数的比例加大或缩小。但这样做法，存在两个缺点：①加工困难；②在厚度突变处观测较困难。另一个方法是用不同材料制作基础（厚度则相同），使能反映出不同的弹性模数，然后与坝体胶合成一体。这样做同样存在两个缺点：①不容易胶住，特别模型须在高温下加荷时更困难；②接合处条纹较乱，不容易观测。因此，如何在试验中反映基岩弹性模量的问题尚有待研究解决。

在模型板上应留出一小块，做出梁或圆板形式，以便测定其光学常数，供以后换算时用。这一校正梁（板）的厚度亦为 $t$。图 8-43 为一半立体模型示意图。

2. 加荷和观测

这一步骤与普通平面偏光弹性试验没有区别。自重的荷载常在离心机中复制，并将条纹冻结下来，以便观测。水压力的荷载可用千斤顶或滑轮重锤来复制。水压力试验可在常温下加荷观测，亦可在高温下加荷，然后冷却，将应力条纹冻结，再取出模型观测。后一方法所需加的荷载较小，观测方便，但加荷冻结过程较长。

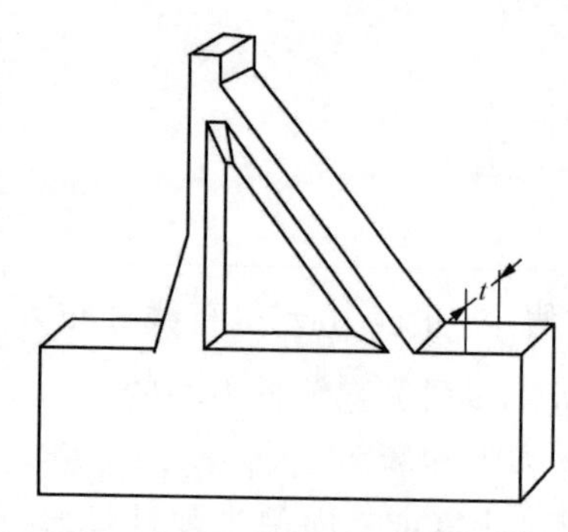

图 8-43　半立体模型示意图

在观测时，由于渐变段范围内厚度是变化的，所以条纹不清楚，但在其他头部及腹部厚度为常数的部位内，条纹仍是较清楚的，可以通过放映设备（或预先在模型上划好控制线）把等倾线及等色线仔细地描画下来。其中边界上的数值当然尤为重要。

等倾线是指主应力方向相同的各点的轨迹线，须转动光弹仪上的 1/4 波片而得到。有时等倾线可能不很清楚，或出现大块黑影的情况，便需要很细致地推敲描绘。某些材料（如有机玻璃）用来看等色线不很合适，而用来看等倾线则较明晰，故我们有时就采用两种材料分别观测描制等色线及等倾线。当边界上无切向荷载时，直线边界本身就是一条等倾线，可以作为参考及控制。

等色线指主应力差相等点的轨迹，一般是比较清楚的，应该极细致地描绘下来。除整数级的条纹可以直接画下外，转动 1/4 波片尚可画下 0.5 级的条纹。至于小数级的条纹，要应用特设仪器（补偿器）测定。但如无补偿器，我们可用白炽光照射，而根据光纹的颜色进行估计插补。在计数应力集中处的条纹级数时，则应采用单色光观测，因它比较清晰。

3. 主应力差及剪应力计算

在计算应力时，应先将计算区域画成网格。每一点上有三个分应力 $\sigma_x$、$\sigma_y$ 及 $\tau(\tau_{xy})$，或即两个主应力 $\sigma_{\mathrm{I}}$、$\sigma_{\mathrm{II}}$ 及其方向角 $\theta$，共三个未知元。每一点上的等色线条纹级数 $n$，与该点的主应力差成正比。即：

$$\sigma_{\mathrm{I}}-\sigma_{\mathrm{II}}=kn \tag{8-231}$$

式中，$k$ 是一个常数。这个常数可从校正梁的试验中肯定之。校正梁是在同一模型板上切割下来的，把它作为一根简支梁，加上规定的荷载。梁的上下边缘应力可按材料力学公式计算，设为 $\sigma_0$，而相应的条纹级数则为 $n_0$。这样，材料常数就可以找到为：

$$k=\frac{\sigma_0}{n_0} \tag{8-232}$$

因为校正梁的厚度是 $t$（与模型板厚度相同），故在宽缝范围内各点的常数要修正一下。由于常数 $k$ 与板厚 $t$ 呈反比例变化（$k=\frac{f}{t}$，$f$ 是材料的条纹指数），故在宽缝范围内取：

$$k=\frac{\sigma_0}{n_0}\cdot\frac{t}{t'} \tag{8-233}$$

式中，$t'$ 为宽缝范围内模型板的厚度。

把条纹级数 $n$ 乘以 $k$ 后，求出的是模型上的应力 $\sigma_M$，原体上的应力 $\sigma_H$ 尚须经过一次换算：

$$\sigma_H=\sigma_M\frac{P_H t_M l_M}{P_M t_H l_H}\ \text{（边界荷载）} \tag{8-234}$$

或

$$\sigma_H=\sigma_M\frac{l_H\gamma_H g}{l_M\gamma_M\omega^2 R}\ \text{（自重）} \tag{8-235}$$

式中，$l_M$、$l_H$ 各指模型及原体的几何尺寸长度（$\frac{l_M}{l_H}$ 即为模型几何比尺）；$t_M$、$t_H$ 各指其厚度；$P_M$、$P_H$ 各指模型及原体中的力；$\gamma_M$、$\gamma_H$ 各为其容重；$\omega$为转速；$R$ 为离心机回转半径；$g$ 为重力加速度。

所以，我们可以求出每一点上的主应力差值。在边界上，有一个主应力值常为已知，因此可以方便地决定边界上的应力，这常为极重要的数据。如我们还要计算内部应力，则第二步工作就是计算剪应力 $\tau$。根据一点上的应力分析理论，我们知道剪应力 $\tau$ 等于：

$$\tau=\frac{\sigma_{\mathrm{I}}-\sigma_{\mathrm{II}}}{2}\sin 2\theta \tag{8-236}$$

式中，$\theta$是第一主应力 $\sigma_{\mathrm{I}}$ 的方向和 $\tau$ 所在平面的交角，可得自等倾线图。所以，通过上式，我们可以求出每一点的剪应力，而该点上的最大剪应力即为 $\frac{\sigma_{\mathrm{I}}-\sigma_{\mathrm{II}}}{2}$，相应于最大剪应力时切面的方向与主应力方向斜交成 45°角。

4. 正应力的计算——剪力差法

求出剪应力后，就要进一步计算两个正应力$\sigma_x$及$\sigma_y$。在平面光弹试验中，我们常常先设法计算各点上的主应力和$\sigma_{\mathrm{I}}+\sigma_{\mathrm{II}}$，然后与主应力差相加或相减，求出两个主应力，再根据主应力倾角，就不难完全确定各分应力。求主应力和的方式是用迭弛法。因为在平面弹性问题中，主应力和$\sigma_{\mathrm{I}}+\sigma_{\mathrm{II}}$是一个谐和函数，而且其边界值（即在边界上的$\sigma_{\mathrm{I}}+\sigma_{\mathrm{II}}$）为已知，所以不难用迭弛法找出各点上的主应力和。这一算法的优点是计算工作量较小，而计算误差不至于积累；缺点是部分边界上的主应力和不易精确决定。但在半立体光弹试验中，由于模板厚度有变化，要从迭弛法求主应力和便有困难。所以，对于半立体模型，我们常常采用剪力差法计算正应力。

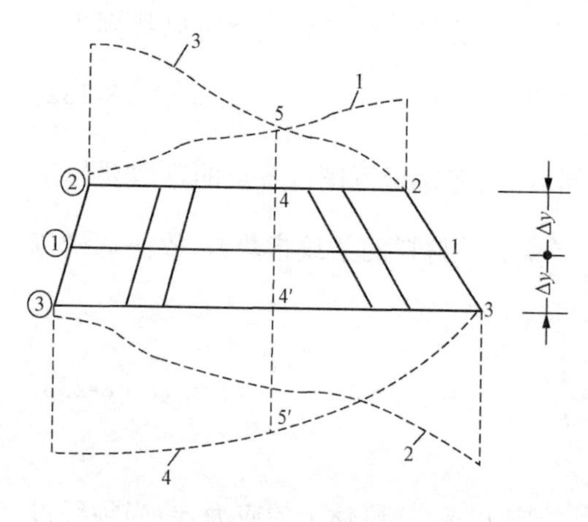

图 8-44 剪力差计算断面示意图

剪力差的原理是很简明的，可以参考有关书籍（并见第五章第九节）。在半立体模型计算中，只须注意模型（或坝体）厚度变化影响即可。下面叙述具体计算的步骤（参见图 8-44）。

（1）设我们欲计算图 8-44 中坝体断面 1-①上的各种正应力，我们先在该断面上下各取一个辅助断面 2-②及 3-③，三个断面相距各为$\Delta y$。

（2）计算 2-②及 3-③断面上各点的剪应力$\tau_{xy}$，将$\tau_{xy}$乘以相应的坝段宽度$B$，得$B\tau_{xy}$。把所得结果，绘成曲线，如图 8-44 中的曲线 1 及曲线 2。

（3）将$B\tau_{xy}$曲线沿$x$积分，即将$B\tau_{xy}$曲线乘以$\Delta x$后叠加起来，绘成曲线 3 及曲线 4。

（4）在任意一断面（如断面 4-4′）位置处作一垂线，与曲线 3 及 4 相交，曲线 3 及 4 的坐标差值（图中的$\overline{4'5'}-\overline{45}$），即为该断面上的总的不平衡纵向力（如有水平向地震惯性力或下游面上有水压力，当然须计算在内）。将上述不平衡力除以断面积$2B\Delta y$即为平均正应力$\sigma_x$。

（5）如要求更精确一些，可沿断面 1-①也计算其剪应力$\tau_{xy}$及$B\tau_{xy}$曲线，将$B\tau_{xy}$曲线沿$x$积分。然后从 1-①及 2-②两断面上的剪力差，求出该两断面间的平均$\sigma_x$值。最后将所得的两$\sigma_x$值求平均，即为断面 1-①上的$\sigma_x$值。

求出$\sigma_x$和$\tau$两个分应力后，第三个分应力$\sigma_y$可从一点上的应力平衡条件计算：

$$\sigma_y=\sigma_x+(\sigma_{\mathrm{I}}-\sigma_{\mathrm{II}})\cos 2\theta \tag{8-237}$$

各点主应力可由下式计算：

$$\left.\begin{aligned}\sigma_{\mathrm{I}}&=\frac{\sigma_x+\sigma_y}{2}+\frac{\sigma_{\mathrm{I}}-\sigma_{\mathrm{II}}}{2}\\ \sigma_{\mathrm{II}}&=\frac{\sigma_x+\sigma_y}{2}-\frac{\sigma_{\mathrm{I}}-\sigma_{\mathrm{II}}}{2}\end{aligned}\right\} \tag{8-238}$$

于此，我们应该注意，剪应力$\tau$是直接由观测值$(\sigma_{\mathrm{I}}-\sigma_{\mathrm{II}})$和$\theta$计算的，故一般来讲精确度高一些。$\sigma_x$要从$\tau$的差额进行积分求得，对其精确度很难作过高要求。而$\sigma_y$要从$\sigma_x$及$(\sigma_{\mathrm{I}}-\sigma_{\mathrm{II}})$、$\theta$等值进行计算，精确度就更差了。往往通过这样辗转反复的过程，求出了$\sigma_y$后，不能很好地满足平衡条件。这时，我们应该假定$(\sigma_{\mathrm{I}}-\sigma_{\mathrm{II}})$、$\theta$及$\sigma_x$中各含有某一百分比的误差，然后根据平衡要求，适当予以校正，将某些数值增大，某些数值减小。通过许多调整工作，使最后求出的应力分布，既能适当地满足断面平衡条件，也能适当地满足局部和一点上的平衡条件。这一调整工作往往需要有一定经验的人员担任，以求获得合理之结果。

5. 平衡校核

从偏光弹性试验的观测资料去换算最终的内部应力分布，步骤较多，有许多观测资料又难期精确（如等倾线），而推求正应力时又要利用微小的剪力差，所以最终成果很难达到较高的精确度，因而在计算中必须步步校核，随时根据具体情况作出调整，方能获得较为满意的成果。其中最重要的校核就是平衡校核。

在完成各点的剪应力计算后，就应该对每一水平截面校核其上的全部总剪力是否与相应水平外载相平衡。全部总剪力$Q=\int\tau B\mathrm{d}y$。$B$为坝块宽度。实际计算中以分块累计代替积分。如发现有不平衡情况应研究原始资料中有无错误。如各断面上总剪力均与相应外载不平衡，且比值相近，这可能系由于材料换算常数不够精确，可以按比例把全部应力值进行校正。如多数断面能平衡而仅少数不平衡，则应找寻存在的问题，或适当调整观测资料（主要是等倾线）。一般说来，剪应力直接由等色线及等倾线计算，周折较少，比较容易调整平衡。

如果各截面上的剪应力都能与相应外载平衡，则由剪力差求出的正应力$\sigma_x$也能满足块体在水平方向的平衡条件。

校核正应力$\sigma_y$的平衡，是考察在一个水平断面上$\sigma_y$的合力是否与垂直荷载（包括自重）平衡。由于$\sigma_y$的计算周折最多，误差往往累积，所以这一平衡核算极为重要。发现不平衡情况时即需分析原因，研究调整方法，必要时还需从修改剪应力分布做起。

以上三种校核，还都是以整个水平截面为考虑对象。即使$\sigma_y$与$\tau$的分布已同时与水平及垂直外载相平衡了，还不足以证实局部块体的平衡性。所以我们要进一步研究应力分布曲线是否可靠，还需要分别割取几块块体，考察其平衡条件（图 8-45）。只有当断面平衡和局部块体平衡都得到满足时，我们才能相信所求出的成果是符合实际情况的。

由于存在着各种不可避免的误差（观测上的和计算上的），因此平衡条件上有 5%～10%的出入，常被认为是可以允许的。在有些复杂的条件下，甚至 20%的误差也被认为是不可避免的。

6. 关于基础块边缘应力

为了反映基础对坝体应力影响，在模型中我们常附上一块足够大的基础，如图 8-46所示。这样，模型边界除坝体外，还有三条基础边缘 $AB$、$BC$ 及 $CD$。模型在加荷时，通常固定在 $BC$ 边上，而且固定方式和该边缘上真实的反力分布情况常有很大出入。

为此，我们必须要求 $AB$ 线有足够长度（即基础块有足够厚度），以使这个出入不致影响坝体及其附近区的应力分布。

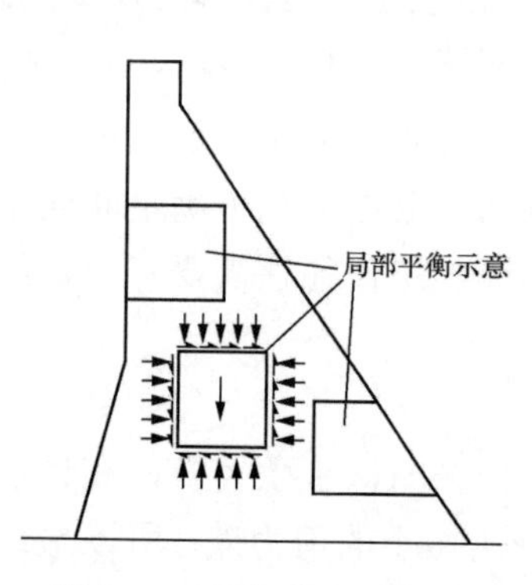


图 8-45　局部块体稳定性

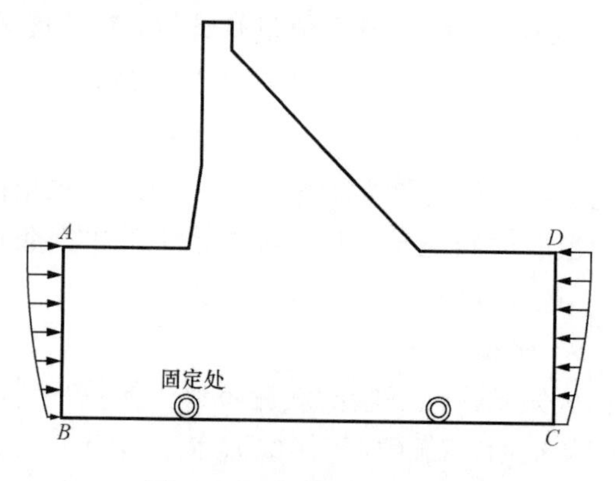


图 8-46　基础放大示意图

在另外两条边界 $AB$、$CD$ 上，通常试验中不加荷载，其实这是不符合实际情况的。例如在自重和上游水库中水重作用下，在 $AB$、$CD$ 两线上都将产生压应力。又如在水平水压力作用下，$AB$ 线上产生拉应力，$CD$ 线上产生压应力（在这些边界上尚有剪应力存在，但影响较小可以忽略）。所以，为了更精确地反映实际情况，应该在这两条边界上加上荷载。荷载的数值可以根据计算确定，即假定基础为一半无限的弹性体，在其表面上受到坝体压力及水重等荷载作用，然后把沿 $AB$、$CD$ 两条垂直线上的应力，作为边界荷载。

## 二、半立体迭弛法计算

对于较复杂的弹性理论问题，不易由分析方法求出其数学解答时，我们除采用偏光弹性试验方法外，也常常采用数值解法——迭弛计算法。迭弛计算的理论在近年来大有发展，尤其在电子计算机等快速计算工具问世后，更使迭弛法的实用价值大为提高。本节中拟简单讨论一下宽缝重力坝的迭弛计算问题。

以前曾多次提及，严格讲来，宽缝重力坝的应力问题是一个空间问题。这种问题的迭弛计算在理论上说虽亦可行，但计算结点过多，目前的实用性究竟是比较小的。既然在偏光弹性试验中，我们可以采用"半立体模型"以较少的工作获得很可信的成果，则在迭弛计算中，我们也应该研究一下"半立体迭弛计算"的可能性问题。

所谓半立体迭弛计算，其原理仍为以平面计算为准，但适当的考虑坝段宽度变化的影响。对于这一问题，有一个比较近似而简单的方法，就是假定宽度变化的影响近似地可以弹性模数相应的变化来代替。换言之，我们实际上的问题是要分析一个宽缝重力坝的应力，现在我们将它转化成为另一个问题，即计算一个相应的实体重力坝的应力，其坝段宽度并无变化，但各部分的弹性模数不同，各与该处的厚度成比例。这样，这一个问题就化为平面问题了，所算出来的应力为坝段整个宽度中的平均应力。

另一种转化的方法，是将各应力乘以各点厚度，如令 $N_1=B\sigma_x, N_2=B\sigma_y, S=B\tau_{xy}$ 等。然后以 $N_1$、$N_2$、$S$ 为计算对象，并假定存在一个应力函数 $F$，微分这个函数 $F$ 可以给出 $N_1$、$N_2$和$S$：

$$\frac{\partial^2 F}{\partial y^2}=N_1;\ \frac{\partial^2 F}{\partial x^2}=N_2;\ -\frac{\partial^2 F}{\partial x\partial y}=S \tag{8-239}$$

现在我们要从平衡条件和相容条件来建立计算 $N_1$、$N_2$和$S$ 的方程式。在平面弹性问题中，平衡条件要求：

$$\left.\begin{aligned}\frac{\partial\sigma_x}{\partial x}+\frac{\partial\tau}{\partial y}=0\\ \frac{\partial\sigma_y}{\partial y}+\frac{\partial\tau}{\partial x}=\rho g\end{aligned}\right\} \tag{8-240}$$

对于我们的问题，可以认为是一个变厚度的平面弹性问题，其平衡条件容易写下为：

$$\left.\begin{aligned}\frac{\partial N_1}{\partial x}+\frac{\partial S}{\partial y}=0\\ \frac{\partial N_2}{\partial y}+\frac{\partial S}{\partial x}=\rho gB\end{aligned}\right\} \tag{8-241}$$

式中，$B$ 是各点坝体宽度，是坐标（$x$，$y$）的函数。再考虑连续条件：

$$\frac{\partial^2\varepsilon_x}{\partial y^2}+\frac{\partial^2\varepsilon_y}{\partial x^2}=\frac{\partial^2\gamma_{yx}}{\partial y\partial x} \tag{8-242}$$

式中

$$\left.\begin{aligned}\varepsilon_x&=\frac{1}{E}\left(\frac{N_1}{B}-\mu\frac{N_2}{B}\right)=\left(\frac{N_1}{EB}-\mu\frac{N_2}{EB}\right)\\ \varepsilon_y&=\frac{1}{E}\left(\frac{N_2}{B}-\mu\frac{N_1}{B}\right)=\left(\frac{N_2}{EB}-\mu\frac{N_1}{EB}\right)\\ \gamma_{yx}&=\frac{2(1+\mu)}{EB}S\end{aligned}\right\} \tag{8-243}$$

代入式（8-242）后得：

$$\frac{\partial^2}{\partial y^2}\left(\frac{N_1-\mu N_2}{EB}\right)+\frac{\partial^2}{\partial x^2}\left(\frac{N_2-\mu N_1}{EB}\right)=2(1+\mu)\frac{\partial^2}{\partial y\partial x}\left(\frac{S}{EB}\right)$$

将上式展开，得：

$$\begin{aligned}&(N_1-\mu N_2)\frac{\partial^2 h}{\partial y^2}+h\frac{\partial^2}{\partial y^2}(N_1-\mu N_2)+2\frac{\partial(N_1-\mu N_2)}{\partial y}\cdot\frac{\partial h}{\partial y}\\ &+(N_2-\mu N_1)\frac{\partial^2 h}{\partial x^2}+h\frac{\partial^2}{\partial x^2}(N_2-\mu N_1)+2\frac{\partial(N_2-\mu N_1)}{\partial x}\cdot\frac{\partial h}{\partial x}\\ &=2(1+\mu)\left[\frac{\partial S}{\partial x}\cdot\frac{\partial h}{\partial y}+\frac{\partial S}{\partial y}\cdot\frac{\partial h}{\partial x}+h\frac{\partial^2 S}{\partial x\partial y}+S\frac{\partial^2 h}{\partial x\partial y}\right]\end{aligned} \tag{8-244}$$

式中，$h$ 代表$\dfrac{1}{EB}$。

从平衡条件［式（8-241）］，可得：

$$
\left.\begin{aligned}
&\frac{\partial S}{\partial x}=pgB-\frac{\partial N_2}{\partial y}\\
&\frac{\partial S}{\partial y}=-\frac{\partial N_1}{\partial x}\\
&2\frac{\partial^2 S}{\partial y\partial x}=-\left(\frac{\partial^2 N_1}{\partial x^2}+\frac{\partial^2 N_2}{\partial y^2}+\rho g\frac{\partial B}{\partial y}\right)
\end{aligned}\right\}\tag{8-245}
$$

代入式（8-244）后，得：

$$
\begin{aligned}
&N_1\frac{\partial^2 h}{\partial y^2}-\mu N_2\frac{\partial^2 h}{\partial y^2}+h\frac{\partial^2 N_1}{\partial y^2}-\mu h\frac{\partial^2 N_2}{\partial y^2}+2\frac{\partial h}{\partial y}\bullet\frac{\partial N_1}{\partial y}\\
&-2\mu\frac{\partial h}{\partial y}\bullet\frac{\partial N_2}{\partial y}+N_2\frac{\partial^2 h}{\partial x^2}-\mu N_1\frac{\partial^2 h}{\partial x^2}+h\frac{\partial^2 N_2}{\partial x^2}\\
&-\mu h\frac{\partial^2 N_1}{\partial x^2}+2\frac{\partial h}{\partial x}\bullet\frac{\partial N_2}{\partial x}-2\mu\frac{\partial h}{\partial x}\bullet\frac{\partial N_1}{\partial x}\\
=&2\left(\rho gB-\frac{\partial N_2}{\partial y}\right)\frac{\partial h}{\partial y}-2\frac{\partial N_1}{\partial x}\bullet\frac{\partial h}{\partial x}-h\left(\frac{\partial^2 N_1}{\partial x^2}+\frac{\partial^2 N_2}{\partial y^2}+\rho g\frac{\partial B}{\partial y}\right)\\
&+2\mu\left(\rho gB-\frac{\partial N_2}{\partial y}\right)\frac{\partial h}{\partial y}-2\mu\frac{\partial N_1}{\partial x}\bullet\frac{\partial h}{\partial x}\\
&-\mu h\left(\frac{\partial^2 N_1}{\partial x^2}+\frac{\partial^2 N_2}{\partial y^2}+\rho g\frac{\partial B}{\partial y}\right)+S\frac{\partial^2 h}{\partial x\partial y}
\end{aligned}\tag{8-246}
$$

移项合并后，得：

$$
\begin{aligned}
h\left(\frac{\partial^2}{\partial x^2}+\frac{\partial^2}{\partial y^2}\right)(N_1+N_2)=&-\frac{\partial^2 h}{\partial y^2}(N_1-\mu N_2)-\frac{\partial^2 h}{\partial x^2}(N_2-\mu N_1)\\
&-\frac{\partial h}{\partial y}\left[2\frac{\partial N_1}{\partial y}-2(1+\mu)\rho gB\right.\\
&\left.+2\frac{\partial N_2}{\partial y}\right]-\frac{\partial h}{\partial x}\left(2\frac{\partial N_2}{\partial x}+2\frac{\partial N_1}{\partial x}\right)\\
&-(1+\mu)h\rho g\frac{\partial B}{\partial y}+S\frac{\partial^2 h}{\partial x\partial y}
\end{aligned}\tag{8-247}
$$

因此，问题归结于解算方程组（8-241）及式（8-247）。当 $h$ 及 $B$ 为常数时，式（8-247）简化为熟知的形式：

$$
\left(\frac{\partial^2}{\partial y^2}+\frac{\partial^2}{\partial x^2}\right)(N_1+N_2)=0
$$

这样，我们得到一条重要结论：如果坝体内各点的 $E$ 及 $B$ 并非常数，但 $EB$ 乘积为常数，则在无体积力的情况下，总应力 $N_1$、$N_2$及$S$ 仍可按普通的平面弹性理论计算。换言之，$B$（或 $E$）的变化，可以用 $E$（或 $B$）的相应变化来代表。例如，当我们要研究某一重力坝在外荷载作用下的应力状态，而该坝体各部分混凝土性质有很大差异时，我们可以制作一个模型，令其各部分宽度与其弹性模量按反比例变化，然后进行结构或偏光弹性试验，即可测定欲求的应力分布。

列出式（8-241）及式（8-247）后，就有可能采用半立体迭弛法进行解算，而且最好引入应力函数的概念并用反复逼近法得之。为简便计，我们先考虑无体积力作用时的情况，则在以前的公式中置 $\rho g=0$，得：

$$\frac{\partial N_1}{\partial x}+\frac{\partial S}{\partial y}=0$$

$$\frac{\partial N_2}{\partial y}+\frac{\partial S}{\partial x}=0$$

$$\left(\frac{\partial^2}{\partial y^2}+\frac{\partial^2}{\partial x^2}\right)(N_1+N_2)=-\frac{1}{h}\bullet\frac{\partial^2 h}{\partial y^2}(N_1-\mu N_2) \tag{8-248}$$

$$-\frac{1}{h}\bullet\frac{\partial^2 h}{\partial x^2}(N_2-\mu N_1)-\frac{1}{h}\bullet\frac{\partial h}{\partial y}\left(2\frac{\partial N_1}{\partial y}+2\frac{\partial N_2}{\partial y}\right)$$

$$-\frac{1}{h}\bullet\frac{\partial h}{\partial x}\left(2\frac{\partial N_2}{\partial x}+2\frac{\partial N_1}{\partial x}\right)+S\frac{\partial^2 h}{\partial y\partial x}=f(x,y)$$

我们引入应力函数 $F$，其定义仍为：

$$\frac{\partial^2 F}{\partial x^2}=N_2;\ \frac{\partial^2 F}{\partial y^2}=N_1;\ -\frac{\partial^2 F}{\partial y\partial x}=S \tag{8-249}$$

则平衡条件自动满足，代入连续条件中：

$$\left(\frac{\partial^2}{\partial y^2}+\frac{\partial^2}{\partial x^2}\right)^2 F=f(x,y) \tag{8-250}$$

我们的最终目的是要用迭弛法解算上一方程。上式的右边 $f(x,y)$ 如果是一个已知函数，则上式为重泊松方程，可以采用一般的迭弛法解之。现在 $f(x,y)$ 中包括有 $N_1$、$N_2$、$S$ 等项，它们目前暂时是未知值，使我们的工作发生困难。当然我们也可以将 $f(x,y)$ 中的 $N_1$、$N_2$、$S$ 等以 $F$ 的偏导数关系代入，展开为差分方程，然后求解函数 $F$ 的数值。但这样做，将很繁复，而且不适宜在电模拟仪上解算（一般谐和、泊松、重谐和和重泊松方程均可在电模拟仪上解算）。因此，作者认为不如按下述反复逼近步骤解算为宜：

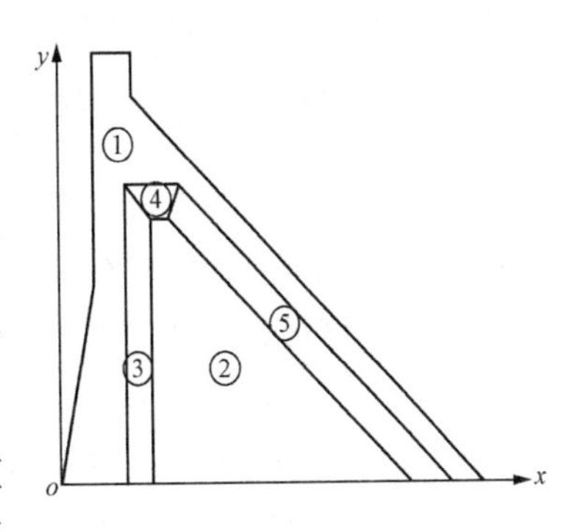

图 8-47　混凝土分区示意图

我们保留式（8-248）左边仍为 $\nabla^4 F$ 的算子形式而分析一下右边的函数 $f(x,y)$ 的组成。很显然，$f(x,y)$ 中包括两种成分。其一是 $\frac{\partial^2 h}{\partial x^2}$、$\frac{\partial^2 h}{\partial y^2}$、$\frac{\partial^2 h}{\partial y\partial x}$、$\frac{\partial h}{\partial x}$、$\frac{\partial h}{\partial y}$，这些表示坝体宽度 $B$（或乘积 $EB$）沿 $y$、$x$ 轴的变率或二次变率。当宽缝重力坝的轮廓和分区混凝土标号给定后，这些都可以预先算好。例如设 $E$ 为常数，则在图 8-47 所示的情况，显然可见第 1、2 区中，$EB$=常数，故 $h$ 的各偏导数均为 0；第 3 区中 $\frac{\partial h}{\partial y}=\frac{\partial^2 h}{\partial y^2}=0$，

但$\frac{\partial h}{\partial x}$及$\frac{\partial^2 h}{\partial x^2}\neq 0$，可按$B$的变化计算；第4区中，$\frac{\partial h}{\partial x}=\frac{\partial^2 h}{\partial x^3}=0$，但$\frac{\partial h}{\partial y}$及$\frac{\partial^2 h}{\partial y^2}\neq 0$；第5区中五个偏导数均不为0。总之，可以根据给定的坝体轮廓预先计算好全部计算区域中的$\frac{\partial h}{\partial x}$、$\frac{\partial^2 h}{\partial x^2}$、$\frac{\partial h}{\partial y}$、$\frac{\partial^2 h}{\partial y^2}$及$\frac{\partial^2 h}{\partial x \partial y}$等五个偏导数值。另外可注意，在各区分界线上，一、二阶偏导数可能呈不连续现象。这种地方，应力也可能不连续。精确地处理较困难，在我们的近似计算中，可暂取平均值代替之。

$f(x,y)$中第二种成分是$N_1$、$N_2$和$S$。这三个分应力，目前尚未知道。但我们可先找出一组近似解答，将它们代入式（8-248）先计算好$f(x,y)$，以便解算应力，然后再来反复校正。最合适的近似解答，就是假定无宽缝存在或即$EB$为常数时的相应实体均匀重力坝的三个分应力$\sigma_y$、$\sigma_x$、$\tau_{xy}$和坝块厚度$B$的乘积。这样，我们可以归纳出计算步骤如下：

（1）假定无宽缝存在（或$EB$为常数），根据边界荷载，先分析相应的实体重力坝的应力。求出每一点上的三个正应力$\sigma_x$、$\sigma_y$、$\tau_{xy}$，各乘以宽度$B$（$x$，$y$）。求出$N_1$、$N_2$及$S$的第一近似值：$N_1=B\sigma_x, N_2=B\sigma_y, S=B\tau_{xy}$。

（2）根据给定的宽缝重力坝的轮廓及混凝土的分区标号，求出在计算域内各点的$\frac{\partial h}{\partial x}$、$\frac{\partial h}{\partial y}$、$\frac{\partial^2 h}{\partial x^2}$、$\frac{\partial^2 h}{\partial y^2}$及$\frac{\partial^2 h}{\partial y \partial x}$。

（3）将求出的$N_1$、$N_2$、$S$、$\frac{\partial h}{\partial x}$、$\frac{\partial h}{\partial y}$、$\frac{\partial^2 h}{\partial x^2}$、$\frac{\partial^2 h}{\partial y^2}$及$\frac{\partial^2 h}{\partial y \partial x}$代入式（8-248）右边，确定计算域中每一点上$f(x,y)$的第一次近似值。

（4）根据边界条件，解重泊松方程$\nabla^4 F=f(x,y)$。边界上的$F$及$\frac{\partial F}{\partial y}$、$\frac{\partial F}{\partial x}$值仍根据边界荷载依次推算，与平面问题无异（唯计算时以整个坝块宽度为准）。计算城内的$f(x,y)$则采用第（3）步中求出的值。

这一计算最好在电模拟仪上进行，或采用快速电子计算机进行。必要时也可用迭弛法用手算解之，但工作量甚大。

（5）求出$F$函数值后，进行数值微分，计算各点上的$N_1$、$N_2$和$S$。与第（1）步骤中所采用的近似值相比较。如出入很微小，即可根据$F$值计算宽缝重力坝内各点的应力；如出入较大，则利用所求出的$N_1$、$N_2$及$S$作为第二次近似值，重新计算第二次的$f(x,y)$值，并再次解算重泊松方程。上述步骤在必要时可以反复数次以提高精确度。

一般来说，宽缝的存在或混凝土的不均匀性，不致引起坝体应力的完全改观。因此，可以预计，上述反复修正的次数，不会要求很多。一个宽缝重力坝的半立体迭弛工作，或许相当于实体重力坝的相应计算的三倍或二倍也就够了。

从式（8-248）我们还可以注意一点，即宽缝重力坝的应力分布将为材料泊松比$\mu$的函数，而在单连通域的实体重力坝，应力分布状态与$\mu$值是无关的。

当坝体尚承受重力$\rho g B$作用时，问题较复杂一些。我们再将平衡及连续条件写下：

$$\frac{\partial N_1}{\partial x}+\frac{\partial S}{\partial y}=0$$

$$\frac{\partial N_2}{\partial y}+\frac{\partial S}{\partial x}=\rho g B$$

$$\begin{aligned}\nabla^2(N_1+N_2)=&-\frac{1}{h}\bullet\frac{\partial^2 h}{\partial y^2}(N_1-\mu N_2)-\frac{1}{h}\bullet\frac{\partial^2 h}{\partial x^2}(N_2-\mu N_1)\\&-\frac{2}{h}\bullet\frac{\partial h}{\partial y}\left[\frac{\partial N_1}{\partial y}-(1+\mu)\rho g B+\frac{\partial N_2}{\partial y}\right]\\&-\frac{2}{h}\bullet\frac{\partial h}{\partial x}\left(\frac{\partial N_2}{\partial x}+\frac{\partial N_1}{\partial x}\right)-(1+\mu)\rho g\frac{\partial B}{\partial x}\\&+\frac{S}{h}\bullet\frac{\partial^2 h}{\partial y\partial x}=f(x,y)\end{aligned}\tag{8-251}$$

如果仍引入应力函数 $F$ 的概念：

$$\left.\begin{aligned}N_1&=\frac{\partial^2 F}{\partial y^2}\\N_2&=\frac{\partial^2 F}{\partial x^2}+\rho g\int B\mathrm{d}y\\S&=-\frac{\partial^2 F}{\partial y\partial x}\end{aligned}\right\}\tag{8-252}$$

代入式（8-251）后，得：

$$\nabla^4 F=f(x,y)-\rho g\nabla^2\int B\mathrm{d}y=f_1(x,y)\tag{8-253}$$

只要能确定 $f_1(x,y)$，则迭弛计算将无困难。这里主要的问题在于确定 $\nabla^2\int B\mathrm{d}y$。$\int B\mathrm{d}y$ 系指各计算点向上到坝面边界之垂直截面面积（图 8-48 中所示阴影部分）。如事先求出各点的 $\int B\mathrm{d}y$ 值，然后计算 $\nabla^2\int B\mathrm{d}y$，即可确定 $f_1(x,y)$。实际上，在坝体极大部分范围内，$\nabla^2\int B\mathrm{d}y$ 值均为 0，仅在局部地区才不等于 0。各区相接触的界线上，$\nabla^2\int B\mathrm{d}y$ 值可能不连续，这种情况也只能以近似的方式解决之（将突变曲线改成一条连续变化的曲线，并加密网格）。

又可注意，在实体混凝土重力坝中，仅混凝土按分区设计具有不同的弹性模量时，则 $B$ 为常数，而 $\nabla^2\int B\mathrm{d}y=0$。换言之，在这种情况的应力计算中，考虑自重影响后，并不增加很多困难。只要注意以下几点：①在计算边界值 $\left(F,\frac{\partial F}{\partial y},\frac{\partial F}{\partial x}\right)$ 时，应包括重力影响；②在计算 $f(x,y)$ 时，内中有体积力的成分；③求出 $F$ 数值，微分 $F$ 计算各分应力时，$N_2$ 须按式（8-252）第二式计算。

以上所述算法，其实特别适用在坝体内 $B$ 及 $E$ 呈均匀平缓变化的情况。当 $B$ 或 $E$ 在各区域内为常数，而在某些线上有突变的情况下（如工字形的宽缝重力坝或分区混凝土重力坝中），严格讲来，在这些接触线上某些分应力也可能不连续。这时，我们固

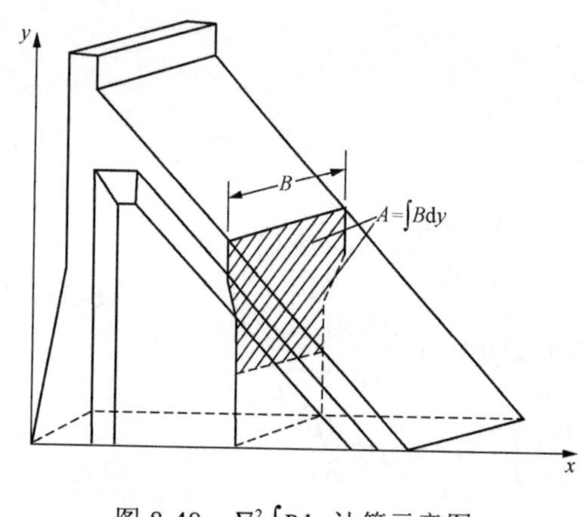

图 8-48 $\nabla^2\int B\mathrm{d}y$ 计算示意图

然可以将突变曲线设法换以一条接近的渐变曲线，而仍用上述方法进行计算；但也可走另一途径，即将计算域视为由几个区域组成，每一区域都具有不变的 $E$、$B$ 值，然后考虑接触面上的应力平衡和变形连续条件，来进行迭弛计算。例如已有一些文献讨论修建在其弹性模量和混凝土不同的基岩上的重力坝，这时，坝体和基岩各视为均匀弹性体，各具有一定的弹性模量及泊松比。但是如何把这些计算原则推广应用到宽缝重力坝或分区混凝土重力坝，而不使计算形式和公式过分冗长，使能获得实用的价值，却尚有待进一步研究。总之，此法计算的基本原理，和均质物体相同，仍先假定内部各点的应力函数数值，并计算各点余差，进行系统的调整，使各点上的余差逐渐趋于消失。其唯一相异之处，即在两种材料的接触线上，须用接触条件的差分式以代替均质体内的差分式，该接触条件则须根据在接触面同一点上两边点子应该具有相同的接触应力和变形。这样做后，在接触线处的迭弛公式是较复杂的。因此，有时不得不用解代数联立方程组的办法来代替迭弛计算。其详细情况可参见有关文献。

## 参考文献

苏联部长会议国家建设委员会．岩基上混凝土重力坝设计规范（CH123-60）．北京：中国工业出版社，1964．

# 附录　本书表述工程计量单位与法定计量单位关系表

| 出现章节 | 本书工程计量单位 | | 主要法定计量单位 | | 换算关系 |
|---|---|---|---|---|---|
| | 名称 | 符号 | 名称 | 符号 | |
| 5，4 | 英尺 | ft | 米 | m | 1ft=0.3048m |
| 2，5，7 | 英寸 | in | 米 | m | 1in=0.0254m |
| 7，8 | 立方码 | $yd^3$ | 立方米 | $m^3$ | $1yd^3=0.765m^3$ |
| 1 | 亩 | 亩 | 平方米 | $m^2$ | 1 亩$=6.6667\times10^2m^2$ |
| 3，5 | 磅 | lb | 千克 | kg | 1lb=0.4535923kg |
| 3 | 千磅每平方英尺［小］时 | klb/（$ft^2$·h） | 千克每平方米秒 | kg/（$m^2$·s） | 1klb/（$ft^2$·h）= 1.356222813kg/（$m^2$·s） |
| 7 | 千卡每小时摄氏度米 | kcal/（h·℃·m） | 瓦［特］每米摄氏度 | W/（m·℃） | 1kcal/（h·℃·m）= 1.163W/（m·℃） |
| 5 | 磅每立方英尺 | $lb/ft^3$ | 千克每立方米 | $kg/m^3$ | $1lb/ft^3=16.0185kg/m^3$ |
| 5 | 磅每平方英寸 | $lb/in^2$ | 千克每平方米 | $kg/m^2$ | $1lb/in^2=703.0696261kg/m^2$ |
| 2，7 | ［米制］马力 | 马力 | 瓦特 | W | 1 马力=735.499W |
| 7 | 千卡每千克摄氏度 | kcal/（kg·℃） | 焦［耳］每千克开［尔文］ | J/（kg·K） | 1kcal/（kg·℃）= 15.268J/（kg·K） |
| 7 | 千卡每平方米小时摄氏度 | kcal/（$m^2$·h·℃） | 瓦［特］每平方米开［尔文］ | W/（$m^2$·K） | 1kcal/（$m^2$·h·℃）=1.163W/（$m^2$·K） |
| 1，2，3，6，8 | 千克每平方厘米 | $kg/cm^2$ | 帕［斯卡］ | Pa | $1kgf/cm^2=9.8\times10^4Pa$ |
| 3，4 | 千克每平方米 | $kg/m^2$ | 帕［斯卡］ | Pa | $1kgf/m^2=9.8Pa$ |
| 3，4，5，6，8 | 吨每平方米 | $t/m^2$ | 帕［斯卡］ | Pa | $1tf/m^2=9.8\times10^3Pa$ |
| 4，8 | 吨米 | t·m | 牛［顿］米 | N·m | 1tf·m$=9.8\times10^3$N·m |

注　力的法定单位为牛［顿］（N），本书所用力的单位 kg、t，为 kgf、tf 的缩写。